Nr. 41
S. 14749–15104

1962
10. Oktober

Chemisches Zentralblatt

Vollständiges Repertorium für alle Zweige der reinen und angewandten Chemie

1830 gegründet. 1897—1945 von der Deutschen Chemischen Gesellschaft fortgeführt. Im Auftrage der Deutschen Akademie der Wissenschaften zu Berlin, der Chemischen Gesellschaft in der DDR, der Akademie der Wissenschaften zu Göttingen und der Gesellschaft Deutscher Chemiker (in der BRD)

herausgegeben von Prof. Dr. Heinrich Bertsch und Prof. Dr. Dr. h. c. Wilhelm Klemm

133. Jahrgang

1962

Chefredakteure: Dr. Eugen Klever und Dr. Willi Barz

Akademie-Verlag GmbH., Berlin — Verlag Chemie, GmbH., Weinheim/Bergstr.

Inhalt

Now also available on MICROCARDS

CHEMISCHES ZENTRALBLATT

		Price $
Vols. 1–5	1830–34	39.05
Vols. 6–10	1835–39	40.00
Vols. 11–15	1840–44	40.00
Vols. 16–20	1845–49	40.00
Vols. 21–25	1850–54	40.00
Vols. 26–30	1855–59	40.00
Vols. 31–35	1860–64	44.76
Vols. 36–40	1865–69	47.62
Vols. 41–45	1870–74	45.71
Vols. 46–50	1875–79	45.71
Vols. 51–55	1880–84	55.24
Vols. 56–60	1885–89	73.33
Vols. 61–65	1890–94	113.33
Vols. 66–70	1895–99	145.71
Vols. 71–75	1900–04	162.86
Vols. 76–80	1905–09	237.14
Vols. 81–85	1910–14	249.52
Vols. 86–90	1915–19	180.00
Vols. 91–95	1920–24	322.86
Vols. 96–100	1925–29	365.71
Vols. 101–105	1930–34	471.43
Vols. 106–110	1935–39	575.24
Vols. 111–116	1940–45	411.43
Vols. 117–121	1946–50	477.14
General Index 6, 7 and 8	1922–34	162.86

Please give your orders to
KUNST UND WISSEN, Erich Bieber
Stuttgart S, Wilhelmstraße 4—6

Purchase of the complete set of Volumes 1–121 (1830–1950) including the General Index 6, 7 and 8, reduces the total price of the series to $ 4 064.76

AKADEMIE-VERLAG · BERLIN

Ag 451 79/62 4000 1-2-9 1364

Chemisches Zentralblatt

Neue Bücher

Geschichte. Unterricht

Else Brandt, Organische Chemie in Frage u. Antwort. 8., verb. Aufl. Leipzig J. A. Barth. 1962. (128 S. m. 3 Abb.) 8°. DM 4,25.

A. Allgemeine, physikalische und anorganische Chemie

Louis Victor Broglie, New perspectives in physics. New York: Basic. 1962. (291 S. m. Abb.) $ 6.—.

—, Tritium in the physical and biological sciences. Proceedings. 2. Vienna International Atomic Energy Agency. 1962. (438 S.) 8° = Scientific technical Information. Publ. 39. DM 28,—.

E_4. Pflanzenchemie. Pflanzenphysiologie. Pflanzenpathologie

R. Hegnauer, Chemotaxonomie der Pflanzen. Bd I Thallophyten, Bryophyten, Pteridophyten u. Gymnospermen. Basel, Stuttgart· Birkhäuser Verl. 1962. (ca. 500 S. m. ca. 6 Abb.) ca. sfr 90.—.

Marcel V. L. Homès, L'alimentation minérale equilibrée des végétaux. Vol. I L'alimentation sur milieux dépourvus de fertilité naturelle. Wetteren: Universa. 1961. (298 S. m. Abb., Tab. u. Diagr.).

E_5. Tierchemie. Tierphysiologie. Tierpathologie

Jacques Delpech, Les antibiotiques en ophtalmologie. Paris· Doin. 1962. (184 S.) 28 NF.

M. Javillier, Traité de biochimie générale. Tome II. Les agents des synthèses et des dégradations biochimiques. Paris: Masson, 1962. (700 S. m. 35 Abb. u. 58 Tab.) 155 NF.

E_6. Pharmakologie. Therapie. Toxikologie. Hygiene

Nic. A. Kleisounis, Pharmacology. First vol. Athens· General Direction of Press Research and Cultural Relations Division. 1960. (524 S.)

G. Analyse. Laboratorium

Hans-Ulrich Bergmeyer, Hrsg., Methoden der Enzymatischen Analyse. Weinheim/Bergstr.: Verl. Chemie. 1962. (ca. 1072 S. m. 78 Abb. u. 41 Tab.) DM 99,—.

J.-A. Gautier, Mises au point de chimie analytique pure et appliquée et d'analyse bromatologique. 10e serie. Paris: Masson. 1962. (258 S. m. 68 Abb. u. Tab.) 55 NF.

Dieter Hummel, Analyse der Tenside. Infrarotspektroskopische und chemische Methoden. Textbd.: (323 S. m. 7 Abb. u. 20 Tab.) Tafelbd.: (157 S. m. 466 Spektrenbildern und 8 Zuordnungstaf.) Zus. DM 156,—. München. Hanser. 1962.

Rudolf Kaiser, Chromatographie in der Gasphase. Teil 3 Tabellen zur Gas-Chromatographie. Mannheim: Bibliographisches Institut. 1962. (216 S. m. Abb.) 8° = B.I.-Hochschultaschenbücher. Bd. 24/24a. DM 6,80.

K. A. Panagopoulos, Analytical and applied biochemistry. First vol. Second edit. Athens. General Direction of Press Research and Cultural Relations Division. 1960. (570 S.)

Rudolf Přibil, Komplexometrie. Bd II: Analyse von Legierungen. Leipzig: Deutscher Verl. für Grundstoffindustrie. 1962. (112 S.) DM 11,80.

Werner Schulze, Neutronenaktivierung als analytisches Hilfsmittel. Stuttgart. Ferdinand Enke Verl. 1962. (X + 323 S. m. 28 Abb. u. Tab.) DM 79,—.

H VII. Agrikulturchemie. Schädlingsbekämpfung

Johannes Bärner, Bibliographie der Pflanzenschutzliteratur. 1954. Teil 1. Berlin, Hamburg: Parey. 1961. (XXXII + 367 S.) 4°. DM 80,—.

Klaus-Ulrich Heyland, Untersuchungen über die Bedeutung der Ernährung mit Stickstoff, Phosphorsäure und Kali in verschiedenen Entwicklungsstadien für den Ertrag der Sommergerste. Stuttgart: Ulmer. 1961. (120 S. m. 13 Abb.) 8°. DM 18,—.

VIII. Metallurgie. Korrosion

J. E. Bean, ed., Finishing handbook and directory. 1962. London: Sawell. 1962. (7 + 571 S. m. Abb., Tab. u. Diagr.) 37 s. 6 d.

I. Ss. Kulikow, Desulfurieren von Roheisen. Moskau: Metallurgisdat. 1962. (306 S. m. Zeichng.) 1 Rbl. 9 Kop. [russ.]

N. Ju. Taitz, Technologie der Erhitzung des Stahles. 2. verb. u. vervollst. Ausg. Moskau Metallurgisdat. 1962. (567 S. m. Zeichng.; 3 Bl. graph. Darst.) 1 Rbl. 87 Kop. [russ.]

XVI. Nahrungs-, Genuß- und Futtermittel

Charles Alais, Science du lait et principes des techniques laitières. Paris: Editions S.E.P. 1961. (470 S. m. Abb.) 8°. 34 NF.

Alfons Fricker, Beitrag zur Fettsäurenchromatographie und Untersuchungen über freie Fettsäuren in Käse. Stuttgart. Ulmer. 1961. (64 S.) 8° = Arbeiten der Landwirtschaftlichen Hochschule Hohenheim. Bd 8. DM 10,—.

Wilhelm Liebscher, Die Wirkstoffe in der Ernährung der landwirtschaftlichen Nutztiere. Wien: Gerold's Sohn. 1958. (82 S.) 8°. ö. S. 42,—.

Ausgewertete Bibliographie-Fachzeitschriften

Belgien	Bibliographie de Belgique — Belgische Bibliographie
ČSSR	Bulletin — Die Neuesten Forschungsergebnisse der Tschechoslowakischen Wissenschaft
	Nové Knihy (Neue Bücher)
	Novinky (Neuheiten)
Dänemark	Danske Bogmarked
Deutschland	Börsenblatt für den Deutschen Buchhandel — Frankfurter Ausgabe
	Börsenblatt für den Deutschen Buchhandel — Leipziger Ausgabe
	Deutsche Bibliographie. Wöchentliches Verzeichnis. Ausgabe II. [Frankfurt/Main]
	Deutsche Nationalbibliographie. Reihe A: Neuerscheinungen des Buchhandels [Leipzig]
England	British Books (Incorporating the Publishers Circular & Booksellers Record)
	British National Bibliography
Frankreich	Bibliographie de la France
Italien	Bibliografia Nazionale Italiana
Japan	Nōhon Shūhō (Current Publications)
Niederlande	Nieuwsblad voor de Boekhandel
Österreich	Österreichische Bibliographie
Schweiz	Schweizer Buch. Serie A und Serie B
UdSSR	Bücherverzeichnis des Jahres (Книжная летопись)
	Neue Bücher (Новые книги)
USA	Publishers' Weekly

Namenregister

Patentregister

Nr. — Seite

Deutsche Patente [München] (D.B.P.)

Auslegeschriften der Patentanmeldungen des Deutschen Patentamtes München (D.A.S.)

Deutsche Patente D.P. [DDR]

Amerikanische Patente (A.P.)

Australische Patente (Aust.P.)

Belgische Patente (Belg.P.)

Canadische Patente (Can.P.)

Englische Patente (E.P.)

Französische Patente (F.P.)

Chemisches Zentralblatt

1962 Nr. 41 10. Oktober

Geschichte. Unterricht

T. W. Bonner (1910—1961). H. T. Richards. (Nuclear Physics [Amsterdam] **32.** 1—4. April 1962. Madison, Wis., Univ. of Wisconsin; engl.) — Nachruf u. Würdigung des am 19/10. 1910 geborenen u. am 6/12. 1961 gestorbenen Kernphysikers Prof. Dr. T. W. BONNER, zuletzt Direktor des Physikal. Inst. der Rice University, mit einer Auswahl seiner Veröffentlichungen, bes. auf neutronenphysikal. Gebiet. GERHARD SCHMIDT. 1□

H. V. A. Briscoe. G. Wilkinson. (Nature [London] **192.** 604. 18/11. 1961; engl.) — Nachruf auf HENRY VINCENT AIRD BRISCOE (geb. 24/9. 1890, gest. 24/9. 1961 in London), Professor für Anorgan. Chemie der Universität von London. BRISCOE bestimmte die Atomgewichte von V, Sn, Tl, B u. Br neu, arbeitete eine Meth. zur Behandlung flüchtiger, hydrolysierbarer Halogenide aus, beschäftigte sich mit der Chemie der Re-Oxide, -Halogenide u. -Sulfide u. des Se u. a. mehr. CH. WEISKE. 1□

Notiz über Max Geloso. P. Souchay. (Bull. Soc. chim. France **1961.** 871—73. Mai. Sorbonne; franz.) — Nachruf auf den Titularprof. an der Sorbonne (geb. 5/11. 1892 in Paris, gest. 20/7. 1960 in Saint-Rémy). — Bild. A. BLASCHETTE. 1□

Akademiemitglied A. F. Joffé. N. N. Semenov und V. N. Kondratiev. (Nature [London] **190.** 761—63. 27/5. 1961; engl.) — Nachruf auf den sowjet. Physiker A. F. JOFFÉ (gest. 14/10. 1960) u. Würdigung seines Werks (Photoelektrizität, magnet. Feld eines Kathodenstrahls, elektr. u. mechan. Eigg. von Isolatoren u. Halbleitern). A. BLASCHETTE. 1□

Erwin Schrödinger zum Gedenken. Erwin Fues. (Naturwissenschaften **48.** 393—94. 2. Mai-H. 1961. Stuttgart; dt.) — Nachruf auf den Begründer der Wellenmechanik (geb. 12/8. 1887 in Wien; gest. 4/1. 1961 in Wien) u. Würdigung seines Werks. A. BLASCHETTE. 1□

M. W. Travers. D. H. Everett. (Nature [London] **192.** 1127—28. 23/12. 1961; engl.) — Nachruf auf den emeritierten Professor für Chemie an der Universität Bristol MORRIS WILLIAM TRAVERS (geb. 24/1. 1872, gest. 25/8. 1961). Kurzer Lebensabriß u. Würdigung seiner Arbeiten zusammen mit WILLIAM RAMSAY (Edelgase) u. Verdienste um die Glas-Herst. (Duroglas). CH. WEISKE. 1□

Otto Diels 1876—1954. Sigurd Olsen. (Chem. Ber. **95.** V—XLVI. 1962; dt.) — Ausführliche Beschreibung des Lebens von Nobel-Preisträger Prof. OTTO DIELS (geb. 23/1. 1876 in Hamburg, gest. 7/3. 1954 in Kiel) u. Würdigung seiner wissenschaftlichen Arbeit. Zusammenstellung seiner Veröffentlichungen. — Bild. CH. WEISKE. 1□

Carl Nägeli und die Feinstruktur der lebenden Materie. J. S. Wilkie. (Nature [London] **190.** 1145—50. 24/6. 1961. London, Univ. Coll., Dep. of History and Phil. of Sci.; engl.) A. BLASCHETTE. 1□

Philosophische Gedanken zur Spektralanalyse. Rudolf Jantsch. (Wiss. Z. Techn. Hochschule Dresden **9.** 1111—13. 1959/60. Dresden, TH, Inst. für Gesellschaftswiss.; dt.) — Materialist.-histor.-dialekt. Betrachtung der Entdeckung von BUNSEN u. KIRCHHOFF. D. HOENE. 2□

Die Begründung der Spektralanalyse durch Bunsen und Kirchhoff und ihre heutige Bedeutung. Eberhard Steger. (Wiss. Z. Techn. Hochschule Dresden **9.** 1115—19. 1959/60. Dresden, TH, Inst. für anorg. u. anorg.-techn. Chem.; dt.) — Vf. berichtet über die Entw. der Spektralanalyse durch BUNSEN u. KIRCHHOFF, schildert die aus ihr gezogenen weiteren Erkenntnisse u. weist auf die Anwendung in Technik, Astronomie u. Physiologie hin. D. HOENE. 2□

Die Geschichte der Struktur des Acetons. Mel Gorman und Charles Doering. (Chymia [Philadelphia] **1959.** 202—08. San Francisco, Univ.; München, MPI für Biochem.; engl.) — Es wird ausgeführt, wie das schon im Mittelalter bekannte Aceton seit Beginn des 19. Jahrhunderts in seiner Zus. u. Einordnung umkämpft wurde, bis die Aufklärung seiner Struktur durch LOSCHMIDT u. KEKULÉ im Sinne einer C-Kette gelang. W. KUNTZ. 2□

Bestimmung des im Wasser gelösten Phlogistons. Ferenc Szabadváry. (Magyar tudományos Akad., kém. tudományok Osztályának Közleményei [Ung. Akad. Wiss., Ber. Abt. chem. Wiss.] **16.** 41–46. Sept. 1961. Budapest, TU, Lehrstuhl für allg. Chem.; ung.) — Der Arzt ÖSTERREICHER beschrieb in seinem Buch „Analyses aquarum Budensium, praemissa Methodo Cl. Prof. Winterl", Veterobudae 1781, die Wasseranalyse nach der Meth. des Prof. der Universität Buda, J. CL. WINTERL. Letzterer gab auch eine quant. Meth. zur Best. des Phlogistons im W. an, die eingehend beschrieben wird. Die übrigen Best.-Meth. der Bestandteile des natürlichen W. sind in vieler Hinsicht originell, z. B. eine primitive titrimetr. Meth. zur Best. des Carbonat-Geh. durch genau gewogene Säuremenge. I. NÁRAY-SZABÓ. 2

Makroprojektion des Kristallwachstums. Th. J. de Boer. (Nederl. Tijdschr. Natuurkunde **27.** 168–75. Mai 1961. Groningen, Natuurk. Labor.; niederl.) — Beschreibung der mit einfachen (in jeder Schule vorhandenen) Hilfsmitteln ausgeführten Makroprojektion von Kristallisationen aus Lsgg. durch Verdampfung des Lsgm., durch Abkühlung heißer Lsgg. u. Erstarren von Schmelzen. W. WESLY. 6□

Potentiometrische Titrationen. D. Chamberlain. (School Sci. Rev. **42.** 115–27. Nov. 1960. Cambridge, Perse School; engl.) — Beschreibung von Unterrichts-Verss. (potentiometr. Titration von MnO_4^- mit Fe^{2+}, JO_3^- mit J^-, $Cr_2O_7^{2-}$ mit Sn^{2+}, Ce^{4+} mit Oxalsäure, Ag^+ mit Cl^-, NaOH mit HCl, NaOH mit H_3PO_4 u. von Anilin mit $HClO_4$ in Eisessig). A. BLASCHETTE. 6□

Else Brandt, Organische Chemie in Frage u. Antwort. 8., verb. Aufl. Leipzig: J. A. Barth. 1962. (128 S. m. 3 Abb.) 8°. DM. 4,25.

A. Allgemeine, physikalische und anorganische Chemie

Virialtheorem für Vielelektronen-Dirac-Systeme. John N. Bahcall. (Physic. Rev. [2] **123.** 923–24. 1/11. 1961. Bloomington, Ind., Indiana Univ.; engl.) — Ableitung des Virialtheorems für ein Syst. von N relativist. Elektronen, die untereinander durch elektrostat. Kräfte in Wechselwrkg. stehen u. beliebigen äußeren elektromagnet. Feldern unterworfen sind. Die Ergebnisse werden in einer für Störungsberechnungen u. Unterss. von nichtisotropen Syst. geeigneten Form wiedergegeben. HERBERT WEBER. 10□

Über die Anwendung der Methoden der Quantenfeldtheorie zur Untersuchung der thermodynamischen Eigenschaften des Elektronen- und Photonengases. I. A. Achijeser und Ss. W. Peletminski. (Журнал Экспериментальной и Теоретической Физики [J. exp. theoret. Physik] **38.** 1829–39. Juni 1960. Physik.-Techn. Inst. der Akad. der Wiss. der UkrainSSR; russ., Auszug: engl.) — Mit den Meth. der Feldtheorie wird das thermodynam. Potential eines Elektronen-, Positronen- u. Photonengases bestimmt. Das Auffinden von Ausdrücken für das thermodynam. Potential eines Elektronen- u. Photonengases wird mit der Idealbedingung der Anwesenheit eines einheitlichen Untergrundes mit positiver Ladung erreicht. Dadurch wird eine Kompensation der Elektronenladung ermöglicht u. die Möglichkeit der Existenz eines thermodynam. Gleichgewichts geschaffen. Die Genauigkeit geht bis zu den Gliedern, die dem Ausdruck $e^4 \ln e^2$ proportional sind. Die auftretende Divergenz im Gebiet der großen Impulse virtueller Teilchen wird durch eine Masse-Ladung-Renormierung für das Elektron sowie durch eine Umbestimmung des Vakuumniveaus beseitigt. Es werden die Ausdrücke für den „Austauschteil" u. den „Korrelationsteil" des thermodynam. Potentials gefunden. Der Einfl. der im physikal. realen Syst. anwesenden Ionen wird für nicht sehr tiefe Temp. berücksichtigt. Außerdem wurden Korrekturen für die Strahlungsenergie des abs. schwarzen Körpers abgeleitet, die durch die Wechselwrkg. zwischen Photonen u. Elektron-Positron-Paaren bedingt sind. G. EWALD. 10□

Kann man das Schwartzschildsche Linienelement ohne die Feldgleichungen ableiten? Nandor L. Balazs. (Z. Physik **154.** 264–66. 1959. Chicago, Ill., Univ. of Chicago, Enrico Fermi Inst. for Nucl. Stud.; engl.) — Vf. zeigt, daß die von LENZ [1944] angegebene Ableitung des SCHWARTZSCHILDschen Linienelements für schwache Gravitationsfelder ohne Benutzung der EINSTEINschen Feldgleichungen u. unter alleiniger Verw. des Äquivalenzprinzips u. der Energieerhaltung in NEWTONscher Näherung korrekt u. damit die von KOHLER (Z. Physik **130.** [1951.] 139) daran geübte Kritik unzutreffend ist. D. JÖRCHEL. 10□

Ein Näherungsverfahren zur Auflösung von Kurven nach Exponentialfunktionen. W. Perl. (Int. J. appl. Radiat. Isotopes **8.** 211–22. Okt. 1960. Welfare Island, N.Y., Goldwater Memorial Hospital, 3. Med. Div., Res. Service; engl.) — Es wird eine rechner.

Meth. zur Analyse von (z. B. biolog.) Zerfallskurven erläutert, wobei der nach Ablauf langer Meßzeiten meist lineare Teil vom Gesamtverlauf der Kurve abgezogen u. der verbleibende Kurventeil weiterhin solange in gleicher Weise behandelt wird, bis eine Auflösung nach reinen Exponentialfunktionen vorliegt. W. Reusse. 10□

Louis Victor Broglie, New perspectives in physics. New York: Basic. 1962. (291 S. m. Abb.) $ 6.—

—, Tritium in the physical and biological sciences. Proceedings. 2. Vienna: International Atomic Energy Agency. 1962. (438 S.) 8⁰ = Scientific technical Information. Publ. 39. DM. 28,—.

A₁. Kernphysik und Kernchemie

Einfluß der weltweiten Veränderungen der isotropen Höhenstrahlintensität auf die tägliche Schwankung der Höhenstrahlung. R. P. Kane. (Indian J. Physics Proc. Indian Assoc. Cultivat. Sci. **35/44.** 213—35. Mai 1961; Ahmedabad, Phys. Res. Labor.; engl.) — Die weltweiten Schwankungen in der isotropen Höhenstrahlintensität beeinflussen den Tagesgang der Höhenstrahlung, die Effekte können bis zu 0,5% betragen. Die Möglichkeiten, sie zu eliminieren u. Schlüsse auf den echten Tagesgang zu ziehen, werden diskutiert. M. Wiedemann. 85□

Variationen ausgedehnter Luftschauer mit der Sonnenzeit. B. G. Wilson, J. G. G. Dionne und F. Terentiuk. (Canad. J. Physics **39.** 935—40. Juni 1961. Ottawa, Canada, Nat. Res. Counc., Div. of Pure Phys.; Calgary, Univ. of Alberta, Dep. of Phys.; engl.) — Mittels einer Zähleranordnung, die 50 m^2 bedeckte, wurden vom 1/7. 1959 bis 1/8. 1960 auf 51,2° N, 115,6° W u. 2283 m Höhe 150000 ausgedehnte Luftschauer mit hoher Elektronendichte, 36—2800 Teilchen/m^2, registriert. Es ergab sich für keine Dichte ein Anzeichen für eine starke halbtägige Schwankung. M. Wiedemann. 85□

Die Höhenstrahlfackeln vom 12. und 15. November 1960. L. D. De Feiter, A. Fréon und J. P. Legrand. (Proc., Kon. nederl. Akad. Wetensch., Ser. B **64.** 325—33. 1961. Paris, École normale supér., Labor. de Phys. Cosm. du CNRS; Sect. Ionosphère and Radioastron. of the Netherlands Postal and Telecommunicat. Serv.; engl.)—Die mittels Neutronenmonitoren an 4 Stationen mit geomagnet. Breiten von 58,6° N bis 46° N beobachteten Anstiege der Höhenstrahlung am 12. u. 15/11. 1960 werden analysiert. Das Steifespektrum des zusätzlichen Teilchenflusses wird ermittelt. Für den ersten Anstieg ergab sich ein Potenzgesetz mit dem Exponenten —7. Der zweite Anstieg vom 12/11. ist durch das Auftreten eines geomagnet. Sturms kompliziert. M. Wiedemann. 85□

Höhenstrahlung und Störung der unteren Ionosphärenschicht während der Fackel am 6/10. 1959. L. Křivský, P. Mokrý und J. Hladký. (Bull. astronom. Inst. Czechoslovakia **12.** 93—97. 1961. Ondřejov, Astronom. Inst.; Prag, Tschechoslov. Akad. der Wiss., Inst. für Phys.; engl.) — Vgl. C. **1961.** 4577. — Am 6/10. 1959 von 14.09 bis 14.45 wurde eine Chromosphärenfackel beobachtet. Ferner nahm die Radioemission mit den Wellenlängen 56 u. 130 cm zu. Auch ein Anstieg der Höhenstrahlung, gemessen sowohl mit Neutronenmonitoren als auch mit kub. Teleskopen, wurde beobachtet. Der Neutronenanstieg von 2,5—2,8% war extrem stark, die Ursachen werden diskutiert. M. Wiedemann. 85□

Untersuchung großer Ionisationsstöße, die durch Höhenstrahlteilchen auf Seehöhe hervorgerufen werden. Ss. Ja. Babetzki, S. A. Buja, N. L. Grigorow, Je. Ss. Losskewitsch, Je. I. Massalski, A. A. Oless und W. Ja. Schesstoperow. (Журнал Экспериментальной и Теоретической Физики [J. exp. theoret. Physik] **40.** 1551—61. Juni 1961. Moskau, Univ., Inst. für Kernphys.; russ., Auszug: engl.) — Auf Seehöhe wurden mit einer Anordnung aus 128 Ionisationskammern von insgesamt 10 m^2 Ionisationsstöße untersucht, die dem Durchgang von 1000 oder mehr relativist. Teilchen entsprechen. Der Exponent im integralen Spektrum der Stöße ergab sich zu 1,71 ± 0,04, für einzelne Teilchen betrug er dagegen 1,96 ± 0,03. M. Wiedemann. 85□

Abwesenheit von μ-e-Konversionsprozessen und die $\Delta I = 1/2$-Regel. Sidney A. Bludman. (Physic. Rev. [2] **124.** 947—52. 1/11. 1961. Berkeley, Calif., Univ. of California, Lawrence Radiat. Labor.; engl.) — Unterss. über das Verbot von Prozessen vom Typ $\mu \to e + \gamma$ usw. nach der Theorie der universellen Fermi-Wechselwirkungen. Herbert Weber. 90□

Bildung von Myonium und Beobachtung seiner Larmorpräzession. V. W. Hughes, D. W. McColm, K. Ziock und R. Prepost. (Physic. Rev. Letters **5.** 63—65. 15/7. 1961. New Haven, Conn., Yale Univ., Gibbs Labor.; New York, N.Y., Columbia Univ., Nevis Labor.; engl.) — In Ar von 50 at wurde Myonium erzeugt. Die charakterist. Präzessionsfrequenz im Zustand (F, m_F) = 1, —1) mit F = gesamtes atomares Bahnmoment,

m_F = magnet. Quantenzahl, wird mittels eines äußeren Magnetfeldes von 3—5 Gauß nachgewiesen. Die Verteilung der Zeitintervalle zwischen den ankommenden Myonenimpulsen u. denen der Zerfallspositronen wird in ein Impulshöhenspektrum umgewandelt. M. Wiedemann. 90□

Gleichung für die Photoerzeugung von Pionen an Nucleonen unter Berücksichtigung der Pion–Pion-Wechselwirkung. L. D. Ssolowjew, G. Bjalkowski und A. Jurewitsch. (Журнал Экспериментальной и Теоретической Физики [J. exp. theoret. Physik] **40.** 839—47. März 1961. Verein. Inst. für Kernforsch.; russ., Auszug: engl.) — Für die Partialamplituden der Photoerzeugung von Pionen an Nucleonen bei niedrigen Energien werden Gleichungen erhalten, bei denen Nucleonenrückstoß u. Pion-Pion-Wechselwrkg. berücksichtigt werden. Letztere trägt nur zu den isotop. skalaren, nicht zu den isotop. vektoriellen Amplituden bei. M. Wiedemann. 90□

Einfluß der Pion–Pion-Resonanz auf das Negativ–Positiv-Verhältnis. James S. Ball. (Physic. Rev. Letters **5.** 73—74. 15/7. 1960. Berkeley, Calif., Univ. of California, Lawrence Radiation Labor.; engl.) — Der Beitrag der π–π-Resonanz zur Photoerzeugung hat einen starken Einfl. auf das π^-/π^+-Verhältnis an der Schwelle.
M. Wiedemann. 90□

Beobachtung der π–π-Resonanz bei der Pionenerzeugung. S. D. Drell und F. Zachariasen. (Physic. Rev. Letters **5.** 66—68. 15/7. 1960. Stanford, Calif., Univ., Inst. of Theor. Phys., Dep. of Phys.; engl.) — Es wird eine Analyse der Rkk. $\gamma + N \rightarrow \pi + \pi + N$ u. $\pi + N \rightarrow \pi + \pi + N$ vorgeschlagen, um experimentell Aufschluß über die π—π-Resonanz zu erhalten. M. Wiedemann. 90□

Pion–Pion-Wechselwirkungen und Pionenerzeugungs-Verzweigungsverhältnisse bei der dritten Resonanz. E. O. Salant, E. Pickup, D. K. Robinson und B. A. Munir. (Rev. mod. Physics **33.** 435—36. Juli 1961. Upton, N.Y., Brookhaven Nat. Labor.; engl.) — Das Verzweigungsverhältnis $(\pi^- + p \rightarrow \pi^- + \pi^+ + n)/(\pi^- + p \rightarrow \pi^- + \pi^0 + p)$ ist für Energien des einfallenden Pions von 810—1100 MeV tabelliert, die Werte werden im Hinblick auf Pion–Pion-Wechselwrkg. diskutiert.
M. Wiedemann. 90□

Anomalie in der Mesonenerzeugung bei p + d-Stößen. Norman E. Booth, Alexander Abashian und Kenneth M. Crowe. (Physic. Rev. Letters **7.** 35—39. 1/7. 1961. Berkeley, Calif., Univ. of California, Lawrence Radiat. Labor.; engl.) — Protonen mit 624—743 MeV passierten ein gasförmiges D_2-Target bei der Temp. des fl. N_2 u. von 300 at Druck. Die Impulsspektren der gebildeten ^{3}He u. ^{3}H wurden mittels magnet. Ablenkung bestimmt. Im ^{3}He-Spektrum wurde ein anomales Maximum bei 310 MeV gefunden, dem ein Isospin $I = 0$ zugeordnet wird. Diese Anomalie kann durch eine starke S-Wellen-π–π-Anziehung gedeutet werden. M. Wiedemann. 90□

Doppelte Mesonenerzeugung bei Proton–Deuteron-Stößen. Norman E. Booth, Alexander Abashian und Kenneth M. Crowe. (Rev. mod. Physics **33.** 393—94. Juli 1961; engl.) — Vgl. vorst. Referat. — Die Impulsspektren von ^{3}He u. ^{3}H bei Rkk. von 740-MeV-Protonen mit Deuteronen wurden mit größerer Genauigkeit aufgenommen. Der Anomalie im Bereich entsprechend einer doppelten Pionenerzeugung wird ein Isospin $I = 0$ zugeordnet. M. Wiedemann. 90□

Modifizierte statische Gleichungen für die Kπ-Wechselwirkung. Wirkung der Pion–Pion-Resonanz. B. W. Lee und K. S. Cho. (Nuovo Cimento [10] **20.** 553—69. 1/5. 1961. Philadelphia, Pa., Univ. of Pennsylvania, Dep. of Phys.; engl.) — Die Isospinaufspaltung der Kπ-Streuung u. der Effekt der starken Pion–Pion-Wechselwrkg. im $T = J = 1$-Zustand werden untersucht. Die Doppeldispersions-Darst. der Kπ-Wechselwrkg. wird auf ein einziges Integral reduziert. Die resultierende Gleichung hat die Struktur der Gleichung der stat. Theorie, die Lösung wird diskutiert. M. Wiedemann. 90□

Dispersionsbeziehungen für Kaon–Nucleon-Streuung und KK$\pi\pi$-Wechselwirkung. Keiji Igi. (Progr. theoret. Physics [Kyoto] **25.** 753—79. Mai 1961. Tokyo, Univ., Dep. of Phys.; engl.) — Mittels der Cini-Fubini-Approximation wird die KK$\pi\pi$-Wechselwrkg. zusammen mit K-Nucleon–Hyperon-Wechselwrkg. behandelt. Die vom Isospin abhängigen u. unabhängigen Anteile können getrennt werden. Experimente zu ihrer Best. werden vorgeschlagen. M. Wiedemann. 90□

Ein isobarer K*-Zustand im K–π-System und der Prozeß $p + \bar{p} \rightarrow K + \bar{K} + \pi + \pi$. Shigeo Minami. (Progr. theoret. Physics [Kyoto] **25.** 861—63. Mai 1961. Osaka, Osaka City Univ., Dep. of Phys.; engl.) — Unter der Annahme, daß die Rk. nach $p + \bar{p} \rightarrow K^* + \bar{K}^* \rightarrow K + \bar{K} + \pi + \pi$ verläuft, werden die Verzweigungsverhältnisse berechnet, falls nur der Zustand $I = 1$ oder nur der Zustand $I = 0$ stark reagiert.
M. Wiedemann. 90□

K-Meson-Nucleon-Wechselwirkung bei hoher Energie. Shigeo Minami. (Progr. theoret. Physics [Kyoto] **25.** 863—65. Mai 1961; engl.) — Vgl. vorst. Referat. — Die Vorhersagen auf die $\overline{K}$—N- u. K—N-Stöße bei Beachtung der Isobarenzustände K* oder $\overline{K}$* werden erörtert. M. WIEDEMANN. 90□

Ungerade Σ-Λ-Parität und Pion-Hyperon-Streuung. Richard H. Capps. (Physic. Rev. [2] **124.** 945—46. 1/11. 1961. Evanston, Ill., Northwestern Univ.; engl.) — Von den stat. Dispersionsbeziehungen für die π—Λ- u. π—Σ-Streuamplituden (S-Welle) ausgehende Unters. unter Annahme einer vorherrschenden $\pi\Lambda\Sigma$-Wechselwirkung. HERBERT WEBER. 90□

Die Zweikörper-Spin-Bahn-Wechselwirkung. S. M. Vaidya. (Nuclear Physics [Amsterdam] **5.** 179—82. 1. Jan.-H. 1958. Bombay, Tata Inst. of Fundament. Res.; engl.) — Die Einführung der Zweikörper-Spin-Bahn-Wechselwrkg. beim Deuteron beeeinflußt wesentlich die Stärke der zentralen u. tensoriellen Wechselwrkg., u. zwar variieren diese linear mit der Spin-Bahn-Wechselwirkung. M. WIEDEMANN. 90□

Theorie des Streuoperators. 2. Mitt. **Mehrkanalstreuung.** J. M. Jauch. (Helv. physica Acta **31.** 661—84. 30/12. 1958. Geneva, CERN, Theoret. Study Div.; engl.) — 1. vgl. Helv. physica Acta **31.** [1958.] 127. — Die mathemat. Theorie des Streuoperators wird auf Syst. mit einer beliebigen Anzahl von Kanälen erweitert. Das Streu-Syst. wird als quantenmechan. Syst. definiert. Die Existent des Streuoperators u. die Eig. der Unitarität werden bewiesen. M. WIEDEMANN. 90□

Links-Rechts-Asymmetrie bei Compton-Streuung durch transversal polarisierte Elektronen. S. C. Miller und R. M. Wilcox. (Physic. Rev. [2] **124.** 637—39. 1/11. 1961. Boulder, Colo., Univ. of Colorado, Dep. of Phys.; engl.) — Die theoret. Unters. führt zur Auffindung einer L-R-Asymmetrie im Querschnitt für die COMPTON-Streuung für den Fall, daß nur das Targetelektron polarisiert ist. HERBERT WEBER. 90□

Elastische Streuung von Photonen an Protonen. 1. Mitt. J. W. DeWire, Martin Feldman, V. L. Highland und Raphael Littauer. (Physic. Rev. [2] **124.** 909—12. 1/11. 1961. Ithaca, N.Y., Cornell Univ., Labor. of Nucl. Studies; engl.) — Vorläufige Ergebnisse über die elast. γ-p-Streuung (Bremsstrahlung des 1,2-GeV-Elektronensynchrotrons, fl. H_2-Target, Bleiglas-ČERENKOV-Zähler) zeigen ein Maximum in der Nähe von 300 MeV. Es bestehen Anzeichen für einen $\cos^2 \theta$-Term in der Schwerpunkts-Winkelverteilung. HERBERT WEBER. 90□

Elastische Streuung von Photonen an Protonen. 2. Mitt. A. P. Contogouris. (Physic. Rev. [2] **124.** 912—16. 1/11. 1961; engl.) — 1. vgl. vorst. Referat. — Der differentielle Querschnitt für COMPTON-Streuung an Protonen bei verschiedenen Energien im Bereich der 3—3-Pion-Nucleon-Resonanz u. darüber wird berechnet. Dazu wird die Unitarität der S-Matrix u. ein Satz Dispersionsbeziehungen für die Streuamplituden benutzt. Für die 1. u. 2. Photopionenmaxima werden Aussagen erhalten. HERBERT WEBER. 90□

Effektive Ordnungszahlen von Legierungen und Verbindungen. J. Rama Rao, V. Lakshminarayana und Swami Jnanananda. (J. sci. ind. Res. [New Delhi], Sect. B **20.** 587—89. Dez. 1961. Waltair, Andhra Univ., Labor. for Nuclear Res.; engl.) — Die effektiven Ordnungszahlen von *W.*, *Polymethylmethacrylat* (**I**), *Monelmetall* u. *W-Stahl* wurden über den Massenschwächungs-Koeff. von γ-Strahlen der Energie 662 MeV u. 1,332 MeV ermittelt. Es zeigt sich gute Übereinstimmung zwischen Experiment u. Theorie. Z_{eff} stimmt für W., **I** u. Monelmetall bei beiden Energien gut überein, nur beim W-Stahl ergibt sich eine Abweichung von 4,7%, die durch verschiedene Wechselwrkg.-Prozesse bei den einzelnen Energien erklärt werden kann u. in Übereinstimmung mit Vorhersagen von HINE (C. **1952.** 7764) steht. G. M. NEUMANN. 90□

Totale Absorption von γ-Strahlen von 15—27 MeV in Be. U. Miklavzic, N. Bezic, D. Jamnik, G. Kernel, Z. Milavc und J. Snajder. (Nuclear Physics [Amsterdam] **31.** 570—74. April 1962. Ljubljana, Inst. Jozef Stefan; engl.) — Unter Verw. des Spektrums eines 30-MeV-Betatrons u. eines COMPTON-Magnetspektrometers bestimmen Vff. die totale Absorption der γ-Strahlen von 15—27 MeV in Be. Eine unabhängige Vers.-Reihe besteht aus der Messung mit Absorber, ohne Absorber u. Background-Messungen ohne Polyäthylen-Konverter sowohl für Elektronen als auch für Positronen. Der Vgl. der Absorptionsergebnisse mit den Ergebnissen der gemessenen partiellen Querschnitte zeigt befriedigende Übereinstimmung. GERHARD SCHMIDT. 90□

Unterdrückung der Zweimesonenvernichtung bei der Antiproton-Proton-Wechselwirkung. E. O. Okonow. (Журнал Экспериментальной и Теоретической Физики [J. exp. theoret. Physik] **40.** 1728—31. Juni 1961. Verein. Inst. für Kernforsch.; russ., Auszug: engl.) — Die geringe Häufigkeit der Vernichtungs-Rk. nach $p + \overline{p} \rightarrow \pi^+ + \pi^-$ u. die Frage des Vork. von $p + \overline{p} \rightarrow K + \overline{K}$ werden diskutiert, die experimentellen Daten werden analysiert. M. WIEDEMANN. 90□

Konstruktion von Phasenverschiebungs-Energie-Kurven für einen Nucleon-Nucleon-Stoß im nichtrelativistischen Bereich. W. Paskievici. (J. Physique Radium **19.** 22 S. Juni 1958. Strasbourg, Fac. des Sci., Inst. de Phys.; franz.) A. Blaschette. 90□

Wellenfunktionen und Matrixelemente für das Triton. L. Cohen und J. B. Willis. (Nuclear Physics [Amsterdam] **32.** 114—27. April 1962. Southampton, Univ. of Southampton, Math. Dep.; engl.) — Vgl. C. **1961.** 18581. — Vff. verwenden frühere für das α-Teilchen entwickelte Meth., um die Funktionen zu beschreiben, die bei der Grundzustands-Wellenfunktion von ^3H auftreten können. Es werden drei S-Zustands-, vier P-Zustands- u. vier D-Zustands-Funktionen erhalten. Gerhard Schmidt. 90□

α-Teilchen-Wellenfunktionen und der Myoneneinfang in ^{4}He. A. Bietti. (Nuovo Cimento [10] **20.** **1043**—**45.** Juni 1961. Roma, Univ., Scuola di Perfezion. in Fis.; engl.) — Vf. liefert einen Beitrag zu der Arbeit von Primakoff (C. **1961.** 1794) über die α-Teilchen-Wellenfunktion u. schlägt zur Unters. des Myoneneinfangs in ^{4}He einige Experimente vor. H. Schroeder. 90□

Beobachtungen des Mößbauer-Effekts in ^{57}Fe. S. S. Hanna, J. Heberle, C. Littlejohn, G. J. Perlow, R. S. Preston und D. H. Vincent. (Physic. Rev. Letters **4.** 28—29. 1/1. 1960. Lemont, Ill., Argonne Nat. Labor.; engl.) — Vff. bestimmten folgende maximalen Resonanzabsorptionen (in %) für folgende Kombinationen aus Quelle [plattierter Co–Fe-Film bei Raum-Temp. (**I**) u. bei Temp. des fl. N_2 (**II**) sowie angereichertes $FeSO_4 \cdot 7\,H_2O$ bei Raum-Temp. (**III**) u. Temp. des fl. N_2 (**IV**)] u. Absorber [gewalzte Fe-Folie mit 2,5 mg/cm² ^{57}Fe bei Raum-Temp. (**V**) u. bei Temp. des fl. N_2 (**VI**) sowie **III**]: **I**—**V** 52, **II**—**VI** 75, **III**—**V** ca. 0, **III**—**III** 4, **IV**—**V** 10 u. **IV**—**III** 8 (jeweils mit einem Fehler von ca. $\pm$ 5). Ferner werden die gemessenen Kurven der Transmission als Funktion der Relativ-Geschw. zwischen Metallabsorber u. -quelle, beide bei Raum-Temp., für verschiedene „dicke" Absorberdicken angegeben. Die Kurven sind symmetr. um die Null-Geschw. u. liefern unter der vereinfachenden Annahme, die Anteile der Kerne in der Quelle, welche ohne Rückstoß emittieren, sowie im Absorber, welche ohne Rückstoß absorbieren, seien gleich, für diesen Anteil den Wert 0,6 (theoret. Wert für Raum-Temp. 0,7). Die gemessenen Querschnitte für die Absorption von γ-Strahlen bei der Resonanz betragen ca. 1,4 Megabarn, das ist ca. 300mal so groß wie der Querschnitt der elektron. Absorption pro Atom. Die empir. Breiten der Transmissionsminima sind ca. 2mal so breit wie die zu erwartende natürliche Breite, was die „dicke" Natur der Absorber bestätigt. Die empir. Breite scheint von der Umgebung des Emitters oder Absorbers abzuhängen. D. Jörchel. 95□

Mößbauer-Effekt der intermetallischen Verbindung UFe_2. Shigehiro Komura, Nobuhiko Kunitomi, Poh-Kun Tseng, Naomoto Shikazono und Hidekuni Takekoshi. (J. physic. Soc. Japan **16.** **1479.** Juli 1961. Tokai-mura, Ibaraki-ken, Japan Atomic Energy Res. Inst.; engl.) — Vff. bestimmten das Absorptionsspektrum mit ^{57}Fe im UFe_2 bei der Temp. des fl. N_2 in Abhängigkeit von der Geschw. der γ-Quelle u. fanden einen Wert von 65 $\pm$ 8 keV für das Hyperfeinfeld der ^{57}Fe-Kerne im UFe_2. H. Schroeder. 95□

Nachweis der Hyperfeinstrukturaufspaltung des 8,42-keV-γ-Strahles von ^{169}Tm durch den Mößbauer-Effekt in Tm_2O_3. Michael Kalvius. (Z. Naturforsch. **17a.** 248—59. März 1962. München, TH, Labor. für Techn. Phys.; dt.) — Es wurde die rückstoßfreie Kernresonanzabsorption des 8,42-keV-γ-Strahles von ^{169}Tm im Oxidkristall untersucht. Die Strahlenquelle (Er_2O_3) u. der Absorber (Tm_2O_3) wurden auf Zimmer-Temp. gehalten. Das gemessene Mössbauer-Spektrum zeigt reine Quadrupolaufspaltung des 8,42-keV-Zustandes von ^{169}Tm für die Tm-Ionen mit C_2-Symmetrie sowie auch solche mit C_{3i}-Symmetrie. Die elektr. Wechselwrkg.-Energien W_{el} wurden zu $W_{el}(C_2) = 8 \cdot 10^{-7}$ u. $W_{el}(C_{3i}) = 1{,}9 \cdot 10^{-6}$ eV bestimmt. Ch. Weiske. 95□

(N—Z)-Abhängigkeit der Wirkungsquerschnitte für strahlenden Deuteroneneinfang. J. H. Carver und G. A. Jones. (Nuclear Physics [Amsterdam] **24.** 607—13. Mai 1961. Canberra, Austral. Nat. Univ.; Harwell, AERE; engl.) — Targets aus ^{58}Ni u. ^{54}Cr wurden mit Deuteronen von 3,5, 4 u. 4,5 MeV beschossen u. die (d,γ)-Wrkg.-Querschnitte durch Nachw. der γ-Strahlung mittels eines NaJ(Tl)-Spektrometers bestimmt. Bei 4,5 MeV wurde im Falle von ^{58}Ni gefunden $\sigma(d,\gamma) = 61$ μbarn u. $\sigma(d,n) = 85$ mbarn, bei ^{54}Cr $\sigma(d,\gamma) = 295$ μbarn u. $\sigma(d,p) = 75$ mbarn. Die Wrkg.-Querschnitte können mit dem statist. Zerfall eines Compoundkerns gedeutet werden. Die Abhängigkeit von N—Z bei diesen u. den Werten für ^{64}Zn(d,γ) spricht nicht für einen großen Beitrag des direkten Einfanges des elektr. Dipols. M. Wiedemann. 103□

Untersuchungen über den nichtresonanten Anteil der $^{7}Li(p, \gamma)$-Strahlung. G. Breuer, V. Riech, E. Thormann und H. Neuert. (Z. Physik **161.** 500—08. 1961. Hamburg, Physik. Staatsinst., I. Inst. für Exp.-Phys.; dt.) — Die Winkelverteilungen der 17,6-MeV-γ-Strahlung aus der Rk. $^{7}Li(p, \gamma)^{8}Be$ wurden zwischen $E_p = 0,4$ u. $E_p = 0,65$ MeV gemessen. Es wurden die bekannte starke Asymmetrie, die sich aus der Interferenz zwischen der 441-keV-Resonanzstrahlung u. der nichtresonanten Strahlung herleitet, sowie ein $\cos^2 \Theta$-Term, der mit zunehmender Energie schwach anwächst, beobachtet. Die nichtresonante Strahlung ist überwiegend auf den s-Welleneinfang zurückzuführen, wobei ein kleiner zusätzlicher Anteil der p-Wellen berücksichtigt werden muß. W. Betcke. 103□

Winkelverteilung der α-Teilchen aus der Reaktion $^{19}F(p, \alpha)^{16}O$. I. B. Teplow, O. P. Schewtschenko und E. K. Ruuge. (Журнал Экспериментальной и Теоретической Физики [J. exp. theoret. Physik] **39.** 923—28. Okt. 1960. Moskau, Univ.-Inst. für Kernphys.; russ., Auszug: engl.) — Mit einem Teleskop aus 3 Proportionalzählern werden die Winkelverteilungen von α-Teilchen aus der Rk. $^{19}F(p, \alpha)^{16}O$ bei $E_p = 5,1-6,6$ MeV gemessen. Im gesamten Energiebereich sind die Winkelverteilungen stark anisotrop. Es wird versucht, aus den Ergebnissen den Rk.-Mechanismus zu erklären. K.-E. Seyb. 103□

Der Zerfall von ^{26}Si. E. L. Robinson und O. E. Johnson. (Physic. Rev. [2] **120.** 1321—27. 15/11. 1960. Lafayette, Ind., Purdue Univ., Phys. Dep.; engl.) — Beim Beschuß von im Vakuum dest. *Mg* mit 8-MeV-^{3}He-Ionen beobachten Vff. eine $(2,1 \pm 0,3)$-s-Aktivität. Die Halbwertszeit-Unterss. unter Verw. von NaJ(Tl)-Scintillationszählern liefern den Nachw., daß diese Aktivität von dem Zerfall eines positronenemittierenden Isotops mit einer maximalen kinet. Energie $> 3,5$ MeV herrührt. Die Ergebnisse der Halbwertszeit-Unterss., experimentellen γ-Spektren u. der Kernsystematik stützen den Schluß, daß die 2,1-s-Halbwertszeit diejenige von ^{26}Si-Nuclids ist, das bei der Rk. $^{24}Mg(^{3}He, n)^{26}Si$ erzeugt wird. Ein diesbezügliches Zerfallsschema wird vorgeschlagen. Der Grundzustand von $^{26}Si(0^+)$ zerfällt unter Emission von 2 Positronengruppen zu angeregten Zuständen von ^{26}Al. Der Übergang größter Intensität, $E_0 = 3,76$ MeV, verläuft zum 0,228-MeV-Zustand (0^+) von ^{26}Al. Der zweite Übergang, $E_0 = 2,94$ MeV, erfolgt zum 1,05-MeV-Zustand (1^+) von ^{26}Al. Die 1,05- u. 0,228-MeV-Zzstände werden dann durch einen (824 ± 15)-keV-γ-Übergang verbunden. Die Energien der Positronenübergänge werden aus den bekannten Niveaus von ^{26}Al u. der $^{26}Si-^{26}Al$-Massendifferenz abgeleitet. Gerhard Schmidt. 103□

β-Zerfall von ^{32}P. B. W. Geschkenbein. (Журнал Экспериментальной и Теоретической Физики [J. exp. theoret. Physik] **38.** 1341—42. April 1960; russ.) — Die Abweichung des β-Spektrums von ^{32}P von der Fermi-Form wird theoret. diskutiert. K.-E. Seyb. 103□

Über die Halbwertszeit von ^{32}P. Ingrid Fogelström-Fineman und Torbjörn Westermark. (Acta chem. scand. **14.** 2046—48. 1960. Stockholm, KTH, Div. of Phys. Chem.; engl.) — Vff. beschreiben eine Meth., mit deren Hilfe zwei ^{33}P-Proben mit niedrigem ^{32}P-Geh. aus S im Reaktor hergestellt werden. Die β-Aktivitätsmessungen werden mit einem Geiger-Müller-Zählrohr durchgeführt u. erstreckten sich auf ca. $^{1}/_{2}$ Jahr. Zusätzlich werden Messungen mit Al-Filtern von 10,1 u. 55,2 mg/cm^3 durchgeführt. Das gewogene Mittel der Ergebnisse der beiden ^{33}P-Proben ergibt eine Halbwertszeit von $25,2 \pm 0,5$ d. G. Jordan. 103□

Fastharmonische Struktur und Niveauähnlichkeiten in ^{56}Fe, ^{58}Fe und ^{60}Ni. N. Levine, H. Frauenfelder und A. Rossi. (Z. Physik **151.** 241—51. 8/5. 1958. Urbana, Ill., Univ. of Illinois, Phys. Dep.; engl.) — Aus den Ergebnissen von Zerfalls- u. Richtungskorrelationsmessungen an ^{56}Fe u. ^{60}Ni wird gefolgert, daß in ^{60}Ni eine ähnliche fastharmon. Struktur wie in ^{58}Fe existiert u. daß, obwohl in ^{56}Fe M 1-Übergänge auf die Abwesenheit des fastharmon. Typs hinweisen, große Niveauähnlichkeiten auch zwischen ^{56}Fe u. ^{58}Fe sowie ^{60}Ni bestehen. D. Jörchel. 103□

Zerfall von Selen-73. R. W. Hayward und D. D. Hoppes. (Physic. Rev. [2] **101.** 93—97. 1/1. 1956. Washington, D.C., Nat. Bur. of Stand.; engl.) — Durch Bestrahlung von *Ge*-Metall mit 28-MeV-α-Teilchen wurde ^{73}Se erhalten, das mittels Hydroxylamin-HCl u. -KJ als Metall gefällt wurde. Das Spektrum der Positronen u. Konversionselektronen wurde mittels eines β-Magnetlinsenspektrometers aufgenommen, das γ-Spektrum mit einem NaJ(Tl)-Scintillationsspektrometer. Die γ-Strahlen 65,8 u. 359 keV waren etwa gleich stark, sie koinzidierten miteinander u. koinzidierten verzögert mit der Vernichtungsstrahlung, die vom Positronenzerfall herrührt. Die Hauptgruppe mit 1,29 MeV regt die γ-Kaskade an, die schwächere mit 1,65 MeV nur das 65,8-keV-Niveau. Ein entsprechendes Termschema von ^{73}Se wird aufgestellt. M. Wiedemann. 103□

Zerfall von ^{102}Rh und die Niveaus von ^{102}Ru. Kazuo Hisatake. (J. physic. Soc. Japan **16.** 1280—91. Juli 1961. Meguro-ku, Tokyo, Tokyo Inst. of Technol.; engl.) — Die Maximalenergien der beim Zerfall von ^{102}Rh entstehenden Elektronen betragen $E_{max}(\beta^-) = 1{,}15$ MeV u. $E_{max}(\beta^+) = 1{,}30$ u. 0,82 MeV. Ein Niveauschema für ^{102}Ru mit Niveaus (Spin) bei 0,476 (2^+), 1,106 (2^+), 1,53 (3^+), 1,85 (?), 1,87 (1^+, 2^+ oder 3^+), 2,06 (?) u. 2,23 (3^-) MeV wird aufgestellt. Der Übergang zwischen dem 1. u. 2. 2^+-Niveau ist hauptsächlich E 2. Messungen der γ—γ-Winkelkorrelation wurden durchgeführt. H. Schroeder. 103□

β- und γ-Spektren der ^{113}Sb- und ^{115}Sb-Isotope. W. L. Tschichladse, D. Je. Chulelidse und I. P. Sselinow. (Журнал Экспериментальной и Теоретической Физики [J. exp. theoret. Physik] **38.** **1353.** April 1960; russ.) — Mit einem Doppellinsen-β-Spektrometer werden im Spektrum von ^{113}Sb 2 Positronenkomponenten mit E_β(max) $= 1{,}85 \pm 0{,}02$ u. $2{,}42 \pm 0{,}02$ MeV u. im Spektrum von ^{115}Sb eine Komponente mit E_β(max) $= 1{,}51 \pm 0{,}02$ MeV beobachtet. Aus dem Konversionselektronenspektrum von ^{115}Sb ergibt sich eine γ-Linie mit $0{,}499 \pm 0{,}002$ MeV. Im γ-Spektrum von ^{113}Sb werden 8 γ-Linien mit einem Scintillationsspektrometer festgestellt. K.-E. Seyb. 103□

γ-Ausbeute bei der unelastischen Streuung von Neutronen an Antimonkernen. D. L. Broder, A. I. Laschuk und I. P. Ssadochin. (Известия Академии Наук СССР, Серия Физическая [Nachr. Akad. Wiss. UdSSR, physik. Ser.] **25.** 309—12. Febr. 1961; russ.) — Mittels Protonen von 1,5—3,3 MeV wurden nach der Rk. ^{3}H(p, n)^{3}He Neutronen gewonnen u. in einer ringförmigen Geometrie an Sb unelast. gestreut. Mittels NaJ(Tl)-Kristall mit 128-Kanal-Amplitudenanalysator wurden die γ-Spektren im Bereich von 0,5—1,5 MeV aufgenommen. Die Ausbeuten an γ-Quanten von 1,01 u. 0,84 MeV wurden für Neutronenenergien bis 2,8 MeV bestimmt. Im ersten Fall liegt der Querschnitt bei 1,2 barn. Der Verlauf der Kurve wird mit Niveaus von Sb in Verbindung gebracht. M. Wiedemann. 103□

Herstellung des langlebigen Holmium-163. Robert A. Naumann, Maynard C. Michel und John L. Power. (J. inorg. nuclear Chem. **15.** 195—96. Sept. 1960. Berkeley, Calif., Univ. of California, Lawrence Radiat. Labor.; Princeton, N.J., Univ.; engl.) — Vff. bestrahlten Er_2O_3 mit 100fach angereichertem ^{162}Er 3 Monate mit insgesamt $2 \cdot 10^{21}$ n/cm^2 s im MTR. ^{163}Ho u. ^{165}Ho wurden massenspektrometr. nachgewiesen. Die Halbwertszeit des K-Einfangs von ^{163}Ho wurde zu >1000 Jahren angenommen. H. Schroeder. 103□

Kernspektroskopische Untersuchungen der radioaktiven Isotope ^{195}Hg–Au und ^{193}Hg–Au. J. Brunner, J. Halter und P. Scherrer. (Helv. physica Acta **31.** 335—78. 15/7. 1958. Zürich, ETH; dt.) — Vgl. C. **1959.** 16220. — Mittels β- u. γ-Spektroskopie sowie Koinzidenztechnik bestimmen Vff. den Zerfall von ^{195}Hg u. ^{193}Hg. Die resultierenden Niveauschemata von ^{195}Au u. ^{193}Au vergleichen Vff. mit den Voraussagen der Kernmodelle (Schalenmodell u. kollektives Modell). Spin u. Parität werden für die meisten Niveaus ermittelt, ferner die Protonenkonfigurationen auf Grund der Betrachtungsweise des Schalenmodells. Die Niveauschemata von ^{197}Au, ^{195}Au u. ^{193}Au zeigen bis zu Energien von ca. 1,5 MeV bemerkenswerte Analogien. G. Ruban. 103□

Der Zerfall von ^{196}Au. A. H. Wapstra, J. F. W. Jansen, P. F. A. Goudsmit und J. Oberski. (Nuclear Physics [Amsterdam] **31.** 575—83. April 1962. Amsterdam, Inst. voor Kernphys. Onderz.; engl.) — Strahlenquellen für die γ-Spektroskopie werden durch Au(n, 2n)-Rkk. auf Au hergestellt. Das β-Spektrometer besteht aus einem doppelfokussierenden Spektrometer ohne Eisenjoch. Die γ-Spektren werden mit einem NaJ-Kristall vom Muldentyp aufgenommen. Die Elektroneneinfang-Zerfallsenergie von ^{196}Au, wie sie aus dem prozentualen L-Einfang in der Verzweigung zu einem **1447-keV**-Zustand in ^{196}Pt bestimmt wird, beträgt 1485 (+15, −8) **keV**. Zusätzlich zu dem 1447-keV-Zustand werden Niveaus bei 877 keV u. evtl. bei 1320 keV bei diesem Zerfall besetzt. Die Halbwertszeit von ^{196}Au ergibt sich zu $6{,}15 \pm 0{,}15$ d. Gerhard Schmidt. 103□

Der Negatronübergang in ^{196}Au. E. W. A. Lingeman, K. E. G. Löbner, G. J. Nijgh und A. H. Wapstra. (Nuclear Physics [Amsterdam] **31.** 584—86. April 1962; engl.) — Vgl. vorst. Referat. — Mit einem β-Spektrometer vom Linsentyp bestimmen Vff. im Anschluß an l. c. die Endpunktenergie des β^--Spektrums, das durch das 6-d-^{196}Au emittiert wird, zu 259 ± 4 keV in Koinzidenz mit dem dem Zerfall folgenden 426-keV-γ-Übergang. Für die Halbwertszeit von ^{196}Au wird nach der verwendeten Meth. ein Wert von $6{,}07 \pm 0{,}11$ d erhalten. Gerhard Schmidt. 103□

Präzise Form des β-Spektrums von ^{198}Au. Pierre Depommier und Marc Chabre. (C. R. hebd. Séances Acad. Sci. **252.** 1587—89. 13/3. 1961. Grenoble, Univ., Labor. de Phys. nucl., Centre d'Études nucl.; franz.) — ^{198}Au wurde durch Neutronenbestrahlung erzeugt u. auf Al überzogenem Formvar aufgedampft. Zur Eichung des

Siegbahn-β-Spektrometers diente ^{24}Na. Der Formfaktor des β-Spektrums von ^{198}Au kann durch $S = [1 + g(W_0 - W)]^2$ mit $g = 0{,}034 \pm 0{,}004$ u. $W_0 = 962 \pm 1$ keV wiedergegeben werden. M. Wiedemann. 103 □

Der Spaltungs-Wirkungsquerschnitt von 10,1-h-^{244}Am für thermische Neutronen. S. E. Vandenbosch und J. Gray jun. (J. inorg. nuclear Chem. **23.** 187—89. Dez. 1961, herausgeg. April 1962. Argonne, Ill., Argonne Nat. Labor.; engl.) — ^{244}Am wurde durch Bestrahlen von ca. 30 μg ^{243}Am mit einem Neutronenfluß von $7 \cdot 10^{13}$ cm^{-2}·s^{-1} erhalten. Es zerfällt unter β-Emission mit einer Halbwertszeit von 10,1 Stunden. Mittels Anionenaustauscher wurden Np u. Pu abgetrennt. Zusammen mit einem ^{233}U-Standard-Präp. wurde ^{244}Am mit therm. Neutronen von $3 \cdot 10^{11}$ cm^{-2}·s^{-1} bestrahlt u. die erhaltenen Spalt-Prodd. mittels einer Ionisationskammer gemessen. In einem Diagramm sind die Spaltungen/h in Abhängigkeit von der Zeit dargestellt. Daraus geht hervor, daß die Anzahl der Spaltungen mit der für ^{244}Am charakterist. Halbwertszeit von 10,1 Std. abnimmt. Außerdem bestimmte man die Zahl der ^{244}Am-Atome durch γ-Messung der 746-keV-Photonen. Hieraus u. aus den Vgl.-Messungen mit dem ^{233}U-Standard-Präp. wurde der Spaltungs-Wrkg.-Querschnitt des ^{244}Am für therm. Neutronen zu 2300 ± 300 barn errechnet. E. Schiewer. 103 □

Trennung von RaD und RaE durch Vakuumverdampfung der durch anodische Abscheidung gewonnenen Oxide. Jean Tousset und André Moussa. (J. Physique Radium **18.** 284. April 1957. Lyon, Inst. de Phys. Atom.; franz.) — RaD u. RaE lassen sich durch Vakuumverdampfung der Oxide trennen. Zu ihrer Darst. wurde eine Schale mit 0,2 ml einer 0,1 n salpetersauren Lsg. des Nitrats von Pb + RaD in einem Stromkreis aus einem Potentiometer, einer 4-V-Batterie u. einer kleinen Pt-Elektrode, die mechan. in den Elektrolyten eingetaucht werden konnte, 10 Std. lang bei 0,5 mA gehalten. Die Schale bräunte sich leicht. Dann wurde mit etwas W. gewaschen u. die Schale, über der eine Membran aus Formvar befestigt wurde, in den Vakuumverdampfer gebracht, in dem sie bei 0,1 μHg 4—5 Sek. lang auf 800° erwärmt wurde. Die wachsende Verdampfung von RaE wurde durch Aktivitätsmessungen an der Membran verfolgt. H. Fries. 104 □

Trennung des Urans von Spaltprodukten mit Hilfe von Cellulose. Noboru Oi. (Bull. chem. Soc. Japan **33.** 1617—18. Nov. 1960. Kawasaki, Tokyo Shibaura Electric Co. Ltd., Matsuda Res. Labor.; engl.) — Vf. benutzt die Adsorption von Metallen (Seltenerdmetalle) aus einer verunreinigten Lsg. von $UO_2(NO_3)_2$ (**I**) in Ae.–HNO_3-Gemischen an Cellulose zur Trennung des U von den Spalt-Prodd. (**II**), die zu 99% an der Cellulose verbleiben. 1 g mit **II** (ca. $10^6 \sim 10^8$ Impulse/min) verunreinigtes **I** wird in 5 ml Lsgm. auf eine Säule (18 mm · 10 cm) mit 1 g aktivierter Cellulose gegeben. Anschließend wird mit 25 ml Lsgm. nachgewaschen. Das U liegt im Perkolat vor, während **II** mit 30 ml 0,2 m HNO_3 eluiert werden kann. Als organ. Lsgm. kommen O-haltige Verbb. in Betracht, die **I** lösen u. nicht mehr als ca. 2% in W. unlösl. sind. Tri-n-butylphosphat eluiert **II**. Das organ. Lsgm. wird zweckmäßig ohne HNO_3 angewandt, da andernfalls die Elution von **II** gesteigert wird. So werden durch Ae. sowie Ae. mit 3 u. 5% HNO_3 1, 4,5 u. 6,6% von **II** eluiert. Für Ru liegt dieses Verhältnis bei 1:18:27. Abnehmender Wasser-Geh. des Syst. fördert die Elution von **II**. Im Grunde liegt bei diesem Trennungs-Verf. eine fl./fl.-Extraktion vor, bei der die Cellulose als wss. Phase anzusprechen ist. Durch zu hohe Löslichkeit im organ. Lsgm. stören vor allem J, Ru u. Cs. Ru z. B. liegt im ablaufenden Lsgm. zu 1% (Ae.), 4% (n-Butylacetat; **III**) u. 20% (Methylisobutylketon; **IV**) vor. Die Elution von Cs wird durch Herabsetzung der Ausgangs-U-Konz. vermindert. Zr u. Nb werden kaum, die Seltenerdmetalle gar nicht eluiert. In einem Vers. betrug die Elution von **II** mit dem U 0,42% (Ae.), 0,68% (**III**), 0,89% (Isoamylacetat), 1,1% (Isopropylacetat) u. 3,1% (**IV**), wenn 1 g **I** mit einer 10^7-γ-Zerfällen/min entsprechenden Verunreinigung mit **II** angewandt wurde. Verlängerung der Säule u. Herabsetzung der U-Konz. dürften zu noch besseren Resultaten führen. Das Verf. ist für die großtechn. Anwendung geeignet. H. Thiele. 104 □

Das Natriumreaktorexperiment. Anonym. (Energia nucleare **5.** 429—44. Juli 1958. Atom. Internat.; ital.) — Beschreibung der Auslegung u. Konstruktion des Natriumreaktorexperiments (SRE). Es handelt sich beim SRE um einen graphitmoderierten Reaktor mit schwach angereichertem Brennstoff, der mit fl. Na gekühlt wird u. bei 20000 kW (therm.) arbeitet. Gerhard Schmidt. 110 □

Natrium und Natrium-Kalium-Legierung für Reaktorkühlung und Wasserdampferzeugung. T. Trocki, W. H. Bruggeman und F. E. Crever. (Proc. int. Conf. peaceful Uses Atomic Energy, Geneva **9.** 241—47. 1956. Schenectady, N.Y., General Electric Co.; engl.) — Übersicht. — 24 Literaturangaben. F. Vier. 110 □

Werkstoff- und Korrosionsprobleme im Reaktor mit flüssigen Metallen als Kühlmittel. Willibald Machu. (Atomkernenergie **3.** 97—100. März. 141—44. April 1958. Kairo, Univ.; dt.) — Vf. behandelt das Verh. wichtiger Werkstoffe u. Konstruktionsmaterialien in fl. *Na*, der Na–*K*-Leg., in *Bi*, *Pb* u. *Hg*. Neben den reinen Korrosionsfragen werden auch die bei der Einw. von fl. Metallen in Erscheinung tretende Stoffverlagerung u. die Diffusionsbindung näher erörtert. Bei der Besprechung des Rk.-Mechanismus der Korrosion durch fl. Metalle wird angenommen, daß zumindest die Korrosion durch Natriumoxid in Na auch bei fl. Metallen auf elektrochem. Vorgänge zurückzuführen ist. Gerhard Schmidt. 110□

Siedeeffekte in flüssigkeitsgekühlten Reaktoren. H. A. Roberts und R. W. Bowring. (Nuclear Power **4.** 69—73. Febr. 1959. Harwell, A.E.R.E., Reactor Div.; engl.) — Eine zum Verständnis des Wärmetransports in wassergekühlten Reaktoren notwendige Erörterung des Mechanismus von Bldg., Wachstum, Bewegung u. Auflösung der Dampfblasen wird gegeben. Die Strömung des Zweiphasen-Syst. W./Dampf durch Röhren wird betrachtet, u. Theorien über den Druckabfall in einem solchen strömenden Syst. werden diskutiert. Die Unbeständigkeit der Strömung wird als Ursache für Leistungsschwankungen u. Brennstoffverluste bei Reaktoren erkannt. W. Betcke. 110□

Über die thermodynamischen Möglichkeiten der Arbeit der Turbinen mit organischen, in Kernreaktoren erhitzten Flüssigkeiten. P. I. Khristenko. (Reactor Sci. Technol. **15.** 50—53. Sept. 1961; engl.) — C. **1961.** 10823. E. Klever. 110□

Schockwellen und kontrollierte thermonucleare Fusion. J. K. Wright. (Proc. physic. Soc. **75.** 412—20. 1/3. 1960. Southend-on-Sea, Essex, Atomic Weapons Res. Establ.; engl.) — Es wird ein krit. Überblick über verschiedene Typen thermonuclearer Anordnungen auf der Basis der Schockwellenerhitzung gegeben. Es wird gezeigt, daß die Erhitzung durch Schockwellen allein nicht ausreicht, um Temp. der Größenordnung von 10^6 °K zu erreichen. Prinzipiell ist es jedoch möglich, die Temp. durch anschließende isentrop. Kompression noch weiter zu erhöhen. Die sog. Z-Pinch-App. werden jedoch durch das Wachsen von Instabilitäten, die Θ-Pinch-App. durch die Schwierigkeit der Energierückgewinnung ohne übermäßige Ohmsche Verluste begrenzt. G. M. Neumann. 112□

Elektronenbeschleuniger für lokalisierte Radiographien. R. F. Hanfstock. (Nuclear Power **6.** 69—71. Febr. 1961. Culcheth, UKAEA, Dev. and Engng. Group, R. & D. Branch Labor.; engl.) — Mit einem Linearbeschleuniger von 4—5 MeV, in dem Elektronen zur Röntgenstrahlerzeugung beschleunigt werden, können bessere Ergebnisse als bisher für Stahlwandstärken >3 in. als mit ^{60}Co-Quellen u. anderen Beschleunigern erzielt werden. Vf. berichtet über einen solchen transportablen Beschleuniger von 4,3 MeV, mit dem bereits Schweißnähte von 3,5-in.-Platten untersucht wurden. L. Roth. 112□

Ein Festfrequenz-Zyklotron mit einem Dee. R. Bock, A. Doehring, J. Jänecke, O. Knecht, L. Koester, H. Maier-Leibnitz, Ch. Schmelzer und U. Schmidt-Rohr. (Z. angew. Physik **10.** 49—55. Febr. 1958. Heidelberg, MPI für med. Forsch., Inst. für Phys.; dt.) — Es wird über den Aufbau u. die Eigg. eines Ein-Dee-Cyclotrons berichtet u. gezeigt, daß sich mit ihm hohe Dee-Spannungen u. Strahlintensitäten erreichen lassen. W. Betcke. 112□

Analogrechner für die Bahnen geladener Teilchen. Robert H. Good und Oreste Piccioni. (Rev. sci. Instruments **31.** 1035—39. Okt. 1960. Berkeley, Calif., Lawrence Radiat. Labor.; Upton, N.Y., Brookhaven Nat. Labor.; engl.) — Beschreibung eines Analogrechengerätes zur Berechnung der paraxialen Bahnen in Syst. mit kreisförmiger Hauptbahn, wie sie in Teilchenbeschleunigern verwendet werden. Längs der Hauptbahn sind Vierpollinsen zur starken Fokussierung u. magnet. Ablenkfelder angeordnet. Die Bahnen innerhalb dieser einzelnen elektronenopt. Elemente werden in einfachen elektron. Rechenkreisen berechnet, welche auf die Lösung der Differentialgleichungen $y'' \pm C_1 y = 0$ u. $y'' = C_2$ spezialisiert sind, u. mit Bahnschreibern aufgezeichnet. F. Lenz. 112□

Zwei Lithium-Ionenquellen für Beschleuniger. I. Cornides, J. Roósz und A. Siegler. (Nuclear Instruments [Amsterdam] **1.** 94. März 1957. Budapest, Central Res. Inst. for Phys., Dep. for Atomic Phys.; engl.) — Vff. haben 2 verschiedene Li-Ionenquellen für Vers. in einem Beschleuniger erfolgreich verwendet: 1. Eine abgeänderte Form der üblichen Thonemann-Quelle u. 2. eine therm. Quelle mit einem neuen Glas folgender Zus.: 15,2% Li_2O; 14,8% Al_2O_3; 70% SiO_2. Mit weiteren Verss. sollen die Ionenquellen näher untersucht werden. Außerdem will man versuchen, negativ u. 2- u. 3fach positiv geladene Ionen durch Ladungsaustauscheffekte herzustellen. M. Guerlin. 112□

Verwendung von Sekundärelektronen, um die Extraktion und Fokussierung eines Lithium-Ionenstrahlbündels aus einer festen Quelle zu verbessern. Jean-Pierre Poffe. (C. R. hebd. Séances Acad. Sci. **249.** 2520—22. 9/12. 1959. Fontenay-aux-Roses, Seine, Labor. d'Électron. et Radioélectr. de la Sorbonne; Bruxelles, Inst. Interuniv. des Sci. Nucl.; franz.) — Experimentelle Unters. des Einfl. der an Kollektoroberflächen durch auftreffende Ionen ausgelösten Elektronen auf die Eigg. eines Ionenstrahlbündels aus einem Ionenstrahlerzeuger nach Couchet. Läßt man die Sekundärelektronen in den auf Kollektorpotential befindlichem Laufraum gelangen, so führt dies zu einer deutlichen Verbesserung der Strahlbündelung gegenüber dem Fall, daß eine negative Ringelektrode vor dem Kollektor die Sekundärelektronen zurückhält. Läßt man ferner zu, daß die Sekundärelektronen auch auf die Li-Ionen emittierende $Li_2O \cdot Al_2O_3 \cdot 2\ SiO_2$-Anode fallen, so kommt es zu einer erheblichen Erhöhung bis auf das Vierfache des fokussierten Ionenstroms gegenüber dem Fall, daß die Sekundärelektronen durch ein negatives Gitter am Eintreten in den Ionenbeschleunigungsraum gehindert werden. F. Lenz. 112□

Zwei Modelle von Ionenquellen zur Verwendung bei der Massenspektroskopie. D. Blanc und A. Degeilh. (J. Physique Radium **19.** 61S—62S. Aug./Sept. 1958. Toulouse, C.N.R.S., Labor. d'Opt. Électron., Serv. de Spectrosc. de Masse; franz.) A. Blaschette. 112□

Massenspektrometer-Probensystem für hohe Temperaturen. H. M. Shin, H. K. Hahm, S. I. Kwon, S. H. Jo und S. B. Hong. (Rev. sci. Instruments **31.** 1200—02. Nov. 1960. Seoul, Korea, Ministry of Nat. Defense, Sci. Res. Inst.; engl.) — Ein analyt. Massenspektrometer (General-Electric), das ursprünglich nur für gasförmige Proben gedacht war, ist so umgebaut worden, daß das Syst. auch für Festkörperproben bei hohen Temp. bis 1000° geeignet ist. Die Umstellung wird durch vollständige Ersetzung des Proben-Syst. durch eine magnet. arbeitende Vorr. u. einen Hohlraum-Ofen vorgenommen. Die Heizanlage des Ofens ist mit dem Heizkörper therm. verbunden u. wird servo-gesteuert, um eine bestimmte Temp. innerhalb des Bruchteils eines Grades zu halten. Der Heizkörper ist ein Si-Rohr von 5 mm Innendurchmesser. Die Unters.-Probe kann innerhalb von 10 Min. ausgewechselt werden, ohne daß das Hauptvakuum gestört wird. Vor- u. Nachteile gegenüber der Knudsen-Zelle werden diskutiert. H. Schibilla. 112□

Vielkanal-Ionenanalysator mit gekreuzten elektrischen und magnetischen Feldern. L. Evan Bailey. (Rev. sci. Instruments **31.** 1147—52. Okt. 1960. Menlo Park, Calif., Stanford Res. Inst., Phys. Dep.; engl.) — Beschreibung eines Massen- u. Energieanalysators für Ionen, mit dessen Hilfe die Temp. u. Reinheit des Plasmas aus einer Titandeuterid-Plasmaquelle oder aus einer Anordnung mit magnet. Spiegeln untersucht werden kann. Das homogene Magnetfeld im Analysator verläuft in der Einfallsrichtung der Ionen, das ebenfalls homogene elektr. Feld senkrecht dazu. F. Lenz. 112□

Auflösungsvermögen und Lichtstärke eines β-Spektrographen, der mit einem (r^{-1})-Magnetfeld arbeitet. C. Bastard und J. Lafoucrière. (J. Physique Radium **21.** 112—14. Febr. 1960. Lyon, Univ., Inst. de Phys. Nucl.; franz.) — Vgl. C. **1959.** 13692. A. Blaschette. 112□

Die Forschungsarbeit der ETH in Würenlingen. 1. Mitt. **(n, γ)-Spektroskopie.** W. Wölfli. (Neue Techn. [Zürich] **1.** 15—27. Nov. 1959. Zürich, ETH, Physik. Inst.; dt.) — Die Unters. der bei der (n, γ)-Rk. frei werdenden elektromagnet. Strahlung ist nur über die sek. Prozesse möglich, die beim Durchgang hochenerget. γ-Quanten durch Materie auftreten. An dem vom Vf. entwickelten Paarspektrometer wird gezeigt, wie (n, γ)-Messungen an einem Reaktor prakt. durchgeführt werden. Gerhard Schmidt. 112□

Messung schwacher Aktivitäten mit Hilfe der γ-Spektrometrie für niedrige Energien. P. Keller. (J. Physique Radium **19.** 28S—29S. Juni 1958. Strasbourg, Inst. de Phys. du Globe; franz.) A. Blaschette. 112□

Methode zur Bestimmung der Lage der radioaktiven Substanz in der γ-Bestrahlungskammer. Ch. Ja. Chrisstow und Il. T. Mischew. (Известия на Физическия Институт с Анеб, Българска Академия на Науките [Bull. Inst. Physique Rech. atom., Acad. bulg. Sci.] **8.** 91—100. 1960; bulg., Auszug: engl.) — In den γ-Bestrahlungskammern sind die radioakt. Quellen meist in Form von Stäben angeordnet, über die das zu behandelnde Gut mehrfach in verschiedener Richtung bewegt wird. Es wird eine Meth. angegeben, um die Dosis an verschiedenen Stellen des Materials zu bestimmen. Vier Stäbchen, als Quellen in einer bestimmten Art angeordnet, ergeben den größten Wirkungsgrad. M. Wiedemann. 112□

Absolutzählung von β-Teilchen mit einem Plastikscintillationszähler. B. Grimeland. (Int. J. appl. Radiat. Isotopes **4.** 116—18. Dez. 1958. Kjeller per Lilleström, Norway, Joint Establ. for Nucl. Energy Res.; engl.) — Eine Experimentalanordnung in 4π-Geometrie zur Scintillationszählung u. ein graph. Extrapolations-Verf. zur Best. der Absolutwerte werden beschrieben. W. Betcke. 112□

Schnelle Koinzidenzen mit langsamen Scintillatoren. F. T. Arecchi. (Energia nucleare **6.** 717—26. Nov. 1959. Milano, CISE; engl.) — Vf. beschreibt 2 verschiedene Meth. für das Arbeiten mit den Ausgangsimpulsen aus einem langsamen Scintillationszähler. Mit diesen Meth. wird eine gute Zeitauflösung erreicht. Die Ergebnisse werden mit den theoret. Berechnungen verglichen. Gerhard Schmidt. 112□

Ein automatischer Probenwechsler für Bohrlochkristall-Scintillationszähler. David V. Cohn, William E. Carter und Richard Anderson. (Int. J. appl. Radiat. Isotopes **4.** 118—21. Dez. 1958. Kansas City, Mo., Vet. Adm. Hosp., Radioisotop. Serv.; Lawrence, Kans., Univ. of Kansas, Med. School, Dep. of Biochem.; engl.) — Beschreibung eines allg. anwendbaren Probenwechslers zum Gebrauch für bis zu 25 Proben. W. Betcke. 112□

Tritiummessungen an Regenwasser ohne Isotopenanreicherung. H. v. Buttlar, W. Stahl und B. Wiik. (Z. Naturforsch. **17a.** 91—92. Jan. 1962. Darmstadt, TH, Inst. für Techn. Kernphys.; dt.) — Regenwasser wird mit Mg bei 550° zu H_2 reduziert; damit wird ein Zählrohr von 2,9 Liter geometr. Zähl-Vol. gefüllt. Dieses Zählrohr enthält außerdem 30 Torr C_2H_4 u. 40 Torr Ar; es arbeitet im Geiger-Bereich, die Impulslöschung erfolgt elektronisch. Seine Nulleffektzählrate steigt von 2,7 mit steigendem H_2-Partialdruck bis zu 690 Torr auf 3,8 linear an. Das Zählrohr wurde mit Tritium-Standardproben geeicht. Die Probeneffekte lagen zwischen 0,4 u. 1,8 Ipm. Es wurden Regenwasserproben von Ende August bis Ende November 1961 untersucht. Anfang November stieg die T-Konz. sprunghaft von durchschnittlich 80 auf durchschnittlich 200 Tritiumeinheiten an (1 TE $= 10^{-18}$ Atome T/Atom H). Dieser Anstieg wird auf die Explosionen der beiden sowjet. Superbomben am 23/10. u. am 30/10. 1961 zurückgeführt. Der TE-Anstieg ist wesentlich geringer als der im Frühjahr 1954, als Kernexplosionen hauptsächlich an der Erdoberfläche durchgeführt wurden, wobei eine starke Verseuchung der Troposphäre stattfand. Der geringere Anstieg im Jahre 1961 läßt darauf schließen, daß die Feuerbälle größere Höhen erreichten u. die größte T-Menge in die Stratosphäre beförderten. Es ist zu erwarten, daß die T-Konz. im Regen bis zum Frühjahr 1962 weiter ansteigt. E. Schiewer. 112□

Eine einfache Methode zur Abschätzung des Tritiumgehaltes biologischer Proben. G. G. Steel. (Int. J. appl. Radiat. Isotopes **9.** 94—99. Dez. 1960. Belmont, Surrey, Inst. of Cancer Res., Phys. Dep.; engl.) — Zur Best. des T-Geh. biolog. Proben, die in fl. Scintillatoren direkt nicht lösbar sind, werden diese in einem Pyrex-Verbrennungsrohr in innigem Gemisch mit schwarzem Kupferoxyd erhitzt. Das in den Proben vorhandene T destilliert als T_2O in das auf —65° gekühlte Ende des Verbrennungsrohres. Dieses ist so geformt, daß das Entweichen flüchtiger T-haltiger Bestandteile verhütet wird. Das entstandene T_2O wird mit einem fl. Scintillator gemischt u. die Ausbeute mittels eines Photomultipliers gemessen. Die T-Verluste betragen nicht mehr als 5%, die Ausbeute im Scintillationszähler 10%. W. Reusse. 112□

A$_2$. Optisches Verhalten der Materie

Solare Röntgenstrahlen. R. W. Kreplin. (Ann. Géophysique **17.** 151—61. April/Juni 1961. Washington, D.C., U.S. Naval Res. Labor.; engl.) — Es werden Messungen der solaren Röntgenstrahlen über die Wellenbereiche von 2—8 Å, 8—20 Å, 44—60 Å, 2—20 keV u. 20—200 keV unter Verw. von Ionisationkammern, Photonenzählern u. Scintillationszählern ausgeführt. Die Ergebnisse zeigen ein Anwachsen der Röntgenstrahlung von Sonnenfleckenminimum zu Sonnenfleckenmaximum in Korrelation mit einem Anwachsen der krit. Frequenzen des E-Bereichs u. mit den Intensitäten der koronalen grünen Linie während derselben Periode. Messungen während Sonneneruptionen zeigten ein bedeutendes Anwachsen des Röntgenstrahlenflusses als auch ein Härterwerden der Spektren während dieser Zeit. J.-M. Spaeth. 113□

Über die Identifizierung der Coronalinien Ca XV. L. A. Borissoglebski. (Астрономический Журнал [Astronom. J.] **36.** 905—07. Sept./Okt. 1959; russ.) — Die Identifizierung der CaXV-Coronalinien wird diskutiert. Das Verhältnis der Intensitäten der Linien 5694,4 u. 5446,5 wird neu berechnet, die Werte liegen zwischen 1,6—2,5. M. Wiedemann. 113□

Die Verschiebung der Absorptionslinien von Fe I in der Gegenwart von Helium. Shang-Yi Ch'en und V. Chandrasekharan. (Astrophysic. J. **133.** 1067—71. Mai 1961. Eugene, Oreg., Univ., Phys. Dep.; engl.) — Mit einem Gitterspektrographen untersuchten Vff. das Absorptionsspektrum von Fe I (λ 2510—λ 3200) bei 1347° u. einem He-Druck von 3,22 kg/cm² u. bei 1290° u. einem He-Druck von 66,5 kg/cm². Alle Linien zeigten eine Verschiebung nach der kurzwelligen Seite. Aus den Unterschieden der Verschiebungen der verschiedenen Feinstrukturlinien wurden die Verschiebungen der verschiedenen Energieniveaus relativ zu dem Grundniveau a^5 D erhalten.
C. Gottfried. 113

Ableitung von interelektronischen Abschirmungsparametern aus statistischen Betrachtungen. Robert P. Bauman und James P. Considine. (J. chem. Physics **34.** 1388—91. April 1961. Brooklyn, N.Y., Polytechnic Inst. of Brooklyn; engl.) — Es wurde ein Modell für *He* u. Zweielektronenionen gefunden, aus welchem man — ähnlich wie beim Bohrschen Modell für das H-Atom — Ionisationsenergien u. Atomradien ermitteln kann, deren Werte mit experimentell ermittelten Daten bzw. den nach der Hartree-Fock-Meth. berechneten Werten übereinstimmen. Ein effektives Abschirmungspotential wurde durch quasi-klass., statist. Betrachtungen ermittelt. Die beiden Elektronen müssen sich auf der gleichen Kugel bewegen. Es wird vorausgesetzt, daß der interelektron. Abstand einer exponentiellen Verteilung folgt, die in Form der Coulombschen Abstoßung ausgedrückt wird. Wenn der Abstand zwischen den Elektronen bei seinem, entsprechend der Verteilungsfunktion, wahrscheinlichsten Wert fixiert ist, verbleiben keine veränderlichen Parameter mehr. Die Anwendung dieser Meth. kann auch auf angeregte Zustände ausgedehnt werden. Claus Fischer. 114□

Diamagnetische Susceptibilität im Thomas-Fermi-Modell für die effektive Ladungsverteilung nach Latter und Byatt. T. Tietz. (J. chem. Physics **35.** 1916—17. Nov. 1961. Łódź, Univ., Dep. of Theoret. Phys.; engl.) — Die diamagnet. Susceptibilitäten χ der freien neutralen Atome von *He, C, O, Ne, Ar, As, Kr, Xe* bzw. *Hg* werden unter Benutzung der von Latter (C. **1956.** 9900) bzw. Byatt (C. **1958.** 313) vorgeschlagenen Ladungsverteilung mit Hilfe des verbesserten Thomas-Fermi-Modells berechnet. Die Übereinstimmung mit Meßwerten wird bei Verw. der Verteilung nach Byatt am besten. Herbert Müller. 114□

Negatives Wasserstoff-Ion. T. Tietz. (J. chem. Physics **35.** 1917—18. Nov. 1961. Łódź, Univ., Dep. of Theoret. Phys.; engl.) — Vf. untersucht die Aufstellung einer einfachen Wellenfunktion für H^- bei Verw. des s^4-Potentials nach Hulten; für die Bindungsenergie des Elektrons in H^- wird 0,754 eV erhalten. Das sphär. Potential V(r) stimmt in der Abhängigkeit vom Atomabstand r gut mit Werten überein, die aus dem Hartree-Feld erhalten werden. Die Werte der dem 1s-Eigenwert entsprechenden normalisierten Wellenfunktion werden mit Werten von Geltman (C. **1958.** 915) verglichen.
Herbert Müller. 114□

Starke Kopplung in optisch erlaubten atomaren Übergängen, die durch Elektronenstoß entstehen. M. J. Seaton. (Proc. physic. Soc. **77.** 174—83. 1/1. 1961. London, Univ. Coll., Dep. of Phys.; engl.) — Bei der Berechnung von Wrkg.-Querschnitten in opt. erlaubten Übergängen müssen viele Zustände des Drehimpulses *l* berücksichtigt werden. Bei starker Kopplung ist die gewöhnliche Born-Approximation bei kleinen *l*-Werten nicht zu verwenden. Es werden 3 Varianten der ersten Born-Approximation an Hand der partiellen Wellenformeln für Elektronen–Wasserstoff-Zusammenstöße unter Vernachlässigung des Elektronenzustands angegeben. D. Hahn. 114□

Berechnung der magnetischen Hyperfein-Konstante für das Stickstoffatom. N. Bessis, H. Lefebvre-Brion und C. M. Moser. (Physic Rev. [2] **124.** 1124—28. 15/11. 1961. Paris, Centre de Mécan. Ondulat. Appl.; engl.) — Die magnet. Hyperfein-Konst. für den $^4S_{3/2}$-Zustand des ^{14}N-Atoms ist aus einer Konfigurations-Wechselwrkg.-Funktion berechnet worden. Diese ist aufgebaut aus der gewöhnlichen Hartree-Fock-Darstellung (in der die Orbitale lineare Kombinationen analyt. Funktionen sind) u. aller einfach angeregter u. einiger doppelt angeregter s→s-Konfigurationen. Die Polarisation der s-Orbitale wurde untersucht. Mit 6 s-Funktionen ergibt sich eine Konst. von 13 MHz, mit 7 s-Funktionen von 11 MHz. M. Guerlin. 114□

Berechnung der Linienbreite als Folge der Dipol–Quadrupol-Wechselwirkung im asymmetrischen SO_2-Molekül. Krishnaji und Suresh Chandra. (Proc. physic. Soc. **79.** 665—66. 1/3. 1962. Allahabad, India, Univ., Dep. of Phys.; engl.) — Es wird die Linienbreite des $8_{2,6} \rightarrow 9_{1,9}$-Übergangs von SO_2 als Folge von SO_2—N_2-Zusammenstößen unter der Annahme berechnet, daß die Dipol–Quadrupol-Wechselwrkg. für die Breite verantwortlich ist. Für zwei Quadrupolmomente des N_2 werden Zahlenwerte angegeben. Für $q_{N_2} = 1{,}80 \cdot 10^{-26}$ elektrostat. Einheiten beträgt die Linienbreite bei 300° K 0,0801 cm^{-1} atm^{-1} u. für $q_{N_2} = 2{,}46 \cdot 10^{-26}$ elektrostat. Einheiten 0,09785 cm^{-1}·atm^{-1}. D. NOACK. 118□

Charge-transfer-Spektren einiger Gold(III)-Komplexe. Arun Kumar Gangopadhayay und Animesh Chakravorty. (J. chem. Physics **35.** 2206–09. Dez. 1961. Calcutta, India, Univ. Coll. of Sci., Dep. of Phys. Chem.; engl.) — Tetrahalogenokomplexe des Au(III) zeigen im UV 2 intensive Banden (*$KAuCl_4$* in 1n KCl 226 u. 315 mμ; *$KAuBr_4 \cdot 2\,H_2O$* in 1n KBr 254 u. 380 mμ), die auf Ladungsübertragung vom p-Orbital des Halogens auf das d-Orbital des Au zurückgeführt u. den $p_\sigma \rightarrow d_{x^2-y^2}$- u. $p_\pi \rightarrow d_{x^2-y^2}$-Übergängen zugeordnet werden. Die am Bromokomplex gegenüber dem Chlorokomplex beobachtete Verschiebung in das längerwellige Gebiet erklären Vff. durch das niedrigere Ionisierungspotential des Br^-. Der beim Auflösen von $KAuCl_4$ oder $KAuBr_4 \cdot 2\,H_2O$ in 1n KJ-Lsg. entstehende Jodokomplex unterliegt spontaner Red. (Banden bei 288 u. 355 mμ). Vff. erörtern die Bldg. höherer Halogenokomplexe, wie $[AuBr_6]^{3-}$, die vermutlich nicht in merklicher Menge gebildet werden, sowie ähnliche Ladungsübergänge in Au(III)-Komplexen mit Äthylendiamin (**I**; en). Für das aus $[Au(en)_2]^{3+}$ (**II**) im alkal. Medium entstehende $[Au(en)_2]^{2+}$ wird die Bldg. eines π-Elektronenpaares an einem der N-Atome angenommen. Eine Lsg. von $KAuCl_4$ in 10%ig. wss. **I** zeigt ein Maximum bei 300 mμ mit $\varepsilon = 2600$, das beim Ansäuern mit 2n $HClO_4$ (**III**) verschwindet. Hierdurch wird obige Annahme gestützt. Bei Verw. von $KAuBr_4$ u. Ansäuern mit **III** verschwindet ebenfalls der im Alkal. bei 300 mμ beobachtete Peak, jedoch zeigt sich eine schwache, breite Bande bei 375 mμ ($\varepsilon = 460$), die auf einen Ladungsübergang zwischen **III** u. Br^- zurückgeführt wird. P. FRENZEL. 118□

Ultraviolettspektrum von dampfförmigem Dibenzolchrom. R. Stephen Berry. (J. chem. Physics **35.** 2025–28. Dez. 1961. New Haven, Conn., Yale Univ., Sterling Chem. Labor.; engl.) — Vgl. C. **1962.** 1524. — Vf. untersucht das Absorptionsspektrum des dampfförmigen Dibenzolchroms (**I**) im Bereich von 2100–6000 Å. Das Spektrum, das sich stark von dem einer **I**-Lsg. unterscheidet, läßt 3 verschiedene Banden-Syst. erkennen: (λ =) 4370 (Å), 4315, 4156; Syst. I: 3907 (?), 3833, 3781, 3748 (vs), 3711 (s), 3674, 3640 (s), 3606, 3571, 3533, 3480 (?), 3365; Syst. II: 3010, 2970 ± 10, 2946 sowie diffuse Absorption bei größerem λ; Syst. III: a) 2823, 2800 (vs), 2781 (s), 2760 (b), 2730 (ms), 2711, 2694, 2669, (b) 2604, 2570 (s), 2552 (ms), 2465 (s), 2450 (ms), 2408 (s), 2395, 2373, 2343, 2332. Die Banden werden wie folgt zugeordnet: Syst. I e_{1u} ($^1A_{1g}$) → 3 de_{1g}' ($^1A_{1u}$) {$^1A_{2u}$} [$^1E_{2u}$]; Syst. II 3 de_{2g} ($^1A_{1g}$) → 4 pe_{1u}' ($^1E_{1u}$) [$^1B_{1u}$, $^1B_{2u}$]; Syst. IIIa 3 da_{1g} ($^1A_{1g}$) → 4 pe_{1u}' ($^1E_{1u}$); IIIb 3 da_{1g} ($^1A_{1g}$) → 4 pa_{1u}' ($^1A_{1u}$). Vf. nimmt an, daß das 3 d_{2u}-Niveau unterhalb des a_{1g}-Metallorbitals liegt u. daß die Aufspaltung der Terme eine beträchtliche Rolle bei der Best. der angeregten Zustände spielen könnte. P. FRENZEL. 118□

Struktur und Spektren von $[(Phenanthrolin)_2Fe(CNCH_3)_2]^{2+}$ und $[(Phenanthrolin)_2Fe(CN)_2H_2]^{2+}$. N. K. Hamer und L. E. Orgel. (Nature [London] **190.** 439–40. 29/4. 1961. Cambridge, Univ., Chem. Labor., Dep. of Theoret. Chem.; engl.) — Das von Vff. untersuchte Absorptionsspektrum einer wss. Lsg. von $[(Phen)_2Fe(CNCH_3)_2]^{2+}$ (**I**) [dargestellt durch Behandlung von $(Phen)_2Fe(CN)_2$ mit einem Überschuß von Methylsulfat u. Fällung aus wss. Lsg. mit $NaClO_4$ (Phen = 1.10-Phenanthrolin)] ist dem Spektrum von $[(Phen)_2Fe(CN)_2H_2]^{2+}$ (**II**) in 10m H_2SO_4 sehr ähnlich u. wird auch in 10m H_2SO_4 nicht verändert. Vff. nehmen daher an, daß **II** ebenso wie **I**, das beim Erwärmen in wss. Lsg. Methylisocyanid liefert, als Isocyanid aufzufassen ist, u. daß beide Verbb. cis-Konfiguration haben. Durch die Protonierung bzw. Alkylierung wird die CN-Gruppe in einen kräftigen Elektronenacceptor umgewandelt u. eine Verschiebung der Absorptionsbanden im sichtbaren Gebiet nach kürzeren Wellenlängen hervorgerufen. Ebenfalls werden diese Banden bei zunehmender Polarität des Lsgm. nach kürzeren Wellenlängen verschoben. J. KRAETSCH. 118□

Ultraviolettabsorptionsspektren von Alkalimetallaziden. S. K. Deb. (J. chem. Physics **35.** 2122–27. Dez. 1961. Ottawa, Canada, Nat. Res. Council, Radio and Electr. Engng. Div.; engl.) — Die Absorptionsspektren dünner Filme (0,1–0,2 μ) von *NaN_3* (**I**), *KN_3* (**II**), *RbN_3* (**III**) u. *CsN_3* (**IV**) bei 295, 77,3 u. 4,2° K im Wellenlängenbereich von, 1400–2200 Å zeigen drei definierte, bisher noch nicht bekannte Absorptionsmaxima die Excitonenübergängen mit den Quantenzahlen n = 1, 2 u. 3 zuzuordnen sind. Die bei 4,2° K beobachteten Peaks lassen sich näherungsweise beschreiben durch (ν_n=) $68300-15900/n^2$ für **I**; $69000-16400/n^2$ für **II**; $71200-17800/n^2$ für **III** u. 69400 bis $18200/n^2$ für **IV**. Für **I** wird die red. effektive Masse des Excitons zu angenähert 0,7m, für **II** zu 0,76 m bestimmt. An dickeren Filmen (25–50 μ) u. dünnen Einkristallen tritt eine neue Absorptionsbande aus ca. 7 Einzelbanden mit einem Maximum um 2225 Å auf, die auf einen Übergang mit geringer Wahrscheinlichkeit in einen niedrigliegenden, angeregten Zustand des N_3^--Ions zurückgeführt wird. Bei Bestrahlung mit Licht von 2400 Å wird in allen Fällen bei 295 u. 77,3° K, bes. stark bei **I**, eine schwache Fluorescenz mit maximaler Emission bei ca. 4800 Å beobachtet. Nach Bestrahlen eines **I**-Einkristalls mit Röntgenstrahlung (50 kV, 48 mA) bei Raum-Temp. zeigt das Absorptionsspektrum bei 77,3° K Maxima bei 3350 (V-Zentrum) u. 2480 Å (ebenfalls eher ein V-Zentrum als eine α-Bande) sowie erhöhte Absorption um 2050 Å. Die Bandenstruktur bei 77,3° K sowie die berechneten Dissoziationsenergien des opt. angeregten Excitons werden für **I**—**IV** mitgeteilt. P. Frenzel. 119□

Untersuchung der optischen Absorption Co-dotierter Oxidsysteme. 2. Mitt. R. Pappalardo, D. L. Wood und R. C. Linares jun. (J. chem. Physics **35.** 2041—59. Dez. 1961. Murray Hill, N.J., Bell Telephone Labor.; engl.) — 1. vgl. J. chem. Physics **35.** [1961.] 1460. — Die opt. Absorptionsspektren von Co-dotiertem MgO, ZnO, $MgAl_2O_4$, Y-Ga-Granat u. Ga-Granat wurden bei Zimmer-Temp., 78° K u. 4,2° K untersucht u. unter Benutzung der Kristallfeldtheorie diskutiert. Die Daten für das tetraedr. koordinierte Co^{2+} stimmen mit den theoret. Voraussagen gut überein. Der Einfl. der Spin-Bahn-Kopplung auf den kub. Feldterm wurde berechnet u. die vorausberechnete Aufspaltung mit der Struktur der Absorptionsbanden von MgO:Co u. ZnO:Co verglichen. Die opt. Absorptions-Eigg. von MgO:Co u. ZnO:Co werden schließlich dazu verwendet, die Symmetrie des Co^{2+} im Spinell- u. Granat-Syst., in denen die Kationen Lagen verschiedener Symmetrie einnehmen können, zu ermitteln. G. M. Neumann. 119□

Zur Theorie der Intensität von Linien in Raman-Spektren. 2. Mitt. **Quantenmodell (Berechnung der Anharmonizität und der Abweichung von der Condon-Näherung).** L. L. Kruschinski und P. P. Schorygin. (Оптика и Спектроскопия [Optik u. Spektroskopie] **11.** 151—60. Aug. 1961; russ.) — 1. vgl. Оптика и Спектроскопия [Optik u. Spektroskopie] **11.** [1961.] 24. — Die in 1. Mitt. bei der Unters. des Quantenmodells des streuenden Mol. in Condon-Näherung vorausgesetzte Unabhängigkeit des Matrizenelements des Dipolmoments des Übergangs 0 → e vom Kernabstand [$M_{0e}(r)$ = const.) erweist sich bei der Prüfung von experimentellen Daten u. quantenmechan. Berechnungen in den meisten Fällen als zu grob. Vff. betrachten jetzt das Quantenmodell unter Berücksichtigung der Abhängigkeit $M_{0e} = M_{0e}(r)$. Es wird der Einfl. der Abweichungen von der Condon-Näherung auf die Verteilung der Beiträge von den Komponenten der Schwingungsstruktur des Elektronenanregungszustandes in Matrizenelementen der Polarisierbarkeit untersucht. Nach der Entartungstheorie wird die Anharmonizität des Elektronengrund- u. Elektronenanregungszustandes berechnet. Das Verhältnis der Intensitäten von Grund- u. Oberschwingung im Raman-Spektrum außerhalb des Resonanzbereiches (Platschek-Gebiet angeregter Frequenzen) wird bestimmt. U.-L. Rau. 120□

Dipolmoment des OH-Radikals aus dem Stark-Effekt seines Mikrowellenspektrums. Richard T. Meyer und Rollie J. Myers. (J. chem. Physics **34.** 1074—75. März 1961. Berkeley, Calif., Univ. of California, Dep. of Chem.; engl.) — Vff. bestimmen aus dem Stark-Effekt der OH-Mikrowellen-Übergänge nahe 23820 MHz das elektr. Dipolmoment des OH-Radikals. Sie erhalten für die F = 4- u F = 5-Komponenten die Werte 1,63 bzw 1,68 D u. ermitteln daraus einen Mittelwert von 1,65 ± 0,25 D. E. Hahn. 121□

Thermodynamik und statistische Mechanik eines Drei-Niveau-Masers. William A. Barker. (Physic. Rev. [2] **124.** 124—28. 1/10. 1961. Argonne, Ill., Argonne Nat. Labor.; engl.) — Vf. behandelt das Problem eines Drei-Niveau-Masers vom Standpunkt der statist. Mechanik u. der irreversiblen Thermodynamik. Die drei Spinzustände des Masers werden dabei wie einzelne chem. Komponenten behandelt, die im therm. Gleichgewicht mit dem Gitter, nicht aber im chem. Gleichgewicht miteinander stehen. Für das Rk.-Gleichgewicht wird eine Gleichung entwickelt, die das stationäre Verh. des Syst. mit einer Mikrowellenpumpe vollständig beschreibt. Zusätzlich zu der Ladungsträgerverteilung, die in erster Näherung mit den Ergebnissen aus der Geschw.-Gleichung übereinstimmt, erhält man explizite Ausdrücke für die innere Energie, die Wärmekapazität u. die Entropie. Ferner werden die Berechnungen für den Fall spontaner Emission u. Querrelaxation sowie für die normale therm. Relaxation durchgeführt. G. M. Neumann. 121□

Die Luminescenz anorganischer Kristalle. Fred E. Williams. (J. chem. Educat. **38.** 242—50. Mai 1961. Schenectady, N.Y., Gen. Electr. Res. Labor.; engl.) — Nach einer Beschreibung der Luminescenz durch monoatomare Verunreinigungen in Alkalihalogeniden behandelt Vf. die Aktivierung durch Übergangselemente. Die unterschiedlichen Emissionsspektren von Kristallen, die durch Mn^{2+} u. Mn^{4+} aktiviert sind, werden ausführlich beschrieben, ebenso komplexe Ionenphosphore. An Hand des Perioden-Syst. behandelt Vf. die kovalenten Phosphore. — 30 Literaturzitate. K. Ross. 125□

Exciton-induzierte Luminescenz in KJ/Tl. Masao Tomura und Yozo Kaifu. (J. physic. Soc. Japan **15.** 1295—1302. Juli 1960. Osaka, Univ., Dep. of Appl. Phys.; engl.) — In einem Einkristall von KJ/Tl werden bei opt. Anregung in der 1. charakterist. Absorptionsbande von KJ Emissionen von Tl^+ u. irgendeiner Verunreinigung beobachtet. Diese durch Excitonen induzierte Luminescenz wird bei verschiedenen Temp. an Proben mit verschiedenen Tl^+-Konz. gemessen. Die Sättigungsintensitäten sind im Bereich von ca. $10^{15}-10^{19}/cm^3$ fast unabhängig von der Tl^+-Konz. u. zeigen eine Quantenausbeute von 30%. Damit wird das Bild einer Wanderung des Excitons durch den Kristall bestätigt. G. RUBAN. 125□

Deutung der excitoneninduzierten Luminescenz in KJ/Tl. Masao Tomura. (J. physic. Soc. Japan **15.** 1508—16. Aug. 1960; engl.) — Vgl. vorst. Referat. — Vf. diskutiert Einzelheiten der durch Excitonen erzeugten Luminescenz in KJ/Tl. Er zeigt, daß der Absorptions-Koeff. auf der langwelligen Seite der 1. charakterist. Absorptionsbande eines KJ-Einkristalls viel kleiner ist als der eines polykrist. Aufdampffilms von KJ. Ferner findet Vf. eine neue, schwache Absorptionsbande im langwelligen Bereich, die offenbar auf dem triplettähnlichen Zustand des Excitons beruht. Das Problem der Excitonwanderung wird bes. diskutiert u. die Lebensdauer des Excitons auf weit mehr als 10^{-8} s geschätzt. G. RUBAN. 125□

Untersuchung der Luminescenz von CdS-Einkristallen bei tiefen Temperaturen. Je. F. Gross und M. A. Jakobsson. (Известия Академии Наук СССР, Серия Физическая [Nachr. Akad. Wiss. UdSSR, physik. Ser.] **25.** 531—32. April 1961. Phys.-techn. Inst. der Akad. der Wiss. der UdSSR; russ.) — Neue Unterss. bei 4,2° K lassen sich mit der Annahme deuten, daß die Luminescenz bei $\lambda < 4853$ Å durch Excitonen bedingt ist, während Fehlstellen im Gitter die blaue Luminescenz bei $\lambda > 4860$ hervorrufen. G. KIRSCHSTEIN. 125□

Mit Nickel aktivierte Calcium- und Strontiumsulfidphosphore. M. Avinor, A. Carmi und Z. Weinberger. (J. chem. Physics **35.** 1978—80. Dez. 1961. Israel, Min. of Defense, Sci. Dep.; engl.) — Vgl. C. **1961.** 1809. — Aktivierung von CaS- u. SrS-Phosphoren mit Ni allein ergibt nur sehr schwache Luminescenz, die auf Verunreinigungen zurückgeführt wird. Aktiviert man mit Ni + Cu oder Ni + Ag (je $2 \cdot 10^{-4}$), so treten Emissionsbanden im Roten u. im nahen IR auf: *CaS(Ni, Cu)* 680 (mμ); *CaS(Ni, Ag)* 625; *CaS(Cu)* 465; *SrS(Cu)* 510; *SrS(Ni, Ag)* 710; *SrS(Ni, Cu)* 775 sowie relativ starke orangefarbene Phosphorescenz. Höhere Intensitäten u. stärkere Phosphorescenzeffekte werden bei Ag/Ni-Verhältnissen >1 beobachtet. Die Reflexionsspektren weisen bei Ni-Aktivierung auf einen breiten Adsorptionsbereich von der Absorptionskante des Grundmaterials im UV bis in das sichtbare Gebiet, der sich offenbar aus verschiedenen, wenig definierten Absorptionsbanden zusammensetzt. Aktivierung mit Cu, weniger mit Ag, ergibt zusätzliche Absorption, bei CaS(Cu) wird eine einfache Bande bei 300 mμ beobachtet. Vff. nehmen an, daß die rote Bande der Phosphore auf 3wertige Ni-Zentren zurückzuführen ist, wobei Ag u. Cu die Überführung des Ni in den 3wertigen Zustand begünstigen. — Herst. der reinen Erdalkalisulfate (I): durch homogene Ausfällung aus nur einer Lsg.: Lösen der Carbonate in Sulfaminsäure, Reinigung durch H_2S-Fällung, Zugabe von NH_3 bis zur schwach alkal. Rk., Extraktion der letzten Schwermetallspuren durch Dithizon/CCl_4, Hydrolyse der gereinigten Lsg. im Autoklaven bei 200°, mehrmaliges Waschen der gefällten **I** mit W. u. Trocknen bei 200°; quant. Ausbeute. — Herst. der Phosphore: durch Zugabe des Aktivators als Lsg. des Nitrats oder Sulfats zu **I**, Trocknen bei 150°, Red. bei 1000° im H_2S-Strom, Zugabe von 2—4 Gew.-% LiF als Flußmittel u. Glühen bei 1500° in O_2-freiem N_2.
P. FRENZEL. 125□

Analyse von p–n-Luminescenz in Zn-dotiertem GaP. H. G. Grimmeiss und H. Koelmans. (Physic. Rev. [2] **123.** 1939—47. 15/9. 1961. Eindhoven, Netherlands, N. V. Philips Gloeilampenfabrieken, Philips Res. Labor.; engl.) — Die elektr. u. opt. Eigg. von Zn-dotierten GaP-Proben wurden untersucht u. gefunden, daß das p–n-Luminescenz-Verh. in GaP–Zn sehr stark der Luminescenz in den klass. ZnS-Phosphoren gleicht. Die Lichtausbeute der p–n-Luminescenz ist stark superlinear abhängig von der Anregungsdichte. Der superlineare Bereich verschiebt sich mit Ansteigen der Temp. zu höheren Anregungsdichten. Die Rekombinationskinetik wird mit Hilfe der KLASENSschen Code-Zahl-Meth. analysiert. D. HAHN. 125□

Die Luminescenz des Mangan-aktivierten Magnesium-Lithium-Wolframats. K.-Th. Wilke. (Z. physik. Chem. [Leipzig] **218.** 183—88. 1961. Berlin; dt.) — Vgl. C. **1961.** 1098. — Die Luminescenz von $MgWO_4$ wird durch Einbau geringer Li-Mengen nicht verändert; höhere Li-Konzz. setzen die Luminescenzintensität durch Bldg. eines Mg–Li-Wolframats herab. Letzteres kann jedoch mit Mn aktiviert werden. Zur Darst. eines Mn-aktivierten Mg–Li-Wolframats der Zus. Li_2MgWO_5 (I) werden MgO, Li_2CO_3 u. WO_3 im Mol-Verhältnis 1:1:1 mit $MnSO_4$ (Aktivator-Geh. 10^{-2}% Mn) 20—40 Min. an der Luft geglüht. Die Emissionsfarbe ist von der Glüh-Temp. abhängig. Die blaue Farbe der zwischen 400 u. 600° hergestellten Proben ähnelt der des reinen $MgWO_4$. Li_2O dient bis 600° offensichtlich nur als Schmelzmittel für die Rk. MgO + WO_3 = $MgWO_4$. Zwischen 600 u. 700° wird die blaue Emission immer stärker von einer roten verdrängt, deren Emissionsmaximum bei 690 nm liegt. Mn liegt in den Glüh-Prodd. in 4wertiger Form vor, DEBYE-SCHERRER-Aufnahmen zeigen zwischen 700 u. 750° Gitteränderungen an. Es wird gefolgert, daß Mn oberhalb 700° als Aktivator wirksam wird u. daß die Strukturänderung von I zwischen 700 u. 750° ein schnelles Eindringen des Aktivators ermöglicht.

F. HUBER. 125□

Über die Präparation von Calciumwolframatphosphoren. Y. Kotera, T. Sekine und M. Yonemura. (Z. physik. Chem. [Leipzig] **218.** 197—203. 1961. Tokyo-Shibuya, Governm. Chem. Ind. Res. Inst.; dt.) — Vff. berichten über den Zusammenhang zwischen den verschiedenen Präparations-Verf. von Calciumwolframat-Phosphoren u. ihrem Emissionsvermögen. Die Darst. erfolgte durch Glühen des Gemisches eines Ca-Salzes mit NH_4-Parawolframat (I) bzw. WO_3 oder durch Fällung aus einer 20%ig. $CaCl_2$-Lsg. mit einer 18%ig. ammoniakal. I-Lsg. in der Siedehitze bzw. bei Raumtemperatur. Die Beziehungen zwischen Glüh-Temp., Glühzeit u. der Helligkeit bei Erregung mit UV-Licht (2537 Å), zwischen Glühbedingungen u. der Helligkeit bei Erregung mit Röntgenstrahlen, zwischen Glühbedingungen u. Korngröße, ferner die Veränderung des Emissionsspektrums beim Zusatz von Anionen (PO_4^{3-}, AsO_4^{3-}, $Sb_2O_7^{2-}$, SiO_4^{4-}, GeO_4^{4-}, BO_3^{3-}, $V_2O_7^{4-}$) werden graph. mitgeteilt u. diskutiert. Der Einfl. des Anionenzusatzes auf die Emission des durch WO_4^{2-} aktivierten $CaSO_4$-Phosphors, der ebenfalls untersucht wird, ist etwas geringer als die Wrkg. auf den $CaWO_4$-Phosphor. GeO_4^{4-}- u. SiO_4^{4-}-Zusatz zu letzterem erhöhen die Helligkeit bei UV-Bestrahlung um über 10%; ähnliches wird bei Röntgenbestrahlung beobachtet. Das Nachleuchten ist kürzer als bei den prakt. verwendeten Phosphoren. F. HUBER. 125□

A₃. Elektrizität. Magnetismus. Elektrochemie

Stabilität einer dünnen Plasmaschicht in einem zeitlich periodischen Magnetfeld. L. Solymar. (J. Electronics and Control [1] **9.** 391—96. Nov. 1960. Harlow, Essex, Standard Telecommunicat.; engl.) — Es wird das Verh. einer dünnen Schicht von Elektronen in einem zeitlich veränderlichen Rechteckwellen-Magnetfeld untersucht. Dabei wird gezeigt, daß das Wachsen einer anfänglichen Störung, das in der 1. Halbperiode stattfindet, in der 2. Halbperiode völlig aufgehoben wird. Beides, sowohl die Verschiebungen als auch die Geschw. erreichen wieder ihre anfänglichen Werte. Aus dieser Tatsache wird geschlossen, daß der beobachtete Abbruch eines ringförmigen Strahls in einem gleichförmigen Magnetfeld in einem period. Magnetfeld nicht auftreten darf.

M. GUERLIN. 131□

Eine Mikrowellen-Plasmaentladung. J. Allison, A. L. Cullen und A. Závody. (Nature [London] **193.** 156. 13/1. 1962. Sheffield, Univ., Dep. of Electr. Engng.; engl.) — Eine bemerkenswert geschichtete Hochfrequenzentladung in *Ar* wurde durch eine leistungsstarke 3,4-cm-Strahlung erzeugt, die in den zentralen Bereich eines Entladungsgefäßes fokussiert war. Wenn bei einer Quellenleistung von ca. 2 kW der Ar-Druck allmählich erhöht wird, beginnt die Entladung bei 0,5 mm Hg. Bei ca. 40 mm Hg beginnt die Streifen-Bldg. u. bei 100 mm Hg zerfällt das ganze Plasma in dünne Streifen. Die Richtung der Streifen ist ungefähr parallel zur Richtung des einfallenden E-Feldes. Die Streifen sind ca. 1—2 mm breit, 10—15 cm lang u. ca. $^1/_4$—$^1/_2$ cm voneinander entfernt. Die Unters. des Phänomens wird fortgesetzt. HERBERT WEBER. 131□

Ionenbildung im Kathodenteil der Glimmentladung. A. M. Resikjan. (Известия Академии Наук Армянской ССР, Физико-Математические Науки [Nachr. Akad. Wiss. ArmenSSR, Ser. physik.-math. Wiss.] **14.** Nr. 1. 87—96. 1961. Physik. Inst. der Akad. der Wiss. der ArmenSSR; russ., Auszug: armen.) — Glimmentladungen wurden in *Ar*, N_2 u. H_2 durchgeführt. Es wurde ein Entladungsrohr u. ein Glasmembran-Manometer benutzt. Nach der Formel $q = 0{,}133 \cdot b^+ \Delta p / j d p$ wurde das Verhältnis der mittleren Reichweite aller Ionen, die auf die Kathode fallen, zur Breite d des Bereichs des Kathodenfallpotentials aus dem Druck p, der Druckdifferenz Δp des neutralen Gases zwischen Kathode u. Anode, der Dichte des Entladungsstroms j u. der Beweglichkeit der positiven Ionen b^+ berechnet. Die Frage der Rekombination in mol. Gasen wird diskutiert. Aus dem q-Wert ergibt sich, daß ein beträchtlicher Teil der Ionen im Bereich des Glimmlichts entsteht u. daß der Charakter der Entladung vom Typ des Gases abhängt. M. Wiedemann. 131□

Das negative Glimmlicht und Kathodenflecke in Niederdruckbögen. M. A. Cayless. (J. Electronics and Control [1] **4.** 237—59. März 1958. Rugby, Brit. Thomson-Houston Co., Res. Labor.; engl.) — Es wurden die Diffusionsbedingungen in dem negativen Glimmlicht (oder Kathodenfleck) von thermion. u. „pool"-Bögen bei niedrigem (0,1—20 mmHg) Druck untersucht. Es wird gezeigt, daß sowohl Plasmadichte als auch das Potential ein Maximum haben; die Fälle von ebener, zylindr. u. sphär. Symmetrie wurden im einzelnen untersucht. Der Ionenstrom an der Kathode kann ein beachtenswerter Teil des Elektronenstroms sein mit einem oberen Grenzwert, der meist in der Nähe von der Hälfte des Verhältnisses Kathodenfall zu Ionisationspotential liegt. Die verschiedenen Arten von Bögen mit den entsprechenden Formen des negativen Glimmlichts werden diskutiert. M. Guerlin. 131□

Die Dielektrizitätskonstante des Wassers zwischen 0 und 40°. George A. Vidulich und Robert L. Kay. (J. physic. Chem. **66.** 383. Febr. 1962. Providence, R.I., Brown Univ., Metcalf Res. Labor.; engl.) — Vff. bestimmen mit Hilfe der Brücken-Meth. die DK des W. bei 0, 20, 25 u. 40° zu 87,90; 80,20; 78,37 u. 73,19 u. vgl. die Ergebnisse mit Werten aus der Literatur. Es wird angenommen, daß der Fehler geringer als $\pm 0{,}04$ Einheiten ist. F. Huber. 132□

Eine Apparatur zur Messung dielektrischer Verluste in feinverteilten Feststoffen. J. E. A. Stuart, G. Manuel, R. D. Smith, A. C. D. Newman und L. E. Sutton. (Trans. Faraday Soc. **55.** 2180—85. Dez. 1959. Oxford, Univ., Physic. Chem. Labor.; engl.) — Vff. beschreiben eine Impedanzbrücke zur Messung der dielektr. Verluste von Pulvern im Frequenzbereich von 33—27000 Hz u. im Temp.-Bereich von Raum-Temp. bis 120°. Die App., die bes. zur Unters. geringer elektr. Änderungen bei der Adsorption von Dämpfen entwickelt wurde, erlaubt die Messung an Proben mit Kapazitäten C im Bereich von 200 pF u. Verlustwinkeln δ im Bereich von ca. 10^{-2} rad u. weniger. C kann auf 0,1 pF, δ auf 10^{-4} bis 10^{-5} rad genau bestimmt werden. P. Frenzel. 132□

Gleichrichtende Wirkung ungleichmäßiger Felder in Dielektrika. K. C. Kao. (Nature [London] **192.** 650—51. 18/11. 1961. Loughborough, Leics., Brush Electrical Engng. Co. Ltd., Res. Div.; engl.) — Vf. berichtet über die gleichrichtende Wrkg. von Luft- u. Transformatorölschichten in Punkt–Platten-Elektrodensystemen. Es zeigt sich, daß der Durchschlag in Wechselfeldern von 50 Hz immer dann erfolgt, wenn sich die Punktelektrode auf positivem Potential befindet. Vf. schlägt vor, diese Erscheinung zur Gleichrichtung hoher Wechselspannungen zu verwenden. G. M. Neumann. 132□

Die Bewegung einer einzelnen 90°-Bereich-Wand von $BaTiO_3$ in einem elektrischen Wechselfeld. J. Fousek und B. Březina. (Czechoslov. J. Physics B **10.** 511—28. 1960. Prague, Acad. Sci., Inst. of Phys.; engl.) — Vgl. C. **1962.** 12185. — Es wird die Bewegung einer 90°-Wand an $BaTiO_3$-Einkristallen genauer verfolgt. Bei sehr großen elektr. Spannungen tritt zu den irreversiblen Bewegungen um die Nullage noch eine Verschiebung der Wand in der Weise, daß die spontane Polarisation in Richtung der Spannung wächst. Die Ergebnisse werden mit einer phänomenolog. Theorie zu erklären versucht. Aus den experimentellen Resultaten werden danach Schlüsse über die Wechselwrkg. von 90°- u. 180°-Wänden hergeleitet. Für die Erklärung von Relaxationen der 90°-Wandbewegungen sind Nichtgleichgewichtszustände anzunehmen. Solche labilen Zustände können nicht allein durch 180°-Prozesse hervorgerufen sein. Es kommen möglicherweise noch Depolarisationserscheinungen hinzu. Erklärt wird auch die seitliche Bewegung von 180°-Wänden unter dem Einfl. von 90°-Prozessen, die schon bei längerzeitlichen Einw. schwacher Felder auftreten. H. Fahlenbrach. 133□

Zur Gittertheorie der piezoelektrischen und elastischen Eigenschaften von Kristallen mit Zinkblendestruktur unter Berücksichtigung der elektronischen Polarisation. 2. Mitt. **Darstellung der piezoelektrischen Konstante e_{14} durch mikroskopische Parameter für das Modell einer reinen Feldpolarisation und für das Hüllen-Modell.** Ludwig Merten. (Z. Naturforsch. **17a.** 216—27. 2 Tafeln. März 1962. Augsburg, OSRAM-Studienges.; dt.) — 1. vgl. C. **1962.** 11837. — Die Weiterentw. der vom Vf. aufgestellten allg. Beziehungen für konkrete, die elektron. Polarisation beschreibende Modelle führt auf eine bes. eingehende Unters. der piezoelektr. Konst. e_{14}. Zunächst wird das einfache Modell zugrunde gelegt, nach dem die Polarisation der Ionen allein durch das mit den Gitterschwingungen verknüpfte makroskop. elektr. Feld verursacht wird. Die sich für *ZnS* ergebende piezoelektr. Konst. e_{14} ist aber hiernach um einen Faktor 7 bzw. 8 zu groß. Nach dem Hüllenmodell von Dick, Overhauser u. Cochran werden die Ionen bei ihrer Auslenkung, aber auch durch die nicht-COULOMBschen Kräfte, vor allem der nächsten Nachbarn, polarisiert. Bei der numer. Auswertung der für dieses Modell erhaltenen Gleichung zeigt sich, daß die Werte von e_{14} für verschiedene Hüllenladungen des Anions in den meisten Fällen nur noch um einen Faktor von ca. 2—3 zu groß sind u. auch der experimentelle Wert angenommen wird, u. zwar für Hüllenladungen, die nach dem Vgl. mit anderen Unterss. als ganz vernünftig anzusehen sind. Es zeigt sich aber bes. auch, daß e_{14} empfindlich von einigen Parametern abhängt. Aus diesem Grunde u. wegen der noch ungenauen Kenntnis der Eingangsdaten lassen sich allerdings über die Genauigkeit, mit der e_{14} durch die erhaltenen Formeln dargestellt wird, noch keine endgültigen Aussagen machen. G. RUBAN. 133□

Raumladungsneutralisation und Glühemission. R. N. Franklin. (J. Electronics and Control [1] 9. 385—90. Nov. 1960. Oxford, Clarendon Labor.; engl.) — Eine heiße Oberfläche, die positiv u. negativ geladene Teilchen emittiert, wird in die Nähe eines nicht emittierenden Kollektors gebracht, der auf einem bestimmten Potential gegenüber dem Emitter gehalten wird. Das Potential in dem Bereich zwischen den beiden Elektroden wird untersucht. Eine exakte Lösung für die Dichteverteilung der Raumladung u. des Feldes wird abgeleitet. Obwohl kein analyt. Ausdruck für die Potentialverteilung angegeben werden kann, kann gezeigt werden, daß ihre allg. Form eine Funktion von dem Verhältnis der Zahl der positiven Ionen zu der der Elektronen ist. Es wird gezeigt, daß der Übergang von reiner Elektronenemission zur Ionenemission ganz allmählich stattfindet u. keine oscillator. Lösung für das Potential existiert. M. GUERLIN. 134□

Anomale Oberflächenkanäle an Silicium-p-n-Übergängen. Raymond Solomon. (J. appl. Physics **31**. 1791—99. Okt. 1960. Newport Beach, Calif., Hughes Semiconductor Labor.; engl.) — Vf. beobachtet mittels einer Lichtimpulssonde an p–n-Übergängen von Si anomale Kanäle, die sich in einigen Fällen auf Entfernungen von 100 mil (0,1 in.) u. mehr erreichen. Die Phasenverschiebung des induzierten Photowechselstroms wird als Funktion des Abstandes des Lichtfleckes von dem Übergang gemessen, wobei Phasenverschiebungen von mehr als 380° für die anomalen Kanäle gefunden werden. Es wird angenommen, daß die Kanäle das Ergebnis einer Wechselwrkg. zwischen Feld u. langsamen Oberflächenzuständen sind. G. RUBAN. 135□

Oberflächenzustandsniveaus in Silicium, erhalten durch Impulsfeldeffekttechnik. J. A. Champion. (Proc. physic. Soc. **79**. 662—65. 1/3. 1962. London, Post Office Res. Station; engl.) — Nach Einw. verschiedener Ätzmittel auf Proben von *p-Si* mit 80 $\Omega\cdot$cm bestimmt Vf. nach der Impulsfeldeffekt-Meth. die Zustandsniveaus, Energiedifferenzen E_v-E_t u. Einfangquerschnitte σ_p. Die Ergebnisse zeigen, daß die Energieniveaus der Oberflächenzustände von Si viel stärker von der Oberflächenvorbehandlung (also vom Ätzmittel) abhängen, als bisher angenommen wurde. G. RUBAN. 135□

Ausglühen von Strahlungsschäden und der Einfluß auf die Lebensdauer in Silicium. Kenji Matsuura und Yoshio Inuishi. (J. physic. Soc. Japan **16**. 339. Febr. 1961. Osaka Univ., Fac. of Engng.; engl.) — Zur Klärung des Mechanismus der Wechselwrkg. zwischen strahlungsinduzierten Defekten u. Sauerstoff oder verschiedenen anderen Strukturfehlern untersuchen Vff. den Einfl. der Glühtemp. auf die Trägerlebensdauer in γ-bestrahlten n-leitenden Si-Kristallen. Zwei verschiedene Kristallsorten werden benutzt: Sb-dotiertes gezogenes Si (**I**; 40 $\Omega\cdot$cm) u. im Zonenschmelz-Verf. gereinigtes Si mit geringen Mengen O versetzt (**II**; 20 $\Omega\cdot$cm). **I** u. **II** werden bei Raum-Temp. mit γ-Strahlen von ^{60}Co bestrahlt u. anschließend bei verschiedenen Temp. geglüht. Der Einfl. der Glüh-Temp. auf die Lebensdauer der Träger wird untersucht. Das unterschiedliche Verh. von **I** u. **II** wird diskutiert. G. TALSKY. 135□

Heiße Träger in Germanium. B. V. Rollin und J. M. Rowell. (Proc. physic. Soc. **76**. 1001—02. 1/12. 1960. Oxford, Univ., Clarendon Labor.; engl.) — Vff. untersuchen durch Messung des spezif. Widerstands ϱ u. des HALL-Koeff. R bei tiefen Temp. die Eigg. heißer Träger in Ge. Die Ergebnisse der Messungen an reinstem n-Ge ($N_D = 6\cdot 10^{12}$ u. $N_A = 1{,}6\cdot 10^{12}$/cm^3) u. an Cu-dotiertem p-Ge ($N_D = 10^{15}$ u. $N_A = 1{,}3\cdot 10^{16}$/cm^3) mit u. ohne Bestrahlung zeigen, daß die HALL-Beweglichkeit $\mu = R/\varrho$ mit fallender Gitter-Temp. T_l abnimmt, da bei niedrigeren Temp. die Träger ihre Energie hauptsächlich durch Wechselwrkg. mit Phononen abgeben. Zwischen 4,2 u. 1,8°K ist μ unabhängig von T_l u. erreicht einen konst. Wert von $1{,}2\cdot 10^6$ cm^2/V·s. Die Temp.-Abhängigkeit von μ bei Bestrahlung wird diskutiert. W. SOBIESKI. 135□

Faraday-Effekt für direkte magneto-optische Übergänge in Germanium. M. Suffczynski. (Proc. physic. Soc. **77**. 1042—45. 1/5. 1961. Warsaw, Univ. of Warsaw, Inst. of Theoret. Phys.; engl.) — Der FARADAY-Effekt gemäß den magneto-opt. Interbandübergängen im Ge wird berechnet. Die direkten Übergänge von den höchsten LANDAU-Niveaus der beiden Leichtlöcher-Leiter u. der beiden Schwerlöcher-Leiter werden betrachtet. Die Größe des Effektes hängt empfindlich von der effektiven Masse der Niveaus in Ggw. des Magnetfeldes ab. J.-M. Spaeth. 135□

Thermische, elektrische und optische Eigenschaften von (In, Ga)As-Legierungen. M. S. Abrahams, R. Braunstein und F. D. Rosi. (Physics Chem. Solids **10.** 204 bis 210. Juli 1959. Princeton, N.J., R.C.A. Res. Labor., David Sarnoff Res. Center; engl.) — Stöchiometr. Mengen von InAs u. GaAs werden zusammen mit 1% As bei 10^{-7} Torr in einem Graphitgefäß in einer Zonenschmelz-App. (Zonen-Geschw. 5—10 in./Tag) umgesetzt. Die erhaltenen Legg. sind polykristallin u. enthalten 10—100 ppm spektrograph. nachweisbare Verunreinigungen (Cu, Al, Si, Mg, Pb, Ag). Die Messung des elektr. Widerstandes erfolgt nach der Meth. der Spannungsabtastung, die der Wärmeleitfähigkeit u. der Thermospannung unter Verw. von Cu-Konstantan–Thermoelementen in einer elektr. beheizten Wärmeleitungs-App. bei 10^{-4} Torr. Aus Messungen der Hall-Spannung wird die Elektronenbeweglichkeit erhalten. Im Syst. InAs–GaAs besteht vollständige Mischbarkeit im festen Zustand. Die Wärmeleitfähigkeit des Gitters fällt bei der Leg.-Bldg. ausgeprägt ab u. erreicht mit 0,05 W/Grad·cm ein Minimum für eine Leg. mit 50 Mol-% InAs. Die Thermo-EMK hängt linear vom Logarithmus der Ladungsträger-Konz. für nichtentartete Kristalle ab. Die Dichte der Massenzustände ist demnach vom Zulegieren unabhängig. Bis zu ca. 70 Mol-% GaAs fällt die Elektronenbeweglichkeit monoton mit zunehmendem Geh. an GaAs. Ebenso ändert sich der Bandabstand kontinuierlich mit der Zus. der Leg.; die Abhängigkeit ist von InAs nach GaAs nach oben konkav. Herbert Müller. 135□

Einflüsse des hydrostatischen Drucks auf den Piezowiderstand von Halbleitern: i-InSb, p-Ge, p-InSb und n-GaSb. R. W. Keyes und M. Pollak. (Physic. Rev. [2] **118.** 1001—07. 15/5. 1960. Pittsburgh, Pa., Westinghouse Res. Labor.; engl.) — Es wird eine Meth. zum Messen des Piezowiderstandes einer Probe unter hohem hydrostat. Druck durch Vgl. mit dem Piezowiderstand von eigenleitendem InSb beschrieben. Die Meth. wurde durch eine Messung des Piezowiderstandes von p-Ge u. p-InSb bis zu 13000 kp/cm^2 geprüft. Der Piezowiderstand dieser Materialien ist druckunabhängig, in guter Übereinstimmung mit den Vorhersagen anderer Experimente. Die Messung des Piezowiderstands von n-GaSb als Funktion vom Druck bis zu 12000 kp/cm^2 bestätigt die Richtigkeit des Modells von Sagar (C. **1960.** 10839) für das Leitungsband. Es werden Werte für gewisse Parameter des Leitungsbandes von GaSb abgeleitet.
H. Laue. 135□

Quadratische Abweichungen vom Ohmschen Gesetz in InSb vom n-Typ. R. J. Sladek. (Physic. Rev. [2] **120.** 1589—99. 1/12. 1960. Pittsburgh, Pa., Westinghouse Res. Labor.; engl.) — Der elektr. Widerstand von n-InSb bei verschiedenen Träger-Konzz. wird in Abhängigkeit von der elektr. Feldstärke bei tiefen Temp. gemessen. Die elektr. Feldstärke F wird so klein gehalten, daß nur eine geringe Erwärmung der Elektronen erfolgt u. die Elektronenbeweglichkeit μ der Beziehung $\mu = \mu_0 (1 + \beta F^2)$ gehorcht, wobei μ_0 die Ohmsche Beweglichkeit ist. Eine Analyse der experimentellen β-Werte gibt Aufschluß über die Prozesse, durch die die Elektronen ihren Impuls u. ihre Energie einbüßen sowie über den Einfl. der Trägerdegenerierung u. der Elektron–Elektron-Streuung auf diese Prozesse. Bei 4,2° K z. B. ist die piezoelektr. Streuung verantwortlich für den Hauptanteil des Energieverlustes, während nahe 77° K die polare opt. Streuung, begleitet von starker Elektron–Elektron-Streuung, für den Energieverlust verantwortlich ist, zumindest bei der Magnetfeldstärke Null. G. Ruban. 135□

Abhängigkeit thermisch angeregter Ströme von der Aufheizgeschwindigkeit. C. G. Clayton, J. B. Whittaker, G. A. Briggs und T. G. Kelly. (Nature [London] **192.** 349—50. 28/10. 1961. Wantage, Berks., A.E.R.E., Wantage Res. Labor.; engl.) — Vff. bestrahlten einen *CdS*-Einkristall bei 90° K mit γ-Strahlen (^{60}Co als Strahlungsquelle). Trägt man den bei therm. Anregung dieses Kristalls zu beobachtenden Strom in Abhängigkeit von der Temp. auf, so beobachteten Vff. bei einer Aufheiz-Geschw. zwischen 17 u. 19 Grad/min einen Sekundär-peak, dessen Höhe u. Form entgegen bisherigen Beobachtungen stark von der Aufheiz-Geschw. abhängig ist. Die beiden auftretenden Hauptpeaks, die Elektronenfallen mit Niveaus von 0,09 u. 0,13 eV zugeschrieben werden, sind vom Auftreten u. von der Form des Sekundär-peaks unabhängig. Dem Sekundär-peak wird nach der Grossweiner-Formel ein Energieniveau von 1,0 eV zugeordnet. Er wird einem Trapniveau zugeschrieben, das, anfangs aufgefüllt, bei Temp.-Steigerung seine Elektronen sowohl direkt als auch indirekt über andere Traps in das Leitungsband abgibt. Zwei mögliche Modelle dieses Vorganges werden vorgeschlagen. Auf die Grenzen dieser Diskussions-Meth. wird jedoch ausdrücklich hingewiesen. K. Jaeger. 135□

Ein Diagramm für die Beschreibung der Photoleitfähigkeit. H. J. Dirksen. (Appl. sci. Res. [The Hague], B **7.** 400—08. 1959. The Hague, Netherlands, Nat. Defence Res.

Council T.N.O. Phys. Labor.; engl.) — In einem sog. E–B-Diagramm wird ein diskreten Elektronenniveau eines Photoleiters durch einen Punkt dargestellt, dessen E-Koordinate ein Maß für die Elektronenbesetzung im therm. Gleichgewicht u. dessen B-Koordinate ein Maß für die Elektronenbesetzung bei Belichtung ist. Aus der Lage der verschiedenen Punkte kann die durch Belichtung hervorgerufene Änderung der Elektronenverteilung für verschiedene Temp. abgelesen werden. Die beiden Teile des Diagramms, in denen sich diese Änderung ausdrückt, werden Inversionsbereiche genannt. Vf. schlägt eine Einteilung der Photoleiter u. der verschiedenen Arten der photoleitenden Eigg. vor. Ein Material wie *CdSe*, dessen diskrete Niveaus in den Inversionsbereichen liegen, zeigt charakterist. Photoleitung. P. FRENZEL. 135□

Die spezifische elektrische Leitfähigkeit und der Hall-Koeffizient von Wismuttellurid. B. Yates. (J. Electronics and Control [1] 6. 26—38. Jan. 1959. Wembley, General Electr. Co. Ltd., Res. Labor.; engl.) — Vf. untersucht im Temp.-Bereich von 1,3—660° K die Temp.-Abhängigkeit der spezif. elektr. Leitfähigkeit, des HALL-Koeff. u. der HALL-Beweglichkeit von Bi_2Te_3-Einkristallen, die mit verschiedenen Mengen J_2 dotiert wurden. Es besteht eine Neigung zur systemat. Änderung dieser Größen mit dem Dotierungsgrad, obwohl gewisse Anomalien festgestellt werden. Vf. zeigt, daß sich der Leitungsbandmechanismus im n-leitenden Bi_2Te_3 qual. unter der Annahme von Fremdleitung erklären läßt. P. FRENZEL. 135□

Galvanomagnetische Effekte in Wismuttellurid. J. R. Drabble. (Physics Chem. Solids **8.** 428—30. Jan. 1959. Wembley, Gen. Electr. Co. Ltd., Res. Labor.; engl.) — Vgl. C. **1960.** 17039. — Galvanomagnet. Unterss. an p-Bi_2Te_3(n-Bi_2Te_3) führen auf folgende effektive Massenverhältnisse: $m_2 = 0{,}0505 \cdot m_0$ (unbekannt), $m_1/m_2 = 4{,}13$ (1,21), $m_3/m_2 = 7{,}64$ (0,093); Zustandsdichte $m^* = 0{,}51 \cdot m_0$ (unbekannt), $\cos^2\Theta = 0{,}305$ (0,055). G. RUBAN. 135□

Beziehungen zwischen Bindung und Halbleitung in den Strukturen vom Typ Bi_2Te_3 und CdJ_2. C. H. L. Goodman. (J. electrochem. Soc. **107.** 564—65. Juni 1960. Wembley, Gen. Electr. Co. Ltd., Res. Labor.; engl.) — Vf. erörtert Bindungsmodelle für Bi_2Te_3 (I) u. CdJ_2 (II) u. nimmt an, daß die Verbb. $A^{II}X_2^{VII}$ (**III**) u. $A^{IV}X_2^{VI}$ (**IV**) mit **II**-Struktur (wie z. B. *$ZrSe_2$*) Halb- oder Nichtleiter sind, während Verbb. wie *$NiTe_2$* metall. Charakter aufweisen sollten (vgl. C. **1961.** 17478). Weiterhin sollte, ohne Berücksichtigung der Einfl. der Bindungsabstände, der größere Unterschied der Elektronegativität der **III**- im Vgl. zu den **IV**-Verbb. zu beträchtlich niedrigeren Energielücken für die **IV**-Verbb. führen, die ihrerseits höhere Energielücken als die verwandten $A_2^VX_3^{VI}$-Verbb. mit **I**-Struktur haben sollten. Für *Ag_2F* muß ein Modell mit resonierenden p^3-Bindungen (Ag–Ag-Zwischengitterbindung unter Verbrauch aller 9 Valenzelektronen) u. damit Halbleitung angenommen werden. Die Natur der Bindung in den **IV**-Verbb. wie PbJ_2 ist weniger klar. 18 Elektronen müßten abgeschlossene Unterschalen oder Bindungen eingehen, um dem Kriterium für Halbleitung zu genügen. Das könnte durch $p^3 d^3$-Bindungsorbitals für die A^{IV}Atome (einschließlich des einsamen Elektronenpaares) erreicht werden, obwohl die Koordinationssymmetrie in gewisser Hinsicht dagegen spricht. P. FRENZEL. 135□

Injektionslose Gleichrichtung an Metall–Halbleiter-Kontakten. N. J. Harrick. (Physic. Rev. [2] **118.** 986—87. 15/5. 1960. Irvington-on-Hudson, N.Y., Philips Labor.; engl.) — Vgl. C. **1960.** 14266. — Eine starke Gleichrichtung, deren Richtung nur von dem Typ des Halbleiters abhängt, ist mit Kontakten, bei denen eine isolierende Schicht Metall u. Halbleiter trennt, möglich, wenn ein fremdleitender Halbleiter vorliegt, nicht aber bei einem Eigenleiter. Daher kann injektionslose Gleichrichtung am Metall–Halbleiter-Kontakt bei einem Zweiträger-Syst. vorkommen. H. LAUE. 135□

Spezifischer Widerstand der von einem Kohlebogen aufgedampften Kohlefilme. Hiroo Toyoda und Masahisa Nagashima. (J. physic. Soc. Japan **14.** 274—81. März 1959. Nippon, Telegraph and Telephone Public Corporation, Electr. Communicat. Labor.; Waseda Univ., Fac. of Techn.; engl.) — Vff. untersuchten den spezif. Widerstand von Kohlefolien. Die Filme wurden durch Kohleverdampfung nach BRADLEY (C. **1954.** 11132) von einem Kohlebogen in verschiedenen Dicken bis herauf zu 2000 Å hergestellt. Der Widerstand der Schichten zeigte einen großen negativen Temp.-Koeffizienten. Nach Temperung bei verschiedenen Temp. wurde der Widerstand kleiner u. die Temp.-Abhängigkeit geringer. Der spezif. Widerstand ist von der Foliendicke abhängig u. wächst bes. stark mit abnehmender Schichtdicke unterhalb von 500 Å. Die Alterung der Schichten wurde ebenfalls untersucht u. der Einfl. von Gitterstörungen diskutiert. G. LEHMPFUHL. 135□

Theorie des Verunreinigungswiderstandes in Metallen. 2. Mitt. J. S. Langer. (Physic. Rev. [2] **124.** 1003—10. 15/11. 1961. Pittsburgh, Pa., Carnegie Inst. of Technol.;

engl.) — 1. vgl. C. **1961.** 9302. — Die Vielkörpertheorie des Verunreinigungswiderstandes (vgl. l. c.), ist erweitert worden, um alle Korrekturen, die durch Wechselwrkg. zwischen den Elektronen nötig werden, einzuschließen. Das benutzte Modell ist eine normale FERMI-Fl. mit einer kleinen, aber endlichen Konz. von regellos verstreuten, festen Verunreinigungen. Der resultierende Ausdruck für die Leitfähigkeit kann durch unabhängige einzelelektronenähnliche Anregung oder „quasi Teilchen" gedeutet werden. Die kombinierte Wrkg. der Verunreinigungen u. der Vielkörper-Wechselwrkg. veranlaßt diese „quasi-Teilchen", den Strom mit ihrer Gruppen-Geschw. zu tragen. M. GUERLIN. 136□

Spezifischer Widerstand und thermoelektrische Kraft von Übergangsmetallen in Kupfer-Gold-Legierungen. M. D. Blue. (Physic. Rev. [2] **123.** 1270—72. 15/8. 1961. Hopkins, Minn., Honeywell Res. Center; engl.) — Durch Vakuumschmelzen werden reines CuAu u. CuAu mit 0,113 (Atom-%) Co, 2,09 Mn bzw. 1,01 Fe hergestellt u. aus den gekühlten Legg. Drähte gezogen. Von den Drähten werden nach dem in C. **1960.** 11557 angegebenen Verf. der spezif. Widerstand ϱ u. die Thermo-EMK Q zwischen 20 u. 700° bestimmt. Sowohl ϱ als auch Q zeigen bei einer krit. Temp. (410°) Unstetigkeiten. Die Meßwerte werden mit Hilfe der Theorie der freien Elektronen gedeutet. Die Verunreinigung durch Übergangsmetalle wird als unabhängiges Streuzentrum betrachtet; sein Beitrag zu ϱ wird bei allen Temp. additiv angesetzt. Der Einfl. der Verunreinigungen kann mit einem Potentialwall geeigneter Form beschrieben werden; die Walltiefe steigt in der Reihe Ni, Co, Fe, Mn an. Der gesamte Streuquerschnitt des Walls ändert sich ziemlich gleichmäßig mit der Walltiefe. In einer CuAu-Matrix sind die Beiträge der Streumechanismen (Atomschwingungen u. -ordnung, Verunreinigungen) zu ϱ tatsächlich additiv. Der Übergang Ordnung-Unordnung beeinflußt die Verunreinigungsstreuung nur über eine geringe diskontinuierliche Änderung der Gesamtquerschnitte u. der FERMI-Zustände bei der Gitterdehnung. HERBERT MÜLLER. 136□

Adsorption und elektrische Leitung in dünnen Filmen. Gert Ehrlich. (J. chem. Physics **35.** 2165—67. Dez. 1961. Schenectady, N.Y., Gen. Electric Res. Labor.; engl.) — Die Änderungen des elektr. Widerstands λ aufgedampfter Metallfilme mit großer Oberfläche nach Adsorption von Gasen wurden auf einen weitreichenden Einfl. des Substrats zurückgeführt. Vf. nimmt an, daß der Metallfilm aus einzelnen, regelmäßig angeordneten Metallblöckchen besteht; die zwischen diesen vorhandenen Lücken sind teilweise durch eine dünne Metallschicht („Brücke") ausgefüllt. Es wird gezeigt, daß obige Erklärung nicht zur Deutung der Vers.-Ergebnisse herangezogen werden muß. Die Erhöhung von λ kann auch zurückgeführt werden auf 1. lokalisierte Änderung von λ an den Brücken durch einen Obrflächeneffekt; 2. Änderung der Oberflächenbeanspruchung auf Grund der Adsorption u. 3. durch Herabsetzung des elektron. Tunneleffekts an den Lücken des Films u. gleichzeitiger Erhöhung der Austrittsarbeit. Der unter 3. genannte Mechanismus dürfte den Hauptbeitrag zu den Änderungen von λ liefern. P. FRENZEL. 136□

Spezifischer elektrischer Widerstand von flüssigem Natrium, flüssigem Lithium und verdünnten flüssigen Natriumlösungen. J. F. Freedman und W. D. Robertson. (J. chem. Physics **34.** 769—80. März 1961. Yorktown Heights, N.Y., IBM Res. Center; New Haven, Conn., Yale Univ.; engl.) — Vff. ermitteln für fl. Na u. fl. Na-Legg. mit den anderen Alkalimetallen die Beiträge der Atomgröße, des Ionenkernpotentials u. der Ladung des Gelösten zum Inkrement des spezif. elektr. Widerstands $\Delta\varrho = \varrho_{\text{Leg.}} - \varrho_{\text{Na}}$. Die Ergebnisse können durch folgende halbempir. Beziehung für $\Delta\varrho$ einer einwertigen metall. Lsg. dargestellt werden: $\Delta\varrho = 0{,}063\,|\Delta Z| + 0{,}53(\Delta V/V)^2\ \mu\Omega$ cm/Atom-% (ΔV-Differenz der Atom-Vol. von Gelöstem u. Lsgm., V Atom-Vol. des Lsgm., ΔZ Differenz der Ordnungszahlen von Na u. Gelöstem). Weiterhin wird ϱ von fl. Li u. von Na-Legg. mit Cd, Pb u. Sn bestimmt. P. FRENZEL. 136□

Untersuchungen der Zwischenzustände in dünnen supraleitenden Filmen. R. F. Broom und E. H. Rhoderick. (Proc. physic. Soc. **79.** 586—93. 1/3. 1962. Baldock, Herts., Serv. Electron. Res. Labor.; engl.) — Vgl. C. **1962.** 1508. — Unterss. der Zwischenzustände von *Sn-* u. *Pb*-Filmen (Dicke 2000 Å) in einem transversalen Magnetfeld mit Hilfe des HALL-Effekts führen auf 1/4 mm Auflösung. Die Struktur der Magnetisierungsdiagramme ist vergleichbar mit einer Auflösung bei Feldern, die viel kleiner als die krit. Gesamtfeldstärke sind. Es ist wahrscheinlich, daß dies nicht die wahre Domänenstruktur ist, sondern vielmehr die Grobmodulation einer viel feineren Domänenanordnung auf Grund fehlender Gleichförmigkeit im Film. Die Magnetisierungsdiagramme sind reproduzierbar unter ähnlichen Bedingungen bei ident. magnet. Vorgeschichte. Im Hinblick auf ihre magnet. Eigg. erscheinen die Filme völlig normal bei Feldern, die so klein sind, daß kein Widerstand auftritt; hier zeigt sich das Fortbestehen einer kontinuierlichen Supraleitung. Hystereseeffekte u. eingefangene Ströme werden beobachtet, das Diagramm des eingefangenen Stromflusses wird bei Durchgang eines von außen emittierten Stromes zerstört. Ebenso wird auch gefunden, daß ein emittierter Strom in einem jungfräulichen Film eingefangenen Stromfluß erzeugen kann. Messungen der magnet. Feldkonfiguration eines Stromes in einem 2000 Å dicken u. 1,5 mm breiten Pb-Streifen zeigen, daß der Strom auf die Kanten konz. ist. G. RUBAN. 136□

Anwendung der Padé-Näherungsmethode auf die Untersuchung einiger magnetischer Eigenschaften des Ising-Modells. George A. Baker jun. (Physic. Rev. [2] **124.** 768—73. 1/11. 1961. Los Alamos, N.Mex., Univ. of California, Sci. Labor.; engl.) — Auf der Grundlage der PADÉ-Näherungs-Meth. wird aus exakten Reihen-Entw. für das ISING-Modell das Verh. der magnet. Susceptibilität am krit. Punkt abgeleitet. Außerdem wird das Verh. der spontanen Magnetisierung untersucht. M. GUERLIN. 137□

Eine Methode zur Messung der Anisotropie-Funktion dünner magnetischer Schichten. Thomas D. Rossing und Rogers Stolen. (Rev. sci. Instruments **32.** 752—53. Juni 1961. Northfield, Minn., St. Olaf Coll., Dep. of Phys.; engl.) — Von den Meß-Meth. zur Best. der magnet. Anisotropie dünner Schichten wird die Best. der Hystereseschleifenverschiebung bei der Magnetisierung in der leichten u. der schwersten Magnetisierungsrichtung am meisten benutzt. Dabei wird die Abhängigkeit der magnetostat. Energie vom Winkel Θ zwischen der Magnetfeldrichtung u. der leichten Magnetisierungsrichtung nur als $\sin^2 \Theta$ berücksichtigt, während $\sin^4 \Theta$ unberücksichtigt bleibt. Mit einem neuen Gerät wird die leichte Richtung um einen Winkel α aus der Feldrichtung herausgedreht. Die Magnetisierungsrichtung M dreht dabei um einen Winkeldurchmesser, der mit Suchspulen bestimmt wird. Die magnetostat. Energie E ist dabei $E = K \cdot f(a - \Phi) - H_sM \cos \Phi$. $f(\alpha - \Phi)$ ist die Anisotropiefunktion, deren Ableitung: $f'(\alpha - \Phi) = (2 H_s/H_k) \sin \Phi$ ($H_k = 2k/M$ = Anisotropiefeld) experimentell bestimmt wird. f' wird dann nach FOURIER analysiert, wobei die Konst. K_1, K_2 usw. der Kristallaniotropie abfallen. Messungen an Fe–Ni- u. Co–Ni-Legg. zeigen das Auftreten höherer Glieder als $\sin^2 (\alpha - \Phi)$ an, so daß die Anisotropiemessung durch Hystereseschleifen unzureichend ist. H. FAHLENBRACH. 137□

Über einige mikrographische Beobachtungen Weißscher Bereiche in zonengeschmolzenem Eisen. Francis Dabosi. (C. R. hebd. Séances Acad. Sci. **253.** 2973—74. 18/12. 1961. Vitry, C.N.R.S., Labor.; franz.) — Frühere Beobachtungen (C. **1961.** 10093) werden auf die Sichtbarmachung der WEISSschen Bezirke u. der Verschiebung der BLOCH-Wände in zonengeschmolzenem Fe ausgedehnt. A. BLASCHETTE. 137□

Messungen der optimalen Domänenbreite bei Silicium-Eisen. R. Carey. (Proc. physic. Soc. **76.** 567—69. Okt. 1960. Nottingham, Univ., Dep. of Physics; engl.) — Die optimale Domänengröße ist diejenige, die zum Minimum der freien Energie im entmagnetisierten Zustande führt. Mit der BITTERschen Streifen-Meth. wird an Fe–Si-Scheiben (24 mm ∅ 3 mm dick) mit Würfeltextur in Abhängigkeit von der mittleren Länge des Kornes in [100]-Richtung die Domänenbreite gemessen. Dabei ergibt sich im doppeltlogarithm. Maßstab eine lineare Beziehung, die auch eine Berechnung von MARTIN (C. **1958.** 4100) nahezu bestätigt u. an Ergebnisse von BLOOR u. MARTIN (C. **1960.** 6739) bei kleineren Korngrößen gut anschließt. H. FAHLENBRACH. 137□

Magnetische Eigenschaften der intermetallischen Eisen-Germanium-Verbindungen: $Fe_{1,67}Ge$ und $FeGe_2$. Kō Yasukōchi, Kazuo Kanematsu und Tetuo Ohoyama. (J. physic. Soc. Japan **16.** 429—33. März 1961. Tokyo, Nihon Univ., Coll. of Sci. and Engng., Dep. of Phys.; Tokyo Metropolitan Univ., Fac. of Sci., Dep. of Phys.; engl.) — Die β-Phase ($Fe_{1,67}$ Ge) kristallisiert im B 8_2-Typ wie Ni_2In u. ist ferromagnet. mit einem CURIE-Punkt bei 485° K. Aus der Sättigungsmagnetisierung bei 0° K errechnet man ein Moment von 1,39 BOHRschen Magnetonen (μ_B) pro Fe-Atom. Aus der Temp.-Abhängigkeit der Susceptibilität im Gebiete des Paramagnetismus wird ein $\mu_B = 3{,}14$ bestimmt. Die δ-Phase ($FeGe_2$) kristallisiert im C 16-Typ ($CuAl_2$). Hier wird nur ein Parasiten-Ferromagnetismus gefunden. Im übrigen ist die Phase antiferromagnetisch. Der NÉEL-Punkt beträgt 190° K, der asymptot. CURIE-Punkt 90° K. Die Sättigungsmagnetisierung bei 0° K führt zu einem Atommoment von nur 0,11 μ_B. Das paramagnet. Atommoment ist 2,43 μ_B. Die magnet. Strukturen werden diskutiert. H. FAHLENBRACH. 137□

Metallurgie und magnetische Eigenschaften einer Fe-Co-V-Legierung. C. W. Chen. (J. appl. Physics, Suppl. zu **32.** Nr. 3. 348 S—355 S. März 1961. Pittsburgh, Pa., Westinghouse Res. Labor.; engl.) — Die Permendur-Leg. der Zus. 49 (%) Fe, 49 Co, 2 V wird metallograph. genauer untersucht. Das führt zu Abweichungen von den Ergebnissen von GREINER u. ELLIS u. von KÖSTER u. SCHMIDT, da zusätzlich zu der bekannten α–γ-Umwandlung u. der Atomordnung in der α-Phase noch eine Martensitumwandlung

beobachtet wurde. Durch schnelle Abschreckung wird die γ–α-Umwandlung zugunsten einer diffusionslosen Umwandlung unterdrückt. Bei mittleren Temp. zerfällt der Martensit in die geordnete α-Phase. Der von Ellis u. Greiner beobachtete Zerfall der geordneten α-Phase konnte durch Röntgenstrahlen, Temp.-Magnetisierungskurven u. mkr. bisher nicht gefunden werden. Die hin u. wieder auftretende Sprödigkeit der Leg. wird durch Spaltbrüche, H_2- u. O_2-Anreicherungen auf den Korngrenzen u. in kohärenten Trennflächen zwischen dem Martensit u. der α-Phase erklärt. Damit werden auch Maßnahmen bei der Wärmebehandlung zur Realisierung einer genügenden Duktilität verständlich. Durch Messungen der Sättigungsmagnetisierung bei höheren Temp. wird gezeigt, daß bei der Atomordnung die Sättigung um 2% ansteigt. Bei verschiedenen Mikrostrukturen ergeben sich auch bei Raum-Temp verschiedene Magnetisierungs–Feldstärke-Kurven. Die Abhängigkeit des mittleren magnet. Moments der Fe–Co-V-Legg. von der Zus. wird mit der Elektronenkonfiguration außerhalb der Ar-Schale der V-Atome erklärt.
H. Fahlenbrach. 137 □

Ferromagnetische Phase von Mn–Al. Robert B. Campbell und Carl A. Julien. (J. appl. Physics, Suppl. zu **32.** Nr. 3. 346 S—347 S. März 1961. Pittsburgh, Pa., Crucible Steel Central Res. Labor.; engl.) — Durch isotherme Transformation einer von hohen Temp. abgeschreckten Phase bei der intermetall. Verb. MnAl wird die metastabile, tetragonale Phase mit Dauermagnet-Eigg. (H_c bis zu 1200 Oe) gewonnen u. in dünnen Schichten elektronenmkr. mit der Durchstrahl-Meth. untersucht. Dabei zeigen die Bilder nebeneinander dunkle u. helle Streifen. Diese Streifen werden auf innere Spannungen zurückgeführt, die bei der Phasenumwandlung oder bei der Abkühlung entstehen sollen. Die Elektronenbeugungsbilder zeigen bei der Durchstrahlung ferner Teilchen mit u. ohne Überstruktur mit Verhältnissen der Kristallachsen von 0,90 u. 0,94 an, die mit den hellen u. dunklen Streifen der Elektronen-Mikroskop-Bilder identifiziert werden. Analog zur CoPt-Dauermagnet.-Leg. wird als Mechanismus für die hohen H_c-Werte eine Kohärenz der Gitter herangezogen. Als 2. Erklärungsmöglichkeit wird eine kooperative atomare Wechselwrkg., die sich in der Verschiebung des Achsen-Verhältnisses bemerkbar machen könnte, diskutiert. H. Fahlenbrach. 137 □

Magnetische Momente von Kobalt-Verbindungen mit Seltenerdmetallen und Strukturen vom Cu_5Ca-Typ. E. A. Nesbitt, H. J. Williams, J. H. Wernick und R. C. Sherwood. (J. appl. Physics, Suppl. zu **32.** Nr. 3. 342 S—343 S. März **1961.** Murray Hill, N.J., Bell Telephone Labor., Inc.; engl.) — Ausgehend von der intermetall. Verb. Co_5Gd wird zwischen 1,4 u. 300° K die Sättigungsmagnetisierung einer Reihe ähnlicher Verbb. gemessen, bei denen Gd durch *Y, Ce, Pr, Nd, Sm, Tb, Dy, Ho, Er* u. *Tm* u. Co teilweise durch *Cu* ersetzt wurde. Dabei wird in der Umgebung von 0° K das magnet. Moment für die Co-Verbb. der Tm, Er, Ho, Dy, Gd u. Tb sehr klein, während Y u. die Seltenen Erden mit niedrigem Atommoment wie Ce, Sm, Pr u. Nd über den ganzen Temp.-Bereich ein hohes Moment zeigen. Zur Erklärung denkt man bei diesen Verbb. an einen Néel-Ferrimagnetismus mit 2 Untergittern (entgegengesetzte Magnetisierungsrichtungen), von denen das eine durch die Co-, das andere durch die Seltenerdmetallionen besetzt ist. Mit einem solchen Modell sind alle Ergebnisse mit Ausnahme derjenigen an Co_5 Nd u. Co_5Pr verständlich. Dafür sprechen auch die experimentell gefundenen Kompensationspunkte, bei denen die spontane Magnetisierung der beiden Untergitter einander gleich sind. H. Fahlenbrach. 137 □

Anfangspermeabilität-Charakteristiken von Mangan–Zinkferriten mit sehr kleinen Gehalten an Vanadin. Yuzō Shichijō, Noboru Tsuya und Kōki Suzuki. (J. appl. Physics, Suppl. zu **32.** Nr. 3. 386 S—387 S. März 1961. Musashino, Tokyo, Nippon Telegraph and Telephone Public Corp., Electr. Communicat. Labor.; Sendai, Tohoku Univ., Res. Inst. of Electr. Communicat.; Sendai, Tohoku Metal Ind., Res. Labor.; engl.) — An Mn–Zn-Ferriten der Zus. $(Mn_{0,529}, Zn_{0,392}, Fe_{0,078}, V_x, Ca_y)Fe_2O_4$ wird gezeigt, daß mit den sehr kleinen Geh. an V u. Ca (x u. y weit unter 0,01) eine ganz beträchtliche Erniedrigung der Hochfrequenzverluste bei Frequenzen zwischen 3 kHz u. 100 kHz parallel läuft. Die untersuchten Ringproben wurden mit einer Genauigkeit von $\pm 2^0$ bei 1350° gesintert. Gemessen wurden μ (Anfangspermeabilitat), tg δ(δ = Verlustwinkel u. h_{10} (Hystereseverlust-Koeff.) mit einer Maxwell-Brücke bei Raum-Temp. μ^{-1} tgδ, gemessen bei 100 kHz, erreichte Werte bis herunter zu $3 \cdot 10^{-6}$, h_{10} gemessen bei 3 kHz Werte bis herunter zu 20. Die Ursache dieser günstigen Werte ist noch nicht geklärt. V kann katalyt. für eine günstige Kornstruktur wirksam sein. V kann aber auch die Kristallanisotropie erniedrigen. H. Fahlenbrach. 137 □

Untersuchung von Magnetisierungen bei hoher Feldstärke ferrimagnetischer Anordnungen im Chromit-Spinell. I. S. Jacobs. (Physics Chem. Solids **15.** 54—65. Aug. 1960. Schenectady, N.Y., Gen. Electr., Res. Labor.; engl.) — Zur experimentellen

Bestätigung ferrimagnet. Anordnungen, die vom NÉEL-Ferrimagnetismus antiparallel zueinander magnetisierter Untergruppen abweichen, werden Magnetisierungen bei hoher Feldstärke von Chromit-Spinellen durchgeführt. Die Existenz einer differentiellen Susceptibilität bei großen Feldstärken von ca. 100 kOe ist mit dem Modell des NÉEL-Ferrimagnetismus nicht, wohl aber mit der dreieckförmigen Anordnung nach YAFET u. KITTEL verträglich. Solche Susceptibilitätswerte werden bei $MnFe_{2-t}Cr_tO_4$ für $t > 0$ bei 4,2° K u. Impulsfelder bis zu 140 kOe u. ferner bei $CuCr_2O_4$, $FeCr_2O_4$ u. $NiFe_{2-t}Cr_tO_4$ mit $t > 1$ beobachtet. Diese Ergebnisse wurden an Hand des YAFET-KITTEL-Modells diskutiert, wobei genauere Aussagen über die dreieckförmigen Anordnungen der Momentrichtungen der Untergitter ermöglicht werden. Für die Spinelle $MnFe_2O_4$ u. $NiFe_{2-t}Cr_tO_4$ mit $t < 1$ bestätigen die Vers.-Ergebnisse die Existenz des Ferrimagnetismus vom NÉEL-Typ. H. FAHLENBRACH. 137 □

Einfluß einer Indium-Substitution bei Yttrium-Eisengranat. Granate hoher Permeabilität. J. Richard Cunningham jun. und Elmer E. Anderson. (J. appl. Physics, Suppl. zu **32.** Nr. 3. 388 S—389 S. März 1961. White Oak, Silver Spring, Md., U. S. Nav. Ordnance Labor.; engl.) — Vgl. C. **1962.** 9242. — Es wird die Erhöhung der Permeabilität von $Y_3Fe_5O_{12}$ (YIG) durch In-Substitution bei dem Syst. $Y_3(Fe_{2-x}In_x) \cdot Fe_3O_{12}$ (x zwischen 0 u. 2) genauer untersucht. Die Gitter-Konst. für $x = 0$ ist $12{,}376 \pm 0{,}005$ Å, für $x = 0{,}6$: $12{,}445 \pm 0{,}005$ Å. Es tritt dabei keine zweite Phase auf, die als Perovskit-Phase erst ab $x = 0{,}65$ beobachtet wird. Damit ist eine deutlichere, u. zwar mit x linear ansteigende Gitter-Konst.-Vergrößerung verbunden. Durch Messung der komplexen Permeabilität bei Frequenzen zwischen 10^3 u. 10^9 Hz zeigt sich bei den Ferriten bis $x = 0{,}6$ eine Zunahme von μ_0' (Tieffrequenzanteil des Realteils μ') mit x, der linear zwischen den Werten $\mu_0' = 112$ $(x = 0)$ u. $\mu_0' = 518$ $(x = 0{,}6)$ verläuft. Bis zu den CURIE-Temp. wurden die μ_0'-Werte gemessen. Zwischen $-196°$ u. der CURIE-Temp. wurden auch die Sättigungsmagnetisierungen bestimmt. Durch die In-Substitution wird die CURIE-Temp. Θ stark erniedrigt. Für $x = 0$ ist $\Theta = (278 \pm 2)°$, für $x = 0{,}6$: $\Theta = (148 \pm 2)°$. Die μ_0'-Erhöhung durch In-Substitution ist mit dieser Θ-Änderung erklärbar. Eine Änderung des magnet. Mol.-Moments tritt bei Raum-Temp. nicht auf. H. FAHLENBRACH. 137 □

Die Dickenabhängigkeit der Elementarbereichsstruktur von Magnetoplumbit. J. Kaczér und R. Gemperle. (Czechoslov. J. Physics B **10.** 505—10. 1960. Prague, Acad. Sci., Inst. of Phys.; engl.) — Vgl. C. **1962.** 8539. — An Einkristallen aus Magnetoplumbit ($PbO \cdot 6\,Fe_2O_3$) wird mit Hilfe der BITTERschen Streifen u. des FARADAY-Effektes die Elementarbereichsstruktur bei verschiedenen Kristalldicken beobachtet. Innerhalb der Kristalle ist diese Struktur der der anderen Ferromagnetika mit einachsiger Anisotropie ähnlich. Dagegen ist die Oberflächenstruktur in 3 Grundtypen je nach Kristalldicke aufzuteilen. Bei der Kristalldickenänderung ändert sich ferner die Breite der Elementarbereiche nahezu linear. Aus den Messungen läßt sich die Dichte der BLOCH-Wand-Energie u. die Konst. der Austauschenergie berechnen. Mit dem FARADAY-Effekt läßt sich für beide Größen die Temp.-Abhängigkeit ermitteln. Bei Schichten unterhalb 7μ ist die Oberflächenstruktur gleich der inneren Struktur. Bei größeren Dicken treten auf den hexagonalen Basisflächen wellenförmige Wände auf. Bei Dicken $> 50\mu$ entstehen spießförmige Bereiche in Richtung der hexagonalen Achse. Die Ausbildung der verschiedenen Elementarbereiche an den Oberflächen, die von denen bei Co abweicht, wird energet. betrachtet. H. FAHLENBRACH. 137 □

Magnetische Eigenschaften von Beryllium bei Temperaturen von 300—4,2° K. B. I. Werkin, I. M. Dmitrenko und I. W. Swetschkarew. (Журнал Экспериментальной и Теоретической Физики [J. exp. theoret. Physik] **40.** 670—71. Febr. **1961.** Phys.-techn. Inst. der Akad. der Wiss. der UkrainSSR; russ., Auszug: engl.) — Bei 293° K ist $\chi_{\parallel} = -2{,}38 \cdot 10^{-6}$, $\chi_{\perp} = -0{,}80 \cdot 10^{-6}$; $\chi_{\parallel}$ bleibt etwa konst. mit sinkender Temp., während $|\chi_{\perp}|$ auf ca. $0{,}4 \cdot 10^{-6}$ abfällt. Bei ca. 20° K setzt die Feldabhängigkeit von $\chi_{\perp}$ ein. An 2 In-Proben wurde eine ähnliche Anisotropie der Susceptibilität gefunden, jedoch waren die Zahlenwerte für $\chi_{\parallel}$ u. $\chi_{\perp}$ durch ungleichmäßige Verunreinigungen verfälscht. G. KIRSCHSTEIN. 137 □

Zur Energieübertragung zwischen paramagnetischen Spins und dem Kristallgitter. Mitt. 4a u. 4b. B. Bölger. (Proc., Kon. nederl. Akad. Wetensch., Ser. B **63.** 157—84. 1960; engl.) — 3. vgl. C. **1961.** 6050; vgl. auch C. **1962.** 4817. — Die Zeit τ_1, in der sich ein inneres Spin-Gleichgew. ausbildet, wird für 3 verschiedene Grenzfälle abgeschätzt u. in Zusammenhang mit dem Energie-Übergang η gebracht. Ferner werden die Sättigungswerte η_s für diesen Energie-Übergang berechnet. Die Betrachtungen werden ferner auf die Sättigung der paramagnet. Resonanz angewendet. Der Einfl. der Spin-Spin-Wechselwrkg. auf η wird berechnet. Weiter wird das Problem durch die

Annahme inhomogen verteilter verschieden starker Energie-Übergänge verallgemeinert. Es wird gezeigt, daß sowohl für höher wie für niederfrequente Energie-Übergänge zwischen den paramagnet. Spins u. dem Kristallgitter bei unverd. paramagnet. Salzen eine gute Übereinstimmung zwischen Theorie u. Experiment besteht. Bei den verd. Salzen ist noch eine starke Diskrepanz, bes. zwischen den Relaxationswerten u. den Sättigungswerten des Energie-Überganges vorhanden. H. FAHLENBRACH. 137□

Paramagnetische Resonanz von Fe^{3+}-Ionen in synthetischen kubischen ZnS-Kristallen. Armin Räuber und Jürgen Schneider. (Z. Naturforsch. **17a.** 266—70. März 1962. Freiburg i. Br., Inst. für Elektrowerkstoffe der Fraunhofer-Ges.; dt.) — Nach UV-Bestrahlung ($\lambda < 400$ nm) bei 77° K wurde die paramagnet. Resonanz von Fe^{3+}-Ionen in synthet. kub. ZnS-Kristallen untersucht. Der g-Faktor wurde zu 2,0194 ± 0,0003 u. $|a|$ zu 0,0128 ± 0,0001 cm^{-1} errechnet. Die Nullfeldaufspaltung ist durch 3a gegeben. Die Hyperfeinstruktur-Kopplungs-Konst. des seltenen (2,2%) Isotops ^{57}Fe wird zu $|A| = 0{,}00078 \pm 0{,}00005\ cm^{-1}$ bestimmt. Aus der Winkelabhängigkeit der zentralen Feinstrukturlinie des Fe^{3+} wird auf die Ggw. von submkr. Zwillingen geschlossen. Zwei zusätzliche EPR-Linien wurden nach Zerreiben u. nach Tempern von Einkristallen im Vakuum oder in Zn-Dampf mit g = 2,0035 u. g = 2,0002 ± 0,0003 gefunden. CH. WEISKE. 137□

Beziehungen zwischen Spektrum und Struktur bei der Kernspinresonanz von Fluor-19. E. G. Brame jun. (Analytic. Chem. **34.** 591—92. April 1962. Wilmington, Del., E. I. du Pont de Nemours & Co., Inc., Polychem. Dep.; engl.) — Wiedergabe einer Skala der Breite der magnet. Resonanzfelder bei 40 MHz von 52 fluorierten funktionellen Gruppen in Einheiten $(H_1 - H_2)/H_1 \cdot 10^6 = \delta$ (ppm) (H_1 u. H_2 = Resonanzfelder von Probe u. Vgl.-Verb., Trifluoressigsäure). W. BETCKE. 137□

Der Soret-Effekt als Fehlerquelle bei Leitfähigkeitsmessungen. R. H. Stokes. (J. physic. Chem. **65.** 1277—78. Juli 1961. Armidale, N.S.W., Australia, Univ. of New England, Dep. of Phys. and Inorg. Chem.; engl.) — Vf. erörtert die bei schnellen Temp.-Änderungen beobachteten Leitfähigkeitsänderungen in 0,01 m HCl, die auf ungenügende Gleichgew.-Einstellung infolge Thermodiffusion innerhalb der Meßzelle zurückzuführen sind. Der Effekt ist bei HCl wegen seines hohen SORET-Koeff. groß, bei KCl geringer. Der Störeffekt läßt sich durch geeignete Zellenkonstruktion bzw. Vermeidung schneller Temp.-Änderungen eliminieren. P. FRENZEL. 138□

Strukturmodelle für geschmolzene Salze und deren Mischungen. H. Bloom. (Discuss. Faraday Soc. Nr. **32.** 7—13. 1961. Hobart, Tasmania, Univ. of Tasmania, Dep. of Chem.; engl.) — Vgl. C. **1961.** 11614. — Vf. gibt einen Überblick über den Stand der Theorien über Salze im geschmolzenen Zustand. Phasendiagramme, thermodynam. Daten, elektr. Leitfähigkeit u. Bldg. von Komplexionen von Salzgemischen in der Schmelze werden erörtert, bes. in den Syst. von $CdCl_2$ bzw. $PbCl_2$ mit Alkalichloriden die Bldg. von (M = Cd, Pb) MCl_3^-, MCl_4^{2-} u. MCl_6^{4-}. — 17 Literaturstellen (bis 1961). G. HELLER. 138□

Die Konstitution von Cadmiumchlorid-Kaliumchlorid-Schmelzen. M. A. Bredig. (Elektrochim. Acta [London] **5.** 299—300. Dez. 1961. Oak Ridge, Tenn., Oak Ridge Nat. Labor., Chem. Div.; engl.) — *$CdCl_2$-KCl*-Schmelzen wurden durch Messungen der elektr. Leitfähigkeit u. der RAMAN-Spektren als Funktion der Zus. untersucht. Trotz der Existenz der festen Verb. *$KCdCl_3$* liegen keine *$CdCl_3^-$*, sondern *$CdCl_4^{2-}$*-Ionen in den Schmelzen vor. Das Auftreten einer scharf ausgeprägten Leitfähigkeitsspitze bei KCl-Konzz. > 70 Mol.-% wird nicht auf die Bldg. von monomeren $CdCl_6^{4-}$-Anionen, sondern auf ein Ausfrieren von festem KCl an den Elektroden erklärt. W. SOBIESKI. 138□

Komplexionen in geschmolzenen Salzen: Eine galvanostatische Untersuchung. D. Inman und J. O'M. Bockris. (Trans. Faraday Soc. **57.** 2308—13. Dez. 1961. Philadelphia, Pa., Univ. of Pennsylvania, John Harrison Labor. of Chem.; engl.) — Die Kathodenpotential-Zeit-Abhängigkeit bei konst. Stromdichte im geschmolzenen Syst. *$Cd(NO_3)_2$-($NaNO_3$-KNO_3-Eutektikum)* vor u. nach Zusatz verschiedener Mengen Cl^--, Br^-- u. J^--Ionen, wird oscillograph. mit Hilfe der hängenden Hg-Tropfelektrode ermittelt. Die Best. u. Analyse des „Viertelzeitpotentials", d. h. des Potentials nach $^1/_4$ der Übergangszeit, erlaubt die Berechnung der formalen Bldg.-Konst. K_i für die Komplexionen. Die Komplex-Bldg. nimmt in der Reihenfolge $Cl^- < Br^- < J^-$ zu. Die K_i-Werte der Cd(II)-Halogenokomplexe betragen: *Cl^-*: (K_1 =) 100 ± 25, (K_2 =) 7 ± 3, (K_3 =) 35 ± 12, (K_4 =) 0, alle Werte bei einer $Cd(NO_3)_2$-Konz. c (Mol/kg) von $0{,}98 \cdot 10^{-3}$; *Br^-*: 100 ± 50, 65 ± 33, 8 ± 3, 0 (c = $0{,}92 \cdot 10^{-3}$); J^-: 500 ± 250, 60 ± 36, 53 ± 22, 78 ± 26 (c = $0{,}82 \cdot 10^{-3}$). P. FRENZEL. 138□

Der Einfluß des Druckes auf die erste Dissoziationskonstante der „Kohlensäure". A. J. Ellis. (J. chem. Soc. [London] **1959.** 3689—99. Dez. Wellington, New Zealand, Dominion Labor., Dep. of Sci. and Ind. Res.; engl.) — Vf. bestimmt im Temp.-Bereich von 25—65° die scheinbare erste Dissoziations-Konst. K_a von „H_2CO_3" (I) für Drücke bis zu 3000 atm. Bei Druckerhöhung auf 2500 atm nimmt K_a hauptsächlich auf Grund der erhöhten Hydratisierung von CO_2 bei hohem Druck auf angenähert den 10fachen Wert zu. Die mol. Leitfähigkeiten λ von *KCl, HCl* u. *$KHCO_3$* in W. im obigen Temp.-Bereich werden bestimmt u. mit früheren Ergebnissen verglichen. Der Druck-Einfl. auf λ ändert sich im Konz.-Bereich von 0,0001—0,1 m nur geringfügig mit der Konz., er ist vor allem auf Strukturänderungen des Lsgm. u. veränderte Wechselwrkg. zwischen Ionen u. Lsgm. zurückzuführen. Vf erörtert die Abweichungen von der DEBYE-HÜCKEL-ONSAGER-Gleichung. P. FRENZEL. 139 □

Das Entladungspotential von Chlor an Graphit. Toshio Inoue und Kiichiro Sugino. (J. electrochem. Soc. Japan **27.** E 55—E 61. 1959. Tokyo, Tokyo Inst. of Technol., Dep. of Chem. Engng., Labor. of Org. Electrochem., Div. of Appl. Electrochem.; engl.) — Vff. messen das Entladungspotential E von Cl_2 an glatten, natürlichen u. künstlichen Graphiten in gesätt. NaCl-Lösungen. Physikal. Eigg. u. Analysenwerte der Graphite werden mitgeteilt. Bei natürlichem Ceylon-Graphit wird E an der senkrecht zur Spaltfläche gelegenenen Oberfläche sowie an der Spaltfläche gemessen. Röntgendiagramme für beide Flächen werden mitgeteilt. Als E wird das sich nach ca. 30 Min. einstellende Gleichgew.-Potential gewählt. Die TAFEL-Gerade für E an der Spaltfläche (50 u. 60°; 0,5—30 A/dm²) zeigt 3 Bereiche verschiedener Neigung. Ein V-Geh. von < 10 bis > 100 ppm hat keinen prakt. Einfl. auf E an beiden Flächen. E ist abhängig von den Oberflächen-Eigg., bes. von der Porosität u. der Kristallitorientierung. Senkrecht zur Spaltfläche liegen die Werte von E um ca. 150—180 mV, an künstlichen Graphiten um ca. 30—160 mV niedriger als an der Spaltfläche. P. FRENZEL. 140 □

Einige besondere Beobachtungen bei der elektrolytischen Abscheidung von Nickel-Zink-Legierungen aus dem Sulfamatbad. S. Venkatachalam. (Bull. India Sect., electrochem. Soc. **10.** 93—96. Okt. 1961. Bangalore, Indian Inst. of Sci., Dep. of Inorg. and Phys. Chem., Electrochem. Labor.; engl.) — Vf. untersucht die Abscheidung von Ni-Zn-Legg. aus dem Amidosulfat-Bad [30 (g/Liter) Ni u. 10 bzw. 20 Zn als Amidosulfat, 27 Na-Acetat; NH_2SO_3H bis pH 4; 35°, ruhend] u. erörtert die Zeitabhängigkeit des Kathodenpotentials (E). Die Struktur der Ndd. wird mkr. untersucht. Bei niedrigen Stromdichten i fällt E nach einer bestimmten Zeit t auf einen weniger negativen Wert u. bleibt dann längere Zeit konstant. Gleichzeitig steigt der Strom, unter starker H_2-Entw. bildet sich ein schwarzer Fleck. Bei höheren i ist E prakt. unabhängig von t. Die Änderung von E tritt bei höherem Zn-Geh. der Lsg. auch bei höheren i auf. Vf. nimmt an, daß die Änderung von E auf die Ggw. einer Leg. mit niedrigerem Zn-Geh. zurückzuführen ist. An der auftretenden unbekannten Phase (I) mit höherem Ni-Geh. als die γ-Phase (II) werden die H^+-Ionen leichter entladen. Galvan. Korrosion zwischen I u. I + II bewirkt Auflsg. von Zn. Möglicherweise spielt auch die chem Abscheidung von Ni an der Kathode eine Rolle. Nähert sich E dem Wert des Ni-Potentials, erfolgt Abscheidung der α-Phase von Ni. Folgende Zn-Geh. der Ndd. wurden ermittelt: 28,0 (%) bei (E =) 0,57 V; 75,5 bei 0,79; 76, 80, 84, 85 bei 0,25, 0,5, 1 u. 2 A/dm² (konst. Strom).
P. FRENZEL. 141 □

Strom-Spannungsbeziehungen in der Vorwärtsrichtung elektrolytischer Gleichrichter. W. Ch. van Geel und C. A. Pistorius. (Philips Res. Rep. **14.** 123—31. April 1959. Eindhoven; engl.) — Am Syst. Al-Al_2O_3-(wss. Lsg. von H_3BO_3 + Borax), das als elektrolyt. Gleichrichter wirkt, wird der beim Anlegen einer rechteckigen Wechselspannung entstehende Vorwärtsstrom I in Abhängigkeit von der Zeit gemessen. Es gilt angenähert die Beziehung $I = I_m (1 - e^{-kt})$ (I_m = Sättigungswert von I). Die bei Anlegen einer sinusförmigen Wechselspannung in der Strom-Spannungscharakteristik auftretende Schleife wird erklärt. I nimmt bei gleicher Vorwärtsspannung mit zunehmender Sperrspannung stark ab. Zwischen I_m u. der Spannung V_s in der Sperr-Richtung besteht die Beziehung $I_m = a \exp(-bV_s)$ (a, b Konst.). I ist nur wenig von der Dicke der Oxidschicht abhängig. Vff. deuten die beobachteten Erscheinungen durch gleichzeitiges Auftreten ion. u. elektron. Ströme sowie durch eine Deformation der Oxidschicht u. die Ausbldg. einer Raumladungsschicht. P. FRENZEL. 141 □

Einige Fragen der Tunneltheorie der Wasserstoffüberspannung. 1. Mitt. **Die Gültigkeitsbedingungen der Tafelschen Gleichung und die Größe der Quanteneffekte.** St. G. Christov. (Electrochim. Acta [London] **5.** 194—214. Aug. 1961. Sofia, Lehrst. für phys. Chem. u. Elektrochem., Chem.-Technol. Inst.; dt.) — Auf Grund einer quantenmechan. Betrachtung, bei der die Tunnelübergänge der Ionen durch den Energieberg in der elektr. Doppelschicht berücksichtigt werden, untersucht Vf. im Gültigkeitsbereich der TAFELschen Gleichung die Abhängigkeit der TAFELschen Konst. b von Form u. Größe der Potentialschwelle, der Ionenmasse u. der Temp. u. vergleicht die Theorie mit experimentellen Ergebnissen für den Fall der kathod. H^+- u. D^+-Entladung an Hg. P. FRENZEL. 142□

Einige Fragen der Tunneltheorie der Wasserstoffüberspannung. 2. Mitt. **Die Temperaturabhängigkeit der Stromdichte und die Beträge der Quanteneffekte.** St. G. Christov. (Electrochim. Acta [London] **4.** 306—24. Aug. 1961; dt.) — 1. vgl. vorst. Referat. — Auf Grund der experimentellen Beträge der effektiven Aktivierungsenergien der kathod. H- u. D-Abscheidung an Hg bestimmt Vf. die Dimensionen der Potentialschwelle unter der Annahme einer Parabelform. Die damit theoret. berechneten Werte des Verhältnisses der effektiven vorexponentiellen Faktoren u. des Isotopentrennfaktors stimmen gut mit Vers.-Werten überein. Die Berechnung der Quanteneffekte ergibt, daß der Tunneleffekt eine beträchtliche Rolle bei der kathod. Abscheidung von H_2 bzw. D_2 spielt. Der Vgl. mit Ergebnissen früherer Berechnungen mit Hilfe einer ECKARTschen Potentialfunktion führt zu dem Schluß, daß als wahrscheinlichste Form für den wirklichen Verlauf der Potentialschwelle eine parabelähnliche anzunehmen ist. Die bisher angenommenen Dimensionen sind unzutreffend. P. FRENZEL. 142□

Einfluß verschiedener Variabler auf die Polarisationskapazität von Zirkonium. A. B. Johnson, Tennyson Smith und George Richard Hill. (Trans. Faraday Soc. **57.** 2299—2307. Dez. 1961. Univ. of Utah, Fuels Engng. Labor.; engl.) — Mit Hilfe der ballist. Galvanometer-Meth. nach WEGNER wird die Polarisationskapazität C von Zr in Abhängigkeit vom Potential E, von der Elektrolyt-Konz. (0,001—1 m wss. KCl-Lsg.), der Temp. (5—75°) u. der Oberflächengröße u. -behandlung bestimmt. C beträgt in 0,1 m KCl-Lsg. bei minimalem E $2{,}6 \pm 0{,}2\ \mu F/cm^2$. Im Bereich von 5—40° nimmt C scheinbar linear u. reversibel mit der Temp. zu (um ca. 1%/Grad), >40° erfolgt Verstärkung des Oxidfilms. Nach Einstellung eines stationären Wertes von C wird keine Änderung mit der Zeit festgestellt, die wie bei Pt auf Sorptionserscheinungen zurückzuführen wäre. Zeitliche Änderungen von C nach Ätzen ($HF + HNO_3$) oder Schleifen werden durch die Abtragung u. Neubldg. eines Oxidfilms erklärt. In He-gesätt. Lsg. erreicht eine geschliffene Probe den stationären Wert bei einem höheren Wert von C als in luftgesätt. Lsg., was auf die Bldg. eines dünneren Films als in Ggw. von O_2 zurückgeführt wird. Bis ca. 0,1 m KCl besteht eine logarithm. Abhängigkeit von C von der KCl-Konz., darüber wird C von dieser unabhängig. Proben mit größerer Oberflächenrauhigkeit zeigen höhere C-Werte. P. FRENZEL. 142□

Die Wirkung teilweiser Auflösung des Oxidfilms von Zircaloy-2 auf die Korrosionsbeständigkeit gegen Wasser. S. Kass und D. B. Scott. (J. electrochem. Soc. **109.** 92—94. Febr. 1962. Pittsburgh, Pa., Bettis Atom. Power Labor.; engl.) — Vff. temperten Proben von Zircaloy-2 (Zr mit 1,5 Sn; 0,14 Fe; 0,1 Cr u. 0,05% Ni), die 3 oder 14 Tage mit W. von 360° behandelt waren, im Vakuum (590°, 40—60 Min.), um den oberflächlichen Oxidfilm teilweise im Metall zu lösen. Wurden diese Proben dann wieder W. von 360° ausgesetzt, zeigten sie bei gleichen Bedingungen eine ungleich höhere (9—12 mg/dm^2) Gew.-Zunahme als nicht getemperte (4 mg/dm^2). Tempert man 60 oder 80 Min. bei 700°, ist die Gew.-Zunahme noch viel höher. Sie wird wahrscheinlich durch bei hoher Temp. sich bildende Anionenleerstellen hervorgerufen, in die bei niedrigerer Temp. Oxidionen eintreten. H. BÜRGER. 143

A_4. Thermodynamik. Thermochemie

Die thermodynamische Temperaturskala und ihre Realisierung unterhalb 90° K. H. van Dijk. (Pure appl. Chem. **2.** 157—65. 1961. Leiden, Rijksuniv., Kamerlingh Onnes Labor.; dt.) — Krit. Übersicht über Messungen mit Gasthermometern, die Verw. thermodynam. Beziehungen für den Sättigungsdruck eines verflüssigten Gases, die Benutzung des Gesetzes von CURIE oder von CURIE-WEISS für paramagnet. Salze u. die Zuhilfenahme umkehrbarer Kreisprozesse. A. BLASCHETTE. 146□

Thermodynamische Temperaturskala, ihre Realisierung zwischen 90 und 1500° K. Helmut Moser. (Pure appl. Chem. **2.** 167—72. 1961. Braunschweig, Phys.-Techn. Bundesanst.; dt.) — Vgl. vorst. Referat. — Krit. Übersicht über fundamentale u. prakt. Meß-Verff. (Gasthermometer, opt.-pyrometr. Verff. mit schwarzen Strahlern, Rauschthermometer). A. BLASCHETTE. 146□

Thermodynamische Temperaturskala, ihre Realisierung an festen Körpern für Temperaturen oberhalb 1500° K. C. P. Tingwaldt. (Pure appl. Chem. **2.** 173—77. 1961. Berlin, Phys.-Techn. Bundesanst.; dt.) — Vgl. vorst. Referate. — Krit. Übersicht. A. BLASCHETTE. 146□

Irreversible Thermodynamik. Kenneth S. Pitzer. (Pure appl. Chem. **2.** 207—10. 1961. Berkeley, Calif., Univ. of California; engl.) — Vf. zeigt, daß die ONSAGERschen Reziprozitätsbeziehungen ausgehend von mehreren unterschiedlichen Postulaten erhalten werden können (nach ONSAGER aus dem Postulat der mkr. Reversibilität; nach EYRING aus der Theorie der abs. Rk.-Geschw.; nach LI aus dem KELVINschen Postulat unabhängiger Vorgänge). Es wird eine Ableitung aus dem KELVIN-Postulat mitgeteilt, die exakter u. allgemeiner als die LIsche ist. A. BLASCHETTE. 146□

Zur Theorie der Relaxation. 1. Mitt. **Die thermodynamischen Grundlagen und ihre mathematische Lösung.** Siegfried Kästner. (Ann. Physik [7] **1.** 377—99. 1958. Berlin-Adlershof, Dt. Akad. der Wiss., Labor. für Kunststoffe.; dt.) — Die thermodynam. Grundgleichungen der Relaxation werden in allg. Form aufgestellt, wobei neben der reinen Relaxation die gleichzeitig auftretenden Effekte der inneren Reibung berücksichtigt werden. Bei der mathemat. Formulierung wird eine Tensor-Darst. im Raum der Zustandsvariablen verwendet, die sich auch bei der Lsg. der Grundgleichungen bewährt. Die Ergebnisse werden tabellar. zusammengestellt u. ihre Anwendungen auf die mechan. u. dielektr. Relaxation diskutiert. A. BLASCHETTE. 146□

Zur Theorie der Relaxation. 2. Mitt. **Elektrische Netzwerkmodelle für das Relaxationsverhalten der Materie.** Siegfried Kästner. (Ann. Physik [7] **2.** 146—62. 1958; dt.) — 1. vgl. vorst. Ref.; 3. vgl. C. **1962.** 1516. — Es werden elektr. Netzwerke angegeben, die als Analogiemodelle für das Relaxations-Verh. eines beliebigen Syst. Verw. finden können. Sie sind im allgemeinsten Fall aus Induktivitäten bzw. Kapazitäten, OHMschen Widerständen bzw. idealen Übertragern aufgebaut. Es werden Spezialfälle diskutiert, bei denen man ohne ideale Übertrager auskommt u. die deshalb für den Aufbau von Analogierechnern besondere Bedeutung besitzen. Schließlich werden noch für theoret. Unterss. verwendbare Modelle abgeleitet, die sich durch eine bes. einfache Struktur auszeichnen, dafür aber teilweise negative Schaltelemente enthalten. A. BLASCHETTE. 146□

Zur statistischen Thermodynamik von idealen Gasen mit isotopensubstituierten Molekülen. G. Vojta. (Z. physik. Chem. [Leipzig] **217.** 337—52. 1961. Leipzig, Dt. Akad. der Wiss., Arbeitsstelle für Statist. Phys.; dt.) — Es werden neue Formeln für red. Zustandssummenverhältnisse (s/s')f u. Differenzen thermodynam. Funktionen von isotopensubstituierten Moll. aufgestellt. Für ln[(s/s')f] wird eine unendliche Reihe nach Potenzen von Δu_i hergeleitet [$\Delta u_i = (hc/kT)\cdot$(Differenz der i-ten Normalschwingungsfrequenz zweier isotopensubstituierter Moll.)], die eine Erweiterung der grundlegenden Formel von BIGELEISEN u. GOEPPERT-MAYER (J. chem. Physics **15.** [1947.] 261) darstellt u. für alle vorkommenden Werte von u_i u. Δu_i, d. h. auch für hohe Frequenzen u. tiefe Temp., konvergent ist. Hiervon ausgehend werden Reihen für die red. Differenzen der thermodynam. Funktionen aufgestellt. Die Genauigkeit der Formeln wird an Hand von Moll. mit C- u. S-Isotopen untersucht ($^{12}CO_2$, $^{13}CO_2$, $^{14}CO_2$; $^{32}SO_2$, $^{34}SO_2$, $^{36}SO_2$). Für mehrfach isotopensubstituierte Moll. werden mit Hilfe von spektroskop. Summenregeln 1. Ordnung Beziehungen zwischen red. Zustandsverhältnissen u. red. Differenzen thermodynam. Funktionen erhalten u. an *Methylcyanid* u. *-isocyanid* mit ^{12}C, ^{13}C u. ^{14}C geprüft. Schließlich werden einfache Ausdrücke für die Anharmonizitätskorrektur der Schwingungen angegeben u. der Einfl. dieser Korrektur untersucht. A. BLASCHETTE. 146□

Der kritische Parameter und das Potential der zwischenmolekularen Kräfte. Ein Beitrag zur Erweiterung des Theorems der übereinstimmenden Zustände. 1. Mitt. K. Altenburg. (Z. Elektrochem., Ber. Bunsenges. physik. Chem. **65.** 801—05. Nov. 1961. Berlin-Adlershof, Dtsch. Akad. der Wiss., Forsch.-Gruppe Theoret. Chem.; dt.) — Der von RIEDEL in die Theorie der übereinstimmenden Zustände eingeführte krit. Parameter α_K hängt eng mit dem Potential der abstoßenden zwischenmol. Kräfte zusammen, das durch Messung der Schall-Geschw. experimentell zugänglich ist. Ausgehend vom Potential $U(r) = -M/r^p + N/r^q$ wird der Zusammenhang $\alpha_K - 3{,}75 = \text{const}(1 - p/q)$ erhalten. Da der Exponent im Glied der abstoßenden Kräfte linear mit der Zahl der Außenelektronen wächst ($q = 8 + 0{,}288\ N_A$), ergibt sich $\alpha_K = 3{,}75 + 5[1 - 6/(8 + 0{,}288\ N_A)]$. Für eine Vielzahl von Gasen u. organ. Fll. ist dieser lineare Zusammenhang zwischen α_K u. $f(N_A)$ gut erfüllt, bes. wenn man sich auf den Vgl. ähnlicher Verbb. (Ester, Äther, n-Paraffine) beschränkt. Mit wachsendem N_A tritt jedoch eine zunehmende Streuung der Werte auf. Ursache hierfür ist offensichtlich ein gewisser Einfl. der Mol.-Form. Bei gleichem N_A ist α_K am kleinsten bei kompakten Moll., wie den Tetrahalogeniden des Kohlenstoffs, um mit der Unsymmetrie der Moll. zuzunehmen. A. BLASCHETTE. 149□

Der Einfluß der Form der Moleküle auf den kritischen Parameter. Ein Beitrag zur Erweiterung des Theorems der übereinstimmenden Zustände. 2. Mitt. K. Altenburg. (Z. Elektrochem., Ber. Bunsenges. physik. Chem. **65.** 805—08. Nov. 1961; dt.) — 1. vgl. vorst. Referat. — Der Zusammenhang zwischen α_K u. der Form der Moll. wird am Beispiel der isomeren Paraffine C_2—C_8) näher untersucht. α_K wurde hierzu mit Hilfe der RIEDELschen red. Dampfdruckgleichung aus den krit. Größen berechnet. Es ergibt sich für alle Paraffine unabhängig vom Molgew. eine einzige Gerade, die sich durch $\alpha_K = 6{,}10 + 0{,}85\ \overline{R^2}/a_1^2$ darstellen läßt; hierbei ist $\overline{R^2}$ der quadrat Mittelwert des Radius eines Mol., a_1 der Abstand zweier benachbarter Atome des Ketten-Mol. im Segmentmodell. A. BLASCHETTE. 149□

Einfluß von Kondensation und Verdampfung auf den Stoffaustausch bei der Rektifikation. Gerhard Hochgesand. (Chemie-Ing.-Techn. **34.** 178—82. März 1962. Hannover, TH, Inst. für Thermodyn. u. Verf.-Techn.; dt.) — Vf. zeigt, daß der Einfl. der Kondens. u. Verdampfung auf die Rektifikation in einer Rohrkolonne unter Zugrundelegung der Zweifilmtheorie gut erfaßt werden kann. Dabei wird der Stofftransport als eine Überlagerung von Diffusion u. Konvektion behandelt; außerdem wird angenommen, daß sich die Grenzschichtdicke unter dem Einfl. des Konvektionsstroms nicht verändert. Die abgeleiteten Gesetzmäßigkeiten werden durch Verss. in einem größeren Bereich von Kondens. u. Verdampfung gut bestätigt. G. GATTOW. 150□

Über eine neue Methode zur Identifizierung nicht kongruent schmelzender Verbindungen. Luce Carbonnel. (C. R. hebd. Séances Acad. Sci. **254.** 468—70. 15/1. 1962; franz.) — Zur Identifizierung einer nicht kongruent schm. festen Phase in einem bin. Syst. wird häufig ein durch Zusatz einer geeigneten dritten Komponente erhaltenes tern. Syst. untersucht. Statt das Bezugsprisma des tern. Syst. (bei vertikaler Temp.-Koordinate) durch eine horizontale (isotherme) Ebene zu schneiden, schlägt Vf. vor, einen Schnitt mit Hilfe einer senkrechten Ebene vorzunehmen u. das Syst. durch therm. Analyse zu untersuchen. Mit dieser Meth. wird gezeigt, daß das im Syst. H_2O-K_2CO_3 auftretende Hydrat die Zus. $K_2CO_3 \cdot 5\, H_2O$ (u. nicht $K_2CO_3 \cdot 6\, H_2O$) besitzt. Als tern. Hilfs-Syst. wurde H_2O-K_2CO_3-KOH (Isothermen bei -37, -30 u. -22^0) benutzt. A. BLASCHETTE. 150□

Zusammensetzung und Dissoziationsdruck des stabilen Urantetrafluorid-Kristallhydrats. M. M. Popow und Ju. W. Gagarinski. (Журнал Неорганической Химии [J. anorg. Chem.] **2.** 3—8. Jan. 1957; russ.) — Das stabile Kristallhydrat von UF_4 besitzt die Zus. $UF_4 \cdot 2{,}5\, H_2O$ (I). Stabile Kristallhydrate mit geringerem Wasser-Geh. konnten nicht festgestellt werden. I wurde durch langsame Zugabe einer schwefelsauren 5%ig. $U(SO_4)_2$-Lsg. zu 3—4%ig. Flußsäure in Form blaßgrüner mikrokristalliner Nadeln erhalten. Der Dissoziationsdruck p [mm Hg] von I wird im Temp.-Bereich 20—35⁰ durch die Gleichung $\log p = (10{,}035 \pm 0{,}003) - (2920 \pm 3)/T$ beschrieben. Die Hydratationswärme von UF_4 in W. beträgt 7,23 kcal/Mol. U.-L. RAU. 150□

Die Bildungswärme von Uranylfluorid und die Reaktionswärmen von Uranhexa- und -tetrafluorid mit Wasser. M. M. Popow, F. A. Kosstylew und T. F. Karpowa. (Журнал Неорганической Химии [J. anorg. Chem.] **2.** 9—12. Jan. 1957; russ.) — Vgl. vorst. Referat. — Die Rk.-Wärme der Hydrolyse von UF_6 bei 32—34⁰ wurde calorimetr. bestimmt: $UF_{6\,fest} + c\ H_2O = (UO_2F_2 \cdot 4\ HF)_{aq} + (50{,}22 \pm 0{,}05)$ kcal ($c = 1600$). Die Lsg.-Wärme von UO_2F_2 in wss. HF beträgt bei 32⁰: $UO_2F_{2\,fest} + 4\ HF \cdot c\ H_2O_{(aq.)} = (UO_2F_2 \cdot 4\ HF)_{aq} + (8{,}10 \pm 0{,}01)$ kcal. Die Bldg.-Wärme von UO_2F_2 bei 32⁰ wurde berechnet: $U_{fest} + O_{2\,Gas} + F_{2\,Gas} = UO_2F_{2\,fest} + (391{,}4 \pm 3{,}6)$ kcal. Die Hydratationswärme von UF_4 zu $UF_4 \cdot 2{,}5\ H_2O$ bei 20⁰ wurde zu $(8{,}21 \pm 0{,}02)$ kcal/Mol bestimmt. U.-L. RAU. 156□

Gitterenergie und Stabilität von Chrom(I)-halogeniden. Leonidas Petrakis. (J. physic. Chem. **66.** 433—36. März 1962. Berkeley, Calif., Univ. of California, Dep. of Chem.; engl.) — Die Gitterenergien der hypothet. festen Chrom(I)-halogenide wurden nach dem Ansatz von BORN u. MAYER [1932] berechnet (in kcal/Mol): CrF 209,4, CrCl 179,1, CrBr 171,6, CrJ 161,1. Den Berechnungen wurde ein Ionenradius des Cr^+ von 1,04 Å u. die Annahme zugrunde gelegt, daß diese Verbb. im NaCl-Typ kristallisieren. Unter Verw. des BORN-HABERschen Kreisprozesses ergeben sich die entsprechenden Bldg.-Wärmen ΔH_f^0 (in kcal/Mol) zu $-52{,}7$, $-1{,}2$, $+9{,}3$, $+24{,}9$. Die Normalentropien $S^0_{abs.}$ (in cal/Grad·Mol) wurden nach der Regel von LATIMER [1951] berechnet: 15,7, 20,2, 23,2, 24,8. Aus den Freien Energien der Bldg. u. der Disproportionierung ($2\ CrX \rightarrow Cr + CrX_2$ mit X = Halogen) folgt, daß CrF relativ beständig sein müßte; die Beständigkeit nimmt in der Reihenfolge CrF, CrCl, CrBr, CrJ stark ab. G. GATTOW. 156□

Thermodynamische Untersuchung eines Kupfermischhalogenids. René Perret. (Pure appl. Chem. **2.** 101—15. 1961. Dijon, Fac. des Sci., Labor. de Chim. M.P.C.; franz.) — Die Standardwerte der thermodynam. Funktionen hypothet. Mischhalogenide MeX_mY_n, die mit genügender Genauigkeit abgeschätzt werden können, führen zu Voraussagen über die Existenz derartiger Verbindungen. Die Freie Bldg.-Enthalpie ΔG_f^0 für MeX_2Y (Me = Fe, Cr) unter Standardbedingungen (298° K, 1 atm) berechnet sich nach $\Delta G_f^0(MeX_2Y) = \Delta H_f^0(MeX_2Y) - 298{,}1\ [S^0(MeX_2Y) - S^0(Me) - S^0(X_2) - 0{,}5\ S^0(Y_2)]$. Die Entropien S^0 wurden nach der Meth. von Latimer abgeschätzt. $\Delta H_f^0(MeX_2Y)$ ergibt sich mit Hilfe des Born-Haber-Kreisprozesses. Die hierzu benötigten Gitterenergien $U(MeX_2Y)$ sind durch Interpolation zugänglich; hierzu werden die bekannten Gitterenergien der reinen Trihalogenide gegen die Summe der Ionenradien $r(Me^{3+}) + 3\,r(X^-)$ aufgetragen (X = F, Cl, Br, J) u. die der Radiensumme von MeX_2Y entsprechenden Punkte auf der erhaltenen Kurve interpoliert. Auf diesem Weg werden für kristalline Mischhalogenide nachst. Werte für U (kcal/Mol), ΔH_f^0 (kcal/Mol), S^0 (Entropieeinheiten) u. ΔG_f^0 (kcal/Mol) erhalten: FeF_2Cl 1365, —190, 25,3, —173; FeF_2Br 1351, —173, 27,4, —159; FeF_2J 1331, —146, 30,9, —133; $FeCl_2Br$ 1276, —86, 33,2, —73; $FeCl_2J$ 1260, —63, 36,7, —52; $FeBr_2J$ 1245, —40, 40,9, —34; CrF_2Cl 1385, —225, 25,1, —208; CrF_2Br 1375, —212, 27,2, —198; CrF_2J 1355, —185, 30,7, —174; $CrCl_2Br$ 1302, —126, 33,0, —113; $CrCl_2J$ 1286, —108, 36,5, —94; $CrBr_2J$ 1274, —86, 40,7, —78. Für die Rkk. $MeX_2 + \frac{1}{2}\,Y_2 \rightleftharpoons MeX_2Y$ (Salze u. J_2 im kristallinen, Br_2 im fl., Cl_2 u. F_2 im gasförmigen Zustand) folgen hieraus die nachst. Freien Rk.-Enthalpien ΔG_r^0 (MeX_2Y in vorst. Reihenfolge): —16, —2, +29, —1 (—0,8), +20, +23, —36, —26, —2, —25, —6 u. —7 kcal. Danach ist zu erwarten, daß sämtliche Cr(III)-Mischhalogenide, aber lediglich FeF_2Cl, FeF_2Br u. $FeCl_2Br$ stabil sind. Auf analogem Wege wurden die entsprechenden U-, ΔH_f^0-, S^0-, ΔG_f^0- u. ΔG_r^0-Werte für Cu(II)-Mischhalogenide CuXY u. ihre Bldg. gemäß $CuX + \frac{1}{2}\,Y_2 \rightleftharpoons CuXY$ erhalten: CuFCl 691, —86, 23,6, —75, —19; CuFBr 682, —72, 25,8, —65, —9; CuFJ 670, —55, 29,1, —50, +6; CuClBr 658, —42, 29,2, —33, —6; CuClJ 644, —22, 32,5, —17, +11; CuBrJ 638, —12, 34,7, —10, +14. Stabile Verbb. sind somit CuFCl, CuFBr u. CuClBr. — *CuClBr* wurde aus trockenem CuCl u. Br_2-Dampf bei 150° in einigen Std. als schwarzes, sehr hygroskop. Pulver erhalten. Es liefert ein charakterist. Debye-Diagramm, das dem von $CuBr_2$ u. $CuCl_2$ ähnelt. Die Zers. gemäß $CuClBr \rightarrow CuCl + \frac{1}{2}\,Br_2$ wurde thermogravimetr. verfolgt. Der Zers.-Druck folgt der Gleichung $\log p\,[atm] = -3448{,}2/T + 5{,}63$ (für $CuBr_2$: $\log p = -3846{,}3/T + 6{,}81$). Experimentell ergibt sich für CuClBr $\Delta G_r^0 = -7{,}12$, $\Delta H_r^0 = -15{,}800$, $\Delta G_f^0 = -44{,}0$, $\Delta H_f^0 = -35{,}1$ kcal. A. Blaschette. 156□

Thermodynamische Untersuchung doppelter Umsetzungen in festen Phasen. S. Gromb und A. Pacault. (Pure appl. Chem. **2.** 93—100. 1961. Bordeaux, Fac. des Sci., Labor. de Chim.-Phys.; franz.) — Vgl. C. **1961.** 8560. — Chem. Gleichgewichte in festen Phasen lassen sich experimentell untersuchen, wenn mindestens zwei Komponenten in allen Verhältnissen mischbar sind; durch die Bldg. einer festen Lsg. wird das Syst. bivariant. Weiterhin muß der abs. Wert der Freien Rk.-Enthalpie ΔG klein (<10 kcal) u. die Analyse der Rk.-Prodd. mit Hilfe eines selektiven Lsgm. möglich sein. Im bivarianten Syst. $BaSO_4 + Na_2CO_3 \rightleftharpoons BaCO_3 + Na_2SO_4$ wird bei gewöhnlicher Temp. bei Drücken bis 14000 atm keine Rk. beobachtet. Die auf Grund des berechneten Werts ΔG^0 (298° K) = ca. —1 bis —2 kcal u. der bei höheren Temp. existenten festen Lsg. $Na_2(CO_3, SO_4)$ zu erwartende Rk. konnte durch längeres Erhitzen (mehrere Std. bis 2 Monate) von Gemischen der Zus. $BaSO_4 + a\,Na_2CO_3$ bzw. $BaCO_3 + b\,Na_2SO_4$ (a u. b = 0—5) u. selektives Herauslösen von Na_2SO_4 u. Na_2CO_3 mit einer 10%ig. wss. $(NH_4)_2CO_3$-Lsg. nachgewiesen werden. Für die Gleichgewichts-Konst. $K = x(Na_2SO_4)/x(Na_2CO_3)$ (x = Molenbruch) ergeben sich die Werte $1{,}73 \pm 0{,}03$ (700°), 1,95 (600°), 1,98 (500°), entsprechend $\Delta G^0 = -RT \log K = -(1065 \pm 34)$ cal bei 700 bzw. —1200 cal bei 25°. Analog wurde das Syst. $BaSO_4 + K_2CO_3 \rightleftharpoons BaCO_3 + K_2SO_4$ untersucht, in dem die feste Lsg. $K_2(CO_3, SO_4)$ existiert, u. für K der Wert 36 ± 3 (650°) bzw. 29 ± 2 (700°) erhalten; hieraus folgt ΔG^0 (650°) = $-(6610 \pm 160)$, ΔG^0 (700°) = $-(6470 \pm 140)$, $\Delta H^0 = -9000$ cal. Im univarianten Syst. $BaCO_3 + Li_2SO_4 \rightarrow BaSO_4 + Li_2CO_3$ ($\Delta H^0 = -6{,}61$ kcal bei 25°) entsteht keine feste Lsg., die Rk. verläuft dementsprechend vollständig von links nach rechts. A. Blaschette. 156□

Thermodynamische Eigenschaften von Donor-Acceptor-Komplexen. Willis B. Person. (J. Amer. chem. Soc. **84.** 536—40. 20/2. 1962. Chicago, Ill., Univ. of Chicago, Dep. of Phys., Labor. of Mol. Structure and Spectra; engl.) — Es wurde empir. gefunden, daß bei 2atomigen Moll. zwischen den Logarithmen der Kraft-Konst. der Valenzschwingung u. den Dissoziationsenergien (in eV) nahezu lineare Zusammenhänge bestehen. Für jede homologe Reihe (z. B. HX, LiX, KX usw. mit X = Halogen) gelten eigene lineare Gesetze. Vf. zeigt, daß für schwache Donor–Acceptor-Komplexe eine analoge lineare Beziehung zwischen ΔS u. ΔH existiert. G. GATTOW. 156□

Bestimmung der Brenngeschwindigkeit von Pentaboran–Sauerstoff–Stickstoff-Gemischen. W. G. Berl, E. L. Gayhart, E. Maier, H. L. Olsen und W. T. Renich. (Combust. and Flame **1.** 420—30. Dez. 1957. Silver Spring, Md., Johns Hopkins Univ., Appl. Phys. Labor.; engl.) — Die Brenn-Geschw. von B_5H_9 (I)/O_2/N_2-Gemischen verschiedener Zus. wird mit Hilfe einer photograph. Schlierentechnik durch Aufnahme der zeitlichen Ausbreitung von durch Funkenzündung erzeugten laminaren Flammenkernen gemessen. Es wurden je nach dem N_2/O_2-Verhältnis Geschw. zwischen 50 u. $>$1000 cm/s gemessen, wobei das Maximum bei $N_2:O_2 = 3{,}00$, das Minimum bei 3,77 u. in bezug auf das O_2/I-Verhältnis bei einem geringen stöchiometr. O_2-Überschuß lag. Die Flammenfronten zeigen eine ausgeprägte Zellenstruktur; die Struktur wird mit zunehmender Brenn-Geschw. feiner. W. BETCKE. 157□

Brenngeschwindigkeiten und Zündtemperaturen von Wasserstoffperoxid-Lösungen. C. N. Satterfield, E. Kehat und Maria A. T. Mendes. (Combust. and Flame **4.** 99—105. Juni 1960. Cambridge, Mass., MIT, Dep. of Chem. Engng.; engl.) — Die von HART (vgl. C. **1950.** I. 941) erstmalig beobachtete Zers.-Flamme über erhitzten wss. H_2O_2-Lsgg. wurde an Syst. mit 70—97 Mol-% H_2O_2 bei Fl.-Temp. von 114—139° u. 760 Torr untersucht. Die Brenn-Geschw. in mg/s·cm² entspricht recht gut der nach der Bunsenbrenner-Meth. ermittelten Flammen-Geschw., wenn die beiden Größen bei gleichen adiabat. Zers.-Temp. verglichen werden. Aus bekannten Daten werden die Zünd-Temp. für H_2O_2–H_2O-Dampfgemische (100, 200, 400, 760 Torr) berechnet, die mit konz. H_2O_2-Lsgg. gegebener Konz. (c) im Gleichgewicht stehen (Temp.–c-Diagramm). Die Bedeutung der Ergebnisse für die Festlegung von Sicherheitsbedingungen bei der Herst., der Lagerung u. der Verw. von konz. H_2O_2 wird erörtert. A. BLASCHETTE. 157□

Explosionsgrenzen flüssiger Systeme, die Wasserstoffperoxid, Wasser und sauerstoffhaltige organische Verbindungen enthalten. J. M. Monger, Harry Sello und D. C. Lehwalder. (J. chem. Engng. Data **6.** 23—27. Jan. 1961. Emeryville, Calif., Shell Dev. Co.; engl.) — Die Explosionsgrenzen des fl. Syst. *H_2O_2–H_2O–Propanol-(2)* wurden im Bereich 21—133° nach verschiedenen Meth. (mechan. Stoß, Initialzündung, Stoßwelle) ermittelt u. ihre Beeinflussung durch Abänderung der Bedingungen (Art der Zündung, Temp., Vol., Zusatz von Aceton) untersucht. Für einige andere organ. Verbb. (*Methanol, Form-, Acet-, Propionaldehyd, Ameisen-, Essigsäure*) im Gemisch mit H_2O_2 u. W. werden Teilergebnisse mitgeteilt. Die experimentellen Explosionsgrenzen werden mit berechneten verglichen. Die Gebiete, in denen Detonationen bzw. schnelle Verpuffungen auftreten, sind ziemlich genau definiert. In einem jeweils größeren Konz.-Bereich werden keine Explosionen beobachtet. Es wird darauf hingewiesen, daß chem. Veränderungen ein theoret. stabiles in ein hoch explosives Syst. verwandeln können. So werden Mischungen mit Ameisen- oder Essigsäure, deren ursprüngliche Zus. weit außerhalb des Explosionsbereichs liegen, bei längerem Stehen infolge Bldg. der entsprechenden Peroxosäuren sehr gefährlich. A. BLASCHETTE. 157□

Flammenfortpflanzung bei niedrigen Temperaturen in festen Stoffen, die freie Radikale enthalten. A. L. Berlad. (J. chem. Physics **35.** 1180—84. Okt. 1961. San Diego, Calif., Convair Sci. Res. Labor.; engl.) — Die übliche nichtadiabat. Theorie der Fortpflanzung gasförmiger Flammen wird auf sog. kryogene Flammen in festen Syst. ausgedehnt u. dabei die charakterist. Fortpflanzungs-Geschw. der Rk.-Welle, die räumliche Struktur des Zus.- u. des Temp.-Feldes u. die Auslöschungsgrenzen (im Sinn der Flammenexistenz oder -nichtexistenz) behandelt. Die erhaltenen Ausdrücke werden auf die Flammenfortpflanzung in festem, *N*-Atome enthaltendem N_2 angewandt. A. BLASCHETTE. 157□

Zum Mechanismus von Drahtexplosionen. Ewald Fünfer, Martin Keilhacker und Günther Lehner. (Z. angew. Physik **10.** 157—62. April 1958. München, TH, Labor. für Techn. Phys.; dt.) — Vff. beobachteten den Strom- u. Spannungsverlauf sowie den Leuchtvorgang bei der stoßartigen Verdampfung von *Cu-* u. *Ag*-Drähten (Ø ca. 0,1 mm) mit Hilfe einer Kondensatorentladung u. leiteten daraus ab, daß die bei der Drahtexplosion erreichte Temp. über 5000° K beträgt u. die Temp. im Drahtinneren bei hohen Leistungsdichten ($>10^{11}$ W/cm³) wesentlich größer als in den Randzonen sein können. Das rührt daher, daß einerseits infolge der von außen nach innen fortschreitenden Expansion der Drahtmaterie die Stromleitung auf den inneren Teil des Drahtes beschränkt wird u. andererseits die im Inneren aufgenommene Energie infolge der endlichen Wärmeleitfähigkeit nicht so schnell an die Randbezirke weitergeleitet wird, wie sie dort durch Strahlung verlorengeht. — 18 Literaturangaben. D. JÖRCHEL. 157□

Thermische Gitterleitfähigkeit von Kupferlegierungen. T. Olsen. (Physics Chem. Solids **12.** 167—74. Jan. 1960. Providence, R.I., Brown Univ., Dep. of Phys.; engl.) — An einer Reihe von *Cu-Zn-Legg.*, bes. den Sondermarken *Z 4* mit 95,40 (Gew.-%) Cu u. 0,01 Pb; *Z 10* mit 89,02 Cu, 0,01 Fe, 0,10 Ni u. 2,02 Pb; *Z 20* mit 86,56 Cu u. 0,01 Fe; *Z 15* mit 84,53 Cu, 0,02 Fe u. 0,02 Pb sowie *Z 30* mit 69,95 Cu, 0,02 Fe u. 0,01 Pb, werden die therm. Leitfähigkeiten im Temp.-Bereich von 4,2—1,1° K sowie bes. die Gitteranteile der Leitfähigkeit bestimmt. Der erhaltene Wert $K_{rel} = 1{,}1 \cdot 10^{-3} \cdot T^2$ [W/cm·Grad] wird mit der aus Ultraschallmessungen in reinem Cu abgeleiteten therm. Gitterleitfähigkeit verglichen. Wie theoret. erwartet, ist die Wechselwrkg. der Scherwellen mit Elektronen viel kleiner für therm. Phononen als bei Ultraschallwellen. Ferner wird der elektr. Restwiderstand in diesen Cu-Legg. gemessen. G. RUBAN. 158□

A_5. Kolloidchemie. Grenzschichtforschung

Siliciumdioxidhaltige salzsaure Lösungen. 3. Mitt. Hussein Sadek. (Suomen Kemistilehti B **33.** 173—79. 1960. Alexandria, U.A.R., Alexandria Univ., Fac. of Sci.; engl.) — 2. vgl. C. **1962.** 5936. — An salzsauren Silicat-Lsgg. mit einem Verhältnis $Na_2O:SiO_2 = 1:1$; 1:1,5; 1:2 u. 1:2,33 wurden im pH-Bereich 2—3,7 bei 30, 35 u. 40° in einer bes. beschriebenen App. dilatometr. Messungen vorgenommen. In allen Fällen wurde beim Anstieg des pH von 2 auf 3 eine Verminderung der zeitlichen Vol.-Zunahme beobachtet. Bei pH 3 liegt ein Minimum, bei weiterem pH-Anstieg wächst die Vol.-Zunahme wieder. Zur Erklärung dieser Beobachtung wird eine Polymerisation des zunächst niedermol. SiO_2 unter Eliminierung von W. angenommen, die eine Vol.-Vergrößerung zur Folge hat u. der die Adsorption von H_2O u. HCl an der SiO_2-Oberfläche entgegenwirkt u. beim Minimum (pH 3) die Waage hält. Die Ergebnisse werden unter dem Gesichtspunkt der Stabilität der gebildeten Sole u. Gele diskutiert. W. BETCKE. 162□

Eine modifizierte Diffusions-Zeitverzögerung. Irving Fatt. (J. physic. Chem. **66.** 760—62. April 1962. Berkeley, Calif., Univ. of California, Dep. of Mineral Technol.; Miller Inst. for Basic Res. in Sci.; engl.) — Vf. zeigt, daß die Zeitverzögerung (time-lag) bei einem linearen Diffusions-Syst. in porösen Medien vom Verhältnis des totalen Poren-Vol. zum Vol. des Diffusionskanals abhängt. Im Gegensatz dazu hängt der nichtstationäre Fluß einer leicht kompressiblen Fl. in einem porösen Medium nur vom Poren-Vol. allein ab. Der Unterschied erklärt sich aus der verschiedenen Definition von Diffusions-Koeff. u. Permeabilitätskoeffizient. G. M. NEUMANN. 165□

Einfluß der toten Poren auf die relative Permeabilität poröser Medien. Irving Fatt. (Science [Washington] **134.** 1750—51. 1/12. 1961; engl.) — Vgl. vorst. Referat. — Es werden frühere an einem Netzwerkmodell gewonnene Daten (Trans. Amer. Inst. Mining, metallurg., Petroleum Engr. **207.** [1956.] 144) unter der Annahme überarbeitet, daß beim Fließen zweier nichtmischbarer Phasen die mit der einen Phase gefüllten Poren die andere Phase in Poren einsperren können. Danach wird die relative Permeabilität der benetzenden Phase nur wenig durch den eingeschlossenen Anteil der benetzenden Phase beeinflußt, dagegen die der nicht benetzenden Phase stark von dem eingeschlossenen Teil der nicht benetzenden Phase. Zur experimentellen Prüfung hält Vf. die Zwei-Tracer-Meth. von HANDY [1959] mit 2 Phasen mit je 2 Tracern für am besten geeignet. R. JUNGE. 165□

Thermodynamik der Grenzflächen zwischen kondensierten Phasen. Robert S. Hansen. (J. physic. Chem. **66.** 410—15. März 1962. Ames, Iowa, Iowa State Univ., Inst. for Atom. Res. and Dep. of Chem.; engl.) — Messungen der Eigg. ebener Grenzflächen zwischen kondensierten Phasen werden hauptsächlich bei konst. Druck durchgeführt. Die GIBBSsche Konvention, die den Druck als unabhängige Variable eliminiert, ist jedoch nicht die natürliche Voraussetzung solcher Messungen. Es wird daher die Eliminierung der chem. Potentiale der zwei Komponenten als Voraussetzung diskutiert u. gezeigt, daß diese bes. für Grenzflächen kondensierter Phasen geeignet ist. Die physikal. Erklärung dieser Konvention sowie Formeln zur Abschätzung der thermodynam. Größen aus experimentellen Daten werden gegeben. WOLFGANG KRÜGER. 166□

Bemerkung über die Messung der Benetzbarkeit von Feststoffen durch das Gleiten von Wassertropfen. Koji Kawasaki. (J. Colloid Sci. **17.** 288—89. März 1962. Tokyo, Nagata-cho, Chiyoda-ku, Electrotechn. Labor.; engl.) — Übersicht über die Beziehungen zwischen Tropfenmasse u. Gleitwinkel α (= Grenzwinkel zwischen Gleit- u. Horizontalebene, bei dem sich die Tropfen mit gleichförmiger Geschw. bewegen). α kann als Maß für die Benetzbarkeit einer Oberfläche benutzt werden, wenn der Gleichgewicht–Kontakt-Winkel $\Theta_e > 50°$ ist. Ist $\Theta_e < 50°$, so wird das Gleiten von Wassertropfen komplizierter. P. SCHARNER. 166□

Die Schäume. A. Michils. (Ind. chim. belge **24.** 901—12. 1959. V.C.B., Labor. central.; franz.) — Übersicht über die physikal.-chem. Grundlagen der Schaum-Bldg. u. -stabilität. — 54 Literaturangaben. A. BLASCHETTE. 166☐

Messung der Adsorptionsisothermen und des Oberflächeninhalts mit Hilfe einer kontinuierlichen Strömungsmethode. P. E. Eberly jun. (J. physic. Chem. **65.** 1261—65. Juli 1961. Baton Rouge, La., Esso Stand., Div. of Humble Oil & Refining Co., Esso Res. Labor.; engl.) — Vf. beschreibt ein kontinuierliches Strömungs-Verf., bei dem das Adsorbat mit einem inerten Trägergas (He) durch eine mit dem Adsorbenten beschickte Säule geleitet u. das Adsorbat nach deren Sättigung durch das Trägergas allein eluiert wird. Die Analyse des ausströmenden Gases erlaubt die Berechnung der Adsorptionsisotherme (AI), sofern alle Diffusionseffekte ausgeschaltet werden u. sich das Adsorptionsgleichgewicht schnell einstellt. Die Meth. ist bes. für Adsorptions-Unterss. bei hohen Temp. geeignet, da auf Grund der geringen Kontaktzeiten die Zers. des Adsorbats unterdrückt wird u. schnelle Gleichgewichtseinstellung erfolgt. Untersucht wird die Adsorption von *n-Butan* an *Silicagel* (I) bei 48° in einem breiten Partialdruckbereich, wobei gute Übereinstimmung zwischen den AI aus Strömungs- u. Gleichgewichtsmessungen erzielt wird. Weiterhin werden die AI von NH_3 an einem frischen (I) u. einem durch Wasserdampf (24 Std. bei 538° u. 1 atm) deaktivierten *13%* SiO_2–*87%* Al_2O_3-Crackkatalysator (II), an SiO_2-*Gel* (III) u. η-Al_2O_3 (IV) zwischen 260 u. 482° ermittelt. An den Katalysatoren u. an **IV** tritt reversible u. irreversible Adsorption auf. Die adsorbierte Menge nimmt mit der Temp. ab. **II** adsorbiert beträchtlich geringere Mengen als **I**. Zwischen **I** u. **IV** ist nur ein geringer Unterschied im Adsorptions-Verh. festzustellen. An **III** beobachtet man auch bei den niedrigsten Temp. zu vernachlässigende reversible u. keine irreversible Adsorption. P. FRENZEL. 176☐

Erzeugung und Beweis von atomreinen Metalloberflächen. H. D. Hagstrum und C. D'Amico. (J. appl. Physics **31.** 715—23. April 1960. Murray Hill, N.J., Bell Telephone Labor.; engl.) — An metall. *W* untersuchten Vff. die Reinigung der festen W-Oberflächen durch Beschießen mit 100-eV-He^+- u. -Ne^+-Ionen. Die Prüfung, die ergab, daß die beschossene Oberfläche rein war, ist sehr empfindlich, da reines W sehr reaktionsfähig gegenüber den gewöhnlichen Gasen ist. Die Prüfung ist endgültig, da sie an einem Material durchgeführt wurde, das auch nach Verss. von verschiedenen Seiten durch Erhitzen atomrein wird. Zur Beobachtung der Oberflächenbedingungen während des Reinigungsprozesses diente die Elektronenemission vom AUGER-Typ durch sich langsam bewegende positive Ionen. Diese Meth. ist auch sehr empfindlich zur Feststellung von Oberflächenverunreinigungen. C. GOTTFRIED. 176

Die Adsorption von Xenon und Wasserstoff an aufgedampften Wolfram- und Nickelfilmen. J. R. Anderson und B. G. Baker. (J. physic. Chem. **66.** 482—89. März 1962. Melbourne, Univ. of Melbourne, Chem. Dep.; engl.) — Vff. untersuchten die Adsorption von H_2, Kr u. Xe an dünnen W- u. Ni-Filmen unter variablen Bedingungen u. bestimmten die Adsorptionsisothermen. Die Adsorptionswärmen (ΔH in kcal/Mol) wurden für einschichtige Belegungen, deren Existenz vom strukturellen Standpunkt aus plausibel gemacht wird, für die nachst. Syst. ermittelt, wobei z. T. vor der Kr- u. Xe-Adsorption eine H_2-Belegung vorgenommen wurde: Xe/Ni —4,56 (bei 90° K), Xe/Ni, H_2 —4,41 (90°), Xe/W —4,66 (90°), Xe/W, H_2 —4,57 (90°), Kr/Ni —3,76 (77°), Kr/Ni, H_2 —3,63 (77°). Die Sinterungsvorgänge der W- u. Ni-Filme wurden nach der Belegung mit den obengenannten Gasen elektronenmkr. untersucht. G. GATTOW. 176☐

Scheinbare Dichten und innere Oberflächen verschiedener Rußarten. P. L. Walker jun. und W. V. Kotlensky. (Canad. J. Chem. **40.** 184—88. Febr. 1962. University Park, Pa., Pennsylvania State Univ., Fuel Technol. Dep.; engl.) — Das Poren-Vol. der nachst. techn. Rußarten wurde mit Hilfe der N_2-Adsorptionsisothermen bei 77° K experimentell bestimmt: *Carbolac 1, Carbolac 2, Monarch 71, Mogul A, Vulcan 3.* Aus dem Poren-Vol. u. der He-Dichte bei 30,0 ± 0,1° konnten die scheinbare Dichte u. weiterhin die Größen der freien u. der inneren Oberfläche, der Oberflächenrauhigkeitsfaktor u. der durchschnittliche Porendurchmesser berechnet werden. Die Werte sind tabellar. aufgeführt. G. GATTOW. 176☐

Porendimensionen und Oberflächenkapazität von Braunstein. J. Euler. (Electrochim. Acta [London] **4.** 27—41. Mai 1961. Frankfurt/M., Accumulatorenfabrik AG., Zentral-Labor.; dt.) — Vgl. C. **1961.** 18224. — Vf. liefert unter idealisierten Voraussetzungen Abschätzungen über die Anzahl u. Abmessung der Poren von Batteriebraunsteinen [Gammalyt α (I), kaukas. Naturbraunstein (II), Perozono (III), F 48]. Porendurchmesser wurden zu 23—200 Å u. Anzahl der Poren pro Korn zu 10^6—10^7 berechnet. Messungen der Oberflächenkapazität u. der Polarisation an massiven, polierten Stücken von elektrolyt. hergestelltem Braunstein ergeben bei einer Polarisation von 22 mV Werte von 10^{-5} S/cm² für die Polarisationsleitfähigkeit u. 25 μ F/cm² für die Kapazität. Beide Werte sind auf die Fläche der elektr. beteiligten Oberfläche bezogen. Daraus ergeben sich elektr. Modellvorstellungen, die verstehen lassen, warum häufig nur ein geringer Teil der BET-Oberfläche an den elektr. Vorgängen selbst beteiligt ist. Diese Modelle zeigen zugleich, daß die Rückbldg. von Polarisationsspannungen mit relativ langen Zeit-Konst. erfolgen muß. Messungen dieser Zeit-Konst. ergeben ca. 1,6 s gegenüber einer Abschätzung von 2,5 s. Außerdem ist noch ein langsames Abklingen nachzuweisen, dessen Zeit-Konst. 100—150 s ist. Für die Unters. der Elektrodenkinetik mit Hilfe von Impedanzmessungen sind 3 Grenzfrequenzen wesentlich. Eine ist durch die Ausdehnung der Konzentrationswelle in den Spalten zwischen den Körnern gegeben. Es ergeben sich aus der Arbeit zwei neue Grenzfrequenzen, unterhalb bzw. oberhalb deren die ganze BET-Oberfläche bzw. lediglich die geometr. Oberfläche der Körper elektr. mitarbeitet. In vielen Fällen sind die Poren in den Körpern so eng, daß keine Ionen eindringen können. Auch in diesen Fällen ist nur die geometr. Oberfläche wirksam. Die BET-Oberfläche ist unter 0,1—1,3 Hz, die geometr. Oberfläche über 1750—20000 Hz wirksam. Die niedrigste durch die Konz.-Welle zulässige Frequenz ist für I 5500, II 30, III 8000 u. F 48 22000 Hz. K. Huste. 176□

Eine Isotopenaustauschmethode zur Messung der Oberflächengröße von Sulfiden der Übergangsmetalle auf Trägerstoffen. H. R. Lukens jun., R. G. Meisenheimer und J. N. Wilson. (J. physic. Chem. **66.** 469—70. März 1962. Emeryville, Calif., Shell Dev. Co.; engl.) — Vff. bestimmten die spezif. Oberflächen von *NiS*, *MoS* u. WS_2 sowie von Mischungen derselben auf Al_2O_3 u. SiO_2 als Trägersubstanz durch Austausch der normalen S-Atome der Sulfide gegen radioakt. von ^{35}S-haltigem H_2S, das in Toluol gelöst war. Das Verschwinden des ^{35}S aus der Lsg. durch Austausch mit dem Festkörper, wurde bis zur Gleichgewichtseinstellung mittels eines Fl.-Scintillationszählers mit einer Lsg. von Diphenyloxazol u. Diphenylhexatrien in Toluol verfolgt. Die Meth. läßt sich nur auf ± 15% reproduzieren u. läßt sich daher nur zur Ermittlung des Dispersionsgrades der Sulfide auf den Trägermaterialien verwenden. Wolfgang Krüger. 176□

Abtrennung des Urans von Spaltprodukten unter Anwendung von Aluminiumoxid. N. Oi. (J. inorg. nuclear Chem. **23.** 123—31. Dez. 1961, herausgeg. März 1962. Kawasaki, Japan, Tokyo Shibaura Electric Co. Ltd., Central Res. Labor.; engl.) — UO_2 wurde mit insgesamt 10^{16} Neutronen/cm² bestrahlt u. nach 100 Tagen Abklingzeit in HNO_3 gelöst. Das aus der Lsg. erhaltene $UO_2(NO_3)_2$ mit verschiedenen Kristallwasser-Geh. wurde in nicht-wss. Lsgm. (Äthylformiat; Äthyl-, Isopropyl-, n-Butyl-, Isobutyl-, Isoamyl-, 2-Äthylhexylacetat; Methylisopropyl-, Methylisobutyl-, Methylamylketon) gelöst u. die Adsorption der Spalt-Prodd. (SP), bes. ^{89}Sr, ^{144}Ce-Pr, ^{106}Ru-Rh, ^{95}Zr-Nb, ^{91}Y, ^{137}Cs-Ba, an Al_2O_3 aus diesen Lsgg. untersucht, ebenso die Adsorption von speziellen Nucliden aus synthet. SP-Lösungen. Die Ergebnisse sind in zahlreichen Diagrammen u. Tabellen dargestellt. Alle Lsgm., die wenig W. lösen, sind für die Adsorption von SP an Al_2O_3 gut geeignet, bes. gut die Acetate. Mit steigendem Kristallwasser-Geh. des $UO_2(NO_3)_2$ wird die Adsorption der SP verzögert, bes. die von Ru verschlechtert. Freies HNO_3 verringert die Adsorption von Ru, Zr u. Th. Der Anteil des U an der Beladung des Al_2O_3 ist ohne Einfl. auf die Adsorption von Cs. U-Konzz. >0,2m verringern die Adsorption der SP beträchtlich. Cs u. Ru werden am wenigsten adsorbiert. Durch Zugabe von 10% Ton zum Al_2O_3 wird die Adsorption von Cs verbessert.
E. Schiewer. 176□

Sorption radioaktiver Isotope an Niederschlägen. 5. Mitt. **Sorption des Radiorutheniums am Quecksilber(II)-sulfid.** C. Konečný und D. M. Wágnerová. (Collect. czechoslov. chem. Commun. **26.** 1325—31. Mai 1961. Řež bei Prag, Tschechoslow. Akad. der Wiss., Inst. für Kernforsch.; dt.) — 3. vgl. C. **1962.** 1521. — Die Sorption von $RuNO^{3+}$ an durch Zers. von Na_2HgS_2 gebildetem HgS wird als Funktion des pH-Werts, des Komponentenverhältnisses im Rk.-Gemisch, der Temp. u. der Rk.-Dauer untersucht u. ein wahrscheinlicher Rk.-Mechanismus vorgeschlagen. Aus verd. HNO_3 bzw. H_2SO_4 wird die maximale Ru-Menge (ca. 99%) bei 20° u. pH 2—5 innerhalb 5 Min. sorbiert. Beim molaren Konz.-Verhältnis Hg:Ru < 500:1 werden derartige Ausbeuten erst nach 24 Std. erreicht. V. Růžička/Prag. 176

Kontinuierliche Elektrochromatographie an Ionenaustauschermembranen. S. R. Caplan. (J. electrochem. Soc. **108.** 577—85. Juni 1961. Teddington, Middlesex, Nat. Chem. Labor., Dep. of Sci. and Ind. Res.; engl.) — Auf Grund theoret. Überlegungen weist Vf. nach, daß die Verw. von Ionenaustauschermembranen beim Aufbau elektrochromatograph. Pakete die Trenn-Wrkg. verbessern kann. Denn durch die Membranen werden die zu trennenden Ionen in bezug auf die Strömung des Elektrolyten immobil, nicht jedoch in bezug auf den elektrophoret. Strom. An einem abwechselnd aus vertikalen Membranen (sulfoniertes PVC-Harz) u. gehärtetem Filterpapier bestehenden elektrochromatograph. Paket wurde die kontinuierliche Trennung von K, Na u. Li durchgeführt. Einige die Trenn-Wrkg. beeinflussende Faktoren werden diskutiert; z. B. sollte das Vol. der Papierzwischenphase u. damit das Gesamt-Vol. der Elutions-Fl. klein u. die Konz. der Lsg. an den zu trennenden Ionen gering sein. Über einige Verss. am Syst. Pr/Nd wird kurz berichtet. E. MOISAR. 177 □

Untersuchung von Rhodium(III)-Komplexen durch Papierelektrophorese und Ionenaustauschchromatographie. 3. Mitt. **Rhodium(III) in Perchlorsäure.** S. K. Shukla. (J. Chromatogr. [Amsterdam] **1.** 457—60. Sept. 1958. Paris, Inst. du Radium; engl.) — 2. vgl. C. **1961.** 3266; 4. vgl. C. **1962.** 778. — Durch Unterss. mit Hilfe der Papierelektrophorese u. der Ionenaustauschchromatographie an in 0,05—1,5m $HClO_4$-Lsgg. gelöstem $Rh(OH)_3$ (I) wurde gezeigt, daß I, aus $RhCl_5^{2-}$-Lsgg. gefällt, Chlorokomplexe enthält, die durch wiederholte Fällung oder durch Erhitzen mit $AgNO_3$ zersetzt werden können. P. SCHARNER. 177 □

A₆. Strukturforschung

Röntgenbeugung, Kristallstrukturanalyse und Rechenautomaten. G. A. Jeffrey und Martin Sax. (Analytic. Chem. **34.** 339R—343R. April 1962. Pittsburgh, Pa., Univ. of Pittsburgh, Cristallogr. Labor.; engl.) — Allg. Literaturüberblick über die Zeit von 1958—1961 im Anschluß an den vorangegangenen Bericht von FANKUCHEN (C. **1958.** **7683**). Im einzelnen werden behandelt: nichtkristalline oder teilweise kristalline Substanzen, Identifizierung von kristallinen Substanzen u. Best. von chem. u. physikal. Daten sowie Kristallstrukturanalyse u. Rechenautomaten. — 90 Literaturangaben. GERHARD SCHULZE. 181 □

Programm zur Verfeinerung von Kristallstrukturen mit elektronischen Rechenmaschinen. F. Roche und P. Mériel. (Bull. Soc. franç. Minéralog. Cristallogr. **82.** 273—76. Juli/Sept. 1959. Saclay, C.E.N.; franz.) — Vff. entwickeln ein Programm für elektron. Rechenmaschinen, mit dessen Hilfe die Atomlagen aus Pulverdiagrammen erhalten werden. HERBERT MÜLLER. 181 □

Die Polarisation der quasi-monochromatischen Bremsstrahlung von einem Einkristall. H. Überall. (Z. Naturforsch. **17a.** 332—34. April 1962. Ann Arbor, Mich., Univ. of Michigan, Harrison M. Randall Labor. of Phys.; dt.) — Vf. zeigt, daß die von DIAMBRINI aufgefundene quasi-monochromat. Bremsstrahlung, welche von energet. Elektronen bei der Durchquerung eines Einkristalls abgegeben wird, in hohem Grad linear polarisiert ist. G. M. NEUMANN. 181 □

Absolutierungsfehler in den experimentellen Streukurven für Schwefel. B. Dawson. (Acta crystallogr. [Copenhagen] **13.** 409—14. 10/5. 1960. Melbourne, C.S.I.R.O., Chem. Res. Labor., Div. of Chem. Phys.; engl.) — Die Annahme von MEGAW (C. **1959.** 5391), daß die Aufstellung experimenteller Streukurven ein Mittel zur Überprüfung der Gültigkeit der theoret. f-Kurven darstellt, erfordert die strenge Absolutierung der zur Ermittlung der Streukurven verwendeten experimentellen Daten. Vf. behandelt dieses Problem an Hand von zwei Kurven für S, die aus den Strukturanalysen von *Thiophthen* ($C_6H_4S_2$) u. *rhomb.* S_8 abgeleitet werden. In beiden Fällen wird festgestellt, daß die Skala der experimentellen Daten beträchtlich von der abs. Basis abweicht. Verschiedene Überlegungen sowie Vgl. mit der C-Kurve (beim Thiophthen) führen auf einen Absolutierungsfehler von ca. 25%. Nach Berücksichtigung dieser Korrektur u. Temp.-Abgleich mit B = 3,70 Å² bzw. 3,59 Å² (JAMES u. BRINDLEY) läßt sich im betrachteten Bereich von sin ϑ/λ befriedigende Übereinstimmung erzielen. Der Kleinwinkelbereich der experimentellen Kurven wird bes. im Hinblick auf die Vorstellungen von MEGAW erörtert, der Weitwinkelbereich entsprechend unter dem Gesichtspunkt, daß die Atomkoordinaten bei S_8 noch gewisse Fehler aufweisen können. G. RUBAN. 181 □

Hartree-Focksche Atomformfaktoren für die neutralen Atome der Eisenübergangsreihe. A. J. Freeman und R. E. Watson. (Acta crystallogr. [Copenhagen] **14.** 231—34. 10/3. 1961. Watertown, Ordnance Materials Res. Office, Materials Res. Labor.; Cambridge, Mass., MIT, Solid-State and Moleculare Theory Group; engl.) — Unter Verw. der von WATSON (vgl. C. **1961.** 8190) hergeleiteten HARTREE-FOCKschen Wellenfunktionen berechneten Vff. die Atomformfaktoren für die Zustände $3d^{n-2}4s^2$ der neutralen Atome von *Ti, V, Cr, Mn, Fe, Co, Ni, Cu* u. *Zn.* Die erhaltenen Faktoren sind tabellar. zusammengestellt. Außerdem sind für die gleichen Atome die 4s- u. 3d-Streufunktionen in Tabellenform angegeben. C. GOTTFRIED. 181

Über eine neue Präzisionskamera zur Herstellung von Röntgendiagrammen nach dem Debye-Scherrer-Verfahren. Horst Sperfeld. (Wiss. Z. Hochschule Schwermaschinenbau Magdeburg **5.** 85–90. März 1961; dt.) – Beschreibung einer bzgl. mechan. u. aufnahmetechn. Präzision verbesserten DEBYE-SCHERRER-Kamera zur Herst. von Röntgendiagrammen. W. WESLY. 181 □

Elektronenmikroskopie. M. C. Botty und A. M. Thomas. (Analytic. Chem. **34.** 127R–143R. April 1962. Stamford, Conn., American Cyanamid Co.; engl.) – Fortschrittsbericht auf dem Gebiet der Elektronenmikroskopie in den Jahren 1960 u. 1961 im Anschluß an den vorangegangenen Bericht (C. **1961.** 2202). Im einzelnen werden behandelt: Geräte, Meth., Sichtbarkeitsgrenzen, Anwendungen auf Polymere, natürliche u. synthet. Fasern, Metalle, Kristalle u. auf biolog. Probleme, ferner Elektronenbeugung u. Unterss. über Strahlungsvorgänge. – 218 Literaturangaben. GERHARD SCHULZE. 181 □

Berechnung der ionenoptischen Eigenschaften inhomogener magnetischer Sektorfelder. 3. Mitt. **Schräger Einfall und Austritt bei gekrümmten Grenzen.** H. A. Tasman, A. J. H. Boerboom und H. Wachsmuth. (Z. Naturforsch. **17a.** 363. April 1962; engl.) – Erratum zu C. **1960.** 6416. CH. WEISKE. 181 □

Die Walshsche Regel im Rahmen der MO-LCAO-Näherung. 1. Mitt. **AH_2-Moleküle.** H.-H. Schmidtke und H. Preuss. (Z. Naturforsch. **16a.** 790. Aug. 1961. München, MPI für Phys. u. Astrophys.; dt.) – Die Behandlung der Moll. vom Typ AH_2 der ersten Periode nach einer MO-LCAO-Meth. mit SLATER-Funktionen ermöglicht eine theoret. Herleitung der WALSHschen Regel (C. **1954.** 956) u. eine Kritik an der von WALSH zur Ableitung dieser Regel aufgestellten Postulate. Beim Übergang zu lokalisierten Mol.-Funktionen werden die WALSHschen Kurven (Einteilchenenergien als Funktion des Valenzwinkels) erhalten. Die Verw. von wasserstoffähnlichen Atomfunktionen führt dagegen nicht zum Ziel, da in ihnen die Elektronen-Wechselwrkg. durch Abschirmung der Kernladung des Zentralatoms zu wenig berücksichtigt wird. A. BLASCHETTE. 182 □

Die Walshsche Regel im Rahmen der MO-LCAO-Näherung. 2. Mitt. **AH_3-Moleküle.** H.-H. Schmidtke. (Z. Naturforsch. **17a.** 121–29. Febr. 1962. Cologny, Genf, Cyanamid European Res. Inst.; dt.) – 1. vgl. vorst. Referat. – Vf. untersucht, ob Form u. Verlauf der Einelektronenenergiekurven bei AH_3-Moll. durch einfache MO-LCAO-Rechnungen mit SLATER-Funktionen in ihrer Abhängigkeit von der Winkelung des Mol. in Übereinstimmung mit den WALSHschen Energiekurven u. den genaueren SCF-LCAO-Rechnungen richtig wiedergegeben werden. Es zeigt sich, daß die erhaltenen Kurven mehr den SCF-LCAO-Ergebnissen ähneln als den WALSHschen Energiekurven. Im allg. ist jedoch die Übereinstimmung mit der WALSHschen Regel gut. Im Falle von 7 Elektronen (CH_3, NH_3^+) ergibt sich allerdings in Übereinstimmung mit experimentellen Ergebnissen eine planare Struktur. Die Rechenergebnisse werden tabellar. mitgeteilt. G. M. NEUMANN. 182 □

Die Lokalenergie-Methode nach dem Verfahren der kleinsten Quadrate zur Berechnung von Molekülenergien unter Verwendung Gaußscher Quadraturpunkte. A. A. Frost, R. E. Kellogg, B. M. Gimarc und J. S. Scargle. (J. chem. Physics **35.** 827–31. Sept. 1961. Evanston, Ill., Northwestern Univ., Dep. of Chem.; engl.) – Vff. schlagen vor, bei der Lokalenergie-Meth. des RITZschen Variations-Verf. zur Berechnung von Mol.-Energien die in der Säkulargleichung auftretenden Integrale mit Hilfe GAUSSscher Quadraturpunkte (sowohl GAUSS-LEGENDREscher, als auch GAUSS-LAGUERREscher) zu berechnen. Das Verf. wird für H_2^+, He u. H_2 demonstriert u. ist wesentlich genauer als unter Verw. von Quadraturpunkten konst. Abstandes. Es erlaubt Bindungsenergien mit einer Genauigkeit von 0,001 Hartree pro Mol. zu berechnen. W. HABERDITZL. 182 □

Zur quantenmechanischen Behandlung unelastischer H_2–H-Stöße. Siegfried Grossmann. (Z. physik. Chem. [Frankfurt/M.] [N. F.] **29.** 83–94. Juli 1961. Berlin, FU, Inst. für Theor. Phys.; dt.) – Vgl. C. **1962.** 11476. – In dem l. c. diskutierten Potentialmodell wird der H_2–H-Stoß in der „distorted waves"-Näherung behandelt. Es erfolgt zunächst eine Begründung der Randbedingungen aus der zeitabhängigen Streutheorie. Geltungsbereich u. Güte verschiedener Näherungs-Meth. für die Partialwellengleichung bzw. die Wechselwrkg.-Integrale werden untersucht u. mit einem halbklass. Verf. verglichen. Es zeigt sich, daß die entwickelte einfache Näherungs-Meth. recht brauchbare Ergebnisse liefert. CLAUS FISCHER. 182 □

Elektronenzustände im C_4-Molekül. Enrico Clementi. (J. Amer. chem. Soc. **83.** 4501–05. 20/11. 1961. Chicago, Ill., Univ. of Chicago, Dep. of Phys., Labor. of Mol. Struct. and Spectra; engl.) – Im Rahmen einer vollständigen SCF-LCAO-MO-Behandlung des C_4-Mol. werden Wellengleichungen für den niedrigsten $^3\Sigma_g^-$- u. einen angeregten $^1\Sigma_g^+$-Zustand mitgeteilt. Die entsprechenden Elektronenkonfigurationen sind

$1\sigma_g^2\ 1\sigma_u^2\ 2\sigma_g^2\ 2\sigma_u^2\ 3\sigma_g^2\ 3\sigma_u^2\ 4\sigma_g^2\ 4\sigma_u^2\ 5\sigma_g^2\ 1\pi_u^4\ 1\pi_g^2$ u. $1\sigma_g^2\ 1\sigma_u^2\ 2\sigma_g^2\ 2\sigma_u^2\ 3\sigma_g^2\ 3\sigma_u^2\ 4\sigma_g^2\ 4\sigma_u^2\ 5\sigma_g^2\ 1\pi_u^4\ 5\sigma_u^2$. Der Kernabstand für die drei C—C-Bindungen wird zu 1,28 Å angenommen. Die erhaltenen Mol.-Orbitate werden schemat. dargestellt; die Energiedifferenz der beiden Zustände ergibt sich zu 33,0 eV. Für den $^1\Delta$ -, den $^1\Sigma_g^+$- u. einen zweiten angeregten $^1\Sigma_g^+$-Zustand werden zusätzlich LCAO-MO-Berechnungen durchgeführt u. die mit dem Übergang des Grundzustands in die einzelnen angeregten Zustände verbundenen Bindungsänderungen diskutiert. Für die beiden niedrigsten $^3\Pi$- u. $^1\Pi$-Zustände werden die Schwerpunkte abgeschätzt. Vf. schließt, daß $^3\Sigma_g^-$ der Grundzustand des Mol. C_4 ist (vgl. PITZER u. CLEMENTI, C. **1960.** 6066). A. BLASCHETTE. 182□

Die Bestimmung der intramolekularen Sn–Sn-Abstände in 1.4-Bis-[trimethylzinn]-butan mit Hilfe von Röntgenstrahlen. H. Mendel. (Acta crystallogr. [Copenhagen] **15.** 9—10. 10/1. 1962. Amsterdam, Koningl. Shell-Labor.; engl.) — Vf. bestimmt röntgenograph. die Ordnungszustände u. Abstände in fl. $(CH_3)_3Sn(CH_2)_4Sn(CH_3)_3$ als einem typ. Vertreter α,ω-substituierter KW-Stoffe. Die beobachtete Radialverteilung führt auf ein deutliches Maximum zwischen 5,3 u. 7,8 Å. Eine Gegenüberstellung der berechneten Sn—Sn-Abstände für 3 Konfigurationen [alle Atome in trans-Stellung (7,6 Å), C_4 u. das benachbarte Sn_{II} in cis-Stellung (5,9) bzw. C_3 u. C_4 in cis (7,0)] führt auf eine der beiden letzten Möglichkeiten (oder beide). G. RUBAN. 182□

Die Wasserstoffbindung. S. W. Hargreaves. (School Sci. Rev. **43.** 97—104. Nov. 1961. City of London School; engl.) — Vf. definiert die H-Bindung als eine schwache chem. Bindung, zu deren Überwindung 1—10 kcal/Mol erforderlich sind. Sie erfordert einen Acceptor u. einen Donator. Die Bindung kann „intermol." unter Ketten-, Ring- oder Netzwerk-Bldg. oder „intramol." (Chelat-Bldg.) auftreten. Am Beispiel von *H_2O* (Eis, Klathrat-Verbb. mit Cl_2, CH_4 u. Xe), *$CuSO_4 \cdot 5\,H_2O$, H_2F_2, HCN, CH_3OH, C_2H_5OH, HCOOH, o-* u. *p-Nitrophenol, Oxalsäure, Proteinen, Nucleinsäuren, Cellulose* u. der Muskelkontraktion wird der Einfl. der H-Bindung auf die Eigg. u. Wirkungsweisen anorgan. u. organ. Verbb. demonstriert. D. HOENE. 182□

Diskrete Stellen in Flüssigkeiten. G. Wilse Robinson. (Molecular Physics **3.** 301—03. Mai 1960. Pasadena, Calif., California Inst. of Technol., Gates and Crellin Labor. of Chem.; engl.) — Die Form der *Hg*-2537-Å-Linie in *Ar* bei hoher Dichte (3000 bis 6000 kg/cm²; vgl. ROBIN, BERGEON, GALATRY u. VODAR, C. **1962.** 5182) sowie in festem Ar (MCCARTY u. ROBINSON, Molecular Physics **2.** [1959.] 415) wird diskutiert auf der Grundlage von Cluster-Bldg. in dichtem fl. Ar. Das in fl. Ar auftretende Dublett zeigt eine Abhängigkeit des Intensitätsverhältnisses der Komponenten von der Dichte. In festem Ar tritt ein enges Triplett auf, dessen Mitte mit der kurzwelligen Komponente des Dubletts der Fl. zusammenfällt. Die Blauverschiebung dieser Linien gegenüber der Linie des freien Hg-Atoms beträgt 1200 cm^{-1}. Der Befund wird durch Bldg. von Ar-Clustern in dichtem fl. Ar erklärt, in denen etwa gleiche Dichte wie in festem Ar herrscht. Die 2 Linien im Spektrum der Fl. werden durch 2 verschiedene Umgebungen der Hg-Atome gedeutet. Die Abhängigkeit des Intensitätsverhältnisses u. in ähnlicher Weise die Blauverschiebung, beruhen auf der Abhängigkeit der Clustergröße u. -dichte von der Dichte. Ein Vers. mit Hg in fl. *Neopentan*, bei dem ebenfalls ein Dublett beobachtet wurde, in diesem Falle mit geringerer Blauverschiebung, zeigte auch in diesem Falle diskrete Stellen in der Fl. an. G. WINKHAUS. 186□

Über die Beziehung zwischen der Kristallisationsgeschwindigkeit und der Flüssigkeitsstruktur. David Turnbull. (J. physic. Chem. **66.** 609—13. April 1962. Schenectady, N.Y., General Electric Res. Labor.; engl.) — Viele Fll. zeigen im reinen Zustand einen erheblichen Widerstand gegen eine Kristallkeim-Bldg., selbst, wenn die Kristallisationsfront, sobald sie einmal gebildet ist, schnell fortschreitet. Vf. diskutiert dieses Verh. an Hand verschiedener Fl.-Modelle im Hinblick auf ihre Anwendbarkeit. Ferner werden die Bedingungen für die Glas-Bldg., die innere Stabilität überhitzter Kristalle sowie die Beziehung zwischen der Wachstums-Geschw. u. der Viscosität für verschiedene Fl.-Typen untersucht. G. M. NEUMANN. 186□

Lichtbogen–Spiegel-Ofen zur Züchtung von Einkristallen. Robert E. De La Rue und Frank A. Halden. (Rev. sci. Instruments **31.** 35—38. Jan. 1960. Menlo Park, Calif., Stanford Res. Inst.; engl.) — Zur Darst. von Einkristallen hochtemperaturbeständiger Verbb. wurde ein Kohlelichtbogen-Hohlspiegelofen entwickelt, der eine scharf begrenzte heiße Zone gibt. Skizze der App. u. detaillierte Arbeitsrichtlinien. W. SOBIESKI. 190□

Röntgenanalyse des parallelen Wachstums und der Fehlordnung in Siliciumcarbidkristallen. J. W. Jeffery und T. S. Murty. (Nature [London] **193.** 1172—73. 24/3. 1962. London, Univ., Birkbeck Coll., Royal Holloway Coll.; engl.) — Vff. berichten über Wachstums-Unterss. an SiC-Kristallen, die mit der Bldg. von Polytypen in Zusammenhang stehen. Das Wachstum an den (0 0 0 1)-Flächen verlief zunächst über ein paralleles Wachsen von Zellen des 6 H- u. 15 R-Typs mit Stapelfehlern in den beiden Strukturtypen. Bei fortschreitendem Wachstum traten die Stapelfehler nur noch im 6 H-Typ auf. G. M. Neumann. 190□

Spannungsrekristallisation von Graphit. L. C. F. Blackman und A. R. Ubbelohde. (Proc. Roy. Soc. [London], Ser. A **266.** 20—32. 27/2. 1962. London, Imp. Coll., Dep. of Chem. Engng. and Chem. Technol.; engl.) — Vff. berichten über Vers.-Bedingungen, bei denen Graphitproben, die durch Pyrolyse von CH_4 erhalten wurden, große Spannungsenergien aufnehmen. Verschiedene Meth. der Spannungsrelaxation wurden untersucht, um durch Rekristallisation unter geeigneter Spannung Graphitkristalle höchster Ordnung zu erhalten. Die Beobachtungen zeigen, daß eine derartige Rekristallisation ein kooperativer Vorgang ist, den Vff. als „Spannungsrekristallisation" bezeichnen. Die Rekristallisation verläuft bei 2700° äußerst schnell u. neigt dazu, unkontrollierbar abzulaufen. G. M. Neumann. 190□

Keimbildung und Wachstum von Quecksilberkristallen bei schwacher Übersättigung. G. W. Sears. (J. chem. Physics **33.** 563—67. Aug. 1960. Schenectady, N.Y., Gen. Electric Res. Labor.; engl.) — Hg-Kristalle können an einer kalten Glasfläche bei geringerer Übersättigung, als bisher angenommen, abgeschieden werden. Der Einfl. der umgebenden Temp. auf den Wachstumsprozeß wird beschrieben. Einfl. von Fremdgasen auf das Wachstum konnte nicht festgestellt werden. E. Schulte. 190□

Auflösungskinetik von Versetzungs-Ätzfiguren an Einkristallen von Lithiumfluorid. M. B. Ives und J. P. Hirth. (J. chem. Physics **33.** 517—25. Aug. 1960. Pittsburgh, Pa., Carnegie Inst. of Technol., Metals Res. Labor.; engl.) — Die Kinetik der Auflsg. von Versetzungs-Ätzfiguren auf LiF in verd. wss. FeF_3-Lsgg. wurde an geätzten Oberflächen interferometr. untersucht. Die Ergebnisse stimmen mit der mechanist. Theorie, die eine Dissoziation des LiF von momomol. Stufen auf die dichtgepackten Oberflächen u. darauffolgender Diffusion in die Lsg. fordert, überein, wenn eine zeitabhängige Adsorption von FeF_3-„Gift" auf den zurückweichenden monomol. Stufen angenommen wird. E. Schulte. 190□

Sauerstoffreiche feste Manganferritlösungen. A. Bragiński. (Bull. Acad. polon. Sci., Sér. Sci. techn. **8.** 533—36. 1960. Warsaw, „Polfer", Res. Labor. for Magnet. Materials u. Pol. Acad. of Sci., Inst. of Basic Technic. Problems, Dep. of Electronics; engl.) — Untersucht wird das Syst. $Mn_xFe_{3-x}O_{4-\gamma}$ im Bereich $0,87 \leqq x < 1,14$ mit $0 < \gamma < 0,005$ (allerdings wird als größtmöglicher O_2-Überschuß γ_{max} +0,35 kalkuliert). Die Proben wurden durch Luftoxydation (8 h, 300—600°) der Oberfläche des Mn(II)–Fe(III)-Spinells dargestellt. Vorgeschlagen wird für die Verbb. ein dem γ-Fe_2O_3 analoges Defektgitter mit Oktaederleerstellen u. O_2-Überschuß; für $x \geqq 1$: $Mn^{2+}_{\lambda'} \cdot Fe^{3+}_{\lambda} [Fe^{3+}_{\mu} Mn^{3+}_{\mu'} \square_{\vartheta}]O_4$ mit $\square$ = Oktaederleerstelle, $\lambda' + \lambda = 1$ u. $\mu + \mu' + \vartheta = 2$. In Abhängigkeit von der Darst.-Temp. werden untersucht: γ, Sättigungsmagnetisierung u. Curie-Punkte. Für Proben, die bei ca. 520° dargestellt wurden, liegt der Curie-Punkt über 400°. K. Jaeger. 190□

Einfluß von K^+-Ionen auf die Eigenschaften der Mn–Zn-Ferrite. S. Makolągwa. (Bull. Acad. polon. Sci., Sér. Sci. techn. **8.** 543—45. 1960. Warsaw, „Polfer", Res. Labor. for Magnet. Materials; engl.) — Gemische der Zus. Fe_2O_3 (53 Mol-%)–MnO (29,4)–ZnO (17,6) werden unter Zusatz von KCl (0,01—3 Mol-%) gesintert. Die entstehenden Mn–Zn-Ferrite zeigen größere Neigung zu Redox-Rkk. als die ohne KCl-Zusazt hergestellten Proben. Dies wird erklärt durch zusätzliche Gitterfehlstellen, die durch Verdampfung des eingesetzten KCl (70% u. mehr) entstehen. Es liegt also eine Redox-Rkk. erleichternde Defektstruktur vor. K. Jaeger. 190□

Schmelzen und Polymorphie von Indiumantimonid bei hohen Drücken. A. Jayaraman, R. C. Newton und G. C. Kennedy. (Nature [London] **191.** 1288—90. 23/9. 1961. Los Angeles, Calif., Univ. of California, Inst. of Geophys.; engl.) — Vff. bestimmten erneut die Schmelzkurve von polykristallinem, pulverförmigem InSb im Bereich von 0 bis ca. 550° u. bei Drücken von 0—50 kbar. Der F. sinkt bis zu 19,4 kbar u. steigt dann bei weiterer Druckerhöhung an. Die latente Wärme für den anfänglichen Verlauf der Kurve beträgt 49,0 cal/g in guter Übereinstimmung mit dem experimentell bestimmten Wert von 47,2 cal/g. Bei Temp. <335° erfolgt bei Druckerhöhung Umwandlung der normalen Form I in die Hochdruckform II unter starker Vol.-Änderung. Die Phasengrenze zwischen beiden Formen schneidet die Schmelzkurve bei 335° u. 19,4 kbar. Vff. nehmen an, daß die Umwandlung I → II der $\alpha \rightarrow \beta$-Umwandlung bei Sn mit gleichzeitigem Übergang von Halbleitung zur metall. Leitung entspricht: I hat Zinkblendestruktur (α-Sn Diamantstruktur), II wie β-Sn ein tetragonal raumzentriertes Gitter. P. Frenzel. 190□

Beiträge zur Trennung der Seltenen Erden. 8. Mitt. **Röntgenographische Untersuchungen am System Lanthanoxid–Ytterbiumoxid.** Leopold Wolf und Heinz Schwab. (J. prakt. Chem. [4] **13 (285)**. 337–44. Aug. 1961. Leipzig, Karl-Marx-Univ., Inst. für anorg. Chem.; dt.) — 7. vgl. C. **1959**. 4729. — La_2O_3 u. Yb_2O_3 bilden trotz der verhältnismäßig großen Differenz ihrer Gitter-Konst. Mischkristalle. Vff. untersuchten näher die Mischkristall-Bldg. für die Yb_2O_3-reiche Seite des Systems. Danach haben die Mischkristalle Yb_2O_3-Struktur ($D\,5_3$-Typ). Die Gitter-Konst. u. Phasengrenze, die bei höheren Temp. nach niederen La_2O_3-Geh. verschoben wird, wurden ermittelt. Für die äquimol. Zus. im Syst. La_2O_3–Yb_2O_3 konnte unter den angewandten Vers.-Bedingungen eine Perowskit- oder perowskitähnliche Struktur nicht quant. erhalten werden. Es wird jedoch gezeigt, daß in den untersuchten Oxidproben neben den Phasen A u. C auch die Phase P vorhanden ist, u. zwar mit zunehmender Glüh-Temp. u. -dauer in steigendem Maße. G. TALSKY. 190□

Selbstdiffusion von Sauerstoff in ein- und polykristallinem Aluminiumoxid. Y. Oishi und W. D. Kingery. (J. chem. Physics **33**. 480–86. Aug. 1960. Cambridge, Mass., MIT, Dep. of Metallurgy, Ceramics Div.; engl.) — Vff. bestimmen den Selbstdiffusions-Koeff. von O in Al_2O_3 als Funktion der Temp. in Einkristallen u. polykrist. Proben bei Temp. bis 1780°. Die Austausch-Geschw. zwischen Gasphase u. festen Teilchen wird mit Hilfe von ^{18}O gemessen. In Al_2O_3-Einkristallen tritt im höheren Temp.-Bereich innere Diffusion auf: $D = 1{,}9 \cdot 10^3 \cdot \exp(-152000/RT)$. Unterhalb 1600° wurden je nach Geh. an Verunreinigungen oder vorausgegangener Wärmebehandlung unterschiedliche Ergebnisse erhalten. Eine Vers.-Reihe ließ sich auswerten nach $D = 6{,}3 \cdot 10^{-8} \cdot \exp(-57000/RT)$. Bei polykristallinen Proben ist der Diffusions-Koeff. für O um ca. 2 Größenordnungen höher als bei Einkristallen, u. er besitzt eine etwas kleinere Aktivierungsenergie. Auch bei den polykristallinen Proben wurden bei tieferen Temp. unterschiedliche Ergebnisse erhalten. G. RUBAN. 190□

Selbstdiffusion von Natriumionen in Analcit und wasserfreiem Analcit. D. Barlow und I. R. Beattie. (Trans. Faraday Soc. **58**. 138–44. Jan. 1962. London, King's Coll., Dep. of Chem.; engl.) — Die Anwendung von verschiedenen Gleichungen zur Beschreibung der Selbstdiffusion in einem Feststoff in Berührung mit einer gut gerührten Lsg. wird diskutiert. Die Koeff. der Selbstdiffusion von $^{22}Na^+$ in Analcit wurden unter verschiedenen experimentellen Bedingungen gemessen; dabei wird gezeigt, daß bei niedrigen Konzz. ein anomal kleiner Selbstdiffusions-Koeff. auftritt. Die Selbstdiffusion von $^{22}Na^+$ in wasserfreiem Analcit zeigt eine viel kleinere Aktivierungsenergie, als sie durch konduktometr. Messungen gefunden wurde. HANSJOACHIM THIELE. 190□

Hochtemperaturphasenumwandlung in Berylliumoxid. T. W. Baker und P. J. Baldock. (Nature [London] **193**. 1172. 24/3. 1962. Harwell, Berks., A.E.R.E., Metallurgy Div.; engl.) — Vff. untersuchten mit einem Hochtemp.-Röntgendiffraktometer die von AUSTERMAN vorhergesagte Phasenumwandlung in BeO. Es wurde ein Übergang in eine kub. Phase beim Erhitzen auf 2080 ± 50° beobachtet, der beim Abkühlen bei 1980 ± 50° reversibel in die hexagonale BeO-Struktur zurückverlief. Die interplanaren Abstände der neuen Phase im untersuchten Bereich von 35–140° für $2\,\Theta$, aufgenommen mit Cu-K_α-Strahlung, werden mitgeteilt. G. M. NEUMANN. 195□

Pulverdiagramme einiger Cadmiumphosphate. R. C. Ropp, R. W. Mooney und C. W. W. Hoffman. (Analytic. Chem. **33**. 1687–89. Nov. 1961. Towanda, Pa., Sylvania Electric Prod., Inc., Chem. and Metallurg. Div.; engl.) — Vff. nahmen die Pulverdiagramme von $Cd_5H_2(PO_4)_4(H_2O)_4$, $(CdHPO_4)_3 \cdot 3\,NH_3 \cdot 3\,H_2O$, $(CdHPO_4)_3 \cdot 4\,NH_3 \cdot 2\,H_2O$, $Cd(H_2PO_4)_2 \cdot 2\,H_2O$, $Cd(H_2PO_4)_2$, $Cd_3(PO_4)_2 \cdot Cd_2P_2O_7$, $Cd_2P_2O_7$, $(CdHPO_4)_3 \cdot NH_3$, $Cd_3(PO_4)_2$, $Cd_5(OH)(PO_4)_3$ auf. Außerdem wurden durch therm. Zers. von $Cd(H_2PO_4)_2 \cdot 2\,H_2O$ drei kondensierte Phosphate erhalten, deren Aufbau jedoch nicht bestimmt werden konnte. J. KRAETSCH. 195□

Kristallographische Untersuchungen zur Biuretreaktion. 1. Mitt. **Kalium-bis-[biuretato]-cuprat(II)-tetrahydrat, $K_2[Cu(NHCONHCONH)_2] \cdot 4\,H_2O$.** H. C. Freeman, J. E. W. L. Smith und J. C. Taylor. (Acta crystallogr. [Copenhagen] **14**. 407–18. 10/4. 1961. Pasadena, Calif., California Inst. of Technol., Gates and Crellin Labor.; Sydney, Australia, Univ. of Sydney, School of Chem.; engl.) — Von $K_2[Cu(NHCONH \cdot CONH)_2] \cdot 4\,H_2O$ (I) werden Drehkristall- u. WEISSENBERG-Aufnahmen gemacht. Danach ist I monoklin. prismat. mit der Raumgruppe C_{2h}^5 — $P\,2_1/n$: $a = 3{,}843 \pm 0{,}004$, $b = 13{,}321 \pm 0{,}008$, $c = 13{,}916 \pm 0{,}008$ Å, $\beta = 94^0\,5' \pm 15'$; $Z = 2$; $D_{\text{röntg.}} = 1{,}761\ \text{g} \cdot \text{cm}^{-3}$. Das Gitter ist aufgebaut aus H_2O-Moll., K^+- u. $[Cu(NHCONHCONH)_2]^{2-}$-Ionen. $[Cu(NH_2CONHCONH_2)_2]^{2+}$-Ionen in Verbindung mit OH^--Ionen als Gitterbausteine konnten ausdrücklich ausgeschlossen werden. Das Cu-Atom wird quadrat. von 4 Amidostickstoffatomen der beiden Biuretreste umgeben, 2 weitere, entferntere Amidostickstoffe benachbarter Komplexe ergänzen die Koordination zu einem verzerrten Oktaeder. Atomabstände u. Bindungswinkel werden angegeben. WALTER FRANKE. 195□

Topographie oxydierter Graphitkristalle. E. E. Glenda Hughes und John M. Thomas. (Nature [London] **193**. 838—40. 3/3. 1962. Bangor, Univ. Coll. of North Wales, Dep. of Chem.; engl.) — Vff. untersuchten die Oxydation von durch Auskochen mit HCl u. HF u. Entgasen bei 2750° in Ar-Atmosphäre gereinigtem Ticonderoga-Graphit (I) unter besonderer Berücksichtigung der Entstehungsbedingungen u. des Verh. von hexagonalen Vertiefungen. Bei Temp. oberhalb 700° werden die C-Atome sowohl in der Grundfläche als auch an der Peripherie durch O_2 angegriffen. Bei der Oxydation entstehen konzentr., hexagonale Vertiefungen, die mit 2 Seiten parallel zu den Zwillingsbändern verlaufen. Diese hexagonalen Vertiefungen gleichen in ihrer Art, nicht aber in ihrer Orientierung, den von HENNIG [1959] bei der Behandlung von Graphit mit Cl_2 u. N_2 bei 3000° beobachteten u. entstehen immer bei der Oxydation mit O_2 im Temp.-Bereich von 700—900°. Nach verlängerter Oxydation bei 830° (von 2 auf 8 Std.) vertiefen sie sich u. neigen zum Verschmelzen. Außer der Bldg. der Vertiefungen werden durch die O_2-Einw. offenbar auch Oberflächenunregelmäßigkeiten beseitigt. CO_2-Einw. bei 800—900° sowie H_2-Einw. bei 900—1000° scheinen die Oberfläche von I nicht zu verändern. Wird I jedoch vor der Oxydation mit O_2 bei 850° 2 Std. lang der Einw. von H_2 bei 1000° ausgesetzt, können 2 Effekte beobachtet werden: 1. die verminderte Fähigkeit des O_2, hexagonale Vertiefungen hervorzurufen, u. 2. eine Orientierung einer beträchtlichen Anzahl der Vertiefungen senkrecht zu den Zwillingsbändern. Die Entstehung der Vertiefungen wird vermutlich durch Schraubenversetzungen hervorgerufen. P. SCHARNER. 196□

Wechselwirkungen zwischen Ammoniak und Graphitoxid. W. H. Slabaugh und B. C. Seiler. (J. physic. Chem. **66**. 396—401. März 1962. Corvallis, Oreg., Oregon State Univ., Dep. of Chem.; engl.) — Die Struktur des Graphitoxids u. der Mechanismus der Adsorption von NH_3 an demselben wurden durch Ermittlung der Adsorptionsisothermen u. -isobaren sowie durch Messung der Absorption im IR u. Röntgeninterferenzaufnahmen untersucht. An Hand des stufenweise erfolgenden Adsorptionsprozesses ist ersichtlich, daß das Graphitoxid aus laminaren Plättchen besteht, die mit Enol- u. Ketogruppen besetzt sind. Zuerst werden wahrscheinlich die infolge der funktionellen Gruppen vorhandenen Vertiefungen der Oberfläche mit NH_3-Moll. besetzt, anschließend werden monomol. Schichten gebildet, die eine der Größe der NH_3-Moll. proportionale Abstandsvergrößerung der Plättchen bewirken. Der Adsorptionsvorgang beruht auf Kondens.-Vorgängen, chem. Wechselwrkg. mit aziden Plätzen u. physikal. Adsorption. Die an Li-, Na-, K- u. Rb-Salzen des Graphitoxids ausgeführten Unterss. ergaben ähnliche Resultate. Die Herst. des Graphitoxids erfolgte nach einer von BRODIE [1859] angegebenen sowie nach einer modifizierten BRODIE-Meth. von MAIRE (C. **1952**. 819). Das Verhältnis C:O betrug (1,43—1,76):1. WOLFGANG KRÜGER. 196□

Bildung von Bleitelluridfilmen durch Dampfplattierung. E. H. Cornish. (J. appl. Chem. **11**. 41—44. Febr. 1961. Harlow, Essex, Standard Telecomm. Labor. Ltd.; engl.) — Die Wechselwrkg. von *$Pb(C_2H_5)_4$*-Dampf u. gasförmigem *H_2Te* wurden untersucht u. die Bedingungen zur Darst. von PbTe-Spiegeln aufgefunden. Dabei nimmt Vf. folgenden Rk.-Ablauf an: $Pb(C_2H_5)_4 \rightleftharpoons Pb + 4\,C_2H_5$ (bei hohen Temp.), $H_2Te \rightleftharpoons Te + 2\,H$, $Pb(C_2H_5)_4 + Te \rightleftharpoons PbTe + 4\,C_2H_5$ u. $2\,C_2H_5 + Te \rightleftharpoons Te(C_2H_5)_2$. Die Filme entstehen also nicht durch Kombination der Elemente (aus dem therm. Zerfall der Dämpfe), sondern durch direkt auf der Trägerschicht stattfindende Rk. der Dämpfe. Außerdem beschreibt Vf. eine Reihe von Bedingungen, unter denen Pb- u. Te-Spiegel aus Dämpfen auf Glimmerunterlage hergestellt werden können. W. SOBIESKI. 196□

Thermische Ausdehnung von tetragonalem Zinn. V. T. Deshpande und D. B. Sirdeshmukh. (Acta crystallogr. [Copenhagen] **14**. 355—56. 10/4. 1961. Hyderabad, Osmania Univ., Coll. of Sci., Dep. of Phys.; engl.) — Genaue Messungen der Gitter-Konst. von tetragonalem Zinn wurden bei verschiedenen Temp. bis zu 151° durchgeführt u. daraus die beiden therm. Hauptausdehnungs-Koeff. berechnet. Die Werte sind: $a\,(25^0) = 5{,}8318 \pm 0{,}0003$, $c = 3{,}1819 \pm 0{,}0003$ Å, $\alpha_\perp = 14{,}64 \cdot 10^{-6} + 6{,}00 \cdot 10^{-8}\,T - 0{,}576 \cdot 10^{-10}\,T^2$, $\alpha_\parallel = 28{,}14 \cdot 10^{-6} + 9{,}36 \cdot 10^{-8}\,T + 0{,}029 \cdot 10^{-10}\,T^2$. Die Gitter-Konst. stimmen mit den Literaturwerten gut überein, jedoch wurde hier eine stärkere Temp.-Abhängigkeit der Ausdehnungs-Koeff. gefunden. Die GRÜNEISENsche Konst. wurde für verschiedene Temp. berechnet. Sie nimmt mit der Temp. einen gleichsinnigen Verlauf. HEINZ HESS. 197□

Gitterparameter und thermischer Ausdehnungskoeffizient von Vanadin. William J. James und M. E. Straumanis. (Z. physik. Chem. [Frankfurt/M.] [N. F.] **29**.

134—42. Juli 1961. Rolla, Mo., Univ. of Missouri, School of Mines and Metallurg., Dep. of Chem. and Metallurg. Engng.; engl.) — Es wurden die Gitterparameter von V (Reinheit 99,972 bzw. 99,87%) mittels der asymm. Meth. im Temp.-Bereich 10—60° unter Anwendung von ungefilterter Cu-Strahlung ($\lambda K_{\alpha_1} = 1{,}537395$ kX) bestimmt, wobei bei 25° die Werte 3,0240 ±0,0001 (für Späne) u. $3{,}0318_3 \pm 0{,}0000_5$ Å (für Draht) erhalten wurden. Der wahrscheinlichste Wert für reinstes V ist $a_{25} = 3{,}0240 \pm 0{,}0003$ Å. Der berechnete engste Abstand von Atom zu Atom für die erste Probe beträgt 2,6189 Å. Die therm. Ausdehnungs-Koeff. betragen $8{,}96 \cdot 10^{-6}$ bzw. $11{,}57 \cdot 10^{-6}$/Grad. Die berechnete Röntgendichte bei 25° für die erste Probe beträgt 6,117 ±0,0002 g/cm³. Die Gitterparameter erhöhen sich mit steigendem Geh. an O_2 u. N_2, der Einfl. von C u. H_2 ist noch nicht bekannt. Claus Fischer. 197□

Phasenübergang in Alpha-Uran bei tiefen Temperaturen. E. S. Fisher und H. J. McSkimin. (Physic. Rev. [2] **124.** 67—70. 1/10. 1961. Argonne, Ill., Argonne Nat. Labor.; Murray Hill, N.J., Bell Telephone Labor.; engl.) — Durch Messung der Elastizitätsmoduln von U-Einkristallen nach der Ultraschallimpuls-Meth. wurde bei 42 ± 1° K ein Phasenübergang in α-U festgestellt, womit Anomalien in der therm. Ausdehnung, dem Hall-Koeff., der elektr. Leitfähigkeit u. der thermoelektr. Kraft eng verbunden sind. Bei diesem Phasenübergang zeigen die Elastizitätsmoduln C_{11}, C_{22}, C_{33}, C_{44}, C_{55} u. C_{66} einen charakterist. Verlauf. Diskussion des Umwandlungsmechanismus. W. Sobieski. 197□

Elektronenmikroskopische Beobachtungen der Struktur von elektrolytisch abgeschiedenem Nickel. R. Weil und H. C. Cook. (J. electrochem. Soc. **109.** 295—301. April 1962. Hoboken, N.J., Stevens Inst. of Technol., Dep. of Metallurgy; engl.) — Vgl. C. **1960.** 12925. — Vff. untersuchen elektronenmkr. an Abdrücken, dünnen Filmen u. elektrolyt. abgetragenem kompaktem Metall die Struktur von Ni-Ndd. aus dem Watts-Bad mit verschiedenen Zusätzen [Cumarin (**I**), Thioharnstoff (**II**), Anilin (**III**), Naphthalin-1.5-disulfonsäure + Chloralhydrat). Beugungsaufnahmen an ausgewählten Flächen erweisen sich als die beste Meth. zur Messung der Korngrenzen u. zur Unterscheidung von „Kolonien" (d. h. einer Reihe von Körnern, die von einem relativ tiefen Spalt umgeben sind, bei Verw. von **II**- u. **III**-haltigen Lsgg.) u. Körnern sowie zwischen Mikrospannungsbereichen u. Mikrokristallen. Leichte, zum Teil regellose „Zeichnungen" (aus **I**-haltigen Lsgg.) werden auf Bereiche zurückgeführt, in denen Fremdstoffe in das Gitter eingebaut wurden. P. Frenzel. 197□

Stabile Atomkonfigurationen für einen Zwischengitterplatz in Kupfer. Karl H. Bennemann. (Physic. Rev. [2] **124.** 669—70. 1/11. 1961. Urbana, Ill., Univ., Phys. Dep.; engl.) — Vf. untersucht die Stabilität verschiedener Atomkonfigurationen für Zwischengitterplätze in einem kub.-flächenzentrierten Gitter (Cu), wobei für die Wechselwrkg. zwischen den Gitterionen Born-Mayer- u. Morse-Potentiale angesetzt u. zwei Gleichgewichtskonfigurationen gefunden werden. Vf. berechnet die Bldg.-Energien u. die Vol.-Änderungen des Kristalls infolge der Bldg. von Zwischengitterplätzen für beide stabile Lagen u. findet, daß das Schwarmion u. der „raumzentrierte" Zwischengitterplatz instabil sind. W. Sobieski. 197□

Über intermetallische Verbindungen. Gustav E. R. Schulze. (Forsch. u. Fortschr. **35.** 262—64. Sept. 1961. Dresden; dt.) — Übersicht über die intermetall. Verbb., Einteilungsprinzipien u. die Bedeutung kristallphysikal. Gesetzmäßigkeiten für das Verständnis derselben. H. Moenke. 197□

Zustandsdiagramm Zinn–Antimon. Anonym. (Zinn u. seine Verwend. **1961.** Nr. 51. 7—8; dt.) — Ein neu aufgestelltes Sn–Sb-Zustandsdiagramm stimmt mit dem von Ellwood aufgestellten überein mit Ausnahme der Kurven für die feste Löslichkeit von Sn in Sb. Im Sn–Sb-Syst. gibt es nur eine intermediäre Phase, die mit der Verb. SbSn zusammenhängt u. einen weiten Homogenitätsbereich besitzt. Die Ggw. anderer Phasen, wie z. B. Sn_2Sb, Sn_3Sb_4 oder Sn_4Sb_3 u. Sn_3Sb_2, wurde nicht bestätigt. Die feste Löslichkeit von Sn in Sb wurde zu 6,6% bei 225° u. 0,75% bei Raum-Temp. gefunden. Die kristallograph. Daten der α-, β- u. γ-Phasen werden mitgeteilt. Sb dient zum Härten von Sn, jedoch haben geringe Mengen keinen Einfluß. Verw.-Zwecke von Sn–Sb-Legg. werden mitgeteilt. H. Hochstein. 197□

Messung der Diffusionsgeschwindigkeit von Wasserstoff in Gold. Walter Eichenauer und Dagmar Liebscher. (Z. Naturforsch. **17a.** 356. April 1962. Darmstadt, TH, Eduard-Zintl-Inst.; dt.) — Die Unterss. der Vff. zeigen, daß im Gegensatz zu den Ansichten anderer Autoren, H in Au lösl. ist. Die beobachtete H_2-Aufnahme liegt bei 700° bei $4 \cdot 10^{-6}$ u. bei 900° bei $8 \cdot 10^{-6}$ Mol H_2 pro Grammatom Au bei einem Beladungsdruck von 1 atm. Zur Best. des Diffusions-Koeff. wurde die H_2-Abgabe von Au-Kugeln in Abhängigkeit von der Zeit gemessen; zwischen 500 u. 940° gilt $D = 5{,}60 \cdot 10^{-4}$ exp·

(— 5640/RT) cm²/s. Bei den Metallen der ersten Nebengruppe verringert sich demnach mit steigender Ordnungszahl die Aktivierungsenergie der H-Diffusion (9200 cal für Cu, 7500 cal für Ag). G. M. NEUMANN. 197□

Die Oxydation von Eisen-Nickel-Legierungen. 5. Mitt. **Einfluß von H_2O im oxydierenden Gas.** R. T. Foley. (J. electrochem. Soc. **109.** 278—84. April 1962. Schenectady, N.Y., Gen. Electr. Co., Gen. Engng. Labor.; engl.) — 4. vgl. C. **1962.** 10008. — Vf. untersucht thermogravimetr. u. mit Hilfe von Elektronenbeugungsaufnahmen die Oxydation von Fe–Ni-Legg. mit 30, 41 u. 78% Ni (**A**, **B** bzw. **C**) im Temp.-Bereich von 600—1000° in H_2O-haltiger O_2/N_2-Atmosphäre [Partialdruck p(H_2O) 0,32; 5,81 u. 26,3 Torr]. In Ggw. von W. nimmt die Oxydations-Geschw. (OG) zu (bis auf das 13fache für **A** bei 1000°). Bei höheren Temp. u. p(H_2O) verlagert sich der geschwindigkeitsbestimmende Diffusionsvorgang aus der ersten in die zweite Hälfte der 60 Min.-Reaktion. Die an **A** u. **B** in der zweiten Phase beobachteten OG sind höher, die an **C** ist niedriger. Im Bereich von 600—1000° sind die ARRHENIUS-Kurven nicht linear. Unterhalb 800° erhält man eine scheinbare Aktivierungsenergie von 30—40, oberhalb 800° einen Wert von ca. 60 kcal. Auf **A** bzw. **B** entsteht ein $Ni_xFe_{(3-x)}O_4$-Spinell mit erhöhtem Gitterparameter von α_0 = 8,60 bzw. 8,58 Å. Die Struktur des Oxidfilms auf **C** scheint unbeeinflußt zu bleiben. Vf. erklärt den H_2O-Einfl. durch Änderung der physikal. Eigg. des Oxidfilms, wobei H_2O die Ionenwanderung an der Oberfläche des Metalls hemmt u. Festkörper-Rkk. begünstigt. P. FRENZEL. 197□

Mechanismus der Spannungsrißkorrosion von korrosionsbeständigen Stählen. R. Stickler und S. Barnartt. (J. electrochem. Soc. **109.** 343—44. April 1962. Pittsburgh, Pa., Westinghouse Electr. Corp., Res. Labor.; engl.) — Vff. erörtern die FORTYsche Theorie des gehemmten Gleitens für die Spannungsrißkorrosion (SK) u. untersuchen das Verh. u. Versetzungsdiagramme von gereinigten, vakuumgeschmolzenen 16 Cr–20 Ni-Stählen, von denen einer (E) gegenüber der SK beständig, der andere mit einem Zusatz von 1,5% Mo (K) dagegen empfindlich war (vgl. C. **1961.** 12361). Der Mo-Zusatz bewirkt stark verzögerte Bewegung der Versetzungen, wie durch elektronenmkr. Unterss. in Durchstrahlung an dünnen mechan., therm. u. durch Elektropolieren behandelten Proben gezeigt wird. In E bilden die Versetzungen eine „Zellenstruktur" (relativ versetzungsfreie Bereiche, die von Grenzbereichen hoher Versetzungsdichte umgeben sind). Diese Verteilung ist charakterist. für verzerrt kub.-flächenzentrierte Metalle mit leichter Quergleitung. In K zeigen die Versetzungen eine Tendenz zu erhöhter Anreicherung entlang paralleler (Gleit-) Ebenen, was für verzerrt kub.-flächenzentrierte Metalle mit gehemmter Gleitung charakterist. ist. Die Stähle E u. K folgen daher der FORTYschen Theorie, ebenso eine an der Luft geschmolzene Leg. mit 5% Mo neben geringen Mengen Mn, Si u. Al. P. FRENZEL. 200□

Untersuchung des Alterns von platinreichen Platin-Silber-Legierungen. A. A. Rudnitzki und N. A. Birun. (Журнал Неорганической Химии [J. anorg. Chem.] **6.** 1342—46. Juni 1961; russ.) — An Hand von Messungen der VICKERS-Härte untersuchen Vff. das Altern von Pt-Legg. mit bis zu 30% Ag in Abhängigkeit von der Temp. (400, 500, 650, 700°) u. der Zeit. Die optimale Alterungstemp. für die Legg. mit 15, 20, 25 u. 30% Ag betrug 500°, die beste Alterungsdauer 10—20 Stunden. Die Legg. mit 5% Ag zeigt nur einen sehr geringen Einfl. der beiden Parameter. D. HOENE. 200□

Verformungszwillinge in dünnen Goldschichten. H. Schlötterer. (Z. Naturforsch. **17a.** 335—38. 2 Tafeln. April 1962. Mosbach/Baden, Phys. Labor.; dt.) — Bei der Durchstrahlung von Blattgold im Elektronenmikroskop werden dunkle Bänder gefunden, die sich trotz ähnlichen Kontrasts von Stapelfehlern unterscheiden. Mit Hilfe von Elektronenbeugungs-Diagrammen u. Dunkelfeldaufnahmen im Licht definierter Beugungsreflexe wird gezeigt, daß es sich bei den vorliegenden Erscheinungen um Verformungszwillinge handelt, welche durch plast. Deformation bei der Herst. der Folien erzeugt werden. Die angewandten Meth. erlauben im Gegensatz zu Hellfeldaufnahmen eine Unterscheidung von Stapelfehlern u. dünnen Zwillingslamellen.

CH. WEISKE. 200□

Dynamische Erholung von Germanium. H. Alexander und P. Haasen. (Acta metallurg. [New York] **9.** 1001—03. Nov. 1961. Göttingen, Univ., Inst. für Metallphys.; dt.) — Vff. untersuchen die plast. Verformung u. Verfestigung von *Ge*-Einkristallen durch Zug-Verss. zwischen 470 u. 800° mit Abgleit-Geschw. von $4 \cdot 10^{-5}$—$4 \cdot 10^{-3}$ s^{-1}. Es wird eine typ. Verfestigungskurve, die Einsatzspannung des Kletterns als Funktion der Temp. u. Abgleit-Geschw. u. eine elektronenmkr. Aufnahme der Seitenflächen eines bis in den Bereich III verformten Ge-Einkristalls mitgeteilt. Die dynam. Erholung im Bereich III der Verfestigungskurve wird nach dem Gleitlinienbild auf Klettern von Versetzungen zurückgeführt. Die Kurve ähnelt weitgehend der kub.-flächenzentrierter

Metalle, die auch ein Translationsgitter haben. Die Einsatzspannung τ_{III} als Funktion der Temp. u. der Geschw. wird aus der Theorie von WEERTMAN abgeleitet, die Temp.-Abhängigkeit von τ_{III} wird mit der von τ_0 (krit. Schubspannung) verglichen, die einem ähnlichen Gesetz gehorcht. W. SOBIESKI. 200□

Rißbildung im Uran. K. R. Merckx. (Nuclear Sci. Engng. **9.** 413—14. März 1961. Richland, Wash., Gen. Electr. Co., Hanford Atomic. Operat.; engl.) — Therm. Behandlung von bestrahltem U kann infolge anisotroper Ausdehnung innere Risse verursachen. Diese Risse sind den Rissen ähnlich, die in Vers.-U-Brennelementen beobachtet worden sind. H. HOCHSTEIN. 200□

Die Fuchssche Beziehung und der Beitrag der freien Elektronen zu den elastischen Konstanten der Metalle. B. Dayal und B. B. Tripathi. (Proc. Roy. Soc. [London], Ser. A **266.** 122—29. 27/2. 1962. Banaras, Hindu Univ., Dep. of Phys.; engl.) — Der Beitrag der Zentralkräfte zu den elast. Konst. der Metalle wurde nach einer neuen Meth. berechnet, nach der sich die FUCHSsche Beziehung für C_{11}—C_{12} u. C_{44} mit den individuellen Konst. ergab. Numer. Werte werden für *Li, Na, K* u. *Cu* angegeben. Der Anteil der freien Elektronen an den elast. Größen wurde durch Subtraktion der Zentralkraft-Konst. von den experimentellen Daten erhalten. Es zeigt sich, daß das Elektronengas nur eine einzige elast. Konst. beisteuert, die nicht dem experimentellen CAUCHY-Wert entspricht. Schließlich wird eine Meth. zur Aufstellung einer säkulären Determinanten für die Gitterfrequenzen der Metalle vorgeschlagen. G. M. NEUMANN. 200□

Elastizitätskonstanten von CsBr, CsJ, RbBr und RbJ. K. Reinitz. (Physic. Rev. [2] **123.** 1615—19. 1/9. 1961. Troy, N.Y., Rensselaer Polytechn. Inst.; engl.) — Vf. bestimmte mit einem Ultraschallinterferometer die Elastizitäts-Konst. von *CsBr* u. *CsJ* (beide kub.-raumzentriert) bei 73—300°K u. von *RbBr, RbJ* bei Zimmertemperatur. Die Temp.-Abhängigkeit ist linear; der Temp.-Koeff. negativ. Bei den Cs-Salzen steigt C_{44} mit fallender Temp. viel stärker an als C_{12}. Die Werte werden mit Elastizitätsdaten der Halogenide vom NaCl-Typ verglichen. W. SOBIESKI. 200□

Die Wechselwirkung zwischen Versetzungen und elastischen Wellen. J. D. Eshelby. (Proc. Roy. Soc. [London], Ser. A **266.** 222—46. 6/3. 1962. Birmingham, Univ., Dep. of Phys. Metallurgy; engl.) — Vf. behandelt eine Versetzung in einem isotropen elast. Medium als „Punktdefekt" mit einer bestimmten Masse, wobei die Masse aus dem gestreckten Bändermodell erhalten wird. Es zeigt sich, daß die Versetzung einen Streuquerschnitt für elast. Wellen besitzt, der dem Quadrat ihrer Breite proportional ist. Im Gegensatz zu normalen Punktdefekten ist aber der Wrkg.-Querschnitt für lange Wellen von der Frequenz unabhängig. Eine Versetzung, die sich durch einen isotropen Fluß von elast. Wellen bewegt, erfährt eine verzögernde Kraft, die dem Prod. aus der Eigengeschw. u. der Energiedichte der Welle proportional ist. Bei der verzögernden Kraft, die auf eine Fehlstelle wirkt, nimmt man an, daß in dem Ausdruck für die Energiedichte die Nullpunktsenergie auftritt. Eine formale quantenmechan. Rechnung zeigt, daß dies bei einer Versetzung nicht der Fall ist. G. M. NEUMANN. 200□

Thermoelastische Spannungen in vorbelasteten Körpern. A. E. Green. (Proc. Roy. Soc. [London], Ser. A **266.** 1—19. 27/2. 1962; engl.) — Vf. stellt eine allg. Theorie für kleine thermoelast. Verformungen in Körpern auf, die bereits einer Deformation unterworfen sind u. sich ursprünglich äolotrop verhielten. Die Fortpflanzung ebener Wellen unter isothermen oder isentropen Bedingungen wird bei homogenen Spannungen untersucht. Die Theorie wird benutzt, um die Torsion ursprünglich gestreckter rhomb. Kristalle zu diskutieren. G. M. NEUMANN. 200□

Hystereseverluste bei der Walz- und Gleitreibung. J. A. Greenwood, H. Minshall und D. Tabor. (Proc. Roy. Soc. [London], Ser. A **259.** 480—507. 24/1. 1961. Cambridge, Univ., Dep. of Phys., Res. Labor. for the Phys. and Chem. of Solids; engl.) — Vff. nehmen Bezug auf Unterss. von ATACK u. TABOR (vgl. C. **1959.** 11812) sowie von GREENWOOD u. TABOR (vgl. C. **1960.** 155) u. erhalten unter Berücksichtigung der beim Rollen eines harten Zylinders oder einer harten Kugel auf Kautschuk eingeführten elast. Energie Ausdrücke für die Walzreibung. Aus diesen Ausdrücken erhält man genau die Abhängigkeit der Walzreibung von der Belastung, dem Ball- oder Zylinderdurchmesser u. der elast. Konst. des Kautschuks. Der abs. Wert der Reibungskraft ist jedoch zu klein. Die experimentellen Werte ergaben sich als zwei- oder dreimal größer als die theoret. geschätzten Werte. An einer dünnwandigen Kautschukröhre, an die Zug- u. Torsionsspannungen angelegt werden konnten, wurden die Hystereenergieverluste gemessen. In einem solchen Syst. sind 2 Schubspannungen vorhanden, die zu den Hystereseverlusten beitragen. Trägt man diese graph. auf, dann kann ein Verformungszyklus durch ein Spannungsdiagramm ausgedrückt werden, das im allg. eine geschlossene Schleife bildet.

Es wird eine Hypothese aufgestellt, nach der die Verluste in dem Zyklus proportional dem Quadrat der Länge dieser Schleife sind. Die Analyse wurde noch für den Fall des Walzens über kurze Entfernungen ausgedehnt. Es wird gezeigt, daß der Widerstand linear von Null zunimmt, wenn der Zylinder zu walzen beginnt. C. GOTTFRIED. 200

A_7. Gleichgewichte. Kinetik

Über einige Eigenschaften von Eisen(III)-salicylatokomplexen. M. B. Schtschigol. (Журнал Неорганической Химии [J. anorg. Chem.] **6.** 1294—99. Juni 1961. Kiew, Med. Inst., Lehrst. für allg. Chem.; russ.) — Vf. bestimmt die Instabilitäts-Konst. von Fe(III)-Salicylatokomplexen im Syst. Fe^{3+}–H_3BO_3–Salicylsäure bei verschiedenem pH auf spektrometr. Wege. $K_{FeSal^+} = [Fe^{3+}][Sal^{2-}]/[FeSal^+] = 3{,}74 \cdot 10^{-17}$; $K_{FeSal_2^-} = [FeSal^+] \cdot [Sal^{2-}]/[FeSal_2^-] = 1{,}76 \cdot 10^{-12}$ (Sal = Salicylat). D. HOENE. 223□

Spektrophotometrische Untersuchung der Pyridinkomplexe von Nickelsalzen in wässeriger Lösung. A. W. Ablow und L. W. Nasarowa. (Журнал Неорганической Химии [J. anorg. Chem.] **2.** 53—59. Jan. 1957. Kischinew, Univ.; russ.) — Vgl. C. **1958.** 9717. — Die spektrophotometr. Unters. des Syst. $Ni(NO_3)_2$–Pyridin (Py)–H_2O im Bereich 340—700 mμ in Abhängigkeit von der Py-Konz. zeigt die stufenweise Bldg. der Komplexe $[NiPy]^{2+}$, $[NiPy_2]^{2+}$, $[NiPy_3]^{2+}$, $[NiPy_4]^{2+}$. $[NiPy_4]^{2+}$ tritt neben den 3 anderen Komplexen nur in konz. Lsgg. auf. Aus der Bldg.-Kurve des Syst. wurden die entsprechenden Dissoziations-Konst. der aufeinanderfolgenden Komplexe bestimmt: K_1 0,012, K_2 0,14, K_3 0,25, K_4 0,76; die gefundene Instabilitäts-Konst. von $[NiPy]^{2+}$ ist $8{,}6 \cdot 10^{-3}$ u. stimmt gut mit vorst. K_1-Wert überein. U.-L. RAU. 223□

Stabilitätskonstanten von Chelatverbindungen der Seltenerdmetalle mit einigen Aminopolycarbonsäuren. J. L. Mackey, M. A. Hiller und J. E. Powell. (J. physic. Chem. **66.** 311—14. Febr. 1962. Ames, Iowa, Iowa State Univ., Inst. for Atomic Res.; Dep. of Chem.; engl.) — Vff. bestimmen auf polarograph. Wege u. nach der pHg-Meth. an einer Hg-Elektrode die Stabilitäts-Konst. der Komplexe, die die Seltenerdmetalle (*Y, La, Ce, Pr, Nd, Sm* bis *Lu*) mit *1.2-Bis-[2-di-(carboxymethyl)-aminoäthoxy]-äthan* u. *2.2'-Bis-[di-(carboxymethyl)-amino]-diäthyläther* bilden. Die Ergebnisse werden mit den Stabilitäts-Konst. anderer Aminopolycarbonsäurechelate der Seltenerdmetalle verglichen u. diskutiert. F. HUBER. 223□

Extraktion von Salpetersäure, Schwefelsäure und Phosphorsäure mit einigen sauerstoffhaltigen organischen Lösungsmitteln. F. G. Sharowski und W. F. Melnik. (Журнал Неорганической Химии [J. anorg. Chem.] **6.** 1466—70. Juni 1961. Kiew, Schewtschenko-Univ.; russ.) — Vff. untersuchen die Verteilung von HNO_3 (**I**), H_2SO_4 (**II**) u. H_3PO_4 (**III**) zwischen W. u. Ae., Isoamylacetat (**IV**), Isobutylacetat (**V**), Benzylalkohol (**VI**), Isoamylalkohol (**VII**) u. n-Butylalkohol (**VIII**) bei 20° sowie die dabei auftretenden Volumenveränderungen. Die Löslichkeit der Säuren in den organ. Lsgm. steigt in der Reihenfolge **III** < **II** < **I**, die Lösungsfähigkeit der organ. Lsgm. für die Säuren steigt (mit Ausnahme von Ae. für **I**) in der Reihenfolge Ae. < **IV** < **V** < **VI** < **VII** < **VIII** entsprechend der Zunahme der DK. Das Vol. der organ. Phase nimmt beim Mischen von **I** mit den organ. Lsgm. bei Steigerung der Konz. in der wss. Phase in allen Fällen zu. Für die Syst. **II** (**III**) mit den Alkoholen nimmt die organ. Phase mit Erhöhung der Säure-Konz. zu, bei Ae. u. **V** die wss. Phase. Die Säure-Konz. wurde bei den meisten Syst. zwischen 1 u. 10 Mol/Liter variiert. Die Ergebnisse sind tabellar. angegeben. Für das Syst. **I** (4,9 m)-Ae. wurde der Einfl. von $Al(NO_3)_3$, $Cd(NO_3)_2$, $Zn(NO_3)_2$ u. NH_4NO_3 wechselnder Konz. auf die Verteilung untersucht. Mit zunehmender Salz-Konz. steigt die Löslichkeit von **I** in Äther. Die Wirksamkeit der Salze liegt in der Reihenfolge $Al(NO_3)_3 > Cd(NO_3)_2 > Zn(NO_3)_2 > NH_4NO_3$. D. HOENE. 224□

Extraktion von Nitraten der Seltenerdmetalle mit Tributylphosphat in Gegenwart von Trilon B. W. A. Michailow, W. G. Torgow und N. F. Melechina. (Журнал Неорганической Химии [J. anorg. Chem.] **6.** 1457—65. Juni 1961. Akad. der Wiss. der UdSSR, Sibir. Abt., Inst. für anorg. Chem.; russ.) — Vff. ermitteln die Verteilungs-Koeff. (VK) von Nitraten der Seltenerdmetalle (La, Pr, Nd, Sm, Eu, Gd, Dy, Ho, Er, Tu, Yb) für 8 m NH_4NO_3-Lsgg. u. Tributylphosphat u. untersuchen den Einfl. von Trilon B u. pH auf die VK. Steigender Trilon B-Zusatz u. zunehmende H^+-Ionen-Konz. erniedrigen den VK. Die Abhängigkeiten sind tabellar. oder graph. dargestellt. Ferner wird die Verteilung der Nitratpaare La–Nd, Pr–Nd, Nd–Sm, Nd–Y u. Ho–Yb unter Zusatz von Trilon B untersucht. D. HOENE. 224□

Lösungsmittelextraktion von Nickelchlorid-Kobaltchlorid-Gemischen mit Furfural. F. K. Cole und L. H. Brown. (J. chem. Engng. Data **6.** 430—31. Juli 1961. Barrington, Ill., Quaker Oats Co., Chem. Div.; engl.) — Furfural (**I**) hat sich für die selektive quant.

Trennung des Co^{2+} von Ni^{2+}, sowie deren Reindarst., bei Verw. von $CaCl_2$ (II) als Komplexbildner auf Grund der geringen Löslichkeit von I in konz. Lsgg. von II, der niedrigen Kosten des Materials u. der relativ großen Stabilität der Lsgg. als gut geeignet erwiesen. Zur Komplexierung des $CoCl_2$ wird eine 24—44%ige Lsg. von II verwendet. Die Verteilungs-Koeff. von Ni u. Co, die über einen weiten Bereich konst. sind, wurden zu 0,003 bzw. 1,0 berechnet. Es wurde ein Trennfaktor von $3 \cdot 10^2$ ermittelt, so daß eine vierstufige Extraktion von Ni–Co-Gemischen (10 : 1) Ni-Konzentrate ergibt, die weniger als 10 Teile Co auf 1000 Teile Ni enthalten. Eine einfache dreistufige Extraktion des Co-Extraktes würde Co von 99% Reinheit ergeben. Ni u. Co können schnell u. vollständig von der das Metallion enthaltenden Schicht von I durch Extraktion mit W. getrennt werden. H. FRIES. 224□

Einige quantitative Bemerkungen über Extraktionsgleichgewichte. 4. Mitt. M. Oosting. (Recueil Trav. chim. Pays-Bas **79.** 627—34. Juni 1960. Rotterdam, Holland, Ferro Enamels; engl.) — 3. vgl. Analytica chim. Acta [Amsterdam] **21.** [1959.] 505; 2. vgl. C. **1961.** 17496. — Es werden zwei allg. Ausdrücke für den Verlauf der Extraktion von Metallionen in ein organ. Lsgm. in Ggw. eines Komplexbildners in Abhängigkeit von den Löslichkeits- u. Konz.-Verhältnissen u. vom pH wiedergegeben. Zur experimentellen Nachprüfung der Gültigkeit der Gleichungen wird die Extraktion von $UO_2 \cdot (NO_3)_2$ aus wss. Lsg. bei verschiedenen pH-Werten in Ggw. von Oxalat oder Citrat in eine Lsg. von Oxin in Chlf. untersucht. W. BETCKE. 224□

Die Kinetik des thermischen Zerfalls von Nitroxychlorid (NO_3Cl). L. F. R. Cafferata, J. E. Sicre und H. J. Schumacher. (Z. physik. Chem. [Frankfurt/M.] **29.** 188—200. Aug. 1961. La Plata, Univ. Nac., Fac. de Quím. y Farm., Inst. Sup. de Invest.; dt.) — Vff. untersuchen gemäß $ClNO_3 \rightarrow NO_2 + {}^1/_2\,Cl_2 + {}^1/_2\,O_2$ ablaufenden therm. Zerfall von *Chlornitrat* zwischen 90 u. 130° unter Zusatz von NO_2 u. inerter Gase in Pyrex- u. Quarzgefäßen mit verschiedenem Verhältnis Vol. : Oberfläche. Es handelt sich um eine komplexe Rk., die mit dem homogenen, monomol. Zerfall $ClNO_3 \rightarrow ClO + NO_2$ (Aktivierungsenergie ca. 30 kcal) beginnt. NO_2 wirkt auf Grund der Rück-Rk. hemmend; diese ist wie die Primär-Rk. schwach druckabhängig. ClO wird außer durch die Rück-Rk. durch eine Wand-Rk. $ClO \rightarrow {}^1/_2\,Cl_2 + {}^1/_2\,O_2$ u. durch Rk. nach $ClNO_3 + ClO \rightarrow NO_2 + O_2 + Cl_2$ (Aktivierungsenergie ca. 17 kcal) verbraucht. Die Gleichung der Zerfalls-Geschw. wird aufgestellt u. die verschiedenen Einfl. werden diskutiert. F. HUBER. 225□

Untersuchung der Hydrazinzersetzung in einem Stoßwellenrohr. William H. Moberly. (J. physic. Chem. **66.** 366—68. Febr. 1962. Canoga Park, Calif., Rocketdyne Div. of North Amer. Aviation, Inc.; engl.) — Unterss. der homogenen Zers. von N_2H_4 (I) durch eine Stoßwelle ($2\,I \rightarrow NH_3 + N_2 + H_2$) deuten darauf hin, daß die Zers. eine Gleichgewichts-Ketten-Rk. ist. Start: $I \rightarrow 2\,NH_2$; Fortpflanzung: $I + NH_2 \rightarrow NH_3 + N_2H_3$; $N_2H_3 \rightarrow N_2 + H_2 + H$; $H + I \rightarrow NH_3 + NH_2$; Abbruch: $H + N_2H_3 \rightarrow N_2 + 2\,H_2$; $NH_2 + N_2H_3 \rightarrow NH_3 + N_2 + H_2$; $H + NH_2 + X \rightarrow NH_3 + X$; $H + H + X \rightarrow H_2 + X$ (X = Inertmol.). Die Ergebnisse reichen nicht aus, um den Zers.-Mechanismus genau festzulegen. F. HUBER. 225□

Reaktionskinetische Untersuchungen der Komplexeigenschaften von Halogencyaniden. E. Pungor. (Ann. Univ. Sci. Budapestinensis Rolando Eötvös nominatae, Sect. Chim. **2.** 69—72. 1960. Budapest, L. Eötvös-Univ., Inst. für anorg. u. analyt. Chem.; dt.) — Vf. untersucht spektrophotometr. die Kinetik der Rk. zwischen *BrCN* u. *KJ*. Danach entsteht prim. der Komplex *JBrCN*, der intramol. zu *BrJCN* umgelagert wird. Das aus BrJCN durch Dissoziation entstandene *JCN* bildet mit J^- den Komplex *JJCN*, der je nach Acidität der Lsg. in HCN u. J_2 zerfällt. Aus dem bei der Rk. gebildeten Br^-, CN^- (bzw. HCN) bilden sich mit BrCN *BrBrCN* u. *CNBrCN*. Vf. leitet aus den experimentellen Daten eine Gleichung zur theoret. Beschreibung ab u. gibt eine Reihe daraus erhaltender Stabilitäts-Konst. für XBrCN-Komplexe. W. SOBIESKI. 225□

Kinetische Untersuchungen der Oxydationsreaktionen anorganischer Oxo- und Peroxosäuren. J. Trompler und E. Pungor. (Ann. Univ. Sci. Budapestinensis Rolando Eötvös nominatae, Sect. Chim. **2.** 73—84. 1960; dt.) — Vgl. vorst. Referat. — Die Rkk. von H_2SO_5 mit Mn^{2+} (A) u. H_2CrO_4 mit *HCOOH* (B) wurden analyt. u. kinet. untersucht. Für die Geschw. von (A) wurde die Gleichung $-d[H_2SO_5]/dt = k[Mn^{2+}] \cdot [H_2SO_5]$ ermittelt; außerdem wurde eine starke Abhängigkeit der Oxydations-Geschw. vom pH-Wert u. der Säure-Konz. gefunden, was mit den Stabilitätsverhältnissen der unmittelbaren Rk.-Prod. erklärt wird. Für die Chromsäure-Red. (B) gilt die Geschw.-Gleichung $v = k[Cr^{VI}][HCOOH]$, wobei k mit zunehmender Säure-Konz. rasch ansteigt, in 90%ig. H_2SO_4 aber wieder absinkt. Außerdem wurde die Disproportionierung $3\,Cr^{IV} =$

$2\,Cr^{III} + Cr^{VI}$ spektrophotometr. verfolgt. Danach fällt die Geschw.-Konst. mit abnehmender Cr^{IV}-Konz., was auf das Dissoziationsgleichgewicht der Cr^{IV}-Polymere zurückgeführt wird. W. SOBIESKI. 225□

Die Eisen(III)-Thiosulfat-Reaktion. 3. Mitt. **Der Mechanismus der Reaktion.** F. M. Page. (Trans. Faraday Soc. **56.** 398—406. März 1960. Birmingham, Coll. of Adv. Technol., Chem. Dep.; engl.) — 2. vgl. C. **1955.** 1697. — Die Kinetik der Rk. $2\,Fe^{3+} + 2\,S_2O_3^{2-} \rightarrow 2\,Fe^{2+} + S_4O_6^{2-}$ wurde in einem breiten Konz.-Bereich spektrophotometr. untersucht. Bei hohen Konzz. ($FeS_2O_3^+$-Anfangs-Konz. $> 5 \cdot 10^{-3}$ m) ist sie erster Ordnung; bei fortschreitender Red. wird eine höhere Ordnung erreicht (ca. 1,86 bzgl. $FeS_2O_3^+$). Hieraus folgt, daß die Bldg. eines wesentlichen Zwischenprod. nach einer Rk. höherer Ordnung verläuft, aber rasch einen Gleichgewichtszustand erreicht. In der anfänglichen Rk.-Phase ist die Rk.-Geschw. gegeben durch $RG = k[FeS_2O_3^+]^{3/2} \cdot [S_2O_3^{2-}]^{1/2}$, mit $k = 4{,}59$ bei 6° u. der ionalen Stärke $\mu = 0{,}5$. Die Inhibierung durch Fe^{2+} beruht auf der Bldg. eines Fe(II)-Thiosulfatkomplexes. In der zweiten Rk.-Phase ändert sich die Funktion $F = RG/[FeS_2O_3^+]^{3/2}[S_2O_3^{2-}]^{1/2}$ nach $F = k' + \alpha[Fe^{2+}]/[FeS_2O_3^+]$. Bei Zusatz steigender Mengen Fe^{2+} wird der zeitliche Verlauf von F dahingehend verändert, daß erst ein Maximum, sodann Konstanz auftritt. Eine Diskussion sämtlicher Ergebnisse führt zu nachst. Mechanismus: $Fe^{3+} + S_2O_3^{2-} \rightleftharpoons FeS_2O_3^+$; $FeS_2O_3^+ + S_2O_3^{2-} \rightleftharpoons \{FeS_2O_3\} + S_2O_3^-$; (1) $FeS_2O_3^+ + S_2O_3^- \xrightarrow{k_1} Fe^{2+} + S_4O_6^{2-}$; $\{FeS_2O_3\} + Fe^{2+} \underset{}{\overset{k_2}{\rightleftharpoons}} FeS_2O_3 + Fe^{2+}$; $Fe^{2+} + S_2O_3^{2-} \rightleftharpoons FeS_2O_3$. $\{FeS_2O_3\}$ ist ein Isomeres des gewöhnlichen FeS_2O_3 u. besitzt noch die Konfiguration des $FeS_2O_3^+$. Die Temp.-Abhängigkeit der Konst. ist gegeben durch $\ln k' = 14{,}55 - 7160/RT$; $\ln \alpha = 41{,}50 - 23200/RT$; $k_1 = 10^{3,3} \exp(-3000/RT)$; $k_2 = 10^{15,0} \exp(-19000/RT)$. Die komplexe Kinetik der Gesamtrk. beruht auf der geringen Geschw. u. der Spezifität der Rk. (1). — Beim Bestrahlen einer 5%ig. Lsg. von Acrylnitril in wss. $Na_2S_4O_6$ mit Hg-Licht (2537 Å) wird eine geringe Menge Polymeres gebildet, dessen IR-Spektrum eine C–S-Absorption aufweist. Hierin sieht Vf. einen Hinweis auf das Vork. von $S_2O_3^-$ in der bestrahlten Lösung. A. BLASCHETTE. 225□

Über die Reduktion von Eisen(III)-sulfat durch Kohle. Ss. A. Gordon und M. A. Menkowski. (Журнал Неорганической Химии [J. anorg. Chem.] **2.** 30—33. Jan. 1957; russ.) — Auf Grund kinet. Unterss. verläuft die Red. von $Fe_2(SO_4)_3$ mit Kohle unter Bldg. von $FeSO_4$ (48—84%) u. FeO (ca. 25%) nach folgendem Schema: $Fe_2(SO_4)_3 + C = 2\,FeSO_4 + CO_2 + SO_2$, $2\,FeSO_4 + C = 2\,FeO + CO_2 + 2\,SO_2$. Der Red.-Grad hängt von der Temp. u. der Größe der Oberfläche der Kohle ab. Das bei erhöhter Temp. frei werdende H_2SO_4 wird nach folgender Gleichung zersetzt: $2\,H_2SO_4 + C = 2\,SO_2 + CO_2 + H_2O$. U.-L. RAU. 225□

Die Kinetik der Reduktion von Bleimonoxid mit Wasserstoff. R. V. Culver, I. G. Matthew und E. C. R. Spooner. (Austral. J. Chem. **15.** 40—55. Febr. 1962. Adelaide, Univ., Dep. of Metallurg. and Chem. Engng.; Avonmouth, England, Imp. Smelting Corp.; engl.) — Über ein dünnes Bett von PbO-Partikeln werden H_2/N_2- u. H_2/H_2O-Gemische geleitet, der Red.-Grad in Abhängigkeit von Rk.-Temp. u. Zeit, PbO-Partikelgröße, Gas-Zus. u. Geschw. an Hand des gebildeten W. bestimmt u. die Ergebnisse graph. u. tabellar. mitgeteilt. Die zunächst hohe Red.-Geschw. bleibt ab 40—50% Pb-Geh. nahezu konst. u. fällt dann langsam ab. Sie ist nahezu unabhängig von Gas-Geschw. (5—15 Liter/Min.) u. Partikelgröße. Mit H_2/N_2-Gemischen ist sie bei 575 u. 675° proportional $p(H_2)$, mit H_2/H_2O bei 575° proportional $p(H_2)/[1 + 0{,}5\,p(H_2O)]$. Die Aktivierungsenergie für die Red. mit H_2/N_2 oder H_2/H_2O beträgt 39 kcal/Mol (475—775°). Für die Red. ist die Chemisorption des H_2 am PbO der Pb/PbO-Grenzschicht der geschwindigkeitsbestimmende Schritt. Über einen großen Bereich wird die Red.-Geschw. durch $k_0 = f(R)\,p(H_2)[1 + 0{,}5p(H_2O)]^{-1} \exp(-39000/RT)$ beschrieben. f(R) ist der Parameter für die PbO-Teilchengröße u. -Gestalt. H. KUCKERTZ. 225□

Einfluß eingeführter Kationen auf die Kinetik der Entwässerung des Halloysits. Vicente Aleixandre Ferrandis und M.ª Covadonga Rodriguez Pascual. (An. Edafol. Fisiol. vegetal **18.** 677—91. Nov. 1959. Zaragoza, Inst. de Edafologia, Dep. de Silicatos; span.) — Vff. untersuchen den Einfl. des Austausches von Kationen (Na, K, Mg u. Ba) u. der Temp. auf die Dehydratisierungs-Geschw. von Halloysit von Maaza, Korngrößenfraktion $< 1{,}13\,\mu$, der bei 580° sein Gitterwasser verliert. Die Proben werden mit einer 1n Lsg. von Na^+, K^+, Mg^{2+} oder Ba^{2+} bei pH = 7 behandelt, um homoionige Proben zu erhalten. Alle Proben werden bei 424° vorentwässert. Die isotherme Entwässerung wird als Rk. 1. Ordnung betrachtet, die entsprechenden Kurven bei 505°, 514°, 523°, 533°, 542° u. 551° werden angegeben. Bei einem Verlust von mehr als 6% W. tritt eine Änderung der Steigung der Kurven, d. h. eine Änderung der Entwässerungs-Geschw. ein. Die Geschw.-Konst. k haben für die untersuchten Kationen ungefähr den gleichen Wert, bei 542° ca. $5,50 \cdot 10^{-4}$ $Grad^{-1}$. Dies steht im Gegensatz zu der beim Montmorillonit beobachteten Reihenfolge: $k_K > k_{Na} > k_{Mg} > k_{Ba}$. Aus den bei verschiedenen Temp. erhaltenen k wurden der Häufigkeitsfaktor (log P·Z) der ARRHENIUSschen Gleichung u. die Aktivierungsenergie (E) berechnet: log P·Z für Na = 5,58, K = 5,62, Mg = 5,15, Ba = 5,37 u. E_{Na} = 32,97 (kcal/Mol), E_K = 33,14, E_{Mg} = 31,37, E_{Ba} = 32,16. Sie liegen unter den für Montmorillonit gefundenen Werten u. sind im Gegensatz zu diesen fast unabhängig vom Kation. K. HUSTE. 225□

Einfluß der Konzentration von gelösten Stoffen auf die Rekombination von H und OH in γ-bestrahlten wäßrigen Lösungen. E. Hayon. (J. physic. Chem. **65.** 1502—05. Sept. 1961. Upton, Long Island, N.Y., Brookhaven Nat. Labor., Chem. Dep.; engl.) — Durch Zusatz anorgan. Stoffe, die mit H-Atomen oder OH-Radikalen reagieren können, in hohen Konzz. wird die Rk. $H + OH \rightarrow H_2O$ in γ-bestrahlten wss. Lsg. zurückgedrängt (G_{H_2O} beträgt 4,50 in einer 0,8n H_2SO_4-Lsg., aber 5,24 in einer Lsg., die außerdem noch 0,43 m an Ce^{4+} u. 0,1 m an Tl^+ ist). Die Werte von G_{H_2}, die für luftfreie wss. 10^{-3} m Lsgg. von Br^-, Tl^+, Ce^{3+}, Ce^{4+}-Tl^+ u. AsO_3^{3-} bestimmt wurden, nehmen mit wachsender H^+-Konz. ab (G_{H_2} ca. 0,4 in 0,8n H_2SO_4- oder HCl-Lsgg. u. ca. 0,45 in neutralen Lsgg. von Br^- oder AsO_3^{3-}). Vf. erklärt diese Abhängigkeit von G_{H_2} mit der Annahme, daß entweder die Rk. $H + H \rightarrow H_2$ langsamer verläuft als die Rk. $H_2O^- + H_2O^- \rightarrow H_2 + 2\,OH^-$, oder daß bei ca. gleicher Rk.-Geschw. auf Grund der Rk. $H_2O^- + H^+ \rightarrow H + H_2O$ die Wahrscheinlichkeit der Rekombination gleichartiger Moll. herabgesetzt wird. J. KRAETSCH. 226□

Eine Untersuchung des Mechanismus photochemischer Elektronenübergangsvorgänge in Lösung. F. H. C. Edgecombe und R. G. W. Norrish. (Proc. Roy. Soc. [London], Ser. A. **253.** 154—62. 2 Tafeln. 24/11. 1959. Cambridge, Univ., Dep. of Phys. Chem.; engl.) — Unmittelbar nach der Blitzlichtphotolyse von wss. Lsgg. von *HCl, NaCl, NaBr,* NH_4Cl, $MgCl_2$, $HgCl_2$, $BaCl_2$, $CaCl_2$ u. $SrCl_2$, von Lsgg. von *KBr* u. *KJ* in CH_3OH u. A. u. der Lsg. von KJ in CH_3CN ist das Absorptionsspektrum kurzfristig verändert, was auf die Bldg. kurzlebiger, instabiler Zwischen-Prodd. zurückgeführt wird. Es wird angenommen, daß es sich um die Dihalogenidionen X_2^- handelt. Im Falle des NaCl (KBr; KJ) wird vorübergehend (<200 μs) im Spektrum ein Absorptionsmaximum bei 3500 Å (3650; 3850) beobachtet. In Ggw. von Mn^{2+} treten wegen der Rk. $X_2^- + Mn^{2+} = 2\,X^- + Mn^{3+}$ diese Maxima nicht auf. Nach der Photolyse werden ebenfalls Absorptionsmaxima entdeckt, die dem End-Prod. X_3^- zugeschrieben werden; Ggw. von H_2SO_4 in wss. Lsg. erhöht, KOH erniedrigt die Konz. von X_3^-. Bei der Gleichgewichtsphotolyse von KJ in W. bei pH 6—7 bzw. von KJ-Lsg. in CH_3OH u. CH_3CN entsteht durch Spaltung des Lsgm. H_2 bzw. CH_3J. Die Bldg. dieser Prodd. u. die spektralphotometr. Analyse beweisen das intermediäre Auftreten von J-Atomen. Die Ergebnisse stehen mit dem von RIGG u. WEISS (J. chem. Soc. [London] **1952.** 4198) vorgeschlagenen Mechanismus des Elektronenübergangs bei der Photolyse von Halogeniden im Einklang. F. HUBER. 226□

Bestimmung der Oberflächenacidität von festen Katalysatoren durch Adsorption gasförmigen Ammoniaks. R. T. Barth und E. V. Ballou. (Analytic. Chem. **33.** 1080—84. Juli 1961. Pittsburgh, Pa., Gulf Res. and Dev. Co.; engl.) — Vff. beschreiben ein neues, teilweise automat. Verf. unter Verw. einer neuen App. zur Best. der Adsorption von NH_3 an katalyt. Materialien bei erhöhten Temperaturen. Die Meßergebnisse können direkt zur Best. des Ausmaßes u. der Stärke der Oberflächenacidität (OA) von festen Katalysatoren benutzt werden. Das Verf., das ca. 8 Std. (1 Std. manuelle Arbeit) erfordert, besteht im Prinzip aus 3 Stufen: 1. 3std. Erhitzen der Probe im Vakuum auf ca. 500°, 2. Adsorption von NH_3 durch die Probe bei 175° u. Messung der Abnahme des NH_3-Druckes u. 3. stufenweises Erhöhen der Temp. auf 515° u. Best. der Desorptionskurve. Katalysatoren aus Al_2O_3–SiO_2, SiO_2–Gel u. Al_2O_3 werden untersucht. In Übereinstimmung mit den Ergebnissen anderer Autoren wird festgestellt, daß Al_2O_3-SiO_2 die größte u. SiO_2-Gel die niedrigste OA besitzt. Bei Temp. zwischen 215 u. 515° hatten Druckänderungen von 23—59 Torr keinen Einfl. auf die Größe des adsorbierten Volumens. Bei gewissen Katalysatoren kann eine Zers. von NH_3 bei erhöhten Temp. eintreten, so daß eine 100%ig. reversible Adsorption nicht vorliegt. Die Reproduzierbarkeit der Meßwerte beträgt ±0,2 cm^3/g. J. KRAETSCH. 227□

A_3. Präparative anorganische Chemie. Komplexverbindungen. Metallorganische Verbindungen

Untersuchung der Struktur der Jodsäure, der wasserfreien Jodsäure und der Alkalipolyjodate durch Infrarotspektrographie. Thérèse Dupuis. (Mikrochim. Acta [Wien] **1962.** 289—303. Paris, E. N. S. C., Labor. de Rech. Microanalyt.; franz.) —

Vf. untersuchte mit Hilfe der IR-Spektrographie zwischen 2 u. 33 μ Strukturen verschiedener, durch Abspaltung von H_2O aus Jodsäure hergestellter Prodd., zahlreicher saurer Salze u. mit Alkalijodaten gebildeter Dijodate. Aus unterschiedlich zusammengesetzten Gemischen wss. Lsgg. der Jodsäure mit Alkalijodaten oder Alkalicarbonaten wurden die sauren Salze in üblicher Weise dargestellt u. deren Dehydratation sowie Stabilität durch Thermolyse verfolgt. Drei bisher nicht bekannte Jodate konnten nachgewiesen werden: $K_2H_2J_6O_{17}$, $3\,K_2J_4O_{11}\cdot 2\,H_2O$ u. NaJ_3O_8. Die IR-spektroskop. Unterss. zeigten das Vorhandensein von J–O–J-Brücken, wie sie im Jodsäureanhydrid, J_2O_5, vorliegen. Charakterist. für diese Bindung sind im untersuchten Bereich 2 starke Bandengruppen bei 400—460 cm^{-1} u. bei 515—646 cm^{-1}, d. h. jenseits des Bereichs der charakterist. Absorption der Atomgruppen JO_2 u. JO_3. H. FRIES. 249 □

Untersuchungen an Selen-Sauerstoff-Verbindungen. 11. Mitt. **Darstellung und Eigenschaften von Alkalialkylseleniten.** R. Paetzold und E. Rönsch. (Z. anorg. allg. Chem. **314.** 91—99. Febr. 1962. Dresden, TH, Inst. für anorg. u. anorg.-techn. Chem.; dt.) — 10. vgl. C. **1961.** 13854. — *Alkalialkylselenite* (**I**), $ROSeO_2Me$ ($R = CH_3$, C_2H_5; $Me = Na$, K) werden nach folgenden Meth. dargestellt: 1. Rk. von alkylselenigen Säuren mit Alkalialkoholaten; 2. Rk. alkohol. SeO_2-Lsgg. mit Alkalialkoholaten; 3. Rk. von Dialkylseleniten mit Alkalihydroxiden bzw. mit ROMe in Ggw. von W.; 4. Rk. von Alkalihydrogenseleniten mit Alkoholen; 5. Alkoholyse von Alkalidiseleniten. Die den Verff. 1—3 zugrunde liegenden Rkk., die im wesentlichen ident. sind, lassen sich durch ROSeOOH (**II**) + MeOR → **I** + ROH, SeO_2 + ROH → **II**, **II** + ROH ⇌ $(RO)_2SeO$ + H_2O beschreiben. Daraus ergibt sich, daß die Syst. SeO_2–ROH, **II**–ROH u. $(RO)_2SeO$–H_2O–ROH ident. Zus. besitzen u. daß die Darst. von **I** durch Zugabe von Alkoholaten lediglich auf einer Störung des Gleichgewichts infolge Neutralisation von **II** beruht. Die gute Löslichkeit von Na- u. K-Hydrogenselenit in Methanol u. A. beruht auf der Bldg. von **I** gemäß $HOSeO_2Me$ (**III**) + ROH → **I** + H_2O (Verf. 4). Die Alkoholyse der Diselenite (Verf. 5) erfolgt nach RAMAN-spektroskop. Unterss. gemäß $Me_2[O_2SeOSeO_2]$ + ROH → **I** + **III**, **III** + ROH → **I** + H_2O. Die Verbb. **I** hydrolysieren an feuchter Luft in wenigen Min. zu ROH u. **III**. In alkohol. Lsgg. liegen Umesterungsgleichgewichte ROSeOOMe + R'OH ⇌ R'OSeOOMe + ROH vor. Aus alkohol. Lsgg. von **I** u. Schwermetallsalzen bilden sich die entsprechenden schwerlösl. Metallalkylselenite. Das so erhaltene $C_2H_5OSeO_2Ag$ reagiert mit CH_3J zu $C_2H_5OSeOOCH_3$. Beim Erhitzen zersetzen sich die Verbb. **I** unter Abscheidung von Se.

Versuche: Nach Verf. 1: CH_3OSeO_2Na (**IV**), durch Zutropfen einer Lsg. von 0,07 Mol $NaOCH_3$ in 50 ml abs. Methanol unter Rühren u. Feuchtigkeitsausschluß zu 0,07 Mol methylseleniger Säure in 50 ml abs. Dioxan u. Einengen; büschelförmige Kristallnadeln (aus Dioxan/Methanol). Analog **IV** wurden erhalten: CH_3OSeO_2K (**V**), nadelförmige Kristalle; $C_2H_5OSeO_2Na$ (**VI**), glänzende Nadeln (aus abs. A.); $C_2H_5OSeO_2K$ (**VII**), glänzende Blättchen (aus Dioxan/A.). — Nach Verf. 2: CH_3OSeO_2Na, durch Zutropfen einer Lsg. von 0,1 Mol Na in 50 ml abs. Methanol zu 0,1 Mol dreifach sublimiertem SeO_2 in 150 ml Methanol, Eindampfen auf 50 ml, Versetzen mit Dioxan, Abfiltrieren u. Umkristallisieren aus Dioxan/Methanol. Analog werden **V**, **VI** u. **VII** erhalten. — Nach Verf. 3: CH_3OSeO_2K, durch Zutropfen einer methanol. Lsg. von 0,1 Mol KOH unter Rühren zu 0,1 Mol frisch dest. Dimethylselenit in 50 ml abs. Methanol, Eindampfen u. Versetzen mit Dioxan. — $C_2H_5OSeO_2K$, durch Zutropfen einer Lsg. von 0,1 Mol K-Äthylat u. 0,1 Mol. W. in A. zu einer Lsg. von 0,1 Mol frisch dest. Diäthylselenit in 50 ml abs. Äthanol. Analog werden **IV**, **V** u. **VI** erhalten. — Nach Verff. 4 u. 5: Gesätt. Lsgg. von Alkalihydrogenseleniten bzw. -diseleniten in Methanol oder A. werden filtriert u. mit Dioxan versetzt, wobei die Salze **I** feinkörnig ausfallen. — $C_2H_5OSeO_2Ag$, durch Zutropfen von 0,1 Mol $AgNO_3$ in 1 Liter abs. A. unter Rühren zu einer sd. Lsg. von 0,1 Mol **VII** in 150 ml abs. A., 3 std. Kochen am Rückfluß, Filtrieren über G4-Fritte u. Überleiten eines trockenen Luftstroms; staubfeines weißes Pulver. — $C_2H_5OSeOO\cdot CH_3$, $Kp._{11}$ 69—71°, durch 2 tägiges Schütteln der vorst. Verb. mit überschüssigem CH_3J in einer braunen Flasche. A. BLASCHETTE. 254 □

Untersuchungen an Selen-Sauerstoff-Verbindungen. 12. Mitt. **Die Konstitution alkoholischer Alkalihydrogen- und Alkalidiselenitlösungen sowie die Schwingungsspektren von Alkylselenitionen.** R. Paetzold und E. Rönsch. (Z. anorg. allg. Chem. **315.** 64—71. April 1962; dt.) — 11. vgl. vorst. Referat. — Die RAMAN-Spektren gesätt. Lsgg. von $NaHSeO_3$ u. $KHSeO_3$ in Methanol u. A. u. von Lsgg. der entsprechenden *Alkalialkylselenite* $ROSeO_2Me$ ($R = CH_3$, C_2H_5; $Me = K$, Na) sind identisch. Hydrogenselenitionen werden demnach von Methanol bzw. A. verestert. Ebenso werden Diselenitionen durch Methanol bzw. A. gespalten u. verestert. Vff. nahmen die RAMAN-Spektren von gelösten u. festen Alkalialkylseleniten u. die IR-Spektren von Alkalialkylseleniten in Nujol bzw. Tripen auf. Die Zuordnung der beobachteten Banden wird diskutiert. P. SARTORI. 254□

Untersuchungen an Selen–Sauerstoff-Verbindungen. 13. Mitt. **Bildung und Darstellung von $SeOF_2$ und $SeOCl_2$.** R. Paetzold und K. Aurich. (Z. anorg. allg. Chem. **315.** 72—77. April 1962; dt.) — 12. vgl. vorst. Referat. — *$SeOF_2$* (I) läßt sich aus $SeOCl_2$ (II) u. Benzoylfluorid, Kaliumfluorosulfit FSO_2K oder KHF_2 nur in unreiner Form u. schlechter Ausbeute darstellen. Glatt gelingt die Darst. aus **II** u. KF. **II** läßt sich einfach aus SeO_2 u. $SOCl_2$ nach $SeO_2 + SOCl_2 \rightarrow SO_2 + \textbf{II}$ gewinnen.

Versuche: *$SeOF_2$*, a) durch Zutropfen von $^1/_2$ Mol **II** zu 4 Mol FSO_2K, Ableiten von SO_2, bis das Rk.-Gemisch erkaltet ist, Evakuieren über eine auf —78° gekühlte Falle auf 20 Torr, Erhitzen des Rk.-Gefäßes im Luftbad; zwischen 35 u. 53° dest. rohes **I**; braune Fl., nach zweimaliger Kolonnen-Dest. 10 g (15% Ausbeute), $Kp._{17}$ 43—44°, nicht farblos; b) in einem V2A-Zylinder von 250 ml mit Rückflußkühler, absteigendem Kühler u. Rührer aus V2A-Stahl werden 1 Mol gut gepulvertes u. in 24 Std. bei 200° entwässertes KHF_2 mit 0,5 Mol **II** im Ölbad unter Rückfluß auf 150° erhitzt, wobei zuerst HCl, dann HF entweicht; nach Ende der Gas-Entw. Vakuum-Dest. u. zweimalige Dest. in einer Glas-App.; gelb-braune Fl.; 6,2 g; c) 1 Mol KF in 100 ml Glaskolben im Ölpumpenvakuum 8 Std. lang bei 200—300° entwässern, nach Erkalten durch ANSCHÜTZ-Aufsatz mit Tropftrichter u. $CaCl_2$-Rohr **II** zutropfen (Temp. <60—70°), den Salzkuchen 8 Std. lang im Vakuum unter Rückfluß auf 100° erhitzen, im Wasserstrahlpumpenvakuum **I** abdestillieren, bei 9 Torr durch 30-cm-VIGREUX-Kolonne redestillieren; $Kp._9$ 34,5°; schwach gelbliche Fl., Reinigung durch nochmaliges Auftropfen auf KF, Zers. des gebildeten $KSeOF_3$ durch starkes Erhitzen; 79% Ausbeute. — *$SeOCl_2$*, $Kp._8$ 66°, schwach gelbe Fl., aus 4,1 Mol SeO_2 durch Zutropfen von zunächst $^4/_3$ Mol $SOCl_2$ (Temp. zwischen 50 u. 60°), Erwärmen des Rk.-Gemisches bis zur teilweisen Verflüssigung u. Fortsetzung der $SOCl_2$-Zugabe (insgesamt 4 Mol) unter ein- bis zweimaligem Wiederaufschmelzen; nach Ende der $SOCl_2$-Zugabe 4 Std. lang zum schwachen Sieden erhitzen, nach Erkalten in das rotbraune Rohprod. Cl_2 bis zum Farbumschlag nach Gelb einleiten, **II** vom überschüssigen SeO_2 abdestillieren. P. SARTORI. 254□

Tetramere Borazine: Ein neues Bor–Stickstoff-Ringsystem. H. S. Turner und R. J. Warne. (Proc. chem. Soc. [London] **1962.** 69—70. Febr. Teddington, D.S.I.R., Nat. Chem. Labor.; engl.) — Borhalogenide BX_3 bilden mit α-C-trisubstituierten Alkylaminen RNH_2 tetramere Borazine der Zus. $(RNBX)_4$. *N-tert.-Butyl-B-chlortetraborazin*, weißer, in nichtpolaren Lsgm. leichtlösl. Körper, F. 248°, reagiert wegen ster. Hinderung u. Abschirmung des B-Atoms nicht oder wenig mit W. u. Organometall-Verbb., wohl aber mit KSCN zu *N-tert.-Butyl-B-isothiocyanatotetraborazin.* ^{11}B-kernmagnet. Resonanzmessungen (chem. Verschiebung gegen BCl_3 17,4 ppm), elektr. Eigg. u. Hydrolyse nach einer S_N1-Mechanismus sprechen für einen 8-Ring in der Bootform. H. BÜRGER. 258□

Tetrafluorcyclodisilthian. Kurze Mitt. V. Gutmann, P. Heilmayer und K. Utvary. (Mh. Chem. **92.** 942—43. 1961. Wien, TH, Inst. für Anorg. u. Allg. Chem.; dt.) — Vff. erhielten durch Einw. von SiF_4 auf SiS_2 bei 1000° im Quarzrohr (Kreislauf-App.) *Tetrafluorcyclodisilthian* (I), $F_4S_2Si_2$, F. —80°, Kp. —18°; Dampfdruck (zwischen F. u. Kp.): $\log p = 9{,}224 - 1{,}616 \cdot 10^3 \cdot T^{-1}$; Verdampfungswärme 7,4 kcal/Mol. **I** zerfällt langsam in die Ausgangsprodukte. G. ZANKL. 261□

Darstellung und Eigenschaften von Diarsin. P. J. Fensham. (J. inorg. nuclear Chem. **23.** 139—41. Dez. 1961, herausgeg. März 1962. Carlton, Victoria, Univ. of Melbourne, Chem. Dep.; engl.) — *As_2H_4* (**I**) bildet sich neben AsH_3 (**II**) u. einem rotbraunen Festkörper (**III**) bei der Rk. von $AsCl_3$ mit $LiAlH_4$ in Ae. bei —190°. **I** zerfällt bei —100° in **II** u. **III**, läßt sich vorsichtig umkondensieren, gibt mit W. As_2O_3 u. H_2 u. hat allgemein reduzierende Eigenschaften. Mit Benzaldehyd (**IV**) liefert **I** neben braunem Arsenhydrid einen braunen, C- u. As-haltigen, als $C_6H_5CHAs_2H_2$ oder $C_6H_5CHAs_2CHC_6H_5$ angesprochenen Stoff wechselnder Zus., der mit KOH **IV** zurückbildet. $CoCl_2$ u. HgJ_2 scheinen unterhalb —30° mit **I** ein Addukt zu bilden. H. BÜRGER. 265□

Phasengleichgewichte fest–flüssig für Gemische von Lithium-, Natrium- und Kaliumcarbonaten. George J. Janz und Max R. Lorenz. (J. chem. Engng. Data **6.** 321—23. Juli 1961. Troy, N.Y., Rensselaer Polytechn. Inst., Dep. of Chem.; engl.) — Vff. teilen die Ergebnisse von thermoanalyt. Unterss. der Syst. Li_2CO_3–Na_2CO_3, Li_2CO_3–K_2CO_3 u. Li_2CO_3–Na_2CO_3–K_2CO_3 mit, die zur genauen Best. der Phasengleichgewichte fest-flüssig angestellt wurden u. frühere Werte verbessern. Im Syst. Li_2CO_3–K_2CO_3 bilden sich eine bei 504,5 ± 1° kongruent schm. Verb. *$LiKCO_3$* u. 2 Eutektika mit 42,7 u. 62,0 Mol % Li_2CO_3, deren FF. bei 498 bzw. 488° liegen. Wurden die Schmelzen im Bereich der Eutektika nicht mit $LiKCO_3$-Kristallen geimpft, so sanken die eutekt

Temp. auf 460 bzw. 465°. Vff. halten es für möglich, daß $LiKCO_3$ eine zweite kristalline Modifikation bildet, die bei niederen Temp. stabil ist, u. daß diese Phase bei den niedrigeren eutekt. Temp. ausfriert. Die FF. von reinem Li_2CO_3 u. K_2CO_3 wurden zu 726 bzw. 899° bestimmt. Das Syst. Li_2CO_3-Na_2CO_3 entspricht dem einfachen eutekt. Typ u. bildet bei 501° ein Eutektikum. Das tern. Syst. Li_2CO_3-Na_2CO_3-K_2CO_3 zeigt die 3 Kristallisationsbereiche für Li_2CO_3, $LiKCO_3$ u. die feste Lsg. Na_2CO_3-K_2CO_3. Die 3 Bereiche treffen sich zu einem einfachen tern. Eutektikum bei 397 ± 1° mit dem Mol-%-Verhältnis $Li_2CO_3 : Na_2CO_3 : K_2CO_3 = 43{,}5 : 31{,}5 : 25{,}0$. H. FRIES. 275□

Röntgenographische und thermische Untersuchung von Schmelzen des Systems Na_2SO_4-$CaSO_4$. Je. I. Speranskaja und I. B. Barskaja. (Журнал Неорганической Химии [J. anorg. Chem.] **6.** 1392—96. Juni 1961. Akad. der Wiss. der UdSSR, Kurnakow-Inst. für allg. u. anorg. Chem.; russ.) — Vff. untersuchen das Syst. Na_2SO_4-$CaSO_4$ röntgenograph. (Fe-Strahlung) u. thermoanalytisch. Die Liquiduskurve besteht aus 2 Kristallisationsarten von $CaSO_4$ u. einer Phase wechselnder Zus. mit einer Grenz-Konz. von 51% $CaSO_4$. Die Kurven schneiden sich im eutekt. Punkt von 918° bei 49% $CaSO_4$. Es wird die Bldg. von *$Na_4Ca(SO_4)_3$* festgestellt. Die Rk. von Na_2SO_4 mit $CaSO_4$ tritt bereits in fester Phase oberhalb des Umwandlungspunktes von Na_2SO_4 bei 250° ein. Thermogramme von Mischungen verschiedener Zus. sind angegeben. D. HOENE. 283□

Die thermische Zersetzung einiger Tetrajodomercurate. Edward A. Heintz. (J. inorg. nuclear Chem. **21.** 64—68. Dez. 1961. Niagara Falls, N.Y., Union Carbide Metals Co., Metals Res. Labor.; engl.) — Die therm. Zers. der Tetrajodomercurate von Cu(I), Ag(I), Hg(I), Tl(I) u. Pb(II) wurde thermogravimetr. bis 1350° in Luft untersucht. Die Zers.-Kurven werden mitgeteilt. Der Umwandlungspunkt (orange- nach scharlachfarben) des thermochromen Tl_2HgJ_4 wurde mit 187,0 ± 1,0° erstmalig bestimmt. Die Cu-Verb. wurde durch Red. einer wss. Lsg. von Cu(II) -sulfat mit SO_2 in Ggw. der stöchiometr. Menge K_2HgJ_4 dargestellt, die übrigen Tetrajodomercurate durch Zugabe einer wss. Lsg. von K_2HgJ_4 zu den entsprechenden Metallnitratlösungen. — *Cu_2HgJ_4*: Bis 220° stabil, dann Zers. zu CuJ u. flüchtigem HgJ_2; bevor sich alles HgJ_2 verflüchtigt hat, erfolgt ab 450° Bldg. von CuO, welches bei 1050° in Cu_2O übergeht. — *Ag_2HgJ_4*: Stabil bis 900°, dann schnelle Zers. unter Verlust von J_2 u. HgJ_2 bzw. Hg; bei 1330° bleibt ausschließlich metall. Ag zurück. — *Hg_2HgJ_4*: Stabil bis 120°, beim Kp. von HgJ_2 (340°) fast vollständige Verdampfung, bei 460° kein Rückstand. — *Tl_2-HgJ_4*: Stabil bis 225°, dann sublimiert HgJ_2 ab u. als Rückstand bleibt TlJ (ab 560° merklicher Dampfdruck, Kp. 825°). — *$PbHgJ_4$*: Stabil bis 180°, dann sublimiert HgJ_2 ab u. es bleibt PbJ_2 zurück; ab 510° Bldg. von PbO; ab 880° verflüchtigen sich über 95% des fl. PbO. H. KUCKERTZ. 290□

Einige von Quecksilbercyanokomplexen abgeleitete Komplexe mit gemischten Liganden. Leonard Newman und David N. Hume. (J. Amer. chem. Soc. **83.** 1795—97. 20/4. 1961. Cambridge, Mass., MIT, Dep. of Chem. and Labor. for Nucl. Sci.; engl.) — Gleichgewichte vom Typ $Hg(CN)_3^- + X^- \rightleftharpoons Hg(CN)_3X^{2-}$ wurden in 10^{-3} m $Hg(CN)_2$-Lsgg., die je 1 Val/Liter Cl^-, Br^-, J^- oder SCN^- enthielten, bei 30° u. der Ionenstärke $\mu = 2{,}0$ mit Hilfe einer polarograph. Meth. untersucht. In allen Fällen, außer mit J^-, wurde eine diskrete Kathodenstufe erhalten, aus deren Analyse sich die Bldg.-Konst. $k_1 = [Hg(CN)_3X^{2-}]/[Hg(CN)_3^-][X^-]$ für *$Hg(CN)_3Cl^{2-}$* zu 0,4, für *$Hg(CN)_3$-Br^{2-}* zu 2,3, für *$Hg(CN)_3SCN^{2-}$* zu 2,9 ergibt. In einer $Hg(CN)_2$-Lsg., die einen großen Überschuß an NaCl enthält, entsteht nach spektrophotometr. Unterss. ein Komplex, für den mit Hilfe der Meth. von JOB die Zus. *$Hg(CN)_2Cl^-$* ermittelt wurde. Daneben bildet sich in geringer Menge *$Hg(CN)_2Cl_2^{2-}$*. Für $Hg(CN)_2Cl^-$ werden nachst. Extinktionskoeff. erhalten: 80 $Mol^{-1} \cdot cm^{-1}$ (228 mμ), 60(229), 50(230), 30(232), 20(234); $k_2 = [Hg(CN)_2Cl^-]/[Hg(CN)_2][Cl^-]$ ergibt sich zu 0,56 ± 0,05 bei $\mu = 4{,}0$ ($NaClO_4$). A. BLASCHETTE. 290□

Vinylaluminiumverbindungen. Bodo Bartocha, A. J. Bilbo, D. E. Bublitz und M. Y. Gray. (Z. Naturforsch. **16 b.** 357—61. Juni 1961. Corona, Calif., U.S. Naval Ordn. Labor., Chem. Div.; engl.) — Vgl. C. **1961.** 14956. — Vinylaluminium-Verbb. können aus Al-Halogeniden, Al-Metall oder -Hydrid u. einer Vinyl-GRIGNARD-Verb. bzw. einer anderen vinylierenden Substanz gewonnen werden. Das Trivinylaluminium-1-Tetrahydrofuran-Addukt (**I**) entsteht aus $AlCl_3$ u. überschüssigem $(CH_2CH)MgCl$ in Tetrahydrofuran (THF). Reines Trivinylaluminium (**II**) erhält man aus granuliertem Al u. $(CH_2CH)_2Hg$ (**III**) in Pentan. Beim Stehen bei Raum-Temp. polymerisiert es allmählich. Mit Ae. bildet sich das Addukt $(CH_2CH)_3Al \cdot O(C_2H_5)_2$ (**IV**), mit Trimethylamin (**V**) der Komplex $(CH_2CH)_3Al \cdot N(CH_3)_3$, der sich auch aus $AlCl_3 \cdot N(CH_3)_3$ (**VI**) u. Vinylnatrium (aus **III** u. einer Na-Suspension) in Pentan oder aus $AlH_3 \cdot N(CH_3)_3$ (**VII**) mit **III** in Ae. gewinnen läßt. Letztere Rk. wird allg. von Verbb. mit Al–H-Bindungen gegeben. So reagiert $LiAlH_4$ gemäß $LiAlH_4 + 2\,III \rightarrow LiAl(CH{=}CH_2)_4 + 2\,H_2 + 2\,Hg$. Bei Einw. von Pyridin auf **II** oder **IV** bildet sich $(CH_2CH)_3Al \cdot NC_5H_5$.

Versuche: *Trivinylaluminium-1-Tetrahydrofuran* (**I**), $C_{10}H_{17}AlO$, Kp.$_2$ 86°, durch Zutropfen von 66,8 g $AlCl_3$ in 600 ml THF unter Rühren u. Kühlen (0°) zu 156 g $C_2H_3 \cdot MgCl$ in 700 ml THF, 48std. Erhitzen auf 50—60°, Kühlen auf 0°, Filtrieren unter N_2, Eindampfen im Vakuum auf 300 ml, Fraktionieren nach Zusatz von 250—300 ml Paraffinöl; 29,0 g. — *Trivinylaluminium* (**II**), C_6H_9Al, Kp.$_1$ 55° (frisches Präp.), durch Erhitzen von 6 g Al-Granalien (20—30 mesh) mit 2 g **III** in 150 ml Pentan, bis sich Hg abscheidet, Kühlen auf 0°, Versetzen mit 83 g **III** u. weiterem Al in Portionen von 3—5 g (80 g in ca. 4 Std.), Filtrieren, Eindampfen (alle Operationen unter trockenem N_2). — *Trivinylaluminium-T-trimethylamin*, $C_9H_{18}AlN$, F. —94°, Kp.$_{0,001}$ 45°, a) durch 16std. Kochen von 8,9 g **VII** u. 44,5 g **III** in 150 ml Ae.; schwachgelbe Fl.; b) durch Zutropfen von 19,2 g **VI** in 200 ml abs. Ae. zu 16,5 g C_2H_3Na in Ae. unter Rühren u. Kühlen, mehrstd. Kochen, Filtrieren u. Fraktionieren; c) aus **I** oder **II** oder **IV** u. **V**. — *Trivinylaluminium-1-Diäthyläther* (**IV**), $C_{10}H_{19}AlO$, F. —54,5°, Kp.$_1$ 60°, durch 1std. Rühren von 15,0 g **II** u. 30 ml Ae. (über $LiAlH_4$ dest.) in Pentan; wasserklare Flüssigkeit. — *Trivinylaluminium-1-Pyridin*, $C_{11}H_{14}AlN$, F. 43,8°, durch Aufkondensieren von 2,0 g Pyridin auf 3,3 g **I** u. Erwärmen von der Temp. des fl. N_2 auf 20°, Sublimieren bei 50° u. 10^{-3} Torr. — *Vinylaluminiumhydrid-1-Trimethylamin*, $C_5H_{14}AlN$, F. 99—100° (Zers.), durch Zutropfen (1 Std.) von 24,5 g **III** in 35 ml Ae. zu 17,8 g **VII** in 100 ml Ae., Kochen am Rückfluß über Nacht, Filtrieren u. Eindampfen; weißer Rückstand. — *Lithiumtetravinylalanat*, $C_8H_{12}AlLi$, durch Aufkondensieren von 11,4 g **III** auf 7,6 g $LiAlH_4$ (100 mesh) in 100 ml abs. Ae., Erwärmen auf 20° u. 16std. Rühren, Filtrieren unter N_2, Eindampfen u. Extrahieren mit Bzl.; feine weiße Nadeln; Zers. bei 180°; pyrophor.

A. BLASCHETTE. 294□

Beitrag zur Untersuchung der Chemie des Galliums und seiner Verbindungen. Pierre de la Bretèque. (Bull. Soc. chim. France **1961**. 2364—73. Dez. Marseille, Soc. Franç. pour l'Ind. de l'Aluminium, Inst. de Rech.; franz.) — Vgl. C. **1961**. 14212. — Die scheinbare Löslichkeit von Ga(III) in W. wird im pH-Bereich 0,5—14 durch Zusatz von NaOH zu $GaCl_3$-Lsgg. bzw. von HCl zu Lsgg. von $Na[Ga(OH)_4]$ (**I**) ermittelt u. graph. mitgeteilt. Bei pH 0,5 bzw. 14 werden sehr konz. (ca. 800 g Ga/Liter), vollkommen klare u. hochviscose Lsgg. erhalten; am I. P. (pH 6,9) sinkt die Löslichkeit in Abwesenheit überschüssiger Na^+- bzw. Cl^--Ionen auf 0,8 mg Ga/Liter. Die Zus. der Lsgg. entspricht im sauren Gebiet exakt der Formel $GaCl_3$, im alkal. **I**, am I. P. $Ga(OH)_3$. Der Grenzwert der Löslichkeit bei pH > 7 ist somit $f = Na_2O/Ga_2O_3 = 1$. Derartige Lsgg. mit 22 oder auch 110 g Na_2O/Liter waren über ein Jahr lang beständig. Die Ausfällung von $Ga(OH)_3$ beginnt je nach Konz. der Lsgg. bei unterschiedlichen pH-Werten. Bei mehrstd. Erhitzen einer $GaCl_3$-Lsg. vom pH-Wert 0,5 entsteht infolge HCl-Abgabe eine Lsg. vom pH-Wert 1 von gleicher Ga-Konz., jedoch mit Ga/Cl = 1, entsprechend der Zus. GaOCl; sie hydrolysiert bei pH < 4 in einigen Tagen spontan, bei Zusatz von W. (pH > 4) sofort zu $GaCl_3$ u. $Ga(OH)_3$. Zur Herst. hochkonz., reiner **I**-Lsgg. eignet sich bes. die direkte Auflsg. von metall. Ga in konz. NaOH. Diese Rk. verläuft mit genügend hoher Geschw., wenn durch Verw. eines Gefäßes aus Edelstahl [Cr-Ni-Mo-Stahl 18-10-3 (**II**)] für die Ausbldg. eines kurzgeschlossenen elektrochem. Syst. gesorgt wird. Der Stahl wird durch Ga bei 100—105° in einigen 100 Std. nicht angegriffen. Bes. geeignet ist die Verw. von Lsgg. mit 60—470 g NaOH/Liter bei 100—105°. Bei Konzz. >500 g NaOH/Liter scheiden sich festes $Ga(OH)_3$ oder **I** aus. Mit KOH verläuft die Rk. analog, jedoch etwas langsamer. Weniger konz. bzw. weniger reine **I**-Lsgg. werden durch Auflösen von $Ga(OH)_3$ in konz. NaOH oder durch Schmelzen von Ga_2O_3 mit NaOH u. Aufnehmen in W. erhalten. Die Dichten von **I**-Lsgg. bei 20° werden in Abhängigkeit von der Konz. (bis 800 g Ga/Liter bzw. 500 g NaOH/Liter) graph. mitgeteilt. Eine Lsg. mit $D.^{20}$ 2,225 u. f = 1 entspricht der stöchiometr. Zus. $Na[Ga(OH)_4] \cdot 2\,H_2O$. Das Verhältnis $D.^{20}/D.^t$ besitzt für **I**-Lsgg. u. reines W. prakt. den gleichen Wert. — Die elektrolyt. Abscheidung von Ga aus **I**-Lsgg. wird eingehend unter verschiedenen Bedingungen (Konz., Elektrodenmaterial, kath. u. anod. Stromdichte, Elektrolytvol., Temp., EMK, Bewegung des Elektrolyten, Gefäßmaterial) untersucht. Lsgg. mit f = 1 lassen sich im Konz.-Bereich 0,5—800 g Ga/Liter elektrolysieren; ein Überschuß an NaOH ist nicht erforderlich. Als Anode eignet sich Pt, Fe, Cu, Graphit, Ni, Edelstahl, W, als Kathode Edelstahl, der sich rasch mit Ga bedeckt, als Gefäßmaterial Glas oder besser Kunststoff (PVC, Polyäthylen, Teflon). Die Geschw. der Ga-Abscheidung als Funktion der Konz. an **I** bzw. an NaOH wird unter nachst. Bedingungen ermittelt u. graph. mitgeteilt: Kathoden aus **II** (15 A/dm²), Anoden aus reinem Ni (5 A/dm²), Abstand 18 mm, Elektrolyt-Vol. 2,25 Liter/dm² der Kathode, Temp. ca. 70°. Die Stromausbeute steigt von ca. 85% bei f = 1 auf ca. 100% bei f = 1,5—2 u. sinkt anschließend gleichzeitig mit dem Ga-Gehalt. In Abwesenheit von Verunreinigungen können 99,5—99,9% des Ga abgeschieden werden. Verunreinigungen von 0,05 g V, Cr, Mo oder Fe je 100 g Ga stören die Abscheidung erheblich; sie kann in solchen Fällen durch abgeänderte Bedingungen (kathod. Stromdichte 4—5 A/dm²; Konz. 20 g Ga/Liter; f = 3; 34—40°) verbessert werden. — Ga_2O_3 geht bei 900—1300° nicht in Ga_3O_4 über. Bei 900° geglühtes Ga_2O_3 läßt sich leicht mit NaOH bei 200—300° aufschließen. Gefälltes $Ga(OH)_3$ bindet große Mengen von Verunreinigungen, z. B. bei Fällung aus schwefelsaurem Medium 2—5 g SO_3/100 g Ga. Zu ihrer Entfernung wird das Hydroxid bei 900° geglüht, das Oxid gemahlen u. gewaschen. Zur Rückgewinnung von Ga aus Rückständen eignet sich nachst. Meth.: In H_2SO_4 lösen, filtrieren, mit NaOH in I überführen, filtrieren, $Ga(OH)_3$ bei pH 6,8 ausfällen u. evtl. umfällen, sulfatfrei waschen, trocknen, einige Min. bei 900° glühen, mahlen, waschen, trocknen, mit festem NaOH (f = 3) im Ni-Tiegel aufschließen, mit W. aufnehmen, filtrieren, elektrolysieren. — Ga_2O_3 wird aus metall. Ga bei 1200° im O_2-Strom erhalten u. durch Mahlen u. erneute Oxydation von Ga u. Ga_2O_3 befreit; Al_2O_3-Tiegel eignen sich hierfür besser als Quarz. A. BLASCHETTE. 295 □

Titandioxid. C. V. Platts. (School Sci. Rev. **43.** 17—34. Nov. 1961. Grimsby, Wintringham Boys' Grammar School; engl.) — Vf. gibt eine Übersicht über das TiO_2 (Entdeckung; in der Natur vorkommende TiO_2-haltige Verbb.; Verteilung der TiO_2-Vork. in der Welt; Hauptfundorte; TiO_2-Herst. aus Ilmenit; Eigg. des TiO_2; industrielle Anwendungen; Ausgangs-Prod. für die Herst. von Ti-Carbid u. organ. Ti-Verbindungen). D. HOENE. 321 □

Potentiometrische Untersuchungen über Oxalatokomplexe von Titan(IV). Sarju Prasad und Jaibeni Prasad Tripathi. (Proc. Nat. Acad. Sci., India, Sect. A **30.** 24—28. 1961. Varanasi, Banaras Hindu Univ., Chem. Labor.; engl.) — Durch potentiometr. Titration von 0,1 m $TiCl_4$-Lsg. in 0,5 n HCl mit 0,20 bzw. 0,25 m Lsgg. von Na-, K- (I), NH_4-Oxalat (II) u. Oxalsäure wird die Existenz nachst. Komplexe erwiesen: $TiCl_2(C_2O_4)$, $Ti(C_2O_4)_2$, $[Ti(C_2O_4)_3]^{2-}$, $[Ti(C_2O_4)_4]^{4-}$. Bei Anwendung von I bzw. II treten zusätzliche Maxima für die Zus. $[Ti(C_2O_4)_5]^{6-}$ u. $[Ti(C_2O_4)_6]^{8-}$ auf. Die Verw. einer Ti-Elektrode an Stelle der Pt-Elektrode führt zu den gleichen, jedoch schwächer ausgeprägten Maxima. F. M. FRIEDRICH-ANDERSECK. 321 □

Chelatverbindungen des Titans mit Salicylaldehyd und Methylsalicylat. A. Yamamoto und S. Kambara. (J. inorg. nuclear Chem. **21.** 58—63. Dez. 1961. Tokyo, Tokyo Inst. of Technol.; engl.) — Werden Tetraalkoxytitan-Verbb. mit Salicylaldehyd (I) oder Methylsalicylat (II) umgesetzt, so bilden sich beim Molverhältnis 1 : 1 Ti-Verbb. mit 5er-Koordination, die 3 Alkoxy- u. eine Chelat-Gruppe enthalten, beim Molverhältnis 1 : 2 Ti-Verbb. mit 6er Koordination mit 2 Alkoxy- u. 2 Chelat-Gruppen. Mehr als 2 Alkoxygruppen konnten bei höheren Konzz. an I oder II nicht durch Chelatringe ersetzt werden. Die Verbb. erleiden an der Luft sehr rasche Zers. unter Rotfärbung, an feuchter Luft erfolgt Hydrolyse zu gelartigen Produkten. Hydrolyseempfindlichkeit sowie die Löslichkeit in organ. Lsgm. (Bzl., A., Ae., PAe.) nehmen mit der Länge der R in den Alkoxygruppen zu. Die IR-Spektren einiger Verbb. werden mitgeteilt, diskutiert u. mit denen der Acetylaceton- u. Äthylacetoacetat-Titan-Chelate verglichen.

Versuche: Bei Addition von 0,01 Mol $Ti(OR)_4$ ($R = -C_2H_5$, $-n-C_3H_7$ $-n-C_4H_9$) zu 0,01—0,03 Mol I bzw. II erwärmt sich die Rk.-Mischung unter Gelbfärbung. Nach 10 Min. Abdest. des Lsgm. u. gebildeten Alkohols bei vermindertem Druck (N_2-Atmosphäre) u. Umkristallisation der gelben Kristalle bzw. Reinigung der hochviscosen Fl. durch Molekulardest.: $(H_5C_2O)_3Ti[OC_6H_4CHO]$, F. 131—132°, gelbe Prismen, $(H_7C_3O)_3Ti[OC_6H_4CHO]$, F. 49—53°, gelbe Prismen, $(H_9C_4O)_3Ti[OC_6H_4CHO]$, F. 36—41°, gelbe Prismen, $[H_5C_2O]_3Ti[OC_6H_4CO_2CH_3]$, F. 92—95°, hellgelbe Prismen, $(H_5C_2O)_2\cdot Ti[OC_6H_4CO_2CH_3]_2$, hellgelbe viscose Fl., n_D^{25} 1,612. H. KUCKERTZ. 321 □

Elektrometrische Untersuchungen über die Fällung von Arseniten des Bleis als Funktion des pH. Ram Sahai Saxena und Gyan Prakash Saxena. (J. electroanalyt. Chem. [Amsterdam] **2.** 242—48. Mai/Juni 1961. Kota, India, Gov. Coll., Chem. Labor.; engl.) — Die Bldg. u. Zus. von Pb-Arseniten wurden bei pH 9,85, 11,25 u. 12,28 mit Hilfe potentiometr. Titrationen von $Pb(NO_3)_2$ (I) mit $NaAsO_2$ (II) bzw. umgekehrt unter Verw. von Pt als Indicatorelektrode u. einer Kalomel-Vgl.-Elektrode untersucht. Bei den Titrationen verhält sich das Pt im Kontakt mit Pb^{2+}-Ionen u. PbO wie eine Pb-PbO-Elektrode, deren Potential überwiegend von der Pb^{2+}-Konz. u. damit vom pH-Wert abhängt. Die Titrationskurven haben die normale Form, Zugabe von A. verbessert den Endpunkt geringfügig, da die Adsorption von AsO_2^--Ionen u. die Löslichkeit der Arsenit-Ndd. herabgesetzt werden; KNO_3 verbessert den Endpunkt durch Koagulation des Arsenitsols u. verkürzt somit die Titrationszeit. Auf die Natur der Titrationskurven haben Zugabe von A. oder Elektrolyt keinen Einfluß. Es entstehen 3 definierte Verbb.

der Form $nPbO \cdot As_2O_3$: Bei dem mol. Verhältnis I : II = 1 : 2 bei pH 9,85 *$Pb(AsO_2)_2$*; bei pH 11,25 *$Pb_2As_2O_5$* aus 2 I u. $Na_4As_2O_5$ u. bei pH 12,28 das normale *$Pb_3(AsO_3)_2$* aus 3 I u. 2 Na_3AsO_3. Die Zus. der Verbb. hängt von den Fällungsbedingungen, bes. von der Konz. des zur Darst. von II verwendeten Alkalis ab u. ist somit eine Funktion des pH.

P. SCHARNER. 328□

Sulfurierung von Natriummetavanadat durch Schwefelwasserstoff. Gabriel Tridot und Abel Buisine. (Bull. Soc. chim. France **1961.** 1158—62. Juni. Lille, Fac. des Sci., E.N.S.C.L., Labor. de Chim. Appl.; franz.) — Kinetik u. Mechanismus der Rk. von festem $NaVO_3$ mit H_2S werden in Abhängigkeit von der Temp. untersucht. Die Gew.-Zunahme bei steigender Temp. im H_2S-Strom beginnt bei ca. 100° u. erreicht bei ca. 500° einen Sättigungswert, der der Zus. *$NaVS_2O$* (I) entspricht. Unter isothermen Bedingungen zwischen 154 u. 420° wird der gleiche Grenzwert des Gew. um so schneller erreicht, je höher die Temp. ist. Das End-Prod. I besitzt ein charakterist. Pulverdiagramm. Da $NaVO_3$ im Bereich 0—500° keine Polymorphie zeigt, muß die Rk. $NaVO_3$ (fest) + 2 H_2S (gasförmig) → I (fest) + 2 H_2O (Dampf) abgelaufen sein. Unterhalb 310° gilt das Zeitgesetz $(\Delta P)^2 = k\,t$, oberhalb dieser Temp. $\Delta P = A \cdot \log (B\,t + 1)$, mit ΔP = Gew.-Zunahme je Mol $NaVO_3$, A u. B = const. Die abrupte Zunahme der Rk.-Geschw. bei ca. 310° beruht wahrscheinlich auf einer Steigerung der Kristallisations-Geschw. von I. In der ersten Rk.-Phase ist die Geschw. ($= v_0$) konst., unabhängig von der Diffusion der Rk.-Partner u. abhängig von der Temp. gemäß $v_0 = 0{,}21 \cdot \exp (9{,}27 \cdot 10^{-3}\,t)$. Die Rk. verläuft ohne Bldg. von $NaVSO_2$ als Zwischenprod.; das Verhältnis S/V im Rk.-Gemisch nimmt dementsprechend bei konst. Temp. linear mit ΔP zu. — I, $D.^{20}$ 3,241, ist dunkelviolett, gut lösl. in W. unter Bldg. von V(IV) u. elementarem S. Beim Ansäuern einer frischen violetten Lsg. von I fällt schwarzes ~ *$VS_{5,2}$* aus, das durch sd. H_2O_2 zu VO_4^{3-} u. S oxydiert wird. Eine frische I-Lsg. liefert mit H_2O_2 ebenfalls V(V) u. S.

A. BLASCHETTE. 330□

Einwirkung von Schwefelwasserstoff auf Ammoniummetavanadat-Lösungen. Abel Buisine und Gabriel Tridot. (Bull. Soc. chim. France **1961.** 1163—64. Juni; franz.) — Vgl. vorst. Referat. — Beim Einleiten von H_2S in eine gesätt. wss. NH_4VO_3-Lsg. (0,0493 Mol/Liter) ändert sich die Farbe von Gelb über Dunkelgrün nach Schwarz; endlich fällt ein schwarzer, gelatinöser Nd. aus, während die überstehende Lsg. prakt. farblos wird. Das schwarze, amorphe Prod. (I) zeigt nach Waschen mit Aceton u. längerer Extraktion mit CS_2 ein Verhältnis S/V = 1/1; je Mol NH_4VO_3 werden zu seiner Bldg. 2 Mol H_2S gebunden. Bei der therm. Zers. bei 500° liefert es H_2S u. *VO_2*. Hieraus folgt, daß I die Zus. *$VO_2(SH_2)$* bzw. *$VO(OH)(SH)$* besitzt. Die Bldg. verläuft nach 2 NH_4VO_3 + 4 H_2S → 2 I + S + $(NH_4)_2S$ + 2 H_2O. A. BLASCHETTE. 330□

Über das Vanadin(III)-oxidchlorid VOCl. Harald Schäfer und Friedel Wartenpfuhl. (J. less-common Metals [Amsterdam] **3.** 29—33. Febr. 1961. Münster, Univ., Anorgan.-chem. Inst.; dt.) — VOCl wurde durch Erhitzen von VCl_3 + V_2O_3 in einem evakuierten Quarzeinschmelzrohr im Temp.-Gefälle (Gemisch der Ausgangssubstanzen bei 720°; leere Rohrhälfte bei 620°; Rk.-Dauer ca. 2 Tage) in Form rotbrauner, bis 5 mm langer Kristalle erhalten. Es ist isotyp mit TiOCl, rhomb. mit a = 3,78, b = 3,30, c = 7,91 Å, Z = 2, D_{2h}^{13}, D. (berechnet) 3,45, $D.^{25}$ (pyknometr.) 3,44. VOCl ist paramagnet. mit einem bei 90—295° K wenig von der Temp. abhängigen Wert $\chi_m = 255 \cdot 10^{-6}$. Im Hochvakuum erfolgt bei ca. 620° Zers. zu VCl_3 u. einem Oxid. VOCl ist mit der Rk. VOCl + 2 VCl_4 (gasförmig) ⇌ $VOCl_3$ (gasförmig) + 2 VCl_3 (gasförmig) im Temp.-Gefälle transportierbar. Für die Bldg.-Enthalpie u. die Normalentropie werden Werte von $\Delta H = -149$ kcal/Mol bzw. $S = 19 \pm 2$ Entropieeinheiten empfohlen.

W. BETCKE. 330□

Beiträge zur Chemie der Elemente Niob und Tantal. 27. Mitt. **Niobtetrabromid und die Niobtribromid-Phase.** Harald Schäfer und Kurt-Dietrich Dohmann. (Z. anorg. allg. Chem. **311.** 134—39. Aug. 1961; dt.) — 26. vgl. C. **1961.** 7158; vgl. vorst. Referat. — In einem Einschlußrohr, das auf 300° erhitztes Nb u., räumlich davon getrennt, auf 200° erhitztes $NbBr_5$ enthält, scheidet sich im mittleren Temp.-Bereich in einigen Tagen *$NbBr_4$* in Form großer, dunkler, äußerst feuchtigkeitsempfindlicher Nadeln ab. Es ist diamagnet. u. nach Pulveraufnahmen isostrukturell mit $NbCl_4$; die tiefblaue Lsg. in verd. HCl wird an der Luft zur farblosen Nb(V)-Stufe oxydiert. *Niobtribromid* (I) entsteht auf gleichem Wege bei höherer Temp., da es mit der Rk. $NbBr_3$ (fest) + $NbBr_5$ (gasförmig) ⇌ 2 $NbBr_4$ (gasförmig) im Temp.-Gefälle (450/400°) transportierbar ist. Das entstehende I ist in seiner Zus. stark vom Nb-Geh. der Gasphase abhängig. Aus den DEBYE-Diagrammen folgt, daß das mit $NbCl_3$ isostrukturelle I einen ausgedehnten homogenen Phasenbereich besitzt, der sich von Nb_3Br_8 bis ~ $NbBr_3$ erstreckt. I ist schwarz, unter dem Mikroskop braun, spaltbar (Schichtgitter) u. nur bei hohem

Br-Geh. feuchtigkeitsempfindlich. Es ist unlösl. in W., HCl u. organ. Lsgm., wird durch heißes konz. HNO_3 oder H_2SO_4 zur Nb(V)-Stufe oxydiert, von wss. HF unter Oxydation durch O_2 u. Komplex-Bldg. gelöst u. beim Erhitzen an der Luft in $NbOBr_3$ u. Nb_2O_5 umgewandelt. A. BLASCHETTE. 331 □

Substituierte Metallcarbonyle mit Liganden, die Schwefel als Donatoratom enthalten. F. A. Cotton und F. Zingales. (Inorg. Chem. [Washington] **1.** 145—47. Febr. 1962. Cambridge, Mass., MIT, Dep. of Chem.; engl.) — Vff. berichten über Darst. u. Eigg. substituierter Metallcarbonyle, deren Liganden 2fach kovalent gebundenes S als Donatoratom enthalten. Durch direkte Rk. der Liganden L mit Cycloheptatrien-molybdäntricarbonyl (I) wurden fünf Verbb. des Typs $MoL_3(CO)_3$ mit L = $(CH_3)_2S$, $(C_2H_5)_2S$, $(CH_2)_4S$, $(NH_2)_2CS$ u. CH_3CSNH_2 dargestellt. Alle Verbb. sind gelbe, kristalline Substanzen. Die Thioharnstoff- u. Thioacetamid-Verbb. sind mindestens 1 Jahr lang im Vakuum u. mindestens 1 Woche lang an der Luft stabil, die Diäthyl- u. Tetramethylensulfid-Verbb. sind im Vakuum einige Wochen lang, an der Luft nur wenige Std. lang beständig. Die Dimethylsulfid-Verb. zersetzt sich sofort an der Luft u. ist im Vakuum nur einige Std. lang stabil, was auf die Flüchtigkeit des Liganden zurückzuführen ist. Die Lsgg. aller Verbb. sind sehr luftempfindlich; Lichtempfindlichkeit wurde nicht beobachtet. Die Frequenzen der CO-Streckschwingungen zeigen, daß die Dialkylsulfide eine ausgeprägte Tendenz aufweisen, als π-Acceptoren zu fungieren, wenn auch nicht so stark wie die analogen Phosphine u. Arsine. Die C=S-Verbb. wirken ebenfalls als π-Acceptoren, wenn auch in bedeutend geringerem Maße.

Versuche: *Tricarbonyl-tris-[tetramethylensulfid]-molybdän*, $C_{15}H_{24}MoO_3S_3$, aus 1 g $(CH_2)_4S$ u. 0,8 g I in 5 ml Bzl. unter N_2 durch Abdestillieren des Bzl. im Vakuum, Lösen des Rückstandes in CH_2Cl_2, Filtrieren unter N_2, Ausfällen mit PAe., Abfiltrieren unter N_2, Waschen mit PAe. u. Trocknen im Hochvakuum; hellgelbe Kristalle. — *Tricarbonyl-tris-[dimethylsulfid]-molybdän*, $C_9H_{18}MoO_3S_3$, aus 0,75 g $(CH_3)_2S$ u. 0,8 g I analog vorst. Verb.; gelbe Kristalle. — *Tricarbonyl-tris-[diäthylsulfid]-molybdän*, $C_{15}H_{30}MoO_3S_3$, aus 5 ml $(C_2H_5)_2S$ u. 0,8 g I in überschüssigem $(C_2H_5)_2S$ als Lsgm. analog vorvorst. Verb.; graugelbe Kristalle. — *Tricarbonyl-tris-[thioharnstoff]-molybdän*, $C_6H_{12}MoN_6O_3S_3$, aus 0,95 g Thioharnstoff in 80 ml A. u. 0,8 g I in 60 ml A. unter N_2, Abfiltrieren nach einigen Min., Waschen mit A. u. Trocknen im Vakuum; gelbe, in organ. Lsgm. unlösl. Kristalle. — *Tricarbonyl-tris-[thioacetamid]-molybdän*, $C_9H_{15}MoN_3O_3S_3$, aus 0,9 g Thioacetamid in 70 ml trocknem Ae. u. 0,8 g I in 60 ml Ae. unter N_2 analog vorst. Verb.; grüngelbe Kristalle, unlösl. in den meisten organ. Lsgm., doch umkristallisierbar aus Tetrahydrofuran u. Petrolather. GERHARD SCHULZE. 336 □

Über das Lanthantriuranat. Jean Moehrlé. (C. R. hebd. Séances Acad. Sci. **245.** 1138—40. 30/9. 1957; franz.) — Gelbes $La_2(U_3O_{10})_3$ (I) entsteht beim Schütteln einer wss. Uranylacetat- oder -nitrat-Lsg. mit La_2O_3 bei Zimmer-Temp. (1 Tag) oder bei 100° (½ Std.). Das wasserhaltige Rk.-Prod. wird bei 350° wasserfrei. Nach konduktometr. u. pH-Messungen verläuft die Rk. gemäß $9\ UO_2(CH_3CO_2)_2 + 4\ La_2O_3 \rightarrow I + 6\ La\cdot(CH_3CO_2)_3$. I ist bis 550° beständig, wird von W. nicht verändert u. gibt bei pH $\geqslant$5,57 U in die Lsg. ab. A. BLASCHETTE. 339 □

Die Photolyse von Uranyloxalat und die Darstellung von Uran(IV)-oxidoxalat und -oxalat. D. Patnaik und B. Sahoo. (Current Sci. **27.** 292—93. Aug. 1958. Cuttack, Ravenshaw Coll., Dep. of Chem.; engl.) — Durch Einw. von Sonnenlicht auf Uranylsalze u. Oxalsäure in wss. Lsg. wird $U(C_2O_4)_2$ als dunkelgrüne Verb. erhalten. Bei 8—10std. Einw. von Sonnenlicht auf die Uranylformiat u. $H_2C_2O_4$ im Verhältnis 1 : 6 enthaltende gesätt. wss. Lsg. entsteht $UO(C_2O_4)\cdot 6\ H_2O$ als schmutziggrüne Substanz. K. ZIELOFF. 339

Die Reduktion von Plutonium durch vierwertiges Uran. Jan Rydberg. (J. inorg. nuclear Chem. **5.** 79—86. 1957. Sundbyberg, Sweden, Res. Inst. of Nat. Def., Dep. 1; engl.) — Ausführliche Mitt. zu der C. **1958.** 9437 referierten Arbeit. A. BLASCHETTE. 343 □

Hydridaddition an einige π-gebundene Olefin–Eisen-Komplexe. M. L. H. Green und P. L. I. Nagy. (J. Amer. chem. Soc. **84.** 1310. 5/4. 1962. Cambridge, Univ., Chem. Labor.; engl.) — Vff. fanden, daß die Entfernung eines H^--Ions von einem Fe–Alkyl-Komplex mit σ-Bindung eine reversible Rk. ist u. daß die Red. von $[\pi\text{-}C_5H_5Fe(CO)_2CH_2{=}CHR]ClO_4$ (R = H, CH_3) mit $NaBH_4$ in Tetrahydrofuran-Lsgg. zu σ-Alkylkomplexen führt. Für R = H entsteht der Äthylkomplex, für R = CH_3 der Isopropylkomplex in guter Ausbeute. Der n-Propylkomplex wurde nicht im Rk.-Prod. gefunden. Nimmt man die Umsetzung des Komplexes mit R = CH_3 in Ggw. eines großen Überschusses von 1-Hexen oder Butadien vor, so findet man ebenfalls nur den Isopropylkomplex. Vff. schließen daraus, daß die Rk. nach einem inneren Mechanismus abläuft u. daß es nicht zur Bldg. des Hydrids $\pi\text{-}C_5H_5Fe(CO)_2H$ mit anschließender Addition an die olefin.

Doppelbindung kommt. Der Angriff des H^--Ions erfolgt möglicherweise entweder am Metall oder an der Cyclopentadienylgruppe, worauf ein Übergang über einen intermediären Cyclopentadienkomplex oder direkt an die Äthylengruppe stattfindet.
Gerhard Schulze. 354 □

Einige Diolefincobaltcarbonyl-Komplexe. G. Winkhaus und G. Wilkinson. (J. chem. Soc. [London] **1961.** 602—05. Febr. London, Imp. Coll., Inorg. Chem. Res. Labor.; engl.) — Aus $Co_2(CO)_8$ (**I**) u. Bicyclo-[2.2.1]-heptadien-(2.5) (**II**; Norbornadien), Cyclohexadien-(1.3) (**III**) bzw. 2.3-Dimethylbutadien-(1.3) (**IV**) oder aus $Co_2(CO)_6 \cdot (C_6H_5C{\equiv}CC_6H_5)$ (**V**) u. **II** werden diamagnet. Komplexe vom Typ *$Co_2(CO)_6$(Diolefin)* (**VI**) u. *$Co_2(CO)_4$(Diolefin)$_2$* (**VII**) erhalten. Die Verbb. sind bei 20° luftbeständig u. zersetzen sich beim Erhitzen in der Reihenfolge **I** < **VI** < **VII**. Ihre Lsgg. in organ. Lsgm., bes. Chlf., sind recht luftempfindlich. Die IR-Spektren in CCl_4 u. CS_2 (2200—1700 cm^{-1}) zeigen charakterist. Frequenzen für end- u. mittelständige CO-Gruppen; das Diolefin hat dabei zwei oder vier endständige CO-Gruppen von **I** ersetzt. Das protonenmagnet. Resonanzspektrum konnte aus Mangel an einem geeigneten Lsgm. lediglich für $Co_2(CO)_4 \cdot$ [2.3-Dimethylbutadien-(1.3)]$_2$ in Chlf. erhalten werden. Im Rk.-Gemisch von **I** mit Isopren bzw. Butadien, aus dem sich keine reinen Verbb. isolieren ließen, wurde die Existenz analoger Komplexe IR-spektroskop. nachgewiesen. Sie bilden sich jedoch nicht bei Verw. von Bicyclo-[2.2.2]-octadien-(2.5), Cyclooctatetraen, Cyclooctadien-(1.5) oder p-Benzochinon.

Versuche (alle Darst. unter N_2!): *Dinorbornadiendikobalttetracarbonyl* (**VIII**), $C_{18}H_{16}Co_2O_4$, Zers. bei 147°, a) aus 2,5 (mMol) **I** u. 50 **II** durch 2std. Kochen in 30 ml PAe. (Kp. 40—60°), Verdampfen des Lsgm. u. des überschüssigen **II** bei 30°/1 Torr u. Umkristallisieren aus Ae.; rote Nadeln; 70% Ausbeute bzgl. **I**; b) durch 2std. Erhitzen von **V** mit überschüssigem **II** in PAe. u. Umkristallisieren aus Äther. — *Norbornadiendikobalthexacarbonyl,* $C_{13}H_8Co_2O_6$, Zers. bei 97°, analog **VIII** aus je 2,5 **I** u. **II**, Reinigung durch Chromatographie über Al_2O_3, Elution mit Bzl./PAe. u. Umkristallisation aus Petroleum bei —40°; rote Nadeln; 5%. Als zweite Fraktion werden 0,3 g **VIII** erhalten. — *Dicyclohexadien-(1.3)-dikobalttetracarbonyl,* $C_{16}H_{16}Co_2O_4$, Zers. >100°, durch 4std. Kochen von 0,86 g **I** u. 1,6 g **III** in 40 ml PAe. (Kp. 60—80°), Eindampfen, Extrahieren mit Chlf., Chromatographieren (Al_2O_3; PAe./Chlf.) u. Umkristallisieren aus Ae.; goldfarbene Plättchen; 6%. — *Bis-[2.3-dimethylbutadien-(1.3)]-dikobalttetracarbonyl,* $C_{16}H_{20} \cdot Co_2O_4$, aus 0,86 g **I** u. 4,1 g **IV** durch 2std. Erhitzen in 40 ml PAe., Eindampfen, Aufnehmen in Ae., Chromatographieren (Al_2O_3), Isolieren der ersten mit PAe./Ae. (85 : 15) eluierten Fraktion u. Umkristallisieren aus Ae.; rote Nadeln; 60%. — *2.3-Dimethylbutadien-(1.3)-dikobalthexacarbonyl,* $C_{12}H_{10}Co_2O_6$, als zweite Fraktion aus vorst. Ansatz, Umkristallisieren aus PAe. bei —20°; rote Nadeln; 5%. A. Blaschette. 355 □

Schwefel-Stickstoff-Verbindungen des Nickels. T. S. Piper. (Chem. and Ind. **1957.** 1101—02. 10/8. Urbana, Ill., Univ. of Illinois, William Albert Noyes Labor.; engl.) — *$NiS_4N_4H_2$*, F. 154,7—155,0° (Zers.), wird als schwarze, kristalline Verb. aus äquimolaren Mengen S_4N_4 u. wasserfreiem $NiCl_2$ in sd. Methanol (nicht in CS_2 oder Bzl.) erhalten. Die Ggw. von H im Mol. folgt aus der Analyse (Genauigkeit ±0,04%) u. dem IR-Spektrum, welches N—H-Valenzschwingungen bei 3230 u. 3100 cm^{-1} aufweist, die nach Austausch mit D_2O in Ae. bei 2430 u. 2320 cm^{-1} auftreten. Die Protonenspinresonanz in THF besitzt eine chem. Verschiebung von —4,6 ppm bzgl. W., entsprechend dem in Methanol gemessenen Wert von $pK_1 = 10{,}9$ ($pK_2 > 12$). A. Blaschette. 356 □

Höhere Oxydationsstufen des Silbers. 1. Mitt. **Reaktion von Ozon mit einfachen Silbersalzen.** J. Selbin und M. Usategui. (J. inorg. nuclear Chem. **20.** 91—99. Nov. 1961. Baton Rouge, La., Louisiana State Univ., Coates Chem. Labor.; engl.) — Wss. Lsgg. von AgF (0,5m), $AgCH_3CO_2$ (0,06m), $AgClO_4$ (0,5m), $AgNO_3$ (0,1m) u. Ag_2SO_4 (0,016m) wurden bei 25—27° während 1—2 Std. mit einem 2—3 Mol-% O_3 enthaltenden O_2-Strom (0,3 Liter/min) behandelt, die schwarzen, kristallinen Prodd. isoliert u. ihre Zus. (Oxydations-Wrkg. gegenüber Oxalsäure, Ag-Geh., R = Oxydations-Wrkg./Ag-Geh.), ihre magnet. Eigg. u. ihre Pulverdiagramme ermittelt. In der vorst. Reihenfolge wurden erhalten: *AgO* (**Ia**), *AgO* (**Ib**), *Ag_4O_5* (**II**) bzw. $Ag_2O_3 \cdot 2\,AgO$ bzw. $Ag_3O_4 \cdot AgO$, *$Ag_7O_8NO_3$* (**III**) bzw. $2\,Ag_2O_3 \cdot 2\,AgO \cdot AgNO_3$, *$Ag_7O_8SO_4$* (**IV**) bzw. $2\,Ag_2O_3 \cdot 2\,AgO \cdot AgSO_4$. **Ib** ist weniger stabil als **Ia**. Beide Oxide sind diamagnet., frei von F^- bzw. $CH_3CO_2^-$ u. liefern im wesentlichen ident. (monokline) Pulverdiagramme. Bei **II** sinkt R innerhalb 24 Std. auf den Wert von AgO. Sein Pulverdiagramm läßt sich einfach kub. mit a = 8,509 ± 0,029 indizieren; daneben treten die Linien des monoklinen AgO auf. Nach 12 Std. wird prakt. nur noch das AgO-Diagramm erhalten. Alle **II**-Prodd. sind paramagnet. ($\chi_m = 1{,}645 \cdot 10^{-6}$ bzw. $800 \cdot 10^{-6}$ nach 24 Std.), vielleicht sogar ferro- oder antiferromagnetisch. Im Diagramm von **III** (kub.-flächenzentriert mit a = 9,895 ±

0,004 Å) erscheinen keine $AgNO_3$-Linien. Die Verb. gibt beim Waschen kein $AgNO_3$ ab, ist verhältnismäßig beständig u. geht lediglich nach 1std. Kochen mit W. in $AgNO_3$ u. unlösl. AgO über. Vielleicht handelt es sich um eine Spinellstruktur mit eingelagertem $AgNO_3$, deren Paramagnetismus ($\chi_m = 3{,}515 \cdot 10^{-6}$ bis $6{,}379 \cdot 10^{-6}$) eher vom Gitter als von Ag^{2+} herrührt. **IV** enthält kein Ag(I), ist weniger stabil als **III**, liefert jedoch ein völlig analoges DEBYE-Diagramm (a = 9,924 ± 0,004 Å) u. ist ebenfalls paramagnet. ($\chi_m = 2{,}350 \cdot 10^{-6}$ bis $14{,}549 \cdot 10^{-6}$). Bei Ozonisierung in Ggw. von Ba^{2+}, Mg^{2+}, Zn^{2+} bzw. Cd^{2+} wird lediglich Cd^{2+} zu 10–15% an Stelle von Ag^{2+} in **II**, **III** oder **IV** eingebaut; gleichzeitig erfolgt Gitteraufweitung u. Verringerung der Stabilität. Bei allen untersuchten Ozonisierungen sank der pH-Wert der Lösungen. Anscheinend wird bei pH >5 lediglich AgO gebildet, während bei pH $<4{,}5$ auch höhere Oxide entstehen können. A. BLASCHETTE. 359□

A₉. Mineralogische und geologische Chemie

Daten von Gesteinsanalysen. 6. Mitt. **Bibliographie und Index von Gesteinsanalysen in der periodischen und Reihenliteratur von Schottland.** Mary Vogt Woodland. (Geochim. cosmochim. Acta [London] **17.** 136–47. Aug. 1959. Washington, D.C., U. S. Geol. Surv.; engl.) – 5. vgl. Geochim. cosmochim. Acta [London] **15.** [1959.] 342; 3. vgl. C. **1958.** 9443. – Die in 84 Literaturstellen veröffentlichten Gesteinsanalysen wurden zusammengestellt u. ein geograph. Index sowie ein Namenindex von 397 analysierten Gesteinen angegeben. ERNST SCHULTE. 378□

Zum Verhältnis Hf/Zr in brasilianischen Zirkonmineralien. Oscar Bergstrom Lourenço. (An. Acad. Brasil. Ci. **31.** 535–36. 31/12. 1959. São Paulo, S.P., Univ. de São Paulo, Escola Politécn.; port.) – Vf. bestimmt mit Hilfe der Röntgenspektroskopie den Faktor F = Hf/Zr·100 von verschiedenen brasilian. Zirkonmineralien. Der ZrO_2-Geh. beträgt 30–83%, der SiO_2-Geh. 6–40%. Untersucht werden Zirkonmineralien von Poços de Caldas (20 Proben), F = 0,76 ± 0,08; von Florânia (Rio Grande do Norte), F = 2,44; von Aguas de Prata (6), F = 0,80 ± 0,24; von Santa Cruz (R.G. N), F = 1,56; von Espírito Santo (Monazitsande), F = 2,21 u. 2,34, u. ein Ilmenitsand von Bahia, F = 1,22. K. HUSTE. 378□

Das Kohlenstoff-Isotopenverhältnis einiger mariner Invertebraten und Kohlen im Australischen Perm. A. C. Cook. (Geochim. cosmochim. Acta [London] **22.** 289–90. März 1961. Chatswood, New South Wales, Australia, Div. of Coal Res.; engl.) – COMPSTON fand 1960 in seiner Arbeit (C. **1962.** 8471) keinen Zusammenhang zwischen Isotopenverhältnis u. chem. Zus. seiner Proben. Vf. schlägt Überarbeitung der Ergebnisse unter Berücksichtigung des verschiedenen Anteils der einzelnen Kohlemineralien vor. WALTER FRANKE. 378□

Der Skarntyp der metamorphen Kupfererzlagerstätten am unteren Jangtse. Tsung-Shan Kuo. (Scientia sinica **6.** 1105–20. Dez. 1957. Ministry of Geol.; engl.) – Vgl. C. **1960.** 5110. – Das Cu-Vork. bei Tungkwanshan, Anhwei Province, in 80–100 m Teufe mit einer Ausdehnung von 500000–800000 m^3 wird stratigraph., mineralog. u. petrolog. eingehend beschrieben. Die Mineralien lassen sich in 2 Gruppen einteilen: 1. Erzmineralien mit Sulfiden, Oxiden u. reinen Elementen, 2. Silicate u. Carbonate. Hauptvertreter sind: Andradit, Diopsid, Wollastonit, Tremolit, Pyrrhotin, Magnetit, Pyrit, Chalcopyrit, Molybdänit, Scheelit u. Cuproscheelit. Weniger häufig sind: Haematit, Bornit, Siderit, Bleiglanz, Sphalerit u. Arsenopyrit. ERNST SCHULTE. 380□

Erzmikroskopische Untersuchungen an Manganerzmineralien von Old-M.P. 1. Mitt. **Dongribuzurg, Bhandara-Distrikt.** S. P. Deshpande. (Proc. Indian Acad. Sci., Sect. A **49.** 165–73. 1 Tafel. März 1959. Nagpur, Univ., Dep. of Geol.; engl.) – Die Erze von der Manganlagerstätte Dongribuzurg, Bhandara-Distrikt, Madhya Pradesch, werden erzmkr. beschrieben. Es handelt sich um *Psilomelan*, *Pyrolusit*, *Polianit* u. *Braunit*, außerdem um ein noch unbekanntes Mineral. Koll. Mikrostrukturen werden beschrieben. J.-E. HILLER. 380□

Quantitative und strukturelle Analyse von Kalabagh-Eisenerz durch physikalisch-chemische Methoden im Hinblick auf seine Aufbereitung. 3. Mitt. **Röntgenanalyse der Mineralkomponenten.** Mazhar Mahmood Qurashi, Sadrul Hasan Rizvi und M. Latif Ahmad. (Pakistan J. sci. ind. Res. **1.** 265–72. Okt. 1958. Karachi, Pakistan Council of Sci. and Ind. Res., Central Labor.; engl.) – 2. vgl. Pakistan J. sci. ind. Res. **1.** [1958.] 207. – Das Fe-Erz von Kutsch Khurtop wurde röntgenograph. u. mineralog. analysiert; die Ergebnisse beider Meth. stimmen gut überein. Für eine Durchschnittsprobe ergab sich aus der mineralog. Analyse folgende Zus.: Limonit 24,9 (%), Siderit 25,6; Chamosit 35,6; Ilmenit 1,7; Quarz 5,1; Al-haltige Sedimente 7,7.

Der Fe-Geh. beträgt 35,8%. Ein Vgl. der d-Werte aus Pulveraufnahmen wird für die verschiedenen Mineralien aufgeführt. Ernst Schulte. 380 □

Zur Genese der nord- und mittelschwedischen Eisenerzlagerstätten. Oscar Oelsner. (Geologie **10.** 601—22. Sept. 1961. Freiberg, Bergakad., Inst. für Mineral. u. Lagerstättenlehre; dt.) — Die 3 Typen von Eisenerzen dieser Lagerstätten: Haematit- u. Magnetiterze, Skarnerze u. Apatiteisenerze gehören alle der Leptitformation an, sind also submarin-hydrothermaler Bldg. mit regional-metamorpher Überprägung. Eine Entkieselung durch Tiefenwässer ist nicht anzunehmen, wie ein Rechnungsüberschlag zeigt, so daß prim. Apatiteisenerze als Quelle der durch Regionalmetamorphose weithin verstreuten Apatiterze anzusehen sind. R. G. Kaiser. 380 □

Nontronitische und kaolinitische Verwitterungsprodukte von Spilittuffiten in Ostthüringen. Hans Jürgen Rösler und Joachim Wiegmann. (Geologie **10.** 623—34. Sept. 1961. Freiberg, Bergakad., Inst. für Mineral. u. Lagerstättenlehre; dt.) — Aus den Unterss. wird unter Vgl. mit russ. Arbeiten über Verwitterungs-Prodd. ultrabas. Gesteine gefolgert, daß im Gebiet Greiz-Gefell die Verwitterung der CaO-haltigen Diabastuffe im Tertiär zu Ocker erfolgt ist, während auf der westlichen Abdachung desselben Grundstocks bei Schleiz der Ocker abgetragen u. dicht über dem Tuffit gebildeter reiner Nontronit mit einem sehr viel höheren SiO_2-, aber geringerem Al_2O_3-Geh., sowie mit austauschbarem Ca zurückgeblieben ist. R. G. Kaiser. 385 □

Radioaktiver Niederschlag und radioaktives Strontium. W. F. Libby. (Science [Washington] **123.** 657—60. 20/4. 1956. U. S. Atomic Energy Comm.; engl.) — Übersicht. A. Blaschette. 396 □

B. Allgemeine und theoretische organische Chemie

Irreduzible Darstellungen, Symmetriekoordinaten und die Säkulargleichung für Liniengruppen. Marvin C. Tobin. (J. molecular Spectroscopy **4.** 349—58. April 1960. New Haven, Conn., Olin Mathieson Chem. Corp.; engl.) — Übersicht über die Theorie der irreduziblen Darst. von eindimensionalen Raumgruppen mit expliziten Anweisungen zum Aufstellen von Darst. mit Beispielen. Diskussion der Symmetriekoordinaten u. Faktorenzerlegung der Säkulargleichung für Kettenmoleküle. J. M. Spaeth. B 114 □

Die Elektronenspektren von Benzyl. G. Porter und Emma Strachan. (Spectrochim. Acta [London] **12.** 299—304. Okt. 1958. Sheffield, Univ., Dep. of Chem.; Brit. Rayon Res. Assoc.; engl.) — Vgl. C. **1958.** 5624. — Durch Vgl. der Photolysen-Prodd. von Toluol (I), Äthyl-, Isopropyl-, tert.-Butylbenzol, Diphenyl-, Triphenylmethan u. Benzhydrol in festen Lsgg. ergibt sich, daß die Banden bei 3053, 3178 u. 3187 (Å) in Lsgg. von Isopentan–Methylcyclohexan (3 : 2) dem aus **I** gebildeten *Benzylradikal* zuzuordnen sind. Ein weiteres Absorptions-Syst. wird bei 4527 beobachtet. Die Lage der beiden Absorptions-Syst. ist in guter Übereinstimmung mit MO-Berechnungen von Longuet-Higgins u. Pople (vgl. C. **1958.** 7700) u. Bingel (C. **1957.** 13921) u. den Emissionsspektren des Radikals. G. Pötzscher. B 118 □

Absorptionsspektren der Chlornitroderivate von Benzol und Naphthalin. Giorgio Favini und Massimo Simonetta. (Gazz. chim. ital. **89.** 2111—20. Okt./Nov. 1959. Milano, Univ., Ist. di Chim. ind., Labor. di Chim. fis.; ital.) — Die UV-Spektren von *Bzl., Nitro-, o-, m-, p-Chlornitrobenzol* in CH_3OH, von *Naphthalin, α-* ($Kp._{20}$ 126°) u. *β-Chlor-* [F. 56° (A.)], *α-* [F. 56° (CH_3OH)] u. *β-Nitro-* [F. 79° (CH_3OH)], *1-Chlor-2-* u. *-4-nitro-* u. *1-Nitro-2-chlornaphthalin* in CH_3OH u. Cyclohexan werden gemessen. Alle Banden werden π–π-Übergängen zugeordnet. Für die Benzol-Derivv. werden nach dem MO–LCAO-Verf. Lage u. Intensität der Banden berechnet. G. Pötzscher. B 118 □

Beitrag zur Untersuchung der Absorption von Aryltriazenen im mittleren Ultraviolett und im Sichtbaren. 1. Mitt. Panos Grammaticakis. (Bull. Soc. chim. France [5] **1957.** 129—38. Febr. Paris, Fac. des Sci., Labor. de Chim. Organ.; franz.) — Vf. untersuchte die Absorption zwischen 5000 u. 2300 Å folgender Verbb. in 95%ig. A.: *Diphenyltriazen* [F. 98° (A.)], *1-o-Diphenylyl-3-phenyl* [$C_{18}H_{15}N_3$, F. 104° (Ae. + PAe.)], *Bis-o-diphenylyltriazen* [$C_{24}H_{19}N_3$, $F._{inst}$ 171° (Ae.)], *3.3-Dimethyl-1-[m-nitrophenyl]-triazen* (F. 105°), *m-Nitro-*(F. 131°), *-N-methyl-* ($C_{13}H_{12}N_4O_2$, F. 97°), *m-Nitro-o'-* [F. 111° (PAe. oder Ligroin)], *-p'-methyl-* (F. 107°), *-o'-phenyl-* ($C_{18}H_{14}N_4O_2$, F. 128°), *-o'-* (F. 126—128°), *-m'-* ($C_{12}H_9ClN_4O_2$, F. ca. 124°, Zers. bei 155—156°, Ae. + PAe.), *-p'-chlor-* ($F._{inst}$ 149°), *-o'-* [$C_{13}H_{12}N_4O_3$, F. 110° (Ae. + PAe.)], *-p'-methoxy-* [F. 124° (Ae. + PAe.)], *-o'-* [$F._{inst}$ 211° (A.)], *-p'-acetamido-* [$C_{14}H_{13}N_5O_3$, $F._{inst}$ 240° (A.)], *m.m'-Dinitro-* [F. 205° (A.)], *m.p'-Dinitrodiphenyltriazen* (F. 234°), *3.3-Dimethyl-1-[o-nitrophenyl]-triazen* [$C_8H_{10}N_4O_2$, F. 34°

(Ae. + PAe.)], *o-Nitro-* [F. 105° (A.)], *-N-methyl-* [$C_{13}H_{12}N_4O_2$, F. 55° (A.)], *-o'-* (F. 138° *-m'-* (F. 121°), *-p'-methyl-* (F. 114°), *-o'-phenyl-* ($C_{18}H_{14}N_4O_2$, F. 117—118°), *-o'.o''.p'-trimethyl-* ($C_{15}H_{16}N_4O_2$, F.inst 148—150°), *-o'-* [F. 143° (A.)], *-m'-* (F.inst 131°, Zers. bei 155°), *-p'-chlor-* [$C_{12}H_9ClN_4O_2$, F. 153° (Zers.; A.)], *-o'-* (F.inst 150°), *-p'-methoxy-* [$C_{13}H_{12}N_4O_3$, F. 139—140° (Zers.)], *-o'-* (F.inst 210°), *-m'-* (F.inst 220°), *-p'-acetamido-* ($C_{14}H_{13}N_5O_3$, F.inst 200°), *o.o'-Dinitro-* [F. ca. 200° (A.)], *o.m'-Dinitro-* [$C_{12}H_9N_5O_4$, F. 171—172° (A.)], *o.p'-Dinitrodiphenyltriazen* (F.inst 198°), *3.3-Dimethyl-1-[p-nitrophenyl]-triazen* [$C_8H_{10}\cdot N_4O_2$, F. 148° (A.)], *p-Nitro-* [F. 151—152° (A.)], *-N-methyl-* ($C_{13}H_{12}N_4O_2$, F. 133—134°), *-o'-* [F.inst 180° (A.)], *-m'-* (F.inst 180°), *-p'-chlor-* [$C_{12}H_9ClN_4O_2$, F. 198° (A.)], *-o'-* [F.inst 155° (A.)], *-p'-methyl-* (F.inst 168°), *-o'-phenyl-* ($C_{18}H_{14}N_4O_2$, F. 158°), *-o'.o''.p'-trimethyl-* [$C_{15}H_{16}N_4O_2$, F. ca. 133° (Zers.; Ae. + PAe.)], *-o'-* (I; F.inst 134°), *-p'-methoxy-* [$C_{13}H_{12}\cdot N_4O_3$, F.inst 195° (A.)], *-o'-* [F.inst 228—229° (A.)], *-p'-acetamido-* [$C_{14}H_{13}N_5O_3$, F. 263° (A.)], *p.p'-Dinitrodiphenyltriazen* [F. 260° (A.)], *m-Nitro-o'-methyl-* (F. 153°), *-m'-methyl-* ($C_{13}H_{12}N_4O_2$, F. 182—183°), *-m'-acetamido-p'-aminoazobenzol* [$C_{14}H_{13}N_5O_3$, F. 254° (A.)], *p-Nitro-m'-methyl-* ($C_{13}H_{11}N_4O_2$, F. 130°) u. *-m'-acetamido-p'-aminoazobenzol* [$C_{14}H_{13}N_5O_3$, F.inst 252° (A.)]. Der Vgl. der Spektren der Triazene mit denen der isomeren p'-Aminoazobenzole sowie der isologen Arylhydrazone zeigt, daß sich die Absorptionskurven der Triazene u. der entsprechenden isologen Hydrazone ziemlich ähnlich sind, während die Absorption der Nitrophenyltriazene gegenüber der der Aminonitroazobenzole stark nach größeren Frequenzen verschoben ist u. die Absorptionskurven in Form u. Lage sehr verschieden sind. — Die Diaryltriazene wurden durch Behandeln der Diazoniumsalze der Nitraniline mit den entsprechenden Basen in Ae., A., W. oder wss. A. häufig in Ggw. von Na-Acetat, $NaHCO_3$ oder Pyridin dargestellt. Bei der Rk. von p-Nitrophenyldiazoniumchlorid mit o-Anisidin entsteht neben I eine rote *Verb. vom F. 143—144°* (Zers.; A.). — (FF. nach Kristallisation aus Ae.; F.inst auf MAQUENNE-Block; F.inst der o-, m- u. p-Nitrodiphenyltriazene unter Verpuffen der Substanz.)

J. RICHTER. B 118□

Beitrag zur Untersuchung der Absorption von Aryltriazenen im mittleren Ultraviolett und im Sichtbaren. 2. Mitt. Panos Grammaticakis. (Bull. Soc. chim. France [5] **1957.** 139—49. Febr.; franz.) — 1. vgl. vorst. Ref.; 3. vgl. C. **1960.** 15351. — Vf. untersuchte, wie l. c. angegeben, die UV-Spektren folgender Triazene: *m-Carboxydiphenyltriazen* (F.inst 200°), *m-Carboxy-N-methyl-* ($C_{14}H_{13}N_3O_2$, F.inst 211°), *m-Carboxy-o'-phenyl-* ($C_{19}H_{15}N_3O_2$, F.inst 185°), *m-Carboxy-o'-* ($C_{14}H_{13}N_3O_2$, F.inst 197°), *-m'-* (F.inst 194°), *-p'-methyl-* (F.inst 210°), *-o'-* (F.inst 218°), *-m'-* (F.inst 214°), *-p'-chlor-* ($C_{13}H_{10}ClN_3O_2$, F.inst 192°), *-o'-* (F.inst 205—206°), *-p'-methoxy-* ($C_{14}H_{13}N_3O_3$, F.inst 185°), *-o'-* (F.inst 185°), *-p'-acetamido-* ($C_{15}H_{14}N_4O_3$, F.inst 190°), *m.o'-* [F.inst 205° (sd. A. oder W. + Essigsäure)], *m.m'-* [F.inst 225° (W. + Essigsäure)], *m.p'-Dicarboxy-* [$C_{14}H_{11}N_3O_4$, F.inst 218° (W. + Essigsäure)], *o-Carboxydiphenyltriazen* [F.inst 165° (Ae. + PAe.)], *o-Carboxy-m'-* (F.inst 152°), *-p'-methyl-* ($C_{14}H_{13}N_3O_2$, F. 162°), *-o'-* (F.inst 182°), *-p'-chlor-* ($C_{13}H_{10}ClN_3O_2$, F.inst 180°), *o-Carbomethoxydiphenyltriazen* [F. 71° (Ae. + PAe. oder abs. A.)], *o-Carbomethoxy-N-methyl-* ($C_{15}H_{15}N_3O_2$, F. 80—81°), *o-Carbomethoxy-o'-phenyl-* ($C_{20}H_{17}N_3O_2$, F. 171—172°), *o-Carbomethoxy-o'-* [F. 72° (Ae. + PAe.)], *-m'-* (F. 88°), *-p'-methyl-* ($C_{15}H_{15}N_3O_2$, F. 114°), *-o'.o''.p'-trimethyl-* (*1-[o-Carbomethoxyphenyl]-3-mesityltriazen,* $C_{17}H_{19}N_3O_2$, F. 103°), *-o'-* (F. 109°), *-m'-* (F. 106°), *-p'-chlor-* ($C_{14}H_{12}ClN_3O_2$, F. 120°), *-o'-* (F. 105°), *-p'-methoxy-* ($C_{15}H_{15}N_3O_3$, F. 103°), *-o'-* (F. 158°), *-m'-* [F.inst 196—198° (A.)], *-p'-acetamido-* ($C_{16}H_{16}N_4O_3$, F.inst 186°), *-o'-* (F.inst 170°), *-m'-* [F.inst. 203° (A.)], *-p'-carboxy-* [$C_{15}H_{13}N_3O_4$, F.inst 235° (A.)], *o.o'-Dicarbomethoxy-* [$C_{16}H_{15}N_3O_4$, F. 76° (Ae. + PAe.)], *p-Carboxydiphenyltriazen* [$C_{13}H_{11}N_3O_2$, F.inst 228° (A.)], *p-Carboxy-N-methyl-* ($C_{14}H_{13}\cdot N_3O_2$, F.inst 225°), *p-Carboxy-o'-phenyl-* ($C_{19}H_{15}N_3O_2$, F. 207°), *p-Carboxy-o'-* (F.inst 218°), *-m'-* (F.inst 224°), *-p'-methyl-* ($C_{14}H_{13}N_3O_2$, F.inst 230°), *-o'.o''.p'-trimethyl-* (*1-[p-Carboxyphenyl]-3-mesityltriazen,* $C_{16}H_{17}N_3O_2$, F.inst 185°), *-o'-* (F.inst 240°), *-m'-* (F.inst 245°), *-p'-chlor-* ($C_{13}H_{10}ClN_3O_2$, F.inst 230°), *-o'-* (F.inst 195°), *-p'-methoxy-* ($C_{14}H_{13}N_3O_3$, F. 218°), *-o'-* (F.inst 184°), *-p'-acetamido-* ($C_{15}H_{14}N_4O_3$, F.inst 215°), *p.p'-Dicarboxydiphenyltriazen* ($C_{14}H_{11}N_3O_4$, F.inst 300°), *o-Nitro-o'-carboxy-* [$C_{13}H_{10}N_4O_4$, F. 158° (Zers.)], *-o'-carbomethoxy-* ($C_{14}H_{12}N_4O_4$, F.inst 173°), *o-Nitro-m'-* [$C_{13}H_{10}N_4O_4$, F.inst 210° (A.)], *-p'-carboxy-* [F.inst 227° (A.)], *m-Nitro-o'-* [F.inst 204° (A.)], *-m'-* [F.inst 235° (A.)], *-p'-carboxy-* [$C_{13}H_{10}\cdot N_4O_4$, F.inst 248° (A.)], *-o'-carbomethoxy-* [F. 173° (A.)], *p-Nitro-o'-* [F.inst 203° (A.)], *-m'-* [F.inst 254° (A.)], *-p'-carboxy-* [$C_{13}H_{10}N_4O_4$, F.inst 235° (A.)], *-o'-carbomethoxydiphenyltriazen* [F. 186—187° (A.)]; Azobenzole: *o-Carbomethoxy-m'-methyl-* ($C_{15}H_{15}N_3O_2$, F. 95°), *m-Carboxy-m'-methyl-* (F.inst 205°), *p-Carboxy-m'-methyl-* ($C_{14}H_{13}N_3O_2$, F.inst 215°), *o-Carbomethoxy-m'-acetamido-* [$C_{16}H_{16}N_4O_3$, F.inst 298° (A.)], *m-Carboxy-m'-acetamido-* [$C_{15}H_{14}N_4O_3$, F.inst 258° (A.)], *p-Carboxy-m'-acetamido-p'-aminoazobenzol* [F.inst 320° (A.)], *o-Carbomethoxy-o'-carboxy-* ($C_{16}H_{15}N_3O_4$, F. 173°), *p.o'-Dicarboxy-p'-methylaminoazobenzol* ($C_{15}H_{13}N_3O_4$, F.inst 332°). Die wesentlichen spektralen Beziehungen zwischen den Carboxyphenyltriazenen sind in qual. Hinsicht im allg. analog denen der l. c. genannten Nitrophenyltriazene u. auch anderer Diaryltriazene. Der Übergang von den substituierten Carboxydiphenyltriazenen zu den isomeren p'-Aminocarboxyazobenzolen äußert sich in einer Verschiebung der A-Banden nach dem sichtbaren Bereich unter Zunahme der Intensität. Die qual. Beziehungen der A-Banden ändern sich dabei nicht. — Darst. der Verbb. wie l. c. angegeben. Die Stabilität der Verbb. $HOOC-C_6H_4\cdot N_3H\cdot C_6H_4-X'$ nimmt unter den experimentellen Bedingungen in bezug auf die COOH-Stellung in der Folge o $\leqq$ m $<$ p im allg. zu, in bezug auf die X'-Stellung in der Folge m $<$ o $<$ p u. bzgl. der Natur von X' in der Folge $CH_3O \ll CH_3 < NH\cdot CO\cdot CH_3 \leqq Cl$. Die o'.o''.p'-Trimethylcarboxydiphenyltriazene sind oft instabiler als die entsprechenden m'- oder o'-Methylverbindungen. — (Wenn nicht anders angegeben, FF. nach Kristallisation aus Ae.; $F._{inst}$ der Carboxyphenyltriazene im allg. unter Verpuffung, sie sind oft abhängig von den Kristallisationsbedingungen.)

J. RICHTER. B 118□

Die spektralen Eigenschaften der Sympathomimetica und Weckamine. H. Thies und Z. Özbilici. (Arch. Pharmaz. **295/67.** 194—96. März 1962. München, Univ., Inst. für Pharm. u. Lebensmittelchem.; dt.) — Vff. untersuchten die UV-Spektren (in 0,02n HCl) einer Reihe von Weckaminen. Es ergaben sich 3 Gruppen von (graph. dargestellten) Spektren: 1. (benzolähnlich): *Benzedrin, Pervitin®, Ephedrin, Norephedrin, Preludin®*; 2. (phenolähnlich): *Tyramin, Veritol®, Sympatol®, Suprifen®, Vasculat®, Dilatol®, Adrianol®, Effortil®, Aludrin®, Adrenalin, Noradrenalin, 3.4-Dihydroxyephedrin*; 3. (Diphenolketobasen): *Adrenalon®, Asthma-Tropon®*.

J. ROTHE. B 118□

Über das Fehlen des hypsochromen Effektes im Ultraviolettspektrum der Derivate von Fluoranthen. G. Geuskens und J. Nasielski. (Spectrochim. Acta [London] **16.** 1416—20. Jan. 1961. Bruxelles, Univ. Libre de Bruxelles, Fac. des Sci., Labor. de Chim. Organ.; franz.) — Vff. untersuchten die UV-Spektren von *3-* [I, F. 116—117° (Bzl.-PAe.)] u. *8-Aminofluoranthen* [II, F. 168—169° (A.)] in A. u. in gepufferter Lsg. bei pH 2,4, I ferner in Hexan u. alkohol. m H_2SO_4. Die langwellige Bande liegt für **I** in saurem Medium bei 360 [mμ] (log ε = 3,93), für **II** bei 357 (3,91) gegenüber 359 für *Fluoranthen* (**III**). Auf Basis der MO-Theorie verhält sich **III** also wie ein alternierender KW-Stoff. Das Ausbleiben des hypsochromen Effektes nach Einführung von NH_3^+ in **III** wird der verminderten Konjugation zwischen dem Benzol- u. Naphthalinkern dieses Mol. zugeschrieben. UV-Banden von **I** u. **II** sind angegeben, ferner die nach der MO-Meth. berechneten Energieniveaus für *1-, 2-, 3-, 7-* u. *8-Methylfluoranthen*. — **I** u. **II** wurden durch Nitrierung von **III** in Essigsäure zu *3-* (F. 165—165,5°) u. *8-Nitrofluoranthen* u. deren Hydrierung in Ggw. von PtO_2 hergestellt. H. SCHIBILLA. B 118□

Spektrochemische Untersuchungen über Assoziationsbanden. 2. Mitt. Lösungsmitteleinfluß auf die Ultraviolettabsorptionsspektren und die Wasserstoffbindungskraft der Pyridin-1-oxide und Chinolin-1-oxide. Tanekazu Kubota. (Annu. Rep. Shionogi Res. Lab. [Osaka] **6.** 31—38. 1956. Div. of Phys. Chem.; engl.) — 1. vgl. C. **1950/54.** 3690 S. — Die H-Brücken-Bldg.-Energie ΔH der Syst. *Pyridin-1-oxid* (**I**) bzw. *Chinolin-1-oxid* (**II**) mit *Phenol* (**III**) bzw. *Methanol* (**IV**) als Protonendonatoren wurden mit Hilfe von Messungen der UV-Absorption untersucht. ΔH wurde für **II/III** zu 5,7 (kcal/Mol), für **I/IV** u. **II/IV** zu 5,0 ermittelt; für die Abnahme der Entropie ΔS wurde für **II/III** —9 (cal/Mol·Grad, für **I/IV** —13 u. für **II/IV** —14 gefunden. Als Folge der H-Brücken-Bldg. zeigten die UV-Spektren von **I** u. **II** eine deutliche Blauverschiebung; bei **II** kommt es in CCl_4 zur Bldg. eines isosbest. Punktes. Als Lsgm. wurde auch **IV** u. W. verwendet. M. SCHÜLE. B 118□

Polarisation von Triplett → Singulett-Emissionsspektren. V. G. Krishna und Lionel Goodman. (Nature [London] **191.** 800—01. 19/8. 1961. University Park, Pa., Pennsylvania State Univ., Whitmore Chem. Labor.; engl.) — An *Pyrazin* (**I**) untersuchten Vff. die Polarisation (**P**) von Triplett–Singulett-Emissionsspektren an Hand des Banden-Syst. der $^1B_{2u}(n, \pi^*) \leftarrow {}^1A_g$ u. $^1B_{3u}(\pi, \pi^*) \leftarrow {}^1A_g$-Absorption von **I**. Die Meth. bestand in der Anregung innerhalb jeder der Absorptionsbanden durch ein recht enges Band monochromat. polarisierten Lichtes bei 77° K von in dünnen Schichten (1 bis 3 mm) erstarrtem **I** u. der Messung der **P** der resultierenden Phosphorescenzstrahlung. Unter diesen Vers.-Bedingungen ist die Rotationspolarisation selbst bei langen Abklingzeiten der Phosphorescenz sehr klein. Für **I** fanden Vff. für die $^3B_{2u}(n, \pi^*) \rightarrow {}^1A_g$-Phosphorescenz **P** = —0,26. Die Abweichung vom idealen Wert (—0,33) ist wahrscheinlich auf eine geringe Depolarisation im opt. Syst. u. im erstarrten Material, aber nicht auf eine inhärente Natur der Emission zurückzuführen. Das Meßergebnis folgert für **P** der Triplett–Singulett-Emission des **I** nur die Möglichkeit der **P** entlang der N—N-Achse des Mol. in der Ringebene u. stimmt überein mit der theoret. Voraussage entsprechend des Spin-Kopplungsschemas des **I**. Analoge Unters. am *Pyrimidin* ergeben ebenso eine **P** in der Ringebene. G. PLÖTNER. B 118□

Messungen an isolierten Doppelbindungssystemen: Ultraviolettabsorptionsspektren von Steroiden und Triterpenoiden. Robert A. Micheli und T. H. Applewhite. (J. org. Chemistry **27.** 345—53. Febr. 1962. Albany, Calif., U.S. Dep. of Agric., Agric. Res. Serv., Western Utilization Res. and Dev. Div., Western Regional Res. Labor.; engl.) — Vorl. Mitt. vgl. Tetrahedron Letters [London] **1961.** Nr. 16. 560. — Vff. untersuchten die UV-Spektren von Steroiden, Triterpenoiden u. einigen Modell-Verbb. (in Cyclohexan bzw. A.) mit nichtkonjugierten Doppelbindungen mit Hilfe eines neuen BECKMAN-DK-2-Spektrophotometers mit einem Bereich bis zu 170 mμ herab. Aufnahmetechnik u. Problematik der Messungen im kurzwelligen UV werden besprochen. Folgende Verbb. (FF.* auf KOFLER-Heizbank) wurden untersucht: *Δ^4-Cholesten-3β-ol*, F.* 129—130°. *Acetat*, F.* 85—86°. — *Δ^4-Cholesten*, F. 82,5—83°. — *Δ^2-Cholesten-3-olacetat*, F. 89,5—92°. — *Δ^2-Cholesten*, F.* 75,5—76,3°. — *Δ^1-Cholesten*, F.* 68,5 bis 69,5°. — *Cholesterylacetat*, F. 112,5—113°. — *Cholesterin*, F. 146—147°. — *Δ^5-Cholesten*, F. 90—91°. — *Δ^7-Ergostenylacetat*, F. 156—158°. — *$\Delta^{8,14}$-Ergostenylacetat*, F. 106,5 bis 108°. — *Δ^8-Lanostenylacetat*, F. 120—121°. — *Δ^7-Cholesten*, F. 86,5—87,5°. — *α-Lupen*, F. 163—164°. — *Stigmasterin*, F. 169—170°. — *3.5-Cyclo-Δ^6-cholesten*, F. 70—71,5°. — *3-Methylen-A-norcholestan*, F.* 90—91,5°. — *3-Methyl-$\Delta^{3,5}$-A-norcholesten*, F.* 65 bis 65,5°. — *6-Methylen-3.5-cyclocholestan*, F. 58—61°. — *6-Methylencholestan-3β-ol*, F. 110 bis 113°. — *Δ^{11}-Ursen-3β.12-diol-28-säuremethylesterdiacetat*, F. 216—218°. — *Δ^{12}-Ursen-3β.12-diol-28-säuremethylesterdiacetat*, F. 173—177°. — *Ursolsäuremethylesteracetat*, F. 246,5—247,5°. — *Soyasapoginol-B-triacetat*, F. 179—180°. — *Diacetoxymedicagensäuredimethylester*, F. 248—250° (CH_3OH). — *β-Amyrinacetat*, F. 239—240,5°. — *3β-Acetoxycholestan-2α-ol-6-on*, F. 231,5—233°. — *Ursan-3β.11ξ-diol-12-on-28-säuremethylester-3-acetat*, F. 237°. — *Ursan-3β-ol-12-on-28-säuremethylesteracetat*, F. 245 bis 251°. — *A-Norcholestan-2-on*, F. 102—102,5°. — *Cholestan-3-on*, F. 128—129°, ferner *Cyclohexen*, *Cholestan-3β-olacetat* (F. 110—110,5°), *Cholestan-3β-ol* (F. 141—142°), *Cholestan* (F. 79,5—80°), *α-Pinen*, *Dihydropyran* als Vgl.-Substanzen. J. ROTHE. B 118□

Optische Aktivität und die Paritätsverletzung im β-Zerfall. F. Vester, T. L. V. Ulbricht und H. Krauch. (Naturwissenschaften **46.** 68. 2. Jan.-H. 1959. Saarbrücken, Univ. des Saarlandes, Inst. für org. Chem.; Cambridge, Univ., Chem. Labor.; Karlsruhe, Kernreaktor G. m. b. H.; dt.) — Vff. untersuchen, ob bei den nachst. aufgeführton Rkk., bei denen jeweils ein asymm. C-Atom entsteht, durch β-Bestrahlung (von ^{32}P, ^{90}Y, ^{90}Sr, ^{152}Eu) eine „direkte“ Übertragung der durch die Paritätsverletzung gegebenen asymm. Information festzustellen ist: 1. $CH_3CHO + C_2H_5OH + HCl \rightarrow C_2H_5-O-\overset{*}{C}HCl-CH_3 + H_2O$, 2. $C_6H_5CHO + CH_3-NH-CH_2CH_2OH \rightarrow C_6H_5-\overset{*}{C}H-N-CH_3$ (mit Ring CH—O—$(CH_2)_2$—N), 3. $x\,CH_3CHO + (HCl) \rightarrow CH_3-\overset{*}{C}HOH-CH_2CHO\cdots$, 4. $CH_3CHO + HCN \rightarrow CH_3-\overset{*}{C}HOH-CN$ u. 5. *dl-Linalool*. Zur Kontrolle werden unbestrahlte u. mit „symm.“ Elektronen bestrahlte Rkk. herangezogen. Die erzeugten opt. Drehungen (maximal + 0,02°) werten Vff. als nicht eindeutig. Beim Neutronenbeschuß von mit Ag-Pulver gemischtem *DL-Alanin* im Kernreaktor (^{110}Ag als „asymm.“ β-Strahler) werden Drehungen von + 0,016° ± 0,008 erhalten. Vff. schließen aus den Ergebnissen, daß, sofern ein Effekt nach dem „direkten“ Mechanismus existiert, dieser kleiner sein muß als erste Berechnungen ergaben. — 9 Literaturhinweise. H. LETTAU. B 119□

Infrarot- und Raman-Spektren von fluorierten Äthanen. 11. Mitt. **Pentafluorbromäthan.** Peter Klaboe und J. Rud Nielsen. (J. chem. Physics **30.** 1375—79. Juni 1959. Norman, Okla., Univ. of Oklahoma, Dep. of Phys.; engl.) — 10. vgl. C. **1958.** 10014. — Das IR-Spektrum von gasförmigem u. das RAMAN-Spektrum von fl. CF_3-CF_2Br ($Kp._{746}$ — 22°) wurden aufgenommen. 17 Grundschwingungen wurden zugeordnet, die Torsionsgrundschwingung, die unzweifelhaft unterhalb 150 cm^{-1} liegt, konnte nicht bestimmt werden. W. SCHRAMM. B 120□

Infrarot- und Raman-Spektren von fluorierten Äthanen. 12. Mitt. **1.1.2.2-Tetrafluoräthan.** Peter Klaboe und J. Rud Nielsen. (J. chem. Physics **32.** 899—907. März. Erratum: **33.** 611. Aug. 1960; engl.) — 11. vgl. vorst. Referat. — Das IR-Spektrum von gasförmigem CHF_2-CHF_2 (**I**; $Kp._{746}$ — 16°) wurde bei 5 Temp. zwischen 30 u. 170°, das von krist. **I** bei — 170° u. das RAMAN-Spektrum von fl. **I** bei 20, — 25 u. — 80° aufgenommen (auch Polarisationsmessungen). Im gasförmigen u. fl. Zustand liegt **I** als Gemisch von zwei Rotationsisomeren der Symmetrien C_{2h} u. C_2 vor, wobei die erstere (trans) stabiler ist. Im krist. Zustand liegt nur die trans-Form vor. Die Enthalpiedifferenz ΔH^0 der Rotationsisomeren im Gaszustand ergab sich zu 1160 ± 100 [cal/Mol], im fl. Zustand ist ΔH^0 viel kleiner, wahrscheinlich unter 400. Die Grundschwingungen jedes Isomeren wurden zugeordnet. W. Schramm. B 120□

Infrarot- und Raman-Spektren von fluorierten Äthanen. 13. Mitt. **1.2-Difluoräthan.** Peter Klaboe und J. Rud Nielsen. (J. chem. Physics **33.** 1764–74. Dez. 1960; engl.) — 12. vgl. vorst. Referat. — Das IR-Spektrum von CH_2F-CH_2F (**I**; Kp.$_{750}$ 31°) wurde im gasförmigen, fl. u. festen Zustand untersucht. Zusätzlich wurde das IR-Spektrum des Gases bei 5 Temp. zwischen 25 u. 180° u. der Spektralbereich 800 bis 1200 cm^{-1} von **I** in Lsg. (Lsgm. verschiedener Polarität, CCl_4 bis Nitromethan) u. das Raman-Spektrum der Fl. bei −25 u. 35° untersucht (Polarisationsmessungen). In allen 3 Aggregatzuständen liegt **I** als Gemisch von Rotationsisomeren vor. Die beiden isomeren Formen (trans u. gauche) sind im Gaszustand etwa gleich stabil, im fl. Zustand ist die gauche-Form stabiler. Versuchsweise Zuordnungen wurden für alle Grundschwingungen mit Ausnahme der niedrigsten des trans-Isomeren vorgenommen. W. Schramm. B 120□

Infrarotabsorptionsspektren von deuterierten Vinylfluoriden. B. Bak und D. Christensen. (Spectrochim. Acta [London] **12.** 355–69. Okt. 1958. Copenhagen, Denmark, Univ., Chem. Labor.; engl.) — Vgl. C. **1959.** 13754. — Die IR-Spektren von $CH_2{=}CHF$ u. seinen 7 D-Derivv. wurden aufgenommen. Eine Zuordnung der Grundschwingungen aller 8 Isotopen wird vorgenommen. Danach müssen die von Torkington u. Thompson (Trans. Faraday Soc. **41.** [1945.] 236) getroffenen Zuordnungen geringfügig modifiziert werden. G. Pötzscher. B 120□

Eine quantitative infrarotspektrometrische Untersuchung der Molekülassoziation in Alkoholen. Adolf Ens und F. E. Murray. (Canad. J. Chem. **35.** 170–75. Febr. 1957. Winnipeg, Manitoba, Univ. of Manitoba, Dep. of Chem.; engl.) — Vff. untersuchen IR-Absorptionsspektren von *Methanol, A., Isobutanol, tert.-Amylalkohol* u. *Octanol-(2)* bei 20° im Gebiet der 1. OH-Oberschwingung (1413 ± 3 mμ). Als Lsgm. diente CCl_4, die Schichtdicke betrug 1 cm. Es wurde ein Konz.-Bereich zwischen 0,08 u. 6,82 Mol/Liter überstrichen. Unter der Annahme ringförmiger Alkoholassoziate berechnen die Vff. die Gleichgewichts-Konst. u. stellen fest, daß der Assoziationsgrad der Alkohole zwischen 3 u. 4 liegt. G. Rudakoff. B 120□

Einige Anwendungen der Summenregel der Schwingungsfrequenzen auf isotope Moleküle. Toyozo Uno und Katsunosuke Machida. (Spectrochim. Acta [London] **18.** 279–89. März 1962. Kyoto, Japan, Univ., Fac. of Pharm.; engl.) — Vff. leiteten modifizierte Summenregeln der Schwingungsfrequenzen für homologe Reihen u. für Symmetriearten ab, indem sie angemessene Potentialfelder annahmen. Die Summenregel für homologe Reihen gilt für die gut zugeordneten Schwingungsfrequenzen gesätt. Alkohole (*Methanol, tert.-Butanol, n-Propanol*), monosubstituierter Amide (*N-Methylform-* u. *-acetamid*) u. acycl. Imide (*trans.trans-Diacetyl-, -Dipropionyl-, Acetylpropionylamin*) u. deren OD- bzw. ND-Homologen. Die Summenregel für Symmetriearten wurde angewendet auf *Harnstoff* u. D_4-Verb., *Siloxan* u. D_6-Verb., *Propan* u. $CD_3CH_2CD_3$. Aus ihr folgt auch, daß die trans-Wechselwrkg. für die Potentialfelder von *1.2-Dichloräthylen* u. D_2-, *1.2-Dibromäthan* u. D_4-Verb. nicht zu vernachlässigen ist. J. Rothe. B 120□

Die Schwingungsspektren des Harnstoffmoleküls, des Harnstoffkristalls und des Wirtsgitters der Harnstoffeinschlußverbindungen. W. Kutzelnigg, R. Mecke, B. Schrader, F. Nerdel und G. Kresse. (Z. Elektrochem., Ber. Bunsenges. physik. Chem. **65.** 109–17. März 1961. Freiburg, Univ., Inst. für Phys. Chem.; Berlin, TU, Inst. für Org. Chem.; dt.) — Die IR- u. Raman-Spektren des kristallinen *Harnstoffs* (**I**; F. 132°), von D_4-**I** (aus **I** durch Kochen mit D_2O) sowie einiger **I**-Einschluß-Verbb. (**A**) u. **I**-Komplexe werden, teilweise neu aufgenommen, im Lichte der Theorie der Kristallspektren untersucht. Das Spektrum des kristallinen **I** unterscheidet sich von dem des freien Mol. zunächst auf Grund der Änderung der π-Elektronenstruktur infolge der intermol. H-Brücken. Diese bewirken gleichzeitig eine Kopplung der Schwingungen, so daß nicht mehr die Auswahlregeln des freien Mol., sondern die der Faktorgruppe gelten. Frequenzaufspaltungen, Koinzidenzen u. Unterschiede in den IR- u. Raman-Spektren des **I** in Lsg., im reinen Kristall sowie in den **A**, die als eine andere Kristallmodifikation mit verstärkten H-Brücken aufgefaßt werden können, lassen sich mit Hilfe der Faktorgruppenanalyse deuten. Für **I** u. die *Adipinsäure*-**A** wird das Raman-, für **I** u. die *n-Eikosan*-**A** das IR-Spektrum angegeben, das Raman-Spektrum von *n-Cetan*-**A** wurde neu aufgenommen. B. Schrader. B 120□

Ultrarotspektren von Äthylendiamin und $D_{4(N.N.N.N)}$-Äthylendiamin im polarisierten Licht. A. Sabatini und S. Califano. (Spectrochim. Acta [London] **16.** 677–88. Juli 1960. Palermo, Italy, Univ., Ist. di Chim. generale; Napoli, Italy, Ist. Chim.; engl.) — Von *Äthylendiamin* (**I**) u. $D_{4(N.N.N.N)}$-**I** wurden als Dampf sowie als Fl.

u. in festem Zustand im RAMAN- u. IR-Bereich von 2—25 μ die Spektren aufgenommen u. graph. wiedergegeben. Eine feste Probe von beiden wurde außerdem im polarisierten Licht untersucht. Eine Zuordnung der Absorptionsbanden erfolgt unter Annahme einer C_{2v}-Mol.-Symmetrie. M. SCHÜLE. B 120□

Spektroskopische Untersuchungen an Siliciumverbindungen. 14. Mitt. **IR- und Ramanspektren einiger substituierter Disilylacetylene.** Heinrich Kriegsmann und Horst Beyer. (Z. anorg. allg. Chem. **311.** 180—85. Aug. 1961. Dresden, TH, Inst. für anorgan. u. anorgan.-techn. Chem.; Radebeul-Dresden, Inst. für Silicon- u. Fluorkarbon-Chem.; dt.) — 13. vgl. Z. anorg. allg. Chem. **310.** [1961.] 320; 12. vgl. C. **1961.** 13127. — Mitgeteilt wird das RAMAN-Spektrum von $Cl_3Si-C{\equiv}C-SiCl_3$ (I) sowie das RAMAN- u. IR-Spektrum (400—3200 cm^{-1}, dünner Film) von $(CH_3)_3Si-C{\equiv}C-Si(CH_3)_3$ (II) u. $(CH_3O)_3Si-C{\equiv}C-Si(OCH_3)_3$ (III). Die Spektren lassen sich unter Annahme freier Drehbarkeit um die Si—C-Bindung (Punktgruppe D_{3h}) deuten. Die Lage der ν (C≡C) wird durch die Elektronegativität der Substituenten am Si—Atom beeinflußt, sie steigt in der Reihenfolge **II** $<$ $H_3Si-C{\equiv}C-SiH_3$ = **III** $<$ **I**. Die Verstärkung der C≡C—Bindung wird auf steigenden s-Anteil zurückgeführt. U. UHLICH. B 120□

IR-Untersuchungen an Benzolderivaten über die Wechselwirkung zwischen Substituenten und Benzolring. 2. Mitt. **Substituentenabhängigkeit der Maximalextinktionskoeffizienten der C—H-Valenzschwingungen einiger monosubstituierter Benzolderivate.** E. D. Schmid. (Z. Elektrochem., Ber. Bunsenges. physik. Chem. **66.** 53—59. Jan. 1962. Freiburg i. Br., Univ., Inst. für physikal. Chem.; dt.) — 1. vgl. C. **1961.** 14966. — Vf. untersuchte die IR-Spektren folgender monosubstituierter Benzol-Derivv. in CCl_4: *Äthylbenzol, Toluol, [3-Chlorpropyl]-benzol, [2-Hydroxyäthyl]-, [2-Chloräthyl]-benzol, Benzylalkohol, -chlorid, -cyanid, Benzalchlorid, Benzotrifluorid, -trichlorid, Brom-, Chlor-, Fluor-, Jodbenzol, Benzonitril* u. *Nitrobenzol.* Die Maximalextinktions-Koeff. ε^{g}_{max} (= Extinktions-Koeff. für jene Wellenzahlen, bei denen die Komponenten im Bandenkomplex mit maximaler Extinktion erscheinen) u. damit die Intensitäten einzelner C—H-Valenzschwingungen des Phenylringes wurden abgeschätzt. Die Substituentenabhängigkeit der ε^{g}_{max} wird diskutiert; nicht nur die Summe der Intensitäten, sondern auch die Intensitäten der einzelnen C—H-Valenzschwingungen des Benzolringes hängen funktionell vom Induktivparameter σ_I des Substituenten ab. J. ROTHE. B 120□

Einfluß der Temperatur auf die Struktur der Diffusionsbanden des ketonischen Carbonyls und auf die des Benzolringes. C. Mangin. (J. Physique Radium **21.** 143—44. Febr. 1960. Poitiers, Labor. de Phys. Mol.; franz.) — Vf. untersuchte den Einfl. der Temp. zwischen 20 u. 230° auf die RAMAN-Linie der ν(CO) von *Acetophenon* (**I**), *Propiophenon* (**II**), *Cyclohexanon* u. *Butyron* sowie die C⩵C-Frequenz bei 1600 cm^{-1} des Benzolringes von **I** u. **II**. Es zeigte sich, daß bei der ν(CO) in allen Fällen mit steigender Temp. die höherfrequenten Komponenten auftreten, deren relative Intensitäten außerdem mit der Temp. zunehmen, d. h. die Bandenhülle verschiebt sich nach höheren Frequenzen. Im Falle der aromat. C⩵C-Frequenz tritt dagegen durch das Erscheinen der niederen Komponenten mit ebenfalls steigenden Intensitäten eine Erniedrigung der Frequenz der Bandenhülle ein. Mögliche Interpretation: Durch die Aufhebung der Assoziation der Moll. können die freien Elektronen des Mol. ihre ursprünglichen Plätze in der C=O-Bindung einnehmen u. diese verstärken. Andererseits werden die C⩵C-Bindungen des Ringes durch Konjugation geschwächt. Dies wird bestätigt durch Beobachtungen an z. B. *Benzylaceton*, bei dem für die C=C-Frequenz selbst bei hoher Temp. keine Änderung eintritt, während die CO-Frequenz zur Erhöhung neigt. J. RICHTER. B 120□

Infrarotspektren substituierter Benzoylchloride und Benzoylbromide. Erklärung der anomalen Aufspaltungen der Carbonylbanden. C. N. R. Rao und R. Venkataraghavan. (Spectrochim. Acta [London] **18.** 273—78. März 1962. Bangalore, India, Indian Inst. of Sci., Dep. of Inorgan. and Phys. Chem., Dep. of Organ. Chem.; engl.) — Vff. untersuchten die IR-Spektren folgender Verbb.: *Benzoylchlorid, 3.5-Dinitro-, 4-Nitro-, 4-Brom-, 4-Methyl-* u. *4-Methoxybenzoylchlorid* (alle dargestellt aus den Säuren mit $SOCl_2$), *Benzoylbromid* (**I**) u. *4-Nitrobenzoylbromid* (**II**; F. 61°, sublimiert; **I** u. **II** aus den Säuren mit PBr_3). Die Aufspaltung der C=O-Bande in den Benzoylchloriden hängt von der Substitution ab u. ist beim Vorliegen von elektronenliefernden Substituenten bes. ausgeprägt. In **I** liegt die C=O-Bande als einzelne Bande, in **II** als Dublett vor. Vff. erklären die Aufspaltung mit intramol. Schwingungseffekten (FERMI-Resonanz). Die intensive Bande bei 880—860 cm^{-1} wird der C_6H_5—C-Valenzschwingung zugeordnet. J. ROTHE. B 120□

Frequenzen nichtebener CH-Deformationen von Benzolringen, die mit fünfgliedrigen Ringen verbunden sind. D. G. O'Sullivan. (Spectrochim. Acta [London] **16.** 762—64. Juli 1960. London, Middlesex Hospital, Courtauld Inst. of Biochem.; engl.) — Es wurden die Frequenzen der nichtebenen CH-Deformationsschwingungen im IR-Bereich vo

650—1000 cm⁻¹ für nachst. Verbb. bestimmt: *2-Methyl-, 5-Methyl-, 5-Nitrobenzimidazol, Indazol, 5-Nitro-, 6-Nitroindazol, Indazolon-(3), Saccharin, Isatin, Isatin-β-oxim, 1-Methyl-, 5-Methyl-, 5-Methoxy-, 5-Fluor-, 6-Methyl-, 6-Brom-, 6-Jod-, 7-Brom-, 7-Nitroisatin-β-oxim, 4-Chlor-, 7-Chlor-, 7-Trifluormethyl-O-acetylindoxyl, Benzotriazol, 1-Phenyl-, 1-[α-Chinolyl]-, 4-Nitro-, 5-Methyl-, 5-Methoxy-, 5-Chlor-, 5-Brom-, 5-Nitro-, 1-Phenyl-5-nitrobenzotriazol, Benzoxazolon* u. *Cumarilsäure*. Es wird versucht, bzgl. der Zahl u. Anordnung der H-Atome des Benzolringes u. ihres Einfl. auf das Spektrum eine Gesetzmäßigkeit abzuleiten. M. SCHÜLE. B 120□

Physikalische und chemische Eigenschaften von Hydroxyflavonen. 1. Mitt. **Infrarotabsorptionsspektren von Monohydroxyflavonen und ihren O-Methyl- und O-Acetyl-Derivaten.** J. H. Looker und Walter W. Hanneman. (J. org. Chemistry **27.** 381—89. Febr. 1962. Lincoln, Nebr., Univ. of Nebraska, Avery Labor.; engl.) — Die IR-Spektren von Hydroxyflavonen, ihren Methyläthern u. Acetyl-Derivv. werden tabellar. zusammengestellt. Die CO-Frequenz von Flavonol in KBr u. Nujol liegt um **37**, in CCl_4 um 30 u. in Dioxan um 26 cm^{-1} niedriger als beim Flavon; bei den isomeren Monohydroxyflavonen sind in Dioxan die CO-Frequenzen fast gleich, in KBr fällt die CO-Frequenz in der Reihe $5 > 6 > 4' > 2' > 8 > 7 > 3'$ von **1653** auf **1620** cm^{-1}, in Nujol in der Reihe $5 > 6 > 2' > 4' > 8 > 7 > 3'$ von **1651** auf **1618** cm^{-1}. Bei den Monomethoxy- u. Monoacetoxyflavonen sind in KBr, Nujol u. CCl_4 die CO-Frequenzen fast konst.; es wird angenommen, daß eine Resonanz-Wrkg. zwischen Methoxyl u. Carbonyl sowie intermol. Dipol-Wrkg. kaum vorkommen. Die Spektraldaten für den Bereich von **3500—2200** u. 1650—650 cm^{-1} werden besprochen u. die Zuordnung der Frequenzen zu O—H- u. C—H-Valenzbanden, Oxidschwingungen sowie Skelettschwingungen u. Deformationsbanden versucht. Das aus dem Na-Salz des 5-Hydroxyflavons mit P_2O_5/D_2O erhaltene *5-Deuteroxyflavon* besitzt ein komplexes Spektrum, dessen Bande bei 2300 cm^{-1} wahrscheinlich der O—D-Valenzbande zuzuschreiben ist. — Nachst. Verbb. wurden dargestellt u. untersucht: *4-Pyron*, F. 31—32°. — *Pyromekonsäure*, F. 117°. — *Chromon*, F. 56—58°. — *Chromonol*, F. 181°. — *2-Methylchromon*, F. 69—70°. — Flavone: *Unsubstituiert*, F. 95—96°. — *3-Hydroxy-*, F. 170—172°. — *5-Hydroxy-*, F. 158—159°. — *6-Hydroxy-*, F. 235,5—236,5°. — *7-Hydroxy-*, F. 244°. — *8-Hydroxy-*, F. 250—252°. — *2'-Hydroxy-*, F. 246—247°. — *3'-Hydroxy-*, F. 209—211°. — *4'-Hydroxy-*, F. 269—271°. — *3-Methoxy-*, F. 112—114°. — *5-Methoxy-*, F. 131°. — *6-Methoxy-*, F. 163—164°. — *7-Methoxy-*, F. 108—110°. — *8-Methoxy-*, F. 200—201°. — *2'-Methoxy-*, F. 102—103°. — *3'-Methoxy-*, F. 130—131°. — *4'-Methoxy-*, F. 156—157°. — *3-Acetoxy-*, F. 108—110°. — *5-Acetoxy-*, F. 145—146°. — *6-Acetoxy-*, F. 157—158°. — *7-Acetoxy-*, F. 130—131°. — *8-Acetoxy-*, F. 136—138°. — *2'-Acetoxy-*, F. 88,5—89,5°. — *3'-Acetoxy-*, F. 98—99°. — *4'-Acetoxy-*, F. 135—137°. — *5-Deuteroxyflavon*, F. 181°. F. HELLER. B 120□

Infrarotabsorptionsspektren von Dimethylsulfoxidlösungen. 1. Mitt. **Heterocyclische Amine.** W. K. Thompson. (J. chem. Soc. [London] **1962.** 617—21. Febr. Levington, Ipswich, Suffolk, Fisons Fertilizers Ltd., Levington Res. Stat.; engl.) — Vf. untersuchte in Dimethylsulfoxid (DMSO), Nujol u. CCl_4 bzw. Chlf. die IR-Spektren folgender Pyrimidine: *2-Amino-4-dimethylamino-6-methyl-, 2-Amino-4-diäthylamino-6-methyl-, 2-Amino-, 2-Amino-4-äthoxy-6-methyl-, 2-Amino-4-methyl-6-piperidino-, 2-Amino-4-methylamino-6-chlor-, 2-Amino-4.6-dimethyl-, 2-Amino-4-methylmercapto-6-methyl-, 2-Amino-4.6-di-n-propoxy-, 2-Amino-4-dimethylamino-6-chlor-, 2-Amino-4.6-diisopropoxy-, 2-Amino-4.6-dimethoxy-, 2-Amino-4-methyl-6-[2-diäthylaminoäthoxy]-, 2-Amino-4-anilino-6-chlor-, 2-Amino-4-methoxy-, 2-Amino-4-methyl-6-chlor-, 2-Amino-4-methyl-6-cyan-, 2-Amino-4.6-dichlor-, 2-Amino-4.6-dimethyl-5-nitro-, 2-Amino-4.6-bis-[trichlormethyl]-, 2-Amino-5-nitro-, 2-Methyl-6-anilino-, 2-Methyl-5-formamido-6-diäthylamino-, 5-Brom-4-methoxy-, 2-Piperidino-6-methyl-, 2-Dimethylamino-4-chlor-, 4-Amino-, 2.6-Dimethyl-4-amino-, 2-Methylmercapto-4-amino-6-chlor-, 2-Methyl-4-amino-5-äthyl-6-chlor-, 2-Methyl-4-amino-6-chlor-, 5-Amino-, 2.6-Dichlor-4-amino-, 4.6-Dimethoxy-5-amino-, 2-Methyl-4.6-dimethoxy-5-amino-, 2.4-Dimethoxy-5-amino-6-methyl-, 2-Isopropylamino-4.6-dimethyl-5-amino-, 4.6-Dichlor-5-amino-, 2-Amino-5-formamido-4.6-dimethyl-* (I), *2.4-Diamino-6-methyl-, 2.5-Diamino-4-methyl-, 2.5-Diamino-4.6-dimethyl-, 4.5-Diamino-, 4.5-Diamino-6-methyl-, 2-Methyl-4.5-diamino-6-dimethylamino-, 2-Methyl-4.5-diamino-6-diäthylamino-, 4.5-Diamino-6-diäthylamino-, 2-Dimethylamino-4.6-diamino-*, ferner von folgenden Vgl.-Verbb.: *Acetamid, Adipamid, Benzamid, Propionamid* u. *3.5-Dinitrobenzamid, 2-, 3-* u. *4-Aminopyridin, Anilin, 2.6-Dibrom-, 2.6-Dichlor-, 2.6-Dimethyl-, m-Chlor-* u. *3.5-Dichloranilin*. Die NH_2-Deformationsbanden sind tabellar. angegeben. Die Frequenz dieser Banden liegt für 4-Aminopyrimidine ca. 5—13 cm^{-1} höher als für entsprechend substituierte 2-Aminopyrimidine; Vf. nimmt an, daß die 4-Aminogruppe eine stärkere Wechselwrkg. mit DMSO ausübt als die 2-Aminogruppe.

In einzelnen Fällen, z. B. bei I, tritt in DMSO eine Trennung überlagerter Banden ein [I: in kondensierter Phase: 1 Bande bei 1650 cm^{-1}; in DMSO: Banden bei 1689 (Amid I) u. 1634 cm^{-1} (NH_2-Deformation)]. Für 2-Aminopyrimidine scheint die NH_2-Deformation in 3 Gruppen zu fallen, je nach elektrophilem (1620—1629 cm^{-1}), gemischtem (1629 bis bis 1639 cm^{-1}) oder nucleophilem Charakter der Substituenten (1642—1656 cm^{-1}). Für die NH_2-Spreizschwingungen in Diaminopyrimidinen wurden versuchsweise Zuordnungen getroffen. J. ROTHE. B 120□

Die Infrarot- und Ramanspektren des Piperazins. P. J. Hendra und D. B. Powell. (Spectrochim. Acta [London] **18.** 299—306. März 1962. London, Roy. Holloway Coll. u. Sir John Cass Coll.; engl.) — Vgl. C. **1961.** 14915. — Vff. untersuchten das IR-Spektrum des *Piperazins* (I) im Bereich von 4000—400 cm^{-1} im festen Zustand u. in CCl_4. Die Banden des IR- u. des RAMAN-Spektrums (vgl. KAHOVEK u. KOHLRAUSCH [1937]) wurden den Grundschwingungen des Skeletts zugeordnet. Ferner wurden untersucht die IR-Spektren von I·$CdCl_2$ u. I·$(PtCl_2 \cdot C_2H_4)_2$ u. von deren *N.N'-D_2-Derivaten.* Zum Vgl. sind ferner die IR- u. RAMAN-Spektren von *Cyclohexan* u. *Dioxan* angegeben. J. ROTHE. B 120□

Rotationsspektrum von Vinylbromiden. R. E. Goedertier. (Ann. Soc. sci. Bruxelles, Sér. I **74.** 134—35. 1960. Louvain, Univ., Labor. de Phys. Nucl. et Mol.; franz.) — Mit Bezug auf frühere Arbeiten (vgl. C. **1958.** 10313 u. COLLARD, Mémoire de Licence [1958]) hat Vf. die Spektren von $CH_2{=}CH^{79}Br$, $CH_2{=}CH^{81}Br$, $CH_2{=}CD^{79}Br$, $CH_2{=}CD^{81}Br$, $CD_2{=}CH^{79}Br$, $CD_2{=}CH^{81}Br$, $CD_2{=}CD^{79}Br$ u. $CD_2{=}CD^{81}Br$ unter Verbesserung der Empfindlichkeit der App. erneut untersucht. Es wurden vollständigere Spektren erhalten, u. es war möglich, durch Interpolation zwischen den von der Hyperfeinstruktur am wenigsten abweichenden Verbb. die Werte für die Rotationsübergänge direkt zuzuordnen. Alle Übergänge gehören derselben Gruppe an: $J = 2$ mit $\Delta J = +1$, $\Delta K_{-1} = 0$ u. $\Delta K_1 = +1$. Die Zuordnungen der Rotationsübergänge sind tabellar. angegeben. J. RICHTER. B 121□

Über den zwischen Ionisation und Scintillationen durch Hydratation und Dehydratation der Kristalle von Chinin- und Chinidinsalzen bestehenden Parallelismus. Draguitza M. Kiritch und Dragolioub K. Yovanovitch. (C. R. hebd. Séances Acad. Sci. **250.** 103—05. 4/1. 1960; franz.) — Die früher gemachte Beobachtung (vgl. C. **1957.** 6698), daß die von Ionisation begleitete Luminescenz aus zahlreichen Scintillationen besteht, wird mit einer geeigneten App. (Abb.) am Beispiel von *Chininsulfat, Chinidintartrat* u. *Chininphenylglycinat* vertieft. Das Phänomen wird vermutlich durch den Austritt von OH_3^+ u. OH^- hervorgerufen, so daß eine elektr. Entladung entsteht, die das vom Ionisations-UV-Spektrum begleitete Leuchtspektrum verursacht. Dasselbe tritt ein, wenn sich die Ionen des W. zwischen die Mikrokristalle einschieben. Scintillationen u. Ionisation beginnen u. enden gleichzeitig. Beide nehmen bei Pulverisierung großer Kristalle zu. Scintillationen werden bei der Kristallisation der Salze aus der wss. Lsg. beobachtet. Die Zahl der Scintillationen als Funktion der Zeit ist für die genannten Salze graph. dargestellt. J. RICHTER. B 125□

π-Elektronen-Anregung und Ionisationsenergien kondensierter aromatischer Kohlenwasserstoffe. J. B. Birks und M. A. Slifkin. (Nature [London] **191.** 761—64. 19/8. 1961. Manchester, Univ., Phys. Labor.; engl.) — Von 18 kondensierten Aromaten: *Bzl., Naphthalin, Anthracen, Tetracen* (II), *Phenanthren, 1.2-Benzanthracen* (I), *1.2;3.4-Dibenzanthracen, Chrysen, Pyren, Triphenylen, 1.2;5.6-Dibenzanthracen* (III), *1.2-Benzpyren, 1.2.4.5-Dibenzpyren, 3.4-Benzpyren, 1.2;7.8-Dibenzanthracen* (**IV**), *Picen, Perylen, Coronen* sowie von 10 Methyl-Derivv. von I (*2'-Methyl-, 3'-Methyl-, 4'-Methyl-, 3-Methyl-, 4-Methyl-, 5-Methyl-, 6-Methyl-, 7-Methyl-, 10-Methyl-, 9.10-Dimethyl-*) werden folgende physikal. Daten tabellar. angegeben: 1. Die Ionisationsenergie (**Ie**), erhalten aus der linearen Beziehung nach FOSTER (C. **1960.** 15351 u. C. **1960.** 10888) **Ie** $= 5{,}13 + 1{,}12\ E_{CT}$ (eV). 2. Die Energie E_{CT} des Absorptionsmaximums der Ladungsübertragungsbande des Komplexes mit Chloranil in CCl_4-Lösung. 3. Der erste angeregte π-Elektronen-Triplettzustand T_1 durch die Lsgm.-Störungstechnik (vgl. EVANS, J. chem. Soc. [London] **1954.** 1351 ($S_0 \rightarrow T_1$). 4. Der erste angeregte Singulettzustand S_1 aus Lsg.-Absorptionsspektren. 5. Die mittlere π-Elektronenanregungsenergie $\overline{E}_1$. Eine Übereinstimmung von T_1 u. E_{CT} bei vielen der vorst. KW-Stoffe ist zufällig. E_{CT} ist abhängig vom verwendeten Acceptor, für Chloranil mit Benzochinon u. Trinitrobenzol als Acceptoren werden unterschiedliche Werte erhalten. Zwischen **Ie** u. S_1 ergibt sich eine einfache Beziehung vom Typ **Ie** $= \alpha + b\,S_1$, desgleichen zwischen E_{CT} u. T_1. Vgl. an den gestreckten u. gewinkelten kondensierten Verbb. zeigen, daß ein Vgl. zwischen $\overline{E}_1$ [$\overline{E}_1 = {}^1/_2\,(T_1 + S_1)$] u. **Ie** für derartige kondensierte Aromaten sinnvoller ist. Die Beziehung **Ie** $= 4{,}39 + 1{,}15\ \overline{E}_1$ **trifft für die genannten KW-Stoffe außer II, III u. IV zu, Extrapolation auf**

$\overline{E}_1 = 0$ gibt einen Wert von 4,39 eV für Graphit, das unendlich kondensierte „Ringmolekül“. Außerdem werden die Abweichungen von **Ic** bei den höheren Polyacenen durch die Aussage der MO-Theorie erklärt, nach der beim Anwachsen der Ringzahl auf 4 u. mehr S_1 durch einen Wechsel der Symmetrie von $^1B_{3u^-}$ auf $^1B_{2u^+}$ erhöht wird. Von den genannten Meßwerten zeigt lediglich S_1 eine gewisse Korrelation zur Cancerogenität der KW-Stoffe. G. PLÖTNER. B 130 □

Abhängigkeit der berechneten und experimentellen Massenspektren des Propans von der Elektronenspannung. Edward M. Eyring und Austin L. Wahrhaftig. (J. chem. Physics **34**. 23–28. Jan. 1961. Salt Lake City, Utah, Univ. of Utah, Dep. of Chem.; engl.) — Es wurden Massenspektren des *Propans* gewonnen durch Beschuß der Moll. mit Elektronen zwischen 14 u. 500 V. Die gleichen Spektren wurden nach der „Quasigleichgewichts“-Theorie berechnet. Die stark vereinfachte Form der statist. Theorie, die die 70-V-Spektren befriedigend wiedergibt, genügt nicht für die Spektren bei niedrigeren Spannungen. Nimmt man jedoch im Stammion die Hälfte der theoret. errechneten Oscillatoren als wirksam an u. benutzt man Aktivierungsenergien, die keine einfache Beziehung zu den experimentellen Appearancepotentialen besitzen, so erhält man eine befriedigende halbquant. Deutung der experimentellen Ergebnisse. Für die Beschreibung der Zerfalls-Rk. eines Mol.-Ions scheint sich eine allgemeinere Form der „Quasigleichgewichts“-Theorie zu eignen, in der lediglich angenommen wird, daß die Rk.-Koordinate separabel ist. M. VOGELMANN. B 131 □

Quantitative Beziehungen für die Massenspektren von n-Paraffinen. Norman D. Coggeshall. (J. chem. Physics **33**. 1247–52. Okt. 1960. Pittsburgh, Pa., Pennsylvania Gulf Res. & Dev. Comp.; engl.) — Vgl. C. **1961**. 7531. — Es wurde untersucht, ob sich auf Grund der Theorie der Ionen-Bldg. durch Elektronenstoß Voraussagen machen lassen über Beziehungen zwischen Massenspektren der *n-Paraffine* von C_6–C_{30}. Man definiert die Ionensumme C(M, n) als die Summe aller normalisierten Intensitäten der Ionen, die aus n C-Atomen bestehen u. aus einem n-Paraffin mit M C-Atomen entstanden sind. Die mol. Ausbeute Y(M, n) pro Einheit des Ionisierungsstromes ist dann MC(M, n). Es wurde beobachtet, daß für große Ionen, die aus großen Moll. entstehen, die Ausbeute von M oder n unabhängig, aber proportional zu (M − n) ist. Die Ausbeute für kleinere Ionen (n = 3–15) geht linear mit M, ist M jedoch nicht proportional. In diesem Bereich gilt für die Ausbeute $Y(M, n) = An^4e^{-bn}(M - n')$. Darin sind A u. b Konst., u. zwar ein Wertepaar für den Bereich $3 \leqq n \leqq 10$ u. ein anderes Wertepaar für den Bereich $10 \leqq n$. Die n'-Werte sind Konst., die von dem jeweils zugehörigen n-Wert abhängen. Die Beobachtungen zeigen, daß der Spaltungsprozeß für n-Paraffine in erster Linie von der Art des Mol.-Gerüstes u. erst sek. von der Mol.-Größe abhängt.
M. VOGELMANN. B 131 □

Massenspektrometrische Analyse. Halogenierte aliphatische Verbindungen. F. W. McLafferty. (Analytic. Chem. **34**. 2–15. Jan. 1962. Midland, Mich., Dow Chemical Co., Chem. Phys. Res. Labor.; engl.) — Die Massenspektren folgender aliphat. Halogen-Verbb. werden angegeben: Fluoride: *Methyl-*, *Äthyl-*, *n-Propyl-*, *Isopropyl-*, *n-Butyl-*, *Cyclohexyl-*, *n-Heptyl-*; Chloride: *Methyl-*, *Äthyl-*, *n-Propyl-*, *Isopropyl-*, *n-Butyl-*, *sek. Butyl-*, *Isobutyl-*, *tert. Butyl-*, *Cyclopentyl-*, *n-Amyl-*, *1-Methylbutyl-*, *1-Äthylpropyl-*, *3-Methylbutyl-*, *1.1-Dimethylpropyl-*, *Cyclohexyl-*, *n-Hexyl-*, *n-Heptyl-*, *1-Methylhexyl-*, *n-Octyl-*, *1-Methylheptyl-*, *2-Äthylhexyl-*, *n-Nonyl-*, *n-Decyl-*, *n-Dodecyl-*, *n-Tetradecyl-*, *n-Hexadecyl-*, *n-Octadecyl-*; Bromide: *Methyl-*, *Äthyl-*, *n-Propyl-*, *Isopropyl-*, *n-Butyl-*, *sek. Butyl-*, *Isobutyl-*, *tert. Butyl-*, *Cyclopentyl-*, *n-Amyl-*, *1-Methylbutyl-*, *2-Äthylpropyl-*, *2-Methylbutyl-*, *1.1-Dimethylpropyl-*, *3-Methylbutyl-*, *Cyclohexyl-*, *n-Hexyl-*, *1-Methylamyl-*, *1-Äthylbutyl-*, *3-Methylamyl-*, *Cycloheptyl-*, *2-*, *3-*, u. *4-Methylcyclohexyl-*, *n-Heptyl-*, *1-Äthylamyl-*, *2-Äthylcyclohexyl-*, *n-Octyl-*, *1-Methylheptyl-*, *2-Äthylhexyl-*, *n-Nonyl-*, *n-Decyl-*, *n-Undecyl-*, *1-Methyl-4-äthyloctyl-*, *n-Dodecyl-*, *n-Tetradecyl-*, *1-Isobutyl-4-äthyloctyl-*, *n-Hexadecyl-*, *1-[3-Äthylamyl]-4-äthyloctyl-*, *n-Octadecyl-*, *2-[2.2.4-Trimethylbutyl]-5.7.7-trimethyloctyl-*; Jodide: *Methyl-*, *Äthyl-*, *n-Propyl-*, *Isopropyl-*, *n-Butyl-*, *sek. Butyl-*, *Isobutyl-*, *tert. Butyl-*, *Cyclopentyl-*, *n-Amyl-*, *sek. Amyl-*, *3-Methylbutyl-*, *tert.-Amyl-*, *Cyclohexyl-*, *n-Hexyl-*, *n-Heptyl-*, *sek.-Heptyl-*, *n-Octyl-*, *sek. Octyl-*, *2-Äthylhexyl-*, *n-Nonyl-*, *n-Decyl-*, *n-Undecyl-*, *n-Dodecyl-*, *n-Tetradecyl-*, *n-Hexadecyl-*, *n-Octadecyl-*. Rk.-Mechanismen für häufig vorkommende Spaltungen werden vorgeschlagen. P. KURZMANN. B 131 □

Massenspektrometrische Analyse. Halogenierte aromatische Verbindungen. F. W. McLafferty. (Analytic. Chem. **34**. 16–25. Jan. 1962; engl.) — Vgl. vorst. Referat. — Die Massenspektren folgender aromat. Halogen-Verbb. werden angegeben: Fluoride: *Phenyl-*, *2-*, *3-* u. *4-Methylphenyl-*, *4-Äthylphenyl-*, *Naphthyl-(1)-*, *Naphthyl-(2)-*, *Diphenylyl-(x)-*; Chloride: *Phenyl-*, *2-*, *3-* u. *4-Methylphenyl-*, *2-*, *3-* u. *4-Äthylphenyl-*,

2.3-, 2.4-, 2.6- u. *2.5-Dimethylphenyl-, 2-* u. *4-Isopropylphenyl-, 2-* u. *4-n-Propylphenyl-* *2.4.6-Trimethylphenyl-, 2-Butylphenyl-, x-tert.-Butylphenyl-, x-Isopropyl-x-methylphenyl-* *2.4-Diäthylphenyl-, x-sek.-Amylphenyl-, x.x-Diisopropylphenyl-, x.x.x-Triäthylphenyl-, x.x-Di-tert.-butylphenyl-, x.x.x-Triisopropylphenyl-, x.x.x-Tri-sek.-butylphenyl-, Naphthyl-(1)-* u. *-(2)-, Diphenylyl-(2)-chlorid*; *α-Chlormethyl-, α-Chlormethyl-2-methyl-, Chlormethyl-3-methyl-, Chlormethyl-4-methyl-, α-* u. *β-Chloräthyl-, Chlormethyl-x-äthyl-, α-Chloräthyl-x-methyl-, α-Chloräthyl-x.x-dimethyl-, β-* u. *γ-Chlor-n-propyl-, β-Chlorisopropyl-, Chlormethyl-2.4.6-triisopropylbenzol, x-Chlormethylnaphthalin*; Bromide: *Phenyl-, 2-, 3-* u. *4-Methylphenyl-, 2-* u. *4-Äthylphenyl-, 2.4-, 2.5-* u. *3.4-Dimethylphenyl-, 2-* u. *4-Isopropylphenyl-, 2.4.6-Trimethylphenyl-, x.x-Diäthylphenyl-, 3-Isopropyl-6-methylphenyl-, x-tert.-Butylphenyl-, x-sek.-Amylphenyl-, 3.6-Diisopropylphenyl-, 3-Cyclohexyl-6-methylphenyl-, Naphthyl-(1)-* u. *-(2)-bromid*; *Brommethyl-, α-* u. *β-Bromäthyl-, Brommethyl-2-, -3-* u. *-4-methyl-, γ-Brompropylbenzol*; Jodide: *Phenyl-, 2-, 3-* u. *4-Methylphenyl-, 2.4-, 2.5-* u. *2.6-Dimethylphenyl-, Naphthyl-(1)-jodid* sowie *β-Jodäthyl-* u. *γ-Jodpropylbenzol*. Es werden Angaben über bevorzugt auftretende Spaltungen gemacht.
P. KURZMANN. B 131□

Massenspektrometrische Analyse. Aliphatische Nitrile. F. W. McLafferty. (Analytic. Chem. **34.** 26—30. Jan. 1962; engl.) — Vgl. vorst. Referate. — Die Massenspektren folgender aliphat. Cyanide werden angegeben: *Methyl-, Äthyl-, n-Propyl-, Isopropyl-, n-Butyl-, Isobutyl-, n-Amyl-, Isoamyl-, n-Hexyl-, 2-Methylamyl-, n-Octyl-, n-Nonyl-, n-Decyl-, n-Undecyl-, n-Pentadecyl-, n-Hexadecyl-, n-Heptadecyl-*. Rk.-Mechanismen für häufig vorkommende Spaltungen werden vorgeschlagen.
P. KURZMANN. B 131□

Die Bildung von Phenol aus Benzol und Wasser in der Glimmentladung. H. Schüler, E. Lutz und G. Arnold. (Naturwissenschaften **48.** 426. 1. Juni-H. 1961. Göttingen, Max-Planck-Ges., Forschungsstelle für Spektroskopie; dt.) — Vff. haben durch gleichzeitiges Eindampfen von W. u. Bzl. in die Entladungsröhre beide Substanzen durch Elektronenstoß so dissoziiert, daß durch die Glimmentladung *Phenol* (**I**) gebildet wurde. Hierbei wurde mit einem Bad des W. von +4,5°, mit einem Bad des Bzl. von —5,0° u. einer Stromstärke von 5 mA gearbeitet, die Spannung an der positiven Säule betrug ca. 1700 V. Die Entladung wurde zuerst mit Wasserdampf eingebrannt u. dann Benzoldampf zugeführt, wobei der Druck des Benzoldampfes variiert wurde, bis in der Emission sowohl die OH-Banden als auch das Benzolspektrum beobachtet wurde. Das Auftreten des Benzolspektrums weist auf das Vorhandensein von Phenylradikalen in der Entladung hin. Durch Vereinigung eines Phenylradikales u. eines OH-Radikals in der Glimmentladung entsteht **I**, das durch Absorption nachgewiesen wurde. Daneben wurde auch *Diphenyl* gaschromatograph. festgestellt. S. PREISS. B 131□

Vorzeichen der Dipolmomentableitungen in Methan. Julian Heicklen. (Spectrochim. Acta [London] **17.** 201—05. 1961. Minneapolis, Minn., Univ., Dep. of Chem.; engl.) — Es wurde die Intensität der ν_3-Bande von CH_4 gemessen. Mit dieser u. der von RUF (Master's Thesis, Univ. of Minnesota [1959]) bestimmten Intensität für die ν_4-Bande konnten die Dipolmomentableitungen bzgl. der Normalkoordinaten außer dem Vorzeichen bestimmt werden. Mit Hilfe der Ableitungen wurden die Bandenintensitäten deuterierter Moll. berechnet, u. zwar einmal mit gleichen u. einmal mit ungleichen Vorzeichen der Ableitungen. Da im ersten Fall die Abweichung zwischen berechneten u. beobachteten Werten größer als die maximale Zulässigkeit ist, wird geschlossen, daß die Dipolmomentableitungen in CH_4 entgegengesetzte Vorzeichen haben.
J. RICHTER. B 132□

Das elektrische Moment von 3-Äthyl-3-methylglutarimid. Alexander I. Popov und Roger D. Holm. (J. physic. Chem. **65.** 774—76. Mai 1961. Dekalb, Ill., Dep. of Chem., Northern Illinois Univ.; engl.) — Das Dipolmoment von *3-Äthyl-3-methylglutarimid* ($C_8H_{13}NO_2$, F. 125,9—126,2°, korr., sublimiert bei 100° u. 3 mm) in Bzl. (n_D^{25} 1,4980) beträgt 2,84 D. Struktur u. Richtung der Gruppenmomente werden diskutiert. Es bestehen Anzeichen, daß das N—H-Bindungsmoment kleiner ist als allg. angenommen. U. UHLICH. B 132□

Über Aminoalkoholester von Hydroxyboranen. 4. Mitt. **Boroxazolidine: Dipolmomente in Dioxan.** Hwei-Choung Fu, Theodore Psarras, Hans Weidmann und Howard K. Zimmerman jun. (Liebigs Ann. Chem. **641.** 116—20. März 1961. College Station, Tex., Agricult. Mechan. Coll. of Texas, Dep. of Chem.; dt.) — 3. vgl. C. **1960.** 7131. — Von Boroxazolidin-Derivv. mit der wahrscheinlich cycl. eingebauten N→B—O-Gruppierung wurden die Dipolmomente μ in Dioxan (Molenbrüche des Gelösten von 5—50·10^{-5}) bei 25° bestimmt: *triptych-* 8,8 ±0,12, *B-Phenyl-diptych-* 8,5 ± 0,19, *N-Methyl-B-phenyl-diptych-* 9,1 ± 0,21, *N-Äthyl-B-phenyl-diptych-* 9,1 ± 0,07, *N-Iso-*

propyl-B-phenyl-diptych- 9,6 ± 0,08, *N-n-Butyl-B-phenyl-diptych-* 11,2 ± 0,16, *B.B-Diphenyl-* (I) 8,7 ± 0,01, *N-Methyl-B.B-diphenyl-* 8,8 ± 0,34, *N-Äthyl-B.B-diphenyl-* 10,1 ± 0,07, *N-Isopropyl-B.B-diphenylboroxazolidin* 10,3 ± 0,02, *B.B-Diphenyltetrahydroboroxazin* 9,0 ± 0,22, *B.B-Diphenyltetrahydroboroxazepin* 10,6 ± 0,12 D. Die Erhöhung von μ durch N-Alkylsubstituenten wird durch eine Aufweitung der koordinativen N → B-Bindungen infolge ster. Wechselwrkg. zu erklären versucht.

Versuche: *N-Butyl-B-phenyl-diptych-*, $C_{14}H_{22}BNO_2$, F. 120—123°; (Essigester/Cyclohexan 1:1), aus symm.-Triphenyltrioxatriborin u. N-Butyldiäthanolamin in Toluol durch azeotrope Veresterung u. Zusatz von Petroläther nach Abkühlung; 96% (Ausbeute). *N-Isopropyl-B-phenyl-diptych-boroxazolidin*, $C_{13}H_{20}BNO_2$, F. 121° (Cyclohexan), analog vorst. Verb. mit N-Isopropyldiäthanolamin; 98%. — *N-Isopropyl-B.B-diphenylboroxazolidin*, $C_{17}H_{22}BNO$, F. 136—138° (Cyclohexan), über das Hydrolysen-Prod. (10% HCl) von I (Phenyldihydroxyboran), das mit 2-Isopropylaminoäthanol in Toluol azetrop verestert wurde; lösl. in Acetonitril u. Diisopropyläther, etwas in Äther; 63%. — *B.B-Diphenyltetrahydroboroxazepin*, $C_{16}H_{20}BNO$, F. 178,5—179° (Chlf.), analog vorst. Verb. mit 4-Aminobutanol-(1); lösl. in 95%ig. Äthanol, unlösl. in Äther.

H.-P. RETTIG. B 132□

Blitzlichtleitfähigkeit in Lösung von Triphenylamin in n-Hexan. H. Rüppel, U. Krog und H. T. Witt. (J. electrochem. Soc. **107.** 966—68. Dez. 1960. Marburg, Philipps-Univ., Phys.-chem. Inst.; engl.) — Vff. beschreiben eine oscillograph. Meth. zum Nachw. kurzlebiger Primär-Prodd. (Ionen, Elektronen) bei photochem. Rkk., die durch Blitzlichtphotolyse in einem elektr. Feld von ca. 1000 V/cm eingeleitet werden. Gemessen werden die durch die photochem. Änderungen in der Lsgg. hervorgerufenen Stromimpulse zwischen den Elektroden. Die Meth. ist für organ. Lsgg. (n-Hexan, Bzl. u. Toluol) mit geringer Dunkelleitfähigkeit geeignet. Nachgewiesen werden kurzlebige Ionen von *Di-* u. *Triphenylamin* (I), *Tetramethyl-p-phenylendiamin* u. *Chlorophyll a* u. *b* in n-Hexan. Für I wird die Meth. blitzlichtphotometr. durch Messung der Absorptionsbande der Photo-Prod. überprüft. P. FRENZEL. B 134□

Das NMR-Spektrum von 1.1.2-Trifluor-1-brom-2-chloräthan. J. Lee und L. H. Sutcliffe. (Trans. Faraday Soc. **54.** 308—13. März 1958. Liverpool, Univ., Dep. of Inorg. and Phys. Chem.; engl.) — Die hochaufgelösten ^1H- u. ^{19}F-NMR-Spektren von *1.1.2-Trifluor-1-brom-2-chloräthan* bei 40 u. 16 MHz werden aufgenommen. Folgende Kopplungs-Konst. werden bestimmt: $J(F_{(1)}-F_{(1)})$ 177, $J(F_{(1)}-F_{(2)})$ 18, $J(F_{(1)}-H)$ 3,5 u. $J(F_{(2)}-H)$ 6,3 Hz; die mittlere chem. Verschiebung zwischen den gem.-F-Atomen u. dem $F_{(2)}$-Atom beträgt 82 ppm. Die Spektren sind typ. für ein Mol. mit behinderter Rotation; die am häufigsten bei Zimmer-Temp. vorliegende Konfiguration ist die, in der $Br_{(1)}$ u. $F_{(2)}$ trans-Stellung zueinander einnehmen. G. PÖTZSCHER. B 137□

NMR-Spektren von aliphatischen Verbindungen, die Sauerstoff enthalten und von verwandten Verbindungen. Kenkichi Nukada. (Bull. chem. Soc. Japan **33.** 1606 bis 1614. Nov. 1960. Tokyo, Shibuga-ku, Government Chem. Ind. Res. Inst. of Tokyo; engl.) — Die NMR-Spektren von *Ae.*, *Diisopropyl-*, *Di-n-butyl*, *Diisoamyl-*, *Chlormethylmethyl-*, *Bis-[chlormethyl]-*, *1.2-Dichloräthyläthyl-*, *Bis-[2-chloräthyl]-*, *2-Bromäthyläthyläther*, *Dimethyl-*, *Methyläthyl-*, *Diäthyl-*, *Diisopropylformal*, *Dimethyl-*, *Methyläthyl-*, *Diäthylacetal*, *Acetondiäthylketal*, *Orthoameisensäuretrimethylester*, *-triäthylester*, *-tri-n-butylester*, *Orthoessigsäure-*, *Ortho-n-valeriansäuretrimethylester*, *Orthopropionsäuretriäthylester*, *Äthylenglykol-*, *Diäthylenglykol-*, *Triäthylenglykol-*, *Tetraäthylenglykoldimethyläther*, *Diäthylenglykoldiäthyläther*, *Tetrahydrofuran*, *2-Methyltetrahydrofuran*, *1.4-Dioxan*, *2.3-Dichlor-p-dioxan*, *Äthylenepibromhydrin* sind abgebildet. Die chem. Verschiebung der funktionellen Gruppen wird angegeben. Der Einfl. O-gebundener Alkylgruppen auf die chem. Verschiebung äquivalenter Protonen wird untersucht. Die Ergebnisse werden ausführlich theoret. diskutiert. HANS HOFFMEISTER. B 137□

Kernmagnetische Resonanz-Untersuchungen der Wasserstoffbindung in Essigsäure. L. W. Reeves und W. G. Schneider. (Trans. Faraday Soc. **54.** 314—20. März 1958. Ottawa, Canada, Nat. Res. Council, Div. of Pure Chem.; engl.) — Die Lage der OH-Protonenresonanz von *Essigsäure* in Abhängigkeit von der Verdünnung in Cyclohexan (DK 2,05), CCl_4 (2,24), Propylchlorid (7,2) u. CH_3CHCl_2 (9,1) wurde untersucht. Die OH-Resonanz verschiebt sich mit wachsender Verdünnung nach niedrigeren, bei stärker verd. Lsgg. nach höheren Feldstärken als in der unverd. Säure. Das wird mit dem Vorliegen von Polymer–Dimer-Gleichgewichten in konz. Lsgg. u. mit Dimer–Monomer-Gleichgewichten in verd. Lsgg. erklärt. Die Konst. für das Dimer–Monomer-Gleichgewicht ergibt sich für Lsgg. in Cyclohexan zu $6{,}5 \cdot 10^{-5}$ (Mol/Liter), in CCl_4 zu $2{,}6 \cdot 10^{-4}$, in CH_3·

$CHCl_2$ zu $6{,}11 \cdot 10^{-2}$. Die Änderung der Lage der OH-Resonanz der reinen Säure zwischen 25 u. 250° weist auf ein sehr stabiles, über H-Brücken gebundenes Dimeres hin. Durch Vgl. der Änderung der chem. Verschiebung der gasförmigen Säure bzgl. CH_4 bei 200—300° mit der des Dimeren in CCl_4 ergibt sich als Unterschied in der chem. Verschiebung zwischen Monomerem u. Dimerem ein Minimal-Wert von 5,5 (ppm). G. PÖTZSCHER. B 137□

Eine protonenmagnetische Resonanz-Untersuchung der Struktur von Nitroguanidin. R. E. Richards und R. W. Yorke. (Trans. Faraday Soc. **54.** 321—26. März 1958. Oxford, Phys. Chem. Labor.; engl.) — Die Absorptionskurve der protonenmagnet. Resonanz von krist. *Nitroguanidin* (F. 246—247°) zeigt ein zentrales Minimum, was charakterist. für Protonenpaare ist u. auf die symm. Formel $O_2NN = C(NH_2)_2$ hinweist. Aus der theoret. Kurvengestalt, die die experimentelle Kurve am besten wiedergibt, wird der Abstand der beiden H-Atome eines jeden Paares zu 1,762, aus dem 2. Moment bei 90°K zu 1,760 u. bei Berücksichtigung der Schwingungsbewegung zu 1,771 Å berechnet. G. PÖTZSCHER. B 137□

Über die Autoprotolyseprodukte von Äthanol, Propanol und Isopropanol bei 20 und 25°. Robert Schaal und André Tézé. (Bull. Soc. chim. France **1961.** 1783—91. Okt. Paris, Labor. de Chim. PCB IV; franz.) — Unter Verw. der Ketten Pt, H_2/HCl/AgCl, Ag u. Pt, H_2/ROLi, LiCl/AgCl, Ag werden die Normalpotentiale der AgCl-Elektrode u. die Autoprotolyse-Prodd. von *A.*, *Propanol* (**I**) u. *Isopropanol* (**II**) bei 20 u. 25° gemessen. Die Normalpotentiale der AgCl-Elektrode in der Molaritätsskala bei 20° (25°) betragen: A., —0,0770 [V] (—0,0848); **I**, —0,1030 (—0,1135); **II**, —0,1117 (—0,1345). Folgende pK_s-Werte bei 20° (25°) wurden gefunden: A., 19,15 (18,88); **I**, 19,52 (19,43); **II** 21,05 (20,80). W. NIEMITZ. B 139□

Physikochemische Eigenschaften einiger chemotherapeutischer Thioxanthone. D. C. Munro. (J. chem. Soc. [London] **1961.** 5381—84. Dez. Leeds, Univ., Dep. of Inorg. and Structural Chem.; engl.) — An *1-Amino-4-methylthioxanthon* (**I**) sowie seinen Derivv. *Miracil D* (**II**; *Sucanthon*; *1-[2-Diäthylaminoäthylamino]-4-methylthioxanthon-hydrochlorid*; *Pikrat*, F. 142° aus A.) u. dessen höheren Homologen mit *3* (**III**), *4* (**IV**) u. *5* (**V**) C-Atomen in der Seitenkette wurde nach früheren Verff. (HAMMICK u. MASON, C. **1952.** 5709) in 50%ig. A. die Basizität u. in wss. Puffer-Lsg. (pH 7,38) die Oberflächenspannung γ, die Proteinaffinität u. der Lipoidverteilungs-Koeff. K Lsg./Castoröl gemessen. pk_{a_1} von **I** beträgt 3,0. Für **II**, **II**, **IV** u. **V** wurden folgende Werte gefunden: pk_{a_1} = 3,4; 3,7; 3,5 u. 3,5; pk_{a_2} = 8,25; 8,87; 9,22 u. 9,41; γ = 71,12; 70,89; 68,40 u. 66,95 dyn/cm an $5 \cdot 10^{-5}$ m Lsgg. bei 20°; Proteinaffinität (bezogen auf **II**) = 1,0; 2,0; 1,9 u. 1,7; $K \cdot 10^{-0}$ = 9; 4; 4 u. 5. Die Ergebnisse werden mit den an Malariamitteln erhaltenen (l. c.) verglichen.

Versuche: 1-[Diäthylaminoalkylamino]-4-methylthioxanthone, aus 1 Mol **I** + 2 Mol ω-Bromalkyldiäthylamin durch 96—168 Std. langes Erhitzen in A. u. Ausfällen des restlichen **I** mit HCl; Charakterisierung als Pikrate: *1-[3-Diäthylamino-propylamino]*-(**III**), *Pikrat*, $C_{21}H_{26}N_2OS \cdot C_6H_3N_3O_7$, F. 173,5° (A.). *Monohydrochlorid*, F. 173° (A.). *Dihydrochlorid*, F. 148° (Methanol u. Ae.), hygroskopisch. — *1-[4-Diäthyl-aminobutylamino]*- (**IV**), *Pikrat*, $C_{22}H_{28}N_2OS \cdot C_6H_3N_3O_7$, F. 128,5° (A.). *Monohydrochlorid*, F. 201° (Methanol–Ae.). *Dihydrochlorid*, F. 210° (Methanol–Ae.), hygroskopisch. — *1-[5-Diäthylaminopentylamino]*- (**V**), *Pikrat*, $C_{23}H_{30}N_2OS \cdot C_6H_3N_3O_7$, F. 134° (A.). *Monohydrochlorid*, F. 190° (A.). *Dihydrochlorid*, F. 156° (Methanol–Ae.), hygroskopisch. R. JUNGE. B 139□

Elektrolyse bei kontrolliertem Potential. 6. Mitt. **Reduktionen von 2.2-Dinitropropan.** Masaichiro Masui und Hiroteru Sayo. (J. chem. Soc. [London] **1961.** 4773—77. Nov. Osaka, Japan, Univ., School of Pharmacy; engl.) — 5. vgl. J. pharmac. Soc. Japan [Yakugakuzasshi] **80.** [1960.] 1256. — Die Vorgänge bei der Red. von *2.2-Dinitropropan* [**I**, $Kp._{10}$ 70°, F. 53°, durch Chromsäure-Oxydation von **II** (vgl. unten), das aus 2-Nitropropan u. $NaNO_2$ erhalten wurde] wurden durch Elektrolyse bei kontrolliertem Potential untersucht. In der alkal. Lsg. wurde die angenommene 2-Elektronen-Rk. zu der aci-Form des 2-Nitropropans u. Nitrit durch die Isolierung des 2-Nitro-2-nitrosopropans [**II**, $C_3H_6N_2O_3$, F. 76° (Zers.)] bewiesen. In saurer Lsg. wurde bei dem Potential der ersten Red.-Stufe Acetoxim u. HNO_2 infolge eines 4-Elektronenprozesses erhalten, bei der zweiten Red.-Stufe wurde eine Beteiligung von 10,6 Elektronen pro Mol gefunden u. NH_3, Hydroxylamin, 2-Hydroxylaminoproan u. Acetoxim in der Elektrolysen-Lsg. nachgewiesen. Auf Grund dieser Analysenergebnisse werden die Polarogramme von **I** diskutiert. E. WIEHR. B 142□

Polarographische Reduktion von aliphatischen Estern. Milda Prytz und Th. Østerud. (Acta chem. scand. **15.** 1285—88. 1961. Blindern-Oslo, Yrkeshygienisk Inst.; engl.) — Vff. untersuchten das polarograph. Verh. von Äthyl- u. Isopropylestern von Essig-, Propion- u. Buttersäure, die sie durch Erhitzen einer 0,4 m Lsg. mit Hydroxylamin (0,7 m) in alkal. (3 m NaOH) Methylalkohol zu den entsprechenden Hydroxamsäuren umgesetzt hatten. Die polarograph. Messungen wurden in A.: W. (50 : 45) als Lsgm., mit 0,1 m $(n\text{-}C_4H_9)_4NJ$ als Trägerelektrolyt, $(C_2H_5)_4NOH$ zur Einstellung von pH 12,8 u. 0,005% Tylose als Maximumdämpfer durchgeführt unter Verw. einer Hg-Tropfelektrode u. einer gesätt. Kalomelelektrode für die Best. des Halbstufenpotentials bzw. Boden-Hg als Anode für sonstige Messungen. Die Halbstufenpotentiale lagen zwischen 1,76 u. 1,8 V. Die Meth. eignet sich zur qual. Best. von aliphat. Estern.

E. Wiehr. B 142□

Polarographische Untersuchungen organischer Selenverbindungen. 1. Mitt. **Das polarographische Verhalten der Diselendiessigsäure (Diselendiglykolsäure).** Bengt Nygård. (Acta chem. scand. **15.** 1039—63. 1961. Bonn, Univ., Inst. für Phys. Chem.; Uppsala, Univ., Chem. Inst.; dt.) — Vf. untersuchte das polarograph. Verhalten von *Diselendiessigsäure* (I) u. *Selenoglykolsäure* (II) bzw. *Mercuri-bis-[selenoglykolsäure]* (III) u. stellte fest, daß unter den Vers.-Bedingungen (0,1 m KNO_3 als Leitsalz, 0,005% Gelatine, bei 25°, Depolarisator-Konz. ca. 10^{-3} m, gemessen mit Hg-Tropf- gegen gesätt. Kalomelelektrode) sehr gute Polarogramme erhalten werden. Für den Red.-Verlauf wird folgender Einelektronenvorgang angenommen: $HgSeRH + H^+ + e \rightleftharpoons HSeRH + Hg$. Durch Elektrokapillarkurven wurde bewiesen, daß die Red. einer Hg-Verb. die kathod. Stufe hervorruft, durch Auswertung der mit einem schnellstschwingenden Galvanometer aufgenommenen Stromstärke–Zeit-Kurve am Einzeltropfen, daß die Bldg. der Hg-Verb. u. die vorgelagerte Radikalspaltung ohne merkliche Verzögerung verläuft, u. durch oscillograph. Wechselstrompolarographie, daß die Elektroden-Rk. bei verschiedenen pH-Werten reversibel verläuft (zum Vgl. untersucht: *Mercaptoessigsäure, Dithiodiessigsäure*). Aus der pH-Abhängigkeit des Halbstufenpotentials wurde die Dissoziations-Konst. $K = 1{,}0 \cdot 10^{-7}$ der SeH-Gruppe von **II** bestimmt (neue Möglichkeit der pK-Wert-Best. von Selenolgruppen). Die Eigg. u. die wahrscheinliche Herkunft kleinerer anod. Stufen von **I** u. **III** werden diskutiert. E. Wiehr. B 142□

Polarographie nichtbenzoider aromatischer und verwandter Verbindungen. 6. Mitt. **Polarographische und spektrophotometrische Untersuchung der sterischen Hinderung der Koplanarität bei 3-Phenylsydnonen.** P. Zuman und D. J. Voaden. (Tetrahedron [London] **16.** 130—38. Dez. 1961. Praha, Czechoslov. Acad. of Sci., Polarograph. Inst.; Oxford, Dyson Perrins Labor.; engl.) — 7. vgl. C. **1962.** 7835. — In 0,17 n NaOH wurden die polarograph. Halbstufenpotentiale nachst. Sydnone bestimmt: *3-Phenyl-* [**I**; —1,21 (V gegen gesätt. Kalomelelektrode)], *3-o-Tolyl-* (—1,30), *3-o-Äthylphenyl-* (—1,30), *3-o-Methoxyphenyl-* (—1,26), *3-o-Äthoxyphenyl-* (—1,25), *3-p-Methoxyphenyl-* (—1,25), *4-Methyl-3-phenyl-* (—1,35), *4-Methyl-3-p-tolyl-* (—1,38), *4-Methyl-3-[2'.6'-xylyl]-* (—1,46), *4.5-Dihydrochinolino-[1.2:c]-* (**II**; —1,23), *3-Methyl-* (—1,49), *3-n-Butyl-* (—1,51), *4.5.6.7-Tetrahydropyrido-[1.2:c]-* (—1,56) u. *3-Benzylsydnon* (—1,42). Ferner wurden die UV-Spektren der genannten Verbb. aufgenommen. Aus der relativen Verschiebung der Halbstufenpotentiale sowie aus den spektrophotometr. Messungen kann geschlossen werden, daß durch ster. Effekte bei Orthosubstitution durch Alkyl im Phenylring des **I** dieser aus der ursprünglich mit dem Sydnonring gemeinsamen Ebene herausgedreht wird. Eine entsprechende Methoxysubstitution hat hingegen keinen ster. Einfl. auf die Lage der Ringebenen. In Übereinstimmung mit Messungen am Modell werden in **II** die Ringe durch die verbindende $-CH_2CH_2$-Gruppe nahezu in eine Ebene gedreht. E. Moisar. B 142□

Untersuchung der Wasserstoffbrückenbindung in binären Flüssigkeitsgemischen. H. P. Agarwal und S. N. Pandey. (Agra Univ. J. Res. **7.** Part II. 123—32. Juli 1958. Bhopal, Government Hamidia Coll., Dep. of Chem.; engl.) — Um den Einfl. der H-Brükken auf die phys. Eigg. von Fl.-Gemischen zu untersuchen, wurden Parachor- u. Dichte-Best. bei 30° an binären Gemischen u. ihren Komponenten ausgeführt. Untersucht wurden *Äthylmethylketon, Acetonylaceton, Aceton* u. *Acetophenon* in *A.*, *Methyl-*, *n-Propyl-*, *n-Butyl-*, *n-Amyl-*, *Hexyl-*, *sek.-Octyl-* u. in *Benzylalkohol* (**I**) sowie *Anisol* in **I**. Mit Hilfe eines Extrapolations-Verf. wird gezeigt, daß sich die Bldg. von H-Brücken durch eine Erniedrigung des Parachors dann bemerkbar macht, wenn die Oberflächenspannungen der beiden Komponenten um mehr als 7 dyn/cm differieren.

S. v. Schieszl. B 148□

Über eine verbesserte Apparatur zur Bestimmung des Dampfdruckes binärer flüssiger Mischphasen mit Differentialmanometer. K. Wiesener und K. Schwabe. (Z. Elektrochem., Ber. Bunsenges. physik. Chem. **66.** 36—39. Jan. 1962. Dresden, Zentralinst. für Kernphys., Bereich Radiochem.; dt.) — Es wird die von Klages u. Möhler (C. **1951.** II. 2164) beschriebene Dampfdruck-App. zur Molgew.-Best. auf ihre Verwendbarkeit zur Ermittlung von Aktivitäten in bin. Fl.-Gemischen untersucht. Durch Verw.

von radioakt. ^{82}*Br-Isobutylbromid* konnte gezeigt werden, daß bei der Meth. die isotherme Dest. keine Rolle spielt. Für sehr hohe Dampfdruckdifferenzen wird die App. durch Zwischenschaltung eines Hg-Manometers verwendbar gemacht. Die Aktivitäts-Koeff. bin. fl. Syst. können mit der beschriebenen App. mit einer Genauigkeit von $\pm$ 2,5% bestimmt werden. WOLFGANG KRÜGER. B 150□

Thermodynamische Messungen an binären Gemischen von Triisobutylphosphat mit organischen Nichtelektrolyten. K. Schwabe und K. Wiesener. (Z. Elektrochem., Ber. Bunsenges. physik. Chem. **66**. 39—45. Jan. 1962; dt.) — Vgl. vorst. Referat. — Es wurden die Dampfdrücke der Syst. *Triisobutylphosphat* (I, Kp.$_{10}$ 138°, n_D^{26} 1,4176)/*n-Hexan* (Kp.$_{760}$ 68,8°, n_D^{25} 1,3740), I/*CCl_4* (Kp.$_{760}$ 76,7°, n_D^{25} 1,4573) u. I/*Diisopropyläther* (Kp.$_{760}$ 68,3°, n_D^{25} 1,3663) bei 25, 30, 35, 40 u. 45° gemessen u. daraus die Aktivitäten der 3 Lsgm. berechnet. Die Aktivität von I wurde durch graph. Integration der GIBBS-DUHEMschen Gleichung erhalten. Aus den Aktivitäten u. den mittels eines Mischungscalorimeters bestimmten Mischungsenthalpien wurden die freie Überschußenthalpie u. -entropie bei 25° berechnet. Das 2. u. das 3. Syst. weisen bei allen Temp. positive, das 1. Syst. eine fast temperaturunabhängige negative Abweichung vom RAOULTschen Gesetz auf. Die Ergebnisse werden vom Standpunkt der zwischenmol. Wechselwrkg. kurz diskutiert. WOLFGANG KRÜGER. B 150□

Mischungswärme binärer Systeme, die Dimethylsulfoxid und Alkohole oder Essigsäure enthalten. J. Johan Lindberg und Ilmo Pietilä. (Suomen Kemistilehti B **35**. 30—33. 1962. Helsinki, Finland, Univ. of Helsinki, Dep. of Chem.; engl.) — Es wurden die Mischungswärmen ΔH^M von *Dimethylsulfoxid* (I) u. *CH_3OH* (II), *A.*, *n-C_3H_7OH*, *n-C_4H_9OH* (III), *tert.-C_4H_9OH* (IV) oder *Essigsäure* (V) in Abhängigkeit vom Molenbruch x von I gemessen. Der Mischvorgang war bei II u. V exotherm, bei den anderen Alkoholen endotherm. Im x-ΔH^M-Diagramm sind die Meßkurven unsymmetr., haben einen Maximalwert ΔH^M_{max} zwischen x = 0,35 u. 0,5 u. gehen im Bereich 0,5—1 nahezu linear gegen 0. Für V gilt die empir. Beziehung $-\Delta H^M/x\ (1-x) = 2900-1730\ (2x-1)^2$. Trägt man ΔH^M_{max} gegen die Anzahl der C-Atome der n-Alkohole auf, so geht die Kurve bei großem n gegen einen Grenzwert $\Delta H^M_0 = +240$ cal/Mol. Dieser Effekt scheint mit der geringen Löslichkeit von I in aliphat. KW-Stoffen in Zusammenhang zu stehen; die Bindungs-Wechselwrkg. scheint sich auf S=O···HO-Bindungen zu beschränken. Empir. wurde gefunden: $\log_{10} (\Delta H^M_0 - \Delta H^M) = 2{,}98 - 0{,}45\ n$; die Gleichung gilt auch für H_2O (n = 0). $\Delta H^M_0 - \Delta H^M$ ist ein Maß für die Stärke der Wechselwrkg. von Hydroxyl- u. Sulfoxylgruppen in diesem System. W. PENN. B 155□.

Die spontane Zündung von aliphatischen Aminen. C. F. Cullis und B. A Khokhar. (Combust. and Flame **4**. 265—69. Sept. 1960. London, Imp. College of Sci· and Technol., Dep. of Chem.; engl.) — Vgl. C. **1961**. **14974**. — Vff. berichten über vergleichende Messungen der spontanen Entzündung von Gemischen von O_2 mit *Tri-*, *Di-* u. *Monoäthylamin* u. mit *Tri-* u. *Dimethylamin*. Die beobachteten spontanen Zündungen sind in Druck/Temp.-Diagrammen graph. dargestellt. In allen Fällen nahm die Tendenz zur spontanen Zündung mit der Konz. des Amins in dem O_2-Amingemisch zu, was in Hinblick auf den bekannten inkubierenden Einfl. von Aminen auf Verbrennungsprozesse überraschend ist. Eine Erklärung wäre, daß unverändertes Amin nicht der einzige Inhibitor ist, sondern daß Rk.-Prodd., die sich leichter in ärmeren als in reicheren Gemischen bilden, wirksamere Inhibitoren sind. Verss. ergaben jedoch, daß die spontane Zündung nicht durch die Ggw. von Teilprodd. der langsamen Verbrennung beeinflußt wird. Vff. kommen daher zu dem Ergebnis, daß die Explosionen in der Hauptsache therm. Natur sind. C. GOTTFRIED. B 157

Beziehung zwischen der Ultraschallgeschwindigkeit und anderen physikalischen Eigenschaften reiner organischer Flüssigkeiten. Satish Chandra Srivastava. (Indian J. Physics Proc. Indian Assoc. Cultivat. Sci. **33** (**42**). 503—04. Nov. 1959. Calcutta, Indian Assoc. for the Cultivat. of Sci., Dep. of Phys. Chem.; engl.) — Zwischen Schall-Geschw. V u. dem inneren Druck P wurde für Lsgg. die Beziehung gefunden: $V\varrho^{1/2} = kR^{1/2}P$, dabei sind ϱ die Dichte, R die Mol.-Refraktion u. k eine Konst. mit dem Wert 7 $\pm$ 1. Vf. zeigt, daß k für einige Gruppen mit größerer Genauigkeit festgelegt werden kann. Es ist für Monoolefine k = 7,52, für Paraffine 7,53, für Alkylchloride 7,56, für aliphat. Ester 7,85 u. für Alkylbromide 7,11. Bei 6 Alkoholen wurde ein mittlerer Wert von 6,06 mit Abweichungen von + 1,10 u. —0,70 gefunden. H. JACOB. B 159□

Thermische Diffusion in Lösungen von CCl_4 in Benzol. H. J. V. Tyrrell und J. G. Firth. (Proc. chem. Soc. [London] **1961**. 201—02. Juni. Sheffield, Univ.; engl.) — In 2 modifizierten TANNER-Zellen (Höhe 10 u. 2 mm) wurde die Entmischung von 0,1 u. 0,2 m *CCl_4*-Lsgg. in Bzl. bei 298°K über die Änderung des Brechungsindexgradienten verfolgt. In der 2 mm-Zelle (charakterist. Zeit θ weniger als 4 min) wurde eine Anreicherung des CCl_4 im kälteren Teil beobachtet. Der scheinbare SORET-Koeff. dieser konz. Lsg. wurde zu $3{,}9 \cdot 10^{-3}$ berechnet u. stimmt gut mit dem von TICHACEK u. Mitarbeitern (vgl. C. **1956.** 12506) bei 313 °K gefundenen Wert von $4{,}4 \cdot 10^{-3}$ grad^{-1} überein. In der 10 mm-Zelle dagegen reicherte sich für $t < 0{,}2\ \theta$ zunächst CCl_4 an den wärmeren Wänden an, erst für $t > 0{,}2\ \theta$ zeigt er gleiches Verh. wie in der kleineren Zelle. Für beide untersuchten Lsgg. ergab sich für $t < 0{,}2\ \theta$ ein SORET-Koeff. von ca. $-20 \cdot 10^{-3}$ Grad^{-1}, der durch die Theorie erklärbar ist. H.-P. RETTIG. B 171□

Bewegung von Molekülen in sehr dünnen Filmen zwischen gleitenden Oberflächen. B. S. Thornton. (Nature [London] **188.** 802. 3/12. 1960. Sydney, Kensington, Univ. of New South Wales, UTECOM Labor.; engl.) — Es wurden Unterss. über die Struktur eines nur wenige Mol.-Schichten dicken *Stearinsäure* (**I**)-Films durchgeführt, welcher sich zwischen zwei opt. ebenen u. übereinandergleitenden Stahlflächen befand. Die Kräfte zur Erzeugung der Gleitbewegungen griffen tangential an. Es wurde bei Zimmer-Temp., also ausreichend unterhalb der Disorientierungs-Temp. von **I** gearbeitet. Gemessen wurde die Größe der Änderungen der Tangentialkraft zu Beginn u. während des Gleitvorganges; die größten Änderungen liegen jeweils in der Nähe von Vielfachen eines bestimmten Grundwertes. Daraus wird geschlossen, daß bestimmte Gleitebenen vorhanden sind, die als Folge der mol. Oberflächen-Orientierungskräfte entstehen u. sich wahrscheinlich nicht sehr dicht an der Metalloberfläche befinden.
E. WAGENFELD-HOHLWEG. B 173□

Die Thermodynamik von Kohlenwasserstofflösungen aus G.L.C.-Messungen. 1. Mitt. **Lösungen in Dinonylphthalat.** D. H. Everett und C. T. H. Stoddart. (Trans. Faraday Soc. **57.** 746—54. Mai 1961. Bristol, Univ., Dep. of Phys. and Inorg. Chem.; engl.) — Bei 30° wurde die Gas-Fl.-Chromatographie jeweils von *Bzl.*, *Cyclohexan* (**I**), *Cyclohexen*, n-KW-Stoffen C_5 (**II**) bis C_8 u. *2.2-Dimethylbutan* (**III**) (Proben von 1—20 μ Liter bei 40—50° über Kp. des KW-Stoffes) mit N_2 als Trägergas an 0,400 g Dinonylphthalat/g Celit (100—200 mesh) in einem Doppel-U-Rohr (97,4 cm Länge, 4 mm Innendurchmesser) durchgeführt. Eingehende Messungen an Bzl. u. **I**, die zur Ermittlung des Einfl. von Probenmenge M u. Strömungs-Geschw. F_{N_2} auf das anfängliche Retentions-Vol. V_{RI} u. die Bandbreite durchgeführt wurden, ergeben folgendes: Die Abhängigkeit der theoret. Bodenzahl (HETP/cm) gegen M bildet für jede F_{N_2} eine steigende Gerade. Ebenso ergibt $(V_{RI} - V^g)/cm^3$ gegen $f(p_i/p_o)$ eine steigende Gerade (V^g = Korrektur für toten Raum der App.; p_i u. p_o = Druck am Anfang bzw. Ende der Säule). Eine Bandverbreiterung ist wahrscheinlich allein auf unvollständige Einstellung des Gleichgewichtes, nicht aber auf Strömungsdiffusion zurückzuführen. Zur Berechnung der Aktivitäts-Koeff. γ_p^∞ der flüchtigen Verbb. in der stationären Phase für unendliche Verdünnung wurde V_R^0 ($F_{N_2} = 0$) durch die Gleichung $(V_R - V^g) = {}^2/_3\, f\,(p_i/p_o)\, V_R^0$ oder bei ausreichenden Meßunterlagen durch graph. Extrapolation auf $F_{N_2} = 0 = M$ ermittelt. Die nach anderen Verff. berechneten γ_p^∞-Werte liegen allg. niedriger. Die Berechnung der für nichtideales Verh. der Gase korrigierten Aktivitäts-Koeff. γ_f^∞ wurde durchgeführt mit 1. $B_{12} = 0$ (B_{12} = 2. Virial-Koeff. der Mischung KW-Stoff + N_2), 2. $B_{12} = {}^1/_2 \cdot (B_{11} + B_{22})$, 3. B_{12} aus dem Theorem der übereinstimmenden Zustände (GUGGENHEIM u. MCGLASHAM, Proc. Roy. Soc. [London], Ser. A **206.** [1951.] 448) u. 4. B_{12} für **II** aus der LONDONschen Gleichung für die Wechselwrkg.-Energie. Mit bekannten Daten von γ_f^∞ aus Gas-Fl.-Chromatographie besteht keine befriedigende Übereinstimmung. Bekannte stat. Werte von γ (ASHWORTH u. EVERETT, C. **1961.** 17530) wurden nach der Gleichung von MILLER-GUGGENHEIM auf unendliche Verdünnung extrapoliert u. stimmen dann mit γ_f^∞ nach Meth. 3 (außer für **III**) innerhalb von $\pm$ 1% überein, differieren aber mit denen nach Meth. 1 um + 1,5, nach Meth. 2 um —5%. Das Berechnungs-Verf. 3 erscheint zur Ermittlung von γ u. zur Berechnung von B_{12} (mittlere Genauigkeit) geeignet. R. JUNGE. B 177□

Elektronenzustände bei langkettigen Polyenen mit alternierenden Bindungslängen. J. A. Pople und S. H. Walmsley. (Trans. Faraday Soc. **58.** 441—48. März 1962. Teddington, Nat. Phys. Labor.; engl.) — Vff. geben eine Beschreibung der Elektronenzustände langkettiger Polyene, bei der die Grundfunktionen dem Extremfall der Lokalisierung der π-Elektronen auf Doppelbindungen innerhalb der Kette entsprechen. Es werden zwei Typen von Elektronenzuständen gefunden: 1) Zustände höherer Energien, bei denen das angeregte Elektron u. das Elektronenloch dissoziiert sind, entsprechend Leitungszuständen u. 2) Energiezustände unterhalb des Leitungsbandes, bei denen Elektron u. Elektronenloch gebunden sind. Berechnungen nach der LCAO-Meth. wurden für den Fall schwachen u. starken Alternierens der Bindungslänge durchgeführt. Der dadurch im ersten Fall gegebene niedrigste angeregte Zustand stimmt mit der beobachteten Grenze der niedrigsten Absorptionsbande überein, wenn die Kettenlänge gegen unendlich geht. Der Einfl. der Polarisation auf die vorhergesagten Zustände wird abgeschätzt. G. M. NEUMANN. B 182□

Die Spannung im 1.2-Dithiolanring. Göran Bergson und Lennart Schotte. (Ark. Kemi **13.** Nr. 4. 43—50. 1958. Uppsala, Univ., Chem. Inst., Dep. of Org. Chem.; engl.) — Ident. mit der C. **1959.** 5420 referierten Arbeit. G. PÖTZSCHER. B 182□

Über den intermolekularen Protonenübergang und über die Zustände des Protons in der Wasserstoffbrückenbindung von Imidazol. Herbert Zimmermann. (Z. Elektrochem., Ber. Bunsenges. physik. Chem. **65.** 821—40. Dez. 1961. München, TH, Physik.-Chem. Inst.; dt.) — *Imidazol* (I) bildet intermol. N—H···N-Wasserstoffbrückenbindungen zwischen der Iminogruppe eines Mol. u. dem bas. Stickstoffatom eines Nachbar-Mol., was in unpolaren Lsgm. zu Assoziaten führt. Intermol. H-Brückenbindungen liegen auch in krist. I vor, dessen IR-Spektrum gegenüber der NH-Bande der monomeren Moll. stark langwellig verschobene Bandengruppen zwischen 3 u. 6 μ mit ausgeprägter Feinstruktur aufweist u. den NH-Banden der assoziierten Moll. zugeordnet wird. Durch Analyse dieser Feinstruktur in Verbindung mit ramanspektroskop. Unterss. stellt Vf. das Termschema für die Schwingungszustände der Brückenbindung auf u. weist diese Termaufspaltung experimentell nach. Das aus dem Termschema abgeleitete Potential, in dem sich das Proton der Brückenbindung bewegt, ist unsymmetr. u. hat 2 Minima, welche annähernd auf gleicher Höhe liegen. Ein Protonenübergang zwischen beiden Mulden erfolgt durch Tunneleffekt. Der experimentell beobachtete ungewöhnlich große Anstieg des Dipolmoments bei der Assoziation wird auf die Protonendelokalisierung in der Brückenbindung zurückgeführt. Das Protonenresonanzspektrum zeigt ein scharfes Signal für das Proton der Brückenbindung, dessen geringe Halbwertsbreite auf eine sehr kleine Verweilzeit des Protons in einer der Potentialmulden bzw. eine schnell verlaufende Austausch-Rk. schließen läßt. Die Zustände der H-Brücken-Bldg. durch Tunneleffekt lassen sich näherungsweise durch Überlagerung der Zustände der tautomeren Grenzstrukturen N—H···N $\longleftrightarrow$ $N^{(-)}$···H—$N^{(+)}$ darstellen, u. zwar in völliger Analogie zu den Elektronenzuständen von Molekülen. Aus dem Termschema der Brückenbindung folgt, daß die Protonendelokalisierung nur einen sehr kleinen Beitrag zur Bindungsenergie der Brückenbindung liefert. Für diese Unters. wurden IR-Messungen an I (F. 90°), $D_{(1)}$-I, *4(5)-Methylimidazol* (II, F. 56°), dem *Ag-Salz von* I u. Dipolmomentmessungen an I, II, *1-Methylimidazol* (F. 198°) u. Protonenresonanz-Unters. an II durchgeführt. D. JÖRCHEL. B 182□

Die Kristall- und Molekülstruktur von Biphenyl. A. Hargreaves und S. Hasan Rizvi. (Acta crystallogr. [Copenhagen] **15.** 365—73. 10/4. 1962. Manchester, Coll. of Sci. and Technol., Phys. Dep.; engl.) — Vgl. C. **1962.** 4482. — Mit Hilfe von Röntgenstrahlbeugung, mit 2dimensionalen Projektionen ($\varrho_o - \varrho_c$) wird die Kristallstruktur von *Biphenyl* bestimmt. Die Gitterabmessungen der monoklinen (2/m) Zelle: a = $8{,}12_4$; b = $5{,}63_5$; c = $9{,}51_3$ Å; β = 95,1° ± 0,3°; Z = 2. Die wahrscheinlichste Raumgruppe ist $P\,2_1/a$, der Gütefaktor beträgt 17%. Das Mol. ist vollkommen eben (innerhalb der experimentellen Genauigkeit). Die große Bindungslänge zwischen den 2 Phenylringen ($1{,}50_6$ Å) läßt darauf schließen, daß zwischen den Ringen keine Konjugation besteht. Die koplanare Ringanordnung beruht auf zwischenmol. Kräften. Gewisse Anzeichen sprechen dafür, daß ster. Wechselwrkg. zwischen den o-H-Atomen diese Atome aus der ideal ebenen Lage mit Bindungswinkeln von 120° versetzen. H. SCHIBILLA. B 195□

Die Kristallstruktur von einem Merocyanin: $C_{10}H_{12}S_3N_2O$. G. Germain, P. Piret, M. Van Meerssche und J. De Kerf. (Acta crystallogr. [Copenhagen] **15.** 373—82. 10/4. 1962. Louvain, Belgique, Univ., Labor. de Chim.-Phys.; franz.) — Die Struktur des *2-Thio-3-allyl-5-[3-methylthiazolidinyliden-(2)]-thiazolidindion-(2.4)* (F. 133°) wird mit Hilfe von Röntgenstrahlbeugung, 2 u. 3-dimensionalen PATTERSON- u. FOURIER-Synth. bestimmt. Kristallklasse: orthorhomb., Raumgruppe: $P\,2_1 2_1 2_1$; Gitterabmessungen: a = 13,36; b = 16,40; c = 5,47 Å; Z = 4. Der Rhodaninring ist eben. Bei dem anderen Ring weichen die beiden Methylen-C-Atome merklich von der Hauptebene ab. Die beiden Ring-S-Atome befinden sich in trans-Lage. Die Länge der C=O-Bindung beträgt 1,24 Å. Die Rechnungen werden mit der Rechenmaschine „Wegematic 1000" ausgeführt. Der Rechengang bei der Maschine wird beschrieben.
H. SCHIBILLA. B 195□

Die Kristallstruktur von α_1-Brompikrotoxinin. B. M. Craven. (Acta crystallogr. [Copenhagen] **15.** 387—96. 10/4. 1962. Pittsburgh, Pa., Univ. of Pittsburgh, Cristallograph. Labor.; engl.) — Mit Hilfe der Röntgenbeugung, mit dreidimensionalen PATTERSON- u. FOURIER-Synth. wird die Struktur von *α_1-Brompikrotoxinin* (I, $C_{15}H_{15}BrO_6$) bestimmt. Kristallklasse: orthorhomb., Raumgruppe: $P\,2_1 2_1 2_1$; Gitterabmessungen:

a = 13,40; b = 11,60; c = 8,86 Å; Z = 4. Die Bindungslängen u. -winkel sind tabellar. zusammengestellt. Der Gütefaktor beträgt 17%. Aus der Betrachtung der anomalen Röntgenstrahlbeugung durch das Br-Atom ergibt sich die absol. Mol.-Struktur von I u. damit für *Pikrotoxinin* selbst. Sie stellt das Spiegelbild der Struktur dar, die in früherer Literatur angegeben wurde. H. SCHIBILLA. B 195□

Die Trennung stereoisomerer Verbindungen durch Verteilung. 2. Mitt. **Verteilung der stereoisomeren Dekalindiole-(1.4).** Herbert Feltkamp und Wolfgang Kraus. (Liebigs Ann. Chem. **651.** 11–17. 27/3. 1962. Tübingen, Univ., Pharmaz.-Chem. Inst.; dt.) — 1. vgl. Arch. Pharmaz. **295/67.** [1962.] 489. — Vff. beschreiben die Trennung der 6 möglichen stereoisomeren Formen des *Dekalindiols-(1.4)* [I, aus 95 g 1.4-Dihydroxy-naphthalin u. H_2 in Ggw. von RANEY-Ni in abs. A. bei 150° u. 180 at während 4 Std.; 51 g (Ausbeute)] durch diskontinuierliche, gleichförmige Gegenstromverteilung in einem Essigester-PAe. (Kp. 60–70°)-W.-Gemisch (2:1:3). Es werden erhalten: *trans*-I mit 2 axialen (a)-OH-Gruppen, F. 145,5–146,5°, Verteilungs-Koeff. K 1,48; *trans*-I mit 1a.4e-OH-Gruppen, F. 166–167°, K 0,83; *trans*-I mit 2 e-OH-Gruppen, F. 159–160°, K 0,61; *cis*-I mit 1a.4e-OH-Gruppen, F. 93–94°, K 1,88; *cis*-I mit 1e.4a-OH-Gruppen, F. 127–128°, K 0,57; *cis*-I mit 1a.4a-OH-Gruppen, F. 156,5–157,5°, K 0,41. Der Zusammenhang zwischen Konfiguration u. K wird erörtert, die durch e-Stellung der OH-Gruppen begünstigte Assoziation führt zu niedrigen K-Werten. Der hohe K-Wert bei cis-I mit 1a.4e-OH-Gruppen ist auf die starke Abschirmung der a-OH-Gruppe zurückzuführen. A. TREDE. B 221□

Addukte des Harnstoffs und Thioharnstoffs durch Anwendung einer Sublimationstechnik. B. Casu. (Nature [London] **191.** 802–03. 19/8. 1961. Milano, Ist. Sci. di Chim. „G. Ronzoni", Stat. Sperim. Combustibili, IR-Spectroscop. Labor.; engl.) — Vf. sublimiert *Harnstoff* (I) bei 120°/0,1 mm Hg oder *Thioharnstoff* (II) bei 140°/0,1 mm Hg in einem üblichen Vakuumsublimationsapparat auf einen Kühlfinger, dessen Oberfläche mit einem fl. Rk.-Partner (III) bedeckt ist. Der aufsublimierte I oder II reagiert mit III unter Bldg. der Einschluß-Verb. (IV). Dieser Prozeß verläuft ziemlich schnell, kann leicht verfolgt werden u. wurde mit Erfolg für analyt. Zwecke verwendet, bes. in Verb. mit einer anschließenden IR-spektroskop. Unters. des Sublimats. Es läßt sich an Hand charakterist. IR-Banden einwandfrei entscheiden ob eine Bldg. von IV stattgefunden hat. Überschüssiges III läßt sich mit Pentan entfernen. Für die IR-spektroskop. Unters. lassen sich KBr-Preßlinge bei I u. NaCl-Preßlinge bei II ohne Zers. der IV herstellen. Vf. verwendete vorst. beschriebene Sublimations-Meth. für die Darst. von IV des I mit *geradkettigen Paraffinen, gesätt.* u. *ungesätt. Fettsäuren-* u. *-estern* sowie mit einigen *Alkoholen* u. *Ketonen* u. des II mit verschiedenen *verzweigten Paraffinen* u. *Naphthenen.* Diese Meth. ist geeignet zur Prüfung reiner Substanzen hinsichtlich der Fähigkeit, IV zu bilden u. um evtl. Aussagen über die Mol.-Gestalt zu erhalten. Hierzu werden ca. 1 mg oder weniger der Substanz benötigt. Auch die Feststellung geringer Mengen einer IV bildenden Verb. in einer Mischung ist möglich, z. B. *Cetan* in Dekalin oder die Lsgg. höherer KW-Stoffe einschließlich deren Carboxyl- oder Hydroxyl-Derivv. in einem hochsd. Lsgm., das keine IV mit I oder II bildet. Die Frequenzen der charakterist. IR-Banden der IV sowie die Bandenstruktur (Abb.) sind angegeben. G. PLÖTNER. B 223□

Die anomale Claisen-Umlagerung. Elliot N. Marvell, D. Richard Anderson und Josephine Ong. (J. org. Chemistry **27.** 1109–10. März 1962. Corvallis, Oreg., Oregon State Univ., Dep. of Chem.; engl.) — Vgl. C. **1961.** 3284. — Vff. zeigen mit Hilfe einer kinet. Unters., daß das bei der CLAISEN-Umlagerung von γ-Äthylallylphenyläther gebildete *o-[α.γ-Dimethylallyl]-phenol* (I) nicht in einer Konkurrenz-, sondern in einer Konsekutiv-Rk. aus dem prim. entstehenden o-[α-*Äthylallyl*]-*phenol* (II, $Kp._{0,25}$ 65°, n_D^{20} 1,5321) hervorgeht. II läßt sich bei 165° als Rk.-Prod. isolieren u. isomerisiert sich bei 200–225° zu I (vgl. hingegen LAUER u. Mitarbeiter, J. org. Chemistry **26.** [1961.] 4785). Bei o-[α-Äthylallyl]-phenylmethyläther ($Kp._{0,5}$ 80°) sowie bei 2.6-Dimethyl-4-[α-äthylallyl]-phenol wird diese Isomerisierung bei 230° bzw. 215° nicht beobachtet. Ein Mechanismus für die Isomerisierung unter Beteiligung der Hydroxylgruppe wird vorgeschlagen. A. TREDE. B 225□

Gleichgewichts-Isomerisierung von Methylencyclobutan und 1-Methylcyclobuten. Emanuel Gil-Av und Josef Herling. (Tetrahedron Letters [London] **1961.** Nr. 1. 27 bis 31. Jan. Rehovoth, Israel, Weizmann Inst. of Sci., Daniel Sieff Res. Inst.; engl.) — Vff. untersuchten die Gleichgewichts-Isomerisierung von *Methylencyclobutan* (I, Darst. nach ROBERTS u. SAUER, J. Amer. chem. Soc. **71.** [1949.] 4904) zu *1-Methylcyclobuten* (II). Sie stellten an einem mit feinverteiltem Na bedeckten Al_2O_3-Katalysator bei Zimmer-Temp. schnelle Isomerisierung zu 85–86% endo- u. 14–15% exocycl. Isomeren ohne Bldg. von Nebenprodd. fest. Die gleichen Ergebnisse wurden von **II** ausgehend erhalten. Im Rk.-Gemisch vorhandenes 2-Methylbuten-(2) stammt aus 2-Methylbuten-(1), das in **I** zu 3% neben 4–5% Spiropentanen enthalten ist. Aus den Gleichgewichts-Konst. wurde die Freie Energie der exo → endo-Isomerisierung zu $\Delta F = -1{,}05$ kcal/Mol berechnet. Die Ggw. von sehr wenig 3-Methylcyclobuten im Rk.-Gemisch konnte nicht sichergestellt werden. Unter gleichen Vers.-Bedingungen liefern 5- u. 6gliedrige Cycloolefine sämtliche isomeren endocycl. Olefine. Ch. Zechel. B 225□

Reaktion von Cumolhydroperoxid mit Hydrazin, eingeleitet durch die Reaktion zwischen Eisen(III)-EDTA und Hydrazin. E. J. Meehan, I. M. Kolthoff, C. Auerbach und H. Minato. (J. Amer. chem. Soc. **83.** 2232–34. 20/5. 1961. Minneapolis, Minn., Univ. of Minnesota, School of Chem.; Upton, N.Y., Brookhaven Nat. Labor.; engl.) – Die direkte Rk. zwischen *Cumolhydroperoxid* (**I**) u. *Hydrazin* (**II**) ist bei 0° u. pH 9 so langsam, daß sie zu vernachlässigen ist. Bei Zugabe des Fe(III)-Komplexes (Fe-**III**) von Äthylendiamintetraacetat (EDTA) tritt bei 0° eine deutliche Rk. auf, bei welcher **I** quant. in Acetophenon (**IV**) umgesetzt wird. Aus der Rk.-Kinetik geht hervor, daß die erste relativ langsame Rk. in der Umsetzung von Fe-**III** mit **II** unter Bldg. von Fe(II)–EDTA u. Hydrazylradikalen besteht. Beide Prodd. reagieren mit **I** zu **IV** u. CH_3-Radikalen. Die Steigerung der Rk.-Geschw. wird wahrscheinlich durch die Ketten-Rk. CH_3^+ + **II** → CH_4 + $N_2H_3\cdot$; $N_2H_3\cdot$ + **I** → $N_2H_2\cdot$ + **IV** + CH_3 ausgelöst. Der Einfl. von Fe-**III** wird durch *Na-Acrylat* (**A**) stark vermindert, weil dadurch die konkurrierende Rk. CH_3 + **A** + (n−1) **A** → CH_3 **A**$_n$ möglich ist, Kettenabbruch bei letzterer Rk. erfolgt durch Rk. mit $CH_3\cdot$. Claus Fischer. B 225□

Die Rolle des Halogenids bei der Reduktion von Carboniumionen durch Chrom(II). C. E. Castro. (J. Amer. chem. Soc. **83.** 3262–64. 15/8. 1961. Riverside, Calif., Univ. of California, Dep. of Chem. and Plant Nematol.; engl.) – Durch Red. mit Cr(II) in Ggw. von Halogenid entsteht aus dem 1.1-Diphenyläthylkation das Dimere, *2.2.3.3-Tetraphenylbutan.* Es wird vermutet, daß Polyarylmethylkationen nicht direkt durch Cr(II) red. werden, sondern die intermediär entstehenden Polyarylmethylhalogenide. Für diesen Mechanismus sprechen u. a. die Befunde, daß aus Benzhydrylbromid (**I**) u. $CrSO_4$ oder $TiCl_3$ rasch u. quant. *symm.-Tetraphenyläthan,* aus Allylchlorid (**II**) *Propylen* entsteht. –

Versuche: *Chromsulfatreagens,* aus $Cr_2(SO_4)_3 \cdot 18\,H_2O$, W. u. Zn-Staub, 12 Std. Rühren unter N_2 bei Raum-Temp.; das Reagens ist 0,71–0,75 n. – *Benzhydrylbromid,* (**I**), Kp.$_{11}$ 170°, F. 44°, aus Diphenylmethan durch Photobromierung. – *symm.-Tetraphenyläthan,* $C_{26}H_{22}$, F. 211° (Chlf.), aus **I**, Aceton u. 10 ml $CrSO_4$-Reagens unter N_2 bei Raum-Temp.; 90% (Ausbeute); oder aus **I** u. 2,0 n $TiCl_3$; 85%. Die Dimerisierung erfolgt nicht mit $SnCl_2$, $FeCl_2$ oder Ferrocen. – *Propylen,* aus **II** in Tetrahydrofuran u. 0,71 n $CrSO_4$ bei 5°; 108%. – *1.1.3.3-Tetraphenylbuten-(1)* (**V**), $C_{28}H_{24}$, F. 114° (A.), aus 1.1-Diphenyläthylen (**III**; Kp.$_5$ 123°, n_D^{25} 1,6081, aus Diphenylmethylcarbinol [**IV**] durch HCOOH-Dehydratation; 90%) u. 60 ml 70%ig. $HClO_4$ durch 24std. Rühren bei Raum-Temp., Verd. mit W. u. Extraktion mit Ae.; 95%. – *2.2.3.3-Tetraphenylbutan,* $C_{28}H_{26}$, F. 126° (Bzl./A.), a) aus **III**, Dioxan, $HClO_4$ (70%ig.), konz. HCl u. 0,71 n $CrSO_4$ (Verbrauch an $CrSO_4$: 1 Mol/Mol **III**); 70%; b) aus **IV** unter den Rk.-Bedingungen wie oben; 100%. Ohne HCl entsteht **III** (95%) u. wenig **V**-Telomeres (F. 189–190°).

N. Seiler. B 225□

Stereochemie der elektrophilen und homolytischen Substitution am olefinischen Kohlenstoff. A. N. Nesmeyanov und A. E. Borisov. (Tetrahedron [London] **1.** 158–68. April 1957. Moscow, Acad. of Sci. of the USSR; engl.) – Überblick über die genannten Rkk. an Vinyl-Organometall-Verbb. oder an Äthylen-Verbb. bei Rk. mit Organometallverbindungen. G. Pötzscher. B 225□

Die Reaktionen organischer Phosphate. 3. Mitt. Hydrolyse von Dimethylphosphat. C. A. Bunton, M. M. Mhala, K. G. Oldham und C. A. Vernon. (J. chem. Soc. [London] **1960.** 3293–3301. Aug. London, Univ. Coll., William Ramsay and Ralph Forster Labor.; engl.) – 2. vgl. C. **1959.** 13751. – Es wurde die Hydrolyse von *Dimethylphosphat* (**I**, $C_2H_7O_4P$, aus Trimethylphosphat durch Kochen mit NaJ in Aceton u. Umsatz des erhaltenen Na-Dimethylphosphats an einem Austauscherharz zur Säure) im Aciditätsbereich pH 5 bis zum pH einer 5 m $HClO_4$-Lsg. sowie im stark alkal. Bereich untersucht. Für die Gesamt-Hydrolysen-Geschw.-Konst. wurde die bei allen Ionenstärken μ gültige Beziehung gefunden: $h_0 = 4{,}92 \cdot 10^{-6}\,e^{0.182\mu} + 1{,}02\,C_{H^+} \cdot 10^{-6}\,e^{0.306\mu}$. In allen Fällen tritt hauptsächlich C–O-Spaltung auf. Die Rk.-Mechanismen werden diskutiert. Konduktometr. bzw. pH-Messungen ergaben für **I** pH (0°) 0,62; (25°) 0,50–0,76; (50°) 1,00; (100°, extrapoliert) 1,60. Claus Fischer. B 225□

Kinetik der alkalischen Hydrolyse von Chlormethylacetat. Erkki Euranto. (Suomen Kemistilehti B **45.** 25–27. 1962. Turku, Finland, Univ. of Turku, Dep. of

Chem.; engl.) — Es wurde die Hydrolysen-Geschw. von *Chlormethylacetat* (I) im alkal. Gebiet (pH 9,62—11,43) bestimmt, wobei der pH-Wert auf 0,02 Einheiten konst. gehalten wurde. Um die Ionenstärke konst. zu halten, enthielt die Lsg. 0,2 m NaCl. Die Anfangs-Konz. von (I) war 0,01 m. Die Rk. verlief nach 1. Ordnung. Da jedoch daneben eine unkatalysierte Hydrolyse abläuft (Turun Yliopiston Julkaisuja [Ann. Univ. Turkuensis], Sarja A. I **31.** [1959.] 1) muß die Rk.-Geschw.-Konst. nach $k_1 = k_0 + k_2[OH^-]$ dargestellt werden. Die k_0-Werte wurden früheren Arbeiten entnommen. Aus den k_2-Werten wurden die Parameter der ARRHENIUSschen Gleichung $E = 11{,}3 \pm 0{,}32$ kcal Mol^{-1} u. $\log A = 9{,}1 \pm 0{,}27$ (A in $Liter \cdot Mol^{-1} \cdot s^{-1}$) berechnet. Die gefundenen Werte entsprechen einem Rk.-Mechanismus vom Typ $B_{AC}2$ besser als einem nucleophilen Ersatz des Cl. W. PENN. B 225□

Kinetik der Bildung von Alkylhydrazinen aus Chloramin und Alkylaminen in flüssigem Ammoniak. Francis Nash Collier jun., William W. Horner, Paul M. Dickens, James G. Hull und W. T. Layton. (J. Amer. chem. Soc. **83.** 2235—38. 20/5. 1961. Chapel Hill, N. C., Univ. of North Carolina, Dep. of Chem.; engl.) — Es wurden die Rk.-Geschw.-Konst. (R G K) der Rk. von *Chloramin* mit *n-Propyl-* (I), *Di-n-propyl-* (II) u. *n-Butylamin* in fl. NH_3, wobei die entspr. Hydrazine entstehen, bei -75^0, -67^0, -60^0 u. -50^0 konduktometr. bestimmt. Aus der Temp.-Abhängigkeit der R G K wurden die Aktivierungsenergien E_a(kcal/Mol) u. -entropien ΔS^* (cal/Mol·Grad) für die Umsetzung mit I u. II ermittelt (E_a 9,8 für I; 7,0 für II; ΔS^* -35 für I; -45 für II). Die Substitution des NH_3-Wasserstoffs durch eine Alkylgruppe steigert die Reaktivität der Verb. gegenüber NH_2Cl beträchtlich. So erhöht sich die R G K bei -50^0 bei Substitution eines H durch eine Propylgruppe um das 140fache, bei Einführung einer 2. Propylgruppe um das 460fache gegenüber der R G K von NH_3. Bei tieferen Temp. ist der Unterschied noch prägnanter. Bei Einführung einer Butylgruppe ist die Reaktivität im Vgl. zur Propylgruppe noch etwas größer. Mit wachsender Zahl der Propylgruppen sinkt die Abhängigkeit der Rk. von der Temperatur. Nach einer kurzen Induktionsperiode tritt eine Zers. von Hydrazin bzw. seiner Alkyl-Deriv. durch Chloramin auf. Die Dauer dieser Periode ist unbestimmt, sie wird jedoch mit steigenden Konzz. der Rk.-Partner verkürzt. CLAUS FISCHER. B 225□

Aromatische Reaktivität. 11. Mitt. **Der Einfluß von meta- und para-ständigen Methylgruppen bei der Detritiierung durch wäßrige Schwefelsäure.** C. Eaborn und R. Taylor. (J. chem. Soc. [London] **1960.** 3301—07. Aug. Leicester, Univ., Dep. of Chem.; engl.) — 10. vgl. J. chem. Soc. [London] **1960.** 1566; 8. vgl. C. **1960.** 15361. — Vff. messen die Geschw. der Detritiierung von *^3H-Bzl.* (I), *$^3H_{(3)}$-Toluol* (II) u. *$^3H_{(4)}$-Toluol* (III) bei 25^0 in 68—80%ig. H_2SO_4. Die auf I bezogenen relativen Geschw. der Detritiierung in 73—75%ig. H_2SO_4 betragen 5,0 für II u. 250 für III. Mögliche Mechanismen werden diskutiert. C.-E. DÖRING. B 225□

Substitution von Halogen in Halogenbenzolen. M. Liveris und J. Miller. (Chem. and Ind. **1957.** 954—55. 6/7. Nedlands, Univ. of Western Australia, Chem. Dep.; engl.) — Die Geschw. der Substitution von Cl in *Chlorbenzol* bei Rk. mit methanol. $NaOCH_3$ ist bei $202{,}5^0$ ca. 10^{-6}. Beim Vgl. mit Fluorbenzol ist das Verhältnis F/Cl ca. 100 bei $202{,}5^0$. Die Regel Cl > F ist demnach in diesem Reagens ungültig. Beim Vgl. mit p-Chlornitrobenzol ist der Substituenten-Geschw.-Faktor (vgl. C. **1956.** 6071) der p-Nitrogruppe bei $202{,}5^0$ ca. 10^6, annähernd dem Wert in der Fluorbenzolreihe ($1{,}30 \cdot 10^6$). Dies zeigt, daß Substituenteneffekte annähernd unabhängig von der Art des substituierten Halogens sind. G. MARQUARD. B 225

Relative Geschwindigkeiten der basenkatalysierten Racemisierung und des Deuterium-Austausches von Aryloctyl-(2)-sulfonen. Harlan L. Goering, Donald L. Towns und Bruce Dittmar. (J. org. Chemistry **27.** 736—39. März 1962. Madison, Wis., Univ. of Wisconsin, Dep. of Chem.; engl.) — Vff. bestimmen die Geschw.-Konst. der basenkatalysierten Racemisierung, k_{rac}, durch Messung der Drehwertsänderung u. des D → H-Austausches, k_{exc}, durch IR-Spektren bei *(—)-Octyl-(2)-phenylsulfon* (I), *(—)-$D_{(2)}$-Octyl-(2)-phenylsulfon* [II, F. 44,6—45,3°, analog I (siehe Versuche), $[\alpha]_D^{25}$ $-13{,}81^0$ (c = 1,6; 95%ig. A.); 58% (Ausbeute)], *(—)-Octyl-(2)-p-tolylsulfon* [$C_{15}H_{24} \cdot O_2S$, F. 58,3—60,3°, analog I; $[\alpha]_D^{30}$ $-11{,}6^0$ (c = 2,6; A.)], u. *(—)-$D_{1(2)}$-Octyl-(2)-p-tolylsulfon* [III, $C_{15}H_{23}DO_2S$, F. 58,3—59,3°, analog I; $[\alpha]_D^{25}$ $-11{,}75^0$ (c = 2,95%ig. A.); 64%] in Methanol in Ggw. von Na-Methylat. (vgl. CRAM u. Mitarbeiter, C. **1961.** 8981). Die Racemisierungs-Rk. ist 1. Ordnung sowohl in bezug auf die Sulfon- als auch auf die Methylat-Konz., mit steigendem Na-Methylat-Geh. nimmt k_{2rac} etwas zu. Das Phenylsulfon racemisiert u. tauscht schneller aus als die Tolylverbindung. Die Austausch-Rk. läuft bei II 17mal, bei III 14mal schneller ab als die Racemisierung, so daß beim

Austausch die Konfiguration vorwiegend erhalten bleibt. Dies zeigt, daß durch SO_2-Gruppen stabilisierte Anionen nicht eben sind, d. h. enantiomere Sulfone ergeben nichtebene Carbanionen.

Versuche: (—)-*Octyl-(2)-phenylsulfon* (I) F. 45—46° (PAe., 70%ig. A.), durch Zugabe von 39 g *p-Toluolsulfonsäureoctyl-(2)-ester* [aus Phthalsäureoctyl-(2)-ester; F. 72,4—73,0°; $[\alpha]_D^{25}$ —48,3°] zu Na-Thiophenolat in A., 1 Std. unter Rückfluß [→ *Octyl-(2)-phenylsulfid*; 20 g], Zugabe von 30%ig. H_2O_2 in Eisessig, 7 Std. bei 100°; $[\alpha]_D^{30}$ —13,4° (c = 1,7; A.); 8,2 g. *dl-Verb.*, $C_{14}H_{22}O_2S$, F. 27—27,5°. — *dl-Octyl-(2)-p-tolylsulfon*, $C_{15}H_{24}O_2S$, F. 42—43°. A. Trede. B 225□

Struktur und Umwandlungen von Methylaryl-N-nitrotriazenen. 3. Mitt. Über einige Eigenschaften von Methylaryl-N-nitrotriazenen. N. M. Barantschik, I. W. Gratschew und D. S. Sawelski. (Журнал Общей Химии [J. allg. Chem.] **28** (**90**). 1340—51. Mai 1958; russ.) — 2. vgl. Журнал Общей Химии [J. allg. Chem.] **27**. [1957.] 117. — *1-Nitro-1-methyl-3-aryltriazene* zerfallen im sauren Medium unter Bldg. von Phenolen, N_2, Methanol u. N_2O. Die 1-Nitro-1-Methyl-3-aryltriazene sind Pseudosäuren u. lösen sich in Basen u. bas. Lsgm. unter starker Farbvertiefung. Beim Stehen zersetzen sich die Lsgg. zu Arylaminen, Nitrit, N_2 u. Formaldehyd. Es wird ein Rk.-Mechanismus vorgeschlagen, nach dem sich unter dem Einfl. von Hydroxyl- oder Methoxylionen aus den Methyltriazenen ein Proton abspaltet u. sich primär ein unbeständiges Carbeniat-Ion bildet. Dieses spaltet die Nitrogruppe als Nitrition ab u. geht in ein N-Methylenaryltriazen über, das zu Formaldehyd hydrolysiert u. zu Arylamin u. N_2 zersetzt wird. — An Hand dieses Rk.-Mechanismus wird die in bas. Lsgg. unter Bldg. von Nitritionen erfolgende Zers. verschiedener aliphat. N-Nitro- u. C-Nitro-Derivv. diskutiert.

Versuche: Man löst 1-Nitro-1-methyl-3-o-nitrophenyltriazen (I) in Pyridin (rotbraun) oder Triäthylamin (dunkelorange), nach 3—4 Std. langem Stehen, Verdünnen mit W. u. Ansäuern sind HNO_2 u. *2-Nitrophenyldiazoniumsalz* (Kuppeln mit β-Naphthol) nachweisbar. Nach 24 Std. langem Stehen werden Diazoniumsalz u. Nitrit nicht mehr beobachtet. Analog I verhalten sich andere Nitromethylaryltriazene, wie 1-Nitro-1-methyl-3-[2.5-dichlorphenyl]-triazen. — Man löst 0,5 g I in 100 ml 10%ig. NaOH, erhitzt u. dest. nach 5 Tagen mit Wasserdampf: *o-Nitroanilin* (F. 69—70°). Oder man filtriert die Rk.-Lsg., extrahiert o-Nitroanilin mit Ae., säuert die wss. Phase an u. weist *o-Nitrophenyldiazoniumsalz* (Kuppeln mit β-Naphthol) u. HNO_2 nach. — Man löst 11 mm 1-Nitro-1-methyl-3-[4-chlor-2-nitrophenyl]-triazen (II) in 100 ml 25%ig. NH_4OH (orangefarben) u. läßt 6 Wochen lang stehen: *4-Chlor-2-nitroanilin* (F. 116—117°; Kuppeln mit R-Salz u. β-Naphthol). Analog verhalten sich I u. II in alkohol. Alkali. Läßt man die Lsg. nicht stehen, sondern verd. gleich wieder, so erhält man I bzw. II fast unverändert zurück. — Man läßt das Triazen-Deriv. in 1,2%ig. Na-Methylat-Lsg. bei 20° 15—60 Min. lang stehen, säuert bei 0° mit 10%ig. H_2SO_4 an u. filtriert (unverändertes *Triazenderiv.*); im Filtrat bestimmt man das *Diazoniumsalz*; nach 15, 30 bzw. 60 Min. Rk.-Dauer findet man entsprechend: 52%, 32% u. 13% unverändertes Triazen-Deriv., im Filtrat 30%, 40% u. 43% Diazoniumsalz. — *Best. von o-Nitroanilin in den Zers-.Prodd.*: a) man läßt das Triazen-Deriv. 1—2 Std. lang in 21—26%ig. Na-Methylat-Lsg. stehen, dest. mit Wasserdampf u. krist. aus A. um; b) zur analog. Vorst. erhaltenen Reaktions-Lsg. gibt man unter Kühlung W., dann gesätt. Bicarbonat-Lsg. u. extrahiert mit Ae.; man erhält *o-Nitroanilin*, daneben *2.2'-Dinitrodiazoaminobenzol* (F. 192°, Bzl., A); c) man läßt das Triazen-Deriv. in Na-Methylat verschiedener Konz. 1½—2 Std. lang stehen, gibt gesätt. Bicarbonat-Lsg. zu, entfernt Methanol bei 30—35°, extrahiert mit Ae., dampft ein, löst in heißer HCl u. titriert mit 0,1 normaler $NaNO_2$; bei einem Geh. von 2,4 bis 30,5% Na-Methylat in der Rk.-Lsg. steigt der Geh. an Amin von ca. 6% aus 77%. Helmut Schäfer. B 225

Disproportionierungs- und Rekombinationsreaktionen von Methyl- und n-Pentylradikalen. M. H. J. Wijnen. (J. Amer. chem. Soc. **83.** 3752—54. 20/9. 1961. Pittsburgh, Pa., Mellon Inst., Radiation Res. Labor.; engl.) — Durch Photolyse von Heptanon-(2) (I) wurden *Methyl-* u. *n-Pentyl*-Radikale erhalten. Folgende Primärschritte bei der Photolyse werden angenommen: $I + h\nu \rightarrow CH_3COCH_3 + C_4H_8$; $I + h\nu \rightarrow CH_3\cdot CO + (CH_2)_4CH_3$; $I + h\nu \rightarrow CH_3 + CH_3(CH_2)_4CO$. Folgende Rkk. der Radikale wurden untersucht: $2\,CH_3 \rightarrow C_2H_6$ (1); $CH_3 + n\text{-}C_5H_{11} \rightarrow n\text{-}C_6H_{14}$ (2); $CH_3 + n\text{-}C_5H_{11} \rightarrow CH_4 +$ Penten-(1) (II) (3); $2\,n\text{-}C_5H_{11} \rightarrow n\text{-}C_{10}H_{22}$ (4); $2\,n\text{-}C_5H_{11} \rightarrow n\text{-}C_5H_{12} + II$ (5). Ergebnisse bei 63 u. 91° ergeben für $k_2/(k_1^{1/2}\cdot k_4^{1/2})$ 1,6 ± 0,1 für k_3/k_2 u. k_5/k_4 bei 63° ca. 0,1 bzw. ca. 0,2. Diese Daten werden mit ähnlichen Verhältnissen von Geschw.-Konst. anderer Alkylradikale verglichen. H. Harenz. B 226□

Einfluß von Katalysatoren und Bestrahlungsdauer auf die Photosynthese von Aminosäuren in Paraformaldehyd-Kaliumnitrat-Gemischen. K. Bahadur und R. B.

Srivastava. (Журнал Общей Химии [J. allg. Chem.] **31 (93)**. 3017—20. Sept. 1961. Allahabad, Indien, Univ., Abt. Chem.; russ.) — Bei der Bestrahlung von Formaldehyd-KNO_3-Gemischen in Ggw. von $CoCl_2$, $NiCl_2$ oder Benzoylperoxid entstehen *Aminosäuren*, deren Menge mit zunehmender Bestrahlungsdauer ansteigt. Für die Bldg. wird ein Schema angegeben. Nach Bestrahlung von 0,1 g Paraformaldehyd, 0,2 g KNO_3 in 400 ml W. in Ggw. von 0,05 g Katalysator mit einer 1000-W-Lampe wurden chromatograph. nachgewiesen: *Valin, Glycin, Histidin, Ornithin, Asparagin, Arginin* u. *Asparaginsäure* in Ggw. von $CoCl_2$; *Glycin, Asparagin, Alanin* u. *Ornithin* in Ggw. von $NiCl_2$; *Glycin* in Ggw. von Benzoylperoxid. Helmut Schäfer. B 226

Ultraviolettbestrahlung von Pyrimidinderivaten. 1. Mitt. **1.3-Dimethyluracil.** A. M. Moore und C. H. Thomson. (Canad. J. Chem. **35**. 163—69. Febr. 1957. Chalk River, Ontario, Atomic Energy of Canada Ltd., Biol. Div.; engl.) — Vgl. C. **1957**. 1149. — Die Isolierung, Analyse u. Synth. des Haupt-Prod., das bei der UV-Bestrahlung (2537 Å) einer wss. *1.3-Dimethyluracil*-Lsg. ($C_6H_8N_2O_2$, F. 123—124°, aus Uracil nach Davidson u. Baudisch [1926]) entsteht, ergab, daß bei der Bestrahlung die 5.6-Doppelbindung des Uracilringes unter Bldg. von 1.3-Dimethyl-6-hydroxydihydrouracil (I, $C_6H_{10}N_2O_3$, F. 107 bis 108°) hydratisiert wird. Die Hydratisierung ist spontan reversibel, die Dehydratisierung wird durch Spuren von Säuren oder Basen katalysiert. Vff. berichten über kinet. Unterss. der katalysierten Dehydratisierungs-Rk.: die Geschw.-Konst. wird mit $k = 0{,}0324$ Liter s^{-1} Mol^{-1} bei 20° angegeben. Zum Vgl. wurde I aus 5.5-Dibrom-1.3-dimethyl-6-hydroxydihydrouracil (F. 134—136°) durch Red. mit Zn/Essigsäure bei pH 4—5 dargestellt. Röntgen-Pulveraufnahmen von I sind abgebildet. G. Ruadkoff. B 226□

Ultraviolettbestrahlung von Pyrimidinderivaten. 2. Mitt. **Bemerkung zur Synthese des Produktes der reversiblen Photolyse von Uracil.** A. M. Moore. (Canad. J. Chem. **36**. 281—83. Jan. 1958; engl.) — 1. vgl. vorst. Referat. — Das Prod. der UV-Bestrahlung von *Uracil* wird mit dem durch Red. mit Zn (Essigsäure) aus 5.5-Dibromo-6-hydroxydihydrouracil (F. 136°, Darst. nach Wheeler u. Johnson [1907]) erhaltenen 6-Hydroxydihydrouracil verglichen. Durch spektroskop. u. papierchromatograph. Meth. wird gezeigt, daß es sich um dasselbe Prod. handelt. G. Rudakoff. B 226□

Photochemische Reaktionen von Uracil und Uridin. Adolf Wacker, Dieter Weinblum, Lothar Träger und Zeinab H. Moustafa. (J. molecular Biol. **3**. 790—93. Dez. 1961. Frankfurt/M., Univ., Inst. für therap. Biochem.; dt.) — Vgl. auch Wacker u. Mitarbeiter, J. molecular Biol. **3**. [1961.] 787—89. — Werden wss. Lsgg. von $^{14}C_{(2)}$-*Uracil* (**I**) mit UV-Licht (254 mμ) bestrahlt, so findet man in der Rk.-Lsg. 2 Verbb., die auf Grund ihrer Eigg. von Vff. für das **I**-Dimere (**II**) u. ein Wasseradditions-Prod. (**III**) von **I** gehalten werden. Bei einer kleineren UV-Dosis bildet sich mehr **II** als **III**, bei einer größeren mehr **III**. Höhere **I**-Konzz. begünstigen die **II**-Bldg., niedrige die von **III**. **II** wird durch 15 Min. langes Erwärmen auf 100° sehr wenig verwandelt, **III** wird dagegen rasch in **I** umgewandelt. Werden die reinen Verbb. **II** u. **III** erneut mit UV-Licht bestrahlt, so wandelt sich **II** rasch in **I** zurück, **III** verändert sich nicht. Gegenüber Säuren u. Alkalien sind beide Verbb. wenig beständig. Die entsprechenden Photo-Prodd. bildet auch *Uridin* (**IV**). Sowohl **I** als auch **IV** bilden bei Bestrahlung der gefrorenen Lsgg. mehr Dimerisations-Prodd. als bei Bestrahlung der fl.-wss. Lösung. Die Stabilität der **IV**-Dimeren u. des **IV**-Wasseradditions-Prod. gegenüber Hitze, UV-Licht, Säure u. Alkali ist ähnlich wie bei den Prodd. aus **I**. Bestrahlt man eine Lsg. von $^{14}C_{(2)}$-*Thymin* (**V**) u. (beide Verbb. jeweils $5 \cdot 10^{-4}$ m) $^{14}C_{(2)}$-**I** in gefrorenem Zustand mit einer Dosis von $5{,}4 \cdot 10^4$ erg/mm², so findet man neben unverändertem **I** u. **V** noch die jeweiligen Dimeren von **I** u. **V**, sowie ein Mischdimeres bestehend aus gleichen Mol-% **I** u. **V**, das nach erneuter Bestrahlung sich in **I** u. **V** rückspaltet. Bestrahlt man wss. Lsgg. von je 0,4 μMol/ml **IV**, *Guanylyluridin* (**VI**) bzw. *Adenylyladenosin* (**VII**) mit UV-Licht der Gesamtdosis von $5{,}8 \cdot 10^5$ erg/mm², so beträgt der Abfall von der Ausgangsextinktion am jeweiligen Maximum für **IV** 86%, für **VI** 15% u. für **VII** 0%. Erhitzt man die bestrahlten Lsgg. 10 Min. lang auf 100°, so steigt die Extinktion der Lsgg. bei **IV** um 33%, bei **VI** um 13% an. Demnach erkennt man aus der Stabilität der Bestrahlungs-Prodd., daß aus **IV** wärmestabiles Dimeres u. wärmeinstabiles **IV**-Wasseradditions-Prod. bei der Bestrahlung entstanden sind. Aus dem Dinucleotid **VI** hat sich jedoch nur wärmelabiles **VI**-Wasseranlagerungs-Prod. gebildet. Alle Photo-Prodd. von **I** u. **IV** sind für die **I**-Mangelmutante *E. coli 63—86* keine Wuchsstoffe mehr. L. Träger. B 226□

Durch γ-Bestrahlung bewirkte Synthese von porphinähnlichen Substanzen. A. Szutka, J. F. Hazel und Wallace M. McNabb. (Radiat. Res. **10**. 597—603. Mai 1959. Philadelphia, Pa., Univ. of Pennsylvania, Dep. of Chem.; engl.) — Vff. versuchten die Darst. komplizierterer organ. Verbb. aus einfachen Vorstufen unter den

Bedingungen des Zustandes der Erdatmosphäre bei der Bldg. der Erdoberfläche. Ein Syst. aus 5 ml Pyrrol, 10 ml Benzaldehyd, 10 ml Pyridin u. 5 g Zn-Acetat wurde mit ^{60}Co-γ-Strahlen 10 Std. lang mit einer Intensität von 0,5 Megaröntgen/Std. bestrahlt. Aus der Rk.-Mischung konnte chromatograph. *α.β.γ.δ-Tetraphenylporphin* (I) in Mikrogramm-Mengen isoliert werden. I u. das daraus durch Rk. mit Eisessig gewonnene Acetat sowie das Zn-Chelat (aus I u. Zn-Acetat) wurden spektroskop. identifiziert.
U. Schüssler. B 226□

Dehydrierung von n-Alkanen am Katalysator K-5. N. I. Schuikin, Je. A. Timofejewa und W. M. Kleimenowa. (Известия Академии Наук СССР, Отделение Химических Наук [Nachr. Akad. Wiss. UdSSR, Abt. chem. Wiss.] **1961.** 653—57. April. Zelinsky-Inst. für org. Chem. der Akad. der Wiss. der UdSSR; russ.) — Es wurde die Dehydrierung von *n-Pentan, 2-Methylbutan Cyclohexan, n-Hexan, n-Heptan, n-Octan, n-Nonan, n-Decan* u. *n-Hexadecan* am techn. Dehydrierungskatalysator K-5 (Zus. nicht angegeben) bei 500° u. einer Vol.-Geschw. von 2,1 Std.$^{-1}$ untersucht. Es entstanden in allen Fällen die entsprechenden *Alkene*, deren Geh. im Katalysat rund 10% betrug. Daneben bildeten sich einige % *Aromaten*. Cyclohexan lieferte wenig Alkene u. relativ viel Aromaten. Die gasförmigen Rk.-Prodd. setzten sich aus H_2 mit wenig bzw. Spuren Olefinen u. Alkanen zusammen. Stärkere Crackung trat bei n-Hexadecan ein. Brechungsindex, Dichte u. prozentueller Geh. an Alkenen u. Aromaten werden tabellar. angegeben.
Helmut Schäfer. B 227□

Untersuchung der katalytischen Eigenschaften der Seltenenerdmetalle. 1. Mitt. **Umwandlung von n-Heptan, Cyclohexan und Äthylcyclopentan an Erbiumoxid.** Ch. M. Minatschew, M. A. Markow und O. K. Schtschukina. (Известия Академии Наук СССР, Отделение Химических Наук [Nachr. Akad. Wiss. UdSSR, Abt. chem. Wiss.] **1961.** 1507—11. Aug. Zelinsky-Inst. für org. Chem. der Akad. der Wiss. der UdSSR; russ.) — Es wurden die katalyt. Eigg. von Er_2O_3 u. Er_2O_3/Al_2O_3 bei den Umwandlungen von *n-Heptan*(I), *Cyclohexan* (II) u. *Äthylcyclopentan* (III) bei 545 bis 590° untersucht. I wird in *Toluol*, II in *Bzl.* u. III ebenfalls in *Toluol* umgewandelt. In geringem Umfang geht II in *Methylcyclopentan* u. *Cyclohexen*, I in *Bzl.* über. Zum großen Teil (in einigen Fällen über 50%) entstehen gasförmige Rk.-Produkte. Diese bestehen bei I, II u. III aus *Methan, Äthan, Äthylen, Propan, Propylen, Butan* u. *Butylen*, zum größten Teil jedoch aus H_2. — I, II u. III werden mit H_2 bei einer Vol.-Geschw. von ca. 0,25 Std.$^{-1}$ über 10 ml Katalysator geleitet. Die Katalysate wurden gaschromatograph. analysiert. Die Chromatogramme, Ausbeuten an gasförmigen Prodd., Koks u. fl. Katalysat sowie die Zus. der Katalysate werden graph. u. tabellar. angegeben.
Helmut Schäfer. B 227□

Umwandlung von n-Butylamin unter den Bedingungen der Synthese aus Kohlenoxid und Wasserstoff. Ju. B. Kagan, A. N. Baschkirow, G. A. Kliger und Ju. I. Jermakow. (Известия Академии Наук СССР, Отделение Химических Наук [Nachr. Akad. Wiss. UdSSR, Abt. chem. Wiss.] **1959.** 1345—46. Juli. Erdölinst. der Akad. der Wiss. der UdSSR; russ.) — n-Butylamin (I), CO u. H_2 liefern an einem geschmolzenen Fe-Katalysator Gemische von *prim., sek.* u. *tert. Aminen*. Es werden der Einfl. der I-Zugabe, der Temp. (175—220°), des Druckes (80—160 at) u. des CO:H_2-Verhältnisses auf den summar. Umwandlungsgrad von I u. das Verhältnis von sek. zu tert. Aminen untersucht u. tabellar. angegeben. — Im Rk.-Gemisch sind bis zu 50% prim. Amine enthalten. Durch Erhöhung der I-Konz. u. der Temp. können bis zu 98% sek. Amine (bezogen auf das sek.-tert.-Amingemisch) erhalten werden. Verdünnung mit H_2, geringe Geschw. der I-Zugabe u. niedrigere Temp. begünstigen die Bldg. von tert. Aminen.
Helmut Schäfer. B 227□

C. Präparative organische Chemie. Naturstoffe

Oxydationen mit Mangandioxid in neutralen Medien. R. M. Evans. (Quart. Rev. [chem. Soc., London] **13.** 61—70. 1959. Greenford, Middlesex, Glaxo Labor. Ltd.; engl.) — Übersicht über die Oxydation bei Raum-Temp. u. höheren Temp., über oxydierbare Stoffe u. Oxydationsbedingungen sowie über Rk.-Mechanismen. — 31 Literaturangaben.
P. Golinske. 460□

Reaktionen der Kohlenwasserstoffkette von Fettsäuren. H. J. Harwood. (Chem. Reviews **62.** 99—154. April 1962. McCook, Ill., Armour Ind. Chem. Co., Res. Labor.; engl.) — Überblick über Substitutions-Rkk. an der gesätt. Kette, über Additions-Rkk. an Doppel- u. Dreifachbindungen u. an Carbonyl- u. Epoxidgruppen, Eliminierungs-Rkk.

unter Bldg. von Doppel u. Dreifachbindungen sowie Carbonyl- u. Epoxidgruppen, Isomerisierungen, pyrolyt. u. oxydative Spaltungen sowie Autoxydation von *Carbonsäuren.* G. Pötzscher. 460 □

Eine modifizierte Leuckart-Reaktion. 3. Mitt. **Umlagerung bei der Leuckart-Reaktion.** Zen-ichi Horii, Tatsuo Sakai und Yasumitsu Tamura. (Pharmac. Bull. [Tokyo] **5.** 132—35. April 1957. Osaka-fu, Toyonaka-shi, Hotarugaike, Univ. of Osaka, Pharmac. Fac.; engl.) — 2. vgl. C. **1959.** 2093. — Aus 1.3-Dialkylharnstoff, Carbonyl-Verbb. u. Ameisensäure (**I**) werden die entsprechenden *N-Alkylamino-Verbb.* erhalten. Dagegen entsteht aus 1.3-Diphenylharnstoff (**II**), Benzophenon (**III**) u. **I** ein Gemisch aus *o*- (**IV**) u. *p-Aminotriphenylmethan* (**V**), das auch durch normale Leuckart-Rk. aus **III**, Formanilid (**VI**) u. **I** sowie aus N-Benzhydrylanilin (**VII**), **VI** u. **I** dargestellt wird. **VII** wird beim Kochen mit 15%ig. HCl nicht verändert. **VI** entsteht beim Erhitzen von **II** mit **I** auf 180° in 88%ig. Ausbeute. Mit **VII** reagiert **I** zu *2.4-Dibenzhydrylformanilid.* Bei der Leuckart-Rk. von **III** mit **II** oder **VI** entsteht also infolge Umlagerung des intermediär gebildeten *N-Benzhydrylformanilids* in einem polaren Lsgm. in Ggw. von Protonen **IV** u. **V**. UV-Spektren s. Original.

Versuche: *α-Äthylaminophenyläthan,* F. 199°, $Kp._8$ 60°, 1.3-Diäthylharnstoff (**VIII**) u. Acetophenon (**IX**); 47% (Ausbeute). — *N-Benzhydrylanilin* (**VII**), F. 245°, $Kp._{15}$ 160°, aus **VIII** u. **III**; 35%. — *α-n-Butylaminophenyläthan,* F. 153°, $Kp._4$ 72—74°, aus 1.3-Di-n-butylharnstoff (**X**) u. **IX**; 40%. — *N-n-Butylbenzylamin,* F. 240°, $Kp._3$ 80°, aus Benzaldehyd u. **X**; 10%. — *o-Aminotriphenylmethan* (**IV**), $C_{19}H_{17}N$, F. 127—127,5° (A.), a) durch 2std. Erhitzen von 6,1 g **III** mit 11,5 g **II** in 30 cm^3 80%ig. **I** auf 108—109°, Erhitzen auf 190° während 1½ Std., 3std. Erhitzen auf 190—200°, 2std. Kochen mit 15%ig. HCl, Alkalisieren mit 20%ig. NaOH, Ausäthern, Eindampfen u. Chromatographie in PAe. an Al_2O_3; 1,7 g; daneben 1,2 g *p-Aminotriphenylmethan* [**V**; $C_{19}H_{17}N$, F. 84—84,5° (Ae./PAe.); gibt beim Kochen mit 98%ig. **I** das *N-Formyl-Deriv.* ($C_{20}H_{17}NO$, F. 112—114°)] u. *Formanilid* (**VI**; $Kp._4$ 133—134°); b) analog a aus **III**, **VI** u. **I**; daneben **V**; c) durch 2std. Erhitzen von **VII** mit **VI** u. 80%ig. **I** auf 114°, 1 Std. lang auf 180° u. 3 Std. lang auf 180—190° u. Aufarbeiten wie bei a; daneben **V**. *N-Formyl-Deriv.*, $C_{20}H_{17}NO$, F. 135—136°, durch 2½ std. Kochen von **IV** in 98,5%ig. **I**; aus Essigester/PAe. Platten. — *2.4-Dibenzhydrylformanilid,* $C_{33}H_{27}NO$, F. 160—160,5°, durch 2std. Kochen von **VII** in 98%ig. **I**, Eindampfen u. Chromatographie in Bzl. an Al_2O_3; aus Essigester/PAe. Platten. K. Lange. 470

Mikromethylierung von Polysacchariden. H. S. Isbell, H. L. Frush, B. H. Bruckner, G. N. Kowkabany und G. Wampler. (Analytic. Chem. **29.** 1523—28. Okt. 1957. Washington, D.C., Nat. Bur. of Stand.; engl.) — In Anlehnung an bekannte Makro-Verff. wird eine Meth. zur Methylierung von Polysacchariden (z. B. Dextran) mit ^{14}C-markiertem CH_3J (**I**) im Mikromaßstab entwickelt. Die vorangehende K-Salz-Bldg. wird in fl. NH_3 in einer geschlossenen App. durch Einführung von K, das in ein Capillarröhrchen eingeschmolzen ist, unter Ausschluß von Luft u. Feuchtigkeit vorgenommen. Anschließend wird entweder das NH_3 abgezogen u. **I** im Überschuß eingeführt oder die Methylierung in fl. NH_3 bei Verw. stöchiometr. Mengen K u. **I** vollzogen. Als Lsgm. für **I** kann Dimethoxyäthan benutzt werden. Das Verf. wird eingehend beschrieben; die App. sind graph. wiedergegeben. Die Aufarbeitung des Methylierungs-Prod. erfolgt durch Erwärmen mit 90%ig. HCOOH auf dem Wasserbad im zugeschmolzenen Capillarröhrchen, Entfernung der Ionen aus dem Hydrolysat mit Kationen- u. Anionenaustauschern, Eindampfen des Eluats (W. + CH_3OH) zur Trockne, Aufnehmen des Rückstandes in 0,1 ml W. u. papierchromatograph. Trennung mit ammoniakal. Butanol als Lsgm. u. saurem Anilinphthalat als Entwickler. Die Chromatogramme des Hydrolysats von *methyliertem Dextran* sind wiedergegeben. Die Technik der Methylierung in fl. NH_3 liefert neben *Glucose Mono-, Di-, Tri-, Tetra-* u. *Pentamethylglucose,* während die Methylierung mit überschüssigem **I** im wesentlichen die höher methylierten Prodd., hauptsächlich *Trimethylglucose,* liefert. W. Betcke. 480 □

Chemische Umwandlungen der niederen Olefine. Robert Robinson. (Gazz. chim. ital. **89.** 265—86 u. 287—310. Jan. 1959. London, Shell Chem. Co. Ltd.; engl. u. ital.) — Vortrag. Die *niederen Olefine* übertreffen an eingesetzter Menge bei weitem die aromat. Verbb. als Rohstoffe der chem. Großindustrie. Nach theoret. Betrachtungen über die Rk.-Fähigkeit olefin. Doppelbindungen wird ein Überblick über verschiedene Umsetzungen von Olefinen mit industrieller Bedeutung gegeben: Hydratation; Epoxydierung; Darstellung von Äthylenchlorhydrin, Tetrafluoräthylen, Lost u. Vinylchlorid über Äthylenchlorid; Ziegler-Rkk. (Darst. von Al-Alkylen; Dimerisierungen; Herst. von Polyäthylen u. Polypropylen; stereospezif. Polymerisationen); Alkylierung gesätt. KW-Stoffe (Friedel-Crafts-Rkk. u. ä.); Oxosynthese. H.-E. Toussaint. 520 □

Die Gasphasenreaktion von 2.3-Dimethylbuten-(2) und Ozon. Howard E. Smith und Richard H. Eastman. (J. Amer. chem. Soc. **83.** 4274—76. 6/11. 1961. Stanford, Calif., Stanford Univ., Dep. of Chem. and Chem. Engng.; engl.) — Bei der Gasphasen-Rk. von *2.3-Dimethylbuten-(2)*, dessen Reinheit IR-spektroskop. erwiesen ist, mit O_3 unter N_2 entsteht ein Stoffgemisch, das u. a. 2,4% *HCOOH* (**I**), 3,6% *HCHO* (**II**), 13,9% *CH_3·$COCH_3$* (**III**) sowie *CH_3OH, Ester*, 5,4% *CH_3COOH* (**IV**) oder aber eine Substanz, die bei der Hydrolyse **IV** liefert u. 5,7% JO_2 enthält. **I** wird durch Oxydation mit HgO quant. bestimmt, **II** als *Dimedon-Deriv.* u. **III** als *2.4-Dinitrophenylhydrazon.* Der Mechanismus der Rk., bei der sich 2 Mol Olefin mit 1 Mol. O_3 umsetzen, wird so gedeutet, daß 2 Vorgänge nebeneinander verlaufen, nämlich die Ozonolyse der C=C-Doppelbindung u. die Oxydation am Allylkohlenstoffatom.

Versuche: *2.3-Dimethylbuten-(2)*, $Kp._{760}$ 73,1—73,2°, durch 40std. Erhitzen von Pinakolinalkohol mit Oxalsäure, fraktionierte Dest. u. Abtrennen von *2.3-Dimethylbuten-(1)* [$Kp._{760}$ 55,8—55,9°; n_D^{20} 1,3900; $D._4^{20}$ 0,669; 5,9% (Ausbeute)]; n_D^{20} 1,4128, $D._4^{20}$ 0,707; 55,8%. M. Frohne. 520□

Synthese und Polymerisation von 1.1.2.3-Tetrafluorbutadien-(1.3). H. Iserson, M. Hauptschein und F. E. Lawlor. (J. Amer. chem. Soc. **81.** 2676—77. 5/6. 1959. Philadelphia, Pa., Pennsalt Chem. Corp., Techn. Div.; engl.) — *1.1.2.3-Tetrafluorbutadien-(1.3)* (**I**) wird aus 2.2.3.4.4-Pentafluor-3.4-dichlorbuttersäure (**II**)-äthylester durch Red. zum *Alkohol*, Veresterung mit p-Toluolsulfonsäurechlorid (**III**), Rk. des gebildeten *Tosylats* mit NaJ u. partielle Dehalogenierung des entstandenen *1-Jod-3.4-dichlor-2.2.3.-4.4-pentafluorbutans* (**IV**) mit Zn/Essigsäure dargestellt. Als Nebenprodd. entstehen dabei *3.4-Dichlor-1.1-dihydroperfluorbuten-(1)* (**V**) u. *1.1.2.3.3-Pentafluorbuten-(1)* (**VI**). Das IR-Spektrum von **I** weist eine typ. Absorption bei 11,76 μ auf. **I** läßt sich leicht homogen unter photochem. Aktivierung zu einem hochschm., thermostabilen *Elastomeren* polymerisieren. Copolymerisationen wurden mit 2.2.2-Trifluoräthylvinyläther (**VII**), Äthylenoxid (**VIII**), Perfluorpropen (**IX**) u. 1-Chlor-2.2-difluoräthylen (**X**) durchgeführt. Die IR-Spektren der Polymerisate sowie die von **I, V** u. **VI** sind angegeben.

Versuche: *2.2.3.4.4-Pentafluor-3.4-dichlorbuttersäureäthylester*, $C_6H_5Cl_2F_5O_2$, $Kp._{20}$ 63—65°, aus **II** durch 2std. Rühren mit A./konz. H_2SO_4, 12std. Stehen u. 2½std. Kochen; n_D^{30} 1,3694; 88% (Ausbeute). — *2.2.3.4.4-Pentafluor-3.4-dichlorbutanol-(1)*, $C_4H_3Cl_2F_5O$, $Kp._{760}$ 149—150°, durch 4½std. Zutropfen der äther. Lsg. vorst. Verb. zu $LiAlH_4$ in Ae., Zers. des Rk.-Gemisches mit Eiswasser, Ausäthern u. Dest.; n_D^{23} 1,3792; 66%. — *2.2.3.4.4-Pentafluor-3.4-dichlorbutyl-(1)-p-toluolsulfonat*, $C_{11}H_9Cl_2F_5O_3S$, $Kp._{0,3}$ 130—131°, aus vorst. Verb. durch 6std. Veresterung mit **III** in alkal. Lsg. bei 50—55°; n_D^{24} 1,4698; 82%. — *1-Jod-3.4-dichlor-2.2.3.4.4-pentafluorbutan* (**IV**), $C_4H_2Cl_2F_5J$, $Kp._{70}$ 86—87°, aus vorst. Verb. u. NaJ durch 10std. Kochen in Polyäthylenglykol; n_D^{25} 1,4397; 54%.— *1.1.2.3-Tetrafluorbutadien-(1.3)* (**I**), $C_4H_2F_4$, $Kp._{300}$ —12°, aus **IV** durch 7½std. Kochen mit akt. Zn in Eisessig in Ggw. von $ZnCl_2$; 54%. Daneben *3.4-Dichlor-1.1-dihydroperfluorbuten-(1)* (**V**, $C_4H_2Cl_2F_4$, Kp. 79°, n_D^{19} 1,3463; 15%) u. *1.1.2.3.3-Pentafluorbuten-(1)* (**VI**, $C_4H_3F_5$, $Kp._{333}$ 9°; 11%). — *Polymerisations-Prodd.* (PP), durch mehrstd. UV-Bestrahlung der Komponenten im Rohr (bei Emulsionspolymerisationen unter N_2), Waschen der Prodd. mit W. u. 24std. Trocknen bei 85° im Vakuum: *Homopolymerisat von* **I**, Erweichung (**E**) bei ca. 225°, F. 265°, aus **I** in 16 Std. bei 60°; 60%. — *PP mit* **VII, E** bei 72—80°, in 40 Std.; 44%. — *PP mit* **VIII, E** bei 250—270°, in 40 Std.; 77%. — *PP mit* **IX**, in 166 Std.; Öl; 19%. — *PP mit* **X**, in 46 Std.; Öl; 31%. W. Betcke. 520□

Untersuchungen an Trifluoressigsäure. 17. Mitt. **Reaktion von Acyltrifluoracetaten mit βC-, β- und α-Acetalen von D-Sorbit.** E. J. Bourne, J. Burdon und J. C. Tatlow. (J. chem. Soc. [London] **1959.** 1864—70. Mai. Birmingham, Univ., Chem. Dep.; Englefield Green, Surrey, Royal Holloway Coll., Chem. Dep.; engl.) — 16. vgl. C. **1960.** 4798; 18. vgl. C. **1962.** 13016. — 5.6-Di-O-acetyl-1.3;2.4-di-O-methylen-D-sorbit (**III**) ergibt durch Rk. mit Essigsäure (**ES**) u. Trifluoracetanhydrid (**IV**) u. nachfolgende milde Hydrolyse *1.5.6-Tri-O-acetyl-2.4-O-methylen-D-sorbit* (**II**). **II** wird auch aus 1.6-Di-O-acetyl-2.4;3.5-di-O-methylen-D-sorbit erhalten. Damit ist bewiesen, daß der 1.3-O-Methylenring (β) unter Ausbildung einer 1-O-Acetyl- u. einer 3-Hydroxylgruppe aufgebrochen wird, wohingegen der 2.4-Ring (βC) intakt bleibt. Das aus 1.3;2.4-Di-O-methylen-D-sorbit (I) erhaltene *6-O-Benzoyl-Deriv.* (**I a**) ergibt bei Acetylierung das *5-O-Acetyl-6-O-benzoyl-Deriv.* (**Ib**). Daraus entsteht durch Rk. mit Benzoesäure (**BS**) u. **IV** u. nachfolgende Hydrolyse *5-O-Acetyl-1.6-di-O-benzoyl-2.4-O-methylen-D-sorbit* (**V**). **V** ist auch aus 1.6-Di-O-benzoyl-2.4;3.5-di-O-methylen-D-sorbit (vgl. Barker u. Bourne, C. **1954.** 7627) zugänglich. Daraus wird geschlossen, daß a) die Benzoylgruppen in **I a** u. **I b** an $C_{(6)}$ stehen, b) daß der 1.3-O-Methylenring von **I b** in der gleichen Weise wie bei **III** geöffnet worden ist u. c) daß die früher (14. vgl. J. chem. Soc. [London] **1958.** 1274) **V** zugeordnete Struktur richtig ist. Tri-O-methylen-

D-sorbit (**VI**) ergibt mit **BS** u. **IV** *1.6-Di-O-benzoyl-2.4-O-methylen-D-sorbit* u. analog mit **ES** u. **IV** *1.6-Di-O-acetyl-2.4-O-methylen-D-sorbit* (**VIII**). Acetylierung von **VIII** ergibt *1.3.5.6-Tetra-O-acetyl-2.4-O-methylen-D-sorbit*; durch Methylierung von **VIII** wird das Vorhandensein von 2 freien Hydroxylgruppen bewiesen. Krist. Derivv. von **VIII** wurden nicht erhalten. Aus **VI** wird mit Propionsäure (**PS**) u. **IV** *2.4-O-Methylen-1.6-di-O-propionyl-D-sorbit* (**VII**) dargestellt, woraus durch Hydrolyse *2.4-O-Methylen-D-sorbit* u. durch Acetylierung das *3.5-Diacetat* entstehen. Dessen Struktur ist durch Synth. aus 2.4;3.5-Di-O-methylen-1.6-di-O-propionyl-D-sorbit sichergestellt (vgl. 14., l. c.). Es wird angenommen, daß die 1.3(β)- u. 5.6(α)-Ringe der Methylenacetale von D-Sorbit (**XIV**) unter sehr milden Bedingungen mit äquimol. Mengen von **IV** u. Carbonsäuren aufgespalten werden, wobei in 1-Stellung Estergruppen verbleiben. Unter den gleichen Bedingungen wird der 2.4(βC)-Methylenring nicht angegriffen; βC-Acetale sind auch sonst bei saurer Hydrolyse am beständigsten. *3.4-Di-O-acetyl-1.2;5.6-di-O-isopropyliden-D-mannit* (**X**) gibt mit **ES** u. **IV** *Mannithexaacetat* (**IX**). Analog entstehen aus 1.3;2.5;4.6-Tri-O-benzyliden-D-mannit [**XI**, F. 224°, $[\alpha]_D^{17}$ −15,0° (c = 2,30; Chlf.)] **IX** u. *Benzaldehyd* (**B**), aus 1.3.5.6-Tetra-O-acetyl-2.4-O-benzyliden-D-sorbit (**XII**) *D-Sorbithexaacetat* u. **B**, wobei hier auch der 2.4-Ring geöffnet wird. Für die Acetolyse der Methylen-Derivv. von **XIV** u. der Benzyliden- u. Isopropyliden-Derivv. von **XIV** u. D-Mannit wird ein Rk.-Mechanismus diskutiert.

Versuche: *1.3;2.4;5.6-Tri-O-methylen-D-sorbit* (**VI**), F. 208—210° (A.), aus 50 g **XIV** durch 1std. Rk. mit Formaldehyd u. HCl bei 100°; $[\alpha]_D^{16}$ −27,5° (c = 2,31; Chlf.); 23 g (Ausbeute). Daneben *1.3;2.4-Di-O-methylen-D-sorbit* [**I**, F. 173—174° (A.), durch Neutralisieren des Filtrats mit Na_2CO_3, Eindampfen im Vakuum u. Extrahieren mit sd. Chlf.; $[\alpha]_D^{17}$ −27,2° (c = 2,34; W.); 6,2 g]. — *1.5.6-Tri-O-acetyl-2.4-O-methylen-D-sorbit* (**II**), $C_{13}H_{20}O_9$, F. 125—126° (A.), a) durch 7std. Rk. von 1 g **III** mit **IV** u. **ES** bei 25°, Gießen in $NaHCO_3$ u. Extrahieren mit Chlf.; 0,8 g; b) aus 0,4 g *1.6-Di-O-acetyl-2.4;3.5-di-O-methylen-D-sorbit* [F. 113—114°, nach HANN, WOLFE u. HUDSON (vgl. J. Amer. chem. Soc. **66**. [1944.] 1898); $[\alpha]_D^{21}$ +5,7° (c = 1,72; Chlf.)] durch 3std. Rk. mit **ES** u. **IV**; 0,31 g; $[\alpha]_D^{21}$ +2,4° (c = 2,47; Chlf.). — *1.3.5.6-Tetra-O-acetyl-2.4-O-methylen-D-sorbit*, $C_{15}H_{22}O_{10}$, F. 150—151° (wss. A.), a) aus 0,47 g **II** mit Acetanhydrid (**AA**) in Pyridin (**Py**); 0,43 g; b) aus 0,5 g **VIII** analog a); $[\alpha]_D^{17}$ −2,1° (c = 1,34; Chlf.). — *1.5.6-Tri-O-acetyl-2.4-O-methylen-3-O-propionyl-D-sorbit*, $C_{16}H_{24}O_{10}$, F. 139—140° (wss. A.), aus 0,6 g **II** durch 15std. Rk. mit **IV** u. **PS** bei Zimmer-Temp. u. Gießen in $NaHCO_3$-Lsg.; $[\alpha]_D^{20}$ +1,0° (c = 1,00; Chlf.); 0,38 g. — *6-O-Benzoyl-1.3;2.4-di-O-methylen-D-sorbit* (**Ia**), $C_{15}H_{18}O_7$, F. 196—197° (wss. A.), aus 3 g **I** durch 3std. Benzoylieren bei Zimmer-Temp.; $[\alpha]_D^{19}$ −14,7° (c = 2,31; Chlf.); 1,41 g. *5-O-Acetyl-Deriv.* (**Ib**), $C_{17}H_{20}O_8$, F. 101° (wss. A.), aus 0,6 g **Ia**; $[\alpha]_D^{18}$ −36,1° (c = 1,55; Chlf.); 0,52 g. — *5-O-Acetyl-1.6-di-O-benzoyl-2.4-O-methylen-D-sorbit* (**V**), $C_{23}H_{24}O_9$, F. 149—150° (A.), aus 0,2 g **Ib** durch 12std. Rk. mit **BS** u. **IV** bei 25°, Gießen in $NaHCO_3$-Lsg. u. Extrahieren mit Chlf.; $[\alpha]_D^{18}$ +5,9° (c = 1,54; Chlf.); 0,16 g. — *1.6-Di-O-benzoyl-2.4-O-methylen-D-sorbit*, $C_{21}H_{22}O_8$, F. 155—156° (wss. A.), aus 0,5 g **VI** analog **V**; $[\alpha]_D^{17}$ +16,9° (c = 1,79; Chlf.); 0,54 g. — *2.4-O-Methylen-1.6-di-O-propionyl-D-sorbit* (**VII**), $C_{13}H_{22}O_8$, F. 139—141° (A.), aus 2 g **VI** durch 7std. Rk. mit **IV** u. **PS** bei 25°; $[\alpha]_D^{19}$ −4,8° (c = 1,42; Chlf.); 2,01 g. — *2.4-O-Methylen-D-sorbit*, $C_7H_{14}O_6$, F. 163—164° (A.), aus 1 g **VII** durch 24std. Stehen in Methanol in Ggw. von Na-Methylat; $[\alpha]_D^{18}$ −9,1° (c = 1,06; W.); 0,57 g. — *2.4;3.5-Di-O-methylen-1.6-di-O-propionyl-D-sorbit*, $C_{14}H_{22}O_8$, F. 110—111° (A.), aus 1 g *2.4;3.5-Di-O-methylen-D-sorbit* [F. 192—193°, nach HANN [vgl. l. c.); $[\alpha]_D^{19}$ +40,7° (c = 0,90; W.)] u. **PS**-Anhydrid in Py; $[\alpha]_D^{19}$ +3,6° (c = 2,24°; Chlf.); 1,01 g. — *3.5-Di-O-acetyl-2.4-O-methylen-1.6-di-O-propionyl-D-sorbit*, $C_{17}H_{26}O_{10}$, F. 133—134° (A.), a) aus 0,4 g vorst. Verbb. durch 7std. Rk. mit **ES** u. **IV** bei 25°, Gießen in $NaHCO_3$-Lsg., Extrahieren von *5-O-Acetyl-2.4-O-methylen-1.6-di-O-propionyl-D-sorbit* mit Chlf. u. Acetylieren in **Py** 0,35 g; b) aus 0,5 g **VII**; 0,47 g; $[\alpha]_D^{19}$ +1,7° (c = 0,60; Chlf.). — *1.6-Di-O-acetyl-2.4-O-methylen-3.5-bis-[O-trifluoracetoxymethyl]-D-sorbit*, $C_{17}H_{20}F_6O_{12}$, Kp.$_{0,02}$ 186—190°, aus 1 g **VI** durch 7std. Rk. mit **IV** u. **ES** bei 25° u. Einengen bei 15°/0,005 Torr; Sirup; 2,1 g. — *1.6-Di-O-acetyl-2.4-O-methylen-D-sorbit* (**VIII**), $C_{11}H_{18}O_8$, Kp.$_{0,01}$ 167—168°, aus 3 g **VI** analog vorst. Verb. u. 1std. Kochen des erhaltenen Sirups mit Methanol; $[\alpha]_D^{14}$ −1,5° (c = 1,96; Aceton); 3,18 g. — Kochen von 0,5 g **VIII** mit **AA** in **Py** → 0,54 g *1.3.5.6-Tetra-O-acetyl-2.4-O-methylen-D-sorbit*, F. 150—151° (wss. A.), $[\alpha]_D^{17}$ −2,0° (c = 2,03; Chlf.). — *3.5-Di-O-acetoxymethyl-1.6-di-O-acetyl-2.4-O-methylen-D-sorbit*, F. 110—111° (A.), aus 1 g **VI** durch 6std. Rk., mit **IV** u. **ES** bei 60° u. Aufarbeiten; $[\alpha]_D^{14}$ +26,9° (c = 2,31; Chlf.); 1,31 g. — *1.6-Di-O-acetyl-2.4-O-methylen-D-sorbitdimethyläther*, $C_{13}H_{22}O_8$, Kp.$_{0,02}$ 158—164°, aus 2 g **VIII** durch 24std. Kochen mit CH_3J u. Ag_2O, Einengen, Extrahieren mit sd. Chlf., Eindampfen u. zweimalige Wiederholung der Methylierung; $[\alpha]_D^{15}$ +4,2° (c = 2,17; Chlf.); 1,31 g. — *D-Mannithexaacetat* (**IX**), F. 122—123° (Chlf.), a) aus **X** durch

2std. Rk. mit **IV** u. **ES** bei 25° u. Aufarbeiten; 21%; b) aus **XI** durch 24std. Rk. analog a); 39% (daneben *Benzaldehyd* (**B**); *2.4-Dinitrophenylhydrazon*, F. 237°; 73%); $[\alpha]_D^{21}$ +25,0° (c = 2,32; Chlf.). — *1.3.5.6-Tetra-O-acetyl-2.4-O-benzyliden-D-sorbit* (**XII**), $C_{21}H_{26}\cdot O_{10}$, F. 121°, a) durch Acetylieren von 1 g 2.4-O-Benzyliden-D-sorbit [**XIII**, F. 175—176° (wss. A.), $[\alpha]_D^{16}$ +7,9° (c = 0,76; A.)] in **Py**; 1,22 g; b) aus **XIII** analog **III**; 64%; $[\alpha]_D^{20}$ −5,2° (c = 1,49; Chlf.). 17std. Rk. von 0,5 g **XII** mit Na-Methylat in Methanol → 0,28 g **XIII**. — *D-Sorbithexaacetat*, F. 99,5—100°, aus **XII** analog **IX** nach b); $[\alpha]_D^{17}$ +8,2° (c = 5,40; Aceton); 85% (daneben **B**). — *5.6-Di-O-acetyl-1.3;2.4-di-O-methylen-D-sorbit* (**III**), F. 135—136°, a) aus **I** durch 20std. Rk. mit **IV** u. **ES** bei Zimmer-Temp. u. Aufarbeiten; 68%; b) aus **I** u. **AA** in **Py**; $[\alpha]_D^{17}$ −11,9° (c = 2,79; Chlf.). — *5.6-Di-O-acetyl-1.3;2.4-di-O-äthyliden-D-sorbit*, aus 1.3;2.4-Di-O-äthyliden-D-sorbit analog **III** nach a); 59%. — *3.4-Di-O-acetyl-1.2;5.6-di-O-isopropyliden-D-mannit* (**X**), F. 123°, aus 1.2;5.6-Di-O-isopropyliden-D-mannit analog **III**; $[\alpha]_D^{17}$ +25,1° (c = 1,92; Chlf.); <10%.
B.-G. BRODDA. 580 □

4.4'-Dimercaptodibutyläther und einige seiner Derivate. L'. Krasnec, L. Szücs und J. Ďurinda. (Chem. Zvesti **14**. 464—67. Juni 1960. Bratislava, Univ., Farm. fak., kat. farm. chém.; slowak.) — Der aus 4.4'-Dichlordibutyläther (**IV**) u. Thioharnstoff (**V**) u. nachfolgende alkal. Zers. des Rk.-Prod. dargestellte *4.4'-Dimercaptodibutyläther* (**I**) wird in *S.S'-Dimethyl-4.4'-dimercaptodibutyläther* (**II**) u. in *S.S'-Diäthyl-4.4'-dimercaptodibutyläther* (**III**) übergeführt. **II** u. **III** liefern bei der Oxydation mit H_2O_2 die entsprechenden *Disulfone*. Die Darst. der Sulfoxide gelingt nicht. Durch Oxydation von **I** erhält man *Dibutylätherdisulfonsäure-(4.4')*, die Na-, K-, Pb- u. Ba-Salze bildet.

Versuche: *4.4'-Dimercaptodibutyläther* (I), $Kp._{0,4}$ 100—101°, durch 3½std. Kochen von **IV** mit **V** in W., Zugabe von NaOH u. weiteres Erwärmen; 77% (Ausbeute). — *S.S'-Dimethyl-4.4'-dimeraptodibutyläther* (II), $Kp._{0,5}$ 116°, aus **I** u. $(CH_3)_2SO_4$ in alkal. Lsg.; 78%. — *S.S'-Diäthyl-4.4'-dimercaptodibutyläther* (III), $Kp._{0,4}$ 119—121°, aus **I** u. $(C_2H_5)_2SO_4$; 67,5%. — *4.4'-Bis-[methylsulfon]-dibutyläther*, F. 85,5° (A.), durch Oxydation von **II** mit H_2O_2 in Essigsäure; 79%. — *4.4'-Bis-[äthylsulfon]-dibutyläther*, F. 99—100° (A.), wie vorst. aus **III**; 80,6%. — *Dibutylätherdisulfonsäure-(4.4')*, wie vorst. aus **I**; 85%.
E. KIŠA. 600

Reduktion von Pyryliumsalzen mit Natriumborhydrid. A. T. Balaban, G. Mihai und C. D. Nenitzescu. (Tetrahedron [London] **18**. 257—59. Febr. 1962. Bucharest, R.P.R. Acad., Inst. of Atomic Phys. and Chem. Inst.; engl.) — Bei der Red. einer wss. 2.4.6-Trimethylpyryliumperchlorat (I)-Suspension mit $NaBH_4$ entsteht in 90%ig. Ausbeute eine Fl., die nach gaschromatograph. u. IR-Befunden aus *2.5-cis-4-Methylheptadien-(3.5)-on-(2)* (**II**), *4-Methylheptandion-(2.6)* (**III**) u. einem Alkohol besteht. Bei 0° werden nur ca. 75% **II** u. ca. 20% **III** erhalten. Die Red. von 4-Äthyl-2.6-dimethyl- (**IV**), 2.6-Diäthyl-4-methyl- (**V**) u. 2.6-Diisopropyl-4-methylpyryliumperchlorat (**VI**) verläuft analog. Auffallend ist die hypsochrome Verschiebung bei den 2.4-Dinitrophenylhydrazonen der Dienone, die durch ster. Hinderung erklärt wird.

Versuche: *4-Methylheptandion-(2.6)* (III), *Bis-2.4-dinitrophenylhydrazon*, $C_{20}H_{22}\cdot N_8O_8$, F. 200° (Eisessig, gelb), durch 1std. Red. von 22,5 g **I** mit $NaBH_4$ in W. u. Ae. bei 0°, Atomen der Ae.-Schicht, fraktionierte Dest. [$Kp._{60}$ 70—72°; orangegelb; 2 g (Ausbeute)] u. Rk. mit 2.4-Dinitrophenylhydrazin (**VII**). Daneben *2.5-cis-4-Methylheptadien-(3.5)-on-(2)* (**II**), *2.4-Dinitrophenylhydrazon*, $C_{14}H_{16}N_4O_4$, F. 133° (Bzl.–A., ziegelrot), als 2. Fraktion [$Kp._{60}$ 100—105°; 9 g] u. Rk. mit **VII**; λ_{max} 401, 344, 258 mμ (Äthylendichlorid). — *4-Äthylheptandion-(2.6)*, *Bis-2.4-dinitrophenylhydrazon*, $C_{21}H_{24}N_8O_8$, F. 185° (Eisessig, gelb), analog **III** aus **IV** u. $NaBH_4$ als 1. Fraktion [$Kp._{55}$ 80—85°] u. Rk. mit **VII**. Daneben *2.5-cis-4-Äthylheptadien-(3.5)-on-(2)*, *2.4-Dinitrophenylhydrazon*, $C_{15}H_{18}N_4O_4$, F. 87° (Bzl., A., rot), als 2. Fraktion [$Kp._{55}$ 90—95°] u. Rk. mit **VII**; λ_{max} 388, 297, 260 mμ. — *5-Methylnonandion-(3.7)*, *Bis-2.4-dinitrophenylhydrazon*, $C_{22}H_{26}N_8O_8$, F. 172° (Bzl., A., gelb), aus **V** u. $NaBH_4$ wie **III** als 1. Fraktion [$Kp._{55}$ 110°] u. Rk. mit **VII**, Daneben *3.6-cis-5-Methylnonadien-(4.6)-on-(3)*, *2.4-Dinitrophenylhydrazon*, F. 86° (orangefarbig), als 2. Fraktion [$Kp._{55}$ 125°], Rk. mit **VII** u. Chromatographie an Al_2O_3; λ_{max} 376 mμ. — *2.5.8-Trimethylnonandion-(3.7)*, *Bis-2.4-dinitrophenylhydrazon*, $C_{24}H_{30}N_8O_8$, F. 178° (wss. Essigsäure), durch Red. von **VI** mit $NaBH_4$, Dest. des Rk.-Gemisches [$Kp._{40}$ 120°], Versetzen mit **VII** u. fraktionierte Kristallisation aus verd. Essigsäure. Daneben *3.6-cis-2.5.8-Trimethylnonadien-(4.6)-on-(3)*, *2.4-Dinitrophenylhydrazon*, $C_{18}H_{24}N_4O_4$, F. 91° (wss. A., gelb), λ_{max} 375, 246 mμ.
E. KOSSMEHL. 700 □

Reaktionen aromatischer Amine mit aliphatischen Orthoestern. Eine bequeme Synthese für Alkyl-N-arylimidoester. Robert H. DeWolfe. (J. org. Chemistry **27**.

490—93. Febr. 1962. Goleta, Calif., Univ., Dep. of Chem.; engl.) — Durch Erhitzen äquimol. Mengen eines aromat. prim. Amins u. Orthoessigsäuretriäthylester (I) werden *N-Arylacetimidoäthylester* (**A**) in sehr guter Ausbeute erhalten. Analog entsteht aus Anilin u. Orthopropionsäuretriäthylester *N-Phenylpropionimidoäthylester*. 2.6-Diäthylanilin u. Orthoameisensäuretriäthylester geben in 90%ig. Ausbeute *N-[2.6-Diäthylphenyl]-formimidoäthylester* (**II**), jedoch entstehen mit höheren Orthocarbonsäureester keine **A**-Analogen aus ster. Gründen. Die **A** reagieren mit einem 2. Mol Amin langsam bei 140° in Ggw. von p-Toluolsulfonsäure (**IV**) zu den *N.N'-Diarylacetamidinen*. Ster. behinderte N-Arylformimidoester reagieren nicht mit einem 2. Mol Amin. So kann aus **II** kein N.N'-Bis-[2.6-diäthylphenyl]-formamidin erhalten werden. Im Falle der Rk. des N-Phenylacetimidoäthylesters (**V**) mit Anilin im Mol-Verhältnis 1:1 in Ggw. von **IV** zu *N.N'-Diphenylacetamiden* (**III**) wurde die Rk.-Geschw. zu $1.4 \cdot 10^{-5}$ Liter·mol^{-1}·sec^{-1} bestimmt; die Ausbeute beträgt 72%. Unter diesen Bedingungen gibt N-m-Chlorphenylacetimidoäthylester mit m-Chloranilin 20% *N.N'-Bis-[m-chlorphenyl]-acetamidin*, während N-p-Äthoxyphenylacetimidoäthylester u. p-Äthoxyanilin 55% *N.N'-Bis-[p-äthoxyphenyl]-acetamidin* liefern. Beim Kochen von **III** mit abs. A. in Ggw. von **IV** entsteht umgekehrt langsam **V**.

Versuche: N-Arylacetimidoäthylester, durch Abdestillieren von A. aus der Mischung des Amins mit **I** u. Dest. unter vermindertem Druck: *N-Phenyl-* (**V**), Kp.$_{12,5}$ 94,5°, n_D^{25} 1,5167, D.$_4^{20}$ 0,986; 74% (Ausbeute) oder durch 22std. Kochen von 1,70 g **III** mit abs. A. u. wenig **IV**; 0,55 g. — *N-o-Tolyl-*, Kp.$_{13,0}$ 104—105°, n_D^{25} 1,5121, D.$_4^{25}$ 0,968 94%. — *N-m-Tolyl-*, $C_{11}H_{15}NO$, Kp.$_{11,3}$ 116—117°, n_D^{25} 1,5147, D.$_4^{25}$ 0,968; 87%. — *N-p-Tolyl-*, Kp.$_{13,3}$ 111—112°, n_D^{25} 1,5151, D.$_4^{25}$ 0,977; 87%. — *N-o-Chlorphenyl-*, Kp.$_{16,2}$ 119—120°, n_D^{25} 1,5289; D.$_4^{25}$ 1,105; 77%. — *N-m-Chlorphenyl-*, $C_{10}H_{12}ClNO$, Kp.$_{12,9}$ 121 bis 123°, n_D^{25} 1,5318; D.$_4^{25}$ 1,101; 90%. — *N-p-Chlorphenyl-*, Kp.$_{11,8}$ 123—124°, n_D^{25} 1,5323, D.$_4^{25}$ 1,105; 95%. — *N-o-Äthoxyphenyl-*, $C_{12}H_{17}NO_2$, Kp.$_{13,5}$ 127,5—128,5, n_D^{25} 1,5129, D.$_4^{25}$ 1,008; 88%. — *N-p-Äthoxyphenyl-*, Kp.$_{15,0}$ 146—147°, n_D^{25} 1,5181, D.$_4^{25}$ 1,018; 92%. — *N-[2.6-Diäthylphenyl]-*, $C_{14}H_{21}NO$, Kp.$_{6,3}$ 109—110°, n_D^{25} 1,5084, D.$_4^{25}$ 0,946; 91%. — *N-[3.4-Dichlorphenyl]-*, $C_{10}H_{11}Cl_2NO$, Kp.$_{0,99}$ 110,5—111°, n_D^{25} 1,5487, D.$_4^{25}$ 1,221; 95%. — *N-Phenylpropionimidoäthylester*, $C_{11}H_{15}NO$, Kp.$_{12,5}$ 104—105°, analog vorst. Verbb. aus Anilin u. Orthopropionsäuretriäthylester; n_D^{25} 1,5099, D.^{525} 0,969; 92,5%. — *N-[2.6-Diäthylphenyl]-formimidoäthylester* (**II**), $C_{13}H_{19}NO$, Kp.$_{26}$ 146—147,5°, a) analog vorst. Verbb. durch 5std. Kochen von 2.6-Diäthylanilin u. Orthoameisensäuretriäthylester; 90%; b) wie unter a) mit wenig **IV** in kürzerer Zeit; n_D^{25} 1,5079, D.$_4^{25}$ 0,958; 82%. — *N.N'-Diphenylacetamidin* (**III**), F. 134,5—136° (wss. A.), a) durch 4 Min. langes Erhitzen von **V** mit Anilin auf 140° in Ggw. von wenig **IV**; 2%; b) wie unter a) durch 3½std. Erhitzen; 25%; c) wie unter a) durch 22std. Erhitzen; 56%; d) durch 2½std. Abdest. von A. aus einem Rk.-Gemisch von Anilin u. **I** (2:1), Erhitzen über Nacht auf 170° u. Dest. bei 10^{-3} Torr in eine mit Trockeneis gekühlte Vorlage; 72%. — *N.N'-Bis-[m-chlorphenyl]-acetamidin*, F. 87—89° (wss. A.), durch 3½std. Dest. wie vorst. aus einem Gemisch von N-m-Chlorphenylacetimidoäthylester u. m-Chloranilin; 20%. — *N.N'-Bis-[p-äthoxyphenyl]-acetamidin*, F. 118—119° (wss. A.), wie vorst. aus p-Äthoxyanilin u. N-p-Äthoxyphenylacetimidoäthylester; 55%. E. Kossmehl. 810□

Untersuchungen über die Oxydation von isomeren Octadecen-(6)-säuren. Charakterisierung von 6(7)-Hydroxy-7(6)-ketostearinsäuren. M. O. Farooq und S. M. Osman. (Recueil Trav. chim. Pays-Bas **78**. 864—71. Sept./Okt. 1959. Aligarh, Muslim Univ., Dep. of Chem.; engl.) — Durch Oxydation von Petroselinsäure (**I**) bzw. Petroselaidinsäure (**II**) mit $KMnO_4$ im neutralen Medium entstehen Gemische aus *7-Hydroxy-6-ketostearinsäure* (**III**), *6-Hydroxy-7-ketostearinsäure* (**IV**) u. *6.7-Dihydroxystearinsäuren* (**IXa** u. **IXb**). **III** geht bei Oxydation mit Pb-Tetraacetat (**XI**) in *Laurinaldehyd* (**V**) u. *Adipinsäure* (**VI**) über, während **IV** *Laurinsäure* (**VII**) u. *Adipinaldehydsäure* (**VIII**) liefert. **III** u. **IV** liefern bei Oxydation mit Chromsäure *6.7-Diketostearinsäure* (**XII**), die bei Oxydation mit **XI** ein Gemisch aus **VII** u. **VI** liefert u. bei Red. mit Zn wieder ein Gemisch aus **III** u. **IV** ergibt. **I** u. **II** werden mit H_2O_2, H_2O_2/OsO_4 sowie Ag-Acetat u. J_2 in **IXa** bzw. **IXb** übergeführt, die bei Einw. von H_5JO_6, **V** u. **VIII** liefern. Die Hydroxylierung mittels H_2O_2 in Ggw. von OsO_4 besteht in einer cis-Addition. Bei der Oxydation von **I**- bzw. **II**-Methylester mit H_2O_2 wird **IXa**- bzw. **IXb**-*Methylester* erhalten.

Versuche: *Petroselinsäure* (**I**), F. 30°, aus den festen Säuren von Karaffs Samenöl (*Apium graveolens*) durch Kristallisation der Li-Salze, fraktionierte Dest. der Methylester u. Verseifung. — *Petroselaidinsäure* (**II**), F. 52—53°, durch Isomerisierung von **I**; 5 g geben durch Oxydation mit neutraler $KMnO_4$-Lsg. ein Gemisch aus **III**, **IV** (2,6 g) u. 0,55 g *6.7-Dihydroxystearinsäure vom F. 115—116°* (**IXa**). — *7-Hydroxy-6-ketostearinsäure* (**III**),

F. 77,5—78,5° (wss. A.), durch Oxydation von 7,5 g **I** mit neutraler $KMnO_4$-Lsg. nach KING [1936], Extrahieren mit sd. Chlf., Kühlen auf 0°, Abfiltrieren von 1,7 g *6.7-Dihydroxystearinsäure vom F. 122°* (Essigester; **IX b**), Aufarbeiten der Mutterlauge, Überführen von 8,4 g des Gemisches von *6(7)-Hydroxy-7(6)-ketostearinsäure* [$C_{18}H_{34}O_4$), F. 69—70°; 3,2 g (Rohausbeute)] in die Semicarbazone (6 g), Extrahieren von *7-Hydroxy-6-ketostearinsäuresemicarbazon* [$C_{19}H_{37}N_3O_4$, F. 118—119° (abs. A.)] mit sd. Äthylenchlorid, Kochen von 4 g mit 38%ig. Formaldehyd u. 2nHCl; 3 g; daneben aus dem Äthylenchloridextraktionsrückstand *6-Hydroxy-7-ketostearinsäuresemicarbazon* [**X**; F. 138—139° (80%ig. A.)]. — *6-Hydroxy-7-ketostearinsäure* (**IV**), F. 74,5—75°, aus **X**; aus wss. A. Tafeln. *2.4-Dinitrophenylosazon*, $C_{30}H_{40}N_8O_{10}$, F. 160°, aus **III, IV** bzw. **XII** u. 2.4-Dinitrophenylhydrazin; aus A.–Essigester orangefarbene Nadeln. — ***Laurinaldehyd*** (**V**), durch Rk. von 3 g **III** in 70%ig. Essigsäure mit **XI**; 1,3 g; daneben 1,2 g ***Adipinsäure*** [**VI**; F. 151—152° (Ae./Chlf.)]. *2.4-Dinitrophenylhydrazon*, $C_{18}H_{28}N_4O_4$, F. 105—106°. *p-Nitrophenylhydrazon*, $C_{18}H_{29}N_3O_2$, F. 90—91°. *Semicarbazon*, 100—101°. — ***Laurinsäure*** (**VII**), F. 44°, durch Rk. von 2 g **IV** mit **XI**; aus A. Schuppen; 0,94 g; daneben 0,74 g *Adipinaldehydsäure* [**VIII**; F. 130—131° (W.). *2.4-Dinitrophenylhydrazon*, $C_{12}H_{14}N_4O_6$, F. 140 bis 141°. *Semicarbazon*, $C_7H_{13}N_3O_3$, F. 175—176°]. — *6.7-Diketostearinsäure* (**XII**), $C_{18}H_{32}O_4$, F. 97—98°, durch 24std. Stehen von Chromsäure mit 0,5 g **III** oder **IV** in Eisessig bei Zimmer-Temp.; aus 80%ig. A. schwachgelbe Blättchen; liefert bei Oxydation mit **XI** in 70%ig. Essigsäure 85% **VII** u. 78% **VI**; 500 mg geben durch Red. mit Zn in A. u. Essigsäure 400 mg eines Gemisches aus **III** u. **IV**. *Dioxim*, $C_{18}H_{34}N_2O_4$, F. 171—172°. — *6-7-Dihydroxystearinsäure* vom *F. 115—116°* (aus Essigester oder A.) **IX a**), a) durch Oxydation von 6 g **I** mit 30%ig. H_2O_2 in Eisessig; 5,3 g; b) durch ½std. Einw. von OsO_4 u. H_2O_2 auf **II** in Eisessig bei 60°; 60%; c) durch Oxydation vom 2,82 g **II** mit Ag-Acetat u. J_2 an Eisessig; 2,6 g. *Methylester*, $C_{19}H_{38}O_4$, F. 67—68° (aus Methanol), durch Einw. von H_2O_2 auf 6 g **I**–Methylester in Essigsäure; 4,5 g; gibt durch Verseifen **IX**. *Isomere Säure vom F. 122°* (aus A. u. Essigester) (**IX b**), aus 6 g **II** u. H_2O_2 in Eisessig; 4,5 g; b) durch Rk. von **I** mit OsO_4 u. H_2O_2 in Eisessig; 65%; c) durch Einw. von Ag-Acetat u. J_2 auf 2,82 g **I** in Eisessig; 2,7 g; gibt durch Oxydation mit H_5JO_6 **V** u. **VIII**. *Methylester*, F. 89 bis 90° (aus Methanol), aus **II**–Methylester u. H_2O_2; gibt durch Verseifen **IX b**.

K. ZIELOFF. 870

Die Reaktion des Glycin-Kobalt-Komplexes mit Acetaldehyd. Yoshikazu Ikutani, Tôru Okuda, Mikio Sato und Shiro Akabori. (Bull. chem. Soc. Japan **32.** 203—204. Febr. 1959. Osaka, Univ., Div. of Organ. Chem., Inst. for Protein Res.; engl.) — In Fortsetzung der Unterss. über die Synth. von *Threonin* (**II**; vgl. C. **1959.** 9870) wird der Glycin–Co-Komplex (**I**) mit Acetaldehyd zu **II** u. *Allothreonin* (**III**) in Ggw. von wss. Na_2CO_3 als Katalysator kondensiert. Die Ausbeuten sind, vermutlich wegen der Stabilität von **I**, gering, bes. wenn vom β-Isomeren von **I** (β-**I**) ausgegangen wird, während das Verhältnis **II**/**III** viel höher als bei Verw. des Cu-Komplexes (vgl. l. c.) ist. Optimale Ergebnisse wurden durch 2std. Rk. mit α-**I** bei 70° erzielt; die Gesamtausbeute betrug 32%. Die Änderungen im Verhältnis **II**/**III** mit der Rk.-Temp. u. -Zeit (Tabellen) werden mit unterschiedlicher Stabilität der Co-Komplexe von **II** u. **III** gedeutet; die Verw. von α-**I** führt zu größerem Verhältnis **II**/**III** als die von β-**I**. Außer Na_2CO_3 ist als Katalysator nur K_2CO_3 wirksam, während Na_2HPO_4 u. CH_3COONa vollständig inakt. sind.

P. SCHARNER. 950□

Die Synthese von Bor-Kohlenstoff-Ringverbindungen. Sheldon L. Clark, James R. Jones und Hugo Stange. (Advances Chem. Ser. Nr. **32.** 228—31. 1961. Niagara Falls, N.Y., Olin Mathieson Chem. Comp., Energy Div.; engl.) — Bei der Rk. von *Di-n-butylborchlorid* (**I**) mit GRIGNARD-Verbb. findet Alkylgruppenaustausch statt, wenn man letztere zur äther. Lsg. von **I** tropft. So entsteht aus **I** u. Äthyl-MgBr ***n-Butyldiäthylboran*** u. mit Alkyldimagnesiumbromid bilden sich zunächst *Bis-[di-n-butylboryl]-alkane*, die in *Tri-n-butylboran* u. *1-n-Butylboracycloalkan* disproportionieren.

Versuche: *n-Butyldiäthylboran*, $C_8H_{19}B$, Kp.$_{15}$ 45—46°, a) zur Lsg. von C_2H_5MgBr aus 12 g Mg u. 55 g C_2H_5Br) in Ae. tropft man bei 0° 40 g **I**, kocht 2 Std., hydrolysiert bei 0° mit 10%ig. HCl, 28% (Ausbeute); daneben 21% *Tri-n-butylboran* (**II**); b) aus 0,5 Mol C_2H_5MgBr u. 0,3 Mol **II** bei 0° durch 1½std. Kochen, mehrstd. Stehen u. 4std. Kochen; 20,5%. — *Di-n-butyläthylboran*, $C_{10}H_{23}B$, Kp.$_{15}$ 75—76°, durch Zugabe von 0,125 Mol **I** in Ae.; 27%. — *1-n-Butylboracyclopentan* (**III**), $C_8H_{17}B$, Kp.$_{75}$ 79—79,5°, man tropft die Lsg. von Butan-1.4-dimagnesiumbromid [aus 48 g Mg u. 216 g 1.4-Dibrombutan (**IV**)] zu 361 g **I**, rührt 1 Std. bei 0°, filtriert u. destilliert; 67,5%; bei der Zugabe von **I** zur GRIGNARD-Lsg. entstehen **III** (69,5%) u. **II** (75,6%); gibt mit trockenem HCl bei 110° 78% **I**. — *1.4-Bis-[di-n-butylboryl]-butan*, Kp.$_{10}$ 80°, zur GRIGNARD-Lsg. aus 6 g Mg u. 25 g **IV** tropft man bei 0° 32 g **I**, rührt 1 Std. bei 0°, kocht 3 Std., läßt 6 Tage stehen u. dest.; 35%;

gibt bei Dest. nach 15 Tagen nur **III** u. **II**. — *1-n-Butylboracyclohexan*, $C_9H_{19}B$, Kp.$_{10}$ 60 bis 62°, analog **III** aus Pentan-1.5-dimagnesiumbromid; 100%; daneben 100% **II**.

RENATE RICHTER. 980

Aus dem Gebiet der organischen Insektofungicide. 58. Mitt. **Synthese einiger Derivate der Dialkylphosphonpropion-, -butter- und -toluylsäure.** N. N. Melnikow, Ja. A. Mandelbaum und W. I. Lomakina. (Журнал Общей Химии [J. allg. Chem.] **31 (93).** 849—52. März 1961. Ssamailow-Inst. für Düngemittel u. Insektofungicide; russ.) — 56. vgl. Журнал Общей Химии [J. allg. Chem.] **30(92).** [1960.] 2319; 59. vgl. C. **1962.** 14838. — Aus Triäthylphosphit (**I**) u. ω-Halogencarbonsäureestern oder -amiden wurden einige *ω-[Diäthylphosphono]-alkancarbonsäure-Derivv.* dargestellt. Sie erwiesen sich als schwache Kontaktinsekticide.

Versuche: *β-[Diäthylphosphono]-propionsäure, Äthylester*, $C_9H_{19}O_5P$, Kp.$_{0,9}$ 116°, durch 2—6std. Erhitzen von β-Chlorpropionsäureäthylester mit **I** auf 150—200°; n_D^{20} 1,4308; $D._4^{20}$ 1,1004; 31% (Ausbeute). *p-Chlorphenylester*, $C_{13}H_{18}ClO_5P$, Kp.$_{0,3}$ 147 bis 150°, analog aus β-Chlorpropionsäure-p-chlorphenylester u. **I**; n_D^{20} 1,5005; $D._4^{20}$ 1,2343; 68%. *Diäthylamid*, $C_{11}H_{24}NO_4P$, Kp.$_{0,45}$ 165°, aus β-Chlorpropionsäuredäthylamid u. **I**; n_D^{20} 1,4396; $D._4^{20}$ 1,0672; 22%. *Anilid*, $C_{13}H_{20}NO_4P$, Kp.$_{0,12}$ 192—195°, aus β-Chlorpropionsäureanilid u. **I**; n_D^{20} 1,5350; $D._4^{20}$ 1,2039; 27%. — *β-[Diäthylphosphono]-thiolpropionsäure, Äthylester*, $C_9H_{19}O_4PS$, Kp.$_{0,8}$ 156°, aus β-Chlorthiolpropionsäureäthylester u. **I**; n_D^{20} 1,4660; $D._4^{20}$ 1,1353; 30%. *Phenylester*, $C_{13}H_{19}O_4PS$, Kp.$_{0,3}$ 162—163°, aus β-Chlorthiolpropionsäurephenylester u. **I**; n_D^{20} 1,5191; $D._4^{20}$ 1,1707; 54%. *p-Chlorphenylester*, $C_{13}H_{18}ClO_4PS$, Kp.$_{0,3}$ 155—158°, aus β-Chlorthiolpropionsäure-p-chlorphenylester u. **I**; n_D^{20} 1,5261; $D._4^{20}$ 1,2447; 50%. — *γ-[Diäthylphosphono]-buttersäure, Äthylester*, $C_{10}H_{21}O_5P$, Kp.$_1$ 129—130°, aus γ-Brombuttersäureäthylester u. **I**; n_D^{20} 1,4388; $D._4^{20}$ 1,0841; 51%. *p-Chlorphenylester*, $C_{14}H_{20}ClO_5P$, Kp.$_{0,25}$ 170—173°, aus γ-Brombuttersäure-p-chlorphenylester u. **I**, n_D^{20} 1,4940; $D._4^{20}$ 1,2115; 50%. — *γ-[Diäthylphosphono]-thiolbuttersäure, Äthylester*, $C_{10}H_{21}O_4PS$, Kp.$_{0,32}$ 130—135°, aus γ-Bromthiolbuttersäureäthylester u. **I**; n_D^{20} 1,4751; $D._4^{20}$ 1,1129; 50%. *p-Chlorphenylester*, $C_{14}H_{20}ClO_4PS$, Kp.$_{0,7}$ 199—200°, aus γ-Bromthiolbuttersäure-p-chlorphenylester u. **I**; n_D^{20} 1,5336; $D._4^{20}$ 1,2337; 55%. — *ω-[Diäthylphosphono]-thiol-x-toluylsäure, Äthylester*, $C_{14}H_{21}O_4PS$, Kp.$_{0,4}$ 182—184°, aus x-Chlormethylthiolbenzoesäureäthylester u. **I**; n_D^{20} 1,5430; $D._4^{20}$ 1,1637; 25%. *p-Chlorphenylester*, $C_{18}H_{20}ClO_4PS$, zersetzt sich bei der Dest. im Vakuum, aus x-Chlormethylthiolbenzoesäure-p-chlorphenylester u. **I**; n_D^{20} 1,5890; 25%. B. CELMS. 980

Reaktionen der Bis-[trifluormethyl]-halogenphosphine mit Aminen und Ammoniak und ihr Verhalten gegenüber Phosphin und Schwefelwasserstoff. G. S. Harris. (J. chem. Soc. [London] **1958.** 512—19. Jan. Cambridge, Univ., Chem. Labor.; engl.) — Vorl. Mitt. vgl. C. **1958.** 14288. — Vf. untersucht die Rkk. von Bis-[trifluormethyl]-chlorphosphin (**I**) mit NH_3, Methylamin, Dimethylamin u. Anilin sowohl in der Dampf- als auch in fl. Phase unter Ausschluß von Luft-O_2 u. Feuchtigkeit. Dabei entstehen *Bis-[trifluormethyl]-amino-* (**II**), *Bis-[trifluormethyl]-monomethylamino-* (**III**), *Bis-[trifluormethyl]-dimethylamino-* (**IV**) bzw. *Bis-[trifluormethyl]-monophenylaminophosphin* (**V**), jeweils als farblose Flüssigkeiten. **II** entsteht auch in geringer Ausbeute aus Tris-[trifluormethyl]-phosphin (**VII**) u. fl. NH_3 bei —70°, dagegen nicht aus Bis-[trifluormethyl]-jodphosphin (**VI**) bei Einw. von $NaNH_2$. Die Hydrolyse der *Aminophosphine* führt zur Spaltung sowohl der P—N-Bindung (Säure, Alkali) als auch einer (Säure) oder beider (Alkali) P—C-Bindungen. Leitfähigkeitsmessungen ließen bei **II** sauren Charakter der H-Atome an der Aminogruppe vermuten. Salze konnten jedoch nicht dargestellt werden. Bei der Rk. von **VI** mit Phosphin entsteht Bis-[fluormethyl]-phosphin. H_2S u. **I** reagieren unter den angegebenen Bedingungen nicht. Die IR-Spektren von **II**—**V** sind angegeben.

Versuche: *Bis-[trifluormethyl]-aminophosphin* (**II**), $C_2H_2F_6NP$, Kp. 67,1°, F. —87,6°; a) durch Rk. von **I** u. NH_3 im Rohr bei 5 Torr; 96% (Ausbeute); b) analog aus 5,98 mMol **VII** u. NH_3; 0,54 mMol. 48std. Hydrolyse in W. bei 20° → *Fluoroform* (**VIII**) u. vermutlich *Ammoniumtrifluormethylphosphonit*. 14tägige saure Hydrolyse von **II** bei 20° → NH_3, **VIII** u. (nach Oxydation mit H_2O_2 u. Neutralisieren mit KOH) *K-Trifluormethylphosphonat*. 14tägige alkal. Hydrolyse von **II** bei 20° → NH_3, **VIII** u. *Na-Phosphit*. Rk. von **II** mit HCl bei —64° im Rohr → **I**. Rk. von **II** mit Cl_2 bei 20° → NH_4Cl u. vermutlich *Gemisch* aus *Bis-[trifluormethyl]-phosphortrichlorid* u. einem *Additions-Prod.* aus Cl_2 u. **II**. — Analog: *Bis-[trifluormethyl]-monomethylaminophosphin* (**III**), $C_3H_4F_6NP$, Kp. 73,2°, F. —46,5°; 95%. — *Bis-[trifluormethyl]-dimethylaminophosphin* (**IV**), $C_4H_6F_6NP$, Kp. 83,2°, F. —81,5°; 70%. — *Bis-[trifluormethyl]-monophenylaminophosphin* (**V**), $C_8H_6F_6NP$, Kp. 182,1°, F. 1,7°; 65%. — *Bis-[trifluormethyl]-phosphin*, C_2HF_6P, durch 12std. Rk. von **VI** mit Phosphin bei 20°; 73%. Daneben P, P_2J_4 u. *Phosphoniumjodid*.

F. MADER. 980□

Dehydrobenzol und verwandte Zwischenprodukte. H. Heaney. (Chem. Reviews **62.** 81–97. April 1962. Bradford, Inst. of Technol., Dep. of Chem. Technol.; engl.) — Überblick über Struktur, Mechanismus der Bldg. (aus Dihalogeniden, Arylhalogeniden mit Nucleophilen, aus Halogenbenzophenonen mit KNH_2 in fl. NH_3), Aminierungs-Rkk. (mit Alkali-Derivv. von NH_3, von aliphat. sek. Aminen u. Arylaminen, mit aliphat. tert.-Aminen), Ringschluß- u. Hydrolysen-Rkk. von *Dehydrobenzol* u. aliphat. Analoga, Rkk. mit Dienen, Rkk. unter Bldg. von mehrkernigen Verbb. u. Carbanionen u. Rk. mit anderen Nucleophilen u. Elektrophilen. — 135 Literaturangaben.
G. PÖTZSCHER. 1010 □

Über Pyromellitsäure- und Cumidinsäure-Derivate. 1. Mitt. H. Hopff und B. K. Manukian. (Helv. chim. Acta **43.** 941–48. 15/6. 1960. Zürich, ETH, Techn.-chem. Labor.; dt.) — 5. vgl. C. **1962.** 8224. — Vff. erhielten bei der Chlorierung von Durol (**I**) bei kurzer Einw. in der Kälte in Ggw. katalyt. Mengen J_2 *Monochlordurol* (**II**), das sich schwer isolieren u. reinigen ließ. Nach mehrmaligem Umkristallisieren wurden im Rk.-Gemisch gaschromatograph. 75% **II** (F. 43°) nachgewiesen. Weitere Chlorierung in PAe. bei Tageslicht überführt **II** zunächst in *Dichlordurol* (**III**), das wieder in Lsg. geht u. *1.4-Dimethyl-2.5-bis-[chlormethyl]-3.6-dichlorbenzol* (**IV**) liefert. Das UV-Spektrum u. die leichte quant. Abspaltbarkeit zweier Cl-Atome durch verd. NaOH deuten auf Seitenkettenhalogenierung. Zur Konstit.-Aufklärung wurden p- u. m-Xylol zu *1.4-Dimethyl-2.5-bis-[chlormethyl]-* (**VII**) bzw. *1.5-Dimethyl-2.4-bis-[chlormethyl]-benzol* (**VIII**) chlormethyliert, die bei Chlorierung in PAe. in Ggw. von J_2 **IV** bzw. *1.5-Dimethyl-2.4-bis-[chlormethyl]-3.6-dichlorbenzol* (**V**) ergaben. Mit konz. HNO_3 ließen sich **IV** u. **V** zu *Dichlor-β-* bzw. *Dichlor-α-cumidinsäure* oxydieren, aus denen mit Diazomethan (**D**) die Ester dargestellt wurden. Aus **IV** oder **III** entstand durch Oxydation mit verd. HNO_3 unter Druck *Dichlorpyromellitsäure* (**VI**), die beim Sublimieren in das *Dianhydrid* übergeht. Durch Kochen mit verd. Natronlauge wurden **IV** u. **V** in *1.4-Dimethyl-2.5-bis-[hydroxymethyl]-3.6-dichlorbenzol* bzw. *1.5-Dimethyl-2.4-bis-[hydroxymethyl]-3.6-dichlorbenzol* übergeführt. Beim Kochen mit Na-Methylat bildeten **IV** u. **V** die entsprechenden *Äther*. Vff. stellten außerdem *α-* u. *β-Cumidinsäure* her u. verglichen ihre pK*-Werte mit denen der neuen Dichlor-Derivv., wobei der Übergang zu den kernchlorierten Säuren zu einem Abfall der pK*-Werte um 2,0 bzw. 1,7 Einheiten führt. Pyromellitsäure zeigt zwei pK*-Werte (4,0 u. 8,4), **VI** nur einen (5,2). Damit wird bestätigt, daß die Verstärkung des sauren Charakters von Carbonsäuren durch o-Chlorierung auch bei Polycarbonsäuren eintritt. Eine Tabelle der scheinbaren Dissoziations-Konst. einiger aromat. Polycarbonsäuren ist angegeben.

Versuche (einige UV- u. IR-Spektren [UV, IR] sind angegeben): *1.4-Dimethyl-2.5-bis-[chlormethyl]-3.6-dichlorbenzol* (**IV**), $C_{10}H_{10}Cl_4$, F. 180–181° (Chlf.), a) aus **I** durch 1½ std. Chlorieren in PAe. in Ggw. von J_2 unter Rühren bei Zimmer-Temp. u. Abkühlen; 68,0% (Ausbeute); b) aus **VII** analog a); 35%; UV, IR. — *Dichlordurol* (**III**), $C_{10}H_{12}Cl_2$, F. 191° [Chlf. u. Methylenchlorid (**MC**)], durch ¼ std. Chlorieren von **I** in PAe. bei Zimmer-Temp. unter Rühren; UV; 52%. — *Dichlorpyromellitsäure* (**VI**), $C_{10}H_4Cl_2O_8$, a) durch 6 std. Erhitzen von **I** mit 25% ig. HNO_3 im Autoklaven auf 175°, Abkühlen, Abblasen der nitrosen Gase u. Umkristallisieren aus W.; 68,4%; b) aus 5 g **III** analog a); 6,1 g; IR. *Tetramethylester*, $C_{14}H_{12}Cl_2O_8$, F. 174–175°, mit **D**; IR; 98,6%. *Dianhydrid*, $C_{10}Cl_2O_6$, F. ab 265–270° (Zers.), aus **VI** durch Sublimation bei 190–210°; UV, IR. — *Dichlor-β-cumidinsäure* $C_{10}H_8Cl_2O_4$, F. über 300°, durch 6½ std. Kochen von **IV** in 60% ig. HNO_3; 71,5%. *Dimethylester*, $C_{12}H_{12}Cl_2O_4$, F. 127° (sd. Methanol) mit **D**. — *1.5-Dimethyl-2.4-bis-[chlormethyl]-3.6-dichlorbenzol* (**V**), $C_{10}H_{10}Cl_4$, F. 148–149° (**MC**), durch ½ std. Chlorieren von **VIII** in PAe. in Ggw. von J_2; feine Nadeln; UV; 47%. — *Dichlor-α-cumidinsäure*, $C_{10}H_8Cl_2O_4$, F. 245° (YB/Ae. u. 3malige Sublimation im Hochvakuum bei 185°), aus **V** durch 4½ std. Kochen in 65% ig. HNO_3, Abkühlen u. Absaugen; 77%. — *1.4-Dimethyl-2.5-bis-[hydroxymethyl]-3.6-dichlorbenzol*, $C_{10}H_{12}Cl_2O_2$, F. 203–204° (Aceton), durch 2½ std. Kochen von 4 g **IV** in 2n NaOH/Dioxan, Abkühlen u. Extrahieren mit Bzl./Ae. (1:1); 1,6 g. — *1.5-Dimethyl-2.4-bis-[hydroxymethyl]-3.6-dichlorbenzol*, F. 197°, analog vorst. Verb. aus **V**; 35,2%. — *1.4-Dimethyl-2.5-bis-[methoxymethyl]-3.6-dichlorbenzol*, $C_{12}H_{16}Cl_2O_2$, F. 143–144° (Aceton), durch 22 std. Kochen von **IV** mit Na-Methylat in Methanol; 98%. — *1.5-Dimethyl-2.4-bis-[methoxymethyl]-3.6-dichlorbenzol*, F. 113–114° (Aceton), aus **V** analog vorst. Verb.; 95%. MARION WOLFF. 1010 □

Produkte der Reaktion von Diazoäthan mit Diazoketonen. P. Yates, D. G. Farnum und D. W. Wiley. (Chem. and Ind. **1958.** 69–70. 18/1. Cambridge, Mass., Harvard Univ., Dep. of Chem.; engl.) — Das bei der Rk. von α-Diazo-p-nitropropiophenon (**I**) mit Diazoäthan (**II**) gebildete *N-Äthyliden-N'-[α-(p-nitrobenzoyl)-äthyliden]-hydrazin* (**III**,

F. 99—100°, λ_{max} 265 mμ) wird durch $^1/_4$std. Kochen in 70%ig. A. in *Äthyliden-bis-[N'-(α-{p-nitrobenzoyl}-äthyliden)-hydrazin]* (**IV**, $C_{20}H_{20}N_6O_6$, F. 159—160°, λ_{max} 268 u. 315 mμ) umgewandelt, aus dem man mit Essigsäureanhydrid/Na-Acetat *N-Acetyl-N'-[α-(p-nitrobenzoyl)-äthyliden]-hydrazin* ($C_{11}H_{11}N_3O_4$, F. 165,6—166,5°, λ_{max} 245 u. 278 mμ) erhält. Letzteres wird auch durch Acetylieren von α-[p-Nitrobenzoyl]-acetaldehydhydrazon (**V**, $C_9H_9N_3O_3$, F. 173—173,2°, λ_{max} 274 mμ) gewonnen, das seinerseits durch Red. von **I** mit NH_4HS zugänglich ist. Mit Benzaldehyd reagiert **IV** ebenso wie **V** zu *N-Benzyliden-N'-[α-(p-nitrobenzoyl)-äthyliden]-hydrazin* ($C_{16}H_{13}N_3O_3$, F. 114,5 bis 115,5°). **IV** wird ferner durch Rk. von **III** mit **V** in sd. abs. A. (63% Ausbeute) oder bei mehrtägigem Stehen in Chlf. erhalten. Kocht man **III** allein in abs. A., so fällt eine *Verb. $C_{13}H_{17}N_3O_4$* (F. 126—127°, λ_{max} 268 u. 305 mμ) an, die beim Behandeln mit wss. A. in **IV** übergeht u. vermutlich *N-[α-Äthoxyäthyl]-N'-[x-(p-nitrobenzoyl)-äthyliden]-hydrazin* darstellt. Die Rk. von Diazoacetophenon mit **II** liefert *N-Äthyliden-N'-[p-nitrophenacyliden]-hydrazin* [zwei stereoisomere Formen, $C_{10}H_9N_3O_3$, F. 69—70° bzw. 121 bis 122° (Zers.), von denen erstere sich beim Erhitzen über den F. in die hochschm. Form umlagert]. Die weitere Einw. von **II** führt zu einer Verb., für die man die Struktur eines *N-Äthyliden-N'-[β-(p-nitrobenzoyl)-propenyl]-hydrazins* ($C_{12}H_{13}N_3O_3$, F. 136 bis 136,5°, λ_{max} 298 mμ) annimmt. Letztere wird durch 2n HCl in ein Gemisch aus *3(5)-[p-Nitrophenyl]-4-methylpyrazol* ($C_{10}H_9N_3O_2$, F. 181,5—182°) u. *2.2'-Äthyliden-bis-[3-(p-nitrophenyl)-4-methylpyrazol]* ($C_{22}H_{20}N_6O_4$, F. 201,5—202,5°) übergeführt.

H.-E. Toussaint. 1310□

Synthese von 1-[3.4-Dimethoxyphenyl]-alkyl-N-[γ-aminopropyl]-aminen. H. N. Sharma und C. N. Kachru. (Current Sci. **28**. 113. März 1959. Ujjain, Vikram Univ., School of Studies [Chem.]; engl.) — Zur Synth. der als potentielle Amöbicide interessanten *1-[3.4-Dimethoxyphenyl]-alkyl-N-[γ-aminopropyl]-amine* werden die durch Red. der Oxime von 4-Acylveratrolen erhaltenen *1-[3.4-Dimethoxyphenyl]-1-aminoalkane* mit Acrylnitril umgesetzt u. die *1-[3.4-Dimethoxyphenyl]-1-[N-(2-cyanäthyl)-amino]-alkane* mit $LiAlH_4$ zu den *Diaminen* reduziert.

F. Heller. 1320□

Boroxine. Aryl- und Alkoxyderivate. R. N. Keller und Eugene M. Vander Wall. (Advances Chem. Ser. Nr. **32**. 221—27. 1961. Boulder, Colo., Univ. of Colorado, Dep. of Chem.; engl.) — Vff. untersuchen die therm. Zers. von *Triphenyl-* (**I**), *Tris-[o-tolyl]-*, (**II**), *Tris-[o-chlorphenyl]-* (**III**) u. *Trimethoxyboroxin* (**IV**) allein u. in Ggw. von PCl_5, $AlCl_3$ oder $CuCl_2$. Während **I**, **II** u. **III** beim Erhitzen auf 225, 195 bzw. 260° im Bombenrohr stabil sind, zersetzt sich **I** mit $AlCl_3$ oder PCl_5 unter Bldg. von Bzl. u. Spuren HCl bei 250 bzw. 230° u. mit $CuCl_2$ zu CuCl, BCl_3,HCl u. *Chlorbenzol* (**V**), **II** mit $AlCl_3$ bei 190° unter Bldg. von *Toluol* u. Spuren Bzl. u. niederer KW-Stoffe, mit $CuCl_2$ bei 195° zu *Toluol*, HCl u. BCl_3 u. **III** mit $AlCl_3$ zu BCl_3 u. **V**, u. mit $CuCl_2$ zu **V** u. HCl. Aus **IV** entstehen mit PCl_5 im Vakuum *Methylchlorid* (**VI**), *Borsäuretrimethylester* (**VII**), *Dimethoxyborchlorid* (?) u. $POCl_3$ u. mit $AlCl_3$ **VII** u. kleine Mengen **VI** u. HCl.

Renate Richter. 1380

Bororganische Verbindungen. Robert M. Washburn, Franklin A. Billig, Murray Bloom, Charles F. Albright und Ernest Levens. (Advances Chem. Ser. Nr. **32**. 208—20. 1961. Whittier, Calif., Res. Dep., American Potash & Chem. Corp.; engl.) — Vff. untersuchen die Rkk. von *Aryl-MgBr* mit *Borsäuretrialkylestern*, den Einfl. des Lsgm. u. die Spaltung der B—C-Bindung u. diskutieren den Rk.-Mechanismus sowie elektron. u. ster. Effekte.

Versuche: *Phenylboronsäure* (**I**), a) man vereinigt innerhalb von 10 Min. 0,2 Mol C_6H_5MgBr u. 0 2 Mol Trimethylborat (**II** bei 0°, hydrolysiert mit dest. W., neutralisiert mit H_2SO_4, extrahiert mit Ae., engt den Extrakt auf das halbe Vol. ein, versetzt mit W., dest. bis 100° ab u. kühlt das wss. Destillat zur Kristallisation; 75,8% (Ausbeute); b) analog aus Triäthylborat; 33%; daneben durch Extraktion mit PAe. vor der Ae.-Extraktion 21,8% *Diphenylborinsäure* (**III**); c) aus Tri-n-propylborat; 14,1%; daneben 76,3% **III**; d) aus Triisopropylborat; 16,1%; daneben 69,7% **III**; e) aus Tri-n-butylborat; 15,5%; daneben 77,6% **III**; f) aus **II** in Ggw. von Pyridin; 78%; g) aus **II** in Ggw. von Tetrahydrofuran; 82,6%; Alkoholyse u. Methanolyse geben bei 6tägigem Kochen nur 0,069 bzw. 0,13% Zersetzung. Beim 8std. Kochen in alkal. Lsg. entsteht kein Benzol. Durch Schütteln mit Ae. in schwefelsaurer Lsg. zersetzen sich weniger als 1%, in Ggw. von Pyridin tritt 20% Verlust ein u. bei der Dest. der wss. Lsg. in Ggw. von Ae., Pyridin u. Methanol 8%. — *Phenylboronsäure, Di-β-äthoxyäthylester*, $C_{14}H_{23}BO_4$, Kp.$_{0,3}$ 93°, durch azeotropen Wasserentzug aus dem Gemisch von 155,9 g des Anhydrids von Phenylboronsäure (**IV**) u. 335,9 g β-Äthoxyäthanol mit Diisobutylen (2 Std.); 149,4 g, die 83,3% *Borsäuretri-β-äthoxyäthylester*, $C_{12}H_{27}BO_6$, enthalten. *Di-n-butylester*, $C_{14}H_{23}BO_2$, Kp.$_{1-1,5}$ 104—106°, man dest. aus dem Gemisch von 2 Mol **IV** u. 7,34 Mol n-Butylalkohol (V) in 2 Std. das W.-Alkohol-Azeotrop ab u. fraktioniert den Rückstand; 84,6%; bei der azeotropen Dest. mit 600 ml Diisobutylen aus einem Gemisch von 7,38 Mol IV u. 14,76 Mol V in 156 Std. entsteht *Borsäuretri-n-butylester*, $C_{12}H_{27}BO_3$, Kp.$_{0,5}$ 78°; 95,5%. *Diphenylester*, $C_{18}H_{15}BO_2$, F. 113—115°, Kp.$_2$ 155—159°, analog aus 221,9 g I, 342,5 g Phenol u. 730 ml Xylol in 7 Std.; 121 g; enthält 23,9% *Borsäuretriphenylester*. — *p-Chlorphenylboronsäure*, analog I aus p-Chlorphenyl-MgBr u. II; 82%. — *p-Methoxyphenylboronsäure*, analog aus p-Methoxyphenyl-MgBr u. II; 50,5%; daneben 14,1% *Bis-[p-methoxyphenyl]-borinsäure*. — *o-Tolylboronsäure*, analog aus o-Tolyl-MgBr u. II; 33%; daneben 18,1% *Bis-[o-tolyl]-borinsäure*. RENATE RICHTER. 1380

Darstellung von organosiliciumsubstituierten Borazolen. D. Seyferth und H. P. Kögler. (J. inorg. nuclear Chem. **15.** 99—104. Sept. 1960. Cambridge, Mass., MIT, Dep. of Chem.; engl.) — Die Darst. von *2.4.6-Tris-[trialkylsilylmethyl]-1.3.5-trimethylborazolen* durch die GRIGNARD-Meth., von *2.4.6-Tris-[trimethylsiloxy]-1.3.5-trimethylborazol* aus Na-Trimethylsilanolat (I) u. von *2.4.6-Tris-[triphenylsilyl]-1.3.5-trimethylborazol* mit Triphenylsilyl-Li wird beschrieben. Die Verbb., in denen B u. Si über eine Methylengruppe verbunden sind, sind gegen Hydrolyse stabil, dagegen sind die Verbb. mit B—O—Si- u. B—Si-Bindungen instabil. Unter normalen Bedingungen wird keine dieser Verbb. durch Luft-O_2 oxydiert.

Versuche (alle Rkk. unter trockenem, O_2-freiem N_2): *n-Butyldimethylchlormethylsilan*, $C_7H_{17}ClSi$, Kp.$_{29}$ 77—78°, durch Rk. von Butyl-MgBr mit Dimethylchlormethylchlorsilan in Ae.; n_D^{25} 1,4331; 34% (Ausbeute). — *2.4.6-Tris-[trimethylsilylmethyl]-1.3.5-trimethylborazol*, $C_{15}H_{42}B_3N_3Si_3$, F. 64° (Methanol), durch 1std. Zugabe von Trimethylsilylmethyl-MgCl in Ae. zu 1.3.5-Trimethyl-2.4.6-trichlorborazol $(CH_3NBCl)_3$ in abs. Ae., 6std. Kochen, mehrstd. Stehen bei Raum-Temp., Hydrolysieren mit gesätt. NH_4Cl-Lsg. bei 0°, Eindampfen der organ. Phase im Vakuum, Versetzen mit Methanol, Filtrieren u. Dest. bei 110—170°/0,8 Torr; 58,5%; daneben *1.3.5.1'.3'.5'-Hexamethyl-4.6.4'.6'-tetrakis-[trimethylsilylmethyl]-diborazolyl-(2.2')-oxid*, $C_{22}H_{62}B_6N_6OSi_4$, F. 95—96° (Methanol), aus den höher sd. Anteilen (Kp.$_{0,7}$ 155—210°). — *2.4.6-Tris-[äthyldimethylsilylmethyl]-1.3.5-trimethylborazol*, $C_{18}H_{48}B_3N_3Si_3$, Kp.$_1$ 183—184°, aus $(CH_3NBCl)_3$ u. Dimethyläthylsilyl-MgCl in abs. Ae. analog vorst. Verb. u. Dest. bei 160—185°/1 Torr; D.$_4^{24}$ 0,8977; n_D^{25} 1,4875; hellgelbes Öl; 60%. — *2.4.6-Tris-[n-butyldimethylsilylmethyl]-1.3.5-trimethylborazol*, $C_{24}H_{60}B_3N_3Si_3$, Kp.$_{0,9}$ 213—214°, analog vorst. Verb. (Dest. bei 208—217°/0,8 Torr); D.$_4^{25}$ 0,8855; n_D^{25} 1,4845; gelbliches Öl; 57%. — *2.4.6-Tris-[pentamethyldisiloxanylmethyl]-1.3.5-trimethylborazol*, $C_{21}H_{60}B_3N_3O_3Si_6$, Kp.$_{0,55}$ 175—176°, analog vorst. Verb. (Dest. bei 161—190°/0,9 Torr); D.$_4^{25}$ 0,9158; n_D^{25} 1,4517; 50%. — *2.4.6-Tris-[trimethylsiloxy]-1.3.5-trimethylborazol*, $C_{12}H_{36}B_3N_3O_3Si_3$, F. 22—23°, Kp.$_{0,85}$ 130°, durch $^3/_4$std. Zutropfen von I in Ae. zu $(CH_3NBCl)_3$ in Ae. unter N_2, 6std. Kochen u. Aufarbeiten; 60%. — *2.4.6-Tris-[triphenylsilyl]-1.3.5-trimethylborazol*, $C_{57}H_{54}B_3N_3Si_3$, durch Zugabe von Triphenylsilyl-Li zu $(CH_3NBCl)_3$ in sd. abs. Ae., mehrstd. Stehen bei Raum-Temp., Filtrieren, Extrahieren des Rückstandes mit heißem Bzl., Eindampfen u. Umkristallisieren aus Bzl.; 55%; gibt beim Versetzen mit Br_2 in Chlf. *Methylaminhydrobromid* (CH_6NBr, F. 263—264°) u. *Triphenylbromsilan* ($C_{18}H_{15}BrSi$, F. 120—123°; 56%); 1.3.5-Trimethyl-2.4.6-tribromborazol entsteht nur intermediär, kann aber nicht isoliert werden. P. GOLINSKE. 1380□

4-Hydroxyphenyltriphenylsilan und sein Glycidyläther. Roy G. Neville. (J. org. Chemistry **26.** 3031—32. Aug. 1961. Palo Alto, Calif., Lockheed Aircraft Corp., Missiles and Space Div., Chem. Dep.; engl.) — Es wird die Darst. von *4-Hydroxyphenyltriphenylsilan* (I) u. seinem *Na-Salz* (II) beschrieben. Durch Umsetzung von II mit Epichlorhydrin wird der *Glycidyläther* von I erhalten.

Versuche: *Na-4-Triphenylsilylphenolat* (II), $C_{24}H_{19}NaOSi$, F. 185° (A.), a) durch Zugabe von n-Butyl-Li aus n-Butylbromid u. Li in Ae. während ½ Std. bei —10 bis —20° zu 4-Bromphenol in Ae., ½std. Rühren bei —10 bis +10°, 1½std. Kochen, Zugabe von Triphenylchlorsilan in Bzl., 24std. Kochen u. Hydrolyse mit verd. HCl; 88,9% (Ausbeute); b) aus Butyl-Li in Ae. u. 4-Bromphenoxytrimethylsilan in Ae. bei —20°, 7std. Kochen, Zugabe von 0,5 Mol Triphenylchlorsilan in Tetrahydrofuran, 6std. Kochen u. Hydrolyse mit verd. HCl; 53,5%. — *4-Triphenylsilylphenol* (I), F. 230 bis 231°, aus 1 g II in kochendem A. u. konz. HCl; 0,5 g. — *[4-(2.3-Epoxypropoxy)-phenyl]-triphenylsilan*, $C_{27}H_{24}O_2Si$, F. 152°, aus Epichlorhydrin, II u. NaOH in W. durch 24std. Schütteln bei Raum-Temp.; 51,5%. K. RÜHLMANN. 1380□

Chemie von Hexachlorcyclopentadien. C. W. Roberts. (Chem. and Ind. **1958.** 110—15. 1/2. Midland, Mich., Dow Chem. Comp., Polymer Res. Labor.; engl.) — Übersicht über Darst., physikal. Eigg., Struktur u. Rkk. von *Oktachlorcyclopenten* u. *Hexachlorcyclopentadien*. — 94 Literaturangaben. K. ZIELOFF. 1810

Aus dem Gebiete der organischen Insektofungicide. 59. Mitt. **Synthese einiger neuer Oximderivate.** I. L. Wladimirowa und N. N. Melnikow. (Журнал Общей Химии [J. allg. Chem.] **31** (**93**). 852—54. März 1961. Ssamoilow-Inst. für Düngemittel u. Insektofungicide; russ.) — 58. vgl. C. **1962.** 14834. — Aus Aceton- (**I**), Cyclohexanon- (**II**) u. Acetophenonoxim (**III**) werden durch Rk. mit Aryloxyacetylchloriden in Ggw. von Triäthylamin (**IV**) *O-[Aryloxyacetyl]-oxime* dargestellt. Die fungicide Wrkg. der Verbb. war gering.

Versuche: Acetonoxime: *O-[Phenoxyacetyl]-*, $C_{11}H_{13}NO_3$, F. 58—59°, durch 1std. Rühren äquimol. Mengen von **I** mit Phenoxyacetylchlorid (**V**) u. **IV** in abs. Ae. bei 0 bis —6°; 60% (Ausbeute). — *O-[2.4-Dichlorphenoxyacetyl]-*, $C_{11}H_{11}Cl_2NO_3$, F. 78 bis 79°, analog aus **I** u. 2.4-Dichlorphenoxyacetylchlorid in Ggw. von **IV**; 50%. — *O-[2.4.5-Trichlorphenoxyacetyl]-*, $C_{11}H_{10}Cl_3NO_3$, F. 85°, aus **I** u. 2.4.5-Trichlorphenoxyacetylchlorid in Ggw. von **IV**; 68%. — *O-[2-Methyl-4-chlorphenoxyacetyl]-*, $C_{12}H_{14}ClNO_3$, F. 54—55°, aus **I** u. 2-Methyl-4-chlorphenoxyacetylchlorid in Ggw. von **IV**; 90%. — Cyclohexanonoxime: *O-[Phenoxyacetyl]-*, $C_{14}H_{17}NO_3$, zersetzt sich bei der Dest. im Vakuum, analog aus **II** u. **V** in Ggw. von **IV** u. chromatograph. Reinigung; 90%. — *O-[4-Chlorphenoxyacetyl]-*, $C_{14}H_{16}ClNO_3$, F. 61—62°; 74%. — *O-[2.4-Dichlorphenoxyacetyl]-*, $C_{14}H_{15}Cl_2NO_3$, F. 63—63,5°; 71%. — *O-[2.4.5-Trichlorphenoxyacetyl]-*, $C_{14}H_{14}\cdot Cl_3NO_3$, F. 88—89°; 68%. — *O-[2-Methyl-4-chlorphenoxyacetyl]-*, $C_{15}H_{18}ClNO_3$, zersetzt sich bei Dest. im Vakuum; Reinigung erfolgt chromatograph.; 34%. — Acetophenonoxime: *O-[Phenoxyacetyl]-*, $C_{16}H_{15}NO_3$, F. 70—71°, aus **III** u. **V** in Ggw. von **IV**; 57%. — *O-[2.4-Dichlorphenoxyacetyl]-*, $C_{16}H_{13}Cl_2NO_3$, zersetzt sich bei Dest. im Vakuum; Reinigung erfolgt chromatograph.; 84%. — *O-[2-Methyl-4-chlorphenoxyacetyl]-*, $C_{17}H_{16}Cl\cdot NO_3$, F. 85°; 61%. B. CELMS. 1960

Reaktionen von Wasserstoffperoxid. 10. Mitt. **Oxydative Umlagerungen bei gewissen β-Diketonen.** George B. Payne. (J. org. Chemistry **26.** 4793—97. 27/12. 1961. Emeryville, Calif., Shell Dev. Co.; engl.) — 9. vgl. J. org. Chemistry **26.** [1961.] 668. — 2-Acetyl- (**I**) u. 2-Benzoylcyclohexanon (**II**) werden durch H_2O_2 in sd. tert.-Butanol in hoher Ausbeute unter Ringverengung zu *Cyclopentancarbonsäure* (**III** oxydiert; die Ggw. von H_2SO_4 beschleunigt die Rk. erheblich. Aus **I** wird als Nebenprod. etwas *α-Methylpimelinsäure* erhalten. 2-Formylcyclohexanon (**IV**) gibt ebenfalls **III**, jedoch fällt hier als Hauptprod. *Pimelinsäure* an. Die Rk. hängt nicht von einer Enolisierbarkeit des zu oxydierenden Ketons ab, denn auch 2-Methyl-2-acetylcyclohexanon wird glatt zu *1-Methylcyclopentancarbonsäure* oxydiert. Bei 2-Acetylcyclopentanon (**V**) tritt eine analoge Ringverengung zu Cyclobutancarbonsäure nicht ein, sondern es wird mit nahezu quant. Ausbeute *α-Methyladipinsäure* erhalten. Es wird angenommen, daß die Rk. über die Bldg. cycl. Peroxide verläuft; ihr Auftreten konnte jedoch in Verss. mit äther. HCl nicht nachgewiesen werden. Das durch Methylieren von Acetylaceton (**VI**) zugängliche 3.3-Dimethylpentandion-(2.4) wird durch H_2O_2 zu *Pivalinsäure* oxydiert. Bei der Oxydation von 3-Methylpentandion-(2.4) ließ sich dagegen keine Isobuttersäure nachweisen.

Versuche: *Cyclopentancarbonsäure* (**III**), $Kp._1$ 59—62°, n_D^{25} 1,4507 [*Amid*, F. 176 bis 177°], a) durch 3std. Kochen von **I** mit 29,9%ig. H_2O_2 (1:1,1 Mol) in tert.-Butanol; 87% (Ausbeute) [daneben wenig *α-Methylpimelinsäure*, $C_8H_{14}O_4$, F. 54—55° (Aceton/PAe.) sowie *Essigsäure* (*p-Bromphenacylester*, F. 82—84°)]; b) durch 1½std. Erwärmen von **I** mit H_2O_2 in Methanol auf 38—40°; 80%; c) durch 2std. Kochen von **II** mit H_2O_2 in tert.-Butanol in Ggw. von 1 Tropfen konz. H_2SO_4; 85% [daneben *Benzoesäure*, F. 119 bis 121° (Aceton/Hexan)]; d) durch Umsetzen von **IV** mit H_2O_2 in tert.-Butanol bei 50—55° u. 12std. Stehen; 26%; daneben *Pimelinsäure* [F. 103—104° (Bzl.); 31%] u. *Ameisensäure* [*p-Phenylphenacylester*, F. 125—127°]. — *2-Methyl-2-acetylcyclohexanon*, $C_9H_{14}O_2$, $Kp._3$ 74—76°, durch Rühren von **I** mit CH_3J in wss.-methanol. NaOH über Nacht; n_D^{25} 1,4657; 79%. — *1-Methylcyclopentancarbonsäure*, $C_7H_{12}O_2$, $Kp._1$ 68—69°, durch 1½std. Kochen vorst. Verb. mit H_2O_2 in tert.-Butanol in Ggw. von H_2SO_4; n_D^{25} 1,4507; 82%. — *α-Methyladipinsäure*, $C_7H_{12}O_4$, F. 55—57° (Ae./PAe.), a) durch 16std. Kochen von **V** mit H_2O_2 in tert.-Butanol; 93%; b) durch Zutropfen von 2-Methylcyclohexanol zu 70%ig. HNO_3 u. NH_4-Vanadat bei 55—60°, 1std. Erwärmen auf 60 bis 70°, gelindes Kochen bis zum Aufhören der Stickoxid-Entw. u. Einengen. *Dianilid*, F. 174—175° (Aceton). *Dimethylester*, $C_9H_{16}O_4$, $Kp._{1,5}$ 65—66°, $Kp._{10}$ 107—108°, durch Kochen von **V** mit H_2O_2 in Methanol in Ggw. von H_2SO_4; 68%. — *3.3-Dimethylpentandion-(2.4)*, $C_7H_{12}O_2$, $Kp._{20}$ 71—72°, durch Rühren von **VI** mit überschüssigem CH_3J in wss.-methanol NaOH bei $<40°$ u. 16std. Stehen; n_D^{25} 1,4287; 24%. — *Pivalinsäure*, $Kp._{15}$ 67—70°, F. 26—30°, durch 1std. Kochen vorst. Verb. mit H_2O_2 in tert.-Butanol in Ggw. von H_2SO_4; 76%. *p-Phenylphenacylester*, F. 113—114°. — *3-Methylpentandion-*

(*2.4*), $C_6H_{10}O_2$. Kp.$_{20}$ 68—70°, durch Zugeben von CH_3J zu **VI** u. $NaOCH_3$ (1,1:1:1 Mol) in abs. A. bei 50—55°, ½std. Erwärmen auf 55° u. ½std. Kochen; n_D^{25} 1,4428; 62%. H.-E. TOUSSAINT. 1970□

Eine Synthese der DL-Chrysanthemumsäure. Karl-Heinz Büchel und Friedhelm Korte. (Z. Naturforsch. **17 b.** 349—50. Mai 1962. Bonn, Univ., Chem. Inst.; dt.) — Bei Verw. von Dihalogencarbonsäureestern lassen sich mit Olefinen in Ggw. eines Zn/Cu-Paares *Cyclopropancarbonsäureester* darstellen. Aus Dijodessigsäureäthylester (**I**) bildet sich ein Carbäthoxymethylen/Zinkjodid-Komplex (**II**), der mit 2.5-Dimethylhexadien-(2.4) (**III**) zu *DL-Chrysanthemumsäure* (**V**)-*Äthylester* (**IV**) reagiert. Dieser ist ident. mit dem von CAMPBELL u. HARPER (J. chem. Soc. [London] **1945.** 285) hergestellten Ester. Statt **I** kann man auch Dichloressigester verwenden, dagegen reagiert Dibromessigester nicht. Die Absorptionsmaxima bzw. IR-Spektren von **IV** u. **V** sind angegeben.

Versuche: *2.2-Dimethyl-3-isobutenylcyclopropan-1-carbonsäureäthylester* (**IV**, *DL-Chrysanthemummonocarbonsäureäthylester*), $C_{12}H_{20}O_2$, Kp.$_{0,05}$ 34—37°, durch Rk. von 66 g **III** mit **II** (aus 102 g **I** in 300 ml abs. Tetrahydrofuran u. 21 g Zn/Cu-Leg., Erwärmen auf 40—50°) unter Rühren u. Rückfluß in 14 Tagen, Verdünnen mit Ae., Waschen des Ae. mit 1n HCl u. 2mal mit W., Trocknen u. Abdestillieren der Lsgm.; Öl; 7 g. — *2.2-Dimethyl-3-isobutenylcyclopropancarbonsäure* (**V**, *DL-Chrysanthemummonocarbonsäure*), Kp.$_{0,2}$ 83—86°, aus 5 g **IV** durch Verseifen mit KOH/Methanol; 3,7 g (roh), Kristalle durch Vakuum-Dest.; *cis*-**V**, F. 112—114°, durch fraktionierte Kristallisation von **V** aus Äthylacetat; *trans*-**V**, F. 54°, aus den Mutterlaugen von cis-**V**. H.-J. SCHÖNHERR. 2010□

Über Synergisten des Pyrethrums. 3. Mitt. N-substituierte Cyclohexen-(4)-dicarbonsäure-(1.2)-imide und deren 4-Chlorderivate. M. Furdík, V. Sutoris, J. Drábek und S. Pospíšilová. (Chem. Zvesti **13.** 581—87. Okt. 1959. Bratislava, Univ., prír. fak., kat. org. chémie; slowak.) — 2. vgl. Acta Fac. Rerum natur. Univ. Comenianae [Bratislava], Chim. **3.** [1959.] 99. — N-Alkylmaleinsäureimide reagieren nach DIELS-ALDER mit Butadien in Ausbeuten von 90—95% unter Bldg. von *N-Alkylcyclohexen-(4)-dicarbonsäure-(1.2)-imiden* (**A**) u. mit Chloropren unter Bldg. von *N-Alkyl-4-chlorcyclohexen-(4)-dicarbonsäure-(1.2)-imiden* (**B**). Die **A** u. **B** werden auf ihre synergist. insekticide Wrkg. geprüft.

Versuche: N-Alkylcyclohexen-(4)-dicarbonsäuren-(1.2)-imide: *N-Methyl-*, $C_9H_{11}NO_2$, F. 67°. — *N-Äthyl-*, $C_{10}H_{13}NO_2$, Kp.$_{10}$ 128°. — *N-Propyl-(2)-*, $C_{11}H_{15}NO_2$, F. 26°, Kp.$_{11}$ 67°. — *N-Allyl-*, $C_{11}H_{13}NO_2$, Kp.$_{12}$ 134°. — *N-Phenyl-*, $C_{14}H_{13}NO_2$, F. 115°. — N-Alkyl-4-chlorcyclohexen-(4)-dicarbonsäure-(1.2)-imide: *N-Methyl-*, $C_9H_{10}ClNO_2$, F. 61°. — *N-Äthyl-*, $C_{10}H_{12}ClNO_2$, F. 113—115°, Kp.$_{0,75}$ 95°. — *N-Propyl-(2)-* $C_{11}H_{14}ClNO_2$, F. 85°. — *N-Allyl-*, $C_{11}H_{12}ClNO_2$, F. 33°, Kp.$_{14}$ 193°. — *N-Phenyl-*, $C_{14}H_{12}ClNO_2$, F. 101°. E. KIŠA. 2020

Versuchte Synthese von Thieno- und Thiazolo-Derivaten von troponoiden Systemen. 2-Thiocyan- und 2-Thiosemicarbazido-Derivate von Tropon und 5-Thioharnstoff-Derivate von Tropolon. Kazuo Matsui. (Sci. Rep. Tôhoku Univ., Ser. I **43.** 223—31. Dez. 1959. Tokyo, Tanabe Seiyaku Co. Ltd., Tokyo Res. Labor.; engl.) —Bei dem Vers., das aus 2-Chlortropon (I) u. Thioglykolsäure erhaltene 2-Carboxymethylmercaptotropon (F. 191—193°) durch Lösen in konz. H_2SO_4 u. Stehen über Nacht bei Raum-Temp. oder durch 2std. Erwärmen auf dem Wasserbad mit Polyphosphorsäure in 3-Hydroxythieno-[2.3:b]-tropon überzuführen, wurde das gesamte Ausgangsmaterial zurückerhalten. Durch Einw. von Allylchlorid in A. auf das K-Salz von 2-Mercaptotropon (II) entsteht in 90%ig. Ausbeute *2-Allylmercaptotropon.* Durch 10std. Kochen in Xylol in N_2-Atmosphäre erfolgt keine CLAISEN-Umlagerung zu 3-Allyl-2-mercaptotropon, sondern die Ausgangssubstanz wird zurückgewonnen. Durch 5std. Erhitzen von **I** mit überschüssigem K-Thiocyanat in Dimethylformamid auf dem Wasserbad erhält man *2-Thiocyantropon* (**III**, 80% Ausbeute), das beim Erhitzen mit konz. HCl in **II** übergeht. **III** läßt sich durch Kochen in Xylol (7 Std.) oder Nitrobenzol (4 Std.) nicht zu 2-Isothiocyanotropon umlagern, sondern bleibt unverändert. **III** wird auch nach 24std. Kochen in Methanol zurückerhalten, das entsprechende Thiourethan bildet sich nicht. Durch 2std. Kochen von **III** mit p-Toluidin in Xylol entsteht eine *Verb. vom F. 264°*. 2-Hydrazinotropon (**IV**) reagiert leicht mit Isothiocyanaten unter Bldg. der entsprechenden Thiosemicarbazide. So entstehen durch Einw. von n-Butyl-, Phenyl- bzw. Benzoylisothiocyanat (**VII**) auf **IV** *1-[Troponyl-(2)]-4-[n-butyl]-* (**V**), *-4-phenyl-* (**VI**) bzw. *-4-benzoylthiosemicarbazid.* Letztere Verb. geht durch Erhitzen mit 2n NaOH in *1-[Troponyl-(2)]-thiosemicarbazid* über. Dieses läßt sich durch 1std. Kochen mit verd. H_2SO_4 nicht in 2-Aminothiazolo-[5.4:b]-tropon überführen, sondern bleibt unverändert.

Durch 6std. Erhitzen von **V** mit konz. HCl/Methanol (1:2,5) bzw. von **VI** mit konz. HCl/A. (1:2,5) entstehen nur ölige, neutral reagierende Substanzen u. nicht das gewünschte 2-[n-Butylamino]- bzw. 2-Anilinothiazolo-[5.4:b]-tropon. Während 3-Bromtropolon (F. 99—102°) nach 2½ std. Kochen mit 1,5 Mol Thioacetamid in A. unverändert bleibt, entsteht durch 3std. Kochen von 0,2 g des Tropolons mit 0,2 g Thioacetamid in Pyridin eine saure, schwefelhaltige, aber stickstofffreie *Substanz vom F. 234°* (aus A. gelbe Blättchen; 0,15 g Rohprod.). Nach 1std. Kochen von 3-Brom-2-methoxytropon mit Thioacetamid in A. wird nur ein kleiner Teil des Tropons zurückerhalten. Das Rk.-Prod. ist eine neutral reagierende, ölige Substanz. 5-Aminotropolon reagiert leicht mit **VII** in alkohol. Lsg. bei Raum-Temp. unter Bldg. von *N-Benzoyl-N'-[tropolonyl-(5)]-thioharnstoff*, der beim Erwärmen mit 2n NaOH auf dem Wasserbad in *[Tropolonyl-(5)]-thioharnstoff* übergeht. Verschiedene Verss., vorst. Verb. durch dehydrierende Cyclisierung in 2-Aminothiazolo-[5.4:d]-tropolon überzuführen, schlugen fehl.

Versuche: *2-Allylmercaptotropon*, $Kp._3$ 157°, durch Zugeben von 0,1 g Allylchlorid zu einer Lsg. von 0,1 g **II** in 50%ig. KOH/A., ½ std. Stehen bei Raum-Temp. u. Eindampfen; dunkelrotes Öl; 0,1 g (Ausbeute). *2.4-Dinitrophenylhydrazon*, $C_{16}H_{14}N_4O_4S$, F. 195—196°; aus A./Bzl. purpurfarbene Prismen. — *2-Thiocyantropon* (**III**), C_8H_5NOS, F. 159—160°, durch 5std. Erhitzen von 0,2 g **I** mit 0,4 g K-Thiocyanat in Dimethylformamid auf dem Wasserbad; aus A. blaßgelbe Schuppen; 0,17 g. — *2-Mercaptotropon* (**II**), F. 52—54°, durch 5 Min. langes Erhitzen von 20 mg **III** mit konz. HCl auf dem Wasserbad; 10 mg. — *Verb. vom F. 264°*, durch 2std. Kochen von je 0,1 g **III** u. p-Toluidin in abs. Xylol; aus A. blaßgelbe Nadeln; 50 mg (roh). — 1-[Troponyl-(2)]-thiosemicarbazide: *Unsubstituiert*, $C_8H_9N_3OS$, F. 226—227° (Zers.), durch 10 Min. langes Erhitzen von 0,2 g nachst. Verb. mit 2n NaOH auf dem Wasserbad; aus A. gelbe Blättchen; 100 mg (roh). — *4-Benzoyl-*, $C_{15}H_{13}N_3O_2S$, F. 202—203°, durch Versetzen einer alkohol. Lsg. von 0,3 g **IV** mit 0,4 g **VII** u. Stehen; aus Dioxan gelbe Nadeln; 0,4 g. — *4-n-Butyl-* (**V**), $C_{12}H_{17}N_3OS$, F. 169—170°, durch 2std. Kochen von 0,14 g **IV** mit 0,12 g n-Butylisothiocyanat in abs. A.; aus A. gelbe Prismen; 0,16 g. — *4-Phenyl-* (**VI**), $C_{14}H_{13}N_3OS$, F. 202—203°, durch Versetzen einer alkohol. Lsg. von 0,14 g **IV** mit 0,16 g Phenylisothiocyanat u. Stehen bei Raum-Temp.; aus A. gelbe Prismen; 0,2 g. — *N-Benzoyl-N'-[tropolonyl-(5)]-thioharnstoff*, $C_{15}H_{12}N_2O_3S$, F. 207—210° (Zers.), durch Lösen von 50 mg 5-Aminotropolon in A. unter Erwärmen u. Zugeben von 70 mg **VII**; aus Dioxan/A. hellgelbe Prismen; 0,1 g. — *[Tropolonyl-(5)]-thioharnstoff*, $C_8H_8N_2O_2S$, F. 195° (Zers.), durch 10 Min. langes Erhitzen von 0,1 g vorst. Verb. mit 2n NaOH auf dem Wasserbad; aus W. hellgelbe Schuppen; 50 mg. D. HOLZNER. 2080□

Reaktion ungesättigter Nitroverbindungen mit organischen Basen. A. W. Toptschijew und Je. L. Fantalowa. (Доклады Академии Наук СССР [Ber. Akad. Wiss. UdSSR] **132.** 628—31. 21/5. 1960. Inst. für petrolchem. Synthese der Akad. der Wiss. der UdSSR; russ.) — Die Rk. von 1-Nitrocyclohexen (**I**) mit Phenylhydrazin (**II**), Semicarbazid (**III**), Harnstoff, Thiosemicarbazid, p-Toluidin, Anilin u. Hydroxylamin wird beschrieben; nur die beiden letztgenannten Basen bilden keine kristallinen Verbb. mit **I**. **III** u. **II** reagieren mit Nitroisobutylen [**IV**; 1-Nitro-2-methylpropen-(1)] unter Bldg. von *Nitro-tert.-butylsemicarbazid* u. *Nitro-tert.-butylphenylhydrazin.*

Versuche: *2-Nitrocyclohexylsemicarbazid*, F. 163° (Zers.), durch Vermischen einer methanol. Lsg. von **III** (aus 1,75 g **III**-Hydrochlorid) mit 1 g **I**; 84% (Ausbeute). — *2-Nitrocyclohexylphenylhydrazin*, F. 115—115,5°, durch Vermischen von äquimol. Mengen **I** u. **II** in A.; gelbe glänzende Kristalle; bei 2 Monate langem Stehen erfolgt Umwandlung in eine hellgelbe Fl.; 88%. *Hydrochlorid*, F. 138—140° (Zers.; CCl_4 u. A.), mit einer äther. Lsg. von HCl. — *2-Nitrocyclohexylthiosemicarbazid*, F. 155° (Zers.), aus 0,46 g Thiosemicarbazid in 10 ml W. u. 5 ml A. u. 0,63 g **I** unter Erwärmen; 70%. — *N-[2-Nitrocyclohexyl]-p-toluidin*, F. 71°, aus 0,135 g nachst. Hydrochlorids mit 2 ml n-NaOH; 91%. *Hydrochlorid*, F. 150—150,5° (Zers.; Bzl. + A.) aus 0,63 g **I** u. 0,54 g p-Toluidin, 1 Tag lang stehenlassen, Zugabe von 2 ml konz. HCl u. mehrtägiges Stehenlassen; 60,8%. — *2-Nitrocyclohexylharnstoff*, F. 193,5° (Zers.; A.), aus 0,63 g **I** u. 0,6 g Harnstoff in 3 ml A., nach 30 Tage langem Stehen Zugabe von W., wobei sich eine gelbe Fl. abscheidet, die beim Stehen kristallisiert. — *Nitro-tert.-butylsemicarbazid*, F. 132,5 bis 133° (A.), aus 0,5 g **IV** u. der äquimol. Menge **III** in Methanol unter Eiskühlung; 82,8%. — *Nitro-tert.-butylphenylhydrazin*, F. 71—71,5°, aus 0,5 g **IV** u. 0,54 g **II**; 72%. G. HEY. 2110□

Kondensation von 2.4-Dinitrochlorbenzol mit 4.4'-Diaminostilben-2.2'-disulfonsäure. Gh. Lupuşor. (Bul. Inst. politehn. Iaşi [N. S.] **4** (8). Nr. 3/4. 197—201. 1958. Iaşi, Inst. Politehn., Cat. de Ind. Organ.; rum.) — Vgl. C. **1962. 3074.** — 4.4'-Diaminostilben-2.2'-disulfonsäure (**I**) kann sich mit 2.4-Dinitrochlorbenzol (**II**) im Mol-

Verhältnis 1:2 oder 1:1 umsetzen. Im ersten Fall entsteht *N.N'-Bis-[2.4-dinitrophenyl]-4.4'-diaminostilben-2.2'-disulfonsäure* (III), im zweiten *N-[2.4-Dinitrophenyl]-4.4'-diaminostilben-2.2'-disulfonsäure* (IV). III u. IV haben Farbstoffcharakter. IV kann zudem an seiner unsubstituierten NH_2-Gruppe diazotiert u. mit geeigneten Komponenten gekuppelt werden. Das UV-Spektrum ist für III u. IV graph. wiedergegeben.

Versuche: *N.N'-Bis-[2.4-dinitrophenyl]-4.4'-diaminostilben-2.2'-disulfonsäure* (III), $C_{26}H_{18}N_6O_{14}S_2$, durch 9std. Rühren von 1 Mol I mit mehr als 2 Mol II unter Zusatz von $CaCO_3$ u. W., Ansäuern der vom Überschuß an II befreiten Lsg. u. Absaugen; hygroskop., amorphes braunrotes Prod., das sich nach Bräunung bei 170° bei 260° zersetzt; 84% (Ausbeute). — *N-[2.4-Dinitrophenyl]-4.4'-diaminostilben-2.2'-disulfonsäure* (IV), $C_{20}H_{16}N_4O_{10}S_2$, durch 6std. Erwärmen von 1 Mol I mit etwas weniger als 1 Mol II unter Zusatz von $CaCO_3$ u. W. auf dem Wasserbad unter Rühren, Abfiltrieren des roten Rk.-Prod., Ansäuern der durch Wasserdampf-Dest. von nicht umgesetztem II befreiten Lsg. u. Filtration; 95%. H. FRANKEWICZ. 2290□

Versuche mit α-Benzoylketonen. Bernd Eistert, Werner Reiss und Hartmut Wurzler. (Liebigs Ann. Chem. **650.** 133—56. 22/2. 1962. Saarbrücken, Univ., Inst. für Organ. Chem.; dt.) — *2-Benzoylcyclopentanon* (I) wird durch Cyclisation aus δ-Benzoylvaleriansäuremethylester gewonnen. I u. *2-Benzoylcyclohexanon* (II) werden ferner nach dem Enamin-Verf. von STORK, TERRELL u. SZMUSZKOVICZ (C. **1955.** 6015) hergestellt. *2-Benzoylcycloheptanon* (III), *2-Benzoylcyclooctanon* (IV) u. *α-Benzoyl-di-n-propylketon* (V) werden durch Kondens. von Benzoesäure (VII)-Methylester mit Cycloheptanon u. -octanon bzw. Di-n-propylketon in Ggw. von $NaNH_2$ hergestellt. II, III, IV u. V liegen krist. als Diketone vor, während I als Enolchelat vorliegt ($FeCl_3$-Rk.). Durch rasches Ansäuern einer alkal. Lsg. von III kann ein *Enolchelat* isoliert werden, das sich jedoch rasch wieder in III umwandelt. Aus II wird ein *Enolchelat* durch Kristallisation aus gesätt. KW-Stoffen erhalten. V kann nicht als Enolchelat isoliert werden. I kann nicht in die Diketonform gebracht werden. Die sich in Lsg. oder Dampfphase einstellenden Gleichgewichte lassen sich mit Hilfe der UV-Spektren gut bestimmen: λ_{max} 244—248 mμ für die Diketoform u. λ_{max} 308—323 mμ für die Enolchelatform. Für methanol. Lsgg. der Verbb. I, II, III, IV u. V werden die Enol-Geh. nach 50std. Stehen mitgeteilt. Bei der „Säurespaltung" mit 2n NaOH entstehen aus Benzoylaceton (VI) VII u. *Aceton* sowie *Acetophenon* u. *Essigsäure*, aus IV VII u. *Di-n-propylketon* sowie *Butyrophenon* u. *n-Buttersäure*, aus I *δ-Benzoylvaleriansäure*, aus II *ε-Benzoyl-n-capronsäure* sowie *Cyclohexanon* u. VII, aus III *Cycloheptanon* u. VII u. aus IV *Cyclooctanon* u. VII. Von 2n HCl werden II, III, IV u. V nicht angegriffen; I wird zur *δ-Benzoylvaleriansäure* gespalten. Während VI in Chlf. beim Schütteln mit einer gesätt. wss. Cu(II)-Acetat-Lsg. sofort ein *Cu-Chelat* bildet, dauert diese Rk. bei I sichtlich länger; bei II, III u. IV ist Kochen notwendig. Das V-*Cu-Chelat* kann nur mit frisch gefälltem V (durch Säurezusatz zu der alkal. Lsg.) in Ae. beim Schütteln mit gesätt. wss. Cu-Acetat-Lsg. erhalten werden. Diese *Cu-Chelate* werden durch Mineralsäuren leicht wieder aufgespalten. Das V-Cu-Chelat wird bei 1std. Schütteln mit konz. NH_4OH in 75% V sowie VII-*Amid* u. *Butyrophenon* gespalten. Das I-Cu-Chelat ist nach dieser Meth. nach 5 Tagen u. das II-Cu-Chelat nach mehreren Wochen zu *δ-Benzoylvaleriansäureamid* bzw. *ε-Benzoylcapronsäureamid* zersetzt. III- bzw. IV-Cu-Chelat sind 7 Monate gegen konz. NH_4OH beständig. VI reagiert mit Diazomethan in 35 Std. u. bei Zugabe von 10% Methanol in 12 Std. vollständig unter Bldg. eines *Enolmethyläther*-Gemisches, das vorwiegend *A-Enoläther* (abgeleitet von der nach der aliphat. Seite enolisierten Form) neben wenig *B-Enoläther* (Benzoylseite) enthält. I reagiert mit Diazomethan in 70 Std. zu einem *B(exo)-cis-Enoläther*, der sich zum *B(exo)-trans-Enoläther* umwandelt [Kristalle → Öl (VIII)], daneben entsteht in geringer Menge *A(endo)-syn-Enoläther*, der teilweise in die *A(endo)-anti-Form* übergeht [Kristalle vom F. 54° (IX) → Öl]. UV-Spektren stützen diese Befunde. Wird außerdem VIII mit $LiAlH_4$ red. u. nach Hydrolyse unter Dehydratisierung dest. ($LiAlH_4$-Meth.), so entsteht *Benzoylcyclopenten-(1)* u. analog aus IX *2-Benzylidencyclopentanon*. Auf diese Weise wird der Geh. des I-Enolmethyläthers (X) zu 35—40% endo- u. 60—65% exo-Verb. bestimmt. Bei der Rk. von I mit Diazoäthan entsteht in 12—15 Std. nur der *exo-Enoläthyläther*. II, III u. IV reagieren in 400—800 Std. mit Diazomethan zu *Enolmethyläthern*. Dabei entsteht aus II der *exo-Enoläther*, der nach der $LiAlH_4$-Meth. zu *Benzoylcyclohexen-(1)* abgebaut wird. Aus III u. IV entstehen *exo-* u. *endo-Enoläther* in etwa gleichen Mengen, u. aus V entstehen mehr *A-* als *B-Enoläther*. exo- u. endo-X reagieren nicht mit NH_3-Gas; exo-X reagiert bei kurzem Erwärmen auch nicht mit Anilin; dagegen bildet endo-X quant. ein neutrales *Monoanil*, das bei der Hydrolyse mit verd. HCl *δ-Benzoylvaleriansäureanilid* neben der Säure u. I liefert. Dieses endo-Anilino-Deriv. entsteht auch aus I u. Anilin. Mit Hydroxylamin-Lsg. (aus dem Hydrochlorid mit Na-Acetat) gibt exo-**X** *3.4-Trimethylen-5-phenylisoxazol* u. endo-**X** ein *Dioxim*, das auch aus **I** u. Hydroxylamin entsteht. Es kann nicht zu einem Isoxazol-Deriv. cyclisiert werden. Mit Semicarbazid (**XI**) entsteht aus endo-**X** ein *Semicarbazidosemicarbazon* (**XII**), das von Bauer [1914] aus **I** mit überschüssigem **XI** erhalten wurde. **I** gibt mit **XI** (1:1) *1-Benzoyl-2-semicarbazidocyclopenten-(1)*, das mit weiterem **XI XII** bildet. Beim Kochen mit verd. HCl oder H_2SO_4 tritt Ringschluß bei beiden Verbb. ein, u. es entsteht über ein N-Carbonamid *3-Phenyl-4.5-trimethylenpyrazol*, das auch aus exo-**X** erhalten wird.

Versuche: *Adipinsäuremonomethylesterchlorid*, Kp. 109—110°, durch Zutropfen von Methanol unter Feuchtigkeitsausschluß u. Rühren bei 0° zu 350 g Adipinsäuredichlorid ($Kp._{18}$ 130—132°, aus 292 g Adipinsäure u. $SOCl_2$) u. 30 Min. langes Erwärmen auf 100°; 340 g (Ausbeute). — *δ-Benzoylvaleriansäure*, F. 78°, durch Eintropfen vorst. Verb. zu Bzl. u. $AlCl_3$ innerhalb 1 Std., 2std. Rühren bei Zimmer-Temp., Gießen auf Eis u. HCl, Aufnehmen in Bzl. u. Verseifen des *Methylesters* ($Kp._{15}$ 189°; 60—65%) mit halbkonz. HCl. *Semicarbazon*, F. 188°. *Chlorid*, aus 3,1 g Säure in Bzl. mit $SOCl_2$; Öl; 3 g. *Amid*, $C_{12}H_{15}NO_2$, F. 114° (Ae.–Methanol 95:5), durch Einleiten von NH_3 in das *Chlorid*. *Anilid*, $C_{18}H_{19}NO_2$, F. 119,5° (Isopropanol), durch 5 Min. langes Erwärmen von Anilin mit dem Chlorid in Bzl. auf 100°. — *2-Benzoylcyclopentanon* (**I**), $C_{12}H_{12}O_2$, F. 42—44° (Ae.–PAe., 1:1), a) durch Zutropfen vorst. Methylesters zu $NaNH_2$ in Bzl. unter Eiskühlung u. Rühren innerhalb 15 Min., ½std. Erwärmen auf 100°, 1std. Stehen bei Raum-Temp., Gießen auf Eis, Ansäuern bis pH 5 u. Ausäthern; 85—90%; b) durch Eintropfen von Benzoylchlorid in Chlf. innerhalb 1½ Std. unter Rühren in eine Lsg. von 1-Morpholinocyclopenten-(1) u. Triäthylamin in Chlf. bei 0°, 1std. Rühren, Stehen über Nacht, kurzes Kochen nach HCl-Zugabe, Abtrennen der Chlf.-Schicht, Waschen der Chlf.-Schicht mit W., Vereinigen der Wasch-Lsgg. mit der wss. Schicht, Versetzen mit NaOH bis pH 6 u. Aufnehmen in Chlf. [Meth. a)]; 42%. Eine Lsg. in abs. Methanol enthält nach 2 Tagen 32,6% Enol. — *Bis-[2-benzoylcyclopentanonato]-Cu(II)*, Zers. bei 245° (Methanol, grüne Nadeln), a) durch Kochen von **I** mit $Cu(OOCCH_3)_2$ in Chlf. [Meth. b)]; b) sofort in frischer methanol. oder äther. Lsg. bei 20°. Gibt beim Stehen mit konz. NH_4OH in 5 Tagen *δ-Benzoylvaleriansäureamid*; 93%. — *2-Benzoylcyclohexanon* (**II**), $C_{13}H_{14}O_2$, F. 89—90° (Chlf., Methanol oder A.), a) durch Eintropfen von Cyclohexanon in abs. Ae. während 10 Min. in eine $NaNH_2$-Ae.-Suspension unter Feuchtigkeitsausschluß u. Rühren, Zugabe von **VII**-Methylester in Ae. nach Beendigung der NH_3-Entw., ½std. Erwärmen auf 100°, Gießen auf Eis, Abtrennen der Ae.-Schicht, Ansäuern der wss. Schicht auf pH 5—6, Aufnehmen des Öls in Ae. u. Ausäthern; 70%; b) nach Meth. a) aus 1-Morpholinocyclohexen-(1) u. Benzoylchlorid; 38%. Beim Umkristallisieren aus n-Heptan entstehen zuweilen Kristalle, F. 106°, die mit $FeCl_3$ Enol-Rk. geben. — *Bis-[2-benzoylcyclohexanonato]-Cu(II)*, Zers. bei 248°, olivgrüne Stäbchen, a) nach Meth. b); b) aus der Enolform von **II** in methanol. oder äther. Lsg. bei 20°. Gibt bei 7 Monate langem Stehen mit konz. NH_4OH *ε-Benzoylcapronsäureamid* [$C_{13}H_{17}NO_2$, F. 111° (Methanol, Nadeln, bzw. Bzl.-PAe., Schuppen); 91%]. — *2-Benzoylcycloheptanon* (**III**), $C_{14}H_{16}O_2$, F. 52—55° (PAe.), durch Eintropfen einer äther. Lsg. von Cycloheptanon in eine sd. Suspension von $NaNH_2$ in Ae. unter Feuchtigkeitsausschluß während 1 Std., Erhitzen bis zum Ende der NH_3-Entw., Zugabe von **VII**-Methylester in Ae. u. 45 Min. langes Kochen; 33%. Zeigt mit $FeCl_3$-Lsg. intensive Enolreaktion. Beim Aufbewahren entstehen Kristalle, F. 64° (Isopropanol), die keine $FeCl_3$-Rk. geben. — *Bis-[2-benzoylcycloheptanonato]-Cu(II)*, Zers. bei 264°, olivgrüne Stäbchen; ist 7 Monate gegen konz. NH_4OH stabil. — *2-Benzoyloctanon* (**IV**), $C_{15}H_{18}O_2$, F. 67,5° (PAe.), wie **III** aus Cyclooctanon; 42%. Enol-Rk. mit $FeCl_3$-Lsg. trat in methanol. Lsg. erst nach längerer Zeit ein. — *Bis-[2-benzoylcyclooctanonato]-Cu(II)*, Zers. bei 274°, silbrigglänzende grüne Nadeln. — *α-Benzoyldi-n-propylketon* (**V**), $C_{14}H_{18}O_2$, $Kp._{14}$ 167—172°, durch Zutropfen von Di-n-propylketon in Ae. während 3 Std. zu einer sd. Suspension von $NaNH_2$ in Ae., 3std. Kochen, Zutropfen von **VII**-Methylester in Ae. während 2—3 Std., 5std. Kochen, Eintragen in Eiswasser, Abtrennen der Ae.-Schicht, Versetzen der wss. Phase nach Ae.-Überschichtung mit H_2SO_4, Ausäthern u. Aufarbeiten der vereinigten Ae.-Auszüge; Öl; 16%. — *Bis-[α-benzoyldi-n-propylketonato]-Cu(II)*, F. 171° (silbrigglänzende grüne Nadeln aus Isopropanol oder olivgrüne Blättchen aus Methanol). Beim Schütteln mit konz. NH_4OH bis zur Auflösung u. Ansäuern bei —5° mit 2n H_2SO_4 mit überstehendem Ae. fällt *Benzamid* (F. 128°; 6,7%) aus; beim Ausäthern werden erhalten: *Butyrophenon* als *Semicarbazon* (F. 188°; 3%) u. *Buttersäureamid* neben **V**; 75%. — **VI**-*Enolmethyläther*, $C_{11}H_{12}O_2$, $Kp._{14}$ 162—164°, durch 35std. Rk. von **VI** mit überschüssiger CH_2N_2-Lsg.; 92%. Es liegt ein Gemisch aus gleichen Teilen A- u. B-Enolmethyläther vor. Mit Mineralsäuren entsteht **VI**. — **I**-*Enolmethyläther* (**X**), $C_{13}H_{14}O_2$, $Kp._{0,02}$ 128 bis 132° (Gemisch), durch Sättigen einer Lsg. von **I** in abs. Ae.–Methanol (9:1) unter

Lichtausschluß u. Wasserkühlung mit CH_2N_2 unter Feuchtigkeitsausschluß, Abziehen des Lsgm. im Vakuum nach 20 Std., Aufnehmen des Öls in abs. Ae. u. fraktionierte Kristallisation unter CO_2-Kühlung: 1. Fraktion, *endo-Enolmethyläther* (**IX**), F. 53—54° (Ae.); 18%; 2. Fraktion, *exo-Enolmethyläther* (?); die Kristalle zerfließen rasch zu einem Öl (**VIII**), $Kp._{0,01}$ 123—125°; 51%; Rückstand; Öl; Gesamtausbeute: 93%. Alle 3 Fraktionen geben erst nach mehreren Std. mit $FeCl_3$ die Enol-Rk.; mit verd. Säure wird **I** zurückgebildet. — **II**-*Enolmethyläther*, $Kp._{0,02}$ 112—116°, durch 600std. Rk. von **II** in abs. Ae.-Methanol mit CH_2N_2 u. Dest.; 96%. — **III**-*Enolmethyläther*, $Kp._{0,02}$ 152—155°, durch 400std. Rk. von **III** u. CH_2N_2 in abs. Ae.-Methanol u. Dest.; 84%. — **IV**-*Enolmethyläther*, $C_{16}H_{20}O_2$, $Kp._{0,02}$ 150—155°, durch 600std. Rk. von **IV** u. CH_2N_2 in abs. Ae.-Methanol u. Dest.; 85%. — **V**-*Enolmethyläther*, $Kp._{0,02}$ 152—156°, durch 800std. Rk. von **V** u. CH_2N_2 in abs. Ae.-Methanol u. Dest.; 86%. — **VI**-*2.4-Dinitrophenylhydrazon*, $C_{16}H_{14}N_4O_5$, F. 225° (Dioxan, lange rote Nadeln), durch Zutropfen von $LiAlH_4$ in abs. Ae. zu einer äther. Lsg. von **VI**-A-Enolmethyläther; Zugabe von Ae.-Methanol nach 15 Min., Gießen auf Eis-verd. H_2SO_4, Abtrennen der Ae.-Schicht, Ausäthern der wss. Phase, Einengen der vereinigten Ae.-Lsgg. u. Versetzen mit 2.4-Dinitrophenylhydrazin [**XIII**; Meth. c)]; 92,5%. — *[1-Benzoylpropen-(1)]-4-nitrophenylhydrazon*, F. 152° (orangefarbig), nach Meth. c) aus **VI**-B-Enolmethyläther (Öl); 84%. *2.4-Dinitrophenylhydrazon*, $C_{16}H_{14}N_4O_4$, F. 209° (Dioxan, hellrot), in Eisessig. — *2-Benzylidencyclopentanon-2.4-dinitrophenylhydrazon*, $C_{18}H_{16}N_4O_4$, Zers. bei 265° (Dioxan, feine tiefrote Nadeln), aus **IX** nach Meth. c); 93%. — *1-Benzoylcyclopenten-(1)-2.4-dinitrophenylhydrazon*, $C_{18}H_{16}\cdot N_4O_4$, F. 173° (Eisessig oder Cyclohexan-Bzl., rotorangefarbige Blättchen), a) aus **VIII** nach Meth. c); 73%; b) aus I-exo-Enoläthyläther ($Kp._{0,01}$ 125°) nach Meth. c); 94%. — *1-Benzoylcyclohexen-(1)-2.4-dinitrophenylhydrazon*, $C_{19}H_{18}N_4O_4$, F. 191° (PAe.-Bzl., orangefarbig), aus **II**-Enolmethyläther nach Meth. c). — *1-Benzoyl-2-anilinocyclopenten-(1)*, $C_{18}H_{17}NO$, F. 109° (A.), a) aus **IX** u. Anilin durch 40 Min. langes Erhitzen auf 100°, b) ebenso aus **I** u. Anilin. — *Dioxim $C_{12}H_{14}N_2O_2$*, F. 166,5° (A.), a) durch ½ std. Kochen von **IX** mit $HONH_2$-HCl u. wasserfreiem Na-Acetat in wss. Methanol; ca. 100%; b) ebenso aus **I**. — *3.4-Trimethylen-5-phenylisoxazol*, $C_{12}H_{11}NO$, F. 108° (A.; Stäbchen), aus I-exo-Enolmethyläther mit Hydroxylamin wie vorst. Verb.; ca. 100%. — *1-Benzoyl-2-semicarbazidocyclopenten-(1)*, $C_{13}H_{15}N_3O_2$, F. 182°, durch Rk. von 3,75 g **I** mit 2,2 g **XI**·HCl u. 2,28 g wasserfreiem Na-Acetat in wss. Methanol; 4,4 g. — *Disemicarbazon $C_{14}H_{18}N_6O_2$* (**XII**), F. 225—226° (Zers.; Methanol), a) durch Stehen von 1,88 g **I**, 2,22 g **XI**·HCl u. 3,28 g wasserfreiem Na-Acetat in wss. Methanol über Nacht; 2,3 g; b) ähnlich aus vorst. Verb.; c) analog aus **IX**. — *3-Phenyl-4.5-trimethylenpyrazol-2-carbonsäureamid*, $C_{13}H_{13}N_3O$, F. 188° (Zers.; Methanol, perlmuttartig glänzende Schuppen), durch 15 Min. langes Erwärmen von vorvorst. Verb. in Eisessig mit wenig konz. H_2SO_4 u. Eingießen in W.; geringe Menge. — *3-Phenyl-4.5-trimethylenpyrazol*, $C_{12}H_{12}N_2$, F. 144° (Methanol), a) aus dem sauren Filtrat vorst. Verb. nach Waschen mit Ae. u. Chlf. durch Versetzen mit Lauge; b) durch ½ std. Kochen von **XII** mit 2n HCl oder H_2SO_4, Waschen mit Ae. u. Chlf., Alkalisieren u. Ausäthern; 90%. *Hydrochlorid*, Zers. bei 273° (zarte Nädelchen). *Ag-Salz*, a) mit wss. $AgNO_3$-Lsg. in Methanol; b) aus vorst. Verb. in methanol. Lsg. mit wss. ammoniakal. $AgNO_3$-Lösung. — *α-Benzylidendi-n-propylketon*, $Kp._{14}$ 161—162°, aus Di-n-propylketon u. Benzaldehyd nach V. AUWERS [1912]. *2.4-Dinitrophenylhydrazon*, $C_{20}H_{22}N_4O_4$, F. 141° (Dioxan oder Eisessig, rot), mit **XIII** in Eisessig. — *2-Benzylidencyclohexanon*, $Kp._{14}$ 177—180°, F. 53° (PAe.), durch Einrühren von Na-Methylat in ein Gemisch von Cyclohexanon u. Benzaldehyd, Versetzen mit Ae. nach 20 Min., Ansäuern mit 1n HCl u. Abtrennen der Ae.-Schicht. *2.4-Dinitrophenylhydrazon*, $C_{19}H_{18}N_4O_4$, F. 184° (Aceton, purpurrot), mit **XIII** in Eisessig. — *2-Benzylidencycloheptanon*, $C_{14}H_{16}O$, $Kp._{14}$ 184—187°, $Kp._{0,03}$ 128°, F. 40° (Blättchen), aus Cycloheptanon analog vorst. Verb.; 67,4%. *2.4-Dinitrophenylhydrazon*, $C_{20}H_{20}N_4O_4$, F. 157° (Bzl.-Cyclohexan, rote Nadeln). — *2-Benzylidencyclooctanon*, $C_{15}H_{18}O$, $Kp._{14}$ 207 bis 210°, F. 79° (PAe.), aus Cyclooctanon wie vorst.; 59%. *2.4-Dinitrophenylhydrazon*, $C_{21}H_{22}N_4O_4$, F. 178° (Eisessig oder Bzl.-PAe.; hellorangefarbig). — *1-Benzoylcyclopenten-(1)*, $C_{12}H_{12}O$, $Kp._{14}$ 154—156°, $Kp._{0,01}$ 95—97°, durch Eintropfen von **VII**-Anhydrid u. Cyclopenten in CS_2 in eine sd. Suspension von $AlCl_3$ in CS_2, Ablaufenlassen der exothermen Rk. u. Versetzen mit Eiswasser; 25%. *2.4-Dinitrophenylhydrazon*, F. 173°. — *Benzoylcyclopentan*, $Kp._{15}$ 145°, wie vorst. Verb. aus Cyclopenten ohne CS_2-Zusatz mit $SnCl_4$ statt $AlCl_3$; ca. 10%. *2.4-Dinitrophenylhydrazon*, $C_{18}H_{18}N_4O_4$, F. 143° (Eisessig oder Bzl.-Cyclohexan, gelbe Blättchen). — *1-Benzoylcyclohexen-(1)*, $Kp._{14}$ 164—166°, aus Cyclohexen u. Benzoylchlorid in CS_2 mit $AlCl_3$ nach der Meth. von CHRIST u. FUSON [1937]. *2.4-Dinitrophenylhydrazon*, F. 191°. E. KOSSMEHL. 2370 □

Über „Imine" von α-Benzoylketonen. Bernd Eistert und Hartmut Wurzler. (Liebigs Ann. Chem. **650**. 157—70. 22/2. 1962; dt.) — Vgl. vorst. Referat. — Im Gegensatz zu den Angaben von RIOBÉ u. GOUIN (C. **1957.** 11011) wird bei der Einw. von Phenyl-MgBr auf 2-Cyancyclopentanon nicht 2-Benzoylcyclopentanon erhalten, sondern *2-[α-Aminobenzyliden]-cyclopentanon* (I). Beim Kochen mit verd. Säure entsteht aus I *δ-Benzoylvaleriansäure* (II). Beim Schütteln von I mit 1n H_2SO_4 bei 40° werden 70% II u. 30% *2-Benzoylcyclopentanon* (III) erhalten. I gibt beim Erwärmen mit Cu(II)- bzw. Ni(II)-Acetat-Lsgg. grüne, in Chlf. lösl. *Metallchelate*, die durch eiskalte verd. H_2SO_4 wieder zerlegt werden. Kochen mit 2n HCl gibt II. Verss., diese Chelate aus III-Cu(II)- bzw. -Ni(II)-Komplexen mit NH_3 herzustellen, führten zur Bldg. von II-*Amid*. III reagiert nicht mit Anilin, jedoch kann sein *Anil* aus 2-Cyancyclopentanonanil u. Phenyl-MgBr erhalten werden. Es bildet mit $HClO_4$ ein *Perchlorat*, das beim Erwärmen mit NaOH wieder das Anil gibt u. mit verd. HCl zu II-*Anilid* aufgespalten wird. Daneben wird I u. bei Verw. von verd. H_2SO_4 III gebildet. I reagiert mit Semicarbazid nach längerem Kochen zu III-*exo-Semicarbazon* (IV) vom F. 157°, das weder mit dem „Semicarbazon von III" vom F. 143° (vgl. RIOBÉ u. GOUIN, l. c.) noch mit der aus III u. Semicarbazid hergestellten endo-Semicarbazido-Verb. (V) vom F. 182° (vgl. vorst. Ref.) ident. ist. IV wird durch Kochen mit verd. Mineralsäure in *3-Phenyl-4.5-trimethylen-pyrazol* (VI) übergeführt, das auch aus V entsteht. Das von RIOBÉ u. GOUIN (l. c.) beschriebene „Semicarbazon von III" ist mit VI identisch. I reagiert mit Hydroxyl-amin-HCl in mit Na-Acetat gepufferter methanol. Lsg. zum III-*exo-Monoxim*, das beim Kochen mit konz. Ameisensäure Ringschluß zu *3-Phenyl-4.5-trimethylenisoxazol* erleidet. Mit $LiAlH_4$ wird I über ein „Vinylamin" zu *Benzoylcyclopentan* reduziert. Auch α-Cyandi-n-propylketon (VII), 2-Cyancyclohexanon, -heptanon u. -octanon reagieren mit Phenyl-MgBr zu *3-[α-Aminobenzyliden]-n-heptanon-(4)*, *2-[α-Aminobenzyliden]-cyclohexanon*, *-heptanon* bzw. *-octanon*. VII wird aus n-Butyronitril durch Kondens. mit Na über *α-Cyandi-n-propylketimin* erhalten, das mit verd. HCl zu VII hydrolysiert wird. 2-Cyancyclohexanon sowie 2-Cyancyclooctanon werden analog der Vorschrift für 2-Formylcyclohexanon nach der Meth. von v. AUWERS, BAHR u. FRESE [1925] hergestellt. Die IR-Spektren weisen für diese „vinylogen Carbonamide" keine OH-Banden auf. Im festen Zustand liegen I u. seine Homologen als Enaminoketone vor. Ihre UV-Spektren werden mitgeteilt. Abweichend von I, das durch 2n HCl zu II hydrolysiert wird, werden die höher gliedrigen Ringhomologen u. das offenkettige Homologe zu den entsprechenden *α-Benzoylketonen* hydrolysiert. Beim Cyclohexanon-Deriv. tritt auch *ε-Benzoylcapronsäure* (15%) auf.

Versuche: *2-[α-Aminobenzyliden]-cyclopentanon* (I), $C_{12}H_{13}NO$, F. 120° (Isopropanol, gelbliche Stäbchen), durch Eintropfen von 2-Cyancyclopentanon in abs. Ae. in eine sd. Ae.-Lsg. von Phenyl-MgBr während 30 Min., 4std. Kochen, Gießen auf Eiswasser + verd. H_2SO_4 u. Extrahieren mit Bzl.; 95% (Ausbeute). Gibt mit $FeCl_3$ eine blaugrüne Farbreaktion. *Cu(II)-Chelat*, Zers. bei 335° (Chlf.–Methanol, olivgrüne Blättchen), durch Zugabe einer heißen wss.-methanol. Cu(II)-Acetat-Lsg. zu einer sd. methanol. Lsg. von I u. ½std. Erwärmen; ca. 100%. *Ni(II)-Chelat*, Zers. bei 335° (Chlf.–Methanol 2:1, hellgrüne Nädelchen), wie vorst. mit Ni(II)-Acetatlösung. — *2-Benzoylcyclopentanon* (III)–*exo-Semicarbazon* (IV), $C_{13}H_{15}N_3O_2$, F. 157° (A.), durch Eindampfen von I; Semicarbazid u. Na-Acetat in wss. Methanol bis auf das halbe Vol., Zugabe von Methanol u. Abdampfen, Einengen u. Waschen mit W. u. Äther. — *4.5-Trimethylen-3-phenylpyrazol* (VI), $C_{12}H_{12}N_2$, F. 144°, a) durch 30 Min. langes Kochen vorst. Verb. mit 2n HCl; b) durch 20std. Kochen von I mit Semicarbazid-HCl in Methanol–W. 3:1, Verdünnen mit 0,5n H_2SO_4, Waschen mit Ae., Versetzen mit 2n NaOH u. Ausäthern. — III-*exo-Monoxim*, $C_{12}H_{13}NO_2$, F. 122,5° (Isopropanol), aus I, Hydroxylamin-HCl u. Na-Acetat in wss. Methanol wie IV. — *3-Phenyl-4.5-trimethylenisoxazol*, $C_{12}H_{11}NO$, F. 82° (Isopropanol, Nadeln), durch 1std. Kochen vorst. Verb. mit 95%ig. Ameisensäure, Alkalisieren u. Ausäthern. — *Benzoylcyclopentan*, Kp.$_{14}$ 143—145°, durch Eintropfen von $LiAlH_4$ in abs. Ae. während 30 Min. in eine sd. Lsg. von I in abs. Ae. unter Feuchtigkeitsausschluß u. ½std. Kochen; 67%. *2.4-Dinitrophenylhydrazon*, F. 143° (Cyclohexan–Bzl., gelbe Blättchen). — *2-Cyancyclopentanonanil*, $C_{12}H_{12}N_2$, F. 108° (Isopropanol), durch Eintropfen von 2-Cyancyclopentanon in eine wss.-essigsaure Anilin-Lsg., u. 2std. Stehen. — *2-[α-Aminobenzyliden]-cyclopentanonanil*, $C_{18}H_{18}N_2$, F. 117° (Isopropanol, citronengelb), durch 1std. Zutropfen vorst. Verb. in abs. Ae. zu einer sd. Lsg. von Phenyl-MgBr in Ae., 7std. Kochen, Gießen auf Eis, Zufließenlassen von 2n NaOH, Abtrennen der Ae.-Schicht, Aufnehmen des Anils in 2n H_2SO_4 u. Versetzen mit 0,5n NaOH mit überschichtetem Ae.; 94%. Gibt mit $FeCl_3$ keine Färbung. *Perchlorat*, F. 174° (Isopropanol, hellgelbe Nadeln), mit 60%ig. $HClO_4$ in Äther. — *δ-Benzoylvaleriansäureanilid*, F. 119,5°, durch 15—45 Min. langes Kochen vorst. Verb. mit 0,04—0,2n HCl oder H_2SO_4. Daneben noch I, III u. II in wechselnden Mengen. — *α-Cyandi-n-propylketon* (VII), Kp.$_{14}$ 101°, durch Hydrolysieren von α-Cyandi-n-propylketimin [Kp.$_{14}$ 151—157°, F. 42°, dargestellt nach ADKINS u. WHITMAN (J. Amer. chem. Soc. **64**. [1942.] 150) mit 5n HCl in 30 Min. u. Ausäthern; ca. 100%. — *3-[α-Aminobenzyliden]-n-heptanon-(4)*, $C_{14}H_{19}NO$, F. 58° (PAe., gelblich), durch 4—5std. Zutropfen vorst. Verb. zu Phenyl-MgBr in abs. Ae., 10 Tage langes Kochen, Gießen auf Eis-HCl, Abtrennen der Ae.-Schicht, Waschen mit 1n NaOH, Einengen, Abdestillieren des Diphenyls bei 170°/14 Torr u. Verreiben mit PAe. [Meth. a)]; 6,3%. Gibt mit methanol. $FeCl_3$-Lsg. eine intensiv blaugrüne Färbung. Mit verd. Mineralsäure wird zu *α-Benzoyldi-n-propylketon* verseift. — *2-[α-Aminobenzyliden]-cyclohexanon*, $C_{13}H_{15}NO$, F. 106° Cyclohexan–PAe., schwach gelbliche Nädelchen), durch 3std. Eintropfen von 2-Cyancyclohexanon in äther. Phenyl-MgBr-Lsg. u. Aufarbeitung nach Meth. a); 47%. Mit methanol. $FeCl_3$ entsteht intensive Blaufärbung; Erwärmen mit verd. HCl oder H_2SO_4 → wechselnde Mengen *2-Benzoylcyclohexanon* (F. 92°) sowie *ε-Benzoylcapronsäure* (F. 85°; *Semicarbazon*, F. 181°). — *2-[α-Aminobenzyliden]-cycloheptanon*, $C_{14}H_{17}NO$, F. 107° (Cyclohexan–PAe., gelblich), aus 2-Cyancycloheptanon nach Meth. a); 84%. Gibt mit methanol. $FeCl_3$-Lsg. Blaufärbung. Wird mit verd. HCl oder H_2SO_4 zu *2-Benzoylcycloheptanon* hydrolysiert. — *2-Hydroxymethylencyclooctanon*, $C_9H_{14}O_2$, Kp.$_{14}$ 108°, durch 3std. Zutropfen von Cyclooctanon in abs. Ae. zu einer sd. Suspension von $NaNH_2$ in abs. Ae., Erhitzen bis zum Ende der NH_3-Entw., 30 Min. langes Eintropfen von Ameisensäuremethylester in abs. Ae., Eintragen in Eiswasser nach Beendigung der NH_3-Bldg., Abtrennen der Ae.-Schicht, Waschen mit Ae., Versetzen mit 2n H_2SO_4 bis pH 3—4 u. Ausäthern; 64%. Färbt sich mit methanol. $FeCl_3$-Lsg. rotviolett. — *2-Cyancyclooctanon*, $C_9H_{13}NO$, F. 59° (Bzl.–Cyclohexan), durch Zugabe einer wss. Hydroxylamin-HCl-Lsg. unter Kühlen u. Rühren zu vorst. Verb. in A., 24std. Stehen bei Zimmer-Temp., Versetzen mit W., Ausäthern, Dest. des *3.4-* bzw. *4.5-Hexamethylenisoxazols* (Kp.$_{14}$ 124—125°; 92%), Lösen in Ae., Versetzen mit Na-Methylat in abs. Methanol, 24std. Stehen, Einrühren in Eiswasser, Waschen mit Ae., Ansäuern u. Ausäthern; 82%. — *2-[α-Aminobenzyliden]-cyclooctanon*, $C_{15}H_{19}NO$, F. 90° (Cyclohexan–PAe.; Nädelchen), durch 3std. Eintropfen vorst. Verb. in Ae. in Phenyl-MgBr-Lsg. nach Meth. a); 56%. Färbt methanol. $FeCl_3$-Lsg. blau. Wird durch verd. HCl oder H_2SO_4 verseift zu *2-Benzoylcyclooctanon* (F. 67,5°; ca. 100%). E. KOSSMEHL. 2370□

Anomale Säuren bei der Arndt-Eistert-Synthese. Alfred L. Wilds, John van der Berghe, Claire Hummel Winestock, Richard L. von Trebra und Neil F. Woolsey. (J. Amer. chem. Soc. **84**. 1503—04. 20/4. 1962. Madison, Wis., Univ., Dep. of Chem.; engl.) — *Triphenylacetyldiazomethan* [I; $C_{21}H_{16}N_2O$, F. 162,5—164,5° (Zers.), dargestellt aus dem Säurechlorid in ausgezeichneter Ausbeute] gab weder mit Ag_2O/CH_3OH noch mit $C_6H_5COOAg/(C_2H_5)_3N/CH_3OH$ noch mit tert. Amin/hochsd. Alkohol eine normale WOLFF-Umlagerung. Durch Erhitzen mit Pyridin/Benzylalkohol auf 110° u. anschließende Hydrolyse entstanden dagegen aus **I** 40% (Ausbeute) *o-Benzhydrylphenylessigsäure* (**II**), $C_{21}H_{18}O_2$, F. 207,5—208,5°, auch erhalten durch ARNDT-EISTERT-Synth. aus Triphenylmethan-o-carbonsäure oder aus *1.1-Diphenylindanon-(2)* (**IV**; $C_{21}H_{16}O$, F. 129—130,5° u. 120,5—121,5°, dargestellt durch Erhitzen von **I** mit BF_3 in Ae.; 90—100%) durch Spaltung mit KOH bei 190°. Erhitzen von **I** mit Hexanol-(1) u. N-Äthylmorpholin, anschließende Hydrolyse u. Veresterung gab 35% **II**-*Methylester* ($C_{22}H_{20}O_2$, F. 79,5—80,5°) u. 18% eines zweiten anomalen *Esters* $(C_{22}H_{20}O_2)_2$ (?), F. 178,5 bis 179°. Dagegen entstand aus **I** durch UV-Bestrahlung in wss. Tetrahydrofuran *β.β.β-Triphenylpropionsäure*. — Erhitzen mit Hexanol-(1) u. N-Äthylmorpholin oder Triäthanolamin sowie anschließende Hydrolyse u. Veresterung gaben aus 9-Phenyl-9-diazoacetylfluoren [**III**; F. 159—160° (Zers.)] *9-Phenylfluoren-9-essigsäuremethylester* [$C_{22}H_{18}O_2$, F. 91,5—92,5°; *freie Säure*, auch aus 9-Phenylfluorenol-(9) u. Malonsäure (Strukturbeweis) oder durch UV-Bestrahlung von **III** in wss. Tetrahydrofuran (bei dieser Rk. entstand nachst. Säure nicht)] u. *9-Phenylfluoren-1-essigsäuremethylester* [F. 100,6—101,4°; *freie Säure* gab durch Decarboxylierung *1-Methyl-9-phenylfluoren*, $C_{20}H_{16}$, F. 153—153,5°, auch aus 1-Methylfluorenon-(9) erhalten]. — Da Diphenylacetyldiazomethan normal umgelagert wird, nehmen Vff. an, daß hauptsächlich ster. Faktoren verhindern, daß die Triphenylmethylgruppe in normaler Weise wandert. Ein Indanon ist offenbar nicht als Zwischenstufe beteiligt, denn beim Erhitzen von **I** mit γ-Kollidin mit oder ohne Ggw. von Benzylalkohol entsteht kein **IV**, während aus rohem Triphenylacetyldiazoäthan unter den gleichen Bedingungen *1.1-Diphenyl-3-methylindanon-(2)* ($C_{22}H_{18}O$, F. 154,5—156°) erhalten wird. Aus **IV** entsteht weder durch direkte alkal. Hydrolyse noch durch Erhitzen mit Hexanol-(1) u. N-Äthylmorpholin **II**. — Bemerkenswerterweise wandert die Triphenylmethylgruppe in normaler Weise bei der CURTIUS-Umlagerung von Triphenylacetylazid [F. 94,5—98° (Zers.)] zu *Triphenylmethylisocyanat* ($C_{20}H_{15}NO$, F. 92,5—93°), die so leicht erfolgt, daß das Azid immer etwas Isocyanat enthält, auch wenn die Darst. u. Trocknung bei 0° erfolgt. —

Vff. nehmen an, daß der anomale Verlauf der Arndt-Eistert-Synth. nicht auf triarylsubstituierte Diazoketone beschränkt ist, sondern daß andere ster. gehinderte Diazoketone mit einem geeigneten π-Elektronen-Syst. u. einer spaltbaren Bindung benachbart zur CO-Gruppe sich ähnlich verhalten können. J. Rothe. 2410□

Die Kondensation von Brenztraubensäure mit Phenolen. Chester L. Parris, Rostyslaw Dowbenko, Robert V. Smith, Norman A. Jacobson, John W. Pearce und Roger M. Christenson. (J. org. Chemistry **27**. 455—60. Febr. 1962. Springdale, Pa., Pittsburgh Plate Glass Co., Paint Div., Res. Labor.; Racine, Wis., S.C. Johnson & Son, Inc.; engl.) — Bei der Kondens. von Phenol (**I**) mit Brenztraubensäure (**II**) nach Böttinger [1883] in konz. H_2SO_4 bei 0° entsteht nicht *2.2-Bis-[p-hydroxyphenyl]-propionsäure* (**III**), sondern ein Polymeres (Molgew. 1300—1500 nach Rast), das nur 1,5 Br aufnimmt. **III** wird erhalten, wenn überschüssiges **I** mit **II** in mit HCl gesätt. Eisessig mehrere Tage auf 35—65° erwärmt wird. Mit Methanol wird es zum *Methylester* verestert, der mit Dimethylsulfat in Alkali den *Dimethyläther* gibt, der zu *2.2-Bis-[p-methoxyphenyl]-propionsäure* (**IV**) verseift wird. **III** kann auch direkt zu **IV** methyliert werden. 4.4-Bis-[p-hydroxyphenyl]-pentansäuremethylester wird zum *Dimethyläther* methyliert, der mit Phenyl-MgBr *1.1-Diphenyl-4.4-bis-[p-methoxyphenyl]-penten-(1)* (**V**) u. daraus durch CrO_3-Oxydation *3.3-Bis-[p-methoxyphenyl]-buttersäure* gibt. Nach Yu u. Day (C. **1959**. 461) wird *3.3-Bis-[p-hydroxyphenyl]-buttersäure* durch Acetessigester-Kondens. mit **I** erhalten. Nach Verätherung u. Veresterung wird mit Phenyl-MgBr zu *1.1-Diphenyl-3.3-bis-[p-methoxyphenyl]-buten-(1)* umgesetzt, das mit CrO_3 oder O_3 nicht zu **IV** abgebaut werden kann. 1.1-Bis-[p-methoxyphenyl]-äthan läßt sich im Gegensatz zu 1.1-Diphenyläthan mit $NaNH_2$ nicht in ein Anion überführen, das dann zu **IV** carbonisiert werden könnte. **IV** wird dagegen durch NaOCl-Oxydation aus 3.3-Bis-[p-methoxyphenyl]-butanon-(2) erhalten. **III** reagiert mit **II** unter Böttingers Rk.-Bedingungen quant. zu einem *Polymeren*, das die Eigg. des von Böttinger beschriebenen Prod. hat. Seine Struktur wird zur Diskussion gestellt.

Versuche: *2.2-Bis-[p-hydroxyphenyl]-propionsäure* (**III**), $C_{15}H_{14}O_4 \cdot 0{,}5\ C_6H_6$, F. 177,5 bis 179° (Bzl.–Essigsäureäthylester), durch Sättigen einer Lsg. von **I** u. **II** in Eisessig mit HCl, 24std. Stehen, 2std. HCl-Einleiten, Gießen auf Eis nach 3 Tagen, Aufnehmen des Öls in Essigsäureäthylester, Waschen, Aufnehmen in $NaHCO_3$-Lsg., Eingießen dieser Lsg. in verd. HCl, Aufnehmen des Öls in Essigsäureäthylester, Einengen, Versetzen des Öls mit Bzl., Erwärmen auf 70°, Zugabe von Essigsäureäthylester bis zur Lsg. u. Einengen auf $^3/_4$ Vol.; 40—50% (Ausbeute). *Methylester*, $C_{16}H_{16}O_4$, F. 129—130° (Bzl.), durch 16std. Kochen von **III** mit abs. Methanol unter Einleiten von HCl; 86%. — *2.2-Bis-[p-methoxyphenyl]-propionsäure* (**IV**), *Methylester*, $C_{18}H_{20}O_4$, F. 75,1—75,5° (PAe.), durch Eintropfen von Dimethylsulfat in eine wss. Lsg. vorst. Esters u. NaOH $< 40°$ bei pH 9—10; 87%. **IV**, $C_{17}H_{18}O_4$, F. 104—105° (Essigsäureäthylester–PAe.), a) durch 16std. Kochen des Esters mit methanol. NaOH; 84%; b) durch Rk. von **III** mit Dimethylsulfat u. NaOH; 49%; c) durch Oxydation von 3.3-Bis-[p-methoxyphenyl]-butanon-(2) mit NaOCl nach der Meth. von Voegtli u. Läuger (C. **1957**. 13929); 88,6%. — *4.4-Bis-[p-methoxyphenyl]-pentansäuremethylester*, $C_{20}H_{24}O_4$, Kp.$_{0,05}$ 208°, aus der Säure mit Methanol wie vorst. Ester; 99%. — *1.1-Diphenyl-4.4-bis-[p-methoxyphenyl]-penten-(1)* (**V**), $C_{31}N_{30}O_2$, F. 86,5—87,5° (Bzl.–Hexan), durch Eintropfen vorst. Esters in Bzl. während 30 Min. in eine äther. Lsg. von Phenyl-MgBr, 10std. Kochen, Stehen über Nacht bei Zimmer-Temp. u. Zers. mit 50%ig. H_2SO_4; 83%. — *3.3-Bis-[p-methoxyphenyl]-buttersäure*, $C_{18}H_{20}O_4$, F. 161—162° (Aceton–Ae.), a) durch portionsweise Zugabe von CrO_3 während 3 Std. zu einer Lsg. von **V** in Eisessig bei 60° u. 1std. Rühren bei 60°; b) aus dem Methylester analog **IV**; 94%. *Methylester*, $C_{19}H_{22}O_4$, Kp.$_{0,3}$ 195—205°, durch Eintropfen von Dimethylsulfat während 3 Std. in eine Lsg. nachfolgender Säure in NaOH, 1std. Erhitzen auf 70°, Einstellen auf pH 7, 3std. Erhitzen auf 70° u. Extrahieren mit Ae.; 78,5%. — *3.3-Bis-[p-hydroxyphenyl]-buttersäure*, $C_{16}H_{16}O_4$, F. 170,5 bis 171,5° (Bzl. oder Bzl.–Essigsäureäthylester), nach Yu u. Day (l. c.); 61%. — *1.1-Diphenyl-3.3-bis-[p-methoxyphenyl]-buten-(1)*, $C_{30}H_{28}O_2$, F. 130—131° (Essigsäureäthylester–Methanol), analog **V** aus vorst. Verb.; 68%. Bei der Oxydation analog **V** wird *p-Methoxybenzoesäure* [F. 165—175° (Essigsäureäthylester, gelb)] erhalten. — *Polykondensat* $(C_{15}H_{14}O_4 \cdot H_2O)_n$, a) Zers. $> 240°$, durch 1std. Eintropfen von **II** in konz. H_2SO_4 bei —10°, 45 Min. langes Rühren, portionsweises Eintragen von **I** bei —10° innerhalb $2^1/_2$ Std., 6std. Rühren bei —5 bis —10°, Gießen auf Eis, Lösen in 10%ig. $NaHCO_3$-Lsg. u. Ae.–Essigsäureäthylester (1 : 1) u. Fällen durch Eingießen in wss. HCl (1 : 3) bei 70°; Molgew. ca. 1340; 39,8%; b) F. $> 300°$, durch 2—$2^1/_2$ Std. langes Eintropfen von **III** zu **II** in konz. H_2SO_4 bei —10° u. Gießen auf Eis; 94,0%. — **II**-*p-Kresol-Kondensat*, F. $> 300°$, analog vorst. Prod. aus p-Kresol u. **II**; 44,1%. — **II**-*Anisol-Kondensat*, F. 205 bis 210° (Zers.), ähnlich vorst. Prod. aus Anisol u. **II** u. 4std. Rühren nach der Anisol-

zugabe; 42,7%. — *2.2-Bis-[3.5-dimethyl-4-hydroxyphenyl]-propionsäure*, $C_{19}H_{22}O_4$, F. 202—203° (Zers.; Dichloräthan-Aceton, Nadeln), aus II u. 2.6-Xylenol; 38%. — *3-Methyl-3-[2-hydroxy-5-methylphenyl]-5-methylcumaranon-(2)*, $C_{17}H_{16}O_3$, F. 83—84° (CCl_4, Prismen), durch Sättigen einer Lsg. von p-Kresol u. II in Eisessig mit HCl, 5 Tage bei Zimmer-Temp., Sättigen mit HCl, Gießen auf Eis nach 9 Tagen, Neutralwaschen des Öls mit W. u. Wasserdampf-Dest. zur Entfernung des Kresols; 46,6%.
E. KOSSMEHL. 2450□

Die Bildung von Indenen, Dimethylencyclobutanen und Rubrenen aus tertiären aromatischen Acetylenalkoholen. Phyllis D. Landor und S. R. Landor. (Proc. chem. Soc. [London] **1962.** 77. Febr. London, Woolwich Polytechn.; engl.) — Bei der Rk. von 1.1.3-Triphenylpropin-(2)-ol-(1) mit $SOCl_2$ entsteht *1.1.3-Triphenyl-3-chlor-propadien*, das durch die IR-Bande bei 1920 cm^{-1} nachgewiesen wird, aber nicht isoliert werden kann. Es reagiert in saurer Lsg. (Pyridinhydrochlorid oder Ae.-HCl wirken als Katalysatoren) zu *5-Chlor-5.12-dihydro-5.6.11.12-tetraphenylnaphthacen* [λ_{max} 248, 312 mμ (Chlf.)] u. *1.3.3-Triphenylpropen-(2)-on-(1)*. Aus 3.3-Diphenylpropin-(1)-ol-(3) werden mit $SOCl_2$ als Hauptprodd. *1-Chlor-3-phenylinden* [F. 70°; λ_{max} 322 mμ] u. das dimere *3.4-cis-Dichlor-1.2-bis-[diphenylmethylen]-cyclobutan* [F. 191°; λ_{max} 267, 380 mμ] erhalten. Aus 3.3-Bis-[p-chlorphenyl]-propin-(1)-ol-(3) entsteht analog das dimere *3.4-cis-Dichlor-1.2-bis-[di-p-chlorphenylmethylen]-cyclobutan*. E. KOSSMEHL. 2600□

Untersuchungen auf dem Gebiet der cyclischen Arylazo-β-diketone. 5. Mitt. **Metallkomplexe von 2-Phenylazoindandion-(1.3).** E. Gudrinijetze, A. Ievins, G. Wanag, L. Nateliss und D. Kreile. (Известия Академии Наук Латвийской ССР [Nachr. Akad. Wiss. LettSSR] **1959.** Nr. 10. 107—13. Inst. für org. Synth. der Akad. der Wiss. der LettSSR; russ., Auszug: lett.) — 4. vgl. C. **1961.** 18672. — Von *2-Benzolazoindandion-(1.3)* (I) werden *Komplexsalze* mit Cu, Ni, Cd, Co u. Ag dargestellt. Durch Azokupplung von Indandion-(1.3) mit entsprechenden Aminen werden *2-[o-* (II), *[m-* u. *[p-Hydroxybenzolazo]-indandion-(1.3)* (III) erhalten. Von II werden *Komplexsalze* mit Cu, Ni, Zn u. Ag beschrieben. III liefert mit Dioxanschwefeltrioxid (IV) eine *Monosulfonsäure*, II eine *Disulfonsäure*. Beide Sulfonsäuren färben Wolle u. Naturseide gelb. II-Sulfonsäure liefert bei Verw. von Metallbeizen je nach der Beize verschiedene Farbtöne.

Versuche: *2-Benzolazoindandion-(1.3)* (I), *Na-Salz*, man kocht I in A. mit der 1½fachen mol. Menge NaOH 20 Min. lang u. läßt abkühlen; rotbraunes Pulver. *Cu-Komplexsalz*, $C_{30}H_{18}CuN_4O_4$, man löst 0,55 g I-Na-Salz in 25 ml Pyridin + 0,5 ml W., gibt 1 g $CuSO_4 \cdot 5\,H_2O$ in 10 ml W. u. 10 ml Pyridin zu, erhitzt 20 Min. auf dem sd. Wasserbad u. verd. mit 200 ml W.; fast schwarze Nadeln. *Ni-Komplexsalz*, $C_{30}H_{18}N_4 \cdot NiO_4 \cdot 2$ Pyridin (aus verd. Pyridin); dunkelbraune Plättchen. *Co-Komplexsalz*, $C_{30}H_{18} \cdot CoN_4O_4 \cdot 2$ Pyridin (aus verd. Pyridin); dunkelbraune Plättchen. *Cd-Komplexsalz*, $C_{30}H_{18}CdN_4O_4$; rote Plättchen. *Ag-Komplexsalz*, $C_{15}H_9AgN_2O_4 \cdot$ Pyridin (aus verd. Pyridin); rote Nädelchen. — *2-[o-Hydroxybenzolazo]-indandion-(1.3)* (II), $C_{15}H_{10}N_2O_3$, F. 252° (Zers.; A.), man diazotiert 0,03 Mol o-Aminophenol in 70 ml A. + 7,5 ml konz. HCl bei 0° mit Isoamylnitrit, bringt mit NaOH-Lsg. auf pH ca. 5, gießt 1,5 g Indandion-(1.3) in NaOH-Lsg. zu (pH ca. 7, 0°), rührt 1—1½ Std. u. säuert mit HCl an; dunkelbraune Nadeln; 50,6% (Ausbeute). *Cu-Komplexsalz*, $C_{15}H_8CuN_2O_3 \cdot$ Pyridin (aus verd. Pyridin), man gibt zu 1,3 g II in 80 ml Pyridin in der Hitze 2,5 g $CuSO_4 \cdot 5\,H_2O$ in 100 ml W. u. 20 ml Pyridin, filtriert schnell u. läßt abkühlen; rote Prismen. *Ni-Komplexsalz*, $C_{15}H_8N_2NiO_3 \cdot 2$ Pyridin (aus verd. Pyridin); braune Prismen. *Zn-Komplexsalz*, $C_{15}H_8 \cdot N_2O_3Zn \cdot$ Pyridin (aus verd. Pyridin); goldbraune Kristalle. *Ag-Komplexsalz*, $C_{15}H_9Ag \cdot N_2O_3 \cdot 2$ Pyridin (aus verd. Pyridin); rotbraune Kristalle. — *2-[p-Hydroxybenzolazo]-indandion-(1.3)* (III), $C_{15}H_{10}N_2O_3$, F. 248—249° (Zers.); rote Nadeln. — *2-[m-Hydroxybenzolazo]-indandion-(1.3)*, $C_{15}H_{10}N_2O_3$, F. 273—274° (Zers.); braune Kristalle. — *2-[p-Hydroxybenzolazo]-indandion-(1.3)-sulfonsäure-(x)*, *Na-Salz*, $C_{15}H_8N_2NaO_6S$, man gibt zu 1,7 g IV in 20 ml 1.2-Dichloräthan 2,7 g III, läßt 2 Std. lang stehen, verreibt mit W. u. sättigt die wss. Extrakte mit NaCl; aus A. gelbe Kristalle; 62%. — *2-[o-Hydroxybenzolazo]-indandion-(1.3)-disulfonsäure-(x.x)*, *Di-Na-Salz*, $C_{15}H_8N_2Na_2O_9S_2$, analog vorst. Verb. aus II mit der doppelten Menge IV; aus verd. A. orangerote Kristalle.
HELMUT SCHÄFER. 2650□

Untersuchungen auf dem Gebiet der cyclischen Arylazo-β-diketone. 6. Mitt. **Reaktion von Aryldiazoverbindungen mit 2-Benzyldimedon.** E. Gudrinijetze, G. Wanag und R. Shuk. (Известия Академии Наук Латвийской ССР [Nachr. Akad. Wiss. LettSSR] **1959.** Nr. 11. 73—78; russ., Auszug: lett.) — 5. vgl. vorst. Referat. — Durch Kupplung von Phenyl-, o-, m-, p-Nitrophenyl-, m-, p-Tolyl-, o-Carboxyphenyl- u. Naphthyl-(1)-diazoniumsalzen mit 2-Benzyldimedon (I) in neutraler oder essigsaurer Lsg. werden die entsprechenden *2-Benzyl-2-arylazodimedone* erhalten. Die Absorptionsspektren der Verbb. werden im neutralen u. alkal. Medium zwischen 250 u. 650 mμ

bestimmt. Bei der Kupplung in alkal. Lsg. bilden sich teilweise Hydrolyse-Prodd. der Azoverbindungen. Bes. 2-[p-Nitrobenzolazo]-2-benzyldimedon (II) lieferte in alkohol. NaOH, jedoch auch in konz. H_2SO_4 oder verd. HCl *6-[p-Nitrophenylhydrazono]-3.3-dimethyl-7-phenylheptanon-(5)-säure-(1)* (III).

Versuche: *2-[p-Nitrobenzolazo]-dimedon*, F. 215–217° (A.), man gibt zu 1,8 g 2-Acetyldimedon in 20 ml W. u. 4 g NaOH 2 g diazotiertes p-Nitroanilin, läßt 2 Std. bei 0° stehen u. säuert an; rote Kristalle; 89% (Ausbeute). — 2-Benzyldimedone: *2-[Benzolazo]-*, $C_{21}H_{22}N_2O_2$, F. 114–116° (Zers.; A.), man diazotiert 7 g Anilin in 25 ml konz. HCl u. 12 ml W. mit 5,5 g $NaNO_2$ in 25 ml W., neutralisiert mit Na-Acetat (pH ca. 4–5) u. versetzt bei 0° mit 11,5 g I in Eisessig; hellgelb; 90%. — *2-[o-Nitrobenzolazo]-*, $C_{21}H_{21}N_3O_4$, F. 130° (Zers.; A.), aus I u. o-Nitroanilin; orangefarbene Nadeln; 95%. — *2-[m-Nitrobenzolazo]-*, $C_{21}H_{21}N_3O_4$, F. 132–133° (Zers.; A.), aus I u. m-Nitroanilin; braune Plättchen; 85%. — *2-[p-Nitrobenzolazo]-* (II), $C_{21}H_{21}N_3O_4$, F. 135–136° (Zers.; A.), a) aus I u. p-Nitroanilin; gelb; 98%; b) bei Kupplung bei pH ca. 8–9 74%, daneben 25% III, das von II mit $NaHCO_3$ abgetrennt wird. — *2-[m-Methylbenzolazo]-*, $C_{22}H_{24}N_2O_2$, F. 82° (Zers.; Methanol), aus I u. m-Toluidin; gelb. — *2-[p-Methylbenzolazo]-*, $C_{22}H_{24}N_2O_2$, F. 100–101° (Zers.; A.), aus I u. p-Toluidin; gelb. — *2-[o-Carboxybenzolazo]-*, $C_{22}H_{22}N_2O_4$, F. 184° (Zers.; verd. Methanol), aus I u. Anthranilsäure; rot. — *2-[Naphthalin-(1)-azo]-*, $C_{25}H_{24}N_2O_2$, F. 125° (Zers.; A.), aus I u. α-Naphthylamin; gelb. — *6-[p-Nitrophenylhydrazono]-3.3-dimethyl-7-phenylheptanon-(5)-säure-(1)* (III), $C_{21}H_{23}N_3O_5$, F. 166–167° (A.), hellgelbe Nadeln; a) bei der Darst. von II nach b); 25%; b) man läßt 3,8 g II in 1,5 g NaOH, 13 ml A. u. 35 ml W. 24 Std. lang stehen u. gießt unter Eiskühlung in 300 ml 0,2n HCl; c) durch Lösen von 3,8 g II in 30 ml konz. H_2SO_4; 90%.

HELMUT SCHÄFER. 2650

Synthese von 2.4-Dimethyl-ar-tetralol-(1). Wesley Cocker und T. B. H. McMurry. (Chem. and Ind. **1958.** 853. 5/7. Dublin, Trinity Coll., Univ. Chem. Labor.; engl.) — Die Arbeit von FUTAKI (C. **1960.** 9886) enthält einige auf zurückliegenden Veröffentlichungen (COCKER u. LIPMAN, J. chem. Soc. [London] **1947.** 533) beruhende irrtümliche Verb.-Bezeichnungen, weshalb bereits früher (COCKER u. Mitarbeiter, C. **1952.** 1833) veröffentlichte Richtigstellungen kurz wiederholt werden. Die bei der Kondens. von 2.4-Dimethylphenylmethyläther mit Bernsteinsäureanhydrid in Ggw. von $AlCl_3$ gebildete *β-[5-Methoxy-2.4-dimethylbenzoyl]-propionsäure* wird durch Zn/HCl zu *γ-[5-Methoxy-2.4-dimethylphenyl]-buttersäure* (I) red., die in zwei Modifikationen (F. 92–93 bzw. 120°) anfällt. Durch 80%ig. H_2SO_4 wird I zu *8-Hydroxy-5.7-dimethyltetralon-(1)* (F. 61,5–62°) cyclisiert, während die Cyclisierung mittels konz. H_2SO_4 zu *8-Methoxy-5.7-dimethyltetralon-(1)* (F. 41–42°) führt. Wegen der Synth. von *2.4-Dimethyl-ar-tetralol-(1)* (F. 76 bis 76,5°) wird ebenfalls auf die genannten Veröffentlichungen verwiesen.

H.-E. TOUSSAINT. 2700 □

Die Chemie von Derivaten des 2-Benzaltetralons. 4. Mitt. Synthese, Spektren und Ringschlußreaktionen einiger Spiroepoxyketone. Norman H. Cromwell, Ronald E. Bambury und Raymond P. Barkley. (J. Amer. chem. Soc. **81.** 4294–98. 20/8. 1959. Lincoln, Nebr., Univ., Avery Labor.; engl.) — 3. vgl. HASSNER u. CROMWELL, C. **1959.** 13452. Durch Kondens. von aromat. Aldehyden mit Tetralon u. 4.4-Dimethyltetralon in Ggw. von Säuren oder Basen werden einige Benzaltetralone hergestellt u. mit alkal. H_2O_2 in die Epoxide übergeführt. *2-[o-Nitrobenzal]-4.4-dimethyltetralon-(1)-epoxid* konnte auf diesem Wege nicht erhalten werden; es wurde nach DARZEN aus 2-Brom-4.4-dimethyltetralon-(1) (I) u. o-Nitrobenzaldehyd (II) dargestellt. Die beschriebenen Benzaltetralone zeigen starke UV-Absorptionsbanden zwischen 280 u. 314 mμ; die Epoxide zeigen UV-Absorptionsbanden zwischen 258 u. 268 mμ, so daß für sie trans-Konfiguration wahrscheinlich ist. Die Epoxide werden durch Basen nicht gespalten, mit Säuren tritt Ringöffnung ein u. mit $NaNH_2$ erfolgt eine Umlagerung in Benzoyltetralone, die in CCl_4 im wesentlichen in der Enolform vorliegen.

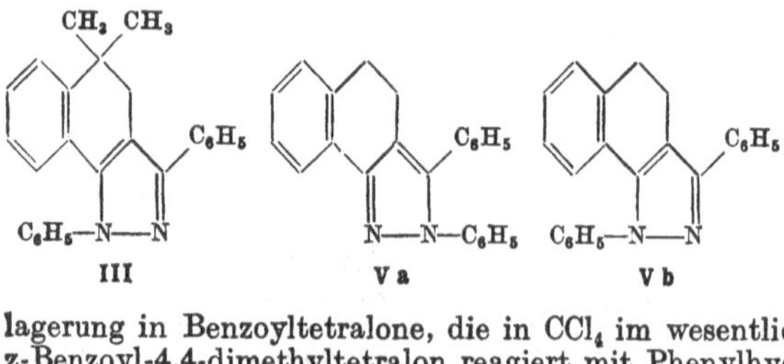

III Va Vb

z-Benzoyl-4.4-dimethyltetralon reagiert mit Phenylhydrazin unter Bldg. des *Pyrazols* **III**, während für das aus 2-Benzaltetralon-(1)-oxid (**IV**) mit Phenylhydrazin erhältliche *Diphenylpyrazol* **V** zwischen den Konstit. **V a** u. **V b** nicht unterschieden werden konnte.

Versuche (FF. korr.): *2-[p-Chlorbenzal]-tetralon-(1)* (**VI**), $C_{17}H_{13}ClO$, F. 138–139° (Bzl. u. Bzn.), durch basenkatalysierte Kondens. (Meth. **B**); 97%. — *2-[p-Chlorbenzal]-4.4-dimethyltetralon-(1)*, $C_{19}H_{17}ClO$, F. 136–137° (Bzl. u. PAe.), nach **B**; 98%. — *2-[m-*

Nitrobenzal]-tetralon-(1), $C_{17}H_{13}NO_3$, F. 142—143° (Bzl. u. A.), nach **B**; 71%. — *2-[m-Nitrobenzal]-4.4-dimethyltetralon-(1)*, $C_{19}H_{17}NO_3$, F. 93—94,5° (Bzl. u. PAe.), nach **B**; 96%. — *2-[p-Nitrobenzal]-tetralon-(1)* (**VII**), $C_{17}H_{13}NO_3$, F. 192—193° (Bzl. u. A.), nach **B**; 63%. — *2-[p-Nitrobenzal]-4.4-dimethyltetralon-(1)*, $C_{19}H_{17}NO_3$, F. 183—184° (Aceton u. W.), durch säurekatalysierte Kondens. (Meth. **A**); 94%. — *2-[p-Chlorbenzal]-tetralon-(1)-epoxid*, $C_{17}H_{13}ClO_2$, F. 137—138° (Bzl./CH_3OH), aus **VI** mit alkal. H_2O_2; 97%. — *2-[p-Chlorbenzal]-4.4-dimethyltetralon-(1)-epoxid*, $C_{19}H_{17}ClO_2$, F. 156—157° (Bzl. u. PAe.), analog vorst. Verb.; 91%. — *2-[m-Nitrobenzal]-tetralon-(1)-epoxid*, $C_{17}H_{13}NO_4$, F. 152 bis 153° (Bzl./A.); 76%. — *2-[m-Nitrobenzal]-4.4-dimethyltetralon-(1)-epoxid*, $C_{19}H_{17}NO_4$, F. 200—201° (Bzl. u. PAe.); 99%. — *2-[p-Nitrobenzal]-tetralon-(1)-epoxid*, $C_{17}H_{13}NO_4$, F. 195—196° (Bzl. u. A.), aus **VII** in CH_3OH u. Isopropanol mit 6,5%ig. methanol. NaOH u. 30%ig. H_2O_2 (6 Std.) u. Neutralisieren mit HCl; 75%. — *2-[p-Nitrobenzal]-4.4-dimethyltetralon-(1)-epoxid*, $C_{19}H_{17}NO_4$, F. 190—191° (Bzl. u. PAe.), analog vorst. Verb. in methanol. KOH bei 55—60° (4 Std.); 94%. — *2-[o-Nitrobenzal]-tetralon-(1)-epoxid*, $C_{17}H_{13}NO_4$, F. 148—149° (Bzl. + A.); 86%. — *2-[o-Nitrobenzal]-4.4-dimethyltetralon-(1)-epoxid*, $C_{19}H_{17}NO_4$, F. 154—156° (Bzl.), aus **I** u. **II** in CH_3OH/Dioxan (2:1) mit 2 Mol $NaOCH_3$ in CH_3OH bei 10° u. Neutralisieren mit 50%ig. Essigsäure; 99 %. — *2-Benzoyl-4.4-dimethyltetralon* [*2-Benzoyl-4-4-dimethyl-1-hydroxy-3.4-dihydronaphthalin*), $C_{19}H_{18}O_2$, F. 125,5—126,5° (Bzl. u. PAe.), a) aus 2-Benzal-4.4-dimethyltetralon-(1)-epoxid (**VIII**) u. 2 Mol $NaNH_2$ in sd. Bzl.; 40% ; b) aus 4.4-Dimethyltetralon mit $NaNH_2$ u. Benzoesäurephenylester in sd. Bzl. (4½ Std.); 21%. — *Pyrazol* **III**, $C_{25}H_{22}N_2$, F. 132,5 bis 134° (A. u. W.), aus vorst. Verb. u. 1 Mol. Phenylhydrazin in A./Chlf. (1:1) mit wenig Eisessig bei 20° (5 Tage); 93,5%. — *Pyrazol* **V**, $C_{23}H_{18}N_2$, F. 141,5—142° (Bzl., PAe. u. Eisessig), aus **IV** u. Phenylhydrazin in sd. Chlf./Eisessig (4 Std.); 53%. — *2-Hydroxy-2-[α-chlorbenzyl]-4.4-dimethyl-tetralon-(1)*, $C_{19}H_{19}ClO_2$, F. 164—164,5° (Bzl. u. PAe.), aus **VIII** in Bzl./Ae. (3:2) oder A. mit HCl bei 20° (12 Std.); 71%; liefert mit methanol. KOH oder Morpholin wieder **VIII**. — *2-Hydroxy-2-[α-methoxybenzyl]-tetralon-(1)*, $C_{18}H_{18}O_3$, F. 91—92° (CH_3OH), aus **IV** u. CH_3OH mit wenig 96%ig. H_2SO_4 bei 20° (6 Wochen), Einengen u. Waschen mit wss. Soda; 37%. — *2-Hydroxy-2-[α-methoxybenzyl]-4.4-dimethyltetralon-(1)*, $C_{20}H_{22}O_3$, F. 139—140° (CH_3OH), aus **VIII** analog vorst. Verb. (11 Tage); 32%. H. GOLD. 2700□

Synthese von Alkylphenanthrenen. 1. Mitt. Eiji Ochiai, Toshihiko Okamoto, Masaaki Sekijima, Masao Nishikawa und Kenji Shono. (Pharmac. Bull. [Tokyo] **5**. 48—52. Febr. 1957. Tokyo, Univ. of Tokyo, Med. Fac., Pharmac. Inst.; engl.) Zum Vgl. mit den aus Anhydroignavinol durch Dehydrierung erhaltenen Alkylphenanthrenen (vgl. C. **1950/54**. 5351 S) werden *1-Äthyl-6-isopropyl-*, *6-Äthyl-1-isopropyl-*, *1.2-Dimethyl-6-isopropyl-*, *2.6-Diäthyl-1-methyl-*, *1.2-Diäthyl-6-methyl-*, *1-Isopropyl-6.9-dimethyl-* u. *2-Äthyl-5-methylphenanthren* dargestellt.

Versuche: *3-[p-Isopropylbenzoyl]-propionsäure*, F. 140—145° (Bzl.), durch Kondens. von Isopropylbenzol (Kp. 150—152°) mit Bernsteinsäureanhydrid (**I**) in Nitrobenzol in Ggw. von $AlCl_3$; 70—75% (Ausbeute). — *4-[p-Isopropylphenyl]-buttersäure*, F. 49—50°, $Kp._{11}$ 180—185°, durch Red. vorst. Verb. nach CLEMMENSEN; 75—80%. — *7-Isopropyltetralon-(1)*, F. 37—37,5°, $Kp._{6-7}$ 160°, durch Erhitzen vorst. Verb. mit 90%ig. H_2SO_4 auf 100°; 53%. — *1-Äthoxycarbonylmethyl-7-isopropyl-3.4-dihydronaphthalin*, $Kp._{6-7}$ 170 bis 175°, durch Zutropfen von Bromessigsäureäthylester zu vorst. Verb., Zn/Hg u. J_2 in Bzl./Toluol (1:1) bei 100°, 2std. Erhitzen, Behandeln mit verd. HCl, Eindampfen der organ. Phase, 1std. Kochen des erhaltenen Öls mit Acetanhydrid, Zers. mit W., Extrahieren mit Bzl. u. Fraktionieren; 65%. — *rac.-7-Isopropyltetralyl-(1)-äthanol*, $Kp._{7-8}$ 123 bis 128°, durch Red. vorst. Esters mit $LiAlH_4$ in Ae. u. anschließende Hydrierung über Pd-Kohle; 50%. — *rac.-1-[2-Bromäthyl]-7-isopropyltetralin* (**II**), $Kp._{7-8}$ 168—170°, durch Bromieren vorst. Alkohols mit PBr_3 in Bzl. bei Raum-Temp.; ca. 90%. — *γ-[7-Isopropylnaphthyl-(1)]-buttersäure*, F. 79—80° (PAe.), durch Zugabe vorst. Verb. zu Na-Malonsäurediäthylester (**III**; aus 3,4 cm^3 Malonsäurediäthylester u. 0,4 g Na) in abs. A., 1std. Stehen bei Raum-Temp., 3std. Erhitzen auf 100°, Einengen, Hydrolysieren mit 30%ig. KOH bei 100°, Decarboxylieren der erhaltenen *Dicarbonsäure* (2,5 g) durch ½std. Erhitzen auf 160—180° u. Dehydrieren über Pd-Kohle bei 260—280°; 0,3 g. — *1.2.3.4-Tetrahydro-6-isopropylphenanthrenon-(1)*, durch 3std. Kochen von 0,25 g vorst. Säure in Bzl. mit P_2O_5 u. Zers. mit W.; Öl; 0,18 g. — *1-Äthyl-6-isopropylphenanthren*, F. 65,0—65,5°, durch 1std. Kochen von 0,18 g vorst. Verb. mit Äthyl-MgBr in Ae., Zers., Eindampfen, 2std. Erhitzen des erhaltenen Öls mit Pd-Kohle auf 260—280°, Extrahieren mit Bzl. [100 mg (roh)], Reinigung über das Trinitrobenzolat u. Chromatographie an Al_2O_3 in Bzl./Bzn. (1:1); aus A. Nadeln. *Trinitrobenzolat*, $C_{19}H_{20} \cdot C_6H_3N_3O_6$, F. 147—148°, aus dem Rohprod.; aus Methanol gelbe Nadeln; 40 mg. — *3-[p-Äthyl-*

benzoyl]-propionsäure, F. 103—104°, aus Äthylbenzol u. I; aus Bzl. Nadeln; 31%. — *γ-[p-Äthylphenyl]-buttersäure*, F. 71—73°, Kp. 178—180°; 84%. — *7-Äthyltetralon-(1)*, $Kp._{20}$ 163—164°; 64%. — *1-Äthoxycarbonylmethyl-7-äthyl-3.4-dihydronaphthalin*, $Kp._7$ 170—175°; 86%. — *rac.-7-Äthyl-1.2.3.4-tetrahydronaphthyl-(1)-äthanol*, $Kp._7$ 160—170°; 91%. — *rac.-1-[2-Bromäthyl]-7-äthyltetralin* (**IV**), $Kp._2$ 150—154°; 32%. — *γ-[7-Äthylnaphthyl-(1)]-buttersäure*, F. 99—100°; aus PAe. Nadeln; 11%. — *6-Äthyl-1.2.3.4-tetrahydrophenanthrenon-(1)*; 61%. *p-Nitrophenylhydrazon*, F. 245—248° (Zers.). — *6-Äthyl-1-isopropylphenanthren*, F. 61—63°, durch Rk. vorst. Ketons mit Isopropyl-MgBr (**V**), Dehydrieren über Pd-Kohle [29% (roh)] u. Reinigung über das Trinitrobenzolat; aus Methanol Nadeln. *Trinitrobenzolat*, $C_{19}H_{20}\cdot C_6H_3N_3O_6$, F. 151—152°; gelbe Nadeln. — *γ-[7-Isopropylnaphthyl-(1)]-α-methylbuttersäure*, durch Kondens. von **II** mit Methylmalonsäurediäthylester, Hydrolyse, Decarboxylierung u. Dehydrierung; 22%. — *3-Isopropyl-7-methyl-1.2.3.4-tetrahydrophenanthrenon-(1)*, durch Cyclisieren vorst. Verb.; 82%. *2.4-Dinitrophenylhydrazon*, F. 228—230° (Zers.). — *1.2-Dimethyl-6-isopropylphenanthren*, F. 109—110°, aus vorst. Verb. durch Rk. mit Methyl-MgBr, Dehydrierung [34% (roh)] u. Reinigung über das *Trinitrobenzolat* [$C_{19}H_{20}\cdot C_6H_3N_3O_6$, F. 153—155° (Methanol)]; aus Methanol Nadeln. *Pikrat*, F. 140—141°. — *γ-[7-Äthylnaphthyl-(1)]-α-äthylbuttersäure*, aus **IV** u. Äthylmalonsäurediäthylester (**III**); 16%. — *2.6-Diäthyl-1.2.3.4-tetrahydrophenanthrenon-(1)*; 40%. — *2.6-Diäthyl-1-methylphenanthren*, F. 57 bis 63°, aus vorst. Keton [67% (roh)] u. Reinigung über das *Trinitrobenzolat* ($C_{19}H_{20}\cdot C_6H_3N_3O_6$, F. 137—145°); aus Methanol Nadeln. — *3-[p-Toluoyl]-propionsäure*, F. 126 bis 128°, aus Toluol u. I; 34%. — *γ-[p-Tolyl]-buttersäure*, F. 59—61°, $Kp._5$ 178—180°; 81%. — *7-Methyltetralon-(1)*, F. 35—38°, $Kp._{10}$ 142—144°; 57%. — *1-Äthoxycarbonylmethyl-7-methyl-3.4-dihydronaphthalin*, $Kp._{10}$ 170—180°; 49%. — *rac.-7-Methyltetralyl-(1)-äthanol*, $Kp._5$ 155—156°; 61%. — *rac.-1-[2-Bromäthyl]-7-methyltetralin*, $Kp._5$ 155 bis 158°; 32%. — *γ-[7-Methylnaphthyl-(1)]-α-äthylbuttersäure*, aus vorst. Verb. u. **III**; 5%. — *2-Äthyl-6-methyl-1.2.3.4-tetrahydrophenanthrenon-(1)*, Öl; 62%. — *1.2-Diäthyl-6-methylphenanthren*, F. 47—49°, aus vorst. Keton u. Äthyl-MgBr, Reinigung über das *Trinitrobenzolat* ($C_{19}H_{20}\cdot C_6H_3N_3O_6$, F. 169—170°), aus Methanol Nadeln; 20%. — *γ-[p-Tolyl]-β-methyl-β-hydroxy-α-äthoxycarbonylbuttersäure*, durch $^3/_4$std. Kochen von 26 g Bernsteinsäurediäthylester u. 13,4 g p-Methylacetophenon mit Na-tert.-Butylat (aus 4,3 g Na) in tert.-Butanol unter N_2, Zugabe von verd. HCl, Eindampfen im Vakuum u. Extrahieren mit Bzl.; 22,5 g. — *γ-[p-Tolyl]-γ-valerolacton*, $Kp._8$ 167—168°, durch 3std. Kochen von 22,5 g vorst. Verb. mit Eisessig/konz. HBr; 12,5 g. — *γ-[p-Tolyl]-valeriansäure*, $Kp._9$ 173—174°, durch 6std. Kochen von 12,0 g vorst. Lactons mit P u. HJ (D. 1,70), Verdünnen mit W. u. Extrahieren mit Bzl.; 4,5 g. — *4.7-Dimethyl-1.2.3.4-tetralon-(1)*; 59%. — *1-Äthoxycarbonylmethyl-4.7-dimethyl-3.4-dihydronaphthalin*, $Kp._5$ 185—200°; 73%. — *rac.-4.7-Dimethyltetralin-1-äthanol*, $Kp._5$ 190—195°; 59%. — *rac.-1-[2-Bromäthyl]-4.7-dimethyltetralin*, $Kp._5$ 190—200°; 43%. — *γ-[4.7-Dimethylnaphthyl-(1)]-buttersäure*, F. 107—109° (PAe.); 36%. — *6.9-Dimethyl-1.2.3.4-tetrahydrophenanthrenon-(1)*, Öl; 59%. — *1-Isopropyl-6.9-dimethylphenanthren*, F. 41—43°, aus vorst. Verb. u. **V**, Reinigung über das *Trinitrobenzolat* (F. 186—188°); aus Methanol Nadeln. *Pikrat*, $C_{19}H_{20}\cdot C_6H_3N_3O_7$, F. 159—161°. — *2-Acetylnaphthalin*, F. 52,0—53,5°, aus Naphthalin u. Acetylchlorid u. fraktionierte Kristallisation; aus A. Platten; 31 bis 34%. — *2-Äthylnaphthalin*, $Kp._{7-8}$ 108—111°; 73—78%. *Pikrat*, F. 76—78°. — *β-[6-Äthylnaphthoyl-(2)]-propionsäure*, F. 170—171° (Aceton); 40%. — *6-Äthylnaphthalin-buttersäure*, F. 119—121° (Bzl.); 80%. — *7-Äthyl-1.2.3.4-tetrahydrophenanthrenon-(4)*, F. 46—48° (PAe.); 74%. *Semicarbazon*, F. 220°. — *2-Äthyl-5-methylphenanthren*, aus vorst. Keton u. **VI** u. Reinigung über das *Trinitrobenzolat* ($C_{17}H_{16}\cdot C_6H_3N_3O_6$, F. 112 bis 113°); Öl; ca. 50%. K. Lange. 2850

Synthesen von Alkylphenanthrenen. 2. Mitt. Eiji Ochiai und Mitsutaka Natsume. (Pharmac. Bull. [Tokyo] **5**. 53—56. Febr. 1957; engl.) — 1. vgl. vorst. Referat. — *7-Isopropyl-1.6-dimethylphenanthren* wird durch Red. von 6-Chlormethyldehydroabietinsäuremethylester zum *6-Methyl-Deriv.* u. dessen Se-Dehydrierung dargestellt. Durch Friedel-Crafts-Acetylierung von 1.4a.7-Trimethyl-1-methoxycarbonyl-1.2.3-4.4a.9.10.10a-oktahydrophenanthren (**I**) zum *6-Acetyl-Deriv.* (**II**) (andere Isomere entstehen nicht), Clemmensen-Red. u. Dehydrierung des erhaltenen *6-Äthyl-Deriv.* (**VI**) wird *6-Äthyl-1.7-dimethylphenanthren* bzw. durch Methylierung von **II**, Dehydratisierung u. Red. u. Dehydrierung des erhaltenen *1.4a.7-Trimethyl-1-methoxycarbonyl-6-isopropyl-1.2.3.4.4a.9.10.10a-oktahydrophenanthrens* (**V**) wird *6-Isopropyl-1.7-dimethylphenanthren* (**VII**) synthetisiert. Die UV-Maxima sind angegeben.

Versuche: *6-Chlormethyldehydroabietinsäuremethylester*, F. 112—116°; aus Methanol Prismen. — *6-Methyldehydroabietinsäuremethylester*, $C_{22}H_{32}O_2$, F. 122—123°, durch Hydrieren von 0,24 g vorst. Verb. mit A./$Ba(OH)_2\cdot 8\,H_2O$ über Pd-Kohle bei 30°; aus

Methanol Säulen; 50 mg (Ausbeute). — *7-Isopropyl-1.6-dimethylphenanthren*, F. 102 bis 103°, durch 3½std. Erhitzen von 100 mg vorst. Verb. mit Se auf 310—330°, Ausäthern, Eindampfen u. Chromatographie in Bzn. an Al_2O_3; aus Methanol Nadeln; 18 mg. *Trinitrobenzolat*, $C_{19}H_{20}\cdot C_6H_3N_3O_6$, F. 184—185°; gelbe Nadeln. *Pikrat*, $C_{19}H_{20}\cdot C_6H_3N_3O_7$, F. 169,5—170,5°. — *1.4a-Dimethyl-1-methoxycarbonyl-5-[β-acetyläthyl]-dekalon-(6)*, F. 219°; Nadeln. — *1.4a-Dimethyl-1-methoxycarbonyl-7-oxo-1.2.3.4.4a.4b.5.6.7.9.10.10a-dodekahydrophenanthren*, F. 117—118°, durch 5 Min. langes Erhitzen von 1,0 g vorst. Verb. mit methanol. Na-Methylat u. Verdünnen mit W.; $[\alpha]_D^{15}$ 51,5° (Chlf.); aus Bzn. Säulen, 0,51 g. *Semicarbazon*, F. 235° (Zers.). — *1.4a.7-Trimethyl-1-methoxycarbonyl-1.2.3.4.4a.4b.5.6.10.10a-dekahydrophenanthren*, F. 71—73°, durch Rk. von 0,97 g vorst. Ketons in Ae. mit Methyl-MgJ u. Chromatographie in Bzn. an Al_2O_3; aus Methanol Platten; 0,59 g. — *1.4a.7-Trimethyl-1-methoxycarbonyl-1.2.3.4.4a.9.10.10a-oktahydrophenanthren* (I), $C_{19}H_{26}O_2$, F. 98° (Methanol), durch ½std. Erhitzen von 0,80 g vorst. Verb. mit Pd-Kohle auf 200—210°; 0,61 g (roh). *6-Acetyl-Deriv.* (II), $C_{21}H_{28}O_3$, F. 133 bis 134°, durch Rk. von 1,1 g I in symm.-Tetrachloräthan mit Acetylchlorid/$AlCl_3$ unter Kühlung, 1std. Rühren in der Kälte, mehrstd. Stehen bei Raum-Temp., Gießen in W., Wasserdampf-Dest., Chromatographie des zurückbleibenden Öls an Al_2O_3, Eluieren mit Bzn. u. anschließend mit Bzl. u. Eindampfen der Benzolfraktion; aus Methanol Würfel; 0,37 g. *6-[α-Hydroxyisopropyl]-Deriv.* (III), $C_{22}H_{32}O_3$, F. 127—127,5°, durch Rk. von II in Ae. mit Methyl-MgJ; aus Bzn. Säulen; 0,18 g. *6-Isopropenyl-Deriv.* (IV); $C_{22}H_{30}O_2$, F. 114°, durch 10 Min. langes Erhitzen von 0,18 g III in Eisessig auf 100°; aus Methanol Nadeln; 0,16 g (roh). *6-Isopropyl-Deriv.* (V), $C_{22}H_{32}O_2$, F. 105—106°, durch Hydrieren von 0,15 g IV in Essigsäure über Pd-Kohle; Nadeln; 96 mg. *6-Äthyl-Deriv.* (VI), $C_{21}H_{30}O_2$, F. 107—109° (Methanol), durch Red. von II mit Zn/Hg u. HCl. — *6-Isopropyl-1.7-dimethylphenanthren* (VII), durch 2std. Erhitzen von 100 mg V mit Se auf 310—340°, Chromatographie an Al_2O_3, Eluieren mit Bzn.; 20 mg; daneben als 2. Fraktion 52 mg *1.7-Dimethyl-6-äthyl-1.2.3.4-tetrahydrophenanthren* [?; 26 mg geben durch 1std. Dehydrieren mit Pd-Kohle bei 280—300° 11 mg VII. *Trinitrobenzolat*, F. 149°. *Pikrat*, F. 123—124°]. *Trinitrobenzolat*, $C_{19}H_{20}\cdot C_6H_3N_3O_6$, F. 188°; aus Methanol gelbe Nadeln. *Pikrat*, F. 178—179°; orangefarbene Nadeln. — *6-Äthyl-1.7-dimethylphenanthren*, F. 70—71°, durch 2std. Erhitzen von 72 mg VI mit Se auf 300—310°, 1 Std. auf 330°, Ausäthern, Chromatographie an Al_2O_3 in Bzn. [22 mg (roh)] u. Reinigung über das *Trinitrobenzolat* ($C_{18}H_{18}\cdot C_6H_3N_3O_6$, F. 170,5—171,5°; aus Methanol gelbe Nadeln); aus Methanol Spieße; 9 mg. *Pikrat*, F. 160—161°; aus Methanol orangefarbene Nadeln.

K. LANGE. 2850

Synthesen von Alkylphenanthrenen. 3. Mitt. Eiji Ochiai, Toshihiko Okamoto und Mitsutaka Natsume. (Pharmac. Bull. [Tokyo] **5.** 108—12. April 1957; engl.) — 2. vgl. vorst. Referat. — Aus 5-Methyltetralon-(1) werden über *β-[5-Methyl-1.2.3.4-tetrahydronaphthyl-(1)]-äthanol* durch Chlorieren mit Sulfurylchlorid (I), Malonester-Synth. u. Dehydrieren, Cyclisieren der erhaltenen *γ-[5-Methylnaphthyl-(1)]-buttersäure* zu *1-Oxo-8-methyl-1.2.3.4-tetrahydrophenanthren* (II) u. dessen Rk. mit Methyl- (III) oder Äthyl-MgBr (IV) u. anschließende Dehydrierung über Pd/Kohle *1.8-Dimethyl-* (V) bzw. *1-Methyl-8-äthylphenanthren* dargestellt. V ist mit dem aus Hypognavinol durch Se-Dehydrierung erhaltenen Prod. identisch. Analog werden *1-Alkyl-6.7-dimethyl-*, *1-Methyl-6.7-diäthyl-* u. *1-Methyl-6.7-[2'-methylcyclopenteno]-phenanthren* synthetisiert.

Versuche: *β-[o-Tolyl]-äthanol*, $Kp._{16-18}$ 126—134°, aus 80 g o-Bromtoluol, 11,4 g Mg u. 40 g Äthylenoxid; 42 g (Ausbeute). — *β-[o-Tolyl]-äthylchlorid*, $Kp._7$ 106—110°, aus 42 g vorst. Verb. durch Behandeln mit 75 g Dimethylanilin (X) u. 74 g $SOCl_2$; 32,5 g. — *γ-[o-Tolyl]-buttersäure*, F. 59—60°, aus 32,5 g vorst. Chlorids nach WESSELY u. SHIU WANG (Ber. dtsch. chem. Ges. **73.** [1940.] 19) u. Decarboxylieren von 24 g erhaltener *1-[o-Tolyl]-propan-3.3-dicarbonsäure* [F. 139° (Zers.)]; 16 g. — *5-Methyltetralon-(1)*, $Kp._3$ 115—117°, durch 1std. Erhitzen von 13 g vorst. Säure mit Polyphosphorsäure (aus 42 cm³ 85%ig. H_3PO_4 u. 65 g P_2O_5) auf 100°, Gießen in Eiswasser u. Ausäthern; 9 g. — *5-Methyl-1.2.3.4-tetrahydronaphthyl-(1)-essigsäure*, $C_{13}H_{16}O_2$, F. 113—114° (Methanol/W.), durch 5std. Kochen von 8 g vorst. Verb., 8 g Zn u. 20 g Bromessigsäureäthylester (VI) in Ggw. von J_2 in Bzl., Gießen in kalte verd. HCl, Eindampfen der Benzollsg., 50 Min. langes Kochen des Rückstandes mit Acetanhydrid, Gießen in W., Ausäthern, Fraktionieren im Vakuum, Hydrieren der erhaltenen Fl. ($Kp._5$ 159—170°) in A. über Pd/Kohle, Eindampfen u. 2std. Kochen des Rückstandes mit wss.-methanol. KOH; 6 g. *Methylester*, $Kp._4$ 133—134°, durch Verestern von 6 g Säure mit Diazomethan (XI) in Ae., 6 g. — *β-[5-Methyl-1.2.3.4-tetrahydronaphthyl-(1)]-äthanol*, durch Red. vorst. Esters in Ae. mit $LiAlH_4$; Öl; 5 g. — *β-[5-Methyl-1.2.3.4-tetrahydronaphthyl-(1)]-äthylchlorid*, $Kp._3$ 118°, durch Chlorieren von 5 g vorst. Verb. mit 3,2 g X u. 3,3 g I; 4,2 g. — *γ-[5-Methylnaph-*

thyl-(1)]-buttersäure, F. 123—125°, durch Kondens. von 2,0 g vorst. Chlorids in A. mit 3,8 g Malonsäurediäthylester (**VII**) in Ggw. von Na, Decarboxylieren, Dehydrieren über Pd/Kohle, Extrahieren mit Bzl., Extrahieren mit Na_2CO_3-Lsg. u. Ansäuern der alkal. Lsg.; 0,47 g. — *8-Methyl-1-oxo-1.2.3.4-tetrahydrophenanthren* (**II**), $C_{15}H_{14}O$, F. 165—166°, durch $1^1/_2$std. Erhitzen von 0,21 g vorst. Säure mit Polyphosphorsäure auf 100°; aus PAe./Bzl. Säulen; 100 mg. — *1.8-Dimethylphenanthren* (**V**), F. 189—191°, durch Zugabe von 100 mg **II** in Bzl. zu **III** in Ae., Aufarbeiten wie üblich, $^1/_4$std. Kochen des erhaltenen Öls mit Essigsäure, Verdünnen mit W., Ausäthern, Eindampfen u. 1std. Dehydrieren über Pd/Kohle bei 280—290°; aus Methanol/Bzl. Platten; 78 mg. *Trinitrobenzolat*, $C_{16}H_{14}\cdot C_6H_3N_3O_6$, F. 170—172°. — *1-Methyl-8-äthylphenanthren*, F. 104—105° (Methanol), aus 100 mg **II** u. **IV** analog vorst. Verb.; 29 mg. *Trinitrobenzolat*, $C_{17}H_{16}\cdot C_6H_3N_3O_6$, F. 142—143°. — *6.7-Dimethyl-1.2.3.4-tetrahydronaphthyl-(1)-essigsäureäthylester*, $C_{16}H_{22}O_2$, F. 123,5—124°, Kp.$_5$ 163—165°, durch 6std. Kochen von 10 g 6.7-Dimethyltetralon-(1) mit 18 g **VI** u. 30 g Zn in Ggw. von J_2 in Ae./Bzl., Behandeln mit Acetanhydrid u. Hydrieren; 12,3 g. — *β-[6.7-Dimethyl-1.2.3.4-tetrahydronaphthyl-(1)]-äthanol*, Kp.$_5$ 154°, durch Red. von 6 g vorst. Verb. mit $LiAlH_4$ in Ae.; 5,0 g. — *β-[6.7-Dimethyl-1.2.3.4-tetrahydronaphthyl-(1)]-äthylchlorid*, Kp.$_5$ 133—136°, durch Chlorieren von 5,0 g vorst. Verb. mit **X** u. $SOCl_2$; 2,5 g. — *γ-[6.7-Dimethylnaphthyl-(1)]-buttersäure*, $C_{16}H_{18}O_2$, F. 121—122°, durch Kondens. von 2,5 g vorst. Chlorids mit **VII** u. Decarboxylieren wie üblich; aus PAe. Säulen; 1,1 g. — *1-Oxo-6.7-dimethyl-1.2.3.4-tetrahydrophenanthren*, $C_{16}H_{16}O$, F. 129—130°, durch Cyclisieren von 0,3 g vorst. Säure; aus Methanol Platten; 0,2 g. — *1.6.7-Trimethylphenanthren*, F. 125—125,5°, aus vorst. Verb. durch Rk. mit **III** u. Dehydrieren über Pd-Kohle; aus Methanol Säulen. *Pikrat*, $C_{17}H_{16}\cdot C_6H_3N_3O_7$, F. 165°; aus Methanol orangefarbene Nadeln. *Trinitrobenzolat*, $C_{17}H_{16}\cdot C_6H_3N_3O_6$, F. 182—183°; aus Methanol gelbe Nadeln. — *1-Äthyl-6.7-dimethylphenanthren*, F. 89°; aus Methanol Platten. *Trinitrobenzolat*, $C_{18}H_{18}\cdot C_6H_3N_3O_6$, F. 165,5—166°; aus Methanol gelbe Nadeln. — *1-Propyl-6.7-dimethylphenanthren*, F. 97° (Methanol). *Trinitrobenzolat*, $C_{19}H_{20}\cdot C_6H_3N_3O_6$, F. 155 bis 155,5°; aus Methanol gelbe Nadeln. — *1-Isopropyl-6.7-dimethylphenanthren*, F. 78°; aus Methanol Säulen. *Trinitrobenzolat*, $C_{19}H_{20}\cdot C_6H_3N_3O_6$, F. 167—168°; aus Methanol gelbe Nadeln. *Pikrat*, F. 156°, orangefarbene Nadeln. — *1-Butyl-6.7-dimethylphenanthren*, F. 83—84° (Methanol). *Trinitrobenzolat*, $C_{20}H_{22}\cdot C_6H_3N_3O_6$, F. 145—145,5°; aus Methanol gelbe Nadeln. — *γ-[2-Methylindanyl-(5)]-γ-oxobuttersäure*, $C_{14}H_{16}O_3$, F. 104° (Ae./Bzl.), durch Rk. von 24,5 g 2-Methylindan mit 20 g Bernsteinsäureanhydrid in Ggw. von $AlCl_3$ in Tetrachloräthan; 30 g. — *γ-[2-Methylindanyl-(5)]-buttersäure*, durch CLEMMENSEN-Red. von 29 g vorst. Verb.; 22 g. — *6.7-[2'-Methylcyclopenteno]-tetralon-(1)*, F. 45—46°, Kp.$_6$ 165 bis 166°, durch Cyclisierung von 20 g vorst. Verb.; 15 g. — *6.7-[2'-Methylcyclopenteno]-1.2.3.4-tetrahydronaphthyl-(1)-essigsäureäthylester* (**VIII**), Kp.$_3$ 170—173°, aus 9 g vorst. Verb. durch Erhitzen mit 6 g Zn u. 15 g **VI** u. Hydrieren; 9,8 g. *Freie Säure*, $C_{16}H_{20}O_2$, F. 136—137°, durch Hydrolyse des Esters. — *β-{6.7-[2'-Methylcyclopenteno]-1.2.3.4-tetrahydronaphthyl-(1)}-äthanol*, Kp.$_5$ 185°, durch Red. vorst. Verb. mit $LiAlH_4$. — *β-{6.7-[2'-Methylcyclopenteno]-1.2.3.4-tetrahydronaphthyl-(1)}-äthylchlorid*, Kp.$_3$ 147—151°, durch Rk. von 7 g vorst. Alkohols mit **X** u. $SOCl_2$; 4,3 g. — *γ-{6.7-[2'-Methylcyclopenteno]-naphthyl-(1)}-buttersäure*, F. 146—149°, durch Kondens. von 4,3 g vorst. Chlorids mit **VII** Hydrolyse, Decarboxylieren u. Hydrieren; 1,2 g. — *6.7-[2'-Methylcyclopenteno]-1-oxo-1.2.3.4-tetrahydrophenanthren*, $C_{18}H_{18}O$, F. 130—131°, durch Cyclisieren von 0,5 g vorst. Säure; 0,1 g. — *1-Methyl-6.7-[2'-methylcyclopenteno]-phenanthren*, F. 119—120°, durch Methylieren vorst. Verb. u. Dehydrieren über Pd/Kohle; aus Methanol Platten. *Trinitrobenzolat*, $C_{19}H_{18}\cdot C_6H_3N_3O_6$, F. 158—159°; aus Methanol gelbe Nadeln. — *6-Acetyl-7-äthyl-1.2.3.4-tetrahydronaphthyl-(1)-essigsäureäthylester*, Kp.$_{0,06}$ 169—185°, durch Acetylieren von 40 g 7-Äthyl-1.2.3.4-tetrahydronaphthyl-(1)-essigsäureäthylester mit 20 g Acetylchlorid, 15 g $AlCl_3$ u. 180 cm³ Tetrachloräthan; 28 g. *Freie Säure* (**IX**), $C_{16}H_{20}O_3$, F. 126—127°, durch Hydrolyse des Esters; 9 g. — *6.7-Diäthyl-1.2.3.4-tetrahydronaphthyl-(1)-essigsäure*, F. 67—70°, durch CLEMMENSEN-Red. von 9 g vorst. Säure; 7,9 g. *Methylester*, Kp.$_3$ 151—155°, durch Methylieren der Säure mit **XI**. — *β-[6.7-Diäthyl-1.2.3.4-tetrahydronaphthyl-(1)]-äthanol*, Kp.$_5$ 170—171°, durch Red. von 7,5 g vorst. Esters mit $LiAlH_4$; 6,5 g. — *β-[6.7-Diäthyl-1.2.3.4-tetrahydronaphthyl-(1)]-äthylchlorid*, Kp.$_5$ 150—151°, aus 6,5 g vorst. Verb. durch Rk. mit **X** u. $SOCl_2$; 2,5 g. — *γ-[6.7-Diäthylnaphthyl-(1)]-buttersäure*, $C_{18}H_{22}O_2$, F. 107—108°, durch Kondens. von 2,5 g vorst. Verb. mit **VII**, Hydrolyse, Decarboxylieren u. Dehydrieren; 1,3 g. — *1-Oxo-6.7-diäthyl-1.2.3.4-tetrahydrophenanthren*, $C_{18}H_{20}O$, F. 81—82°, durch Cyclisieren von 1,3 g vorst. Verb.; 0,5 g. — *1-Methyl-6.7-diäthylphenanthren*, F. 54°, durch Methylieren vorst. Verb. u. Dehydrieren über Pd/Kohle. *Trinitrobenzolat*, $C_{19}H_{20}\cdot C_6H_3N_3O_6$, F. 167 bis 168°; aus Methanol gelbe Nadeln. — *Pyromellitsäuretetramethylester*, F. 141—142°, a) durch 7std. Kochen von **IX** in HNO_3 (D. 1,4), Lösen des Nd. in Aceton, Methylieren mit **XI** in Ae., Eindampfen u. Chromatographie an Al_2O_3; b) durch Oxydation von **VIII** mit HNO_3 u. Behandeln wie unter a). K. LANGE. 2850

Untersuchungen über Abietinsäurederivate. 1. Mitt. **Desisopropylierung von Dehydroabietinsäure.** 1. Teil. Michitoshi Ohta und Lara Ohmori. (Pharmac. Bull. [Tokyo] **5.** 91—95. April 1957. Tokyo, Shimotakaido, Suginami-ku, Kowa chem. Labor.; engl.) — Durch Behandlung von Dehydroabietinsäure (**I**) mit $AlCl_3$ in abs. Bzl. wird ein Gemisch aus 6% *Desisopropyldehydroabietinsäure* (**II a**; trans-11α-H-12β-CH_3-) u. 44% *Desisopropylallodehydroabietinsäure* (**II b**; cis-11α-H-12α-CH_3-) erhalten, deren Struktur durch Se-Dehydrierung von **II b** sowie durch CrO_3-Oxydation der *Methylester* (**III a** bzw. **III b**) untersucht wird. Bei der Dehydrierung von **II b** mittels Se entsteht *1-Methylphenanthren.* **III a**, der auch aus 7-Aminodesisopropyldehydroabietinsäuremethylester (**VIII**) durch Diazotieren u. Red. mit alkal. HCHO-Lsg. erhalten wird, gibt bei der Oxydation mit CrO_3 in Essigsäure *9-Oxo-* (**IV a**), *9.10-Dioxo-11-hydroxydesisopropyldehydroabietinsäuremethylester* (?; **V**) u. *2β.6β-Dimethyl-2-[o-carboxyphenyl]-6-methoxycarbonylcyclohexanon-(1)* (**VI a**). Bei Verw. von 2,7 Mol CrO_3 entsteht ein Gemisch aus 60% **IV a**, 10% **V** u. 1% **VI a**, bei Verw. von 6,8 Mol CrO_3 65 % **VI a**. Analog wird aus **III b** in Essigsäure *9.10-Dioxodesisopropylallodehydroabietinsäuremethylester* (**VII**; 11ξ-H-12α-CH_3-) u. *2α.6β-Dimethyl-2-[o-carboxyphenyl]-6-methoxycarbonylcyclohexanon-(1)* (**VI b**) erhalten; Rk. mit 5 Mol CrO_3 gibt 68% **VII**, mit 8,2 Mol CrO_3 60 % **VI b**. Bei Verw. von Acetanhydrid als Lsgm. entsteht bei der CrO_3-Oxydation von **III b** neben wenig **VII** 54% *9-Oxodesisopropylallodehydroabietinsäuremethylester* (**IV b**). UV-Spektren s. Original.

Versuche: *Desisopropylallodehydroabietinsäure* (**II b**), $C_{17}H_{22}O_2$, F. 160—162° (Methanol), durch 3std. Rühren von **I** in abs. Bzl. mit $AlCl_3$ bei 30—33°, Zers. mit verd. HCl, Extrahieren der Benzolphase mit 5%ig. NaOH, Ansäuern der alkal. Lsg. mit HCl, Extrahieren mit Chlf., Dest. bei 193—196°/3—4 Torr, Lösen in warmem Diisopropyläther, Stehen mit Diisoamylamin, Abfiltrieren des *Diisoamylammoniumsalzes* (F. 149—150°; Nadeln) von der Mutterlauge (**A**), Lösen in sd. Methanol, Ansäuern mit 20%ig. Essigsäure; $[\alpha]_D^{28}$ +1,7° (c = 2,956; A.); 44% (Ausbeute); daneben 6% *Desisopropyldehydroabietinsäure* [**II a**; $C_{17}H_{22}O_2$, F. 171°—173° (Methanol), durch Eindampfen von **A** u. Ansäuern des Rückstandes mit Essigsäure; $[\alpha]_D^{28}$ +69,4° (c = 2,668; A.). **II a**-*Methylester* (**III a**), $C_{18}H_{24}O_2$, F. 108—109° (Methanol), Kp.$_{,2}$ 180—190° (Bad), a) aus **II a** u. CH_2N_2 in Ae.; $[\alpha]_D^{25}$ +60,5° (c = 2,494; A.); b) durch Rk. von **VIII** in 10%ig. HCl mit $NaNO_2$-Lsg. in der Kälte, Zutropfen zu einer kalten Lsg. von HCHO in 17%ig. NaOH, 1std. Rühren bei Raum-Temp. u. Ausäthern. **II b**-*Methylester* (**III b**), $C_{18}H_{24}O_2$, F. 93—94° (Methanol), durch Methylieren von **II b** mit CH_2N_2; $[\alpha]_D^{20}$ —5,1° (c = 2,944; A.). — *2β.6β-Dimethyl-2-[o-carboxyphenyl]-6-methoxycarbonylcyclohexanon-(1)* (**VI a**), $C_{17}H_{20}O_5$, F. 151—152° (Methanol), a) durch Zutropfen von 20 mMol CrO_3 in Essigsäure zu 7,35 m Mol **III a** in Eisessig bei 60—70°, 6std. Erwärmen auf 75—80°, mehrstd. Stehen bei Raum-Temp., Eindampfen in Vakuum, Aufnehmen in Ae., Extrahieren der äther. Lsg. mit 10%ig. Na_2CO_3, Ansäuern der alkal. Lsg. mit HCl u. Ausäthern; $[\alpha]_D^{25}$ —8,4° (c = 2,378; A.); 1%; daneben 10% *9.10-Dioxo-11-hydroxydesisopropyldehydroabietinsäuremethylester* [**V**; $C_{18}H_{20}O_5$, F. 201—203° (Zers.), aus der mit Na_2CO_3 extrahierten äther. Lsg.; aus Bzl. gelbe Prismen] u. 60% *9-Oxodesisopropyldehydroabietinsäuremethylester* [**IV a**; $C_{18}H_{22}O_3$, F. 51—53°, Kp.$_{,3}$ 198—200°, durch Eindampfen der Mutterlauge von **VI a** u. Behandeln mit GIRARD-P-Reagens; $[\alpha]_D^{27}$ +4,5° (c = 5,750; A.)]; b) durch Zugabe von 25 m Mol CrO_3 in Essigsäure zu 3,68 mMol **III a** in Eisessig bei 70°, 7½ std. Erwärmen auf 80°, mehrstd. Stehen bei Raum-Temp. u. Aufarbeiten wie unter a); 65 %; daneben 14% **V.** — *1-Methylphenanthren,* $C_{15}H_{12}$, F. 122° (Methanol), durch 5std. Erhitzen von **II b** mit Se auf 300° u. 2std. Erhitzen auf 340—350°; 94%. *Pikrat,* F. 137—139° (A.). — *9.10-Dioxodesisopropylallodehydroabietinsäuremethylester* (**VII**), $C_{18}H_{20}O_4$, F. 135—138°, a) durch Zugabe von 15 mMol CrO_3 zu 11 mMol **III b** in Acetanhydrid während 3 Std. bei Raum-Temp., 3std. Rühren, 15std. Stehen u. Aufarbeiten wie bei **VI a**; aus Bzl./PAe. gelbe Kristalle; wenig; daneben 54% *9-Oxodesisopropylallodehydroabietinsäuremethylester* [**IV b**; $C_{18}H_{22}O_3$, Kp.$_{,4}$ 192—194°; $[\alpha]_D^{19}$ —78,9° (c = 2,168; A.)]. *2.4-Dinitrophenylhydrazon,* $C_{24}H_{26}N_4O_6$, F. 193—194°; aus Essigsäureäthylester orangegelbe Nadeln; b) aus 8,08 mMol **III b** u. 40 mMol CrO_3 wie unter **VI a**; 68%; c) durch 6½ std. Erwärmen von 3,68 mMol **III b** u. 30 mMol CrO_3 in Essigsäure bei 85°, mehrstd. Stehen bei Raum-Temp., Zugaben von Methanol, Eindampfen, Zugabe von W.; Ausäthern, Extrahieren mit 10%ig. Na_2CO_3 u. Eindampfen der äther. Lsg.; 4%; daneben 60% *2α.6β-Dimethyl-2-[o-carbooxyphenyl]-6-methoxycarbonylcyclohexanon-(1)* [**VI b**, $C_{17}H_{20}O_5$, F. 128—131,5° (Methanol); aus der alkal. Lsg.; $[\alpha]_D^{25}$ —35,5° (c = 2,996; A.)]. K. LANGE. 2850

Untersuchungen über Abietinsäurederivate. 2. Mitt. **Desisopropylierung von Dehydroabietinsäure.** 2. Teil. Michitoshi Ohta und Lara Ohmori. (Pharmac. Bull.

[Tokyo] **5.** 96—100. April 1957; engl.) — 1. vgl. vorst. Referat. — Durch folgende Rkk. wird bewiesen, daß das in Desisopropylallodehydroabietinsäure (**VI b**) an $C_{(11)}$ gebundene H-Atom α-Konfiguration besitzt: 2β.6β- (**I a**) u. 2α.6β-Dimethyl-2-[o-carboxyphenyl]-6-methoxycarbonylcyclohexanon-(1) (**I b**) werden durch NaOH zu (+)-*2β.6α-Dimethyl-2-[o-carboxyphenyl]-cyclohexanon-(1)* (**II a**) bzw. (—)-*2α.6β-Dimethyl-2-[o-carboxyphenyl]-cyclohexanon-(1)* (**II b**) verseift u. decarboxyliert. **II a** u. **II b** bilden eine 1:1-Mol.-Verb. u. geben bei Kristallisation eines äquimol. Gemisches das Racemat. Durch Bromieren in Eisessig werden aus 9-Oxodesisopropyldehydroabietinsäuremethylester (**III a**) oder 9-Oxo-desisopropylallodehydroabietinsäuremethylester (**III b**) *9-Oxo-10-bromdesisopropyldehydroabietinsäuremethylester* (**VII a**; trans-10ξ-Br-11α-H-12β-CH_3-) bzw. *9-Oxo-10-bromdesisopropylallodehydroabietinsäuremethylester* (**VII b**; cis-10ξ-Br-11α-H-12α-CH_3-) dargestellt, die beim Kochen mit $AgNO_3$ in Pyridin zu *9-Oxo-$\Delta^{10,11}$-desisopropyl-bis-dehydroabietinsäuremethylester* (**IV a**; 12β-CH_3-) bzw. *9-Oxo-$\Delta^{10,11}$-desisopropylallo-bis-dehydroabietinsäuremethylester* (**IV b**; 12α-CH_3-) dehydrobromiert werden. **IV a** u. **IV b** werden beim Verseifen zu (+)-*1α.12β-Dimethyl-9-oxo-1.2.3.4.9.12-hexahydrophenanthren* (**V a**) bzw. (—)-*1β.12α-Dimethyl-9-oxo-1.2.3.4.9.12-hexahydrophenanthren* (**V b**) decarboxyliert. **II a** u. **II b** bzw. **V a** u. **V b** sind somit opt. Antipoden. Die in **II b** u. **V b** an $C_{(1)}$ gebundene Methylgruppe besitzt β-Konfiguration. Durch Rosenmund-Red. der aus Desisopropyldehydroabietinsäure (**VI a**) u. **VI b** dargestellten *Säurechloride* u. Red. der aus den erhaltenen *Aldehyden* dargestellten *Semicarbazone* nach Wolff-Kishner zu *Desisopropyldehydroabietan* (trans-11α-H-12β-CH_3-) bzw. *Desisopropylallodehydroabietan* (cis-11α-H-12α-CH_3-) wird die α-Konfiguration des an $C_{(11)}$ gebundenen H-Atoms gesichert. UV- u. IR-Spektren s. Original.

Versuche: (+)-*2β.6α-Dimethyl-2-[o-carboxyphenyl]-cyclohexanon-(1)* (**II a**), $C_{15}H_{18}O_3$, F. 185—187° (Methanol), durch 2std. Erhitzen von 0,5 g **I a** in 10%ig. NaOH auf 100°, Ansäuern mit HCl u. Ansäuern; $[\alpha]_D^{25}$ +142,5° (c = 2,204; A.); 0,3 g (Ausbeute). — (—)-*2α.6β-Dimethyl-2-[o-carboxyphenyl]-cyclohexanon-(1)* (**II b**), $C_{15}H_{18}O_3$, F. 185—187° (Methanol), aus 0,5 g **I b** analog **II a**; $[\alpha]_D^{23}$ —142,6° (c = 1,388; A.); 0,25 g. *Brucinsalz*, $C_{38}H_{44}N_2O_7$, F. 157—160°, durch Kristallisation eines äquimol. Gemisches von **II b** u. Brucin aus Methanol; $[\alpha]_D^{20}$ —101,3° (c = 2,980; A.). — (±)-*2.6-Dimethyl-2-[o-carboxyphenyl]-cyclohexanon-(1)*, F. 192—194°, durch Kristallisation eines äquimol. Gemisches aus **II a** u. **II b** aus Methanol; $[\alpha]_D^{22}$ ±0° (c = 1,172; A.). — *9-Oxo-10-bromdesisopropyldehydroabietinsäuremethylester*, $C_{18}H_{21}BrO_3$, F. 133—134° (Methanol), durch Zugabe von Br_2 in Eisessig zu **III a** in Eisessig in Ggw. von wenig HBr u. Stehen bei 35—40°; $[\alpha]_D^{26}$ +21,9° (c = 2,284; Aceton); 80%. — *9-Oxo-10-bromdesisopropylallodehydroabietinsäuremethylester*, $C_{18}H_{21}BrO_3$, F. 121° (Methanol), durch Zutropfen einer 1n essigsauren Br_2-Lsg. zu 0,95 g **III b**; $[\alpha]_D^{25}$ —27,8° (c = 1,580; Aceton); 1,11 g. — *9-Oxo-$\Delta^{10,11}$-desisopropyl-bis-dehydroabietinsäuremethylester* (**IV a**), $C_{18}H_{20}O_3$, F. 105—106° (Ae./PAe.), durch 4std. Kochen von 1,02 g **VII a** in Pyridin mit $AgNO_3$, Eindampfen im Vakuum, Zugabe von verd. HCl u. Ausäthern; $[\alpha]_D^{25}$ + 85,6° (c = 2,056; A.); 0,4 g. — *9-Oxo-$\Delta^{10,11}$-desisopropylallo-bis-dehydroabietinsäuremethylester* (**IV b**), $C_{18}H_{20}O_3$, F. 147—148°, durch 4std. Kochen von 1,37 g **VII b** in Pyridin mit $AgNO_3$; $[\alpha]_D^{25}$ —154,4° (c = 1,030; A.); 0,43 g. — (+)-*1α.12β-Dimethyl-9-oxo-1.2.3.4.9.12-hexahydrophenanthren* (**V a**), $C_{16}H_{18}O$, F. 120—121° (Methanol), durch 2std. Kochen von 0,28 g **IV a** mit 12%ig. alkohol. KOH, Eindampfen im Vakuum u. Ausäthern; $[\alpha]_D^{29}$ +106,3° (c = 1,326; A.). — (—)-*1β.12α-Dimethyl-9-oxo-1.2.3.4.9.12-hexahydrophenanthren* (**V b**), $C_{16}H_{18}O$, F. 120—121° (Methanol), aus 0,35 g **IV b** analog **V a**; $[\alpha]_D^{29}$ —104,6° (c = 1,214; A.); 0,1 g. — *Desisopropyldehydroabietinalsemicarbazon*, $C_{18}H_{25}N_3O$, F. 214° (Zers.; Dioxan), durch 5std. Rk. von **VI a** in abs. Ae. mit $SOCl_2$ u. Pyridin bei Raum-Temp., Einleiten von H_2 in die Lsg. des *Säurechlorids* [F. 82—85° (PAe.)] in sd. Xylol in Ggw. von Pd/$BaSO_4$, Eindampfen, Lösen in A. u. 1/4std. Kochen mit Semicarbazidsulfat u. Na-Acetat. — *Desisopropylallodehydroabietinalsemicarbazon*, $C_{18}H_{25}N_3O$, F. 212° (Zers.; A.), aus **VI b** über das *Säurechlorid* (Kp.$_{4,5}$ 176—177°) analog vorst. Verbindung. — *Desisopropyldehydroabietan*, $C_{17}H_{24}$, Kp.$_3$ 150 bis 155° (Bad), durch 9std. Erhitzen von 0,39 g vorvorst. Verb. mit Na-Äthylat im Autoklaven auf 190—210°, Endampfen, Zugabe von W., Ausäthern u. Chromatographie in PAe. an Al_2O_3; $[\alpha]_D^{23}$ +65,0° (c = 2,002; A.); 0,15 g; daneben *Desisopropyldehydroabietinol* (F. 62—64°). — *Desisopropylallodehydroabietan*, $C_{17}H_{24}$, F. 53—54° (Methanol), Kp.$_4$ 150—160° (Bad), analog vorst. Verb. aus vorvorst. Verb.; $[\alpha]_D^{22}$ —28,2° (c = 1,100; A.). K. Lange. 2850

Dien-Synthesen mit Chinolacetaten. 2. Mitt. **Zur Synthese höher substituierter Phthalsäuren.** F. Wessely und H. Budzikiewicz. (Mh. Chem. **90.** 62—67. 27/2. 1959. Wien, Univ., 2. Chem. Univ.-Inst.; dt.) — 1. vgl. C. **1962.** 116. — Die Addition von Acetylendicarbonsäurediäthylester (**I**) ano-Chinolacetate, die Verbb. vom Typus **II** liefert, ergibt eine Möglichkeit zu deren Konstit.-Best. u. zur Synth. substituierter Phthalsäuren. Auf die Grenzen der Anwendbarkeit dieser Meth. wird näher eingegangen.

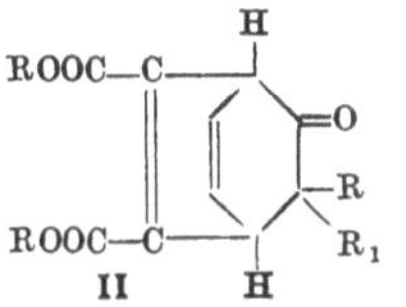

II

R = Alkyl oder Aryl

$R_1 = CH_3COO$

Versuche: *2-Methyl-o-chinolacetat* (*2-Keto-1-methyl-$\Delta^{3.5}$-cyclohexadienylacetat;* **III**), aus o-Kresol durch Oxydation mit Pb-Tetraacetat. — *1-Keto-2.5-dicarbäthoxyätheno-6-methyl-Δ^3-cyclohexenyl-(6)-acetat*, $C_{17}H_{20}O_7$, aus vorst. Verb. durch 4std. Kochen mit **I** in Xylol, Einengen u. Dest. bei 0,1 Torr im Kugelrohr; gelbliches Öl; $D._{22}^{22}$ 1,200; n_D^{22} 1,495; gibt bei 4std. Kochen mit 10%ig. methanol. NaOH unter N_2 *Phthalsäure*, F. 191° [*Anhydrid*, F. 131° (Ae.)]. — *1-Keto-2.5-dicarbäthoxyätheno-6-methylcyclohexyl-(6)-acetat*, $C_{17}H_{22}O_7$, Kp.$_{0,01}$ 160°, aus vorst. Verb. durch Hydrieren an Pd/Kohle (10%) in Eisessig. — *2.3-Dimethyl-o-chinolacetat* (**IV**), aus 2.3-Dimethylphenol analog **III**. — *2.6-Dimethyl-o-chinolacetat*, aus 2.6-Dimethylphenol analog **III**. — *3-Methylphthalsäure* (**V**) durch Verseifen des Additions-Prod. von **IV** oder vorst. Verb. u. **I**. *Anhydrid*, F. 115—117° (Ae.). — *2.4-Dimethyl-o-chinolacetat* (**VI**), aus 2.4-Dimethylphenol analog **III**. — *2.5-Dimethyl-o-chinolacetat*, aus 2.5-Dimethylphenol analog **III**. — *4-Methylphthalsäureanhydrid*, $C_9H_6O_3$, F. 93—94° (sublimiert), aus **VI** oder vorst. Verb. analog **V**. — *2.4.6-Trimethyl-o-chinolacetat*, aus 2.4.6-Trimethylphenol analog **III**. — *3.5-Dimethylphthalsäureanhydrid*, $C_{10}H_8O_3$, F. 116—118° (sublimiert), aus vorst. Verb. analog **V**. — *3.4.5-Trimethylphthalsäureanhydrid*, F. 181—182° (sublimiert), aus 2.4.5.6-Tetramethyl-o-chinolacetat analog **V**. — *2.6-Diäthyl-o-chinolacetat*, aus 2.6-Diäthylphenol analog **III**. — *3-Äthylphthalsäureanhydrid*, $C_{10}H_8O_3$, F. 100—101°, aus vorst. Verb. analog **V**. B.-G. BRODDA. 2950 □

Die Synthese von 3-Fluor- und 4'-Fluor-9.10-dimethyl-1.2-benzanthracen. Melvin S. Newman und Ko Naiki. (J. org. Chemistry **27**. 863—65. März 1962. Columbus, Ohio, State Univ., Evans Chem. Labor.; engl.) — *3-Methyl-3-[naphthyl-(1')]-phthalid* (**I**) wird nach der Meth. von NEWMAN [1937] aus 1-[o-Carboxybenzoyl]-naphthalin u. CH_3MgBr erhalten. Analog entstehen das *4-'* bzw. *5'-Fluor-Derivat*. **I** wird in 24%ig. Ausbeute auch aus o-Acetylbenzoesäuremethylester u. α-Naphthyl–MgBr hergestellt; aus o-Acetylbenzoesäureisopropylester u. α-Naphthyl–MgBr entsteht es nicht. Aus **I** bzw. seinen Fluor-Derivv. entstehen bei der Red. mit Zn u. Ameisensäure *o-[α-Naphthyl-(1')-äthyl]-benzoesäure* (**II**) bzw. das *4'-* u. *5'-Fluor-Deriv.*, die mit CH_3Li zu *o-[α-Naphthyl-(1')-äthyl]-acetophenon* (**III**) bzw. dem *4'-* u. *5'-Fluor-Deriv.* umgesetzt werden. Mit sirupöser H_3PO_4 wird dann zu *9.10-Dimethyl-1.2-benzanthracen* (**IV**) bzw. dessen *3-Fluor-* u. *4'-Fluor-Deriv.* cyclisiert.

Versuche: *o-Acetylbenzoesäure, Methylester*, $C_{10}H_{10}O_3$, Kp.$_8$ 127—129°, durch 1tägiges Kochen von o-Acetylbenzoesäure, CH_3J u. K_2CO_3 in Aceton; 66% (Ausbeute). -*Isopropylester*, $C_{12}H_{14}O_3$, Kp.$_8$ 152—153°, analog aus o-Acetylbenzoesäure, Isopropyljodid u. K_2CO_3 in Methyläthylketon; 87%. — *3-Methyl-3-[naphthyl-(1')]-phthalid* (**I**), a) aus 1-[o-Carboxybenzoyl]-naphthalin u. CH_3MgBr nach NEWMAN; 61%; b) durch 2std. Kochen von vorst. Methylester mit α-Naphthyl–MgBr in Ae. u. Bzl.; 24%. — *o-[α-Naphthyl-(1')-äthyl]-benzoesäure* (**II**), F. 167—168°, durch 12std. Kochen von **I** mit Zn-Staub u. 90%ig. Ameisensäure in W., Verdünnen mit W., Lösen des Nd. in NaOH u. Fällen mit HCl; 97%. — *o-[α-Naphthyl-(1')-äthyl]-acetophenon* (**III**), $C_{20}H_{18}O$, F. 114 bis 115° (A., Platten), durch Zutropfen von **II** in Ae. zu einer äther. Lsg. von CH_3Li (aus CH_3J u. Li), 1std. Rühren bei Zimmer-Temp. u. Gießen auf Eis; 75%. — *9.10-Dimethyl-1.2-benzanthracen* (**IV**), F. 122—123° (hellgelbe Platten), durch 1std. Erhitzen von **III** mit sirupöser H_3PO_4 auf 95°, Verdünnen mit W. u. Chromatographie an Al_2O_3 mit Bzl.-PAe. (Kp. 65—70°); 87%. — *3-Methyl-3-[5'-fluornaphthyl-(1')]-phthalid*, $C_{19}H_{13}FO_2$, F. 131 bis 132° (Methanol, Platten), durch Eintropfen von CH_3MgBr in Ae. in eine Lsg. von o-[5'-Fluornaphthoyl-(1')]-benzoesäure in Ae. u. Bzl., 2std. Kochen u. Versetzen mit verd. HCl; 56%. — *o-[α-5'-Fluornaphthyl-(1')-äthyl]-benzoesäure*, $C_{19}H_{15}FO_2$, F. 160—161° (Bzl.-PAe., Nadeln), a) aus vorst. Verb. analog **II**; 94%; b) durch Red. vorst. Verb. mit Zn-Staub u. Alkali; 70%. — *o-[α-5'-Fluornaphthyl-(1')-äthyl]-acetophenon*, $C_{20}H_{17}FO$, F. 84 bis 85° (A., Prismen), aus vorst. Verb. analog **III**; 57%. — *4'-Fluor-9.10-dimethyl-1.2-benzanthracen*, $C_{20}H_{15}F$, F. 97,5—98,0° (PAe., Platten), aus vorst. Verb. durch 1std. Rk. mit sirupöser H_3PO_4 bei 85—90° analog **IV**; 92%. — *3-Methyl-3-[4'-fluornaphthyl-(1')]-phthalid*, $C_{19}H_{13}FO_2$, F. 143—144° (A., Platten), durch Zutropfen von CH_3MgBr in Ae. zu einer äther. Lsg. von o-[4'-Fluornaphthoyl-(1')]-benzoesäure, 2std. Kochen u. Versetzen mit verd. HCl; 88%. — *o-[α-4'-Fluornaphthyl-(1')-äthyl]-benzoesäure*, $C_{19}H_{15}FO_2$, F. 163—164° (Bzl.-PAe. 1:1, Nadeln), aus vorst. Verb. wie **II**; 88 %. — *o-[α-4'-Fluornaphthyl-(1')-äthyl]-acetophenon*, $C_{20}H_{17}FO$, F. 134—135° (A., Platten), aus vorst. Verb. wie **III**; 79%. — *3-Fluor-9.10-dimethyl-1.2-benzanthracen*, $C_{20}H_{15}F$, F. 92,5—93,0° (Platten), aus vorst. Verb. wie **IV** u. Chromatographie an Al_2O_3 unter N_2 u. Ausschluß von

Sonnenlicht; 59%. *Peroxid*, $C_{20}H_{15}FO_2$, F. ~206° (Zers.; Bzl.-PAe., Platten), beim Chromatographieren an Al_2O_3 mit Bzl.-PAe. 1:1 bei Luft- u. Lichtzutritt; ~90%.

E. KOSSMEHL. 2950□

Darstellung von Azulen durch Dehydrierung von azulenogenen Terpenen in der Gasphase über einem Katalysator aus schwarzem, nichtstöchiometrischem, sauerstoffreichem Chromoxid Cr_2O_3. Thierry Chaudron und Robert Paullaud. (C. R. hebd. Séances Acad. Sci. **253.** 140—41. 3/7. 1961. Paris, École Nat. Supér. de Chim.; franz.) — Zur Darst. größerer Mengen von *Azulenen* durch Dehydrierung natürlicher azulenogener Terpene ist schwarzes, sauerstoffreiches Cr-Oxid als Katalysator geeignet. — 160 g CrO_3 werden in 2 Liter W. gelöst, danach wird unter Schütteln 80 ml A. zugegeben, nach 4 Std. langer Zugabe von 80 ml A., 24std. Kochen, Waschen des Nd., 12std. Trocknen bei 120° u. langsames Erhitzen auf 350° im N_2- Strom. — Dehydrierung von Guajol zu *Guajazulen* (I), Kp.$_3$ 143°: geschmolzenes Guajol wird in ein Rohr gebracht, welches auf 370° erhitzten Katalysator enthält. Reinigung durch Dest., Fällen mit H_3PO_4, Zers. mit Eis, Extraktion mit Ae. u. Eindampfen; λ_{max} 575 mμ; 30% (Ausbeute). — Weiter wurden Aromadendren, α-Gurjunen u. Sesquiterpenfraktionen vom Kp.$_4$ 100° aus Geraniumöl zu I (15—25%) dehydriert.

K.-F. SCHNEIDER. 2950□

Äthyleniminketone. 14. Mitt. **Sterische Prüfungen bei konjugierten Additionen.** Norman H. Cromwell. (J. Amer. chem. Soc. **81.** 4702—05. 5/9. 1959. Lincoln, Nebr; London, Univ. Coll., Dep. of Chem.; engl.) — 13. vgl. C. **1960.** 2855. — Die Einw. von prim. Aminen auf α-Bromchalkone oder von Mischungen aus Brom u. Aminen auf α,β-ungesätt. Ketone liefert *cis-* u. *trans-Arylaroyläthylenimine*. Die in den vorangegangenen Mitt. gesammelten Ergebnisse werden zusammengestellt u. diskutiert. — *Gemisch aus cis- u. trans-1-Methyl-2-phenyl-3-[p-phenylbenzoyl]-äthylenimin* (I), F. 102 bis 104°, aus α-Brom-4'-phenylchalkon u. überschüssigem äther. Methylamin in Bzl. bei 20° (10 Std.) u. bei 5° (12 Std.); hellgelber Nd.; 92%. *trans*-I, F. 120—121°, durch Chromatographie der Isomerenmischung in Bzl. an Al_2O_3 u. Eluieren mit A./Bzl.; 68%. *cis*-I, F. 140°, durch weiteres Eluieren; 31%. — *Gemisch aus cis- u. trans-1-Methyl-2-phenyl-3-[p-toluyl]-äthylenimin* (II), aus α-Brom-4'-methylchalkon analog vorst. Verb.; Öl. *trans*-II, F. 76—78°, durch chromatograph. Trennung an Al_2O_3; 60%. *cis*-II; Öl 40%.

H. GOLD. 3030□

Studien auf dem Fettgebiet. 272. Mitt. **Langkettige ungesättigte γ-Lactone.** Hans Paul Kaufmann und Ingrid Rose. (J. prakt. Chem. [4] **15** (**287**). 121—26. März 1962. Münster/Westf., Deutsches Inst. für Fettforsch.; dt.) — 271. vgl. Fette, Seifen, Anstrichmittel **63.** [1961.] 908; 272. vgl. auch Fette, Seifen, Anstrichmittel **63.** [1961.] 1021; vgl. auch C. **1962.** **315.** — Die von Vff. durch Addition von Säurechloriden an Olefine, Dehydrochlorierung der erhaltenen β-Chlorketone, Anlagerung von HCN u. Hydrolyse erhaltenen *α-Alkyl-γ-ketofettsäuren* (229. vgl. C. **1961.** 18285) lassen sich mit Hilfe von Pyrophosphorsäure oder p-Toluolsulfonsäure (TsOH) zu *$\Delta^{\alpha,\beta}$-ungesätt. γ-Lactonen* cyclisieren.

Versuche: *Undecylpropenylketon* (I), $C_{15}H_{28}O$, Kp.$_{15}$ 176°, aus Undecyl-β-chlorpropylketon; 86% (Ausbeute). — *Tridecylpropenylketon*, $C_{17}H_{32}O$, F. 28°, Nadeln (A.), aus Tridecyl-β-chlorpropylketon; 83%. — *α-Methyl-γ-oxopentadecansäurenitril*, $C_{16}H_{29}NO$, F. 24°, Nadeln (A.), aus I; 85%. — Analog: *α-Methyl-γ-oxoheptadecansäurenitril*, $C_{18}H_{33}$·NO, F. 38°; 82%. — *α-Methyl-γ-oxopentakosansäurenitril*, $C_{26}H_{49}NO$, F. 65°, aus Heneikosylpropenylketon; 71%. — *α-Methyl-γ-oxotridecansäure* (II), $C_{14}H_{26}O_3$, F. 69°, aus dem Nitril durch alkal. Verseifung; 91%. — Analog: *α-Methyl-γ-oxopentadecansäure* (III), $C_{16}H_{30}O_3$, F. 78°; 92%. — *α-Methyl-γ-oxoheptadecansäure* (IV), $C_{18}H_{34}O_3$, F. 83°; 90 %. — *α-Methyl-γ-oxopentakosansäure* (V), $C_{26}H_{50}O_3$, F. 97°; 91,5%. — *α-Methylpentadecansäure*, $C_{16}H_{32}O_2$, F. 42°, Nadeln (Aceton), aus III nach CLEMMENSEN; 56%. — Analog: *α-Methylheptadecansäure*, $C_{18}H_{36}O_2$, F. 48°; 50%. — *5-Oxo-4-methyl-2-nonyl-2.5-dihydrofuran*, $C_{14}H_{24}O_2$, Öl, gereinigt durch Tief-Temp.-Kristallisation aus PAe., aus II u. sirupöser H_3PO_4 (3 Std. im Vakuum bei 150—160° Bad-Temp.); 47%. — *5-Oxo-4-methyl-2-undecyl-2.5-dihydrofuran* (VI), $C_{16}H_{28}O_2$, Öl, gereinigt wie vorst., aus III im sd. Toluol in Ggw. von TsOH (3—4 Std., Wasserabscheider); 51%. — *5-Oxo-4-methyl-2-tridecyl-2.5-dihydrofuran*, $C_{18}H_{32}O_2$, F. 42°, aus IV; 46%. — *5-Oxo-4-methyl-2-pentadecyl-2.5-dihydrofuran*, $C_{20}H_{36}O_2$, F. 51°, aus α-Methyl-γ-oxononadecansäure; 49%. — *5-Oxo-4-methyl-2-heptadecyl-2.5-dihydrofuran*, $C_{22}H_{40}O_2$, F. 57°, aus α-Methyl-γ-oxoheneikosansäure; 46%. — *5-Oxo-4-methyl-2-heneikosyl-2.5-dihydrofuran*, $C_{26}H_{48}O_2$, F. 68°, aus V; 46%. — *5-Oxo-4-methyl-3.4-dihydroxy-2-undecyltetrahydrofuran*, $C_{16}H_{30}O_4$, F. 78° (Tetrahydrofuran/W.), durch Zutropfen einer wss. Lsg. von $KMnO_4$ u. $MgSO_4$ zu einer äthanol. Lsg. von **VI** bei —5° unter Rühren innerhalb 1 Std. u. halbstd. Weiterrühren; 71%. — Analog: *5-Oxo-4-methyl-3.4-dihydroxy-2-tridecyltetrahydrofuran*, $C_{18}H_{34}O_4$; F. 84°; 66%. — *5-Oxo-4-methyl-3.4-dihydroxy-2-pentadecyltetrahydrofuran*, $C_{20}H_{38}O_4$, F. 89°; 69%.

J. ROTHE. 3061□

Synthese von Isothionaphthen. 7. Mitt. **über Schwefel-Heterocyclen.** Roland Mayer, H. Kleinert, Swetla Richter und K. Gewald. (Angew. Chem. **74.** 118. 7/2. 1962. Dresden, TU, Inst. für Organ. Chem.; dt.) — 6. vgl. Chem. Ber. **95.** [1962.] 1311. — *Isothionaphthen* (I; F. 50—51°; durch Sublimation an Blättchen; 65% Ausbeute) entsteht durch katalyt. Dampfphasendehydrierung von 1.2-[2-thiatrimethylen]-benzol an Pd/Kohle bei 330° unter völligem Ausschluß von O_2. I ist eine nach Naphthalin riechende Verb., die unter N_2 bei —30° nur einige Tage haltbar ist. In Ggw. eines Stabilisators ist I in Lsg. beständig. Für I sind Additions-Rkk. am 5-Ring unter Ausbildung des benzoiden Syst. charakterist.: So wird Maleinsäureanhydrid zu *2.3-Benzo-7-thiabicyclo-[2.2.1]-hepten-5.6-dicarbonsäureanhydrid* [F. 153—154° (Bzl.)] addiert, das durch NaOH-Schmelze *Naphthalin-2.3-dicarbonsäure* gibt. IR- u. UV-spektroskop. Unterss. vgl. Original. P. GOLINSKE. 3071 □

Einige methylsubstituierte Indol-3-essigsäuren. Frank J. Stevens und Helen Chien-fan Su. (J. org. Chemistry **27.** 500—02. Febr. 1962. Auburn, Ala., Univ., Dep. of Chem.; engl.) — Aus methylierten Phenylhydrazinen werden mit Lävulinsäureäthylester oder β-Formylpropionsäureäthylester (I) nach der FISCHERschen Synth. *5-* u. *7-Methyl-*, *4.7-*, *5.7-* u. *6.7-Dimethyl-*, *2.4.6-*, *2.4.7-* u. *2.6.7-Trimethylindol-3-essigsäureäthylester* hergestellt. *2.7-Dimethylindol-3-essigsäureäthylester* wird aus Lävulinsäure, abs. A., o-Tolylhydrazinhydrochlorid u. H_2SO_4 als Katalysator erhalten. Analog wird *2.5.7-Trimethylindol-3-essigsäure* hergestellt. Außer nach dieser Kondens.-Meth. können in 2-Stellung unsubstituierte Phenylhydrazone des β-Formylpropionsäureäthylesters (I) durch Schmelzen mit wasserfreiem $ZnCl_2$ in guter Ausbeute kondensiert werden. Bei trimethylierten Derivv. kann auch die 2-Stellung besetzt sein. Der *2.6.7-Trimethylindol-3-essigsäureäthylester* kann auch mit Na-2.3-Dimethylphenylhydrazinsulfonat statt des Hydrazinhydrochlorids erhalten werden. Diese Verbb. sollen auf ihre Wirksamkeit als Pflanzenwuchsstoffe geprüft werden.

Versuche: Indol-3-essigsäureäthylester: *5-Methyl-*, $C_{13}H_{15}NO_2$, F. 58,5 bis 60° (wss. Methanol), a) durch Zugabe einer heißen Lsg. von 11,7 g p-Tolylhydrazinhydrochlorid u. Na-Acetat in wss. Eisessig zu 11,7 g I in W., wobei sich *β-Formylpropionsäureäthylester-p-tolylhydrazon* [II; gelbes Öl, das erstarrt; 14,3 g (Ausbeute)] abscheidet, das nach dem Trocknen über H_2SO_4 im Vakuum mit wasserfreiem $ZnCl_2$ 15 Min. bei 80° u. 2 Std. bei 100° geschmolzen wird, u. Ausäthern der mit 3n HCl angesäuerten Masse [Meth. a]; 40%; b) durch 5std. Kochen von II mit abs. A. u. H_2SO_4, Gießen auf Eis u. Ausäthern [Meth. b]; 39%. *Freie Säure*, F. 151—152,5° (wss. Methanol, hellrosafarbene Flocken), durch 5std. Kochen des Esters mit 10%ig. methanol. KOH, Wasserzugabe nach dem Abkühlen, Abziehen des Methanols im Vakuum, Wasserzugabe, Waschen mit Ae. u. Ansäuern bis pH 3 [Meth. c]; 56%. — *7-Methyl-*, $Kp._{0,15}$ 140—142°, durch Rk. von o-Tolylhydrazinhydrochlorid mit I nach a) über *β-Formylpropionsäureäthylester-o-tolylhydrazon*; Öl, n_D^{20} 1,5663; 35%. *Freie Säure*, $C_{11}H_{11}NO_2$, F. 181,5—183° (wss. Methanol, hellrosafarbene Flocken), durch 2½ std. Kochen mit methanol. KOH u. Ansäuern auf pH 2 ähnlich c); 52%. — *4.7-Dimethyl-*, $C_{14}H_{17}NO_2$, F. 111,5—112,5° (Methanol), aus 20 g 2.5-Dimethylphenylhydrazin nach a) über *β-Formylpropionsäureäthylester-2.5-dimethylphenylhydrazon* [26,5 g] u. 1std. Erhitzen bei der Kondens.; 50%; oder durch Cyclisierung des Hydrazons mit alkohol. HCl; 19%; oder ähnlich mit alkohol. H_2SO_4; sehr geringe Ausbeute. *Freie Säure*, $C_{12}H_{13}NO_2$, F. 157—158,5° (Zers.; rosafarbene Nadeln), durch 2½ std. Kochen aus dem Ester ähnlich c); 17%. — *6.7-Dimethyl-*, F. 50,5—51,5° (wss. Methanol), aus 13,0 g 2.3-Dimethylphenylhydrazinhydrochlorid nach a) über *β-Formylpropionsäureäthylester-2.3-dimethylphenylhydrazon* [18,6 g] durch 1std. Erhitzen; 39%. *Freie Säure*, F. 168—169° (Zers.; Flocken), aus dem Ester nach c); 50%. — *5.7-Dimethyl-*, *freie Säure*, F. 145—146,5° (Zers.; wss. Methanol, hellgelb), aus 13,8 g 2.4-Dimethylphenylhydrazinhydrochlorid über *β-Formylpropionsäureäthylester-2.4-dimethylphenylhydrazon* [17,5 g] nach a) u. Verseifen des rohen *Äthylesters* [$Kp._1$ 140—190°; 8,6 g] nach c); 18%. — *4.6-Dimethyl-*, *freie Säure*, F. 175,5—176,5° (Zers.; wss. Methanol, Flocken), aus 7,0 g 3.5-Dimethylphenylhydrazinhydrochlorid nach a) über *β-Formylpropionsäureäthylester-3.5-dimethylphenylhydrazon* [8,4 g] durch 15 Min. langes Erhitzen auf 90°, 1½ Std. lang auf 100° u. Verseifen des *Äthylesters* [$Kp._1$ 155—180°; 4,1 g] nach c); 26%. — *2.7-Dimethyl-*, F. 88,5—89,0° (wss. Methanol, gelbbraun), durch 20std. Kochen von o-Tolylhydrazinhydrochlorid, Lävulinsäure, H_2SO_4 u. abs. A., Gießen in W. u. Ausäthern [Meth. d]; 22% (roh). *Freie Säure*, F. 162,5—163,5° (Zers.; hellrosafarben), aus dem Ester nach c); 47%. — *2.4.6-Trimethyl-*, $C_{15}H_{19}NO_2$, F. 101—102,5° (wss. Methanol), aus 3.5-Dimethylphenylhydrazinhydrochlorid nach d) durch 18std. Kochen; 67% (roh). *Freie Säure*, $C_{13}H_{15}NO_2$, F. 203,5—204,5° (Zers.; wss. Methanol, gelbbraun), aus dem Ester nach c); 75%. — *2.4.7-Trimethyl-*, F. 128—130° (wss. Methanol), aus 2.5-Dimethylphenylhydrazinhydrochlorid nach d) durch 20std. Erhitzen; 39%. *Freie Säure*, F. 201 bis 202,5° (Zers.; rosafarbene Schuppen), aus dem Ester nach c); 75%. — *2.5.7-Trimethyl-*, F. 110,5—111,2° (wss. Methanol, Flocken), aus 14,2 g 2.4-Dimethylphenylhydrazinhydrochlorid nach d); 5,4 g. *Freie Säure*, F. 180—181,5°, durch Verseifen des Esters nach c); 50%. — *2.6.7-Trimethyl-*, F. 114,5—116° (wss. Methanol, Flocken), aus Na-2.3-Dimethylphenylhydrazinsulfonat nach d); 21%. *Freie Säure*, F. 155—156,5° (Zers.; wss. Methanol, hellrosafarben), aus dem Ester nach c); 42%. E. Kossmehl. 3081 □

Darstellung von Natrium-2.2-dimethyl-2-silapentan-5-sulfonat, einer brauchbaren Bezugssubstanz für die N.S.R.-Spektroskopie in wässerigen und ionischen Lösungen. George van Dyke Tiers und Ralph I. Coon. (J. org. Chemistry 26. 2097. 13/6. 1961. St. Paul, Minn., Minnesota Mining and Mfg. Co., Central Res. Dep.; engl.) — *Na-2.2-Dimethyl-2-silapentan-5-sulfonat* (*Hydrat*, $C_6H_{15}NaO_3SSi \cdot H_2O$) entsteht aus 0,48 Mol Na-Bisulfit, 0,072 Mol Na-Nitrit, 0,059 Mol Na-Nitrat, 150 ml W., 250 ml Methanol u. 0,22 Mol Allyltrimethylsilan durch 2—4tägiges Rühren in 46,1%ig. Ausbeute. K. Rühlmann. 3091 □

Der Verlauf der Cyclisierung von α-Benzylhomophthalsäuren. 1. Mitt. Ein neuer Weg zu 2.3;6.7-Dibenzotroponen. J. N. Chatterjea und H. Mukherjee. (J. Indian chem. Soc. **37**. 379—91. Juli 1960. Patna, Sci. Coll., Chem. Labor.; engl.) — Die Cyclisierung von α-Benzylhomophthalsäuren führt zu einem 7-gliedrigen Keton (Möglichkeit zur Darst. von *2.3;6.7-Dibenzotroponen*) oder zu einem *Indeno-[1'.2':3.4]-isocumarin* (Beilstein-Zählung) oder zu einem Gemisch beider Verbindungen. Die Strukturen beider Verb.-Klassen werden bestimmt. Ein weiterer Weg zur Darst. von Dibenzotroponen aus α-Benzylhomophthalsäuren ist angegeben.

Versuche: *α-[3.4-Dimethoxybenzyl]-homophthalsäure*, $C_{18}H_{18}O_6$, F. 160—161°, durch Red. von 7,5 g α-Veratrylidenhomophthalsäure in 10%ig. wss. NaOH mit Na-Amalgam; aus Essigsäure Prismen; 4,7 g (Ausbeute). — *4'.5'-Dimethoxy-1-oxo-5-carboxy-2.3;6.7-dibenzocycloheptadien*, $C_{18}H_{16}O_5$, F. 211°, durch 1½ std. Erhitzen von 2,59 g vorst. Verb. mit Polyphosphorsäure auf 100°; aus A. blaßgelbe Schuppen; mit H_2SO_4 citronengelb; 0,77 g. — *4'.5'-Dimethoxy-1-oxo-2.3;6.7-dibenzocycloheptadien* (I), $C_{17}H_{16}O_3$, F. 135°, durch ½ std. Erhitzen vorst. Verb. auf 240—250°/100 Torr; aus A. prismat. Nadeln; citronengelb mit H_2SO_4; 100%. — *4'.5'-Dimethoxy-2.3;6.7-dibenzotropon*, $C_{17}H_{14}O_3$, F. 131—132°, durch Versetzen von I in CCl_4 mit N-Bromsuccinimid u. Dibenzoylperoxid, 1¼ std. Kochen, heißes Filtrieren u. 1½ std. Kochen des Filtrats mit Triäthylamin; aus A. gelbe Platten; mit H_2SO_4 citronengelb. — *3.4-Dimethoxybenzylphthalid*, $C_{17}H_{16}O_4$, F. 88—90°, a) durch portionsweise Zugabe von Zn-Staub zu 5 g Veratrylidenphthalid in sd. 50%ig. KOH u. 40—50 Min. langes Kochen; aus Methanol Platten; 4,1 g; b) durch 1½ std. Hydrieren von Veratrylidenphthalid in A. an 5%ig. Pd/Kohle. — *2-Carboxy-3'.4'-dimethoxystilben*, $C_{17}H_{16}O_4$, F. 186°, durch 1½ std. Erhitzen von 1 g vorst. Verb. mit KOH im Vakuum auf 200°; aus 90%ig. Essigsäure Platten; 0,5 g. — *1-[2-Carboxyphenyl]-2-[3.4-dimethoxyphenyl]-äthan*, $C_{17}H_{18}O_4$, F. 140—141°, durch ½ std. Hydrieren von 4,51 g vorst. Verb. in Essigsäure an 15%ig. Pd/Kohle; Prismen; 3,6 g; gibt durch 1 std. Erhitzen mit Polyphosphorsäure auf 100° I. — *α-[3.4-Diäthoxybenzyliden]-homophthalsäure*, $C_{20}H_{20}O_6$, F. 178—179°, durch Zugabe von 7,4 g Homophthalsäuredimethylester u. 6,1 g 3.4-Diäthoxybenzaldehyd zu Na in abs. Methanol, 6std. Kochen, Einengen, Zugabe von W., Ausschütteln mit Ae., Erhitzen der wss. Phase mit 10%ig. NaOH u. Ansäuern; aus Essigsäure gelbliche Platten; 6 g. *Anhydrid*, F. 146—148°, durch Erhitzen mit Acetanhydrid; aus Essigsäure orangefarbene Nadeln. — *α-[3.4-Diäthoxybenzyl]-homophthalsäure*, $C_{20}H_{22}O_6$, F. 169—170°, durch 48std. Red. von 9,7 g vorst. Verb. in 10%ig. NaOH mit Na-Amalgam bei Raum-Temp.; Platten; 7 g. — *5'.6'-Diäthoxyindeno-[1'.2':3.4]-isocumarin*, $C_{20}H_{18}O_4$, F. 176—177°, durch 2std. Erhitzen von 5,5 g vorst. Verb. mit Polyphosphorsäure auf 100°; aus Essigsäure gelbe Nadeln; 0,9 g; mit H_2SO_4 brillantgrüne Fluorescenz. — *4'.5'-Diäthoxy-1-oxo-5-carboxy-2.3;6.7-dibenzocycloheptadien*, $C_{20}H_{20}O_5$, F. 165°, neben vorst. Verb.; aus Essigsäure gelbliche Platten; 0,7 g. — *4'.5'-Diäthoxy-1-oxo-2.3;6.7-dibenzocycloheptadien*, $C_{19}H_{20}O_3$, F. 91—92°, durch ½ std. Erhitzen von 0,45 g vorst. Verb. auf 250°/3 Torr; aus A. gelbe Nadeln; 0,12 g. — *4'.5'-Diäthoxy-2.3;6.7-dibenzotropon*, $C_{19}H_{18}O_3$, F. 86°, durch Dehydrieren vorst. Verb. mit N-Bromsuccinimid, Kochen des erhaltenen halbfesten Prod. mit Triäthylamin u. Chromatographie in Bzl. an Al_2O_3; aus A. gelbliche Nadeln. — *α-Benzylhomophthalsäureanhydrid*, $C_{16}H_{12}O_3$, F. 115°, durch Erhitzen der Säure auf 180°; aus Bzl. Prismen; mit NaOH gelb. — *Indeno-[1'.2':3.4]-isocumarin* (II), $C_{16}H_{10}O_2$, F. 169—171°, durch 12std. Erhitzen von 1 g α-Benzylhomophthalsäure mit Polyphosphorsäure auf 150—160°; aus Essigsäure cremefarbene Platten; in konz. H_2SO_4 grüne Fluorescenz; 0,6 g. — *1-Hydroxyindeno-[1'.2':3.4]-isochinolin-N-oxid*, $C_{16}H_{11}NO_2$, F. 260° (Zers.), durch 4½ std. Erhitzen von II mit $NH_2OH \cdot HCl$

in Pyridin auf dem Wasserbad; aus Essigsäure bräunliche Nadeln; gibt durch 4std. Red. mit Zn-Staub in Essigsäure *1-Hydroxyindeno-[1'.2';3.4]-isochinolin.* — *α-[2.5-Dimethylbenzyliden]-homophthalsäure*, $C_{18}H_{16}O_4$, F. 213—214°, durch 6std. Kochen von 3,15 g 2.5-Dimethylbenzaldehyd u. 5,8 g Homophthalsäurediäthylester in methanol. Na-Methylat-Lsg.; aus Essigsäure Nadeln; 7 g. — *α-[2.5-Dimethylbenzyl]-homophthalsäure*, $C_{18}H_{18}O_4$, F. 177—178°, durch 48std. Red. von 5 g vorst. Säure mit Na-Amalgam bei Raum-Temp.; aus Essigsäure Platten; 4,1 g. — *4'.7'-Dimethylindeno-[1'.2';3.4]-isocumarin*, $C_{18}H_{14}O_2$, F. 188—190°, durch 5std. Erhitzen vorst. Verb. mit Polyphosphorsäure auf 100°; aus Essigsäure gelbliche Kristalle; mit konz. H_2SO_4 grüne Fluorescenz. — *α-[2.5-Dimethoxybenzyliden]-homophthalsäure*, $C_{18}H_{16}O_6$, F. 214—215°, durch 6std. Kochen von 2,8 g Homophthalsäurediäthylester u. 2 g 2.5-Dimethoxybenzaldehyd mit Na in abs. Methanol; aus Essigsäure gelbe Platten; 4,8 g. — *α-[2.5-Dimethoxybenzyl]-homophthalsäure*, $C_{18}H_{18}O_6$, F. 168—169° (Essigsäure), durch Red. vorst. Verb. mit Na-Amalgam; 100%. — *4'.7'-Dimethoxyindeno-[1'.2':3.4]-isocumarin*, $C_{18}H_{14}O_4$, F. 238 bis 239°, durch 17std. Erhitzen von 0,5 g vorst. Verb. mit Polyphosphorsäure auf 80°; aus Essigsäure gelbe Nadeln; 0,05 g. — *2-[o-Carboxyphenyl]-indanon-(1)*, $C_{16}H_{12}O_3$, F. 160° (Zers.), durch 1std. Hydrolyse von II mit äthanol. KOH auf dem Wasserbad; aus A. Prismen. *Oxim*, $C_{16}H_{13}NO_3$, F. 238° (Zers.). — *2-Phenylindanon-(1)*, durch Cyclisierung von α-Phenylhydrozimtsäure (IV) mit Polyphosphorsäure nach MILLER u. RHODE [1892] *2.4-Dinitrophenylhydrazon*, $C_{21}H_{16}N_4O_4$, F. 217—218°; aus Essigsäure orangefarbene Nadeln. — *1-Hydroxyindeno-[1'.2':3.4]-isochinolin*, $C_{16}H_{11}NO$, F. >300°, durch 5std. Erhitzen von II mit äthanol. NH_3 im Rohr auf 200°; aus Essigsäure Nadeln; 100%. — *1-Chlorindeno-[1'.2':3.4]-isochinolin*, $C_{16}H_{10}ClN$, F. 144—145°, durch 1½ std. Kochen von 0,5 g vorst. Verb. mit $POCl_3$; aus PAe. Prismen; 0,31 g. — *1.2-Benzo-4-azafluoren*, $C_{16}H_{11}N$, F. 163—164°, durch ¼std. Hydrieren vorst. Verb. in Methanol an 5%ig. Pd/Kohle in Ggw. von KOH bei Raum-Temp.; aus Methanol Prismen; 100%. *Pikrat*, $C_{16}H_{11}N \cdot C_6H_3N_3O_7$, F. 234—235° (Zers.); aus A. gelbe Prismen. — *2-Carboxydibenzyl* (IV), F. 127 bis 129°, durch Zugabe von α-Benzylhomophthalsäure zu geschmolzenem KOH u. 5 Min. langes Erhitzen auf 350°; aus A. Prismen. — *2.5-Dimethylphenylessigsäure*, $C_{10}H_{12}O_2$, F. 130°, durch Kondens. von 2.5-Dimethylbenzaldehyd u. Hippursäure, Hydrolyse des entstandenen *Azlactons* ($C_{18}H_{15}NO_2$, F. 124—125°; aus Essigsäure cremefarbene Platten), Oxydation der entstandenen *Säure*, fraktionierte Dest. der *Methylester* von *Benzoesäure* u. *2.5-Dimethylphenylessigsäure*, Hydrolyse u. Ansäuern; aus Essigsäure Platten. *Methylester*, $Kp._{80}$ 170—172°. *Anilid*, $C_{16}H_{17}NO$, F. 146°; aus A. Nadeln. — *2.5-Dimethylbenzylidenphthalid*, $C_{17}H_{14}O_2$, F. 153—154°, durch 3std. Erhitzen von 1,2 g vorst. Verb. mit Phthalsäureanhydrid u. geschmolzenem Na-Acetat in Diäthylenglykol u. Gießen in A.; aus Essigsäure citronengelbe Prismen; 0,7 g. — *2-Carboxy-2'.5'-dimethyldibenzyl*, $C_{17}H_{18}O_2$, F. 117°, durch 6std. Kochen von 1 g vorst. Verb. in Essigsäure mit HJ u. P; aus Essigsäure Prismen; 0,4 g; daneben *2.5-Dimethylbenzylphthalid*, $C_{17}H_{16}O_2$, F. 109—110°; aus A. Platten; 0,4 g. — *3'.6'-Dimethyl-1-oxo-2.3;6.7-dibenzocycloheptadien*, $C_{17}H_{16}O$, F. 80—81°, $Kp._{1,5}$ 183°, durch Überführen von 0,9 g vorst. Verb. in das Säurechlorid mit $SOCl_2$, Eindampfen im Vakuum, Lösen in CS_2, Versetzen mit $AlCl_3$ u. 12std. Stehen bei Raum-Temp.; aus A. Prismen; mit H_2SO_4 citronengelb; 0,5 g. — *4'.5'-Dimethoxy-1-methylen-2.3;6.7-dibenzocycloheptadien*, $C_{18}H_{18}O_2$, F. 91°, durch Zutropfen von I in Ae. zu überschüssigem CH_3MgJ, ¼std. Stehen, Zers. mit verd. H_2SO_4, Eindampfen der Ae.-Phase, Aufnehmen in Bzl., Zugabe einer Spur p-Toluolsulfonsäure u. Eindampfen; aus Methanol Prismen. — *2.3-Dimethoxyanthrachinon*, $C_{16}H_{12}O_4$, F. 239—240°, a) durch Versetzen von 0,2 g I in Essigsäure mit CrO_3 in Essigsäure, ¾std. Erwärmen auf dem Wasserbad, Verdünnen mit W., Waschen mit Alkali u. Sublimation des orangefarbenen Rückstandes; aus Essigsäure citronengelbe Nadeln; 0,06 g; b) durch ½ std. Erhitzen von o-Veratroylbenzoesäure in H_2SO_4 auf dem Dampfbad; 100%. — *2.3-Dimethoxyanthron*, $C_{16}H_{14}O_3$, F. 130°, durch Cyclisierung von o-Veratrylbenzoesäure mit H_2SO_4; aus Essigsäure hellgelbe Nadeln. — *4'.5'-Dimethoxy-2.3;6.7-dibenzocycloheptadien* (III), $C_{17}H_{18}O_2$, F. 86—88°, durch 24std. Kochen von 0,5 g I, amalgamiertem Zn, konz. HCl u. Toluol, Verdünnen mit W., Extrahieren mit Ae., Eindampfen im Vakuum, Versetzen des Rückstandes mit Ae., Abtrennen des entstandenen *Bis-[4'.5'-dimethoxy-2.3;6.7-dibenzocycloheptadienylidens-(1)]* [$C_{34}H_{32}O_4$, F. 245—255° (Essigsäure); 0,05 g] u. Eindampfen der Ae.-Lsg.; aus Essigsäure Prismen; 0,2 g. — *o-Veratrylbenzylalkohol*, $C_{16}H_{18}O_3$, F. 82°, durch Verestern von 10 g o-Veratrylbenzoesäure mit CH_2N_2, Versetzen des Esters mit $LiAlH_4$ in Ae. u. mehrstd. Stehen; aus Bzl. Prismen; 8,1 g. — *o-Veratrylbenzylcyanid*, $C_{17}H_{17}NO_2$, F. 102—103°, durch ½ std. Rk. von 4 g vorst. Verb. in Bzl. mit PCl_5, Zers. mit Eis, Extrahieren mit Ae., Eindampfen, Versetzen des Rückstandes mit KCN in wss. A. u. 3std. Kochen; aus Methanol Prismen; 2,1 g. — *4'.5'-Dimethoxy-4-oxo-2.3;6.7-dibenzocycloheptadien*, $C_{17}H_{16}O_3$, F. 168°, durch

4std. Kochen von 3 g vorst. Verb. mit Essigsäure/W./H_2SO_4, Gießen in W., Extrahieren mit Ae., Ausschütteln mit $NaHCO_3$-Lsg., Ansäuern der alkal. Lsg. u. 1½ std. Erhitzen der entstandenen *o-Veratrylphenylessigsäure* mit Polyphosphorsäure auf 110°; aus Methanol Blättchen; 0,6 g *Oxim*, $C_{17}H_{17}NO_3$, F. 190°, aus Methanol Blättchen. — *4'.5'-Dimethoxy-1.2;5.6-dibenzocycloheptatrien*, $C_{17}H_{16}O_2$, F. 251—253°, durch Versetzen von 0,16 g vorst. Verb. in Methanol mit $NaBH_4$, mehrstd. Stehen, Eindampfen, Versetzen mit wss. Essigsäure, Lösen des ausgefallenen *4'.5'-Dimethoxy-1-hydroxy-2.3;5.6-dibenzocycloheptadiens* (F. 225—226°) in Toluol u. 3std. Kochen in Ggw. von p-Toluolsulfonsäure unter Abdest. des W.; aus Essigsäure Nadeln; 0,12 g; gibt durch 2 Min. langes Hydrieren in Essigsäure an 5%ig. Pd/Kohle bei Raum-Temp./1 at **III**. P. Golinske. 3211□

Der Verlauf der Cyclisierung von α-Benzylhomophthalsäuren. 2. Mitt. **Eine Synthese von Indeno-[1'.2':3.4]-isocumarin.** J. N. Chatterjea und H. Mukherjee. (J. Indian chem. Soc. **37.** 443—50. Aug. 1960; engl.) — 1. vgl. vorst. Referat. — Die Cyclisierung mehrerer substituierter Homophthalsäuren, die nur *Indeno-[1'.2':3.4]-isocumarine* (**A**) (vgl. vorst. Ref.) liefern, wird beschrieben, ebenso eine Synth. von *Indeno-[1'.2':3.4]-isocumarin* selbst. Mehrere Rkk. der **A**, darunter die Überführung in Isobenzopyryliumsalze, werden untersucht. UV-Spektren vgl. Original.

Versuche: *6-Methylindanon-(1)*, nach Miller u. Rhode [1890]. *Phenylsemicarbazon*, F. 225°, aus A. gelbliche Nadeln. — *2-Hydroximino-6-methylindanon-(1)*, $C_{10}H_9NO_2$, F. 217°, durch Zugabe von Amylnitrit u. konz. HCl zu 2 g vorst. Verb. u. 20 Min. langes Stehen bei 40—50°; aus A. Platten; 1,7 g (Ausbeute). — *2-Carboxy-4-methylphenylacetonitril*, $C_{10}H_9NO_2$, F. 208°, durch Erhitzen von 2 g vorst. Verb. in 10%ig. wss. NaOH innerhalb von 10 Min. auf 100°, 10 Min. langes Stehen bei 100°, Kühlen u. Ansäuern mit HCl; aus W. gelbliche Nadeln; 1 g. — *4-Methylhomophthalsäure*, $C_{10}H_{10}O_4$, F. 213°, durch 14std. Kochen von 6 g vorst. Verb. mit 20%ig. wss. NaOH u. Ansäuern mit 33%ig. H_2SO_4; aus W. Prismen; 3,5 g. *Dimethylester*, $C_{12}H_{14}O_4$, $Kp._{160}$ 155—160°, durch Verestern mit abs. Methanol u. H_2SO_4. — Homophthalsäuren: *α-[3-Methylbenzyliden]*-, $C_{17}H_{14}O_4$, F. 210°, durch 4std. Erhitzen von m-Methylbenzaldehyd, Homophthalsäure, geschmolzenem Na-Acetat u. Acetanhydrid auf 150°, Zers. mit W., 1std. Erhitzen mit 10%ig. NaOH auf 100°, Filtrieren u. Ansäuern; aus Essigsäure Prismen. — *α-[3-Chlorbenzyliden]*-, $C_{16}H_{11}ClO_4$, F. 203°, analog vorst. Verb.; Prismen. — *α-[3-Methoxybenzyliden]*-, $C_{17}H_{14}O_5$, F. 215—216°, Prismen. — *α-[4-Methylbenzyliden]*-, $C_{17}H_{14}O_4$, F. 231—232°, gelbliche Platten. — *α-Benzyliden-4-methyl-*, $C_{17}H_{14}O_4$, F. 209°, Platten. — *α-Veratryliden-4.5-dimethoxy-*, $C_{20}H_{20}O_8$, F. 241—242°, Prismen. — *α-[3-Methylbenzyl]*- (I), $C_{17}H_{16}O_4$, F. 184°, durch Lösen der entsprechenden Benzyliden-Verb. in möglichst wenig NaOH, Versetzen mit Na-Amalgam u. 48std. Stehen; Prismen; 100%. — *α-[3-Chlorbenzyl]*-, $C_{16}H_{13}ClO_4$, F. 183°, analog vorst. Verb.; cremefarbene Prismen. — *α-[3-Methoxybenzyl]*-, $C_{17}H_{16}O_5$, F. 151°, Prismen. — *α-[4-Methylbenzyl]*-, $C_{17}H_{16}O_4$, F. 175—176°, Platten. — *α-Benzyl-4-methyl-*, $C_{17}H_{16}O_4$, F. 188—189°, Platten. — *α-Veratryl-4.5-dimethoxy-*, $C_{20}H_{22}O_8$, F. 194—195°, Platten. — Indeno-[1'.2':3.4]-isocumarine: *5'-Methyl-*, $C_{17}H_{12}O_2$, F. 178—179°, durch 12std. Erhitzen von I mit Polyphosphorsäure auf 100° u. Gießen auf Eis; aus Essigsäure gelbliche Prismen; mit konz. H_2SO_4 brilliantgrüne Fluorescenz. — *5'-Chlor-*, $C_{16}H_9ClO_2$, F. 212°, analog vorst. Verb.; gelbliche Nadeln; mit konz. H_2SO_4 brilliantgrüne Fluorescenz. — *5'-Methoxy-*, $C_{17}H_{12}O_3$, F. 188°, gelbliche Platten; mit H_2SO_4 brilliantgrüne Fluorescenz. — *6'-Methyl-*, $C_{17}H_{12}O_2$, F. 186 bis 187°, citronengelbe Nadeln; mit H_2SO_4 brilliantgrüne Fluorescenz. — *7-Methyl-*, $C_{17}H_{12}O_2$, F. 221—222°, gelbliche Platten; mit H_2SO_4 brilliantgrüne Fluorescenz. — *6.7.5'.6'-Tetramethoxy-*, $C_{20}H_{18}O_6$, F. 241—242°, mit H_2SO_4 tiefviolett. — *α-[o-Carboxybenzyliden]-homophthalsäure*, $C_{17}H_{12}O_6$, F. 178—180° (Zers.; Essigsäure), durch 24std. Kochen von Phthalaldehydsäure u. Homophthalsäuredimethylester mit Na in abs. Methanol, Eindampfen, Zugabe von W., Ausäthern, Ansäuern der wss. Phase mit Essigsäure, Extrahieren mit Ae., Eindampfen, 7 Min. langes Kochen der entstandenen *α-[o-Carboxybenzyliden]-o-carbomethoxyphenylessigsäure* mit 10%ig. NaOH, Ansäuern u. Reinigen über das Anhydrid. *Anhydrid*, $C_{17}H_{10}O_5$, F. 188°, durch 5 Min. langes Kochen mit Essigsäureanhydrid; Nadeln. — *α-[o-Carboxybenzyl]-homophthalsäure*, $C_{17}H_{14}O_6$, F. 195—196° (Zers.), durch Red. vorst. Verb. mit Na-Amalgam; aus Essigsäure Prismen. — *Indeno-[1'.2':3.4]-isocumarin* (**II**), $C_{16}H_{10}O_2$, F. 173—174°, durch 2 Min. langes Kochen vorst. Verb. mit Acetanhydrid; cremefarbene Platten. — *α-[o-Carboxybenzyliden]-phenylessigsäure*, $C_{16}H_{12}O_4$, F. 185°, durch 24std. Kochen von Phthalaldehydsäure, Phenylessigsäureäthylester u. Na in abs. Methanol, Eindampfen, Lösen des Rückstandes in W., Ausäthern, ½std. Kochen der wss. Lsg. mit 10%ig. NaOH, Ansäuern, ¼std. Kochen u. Hydrolyse des Gemisches aus Säure u. Anhydrid mit NaOH; aus A. Prismen. *Anhydrid*, $C_{16}H_{10}O_3$, F. 255°, aus Essigsäure orangefarbene Nadeln. — *α-Phenyl-β-[o-carb-*

oxyphenyl]-propionsäure, $C_{16}H_{14}O_4$, F. 193°, durch Red. des vorst. Gemisches aus Säure u. Anhydrid mit 2%ig. Na-Amalgam; aus Essigsäure prismat. Nadeln. *Dianilid*, $C_{28}H_{24}\cdot N_2O_2$, F. 199°, über das Säuredichlorid; aus Essigsäure Platten. — *2-Phenylindanon-(1)*, durch 3 Min. langes Erhitzen vorst. Verb. mit Acetanhydrid. *2.4-Dinitrophenylhydrazon*, F. 217—218°. — *1.1-Dimethylindeno-[1'.2':3.4]-isochromen*, $C_{18}H_{16}O$, F. 91° (A.), durch Zugabe von 0,5 g II in Bzl. zu überschüssigem CH_3MgJ in Ae., 4std. Kochen, Zers. mit verd. HCl u. Aufarbeiten der Ae.-Lsg.; mit konz. H_2SO_4 bläulich; 0,31 g. — *1.1-Diphenylindeno-[1'.2':3.4]-isochromen*, $C_{28}H_{20}O$, F. 193°, analog vorst. Verb. aus 0,5 g II u. Phenyl-MgJ; aus A. cremefarbene Platten; 0,5 g. — *Indeno-[1'.2':3.4]-isochromen*, $C_{16}H_{12}O$, F. 103—104°, durch Zugabe von $LiAlH_4$ zu 0,1 g II in Ae., ½std. Stehen, Zers. mit verd. H_2SO_4, Lösen der red. Verb. in Bzl. u. mehrstd. Stehen im Eisschrank; aus Methanol Prismen; 0,06 g; mit H_2SO_4 grün. — *Indeno-[1'.2':3.4]-isobenzopyrylium-perchlorat*, F. 197—199° (Zers.), durch 2 Min. langes Kochen vorst. Verb. in Eisessig mit Triphenylmethylperchlorat; bräunlichgelbe Nadeln. — *1-Phenylindeno-[1'.2':3.4]-isobenzopyryliumperchlorat*, $C_{22}H_{15}ClO_5$, F. 245—246° (Zers.), durch mehrstd. Stehen von Phenyl-MgBr in Ae. u. 0,3 g II in Bzl., Zers. mit 20%ig. NH_4Cl-Lsg., Eindampfen der Ae.-Phase, Versetzen mit 60%ig. $HClO_4$ u. Fällen mit Ae.; orangerote Blättchen; 0,14 g. — *2-[o-Hydroxymethylphenyl]-indanol-(1)*, $C_{16}H_{16}O_2$, F. 139—140°, a) durch Zugabe von $NaBH_4$ zu 0,1 g II in Methanol, mehrstd. Stehen bei Raum-Temp., Eindampfen u. Versetzen mit verd. Essigsäure; aus Bzl. Prismen; mit H_2SO_4 grünlich; 0,05 g; b) durch Red. von 0,1 g 2-[o-Carboxyphenyl]-indanon-(1) mit $LiAlH_4$ in Ae.; 0,08 g. P. GOLINSKE. 3211□

Konstitution von Vogeletin. Der Farbstoff aus dem Samen von Tephrosia vogelii Hook. S. Rangaswami und K. Hanumantha Rao. (Proc. Indian Acad. Sci., Sect. A **49.** 241—49. April 1959. Waltair, Andhra Univ., Dep. of Pharm.; engl.) — Der aus dem Samen von *Tephrosia vogelii* HOOK (Teph.) isolierte Farbstoff *Vogeletin* (I) wird als *5-Methoxy-3.6.7.4'-tetrahydroxyflavon* identifiziert. Durch Rk. mit HJ wird I zu *Norvogeletin* (II; *3.5.6.7.4'-Pentahydroxyflavon*) entmethyliert. I u. II werden durch $(CH_3)_2SO_4$ zu *Tetra-O-methylvogeletin* (III) methyliert, das auch bei Einw. von CH_2N_2 auf I entsteht u. mit KOH zu *p-Methoxybenzoesäure* u. *ω-Methoxy-2.3.4-trimethoxy-6-hydroxyacetophenon* (IV) gespalten wird. Mit CH_2N_2 wird II nur zu *5-Hydroxy-3.6.7.4'-tetramethoxyflavon* methyliert, das auch durch Rk. von III mit $AlCl_3$ erhalten wird. Die Rk. von I mit $(C_2H_5)_2SO_4$ führt zu *Tetra-O-äthylvogeletin*, mit CH_2J_2 zu *5-Methoxy-3.4'-dihydroxy-6.7-methylendioxyflavon*.

Versuche: *Vogeletin* (I), $C_{16}H_{12}O_7$, F. 283—284°, durch Extrahieren von 20 kg Samen von Teph. mit kaltem Methanol, Einengen, Gießen in W., Extrahieren mit Chlf., Eindampfen der Lsg. u. Erhitzen mit 7%ig. H_2SO_4, aus Aceton hellgelbe Nadeln; 9 g (Ausbeute). *Tetraacetat*, $C_{24}H_{20}O_{11}$, F. 211—212°; aus A. Nadeln. — *Norvogeletin* (II), $C_{15}H_{10}O_7$, F. >320° (Zers.), durch 1std. Erhitzen von 0,2 g I mit HJ (D. 1,7) in Acetanhydrid auf 150—160°; aus A. gelb; 0,1 g. *Pentaacetat*, $C_{25}H_{20}O_{12}$, F. 228—231°; aus A. Nadeln. — *Tetra-O-methylvogeletin* (III), $C_{20}H_{20}O_7$, F. 152—153°, a) durch 12std. Kochen von I mit $(CH_3)_2SO_4$ u. K_2CO_3 in Aceton; b) durch Einw. von CH_2N_2 auf I in abs. Methanol; c) aus II analog a); aus A. u. Bzl./PAe. Nadeln; 1 g III gibt durch 6std. Kochen mit abs. alkohol. KOH 0,4 g *p-Methoxybenzoesäure* (F. 183—184°, aus A. Prismen) u. 0,56 g *ω-Methoxy-2.3.4-trimethoxy-6-hydroxyacetophenon* (IV, $C_{12}H_{16}O_6$, F. 71—72°; aus Bzl.-PAe. Nadeln. *2.4-Dinitrophenylhydrazon*, $C_{18}H_{20}N_4O_9$, F. 179—183°; orangefarbene Nadeln. *Methyläther*, durch Rk. von IV mit $(CH_3)_2SO_4$ u. wasserfreiem K_2CO_3 in Aceton. *2.4-Dinitrophenylhydrazon*, $C_{19}H_{22}N_4O_9$, F. 168—170°; aus A. rote Prismen) u. 10 mg einer neutralen Fraktion. — *5-Hydroxy-3.6.7.4'-tetramethoxyflavon*, F. 171—172°, a) durch Einw. von CH_2N_2 auf II in abs. Methanol; b) durch 10 Min. langes Schütteln von 100 mg III mit $AlCl_3$ in abs. Ae. u. mehrstd. Stehen; aus A. gelbe Prismen; 60 mg. — *Tetra-O-äthylvogeletin*, $C_{24}H_{28}O_7$, F. 84—85°, durch 12std. Kochen von 0,5 g I mit $(C_2H_5)_2SO_4$ u. wasserfreiem K_2CO_3 in Aceton; aus Ae.-PAe. Prismen; 0,45 g; 0,35 g geben durch 6std. Kochen mit 5%ig. abs. alkohol. KOH 70 mg *p-Äthoxybenzoesäure* (F. 194—195°; aus A. Prismen). — *5-Methoxy-3.4'-dihydroxy-6.7-methylendioxyflavon*, $C_{17}H_{12}O_7$, F. 272—276°, durch 18std. Kochen von 0,2 g I mit CH_2J_2 u. wasserfreiem K_2CO_3 in Aceton; aus A. rotbraune Kriställchen; 35 mg. K. ZIELOFF. 3211

Tautomerie der Hydroxypyridine. 2. Mitt. **Bromierung von 2.4-Dihydroxypyridin und seinen Äthylderivaten.** C. R. Kolder und H. J. Den Hertog. (Recueil Trav. chim. Pays-Bas **79.** 474—80. Mai 1960. Wageningen, Agric. Univ., Labor. of Organ. Chem.; engl.) — 1. vgl. C. **1958.** 12645. — 2.4-Dihydroxypyridin [4-Hydroxypyridon-(2), **VIII**], 2-Äthoxy-4-hydroxypyridin [2-Äthoxypyridon-(4), **II**] u. 4-Äthoxy-

2-hydroxypyridin [4-Äthoxypyridon-(2), **I**] werden durch Br_2 in Pyridin in 3-Stellung bromiert, 2.4-Diäthoxypyridin (**IX**) dagegen in 5-Stellung. Die Werte der UV-Spektren von **VIII**, **II**, **I** u. **IX** u. ihrer Bromierungs-Prodd. werden mit denjenigen entsprechender Methyl-Derivv. von **VIII** (vgl. 1. Mitt.) verglichen. **VIII**, **II** u. **I** scheinen vorwiegend als Pyridone zu reagieren, womit Vff. deren Substitution in 3-Stellung erklären, während bei **IX** eine derartige Tautomerie nicht in Betracht zu ziehen ist.

Versuche (FF. korr.): *4-Äthoxypyridon-(2)* (**I**), $C_7H_9NO_2$, F. 165,5—166,5° (Bzl.-PAe.), durch Diazotieren von 2-Amino-4-äthoxypyridin in schwefelsaurer Lsg., 1std. Erwärmen des Rk.-Gemisches auf 60°, Zugabe von NaOH, bis die Lsg. nur noch schwach sauer reagiert, u. Ae.-Extraktion; 90—95% (Ausbeute). — *2-Äthoxypyridon-(4)* (**II**), $C_7H_9NO_2$, F. 128—129° (Bzl.), aus 4-Amino-2-äthoxypyridin analog **I**; 90%. — *3-Brom-4-hydroxypyridon-(2)* (**III**), F. 263—264°, durch Lösen von **VIII** in Pyridin, Zugabe von Br_2 bei 0° unter Rühren, 1std. Stehenlassen, Abdestillieren des Pyridins u. Verreiben des Rückstandes mit W.; 90%. — *3-Brom-4-äthoxypyridon-(2)* (**IV**), $C_7H_8BrNO_2$, F. 181 bis 182° (W.), aus **I** analog **III**, jedoch Ansäuern des in W. aufgenommenen Rk.-Prod., Ae.-Extraktion, Aufnahme des Rückstandes in verd. NaOH u. Ansäuern mit verd. HCl; 80%. — *3-Brom-2-äthoxypyridon-(4)* (**V**), $C_7H_8BrNO_2$, F. 119—119,5° (W.), analog **IV** aus **II**; 80%; daneben wenig einer *Verb. F. 183—184°* (evtl. *Dibrom-Deriv.* von **II**). — *5-Brom-2.4-diäthoxypyridin* (**VI**), $C_9H_{12}BrNO_2$, F. 71—72° (wss. A.), a) durch Bromierung von **IX** analog **III**, Aufnahme des Pyridinrückstandes in verd. NaOH u. Ae.-Extraktion; 90%; b) durch Stehenlassen von 5-Brom-4-hydroxypyridon-(2) mit äthanol. Diazoäthan (**VII**) bei 0° während mehrerer Std., Eindampfen, Wasserdampf-Dest. u. Abfiltrieren des aus dem Destillat auskrist. Nd.; 65—70%. — *3-Brom-2.4-diäthoxypyridin*, $C_9H_{12}BrNO_2$, F. 55—55,5° (wss. A.), a) aus **III** u. **VII** analog **VI**; b) aus **V** u. **VII** analog **VI**; 50—55%; c) aus **V** u. **VII** analog **VI**; 60—65%. H. Guthke. 3231□

Über Pyridinderivate. 110. Mitt. **Bemerkung zur Darstellung von 3-Hydroxy-5-hydroxymethyl-2.4-dimethylpyridin (4-Desoxyadermin).** J. P. Wibaut, J. H. Uhlenbroek, E. C. Kooyman und D. K. Kettenes. (Recueil Trav. chim. Pays-Bas **79.** 481—84. Mai 1960. Amsterdam, Univ., Labor. of Organ. Chem.; engl.) — 104. vgl. C. **1960.** 8184. — Die Synth. des *3-Hydroxy-5-hydroxymethyl-2.4-dimethylpyridins* (*4-Desoxyadermins*, **I**) aus Cyanacetamid (**II**) u. Acetylaceton (**III**) über *2.4-Dimethyl-5-cyan-6-hydroxypyridin*, *2.4-Dimethyl-3-nitro-5-cyan-6-hydroxypyridin*, *2.4-Dimethyl-3-nitro-5-cyan-6-chlorpyridin*, *2.4-Dimethyl-3-amino-5-cyan-6-chlorpyridin*, das man nicht isoliert, u. *2.4-Dimethyl-3-amino-5-aminomethylpyridin* wird dahingehend verbessert, daß man **I** mit 15% ig. Ausbeute, bezogen auf **II** u. **III**, erhält.

Versuche: 2.4-Dimethylpyridine: *5-Cyan-6-hydroxy-*, F. 294°, durch 30 Min. langes Kochen von äquimol. Mengen **II** u. **III** in A. in Ggw. von wenig Piperidin u. Aufbewahren in der Kälte; 97% (Ausbeute). — *3-Nitro-5-cyan-6-hydroxy-*, F. 265 bis 268° (Zers.), durch Einrühren von 44 ml HNO_3 (D. 1,52) in 40 ml Acetanhydrid in die Suspension von 74 g vorst. Verb. in 300 ml Acetanhydrid bei 45—50°, Eingießen des Rk.-Prod. in Eis, 4std. Rühren, Absaugen des ausgeschiedenen Nd., Waschen mit W., A.-Ae. (1 : 2) u. Ae. u. 2—3std. Trocknen bei höchstens 60°; 65,5—67,5 g. — *3-Nitro-5-cyan-6-chlor-*, F. 112—113°, durch ca. 45 Min. langes Erhitzen von 50 g vorst. Verb. mit 65 g PCl_5 u. 30 ml $POCl_3$ auf 130° (Ölbad) bis zur Beendigung der HCl-Entw., Abdestillieren von $POCl_3$ im Vakuum, Einrühren in W., Zugabe von Eis u. Absaugen; 39 g. — *3-Amino-5-aminomethyl-*, durch Schütteln der Lsg. von 7,1 g vorst. Verb. in 200 ml CH_3OH u. 17 ml 2n HCl mit Pd/Kohle in H_2 bis zur Aufnahme der berechneten Menge H_2, Abfiltrieren, Einengen des Filtrats u. Isolieren als *Bis-hydrochloridmonohydrat*, $C_8H_{13}N_3 \cdot 2\ HCl \cdot H_2O$, F. 310° (Zers.); 5,6 g. — *3-Hydroxy-5-hydroxymethyl-* (*4-Desoxyadermin*, **I**), durch Lösen von vorst. *Bis-hydrochloridmonohydrat* in verd. H_2SO_4, Eintropfen von wss. $Ba(NO_2)_2$ bei 0°, 4std. Aufbewahren bei 0°, 1std. Aufbewahren bei 15°, Zugabe von Harnstoff, 6std. Erhitzen auf 90°, kurzes Aufkochen, Filtrieren, Einengen u. Umkristallisieren des erhaltenen *Hydrochlorids* ($C_8H_{11}NO_2 \cdot HCl$, F. 264°) aus abs. A.; 45%. H. Guthke. 3231□

Über einige Isonicotinoyl- und Thiosemicarbazonabkömmlinge mit tuberkulostatischer Wirkung. S. Oeriu, M. Voinescu, I. Selmiciu, E. Lupu, M. Ionescu, I. Oeriu, B. Wexler, R. Waitman, M. Klepper, F. Rădulescu und S. Laurian. (Rev. Chim. [Bucarest] **2.** Nr. 1. 81—100. 1957; dt.) — Eine Reihe von *Thiosemicarbazonen*, *Hydraziden* u. *Hydrazonen* wird dargestellt u. auf ihre chemotherapeut. Wirksamkeit überprüft. Verschiedene Verbb. erwiesen sich als verträglicher u. wirksamer als bisher verwendete Präpp. gleichen Typs.

Versuche: Thiosemicarbazone: *p-Acetylaminobenzaldehyd-4-allyl-*, $C_{13}H_{16}N_4OS$, F. 229—230°. — *p-Hydrogensuccinylaminobenzaldehyd-4-allyl-*, $C_{15}H_{18}N_4O_3S$, F. 220°. —

o-Allylthioureidobenzaldehyd-, $C_{12}H_{15}N_5S_2$, F. 255—256°. — *m-Allylthioureidobenzaldehyd-*, $C_{12}H_{15}N_5S_2$, F. 192°. — *p-Allylthioureidobenzaldehyd-*, $C_{12}H_{15}N_5S_2$, F. 196°. — *o-Hydroxybenzaldehyd-*, $C_8H_9N_3OS$, F. 227°. — *m-Hydroxybenzaldehyd-*, $C_8H_9N_3OS$, F. 142°. — *p-Hydroxybenzaldehyd-*, $C_8H_9N_3OS$, F. 234°. — *o-[2.3-Dihydroxypropoxy]-benzaldehyd-*, $C_{11}H_{15}N_3O_3S$, F. 142°. — *m-[2.3-Dihydroxypropoxy]-benzaldehyd-*, $C_{11}H_{15}N_3O_3S$, F. 105°. — *p-[2.3-Dihydroxypropoxy]-benzaldehyd-*, $C_{11}H_{15}N_3O_3S$, F. 202°. — Hydrazine: *p-Aminobenzoyl-*, $C_7H_9N_3O$, F. 222°. — *o-Thioureidobenzoyl-*, $C_8H_{10}N_4OS$, F. 200°. — *m-Thioureidobenzoyl-*, $C_8H_{10}N_4OS$, F. 205°. — *p-Thioureidobenzoyl-*, $C_8H_{10}N_4OS$, F. 222°. — *o-[3-Allylthioureidobenzoyl-*, $C_{11}H_{14}N_4OS$, F. 244—246°. — *m-[3-Allylthioureido]-benzoyl-*, $C_{11}H_{14}N_4OS$, F. 150°. — *p-[3-Allylthioureido]-benzoyl-*, $C_{11}H_{14}N_4OS$, F. 105°. — *m-[2.3-Dihydroxypropoxy]-benzoyl-*, $C_{10}H_{14}N_2O_4$, F. 252°. — *p-[2.3-Dihydroxypropoxy]-benzoyl-*, $C_{10}H_{14}N_2O_4$, F. 263 bis 264°. — *o-Chlorbenzoyl-*, $C_7H_7ClN_2O$, F. 170°. — *Bis-[o-hydrazinocarbonylphenyl]-disulfid*, $C_{14}H_{14}N_4O_2S_2$, F. 203°. — *Cyanessigsäurehydrazid*, $C_3H_5N_3O$, F. 112—114°. — *p-Acetylaminobenzaldehydcyanacetylhydrazon*, $C_{12}H_{12}N_4O_2$, F. 235°. — Hydrazone: *Brenztraubensäure-o-[2.3-dihydroxypropoxy]-benzoyl-*, $C_{13}H_{16}N_2O_6$, F. 186°. — *Brenztraubensäureisonicotinoyl-*, $C_9H_9N_3O_3$, F. 216—217°. — *Brombrenztraubensäureisonicotinoyl-*, $C_9H_8BrN_3O_3$, F. 220°. — *Mercaptobrenztraubensäureisonicotinoyl-*, $C_9H_9N_3O_3S$, F. 154°. — *Oxalessigsäureisonicotinoyl-*, $C_{10}H_9N_3O_5$, F. 222°. — *α-Ketoglutarsäureisonicotinoyl-*, $C_{11}H_{11}N_3O_5$, F. 196—198°. — *Lävulinsäureisonicotinoyl-*, $C_{11}H_{13}N_3O_3$, F. 215—217°. — *Salicylaldehydisonicotinoyl-* (*Salizid*), $C_{13}H_{11}N_3O_2$, F. 248—251°. — *p-Hydroxybenzaldehydisonicotinoyl-* (*Flavoteben*), $C_{13}H_{11}N_3O_2$, F. 286°. — *Vanillinisonicotinoyl-* (*Phthivazid*), $C_{14}H_{13}N_3O_3$, F. 222—223°. — *o-[2.3-Dihydroxypropoxy]-benzaldehydisonicotinoyl-*, $C_{16}H_{17}N_3O_4$, F. 240°. — *p-[2.3-Dihydroxypropoxy]-benzaldehydisonicotinoyl-*, $C_{16}H_{17}N_3O_4$, F. 263—264°. — *4-[2.3-Dihydroxypropoxy]-3-methoxybenzaldehydisonicotinoyl-*, $C_{17}H_{19} \cdot N_3O_5$, F. 205°. — *m-[2.3-Dihydroxypropoxy]-benzaldehydisonicotinoyl-*, $C_{16}H_{17}N_3O_4$, F. 252°. — *2-Formylphenoxyessigsäureisonicotinoyl-*, $C_{15}H_{13}N_3O_4$, F. 248°. — *4-Formylphenoxyessigsäureisonicotinoyl-*, $C_{15}H_{13}N_3O_4$, F. 248°. — *3-Methoxy-4-formylphenoxyessigsäureisonicotinoyl-*, $C_{16}H_{15}N_3O_5$, F. 257—258°. W. HAMPEL. 3231□

Bis-[pyridylpropyl]-amine, Bis-[piperidylpropyl]-amine und die entsprechenden quartären Salze. Vincenzo Carelli, Mario Cardellini und Felice Liberatore. (Ann. Chimica **49.** 1761—68. Okt./Nov. 1959. Roma u. Camerino, Univ., Ist. di Chim. farmaceut. e tossicol.; ital.) — α-Chlormethylpyridin (**I**) reagiert mit Bis-[β-chloräthyl]-methylamin (**II**) u. Na unter Bldg. von *Bis-[γ-(α-pyridyl)-propyl]-methylamin* (**III**), dessen Tris-jodmethylat man katalyt. zu *Bis-[γ-(N-methyl-α-piperidyl)-propyl]-dimethylammoniumjodid* hydriert. Eine zweite Synth. für **III** besteht in der Kondens. von α-Picolyl-Li mit **II**. Analog **III** stellt man *Bis-[γ-(β-* u. *Bis-[γ-(γ-pyridyl)-propyl]-methylamin* dar. Die Verbb. sind wegen ihrer strukturellen Analogie zu antispasmod. u. ganglionblockierend wirksamen Substanzen von pharmakolog. Interesse.

Versuche: *Bis-[γ-(α-pyridyl)-propyl]-methylamin* (**III**), $C_{17}H_{23}N_3$, F. 60—61° (Aceton), Kp.$_{0,15}$ 142—145°, a) durch Zugeben von **I** u. **II** zu Na in Xylol u. 4std. Kochen; 56% (Ausbeute); b) durch Zutropfen von **II** zu Li-α-Picolyl- in Bzl., 2std. Kochen, Zers. mit halbkonz. HCl, starkes Alkalisieren u. Ausziehen mit Chlf.; 60%. *Tritartrat*, $C_{17}H_{23}N_3 \cdot 3\ C_4H_6O_6$, F. 178—179° (wss. A.). *Trihydrochlorid*, $C_{17}H_{23}N_3 \cdot 3$ HCl, F. 258—260° (Aceton). *Tris-jodmethylat*, $C_{17}H_{23}N_3 \cdot 3\ CH_3J$, F. 221—222° (A.). — *Bis-[γ-(β-pyridyl)-propyl]-methylamin*, Kp.$_{0,8}$ 170—175°, analog **III** nach a); 35%. *Tripikrat*, $C_{17}H_{23}N_3 \cdot 3\ C_6H_3N_3O_7$, F. 161—163° (A.). *Tris-jodmethylat*, $C_{17}H_{23}N_3 \cdot 3\ CH_3J$, F. 207—210° (A.). — *Bis-[γ-(γ-pyridyl)-propyl]-methylamin*, $C_{17}H_{23}N_3$, F. 66—67° (Aceton), Kp.$_{0,15}$ 145—148°, analog **III** nach a); 45%. *Tripikrat*, $C_{17}H_{23}N_3 \cdot 3\ C_6H_3N_3O_7$, F. 247—249° (A.). *Tris-jodmethylat*, $C_{17}H_{23}N_3 \cdot 3\ CH_3J$, F. 285—287° (A.). — *Bis-[γ-(N-methyl-α-piperidyl)-propyl]-dimethylammoniumjodiddihydrojodid*, $C_{20}H_{42}JN_3 \cdot 2$ HJ, F. 244—245° (Methanol), durch Hydrieren von **III**-Tris-jodmethylat in Methanol bei 3 at über ADAMS-Katalysator. — *Bis-[γ-(N.N-dimethyl-α-piperidyl)-propyl]-dimethylammoniumtrijodid*, $C_{22}H_{48} \cdot J_3N_3$, F. 278—279° (Methanol), durch starkes Alkalisieren der wss. Lsg. des vorst. Salzes, Ausziehen mit Chlf., Eindampfen, Aufnehmen mit Methanol, 4std. Kochen mit CH_3J, Einengen u. Versetzen mit Aceton. H.-E. TOUSSAINT. 3231□

Über die Reaktivität des 1.2.3.4-Tetrahydrochinaldins. Gerhard Buchmann und Heinz Pracht. (J. prakt. Chem. [4] **16.** 55—70. Febr. 1962. Merseburg, TH für Chem., Inst. für organ. Chem.; dt.) — Durch N-Alkylierung von 1.2.3.4-Tetrahydrochinaldin (**I**) (aus Chinaldin mit Na in sd. A.) werden *N-Methyl-* (**II**), *N-Äthyl-* (**III**), *N-Isopropyl-* (**IV**) bzw. *N-n-Propyl-1.2.3.4-tetrahydrochinaldin* (**V**) dargestellt. **II** entsteht aus **I** u. CH_3J unter Eiskühlung über das Hydrojodid; bei Zimmer-Temp. entsteht **II**-Jodmethylat. **V** bildet sich erst bei längerem Kochen. Allg. nimmt die Rk.-Geschw.

mit der Länge der Alkylkette ab, ebenso die Haltbarkeit u. die Stabilität der N—C-Bindung. Die N-Alkyl-Derivv. von **I** (**A**) bilden mit Benzotrichlorid in Ggw. von $ZnCl_2$ einen smaragdgrünen, dem Malachitgrün ähnlichen Farbstoff. Aus den **A** werden durch Nitrierung mit konz. HNO_3 bei 0° die 7-Nitro-Derivv. erhalten, aus **V** auch *8-Nitrochinaldin.* **I** wird in essigsaurer Lsg. durch 30%ig. H_2O_2 bei erhöhter Temp. zu *Chinaldin* u. *Chinaldin-N-oxid* oxydiert. Bei der Rk. von **II** mit 3%ig. H_2O_2 bei 60—65° tritt nach einigen Tagen ein braunes, zähfl. Öl auf, das in verd. Alkalien lösl. ist. Das Aminoxid kann jedoch nicht isoliert werden. Durch Red. der 7-Nitro-**A** mit $SnCl_2$ u. HCl werden die entsprechenden *Amine* als gelbe Öle erhalten. Ihre Beständigkeit nimmt mit zunehmender Alkylkette ab. Mit Benzaldehyd, Vanillin u. Zimtaldehyd entstehen Schiffsche *Basen.* Die **A** werden mit Br_2 bromiert, wobei die *6-Brom-Derivv.* als *Hydrobromide* entstehen; **V** liefert ein Gemisch der Hydrobromide von **V** u. seinem 6-Brom-Deriv., das nicht getrennt werden kann. Die 7-Nitro-**A**, außer dem **V**-Deriv., geben beim Bromieren *6-Brom-7-nitro-***A**. Die Stellung der Substituenten wird durch die IR-Spektren nachgewiesen.

Versuche: N-Alkyl-1.2.3.4-tetrahydrochinaldine (**A**): *N-n-Propyl-* (**V**), $C_{13}H_{19}N$, $Kp._{760}$ 260—266°, durch 3 Tage langes Erwärmen von **I** mit n-Propyljodid auf 100°, Waschen mit Ae., Versetzen mit NaOH u. Ausäthern; Öl; n_D^{20} 1,5693; 31,7% (Ausbeute). — *N-Isopropyl-* (**IV**), $C_{13}H_{19}N$, $Kp._{760}$ 258—263°, durch Erhitzen von **I** u. Isopropyljodid auf 100° bis zum Erstarren der Kristallmasse u. Aufarbeitung wie bei **V**; Öl; n_D^{20} 1,5655; 72,4%. — N-Alkyl-7-nitro-1.2.3.4-tetrahydrochinaldine: *N-Methyl-*, F. 59° (A., rote Nadeln), durch langsames Zutropfen von konz. HNO_3 (D. 1,48) zu **II** in konz. H_2SO_4 bei 0°, 3std. Rk. bei 0°, Verdünnen mit Eis u. Neutralisieren mit Na_2CO_3; 72,6%. *Hydrobromid*, F. 182° (Zers.; gelbe Nadeln). *Pikrat*, $C_{11}H_{14}\cdot N_2O_2\cdot C_6H_3N_3O_7$, F. 87° (gelbe Nadeln). — *N-Äthyl-*, $C_{12}H_{16}N_2O_2$, F. 45—46° (rote Nadeln), analog vorst. Verb. aus **III**; 59,1%. — *N-n-Propyl-*, $C_{13}H_{18}N_2O_2$, $Kp._{12}$ 202—207°, analog aus **V**; rotes Öl; n_D^{20} 1,5970; 51,9%. — *N-Isopropyl-*, $Kp._{12}$ 202—206°, dunkelrotes Öl; n_D^{20} 2,5980; 53,3%. — N-Alkyl-7-amino-1.2.3.4-tetrahydrochinaldine: *N-Methyl-*, $C_{11}H_{16}N_2$, $Kp._{12}$ 180—184°, durch Erhitzen der 7-Nitro-Verb. mit $SnCl_2$ in konz. HCl, bis eine Probe beim Verdünnen mit W. nicht mehr getrübt wird, Zugabe von NaOH u. Ausäthern; gelbes Öl, das sich schnell dunkel färbt u. in Eis–NaCl-Mischung erstarrt; 85,2%. *Benzal-Deriv.*, $C_{18}H_{20}N_2$, durch Versetzen mit Benzaldehyd (exotherme Rk.) u. ½std. Erhitzen; gelbes Pulver; ca. 100%. *Vanillal-Deriv.*, $C_{19}H_{22}N_2O_2$, analog mit Vanillin; grünes Pulver; ca. 100%. *Cinnamal-Deriv.*, $C_{20}H_{22}N_2$, mit Zimtaldehyd; hellbraunes Pulver; ca. 100%. — Analog: *N-Äthyl-*, $C_{12}H_{18}N_2$, $Kp._{12}$ 175—180°, gelbes Öl, das sich verfärbt; n_D^{20} 1,6000; 73,7%. *Benzal-Deriv.*, $C_{19}H_{22}N_2$, gelbes Pulver; ca. 100%. *Vanillal-Deriv.*, $C_{20}H_{24}N_2O_2$, grünes Pulver; ca. 100%. *Cinnamal-Deriv.*, $C_{21}H_{24}N_2$, hellbraunes Pulver; ca. 100%. — *N-n-Propyl-*, $C_{13}H_{20}N_2$, $Kp._{12}$ 174—176°, gelbes Öl, das sich verfärbt; n_D^{20} 1,6053; 37,6%. *Benzal-Deriv.*, $C_{20}H_{24}N_2$, gelbes Pulver; ca. 100%. — *N-Isopropyl-*, $C_{13}H_{20}N_2$, $Kp._{12}$ 173—175°, gelbes Öl, das sich verfärbt; n_D^{20} 1,5955; 56,9%. *Benzal-Deriv.*, $C_{20}H_{24}N_2$, gelbes Pulver; ca. 100%. — N-Alkyl-6-brom-1.2.3.4-tetrahydrochinaldinhydrobromide: *N-Methyl-*, $C_{11}H_{15}Br_2N$, durch Zugabe von Br_2 innerhalb 1 Std. zu **II** in Chlf. unter Rühren u. Kochen; grünes, zähfl. Öl; 70%. — *N-Äthyl-*, $C_{12}H_{17}Br_2N$, F. 148—150° (Chlf.-Aceton), aus **III** u. Br_2 wie vorst. Verb.; 43,9%. — *N-Isopropyl-*, $C_{13}H_{19}Br_2N$, F. 167° (Zers.; Chlf.-Aceton), aus **IV** u. Br_2; 33,7%. — N-Alkyl-6-brom-7-nitro-1.2.3.4-tetrahydrochinaldinhydrobromide: *N-Methyl-*, $C_{11}H_{14}Br_2N_2O_2$, F. 173° (verd. HBr), aus dem 7-Nitro-Deriv. von **II** u. Br_2; 67,7%. *Freie Base*, rotes Öl. — Analog: *N-Äthyl-*, $C_{12}H_{16}Br_2N_2O_2$, F. 164 bis 165° (Zers.); 51,2%. *Freie Base*, F. 79—80°. — *N-Isopropyl-*, $C_{13}H_{18}Br_2N_2O_2$, F. 160° (Zers.); 44,8%. E. Kossmehl. 3231□

Über ein phenolisches Nebenprodukt bei der Darstellung von Chinaldin-N-oxid. Eiji Ochiai, Hiroshi und Shogo Uyeda. (Pharmac. Bull. [Tokyo] **5**. 188. April 1957. Tokyo, Tokyo Univ., Med. Fak., Pharmazeut. Inst.; dt.) — Bei der Oxydation von Chinaldin (**I**) in Eisessig mit H_2O_2 werden neben 60—65% *Chinaldin-N-oxid* (**II**) 3—4% *3-Hydroxychinaldin-N-oxid* [**III**; $C_{10}H_9NO_2$, F. 263° (Zers.)] u. Spuren *3-Hydroxychinaldin* (**IV**) erhalten. **III** wird in Eisessig über Pd-Kohle zu **IV** hydriert. Da **II** durch Benzoylperoxid oder mit 30%ig. H_2O_2 in Eisessig nicht zu **III** oxydiert wird, scheint **III** direkt aus **I** zu entstehen. K. Lange. 3231

Über die Reaktion von 1-Chlor-6.7-dimethoxyisochinolin mit Hydrazinhydrat. I. Ježo, M. Karvaš und K. Tihlárik. (Chem. Zvesti **14**. 513—16. Juli 1960. Bratislava, Slov. akad. vied. chem. ústav, odd. prír. látok; slowak.) — Die Rk. von 1-Chlor-6.7-dimethoxyisochinolin (**I**) mit $N_2H_4\cdot H_2O$ liefert an Stelle des erwarteten 1-Hydrazino-6.7-dimethylisochinolins ausschließlich *6.7-Dimethoxyisochinolin* (**II**), aus welchem man I selbst durch Rk. mit H_2O_2 u. Umsetzung des II-N-Oxids mit $POCl_3$ darstellt. II wird durch Ringschluß von N-Formylhomoveratrylamin (III) mit $POCl_3$ in Toluol u. Dehydrierung des *6.7-Dimethoxy-3.4-dihydroisochinolins* an RANEY-Ni gewonnen.

Versuche: *6.7-Dimethoxy-3.4-dihydroisochinolin*, Kp.$_9$ 169—170°, aus III u. $POCl_3$ in Toluol; 74% (Ausbeute). *Pikrat*, 202—203° (A.). *Jodmethylat*, F. 201° (Zers.; A.). — *6.7-Dimethoxyisochinolin* (II), F. 93—94° (Ae.), a) durch Dehydrierung vorst. Verb. an RANEY-Ni in geschmolzenem Naphthalin; 47,5%; b) durch 6std. Erhitzen von I u. $N_2H_4 \cdot H_2O$ in A. im Autoklaven auf 100—120°; 73%. *Hydrochlorid*, $C_{11}H_{11}NO_2 \cdot HCl$, F. 216—218° (Zers.; A.). *Pikrat*, $C_{11}H_{11}NO_2 \cdot C_6H_3N_3O_7$, F. 225—226° (A.). *Hexachloroplatinat*, F. 224° (Zers.; A.). *Jodmethylat*, F. 223—224° (Zers.). — *6.7-Dimethoxyisochinolin-N-oxid* (II-*N-Oxid*), durch 3std. Erhitzen von II mit 30%ig. H_2O_2 u. Isolierung als *Hydrochlorid* (IV), $C_{11}H_{11}NO_3 \cdot HCl$, F. 236° (Zers.; A.); 85%. *Pikrat*, $C_{11}H_{11}NO_3 \cdot C_6H_3N_3O_7$, F. 221—222° (Zers.; A.). *Hexachloroplatinat*, F. 226—227° (Zers.; A.). *Freie Base*, F. 105—106°. — *1-Chlor-6.7-dimethoxyisochinolin* (I), $C_{11}H_{10}ClNO_2$, F. 140—141° (A.), durch 2std. Erhitzen von IV mit $POCl_3$ in Bzl., Gießen in W., Zugabe von NaOH u. Chlf.-Extraktion; 76%. *Pikrat*, F. 195—196° (Zers.; A.). *Hexachloroplatinat*, F. > 300° (Zers.; A.). E. KIŠA. 3231

Untersuchungen über die Synthesen von heterocyclischen Verbindungen. 52. Mitt. **Die Eschweiler-Clarke- und Pictet-Spengler-Reaktionen mit β-Methoxysafrylamin.** Tetsuji Kametani, Keiichiro Fukumoto und Toyoyuki Katagi. (Chem. pharmac. Bull. [Tokyo] **7.** 567—72. Juli 1959. Osaka, Univ., Pharm. Fac.; Tohoku Univ., Med. Fac., Pharm. Inst.; engl.) — 51. vgl. Yakugaku Kenkyu **30.** [1958.] 412; 45. vgl. C. **1962.** 2352; 54. vgl. C. **1962.** 12293. — Die ESCHWEILER-CLARKE- u. PICTET-SPENGLER-Rkk. von 1-Methyl-2-methoxy-2-[3.4-methylendioxyphenyl]-äthylamin (β-Methoxysafrylamin; I) wurden untersucht. Im ersten Fall wird an Stelle eines Isochinolins *N.N-1-Trimethyl-2-methoxy-2-[3.4-methylendioxyphenyl]-äthylamin* (II) erhalten, im letzteren entstehen je nach Rk.-Zeit u. Rk.-Bedingungen verschiedene *Isochinolinderivate*. Bei $^1/_2$std. Kochen von I mit HCHO-Lsg. werden *3-Methyl-4-methoxy-6.7-methylendioxy-1.2.3.4-tetrahydroisochinolin* (III) u. *3-Methyl-6.7-methylendioxy-1.2-dihydroisochinolin* (IV) erhalten, während bei 7std. Erhitzen *2.3-Dimethyl-4-methoxy-6.7-methylendioxy-1.2.3.4-tetrahydroisochinolin* (VI) u. *2.3-Dimethyl-6.7-methylendioxy-1.2-dihydroisochinolin* (VII) entstehen. III u. VI können mit $POCl_3$ in IV u. VII übergeführt werden.

Versuche: *N.N-1-Trimethyl-2-methoxy-2-[3.4-methylendioxyphenyl]-äthylamin* (II), Kp.$_{19}$ 163—165°, a) durch 10std. Kochen von 5 g I mit 2 g 37%ig. HCHO u. 1,3 g 85%ig. HCOOH; 4,1 g (Ausbeute); b) aus 5 g I, 4 g 37%ig. HCHO u. 10 g 85%ig. CHOOH; 4,6 g. *Hexachloroplatinat*, $C_{13}H_{19}NO_3 \cdot {}^1/_2\,H_2PtCl_6$, F. 202° (Zers.; A.). — *3-Methyl-4-methoxy-6.7-methylendioxy-1.2.3.4-tetrahydroisochinolin* (III), durch $^1/_2$std. Kochen von I mit 37%ig. HCHO, Extrahieren der öligen Phase mit Bzl., Eindampfen, $^1/_2$std. Erhitzen mit 20%ig. HCl auf 100°, Eindampfen im Vakuum, Aufnehmen in 10%ig. HCl u. Alkalisieren mit 50%ig. KOH u. Extrahieren mit Bzl.; rotbraune, glasige Substanz; 65,8%. *Pikrat*, $C_{18}H_{18}N_4O_{10}$, F. 187—188°; aus A. gelbliche Prismen. — *3-Methyl-6.7-methylendioxy-1.2-dihydroisochinolin* (IV), Kp.$_5$ 98—100°, a) durch $^1/_2$std. Kochen von I mit 37%ig. HCHO, Extrahieren mit Bzl., Eindampfen, Zugabe von 20%ig. HCl, Eindampfen unter Atmosphärendruck innerhalb 2 Std., Alkalisieren u. Ausäthern; gelbliches Wachs; 28,8%; daneben durch Extraktion mit Bzl. 64,7% III; b) durch Eindampfen des Rk.-Prod. mit 20%ig. HCl innerhalb von 2$^1/_2$ Std. u. Dest. im Vakuum; 0,8 g; c) durch 2std. Kochen von III mit $POCl_3$ in Toluol; gelbliche, wachsartige Verb.; 89,7%. *Pikrat*, $C_{17}H_{14}N_4O_9$, F. 241—242° (Zers.); aus A. Nadeln. — *3-Methyl-6.7-methylendioxyisochinolin* (V), a) durch 1std. Erhitzen von 0,5 g IV mit Pd-Schwarz auf 195—200°; 0,26 g; b) durch Zutropfen von wss. $KMnO_4$-Lsg. zu IV in 2,5%ig. H_2SO_4 unter Schütteln; gelblichbraunes Öl; 40,8%. *Pikrat*, $C_{17}H_{12}N_4O_9$, F. 243° (Zers.); aus A./Aceton/Ae. Tafeln oder Nadeln. *Jodmethylat* (VIII), F. 282—284° (Zers.), durch 2std. Kochen von 1,2 g V mit CH_3J in Aceton; Nadeln; 0,7 g. — *2.3-Dimethyl-4-methoxy-6.7-methylendioxy-1.2.3.4-tetrahydroisochinolin* (VI), durch 7std. Kochen von 4,5 g I mit 37%ig. HCHO u. Extrahieren mit Bzl.; gelbbraune, viscose Verb.; 4,7 g. *Pikrat*, $C_{19}H_{20}N_4O_{10}$, F. 173—174°; aus A. kub. Kristalle. — *2.3-Dimethyl-6.7-methylendioxy-1.2-dihydroisochinolin* (VII), *Monohydrat*, $C_{12}H_{13}NO_2 \cdot H_2O$, Kp.$_{13}$ 165°, a) durch 7std. Kochen von I mit 37%ig. HCHO u. Eindampfen mit 20%ig. HCl innerhalb 2$^1/_2$ Std.; 51,4%, b) durch Einw. von 20%ig. HCl auf 5 g VI u. Dest. im Vakuum; 2 g; c) durch 2$^1/_2$std. Kochen von VI mit $POCl_3$ in Toluol; viscoses Öl; 94,1%. *Pikratmonohydrat*, $C_{18}H_{16}N_4O_9 \cdot H_2O$, F. 187°; aus A./Ae. bzw. Aceton/Ae. gelbe kub. Kristalle. *Hydrojodid*, $C_{12}H_{13}NO_2 \cdot HJ$, F. 288° (Zers.), durch 1,2std. Kochen von 1 g IV mit CH_3J in

Aceton; aus A. Säulen; 1 g; gibt durch Neutralisieren mit NaOH **VII**. — *2.3-Dimethyl-6.7-methylendioxyisochinoliniumpikrat*, $C_{18}H_{14}N_4O_9$, F. 247—248° (Zers.; sintert ab 221—222°), a) durch 1½std. Kochen von **VIII** mit AgCl in A., Eindampfen u. Zusatz von Na-Pikrat-Lsg. zur Lsg. in verd. A.; b) durch 1std. Erhitzen von 0,8 g **VII** mit Pd-Schwarz auf 195—200° u. Zusatz von Na-Pikrat; 0,4 g; c) durch Zutropfen von $KMnO_4$-Lsg. zu **VII** in 2,5%ig. H_2SO_4 u. Zusatz von Na-Pikrat; aus acetonhaltigem A. gelbe Nadeln; aus A./Ae. gelbliche Prismen; 18,6%. K. ZIELOFF. 3231

Die Synthese von dl-4-[Furyl-(3)]-1-methylchinolizidin; Desmethyl-Analogon von Desoxynupharidin. Munio Kotake, Ichiro Kawasaki, Tadashi Okamoto, Shiro Kusumoto und Takeo Kaneko. (Bull. chem. Soc. Japan **32**. 892. Aug. 1959. Nakanoshima, Osako, Osaka Univ., Fac. of Sci., Dep. of Chem.; engl.) — Durch Hydrierung von 2-[α-Methyl-γ.γ-dicarbäthoxypropyl]-pyridin ($Kp._{0,01}$ 133°) in Ggw. von PtO_2 oder Ni wird in 62%ig. Ausbeute *1-Methyl-3-carbäthoxychinolizidinon-(4)* (N = 5; $C_{13}H_{21}NO_3$, $Kp._{0,01}$ 130°) dargestellt, das mit konz. HCl *2-[α-Methyl-γ-carboxypropyl]-piperidinhydrochlorid* (**I**; $C_{10}H_{20}ClNO_2$, F. 102—106°; 95%) liefert. **I** wird durch Rk. mit A./HCl u. Furan-3-carbonsäurechlorid/K_2CO_3 in *N-[Furoyl-(3)]-2-[α-methyl-γ-carbäthoxypropyl]-piperidin* ($C_{17}H_{25}NO_4$, $Kp._{0,001}$ 154°; 48%) übergeführt, das durch Natronkalk-Dest. *1-Methyl-4-[furyl-(3)]-Δ³-hexahydrochinolizin* (**II**; $Kp._{0,001}$ 81—84°; 56%) liefert. **II** wird in Ggw. von Pd-Kohle zu *dl-1-Methyl-4-[furyl-(3)]-chinolizidin* ($Kp._{0,01}$ 87—89°; 50%. *Perchlorat*, $C_{14}H_{22}ClNO_5$, F. 193—194°. *Pikrat*, $C_{20}H_{24}N_4O_8$, F. 172—174°) hydriert. Die IR-Maxima sind angegeben. K. ZIELOFF. 3231

Eine neue Dehydrierungs-Cyclisierungs-Reaktion von 2-Aryltetralon-(1)-oximacetaten. K. W. Gopinath, T. R. Govindachari und N. Viswanathan. (Current Sci. **28**. 241—42. Juni 1959. Madras, Presidency Coll., Dep. of Chem.; engl.) — Die nach der Meth. von RICHARDSON-ROBINSON-SEIJO [1937] dargestellten *Tetralone-(1)* {*2-[3.4-Dimethoxyphenyl]-* (**I**), *2-[3.4-Methylendioxyphenyl]-* (**II**) u. *2-[3-Methoxy-4.5-methylendioxyphenyl]-6.7-methylendioxytetralon-(1)* (**III**)} wurden in ihre *Oximacetate* (**Ia, IIa, IIIa**) übergeführt, die durch SCHROETER-Rk. bei Erhitzen mit Acetanhydrid, Essigsäure u. HCl im Bombenrohr auf 95—100° an Stelle der Naphthylamine oder ihrer Acetyl-Derivv. in guten Ausbeuten *6.7-Dimethoxy-9-methyl-4'.5'-methylendioxy-1.2-benzophenanthridin* (im Original irrtümlich -2'.3'-methylendioxy-; F. 233°, aus **Ia**), *9-Methyl-6.7;4'.5'-bis-methylendioxy-1.2-benzophenanthridin* (F. 299°, aus **IIa**) u. ein Gemisch aus *9-Methyl-6-methoxy-7.8;4'.5'-bis-methylendioxy-* u. *9-Methyl-6.7;4'.5'-bis-methylendioxy-8-methoxy-1.2-benzophenanthridin*, aus dem nur das *Isomere vom F. 260°* rein isoliert wurde, liefern. K. ZIELOFF. 3231

Untersuchungen über Chinoxalotropon-Derivate. 2. Mitt. **Kondensationsprodukte von 5-Nitro- und 5-Nitrosotropolonen mit o-Phenylendiamin.** Shô Itô. (Sci. Rep. Tôhoku Univ., Ser. I **43**. 216—22. Dez. 1959. Sendai, Tôhoku Univ., Fac. of Sci., Chem. Inst.; engl.) — 1. vgl. Sci. Rep. Tôhoku Univ., Ser. I **42**. [1958.] 236. — Durch 20 Min. langes Kochen von 5-Nitrosotropolonen mit 1,1 Mol o-Phenylendiamin (**I**) in A., Abfiltrieren der beim Abkühlen erhaltenen Kristalle u. Umkristallisieren aus Methanol wurden eine Anzahl von *Chinoxalo-[2'.3':4.5]-troponoximen* dargestellt, deren UV-Spektren angegeben sind. Diese Kondens.-Rk. wurde mit 3-Brom-, 3.7-Dibrom- (**II**), 6-Methyl-, 3-Isopropyl-, 3-Phenyl- (**III**) sowie 3-Phenoxy-5-nitrosotropolon durchgeführt. Die vorst. Nitrosotropolone liegen im Gleichgewicht mit dem entsprechenden tautomeren $Δ^{4.6}$-Cycloheptadientrion-(1.2.5)-monoxim-(5) vor. Bei der Umsetzung von **II** mit **I** war die Ausbeute ziemlich schlecht; ebenso bei der Rk. von **III** mit **I**. In diesem Falle entstand durch Rk. von **I** mit der als Lsgm. verwendeten Essigsäure verhältnismäßig viel *2-Methylbenzimidazol*. Kondensiert man an Stelle von 5-Nitrosotropolon (vgl. 1. Mitt.) Tropochinondioxim u. -trioxim mit **I**, so entsteht nur wenig *Chinoxalo-[2'.3':4.5]-troponoxim* (**IV**) neben viel dunklem Harz. Durch ¼std. Erhitzen äquivalenter Mengen 5-Nitrotropolon (**V**) u. **I** in Methanol oder Essigsäure entsteht in guter Ausbeute eine *1:1-Mol.-Verb.* (**VI**) aus **V** u. **I** (F. 119° unter Zers.; orangerote Blättchen). Kocht man dagegen **V** u. **I** 2 Std. in Bzl., so erhält man neben **VI** (20%) eine Verb. (**VII**; 40%), die offenbar mit **IV** ident. ist (gleicher F., keine Depression, Identität der UV-Spektren in neutralem, alkal. und saurem Medium; Indentität der IR- u. UV-Spektren der aus **IV** u. **VII** erhaltenen *Acetate*). Bei Verw. von A. als Lsgm. entstehen **VII** (20%) und eine weitere *Mol.-Verb.* [**VIII**, F. 156—158° (Zers.); gebe Nadeln; 30%] nebeneinander. **VIII** entsteht auch aus **VI** bei langem Stehen an der Luft. Das bei vorst. Rkk. eingesetzte **V** wurde mehrfach aus Methanol umkrist. bis der F. 191° erreicht war. Die Erklärung für den Verlauf vorst. Umsetzungen besteht darin, daß durch Red. von **V** in der Rk.-Lsg. 5-Nitrosotropolon gebildet wird. Aus beiden vorst. Mol.-Verbb. entsteht beim Kochen in A. **VII**, das in geringer Ausbeute aus der dunklen Rk.-Mischung erhalten wurde. Bei der Umsetzung von 2 Mol **I** mit 1 Mol **V** erhält man **VII** mit 63% Ausbeute. Vorst.

Ergebnisse machen deutlich, daß **V** gar keine Kondens.-Prodd. mit **I** liefert, sondern erst das durch Red. aus **V** entstehende 5-Nitrosotropolon. Aus 3.5-Dinitrotropolon u. **I** erhält man innerhalb von 5 Min. in sehr guter Ausbeute violette Prismen mit goldenem metall. Glanz, die bei der Oxydation mit $KMnO_4$ in *Pyrazintetracarbonsäure* übergehen. Die in gleicher Weise durchgeführte Umsetzung von 5.7-Dinitrohinokitiol mit **I** liefert *Blättchen vom F. 156°* (Zers.). 5-Nitro-α-thujaplicin wurde nach dem Erhitzen mit **I** quant. zurückerhalten. Aus 3.7-Dibrom-5-nitropolon u. **I** bildet sich eine *1:1-Mol.-Verbindung.*

Versuche: *Chinoxalo-[2′.3′:4.5]-tropon*, F. 192°, durch Einw. von Cu-Carbonat u. Ameisensäure auf **VII** (vgl. Darst. aus **IV** in der 1. Mitt.). *Oxim* (**IV**), F. 249° (Zers.), a) durch Kochen von 200 mg Tropochinondioxim mit 160 mg **I** in Methanol; 30 mg; b) aus Tropochinontrioxim wie vorst.; 30 mg. — *Verb.* $C_{13}H_9N_3O$ (**VII**), F. 249° (Zers.), a) neben **VI** durch 2 std. Kochen von 200 mg **V** mit 150 mg **I** in Bzl.; aus A. gelbe Kristalle; 100 mg; b) neben **VIII** durch 40 Min. langes Kochen der gleichen Menge wie vorst. in A.; durch Chromatographieren an Al_2O_3 u. Eluieren mit Essigester gelbe Mikronadeln; 60 mg; c) neben **VI** durch Erhitzen von 100 mg **V** mit 150 mg **I** in A. u. Aufarbeiten wie vorst.; 90 mg. *Acetat*, $C_{15}H_{11}N_3O_2$, F. 207—208° (Zers.); gelbe Mikroprismen. — Chinoxalo-[2′.3′:4.5]-troponoxime: *3-Phenyl-*, $C_{19}H_{13}N_3O$, F. 235—236° (Zers.), durch ½ std. Kochen von 110 mg **III** mit 70 mg **I** in Essigsäure, Eindampfen, Lösen des Rückstandes in Bzl., Waschen der Bzl.-Lsg. mit Soda-Lsg., Trocknen über Na_2SO_4, Chromatographie an Al_2O_3, Eluieren mit Bzl. (zur Abtrennung von *2-Methylbenzimidazol*, F. 174°; blaßgelbe Substanz; 40 mg) u. danach mit Essigester; gelbe Nadeln; 10% (bezogen wie bei nachst. Oximen auf die auskrist. Substanz; durch Aufarbeitung der Mutterlaugen lassen sich die Ausbeuten auf 85—95% erhöhen). — *3-Brom-*, $C_{13}H_8BrN_3O$, F. 206° (Zers.); gelbe Nadeln; 76%. — *3.6-Dibrom-*, $C_{13}H_7Br_2N_3O$, F. 190,5° (Zers.); gelbe Nadeln; 26% (Gesamtausbeute). — *7-Methyl-*, $C_{14}H_{11}N_3O$, F. 246° (Zers.); gelbe Nadeln; 56%. — *3-Isopropyl-*, $C_{16}H_{15}N_3O$, F. 199,5—200,5° (Zers.); gelbe Nadeln; 66%. — *3-Phenoxy-*, F. 205° (Zers.); gelbe Nadeln; 49%. — *Chinoxalin-2.3-dicarbonsäure*, F. 190° (Zers.), durch Oxydation von **VII** (vgl. Darst. aus **IV** in der 1. Mitt.). — *γ-Hydroxy-2.3-pentamethylenchinoxalinacetat*, F. 282° (Zers.), durch katalyt. Hydrierung von **VII** in Ggw. von Pt in Methanol u. Acetylierung des Hydrierungsproduktes. — *Mol.-Verb. aus 5-Nitrotropolon* (**V**) *u. o-Phenylendiamin* (**I**) (*1:1*) (**VI**), $C_{13}H_{13}N_3O_4$, F. 119° (Zers.), a) durch Eindampfen der bei **VII** nach a) erhaltenen Mutterlauge u. Versetzen des Rückstandes mit Bzl.; orangerote Blättchen; b) durch ¼ std. Erwärmen von 200 mg **V** mit 150 mg **I** in Essigsäure auf dem Wasserbad; aus Bzl. gelbe Blättchen; 280 mg; c) durch ¼ std. Kochen der Komponenten in Methanol; d) neben **VII** nach c); 30 mg. — *Mol.-Verb. aus 5-Nitrotropolon* (**V**) *u. o-Phenylendiamin* (**I**) (**VIII**), F. 156 bis 158° (Zers.), durch Eindampfen der bei **VII** nach b) erhaltenen Mutterlauge u. Versetzen des Rückstandes mit Bzl.; gelbe Nadeln; 90 mg. — *Verb.* $C_{16}H_{14}N_4O_4$, F. 156° (Zers.), durch 5 Min. langes Erhitzen von 0,2 g 5.7-Dinitrohinokitiol mit 0,1 g **I** in Methanol auf dem Wasserbad; aus A. violette Kristalle mit goldenem metall. Glanz; 120 mg. *Methyläther*, F. 208°; aus Bzl. gelbe Prismen. — *Pyrazintetracarbonsäure*, F. 195° (Zers.), durch Oxydation von Verb. $C_{16}H_{14}N_4O_4$ mit $KMnO_4$ in verd. alkal. Lsg. bei 80°; aus Essigester Prismen. — *1:1-Mol.-Verb. aus 3.7-Dibrom-5-nitrotropolon u. o-Phenylendiamin* (**I**), $C_{13}H_{11}Br_2N_3O_4$, F. 171—172°, durch 5 Min. langes Kochen der Komponenten in Essigsäure; aus Methanol gelbe Nadeln. D. HOLZNER. 3231 □

Die Vinylierung von β-Dicarbonylverbindungen. Matthias Seefelder. (Liebigs Ann. Chem. **652**. 107—14. 24/4. 1962. Ludwigshafen/Rh., BASF, Hauptlabor.; dt.) — C-monosubstituierte Malonester u. Cyanessigester sowie cycl.-β-Ketosäureester u. Diketone u. C-monosubstituierte Barbitursäuren lassen sich in Ggw. von Zn- bzw. Cd-Salzen vinylieren. Die Verseifung der erhaltenen Malonester sowie ihre Umsetzung mit Guanidin zu vinylierten Barbitursäuren werden beschrieben. Allylmalonsäurediäthylester (**I**) lagert 2 Mol C_2H_2 an, wobei wahrscheinlich Vinyl-[pentadien-(1.4)-yl-(1)]-malonester entsteht.

Versuche: Vinylmalonsäurediäthylester, durch Erhitzen der entsprechenden Alkylmalonester mit C_2H_2 bei 25 at u. 180° in Ggw. von Zinkstearat unter Rühren oder Schütteln: *Butyl-* (**II**), $C_{13}H_{22}O_4$, Kp.$_{20}$ 132—134°; 150° (Rk.-Temp.); 73% (Ausbeute). — *Amyl-*, Kp.$_8$ 128—129°; 69%. — *Amyl-(2)-* (**III**), $C_{14}H_{24}O_4$, Kp.$_{10}$ 130—131°; 80%; auch ohne Druck mit Gasumwälzung (40 Std. bei 180°; 75%). — *Isoamyl-* (**IV**), Kp.$_{10}$ 128 bis 129°; 79%. — *Hexyl-(2)-*, Kp.$_{11}$ 137—138°; 67%. — *2-Methylamyl-*, Kp.$_9$ 133—134°; 55%. — *Penten-(4)-yl-(1)-*, $C_{14}H_{22}O_4$, Kp.$_{20}$ 151—153°; 160°; 89%. — *Cyclooctyl-*, Kp.$_{0,6}$ 133°; 160°; 80%. — *Phenyl-* (**V**), $C_{15}H_{18}O_4$, Kp.$_{0,6}$ 126—126,5°; 90%; auch ohne Druck (67%). — *Vinylbutylcyanessigsäureäthylester*, $C_{11}H_{17}NO_2$, Kp.$_{20}$ 127°, analog;

79%. — *Vinyl-[pentadien-(1.4)-yl-(1)]-malonsäurediäthylester* (?), $C_{14}H_{20}O_4$, Kp.$_1$ 108 bis 112°, aus 120 g I bei 150°; 47 g. — *Divinylmalonsäurediäthylester*, $C_{11}H_{16}O_4$, Kp.$_{18}$ 114 bis 118°, aus Vinylmalonsäurediäthylester wie oben; 20%. — *Vinylisopropenylmalonsäurediäthylester*, $C_{12}H_{18}O_4$, Kp.$_{18}$ 128°; 76%. — *Vinyl-[cyclohexen-(1)-yl]-malonsäurediäthylester*, $C_{15}H_{22}O_4$, Kp.$_{0,4}$ 116—118°; 70%. — *Vinyl-[2.2-dimethylvinyl]-cyanessigsäureäthylester*, $C_{11}H_{15}NO_2$, Kp.$_{20}$ 133—138°; 34%. — *2-Vinyl-2-carbomethoxycyclopentanon*, $C_9H_{12}O_3$, Kp.$_{21}$ 119—123°; 150°; 32%. — *2-Vinyl-2-acetylcyclohexanon*, $C_{10}H_{14}O_2$, Kp.$_{0,3}$ 57 bis 59°; 32%. — *5-Vinyl-5-n-butylbarbitursäure*, $C_{10}H_{14}N_2O_3$, F. 83—84° (Bzl./Cyclohexan), a) aus 60 g 5-n-Butylbarbitursäure u. C_2H_2 in N-Methylpyrrolidon in Ggw. von Zinkstearat bei 180° (10 g); b) aus 650 g **II** u. Guanidin in abs. A. (20 Std.), anschließend saure Hydrolyse (460 g roh). — *5-Vinyl-5-[amyl-(2)]-barbitursäure*, $C_{11}H_{16}N_2O_3$, F. 90 bis 91,5° (Bzl./Cyclohexan), aus 685 g **III** u. Guanidin in abs. A. (20 Std.); 430 g roh; daneben 157 g **III** zurück. — Analog folgende 5-Vinylbarbitursäuren: *5-Isoamyl-*, $C_{11}H_{16}N_2O_3$, F. 120,5—121,5° (Bzl./Cyclohexan), aus 548 g **IV**; 185 g; daneben 64 g **IV** zurück. — *5-Hexyl-(2)-*, $C_{12}H_{18}N_2O_3$, F. 121—122° (Bzl./Cyclohexan), aus 78 g Ester; 17 g roh; daneben 13 g Ester zurück u. 5 g einer Substanz vom F. 192—197°. — *5-[2-Methylamyl]-*, $C_{12}H_{18}N_2O_3$, F. 79—80° (Bzl./Cyclohexan), aus 45 g Ester; 15 g roh. — *5-Phenyl-*, $C_{12}H_{10}N_2O_3$, F. 198° (Bzl.), aus 140 g **V**; 91 g roh. — *5-Isopropenyl-*, $C_9H_{10}N_2O_3$, F. 149° (Bzl.), aus 142 g Ester; 58 g roh. — *5-[Cyclohexen-(1)-yl]-*, $C_{12}H_{14}N_2O_3$, F. 166 bis 168° (Bzl.), aus 165 g Ester (5 Std.); 140 g roh. — *α-Phenylcrotonsäure*, $C_{10}H_{10}O_2$, F. 134 bis 136° (A.), aus 209 g **V** u. wss.-methanol. KOH (20 Std. Rühren), dann Decarboxylierung bei 130° bis zum Ende der CO_2-Entw.; 126 g. — *α-Butylcrotonsäure*, $C_8H_{14}O_2$, Kp.$_{20}$ 130—134°, aus 103 g **II**; 57 g roh. — **III** u. **IV** waren nach dieser Meth. — auch in der Hitze — unverseifbar. J. ROTHE. 3272□

Die Oxydation der Anthranilsäure durch Mangandioxid. L. R. Morgan jun. und C. C. Aubert. (Proc. chem. Soc. [London] **1962.** 73. Febr. New Orleans, La., Univ., School of Med., Dep. of Pharmacol.; engl.) — Bei der Oxydation von Anthranilsäure in Bzl. oder Chlf. bei 40° mit MnO_2, sofortiger Chromatographie an Al_2O_3 u. Eluieren mit Eisessig u. Methanol wird in 5%ig. Ausbeute *Phenazin-1.6-dicarbonsäure* (**I**) (*Diäthylester*, F. 143°) erhalten. Bei 2std. Erhitzen von **I** in Diphenyl auf 270° mit Cu-Pulver entstehen *Phenazin-1-carbonsäure* (**II**) u. *Phenazin*, die an Al_2O_3 getrennt werden. *Phenazin-1-carbonsäureamid* wird aus **II** durch Rk. mit $SOCl_2$ u. dann NH_3 hergestellt. Für die Bldg. von **I** wird ein möglicher Mechanismus mitgeteilt. E. KOSSMEHL. 3272□

Struktur der von Eremothecium Ashbyii produzierten V-Verbindung. Toru Masuda, Toyokazu Kishi und Mitsuko Asai. (Chem. pharmac. Bull. [Tokyo] **6.** 113—14. Febr. 1958. Osaka, Takeda Pharmaceut. Ind. Ltd., Res. Labor.; engl.) — Die *V-Verb.* (**I**) aus *Eremothecium Ashbyii* wurde bisher (vgl. Chem. pharmac. Bull. [Tokyo] **5.** [1957.] 598) für ein Pteridincarbonsäure-Deriv., ihr Photozers.-Prod. (**II**) für eine 2-Hydroxypteridincarbonsäure gehalten. Es wurde jedoch gefunden, daß sich **I** u. **II** im Gegensatz zu bekannten Pteridincarbonsäuren nicht decarboxylieren lassen; auch bildet **II** mit Cu^{2+}-Ionen Chelate. Auf Grund des Misch-F. erwies sich **II** schließlich mit *2.4.7-Trihydroxy-6-methylpteridin* identisch. **I** besitzt vermutlich die entsprechende Struktur mit einer Ribitylgruppe am N_8 u. zur 2-Stellung verschobener Doppelbindung. H.-E. TOUSSAINT. 3272□

Morpholinderivate. 1. Mitt. **Über die Reaktion von Morpholin mit 1.1.1-Tris-[chlormethyl]-propan und Pentaerythrittrichlorhydrin.** Ss. S. Kaplan und A. Ss. Swonzowa. (Журнал Общей Химии [J. allg. Chem.] **31** (**93**). 2239—41. Juli 1961; russ.) — Durch Kondens. von 1.1.1-Tris-[chlormethyl]-propan (**I**) oder Pentaerythrittrichlorhydrin (**II**) mit Morpholin (**III**) werden *1.1.1-Tris-[morpholinomethyl]-propan* bzw. *Methylol-tris-[morpholinomethyl]-methan* erhalten.

Versuche: *1.1.1-Tris-[morpholinomethyl]-propan*, $C_{18}H_{35}N_3O_3$, F. 105—106° (A.), Kp.$_4$ 168—170°, durch 12std. Erhitzen von 9 g **III** mit 3 g **I** im Rohr auf 180—200°, Aufnehmen mit Ae. u. Filtrieren; 8,7% (Ausbeute); bei 24std. Erhitzen 17,4%. *Hydrobromid*, F. 225° (Zers.). *Tripikrat*, $C_{18}H_{35}N_3O_3 \cdot 3\ C_6H_3N_3O_7$, F. 207—209° (Zers.; W.). *Pikrolonat*, F. 206—207° (A.). — *Methylol-tris-[morpholinomethyl]-methan*, $C_{17}H_{33}N_3O_4$, F. 184—185° (Bzl.), aus 9 g **III** u. 3 g **II** im Rohr (12 Std. bei 180—200°); 1,82 g. *Pikrolonat*, F. 205° (A.). G. HEY. 3282□

Darstellung einiger 3-Alkyl-2-aryl-4-oxodihydro-1.3-benzothiazine. Robert C. Moreau und Édouard Delacoux. (Bull. Soc. chim. France **1962.** 502—05. März. Paris, Fac. de Pharm., Labor. de Pharm. Chim.; franz.) — Das sich aus NH_4OH u. 2-Mercaptobenzoesäuremethylester (**I**) nur sehr langsam bildende *2-Mercaptobenzamid* (**II**) bzw. sein *N-Methyl-* (**III**) u. *N-Äthyl-Deriv.* (**IV**) wurden durch Einw. von NH_4OH bzw. CH_3NH_2 oder $C_2H_5NH_2$ auf Bis-[2-chlorcarbonylphenyl]-disulfid (**V**) erhalten. **IV** kondensiert sich in mit HCl gesätt. A. mit Benzaldehyd (**VI**) zu *3-Äthyl-2-phenyl-4-oxodihydro-1.3-benzothiazin*, das auch in geringerer Ausbeute durch direkte Alkylierung der Na-Verb. von 2-Phenyl-4-oxodihydro-1.3-benzothiazin (**VIII**) mit $(C_2H_5)_2SO_4$ gewonnen wurde. Analog reagieren **III** u. p-Anisaldehyd (**VII**). In mit HCl gesätt. Ae. oder in A. von geringerer HCl-Konz. führte die Kondens. nur bis zu den *Dithioacetalen*.

Versuche: *Bis-[2-carbamoylphenyl]-disulfid*, F. 248° (Eisessig), durch 2monatiges Stehen von **I** u. NH_4OH im Eisschrank, Neutralisieren mit Eisessig, Ansäuern mit wenig konz. HCl u. Eintropfen von $FeCl_3$-Lsg. bis zur bleibenden Gelbfärbung; 90% (Ausbeute). — *Bis-[2-äthylcarbamoylphenyl]-disulfid*, F. 203° (A.), durch Zugabe von abs. $C_2H_5NH_2$ zu einer Lsg. von **V** in Dioxan, 48std. Stehen im Eisschrank u. Zufügen von W.; 70 %. — 2-Mercaptobenzamide, durch Zufügen von konz. HCl u. W. zu einer gerührten, sd. Mischung von vorst. Verb. (bzw. dem N-Methyl-Deriv.), Zn-Pulver, A. u. W., 10 Min. langes Kochen, Filtrieren u. Abkühlen: *N-Äthyl-* (**IV**), $C_9H_{11}NOS$, F. 88° (A., Bzl.); zersetzlich; 85%. — *N-Methyl-* (**III**), F. 90°; 70%. — *2-Aryl-4-oxodihydro-1.3-benzothiazine*, durch 1/4std. Einleiten von HCl bei 45—50° in eine Lsg. von **II**, **III** oder **IV** u. **VI** oder **VII** in abs. A. unter Luftausschluß, 1/2std. weiteres Erhitzen auf 70—80°, Einengen im Vakuum, Ausziehen mit 2n Soda-Lsg. u. A. von 50° u. Umkristallisation aus A. oder Ae.: *2-Phenyl-3-methyl-*, $C_{15}H_{13}NOS$, F. 81,5°; 70%. — *2-[p-Methoxyphenyl]-*, $C_{15}H_{13}NO_2S$, F. 181°; 75%. — *2-[p-Methoxyphenyl]-3-methyl-*, $C_{16}H_{15}NO_2S$, F. 88°; 68%. — *2-[p-Methoxyphenyl]-3-äthyl-*, $C_{17}H_{17}NO_2S$, F. 82°; 60%. — *2-Phenyl-3-äthyl-*, $C_{16}H_{15}NOS$, F. 107°, a) wie vorst.; 70% ; b) durch Zugabe von Toluol u. $NaNH_2$ zu **VIII** unter Rühren, 2std. Kochen, Zutropfen einer Toluol-Lsg. von $(C_2H_5)_2SO_4$ bei 40—50°, 20std. Kochen, Abdestillieren, Extraktion mit W. u. Ae. u. Einengen der Ae.-Lsg.; 20%. — Dithioacetale, durch 1/4std. Einleiten von HCl in eine Lsg. von **II**, **III** oder **IV** u. **VI** oder **VII** in Ae. bei 40° unter CO_2, 1/4std. Erhitzen auf 50°, Einengen u. Ausziehen mit 2n Soda-Lsg. u. A. von 50°: *Benzaldehyd-bis-[2-äthylcarbamoylphenyl]-*, $C_{25}H_{26}N_2O_2S_2$, F. 132°; 80%. — *Benzaldehyd-bis-[2-methylcarbamoylphenyl]-*, $C_{23}H_{22}N_2O_2S_2$, F. 214,5°; 55%. — *p-Anisaldehyd-bis-[2-carbamoylphenyl]-*, $C_{22}H_{20}N_2O_3S_2$, F. 221°; 70%. — *p-Anisaldehyd-bis-[2-äthylcarbamoylphenyl]-*, $C_{26}H_{28}N_2O_3S_2$, F. 158°; 35%. GISELA SCHREIBER. 3292□

Zuckerepoxide. F. H. Newth. (Quart. Rev. [chem. Soc., London] **13.** 30—47. 1959. Manchester, Petrochem. Ltd., Partington Res. Labor.; engl.) — Übersicht über Bldg. u. Rkk. von Zuckerepoxiden. — 64 Literaturangaben. P. GOLINSKE. 3400□

Über Muscaridin. 2. Mitt. C. A. Salemink und P. L. Schuller (unter Mitarbeit von R. A. Demel). (Recueil Trav. chim. Pays-Bas **79.** 485—87. Mai 1960. Utrecht, Univ., Organ.-chem. Labor.; engl.) — 1. vgl. Recueil Trav. chim. Pays-Bas **79.** [1960.] 278. — Vff. beschreiben die Synth. des (±)-*Muscaridins* in Form seines *Chlorids* {(±)-*Trimethyl-[4.5-dihydroxyhexyl-(1)]-ammoniumchlorids*, **I**} durch 3std. Erhitzen von trans-1-Chorhexen-(4) mit 2 Mol $(CH_3)_3N$ im Einschmelzrohr auf 120°, Entfernung von nicht umgesetztem $(CH_3)_3N$, Hydroxylierung des intermediären, an Cellulosepulver chromatograph. gereinigten *Trimethyl-[hexen-(4)-yl-(1)]-ammoniumchlorids* durch 3std. Rk. mit Perameisensäure bei 0° u. 7std. Rk. bei Raum-Temp., Einengen zur Trockne, Aufnehmen des Rückstandes in 0,1 n NaOH, 5std. Kochen, Neutralisieren mit 0,1 n HCl, Einengen, Aufnehmen des Rückstandes in abs. A., chromatograph. Reinigung an Cellulosepulver u. Isolierung als *Chloroaurat*, $C_9H_{22}AuCl_4NO_2$, F. 127—131° (W.). Das IR-Spektrum u. die R_F-Werte von **I** sind ident. mit den entsprechenden Werten des natürlichen, aus *Amanita muscaria L.* isolierten Produktes. H. GUTHKE. 3500□

Über die Giftstoffe des grünen Knollenblätterpilzes. 20. Mitt. **Giftstoffe des grünen Knollenblätterpilzes (Amanita phalloides).** Theodor Wieland. (Helv. chim. Acta **44.** 919—26. 15/6. 1961. Frankfurt/M., Univ., Inst. für organ. Chem.; dt.) — 19. vgl. C. **1962.** 14523. — Zusammenfassung über die bisher aus *Amanita phalloides* isolierten Giftstoffe der *Phalloidin-* u. *Amanitingruppe* u. ihre Strukturaufklärung, sowie Diskussion der möglichen Biogenese der in den Pilzgiften entdeckten *verzweigten Aminosäure*. — 24 Literaturhinweise. P. SCHARNER. 3500□

Alkaloide von Lycopodiumarten. 8. Mitt. **Lycopodin.** D. B. MacLean und W. A. Harrison. (Canad. J. Chem. **37.** 1757—63. Okt. 1959. Hamilton, Ontario, McMaster Univ., Hamilton Coll., Burke Chem. Labor.; engl.) — 7. vgl. Canad. J. Chem. **36.** [1958.] 1146. — Bei der Rk. von Lycopodin mit BrCN wurden schon früher α- (**I**) u. β-Cyanbromlycopodin (**II**) sowie eine Alkoholfraktion (**A**) erhalten (vgl. BARCLAY u. MACLEAN, C. **1959.** 7136). **I** läßt sich weiter in *α-Cyanhydroxylycopodin* (**III**) überführen (vgl. MACLEAN u. Mitarbeiter, C. **1952.** 3819). **III** wird zu einer *Carbonsäure* $C_{17}H_{24}N_2O_3$ (**IV**) oxydiert, die zu der *Hydroxysäure* $C_{17}H_{26}N_2O_3$ red. werden kann. Diese Säure gibt jedoch kein Lacton. Hydrolyse von **IV** führt zu einem Aminosäurehydrochlorid, das bei der Rk.

mit CH_2N_2 in das *Lactam $C_{16}H_{23}NO_2$* (**V**) übergeht. **V** besitzt eine Ketogruppe u. wird durch $LiAlH_4$ zu *Dihydrolycopodin* reduziert. **II** reagiert mit Ag-Acetat zu einem Gemisch (**B**), aus dem nach Hydrolyse chromatograph. *β-Cyanhydroxylycopodin* (**VI**) u. eine *cycl. Verb. $C_{17}H_{24}N_2O$* (**VII**) isoliert werden können. Bei der $NaBH_4$-Red. von **B** wird neben **VII** *β-Cyanhydroxydihydrolycopodin* (**VIII**) erhalten u. chromatograph. abgetrennt. **VIII** entsteht auch direkt durch $NaBH_4$-Red. von **VI** u. läßt sich nach OPPENAUER wieder zu **VI** oxydieren. Weiter entsteht **VIII** neben **VII** u. *α-Cyanhydroxydihydrolycopodin* (**IX**), wenn die Alkoholfraktion **A** mit $NaBH_4$ red. wird. **IX** wird durch Red. von **III** mit $NaBH_4$ erhalten. Oxydation von **VI** mit CrO_3 führt zu einer *Carbonsäure* **X**, die als *Methylester $C_{18}H_{26}N_2O_3$* charakterisiert wird. Bei der $NaBH_4$-Red. von **X** entsteht *Lacton $C_{17}H_{24}N_2O_2$*.

Versuche: *Lycopodin*, $C_{16}H_{25}NO$, F. 116° (PAe.), aus *Lycopodium flabelliforme*. — *Carbonsäure $C_{17}H_{24}N_2O_3$* (**IV**), durch 4std. Rühren von 1,9 g **III** mit CrO_3 in 90%ig. Essigsäure; 1,2 g (Ausbeute). — *Hydroxysäurehydrat $C_{17}H_{26}N_2O_3 \cdot H_2O$*, F. 193—194° (Ae.), durch 12std. Stehen von **IV** mit $NaBH_4$ in verd. wss. Na_2CO_3-Lsg. bei Raumtemperatur. — *Lactam $C_{16}H_{23}NO_2$* (**V**), F. 159—161°, durch 15std. Erhitzen von **IV** mit 2 m HCl in n-Propanol, Eindampfen, Lösen in CH_3OH, 1std. Stehen mit CH_2N_2/Ae., Eindampfen u. Al_2O_3-Chromatographie in Chlf.; aus PAe. Nadeln; 30%; daneben *Lactamester*; gibt beim Kochen in Xylol **V**. — *Dihydrolycopodin*, durch 4std. Kochen von **V** mit $LiAlH_4$ in Tetrahydrofuran, Al_2O_3-Chromatographie u. Eluieren mit Chloroform. — *β-Cyanhydroxylycopodin* (**VI**), $C_{17}H_{26}N_2O_2$, F. 123—124° (Ae./PAe.), a) durch 5std. Kochen von **II** mit Ag-Acetat in Bzl., Filtrieren, 2½std. Kochen mit KOH in CH_3OH, Eindampfen, Zugabe von W., Extrahieren mit Chlf. u. Al_2O_3-Chromatographie in Chlf.; 18%; daneben *cycl. Verb.* **VII** (82%); b) durch 11std. Kochen von 0,6 g **VIII** mit Al-Isopropylat in Bzl. u. Aceton, Eingießen in W., Abtrennen der Bzl.-Phase u. Al_2O_3-Chromatographie in Chlf.; 0,38 g. — *β-Cyanhydroxydihydrolycopodin* (**VIII**), $C_{17}H_{28}N_2O_2$, F. 181—182° (Aceton), durch ca. 12std. Stehen von 3,6 g **A** mit $NaBH_4$ in A. bei Raum-Temp., Zugabe von wss. CH_2O, Eindampfen, Zugabe von W., Extrahieren mit Chlf., Waschen mit verd. HCl, Eindampfen, Lösen in Aceton, Einengen, Abfiltrieren (→ **IX**), Eindampfen des Filtrats, Lösen in Chlf., Al_2O_3-Chromatographie u. Eluieren mit Chlf./CH_3OH (99 : 1) → **VII**, **IX** u. dann **VIII**; 6% **VIII**, 12% **VII** u. 30% **IX**. — *α-Cyanhydroxydihydrolycipodin* (**IX**), $C_{17}H_{28}N_2O_2$, F. 195—197° (Aceton), durch 3std. Stehen von **III** mit $NaBH_4$ in Alkohol. — *Carbonsäure* (**X**), durch langsames Zutropfen von CrO_3/90%ig. Essigsäure zu **VI** in 90%ig. Essigsäure bei —10 bis —5° u. 3std. Rühren bei langsam auf 0° steigender Temp.; 70%. *Methylester*, $C_{18}H_{26}N_2O_3$, F. 127—129° (Ae./PAe.), aus der Säure mit CH_2N_2. — *Lacton $C_{17}H_{24}N_2O_2$*, F. 201—203°, durch 2std. Stehen von **X** mit $NaBH_4$ in wss.-alkohol. $NaHCO_3$-Lsg. bei Raum-Temp.; aus Ae. Nadeln; 68%.

G. TEEGE. 3500□

3-Isoreserpin, das Umwandlungsprodukt des Reserpins. Jenö Bayer und László Szporny. (Magyar Kémiai Folyóirat [Ung. Z. Chem.] **65.** 24—27. Jan. 1959. Budapest, Köbányai Gyógyszergyár Anal. és Biol. Labor.; ung.) — Reserpin (**I**) wandelt sich beim Aufbewahren teilweise in *3-Isoreserpin* (**II**) u. *3-Dehydroreserpin* (**III**) um, die synthet. aus **I** dargestellt werden. Die IR-Spektren von **I**, **II** u. **III** sind graph. wiedergegeben; Maxima der UV-Spektren sind aufgeführt.

Versuche: *3.4.5-Trimethoxybenzoesäure* (**IV**), F. 172,5—173°, durch 2std. Kochen von **I** mit methanol. KOH im N_2-Strom; 91% (Ausbeute). — *3-Isoreserpinperchlorat*, F. 252—253° (Aceton–A.), durch 3std. Kochen von 500 mg **I** u. 200 mg **IV** in Acetanhydrid in Ggw. von p-Toluolsulfonsäure im N_2-Strom, Einstellen der mit W. verd. Lsg. mit NH_4OH auf pH 8, Chlf.-Extraktion, Eindampfen der mit $NaHCO_3$-Lsg. neutral gewaschenen Chlf.-Phase, Aufnehmen des Rückstandes in abs. A. u. Zugabe von 70%ig. $HClO_4$ bis zum pH 5,5; $[\alpha]_D^{23}$ —141° (Aceton–W. = 4 : 1); 460 mg. *Freie Base* (**II**), F. 153—155°, aus dem Perchlorat u. $NaHCO_3$, Chlf.-Extraktion, Eindampfen u. Aufnehmen des Rückstandes in abs. A.; $[\alpha]_D^{23}$ —162° (c = 1; Chlf.); 87%. — *3-Dehydroreserpin* (**III**), *Perchlorat*, F. 234—235°, durch 3std. Kochen von 500 mg **I**, 200 mg **IV** u. 300 mg Hg-Acetat in verd. Essigsäure, Einstellen der Lsg. mit NH_4OH auf pH 8, Chlf.-Extraktion u. Aufarbeitung analog **II**-Perchlorat; $[\alpha]_D^{23}$ —119° (Aceton–W. = 4 : 1); 440 mg.

G. HALMI. 3500□

Beziehung zwischen Delphelin und Lycoctonin. O. E. Edwards, Léo Marion und K. H. Palmer. (Canad. J. Chem. **36.** 1097—1102. Juli 1958. Ottawa, Nat. Res. Council of Canada, Div. of Pure Chem.; engl.) — *Desoxylycoctonam*, aus Desoxylycoctonin (**I**) durch Oxydation mit $KMnO_4$ in Aceton dargestellt, wird durch Erwärmen mit H_2SO_4-Eisessig auf 80° in *Anhydrodesoxylycoctonam* u. weiter durch Red. mit Na-Amalgam in *Desmethoxyanhydrodesoxylycoctonam* übergeführt, dessen Oxydation mit SeO_2 zu dem auch aus Delphelin (II) erhältlichen *α-Diketon* $C_{24}H_{33}NO_6$ (vgl. COOKSON u. TREVETT, C. **1957.** 5562) führt. Damit ist bewiesen, daß II im Ringgerüst u. in der Stellung der Substituenten mit *Lycoctonin* übereinstimmt. Daten der UV- u. IR-Spektren sind angegeben.

Versuche: *Desoxylycoctonam*, F. 166—168° (Ae.; Nadeln), durch Lösen von 1,7 g I in Essigsäure enthaltendem Aceton, portionsweise Zugabe von $KMnO_4$, Zers. des $KMnO_4$-Überschusses mit SO_2 in Aceton, Einengen der filtrierten Lsg., Chromatographie des neutralen Rückstandes (1,580 g) an Al_2O_3 u. Elution mit Bzl.-Chlf.; 865 mg (Ausbeute). — *Anhydrodesoxylycoctonam*, $C_{25}H_{37}NO_6$, F. 166—168° (Ae.-Aceton; Plättchen), durch $1^1/_4$std. Erhitzen von 700 mg vorst. Verb. in 0,1% H_2SO_4 enthaltendem Eisessig, Gießen auf Eis, Neutralisation mit KOH, Chlf.-Extraktion u. Einengen; $[\alpha]_D^{23}$ —8,4° (c = 1,48; abs. A.); 400 mg. — *Desmethoxyanhydrodesoxylycoctonam*, $C_{24}H_{35}NO_5$, F. 158—159° (Ae.-Aceton; Nadeln), durch 3std. Schütteln von 400 mg vorst. Verb. mit überschüssigem 5%ig. Na-Amalgam in abs. A., Verdünnen der filtrierten Lsg. mit W., Chlf.-Extraktion u. Eindampfen der Chlf.-Lsg.; $[\alpha]_D^{23}$ — 5° (c = 1,86; abs. A.); 270 mg. — *α-Diketon* $C_{24}H_{33}NO_6$, F. 214—216° (Ae.-Aceton; hellgelbe Nadeln), durch 2std. Erhitzen von 52 mg vorst. Verb. mit 400 mg SeO_2 in Dioxan im verschlossenen Rohr auf 180°, Verdünnen der filtrierten Rk.-Lsg. mit 20%ig. KOH, Chlf.-Extraktion, Lösen des Chlf.-Rückstandes in Bzl., 15 Min. langes Schütteln mit Hg, Filtrieren, Einengen im Vakuum, Chromatographie an Al_2O_3 u. Elution mit Bzl.-Chlf.; $[\alpha]_D^{27}$ — 58° (c = 0,4; Chlf.); 38 mg.

J. ENGMANN. 3500□

Über die Alkaloide von Aspidosperma longepetiolatum Kuhlm. G. B. Marini-Bettòlo und Paulo Carvalho-Ferreira. (Ann. Chimica **49.** 869—76. Mai/Juni 1959. Roma, Ist. super. di Sanità, Labor. di Chim. terapeut.; ital.) — Aus Wurzel u. Rinde der brasilian. Pflanze „Gelber Guatambu" (*Aspidosperma longepetiolatum*) wurden durch Ausziehen u. Perkolieren mit 2%ig. Essigsäure, Eindampfen, Ausziehen mit Ae. u. dann Chlf., gemeinsames Eindampfen der beiden Extrakte, Aufnehmen in A. u. fraktionierte Kristallisation sowie Chromatographie an Al_2O_3 u. Cellulose zwei Alkaloide, „*Guatambuin*" [I; $C_{18}H_{20}N_2$, F. 252° (A.); $[\alpha]_D^{25}$ +106° (c = 0,8; Pyridin)] u. „*Guatambuinin*" (II; $C_{17}H_{14}N_2$, F. 324°; aus Methanol gelbe prismat. Nadeln. *Jodmethylat*, $C_{17}H_{14}N_2 \cdot CH_3J$, Zers. bei 340°), isoliert. I erwies sich als ident. mit dem aus *Aspidosperma ulei* isolierten „*U-Alkaloid C*" (SCHMUTZ, C. **1958.** 9221). II ist ident. mit dem aus *Aspidosperma olivaceum* isolierten *Olivacin* (SCHMUTZ, Pharmac. Acta Helvetiae **33.** [1958.] 341). II-Jodmethylat gibt beim Behandeln mit 8%ig. Soda-Lsg. in Methanol eine rote *Anhydroniumbase*. Es wird angenommen, daß I u. II ein *Pyridocarbazol*-Skelett besitzen.

H.-E. TOUSSAINT. 3500□

Derivate von Bicyclo-[1.2.2]-heptan. 5. Mitt. **3-Aminoisocamphan und verwandte Verbindungen.** N. K. Kotschetkow, A. Ja. Chorlin und K. I. Lopatina. (Журнал Общей Химии [J. allg. Chem.] **29** (**91**). 75—81. Jan. 1959. Forsch.-Inst. für Pharmakol. u. Chemotherap.; russ.) — 4. vgl. CHORLIN, C. **1960.** 15032; 3. vgl. C. **1959.** 112. — Vff. beschreiben die Synth. von *Acyl-Derivv.* des *3-Aminoisocamphans*. Bei Verw. von Dichlor- u. Trichloracetonitrilen läßt sich die Synth. bei niedriger Temp. ohne Bldg. von N-Acyl-Derivv. des Isobornylamins durchführen. Durch Red. der Acylderivv. des 3-Aminoisocamphans mit $LiAlH_4$ lassen sich in hoher Ausbeute *3-Methyl-*, *3-Äthyl-* u. *3-Benzylaminoisocamphane* darstellen

Versuche: Isocamphane: *3-Formamido-* (I), F. 173—176° (PAe.), 200 g Camphen (II) löst man bei —10 bis 0° in 80 ml Propionsäure (III), trägt innerhalb von 30 Min. 20 g KCN ein, gibt in 2 Std. bei —20° tropfenweise 25 ml 98%ig. H_2SO_4 zu, läßt über Nacht stehen u. gießt auf 500 g Eis; 76% (Ausbeute). — *3-Dichloracetamido-* (**IV**), $C_{12}H_{19}Cl_2NO$, F. 106—108°, zu 44,3 g **II** u. 43 g Dichloracetonitril gibt man 20 ml **III** u. in 1—$1^1/_2$ Std. bei —15° 98%ig. H_2SO_4; 69,7%. — *3-Trichloracetamido-*, Kp. 165—170°, aus 122 g **II**, 136 g Trichloracetonitril u. 50 ml 98%ig. H_2SO_4 in 100 ml Eisessig u. Dest.; 160 g. — *3-Acetamido-* (**V**), $C_{12}H_{21}NO$, F. 131—132° (PAe.), a) zur Lsg. von 160 g vorst. Verb. gibt man 600 ml Eisessig u. bei < 80° 200 g Zn, erhitzt 1 Std. auf dem Wasserbad, filtriert u. verd. auf 1500 ml mit W.; b) 6 g **IV** werden mit 50 ml Eisessig u. 20 g Zn bei 80—90° während 6 Std. analog Vorst. red.; 72%. — *3-Amino-*, *Hydrochlorid*, $C_{10}H_{20}ClN$, F. 320° (Zers.), man erhitzt 20 g NaOH u. 100 ml Äthylenglykol in 15 ml A. mit 10 g **V** 50 Std. lang zum Sieden, dest. mit Wasserdampf, nimmt das Destillat auf, trocknet, engt auf 50 ml ein u. sättigt mit trockenem HCl; 52,5%. — *3-Benzamido-*, $C_{17}H_{23}NO$, F. 122—123° (60%ig. A.), aus 5,1 g vorst. Verb. in 20 ml W. + 10%ig. NaOH u. Benzoylchlorid; 98%. — *3-Methylamino-*, Kp. 95—96°, die Lsg. von $LiAlH_4$ (aus 3,2 g LiH u. 27 g $AlBr_3$) in 100 ml abs. Ae. wird mit 11,7 g I 5—6 Std. lang zum Sieden erhitzt, dann kühlt man, gibt 200 ml 40%ig. wss. NaOH zu, nimmt mit Ae. auf u. dest.; 92 %. *Hydrochlorid*, $C_{11}H_{22}ClN$, F. 243—245° (Zers.; Ae.); ca. 100%. — *3-Äthylamino-*, *Hydro-*

chlorid, $C_{12}H_{24}ClN$, F. 254—255° (wss. A.), durch Red. von **V** mit $LiAlH_4$ analog vorst. Verb.; 85,4%. — *3-Benzylamino-*, *Hydrochlorid*, $C_{17}H_{26}ClN$, F. 198—198,5° (abs. A.), analog vorst. Verb. aus 3-Benzamidoisocamphan; 74%. — *3-Methyläthylamino-*, *Hydrochlorid*, $C_{13}H_{26}ClN$, F. 245—247°, zur Suspension von 5 g 3-Äthylaminoisocamphanhydrochlorid in 50 ml Ae. gibt man 40 ml 10%ig. NaOH, dampft die äther. Lsg. ein, läßt den Rückstand mit Methyljodid über Nacht stehen, löst in 30 ml Ae., filtriert, löst in W., macht mit 40%ig. NaOH alkal. u. überführt ins Hydrochlorid; 2 g. M. KYBER. 3600

Die Stereochemie von Isophyllocladen. P. K. Grant und R. Hodges. (Tetrahedron Letters [London] **1959.** Nr. 10. 21—22. Aug. Wellington, New Zealand, Dominion Labor.; Glasgow, Univ., Chem. Dep.; engl.) — Vgl. C. **1961.** 11725. — Isophyllocladen (I) liefert durch Hydroxylierung mit OsO_4 *Dihydro-15.16-dihydroxyphyllocladen*, das durch Oxydation mit Pb-Tetraacetat *13β-Acetyl-8β-formylpodocarpan* [II; F. 138—140°; $[\alpha]_D^{18}$ — 39° (Chlf.)] liefert. Das **II**-Dioxim wird durch Acetanhydrid zu *13β-Acetyl-8β-cyanpodocarpanoxim* (III; F. 195—197°, $[\alpha]_D^{18}$ — 13° (Chlf.)] dehydratisiert. Das durch Rk. von 13β-Acetyl-8β-cyanpodocarpan mit Pertrifluoressigsäure erhältliche *Acetat* liefert durch Hydrolyse *8β-Cyan-13-hydroxypodocarpan* (F. 95 bis 115°; eine Trennung des 13-Hydroxyisomerengemisches wird nicht versucht), das durch Oxydation mit CrO_3 in *8β-Cyan-13-Oxopodocarpan* [IV; F. 160—161° (nach vorherigem Schmelzen u. Wiedererstarren bei 153—154,5°, $[\alpha]_D^{18}$ +33° (Chlf.)] übergeht. **IV** liefert durch Dest. mit KOH bei 120°/0,01 Torr unter Eliminierung von HCN *Δ^{8,14}-Podocarpen-13-on* [F. 64—66°, $[\alpha]_D^{18}$ +45° (Chlf.)], das auch aus Manool dargestellt wurde. Die Ringe A/B in **I** sind somit transständig. K. ZIELOFF. 3600

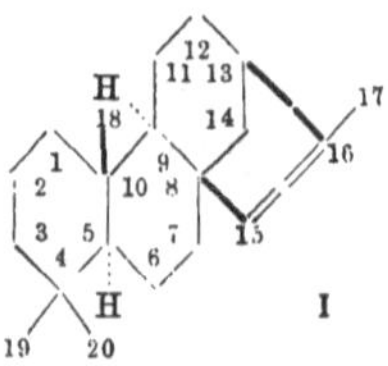

I

Synthetische Versuche in den Terpen-Reihen. 1. Mitt. **Longifolylthiocyanacetat, ein Insekticid.** Sat Bir, B. G. Chatterjee und K. C. Gulati. (Indian J. agric. Sci. **29.** 52—56. Dez. 1959; engl.) — Aus *Longifolen* (I) wurde *Longifolylthiocyanacetat* in 57%ig. Reinheit dargestellt. Es zeigt vielversprechende Eigg. als Insekticid gegenüber Blattläusen. Die letale Dosierung liegt bei einem Prod. dieser Reinheit bei 1,3%.

Versuche: *Longifolen* (I), Kp.$_{19}$ 120—125°, Kp.$_{750}$ 250—255°, durch fraktionierte Dest. von Terpentinöl; D.$_4^{30}$ 0,9237; n_D^{30} 1,4939; $[\alpha]_D^{30}$ +31,65°. — *Longifolylacetat* (II), durch mehrstd. Erhitzen von 51 g **I** mit 30 g Essigsäure in Ggw. von 1 g H_2SO_4 auf 70—80° in 25,5%ig. Reinheit; 49 g (Ausbeute). — *Longifolylalkohol* (III), $C_{15}H_{26}O$, Kp.$_{19}$ 140°, a) durch 4std. Kochen von 100 g **II** mit 10%ig. alkohol. K_2CO_3 u. fraktionierte Dest.; 12 g (76,6%ig. Reinheit); b) Kp.$_{19}$ 145—150°, durch Selektivextraktion von 100 g des rohen Alkohols (23,9%ig. Reinheit) mit A./W., Eindampfen der verd. alkohol. Lsg. u. Fraktionieren von 118 g des erhaltenen Alkohols (21 g; 66,7%ig. Reinheit); D.$_4^{60}$ 0,9979, n_D^{30} 1,4975, $[\alpha]_D^{20}$ +9,618°; 23 g (90,1%ig. Reinheit). — *Longifolylchloracetat* (IV), $C_{17}H_{27}ClO_2$, a) durch Azeotrop-Dest. von **III** mit Chloressigsäure in Bzl.; b) durch Zusatz von 255 g **I** zu 235 g Chloressigsäure in Ggw. von 5 g H_2SO_4; 274 g (21,1%ig. Reinheit). — *Longifolylthiocyanacetat*, $C_{18}H_{27}NO_2S$, durch 6std. Erhitzen von 90 g **IV** (61,6%ig. Reinheit) mit NH_4SCN in A. auf 60—65° unter Rühren; 92 g (56,8%ig. Reinheit). K. ZIELOFF. 3600

Chemische Untersuchung der Blätter von Rhododendron nilagiricum Zenk. S. Rangaswami und K. Sambamurthy. (Proc. Indian Acad. Sci., Sect. A **50.** 366—73. Dez. 1959. Waltair, Andhra Univ., Dep. of Pharmacy; engl.) — Die Extraktion der trockenen Blätter von *Rhododendron nilagiricum Zenk* (**RNZ**) mit A. bzw. Ae. u. A. ergibt *Ursolsäure* (II), *Epifriedelinol* (III), *Quercetin* (I) u. *Hyperosid* (IV), das 3-α-Galactosid von **I.** Die Identifizierung der isolierten Prodd. wird beschrieben.

Versuche: *Ursolsäure* (II), $C_{30}H_{48}O_3$, F. 280—282°, a) durch Extraktion von **RNZ** mit kaltem A. u. Einengen der Extrakte; $[\alpha]_D^{30}$ +62,4° ± 3° (c = 1,027; abs. A.); aus A. Nadeln [*Acetylderiv.*, $C_{32}H_{50}O_4$, F. 282—284°; $[\alpha]_D^{2}$ +68,8 ± 3° (c = 0,927; Chlf.); aus A. Nadeln]; daneben *Epifriedelinol* [III; $C_{30}H_{52}O$, F. 280—281°, durch Extrahieren von rohem **II** mit Bzl./Ae., Eindampfen u. Zugabe von 90%ig. Essigsäure/PAe.; $[\alpha]_D^{29}$ +22,4° ± 3° (c = 0,996; Chlf.); aus Chlf. Nadeln. *Acetylderiv.*, $C_{32}H_{54}O_2$, F. 282 bis 284°; $[\alpha]_D^{30}$ + 30,2 ± 2° (c = 0,685; Chlf.); aus Bzl./Aceton Platten. *Benzoylderiv.*, $C_{37}H_{56}O_2$, F. 248—250°; $[\alpha]_D^{30}$ +36,8 ± 3° (c = 0,942; Chlf.); aus Bzl./A. Platten], *Hyperosid* [IV; $C_{21}H_{20}O_{12}$, F. 238—240°; $[\alpha]_D^{29}$ +65,8 ± 2° (c = 0,821; Pyridin/A.); aus abs. A. gelbe Nadeln. *Oktaacetylderiv.*, $C_{37}H_{36}O_{20}$, F. 102—104° (Bzl./PAe.). *Tetramethyläther* (V), $C_{25}H_{28}O_{12}$, F. 224—226°; aus Methanol Nadeln] u. **I** (aus der alkohol. Mutterlauge von **IV**); b) durch Extraktion mit Ae.; daneben **III** u. **I** [durch Extraktion mit A.]. — *Quercetin* (I), $C_{15}H_{10}O_7$, F. 318—322°, durch 2std. Kochen von **IV** mit 7%ig. H_2SO_4 in 50 %ig. A.; aus verd. A. gelbe Nadeln. *Pentaacetylderiv.*, $C_{25}H_{20}O_{12}$, F. 197—198°; aus A. Nadeln;

daneben *D-Galaktosazon*, F. 189—191° (Zers.), aus den Mutterlaugen mit Phenylhydrazin; aus verd. A. gelbe Nadeln. — *5.7.3'.4'-Tetra-O-methylquercetin*, $C_{19}H_{18}O_7$, F. 194°, durch 2std. Kochen von **V** mit 7%ig. H_2SO_4 in 50%ig. A.; aus A. gelbe Nadeln.

W. HAMPEL. 3600□

Mit Steroidhormonen verwandte Verbindungen. 3. Mitt. **Phenoläther durch Dienon-Phenol-Umlagerung von 3-Oxo-$\Delta^{1.4}$-steroiden.** J. Elks, J. F. Oughton und L. Stephenson. (J. chem. Soc. [London] **1961.** 4531—34. Okt. Greenford, Middlesex, Glaxo Labor. Ltd.; engl.) — 2. vgl. J. chem. Soc. [London] **1961.** 2532. — Die Rk. von $\Delta^{1.4}$-Cholestadien-3-on (**I**) mit Orthoameisensäuretriäthylester (**II**) in abs. A. in Ggw. von konz. H_2SO_4 liefert unter Dienon-Phenol-Umlagerung als Hauptprod. *1-Äthoxy-4-methyl-19-nor-$\Delta^{1.3.5,10}$-cholestatrien* (**III**); daneben fällt in geringerer Menge *3-Äthoxy-1-methyl-19-nor-$\Delta^{1.3.5,10}$-cholestatrien* an. Die Umsetzungen von **I** mit **II** in Methanol bzw. Äthylenglykol (**IV**) verlaufen analog. *1-[β-Hydroxyäthoxy]-4-methyl-* u. *3-[β-Hydroxyäthoxy]-1-methyl-19-nor-$\Delta^{1.3.5,10}$-cholestatrien* werden nebeneinander auch beim Erhitzen von **I** mit **IV** in Ggw. von p-Toluolsulfonsäure gebildet. Die neuartige Aromatisierung stellt das erste bekannte Beispiel einer direkten Synth. von Phenoläthern durch Dienon-Phenol-Umlagerung dar. Die Alkoxygruppe im gebildeten Phenoläther entspricht stets dem eingesetzten Alkohol, nicht der Alkoholkomponente des Orthoameisensäureesters; die Ggw. des letzteren ist jedoch für den Ablauf der Rk. unerläßlich.

Versuche: 19-Nor-$\Delta^{1.3.5,10}$-cholestatriene: *1-Äthoxy-4-methyl-* (**III**), $C_{29}H_{46}O$, ölig, a) durch 1std. Kochen von **I** mit **II** in abs. A. in Ggw. von konz. H_2SO_4, Gießen in wss. $NaHCO_3$, Ausäthern u. Chromatographieren an Al_2O_3; $[\alpha]_D$ +169,5° (c = 0,7; Chlf.); λ_{max} 277—286 mμ (A.); 56% (Ausbeute); daneben *3-Äthoxy-1-methyl-*, ölig; $[\alpha]_D$ +110° (c = 0,4; Chlf.); λ_{max} 277—286 mμ (A.); 14%; b) durch 4maliges abwechselndes Zugeben von 38%ig. NaOH u. Diäthylsulfat zu 4-Methyl-19-nor-$\Delta^{1.3.5,10}$-cholestatrien-1-ol in A. in der Wärme, 1/4std. Stehen, Versetzen mit W. u. Ausäthern. — *1-Methoxy-4-methyl-*, $C_{28}H_{44}O$, F. 99—100° (Methanol), analog **III** nach a) in abs. Methanol; $[\alpha]_D$ +180° (c = 1; Chlf.); 56%; daneben *3-Methoxy-1-methyl-*, ölig; $[\alpha]_D$ +113° (c = 0,6; Chlf.). — *1-[β-Hydroxyäthoxy]-4-methyl-*, $C_{29}H_{46}O_2$, ölig, a) durch 20std. Kochen von **I** mit **IV** in Ggw. von p-Toluolsulfonsäure bei 20 mm Druck, Gießen in wss. $NaHCO_3$ u. Ausäthern; b) analog **III** nach a) durch 1std. Erhitzen von **I** mit **II** u. **IV** in Ggw. von konz. H_2SO_4 auf 100°; $[\alpha]_D$ +157° (c = 1; Chlf.); daneben jeweils *3-[β-Hydroxyäthoxy]-1-methyl-*, ölig; $[\alpha]_D$ +115° (c = 0,8; Chlf.).

H.-E. TOUSSAINT. 3700□

Mit Steroidhormonen verwandte Verbindungen. 4. Mitt. **Dienon-Phenol-Umlagerung von $\Delta^{1.4}$-Steroid-3.11-diketonen.** E. J. Bailey, J. Elks, J. F. Oughton und L. Stephenson. (J. chem. Soc. [London] **1961.** 4535—46. Okt.; engl.) — 3. vgl. vorst. Referat. — Prednisonacetat (**I**) wird durch $HClO_4$ in Essigsäureanhydrid unter Bldg. von *3.17.21-Triacetoxy-1-methyl-19-nor-$\Delta^{1.3.5,10}$-pregnatrien-11.20-dion* (**II**) aromatisiert; mit konz. H_2SO_4/Essigsäureanhydrid tritt weiter Enolacetylierung zu *3.11.17.-21-Tetraacetoxy-1-methyl-19-nor-$\Delta^{1.3.5,10.9,11}$-pregnatetraen-20-on* (**III**) ein. **II** läßt sich zum *Triol* verseifen, das man unter milden Bedingungen zu *3.21-Diacetoxy-17-hydroxy-1-methyl-19-nor-$\Delta^{1.3.5,10}$-pregnatrien-11.20-dion* (**IV**) acetyliert. Durch Red. mit $LiAlH_4$, Methylieren u. nachfolgende Oxydation mit $NaJO_4$ erhält man aus **II** ein Gemisch aus etwa gleichen Mengen *11α-* (**Va**) u. *11β-Hydroxy-3-methoxy-1-methyl-$\Delta^{1.3.5,10}$-östratrien-17-on* (**Vb**); beide Epimeren werden durch Erhitzen ihrer Methansulfonate mit Na-Acetat/Essigsäure in *3-Methoxy-1-methyl-$\Delta^{1.3.5,10.9,11}$-östratetraen-17-on* (**VI**) übergeführt, dessen katalyt. Hydrierung *3-Methoxy-1-methyl-$\Delta^{1.3.5,10}$-östratrien-17-on* liefert. Durch Verseifen von **III** mit $NaOCH_3$ u. erneutes mildes Acetylieren erhält man hauptsächlich *3.21-Diacetoxy-17-hydroxy-1-methyl-19-nor-$\Delta^{1.3.5,10}$-9β-pregnatrien-11-20-dion* (**XI**), das $C_{(9)}$-Epimere von **IV**; beim Behandeln von **IV** mit $HClO_4$/Essigsäure tritt teilweise Epimerisierung ein. $\Delta^{1.4}$-Androstadien-3.11.17-trion (**VII**) wird durch $HClO_4$/Essigsäureanhydrid zu *3-Acetoxy-1-methyl-$\Delta^{1.3.5,10}$-östratrien-11.17-dion* (**VIII**) aromatisiert; eine Enolacetylierung wird hier nicht beobachtet. **VIII** läßt sich zu *3-Hydroxy-1-methyl-$\Delta^{1.3.5,10}$-östratrien-11.17-dion* (**IXa**) verseifen; beim Behandeln von **VIII** mit $HClO_4$/Essigsäure findet teilweise Epimerisierung zur *9β-Verb.* (**IXb**) statt. Im Gegensatz zu den Verhältnissen bei **I** u. **VII** verläuft die Aromatisierung von Prednisolonacetat (**X**) unter normaler „p-Umlagerung"; durch Verseifen des rohen Umlagerungs-Prod. mit $NaOCH_3$ u. Acetylieren erhält man *11β-Acetoxy-1.17.21-trihydroxy-4-methyl-19-nor-$\Delta^{1.3.5,10}$-pregnatrien-20-on*, aus dem man über $LiAlH_4$-Red., Methylieren u. $NaJO_4$-Oxydation *11β-Hydroxy-1-methoxy-4-methyl-$\Delta^{1.3.5,10}$-östratrien-17-on* erhält. Der Einfl. der Struktur der neuen Verbb. auf die opt. Drehwerte wird ausführlich betrachtet. Der $[M]_D$-Wert der 11-Ketogruppe wird durch die Ggw. einer 1-ständigen CH_3-Gruppe wenig beeinflußt, ist aber in den Verbb. mit aromatisiertem A-Ring wesentlich größer als bei nicht-aromat. Steroiden. Eine 11α-Hydroxygruppe gibt einen stark negativen Drehwertbeitrag. Die Aromatisierung von **X** verläuft erheblich rascher als die Umlagerung von **I** u. **VII**. Dies wird auf einen hemmenden Einfl. der 11-Ketogruppe in den letzteren Verbb. zurückgeführt, die auch für den andersartigen Verlauf der Rk. bei **I** u. **VII** verantwortlich gemacht wird.

Versuche: *3.17.21-Triacetoxy-1-methyl-19-nor-$\Delta^{1.3.5.10}$-pregnatrien-11.20-dion* (**II**), $C_{27}H_{32}O_8$. F. 198–200° (A.), $[\alpha]_D$ +177° (c = 1; Chlf.), a) durch Lösen von **I** in warmem Essigsäureanhydrid, Kühlen, Zutropfen von $HClO_4$/Essigsäureanhydrid (Endkonz. 0,05% $HClO_4$), 1½ std. Rühren, 3¾ std. Stehen, Gießen in wss. $NaHCO_3$, Ausziehen mit Essigester u. Chromatographieren an Florisil; 61% (Ausbeute); b) analog mit 0,1% $HClO_4$ in Essigsäureanhydrid; 30% neben 32% **III**; c) durch Schütteln von **IV** mit $HClO_4$/Essigsäureanhydrid; 49%. – *3.11.17.21-Tetraacetoxy-1-methyl-19-nor-$\Delta^{1.3.5.10.9.11}$-pregnatetraen-20-on* (**III**), $C_{29}H_{34}O_9$, ölig, durch 2 std. Stehen von **I** in konz. H_2SO_4/Essigsäureanhydrid (1 : 30), erneutes Zugeben dieses Gemisches, weiteres 16 std. Stehen u. Aufarbeiten wie **II**; 46%. – *3.17.21-Trihydroxy-1-methyl-19-nor-$\Delta^{1.3.5.10}$-pregnatrien-11.20-dion*, $C_{21}H_{26}O_5$, F. 229–232° (wss. Methanol), durch ½ std. Stehen von **II** mit 2%ig. methanol. KOH unter N_2, Neutralisieren mit Essigsäure u. Einengen; $[\alpha]_D$ +282° (c = 1; Aceton); 68%. – *3.21-Diacetoxy-17-hydroxy-1-methyl-19-nor-$\Delta^{1.3.5.10}$-pregnatrien-11.20-dion* (**IV**), $C_{25}H_{30}O_7$, F. 235–236° (Essigester), aus vorst. Triol mit Essigsäureanhydrid/Pyridin; $[\alpha]_D$ +268° (c = 1; Chlf.); 58%. – *11α-Hydroxy-3-methoxy-1-methyl-$\Delta^{1.3.5.10}$-östratrien-17-on* (**Va**), $C_{20}H_{26}O_3$, F. 176–177° (wss. Aceton), durch Zugeben von **II** zu $LiAlH_4$ in Tetrahydrofuran unter N_2, 5 std. Kochen, Stehen über Nacht, Zers. von $LiAlH_4$ mit Essigester, Zugeben von W. u. dann 2 n H_2SO_4, Ausziehen mit Essigester, Eindampfen, Aufnehmen in Methanol, abwechselndes anteilweises Zugeben von Dimethylsulfat u. 40%ig. NaOH, Einengen, Verdünnen mit W., Ausziehen mit Essigester, Eindampfen, Oxydieren des erhaltenen rohen Gemisches von *3-Methoxy-11.17.20.21-tetraolen* mit $NaJO_4$ in wss. A., 24 std. Stehen, Einengen u. Chromatographieren an Al_2O_3; $[\alpha]_D$ –53° (c = 0,99; Chlf.); 29%; daneben das *11β-Epimere* (**Vb**), $C_{20}H_{26}O_3$, F. 172–174° (wss. Methanol); $[\alpha]_D$ +240° (c = 1,2; Chlf.); 21%. – *3-Methoxy-1-methyl-$\Delta^{1.3.5.10.9.11}$-östratetraen-17-on* (**VI**), $C_{20}H_{24}O_2$, F. 95–97°, $[\alpha]_D$ +276° (c = 1,04; Chlf.), a) durch 5 Min. langes Schütteln von 150 mg **Vb** mit Methansulfochlorid in Chlf./Pyridin, Stehen unter Kühlung über Nacht, Behandeln mit Eis, Ausziehen des erhaltenen rohen *11β-Methansulfonats* mit Chlf., ½ std. Kochen mit Na-Acetat in Essigsäure, Verdünnen mit W., Ausäthern u. Chromatographieren in Bzl.-Hexan an Al_2O_3; 71 mg; b) analog aus **Va**; 53%; c) durch Red. von **XI** mit $LiAlH_4$, Methylieren, Oxydieren mit $NaJO_4$ (vgl. Darst. von **Va**), Mesylieren u. Kochen mit Na-Acetat in Essigsäure wie vorst.; 25%. – *1-Methylöstron*, F. 249–251° (Methanol), durch 48 std. Erhitzen von $\Delta^{1.4}$-Androstadien-3.17-dion mit 48%ig. HBr im geschlossenen Gefäß auf 55°, 3 std. Erhitzen mit 5%ig. NaOH auf dem Wasserbad u. Ansäuern mit HCl; 23%. – *3-Methoxy-1-methyl-$\Delta^{1.3.5.10}$-östratrien-17-on*, F. 125–126,5°, $[\alpha]_D$ +245° (c = 1,03; Chlf.), aus Methanol Prismen, a) durch Methylieren vorst. Verb. mit Dimethylsulfat/NaOH; 42%; b) durch 1½ std. Schütteln von **VI** in Essigester unter H_2 in Ggw. von 10%ig. Pd/Kohle; 46%. – *3.21-Diacetoxy-17-hydroxy-1-methyl-19-nor-$\Delta^{1.3.5.10}$-9β-pregnatrien-11.20-dion* (**XI**), $C_{25}H_{30}O_7$, F. 187–189° (A.), $[\alpha]_D$ +121° (c = 0,7; Chlf.), a) durch Zugeben von 2,44 n methanol. $NaOCH_3$ zu **III** unter N_2, Versetzen mit W. nach 4 Min. u. mit verd. Essigsäure nach weiteren 5 Min., Einengen, Ausziehen mit Essigester u. Acetylieren mit Essigsäureanhydrid/Pyridin über Nacht; 34%, daneben 8% **IV**; b) durch 4 std. Erhitzen von **I** mit Essigsäureanhydrid u. p-Toluolsulfonsäure auf 100°, Gießen in wss. $NaHCO_3$, Ausziehen mit Essigester, Hydrolysieren u. Acetylieren; 33%. – *3-Acetoxy-1-methyl-$\Delta^{1.3.5.10}$-östratrien-11.17-dion* (**VIII**), $C_{21}H_{24}O_4$, F. 203–208° (Bzl.-Essigester), durch 6 std. Schütteln von **VII** mit 60%ig. $HClO_4$/Essigsäureanhydrid (3 : 200), Gießen in wss. $NaHCO_3$ u. Ausziehen mit Essigester; $[\alpha]_D$ +375° (c = 1; Chlf.); 69%. – *3-Hydroxy-1-methyl-$\Delta^{1.3.5.10}$-östratrien-11.17-dion* (**IXa**), $C_{19}H_{22}O_3$, F. 230–233° (Methanol), durch 1 std. Rühren von **VIII** in wss.-methanol. KOH unter N_2; $[\alpha]_D$ +426° (c = 1; Aceton); 72%. – *3-Hydroxy-1-methyl-$\Delta^{1.3.5.10}$-9β-östratrien-11.17-dion* (**IXb**), $C_{19}H_{22}O_3$, F. 195–205° (Zers.; Methanol), durch 6tägiges Stehen von 500 mg **VIII** mit $HClO_4$/Essigsäure, Verdünnen mit W. u. Ausäthern; 46 mg neben **IXa**. – *11β-Acetoxy-1.17.21-trihydroxy-4-methyl-19-nor-$\Delta^{1.3.5.10}$-pregnatrien-20-on*, $C_{23}H_{30}O_6$, F. 225–227° (wss. Methanol), durch 3 std. Schütteln von **X** mit 60%ig. $HClO_4$ u. Essigsäureanhydrid in Chlf., Zugeben von wss. $NaHCO_3$, Eindampfen, Behandeln mit methanol. $NaOCH_3$ unter N_2, Zers. mit W. u. dann verd. Essigsäure u. Chromatographieren an Al_2O_3; $[\alpha]_D$ +175° (c = 1; Aceton); 24%. – *11β-Hydroxy-1-methoxy-4-methyl-$\Delta^{1.3.5.10}$-östratrien-17-on*, $C_{20}H_{26}O_3$, F. 86–87°, analog **Va** durch Red. vorst. Verb. mit $LiAlH_4$, Methylieren u. Oxydieren mit $NaJO_4$; $[\alpha]_D$ +80,8° (c = 0,9; Chlf.); aus wss. Methanol Nadeln.

H.-E. TOUSSAINT. 3700 □

Mit Steroidhormonen verwandte Verbindungen. 5. Mitt. **Partialsynthese von 21-Acetoxy-17-hydroxy-16β-methyl-Δ^{9}-5α-pregnen-3.20-dion.** J. Attenburrow, J. E. Connett, W. Graham, J. F. Oughton, A. C. Ritchie und P. A. Wilkinson. (J. chem. Soc. [London] **1961.** 4547—59. Okt.; engl.) — 4. vgl. vorst. Referat. — 3β-Acetoxy-$\Delta^{9,11.16}$-5α-pregnadien-20-on (**I**) wird über das *16.17-Pyrazolin* in guter Ausbeute in *3β-Acetoxy-16-methyl-$\Delta^{9,11.16}$-5α-pregnadien-20-on* (**II**) übergeführt, das man in Ggw. von Triäthylamin selektiv an der 16.17-Doppelbindung zu *3β-Acetoxy-16β-methyl-$\Delta^{9,11}$-5α-pregnen-20-on* (**III**) hydriert. Die 16β-Stellung der CH_3-Gruppe wird durch die erschöpfende Hydrierung zum bekannten *3β-Acetoxy-16β-methyl-5α-pregnan-20-on* bewiesen. Hydriert man **II** in Tetrahydrofuran/Triäthylamin bei niedriger Temp. u. arbeitet vorsichtig auf, so wird eine zu **III** isomere Verb. isoliert, die vermutlich *3β-Acetoxy-16β-methyl-$\Delta^{9,11.17,20}$-5α-pregnadien-20-ol* (**IV**) darstellt; beim Erhitzen auf 100° lagert sich **IV** in ein Gemisch der entsprechenden *17α-* u. *17β-Acetylverb.* (**III**) um. **IV** läßt sich bereits bei Raum-Temp. acetylieren; durch definierte O_2-Aufnahme wird es in ein *17-Hydroperoxid* übergeführt. **III** addiert glatt Cl_2 unter Bldg. von *3β-Acetoxy-9α.11β-dichlor-16β-methyl-5α-pregnan-20-on* (**V**), wobei man vorteilhaft im zweiphasigen Gemisch wss. Na-Acetat/CH_2Cl_2 arbeitet. Unter Einw. von alkohol. HCl lagern sich **III** u. **V** leicht in die entsprechenden *17α-Verbb.* (**IIIa** bzw. **Va**) um. **V** wird mit $HClO_4$/Essigsäureanhydrid ins *Enolacetat* (**VIa**) umgewandelt, aus dem man mit Monoperphthalsäure *3β.20-Diacetoxy-9α.11β-dichlor-17α.20-epoxy-16β-methyl-5α-pregnan* (**VIIa**) erhält. **III** gibt mit $HClO_4$/Essigsäureanhydrid zwei isomere Formen von *3β.20-Diacetoxy-16β-methyl-$\Delta^{9,11.17,20}$-5α-pregnadien* (**VIIIa, b**), deren Chlorierung ebenfalls **VIa** bzw. eine isomere Form **VIb** liefert; die Epoxydierung von **VIb** führt zu einem *Epoxid* **VIIb**. Beide Isomeren **VII** gehen durch Hydrolyse mit Eisessig/H_2SO_4 in *9α.11β-Dichlor-3β.17-dihydroxy-16β-methyl-5α-pregnan-20-on* (**IX**) über. Partielle Verseifung von **VIIa** führt zu *3β-Acetoxy-9α.11β-dichlor-17-hydroxy-16β-methyl-5α-pregnan-20-on* (**X**), das man durch katalyt. Hydrierung in alkal. Medium in *3β-Acetoxy-17-hydroxy-16β-methyl-$\Delta^{9,11}$-5α-pregnen-20-on* (**XI**) umwandelt. **XI** gibt durch Methanolyse mit Säure in der Kälte das entsprechende *Diol,* während in der Hitze D-Homoumlagerung eintritt u. man nach erneutem Acetylieren *3β-Acetoxy-17aβ-hydroxy-16ξ.17aα-dimethyl-D-homo-$\Delta^{9,11}$-5α-pregnen-17-on* erhält. Neben **IX** fällt bei der sauren Hydrolyse von **VIIa** in geringer Menge *17β-Acetoxy-9α.11β-dichlor-3β-hydroxy-16β-methyl-5α.17α-pregnan-20-on* (**XII**) an; das entsprechende *3β.17β-Diacetat* wird in geringer Menge auch durch therm. Umlagerung von **VIIa** gebildet. **IX** wandelt man über *21-Brom-* in *21-Acetoxy-9α.11β-dichlor-3β.17-dihydroxy-16β-methyl-5α-pregnan-20-on* (**XIII**) um u. dehalogeniert mit $CrCl_2$, Zn-Staub oder durch katalyt. Hydrierung zu *21-Acetoxy-3β.17-dihydroxy-16β-methyl-$\Delta^{9,11}$-5α-pregnen-20-on* (**XIV**), aus dem man schließlich durch Oxydation mit $K_2Cr_2O_7$ *21-Acetoxy-17-hydroxy-16β-methyl-$\Delta^{9,11}$-5α-pregnen-3.20-dion* erhält.

Versuche: *3β-Acetoxy-16β(H)-$\Delta^{1'}$-pyrazolino-[4'.3':16.17]-$\Delta^{9,11}$-5α-pregnen-20-on,* $C_{24}H_{34}N_2O_3$, F. 158° (Zers.), durch Zutropfen von 50%ig. KOH zu **I** u. N-Nitrosomethylharnstoff in CH_2Cl_2, 2 std. Stehen bei Raum-Temp., Verdünnen mit W. u. $^1/_4$ std. Rühren; $[\alpha]_D$ +72° (Chlf.); 92% (Ausbeute). — *3β-Acetoxy-16-methyl-$\Delta^{9,11.16}$-5α-pregnadien-20-on* (**II**), $C_{24}H_{34}O_3$, F. 139—142° (A.), durch anteilweises Zugeben vorst. Verb. zu Diäthylenglykol bei 165°, Erhitzen bis zum Aufhören der N_2-Entw. u. Verdünnen mit W. bei 100°; $[\alpha]_D$ +53° (Chlf.); 71%. — *3β-Acetoxy-16β-methyl-$\Delta^{9,11}$-5α-pregnen-20-on* (**III**), $C_{24}H_{36}O_3$, F. 113—115°, aus Methanol Plättchen, $[\alpha]_D$ +34,2°, a) durch Hydrieren von **II** in Tetrahydrofuran/Triäthylamin über Pd/Kohle; b) durch Behandeln von **II** mit $CrCl_2$ in wss. Aceton unter CO_2; 74,5%. — *3β-Acetoxy-16β-methyl-5α-pregnan-20-on,* F. 148—151°, durch Hydrieren von 1,3 g **III** in Essigsäure über Pd/Kohle; $[\alpha]_D$ +30° (Chlf.); 1,33 g. — *3β-Acetoxy-9α.11β-dichlor-16β-methyl-5α-pregnan-20-on* (**V**), $C_{24}H_{36}Cl_2O_3$, F. 168—169° (Essigester), durch Rühren von **III** mit wss. Na-Acetat/CH_2Cl_2 unter Kühlung in Eis/Salz-Gemisch, Einleiten von Cl_2 bis zum Auftreten von freiem Cl_2 in der Lsg. u. Zusetzen von wss. $NaHCO_3$; $[\alpha]_D$ +48,8° (Chlf.); 83,3%. — *3β-Acetoxy-16β-methyl-$\Delta^{9,11.17,20}$-5α-pregnadien-20-ol*(**IV**), $C_{24}H_{36}O_3$, F. 134—140°, durch Hydrieren von **II** in Tetrahydrofuran/Triäthylamin über Pd/Kohle u. Einengen im Vakuum ohne Erhitzen; $[\alpha]_D$ +30,6° (Chlf.); 20,7%. — *3β-Acetoxy-17α-hydroperoxy-16β-methyl-$\Delta^{9,11}$-5α-pregnen-20-on,* $C_{24}H_{36}O_5$, F. 161—164° (Zers.), durch Schütteln von 2 g **IV** mit O_2 in Bzl. bis zur Absorption von 1 Mol u. Einengen; $[\alpha]_D$ +57° (Methanol); 0,95 g. — *3β-Acetoxy-16β-methyl-$\Delta^{9,11}$-5α.17α-pregnen-20-on*(**IIIa**), $C_{24}H_{36}O_3$, F. 121° (wss. Methanol), durch Behandeln von **III** mit 9,5n alkohol. HCl in Chlf. u. Gießen in wss. $NaHCO_3$; $[\alpha]_D$ —41° (Chlf.); 57,5%. — *3β-Acetoxy-9α.11β-dichlor-16β-methyl-5α.17α-pregnan-20-on* (**Va**), $C_{24}H_{36}Cl_2O_3$, F. 173—174°, analog **IIIa** aus 5 g **V**; aus wss. Aceton Prismen; $[\alpha]_D$ —4,2° (Chlf.); 4,9 g. — *3β.20-Diacetoxy-9α.11β-dichlor-16β-methyl-$\Delta^{17,20}$-5α-pregnen*

(**VIa**), $C_{26}H_{38}Cl_2O_4$, F. 174—179° (Ligroin), $[\alpha]_D$ +55,1° (Chlf.), a) durch Zugeben von 60%ig. $HClO_4$ u. Essigsäureanhydrid zu **V** in CCl_4 unter Kühlung; 56,6%; b) durch Chlorieren von **VIIIa** mit einer Lsg. von Cl_2 in CCl_4 bei −9°; 58,4%. *Isomere Form* **VIb**, $C_{26}H_{38}Cl_2O_4$, F. 179—186°, analog **VIa** aus **VIIIb**; $[\alpha]_D$ +57,8° (Chlf.); aus Methanol Prismen; 37%. — *3β.20-Diacetoxy-16β-methyl-$\Delta^{9,11.17,20}$-5α-pregnadien* (**VIIIa**), $C_{26}H_{38}O_4$, F. 162—165° (Aceton), durch Zutropfen von 60%ig. $HClO_4$ u. Essigsäureanhydrid zu **III**, 1std. Stehen u. Einengen; $[\alpha]_D$ +34,2° (Chlf.); 74,6%; bei einigen Ansätzen wurde eine *isomere Form* **VIIIb** [$C_{26}H_{38}O_4$, F. 120—136°, $[\alpha]_D$ +45,8° (Chlf.)] isoliert. — *3β.20-Diacetoxy-9α.11β-dichlor-17α.20-epoxy-16β-methyl-5α-pregnan* (**VIIa**), $C_{26}H_{38}Cl_2O_5$, F. 164 bis 165°, durch Behandeln von **VIa** mit Monoperphthalsäure in Ae.; $[\alpha]_D$ +68° (Chlf.), aus Aceton Nadeln; 82,7%. *Isomere Form* **VIIb**, $C_{26}H_{38}Cl_2O_5$, F. 180—181°, analog aus **VIb**; $[\alpha]_D$ +48,2° (Chlf.). — *3β-Acetoxy-9α.11β-dichlor-17-hydroxy-16β-methyl-5α-pregnan-20-on* (**X**), $C_{24}H_{36}Cl_2O_4$, F. 183° (Zers.), durch 3std. Stehen von **VIIa** mit verd. Essigsäure/H_2SO_4, Gießen in W. u. Ausziehen mit CH_2Cl_2; aus Ligroin Nadeln; 78,6%. — *9α.11β-Dichlor-3β.17-dihydroxy-16β-methyl-5α-pregnan-20-on* (**IX**), $C_{22}H_{34}Cl_2O_3$, F. 207° (Zers.; Tetrahydrofuran), $[\alpha]_D$ +77,1° (Dioxan), a) durch 16std. Stehen von **X** in CH_2·Cl_2/wss.-methanol. H_2SO_4; 67,1%; b) durch Hydrolyse von **VIIb** mit wss.-methanol. H_2SO_4; 86%; c) ebenso aus **VIIa**; 96,5%; daneben *17β-Acetoxy-9α.11β-dichlor-3β-hydroxy-16β-methyl-5α.17α-pregnan-20-on* (**XII**), $C_{24}H_{36}Cl_2O_4$, F. 203—204° (Zers.), $[\alpha]_D$ +47° (Dioxan), aus Essigester–CH_2Cl_2 Nadeln. — *3β-Acetoxy-17aβ-hydroxy-16ξ.17aα-dimethyl-D-homo-$\Delta^{9,11}$-5α-androsten-17-on*, $C_{24}H_{36}O_4$, F. 153—155° (Methanol), durch 10std. Kochen von 1 g des durch saure Methanolyse von **XI** in der Kälte erhaltenen *3β.17-Diols* in wss.-methanol. H_2SO_4, Gießen in W., Ausziehen mit Chlf., Einengen u. 1std. Erwärmen mit Essigsäureanhydrid/Pyridin auf 60°; $[\alpha]_D$ −81° (Dioxan); 0,218 g. — *3β-Acetoxy-17-hydroxy-16β-methyl-$\Delta^{9,11}$-5α-pregnen-20-on* (**XI**), $C_{24}H_{36}O_4$, F. 177—179°, durch Hydrieren von **X** in Tetrahydrofuran/Triäthylamin über Pd/Kohle; $[\alpha]_D$ +34,1° (Dioxan); aus Methanol Plättchen; 42%. — *3β-Acetoxy-17-hydroxy-16β-methyl-5α-pregnan-20-on*, F. 162—164° (Methanol), durch Hydrieren von 1 g **XI** in Eisessig über Pd/Kohle; $[\alpha]_D$ +38,5° (Dioxan); 0,65 g. — *3β.17-Dihydroxy-16β-methyl-5α-pregnan-20-on*, $C_{22}H_{36}O_3$, F. 216—221°, durch 1std. Kochen vorst. Verb. mit wss.-methanol. $KHCO_3$ u. Stehen über Nacht in wss.-methanol. H_2SO_4; $[\alpha]_D$ +45,5° (Dioxan); 62,5%. — *3β.17β-Diacetoxy-9α.11β-dichlor-16β-methyl-5α.17α-pregnan-20-on*, $C_{26}H_{38}$·Cl_2O_5, F. 229—232°, $[\alpha]_D$ +34° (Chlf.), a) durch 1/4std. Behandeln von **XII** mit $HClO_4$/Essigsäureanhydrid; 72,4%; b) durch 3std. Stehen von **VIIa** in wss. H_2SO_4/Essigsäure/CH_2Cl_2; daneben **X**; c) durch 10 Min. langes Erhitzen von **VIIa** auf 185°; 20%. — *3β.17-Diacetoxy-9α.11β-dichlor-16β-methyl-5α-pregnan-20-on* (**XVI**), F. 225—228° (Zers.), durch 1/4std. Behandeln von **IX** mit $HClO_4$/Essigsäureanhydrid in CCl_4; $[\alpha]_D$ +59,5° (Chlf.); 51,8%. — *3β-Hydroxy-17β-acetoxy-16β-methyl-$\Delta^{9,11}$-5α.17α-pregnen-20-on*, F. 215 bis 217°, durch 4std. Rühren von **XII** mit Zn-Staub in Essigsäure in Ggw. von Na-Acetat bei 24—30° u. Zugeben von W.; $[\alpha]_D$ +5° (Chlf.); 93,7%. — *3β.17β-Diacetoxy-16β-methyl-$\Delta^{9,11}$-5α.17α-pregnen-20-on*, $C_{26}H_{38}O_5$, F. 156—157°, aus vorst. Verb. mit Essigsäureanhydrid/Pyridin; $[\alpha]_D$ +6,2° (Chlf.), +9,6° (Dioxan); aus Methanol Prismen; 98%. — *3β.17β-Diacetoxy-16β-methyl-$\Delta^{9,11}$-5α-pregnen-20-on*, F. 156—158°, analog vorst. Verb. aus **XVI**; $[\alpha]_D$ +23,2° (Chlf.). — *21-Brom-9α.11β-dichlor-3β.17-dihydroxy-16β methyl-5α-pregnan-20-on*, $C_{22}H_{33}BrCl_2O_3$, F. 185° (Zers.), durch Zutropfen von 9,2n alkohol. HCl zur Suspension von **IX** in Chlf., 1/4std. Rühren, langsames Zutropfen von Br_2 in Chlf. u. Fällen mit wss. $NaHCO_3$; $[\alpha]_D$ +89° (c = 0,5; Dioxan); 81%. — *21-Acetoxy-9α.11β-dichlor-3β.17-dihydroxy-16β-methyl-5α-pregnan-20-on* (**XIII**), $C_{24}H_{36}Cl_2O_5$, F. 173° (Zers.; Acetonitril), durch 2std. Kochen von 57,6 g vorst. Verb. mit K-Acetat in Aceton; $[\alpha]_D$ +100° (Dioxan); 55 g. — *21-Acetoxy-3β.17-dihydroxy-16β-methyl-$\Delta^{9,11}$-5α-pregnen-20-on* (**XIV**), $C_{24}H_{36}O_5$, F. 197—198° (Essigester), $[\alpha]_D$ +61,5° (c = 0,5; Dioxan), a) durch Hydrieren von **XIII** in Tetrahydrofuran/wss. Triäthylamin über Pd/Kohle; 98%; b) durch Zutropfen von 2,2n $CrCl_2$-Lsg. zu **XIII** in Essigsäure unter CO_2, Gießen in W. u. Ausziehen mit CH_2Cl_2; c) durch Rühren von **XIII** mit Zn-Staub in Essigsäure über Nacht. — *21-Acetoxy-9α.11β-dichlor-17-hydroxy-16β-methyl-5α-pregnan-3.20-dion* (**XV**), $C_{24}H_{34}Cl_2O_5$, F. 180° (Zers.), durch Einleiten von Cl_2 in die Lsg. von 52,8 g **XIII** in Essigsäure in Ggw. von Na-Acetat bis zur Aufnahme von 2 Mol, ½std. Rühren, Stehen über Nacht, Zugeben von W. u. Ausziehen mit CH_2Cl_2; $[\alpha]_D$ +102° (Dioxan); 46,5 g. — *21-Acetoxy-17-hydroxy-16β-methyl-$\Delta^{9,11}$-5α-pregnen-3.20-dion*, $C_{24}H_{34}O_5$, F. 191—193° (Aceton), $[\alpha]_D$ +81° (c = 0,5; Dioxan), a) durch Zutropfen von $K_2Cr_2O_7$ in 3n H_2SO_4 zu 2 g **XIV** in Aceton bei 50°, Einengen u. Verdünnen mit W.; 1,8 g; b) durch Hydrieren von 10,6 g **XV** in Tetrahydrofuran/Dimethylacetamid in Ggw. von Triäthylamin über Pd/Kieselgur; 8,43 g; c) durch 3/4std. Rühren von **XV** mit Zn-Staub u. Na-Acetat in Essigsäure/CH_2·Cl_2; 95,7%. H.-E. TOUSSAINT. 3700□

16-Hydroxysteroide. 16. Mitt. **16α-Hydroxy-6α-methylcorticoide.** 2. Mitt. Seymour Bernstein, Milton Heller, Francis J. McEvoy und Stephen M. Stolar. (J. org. Chemistry **26.** 505—10. Febr. 1961. Pearl River, N.Y., Amer. Cyanamid Co., Lederle Labor.; engl.) — 15. vgl. C. **1961.** 16486; 1. vgl. C. **1961.** 12473. — *6α-Methyl-9α-fluor-16α-hydroxyhydrocortison* (**I**) wird aus 16α-Hydroxy-6α-methylhydrocortison-16.21-diacetat (**II**) auf folgendem Wege dargestellt: Dehydratation mit $SOCl_2$ in Pyridin bei -5^0 → *16α.21-Diacetoxy-17α-hydroxy-6α-methyl-$\Delta^{4.9,11}$-pregnadien-3.20-dion* (**III**), + N-Bromacetamid (**IV**)/$HClO_4$/**W**. (Addition von HOBr) → *9-Brom-11-hydroxy-Verb.* (**V**), + K-Acetat in A. → *9β.11β-Epoxid* (**VI**), + HF in Tetrahydrofuran (THF)—$CH_2 \cdot Cl_2$ → *9α-Fluor-11β-hydroxy-Deriv.* (**VII**), Verseifen der Acetylgruppe → **I. VII** wird durch CrO_3/Pyridin zur *11-Keto-Verb.* (**VIII**) oxydiert. Von **I** wird das *16α.17α-Acetonid* (**IX**) dargestellt. — Durch eine analoge Rk.-Folge wird *6α-Methyltriamcinolon* (**X**) aus dem Δ^1-Analogon (**XI**) von **II** dargestellt. Ebenso wird das *Acetat von* **X** zur *11-Keto-Verb.* oxydiert u. *das Acetonid von* **X** dargestellt, das außerdem noch in das *21-Acetat* übergeführt wird. — Ein 2. Weg führt von 21-Acetoxy-3.3;20.20-bis-[äthylendioxy]-5α.6α-epoxypregnan-11β.17α-diol (**XII**) durch folgende Rkk. über **III** zu **I**: $SOCl_2$/Pyridin → *$\Delta^{9,11,16}$-Pregnadien-Deriv.*, CH_3MgBr u. Reacetylierung → *21-Acetoxy-3.3;20.20-bis-[äthylendioxy]-6β-methyl-$\Delta^{9,11,16}$-pregnadien-5α-ol* (**XIII**), OsO_4/Bzl.-Pyridin → *5α.16α.-17α-Triol*, partielle Deketalisierung mit verd. CH_3COOH u. Verseifung unter H_2O-Abspaltung u. Epimerisierung mit verd. Lauge → *20.20-Äthylendioxy-16α.17α.21-trihydroxy-6α-methyl-$\Delta^{4.9,11}$-pregnadien-3-on*, Deketalisierung zu *16α.17α.21-Trihydroxy-6α-methyl-$\Delta^{4.9,11}$-pregnadien-3.20-dion* (**XIV**) u. Acetylierung → **III**. Verss., durch Deketalisierung von **XIII**, H_2O-Abspaltung zu *21-Acetoxy-6α-methyl-$\Delta^{4.9,11.16}$-pregnatrien-3.20-dion* u. dessen Hydroxylierung mit OsO_4 zu **III** zu gelangen, waren weniger erfolgreich. — Die biolog. Wirksamkeit der 9α-Fluor-16α-hydroxy-6α-methylsteroide ist tabellar. aufgeführt. — IR- u. UV-Maxima sind angegeben.

Versuche: *16α.21-Diacetoxy-17α-hydroxy-6α-methyl-$\Delta^{4.9,11}$-pregnadien-3.20-dion* (**III**), $C_{26}H_{34}O_7$, F. 202,5—203⁰ (Aceton/PAe.), a) durch Zutropfen von $SOCl_2$ zu **II** in Pyridin bei -5^0 u. 10 Min. langes Stehen bei -5^0, Verdünnen mit W., Extraktion mit Chlf., Waschen mit $NaHCO_3$- u. NaCl-Lsg., Trocknen, Eindampfen u. Verteilung an Celite mit PAe.–Essigester–CH_3OH–W. (8:2:3:2); $[\alpha]_D^{25}$ $+10^0$ (Chlf.); 40% (Ausbeute); b) durch Zugabe von Acetanhydrid (**XV**) zu 200 mg **XIV** in Pyridin, 1std. Erhitzen auf dem Dampfbad, Zugabe von CH_3OH, Eindampfen u. Anreiben mit Aceton; 140 mg. — *9α-Brom-16α.21-diacetoxy-11β.17α-dihydroxy-6α-methyl-Δ^4-pregnen-3.20-dion* (**V**), $C_{26}H_{35} \cdot BrO_8$, F. 158—159⁰ (Zers.; Aceton/PAe.), durch Zugabe von **IV** u. 10%ig. $HClO_4$ zu **III** in Dioxan/W. bei 20⁰ unter Rühren, ¼std. Rühren, Zugabe von 10%ig. Na_2SO_3-Lsg., Verdünnen mit W., Extraktion mit Chlf., Waschen mit gesätt. $NaHCO_3$- u. NaCl-Lsg., Trocknen, eindampfen im Vakuum bei 45—50⁰, Lösen in wenig Aceton, Zugabe von PAe. qis zur Trübung u. 18std. Stehen bei 5⁰; Nadeln, $[\alpha]_D^{25}$ $+78^0$ (Chlf.); 81%. — *16α.21-Diacetoxy-9β.11β-epoxy-17α-hydroxy-6α-methyl-Δ^4-pregnen-3.20-dion* (**VI**), $C_{26}H_{34}O_8$, F. 201 bis 202⁰ (CH_3OH), durch Zugabe von wasserfreiem K-Acetat zu 1,8 g **V** in abs. A., 18std. Kochen, Eindampfen im Vakuum, Verteilen zwischen Essigester u. W., Waschen u. Trocknen der organ. Phase, Eindampfen u. Reacetylierung bei Raum-Temp.; Nadeln, $[\alpha]_D^{25}$ -26^0 (Chlf.); 900 mg. — *16α.21-Diacetoxy-9α-fluor-11β.17α-dihydroxy-6α-methyl-Δ^4-pregnen-3.20-dion* (**VII**), $C_{26}H_{35}FO_8$, F. 233—234⁰ (Aceton/PAe.), durch Zugabe von 500 mg **VI** in CH_2Cl_2 zu HF in CH_2Cl_2/THF bei -60^0, 4std. Stehen bei -5^0, langsames Gießen in gesätt. $NaHCO_3$-Lsg./CH_2Cl_2 u. Isolieren aus der organ. Phase; Nadeln, $[\alpha]_D^{25}$ $+58^0$ (Chlf.); 340 mg. — *9α-Fluor-11β.16α.17α.21-tetrahydroxy-6α-methyl-Δ^4-pregnen-3.20-dion* (**I**), $C_{22}H_{31}FO_6$, F. 229—230⁰ (Aceton/PAe.), durch Zugabe von 10%ig. K_2CO_3-Lsg. zu **VII** in CH_3OH unter N_2 bei 25⁰, 20 Min. lange Rk., Zugabe von CH_3COOH, Einengen im Vakuum bei 40⁰ u. langsame Zugabe von Eiswasser unter Rühren; $[\alpha]_D^{25}$ $+86^0$ (CH_3OH); 75%. — *16α.21-Diacetoxy-9α-fluor-17α-hydroxy-6α-methyl-Δ^4-pregnen-3.11.20-trion* (**VIII**), $C_{26}H_{33}FO_8$, F. 246—247⁰ (Aceton/PAe.), durch Zugabe von 80 mg **VII** in Pyridin zu CrO_3-Pyridin, Schütteln, 18 Std. stehen bei Zimmer-Temp., Verdünnen mit W., Filtrieren u. Extraktion des Nd. mit heißem Essigester; Nadeln; $[\alpha]_D^{25}$ $+80^0$ (Chlf.); 40 mg. — *9α-Fluor-11β.21-dihydroxy-16α.17α-isopropylidendioxy-6α-methyl-Δ^4-pregnen-3.20-dion* (**IX**), $C_{25}H_{35}FO_6$, F. 223—227⁰ (Aceton/PAe.), aus 76 mg **I** u. Aceton in Ggw. von 72%ig. $HClO_4$ durch 10 Min. langes Rühren, 2 Std. Stehen bei Zimmer-Temp., Zugabe von W. u. gesätt. $NaHCO_3$-Lsg. u. Eindampfen; $[\alpha]_D^{25}$ $+125^0$ (Chlf.); 66,5 mg. — *21-Acetoxy-3.3;20.20-bis-[äthylendioxy]-$\Delta^{9,11.16}$-pregnadien-5α.6α-oxid*, $C_{27}H_{36}O_7$, F. 127 bis 129⁰ (Aceton/PAe.), analog **III** nach a) aus 0,40 g **XII** u. 24std. Stehen bei -5^0, Gießen in W., Extraktion mit Essigester, Waschen, Eindampfen u. Zugabe von Aceton; $[\alpha]_D^{25}$ -29^0 (Chlf.); 170 mg. — *21-Acetoxy-3.3;20.20-bis-[äthylendioxy]-6β-methyl-$\Delta^{9,11.16}$-*

pregnadien-5α-ol (**XIII**), durch Zugabe von 1,0 g vorst. Verb. in THF zu CH_3MgBr in Ae. unter N_2, 18std. Kochen, Aufarbeiten, Reacetylieren bei Raum-Temp. über Nacht u. Chromatographie an Silicagel (Bzl.-Ae., 4:1); 0,38 g Öl. — *21-Acetoxy-5α-hydroxy-6β-methyl-$\Delta^{9,11,16}$-pregnadien-3.20-dion*, $C_{24}H_{32}O_5$, F. 185—187° (Aceton/PAe.), durch 40 Min. langes Erhitzen von 0,38 g **XIII** in 70%ig. CH_3COOH auf dem Dampfbad u. Zugabe von W.; $[\alpha]_D^{25}$ +83° (Chlf.); 0,19 g. — *21-Acetoxy-6α-methyl-$\Delta^{4,9,11,16}$-pregnatrien-3.20-dion*, F. 145—149° (CH_3OH-W.), durch 3std. Einleiten von HCl in eine Lsg. von 200 mg vorst. Verb. in CH_2Cl_2 bei 0°, Waschen, Eindampfen, Zugabe von Aceton u. Chromatographie an Celite (PAe./Essigester/CH_3OH/W., 7:2:3:2); 50 mg. — *21-Acetoxy-3.3; 20.20-bis-[äthylendioxy]-6β-methyl-$\Delta^{9,11}$-pregnen-5α.16α.17α-triol*, $C_{28}H_{42}O_9$, F. 216 bis 217° (Aceton/PAe.), durch Zugabe von OsO_4 in Bzl. zu 1,0 g **XIII** in Bzl./Pyridin, 3/4std. Rühren, Zugabe von CH_3OH u. K_2CO_3- u. Na_2SO_3-Lsg., 3std. Rühren, Zugabe von Chlf., ½std. Rühren, Filtrieren, Aufarbeiten der organ. Phase u. Chromatographie an Florisil (PAe./Aceton); $[\alpha]_D^{25}$ —32,5° (Chlf.); 0,16 g. — *21-Acetoxy-20.20-äthylendioxy-5α.16α.17α-trihydroxy-6β-methyl-$\Delta^{9,11}$-pregnen-3-on*, $C_{26}H_{38}O_8$, F. 218—220° (Aceton/PAe.), durch 40 Min. langes Erhitzen von 1,0 g vorst. Verb. in Eisessig, Zugabe von W. u. $NaHCO_3$ u. Extraktion mit Essigester; $[\alpha]_D^{25}$ —16° (Chlf.); 0,42 g. — *20.20-Äthylendioxy-16α.17α.21-trihydroxy-6α-methyl-$\Delta^{4,9,11}$-pregnadien-3-on*, $C_{24}H_{34}O_6$, F. 247—250° (Aceton/PAe.), durch Zugabe von 2,5%ig. methanol. KOH zu 0,50 g vorst. Verb. in CH_3OH, 1std. Kochen unter N_2, Neutralisieren mit CH_3COOH u. Zugabe von W.; $[\alpha]_D^{25}$ +25° (Chlf.); 0,41 g. — *16α.17α.21-Trihydroxy-6α-methyl-$\Delta^{4,9,11}$-pregnadien-3.20-dion* (**XIV**), $C_{22}H_{30}O_5$, F. 210—215° (Aceton/PAe.), durch Zugabe von 8%ig. H_2SO_4 zu 2,45 g vorst. Verb. in CH_3OH, 1std. Kochen, Eindampfen im Vakuum u. Zugabe von W.; $[\alpha]_D^{25}$ +45° (Chlf.); 0,76 g. — *16α.21-Diacetoxy-17α-hydroxy-6α-methyl-$\Delta^{1,4,9,11}$-pregnatrien-3.20-dion*, $C_{26}H_{32}O_7$, F. 224—225° (Aceton/PAe.), analog **III** nach a) aus **XI**, 1std. Stehen bei —5°, Verdünnen mit W., Waschen, Trocknen, Eindampfen u. Verteilung an Celite mit PAe./Essigester/CH_3OH/W. (6:3:3:2); Platten; 63%. — *9α-Brom-16α.21-diacetoxy-11β.17α-dihydroxy-6α-methyl-$\Delta^{1,4}$-pregnadien-3.20-dion*, $C_{26}H_{33}BrO_8$, F. 176 bis 178° (Zers.), analog **V** aus vorst. Verb.; $[\alpha]_D^{25}$ +45° (Chlf.); 77%. — *16α.21-Diacetoxy-9β.11β-epoxy-17α-hydroxy-6α-methyl-$\Delta^{1,4}$-pregnadien-3.20-dion*, $C_{26}H_{32}O_8$, F. 189—190° (Aceton/PAe.), analog **VI** aus vorst. Verb. in Dioxan u. K-Acetat in abs. A., 1¼std. Kochen, Verdünnen mit W., Extraktion mit Chlf., Aufarbeiten, 18std. Reacetylierung bei Raum-Temp., Aufarbeiten u. Verteilen an Celite (PAe./Essigester/CH_3OH/W., 8:3:3:2); Nadeln, $[\alpha]_D^{25}$ —15° (Chlf.); 55%. — *16α.21-Diacetoxy-9α-fluor-11β.17α-dihydroxy-6α-methyl-$\Delta^{1,4}$-pregnadien-3.20-dion*, $C_{26}H_{33}FO_8$, F. 243—244° (Aceton/PAe.), analog **VII** aus vorst. Verb. u. 19std. Stehen bei —5°; Platten, $[\alpha]_D^{25}$ +4° (Chlf.); 55%. — *9α-Fluor-11β.16α.17α.21-tetrahydroxy-6α-methyl-$\Delta^{1,4}$-pregnadien-3.20-dion* (**X**, *6α-Methyltriamcinolon*), *Hemihydrat*, $C_{22}H_{29}FO_6 \cdot ½ H_2O$, F. 252—253° (Aceton/PAe.), analog **I** aus vorst. Verb.; $[\alpha]_D^{25}$ +57° (CH_3OH); 87%. — *16α.21-Diacetoxy-9α-fluor-17α-hydroxy-6α-methyl-$\Delta^{1,4}$-pregnadien-3.11.20-trion*, $C_{26}H_{31}FO_8$, F. 249—250° (Aceton/PAe.), analog **VIII** aus vorvorst. Verb.; Nadeln, $[\alpha]_D^{25}$ +59° (Chlf.); 68%. — *9α-Fluor-11β.21-dihydroxy-16α.17α-isopropylidendioxy-6α-methyl-$\Delta^{1,4}$-pregnadien-3.20-dion*, $C_{25}H_{33}FO_6$, F. 258—260° (Zers.; Aceton/PAe.), analog **IX** aus vorvorst. Verb.; $[\alpha]_D^{25}$ +98,5° (Chlf.); 95%. — *21-Acetoxy-9α-fluor-11β-hydroxy-16α.17α-isopropylidendioxy-6α-methyl-$\Delta^{1,4}$-pregnadien-3.20-dion*, $C_{27}H_{35}FO_7$, F. 307—308° (Zers.; Aceton/PAe.), aus 160 mg vorst. Verb. u. **XV**/Pyridin durch 1std. Erhitzen auf dem Dampfbad; Nadeln, $[\alpha]_D^{25}$ +83° (Chlf.); 145 mg. WALTER SIMON. 3750

16-Hydroxysteroide. 18. Mitt. **16-Hydroxy-19-norandrogene.** Seymour Bernstein und E. W. Cantrall. (J. org. Chemistry **26.** 3560—62. 12/9. 1961; engl.) — 17. vgl. Chem. and Ind. **1961.** 516; 16. vgl. vorst. Referat. — *16α-Hydroxy-19-nortestosteron* (**I**) wird durch BIRCH-Red. von Östriol-3-methyläther (**II**) u. Spaltung des *Dihydro-Deriv.* in HCl/CH_3OH dargestellt. — *16α-Hydroxy-17α-methyl-19-nortestosteron* (**III**) wird aus 3-Methoxy-$\Delta^{1,3,5,10,16}$-östratetraen-17-olacetat (**IV**) durch Rk. mit Perbenzoesäure (**V**) in Bzl. u. mit $HClO_4$/Eisessig zu *16α-Acetoxy-3-methoxy-$\Delta^{1,3,5,10}$-östratrien-17-on* (**VI**), dessen Rk. mit CH_3MgBr zu *16α.17β-Dihydroxy-3-methoxy-17α-methyl-* (**VII**) + *16α.17α-Dihydroxy-3-methoxy-17β-methyl-$\Delta^{1,3,5,10}$-östratrien* (**VIII**), BIRCH-Red. von **VII** u. Spaltung des *Dihydro-Deriv.* mit Säure dargestellt. **VIII** liefert analog *16α.17α-Dihydroxy-17β-methyl-19-nor-Δ^4-androsten-3-on* (**IX**). Die Konfiguration von **III** u. **IX** folgt aus der Rk. von **VII** u. **VIII** mit Aceton (**X**), bei der nur **VIII** ein *Acetonid* bildet. Zum Beweis, daß die Rk. von **VI** mit CH_3MgBr nicht über *17β-Hydroxy-3-methoxy-$\Delta^{1,3,5,10}$-östratrien-16-on* (**XI**) zu *16β.17β-Dihydroxy-3-methoxy-16α-methyl-$\Delta^{1,3,5,10}$-östratrien* (**XII**) führt, werden diese Verbb. durch Spaltung von **VI** unter Umlagerung zu **XI** nach LEEDS u. Mitarbeitern (C. **1956.** 11443) u. Rk. von **XI** mit CH_3MgBr zu **XII** dargestellt. **XII** läßt sich analog **VIII** in das *Acetonid* überführen u. zu *16β-Hydroxy-16α-*

methyl-19-nortestosteron (**XIII**) reduzieren. **I**, **III**, **IX** u. **XIII** zeigten nur geringe Wrkg. als Androgen- u. Proteinanabolite. IR- u. UV-Maxima sind angegeben.

Versuche ($[\alpha] = [\alpha]_D^{25}$ in Chlf.): *16α.17β-Dihydroxy-3-methoxy-$\Delta^{2.5,10}$-östradien*, F. 154—162° (CH_3OH), durch Zugabe von fl. NH_3 u. Li zu **II** in Tetrahydrofuran (THF), 1 std. Rühren im CO_2/**X**-Bad, Zutropfen von abs. A./THF (1:1) unter Rühren, Abdampfen des NH_3, Verteilen zwischen Ae./CH_2Cl_2 (2:1) u. W., Extraktion der wss. Phase mit Ae./CH_2Cl_2, Waschen der organ. Lsgg. mit W. u. gesätt. NaCl-Lsg. u. Eindampfen im Vakuum; 70% (Ausbeute). — *16α-Hydroxy-19-nortestosteron* (**I**), $C_{18}H_{26}O_3$, F. 187—188° (**X**/PAe.), durch Zugabe von W. u. konz. HCl zu vorst. Verb., 20 Min. langes Kochen, Neutralisieren mit Na-Acetat, Eindampfen im Vakuum u. Verteilen zwischen Ae./CH_2Cl_2 (2:1) u. W., Waschen der organ. Phase mit 5%ig. $KHCO_3$-Lsg., W. u. gesätt. NaCl-Lsg. u. Eindampfen; [α] + 25°; 76%. — *16α-Acetoxy-3-methoxy-$\Delta^{1.3.5,10}$-östratrien-17-on* (**VI**), $C_{21}H_{26}O_4$, F. 161,5—162,5° (**X**/PAe.), durch Zugabe von **V** in Bzl. zu **IV** in Bzl., 24 std. Stehen bei Zimmer-Temp., Waschen mit 5%ig. NaOH, W. u. gesätt. NaCl-Lsg., Eindampfen, Lösen in Eisessig, Zugabe von 72%ig. $HClO_4$ u. Eisessig, ½ std. Stehen bei Zimmer-Temp., Verdünnen mit Ae., Waschen mit 10% K_2CO_3-Lsg., W. u. gesätt. NaCl-Lsg., Eindampfen, Lösen in Bzl. u. Filtrieren über Mg-Silicat; [α] +139°; 45%. — *16α.17α-Dihydroxy-3-methoxy-17β-methyl-$\Delta^{1.3.5,10}$-östratrien* (**VIII**) *¼-Hydrat*, $C_{20}H_{28}O_3 \cdot \frac{1}{4} H_2O$, F. 154,5—155° ($CH_3OH$), durch Trocknen von **VI** mit Bzl. (Dest.), Zutropfen von CH_3MgBr in Di-n-butyläther, 12 std. Kochen unter N_2; Zugabe von **X**/Bzl. (1:5) u. 10%ig. H_2SO_4, Waschen der organ. Phase mit W., 5%ig. $NaHCO_3$-Lsg., W. u. gesätt. NaCl-Lsg., Eindampfen u. Verteilung an Diatomeenerde mit Chlf./PAe./CH_3OH/W. (5:20:11:2); [α] +30,5%; 36%. *Acetonid*, $C_{23}H_{32}O_3$, aus **VIII** in **X** in Ggw. von $HClO_4$; [α] +71°; 83%. — *16α.17β-Dihydroxy-3-methoxy-17α-methyl-$\Delta^{1.3,5,10}$-östratrien* (**VII**), $C_{20}H_{28}O_3$, F. 185—187° (**X**/PAe.), neben **VIII**; [α] +32°. — *16α.17α-Dihydroxy-17β-methyl-19-nor-Δ^4-androsten-3-on* (**IX**), $C_{19}H_{28}O_3$, F. 189—190° (**X**/PAe.), aus **VIII** analog **I** über *Dihydro*-**VIII** (F. 169—176°); [α] —45°; 70%. — *16α-Hydroxy-17α-methyl-19-nortestosteron* (**III**), $C_{19}H_{28}O_3$, F. 198—200° (wss. **X**), aus **VII** analog **I** über *Dihydro*-**VII**, F. 153—160°; [α] ±0°; 38%. — *17β-Hydroxy-3-methoxy-$\Delta^{1.3.5,10}$-östratrien-16-on* (**XI**), F. 164—170° (wss. **X**), durch 15 std. Stehen von **VI** in CH_3OH/Bzl. (10:1) mit 0,1 n NaOH bei Zimmer-Temp., Ansäuern mit CH_3COOH, Einengen im Vakuum u. Extraktion; 45%. — *16β.17β-Dihydroxy-3-methoxy-16α-methyl-$\Delta^{1.3.5,10}$-östratrien* (**XII**), F. 174—177° (Bzl.), analog **VII** aus **XI**; $[\alpha]_D$ +68°; 80%. *Acetonid*, F. 142,5—144,5° (wss. A.), analog **VIII**-Acetonid. — *16β-Hydroxy-16α-methyl-19-nortestosteron* (**XIII**), $C_{19}H_{28}O_3$, F. 176—179,5° (**X**/PAe.), analog **I** aus **XII**; $[\alpha]_D$ +34°; 84%. WALTER SIMON. 3750

16-Hydroxysteroide. 19. Mitt. **Die Synthese von 16α-Hydroxy-19-norhydrocortison.** John J. Brown und Seymour Bernstein. (J. org. Chemistry **26**. 5033—36. 27/12. 1961; engl.) — 18. vgl. vorst. Referat. — Die Synth. von *16α-Hydroxy-19-norhydrocortison* (**I**) erfolgt auf folgendem Wege: Pyrolyse von 11β-Hydroxy-17.20;20.21-bis-[methylendioxy]-$\Delta^{1.4}$-pregnadien-3-on (**II**; Prednisolon BMD) in Mineralöl → *17.20; 20.21-Bis-[methylendioxy]-19-nor-$\Delta^{1.3.5,10}$-pregnatrien-3.11β-diol* (**III**), CH_3J/K_2CO_3 → *Methyläther* (**IV**) von **III**, Acetylierung → *11β-Acetoxy-3-methoxy-17.20; 20.21-bis-[methylendioxy]-19-nor-$\Delta^{1.3.5,10}$-pregnatrien* (**V**), Hydrolyse mit verd. CH_3COOH → *11β-Acetoxy-17α.21-dihydroxy-3-methoxy-19-nor-$\Delta^{1.3.5,10}$-pregnatrien-20-on*, → *Äthylenketal*, Acetylierung → *11β.21-Diacetoxy-20.20-äthylendioxy-3-methoxy-19-nor-$\Delta^{1.3.5,10}$-pregnatrien-17α-ol*, Dehydratisierung mit $SOCl_2$ in Pyridin → *11β.21-Diacetoxy-20.20-äthylendioxy-3-methoxy-19-nor-$\Delta^{1.3.5,10.16}$-pregnatetraen*, Hydroxylierung mit OsO_4 in Pyridin → *11β.21-Diacetoxy-20.20-äthylendioxy-3-methoxy-19-nor-$\Delta^{1.3.5,10}$-pregnatrien-16α.17α-diol*, Desacetylierung mit $LiAlH_4$, BIRCH-Red. des *Tetrols* → *20.20-Äthylendioxy-3-methoxy-19-nor-$\Delta^{2.5,10}$-pregnadien-11β.16α.17α.21-tetrol* u. Spaltung mit verd. H_2SO_4 in CH_3OH → **I**, das als *Acetonid* charakterisiert wird. Die Struktur von **III** wird durch seine Hydrolyse mit verd. CH_3COOH in Ggw. von Dimedon (**VI**) zu *3.11β-17α.21-Tetrahydroxy-19-nor-$\Delta^{1.3.5,10}$-pregnatrien-20-on* u. durch die BIRCH-Red. von **IV** zu *3-Methoxy-17.20; 20.21-bis-[methylendioxy]-19-nor-$\Delta^{2.5,10}$-pregnadien-11β-ol* u. dessen Hydrolyse mit verd. CH_3COOH zu *19-Norhydrocortison* bewiesen. **V** wird auch durch Rk. des aus **III** erhältlichen *Diacetyl-Deriv.* (**VII**) mit CH_3J dargestellt. **I** u. sein Acetonid besitzen Hydrocortisonwirksamkeit im Thymusinvolutionstest.

Versuche (opt. Drehungen in Chlf.; UV- u. IR-Spektren sind angegeben): *17.20; 20.21-Bis-[methylendioxy]-19-nor-$\Delta^{1.3.5,10}$-pregnatrien-3.11β-diol* (**III**), $C_{22}H_{28}O_6$, F. 300 bis 305° (Zers.; Aceton), durch Pyrolyse einer Mineralölsuspension von **II** bei 550° unter N_2, Extraktion mit 5%ig. KOH, Waschen mit Ae., Ansäuern mit 5%ig. HCl u. Extraktion mit CH_2Cl_2; Prismen, $[\alpha]_D^{25}$ —42° (Pyridin); 15—20% (Ausbeute). *Diacetyl-Deriv.* (**VII**), $C_{26}H_{32}O_8$, F. 179—181°, Prismen aus CH_3OH, $[\alpha]_D^{25}$ —25°; 940 mg. — *3.11β.17α.21-*

Tetrahydroxy-19-nor-$\Delta^{1.3.5,10}$-pregnatrien-20-on, $C_{20}H_{26}O_5$, F. 256—258° (Aceton), durch 2std. Kochen von 250 mg. **III** u. **VI** in wss. CH_3COOH, Verdünnen mit W., Extraktion mit CH_2Cl_2, Neutralisieren der wss. Phase mit $NaHCO_3$ u. Extraktion mit CH_2Cl_2; $[\alpha]_D^{25}$ +107° (CH_3OH); 100 mg. — *3-Methoxy-17.20;20.21-bis-[methylendioxy]-19-nor-$\Delta^{1.3.5,10}$-pregnatrien-11β-ol* (**IV**), $C_{23}H_{30}O_6$, F. 201—202° (CH_3OH), durch 4std. Kochen von 500 mg **III**, wasserfreiem K_2CO_3 u. CH_3J in abs. A., Filtrieren u. Eindampfen; Nadeln, $[\alpha]_D^{25}$ +10,5°; 360 mg. — *19-Norhydrocortison*, $C_{20}H_{28}O_5$, F. 255—257° (CH_3OH/Essigester), durch Zugabe von Li zu 700 mg **IV** in fl. NH_3 u. Dioxan/A., Eindampfen nach 15 Min., 2std. Kochen des *3-Methoxy-17.20; 20.21-bis-[methylendioxy]-19-nor-$\Delta^{2.5,10}$-pregnadien-11β-ols* [F. 139—170° (CH_3OH), Nadeln] mit Essigsäure, Verdünnen mit W., Neutralisieren mit $NaHCO_3$ u. Extraktion mit Essigester; Nadeln, $[\alpha]_D^{25}$ +110° (CH_3OH); 110 mg. — *11β-Acetoxy-3-methoxy-17.20;20.21-bis-[methylendioxy]-19-nor-$\Delta^{1.3.5,10}$-pregnatrien* (**V**), $C_{25}H_{32}O_7$, F. 170—171° (CH_3OH), a) aus 4,2 g **IV** u. Essigsäureanhydrid (**VIII**) in Pyridin über Nacht bei Zimmer-Temp.; Prismen; $[\alpha]_D^{25}$ —45°; 3,7 g; b) aus 100 mg **VII** u. CH_3J in abs. A. in Ggw. von K_2CO_3 durch 4std. Kochen; 80 mg. — *11β-Acetoxy-17α.21-dihydroxy-3-methoxy-19-nor-$\Delta^{1.3.5,10}$-pregnatrien-20-on*, $C_{23}H_{30}O_6$, F. 214—217° (Essigester), durch 2std. Kochen von 2 g **V** u. wss. Essigsäure; Nadeln, $[\alpha]_D^{26}$ +67°; 900 mg. — *11β.21-Diacetoxy-20.20-äthylendioxy-3-methoxy-19-nor-$\Delta^{1.3.5,10}$-pregnatrien-17α-ol*, $C_{27}H_{36}O_8$, F. 143—144° (CH_2Cl_2/Diisopropyläther), aus vorst. Verb. durch Ketalisierung u. Acetylierung von 2 g des Ketals mit **VIII**/Pyridin über Nacht bei Zimmer-Temp.; Blättchen, $[\alpha]_D^{25}$ +57°; 2,1 g. — *11β.21-Diacetoxy-20.20-äthylendioxy-3-methoxy-19-nor-$\Delta^{1.3.5,10.16}$-pregnatetraen*, $C_{27}H_{34}O_7$, F. 147—148° (Diisopropyläther), durch 18std. Rühren von 200 mg vorst. Verb. u. $SOCl_2$ in Pyridin bei —5°, Gießen in $NaHCO_3$-Lsg./Eis, Extraktion mit CH_2Cl_2, Eindampfen u. Florisilchromatographie (PAe. mit 1—3% Aceton); Prismen, $[\alpha]_D^{25}$ +71°; 60 mg. — *11β.21-Diacetoxy-20.20-äthylendioxy-3-methoxy-19-nor-$\Delta^{1.3.5,10}$-pregnatrien-16α.17α-diol*, $C_{27}H_{36}O_9$, F. 189 bis 190° (Aceton/PAe.), durch 1std. Rühren von 100 mg vorst. Verb. u. OsO_4 in Pyridin bei Zimmer-Temp., Zugabe von $NaHSO_3$ in W./Pyridin, $^1/_4$std. Rühren u. Extraktion mit CH_2Cl_2; Nadeln, $[\alpha]_D^{30}$ +74,5°; 90 mg. — *20.20-Äthylendioxy-3-methoxy-19-nor-$\Delta^{1.3.5,10}$-pregnatrien-11β.16α.17α.21-tetrol*, $C_{23}H_{32}O_7$, F. 227—230° (Aceton/PAe.), durch 1std. Rühren von 600 mg vorst. Verb. in Bzl. u. $LiAlH_4$ in Ae. bei Zimmer-Temp.; Nadeln, $[\alpha]_D^{25}$ +103° (Chlf./CH_3OH 1:1); 449 mg. — *16α-Hydroxy-19-norhydrocortison* (**I**), $C_{20}H_{28}O_6$, F. 229—232° (Zers.; CH_3OH/Essigester), aus 300 mg vorst. Verb. u. Li in fl. NH_3/Dioxan/A., durch $^1/_4$std. Rk., Eindampfen, Zugabe von W., Extraktion mit CH_2Cl_2, 1std. Erhitzen des *20.20-Äthylendioxy-3-methoxy-19-nor-$\Delta^{2.5,10}$-pregnadien-11β.16α.17α.21-tetrols* [F. 210—225° (CH_3OH/Essigester), Nadeln] mit 8%ig. H_2SO_4, auf dem Dampfbad; Prismen, $[\alpha]_D^{25}$ +63,5° (Pyridin); 100 mg. *Acetonid*, $C_{23}H_{32}O_6$, F. 218—224° (Aceton/PAe.); Nadeln, $[\alpha]_D^{25}$+ 133°. WALTER SIMON. 3750

16-Hydroxysteroide. 20. Mitt. **Einige Umwandlungen von 16β.21-Diacetoxy-17α-hydroxy-Δ^4-pregnen-3.20-dion.** Milton Heller, Stephen M. Stolar und Seymour Bernstein. (J. org. Chemistry **26.** 5036—43. 27/12. 1961; engl.) — 19. vgl. vorst. Referat.) — Die bei der Umlagerung von 16β.21-Diacetoxy-17α-hydroxy-Δ^4-pregnen-3.20-dion (**I**) (vgl. 11. Mitt., C. **1961.** 12472) neben *16α.17α.21-Trihydroxy-Δ^4-pregnen-3.20-dion* (**II**) entstehenden Verbb. sind wahrscheinlich *16α.17α-Dihydroxy-17β-hydroxymethyl-D-homo-Δ^4-androsten-3.17a-dion* (**III**) bzw. *16α.17aα-Dihydroxy-17aβ-hydroxymethyl-D-homo-Δ^4-androsten-3.17-dion* (**IV**). Für die D-Homo-Struktur sprechen die Kernresonanzspektren der *Diacetate* (**V** bzw. **VI**) u. der *Acetonide* (**VII** bzw. **VIII**) von **III** bzw. **IV** [Vgl. mit dem Diacetat (**IX**) bzw. dem Acetonid von **II**], für die Stellung der Funktionen am Ring D werden die IR-Spektren von **V** u. **VI** herangezogen. Die Stellung der OH-Gruppen von **III**, die aus der Acetonid-Bldg. u. aus den Kernresonanzspektren von **V** u. **VII** folgt, ist nur mit einer Wannenform des Ringes D zu vereinbaren. Die Stellung der OH-Gruppen von **VI** wird durch Vgl. des Kernresonanzspektrums mit dem von 16α-Acetoxy-17aβ-acetoxymethyl-9α-fluor-11β.17aα-dihydroxy-D-homo-$\Delta^{1.4}$-pregnadien-3.17-dion u. der der Darst. dieser Verb. analogen Bldg. von **IV** durch Rk. von **II** mit $FeCl_3$ in heißem Dimethylformamid (DMF) u. der Bldg. von **VIII** aus **IV** gefolgert. Es wird angenommen, daß die Umlagerung von **I** zu **II** bzw. **III** auf einer Retroaldolspaltung mit nachfolgender Recyclisierung unter Epimerisierung bzw. Ringerweiterung beruht. In Vers. zur weiteren Stützung der Struktur von **III** wurde **VII** acetyliert u. das *Acetat* (**X**) zum *Monoacetyl-Deriv.* (**XI**) von **III** hydrolysiert, das mit Aceton (**XII**) in Ggw. von $HClO_4$ wieder in **X** u. mit CH_3SO_2Cl in Pyridin ins *Mesylat* übergeführt wird. Verss., die letzte Verb. mit NaJ in **XII** zu *17-Acetoxymethyl-D-homo-$\Delta^{4.16}$-androstadien-3.17a-dion* (**XIII**) umzuformen, um hieraus mit OsO_4 zu **XI** zu gelangen, waren erfolglos, da die Darst. von **XIII** nicht reproduziert werden konnte. — Durch 1std. Rk. mit $KHCO_3$ bei Raum-Temp. wird das aus 21-Acetoxy-16α.17α-epoxy-Δ^4-pregnen-3.20-dion (**XIV**) durch Spaltung mit $HCOOH/H_2SO_4$ erhältliche *21-Acetoxy-16β-formyloxy-17α-hydroxy-Δ^4-pregnen-3.20-dion* (**XV**) unter Acylwanderung zu *16β-Acetoxy-17α.21-dihydroxy-Δ^4-pregnen-3.20-dion* (**XVI**) gespalten. — Beim Kochen von **I** in methanol. HCl wird nur **III**, bei Raum-Temp. dagegen werden *16β.17α.21-Trihydroxy-Δ^4-pregnen-3.20-dion* (**XVII**) u. **XVI** gebildet; bei der Rk. mit methanol. HCl bei Raum-Temp. entsteht neben **XVII** u. **XVI** eine mit **XVI** isomere Verb., während nach etwas längerer saurer Hydrolyse **XVII**, **II**, **III** u. **IV** isoliert wurden. Die saure Hydrolyse von **XVII** liefert **II** u. **III**. — Bei der Ketalisierung von **I** nach der Meth. von DAUBEN u. Mitarbeitern (C. **1956**. 2759) wird das *Δ^5-$C_{(3)}$-Ketal* (**XVIII**) gebildet. Das aus diesem durch $NaBH_4$-Red. erhaltene *16β.21-Diacetoxy-3.3-äthylendioxy-Δ^5-pregnen-17α.20β-diol* wird in das *Triacetat* übergeführt, das sich ohne Inversion zum *Tetrol* verseifen läßt, u. das bei der Reacetylierung aus dem Tetrol wieder erhalten wird. Dagegen wird bei der Ketalisierung von **IX** das auch aus **XVIII** durch Rk. mit Alkalien u. Reacetylierung des Prod. erhältliche $C_{(16)}$-Epimere von **XVIII** u. daneben *21-Acetoxy-16α.17α-[butyliden-(2)-dioxy]-Δ^4-pregnen-3.20-dion* gebildet. Die Struktur der letzten Verb. wird aus dem IR-Spektrum u. der Darst. aus **II** durch Rk. mit Methyläthylketon (**XIX**) in Ggw. von $HClO_4$ u. Acetylierung des Prod. gefolgert.

Versuche (UV- u. IR-Spektren sind angegeben): *16α.17α.21-Trihydroxy-Δ^4-pregnen-3.20-dion* (**II**), F. 238,5—240,5° (CH_3OH/Ae.), a) durch 1std. Stehen von 2,5 g **I** u. KOH in CH_3OH bei Zimmer-Temp. unter N_2, Eindampfen im Vakuum bei 30°, Zugabe von W., Abfiltrieren, Extraktion mit sd. CH_3OH, Filtrieren, Eindampfen u. Verteilung an Celite mit CH_2Cl_2/Essigester/Glykol (7:1:2); 190 mg (Ausbeute); b) neben **XVII** nach c); 0,22 g; c) durch 1std. Stehen von 500 mg **XVII** mit KOH in CH_3OH unter N_2, Neutralisieren mit CH_3COOH, Einengen u. Waschen mit sd. CH_3OH; 60 mg. — *16α.17α-Dihydroxy-17β-hydroxymethyl-D-homo-Δ^4-androsten-3.17a-dion* (**III**), $C_{21}H_{30}O_5$, F. 196—202° (CH_3OH/Ae.), a) neben **II** nach a); $[\alpha]_D^{25}$ +76° (CH_3OH); 200 mg; b) neben **II** nach b); 0,33 g; c) neben **II** nach c) aus dem CH_3OH-Extrakt durch Eindampfen u. Verteilung an Celite mit CH_2Cl_2/Glykol/Essigester (7:2:1); 30 mg; d) durch 1std. Kochen von 300 mg **I** in methanol.-wss. HCl, Zugabe von Na-Acetat, Einengen, Zugabe von W., Extraktion mit Essigester, Waschen, Eindampfen u. Verteilung an Celite. — *16α-Acetoxy-17β-acetoxymethyl-17α-hydroxy-D-homo-Δ^4-androsten-3.17a-dion* (**V**), $C_{25}H_{34}$·O_7, F. 244—247° (**XII**/PAe.), durch Acetylieren von 330 mg **III** mit Acetanhydrid (**XX**)/Pyridin bei Raum-Temp.; $[\alpha]_D^{24}$ +78° (CH_3OH); 80 mg. — *16α.17aα-Dihydroxy-17aβ-hydroxymethyl-D-homo-Δ^4-androsten-3.17-dion* (**IV**), $C_{21}H_{30}O_5$, F. 227,5—229,5° (**XII**/PAe.), a) neben **II** nach a) aus der in CH_3OH unlösl. Fraktion; $[\alpha]_D^{25}$ +80° (CH_3OH); 120 mg. b) durch ½std. Erhitzen von 200 mg **II** mit 3%ig. wss. $FeCl_3$-Lsg. in DMF auf dem Dampfbad, Zugabe von W. u. Exrtaktion mit Essigester; 90 mg; c) neben **XVII** nach c); 0,13 g. —*16α-Acetoxy-17aβ-acetoxymethyl-17aα-hydroxy-D-homo-Δ^4-androsten-3.17-dion* (**VI**), $C_{25}H_{34}O_7$, F. 175—177° (**XII**/PAe.); analog **V** aus 250 mg **IV**; $[\alpha]_D^{25}$ +49° (Chlf.); 90 mg. — *17β-Hydroxymethyl-16α.17α-isopropylidendioxy-D-homo-Δ^4-androsten-3.17a-dion* (**VII**), $C_{24}H_{34}O_5$, F. 212,5—214,5° (**XII**/PAe.), durch 16std. Stehen von 500 mg **III** in **XII** in Ggw. von 72%ig. $HClO_4$, Zugabe von W., Neutralisieren mit $NaHCO_3$-Lsg. u. Eindampfen; $[\alpha]_D^{25}$ +69° (CH_3OH); 460 mg. *Acetat* (**X**), $C_{26}H_{36}O_6$, F. 205—206° (**XII**/PAe.), a) aus 90 mg **VII** u. **XX** in Pyridin; $[\alpha]_D^{25}$ +81° (Chlf.); 90 mg; b) aus 165 mg **XI** u. **XII** in Ggw. von 72%ig. $HClO_4$ in 2 Std. bei Zimmer-Temp.; 50 mg. — *17aβ-Hydroxymethyl-16α.17aα-isopropylidendioxy-D-homo-Δ^4-androsten-3.17-dion* (**VIII**), $C_{24}H_{34}O_5$, F. 203—204,5° (**XII**/PAe.), aus 100 mg **IV** u. **XII** in Ggw. von 72%ig. $HClO_4$ in 2 Std. bei Zimmer-Temp.; $[\alpha]_D^{25}$ +82° (CH_3OH); 45 mg.— *17β-Acetoxymethyl-16α.17α-dihydroxy-D-homo-Δ^4-androsten-3.17a-dion* (**XI**), F. 150 bis 190°, durch 5std. Erhitzen von 0,39 g **X** u. 66%ig. Essigsäure auf dem Dampfbad, Gießen in W., Neutralisieren mit $NaHCO_3$, Extraktion mit Chlf. u. Florisilchromatographie; Glas; 0,21 g. — *17β-Acetoxymethyl-17α-hydroxy-16α-methansulfonyloxy-D-homo-Δ^4-androsten-3.17a-dion*, durch 18std. Rk. von 2,05 g **XI** in Pyridin mit Methansulfonylchlorid bei 5°, Gießen in W., Extraktion mit Essigester u. Florisilchromatographie; (Öl; 1,05 g). — *21-Hydroxy-16α.17α-isopropylidendioxy-Δ^4-pregnen-3.20-dion*, $C_{24}H_{34}O_5$, F. 242—250° (**XII**/PAe.), analog **VII** aus 250 mg **II**; $[\alpha]_D^{25}$ +137° (Chlf.); 270 mg. — *17-Acetoxymethyl-D-homo-$\Delta^{4.16}$-androstadien-3.17a-dion* (**XIII**), $C_{23}H_{30}O_4$, F. 138—139° (**XII**/PAe.), durch Zugabe von NaJ zu 1 g roher vorvorst. Verb. in **XII**, 18std. Erhitzen im Rohr auf 115°, Filtrieren, Waschen mit $Na_2S_2O_3$-Lsg. u. W., Eindampfen u. Chromatographie an Celite mit Heptan/CH_3OH (1:1); 0,035 g. — *16β.17α.21-Trihydroxy-Δ^4-pregnen-3.20-dion* (**XVII**), F. 196—201° (CH_3OH/Ae.), a) durch 17std. Stehen von 1,0 g **I** in 0,27 n $HClO_4$ in CH_3OH bei Raum-Temp., Gießen in W., Extraktion mit Essigester, Waschen mit W., Trocknen, Eindampfen, Verteilen an Celite mit CH_2Cl_2/Essigester/Glykol (7:1:2); $[\alpha]_D^{25}$ +111° (CH_3OH); 50 mg; daneben *Verb. $C_{21}H_{30}O_5$*,

F. 210–212,5° (**XII**/PAe.), $[\alpha]_D^{25}$ +54° (CH_3OH); 70 mg (*Diacetat, Hemihydrat,* $C_{25}H_{34}O_7 \cdot \frac{1}{2} H_2O$, F. 189–190,5°); 50 mg; b) durch Zutropfen von konz. HCl zu 1,0 g **I** in wss. CH_3OH bei 10°, Stehen über Nacht bei Raum-Temp., Gießen in W. u. Aufarbeiten wie bei a); 110 mg; c) analog a) mit 5 g **I**; 0,43 g. – *21-Acetoxy-16β-formyloxy-17α-hydroxy-Δ⁴-pregnen-3.20-dion* (**XV**), $C_{24}H_{32}O_7$, F. 185–187° (**XII**/PAe.), a) durch 4std. Stehen von 1,0 g **XIV** in 98%ig. HCOOH in Ggw. von H_2SO_4, bei Zimmer-Temp., Gießen in W. u. Abfiltrieren; $[\alpha]_D^{25}$ +90,6° (Chlf.); 0,41 g. – *16β-Acetoxy-17α.21-dihydroxy-Δ⁴-pregnen-3.20-dion* (**XVI**), F. 189–192°, durch 1std. Stehen von 250 mg **XV** in CH_3OH mit 5%ig. $KHCO_3$-Lsg. in CH_3OH-W. (1:1), Neutralisieren mit CH_3COOH, Eindampfen u. Verteilung an Celite mit CH_2Cl_2/Glykol (1:1); 70 mg; b) neben **XVII** nach a) bzw. b). – *16β.21-Diacetoxy-3.3-äthylendioxy-17α-hydroxy-Δ⁵-pregnen-20-on* (**XVIII**), $C_{27}H_{38}O_8$, F. 232–234° (**XII**/PAe.), aus 1,0 g **I** u. 2-Methyl-2-äthyl-1.3-dioxolan (**XXI**) durch 3std. Kochen in Ggw. von p-Toluolsulfonsäuremonohydrat (**XXII**) u. Extraktion mit Bzl.; $[\alpha]_D^{25}$ –15° (Chlf.); 550 mg. – *16β.21-Diacetoxy-3.3-äthylendioxy-Δ⁵-pregnen-17α.20β-diol,* durch 1std. Rk. von 350 mg **XVIII** mit $NaBH_4$ in DMF bei Zimmer-Temp.; 300 mg. – *16β.20β.21-Triacetoxy-3.3-äthylendioxy-Δ⁵-pregnen-17α-ol,* $C_{29}H_{42}O_9$, F. 285–289° (**XII**/PAe.), a) durch Rk. von 300 mg vorst. Verb. mit **XX**; $[\alpha]_D^{25}$ –33° (Chlf.); 110 mg; b) aus 120 mg nachst. Verb. u. **XX**; 20 mg. – *3.3-Äthylendioxy-Δ⁵-pregnen-16β.17α.20β.21-tetrol,* $C_{23}H_{36}O_6$, F. 286–289° (CH_3OH), durch 1std. Stehen von 0,77 g vorst. Verb. u. KOH in CH_3OH, bei Zimmer-Temp. unter N_2, Neutralisieren mit CH_3COOH u. Eindampfen; $[\alpha]_D^{25}$ –18,5° (Pyridin); 0,19 g. – *16α.21-Diacetoxy-3.3-äthylendioxy-17α-hydroxy-Δ⁵-pregnen-20-on,* $C_{27}H_{38}O_8$, F. 264–269° (**XII**/PAe.), a) durch Zugabe von **XXII** zu 2,6 g **IX** in **XXI**, 3std. Kochen unter Dest. u. Extraktion mit Bzl.; $[\alpha]_D^{25}$ –43,5° (Chlf.); 0,075 g; b) durch 1std. Stehen von 0,5 g **XVIII** mit KOH in CH_3OH, Neutralisieren mit CH_3COOH, Eindampfen u. Reacetylieren; 35 mg. – *16α.17α-[Butyliden-(2)-dioxy]-21-hydroxy-Δ⁴-pregnen-3.20-dion,* $C_{25}H_{36}O_5$, F. 186–188,5° (**XII**/PAe.), durch 3std. Rühren 0,4 g **II** mit **XIX** in Ggw. von $HClO_4$ bei Zimmer-Temp., Zugabe von W., Neutralisieren mit $NaHCO_3$-Lsg. u. Einengen; $[\alpha]_D^{25}$ +131° (Chlf.); 0,45 g. *Acetat,* $C_{27}H_{38}O_6$, F. 185–187,5° (**XII**/PAe.), a) durch Acetylieren; $[\alpha]_D^{25}$ +112° (Chlf.); b) aus den Mutterlaugen vorst. Verb. nach a) durch Florisilchromatographie. – *16β.21-Diacetoxy-17α-hydroxy-Δ⁴-pregnen-3.20-dion* (I), F. 162–164°, durch Acetylieren von **XVI** bei Raumtemperatur. WALTER SIMON. 3750

16-Hydroxysteroide. 21. Mitt. Die Darstellung und Epimerisierung von 16β.21-Diacetoxy-9α-fluorcorticoiden. Milton Heller, Stephen M. Stolar und Seymour Bernstein. (J. org. Chemistry **26**. 5044–46. 27/12. 1961; engl.) – 20. vgl. vorst. Referat. – *16β.21-Diacetoxy-9α-fluor-11β.17α-dihydroxy-Δ¹·⁴-pregnadien-3.20-dion* (I) wird auf folgendem Wege dargestellt: 21-Acetoxy-16α.17α-epoxy-Δ⁴·⁹·¹¹-pregnadien-3.20-dion (II) + H_2SO_4/CH_3COOH → *16β.21-Diacetoxy-17α-hydroxy-Δ⁴·⁹·¹¹-pregnadien-3.20-dion,* N-Bromacetamid (III) in W./Dioxan → *9α-Brom-16β.21-diacetoxy-11β.17α-dihydroxy-Δ⁴-pregnen-3.20-dion* (IV), K-Acetat in A. → *16β.21-Diacetoxy-9β.11β-epoxy-17α-hydroxy-Δ⁴-pregnen-3.20-dion* (V), HF in CH_2Cl_2/Tetrahydrofuran (THF) → *F-Analogon* (VI) von **IV**, SeO_2 in tert.-Butanol → **I**. – **V** wird durch Alkalien unter Epimerisierung zu *9β.11β-Epoxy-16α.17α.21-trihydroxy-Δ⁴-pregnen-3.20-dion,* **VI** analog zu *9α-Fluor-11β.16α.17α.21-tetrahydroxy-Δ⁴-pregnen-3.20-dion* u. **I** zu *Triamcinolon* hydrolysiert. – 21-Acetoxy-16α-17α-epoxy-Δ⁴-pregnen-3.11.20-trion (**VII**) wird analog **II** mit H_2SO_4/CH_3COOH zu *16β.21-Diacetoxy-17α-hydroxy-Δ⁴-pregnen-3.11.20-trion* gespalten.

Versuche: (UV- u. IR-Spektren sind angegeben): *16β.21-Diacetoxy-17α-hydroxy-Δ⁴-pregnen-3.11.20-trion,* $C_{25}H_{32}O_8$, F. 220–221,5° (CH_3OH), durch 65std. Stehen von 1,05 g **VII** in Essigsäure/H_2SO_4, bei Zimmer-Temp., Gießen in Eiswasser u. Verteilung des Nd. an Celite mit PAe./CH_2Cl_2/Glykol (7:5:2); $[\alpha]_D^{25}$ +170° (Chlf.); 95 mg (Ausbeute). – *16β.21-Diacetoxy-17α-hydroxy-Δ⁴·⁹·¹¹-pregnadien-3.20-dion,* $C_{25}H_{32}O_7$, F. 173 bis 175° (Aceton/PAe.), aus 0,5 g **II** analog vorst. Verb. in 24 Std.; $[\alpha]_D^{25}$ +73° (Chlf.); 280 mg. – *9α-Brom-16β.21-diacetoxy-11β.17α-dihydroxy-Δ⁴-pregnen-3.20-dion* (**IV**), aus 1,64 g vorst. Verb. u. **III** in wss. Dioxan in Ggw. von 10%ig. $HClO_4$ in 30 Min. bei Zimmer-Temp.; 1 g. – *16β.21-Diacetoxy-17α-hydroxy-9β.11β-epoxy-Δ⁴-pregnen-3.20-dion* (**V**), $C_{25}H_{32}O_8$, F. 200–202° (Aceton/PAe.), aus 1,0 g **IV** u. K-Acetat in abs. A. durch 24std. Kochen, Eindampfen, Lösen in Essigester, Waschen, Eindampfen, Acetylieren über Nacht bei Raum-Temp., Eindampfen u. Verteilen an Celite von PAe./Essigester/CH_3OH/W. (4:2:8:2); $[\alpha]_D^{25}$ +3° (Chlf.); 60 mg. – *16β.21-Diacetoxy-9α-fluor-11β.17α-dihydroxy-Δ⁴-pregnen-3.20-dion* (**VI**), $C_{25}H_{33}FO_8$, F. 239–241,5° (Aceton/PAe.), aus 200 mg **V** u. HF in CH_2Cl_2/THF in 4 Std. bei –5°, Gießen in gesätt. $NaHCO_3$-Lsg./CH_2Cl_2, Eindampfen der organ. Schicht u. Anreiben mit Ae.-PAe.; $[\alpha]_D^{25}$ +106° (Aceton); 45 mg. – *16β.21-Diacetoxy-9α-fluor-11β.17α-dihydroxy-Δ¹·⁴-pregnadien-3.20-*

dion (I), $C_{25}H_{31}FO_8$, F. 233,5—236° (Aceton/PAe.), durch 23std. Kochen von 1,62 g **VI** u. SeO_2 in wss. tert.-Butanol unter N_2, Eindampfen, Lösen in Essigester, Filtrieren, Waschen, Eindampfen, 1std. Schütteln mit RANEY-Ni in CH_3OH, Eindampfen, Lösen in Essigester, Waschen, Eindampfen u. Verteilung an Celite mit PAe./Essigester/CH_3OH/W. (2:3:3:2); $[\alpha]_D^{25}$ +76,5° (Aceton); 55 mg. — *9β.11β-Epoxy-16α.17α.21-trihydroxy-Δ⁴-pregnen-3.20-dion*, F. 207,5—210,5° (Aceton/PAe.), aus 200 mg **V** u. KOH in CH_3OH bei Zimmer-Temp., Neutralisieren mit CH_3COOH, Eindampfen im Vakuum bei 35—40°, Lösen in Essigester, Waschen, Eindampfen u. Anreiben mit Aceton/PAe., 50 mg. — *9α-Fluor-11β.16α.17α.21-tetrahydroxy-Δ⁴-pregnen-3.20-dion*, F. 203—206°, analog vorst. Verb. aus 160 mg **VI**; 50 mg. — *9α-Fluor-11β.16α.17α.21-tetrahydroxy-Δ¹·⁴-pregnadien-3.20-dion (Triamcinolon)*, F. 265—268° (Aceton/PAe.), analog vorvorst. Verb. aus 240 mg **I** durch Verteilung der Aceton-PAe-Lsg. an Celite mit PAe./Essigester/CH_3OH/W. (3:4:3:2); 20 mg. *16α.17α-Acetonid*, F. 277—281°, aus 14 mg u. Aceton in Ggw. von 72%ig. $HClO_4$ in 2 Std. bei Zimmer-Temp.; 10 mg.

WALTER SIMON. 3750

Die Synthese einiger 4-Alkylderivate von Hydrocortison und 9α-Fluorhydrocortison. William S. Allen, Charles C. Pidacks, Robert E. Schaub und Martin J. Weiss. (J. org. Chemistry **26**. 5046—52. 27/12. 1961. Pearl River, Amer. Cyanamid Co., Lederle Labor., Organ. Chem. Res. Section; engl.) — In Δ⁴-3-Ketone werden durch Rk. mit Alkyljodiden in Ggw. von K-tert.-Butylat 4-Alkylgruppen eingeführt. Die Rk. des 20-Äthylenketals (I) von Hydrocortison (II) mit CH_3J nach ATWATER (C. **1959**. 4823) liefert neben dem *4-Methyl-Deriv.* (**III**) von **I** die *21-O-methyl-Derivv.* von **III** u. **I**, die zu den entsprechenden *Diketonen* hydrolysiert werden. Die analoge Rk. von 9α-Fluor-11β-hydroxy-17α.20; 20.21-bis-[methylendioxy]-Δ⁴-pregnen-3-on (**IV**) führt zum *4-Methyl-Deriv.* (**V**) von **IV**, das mit HCOOH zum *4-Methyl-9α-fluor-Deriv.* (**VI**) von **II** gespalten wird. Durch Dehydrierung des *21-Acetats* von **VI** mit 2.3-Dichlor-5.6-dicyanbenzochinon (**VII**) wird *4-Methyl-9α-fluorprednisolon-21-acetat* (**VIII**) erhalten. Neben **V** wird *9β.11β-Epoxy-4-methyl-17α.20; 20.21-bis-[methylendioxy]-Δ⁴-pregnen-3-on* (**IX**) isoliert. Die Rk. von **IV** mit C_2H_5J führt über das *4-Äthyl-Deriv.* (**X**) von **IV** zu *4-Äthyl-9α-fluorhydrocortison* (**XI**). Neben **X** entstehen das *Äthylhomologe von* **IX** sowie *4.4-Diäthyl-9α-fluor-11β-hydroxy-17α.20; 20.21-bis-[methylendioxy]-Δ⁵-pregnen-3-on* u. *9β.11β-Epoxy-4.4-diäthyl-17α.20;.20.21-bis-[methylendioxy]-Δ⁵-pregnen-3-on.* Durch drast. Methylierung von **IV** wird das 4.4-Dimethyl-Δ⁵-Deriv. von **IV** erhalten, das zu *9α-Fluor-11β.17α.21-trihydroxy-4.4-dimethyl-Δ⁵-pregnen-3.20-dion* (**XII**) gespalten wird. Die Hydrocortison-Wrkg. von **VI** u. **VIII** (Thymusinvolutions-Vers.) ist gegenüber der von 9α-Fluorhydrocortison bzw. -prednisolon verringert. Die Na-Retentions-Wrkg. bleibt erhalten. **XI** ist weniger wirksam (Leberglykogen- u. Thymusinvolutionstest) als das aus **III** erhaltene 4-Methyl-Deriv. (**XIII**) von **II**. **XII** ist inakt. (Leberglykogentest). — Verss., Δ⁶-Dehydrotestosteron u. Prednisolon BMD nach ATWATER (l. c.) zu alkylieren, waren erfolglos.

Versuche ($[\alpha]_D$ in Chlf.; UV- u. IR-Spektren sind angegeben): *4-Methylhydrocortison* (**XIII**), $C_{22}H_{32}O_5$, F. 214—217° (Aceton/PAe.), durch 1std. Kochen von 250 mg **III** in CH_3OH mit 8% H_2SO_4, Zugabe von W. u. Einengen; $[\alpha]_D^{25}$ +122° (c = 0,53; Dioxan); 70 mg (Ausbeute.) *20-Äthylenketal* (**III**), $C_{24}H_{36}O_6$, F. 238—239° (Aceton), durch Zugabe von **I** in tert.-Butanol zu einer sd. Lsg. von K in tert.-Butanol, Zutropfen von 5,3 g CH_3J in tert.-Butanol in 2½ Std. unter N_2, Zugabe von Chlf., Waschen der organ. Schicht, Eindampfen, Verteilung an Celite mit PAe./Essigester/CH_3OH/W. (5:2:3:2); $[\alpha]_D^{25}$ +99,5° (c = 0,51); 12%. — *4-Methyl-21-O-methylhydrocortison*, $C_{23}H_{34}O_5$, F. 176 bis 177° (Aceton/PAe.), analog **XIII** aus 500 mg Ketal; $[\alpha]_D^{25}$ +149° (c = 0,60); 275 mg. *20-Äthylenketal*, $C_{25}H_{38}O_6$, F. 187—188° (Aceton/PAe.), neben **III**; $[\alpha]_D^{25}$ +97° (c = 0,57); 21%. — *21-O-Methylhydrocortison*, $C_{22}H_{32}O_5$ F. 252—254° (A.), analog **XIII** aus 500 mg Ketal; $[\alpha]_D^{25}$ +147° (c = 0,23; Dioxan); 450 mg. *20-Äthylenketal*, $C_{24}H_{36}O_6$, F. 212—214° (Aceton), neben **III**; $[\alpha]_D^{25}$ +100° (c = 0,57); 47%. — *9β.11β-Epoxy-4-methyl-17α.20; 20.21-bis-[methylendioxy]-Δ⁴-pregnen-3-on* (**IX**), $C_{24}H_{32}O_6$, F. 243—245° (Aceton/PAe.), analog **III** aus 3,0 g **IV** durch Neutralisieren nach dem Kochen mit Eisessig, Zugabe von Chlf., Waschen der organ. Schicht, Trocknen, Eindampfen, Lösen in der unteren Phase des Syst. PAe./Essigester/CH_3OH/W. (6:2:5:2) u. Verteilen an Celite mit der oberen Phase; $[\alpha]_D^{26}$ −105° (c = 1,17); 7,6%. — *4-Methyl-9α-fluor-11β-hydroxy-17α.20; 20.21-bis-[methylendioxy]-Δ⁴-pregnen-3-on* (**V**), $C_{24}H_{33}FO_6$, F. 285° (Zers.; Aceton/PAe.), neben **IX** durch Kristallisation des unlösl. Rückstandes aus Aceton sowie durch Aufarbeiten der 2. Verteilungsfraktion; $[\alpha]_D^{26}$ +14° (c = 0,63); 26,4—41%. — *9α-Fluor-11β.17α.21-trihydroxy-4-methyl-Δ⁴-pregnen-3.20-dion* (**VI**; *4-Methyl-9α-fluorhydrocortison*), $C_{22}H_{31}FO_5$, F. 232—235° (Aceton/PAe.), aus 200 mg **V** u. 60%ig. HCOOH, durch ½std. Erhitzen auf dem Dampfbad; $[\alpha]_D^{25}$ +134° (c = 0,69; Dioxan); 63 mg. *21-Acetat*, F. 216–218° (Aceton/PAe.), aus **VI** u. Essigsäureanhydrid in Pyridin in 18 Std. bei Zimmer-Temp.; 50%. — *11β.17α.21-Trihydroxy-9α-fluor-4-methyl-Δ$^{1.4}$-pregnadien-3.20-dion-21-acetat* (**VIII**; *4-Methyl-9α-fluorprednisolon-21-acetat*, $C_{24}H_{31}FO_6$, F. 228–230° (Zers.; Aceton/PAe.), durch 3tägiges Kochen von 100 mg vorst. Acetats u. **VII** in Dioxan; 38 mg. — *4-Äthyl-9α-fluor-11β-hydroxy-17α.20; 20.21-bis-[methylendioxy]-Δ^4-pregnen-3-on* (**X**), $C_{25}H_{35}FO_6$, F. 280° (Zers.; nach 2. Umkristallisieren F. 270°; Aceton/PAe.), analog **III** aus 10,0 g **IV** u. C_2H_5J u. Verteilung an Celite mit Heptan/2-Methoxyäthanol; $[\alpha]_D^{25}$ +16,2° (c = 0,62); 580 mg. — *9β.11β-Epoxy-4-äthyl-17α.20; 20.21-bis-[methylendioxy]-Δ^4-pregnen-3-on*, $C_{25}H_{34}O_6$, F. 171–172° (Aceton/PAe.), neben **X**; $[\alpha]_D^{25}$ −104° (c = 0,61); 300 mg. — *4.4-Diäthyl-9α-fluor-11β-hydroxy-17α.20; 20.21-bis-[methylendioxy]-Δ^5-pregnen-3-on*, $C_{27}H_{39}FO_6$, F. 239° (Zers.; Aceton), neben **X**; $[\alpha]_D^{25}$ −103° (c = 0,52); 177 mg. — *9β.11β-Epoxy-4.4-diäthyl-17α.20;20.21-bis-[methylendioxy]-Δ^5-pregnen-3-on*, $C_{27}H_{38}O_6$, F. 175,5 bis 176,5° (Aceton/PAe.), neben **X**; $[\alpha]_D^{25}$ −108° (c = 0,57); 179 mg. — *9α-Fluor-11β-hydroxy-4.4-dimethyl-17α.20;20.21-bis-[methylendioxy]-Δ^5-pregnen-3-on*, $C_{25}H_{35}FO_6$, F. 264° (Chlf./Aceton), durch 3std. Rühren von 3,0 g **IV** in einer Lsg. von K in tert.-Butanol unter N_2 mit 2,76 g CH_3J bei Raum-Temp., 10 Min. langes Kochen, 13std. Rühren bei Raum-Temp., Neutralisieren mit CH_3COOH, Zugabe von Chlf., Aufarbeiten der organ. Schicht u. Anreiben mit Aceton; $[\alpha]_D^{25}$ −107° (c = 0,51; Dioxan); 390 mg. — *9α-Fluor-11β.17α.21-trihydroxy-4.4-dimethyl-Δ^5-pregnen-3.20-dion* (**XII**), $C_{23}H_{33}FO_5$, F. 225–226° (Aceton/PAe.), analog **VI** aus 290 mg vorst. Verb. durch 2½std. Erhitzen; $[\alpha]_D^{25}$ +3,1° (c = 0,32; Dioxan); 98 mg. — *4-Äthyl-9α-fluorhydrocortison* (**XI**), $C_{23}H_{33}FO_5$, F. 222–223°, (Aceton/PAe.), durch ½std. Erhitzen von 400 mg **X** in 60%ig. HCOOH auf dem Dampfbad u. Zugabe von W.; 120 mg. WALTER SIMON. 3750

Coenzym Q. 10. Mitt. **Synthese von Coenzym Q_9, 2.3-Dimethyl-5-solanesylbenzochinon (Q-254) und einem Vitamin-K-Analogon.** Clifford H. Shunk, Robert E. Erickson, Emily L. Wong und Karl Folkers. (J. Amer. chem. Soc. **81.** 5000. 20/9. 1959. Rahway, N.J., Div. of Merck & Co., Inc., Merck, Sharp & Dohme Res. Labor.; engl.) — 9. vgl. Arch. Biochem. Biophysics **88.** [1959.] 474; 8. vgl. C. **1961.** 10955. — Bei Kondens. von 2.3-Dimethoxy-5-methylhydrochinon mit Solanesol entsteht nicht Coenzym Q_{10}, sondern *Coenzym Q_9*. Dies gab Anlaß zu einer Neuunters. der Konstit. von *Solanesol*, deren Ergebnis in nachst. Ref. mitgeteilt wird. Analog wurde 2.3-Dimethyl-5-solanesylbenzochinon u. 2-Methyl-3-solanesylnaphthochinon, ein Analogon des Vitamins K_2, hergestellt.

Versuche: *2.3-Dimethoxy-5-methyl-6-solanesylbenzochinon*, F. 42–43,5°, aus 2.3-Dimethoxy-5-methylhydrochinon u. Solanesol (**I**). — *2.3-Dimethyl-5-solanesylbenzochinon*, F. 43,5–45°, durch Kondens. von 2.3-Dimethylhydrochinon mit **I** in Ggw. von BF_3-Ätherat u. anschließende Oxydation. — *2-Methyl-3-solanesylnaphthochinon*, F. 60–61°, durch Kondens. von 2-Methylnaphthohydrochinon mit **I** in Ggw. von BF_3-Ätherat u. anschließende Oxydation. — UV-Spektren aller Verbb. im Original gekennzeichnet. S. DITTMANN-MITZSCHERLICH. 3850

Coenzym Q. 11. Mitt. **Die Struktur von Solanesol.** Robert E. Erickson, Clifford H. Shunk, Nelson R. Trenner, Byron H. Arison und Karl Folkers. (J. Amer. chem. Soc. **81.** 4999–5000. 20/9. **1959**; engl.) — 10. vgl. vorst. Referat. — Der polyisoprenoide Alkohol *Solanesol* (ROWLAND u. Mitarbeiter, C. **1957.** 4120) enthält nicht 10, sondern nur 9 Isopreneinheiten. Die Formel wurde durch Darst. u. Elementaranalyse des 3.4.5-Trijodbenzoats, durch Oxydation zum entsprechenden Aldehyd u. Analyse des 2.4-Dinitrophenylhydrazons dieses Aldehyds sowie durch Aufnahme der NMR-Spektren sichergestellt. Schließlich wurden von dem Homologen *Farnesol* die gleichen Derivv. hergestellt, deren UV-Spektren aufgenommen u. aus den Daten der UV-Spektren das ungefähre Molgew. von Solanesol berechnet.

Versuche (spektroskop. Daten vgl. Original): *Solanesyl-3.4.5-trijodbenzoat*, $C_{52}H_{75}J_3O_2$, F. 53–54,5°. — *Solanesaldehyd*, durch Oxydation von Solanesol mit MnO_2. *2.4-Dinitrophenylhydrazon*, $C_{51}H_{76}N_4O_4$, F. 74–75°. — *Farnesol-3.4.5-trijodbenzoat*, $C_{22}H_{27}J_3O_2$, F. 46–47°. — *Farnesaldehyd-2.4-dinitrophenylhydrazon*, $C_{21}H_{28}N_4O_4$, F. 105 bis 106°. S. DITTMANN-MITZSCHERLICH. 3850

Coenzym Q. 12. Mitt. **Äthoxyhomologe von Coenzym Q_{10}. Umwandlungsprodukte der Isolierung.** Bruce O. Linn, Nelson R. Trenner, Byron H. Arison, Roy G. Weston, Clifford H. Shunk und Karl Folkers. (J. Amer. chem. Soc. **82.** 1647–51. 5/4. 1960; engl.) — 11. vgl. vorst. Referat. — Wenn bei der Isolierung von Coenzym Q_{10} (**I**) aus tier. Gewebe bei der Extraktion des Unverseifbaren mit heißem alkal. A. gearbeitet wird, ist das erhaltene Präp. mehr oder weniger unrein. Unter den Extraktionsbedingungen wandelt sich **I** (2.3-Dimethoxy-6-methylbenzochinon mit soprenoider Seitenkette am $C_{(5)}$] in Homologe mit einer Äthoxygruppe am $C_{(2)}$ bzw. $C_{(3)}$ (**II**) u. mit zwei Äthoxygruppen am $C_{(2)}$ u. $C_{(3)}$ (**III**) um. Die Menge der gebildeten Nebenprodd. ist proportional der Dauer des Kochens in A. bei der Verseifung, die Gesamtausbeute nimmt allerdings mit zunehmender Kochdauer ab. **I**, **II** u. **III** sind durch Radialpapierchromatographie gut voneinander trennbar. Gearbeitet wird auf Papier, das mit 5%ig. Lsg. von Vaseline (**IV**) in Isooctan (**V**) imprägniert wurde. Als Lsgm.-Gemische dienen entweder W./Dimethylformamid (**VI**) (3 : 97; mit **IV** oder auch mit **V** gesätt.) oder W./**VI** (1 : 99; mit **V** gesätt.). Es ist sehr wahrscheinlich, daß MORTON u. Mitarbeiter (C. **1959**. 3196), die die Isolierung von **I** beschrieben, nicht **I**, sondern höchstens ein Gemisch von **I**, **II** u. **III** erhalten haben, wie Rekonstruktion der Arbeiten in Modell-Verss. zeigte.

Versuche (Angaben über IR- u. charakterist. UV-Banden, über NMR-Spektren u. über R_F-Werte der Papierchromatographie vgl. Original): *Coenzym* Q_{10} (**I**), F. 49,5 bis 50,5°, Isolierung aus Rinderherz unter Vermeidung der Verw. von A.: 136 kg entfettetes, von Bindegewebe befreites u. zerkleinertes Rinderherzgewebe wird 90 Min. unter N_2 in 180 Liter Methanol mit 25,6 kg KOH u. 9 kg Pyrogallol (**VII**) gekocht, mit 60 kg Eis gekühlt, einmal mit 130 u. 2 mal mit je 60 Liter n-Hexan (**VIII**) extrahiert, im Vakuum eingeengt u. an Florisil chromatographiert; aus abs. A. orangefarbene Kristalle; 95–100% rein; 27 g (Ausbeute, aus 3 Ansätzen), frei von **II** u. **III**; wenn äthanol. aus dem Gewebe extrahiert u. nicht rasch abgekühlt wurde, konnten aus 136 kg Herz nur 980 mg **I**, vermengt mit 880 mg **II**, erhalten werden. — *Äthoxycoenzym* Q_{10} (**II**), $C_{60}H_{92}O_4$, F. 43–43,5°, a) als Nebenprod. bei der Isolierung von **I**; nach $^1/_4$ std. Kochen von 199 mg **I** in 300 ml 90%ig. A. + 30 g NaOH + 15 g **VII** unter N_2, Zugabe von W., $^3/_4$ std. Kochen, Verdünnen mit W., Extrahieren mit PAe., Oxydieren von evtl. entstandenem Hydrochinon mit Ag_2O u. Chromatographie in **VIII** an Florisil; neben 31 mg **I** 15 mg **II**; c) durch ½ std. Rühren der Lsg. von 50 mg **I** in 8%ig. KOH in A. mit 33% W. (mit **VIII** gesätt.) bei 25° [Isolierungsbedingungen von MORTON u. Mitarbeitern (l. c.)], Ansäuern, Extraktion mit Ae. u. papierchromatograph. Nachw.; bei mehr als 2 std. Rühren u. bei ½ std. Kochen kein **II** nachweisbar; orangefarbene Kristalle aus abs. Alkohol. — *Diäthoxycoenzym* Q_{10} (**III**), $C_{61}H_{94}O_4$, F. 34,5–35,5°, a) durch 1 std. Kochen von 200 mg **I** mit $NaOC_2H_5$ + **VII** in abs. A., Abkühlen, Ansäuern mit 2,5n HCl, Verdünnen mit W., Extraktion mit Ae., Reoxydation mit Ag_2O, Eindampfen im Vakuum u. Chromatographie in **V** an Florisil; neben 47 mg **I** + **II** 84 mg **III**; b) durch ½–1 std. Rühren unter den Bedingungen der Isolierung von **I** nach MORTON u. Mitarbeitern (l. c.); papierchromatograph. Nachw.; bei längerem Rühren u. bei ½ std. Kochen kein **III** nachweisbar; gelbe Kristalle aus A./Wasser.

S. DITTMANN-MITZSCHERLICH. 3850 □

Die Struktur des Antimycin-A-Komplexes. A. J. Birch, D. W. Cameron, Y. Harada und R. W. Rickards. (J. chem. Soc. [London] **1961**. 889–95. März. Tokyo, Kyowa Fermentat. Ind. Co.; Manchester, Univ., Dep. of Chem.; engl.) — Vorl. Mitt. vgl. C. **1961**. 6158. — Auf Grund von Abbau-Verss. wird dem *Antimycin-A-Komplex* (**I**), erhalten aus *Streptomyces kitazawaensis*, die Struktur **A** (vgl. l. c.) zugeschrieben. Die Hauptbestandteile *Antimycin* A_1 ($C_{28}H_{40}N_2O_9$), das isomere *Antimycin* A_2 u. *Antimycin* A_3 ($C_{26}H_{36}N_2O_9$) unterscheiden sich in der Art der Alkyl- (R = n-C_4H_9, n-C_6H_{13}) u. Acylsubstituenten [R' = $CH(CH_3)C_2H_5$, $CH_2CH(CH_3)_2$, $CH(CH_3)_2$]. *Blastmycin* ist ident. mit Antimycin-A_3 [**A**, R = n-C_4H_9, R' = $CH_2CH(CH_3)_2$].

Versuche [einige UV- u. IR-Spektren (UV, IR) sind angegeben]: *Antimycin A* (**I**), F. 143°, aus *Streptomyces kitazawaensis*; UV, IR. — *Lactonestergemisch* (**III**), durch alkal. Hydrolyse von 1 g **I**; farbloses Öl; IR; 450 mg [daneben 170 mg *Antimycinsäure* (**II**), $C_{11}H_{14}N_2O_5$, F. 219–220° (Zers.; A.); IR]. 2 std. Kochen von **III** mit wss. NaOH, Ansäuern, Ausäthern, Einengen, Wasserzusatz u. Dest. → *flüchtige Säuren* [*p-Phenylphenacylester*, F. 72,5–75,5° (A.)] u. nichtflüchtige *Ketosäuren* [*Semicarbazone*, F. 132–138° (A.)]. $LiAlH_4$-Red. von 940 mg **III** → *Isopentylalkoholgemisch* [*3.5-Dinitrobenzoatgemisch*, $C_{12}H_{14}N_2O_6$, F. 50,5–56,5°, Tafeln aus PAe.; $[\alpha]_D^{22}$ +1,5° (6,7%ig. in Aceton)] u. 333 mg *Triolgemisch* {**IV**, $Kp._{10^{-3}}$ 130°, farbloser Sirup; IR; Perjodatoxydation von 333 mg **IV** in gepufferter Lsg. → *Acetaldehyd* [*2.4-Dinitrophenylhydrazon* (DNP), F. 162–164,5°; 30 mg] u. 154 mg *Aldolgemisch* (IR; *DNP*, $C_{15}H_{22}N_4O_5$, F. 82,5 bis 89,5°; IR); Perjodatoxydation von 30 mg **IV** in Ggw. von $NaHCO_3$ in wss. Dioxan → 19 mg *Gemisch* aus *Essig-*, *n-* u. *Isovalerian-* u. *Heptansäure*}. — *3-Aminosalicylsäure* (**V**), F. 240° (Zers.), a) durch 1½ std. Rühren von 280 mg 5-Brom-3-nitrosalicylsäure mit RANEY-Ni in wss. NaOH, Benzoylierung des Prod., Ansäuern, Ausäthern, Wasserdampf-Dest., Filtrieren des Rückstandes, Ausäthern, Ansäuern bis pH 3–4 u. Extraktion mit Äthylacetat; 70 mg; b) durch Hydrieren von 3-Nitrosalicylsäure an PtO_2 in

Methanol; IR. *Methylester* (**Va**), F. 87—88°, lange Nadeln aus PAe.; IR. — *3-Methylaminosalicylsäure* (**VI**), F. 209° (Zers.; nach Sublimation bei 180°/10^{-2} Torr), a) durch 2std. Kochen von 5 mg **VIa** in wss. NaOH u. Ausäthern bei pH 4; 4 mg; b) durch $LiAlH_4$-Red. von 1 g **I** in Tetrahydrofuran; 20 mg. *Methylester* (**VIa**), $C_9H_{11}NO_3$, F. 56 bis 57,5°, durch Rk. von 0,5 g **V** mit Dimethylsulfat in wss. NaOH bei 80° unter N_2, Ansäuern, Ausäthern, Rk. der 327 mg *Gemisch* (F. 223—236°) von **V** u. **VI** mit Diazomethan u. Chromatographieren der 283 mg in $NaHCO_3$-Lsg. unlösl. Prod. an Florisil (daneben **Va**). — *3-Formamidosalicylsäure*, F. 215—220°, aus **V** u. Ameisensäure durch 10 Min. langes Kochen, Wasserzusatz u. Kühlen. *Methylester*, $C_9H_9NO_4$, F. 126,5—127,5°, Nadeln aus PAe.; IR. — *O.N-Diacetyldeformylantimycin A*, $C_{29}H_{40}N_2O_{10}$, F. 134—138° (wss. A.), durch 20std. Stehen von 50 mg **I** mit Acetanhydrid in Pyridin bei Zimmer-Temp.; 48 mg. Alkal. Hydrolyse → **III** (79%). — *o-Acetamidophenylacetat*, F. 122 bis 123°, aus 62 mg 2-Formamidophenol u. Acetanhydrid in Pyridin; Nadeln aus PAe.; 64 mg. Daneben 10 mg *o-Acetamidophenol*, F. 203,5° (W.). H. D. EILHAUER. 3900 □

Untersuchungen über Penicillinsalze. 3. Mitt. **Stabilität von N.N'-Dialkyläthylendiaminpenicillin G.** G. N. Vyas und S. G. Dhopate. (Antibiotics and Chemotherapy **9.** 203—08. April 1959. Pimpri, Hindustan Antibiotics Ltd., Antibiot. Res. Centre; engl.) — 2. vgl. C. **1961.** 5455; vgl. auch C. **1959.** 3834. — Bei Unterss. über die Haltbarkeit von *N.N'-Dialkyläthylendiamindipenicillinen G* (**A**) [*N.N'-Dimethyl-* (**I**), *N.N'-Diäthyl-* (**II**), *N.N'-Dipropyl-* (**III**), *N.N'-Dibutyl-* (**IV**), *N.N'-Diamyl-* (**V**), *N.N'-Diisoamyl-* (**VI**), *N.N'-Dihexyl-* (**VII**), *N.N'-Diheptyl-* (**VIII**), *N.N'-Dioctyl-* (**IX**) u. *N.N'-Dilauryl-* (**X**)] als trockne Pulver bei Temp. von 23—29° erweisen sich alle **A** mit Ausnahme von **I** u. **X**, die bereits nach 3 Monaten einen großen Teil ihrer Wrkg. eingebüßt haben, als über 1 Jahr lang beständig. Bei 37° dagegen sind nur **II, IV** u. **VI** in fester Form über 1 Jahr lang haltbar, während **I, IX** u. **X** bereits nach 3 Monaten, **III, V, VII** u. **VIII** nach 9 Monaten unwirksam geworden sind. Bei Unterss. der **A** in wss. Lsg. bei Raum-Temp. ergibt sich, daß die Inaktivierungs-Geschw. der **A** mit steigender Länge der Alkylkette abnimmt. So behalten **VII**. **VIII** u. **IX** ihre Wrkg. 10 Tage lang unverändert bei. Die Wrkg. von **VII, VIII** u. **IX** bleibt in wss. Lsg. bei Temp. von 4—5° über 1 Jahr lang unvermindert, während sie bei 26° nach 3 Monaten stark, bei 37° nach der gleichen Zeit bereits erheblich abgesunken ist. Aus Unterss. der physiolog. Wrkg. der **A** in Abhängigkeit vom pH-Wert der wss. Lsg. folgt, daß bei pH 6—8 die Wrkg. von **II—IX** 6 Std. unverändert erhalten bleibt; bei pH 4 sind alle **A** außer **I** u. **X** ca. ½ Std., **II, V, VI, VII, VIII** u. **IX** sogar ca. 3 Std. stabil, während bei pH 2 alle **A** mit Ausnahme von **III, VII, VIII** u. **IX**, deren Eigg. etwa denjenigen des *Benzathinpenicillin G* ähneln, bereits nach ½ Std. unwirksam geworden sind. **IX** zeigt Antihistaminwirkung. K. MAIER. 3900 □

Über die Struktur von Plumericin, Isoplumericin, β-Dihydroplumericin und der β-Dihydroplumericinsäure. G. Albers-Schönberg und H. Schmid. (Helv. chim. Acta **44.** 1447—73. 16/10. 1961. Zürich, Univ., Organ.-chem. Inst.; dt.) — Aus den Wurzeln von *Plumeria rubra* var. *alba* aus Tanganyika werden durch Extrahieren mit kaltem A. u. Chromatographie *Plumericin* (**I**), *Isoplumericin* (**II**), *β-Dihydroplumericin* (**III**) u. *β-Dihydroplumericinsäure* (**IV**) in reiner Form isoliert. Die Äthylidengruppierung in **I** u. **II** wird durch die Bldg. von *Acetaldehyd* (**V**) bei der Ozonolyse, die Bldg. von *Essigsäure* (**VI**) bei der CrO_3-Oxydation u. die Hydrierung von **I** oder **II** an Pd-$BaSO_4$ zu *α-Dihydroplumericin* (**VII**; *11α-H*), das mit O_3 keinen **V** liefert, festgestellt. Die Konstitit. von **II** als $C_{(11)}—C_{(13)}$-*trans-Isomeres* von **I** ergibt sich aus der Bldg. der gleichen Spaltprodd. u. der Hydrierung zu **VII**. Die CrO_3-Oxydation von **VII** liefert **VI**, *Propion-* (**VIII**) u. wenig *Butter-*

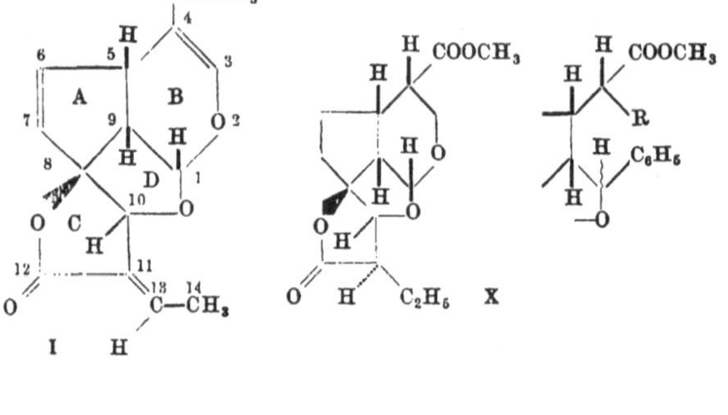

I X

XIII R = CH_2OH
XIV R = COOH
XV R = H

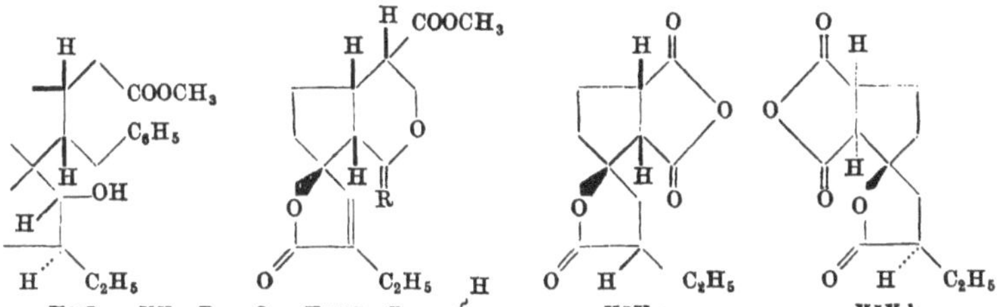

XVI XX R = O; XVII R = … OH XIXa XIXb

säure, die Anwesenheit der *β*-Alkoxyacrylsäureestergruppierung in **VII** wird durch die Bldg. eines *Brommethoxy-Deriv.* festgestellt. Hydrierung von **I** oder **II** mit 2 Mol H_2 an Pd-Kohle liefert unter Absättigung des Ringes B u. des $C_{(11)}$-Substituenten *α-Tetrahydroplumericin* (**IX**), dessen *β*-Alkoxyacrylsäureestergruppierung durch die Bldg. von 2 stereoisomeren *Brommethoxy-Derivv.* nachgewiesen wird; die CrO_3-Oxydation liefert neben **VI** u. **VIII** *Bernsteinsäure*. Bei der erschöpfenden Hydrierung von **I** oder **II** an Rh-Kohle entsteht *α-Hexahydroplumericin* (**X**; *4β-H*; *11α-H*), das bei der CrO_3-Oxydation die gleichen Säuren wie **IX** liefert; durch Verseifen von **X** entsteht *β-Hexahydroplumericinsäure* (**XI**; *4β-H*; *11β-H*), die mit CH_2N_2 zu *β-Hexahydroplumericin* (**XII**) verestert wird. Durch Rk. von **X** mit $AlBr_3$/Bzl. wird *1-Phenyl-1.2-seco-α-hexahydroplumericin* (**XIII**) erhalten, das mit CrO_3/Eisessig zum *Monomethylester* **XIV** oxydiert wird. Decarboxylierung von **XIV** im Vakuum bei 200° u. Hydrogenolyse des Ringes D des *Decarboxylierungs-Prod.* **XV** führt zu **XVI**. Die gleiche Rk.-Folge wird auch von **XII** aus durchgeführt, wobei die entsprechenden *11β-H-Isomeren* von **XIII**—**XV** erhalten werden. Hierdurch wird die relative Lage der beiden Ätherfunktionen zur Carboxylgruppe sowie ihre Acetalstruktur bewiesen. Die relative Lage der Ätherfunktionen zum *γ*-Lactonring wird durch Rk. von **X** oder **XII** mit abs. methanol. HCl zur *1ξ-Hydroxy-Δ^{10}-dehydro-Verb.* **XVII**, durch Oxydation der 1-Hydroxygruppe von **XVII** zum *ungesätt. Dilacton* u. durch Hydrierung von **XVII** zur *Dihydro-Verb.* (**XVIII**) festgestellt. CrO_3-Oxydation von **XVIII** u. Acetylierung der rohen Säuren gibt die auch beim Abbau des Plumierids (Helv. chim. Acta **41.** [1958.] 1109) erhaltenen *Anhydridlactone vom F. 182°* (**XIXa**) bzw. *F. 129°* (**XIXb**); Verestern des Säuregemisches mit CH_2N_2 liefert das l. c. beschriebene (+)-*Dimethylesterlacton vom F. 64—65°*. Das durch Oxydation von **XVIII** mit CrO_3/Pyridin erhaltene *gesätt. Dilacton* (**XXI**) gibt durch Einw. von CH_3ONa u. Verseifung die l. c. beschriebene *2-[β-Carboxy-n-butyl]-5-[α-carboxyvinyl]-Δ^1-cyclopenten-1-carbonsäure* vom F. 154—156°. Die Konstit. der Verbb. wird weiter durch Unters. der UV-, IR- u. kernmagnet. Resonanzspektren sowie durch Modellbetrachtungen gesichert.

Versuche: *Plumericin* (**I**), $C_{15}H_{14}O_6$, F. 211,5—212,5° (Zers.), durch Extrahieren von gemahlenem Wurzelholz mit kaltem 99%ig. A., Einengen im Vakuum u. Chromatographie der in CH_2Cl_2 lösl. Anteile an Kieselgel neben *Fulvoplumierin*, **II**, **III** u. **IV**; $[\alpha]_D^{25}$ +197,5 ± 2° (c = 0,982; Chlf.); 0,18% (Ausbeute). — *Isoplumericin* (**II**), $C_{15}H_{14}O_6$, F. 200,5—201,5° (Zers.), neben **I**; $[\alpha]_D^{25}$ +216,4 ± 2° (c = 1,01; Chlf.); aus A. Blättchen; 0,087%. — *Acetaldehyd* (**V**), aus **I** oder **II** u. O_3; 58 bzw. 49%. *p-Nitrophenylhydrazon*, F. 127—128° (verd. A.). — *β-Dihydroplumericin* (**III**; *11β.13-Dihydroplumericin*), $C_{15}H_{16}O_6$, F. 150—151° (nach Sublimation bei 90—100°/0,001 Torr), neben **I**; $[\alpha]_D^{22,5}$ +257,5 ± 2° (c = 1,293; Chlf.); aus Ae./Pentan sichelförmige Kristalle; 0,05%; gibt mit CrO_3 die gleichen Säuren wie **VII**. — *β-Dihydroplumericinsäure* (**IV**), $C_{14}H_{14}O_6$, F. 189—190° (Zers.; CH_2Cl_2/Ae.), neben **I**; 0,063%; gibt mit äther. CH_2N_2 in CH_2Cl_2 **III**. — *α-Dihydroplumericin* (**VII**; *11α.13-Dihydroplumericin*), $C_{15}H_{16}O_6$, F. 191—192°, aus **I** oder **II** in A. u. 1 Mol H_2 an Pd-$BaSO_4$ bei 22,3°/680 Torr; $[\alpha]_D^{24}$ +208,9 ± 2° (c = 0,892; Chlf.); aus Ae./Pentan Blättchen. — *3-Methoxy-4-brom-3.4.11α.13-tetrahydroplumericin*, $C_{16}H_{19}BrO_7$, F. 148—150° (Zers.; CH_2Cl_2/Pentan), neben 170 mg eines *öligen Stereoisomeren* (?) durch Zugeben von Br_2 zu 202 mg **VII** in abs. CH_3OH bei 0°, 2 std. Stehen bei 0°, Eindampfen im Vakuum u. Chromatographie in Bzl./Ae./Pentan an Kieselgel; 27 mg. — *α-Tetrahydroplumericin* (**IX**; *6.7.11α.13-Tetrahydroplumericin*), $C_{15}H_{18}O_6$, F. 148—149° (CH_2Cl_2/Pentan), a) aus 90 mg **I** in A. u. 2 Mol H_2 an Pd-Kohle bei 23° u. Chromatographie in Bzl./Ae. (98 : 2) an Kieselgel; 35 mg; b) ebenso aus **II**; $[\alpha]_D^{23}$ +91,3 ± 2° (c = 1,311; Chlf.). — *Bernsteinsäure*, durch CrO_3-Oxydation von **IX** neben **VI** u. **VIII** oder von **X** neben **VI** u. **VIII**; 34%. *Anhydrid*, F. 116—118° (geschlossene Capillare). — *3-Methoxy-4-brom-3.4.6.7.11α.13-hexahydroplumericin* („*Brommethoxy-α-tetrahydroplumericin*"), F. 120—122,5° (Zers.; CH_2Cl_2/Pentan), aus **IX** u. Br_2 in

CH_3OH bei 0° u. Chromatographie in Bzl./Ae./Pentan an Kieselgel; 46%. Daneben die *isomere Verb.*, F. 198,5—199,5° (Zers.; CH_2Cl_2/Ae./Pentan); 21%. — *α-Hexahydroplumericin* (**X**), $C_{15}H_{20}O_6$, F. 115—115,5°, aus **I**, **VII** oder **IX** in A. u. H_2 an Rh-Kohle bei 20°; $[\alpha]_D^{22}$ $-29,1 \pm 2°$ (c = 0,677; Chlf.); aus Ae. Nadeln; 61,5, 97 bzw. 98%. — *β-Tetrahydroplumericin* (*6.7.11β.13-Tetrahydroplumericin*), $C_{15}H_{18}O_6$, F. 86,5—88,5° (Ae./Pentan), neben **XII** aus **III** in A. u. 1,26 Mol H_2 an Rh-Kohle bei 21°/684 Torr u. Reinigung durch Chromatographie in Bzl./Ae. an Kieselgel; $[\alpha]_D^{22}$ $+123,5 \pm 2°$ (c = 0,451; Chlf.); 45%; CrO_3-Oxydation gibt **VI** u. **VIII**. — *β-Hexahydroplumericin* (**XII**), $C_{15}H_{20}O_6$, FF. 88,5—89° u. 95°, $Kp._{0,04}$ 120—130° (Bad-Temp.), a) aus 99,0 mg vorst. Verb. oder 20 mg **III** u. H_2 an Rh-Kohle in A.; 84,2 bzw. 17,3 mg; b) aus **XI** in CH_2Cl_2 u. äther. CH_2N_2; $[\alpha]_D^{19}$ $+19,6 \pm 2°$ (c = 0,981; Chlf.); aus Pentan Nadeln; 94%. — *β-Hexahydroplumericinsäure* (**XI**), $C_{14}H_{18}O_6$, F. 198,5—200° (Zers.; Aceton/2n HCl), a) durch Lösen von 53,5 mg **XII** oder 61,1 mg **X** in n-NaOH, Stehen über Nacht bei 20°, Ansäuern (pH 3—4) u. Extrahieren mit CH_2Cl_2; $[\alpha]_D^{23}$ $+23,9 \pm 3°$ (c = 0,819; Chlf.); 44 bzw. 26 mg; b) durch mehrstd. Stehen von **XVII** u. NaOH in W./CH_3OH u. Aufarbeiten wie unter a); nach Chromatographie an Kieselgel 33,5%; pK_A 5,81. — *1-Phenyl-1.2-seco-α-hexahydroplumericin* (**XIII**), $C_{21}H_{26}O_6$, F. 202 bis 203°, durch Zugeben von **X** zu $AlBr_3$ in abs. Bzl., ½ std. Schütteln bei 20° u. Zers. mit Eis; $[\alpha]_D^{23}$ $-109,5 \pm 3°$ (c = 0,850; Chlf.); aus CH_2Cl_2/Ae. Nadeln; 91%. *Acetyl-Deriv.*, $C_{23}H_{28}O_7$, F. 199—201° (Ae.), aus **XIII** u. Acetanhydrid/Pyridin; nach Sublimation bei 150°/0,1 Torr Nadeln. — *11α-H-Monomethylester* **XIV**, $C_{21}H_{24}O_7$, F. 189—191° (Zers.), aus 102,5 mg **XIII** u. CrO_3 in Eisessig bei 33° (15 Std.); aus CH_2Cl_2/Pentan Nadeln; 93 mg. *Dimethylester*, $C_{22}H_{26}O_7$, F. 202,5—205,5° (Ae./Pentan), aus **XIV** u. CH_2N_2 in CH_2Cl_2/Ae. bei 0°. — *11α-H-Verb.* **XV**, $C_{20}H_{24}O_5$, F. 153—153,5°, durch Sublimieren von **XIV** bei 200°/0,005 Torr; $[\alpha]_D^{23}$ $-109,9 \pm 2°$ (c = 0,991; Chlf.); aus CH_2Cl_2/Bzl. Prismen; 93%. — *11α-H-Verb.* **XVI**, $C_{20}H_{26}O_5$, F. 174—175°, aus 100 mg **XV** in CH_3OH u. 25 at H_2 an Pd-Kohle bei 80°; aus CH_2Cl_2/Bzl. Nadeln; 39 mg. *Acetyl-Deriv.*, $C_{22}H_{28}O_6$, F. 168—170° (Ae./Pentan), $Kp._{0,05}$ 170—190° (Bad-Temp.). — *1-Phenyl-1.2-seco-β-hexahydroplumericin* (*11β-H-Isomeres* von **XIII**), $C_{21}H_{26}O_6$, F. 131—131,5°, wie **XIII** aus 227 mg **XII**; $[\alpha]_D^{25,5}$ $-67,8 \pm 2°$ (c = 0,958; Chlf.), nach Chromatographie in CH_2Cl_2/Bzl. an Kieselgel aus CH_2Cl_2/Ae. Nadeln; 45 mg. — *11β-H-Monomethylester* (**XIV**-*Isomeres*), aus 47 mg vorst. Verb. wie **XIV**; 45 mg. *Dimethylester*, $C_{22}H_{26}O_7$, F. 129 bis 131°, aus dem Monomethylester u. CH_2N_2; aus Ae./Pentan Plättchen. — *11β-H-Isomeres* von **XV**, $C_{20}H_{24}O_5$, F. 122—123° (CH_2Cl_2/Ae.), a) aus vorst. Monomethylester wie **XV**; $[\alpha]_D^{23}$ $-44,0 \pm 3°$ (c = 0,873; Chlf.); 66%; b) durch Verseifen des Esters oder des isomeren **XV**, Verestern des nicht trennbaren Säuregemisches mit CH_2N_2 u. Chromatographie an Kieselgel neben **XV**. — *1ξ-Hydroxy-Δ¹⁰-dehydro-Verb.* **XVII**, $C_{15}H_{20}O_6$, F. 138,5—140° (CH_2Cl_2/Ae.), durch 14std. Kochen von 1 g **X** oder 100 mg **XII** mit abs. methanol. HCl, Neutralisieren, Entfernen des CH_3OH im Vakuum unter Zugeben von W., Ausschütteln mit CH_2Cl_2 u. Chromatographie an Kieselgel; $[\alpha]_D^{22}$ $-10,5 \pm 2°$ (c = 0,917; Chlf.); 620 bzw. 35 mg. *Acetyl-Deriv.*, $C_{17}H_{22}O_7$, F. 97—98° (Ae./Pentan). — **XVII**-*Dihydro-Verb.* (**XVIII**), $C_{15}H_{22}O_6$, F. 145,5—147,5° (Ae./Pentan), aus 50,15 mg **XVII** in A. u. H_2 an Rh-Kohle bei 24°/682 mm Druck; $[\alpha]_D^{24}$ $-16,4 \pm 2°$ (c = 1,023; Chlf.); 43,3 mg. *Acetyl-Deriv.*, $C_{17}H_{24}O_7$, F. 71—75° (Ae./Pentan), $Kp._{0,01}$ 160—170° (Bad-Temp.). *Methyläther*, $C_{16}H_{24}O_6$, $Kp._{0,05}$ 150° (Bad-Temp.), durch Stehen von **XVIII** u. 0,1n abs. methanol. HCl bei 20° bis $[\alpha]_D^{23}$ $+13,6 \pm 1°$ (c = 1,64) u. Neutralisieren mit Ag_2CO_3. — *1-Oxo-Δ¹⁰-dehydro-Verb.* **XX**, $C_{15}H_{18}O_6$, F. 80,5—81,5° (Ae./Pentan), aus **XVII** u. CrO_3 in Pyridin bei 20° (15 Std.); 61%. — *Gesätt. 1-Oxo-Verb.* (**XXI**), $C_{15}H_{20}O_6$, F. 137—139° (Ae./Pentan), durch 15std. Stehen von **XVIII** u. CrO_3 in Pyridin bei 25° u. Chromatographie an Kieselgel; 45%. — *2-[β-Carboxy-n-butyl]-5-[α-carboxyvinyl]-Δ¹-cyclopenten-1-carbonsäure*, F. 155—157° (Ae./Pentan), durch 5std. Stehen von **XXI** u. 0,1n CH_3ONa-Lsg. bei 35°, Zugeben von W., Einengen im Vakuum, Extrahieren mit Ae. u. Chromatographie in Bzl./Ae. an Kieselgel. — *Anhydridlacton* **XIX a**, F. 182°, neben dem *Anhydridlacton* **XIX b**, F. 129°, durch kurzes Kochen von **XVIII** u. CrO_3 in verd. H_2SO_4, 1std. Erhitzen des Prod. mit Acetanhydrid, Fraktionieren im Vakuum u. Chromatographie an Kieselgel. — (+)-*Dimethylesterlacton vom F. 64—65°*, durch Oxydation von 101 mg **XVIII** wie vorst., Rk. des Rohprod. mit CH_2N_2 in Ae. u. Chromatographie an Kieselgel; $[\alpha]_D^{23}$ $+82,8 \pm 2°$ (c = 0,932; Chlf.); 24 mg. F. Heller. 3950 □

In Benzol-Alkohol lösliche Extrakte der Sitka-Tanne. P. J. Kohlbrenner und C. Schuerch. (J. org. Chemistry **24**. 166—72. Febr. 1959. Syracuse, N.Y., State Univ., Coll. of Forestry, Chem. Dep.; engl.) — Die Extraktion des Sitka-Tannen- (*Picea Sitchensis* Carr.) Holzes mit Bzl. u. A. (2 : 1) lösen sich 2% des Holzes. Nach Abtrennung einer ätherunlösl. ligninähnlichen Fraktion (0,2%) wurde der Extrakt in neutrale, saure u. phenol. Fraktion getrennt. Die phenol. Fraktion (0,36%) bestand aus 0,144% Acetovanillon, 0,144% Vanillin u. 0,072% Vanillylalkohol. Tropolone fehlten. Die saure Fraktion (0,270%) enthielt weder flüchtige noch Fettsäuren, jedoch eine ligninähnliche saure Verb. (11% Methoxyl). 65% des ätherlösl. Extrakts (1,17%) machten neutrale Verbb. aus, darunter 0,18% flüchtige (wahrscheinlich Caradien u. ein ungesätt. Alkohol) u. 0,97% nichtflüchtige: 0,09% β-Sitosterin u. 0,90% *l*-Octyl-(2)-β-sitosterylphthalat. Gottfried Schreiber. 3950□

Chemismus der Ligninbildung. 9. Mitt. **Analyse der Samenschale des Zuckerapfels Anona Cherimolia (Mill.).** Obdulio Fernández und Manuel Santaolalla. (Rev. Real Acad. Ci. exact., fisic. natur. Madrid **51.** 429—34. 1957. Madrid, Univ. Fac. de Farm.; span. — C. **1961.** 9084.) M. Reiher. 3950□

D. Makromolekulare Chemie

Stereospezifische Polymerisation. Heinrich Hopff und Hans-Georg Elias. (Chimia [Aarau, Schweiz] **15.** 479—92. 16/10. 1961. Zürich, ETH, Labor. für organ.-chem. Technol.; dt.) — Übersicht über den Aufbau stereoeinheitlicher Polymerisate, Chemie u. Mechanismus der Polymerisation, spezielle Mechanismen, opt.-akt. Polymere u. techn. Anwendungen. — 92 Literaturangaben. P. Golinske. 4000□

Die Darstellung von Ionenaustauscherharzen. 1. Mitt. **Kationenaustauscher.** A. O. Jakubovic. (Chem. Products chem. News **23.** 457—61. Okt. 1960; engl.) — Übersicht über die Darst. von Kationenaustauscherharzen aus natürlich vorkommenden Materialien, aus Phenol-Formaldehyd-Kondens.-Prodd., aus Styrol- u. Vinylpolymeren, aus phosphorhaltigen Verbb. u. aus anderen Produkten. P. Golinske. 4000□

Markoff-Ketten-Modell für das Wachstum von polymeren Einkristallen. Fraser P. Price. (J. chem. Physics **35.** 1884—92. Nov. 1961. Schenectady. N.Y., Gen. Electric Res. Labor.; engl.) — Die Theorie für den Aufbau eines polymeren Einkristalls wird angegeben; er vollzieht sich durch sukzessive kohärente Addition von Segmentschichten der polymeren Kristalle, wobei jede gebildete Schicht als Substrat für die folgende wirkt. Die Oberfläche der Schichten wird als glatt angenommen u. die Schichtlänge der neugebildeten Schichten ist Gleichgewichtsbedingungen unterworfen. Die Theorie sagt voraus, daß der bei zunehmender Unterkühlung erhaltene Energiegewinn die bei der Bldg. neuer Oberflächen verbrauchte Energie überkompensiert. Es erfolgt Ausgleich in den Längen der Schichten bis zur Gleichheit mit den Substratschichtlängen. Die Temp.-Abhängigkeit der letztlich erhaltenen Schichtdicke ist kleiner als die nach dem $(T)^{-1}$-Gesetz früherer Theorien geforderte. Das Modell wurde auf die Bldg. linearer *Polyäthylen* (I)-Einkristalle aus verd. Xylol-Lsgg. angewandt u. gibt befriedigende Ergebnisse. Die angewandten Parameter waren: Seitenoberflächenenergie 13,3 erg/cm², Endenergie (Faltenenergie) 110 erg/cm² u. Temp. des Lsgm. 113°. Die Oberfläche der I-Einkristalle ist glatt mit einer durchschnittlichen Rauhigkeit von 1—2 Å. Es werden Voraussagen über das Einkristallprofil im Bereich des prim. Kristallkeims gemacht; es hängt vom Unterkühlunsgrad ab. Ernst Schulte. 4010□

Über schraubenförmige Polyäthylenstrukturen. M. B. Konstantinopolskaja, S. Ja. Beresstnewa und W. A. Kargin. (Высокомолекулярные Соединения [Hochmolekulare Verbind.] **2.** 1715—16. Nov. 1960. Physikal.-chem. Karpow-Inst.; russ., Auszug: engl.) — Elektronenmkr. wurden die sek. Strukturen von *Polyäthylen* (Nieder- u. Hochdruckpolymere) untersucht, das aus 0,2%ig. Lsgg. in Toluol auf verschiedene Unterlagen als Träger abgeschieden worden war. Auf den Mikrophotographien sind deutlich Fibrillar- u. Schraubenstrukturen zu erkennen. Letztere erinnern an die Mikrostruktur des Kollagens. Die Ergebnisse zeigen die Vielfalt der sek. Strukturen von Polymeren. Durch Variierung der Herst.-Bedingungen könnte die Bldg. von Polymerkristallen detaillierter verfolgt werden. Helmut Schäfer. 4010

Durch Sauerstoff initiierte heterogen-katalytische Polymerisation von Äthylen in Gegenwart von Wasserstoff. N. I. Jerschow, Ja. T. Eiduss und W. R. Jerochina. (Доклады Академии Наук СССР [Ber. Akad. Wiss. UdSSR] **133.** 108—11. 1/7. 1960. Zelinsky-Inst. für organ. Chem. der Akad. der Wiss. der UdSSR; russ.) — Beim Überleiten eines *Äthylen* (I)-H_2-O_2-Gemisches mit I : H_2 = 1—3,2 u. 1—1,6% O_2 über einen Co-Ton-Katalysator bei 100° mit einer Geschw. von 100 Litern Gemisch/Liter Katalysator·Std. entstehen neben Äthan gasförmiges I-Dimeres u. fl. Prodd. (35% des Ausgangs-I). Ohne O_2 erfolgt keine I-Polymerisation. Das Endgas enthält 1—1,5% CO. Bei Temp.-Erhöhung auf 220° geht die Polymerenausbeute auf 5% zurück, die Äthanausbeute erhöht sich von 45 auf 79%. Ein Zusatz von 4,4% CO zu einem Gemisch mit I : H_2 = 2,4 u. 1,2% O_2 bei 100° drängt die Polymerisation u. die Hydrierung zurück, von 120° an nehmen beide Rkk. mit steigender Temp. zu, bei 190° wird I zu

33% poymerisiert, die Äthanausbeute erreicht 53,5%. Die Polymerisation von **I** in Ggw. von H_2 bei 100° ist nicht ident. mit der Hydropolymerisation von **I** in Ggw. von CO u. wird durch O_2 initiiert. R. K. Müller. 4010□

Infrarotuntersuchung von Polypropylen. J. P. Luongo. (J. appl. Polymer Sci. **3.** 302–09. Mai/Juni 1960. Murray Hill, N.J., Bell Telephone Labor.; engl.) — Zur Unterscheidung der isotakt. u. atakt. Phase von *Polypropylen* (**I**) u. zur Best. des Verhältnisses beider Phasen in **I** vergleicht Vf. die IR-Spektren eines kristallinen, 100% isotakt. (**Ia**) mit einem amorphen, 100% atakt. **I** (**Ib**) bei 25°. Die Absorptionsbanden von **Ia** bei 1366, 1330, 1305, 1295 (Schulter), 1258, 1220, 1103, 1045, 995, 938, 895, 842 u. 810 (cm^{-1}) sind im Spektrum von **Ib** entweder äußerst schwach oder ganz eliminiert. Die starke Bande von **Ia** bei 1168 ist bei **Ib** nach 1154 verschoben. Die große Ähnlichkeit des Spektrums von **Ib** mit dem des bei 180° geschmolzenen **Ia** (F. 165°) zeigt, daß **Ib** ein völlig amorphes Prod. darstellt. Da die Extraktions-Meth. mit heißem Heptan (6 bis 24 Std.) viel zu niedrige Werte des isotakt. Geh. von verschiedenen **I**-Proben liefert, benutzt Vf. die Verschiebung der 1168-Bande (mit Schulter bei 1152) von **Ib** zur Best. der Isotaktizität von verschiedenen **I**-Mischproben im Zusammenhang mit der Abnahme des Extinktionskoeffizienten. Der **Ib**-%-Geh. beträgt jeweils 20% [1167; 1153 (Schulter)], 40% (1167; 1154), 60% (1166; 1155), 80% (1166; 1156), 100% (1156; —). Ferner wurde das Intensitätsverhältnis der Banden bei 974 u. 995 cm^{-1} zur quant. Best. des isotakt./atakt. Verhältnisses herangezogen. Schließlich wurde die Bldg. sauerstoffhaltiger Abbau-Prodd. durch Erhitzen von **Ia**-Proben auf 150° an der Luft spektrometr. verfolgt. Nach 2½ Std. wurden Hydroperoxidgruppen (3555 cm^{-1}), OH- (3400) u. CO-Gruppen (1710 bis 1750) festgestellt. Im Vgl. zu Polyäthylen entsteht eine größere Anzahl sauerstoffhaltiger Abbauprodukte. Die bei **Ib**-Proben beobachtete 974-Bande entspricht einer Bande vom trans-Äthylentyp, ihr Vorliegen konnte durch Chlorierung bestätigt werden. F. Rochlitz. 4010□

Die Synthese und Eigenschaften von kristallinen Polymeren vom Typ des Poly-p-xylols und der Polydiphenylmethanderivate. A. A. Wanscheidt, J. P. Melnikowa, M. G. Krakowjak, L. W. Kucharewa und G. A. Gladkowski. (J. Polymer Sci. **52.** 179–80. Juli 1961. Leningrad, USSR, Acad. of Sci., Inst. of High Molecular Weight Compounds; engl.) — Es wurden lineare Polymere mit erhöhter Wärmebeständigkeit u. regelmäßiger Struktur vom Typ $(-CH_2ArCH_2-)_n$ u. $(ArCH_2-)_n$ mit aromat. Einheiten in der Kette dargestellt. Polymere vom ersten Typ wurden durch Rk. von metall. Na mit p-Xylylen-, 2.5-Dimethyl-p-xylylen-, 4.6-Dimethyl-m-xylylendichlorid, 4.4'-Bis-[chlormethyl]-biphenyl, -diphenylmethan sowie einem Gemisch aus 1.4- u. 1.5-Bis-[chlormethyl]-naphthalin in Dioxan bei 20–25° erhalten. Die Polymeren fallen aus der Lsg. aus u. bilden nach dem Entfernen des überschüssigen Na mit Methanol u. der Abtrennung der niedermol. Verunreinigungen mit Aceton folgende farblose Pulver: *Poly-p-xylylen* (**I**), *Poly-2.5-dimethyl-p-xylylen* (**II**), *Poly-4.6-dimethyl-m-xylylen* (**III**), *Poly-4.4'-methylendibenzylen* (**IV**), *Poly-4.4'-dibenzylen* (**V**) u. *Copolynaphthylen-1.4-* u. *-1.5-dimethylen* (**VI**). Die Röntgenanalyse ergab kristalline Struktur mit einem von der Struktur abhängigen Kristallinitätsgrad. Die Polymeren unterscheiden sich stark in Löslichkeit u. Schmelzpunkt. So lösen sich **VI** u. **V** nicht in kochendem α-Bromnaphthalin u. zersetzen sich oberhalb 300 bzw. 550° ohne zu schmelzen. **III** unterscheidet sich durch geringe Kristallinität, tiefen F. (130–135°) u. löst sich in der Kälte (20°) leicht in Chloroform. **IV** mit einer stärker ausgeprägten Kristallinität schmilzt bei 250–255° u. beginnt sich erst bei 130° in α-Bromnaphthalin zu lösen. **II** ist wie **I** hochkristallin u. schmilzt bei 350°, löst sich aber erst bei 235° in α-Bromnaphthalin. Das Molgew. konnte nur für das lösl. **III** bestimmt werden u. liegt je nach den Bldg.-Bedingungen im Bereich von 1850–4000 (Rast-Meth.). Polymere der zweiten Art wurden durch Polykondens. von p-Xylol u. Durol mit Paraldehyd oder mit 2.5-Dimethyl-1.4-bis-[chlormethyl]-benzol (**VII**) oder 2.5-Dimethyl-1.4-bis-[acetoxymethyl]-benzol (**VIII**) bzw. 1.4-Bis-[chlormethyl]- (**IX**) oder 1.4-Bis-[acetoxymethyl]-durol (**X**) in kochendem Eisessig unter Zusatz von konz. H_2SO_4 erhalten. Hierbei wurden hochschm. kristalline Polymere erhalten, u. zwar aus p-Xylol u. $(CH_2O)_n$ *Poly-2.5-dimethyl-p-benzylen* (**XI**, F. 265°), aus p-Xylol u. **VII XI** vom F. 245°, aus p-Xylol u. **VIII XI** vom F. 255°, aus Durol u. $(CH_2O)_n$ *Poly-2.3.5.6-tetramethyl-p-benzylen* (**XII**, F. 350°), aus Durol u. **IX XII** vom F. 315°, aus Durol u. **X XII** vom F. 325° sowie aus p-Xylol u. **IX** ein **XI/XII**-*Copolymerisat* vom F. 285°, aus Durol u. **VII** ein **XII/XI**-*Copolymerisat* vom F. 320° u. aus Durol u. p-Xylylendichlorid *Poly-p-benzylen-2.3.5.6-tetramethyl-p-benzylen* vom F. 310°. Aus m-Xylol, Pseudocumol u. Naphthalin wurden auf analogem Wege nur niedrigschm., amorphe, harzartige Prodd., aus Diphenylmethan u. -äthan nur fl. Harze erhalten. Die **XI** sind in Anisol, alle andern in Diphenylmethan löslich. Die mit **VII** u. **IX** konden-

sierten Polymeren enthalten Chlormethylendgruppen, die mit $(CH_2O)_n$, **VIII** u. **X** kondensierten Acetoxymethylendgruppen, die sich mit alkohol. KOH verseifen lassen.
E. Weber. 4010

Quantitative Bestimmung des Restmonomeren in Polystyrol aus den Absorptionsspektren im Ultraviolett. W. N. Mironowa und W. W. Sharkow. (Высокомолекулярные Соединения [Hochmolekulare Verbind.] **2.** 1013—14. Juli 1960. Wladimirsk, Forschungsinst. für synthet. Harze; russ., Auszug: engl.) — Ein Restmonomeren-Geh. von Styrol in *Polystyrol* kann durch Messung der opt. Dichte des Polymeren in Bzl. bei 292 mμ (Maximum) u. Vgl. mit einer Geraden, die durch die bei 288 u. 297 mμ (Minima) ermittelten Dichten gezogen wird, quant. bestimmt werden. Die Auswertung erfolgt mittels einer Eichkurve. In Polymeren mit hohem Umwandlungsgrad des Monomeren in das Polymere beträgt der relative Fehler ±1,5%, der abs. ±0,02%. Die Anwendbarkeit der Meth. wurde an Lsgg. untersucht, die neben 0,4—1,5% Styrol u. 50—99% Polystyrol 7—13% Dinitroazoisobuttersäure, 50% Methylmethacrylat u. bis 30% Siliconöl enthielten. Die UV-Spektren von Styrol u. Polystyrol zwischen 275 u. 300 mμ werden angegeben.
Helmut Schäfer. 4010

Endliche Deformation und Reißfestigkeit von festem Polystyrol und Polyäthylen. C. C. Hsiao. (J. Polymer Sci. **47.** 251—57. Nov. 1960. Minneapolis, Minn., Univ.; engl.) — Von Proben aus amorphem *Polystyrol* (**I**, Molgew. M = 68000 u. 425000, Meßtemp. 77° F) u. kristallinem *Polyäthylen* (Messungen bei —150 u. +86° F), die durch einachsiges Fließen einen verschiedenen Grad ε der Verformung (röntenograph. bestimmt) besaßen, wurde die Reißfestigkeit σ gemessen. σ steigt mit wachsendem ε zunächst stark an u. erreicht dann einen Grenzwert. Die Ergebnisse stehen in guter Übereinstimmung mit der vom Vf. (vgl. C. **1961.** 3333. 18336) entwickelten Theorie. σ von **I** ist bei allen ε-Werten um so höher, je größer M. Schließlich wird theoret. gezeigt, daß σ in einer beliebigen Richtung der Probe aus den zu erwartenden σ-Komponenten einer in dieser Richtung vollkommen orientierten Probe bestimmt werden kann.
O. Fuchs. 4010□

Über den Mechanismus der Emulsionspolymerisation von Styrol. 3. Mitt. **Polymerisation, die durch öllösliche Verbindungen initiiert wird.** B. M. E. Van Der Hoff. (J. Polymer Sci. **48.** 175—87. Dez. 1960. Sarnia, Ontario, Canada, Polymer Corp. Ltd., Res. and Dev. Div.; engl.). — 2. vgl. J. Polymer Sci. **44.** [1960.] 241; 1. vgl. C. **1957.** 3019. — Die Emulsionspolymerisation von *Styrol* (**I**) wurde bei 40, 50 u. 70° in der früher (vgl. 1. Mitt. l.c.) beschriebenen Weise unter Verw. von *Cumolhydroperoxid* (**II**) ausgeführt. Bestimmt wurden die Polymerisations-Geschw. R pro Teilchen, die Teilchengröße d u. das Molgewicht. Für d < 0,12 μ gilt: bei kleiner **II**-Konz. lassen sich die R-Werte nach der Theorie von Smith u. Ewart (vgl. C. **1949.** II. **34**) darstellen. Vf. schließt daraus, daß die Polymerradikale einzeln entstehen, obwohl bei der Zers. von **II** paarweise Radikale gebildet werden. Die gefundenen R-Werte können bereits durch sehr kleine Geschw. des Überganges von einzelnen Radikalen aus dem Teilchen in das W. bzw. umgekehrt zustande kommen. Daneben zieht Vf. die Möglichkeit in Betracht, daß **II** an der Teilchenoberfläche in 2 Teile $C_9H_{11}O\cdot$ u. $HO\cdot$ zerfällt, von denen der hydrophobe in das Teilchen diffundiert, während $HO\cdot$ im W. bleibt. Bei wachsender **II**-Konz. fällt R ab, vermutlich infolge der Bldg. inakt. $C_9H_{11}OO\cdot$-Radikale (Abspaltung von H aus **II** durch die Polymerradikale). Die Übertragungs-Konst. C_m u. C_i der wachsenden Radikale mit **I** u. **II** ergeben sich zu $5{,}5\cdot10^{-5}$ u. 0,052 bei 40°, $6{,}5\cdot10^{-5}$ u. 0,069 bei 50° u. $8\cdot10^{-5}$ u. 0,082 bei 70° (vgl. hierzu auch die im Nachtrag der Arbeit genannten C_i-Werte); für C_i berechnet sich daraus eine Aktivierungsenergie von ca. 3 kcal/Mol. Ferner wurden folgende C_i-Werte bei 50° bei der **I**-Polymerisation bestimmt: *p-Menthanhydroperoxid* 0,048, *Dicumylperoxid* 0,01, *Hydroxyheptylperoxid* < 0,005, *Methyläthylketonperoxid* 0,46, *Azo-bis-isobutyronitril* 0, *tert.-Butylhydroperoxid* 0,051 (70°), *Diisopropylbenzolmonohydroperoxid* 0,033 (70°) u. *Pinanhydroperoxid* 0,051 (70°). Die Geschw.-Konst. des **II**-Zerfalls in Bzl. ergibt sich bei 50° zu $2\cdot10^{-10}\,s^{-1}$, in **I** zu $1{,}2\cdot10^{-6}$ u. bei der Emulsionspolymerisation zu ca. 10^{-5}; die Unterschiede zwischen den beiden letztgenannten Werten können nicht auf die Ggw. von Fe-Spuren zurückgeführt werden.
O. Fuchs. 4010□

Reaktionen zwischen aromatischen Aminen und Polyvinylchlorid. Z. Wolkober, T. Holly und G. Thurzo. (J. Polymer Sci. **53.** 157—61. Aug. 1961. Berentei, Vegyimüvek, Ungarn; franz.) — Die Rk. von *Polyvinylchlorid* (**I**) mit Anilin (**II**), **II**–W., **II**–Nitrobenzol (**III**), **III**–W. u. W. wird bei Temp. von 75—175° untersucht. Bei der Rk. von **I** mit **II** werden nicht völlig aminierte *Copolymere* aus *p-Aminostyrol-* u. *Vinylchlorid*-Einheiten mit einem N-Geh. von 8,3% u. einem Cl-Geh. von 2,3% erhalten. Das mittlere Molgew. beträgt 25000. Außerdem wird die Rk.-Geschw. von **I** mit Methylanilin, Äthylanilin, Dimethylanilin, Diäthylanilin, o-, m- u. p-Toluidin, Tribromanilin, Diphenylamin,

Triphenylamin, p-Aminophenol, p-Phenylendiamin, Sulfanilsäure, β-Naphthylamin, 2.3-Xylidin, Benzidin, m-Chloranilin, p-Chloranilin u. Anisidin angegeben. W. Schmieder. 4010□

Photopolymerisation von durch Uranylion sensibilisiertem Vinylacetat. Seizo Okamura und Takuhiko Motoyama. (Mem. Fac. Engng., Kyoto Univ. **21.** 312—21. Juli 1959. Dep. of Textile Chem.; engl.) — *Vinylacetat* wird durch Zusätze von UO_2^{2+} (Nitrat oder Acetat) als Sensibilisator photopolymerisiert, wobei die Polymerisation beschleunigt wird u. geringere Temp.-Koeff. gefunden werden. Zur Einleitung der Polymerisation in Essigsäure ist eine geringe Menge W. erforderlich: $UO_2^{2+} + 2\,H_2O = U^{4+} + 2\,OH\cdot + 2\,OH^-$. W. Wesly. 4010□

Die Polymerisation von Epoxiden. 3. Mitt. **Die Polymerisation von Propylenoxid durch Natriumalkylate.** Geoffrey Gee, W. C. E. Higginson, K. J. Taylor und M. W. Trenholme. (J. chem. Soc. [London] **1961.** 4298—4303. Okt. Manchester, Univ.; engl.) — 2. vgl. C. **1959.** 14680; vorl. Mitt. vgl. Chem. and Ind. **1959.** 678. — Vff. verfolgten dilatometr. die Kinetik der Polyaddition von *Propylenoxid* (**I**; $Kp._{770}$ 33,5°) in Ggw. von $NaOCH_3$ zwischen 70 u. 93° bzw. in Dioxan (Dx)-Lsg. bei 93°. Zu Beginn der Rk. tritt eine rasche Rk. auf, die auf den anfangs vorhandenen prim. Alkohol zurückzuführen ist. Die Rk. ist 1. Ordnung bzgl. **I** u. $NaOCH_3$. Für die Rk. ohne Lsgm. betragen E = 17,4 kcal/Mol u. A ca. 10^7 Liter/Mol·s; für die Rk. in Dx beträgt k_2 2,0—3,4·10^{-4} [Liter/Mol·s]. Beim Vgl. mit Äthylenoxid zeigt **I** eine geringere Rk.-Neigung, was mit einer stärkeren ster. Behinderung der Folge-Rkk. zu erklären ist. Auf kryoskop. Wege sowie durch Best. des Hydroxylgruppen-Geh. durch Rk. mit Phthalsäureanhydrid (**II**) in Pyridin (u. Rücktitration des in großem Überschuß angewendeten **II**) wurde das Molgew. der Polyadditions-Prodd. ermittelt. Bei vollständiger Rk. (ohne Lsgm.) betrugen die Polyadditionsgrade bei 93° 6,9—29, bei 70° 15,4—45. Diese experimentellen Daten weichen erheblich von den analog l. c. berechneten ab. Es wird daher angenommen, daß die Rk. nicht nach einem einfachen Polyadditionsmechanismus, sondern komplex abläuft. Die Rk. stellt zwar hauptsächlich eine Kopf–Fuß-Addition dar, doch wird auch das Auftreten ungesätt. Polyadditions-Prodd. von geringem Molgew. beobachtet. Die Bldg. dieser Prodd. wird einer Übertragungs-Rk. zugeschrieben, bei der das die Rk. weiterführende Ion ein Proton von einem Monomer-Mol. abspaltet, das dann als Initiator für die Bldg. einer neuen, ungesätt. Kette wirkt. Diese Übertragungs-Rk. kann kinet. wohl nicht nachgewiesen werden, aus den beobachteten u. berechneten Polyadditionsgraden berechnen Vff., daß ihr E-Wert um ca. 7,7 kcal/Mol höher ist als der Wert für die weiterlaufende Polyaddition, d. h. ca. 25 kcal/Mol. Beim Umsatz von **I** mit Na-Isopropylat bei 30° treten keine prim. Alkohole auf. Bei der Rk. von 1-Äthoxypropanol-(2) mit **I** bei 93° konnte nur die Bldg. eines einzigen prim. Additions-Prod. beobachtet werden. B. Gnauck. 4010□

Einige Polyvinylchlorid-Harz-Systeme, die epoxydiertes Öl enthalten. P. P. Hopf und B. Dudley Sully. (J. Polymer Sci. **48.** 367—70. Dez. 1960. London, England, A. Baake, Roberts & Co., Ltd.; engl.) — Wird ein Gemisch aus *Epikote 828* (**I**; *Polyphenylglycidyläther*), *Hexahydrophthalsäureanhydrid* (**II**), *epoxydiertes Sojabohnenöl* u. einer kleinen Menge Benzyldimethylamin (**III**) 45 Min. auf 140° erhitzt, so wird ein gut an Stahl (**IV**) haftendes *Harz* erhalten. Ein Gemisch aus 80 g **I**, 80 g **II**, 1 g **III** u. 20 g $SiCl_4$ gibt besonders gute Haftung an Glas (**V**). Ferner wurden die Eigg. folgender Gemische geprüft: 55 g *Polyvinylchlorid* (*Geon 121*; **VI**), 45 g *Polyvinylchlorid* (*Geon 202*; **VII**) u. 50 g eines vernetzten Epoxy-Syst. (Gemisch A); 55 **VI**, 45 **VII** u. 50 eines vernetzten Si-Syst. (B); 55 **VI**, 45 **VII** u. 5 Dioctylphthalat (C). Die Haftfestigkeit von A u. B an **IV** ist gut, die von C schlecht; die Haftfestigkeit an **V** ist bei A schwach, bei B gut u. bei C schlecht. A u. C sind lösl. in Tetrahydrofuran, B quillt nur. A u. B sind zur Herst. von Überzügen auf **IV** u. **V** geeignet. Ohne experimentelle Einzeldaten. O. Fuchs. 4010□

Über die Polymerisation von Acrylonitril in Gegenwart des Ziegler-Katalysators. T. M. Gritzenko, W. Ss. Jakubowitschund W. I. Karzownik. (Высокомолекулярные Соединения [Hochmolekulare Verbind.] **2.** 1122. Juli 1960; russ., Auszug: engl.) — Acrylonitril (**I**) läßt sich am Ziegler-Katalysator polymerisieren, wenn geringe Mengen Acetonitril (**II**) anwesend sind. 12 g **I** wurden in 25 g n-Octan in Ggw. von 0,05 g **II** an 1% des Katalysators aus $TiCl_4$ u. Tri-n-butylaluminium (1:1 Mol) bei 20° unter N_2 polymerisiert. Die Ausbeute an *Polyacrylonitril* betrug nach 25 Std. 6%. Die Zus. des Polymeren lag nahe der berechneten. — Es wird angenommen, daß die Polymerisation von **I** am Ziegler-Katalysator normalerweise wegen der Absorption des stark polaren **I** am Katalysator u. der dadurch bedingten Hinderung des Kettenwachstums verhindert wird. Durch den Zusatz des in der Absorption mit **I** konkurrierenden polaren **II** wird die Polymerisation von **I** auch am Ziegler-Katalysator möglich. Helmut Schäfer. 4010

Alkalische Hydrolyse von Polyacrylaten. W. Cooper. (Chem. and Ind. **1958.** 263—64. 1/3. Birmingham, Fort Dunlop, Dunlop Res. Centre; engl.) — Die Anfangshydrolysen-Geschw. (**A**) von *Polyäthylacrylat* (I) mit KOH ist wesentlich größer als die eines *70:30-Copolymerisats* (**C**) aus *Butadien* u. *Äthylacrylat.* Der Einfl. von verschiedenen Lsgm. auf die **A**-Konst. k von I wird untersucht: W. setzt k mit steigender Konz. stark herab; bei sehr großen Wasser-Konzz. entspricht k ungefähr den für **C** erhaltenen Werten. Isooctan setzt auch beim Fällungspunkt k nicht herab, Isopropanol verringert in Übereinstimmung mit anderen Esterhydrolysen die k-Werte. Die große **A** von I wird auf einen Angriff benachbarter Carboxylationen auf noch unverseifte Estergruppen unter Bldg. eines intermediären, rasch solvolysierenden 6-Ring-Komplexes zurückgeführt (vgl. C. **1955.** 1060). In Ggw. von W. tritt infolge der Konkurrenz des W. mit der Estergruppe um das Carboxylation eine Erniedrigung der **A** ein.

L. LAMZA. 4010

C-Kettenpolymere und -copolymere. 24. Mitt. **Synthese von Graftcopolymeren durch Reaktion von Polymethylmethacrylat mit Polypentamethylenthiodivalerianat.** G. Ss. Kolessnikow und Chan-min Zsen. (Высокомолекулярные Соединения [Hochmolekulare Verbind.] **2.** 947—51. Juni 1960. Inst. für Metallorg. Verbb. der Akad. der Wiss. der UdSSR; russ., Auszug: engl.) — 23. vgl. C. **1962. 6801.** — Durch Erhitzen von *Polymethylmethacrylat* (I) mit *Polypentamethylenthiodivalerianat* (II; 25 Std., 125°) bilden sich durch Umesterung von I mit großer Rk.-Geschw. Pfropfcopolymere (durch turbodimetr. Titration festgestellt). Die Zus. des **I–II**-Ausgangsgemisches wird von 90,9% I bis 33,3% I variiert. Mit abnehmendem I-Geh. im Ausgangsgemisch sinkt die Ausbeute am Pfropfcopolymeren von 93,6 auf 67,3%, steigt die Gew.-Zunahme von I von 3 auf 102%, fällt die relative Zähigkeit von 3,8 auf 1,6 u. erhöht sich der S-Geh. von 0,6 auf 5,2%. Die Polymeren sind kristallin, mit Ausnahme des aus dem Ausgangsgemisch mit 90,9% I erhaltenen, das aber eine orientierte Struktur besitzt. Die thermomechan. u. elast. Eigg., der Einfl. des S-Geh. auf Reiß- u. Dehnungsfestigkeit u. der Ausnutzungsgrad von II bei der Umesterung werden graph. angegeben.

HELMUT SCHÄFER. 4010□

Synthese von optisch-aktiven Vinylpolymeren durch asymmetrische Induktion. 2. Mitt. George J. Schmitt und Conrad Schuerch. (J. Polymer Sci. 45. 313—24. Aug. 1960. Syracuse, N. Y., Syracuse Univ., State Coll. of Forestry, Chem. Dep.; engl.) — 1. vgl. J. Amer. chem. Soc. **80.** [1958.] 1933; vgl. auch C. **1954. 11206.** — Bei der Copolymerisation von *Maleinsäureanhydrid* (I) mit *l-α-Methylbenzylvinyläther* (*l*-II) durch Radikalinitiierung entsteht ein *linksdrehendes Copolymeres.* Nach Entfernung des ursprünglichen akt. Zentrums (Debenzylierung durch Photobromierung u. anschließende Hydrolyse) wurde ein *rechtsdrehendes Copolymerisat* erhalten. Die Umkehr des Drehungssinns wird auf den Überschuß einer Konfiguration in der Hauptkette zurückgeführt, der während des Wachstumsschritts der Polymerisation entsteht.

Versuche: *dl-α-Methylbenzylhydrogenphthalat,* F. 108,5—110°, durch 2std. Erhitzen von 366 g α-Methylbenzylalkohol (dl-III; $Kp._5$ 75°), 455 g Phthalsäureanhydrid [F. 129,5—131° (Toluol)] u. 237 g Pyridin, Eingießen in HCl/Eis, Extraktion mit Chlf., Fällen mit Essigsäure, Lösen des rohen Esters in Bzl. bei 60° u. Kühlen auf 10°; 405 g (86,3%) Ausbeute. — *l-α-Methylbenzylhydrogenphthalat–l-Brucinsalz,* F. 152—154,5°, durch Erhitzen von 312 g vorst. Esters in Aceton, Zugabe von 870 g *l*-Brucintetrahydrat, 4std. Erhitzen unter Rühren, Trocknen des rohen *ll*-Salzes bei 60° u. Reinigen durch Lösen in heißem Chlf. u. Zugabe von Isopropylacetat bei 70°; $[\alpha]_D^{25}$ —39,7° (Chlf.); 395 g (87%). — *l-α-Methylbenzylalkohol* (*l*-III), $Kp._5$ 74—75°, $Kp._4$ 68°, durch Wasserdampf-Dest. von 210 g vorst. Salzes u. 20%ig. NaOH, Extraktion des Destillats mit Chlf. u. Dest. des Rückstands; $[\alpha]_D^{30}$ —45,0°; 25,5 g (65%). — *l-α-Methylbenzylvinyläther* (*l*-II), $Kp._8$ 62,5—64,5°, durch 6std. Erhitzen von 25 g *l*-III mit 397 g Vinylisobutyläther u. 6,0 g Hg-Acetat, Zugabe von K_2CO_3 u. Vakuum-Dest.; n_D^{28} 1,4992, $[\alpha]_D^{29}$ 54,2°; 14,4 g (47%). — *Poly-dl-α-methylbenzylvinyläther,* durch Zugabe von dl-II zu mit Aceton–Trockeneis kondensiertem Propan, Zutropfen von BF_3-Ätherat im Laufe 1 Std. unter Rühren, Abdampfen des Propans, Lösen in Bzl. unter N_2 u. Fällen mit Äthanol. — *Poly-l-α-methylbenzylvinyläther,* analog aus *l*-II; $[\alpha]_D^{23}$ —46,4° (Bzl.). — *Copolymeres aus dl-α-Methylbenzylvinyläther* (*dl*-II) *u. Maleinsäureanhydrid* (I), durch Lösen von 0,0102 Mol I, 0,01 Mol dl-II u. $2{,}36 \cdot 10^{-4}$ Mol Dibenzoylperoxid in Äthylacetat, Entgasen durch wiederholtes Einfrieren der homogenen Lsg. mit Trockeneis/Aceton, Bestrahlung der Lsg. im Rohr bei 20—25° mit einer 100-Watt-Hg-Lampe (20—24 Std.), Fällen mit Ae. u. wiederholtes Umfällen aus Äthylacetat mit Ae. u. PAe. unter CO_2. — *Copolymeres aus* I/*l*-II, analog aus I u. *l*-II; $[\alpha]_D^{20}$ —33,6° (c = 1,02; Acetonitril), $[\alpha]_D^{20}$ 28,5° [c = 0,53; Dimethylformamid (DMF)]. — *Copolymeres aus Maleinsäureanhydrid* (I) *u. Vinylalkohol* (**A**) bzw. *Copolymeres aus Maleinsäure u. Vinylalkohol* (**B**), opt.-akt., durch Einw. von Br_2 auf eine Lsg. des Copolymeren aus **I**/*l*-**II** ($[\alpha]_{550}^{25}$ −46,4; c = 0,96; DMF) in Acetonitril, 18 std. Bestrahlung mit der Hg-Lampe, Zentrifugieren, Fällen aus Aceton mit Ae., Erwärmen des in Aceton u. W. gelösten Rückstands auf 60° bis zur klaren wss. Lsg. u. Dialyse gegen W.; $[\alpha]_{550}^{25}$ +3,56 (c = 1,18; DMF). Das Copolymere **B** enthält Lactongruppen. Die Debenzylierung des **I**/*l*-**II**-Copolymeren in Eisessig/Acetonitril durch Hydrierung in Ggw. von PH_4J bei 60° führt nur zu einem partiellen Debenzylierungsprodukt. — **I**/*dl*-**II**-*Copolymeres*, analog vorst. Copolymeren; ist opt. inaktiv. Wilhelm Müller. 4010□

Kinetik der kombinierten katalytischen und hydrolytischen Wirkung der Wasserspuren beim Prozeß der Polykondensation von Caprolactam. I. Minţer und Florica Gherghel. (Rev. Chim. [Bucureşti] **8**. 480—87. Juli 1957; rum.) — Spuren von W. (0,5—2%) wirken mit u ohne Ggw. von Cokatalysatoren (Essigsäure, ε-Aminocapronsäure, Hexamethylendiammoniumadipinat) bei der Polykondens. von *ε-Caprolactam* unter Druck mit vollständiger Entfernung des entstehenden W., bes. aber im geschlossenen Syst. unter Verbleib des W. im Rk.-Raum katalyt. u. bewirken gleichzeitig eine Hydrolyse des entstehenden *Polycaprolactams*. Zur Vermeidung von Verlusten ist daher W. möglichst fernzuhalten. R. K. Müller. 4010□

Die dynamisch-mechanischen Eigenschaften von Nylons. T. Kawaguchi. J. appl. Polymer Sci. **2**. 56—61. Juli/Aug. 1959. Otsu, Japan, Toyo Rayon Co., Res. Dep.; engl.) — Nach der früher (vgl. C. **1960**. 3240) beschriebenen Meth. wurde für 100 Hz zwischen −150 u. 150° die Temp.-Abhängigkeit des Elastizitätsmoduls E u. der mechan. Verluste tg δ gemessen von *Nylon 4* (**I**; D. 1,2479), *Nylon 6* (**II**; 1,1573), *Nylon 7* (**III**; 1,0948), *Nylon 8* (**IV**; 1,0687), *Nylon 9* (**V**; 1,0518), *Nylon 10* (**VI**; 1,0316) u. *Nylon 11* (**VII**; 1,0255). **I**—**VII** zeigen 4 Dispersionsgebiete bei ca. −120° (γ-Gebiet), −40° (β), 90° (α') u. in der Nähe des F. (α). Im einzelnen wurden folgende Dispersions-Temp. gemessen: −40 (**I**), −120, −48 u. 80 (**II**), −120, −50 u. 83 (**III**), −50 u. 90 (**IV**), −47 u. 90 (**V**), −120, −39 u. 94 (**VI**), −117, −45 u. 83° (**VII**). Die α-Dispersion wird auf das Einsetzen der Bewegungen größerer Kettenteile zurückgeführt. E fällt bei gleicher Temp. in der Reihenfolge **I**—**VII** ab. Speziell das β-Dispersionsgebiet wurde untersucht von *Nylon 49* (**VIII**; D. 1,0973), *Nylon 69* (**IX**; 1,0762), *Nylon 79* (**X**; 1,0598), *Nylon 89* (**XI**; 1,0578), *Nylon 109* (**XII**; 1,0443), *Nylon 66* (**XIII**; 1,1330), *Nylon 77* (**XIV**; 1,0849), *Nylon 88* (**XV**; 1,0902), *Nylon 99* (**XVI**; 1,0425) u. *Nylon 1010* (**XVII**; 1,0323). Das β-Maximum von **VIII**—**XVII** liegt bei −41, −40, −38, −37, −36, −41, −39, −39, −38, −42°. Schließlich wurden E u. tg δ zwischen −150 u. 150° gemessen von *Nylon 410* (**XVIII**; 1,1003), *Polytetramethylensebacat* (**XIX**), *Polynonamethylenharnstoff* (**XX**; 1,0613) u. *Polyäthylen* (**XXI**; 0,9424). Folgende Dispersions-Temp. wurden gemessen: −114 u. −36 (**XVIII**), −120 u. −35 (**XIX**), −120, −5 u. 115° (**XX**), −113° (**XXI**). Die β-Dispersionsgebiete hängen von den Eigg. der polaren Gruppen in **I**—**XX** ab; die Ergebnisse bestätigen die von Woodward u. Mitarbeitern (vgl. C. **1958**. 13112) gegebene Deutung. Die Fläche unter dem γ-Dispersionsmaximum steigt mit der Zahl der CH_2-Gruppen in der Grundeinheit der Polymeren an; die γ-Dispersion wird auf das Einsetzen von kooperativen Bewegungen der CH_2-Gruppen in den amorphen Bereichen zurückgeführt. O. Fuchs. 4010□

Die Messung der molekularen Orientierung in Fasern durch akustische Methoden. W. W. Moseley jun. (J. appl. Polymer Sci. **3**. 266—76. Mai/Juni 1960. Wilmington, Del., E. I. du Pont de Nemours and Co., Inc., Pioneering Res. Labor.; engl.) — Es wird über eine einfache quant. Meth. zur Bestimmung der mol. Orientierung in polymeren Fasern u. Folienstreifen durch Messung der Schall-Geschw. berichtet. Diese Orientierungsgröße kann aus 2 experimentellen Größen berechnet werden: aus der Schall-Geschw. in einer orientierten Probe u. aus der Geschw. in einer Probe mit statist. verteilter Orientierung. Die nicht ganz geklärten Einfl. von Kristallinität u. Polymerstruktur werden durch die Vers.-Bedingungen eliminiert. Deshalb müssen die orientierte u. die nicht orientierte Probe die gleiche chem. Zus. haben u. beide Messungen bei derselben, unterhalb des Einfrierbereichs liegenden Temp. ausgeführt werden. — Die Schall-Geschw. wurden nach einer Impuls-Meth. an *Dacron* (Polyesterfaser der Du Pont), *Nylon 66*, *Viscoserayon*, *Orlon* (Acrylfaser der Du Pont) u. *X-36* (verseifte Acetatfaser der Celanese) gemessen, die eine kontinuierliche Verfolgung der Orientierungsänderungen während der Aufnahme des Zug–Dehnungs-Diagramms gestattet, ohne diese unterbrechen zu müssen. Außerdem wurde die Einheitlichkeit der Orientierung entlang des Fadens beim Verstrecken gemessen. Anwendungsbeispiele werden mitgeteilt u. ein Vgl. zwischen der akust. u. der Röntgendiagramm-Messung der Orientierung gezogen. G. Pfleiderer. 4010□

Darstellung von hochmolekularen Polyoxamiden durch Polykondensation an der Phasengrenze Flüssigkeit–Gas. L. B. Ssokolow, L. W. Turetzki und T. W. Kudim. (Высокомолекулярные Соединения [Hochmolekulare Verbind.] **2.** **1744.** Nov. 1960; russ., Auszug: engl.) — Durch Einw. von gasförmigem Oxalylchlorid auf die wss. Lsg. von Hexamethylendiamin oder p-Phenylendiamin wurden *Polyhexamethylenoxamid* bzw. *Poly-p-phenylenoxamid* dargestellt. Im Vgl. zur Polykondens. an der Phasengrenze Fl.–Fl. wurden die vorst. Polymeren in höherer Ausbeute u. mit größerem Molgew. bzw. größerer Viscosität erhalten. Die Unters. einiger Faktoren (Temp., pH-Wert, Konz.) zeigte, daß sich einige Gesetzmäßigkeiten der Polykondens. an der Phasengrenze Fl.–Gas wesentlich von denen an der Phasengrenze Fl.–Fl. unterscheiden.

HELMUT SCHÄFER. 4010

Synthese ungesättigter Polyamide und Polyester durch Polykondensation an der Phasengrenze. G. Ss. Kolessnikow und A. Ss. Maloschitzki. (Высокомолекулярные Соединения [Hochmolekulare Verbind.] **2.** 1119—21. Juli 1960. Moskau, Lomonossow-Inst. für chem. Feintechnol. u. Inst. für metallorg. Verbb. der Akad. der Wiss. der UdSSR; russ., Auszug: engl.) — Durch Polykondens. von *Fumarsäuredichlorid* (I) mit *Diaminen* oder *Diphenolen* an der Phasengrenzfläche der Lsgg. beider Komponenten wurden *Polyamide* bzw. *Polyester* dargestellt. Die Polymeren besitzen eine geordnete Struktur. — Zur 0,1 m wss. Lsg. oder Suspension des Diamins oder Diphenols in W. wurde in Ggw. der doppeltmol. Menge Alkali unter kräftigem Rühren in 5—10 Min. tropfenweise die 0,1 m Lsg. von I in Xylol gegeben; nach der Zugabe wurde $^1/_4$ Std. gerührt, filtriert, mit W., Aceton, Methanol u. Ae. gewaschen u. bei 50° im Vakuum getrocknet. Es wurden die Polymeren aus I mit *m*- (gelbes Pulver), *p-Phenylendiamin* (grüngelbes Pulver), *1.5-Naphthylendiamin* (grüngelbes Pulver), *Dianisidin* (braunes Pulver), *Hexamethylendiamin* (graues, fasriges Prod.), *Benzidin* (gelbes Pulver), *Resorcin* (farbloses fasriges Prod.) u. *2.4-Bis-[p-hydroxyphenyl]-propan* (farbloses Pulver) dargestellt. Die thermomechan. Kurven u. Röntgenogramme der Polymeren werden angegeben.

HELMUT SCHÄFER. 4010

Statistische Untersuchung der Eigenschaften von starrem Polyurethan-Schaum auf Basis Sorbitpolyäther in Abhängigkeit von den Herstellungsbedingungen. J. E. Wilson, H. M. Truax und M. A. Dunn. (J. appl. Polymer Sci. **3.** 343—56. Mai/Juni 1960. Wilmington, Del., Atlas Powder Comp. Techn. Center; engl.) — Es wird über die Schaum-Eigg. starrer *Polyurethan*-Schäume in Abhängigkeit von der Katalysator-Konz., dem NCO/OH-Verhältnis im Quasivorpolymerisat, der Kochdauer des Quasivorpolymerisats, der Konz. an Dispersionsmittel u. dem NCO/OH-Verhältnis im Gesamtschaum berichtet. Das Grundrezept für den Schaum enthält einen *Sorbitpolyäther* (Hydroxylzahl 490), *Toluylen-2.4- u. -2.6-diisocyanat* (79:21), Trichlorfluormethan als Treibmittel, Katalysator u. Dispersionsmittel. Das NCO/OH-Verhältnis im Vorpolymerisat u. im Gesamtschaum wirkt sich auf die Alterungsbeständigkeit in feuchtem Medium u. auf die Scherfestigkeit aus, wobei letztere auch noch stark von der Katalysator-Konz. beeinflußt wird. Die Zugfestigkeit nimmt mit steigendem NCO/OH-Verhältnis im Gesamtschaum ab. Die Härtungsdauer hängt bei Raum-Temp. stark von der Katalysator-Konz. u. dem Darst.-Verf. für das Vorpolymerisat ab. Die Einfl. auf die Wärmeleitfähigkeit sind komplexer Natur, wobei der der Dispersionsmittel-Konz. von der Katalysator-Konz. u. der des Verf. zur Darst. des Vorpolymerisats vom NCO/OH-Verhältnis im Vorpolymerisat abhängig ist. Die Kompressionsfestigkeit nimmt mit der Katalysator-Konz. zu u. zeigt eine starke Abhängigkeit vom Verf. zur Darst. des Vorpolymerisats. Die wichtigsten Ergebnisse sind graph. dargestellt.

G. PFLEIDERER. 4010 □

Über die Markierung von Polyvinylpyrrolidon mit radioaktivem Jod. Hans Medenwald. (Z. Naturforsch. **17 b.** 113—20. Febr. 1962. Elberfeld, Farbenfabriken Bayer AG., Isotopenlabor.; dt.) — Bei Markierung von *p-Toluidin* enthaltendem *Polyvinylpyrrolidon* (**I a**) mit ^{131}J nach GORDON (C. **1960.** 10609) wurden radiochem. Ausbeuten von nur 10—3% erhalten, u. durch Kochen der wss. dialysierten Lsgg. werden ca. 70% des eingebauten ^{131}J abgespalten. An *p-Toluidin freies Polyvinylpyrrolidon* (**I b**) läßt sich nach diesem Verf. nicht markieren. **I b** läßt sich mit trägerfreiem NaJ in verd. H_2SO_4 markieren, jedoch wiederum zu einem relativ unbeständigen Produkt. **I a** wird weniger stark markiert. Sowohl **I a** als auch **I b** von verschiedenen Molgew. lassen sich in 45—75% radioakt. Ausbeute durch 15 std. UV-Bestrahlung (HANAU-Brenner, Typ S 300; 15 cm Abstand) der ca. 0,2 n H_2SO_4-Lsg. in Ggw. von trägerfreiem Na^{131}J (bis zu 25 mc pro g **I b**) markieren. Die Lsg. wird danach mit Soda-Lsg. alkalisiert, nach Zusatz von Na-Dithionit 6 Std. gegen alkal. KJ-Lsg. u. 20 Std. gegen fließendes Leitungswasser dialysiert. Diese Lsgg. spalten bei 1 std. Erhitzen oder bei therm. Sterilisation (20 Min., 120°) nur ca. 10—40% ihrer Aktivität ab. Die UV-Bestrahlung beeinflußt das mittlere Molgew. von **I b** mit einem Molgew. von 25000—40000 wenig, dagegen findet mit wachsendem mittlerem Molgew. stark steigender Abbau durch UV statt. Die Aktivität verteilt sich statist. auf die einzelnen Fraktionen. Das Bestrahlungs-Verf. eignet sich zur Markierung von nach techn. Verf. hergestelltem **I b**, bes. **I b**-K 30 (mittleres Molgew. 38000), das als Tracer bei dem von Gordon [1959] entwickelten diagnost. Verf. unter Berücksichtigung der J-Abspaltung reproduzierbare Ergebnisse liefern sollte. R. Junge. 4010□

Über den Einfluß einiger Beimengungen des Melamins auf seine Kondensation mit Formaldehyd. L. M. Pessin, W. N. Kotrelew, A. Je. Sarubitzki und F. Je. Ssegalewitsch. (Журнал Прикладной Химии [J. angew. Chem.] **31**. 146—48. Jan. 1958; russ.) — Zur Unters. des Einfl. von *Melamin* (**I**)-Beimengungen auf die Kondens. mit *Formaldehyd* (**II**) wurde a) chem. reines **I**, b) gereinigtes **I** mit 0,3—1,7% Verunreinigungen u. c) **I** mit höherem Grad an Beimengungen bei 80—85° mit **II** (1,3 Mol) kondensiert. Es zeigte sich, daß **I** u. **II** sich nicht vollständig auflösten, sobald die Beimengungen, die im wesentlichen aus *Ammelin* u. *Ammelid* bestehen, 0,3% überstiegen. Bei 0,3—0,8% Beimengungen kommt es zu einer Verkürzung der Kondens.-Zeit, während mehr als 1% Beimengungen zur Gelierung der Rk.-Masse u. zu techn. nicht brauchbaren Harzen führen. Bei Verw. von reinem **I** ist die Auflösung vollständig, die Kondens. dauert jedoch länger als bei handelsüblichem **I**. K. Wekua. 4010

Synthese und Untersuchung von Organostannoxanen. 1. Mitt. Ss. M. Shiwuchin, E. D. Dudikowa und W. W. Kirejew. (Журнал Общей Химии [J. allg. Chem.] **31 (93)**. 3106—11. Sept. 1961. Moskau, Chem.-Technol. Mendelejew-Inst.; russ.) — Die Rk. von Diäthyl- (**I**) u. Di-n-propyldichlorstannan (**II**) mit Na-Acetat in W. liefert nicht die entsprechenden Dialkyldiacetoxystannane, sondern als deren Hydrolyse- u. Kondens.-Prodd. *α.ω-Diacetoxypolydialkylstannoxane* mit einem Polymerisationsgrad von 3—4. Beim Erhitzen in W. gehen diese in die entsprechenden *α.ω-Dihydroxypolydialkylstannoxane* über. Bei der gemeinsamen Kondens. der Diacetoxy- u. Dihydroxydialkylstannoxane (5 Std. bei 200°) werden in 80%ig. Ausbeute harzartige, in den üblichen organ. Lsgm. unlösl. Polymere erhalten.

Versuche: *α.ω-Diacetoxypolydiäthylstannoxan* (**III**), Molgew. 700—720, man rührt die konz. wss. Lsgg. von 50 g **I** u. 56,8 g Na-Acetat sowie 1,75 g Essigsäure 1½ Std. bei 20° u. trocknet den Nd. bei 50° im Vakuum; 54—55% (Ausbeute). — *α.ω-Diacetoxypolydi-n-propylstannoxan* (**IV**), Molgew. 883—914, aus 21,3 g Na-Acetat u. 20,7 g **II** in W.; 70,5%. — *α.ω-Dihydroxypolydiäthylstannoxan*, Molgew. 790—983, man kocht 10 g **III** u. 500 ml dest. W. 5 Std., dekantiert u. kocht mit 500 ml W. erneut 5 Std.; 60%. — *α.ω-Dihydroxypolydi-n-propylstannoxan*, Molgew. 1163, analog aus **IV**. Helmut Schäfer. 4010

Über den Spannungs-Temperaturkoeffizienten von Naturgummi. A. Ciferri. (Makromolekulare Chem. **43**. 152—55. 1961. Durham, N.C., Chemstrand Res. Center; engl.) — Von vernetztem *Naturgummi* (**I**; Vernetzung durch γ-Strahlen) wurde im nichtgequollenen Zustand u. im mit 60% n-Hexadecan gequollenen Zustand die Temp.-Abhängigkeit (T = 303—343° K) der Spannung f für verschiedene Dehnungen (1,4—2,6) gemessen. Die Auswertung nach den von Flory, Vf. u. Hoeve (vgl. C. **1961**. 4019) angestellten Betrachtungen ergibt für die Größe f_e/fT (vgl. l. c.) in beiden Fällen den Wert 0,55. Daraus folgt, daß die mittleren Abmessungen der ungestörten **I**-Moll. mit T ansteigen u. daß die Kristallisation von **I** bes. von den zwischenmol. Kräften bestimmt wird. O. Fuchs. 4030□

Wechselwirkung zwischen Cellulose u. kleinen Molekülen. Glycerin und Äthylencarbonat. Eric Wellisch, Lamont Hagan, Leon Marker und Orville J. Sweeting. (J. appl. Polymer Sci. **3**. 331—37. Mai/Juni 1960. New Haven, Conn., Olin Mathieson Chem. Corp., Film Div.; engl.) — Der Gleichgewichts-Feuchtigkeits-Geh. von Filmen aus *Cellulose* (**I**), die mit *Glycerin* (**II**) als hygroskop. oder mit *Äthylencarbonat* (**III**) als nichthygroskop. Substanz weichgemacht waren, wurde in Abhängigkeit von der Weichmacher-Konz. bei 15, 35, 65, 81 u. 93% relativer Feuchtigkeit bestimmt u. mit der Hygroskopizität der nicht weichgemachten Filme u. der reinen Weichmacher bei der gleichen Konz. verglichen. Der Unterschied im Wasser-Geh., für den die Wechselwrkg. zwischen Weichmacher u. **I** verantwortlich gemacht wird, wurde als Mol H_2O/Mol Weichmacher u. pro Mol **I** berechnet. Es wird so ein quant. Maß für die Wechselwrkg. zwischen Weichmacher u. **I** bei niedriger u. hoher relativer Feuchtigkeit erhalten. Die Wechselwrkg. zwischen **I** u. **II** ist bei 35% am größten u. nimmt mit steigender Feuchtigkeit ständig ab. Höhere Weichmacher-Geh. führen bei 35 u. 65% relativer Feuchtigkeit zu zusätzlicher Wechselwrkg., wogegen bei 81 u. 93% das W. den Weichmacher verdrängt, der sich an die Hydroxylgruppen von I angelagert hat. Dagegen zeigt III eine negative Wechselwrkg. u. scheint nur als inertes Polster zwischen den I-Ketten zu fungieren. Die Ggw. nichthygroskop. Moll. mit negativer Wechselwrkg. führt evtl. zur Vernetzung, was sich in spröden Filmen äußert. Für eine eigentliche Weichmachung ist die Wechselwrkg. zwischen Weichmacher u. I Voraussetzung. G. Pfleiderer. 4050□

Über das unterschiedliche Verhalten von synthetischer und natürlicher Amylose gegenüber Phosphorylase und B-Amylase. E. Husemann und B. Pfannemüller. (Makromolekulare Chem. **43.** 156—59. 1961. Freiburg i.Br., Univ., Inst. für makromol. Chem.; dt.) — *Synthet. Amylose* (I) u. *Kartoffelamylose* (II) wurden mit Kartoffelphosphorylase (III) bzw. mit β-Amylase (IV) abgebaut. Gemessen wurde die Änderung des Polymerisationsgrades P mit steigendem Abbaugrad (bis 75%). Während P von I in Ggw. von III oder IV stark abfällt, bleibt P von II unverändert. Daraus folgt, daß der Abbau von I nach einer Mehrketten-Rk. u. der von II nach einer Einketten-Rk. erfolgt. Die Unterschiede sind möglicherweise dadurch bedingt, daß I in wss. Lsg. nichtassoziiert, II aber stark assoziiert ist. O. Fuchs. 4050□

Löslichkeit des Zeins in dem binären Gemisch Wasser-Alkohol. Jacques Mossé. (C. R. hebd. Séances Acad. Sci. **250.** 3323—25. 16/5. 1960. Versailles, C.N.R.A., Station centrale de Physiol.; franz.) — Vgl. C. **1961. 2634.** — Vf. bestimmt die Löslichkeit von *Zein* (I) in W.-A.-Gemischen bei Temp. zwischen 20 u. 60°. Die Meßergebnisse sind in einem Dreiecksdiagramm wiedergegeben. Oberhalb 60% I geht bei konst. Temp. die Löslichkeit durch ein Maximum. Da es jedoch schwierig ist, genau festzustellen, ob Gleichgewicht vorhanden ist, ist der Verlauf der Löslichkeitskurve schwer genau festzulegen. Zwischen 1 u. 60% ändert sich die Löslichkeit linear mit der Zus. des Syst., u. ferner kann sie in erster Annäherung als unabhängig von der Proportion von I angesehen werden. Weiter wurde das Absorptionsspektrum von Lsgg. untersucht, die 0,1% Protein u. A.-Konzz. zwischen 50 u. 88% enthielten. Ein Maximum der Absorption wurde bei ca. 278 mμ beobachtet. Die Absorption des Lichts ändert sich mit dem A.-Geh.; steigt der A.-Geh. von 50 auf 88%, dann geht die Absorption bei ca. 75% A. durch ein Minimum, d. h. optimale Löslichkeit tritt in einem A.-W.-Gemisch mit 75% A. ein. C. Gottfried. 4070

Abnorm ionisierbare Gruppen in Lysozym. John W. Donovan, Michael Laskowski jun. und Harold A. Scheraga. (J. Amer. chem. Soc. **82.** 2154—63. 5/5. 1960. Ithaca, N.Y., Cornell Univ., Dep. of Chem.; engl.) — Bei der titrimetr. Unters. zweier *Lysozym* (I)-Proben **Ia** u. **Ib**, die sich in der Zahl der in KCl-Lsg. titrierbaren COOH-Gruppen unterscheiden (bei **Ia** 10,5, bei **Ib** 9), stellen Vff. fest, daß in Guanidinhydrochlorid (II)-Lsgg. zusätzlich 3 saure Gruppen titrierbar sind. Während bei *guanidiertem* I die gleichen Eigg. beobachtet werden, zeigt *desaminiertes* I in KCl- u. II-Lsg. die gleiche Zahl titrierbarer saurer Gruppen u. *acetyliertes* I (III) bereits in KCl-Lsg. 3 saure Gruppen mehr als das natürliche I. Da ferner beim *methylierten* I in II-Lsg. gegenüber dem in KCl-Lsg. keine Änderung festzustellen ist, folgern Vff., gestützt durch Amid- u. Methoxylanalysen des natürlichen u. methylierten I, daß die oben beobachteten zusätzlichen 3 sauren Gruppen COOH-Gruppen sind, die im natürlichen I als „maskierte" Carboxylationen vorliegen. Die Maskierung soll durch die ε-Aminogruppen der Lysinreste erfolgen. Eine Wechselwrkg. mit den phenol. Gruppen von I scheint nicht aufzutreten, da in III trotz „demaskierter" zusätzlicher COOH-Gruppen die phenol. Gruppen ähnlich abnorm erscheinen wie in natürlichem I. In II-Lsg. scheinen letztere jedoch normal zu ionisieren. Durch kinet. Unters. der Protonenaufnahme bzw. -abgabe bei der Zugabe von II zur I-Lsg. zeigen Vff., daß die zusätzlichen Carboxylationen Protonen mit derselben Geschw. ($k = 0{,}031\ min^{-1}$ mit 4,6m II bei pH 4,2) aufnehmen wie die Linksdrehung von I ansteigt ($k = 0{,}027\ min^{-1}$ mit 4m II bei pH 4,8), was zu dem Schluß führt, daß zur Demaskierung der zusätzlichen 3 Carboxylationen ein Strukturwechsel des Mol. notwendig ist. Die Ergebnisse der kinet. Unterss. deuten ferner an, daß einige der in KCl-Lsg. titrierbaren COOH-Gruppen abnorm niedrige u. andere abnorm hohe pK-Werte besitzen. H. Lettau. 4070□

Untersuchung des Legumins mit Hilfe von Fluorescenz-Depolarisation und anderen physikochemischen Methoden. P. Johnson und E. G. Richards. (Arch. Biochem. Biophysics **97.** 260—76. Mai 1962; engl.) — An *Legumin* (I) wurden Messungen der Ultrazentrifugen-Sedimentation, Diffusion (elektrophoret. nach der Schlieren-Meth.), Viscosität u. Fluorescenzpolarisation (mit I-Konjugaten verschiedener Fluorescenzfarbstoffe) in Harnstoff (II)-Lsgg. durchgeführt. Aus den Messungen ergibt sich (in Übereinstimmung mit älteren Daten) ein Molgew. von 398000 ± 15000. Als hydrodynam. Modell wird ein Ellipsoid diskutiert, doch lassen elektronenmkr. Unterss. keine Entscheidung zwischen gestreckter u. abgeplatteter Form zu. Die aus den Depolarisationsmessungen abgeleiteten Rotationsrelaxationszeiten (RZ) sind 6mal kleiner als die für die Modelle berechneten; ihre Temp.-Abhängigkeit entspricht nicht der üblichen linearen η/T-Abhängigkeit; oberhalb 50° treten irreversible Änderungen auf. Die RZ nimmt ferner in dem Maße ab, wie der pH-Wert von dem des isoelektr. Punktes abweicht, ohne daß eine Molgew.-Änderung eintritt. Es muß eine intramol. Rotationsfreiheit angenommen werden. Bei niedrigen II-Konzz. nimmt die RZ langsam, wahrscheinlich auf Grund einer Störung der inneren Rotation durch II-Adsorption, zu. Bei höheren II-Konzz., in Ggw. von Guanidinhydrochlorid u. bei extremen pH-Werten tritt mit Molgew.-Änderungen zugleich eine Abnahme der RZ ein. W. BETCKE. 4070□

E. Biologische Chemie. Physiologie. Medizin

E_1. Allgemeine Biologie und Biochemie

Vermeiden der alkalischen Effekte bei der Zellzerstörung durch Glasperlen. Joseph J. Kolb. (Biochim. biophysica Acta [Amsterdam] **38.** 373. 26/2. 1960. Philadelphia, Pa., Inst. for Cancer Res.; engl.) — Verschiedene Sorten von zur Zellhomogenisierung verwendeten Glasperlen lassen sich auch durch mehrfaches längeres Schütteln mit W. oder Säuren nicht so weit von oberflächlichem Alkali befreien, daß sie beim Gebrauch kein weiteres Alkali an das umgebende W. abgeben. Lediglich mit Perlen der Firma PRISMO SAFETY CORPORATION, Huntington, Pa., vom Brechungsindex 1,68 bleiben nach dem Schütteln mit W., Waschen mit A. u. Trocknen bei 120° die Lsgg. nach dem Schütteln neutral. Auch andere lösl. Prodd. werden von dem Fabrikat auf Grund von UV-Messungen nicht abgegeben. H.-J. KOCH/Berlin. 4100□

Elektronenmikroskopische Untersuchungen zur präparativen Gewinnung einer Granafraktion aus isolierten Chloroplasten. Werner Wehrmeyer. (Z. Naturforsch. **17 b.** 54—57. Jan. 1962. Hannover, Tierärztl. Hochsch., Botan. Inst.; dt.) — Auf Grund elektronenmkr. Unterss. (6 Aufnahmen) ruft eine 7—10 Min. lange Einw. von 0,001- bis 0,005%ig. *Digitonin* (I)-Lsgg. auf isolierte Spinatchloroplasten keine Veränderungen hervor. 0,01—0,05%ig. I-Lsgg. greifen die Stromamembranen unter Aufblähung u. Bläschen-Bldg. an, wobei die Granastapel erhalten bleiben, u. die ursprüngliche Form der Chloroplasten meist erhalten bleibt. 0,05—0,1%ig. I-Lsgg. zerstören die Stromamembran unter Erhalt der Granastapel völlig, es wird eine ziemlich einheitliche Fraktion erhalten. Bei längerer (20—30 Min.) Einw. einer 0,1%ig. I-Lsg. zerfallen die Granastapel weiter zu einer prakt. einheitlichen Granavesikelfraktion. H.-J. KOCH/Berlin. 4100□

Gegenwärtige Perspektiven der Eiweiß-Biosynthese. Otto J. Crocomo. (Rev. Quím. ind. **30.** Nr. 346. 15—19. 22. Febr. 1961. U.S.P., E.S.A. „Luiz de Queiroz", Cad. de Quím. Orgân. e Biol.; port.) — Übersicht. — 54 Literaturangaben. K. ZINGRAF. 4100□

Wirkungsvergleich zwischen Äthylmethansulfonat und Röntgenstrahlen im Mutationsversuch mit Arabidopsis thaliana. Gerhard Röbbelen. (Naturwissenschaften **49.** 65. 1. Febr.-H. 1962. Göttingen, Univ., Inst. für Pflanzenbau u. Pflanzenzüchtung; dt.) — *Äthylmethansulfonat* (I) wirkt radiomimetisch. Bei 1981 Nachkommenschaften konnten in der M_2 Generation bis zu 49,7% Mutanten festgestellt werden. Die Mutationsrate schwankt bei *Arabidopsis thaliana* (A.th.) zwischen 0,9% bei buntfarbigen A.th. u. 5,9% bei Formmutanten, wenn die Knospen durch Einführung von 0,1% I in den Saftstrom behandelt werden. Bei der Behandlung quellender Samen mit 1%ig. I-Lsg. lag die Mutationsrate zwischen 2,9% (buntfarbige) u. 18,6% (*Arabidopsis albina*). Demgegenüber schwankt die Mutationsrate der Samen nach Röntgenbestrahlung zwischen 0,2% (*Arabidopsis xantha*) u. 1,9% (*Arabidopsis viridis*). G. v. WALDEYER-HARTZ. 4130□

Durch Dimethylaminohexosereduktion bei Mäusen hervorgerufenes Tanzsyndrom. Windsor Cutting, Arthur Furst, Dorothy Read, George Read und Henriette Parkman. (Proc. Soc. exp. Biol. Med. **104.** 381—85. Juli 1960. Stanford, Calif., Stanford Univ., Dep. of Med., Microbiol.; engl.) — Durch einzelne intraperitoneale oder subkutane Injektion von 5 mg/20 g oder 4 Injektionen von 2,5 mg an 4 Tagen von *Dimethylaminohexosereduklon* (I) ließ sich bei Mäusen ein Tanzsyndrom hervorrufen, welches durch Umherwerfen des Kopfes u. ein Umherrennen im Kreis gek. ist u. dem genet. bedingten Walzertanzsyndrom (Japan-Walzer, abgesehen von der dabei auch auftretenden Taubheit) sowie dem durch substituierte β-Chloräthylamine u. Bis-β-aminopropionitril bzw. in gewissem Ausmaß auch dem durch Methylphenyltriazin bewirkten Syndrom ähnelt. Körper-Temp., O_2-Verbrauch u. Grundumsatz wurden nicht verändert, es wurde jedoch die Fähigkeit zum Widerstand gegen Stress (sich drehender Balken) verringert. U. TAUSENDFREUND. 4130☐

Die Beteiligung der Desoxyribonucleinsäure an der chemischen Mutagenese. A. Loveless. (Biochem. Pharmacol. **4.** 29—33. Aug. 1960. London, Royal Cancer Hosp., Inst. of Cancer Res., Chester Beatty Res. Inst.; engl.) — In dem Überblick diskutiert Vf. die Daten, die dafür sprechen, daß die *Desoxyribonucleinsäure* (*DNS*) das genet. Material bei höheren Organismen, Bakterien u. den DNS-haltigen Viren darstellt. Die mutagene Wrkg. alkylierender Agentien bei diesen 3 Gruppen wird erörtert u. geschlossen, daß sie auf prim. Rkk. mit der DNS beruht.
M. WIEDEMANN. 4130☐

Modifikation der Rassen-Charaktere bei Peking-Enten durch Desoxyribonucleinsäure von Khaki-Campbell-Enten und ihre Übertragung auf die Nachkommen. J. Benoit, P. Leroy, R. Vendrely und C. Vendrely. (Biochem. Pharmacol. **4.** 181—93. Aug. 1960. Paris, Coll. de France, Labor. d'Histophysiol.; Strasbourg, Centre de Rech. sur les Macromolécules du CNRS; franz.) — Aus den Hoden u. den Erythrocyten von Khaki Campbell-Enten wurde *Desoxyribonucleinsäure* (*DNS*) gewonnen u. 7 Tage alten Peking-Enten in die Bauchhöhle injiziert. Ferner wurden Khaki-Männchen mit modifizierten Weibchen oder umgekehrt gekreuzt. Bei den injizierten Enten wie der Nachkommenschaft wurden die Änderungen in der Form von Kopf u. Körper, in Haltung u. Gew., Gefieder, Pigment des Schnabels u. der Füße untersucht. Die injizierte DNS bewirkt zunächst ferner jedoch eine dauernde u. anscheinend stabile Änderung des Erbguts. kann, eine phänotyp. Änderung, die vielleicht durch eine physiolog. Wrkg. erklärt werden
M. WIEDEMANN. 4130☐

Versuche zum biochemischen Mechanismus von Mutationen. P. Mandel. (Biochem. Pharmacol. **4.** 195—206. Aug. 1960. Strasbourg, Fac. de Méd., Inst. de Chimie Biol.; franz.) — Bei der Bestrahlung von Ratten mit Röntgendosen bis zu 700 r wurde die Synth. der *Nucleinsäuren* (*RNS* u. *DNS*) in der Milz u. in den Zellen des Asciteshepatoms herabgesetzt, während sich *Nucleosid-* u. *Desoxynuleosidtriphosphate* anhäuften, obwohl deren Synth. nicht erhöht war. Die Hemmung scheint also auf dem Niveau der Polymerase zu liegen. Ähnliche Beobachtungen wurden bei der Bestrahlung von Bakterien mit ultraviolettem Licht gemacht. Vf. diskutiert die Möglichkeit, daß die ungleichmäßige Beeinflussung der einzelnen (Desoxy-) Nucleosidtriphosphate zur Bldg. einer abnormen RNS u. auch DNS führt, die ihrerseits dann als „Primer" reagieren können u. so spontane Mutationen von Stoffwechselursprung zustande kommen.
M. WIEDMEANN. 4130☐

Selektive Hemmwirkungen und teratogene Wirkungen von 2.5-Alkylbenzimidazolhomologen auf die Entwicklung des Hühnerembryos. Unabelle Boggs Blackwood. (Proc. Soc. exp. Biol. Med. **104.** 373—78. Juli 1960. College Park, Md., Univ. of Maryland; engl.) — Es wird nachgewiesen, daß selbst sehr geringe Veränderungen der mol. Struktur eines chem. Stoffes spezif. Rk.-Formen des sich entwickelnden Hühnerembryos hervorrufen, sowohl in quant. als auch in qual. Hinsicht. Während die Mortalität am wenigsten empfindlich als Indicator der Embryo-Rk. ist, lassen sich bzgl. Art u. Typ der Mißbildungen Unterscheidungen treffen. Bei Prüfung von *2.5-Dimethylbenzimidazol* (**I**), *2-Äthyl-5-methylbenzimidazol* (**II**) u. *2-Heptyl-5-methylbenzimidazol* (**III**), in verschiedenen Dosen vor der Bebrütung in das Eiklar injiziert, erwiesen sich **II** u. **III** als gleich letal wirkend, u. war **I** schwächer wirksam; es ergaben sich insgesamt jedoch etwa folgende Unterschiede: **I** u. **II** führten z. B. zu Herzmißbildungen in den Entw.-Stadien 16—31 u. zu Exposition der Eingeweide in den Stadien 28—40; **II** u. **III** bewirkten z. B. Übrigbleiben von Herz u. Kopf bei fehlendem Rumpf in den Stadien 10—19, Eingeweidemißbildungen u. Kollaps von Lobus opticus u. Auge in den Stadien 16—31; **II** ruft allein z. B. Übrigbleiben von Herz bei verkleinertem Kopf u. Rumpf, Übrigbleiben von Kopf bei verkleinertem Herz u. Rumpf, Blasen im Neuralkanal in den Stadien 10—19, Amnion-Chorion-Mißbildungen, Offenbleiben des Neuralkanals, Lordose u. Disproportionen von Rumpf u. Gliedern in den Stadien 16—31 hervor; allen 3 Substanzen ist gemeinsam die Hervorrufung von Verklumpungen des Körpers, so daß nur noch unidentifizierbare Massen oder Blasen übrigbleiben, Hervorrufung von Kopfatrophien bei Übrigbleiben von Herz u. Rumpf, Torsion u. Flexion (am häufigsten) Mikroophthalmie, Schnabelmißbildungen. U. TAUSENDFREUND. 4150☐

Bivalente Metallionen als Kupplungsfaktoren zwischen Zellstoffwechsel und der Zellmutationsrate. G. G. Jayson. (Nature [London] **190.** 144—46. 8/4. 1961. Liverpool, Liverpool Coll. of Technol., Dep. of Chem. and Biol.; engl.) — Ca^{2+} u. Mg^{2+} halten im Zellkern die Teile von Chromosomen zusammen. Zusatz von Äthylendiamintetraessigsäure bindet 2wertige Ionen u. steigert somit die Aberrationsrate, wie bei *Vicia faba* u. *Tradescantia* beobachtet wurde. Ein hoher Ca^{2+}- bzw. Mg^{2+}-Geh. im Zellkern ist Voraussetzung für eine niedrige Aberrationsrate. W. Hiller. 4150□

Stoffwechselaktivität der subcellulären Partikel von Azotobacter vinelandii. Alvin G. Jose jun. und P. W. Wilson. (Proc. nat. Acad. Sci. USA **45.** 692–97. 15/5. 1959. Madison, Wis., Univ. of Wisconsin, Dep. of Bacteriol; engl.) — Die größte *Hydrogenase*-Aktivität von zerkleinerten Protoplastenmembranen liegt in der Fraktion, die nach 4 Std. bei 29000·*g* sedimentiert. Die oxydativen Eigg. des mit Lysozym-Versene präparierten Protoplasten waren nicht so hoch wie die ganzer intakter Zellen. Die ^{15}N-Fixierung des Protoplasten war geringer als die ganzer Zellen. NH_3 hemmt die N-Fixierung stark u. schnell. Mit Versene behandelte Zellen zeigten eine geringe N-Fixierung, die in der Höhe der des Protoplasten lag. Fe^{2+} hemmte die N-Aufnahme von mit Versene behandelten Zellen u. Protoplasten in Konzz. von 50 μg/ml, die Wachstums-Konst. wird durch Fe^{2+} weniger beeinflußt. W. Hiller. 4150□

Über die Lokalisierung von Fermenten in „Protoplasten" aus Essigsäurebakterien. J. de Ley und Ragna Dochy. (Arch. int. Physiol. Biochim. **68.** 215–16. Jan. 1960. Gent, Univ., Labor. voor Biochem.; fläm.) — Aus jungen, stabförmigen Zellen von *Gluconobacter liquefaciens* werden bei Einw. von menschlichem Serum in Ggw. von Mg^{2+} bei geeignetem osmot. Druck unter teilweiser Zers. der Zellwände sphär. „*Protoplasten*" (Ppl.) erhalten, die eine Reihe von Substraten zu oxydieren vermögen, wobei jedoch *Fructose, Mannit, 5-Ketogluconat* u. *Glycerin* nur sehr langsam umgesetzt werden. Die Ppl. lysieren in W., wobei deren cytoplasmat. Membranen (Mbr.) isoliert werden können. Die Mbr. besitzen alle oxydativen Eigg. der ursprünglichen Ppl., wie z. B. Oxydation von *Glucose, Gluconat, Lactat* u. *Äthanol*. Ultraschall zerstört die Mbr. in den Protoplasten. Die oxydative enzymat. Aktivität von Essigsäurebakterien scheint somit vorwiegend in der äußersten, festen Haut der Bakterien lokalisiert zu sein. G. Kirsten. 4150□

Die Rolle des Schwefels bei der Zellteilung von Chlorella. Eiji Hase. (J. gen. appl. Microbiol. [Tokyo] **6.** 128–29. März 1960. Tokyo, Univ., Inst. of Appl. Microbiol.; Tokugawa Inst. for Biol. Res.; engl.) — *Chlorella*-Dunkelzellen wachsen nach der Überführung in *S*-Mangelmedium bei Belichtung weiter, nach der Zellteilung steigt der DNS-Geh. etwas an u. nun hört die Zellteilung auf. Werden diese Zellen in ein Medium gebracht, das nur K_2SO_4 enthält, wird wieder DNS synthetisiert u. Zellteilung tritt ein. Im Dunkeln werden mehr kleinere Tochterzellen gebildet, andererseits nimmt im Licht die Größe der Zellen zu, jedoch tritt keine Teilung ein. S-Mangelzellen wurden in Sulfatmedium gebracht u. es wurde mit Hilfe von ^{35}S-Tracer festgestellt, daß kurz vor der Zellteilung der trichloressigsäurelösl. S-haltige Peptidanteil merklich ansteigt u. nach der Teilung gleichmäßig abnimmt. Während der Teilung steigt die Menge der in heißer $HClO_4$ lösl. S-Substanzen an. Außerdem wurde festgestellt, daß die S-haltigen Peptide der in kalter $HClO_4$ lösl. Fraktion mit Nucleotid eine Komplex-Verb. bilden. Die Peptidhälfte enthält *Cyst(e)in*, zwei nicht identifizierte S-Verbb. u. verschiedene andere Aminosäuren, die Nucleotidhälfte *Adenin, Uracil* u. *Guanidin*. Die in heißer $HClO_4$ lösl. S-Verbb. werden zusammen mit DNS extrahiert. Durch Elektrophorese ergab sich, daß ein Teil des S dieser Fraktion anorgan. ist, während der andere Teil an bestimmte UV-absorbierende Substanzen gebunden ist. Außerdem wurde eine A.-lösl. peptidartige Substanz gefunden, die nur während der Zellteilung auftritt. Sie benötigt N u. S zur Bldg., enthält selbst aber keinen S. P. Gregorzewski. 4150□

Einflüsse einiger Substanzen auf die Richtung von Erscheinungen im Lebenscyclus der Chlorella. Hiroshi Tamiya und Yuji Morimura. (J. gen. appl. Microbiol. [Tokyo] **6.** 136–37. März 1960. Tokyo, Univ., Inst. of Appl. Microbiol.; Tokugawa Inst. for Biol. Res.; engl.) — *8-Azaguanidin* (10^{-3}m) unterbindet bei Synchronkulturen nicht die Zellteilung, wohl aber das Zellwachstum, so daß die Zellen enorme Größe erreichen. Ähnlich wirkt *8-Azaxanthin. 6-Azathymin, 2-Thiouracil, 2-Thiocytosin* u. *8-Azahypoxanthin* erhöhen die Zellteilung auf das 1,5–2fache. *Chloromycin* (10^{-2} bis 10^{-3}m) unterbricht die Teilung für einige Zeit, sie kommt aber langsam wieder in Gang. Die Teilungszahl beträgt nur 2. In der gleichen Konz. sind *Penicillin, Streptomycin* u. *Terramycin* unwirksam, in höherer Konz. wird Wachstum u. Teilung vollständig gehemmt. Ähnlich wirken *Sulfanilamid, Sulfathiazol, Indolyl-(3)-essigsäure* u. *2.4-Dichlorphenoxyessigsäure*. Bei Konz. von 10^{-2} bis 10^{-5}m sind *Gibberellin, Kinetin* u. *Colchicin* unwirksam. P. Gregorzewski. 4150□

Untersuchungen über die mitosebrechende Wirkung des N-[4-Chlorphenyl]-N'-dimethylharnstoffs. C. Tysset, B. Vacher, Cl. Mathieu. (Bull. Assoc. Diplômés Microbiol. Fac. Pharmac. Nancy **1958.** Nr. 72. 1–8. Nancy, Fac. de Pharm.; franz.) —

Vff. stellen fest, daß *N-(4-Chlorphenyl)-N'-dimethylharnstoff* (I; *Monuron* bzw. *CMU*) das Wachstum von Weizenwurzeln hemmt. Gleichzeitig übt I eine mitosebrechende Wrkg. aus. 48 Std. nach der I-Behandlung sinkt die Zahl der Mitosen um ca. 70% ab, die Mitose wird in der Anaphase u. Telophase gehemmt. Diese Eig. scheint für die phytocide Wrkg. von I nicht ausschlaggebend zu sein. A. GUDE. 4150□

Die Histone und Lipoproteine des Zellkerns der Leber. Kenneth J. Monty und Alexander L. Dounce. (J. cellular comparat. Physiol. **53.** 377—92. Juni 1959. Rochester, Univ. of Rochester, School of Med., Dep. of Med.; engl.) — Aus den Nuclei von Rattenleberzellen konnten 2 *Histone* (H) isoliert werden, die ähnliche ober ident. Aminosäure-Zus. haben. Beide H besitzen gleiche endständige Aminosäuregruppen. Das Verhältnis beider H-Fraktionen hängt ab von der Meth. der Isolierung der Nuclei; die Summe beider ist jedoch immer konstant. In Salz-Lsg. tritt eine Konversion des mehr unlösl. Teils in den mehr lösl. Teil ein. W. HILLER. 4150□

Der Stoffwechsel der Zellproteine. R. Žák. (Českoslov. Fysiol. **8.** 515—28. 1959. Praha, ČSAV, Fysiol. ústav; tschech.) — Zusammenfassende Darst.: Stoffwechsel homogener tier. Zellen; Stoffwechsel von Bakterienzellen; Vgl.; Abbaumechanismus; gegenseitige Beeinflussung der Proteinsynth. u. des Einbaues markierter Aminosäuren; Energiekonkurrenz der Aminosäuren; Umkehr der Hydrolyse der Peptidbindungen. — 88 Literaturangaben. R. K. MÜLLER. 4150□

Aminosäureerschöpfung bei einer auxotrophen Escherichia coli-Mutante. 2. Mitt. Säurelösliche Purin- und Pyrimidinderivate normaler und erschöpfter Zellen. Dora B. Goldstein, Beverly J. Brown und Avram Goldstein. (Biochim. biophysica Acta [Amsterdam] **43.** 55—61. 9/9. 1960. Palo Alto, Calif., Stanford Univ., School of Med., Dep. of Pharmacol.; engl.) — 1. vgl. Biochim. biophysica Acta [Amsterdam] **36.** [1959.] 162. — Die säurelösl. *Purin-* u. *Pyrimidin*-Verbb. einer *E. coli-K_{12}-Leucin* (I)-Mangelmutante wurden an Dowex-2-Formiat fraktioniert u. anschließend papierchromatograph. u. elektrophoret. analysiert. Die säurelösl. Fraktion enthält große Mengen freies *Hypoxanthin* u. *Uracil* (II), sowie *Nucleotidcoenzyme* (*DPN*, *UDP*-Verbb.) u. einige *Nucleoiddi-* u. *-triphosphate*, aber nur sehr wenig *Nucleosidmonophosphate*. Derivv. von *Adenin* u. II herrschen vor. I-Erschöpfung erhöht die Konz. fast aller Basen u. Nucleotide. Neue Nucleotid-Verbb. wurden in diesen Zellen nicht aufgefunden. K. MAIER. 4150□

Über die Vorprodukte der Purine der Nucleinsäuren bei höheren Pflanzen. G. I. Ssemenenko. (Доклады Академии Наук СССР [Ber. Akad. Wiss. UdSSR] **124.** 1150—53. 11/2. 1959. Charkow, Gorki-Univ.; russ.) — Die Ansammlung von *Purinen* (I) in Weizen- u. Maiskeimen in Abhängigkeit von der N-Quelle im Nährmedium, das Auftreten der I in den *Nucleinsäuren* (II) von Weizenkeimen u. das Vorliegen von *^{14}C-Glykokoll* (III) in I der II beim Keimungs- u. Reifungsprozeß von Weizen- u. Hafersamen wird untersucht. Als N-Quellen dienten *$Ca(NO_3)_2$*, *NH_4Cl*, **III**, *Adenin* u. ein *Ribonucleinsäure*-Hydrolysat aus Hefe. Die Verteilung u. Markierung der I wurde durch Messen der Radioaktivität u. mit Hilfe der Papierchromatographie nachgewiesen. Aus den Analysendaten geht hervor, daß die Markierung von III in I der II bei Reifung der Samen von Weizen u. Hafer übergeht, die Radioaktivität von I in II aus Weizensamen beträgt 400, die von Hafer 142 Impulse/Minute. Weizen- u. Maiskeime nehmen I aus der Nährlsg. auf; Weizenkeime nutzen jedoch die I nicht zur II-Synth. aus, da keine Radioaktivität der I in II aus Weizenkeimen beobachtet wird. III als N-Quelle bewirkt bei Weizen- u. Maiskeimen auch I-Synth. ohne Ggw. von Licht, markiertes III wird in *Adenin* u. *Guanin* der Ribonucleinsäure der Weizenkeimlinge u. in die I der II reifender Weizen- u. Hafersamen eingebaut. Ch. ZIMMER. 4150□

Über die Nucleotidzusammensetzung der Nucleinsäuren des Seidenspinners (Bombyx mori L.). N. M. Ssissakjan und N. A. Gumilewskaja. (Доклады Академии Наук СССР [Ber. Akad. Wiss. UdSSR] **124.** 1154—56. 11/2. 1959. Moskau, Bach-Inst. für Biochem. der Akad. der Wiss. der UdSSR; russ.) — Die *Nucleotid*-Zus. der *Ribonucleinsäure* (I) während der Stadien der Metamorphose der Puppen von *Bombyx mori L.* u. die der *Desoxyribonucleinsäure* (II) von Eiern des Seidenspinners wird durch Extraktion u. Hydrolyse von I u. II ermittelt. Die mit Aceton fixierten Präpp. der Puppen enthalten 2—2,5%, die Eier 3% an I u. II. Die *Nucleotid*-Zus. der I verändert sich während einzelner Metamorphosestadien in Grenzen; das Verhältnis *Purin/Pyrimidin* schwankt zwischen 1,05 u. 1,16 u. beträgt für die Eier 1,21; I gehört zum Adenyl-Uridyl-Typ, (*Guanin* + *Cytosin*)/(*Adenin* + *Uracil*) beträgt für die Eier 0,78. Der II-Geh. des Seidenspinners ist relativ niedrig; die *Nucleotid*-Zus. der Eier ist folgende: *Guanin* 22,5 (%); *Adenin* 28,6; *Cytosin* 21,9; *Thymin* 27,2; *Guanin/Cytosin* 1,05; *Adenin/Thymin* 1,05; *Purine/Pyrimidine* 1,04 u. (*Guanin* + *Cytosin*)/(*Adenin* + *Thymin*) 0,78. II gehört, wie alle bisher untersuchten tier. II zum AT-Typ. CH. ZIMMER. 4150□

Funktion des Glycins bei der durch Licht stimulierten Nucleinsäuresynthese von Blastocladiella emersonii. Edward C. Cantino und Gilbert Turian. (Arch. Mikrobiol. **38.** 272—82. 1961. Michigan State Univ., Dep. of Bot. and Plant Pathol.; Genf, Univ., Inst. de Bot. gén.; engl.) — Vgl. MCCURDY u. CANTINO, Plant Physiol. **35.** [1960.] 463. — Die Höhe der *Glycin* (**I**)-Aufnahme steht bei dem untersuchten Pilz während des Dunkelwachstums in umgekehrter Beziehung zur Aktivität der *Isocitritase* („bottleneck"-Enzym), welche über ein *Glycin–Alanin-Transaminase* möglicherweise den für die Nucleinsäure-Synth. nötigen **I**-Pool bereitstellt. Aufnahme von **I** wird in jungen Pflanzen durch Licht red. (endogene Synth. von **I**); entsprechend ist bei fehlendem CO_2 dieser Effekt nicht vorhanden. Die Aufnahme von **I** wird in fast entwickelten Pflanzen durch Licht gesteigert, da dieses eine erneute Desoxyribonucleinsäure (DNS)-Synth. induziert. Dementsprechend wird $^{14}C_{(2)}$-**I** in diesem Entw.-Stadium in DNS eingebaut. Die ^{14}C-DNS enthält radioakt. Pyrimidine u. prakt. keine Aktivität in Adenin u. Guanin.

H. REMBOLD. 4150 □

Enzymatische Synthese von Desoxyribonucleinsäure. 5. Mitt. **Chemische Zusammensetzung von enzymatisch gebildeter Desoxyribonucleinsäure.** I. R. Lehman, Steven B. Zimmerman, Julius Adler, Maurice J. Bessman, E. S. Simms und Arthur Kornberg. (Proc. nat. Acad. Sci. USA **44.** 1191—96. 15/12. 1958. St. Louis, Mo., Washington Univ., School of Med., Dep. of Microbiol.; engl.) — 4. vgl. C. **1961.** 5833. — *Desoxyribonucleinsäure* (*DNS*) wird aus *Escherichia coli* oder aus *Aerobacter aerogenes* mit Natriumdodecylsulfat extrahiert u. durch Behandlung mit *Ribonuclease* von *Ribonucleinsäure* befreit. Die verbleibende DNS enthält noch ca. 2% Protein. Ebenso wird DNS aus *Mycobacterium phlei* u. aus Bakteriophagen T 2 isoliert. Zur enzymat. DNS-Synth. werden 100 μg von einem der obigen DNS-Präpp. als Primer zusammen mit nachst. Verbb. in 3 ml Inkubationsmischung bei 37° 4 Std. behandelt: je 1 μMol der *Desoxynucleosidtriphosphate* von *Cytosin* (C), *Adenin* (A), *Thymin* (T) u. *Guanin* (G), 200 μMol K-Phosphatpuffer, pH 7,4, 20 μMol $MgCl_2$ u. 36 μg *Polymerase* aus E. coli. Danach wird eine 4n NaCl-Lsg. zugesetzt bis zur Endkonz. von 0,2 m NaCl u. anschließend 5 Min. lang auf 70° erwärmt. Die Mischung wird dann längere Zeit gegen 0,2 m NaCl-Lsg. u. schließlich gegen W. dialysiert. Die Desoxynucleoside sind dabei in das Außendialysat gewandert. Das Innendialysat wird eingeengt u. mit Ameisensäure hydrolysiert. Danach weist die enzymat. neu gebildete DNS jeweils die gleiche Basen-Zus. wie die verwendete Primer-DNS auf. Darüber hinaus entspricht der A-Geh. dem T-Geh. u. der von G dem von C. Damit ist auch der gesamte Purin-Geh. dem gesamten Pyrimidin-Geh. in der neu enzymat. synthetisierten DNS gleich. Das Verhältnis A + T/G + C schwankt entsprechend den verwendeten Primer-DNS zwischen 0,49—1,90 u. ist in einigen Fällen schwach erhöht, jedoch nie kleiner. Wird als Primer ein synthet. Copolymeres verwendet, das nur die beiden Basen A u. T enthält, so entsteht ebenfalls eine DNS, die nur A u. T enthält, obgleich die Desoxynucleosidtriphosphate aller 4 Basen in der Inkubationsmischung vorhanden sind. Die Menge der in allen Verss. enzymat. gebildeten DNS ist mindestens 10fach größer als die eingesetzte Menge Primer-DNS. Bei Verw. der DNS aus M. phlei als Primer ist sie jedoch nur 4fach größer. Mit Ausnahme von diesem letztgenannten Vers. stammen demnach 90% der eingebauten Basen aus den monomeren Nucleotiden im Rk.-Ansatz. Verändert man die relativen Verhältnisse der als Substrat angebotenen Desoxynucleosidtriphosphate, so erniedrigt sich die Neusynth. ohne daß die Basen-Zus. der neuen DNS von der der Primer-DNS abweicht. L. TRÄGER. 4150 □

Untersuchungen über Desoxyribonucleosid-Verbindungen. 1. Mitt. **Eine modifizierte mikrobiologische Bestimmungsmethode und ihre Anwendung auf Seeigeleier und verschiedenes anderes Material.** Yukio Okazaki und Natuko Sugino. (Biochim. biophysica Acta [Amsterdam] **40.** 417—24. 3/6. 1960. Osaka, Takeda Pharmac. Ind.; Nagoya, Univ., Fac. of Sci., Biol. Inst.; engl.) — Mit einer modifizierten HOFF-JØRGENSEN-Meth. (Biochem. J. **50.** [1952.] 400) (Verdoppelung der ursprünglich angegebenen dl-Tryptophan-, *l*-Cystein- u. Thioglykolsäuremenge; Zusatz von 2 mg Uracil u. 100 μg Pyridoxin/ml zur Purin–Pyrimidin- bzw. Vitamin-Lsg.) ließ sich nach Verdauung mit dem Gift von *Trimeresurus flavovidridus* oder *Agistrodon blomhoffi* die Gruppe der sog. „*maskierten*" *Desoxynucleoside* (**I**) in Seeigeleiern, Seeigelembryonen, Rattenleber, Milz u. Nieren, dem Rattenhepatom 7974, im Mäusesarkom 180 u. in EHRLICH-Ascites-Zellen u. Ascites-Fl. nachweisen. Der Geh. der Seeigeleier u. des embryonalen Gewebes an den **I** ist höher als im Gewebe erwachsener Lebewesen. Die Rolle der **I** im Zellstoffwechsel wird diskutiert. L. LASCHET. 4150 □

Synthese und Eigenschaften der Eiweißaustauscher (Adsorbentien) für die Desoxyribonucleinsäure. T. I. Tichonenko. (Биохимия [Biochemie] **27.** 131—41. Jan./Febr. 1962. Moskau, Inst. für Strahlungs- u. physikal.-chem. Biol. der Akad. der

Wiss. der UdSSR; russ., Auszug: engl.) — Vf. beschreibt die Herst. von Eiweißaustauschern (Adsorbentien) auf Cellulosegrundlage, deren akt. Gruppen aus Histon, Protamin, Gliadin oder Albumin bestehen. Diese Adsorbentien eignen sich für die chromatograph. Reinigung der *Desoxyribonucleinsäure* (**I**) u. der *Nucleoproteide*. Die Behandlung der Adsorbentien mit Laugen vom pH 12,0—12,5 führt zu einer starken Abnahme des Eiweiß-Geh. u. des Aufnahmevermögens für **I**. Schwach alkal. Lsgg. sind prakt. ohne Einfl. auf diese Eigenschaften. Im pH-Bereich 3 wird das **I**-Aufnahmevermögen etwas vermindert, der Eiweiß-Geh. nicht merklich verändert. Im allg. ist die Menge der adsorbierten **I** proportional dem Eiweiß-Geh. u. prakt. unabhängig von der Art der verwendeten Cellulose: *halogenalkylierte* bzw. *p-Aminobenzylcellulose*.
O. Lebtag. 4150□

Neuere Errungenschaften in der physikalischen Chemie der Desoxyribonucleinsäuren. E. Fredericq, A. Oth und V. Desreux. (Biochem. Pharmacol. **4.** 3—18. Aug. 1960. Liège, Univ., Labor. de Chim. phys.; franz.) — In ihrem Überblick gehen Vff. zunächst auf die Best. der chem. Zus. von *Desoxyribonucleinsäure* ein, die die klass. Basenverhältnisse bestätigen. Neben H-Brücken werden auch Chelatbindung u. van der Waals-Kräfte diskutiert. Aus Molgew.- u. Struktur-Best. ergibt sich ein Molgew. von ca. $8 \cdot 10^6$ u. eine wenig flexible Struktur. Die Fragen der Denaturierung wie der Homogenität der Präpp. wird erörtert. Unter den Desoxyribonucleoproteinen werden die *Nucleohistone* u *Nucleoprotamine* u. ihre Struktur behandelt Weiterhin wird die Darst. u. Reinigung sowie die Spezifität u. die Aktivierung durch Metalle einiger *Desoxyribonucleasen* behandelt. M. Wiedemann. 4150□

Neuere biochemische Daten über die Beziehung zwischen Desoxyribonucleinsäure und basischen Proteinen im Kern. R. Vendrely, A. Knobloch-Mazen und C. Vendrely. (Biochem. Pharmacol. **4.** 19—28. Aug. 1960. Strasbourg, Centre de Rech. sur les Macromolécules; franz.) — An Erythrocyten u. Spermatozoen verschiedener Fische wurden sowohl die ganzen Zellkerne als auch die isolierten *Nucleohistone* u. *Nucleoprotamine* untersucht. Es wurden Extraktionen mit 1 m NaCl ausgeführt. Der Geh. an *Desoxyribonucleinsäure* (*DNS*) u. an bas. Aminosäuren, *Lysin* (Lys), *Arginin* (Arg) u. *Histidin* (His) wurde bestimmt. Demnach können alle Phosphatgruppen der DNS mit bas. Aminosäuren der Histone oder Protamine abgesättigt werden, der Geh. an den einzelnen Aminosäuren schwankt aber, je nach Species, sehr stark. Im Karpfensperma liegt ein typ. Histon wie in somat. Zellen vor, im Hechtsperma ist Lys erniedrigt u. Arg entsprechend erhöht, Forellensperma ist ein typ. Protamin mit hohem Arg-Geh., aber fast ohne Lys u. His. M. Wiedemann. 4150□

Die biologische Bedeutung der Desoxyribonucleinsäure von Zellen, die mit radiomimetischen alkylierenden Agentien behandelt wurden. P. Alexander und J. T. Lett. (Biochem. Pharmacol. **4.** 34—46. Aug. 1960. London, Roy. Cancer Hosp., Inst. of Cancer Res.; Chester Beatty Res. Inst.; engl.) — Vff. behandeln eine Reihe alkylierender, radiomimet., polyfunktioneller Agentien, wie *Epoxid*, *Äthylenimin*, *Stickstofflost*, *Methansulfonsäureester*, *Myleran*-Verbb., wie *Dimethylmyleran*. Einige davon führen zur Brücken-Bldg. in den Zellkernen (z. B. Spermaköpfen). Die mutagene Wrkg. beruht jedoch vermutlich auf der Umsetzung der alkylierenden Reagentien mit den Phosphatgruppen, nicht mit den Purinen der DNS. Hierdurch wird die DNS flexibler. Die Zelläsionen könnten daneben auch auf der Reaktion dieser Agentien mit den Säuregruppen von Phospholipiden beruhen. M. Wiedemann. 4150□

Die Wirkung von Antimetaboliten und biologischer alkylierender Agentien auf die Synthese von Desoxyribonucleinsäure und eine mögliche Beziehung zwischen den Wirkungsmechanismen. G. M. Timmis. (Biochem. Pharmacol. **4.** 49—56. Aug. 1960. London, Roy. Cancer Hosp., Inst. of Cancer Res.; Chester Beatty Res. Inst.; engl.) — Die Wrkg. von *Nucleinsäure*-Antimetaboliten, u. zwar den *Folsäure*-Antagonisten, den Purin- u. Pyrimidinantagonisten, von *Azaserin* u. von *6-Diazo-5-oxo-L-norleucin* wird diskutiert. Vf. zeigt, daß alkylierende Agentien meist mit dem Guanin der Nucleinsäure reagieren, das alkylierte *Guanin* kann abgespalten werden u. als irreversibler Antimetabolit wirken. Die Wrkg. von Myleran u. von Stickstofflost-Verbb., bes. die hämatolog. Effekte, werden verglichen. M. Wiedemann. 4150□

Cytochemischer und histoautoradiographischer Beitrag zur Untersuchung des Stoffwechsels und der Synthese von Desoxyribonucleinsäuren an tierischen Zellen, kultiviert in vitro. Cytophotometrische und histoautographische Untersuchungen der DNS in mit Myleran behandelten Fibroblasten. M. Chèvremont, E. Baeckeland und J. Frederic. (Biochem. Pharmacol. **4.** 57—66. Aug. 1960. Liège, Belgique, Univ., Inst. d'Hist.; franz.) — Werden normale tier. Zellen in vitro in Ggw. von *Myleran* (einige Std. bis 18 Tage) kultiviert, so wird der *DNS*-Stoffwechsel, geprüft durch Cytophotometrie einzelner Zellen nach der Feulgen-Rk. u. durch Autoradiographie nach Einbau von mit T markiertem Thymidin, stark verändert. Die Mitosehäufigkeit ist gering. Kerne mit tetraploiden oder octoploiden DNS-Werten sind häufig. Vff. nehmen an, daß die Zelle nach jeder Mitose neue DNS synthetisiert, um die durch Myleran beeinflußte zu ersetzen. M. Wiedemann. 4150□

Über den Einbau von Thymidin in das Cytoplasma von Amoeba proteus. W. Plaut. (Biochem. Pharmacol. 4. 79—85. Aug. 1960. Madison, Wis., Univ. of Wisconsin; engl.) — Bei verschiedenen Stämmen von *Amoeba proteus* wurde mittels Autoradiographie ein Einbau von mit *T* markiertem *Thymidin* nicht nur in den Zellkern, sondern auch ins Cytoplasma nachgewiesen. Die inkorporierte Radioaktivität wurde durch Desoxyribonuclease zerstört, nicht aber durch Ribonuclease, es muß sich also um ein Desoxyribonucleinsäure ähnliches Mol. handeln. Über die Komponente des Cytoplasmas, in die der Einbau stattfindet, läßt sich noch nichts aussagen. M. Wiedemann. 4150□

Neuere Untersuchungen der Feulgen-Reaktion für Desoxyribonucleinsäure. F. H. Kasten. (Biochem. Pharmacol. 4. 86—98. Aug. 1960. Coll. of Texas, Dep. of Biol.; engl.) — Vgl. C. **1960.** 4544. — Ca. 36 Farbstoffe vom Typ des Schiffschen Reagens wurden auf ihre Spezifität für Gewebepolyaldehyde geprüft. Sie färben Kerne in der Feulgen-Rk. mit verschiedenen Tönen an, viele der Reagentien fluorescieren auch. Die Lsgg. der Farbstoffe wurden mit SO_2 gesättigt. Sämtliche dieser Farbstoffe sind bas. u. haben mindestens eine Aminogruppe. Einige Verdrängungs-Rkk. wurden ebenfalls beobachtet. Ferner sind einige Absorptionsspektren wiedergegeben. M. Wiedemann. 4150□

Beobachtungen an einigen cytochemischen Reaktionen für Nucleoproteine. J. F. Danielli. (Biochem. Pharmacol. 4. 99—103. Aug. 1960. London, King's Coll.; engl.) — Zur Unters. einer an *Desoxyribonucleinsäure* (*DNS*) gebundenen Proteinfraktion wurden zwei histochem. Meth. entwickelt, zur Blockierung diente in beiden Fällen Benzoylchlorid, als chromogene Reagentien wurden Diazoniumhydroxide u. Fluordinitrobenzol verwendet. Aus den Kernen von Hühnererythrocyten wurde eine Proteinfraktion isoliert. Es zeigte sich, daß ein Teil des Histidins mit den Diazoniumhydroxiden u. ein Teil des Tyrosins sowie des Histidins nach der Blockierung mit Benzoylchlorid mit Fluordinitrobenzol reagiert hatten. Für die Diazoverbb. ließ sich bei einigen Zellen auch ein quant. Verf. ausarbeiten. M. Wiedemann. 4150□

Durchsicht-Apparat für die quantitative Bestimmung des Desoxyribonucleinsäure-Gehalts. E. M. Deeley. (Biochem. Pharmacol. 4. 104—12. Aug. 1960. Univ. of London, King's Coll.; engl.) — Die beiden Möglichkeiten zur Ermittlung der Absorption biolog. Materials u. damit des Geh. an *Desoxyribonucleinsäure* (*DNS*), die Apertur-Meth., bei der das Licht des gesamten Meßfeldes auf das Meßinstrument fällt, u. die auch bei verschiedenen Wellenlängen durchgeführt werden kann, u. die Durchsicht (scanning)-Meth., bei der das Licht kleiner Bereiche nacheinander auf das Meßinstrument fällt, werden diskutiert u. dabei auf die Fehler in der Abschätzung der Verteilung eingegangen. Ein Beispiel für die zweite Meth. im Zusammenhang mit der Feulgen-Färbung wird genau behandelt. Die Apertur wird von der Schnittfläche zweier enger Spalte gebildet, es wird ein integrierendes Mikrodensitometer benutzt. M. Wiedemann. 4150□

Quantitative cytochemische Untersuchungen über die Beziehung der Desoxyribonucleinsäure von Zellen zu verschiedenen pathologischen Bedingungen. C. Leuchtenberger und R. Leuchtenberger. (Biochem. Pharmacol. 4. 128—63. Aug. 1960. Boston, Children's Cancer Res. Found.; engl.) — Mit der Meth. der Feulgen-Mikrospektrophotometrie wurden mehrere Tausend Zellen verschiedener Gewebe bzgl. des quant. Verh. der *Desoxyribonucleinsäure* unter folgenden patholog. Bedingungen untersucht: Chirurg. Eingriff, Tumoren (benigne u. maligne), Virusinfektion u. Infertilität. M. Wiedemann. 4150□

Die Synthese von Desoxyribonucleinsäure durch Extrakte von Krebs-Zellen. J. N. Davidson. (Biochem. Pharmacol. 4. 164—68. Aug. 1960. Glasgow, Univ.; franz.) — Ehrlich-Ascites-Tumorzellen wurden osmot. lysiert u. der Überstand der hochtourigen Zentrifugation gewonnen. Dieser enthält ein Enzym, welches die Inkorporierung von mit *T* markiertem *Thymidin* in die *Desoxyribonucleinsäure* (*DNS*) bewirkt. Es handelt sich um eine Inkorporierung, wie durch Degradation bewiesen wurde, nicht um eine Addition an das Ende einer DNS-Kette. Das Syst. erfordert Adenosintriphosphat, Mg^{2+} u. Diphosphonucleotide, ferner DNS als „Primer" beliebiger Herkunft, möglichst erhitzt. Die Zugabe der Triphosphate der drei übrigen Desoxyribonucleoside stimuliert die Inkorporierung, bei den Monophosphaten ist die Wrkg. konzentrationsabhängig. Es konnte unter Umständen auch eine Bruttosynth. von DNS beobachtet werden. M. Wiedemann. 4150□

Variationen im Desoxyribonucleinsäure-Gehalt des Kerns in Abhängigkeit von der Zellaktivität. J. Fautrez. (Biochem. Pharmacol. **4.** 169–80. Aug. 1960; Gand (Gent), Univ., Labor. d'Anat.; franz.) — Bei endokrinen Drüsen der weißen Ratte u. auch des Kaninchens, Schilddrüse, Nebennieren (Mark u. Rinde), Eierstöcke, wurde bei verschiedenen Behandlungsweisen, die zu einer Aktivierung führen, durch Histophotometrie ein Anstieg des *Desoxyribonucleinsäure* (*DNS*)-Geh. festgestellt. Dieser ist also bei den Zellen der einzelnen Gewebe einer bestimmten Species nicht unbedingt konst. u. nur von der Chromosomenzahl abhängig. M. WIEDEMANN. 4150□

Mangel an Desoxyribonucleinsäure und Zellstoffwechsel. M. Errera und J. Brachet. (Biochem. Pharmacol. **4.** 227–41. Aug. 1960. Bruxelles, Univ. Libre, Labor. de Morphologie Animale; franz.) — In ihrem Überblick behandeln Vff. die Folgen eines Mangels an *Desoxyribonucleinsäure* (*DNS*) infolge Fehlens eines essentiellen Vorläufers, Bestrahlung, Vergiftung oder Entfernung des Zellkernes, bei verschiedenen Organismen auf eine Reihe von cellulären Prozessen, so oxydative Phosphorylierung, wo Mitochondrien ziemlich unabhängig reagieren können; anaerobe Phosphorylierung, die stärker von der Kernfunktion abhängt; Synth. von *Ribonucleinsäure* u. Proteinen, bei der eine gewisse Unabhängigkeit vom Kern besteht, die jedoch genet. gesteuert wird; mitot. Prozesse, bei denen neben DNS noch andere Konstituenten kontrollierend wirken. M. WIEDEMANN. 4150□

Quantitative cytochemische Methoden für die Untersuchung von Tumor-Zellpopulationen. T. Caspersson, G. Lomakka und O. Caspersson. (Biochem. Pharmacol. **4.** 113–27. Aug. 1960. Stockholm, Karolinska Inst., Med. Nobel Inst., Inst. for Cell Res. and Genetics; engl.) — Für die Unters. des Nucleotid- u. Proteinstoffwechsels in großen Zellpopulationen wurden einige für rasches Arbeiten geeignete Instrumente entwickelt: 1. Mikrospektrometer hoher Auflösung für das UV- u. sichtbare Gebiet, 2. Registrierendes Mikrointerferometer hoher Auflösung mit Integrator, 3. Meßinstrument für Mikroradiogramme für die Massen-Best. u. 4. Mikroplanimeter für Vol.-Messungen von Kern u. Nucleolus. Die Instrumente wurden zur Unters. des Desoxyribonucleinsäurestoffwechsels in Tumorzellpopulationen herangezogen. M. WIEDEMANN. 4160□

Eindringen von Monosacchariden in Leukocyten und Tumorzellen. L. Luzzatto und G. Leoncini. (Giorn. Biochim. **10.** 249–57. Juli/Aug. 1961. Genova, Univ., Ist. di Chim. Biol., Centro di Biochim. dei Tumori „Cassa di Risparmio di Genova"; ital.) — *Xylose* (**I**), *Ribose* (**II**), *Arabinose* (**III**), *Mannose, Galaktose* u. *2-Desoxyglucose* drangen etwa mit gleicher Geschw. in Ascitestumorzellen ein; die Aufnahme durch mehrkernige Leukocyten des Meerschweinchens (sterilles Peritonealexsudat) erfolgte viel langsamer; dabei erreichte **II** eine höhere Geschw. als **I** oder **III**. K. ZINGRAF. 4160□

Über den Einbau von ^{14}C-Phenylalanin in die Proteine des Sarkoms 45 und der normalen Organe von Ratten. Zi-zao Pan. (Бюллетень Экспериментальной Биологии и Медицины [Bull. exp. Biol. Med.] **56** (**26**). Nr. 9. 66–69. Sept. 1961. Moskau, Akad. der med. Wiss. der UdSSR, Inst. für experim. u. klin. Onkolog., Labor. für experim. Chemotherapie; russ., Auszug: engl.) — Bei Ratten war die Aufnahme von *^{14}C-Phenylalanin* (40 mc/kg) in die Eiweiße in den Nieren am stärksten (nach 4 Std. verdoppelt), in der Milz am geringsten. Die Intensität der Aufnahme in Leber, Darmwand u. Gewebe von Sarkom 45 ist ungefähr gleich stark. Es zeigte sich eine Analogie zur Aufnahme von *^{14}C-Sarkolysin.* I. v. KLOCH-KORNITZ. 4160□

Elektrophoretische Veränderungen und Einbau von ^{32}P durch Lebermitochondrien von Ratten nach Behandlung mit Mitochondrien von homologer Leber und von implantierten Sarkomen. A. Zinnari und F. Pittaluga. (Giorn. Biochim. **10.** 221–26. Juli/Aug. 1961. Genova, Univ., Ist. di Patol. Generale; ital.) — Nach Behandlung mit Mitochondrien von homologer Leber wurde bei Ratten eine Verringerung der Gesamtserumproteine u. ein verringerter Einbau von *^{32}P* durch Lebermitochondrien beobachtet, nach Behandlung mit Mitochondrien von GALLIERA-Sarkomen trat eine Erhöhung beider Werte ein. K. ZINGRAF. 4160□

Autoradiographische Untersuchungen über den Einfluß von Röntgenstrahlen auf die Aufnahme von ^{14}C-Orotsäure durch Ehrlichsche Ascites-Zellen. A. Vorbrodt. (Bull. Acad. polon. Sci., Sér. Sci. biol. **10.** 111–16. 1962. Gliwice, Polen, Dep. of Tumor Biol., Inst. of Oncology; engl.) — EHRLICHsche Ascites-Zellen (EAZ) wurden 7 u. 10 Tage bzw. 6 u. 9 Tage nach Implantation von Mäusen entnommen, in Ascites-Serum suspendiert u. in Embryonenextrakt (Küken) u. Nähr-Lsg. nach ROBINSON gebracht. Die Bestrahlung der EAZ-Suspension erfolgte bei Zimmer-Temp. (2300 r, FSD 40 cm, 200 kV, 18 mA, 115 r/min). *$^{14}C_{(6)}$-Orotsäure* wurde nach der Bestrahlung zugesetzt. Nach 1, 2 u. 3 bzw. 1, 2 u. 8 Std. wurden die markierten Zellen ausgezählt. Die Ergebnisse zeigen, daß durch Röntgenstrahlen die Synth. des vorliegenden Ribonucleinsäuretyps nur wenig erniedrigt wird. H. ACKERMANN. 4160□

Immunelektrophoretische Analyse der Seren von 100 Leukosekranken. M. Seligmann, L. Alais und Jean Bernard. (Rev. franç. Études clin. biol. **4.** 901—10. Nov. 1959. Paris, Inst. Pasteur et Hôpital Saint-Louis; franz.) — Immunelektrophoret. Serum-Unterss. wurden bei 60 Patienten mit akuter Leukämie (a.L.), 20 Patienten mit chron. myeloischer Leukämie (m.L.) u. 20 Patienten mit chron. lymphat. Leukämie(l.L.) unter Benutzung von 2 Antiseren gegen normales menschliches Serum u. 1 Antiserum gegen menschliches *γ-Globulin* durchgeführt. Bei l.L. wurden oft Veränderungen in den β_2-u.γ-Globulinen gefunden (Red. der γ-, β_2A- u. β_2M-Globuline); bei m.L. waren die Konzz. der γ-, β_1A-Globuline u. *α_2-Makroglobuline* erhöht. Bei a.L. waren die Veränderungen inkonst. u. verschiedenartig. — 59 Literaturangaben. G. KIMMERLE. 4160

Antitumormittel und Tumorzellen. Den'ichi Mizuno. (J. gen. appl. Microbiol. [Tokyo] **6.** 134—36. März 1960. Tokyo, Nat. Inst. of Health.; engl.) — Vf. sichtete 1300 Verbb. im Zell-Agar-Plattentest auf ihre Antitumor-Wrkg. u. fand folgende wirksam: Acetyl- u. Halogenacetyl-Verbb., die eine Äthyleniminogruppe enthalten, Cyaninfarbstoffe, Organoquecksilber-Verbb., Phenazine, Chuinone, Rhodan-Verbb., Thiophen- u. Furanderivate. In vivo waren folgende Verbb. wirksam: *β-S-Methylmercapto-α-chloracetylaminopropionsäure, γ-S-Methylmercapto-α-acetylaminobuttersäurenitril, γ-S-Methylmercapto-α-acetylaminobuttersäurenitril, Diäthylmercurisulfid, Dimethylmercurisulfid, 1.2-Benzo-9-hydroxyphenazin, 5'-Nitro-2-furylacrylsäure.* P. GREGORZEWSKI. 4160□

Die Rolle des 5-Fluoruracils bei bösartigen Erkrankungen. B. J. Kennedy und Athanasios Theologides. (Ann. intern. Med. **55.** 719—30. Nov. **1961.** Minneapolis, Minn., Univ. of Minnesota, Med. Center, Dep. of Internal Med.; engl.) — *5-Fluoruracil* hat ausgesprochen antineoplast. Eigg., die sich bei verschiedenen Carcinomen als therapeut. wertvoll erweisen. Allerdings sind die besten Ergebnisse erst bei subletalen Dosen zu erreichen. Die überaus große tox. Wrkg. verläuft in drei Phasen: Stomatitis u. Diarrhoe, Fieber u. Leukopenie u. Alopecie u. Hautpigmentierungen. *5-Fluor-5-desoxyuridin* ist bei größerer Antitumor-Wrkg. von geringerer Toxizität, obwohl letztere immer noch ziemlich groß ist. CH. FOLESKY. 4160□

Eine Bewertung des 5-Fluoruracils bei bösartigen Erkrankungen. Arthur J. Weiss, Laird G. Jackson und Ralph Carabasi. (Ann. intern. Med. **55.** 731—41. Nov. 1961. Philadelphia, Pa., Jefferson Med. Coll., Dep. of Med.; engl.) — Vgl. vorst. Referat. — Vff. messen dem *5-Fluoruracil* (I) einen großen Wert bei der Behandlung maligner Erkrankungen in entsprechend gelagerten Fällen zu. I ist potentiell letal. I hat die beste Wrkg. beim Brust-, Magen- u. Darmcarcinom, allerdings auch hier für gewöhnlich unvollständig u. teilweise nur für kurze Dauer. CH. FOLESKY. 4160□

Untersuchungen über die cancerostatische Aktivität von Merbromin. Heitaroh Iwata. (Nagoya med. J. **5.** 11—18. Aug. 1959. Nagoya, Nagoya City Univ., Med. School, Dep. of Pharmacol.; engl.) — Beim Vgl. der Retention von *Na-Fluorescein* (I) in Tumoren mit der von *Merbromin* (II), als dessen Deriv. (*Mercurochromum*, J.P. VI) dauerte die Retention von II in soliden EHRLICH-Carcinomzellen länger als die von I u. dehnte sich bis zu 48 Std. aus, während die von I nur bis zu 9 Std. nachweisbar war; die Vers.-Anordnung bestand in einer Implantation von 1 Mill. Zellen/0,1 ml unter die Mäuserückenhaut mit nachträglicher intraperitonealer Injektion von 20 mg I/kg oder II. Durch die gleiche Injektionsweise von II u. durch i.v. Injektion (bis zu 50 mg/kg) konnte auch gegenüber den soliden EHRLICH-Zellen, nicht jedoch gegenüber EHRLICH-Ascitestumorzellen u. gegenüber soliden Sarkom-180-Zellen, eine cancerostat. Hemmwrkg. ausgeübt werden; peroral war II unwirksam. U. TAUSENDFREUND. 4160□

Klinische Erfahrungen mit AB-100; Ergebnisse der Behandlung von 123 Patienten. Vorläufige Mitt. John B. Weeth und Albert Segaloff. (Southern med. J. **54.** 39—42. Jan. 1961. New Orleans, La., Alton Ochsner Med. Found., Div. of Endocrine Res.; Tulane Univ., School of Med., Dep. of Med.; engl.) — *AB-100* (*Bis-[äthylenimino]-phosphourethan*; *Avinar*, ARMOUR PHARMACEUT. Co.) kann i.v., intrapleural u. intraperitoneal gegeben werden (auch 300 mg in einer i.v.-Dosis werden ohne tox. Anzeichen gut vertragen). In einer vorläufigen Anwendung bei 123 Patienten wurden Dosen von 2,2—3,3 mg/Monat bei knochenmarksgesunden Personen angewendet; mit 200 mg oder weniger waren kaum tox. Wrkg. auf das Knochenmark bei diesen Personen zu sehen. Wegen der Hemmung auf die Knochenmarksfunktion, die von dem Medikament ausgeübt wird, sollten bei Patienten mit gestörter Knochenmarksfunktion die Dosen verringert werden. Signifikante Antitumor-Wrkg. konnte gegenüber HODGKINschen Erkrankungen (Lymphogranulomatose), Melanom, Reticulumzellsarkom u. Lymphoepitheliom beobachtet werden. U. TAUSENDFREUND. 4160□

Antitumor-Aktivität des Melanomycins. Hiroshi Takita, Mitsuru Takaoka und Toju Hata. (J. Antibiotics [Tokyo], Ser. A **13.** 172—76. Mai 1960. Tokyo, Kitasato

Inst. for Infectious Diseases; engl.) — Vff. untersuchten die Antitumoraktivität von *Melanomycin* (I) an Mäusen mit EHRLICH-Ascitestumor (TA) u. EHRLICH subkutanem festem Tumor (TS). Wenn die Behandlung bei TA 1—3 Tage nach der Transplantation einsetzt (10—80 mg/kg/Tag), steigt die Überlebenszeit auf das Doppelte gegenüber den Kontrollen, bei TS beträgt die Tumorhemmung 70%, wenn die Behandlung 1 Tag nach der Implantation beginnt. Am wirkungsvollsten ist die intraperitoneale, gefolgt von der subkutanen Verabreichung, subkutane Injektionen sind wirkungslos.
P. GREGORZEWSKI. 4160□

E_2. Enzymologie. Gärung

Reaktionsmechanismus eines Enzyms mit zwei Substraten. W. Fiers und J. de Bersaques. (Arch. int. Physiol. Biochim. **68.** 678—79. Sept. 1960. Gent, Rijks-Univ., Labor. voor fysiol. Scheikunde; holl.) — Vff. diskutieren die Anwendbarkeit der Rk.-Geschw.-Gleichung von FLORINI u. VESTLING (C. **1959.** 159) zur Unters. der Rk.-Mechanismen von 2 Substraten mit einem Enzym, wenn eines der Substrate durch eine verwandte Modellsubstanz ersetzt werden kann. Ein solcher Fall liegt z. B. bei Phosphorolyse von *Inosin* (I) durch Nucleosidphosphorylase vor, wobei I durch *Desoxyinosin* u. *Phosphat* durch *Arsenat* ersetzt werden. G. KIRSTEN. 4200□

Die Oxydation von Sulfit zu Sulfat durch die Haferwurzel. P. Fromageot, R. Vaillant und H. Perez-Milan. (Biochim. biophysica Acta [Amsterdam] **44.** 77—85. 21/10. 1960. Gif-sur-Yvette, France, Centre d'Études Nucl. de Saclay, Serv. de Biol. du Commissariat à l'Energie Atomique; franz.) — Aus 5 Tage alten Haferkeimlingen läßt sich mit NaCl-haltigem Phosphatpuffer, pH 7, ein Enzym-Syst. extrahieren, das die Oxydation von *Sulfit* → *Sulfat* katalysiert. Das pH-Optimum der Rk. ist in Phosphat- u. Trispuffer 7. Die Oxydation wird durch *Fe*-Chelatbildner, wie Versene, o-Phenanthrolin u. α.α'-Dipyridyl gehemmt. Die thermolabile, nicht durch Cellophan ultrafiltrierbare *Sulfitoxydase* ist möglicherweise ein Häminenzym. K. MAIER. 4210□

Das Redoxpotential von Cytochrom a. K. Minnaert. (Arch. int. Physiol. Biochim. **68.** 692. Sept. 1960. Amsterdam, Univ., Labor. voor fysiol. Chem.; niederl.) — Vgl. C. **1960.** 3900. — Titration eines Gemisches aus lösl. *Cytochromoxydase* (I; vgl. SMITH u. STOTZ, C. **1956.** 14378) u. *Cytochrom c* (II) mit Ferricyanid in Ggw. eines Überschusses an Ferrocyanid unter O_2-Ausschluß zeigt, daß das Redoxpotential von *Cytochrom a* (III; red. Form/Ferricyanid-Form) bei pH 7,4 um 18 mV höher ist als das von II. Beide III-Formen scheinen sich mit nur 0,5 Oxydationsäquivalenten zu unterscheiden, was lediglich erklärbar ist, wenn I noch eine weitere Gruppe enthält, die in Ggw. von Ferri-/Ferrocyanid das Fe-Atom von I oxydieren kann. G. KIRSTEN. 4210□

Die Darstellung von kristallinem Coeruloplasmin aus menschlichem Plasma. H. F. Deutsch. (Arch. Biochem. Biophysics **89.** 225—29. Aug. 1960. Madison, Wis., Univ. of Wisconsin, Dep. of Physiol. Chem.; engl.) — Durch Chromatographie auf Diäthylaminoäthylcellulose kann krist. *Coeruloplasmin* (I) aus menschlichem Plasma oder Serum rasch in guter Ausbeute dargestellt werden. Durch wiederholtes Auskristallisieren, gefolgt von Chromatographie bei neutralem pH, erhält man I, welches in 150000 g 8 Mol Cu enthält u. bei Elektrophorese oder Ultrazentrifugenbehandlung einheitlich bleibt. K. ZINGRAF. 4210□

Eine chromatographische, spektrophotometrische Methode zur Bestimmung von Coeruloplasmin. H. F. Deutsch. (Clin. chim. Acta [Amsterdam] **5.** 460—63. Juli 1960. Madison, Wis., Univ. of Wisconsin, Dep. of Physiol. Chem.; engl.) — Vgl. vorst. Referat. — Die Meth. zur Best. von *Coeruloplasmin* (I) in Serum umfaßt folgende Stufen: Dialyse des Serums gegen 0,05m Natriumacetatpuffer (pH 5,5), Verdünnung des dialysierten Serums mit der Puffer-Lsg., Abzentrifugieren von unlösl. Protein bei 1°, Chromatographie an einer DEAE-Cellulosesäule u. Elution von störendem, gelbbraun gefärbtem Material durch 0,1m NaCl enthaltendem 0,05m Acetatpuffer (pH 5,5) u. Elution des I durch 0,5m NaCl-Lsg., Messung der Extinktion der I-Lsg. bei 610 mμ u. erneute Messung der Extinktion bei 610 mμ nach Zusatz von *Ascorbinsäure* enthaltendem Acetatpuffer (pH 5,5). K. F. MÜLLER. 4210□

Hemmung der Peroxydase durch Isonicotinsäurehydrazid und deren Abbau durch die Peroxydase. A. Andrejew, Ch. Gernez-Rieux und A. Tacquet. (Bull. Soc. Chim. biol. **41.** 1047—53. 25/9. 1959. Lille/Nord, Inst. Pasteur; franz.) — Die Wrkg. von *Hydrazin* (I) u. *Isonicotinsäurehydrazid* (II) auf gereinigte *Rettichperoxydase* (III) wurde untersucht. III wird durch I u. in etwas geringerem Maße durch II gehemmt; I wird andererseits durch III abgebaut. F. RADLER. 4210□

Eine Oxalsäureoxydase in den Blättern von Bougainvillea spectabilis. S. K. Srivastava und P. S. Krishnan. (J. sci. ind. Res. [New Delhi], Sect. C **20.** 223. Juli **1961.** Lucknow, Lucknow Univ., Div. of Biochem.; engl.) — In Blatthomogenaten von *Bougainvillea spectabilis* läßt sich eine *Oxalsäureoxydase*-Aktivität nachweisen, die teilweise an eine unter 1600·*g* sedimentierende Fraktion gebunden ist, pH-Optimum **6,8.** Vollständige Inaktivierung durch $^1/_4$std. Erhitzen auf 80°. EDTA u. Molybdat inhibieren, 8-Hydroxychinolin aktiviert. P. GREGORZEWSKI. 4210□

Acetylcholin und die Aktivität der Succindehydrogenase in Homogenaten von Muskeln, Gehirn und Herz weißer Ratten. Natalia Moldoveanu. (Studii Cercetări Biochim. [Bucureşti] **1.** 265—69. 1958. Acad. R.P.R., Inst. de biochim.; rum.) — Bei der Unters. von Muskeln, Gehirn u. Herz weißer Ratten in homogenisiertem Brei nach der Meth. der Entfärbung von Methylenblau nach THUNBERG [1936] oder auf Grund des O_2-Verbrauchs nach WARBURG zeigt sich, daß *Acetylcholin* in Konzz. von $(1,1-2,1)\cdot 10^{-4}$ keinen Einfl. auf die Aktivität der *Succindehydrogenase* in diesen Geweben hat, in Widerspruch zu den allein nach der THUNBERGschen Meth. erhaltenen Ergebnissen von DEMIN (C. **1956.** 10728). R. K. MÜLLER. 4210□

Vergleichende enzymatische Untersuchungen an Zellen von Tetrahymena pyriformis Y-Kulturen bei zwei Wachstumsstadien: L-Glutaminsäuredehydrogenase. Wynelle D. Thompson und W. J. Wingo. (J. cellular comparat. Physiol. **53.** 413—20. Juni **1959.** Birmingham, Ala., Univ. of Alabama, Med. Coll. and School of Dent., Biochem. Dep.; engl.) — *Tetrahymena pyriformis* Y-Zellen wurden von Kulturen aus der logarithm. Wachstumsphase (lP) u. dem frühen Reifestadium (fR) auf die Aktivität der *L-Glutaminsäuredehydrogenase* (I) durch die Mikrodiffusions-Meth. untersucht. Auf die Zelle bezogen, enthielten die Zellen aus dem fR mehr Enzym als die aus der lP. Auf die Gew.-Einheit des Gesamt-Protein-N bezogen, zeigten sich kaum Unterschiede. Vff. schließen, daß eine Zellvermehrung nicht notwendigerweise mit einer Veränderung des physiolog. Status der Zelle einhergehen muß. W. HILLER. 4210□

Untersuchungen über die Glutathionreduktase der Augenlinsen. Aimo Kärkelä und Pentti Miettinen. (Ann. Med. exp. Biol. fenn. **39.** 349—51. **1961.** Central Hosp. of Kuopio, Labor. and Ophthalmic Dep.; engl.) — Vff. bestimmten die Aktivität der *Glutathionreduktase* (I) von Linsenextrakten mit verschiedenen Durchsichtigkeitsgraden. Die Durchschnittsaktivität der **I** ist in den Anfangsstadien des grauen Stars 2—2½mal größer als in den reifen Stadien. W. HILLER. 4210□

Schutzwirkung der kristallinen Ribonuclease gegen die spontane Schwellung der Mitochondrien in vitro. M. Artizzu. (Giorn. Biochim. **10.** 233—43. Juli/Aug. **1961.** Cagliari, Univ., Ist. di Patol. Generale; ital.) — Bei pH 6,8—7,4 verlangsamt krist. *Ribonuclease* (I) das Anschwellen von Rattenlebermitochondrien in vitro, kann aber bei bereits geschwollenen Mitochondrien die ursprüngliche opt. Dichte nicht wiederherstellen. Die Schutz-Wrkg. wird aufgehoben, wenn **I** durch Wärme inaktiviert wird. K. ZINGRAF. 4210□

Flavinadenindinucleotid-synthetisierendes Enzym in Eremothecium ashbyii. Tokio Kobayashi und Takuji Suzue. (J. Vitaminol. [Kyoto] **7.** 42—47. 10/3. **1961.** Sakyo, Kyoto, Kyoto Univ., Fac. of Engng., Dep. of Ind. Chem.; engl.) — Nach den üblichen Meth. isolierten Vff. aus dem Mycel von *Eremothecium ashbyii* ein Enzym, das *Flavinadenindinucleotid* (*FAD*) aus Flavinmononucleotid (FMN) u. Adenosintriphosphat (ATP) synthetisieren kann. Mg^{2+} oder Mn^{2+} wirken aktivierend, pH-Optimum 8,0, FMN kann durch Riboflavin ersetzt werden, nur ist die Synth. geringer. P. GREGORZEWSKI. 4210□

Biosynthese von Pyridin-Coenzymen in den Erythrocyten von Personen mit Favismus-Anamnese. A. Bonsignore, G. Fornaini, G. Segni und A. Fantoni. (Giorn. Biochim. **10.** 212—20. Juli/Aug. **1961.** Genova, Univ., Ist. di Chim. Biol. e di Clin. Pediatr. „G. Gaslini"; ital.) — Bei 4 von 6 Personen mit Favismus-Anamnese wurde in vitro eine gesteigerte *Triphosphopyridinnucleotid*-Bldg. in den Erythrocyten im Vgl. zu Normalpersonen beobachtet, während der Pyridinnucleotid-Geh. u. der Prozeß der Biosynth. von Diphosphopyridinnucleotid aus Nicotinsäure bzw. Nicotinamid normal waren. K. ZINGRAF. 4210□

Biosynthese von Diphosphopyridinnucleotid. 3. Mitt. **Nicotinsäuremononucleotidpyrophosphorylase.** John Imsande und Philip Handler. (J. biol. Chemistry **236.** 525—30. Febr. 1961. Durham, N.C., Duke Univ., School of Med., Dep. of Biochem.; engl.) — 2. vgl. C. **1959.** 8587; C. **1961.** 1588; C. **1962.** 4199 u. DAHL, WAY u. Mitarbeiter, J. biol. Chemistry **234.** [1959.] 2998. — Aus Acetontrockenpulver von Rinderlebern wurde *Nicotinsäuremononucleotidpyrophosphorylase* (I) ca. 270fach angereichert; das Enzym katalysiert die Synth. von *Nicotinsäuremononucleo-*

tid (II) aus *Nicotinsäure* (III) u. *5-Phosphoribosyl-1-pyrophosphat* (IV). Ein Wrkg.-Optimum des Ferments ist in Ggw. von *Orthophosphat* u. äquimol. Mengen Mg^{2+} u. *ATP* bei pH 7,2 zu beobachten. Unter pH 6,5 nimmt die Aktivität rapide ab. II hemmt kompetitiv zu III u. IV. Die MICHAELIS-Konst. für IV beträgt $5 \cdot 10^{-5}$m; für III $1 \cdot 10^{-6}$m. Das Enzym hat seine Lokalisation im Cytoplasma. Aus der in der Leber nachgewiesenen Aktivität wird berechnet, daß 1 kg Leber pro Tag $5 \cdot 10^{-3}$ Mol II synthetisieren kann. Die I-Aktivität wurde an Hand der Bldg. von ^{14}C-II aus $^{14}C_{(7)}$-III papierchromatograph. bestimmt. Die Einheit der Fermentaktivität wurde ausgedrückt durch die zur Synth. von 1 µMol II/Std. benötigte Enzymmenge. Zur Reinigung von I wurden 30 g Acetontrockenpulver von Rinderleber 30 Min. bei Raum-Temp. mit 300 ml 0,05m Tris pH 7,4 unter Rühren extrahiert, die Suspension in der Kälte 10 Min. mit $10000 \cdot g$ zentrifugiert, der Rückstand entfernt; zu 35% mit $(NH_4)_2SO_4$ gesätt., wie zuvor zentrifugiert, das Präcipitat in 200 ml 0,01m Tris pH 7,4 aufgenommen, pH 4,8 mit 0,4n HCl eingestellt, zentrifugiert wie zuvor, der Überstand auf pH 7,4 mit 0,5m Tris pH 10,7, zu 32% gesätt. mit $(NH_4)_2SO_4$, eingestellt, zentrifugiert, das Präcipitat mit 70 ml W. aufgenommen u. 1 Std. gegen 6 Liter W. dialysiert; jetzt lag die 3—5fache I-Aktivität des Ausgangs-Präp. vor. Durch Adsorption an Calciumphosphatgel wurden die inakt. Proteine entfernt, der Überstand wie zuvor mit $(NH_4)_2SO_4$ zentrifugiert, das Präcipitat mit 24 ml W. aufgenommen u. 2 Std. gegen 4 Liter W. dialysiert; an DEAE-Cellulose (1,6×6 cm Säule, 0,005m Phosphatsuspension, pH 7,4) chromatographiert, mit 50 ml 0,025m Phosphatpuffer u. danach mit 40 ml 0,05m eluiert, beide Fraktionen einzeln gegen 4 Liter W. dialysiert. Die I-Aktivität war an das 0,025m Phosphatpuffereluat gebunden; Aluminiumgel Cγ (100 mg Trockengew.) unter Rühren zugegeben, 5 Min. mit 2000 U/min zentrifugiert, das Gel mit 10 ml 0,025m Phosphatpufer pH 7,4 eluiert, die Suspension zentrifugiert; der Überstand u. die Eluatfraktion wurden auf ihre I-Aktivität geprüft; die Hauptmenge des Ferments war meist an das Eluat gebunden; im Vgl. zur Leber ist mit dieser Prozedur eine 500fache, zum Originalextrakt eine 270fache Anreicherung zu erzielen. L. LASCHET. 4210□

Die Hydrolyse der die Adenylsäure katalysierenden Phosphatase der Leukocyten. T. M. Jakowlewa. (Доклады Академии Наук СССР [Ber. Akad. Wiss. UdSSR] **136.** 211—13. 1/1. 1961. Akad. der Wiss. der UdSSR, Ssewertzow-Inst. für Tiermorphologie; russ.) — Es werden das Vork. u. die Wrkg. der die Hydrolyse von Hefe- u. Muskel-*Adenylsäure* (I) katalysierenden *Phosphatase* (II) in den Leukocyten von Pferdeblut untersucht. Die Formelemente werden in Aceton bei —5° über 15 Min. fixiert u. mit der Substrat-Lsg. (I, $CaCl_2$, $MgCl_2$, Medinal) bei verschiedenen pH-Werten (9,3—9,5; 8,8; 8,5; 8,2; 7,5) u. verschiedenen Inkubationszeiten (5, 15, 30, 60, 120, 180 Min.) behandelt. Die Lokalisierung der II erfolgt mkr. an gut abgegrenzten Leukocyten. I kann im Cytoplasma der eosinophilen u. neutrophilen Grana nachgewiesen werden. Der für die I-Hydrolyse günstigste pH-Wert liegt bei 9,3—9,5, die optimale Inkubationszeit beträgt 30—60 Minuten. Spezif. Nucleotidasen, die sich in ihren Eigg. von der alkal. Cytoplasma-II unterscheiden, konnten nicht nachgewiesen werden. In den Eosinophilen oder auf ihrer Oberfläche wird eine spezif. *Adenosintriphosphatase* mit einem Wrkg.-Optimum bei pH 7,4—7,6 gefunden. H.-P. PIETSCH. 4210□

Die Aktivität der Adenosintriphosphatase bei Tuberkulosemycobakterien in Gegenwart von tierischem Serum verschiedener Artresistenz. A. M. Witrinskaja. (Бюллетень Экспериментальной Биологии и Медицины [Bull. exp. Biol. Med.] **52 (26).** Nr. 9. 59—62. Sept. 1961. Leningrad, Forschungsinst. für Tuberkulose, Biochem. Labor.; russ., Auszug: engl.) — Die Aktivität der *Adenosintriphosphatase* (I) im Substrat von Tuberkulosemycobakterien (TB) war in Ggw. von resistentem Mäuseserum 2—5mal höher als bei resistentem Meerschweinchenserum oder in der Kontrolle. Vf. ist der Ansicht, daß im Serum resistenter Tiere ein unspezif. Faktor vorhanden ist, der neben seinem Einfl. auf die Antituberkulose-Immunität den energet. Stoffwechsel der TB, bes. die Aktivität der I, beeinflußt, die als Endoferment wirkt.

I. v. KLOCH-KORNITZ. 4210□

Flavaspidsäureglucaminat. Toivo Markkanen, Martti Pulkkinen und Heikki Salmi. (Ann. Med. exp. Biol. fenn. **38.** 76—80. 1960. Turku, Univ., Med. Dep. and Physiolog. Inst.; engl.) — Vgl. C. **1962.** 562. — Vff. untersuchen den Einfl. des *N-Methylglucaminats der Flavaspidsäure* (I) auf die *Adenosintriphosphatase* (II)-Aktivität im Herzmuskel der Ratte. Zum Muskelbrei wird eine Lsg. gegeben, die $CaCl_2$, ATP u. in verschiedenen Konzz. I enthält. Das Ganze wird 10 Min. bei 25° inkubiert u. die Rk. dann durch Zugabe von Trichloressigsäure abgebrochen. Der dabei entstehende Nd. wird abzentrifugiert u. im klaren Filtrat das freigesetzte Phosphat bestimmt. Die Verss. zeigen, daß schon die Zugabe sehr kleiner Mengen von I die II-Aktivität im

Vgl. zur Kontrolle herabsetzt. So wurden bei der Kontrollprobe 24,46 γ, bei Zugabe von 1 mg% I 23,4 γ Phosphat aus dem ATP abgespalten, 100 mg % I hatte fast eine Totalhemmung der II-Aktivität zur Folge. M. LORENZ. 4210□

Endocelluläre α.β-Adenosintriphosphatase. P. Cerletti. (Ital. J. Biochem. **10.** 147—55. Mai/Juni 1961. Roma, Univ., Ist. di Chim. Biol., Centro per gli Studi di Enzimol. del C.N.R.; engl.) — *α.β-Adenosintriphosphatase* (I) ist an die bei 23000·*g* sedimentierte subcelluläre Fraktion der menschlichen Placenta gebunden. I katalysiert die Bldg. von Pyrophosphat u. Adenosinmonophosphat aus Adenosintriphosphat. pH-Optimum 9,5; $2 \cdot 10^{-3}$m NaN_3 oder 10^{-2}m $MgCl_2$ hemmen die Rk. nicht. P. GREGORZEWSKI. 4210□

Untersuchungen der Phosphatase-Aktivität junger Kaninchen nach Verabreichung von Ferrum reductum. Toshibumi Yagihara. (Ann. Paediatrici jap. **6.** 33—38. Sept./Okt. 1960. Kyoto Univ., Dep. of Pediat.; jap., Auszug: engl.) — Orale *Ferrum reductum* (I)-Gaben (0,1—0,3 g/kg) beeinflussen den Serum-Geh. an anorgan. *P, Ca, alkal.* u. *saurer Phosphatase*-Aktivität des Serums nicht. Bei 6—7wöchiger Anwendung von 0,3 g fällt die alkal. Phosphataseaktivität der Leber ab. P. GREGORZEWSKI. 4210□

Untersuchungen der Phosphatase-Aktivität in jungen Kaninchen nach Blei-Verabreichung. Toshibumi Yagihara. (Ann. Paediatrici jap. **6.** 39—44. Sept./Okt. 1960. Kyoto Univ., Dep. of Pediat.; jap., Auszug: engl.) — 0,03 g *Pb*/kg oral verursachten geringe Veränderungen des Geh. an anorgan. *P, Ca, alkal.* u. *saurer Phosphatase* im Serum. In Leber, Dünndarm, Knochenmark u. Nieren verringert sich die alkal. u. saure Phosphatase. P. GREGORZEWSKI. 4210□

Aktivität der alkalischen Phosphatase des Blutserums bei der Botkinschen Krankheit. I. Je. Golubowski. (Казанский Медицинский Журнал [Kasan. med. J.] **1961.** Nr. 6. 19—20. Nov./Dez. Kasan, Med. Inst., Therapeut. Fakultäts-Klinik; russ.) — Bei schweren u. schwersten Formen der Virushepatitis (BOTKINsche Krankheit) ist die Aktivität der *alkal. Phosphatase* (I) des Blutserums um so größer, je schwerer der klin. Verlauf ist. Zu Beginn der Erkrankung ist bei 1% der Erkrankten die I-Aktivität normal, bei 51% mäßig erhöht u. bei 48% stark erhöht. 45—60 Tage danach zeigen 31% eine Normalisierung der I-Aktivität, 78% noch eine mäßig erhöhte Aktivität, 5% eine stark erhöhte Aktivität. Bei mittelschweren Erkrankungsformen ist zu Beginn die I-Aktivität bei 4% normal, bei 72% mäßig erhöht u. bei 24% stark erhöht. Bei leichten Formen ließ sich nur bei 25% eine mäßige Erhöhung der I-Aktivität feststellen, von denen nach 25—35 Tagen nur noch 6% eine geringe Aktivitätssteigerung erkennen ließen. Bei leichten u. mittelschweren Verlaufsformen liegt die I-Aktivität im allg. nicht über 10 Einheiten. L. SHAHAB. 4210□

Die Lokalisierung externer oder funktioneller Acetylcholinesterase in Synapsen autonomer Ganglien. Winifred A. Koelle und George B. Koelle. (J. Pharmacol. exp. Therapeut. **126.** 1—8. Mai 1959. Philadelphia, Pa., Univ. of Pennsylvania, Dep. of Physiol. and Pharmacol.; engl.) — Histochem. Unterss. am Ganglion stellate u. Ganglion cervicale craniale ergaben, daß funktionelle *Acetylcholinesterase* (I) präsynapt. gelagert ist. Beim Ganglion ciliare liegt die I prä- u. postsynaptisch. Die Verhältnisse beim Ganglion sphenopalatinum sind denen des Ganglion ciliare ähnlich. Die Hemmung der I erfolgte durch *N.N'-Bis-[2-diäthylaminoäthyl]-oxamid-bis-[2'-chlorbenzyldichlorid]* (*Ambenoniumchlorid*). H. LIEBMANN. 4210□

Ein Vergleich der Hemmungseffekte von externer, interner und gesamter Acetylcholinesterase auf die ganglionäre Übertragung. Robert J. McIsaac und George B. Koelle. (J. Pharmacol. exp. Therapeut. **126.** 9—20. Mai 1959. Philadelphia, Pa., Univ. of Pennsylvania, Graduate School of Med., Dep. of Physiol. and Pharmacol.; engl.) — Bei Katzen wurde die extra- u. intraneurale *Acetylcholinesterase* (I) im Bereich des Ganglion cervicale craniale durch i.v. Gaben verschiedener Inhibitoren gehemmt. Die präganglionäre Reizung zeigte nach *2-Diäthoxyphosphinthioäthyldimethylaminoxalat* (*217 AO*) in Dosen von 106 u. 300 μg/kg eine Zunahme der Nickhautkontraktion u. des Aktionspotentials im Ganglion. Histochem. Unterss. zeigten die Hemmung sowohl der intraneuralen als auch der extraneuralen I. Durch *2-Diäthoxyphosphinthioäthyltrimethylammoniumjodid* (*217 MJ*) wurden bei Dosen von 35 u. 50 μg/kg dem 217 AO ähnliche Ergebnisse erzielt. Histochem. zeigte sich die I am präganglionären Ende völlig gehemmt. Die intraneurale I zeigte Aktivität. Wurde die extraneurale I bei *Diisopropylfluorphosphat* (*DFP*)-Verabreichung (3,68 mg/kg) durch die vorherige Gabe von dem reversiblen I-Blocker *1.5-Bis-[4-allyldimethylammoniumphenyl]-pentanon-(3)-dibromid* (*BW 284*) in Dosen von 1—25 μg/kg u. *3-Hydroxyphenyldimethyläthylammoniumchlorid* in Dosen von 1—2 mg/kg vor der DFP-Inaktivierung geschützt, dann zeigte die Nickhaut nicht mehr die Kontraktionen wie nach DFP allein. Alle Ergebnisse wurden mit manometr. Kontroll-Best. der I-Aktivität verglichen. Vff. folgern, daß die externe I als die funktionelle zu bezeichnen ist. H. LIEBMANN. 4210 ☐

Darstellung von l-Malat aus Fumarat durch eine neue Methode, die „enzymatische Transkristallisation". Kakuo Kitahara, Sakuzo Fukui und Masanaru Misawa. (J. gen. appl. Microbiol. [Tokyo] 6. 108—16. März 1960. Tokyo, Univ., Inst. of Applied Microbiol., Div. of Zymomycology; engl.) — Bei Zugabe von festem *Ca*- oder *Zn-Fumarat* als Suspension zu einer *Lactobacillus brevis*-Kultur als Enzymquelle wird *l-Malat* gebildet. Durch das Verhältnis zwischen Gleichgewichts-Konst. u. Löslichkeitsverhältnis von Prod. u. Substrat verläuft die Rk. einseitig in Richtung der *l-Malat*-Bldg.; diese Rk.-Art wurde „enzymat. Transkristallisation" genannt. Sie verläuft nach folgendem Schema: Ca-Fumarat (fest) $\rightleftharpoons$ Ca-Fumarat (gelöst) $\xrightleftharpoons{\text{Fumarase}}$ Ca-*l*-Malat (gelöst) $\rightleftharpoons$ Ca-*l*-Malat (fest). P. GREGORZEWSKI. 4210 ☐

Über Art und Lokalisierung von Brenztraubensäuredecarboxylase bei verschiedenen Vertretern vom Genus Acetobacter. J. de Ley und J. Schell. (Arch. int. Physiol. Biochim. 68. 675—76. Sept. 1960. Gent, Rijks-Univ., Labor. voor Microbiol.; holl.) — Unterss. an *Acetobacter* zeigen, daß in diesen offenbar keine oxydative *Brenztraubensäuredecarboxylase* (I) anwesend ist, sondern daß die beobachtete Red. von Diphosphopyridinnucleotid (DPN) mit Brenztraubensäure (II) durch eine gemeinsame Einw. gewöhnlicher I u. *Acetaldehyddehydrogenase* (III) vollzogen wird. Die an DPN gebundene III wird im Gegensatz zu TPN-gebundener III durch Coenzym A u. Glutathion aktiviert bzw. durch Arsenit gehemmt. I ist zumindest funktionell mit den Zellpartikeln — wahrscheinlich in der Zellmembran — assoziiert, da es nach kurzer Beschallung der Partikel im Gegensatz zu den ebenfalls gebundenen Oxydasen in die umgebende Fl. abgegeben wird. In Kulturmedien, in denen kein II als Zwischenprod. auftritt, scheint I nicht an die Partikel gebunden zu sein. Dieser Umstand entscheidet außerdem darüber, ob der gebildete *Acetaldehyd* durch die gebundene Acetaldehydoxydase oder die lösl. III abgebaut wird. G. KIRSTEN. 4210 ☐

Über einige am Kohlenhydratstoffwechsel der Nebenniere beteiligte Enzym-Aktivitäten in der Schwangerschaft. A. Colajacomo, V. Vallerino und E. Chisalè. (Giorn. Biochim. 10. 205—11. Juli/Aug. 1961. Genova, Univ., Ist. di Chim. Biol.; Osped. „Duchessa Galliera", Div. Ostetr. Ginecol.; ital.) — Im Vgl. zu normalen Meerschweinchen besteht bei schwangeren Tieren prakt. kein Unterschied in der *Heptose*-Bldg. aus Ribose-5-phosphat oder Glucose-6-phosphat (I) sowie in der I-Dehydrogenase-, Transketolase- oder Transaldolaseaktivität in der Nebenniere. K. ZINGRAF. 4210 ☐

Phytolytische und zoolytische Aktivität der Blutamylase bei experimenteller Äthioninpankreatitis. A. M. Ugolew und T. M. Tschulkowa. (Бюллетень Экспериментальноы Биологии и Медицины [Bull. exp. Biol. Med.] 52 (26). Nr. 9. 45—50. Sept. 1961. Moskau, Akad. der med. Wiss. der UdSSR, Inst. für Physiolog. u. Pathophysiolog., Labor. für allg. Physiolog.; russ., Auszug: engl.) — In Unterss. an Ratten mit experimenteller Pankreatitis geringen Grades (250 mg *Äthionin*/kg peritoneal) war neben Veränderungen des *Amylase* (I)-Geh. im Blut auch der Abfall der Aktivität der I gegenüber *Stärke* größer als gegen *Glykogen*, die phytolyt. Aktivität verringerte sich stärker als die zoolyt. Aktivität, Hungerzustände verstärkten die Wirkung. I. v. KLOCH-KORNITZ. 4210 ☐

Biologische Aminierung der Phenylbrenztraubensäure: Reinigung des Enzyms. R. Giuffrè und R. Vestri. (Giorn. Biochim. 10. 262—74. Juli/Aug. 1961. Roma, Univ., Ist. di Chim. Biol.; Centro di Enzimol. del Consiglio Naz. delle Ricerche; ital.) — Aus Mitochondrien von Rindernierenmarkzellen konnte ein Enzym rein dargestellt werden, welches die Transaminierung zwischen *Phenylbrenztraubensäure* u. *Glutaminsäure* oder *Asparaginsäure* katalysiert; als Aminogruppenspender können auch *Glutamin* oder *Asparagin* fungieren. Gang der Reinigung: Darst. der Mitochondrienfraktion u. Lyse in n-Butanol; chromatograph. Trennung auf N.N-Diäthylaminoäthylcellulose; Chromatographie auf Carboxymethylcellulose. K. ZINGRAF. 4210 ☐

Enzymatische Transaminierung von S-Sulfocystein. M. Coletta, S. A. Benerecetti und C. de Marco. (Giorn. Biochim. 10. 244—48. Juli/Aug. 1961. Roma, Univ., Ist. di Chim. Biol.; Centro di Studi per l'Enzimol. del C.N.R.; ital.) — Es wurde die Möglichkeit einer Transaminierungs-Rk. zwischen *S-Sulfocystein* (I) u. *α-Ketoglutarsäure* bzw. *Oxalessigsäure* nachgewiesen, wobei Rattenlebermitochondrien katalyt. wirken. Als Rk.-Prodd. wurden neben *Glutaminsäure* oder *Asparaginsäure Brenztraubensäure* u. anorgan. *Thiosulfat* nachgewiesen. Damit ist eine Abspaltung von S von I während der Rk. bewiesen. K. ZINGRAF. 4210 ☐

Vergleichende Serumtransaminase- und Dehydrogenase-Aktivitäten bei Brustschmerzen. M. B. Rodney und M. Shapiro. (Amer. Heart J. **58.** 807—20. Dez. 1959. Schenectady, N.Y., St. Clare's Hosp., Dep. of Pathol.; St. Clare's and Ellis Hosp., Dep. of Med.; engl.) — Bei mehreren Fällen von Myocardinfarkt mit mehr oder weniger großer Myonekrose zeigte sich, daß dabei die Aktivität der *Milchsäure-* (I) u. *Äpfelsäuredehydrogenase* (II) im Serum deutlicher erhöht ist als die der *Glutaminsäure–Oxalsäure-Transaminase.* Deshalb wird die Best. von I u. II im Serum bei Verdacht auf Herzinfarkt empfohlen. — 19 Literaturangaben. G. Kimmerle. 4210

Wirkung von Isonicotinsäurehydrazid auf die Decarboxylierung von Glutaminsäure im Gehirn. Taeko Hado. (Nagoya med. J. **5.** 45—55. Aug. 1959. Nagoya, Nagoya City Univ., Med. School, Dep. of Pharmacol.; engl.) — In Mäusehirnhomogenaten wird durch Zugabe von 10^{-6} bis 10^{-3}m *Isonicotinsäurehydrazid* (I) kein Einfl. auf die Aktivitäten von *Cholinesterase* u. *Cholinacetylase* ausgeübt, dagegen kommt es durch 10^{-4}m I zur leichten u. durch 10^{-3}m I zur starken Hemmung der *Glutaminsäuredecarboxylase* (II). Diese auch in vivo nach 100—200 mg I/kg, intraperitoneal, zu beobachtende II-Hemmung läuft der Reizung des Zentralnerven-Syst. parallel. Durch die Verabreichung von I kommt es im Gehirn prakt. zu keiner Veränderung des *Glutaminsäure* (III)-Geh., andererseits sinkt jedoch der Geh. an *γ-Aminobuttersäure* (IV). Durch eine Vorbehandlung mit 1000 mg IV/kg lassen sich die durch I verursachten Krämpfe verhüten; allerdings führen auch 600 mg III/kg zu einer gleichartigen Verhütung. Verabreichung von 5—30 mg *Pyridoxal*/kg steigert die Schwere u. die Mortalität der durch I hervorgerufenen Krämpfe. *Pyridoxalhydrazon* (150 mg/kg) ist wirksamer als I bei der Reizung des Zentralnervensystems. *Chlorpromazin* übt eine antagonist. Wrkg. gegenüber I aus; durch 3 mg/kg können die durch 150 mg I/kg induzierten Krämpfe unterdrückt werden. U. Tausendfreund. 4210□

Untersuchung des Einflusses der Reihenfolge der Einführung von Begleitstoffen auf die Wirkung von Papain. Krischna Bahadur und B. D. Atreya. (Известия Академии Наук СССР, Отделение Химических Наук [Nachr. Akad. Wiss. UdSSR, Abt. chem. Wiss.] **1960.** 745—53. April. Allahabad, Univ., Chem. Abt.; Balwant Rashput-College; russ.) — Es wird die Beeinflussung der proteolyt. Eigg. von *Papain* durch *Anilin, Anilinsalze* u. *Triäthylamin* in verschieden gepufferten Lsgg. bei pH 6,0—8,0 untersucht. Die Meßergebnisse werden tabellar. u. graph. angegeben. Als Substrat dienten Casein oder Mehlsuspensionen der Gemeinen Kichererbse (Cicer arietinum). Die Amine inhibieren die Hydrolyse der Proteine. Dabei ist auch die Reihenfolge der Zugabe Ferment–Substrat–Inhibitor von wesentlichem Einfluß. Die größte Hemmung der Ferment-Wrkg. wird erzielt, wenn das Ferment zum Komplex aus Substrat u. Inhibitor (Amin) gegeben wird. Helmut Schäfer. 4210□

Weitere Untersuchungen über die in vivo-Aktivität der Staphylokoagulase. Hans Blobel und David T. Berman. (J. infect. Diseases **108.** 63—67. Jan./Febr. 1961. Madison, Wis., Univ. of Wisconsin, Dep. of Vet. Sci.; engl.) — Die i.v. Injektion von 15 mg einer durch A.-Fällung von einem nichthämolyt. Staphylokokkenstamm gewonnenen, toxinfreien *Koagulase* (I) hat bei Kaninchen eine deutliche Verminderung der *Plasmaproteine* des Blutes, bes. von *Fibrinogen* (II) zur Folge. Nach letalen I-Dosen kommt es zu einer fast völligen II-Verarmung. Nach vorheriger Immunisierung hat die gleiche I-Dosis keinen Erfolg. Nach letalen I-Dosen sind vorwiegend homogene intravasculäre Koagula in dilatierten Capillaren u. Venulae der Lungen sowie Alveolarödem zu sehen; I konnte in dem ausgefällten Proteinmaterial nachgewiesen werden.
U. Tausendfreund. 4210□

Fettsäuresynthese in Herzsarkosomen. Vorl. Mitt. W. C. Hülsmann. (Biochim. biophysica Acta [Amsterdam] **45.** 623—24. 18/12. 1960. Amsterdam, Univ. of Amsterdam, Labor. of Physiol. Chem.; engl.) — Durch Inkubation von Ratten- oder Kaninchenherzsarkosomen mit Na-$^{14}C_{(2)}$-Acetat, Adenosintriphosphat, Coenzym A, red. Triphosphopyridinnucleotid (TPNH) u. einem oxydierbaren Substrat des Tricarbonsäurecyclus kommt es zum Einbau von Acetat in die langkettigen Fettsäuren der Mitochondrien; in der nichtverseifbaren Fraktion findet sich kaum ^{14}C. Der Einbau in die Fettsäuren ist fast völlig von dem oxydierbaren Substrat abhängig u. fällt geringer beim Fehlen von Coenzym A u. TPNH aus. Als Substrat ist Succinat (I) wirksamer als Glutamat, wenn beide Substrate auch O_2 in gleicher Geschw. verbrauchen. Amytal hemmt den Einbau von I zu 66%, Malat ergibt eine größere Einbau-Geschw.; demnach ist vermutlich Oxalacetat (II) an der Rk. beteiligt. Höchste Einbau-Geschw. ist mit Citrat u. Isocitrat zu erzielen. Oxalsuccinat dürfte eine ähnliche Rolle wie II spielen.
U. Tausendfreund. 4210

Der Einfluß der Lecithinase „A" auf einige Enzymaktivitäten des Meerschweinchenpankreas. G. Nanni und U. Marinari. (Ital. J. Biochem. **10.** 164—73. Mai/Juni

1961. Genova, Univ., Ist. di Patol. Gen.; engl.) — Vgl. C. **1962**. 10134. — Für das Fehlen einer oxydativen Phosphorylierung, Bernsteinsäureoxydase, Alaninoxydation, Octansäure- u. Glucoseoxydation in den Sekretionsgranula, Mitochondrien u. der lösl. Phase der Pankreaszellen von Meerschweinchen wird *Lecithinase „A"* verantwortlich gemacht, die auf die Phospholipidbestandteile der Mitochondrienmembran einwirkt u. deren Permeabilität verändert. P. GREGORZEWSKI. 4210☐

L-Ascorbinsäureabbau durch Bakterien. 5. Mitt. **Anpassungsfähigkeit L-Ascorbinsäure-abbauender Bakterien.** Shintaro Kamiya. (J. Vitaminol. [Kyoto] **7**. 1—6. 10/3. 1961. Iwata, Shizuoka, Shizuoka Univ., Fac. of Agric., Dep. of Agric. Chem.; engl.) — Vf. untersucht den Abbau von *D-Glucoascorbinsäure* (I) u. anderer Reduktone durch adaptierten *Micrococcus No. 4* u. die Eigg. der *Ascorbinsäureoxydase*. Die unangepaßten Zellen sind nicht in der Lage, sich an *Ascorbinsäure* (II) anzupassen, wenn sie längere Zeit II als Substrat hatten, doch tritt die Adaption sofort ein, wenn geringe Mengen von Glucose u. Caseinhydrolysat zugegen sind. An Ascorbinsäure adaptierte Zellen bauen *Araboascorbinsäure*, I u. II ab, sind aber nicht in der Lage, die Reduktone *Reductsäure, Dihydromaleinsäure* u. *5-Methyl-3.4-dihydrotetron* abzubauen. Die *Ascorbinsäureoxydase*, pH-Maximum 5,0, optimale Substrat-Konz. 800 μMol, ist den Reduktonen gegenüber inaktiv. P. GREGORZEWSKI. 4210☐

L-Ascorbinsäureabbau durch Bakterien. 6. Mitt. **Stoffwechselweg von L-Ascorbinsäure über D-Araboascorbinsäure.** Shintaro Kamiya. (J. Vitaminol. [Kyoto] **7**. 7—13. 10/3. 1961. Iwata, Shizuoka, Shizuoka Univ., Fac. of Agric., Dep. of Agric. Chem.; engl.) — 5. vgl. vorst. Referat. — *D-Gluconsäure* u. *D-Ribose* werden durch Ascorbinsäure-adaptierte u. unadaptierte Zellen phosphorylierend abgebaut, während DL-Xylose u. DL-Arabinose nicht abgebaut werden. *L-Ascorbinsäure* wird teilweise über *D-Araboascorbinsäure* nach dem WARBURG-DICKENS-COHEN-Stoffwechselweg abgebaut. P. GREGORZEWSKI. 4210☐

L-Ascorbinsäureabbau durch Bakterien. 7. Mitt. **Stoffwechselweg über Dehydroascorbinsäure.** Shintaro Kamiya. (J. Vitaminol. [Kyoto] **7**. 14—18. 10/3. 1961. Iwata, Shizuoka, Shizuoka Univ., Fac. of Agric., Dep. of Agric. Chem.; engl.) — 6. vgl. vorst. Referat. — Aus der Tatsache, daß der *Dehydroascorbinsäure* (I)-Stoffwechsel Ascorbinsäure-adaptierter Bakterien durch kleine Mengen Glucose oder Ascorbinsäure beschleunigt wird, schließt Vf. auf die Ggw. eines Red.-Prozesses im I-Stoffwechsel. *D-Arabinoson* wird durch unadaptierte Zellen gut, durch adaptierte nur langsam metabolisiert u. durch Ascorbinsäurezusatz beschleunigt. Vf. nimmt folgenden Stoffwechselweg an: *Ascorbinsäure* $\rightarrow$ *Dehydroascorbinsäure* $\xrightarrow{-CO_2}$ *Diketo-L-gulonsäure* $\rightarrow$ *L-Xyloson* $\rightarrow$ *D-Arabinoson* $\xrightarrow{+2\,H}$ *D-Ribose*. P. GREGORZEWSKI. 4210☐

L-Ascorbinsäureabbau durch Bakterien. 8. Mitt. **Der Gesamt-L-Ascorbinsäure-Stoffwechsel.** Shintaro Kamiya und Toshio Nakabayashi. (J. Vitaminol. [Kyoto] **7**. 19—26. 10/3. 1961. Iwata, Shizuoka, Shizuoka Univ., Fac. of Agric., Dep. of Agric. Chem.; engl.) — 7. vgl. vorst. Referat. — Vff. nehmen an, daß *Glucose* durch *Ascorbinsäure*-abbauende Bakterien anaerob über den EMBDEN-MEYERHOF-Stoffwechselweg u. aerob über den WARBURG-DICKENS-Weg metabolisiert wird. Papierchromatograph. wurden *Milchsäure, Essigsäure* u. *Ameisensäure* als Stoffwechsel-Prodd. nachgewiesen, *D-Ribose* ist ein Stoffwechsel-Prod. der *Dehydroascorbinsäure*, u. beim Abbau von Ascorbinsäure entsteht D-Milchsäure. Es wird eine ausführliche Skizze des *L-Ascorbinsäure*-Stoffwechsels in Bakterien gegeben. P. GREGORZEWSKI. 4210☐

Wirkung von Pyridoxin auf die Labilisierung und Methylübertragung von Cholin. A. Pittoni und P. Grella. (Giorn. Biochim. **10**. 258—61. Juli/Aug. 1961. Padova, Univ., Ist. di Chim. Biol.; ital.) — *Vitamin-B_6*-Avitaminose führt zu einer deutlichen Verringerung der *Betain–Homocystein–Transmethylase*-Aktivität (TA) u. zu einem leichten Anstieg der *Cholinoxydase*-Aktivität (CA) in der Rattenleber. B_6-Hypervitaminose bewirkt einen starken Anstieg von TA u. CA. In vitro erhöhte die Zugabe von *Pyridoxin* oder *Pyridoxal-5-phosphat* die TA in Leberhomogenaten von normalen oder B_6-avitaminot. Ratten nicht. K. ZINGRAF. 4210☐

Chemisch-physiologische Untersuchungen über die Hydroxylierung von Steroiden durch Pilze der Gattung Curvularia. Klaus Zetsche. (Arch. Mikrobiol. **38**. 237—71. 1961. Jena, VEB Jenapharm; dt.) — 15 untersuchte Arten u. Stämme der Pilzgattung *Curvularia* vermögen alle *Progesteron* in 6β-, 7α-, 11β- u. 14α-Stellung zu hydroxylieren. Unterschiede wurden nur in der Aktivität der einzelnen *Hydroxylasen* gefunden. Die *OH*-Gruppen werden nacheinander in das Steroid-Mol. eingeführt. Es wurde der Einfl. des Nährbodens (Fe, Mg, P, C- u. N-Quellen, pH), von Enzymgiften (NaCN, NaN_3, 2.4-Dinitrophenol, NaF), Spurenelementen (Fe^{2+}, Cu^{2+}), Vitaminen, Säuren des Citronensäurecyclus u. von H_2O_2 auf die Steroidhydroxylierung untersucht. Anzucht des Pilzes aus stark saurem Nährboden, Fe^{2+}, Riboflavin (in geringerem Maße Vitamin B_6 u. B_1), Bernsteinsäure u. Äpfelsäure fördern die Hydroxylierung, während NaN_3, NaCN stark, Fumar- u. Citronensäure schwach hemmen. *Curv. lunata* gibt keine Steroidhydroxylasen an die Kultur-Lsg. ab. Die Hydroxylasen werden nicht adaptiv gebildet. Vf. untersucht ferner die Substratspezifität der Steroidhydroxylasen: Von den C_{21}-Steroiden werden neben 3-Keto-Δ^4-steroiden auch Δ^5- u. gesätt. Steroide der normal- u. allo-Reihe sowie die C_{19}-Steroide hydroxyliert, u. zwar desto besser, je weniger Sauerstoffunktionen bereits im Mol. vorhanden sind. Steroide mit längerer, lipophiler Seitenkette, z. B. Sterine u. 21-Acetate, verschiedener Steroide, werden nicht hydroxyliert H. REMBOLD. 4210□

Einfluß von Ionenaustauschharzen auf die Gewebeatmung von Ratten. O. Costăchel, Maria Furnică und Gh. Furnică. (Studii Cercetări Biochim. [București] **1.** 231—38. 1958. Inst. de oncol., Labor. de enzimol.; rum.) — Nach der manometr. Meth. von WARBURG wird festgestellt, daß Ionenaustauschharze (I) in vitro den O_2-Verbrauch normaler Gewebe (Leber, Niere, Hirn) der Ratte herabsetzen, u. zwar abhängig von der Natur des I u. vom Cyclus des Gewebes. Der Grad der Hemmung hängt von der zugesetzten I-Menge ab. Die Hemmung beruht zum Teil auf den durch die I bewirkten Änderungen des Elektrolyt-Geh. der RINGER-Lösung. R. K. MÜLLER. 4210□

E₃. Mikrobiologie. Bakteriologie. Immunologie

Ein Submersverfahren zur Kultur wasserstoffoxydierender Bakterien: Wachstumsphysiologische Untersuchungen. H. G. Schlegel, H. Kaltwasser und G. Gottschalk. (Arch. Mikrobiol. **38.** 209—22. 1961. Göttingen, Univ., Inst. für Mikrobiol; dt.) — Der wesentliche Vorteil des beschriebenen Verf. beruht auf der kräftigen Rührung der Nähr-Lsg. mit einem Magnetstab unter einem Gemisch von H_2, O_2 u. CO_2. Die verwendete App. wird beschrieben u. das Wachstum des *Hydrogenomonas*-Stammes 20 in Abhängigkeit von der Gas-Zus. untersucht. H. REMBOLD. 4310□

Zur Frage der Synthese von Vitamin B_{12} durch Milchsäurebakterien. 2. Mitt. Ss. Laganowski. (Известия Академии Наук Латвийской ССР [Nachr. Akad. Wiss. LettSSR] **1959.** Nr. 9. 141—44. Akad. der Wiss. der LettSSR, Mikrobiolog. Inst.; lett.; Auszug: russ.) — 1. vgl. C. **1961.** 2001. — Hydrolysierte Milch wurde mit Aktivkohle bearbeitet u. auf diese Weise ein vitaminfreier Nährboden erhalten. Milchsäure-Streptokokken wuchsen auf diesem Nährboden spärlich, Milchsäure-Stäbchen überhaupt nicht. Fügte man dazu die Vitamine der Gruppe B (außer B_{12}), so entwickelten sich die Streptokokken gut, die Stäbchen spärlich. Zusatz von B_{12} förderte die Bldg. der milchsauren Mikroorganismen nicht. F. DU MANS. 4310□

Cholinsulfat, die wichtigste lösliche Schwefelverbindung der Conidiosporen von Aspergillus niger. Itaru Takebe. (J. gen. appl. Microbiol. [Tokyo] **6.** 83—89. März 1960. Tokyo, Univ., Inst. of Applied Microbiol., Div. of Zymomycology; engl.) — Der Heißwasserextrakt enthält zwei S-Verbb., von denen die eine *Cholinsulfat* ist; der Geh. beträgt 1,5% des Trockengewichts. P. GREGORZEWSKI. 4315□

Liefert die Chemosynthese von Nitrobacter winogradskyi freien Sauerstoff? Horst Engel. (Z. Naturforsch. **17 b.** 91—92. Febr. 1962. Hamburg, Staatsinst. für Allg. Botanik, Mikrobiolog. Abt.; dt.) — Durch Rechnungen u. Überlegungen u. unter Verweis auf eigene Verss. kommt Vf. zu der Meinung, daß KIESOW (C. **1962.** 2775) eine Fehlbeobachtung mitgeteilt hat, als er berichtete, bei *Nitrobacter winogradskyi* O_2-Bldg. beobachtet zu haben. S. DITTMANN-MITZSCHERLICH. 4320□

Stellungnahme zu der Notiz von H. Engel: Liefert die Chemosynthese von Nitrobacter winogradskyi freien Sauerstoff? L. Kiesow. (Z. Naturfosch. **17b.** 92—93. Febr. 1962. Berlin-Dahlem, Freie Univ., Physiol.-chem. Inst.; dt.) — Vgl. vorst. Referat. — Vf. verweist auf die Ergebnisse seiner Versuche. S. DITTMANN-MITZSCHERLICH. 4320□

Einige Angaben über den Mechanismus der Synthese und der Ausnutzung der Polyphosphate in Hefe. Je. Buchowitsch und A. N. Beloserski. (Доклады Академии Наук СССР [Ber. Akad. Wiss. UdSSR] **124.** 1147—49. 11/2. 1959. Moskau, Lomonossow-Univ.; russ.) — Der Mechanismus der Umwandlung der stabilen säurelösl. *Phosphate* (I) in *Polyphosphate* wurde in Ggw. von *2.4-Dinitrophenol* (**II**) durch Einbau von ^{32}P in die Fraktionen des stabilen säurelösl. **I** bei Hefe untersucht; **II** wurde durch Auswaschen entfernt u. die ^{32}P-Verteilung zwischen den einzelnen Fraktionen der I-Verbb. verfolgt. Aus den erhaltenen Ergebnissen u. früheren Daten wird ein Stoffwechselschema der *Polyphosphate* angegeben. CH. ZIMMER. 4320□

Isolierung von γ-Aminobuttersäure aus bakteriellen Stoffwechselprodukten. Shiro Hisada und Toshio Nakashima. (Nagoya med. J. 5. 39—43. Aug. 1959. Nagoya, Nagoya City Univ., Med. School, Dep. of Pharmacol.; engl.) — Zur Gewinnung von *γ-Aminobuttersäure* (I) wird die Ausnutzung der Wrkg. von *Escherichia coli* (gewaschene Bakterien auf 1000 ml Bouillon für 16 Std. kultiviert) auf *L-Glutaminsäure* (II; für 24 Std. in Acetatpuffer von pH 4,7 mit 3 g II = 1% bis keine II mehr nachweisbar) empfohlen. Das aus der enzymat. Decarboxylierung resultierende Gemisch wird zur Beseitigung von Verunreinigungen mit *bas. Pb-Acetat* u. *Methanol* behandelt. Nach Rekristallisierung ergibt sich I von hohem Reinheitsgrad. U. TAUSENDFREUND. 4320□

Der mikrobielle Abbau des Nicotins. 2. Mitt. **Die Wirkungsart von Achromobacter nicotinophagum.** J. W. Hylin. (Arch. Biochem. Biophysics 83. 528—37. Aug. 1959. New York, N.Y., Columbia Univ., Dep. of Botan.; engl.) — 1. vgl. J. Bacteriol. 76. [1958.] 36. — *Achromobacter nicotinophagum*, der auf Tabaksamen vorkommt, ist in der Lage, *Nicotin* (I) abzubauen. In rasch wachsenden Kulturen bauen die Organismen unter Aufnahme von ½ O_2 I zu *6-Hydroxynicotin* u. weiter zu aliphat. Verbb. ab. Reife, ruhende Organismen bauen I auf folgendem Weg ab: I + ½ O_2 → *Pseudooxynicotin* (*4-Methylamino-1-[pyridyl-(3')]-butanon-(1)*) $\xrightarrow{+O_2}$ *3-Succinoylpyridin* (*4-Oxo-4-[pyridyl-(3')]-buttersäure*) + *Methylamin* $\xrightarrow{+{}^1/_2O_2}$ *6-Hydroxy-3-succinoylpyridin*. *Anabasin* u. *Nornicotin* wurden durch die Mikroorganismen nicht oxydiert. W. HILLER. 4320□

Eine Untersuchung über die Beziehung zwischen antibakterieller Aktivität und chemischer Struktur. Tyunosin Ukita. (J. gen. appl. Microbiol. [Tokyo] 6. 138—40. März 1960. Tokyo, Univ., Fac. of Pharm. Sci.; engl.) — Kurze Übersicht. — 15 Literaturangaben. P. GREGORZEWSKI. 4330□

Untersuchung der pharmakodynamischen und antimikrobiellen Wirkung einiger Wismutsalze. J. Meyer, J. Malgras, J. Feitz und Ch. Romond. (Bull. Assoc. Diplômés Microbiol. Fac. Pharmac. Nancy 1958. Nr. 72. 9—19. Strasbourg, Fac. de Pharm., Labor. de Microbiol.; franz.) — Vff. testen die Wrkg. von *Bi-Silicat* (I), *Bi-Subnitrat* (II) u. *Bi-Carbonat* (III). Nur I hat eine gärungsunterbindende Wrkg., I u. II wirken germicid. Die fungicide Wrkg. sinkt in folgender Reihenfolge: gegenüber der Darmbakterienflora II, I, III, gegenüber Hautpilzen III, II, I. Der Phenol-Koeff. nach RIDEAL-WALKER sinkt für *Staphylokokken* in der Reihenfolge I, III, II, für *Colibacillen* ist er für alle Präpp. gleich niedrig. Die Fäulnis hemmende Wrkg. von II ist größer als von I. Die Absorptionsfähigkeit für Bakteriengifte u. Medikamente sowie Antiseptica sinkt in der Reihenfolge I, II, III. A. GUDE. 4330□

Die Wirkung von p-Aminobenzoesäure-Derivaten auf die Vermehrung von Fleckfieberrickettsien. 2. Mitt. **Mono- und Bis-p-alkoxybenzoesäuren.** Donald Greiff, Hugh B. Donahoe und Bryan Hoerl. (Arch. int. Pharmacodynam. Thérap. 127. 413—20. 1/9. 1960. Milwaukee, Wis., Marquette Univ., School of Med., Dep. of Pathol.; St. Louis, Miss., Univ., Dep. of Chem.; engl.) — Vgl. C. 1955. 7238. — Die rickettsiostat. Wirksamkeit u. Toxizität von *Mono-* u. *Bis-p-alkoxybenzoesäuren* wurde an bebrüteten, mit *R. mooseri* infizierten Eiern bestimmt, wobei als Bezugssubstanz *p-Aminobenzoesäure* (I) diente, von der 1,7 mg (0,0118 Millimol)/Ei das Wachstum der Rickettsien völlig hemmten („I-Äquivalent" = Millimol injizierter Verbb./0,0118). Es wurden inakt., partiell hemmende, vollständig hemmende u. tox. (Absterben von 90% der Embryonen) Dosis bestimmt. Geprüfte Verbb. (Na-Salz): *p-Hydroxybenzoesäure*, inakt.; p-Alkoxybenzoesäuren: *Methoxy-*, 16 I-Äquivalente (partielle Hemmung), 32 (tox.); *Äthoxy-*, 2 (partiell), 4 (völlig), 32 (tox.); *Propoxy-*, $^1/_2$, 2, 8; *Butoxy-*, 1, 2, 8; *Amyloxy-*, $^1/_2$, 1, 4; *Hexoxy-*, $^1/_2$, 2, 8; *Heptoxy-*, 1, —, 4; *Octyloxy-*, —, —, 4; *Nonyloxy-*, —, —, 4; *Decyloxy-*, —, —. 4; *Undecyloxy-*, —, —, 2; *Dodecyloxy-*, —, —, 2; *sek. Butoxy-*, $^1/_8$, $^1/_4$, 8; *Isobutoxy-*, —, 1, 4; *Isopentoxy-*, $^1/_4$, 1, 8; *Allyloxy-*, —, 1, 16; *ω-Hydroxypropoxy-*, —, —, 8; *Benzyloxy-*, —, 1, 16; *Cyclopentoxy-*, $^1/_2$, 1, 16; *Cyclohexoxy-*, $^1/_2$, —, 2; 4.4'-Alkylendioxydibenzoesäuren: *4.4'-Methylendioxy-*, —, 2, 16; *4.4'-Äthylendioxy-*, 8, 16, 32; *4.4'-Trimethylendioxy-*, —, 2, 32; *4.4'-Tetramethylendioxy-*, unwirksam; *4.4'-Pentamethylendioxy-*, 2, 4, 16; *4.4'-Hexamethylendioxy-*, 8, —, 16; *4.4'-Heptamethylendioxy-*, 1, —, 8; *4.4'-Oktamethylendioxy-*, —, —, 16; *4.4'-Nonamethylendioxy-*, 2, —, 16; *4.4'-Dekamethylendioxy-*, unwirksam. K. MAIER. 4330□

Die Umkehrung der Fungitoxizität von 8-Hydroxychinolin durch Aminosäuren und andere Chelatbildner. George A. Zentmyer, Saul Rich und James G. Horsfall. (Phytopathology 50. 421—24. Juni 1960. Calif., Univ. of Calif.; engl.) — Die fungitox. Wrkg. von *8-Hydroxychinolin* (I) wird verringert oder beseitigt, wenn dem Wachstumsmedium verschiedene Aminosäuren oder Chelatbildner, wie *Versen* u. *Dithizon*, zugesetzt werden. Vor allem *Cystein* u. *Histidin* als stark chelatbildende Aminosäuren löschen die fungitox. Wrkg. von I aus. Diese Ergebnisse weisen auf eine Wrkg. in der Zelle hin. Die Aminosäuren der Zellen nehmen *Cu* aus dem Cu-Chinolinkomplex auf u. werden daher durch Cu teilweise vergiftet. Das I wird frei u. bindet seinerseits andere für die Zelle wichtige Metalle, so daß diese nicht mehr in ihrer wirksamen Form reagieren können. W. HIRTE. 4330□

Mannichbasen der Phenolsulfonamide: Derivate von N-[Thiazolyl-(2)]-phenol-4-sulfonamid. George M. Sieger, William C. Barringer, Francis M. Callahan, Norbert Gruenfeld und Joseph F. Weidenheimer. (J. pharmac. Sci. **50.** 869—74. Okt. 1961. Pearl River, N.Y., Amer. Cyanamid Co., Lederle Labor.; engl.) — Eine Reihe von MANNICH-Basen aus N-[Thiazolyl-(2)]-phenol-4-sulfonamid werden dargestellt. Keine zeigt in vitro bemerkenswerte antibakterielle oder antifungale Wirksamkeit.

Versuche: *2-[Morpholinomethyl]-N-[thiazolyl-(2)]-phenol-4-sulfonamid* (I), $C_{14}H_{17}$·$N_3O_4S_2$, F. 194—197° (Zers.; *Hydrochlorid*, $C_{14}H_{18}ClN_3O_4S_2$, F. 195—198°; *Acetyl-Deriv.*, $C_{16}H_{19}N_3O_5S_2$, F. 165—167°, aus N-[Thiazolyl-(2)]-phenol-4-sulfonamid, Morpholin u. 37%ig. CH_2O in CH_3OH bei Raum-Temp., kurzes Erhitzen, 71,7% (Ausbeute). Hydrochlorid durch Einleiten von HCl in eine Lsg. von I in Isopropanol. Acetyl-Deriv. durch Erhitzen von I mit Acetanhydrid in Pyridin u. Aceton. Ebenso werden dargestellt N-[Thiazolyl-(2)]-phenol-4-sulfonamide: *2-[Piperidinomethyl-*, $C_{15}H_{19}N_3O_3S_2$, F. 202—203°; *Hydrochlorid*, $C_{15}H_{20}ClN_3O_3S_2$, F. 185—189°; *2-[Pyrrolidylmethyl]-*, $C_{14}H_{17}N_3O_3S_2$, F. 193—196°; *Hydrochlorid*, $C_{14}H_{18}ClN_3O_3S_2$, F. 204—206°; *2-[N'-Methylpiperazinomethyl]-*, $C_{15}H_{20}N_4O_3S_2$, F. 166—173°; *Dihydrochlorid*, $C_{15}H_{22}Cl_2N_4O_3S_2$, F. 230—238° (Zers.); *2-[Diäthylaminomethyl]-*, $C_{14}H_{19}N_3O_3S_2$, F. 205—208°, *Hydrochlorid*, $C_{14}H_{20}ClN_3O_3S_2$, F. 161—163°, *Acetyl-Deriv.*, $C_{16}H_{21}N_3O_4S_2$, F. 155—160°; *2-[Dimethylaminomethyl]-*, $C_{12}H_{15}N_3O_3S_2$, F. 202—205°, *Hydrochlorid*, $C_{12}H_{16}ClN_3O_3S_2$, F. 209—220° (Zers.). — *2.6-Bis-[piperidinomethyl]-N-[thiazolyl-(2)]-phenol-4-sulfonamid*, $C_{21}H_{30}$·$N_4O_3S_2$, aus 2-[Piperidinomethyl]-N-[thiazolyl-(2)]-phenol-4-sulfonamid u. einem Überschuß von Piperidin u. 37%ig. CH_2O in Dimethylformamid durch 4std. Erhitzen auf dem Wasserbad, *Dihydrochlorid*, $C_{21}H_{32}Cl_2N_4O_3S_2$, durch Behandeln mit Salzsäure in Isopropanol. — *N.N'-Bis-{5-[thiazolyl-(2)-aminosulfonyl]-2-hydroxybenzyl}-piperazin*, $C_{24}H_{26}N_6O_6S_4$, F. 178—185°, aus N-[Thiazolyl-(2)]-phenol-4-sulfonamid, Piperazinhexahydrat u. CH_2O, nach kurzem Erwärmen in Dimethylformamid, großer Überschuß von Aceton hinzu, 62,5%. *Dihydrochlorid*, $C_{24}H_{28}Cl_2N_6O_6S_4$, F. 220—250° (Zers.).
P. GREGORZEWSKI. 4330□

Bakteriolytische Aktivität von Pflanzenlatices. O. P. Shukla und C. R. Krishna Murti. (J. sci. ind. Res. [New Delhi], Sect. C **20.** 225—26. Juli 1961. Lucknow, Central Drug Res. Inst.; engl.) — Überstände von Latices folgender Pflanzen zeigen lyt. Aktivität: *Calotropis procera, Calotropis gigantea, Ervatamia cornaria, Carica papaya, Ficus carica, Artocarpus integrifolia, Euphorbia pulcherima, Ficus bengalensis.* Die Aktivität ist in Latex aus jungen Pflanzenteilen höher als in Latex aus älteren.
P. GREGORZEWSKI. 4330□

Wirkung von Thiouracil auf die Entwicklung von Lactobacillus arabinosus, Lactobacillus leichmannii und Escherichia coli. C. Saccone, E. Quagliariello, R. A. Malmesi und A. Marcianesi. (Giorn. Biochim. **10.** 227—32. Juli/Aug. 1961. Camerino, Univ., Ist. di Fisiol. Generale e di Chim. Biol.; ital.) — *Thiouracil* wirkte auf *Lactobacillus arabinosus* u. *L. leichmannii* wachstumshemmend, auf. *E. coli* dagegen wachstumsfördernd. K. ZINGRAF. 4330□

Antimikrobielle Aktivität verschiedener Meerestiere. C. P. Li. (Proc. Soc. exp. Biol. Med. **104.** 366—68. Juli 1960. Bethesda, Md., Nat. Inst. of Health, Div. of Biol. Standards; engl.) — Zusätzlich zu der bereits bekannten antimikrobiellen Wirksamkeit des Saftes des *Abalone*-Mullusken (vgl. Proc. Soc. exp. Biol. Med. **103.** [1960.] 522) wurde für Extrakte von Austern (*Ostrea virginia*) u. großer Muscheln (*Venus mercenarius*) ebenfalls eine antibiot. Wrkg. gegenüber *Staphylococcus aureus* nachgewiesen. Es wurde nicht bestimmt, ob es sich um baktericide oder bakteriostat. Aktivität handelt; ebenso nicht, ob der Stoff in den Eingeweideinhalten oder dem Körpergewebe lokalisiert ist; möglicherweise handelt es sich um die Folge einer Ingestion akt. Substanzen u. Umwandlung in vivo. U. TAUSENDFREUND. 4340□

Produktion von Phenazin-Verbindungen durch Streptomyces griseoluteus. Kōki Yagishita. (J. Antibiotics [Tokyo], Ser. A **13.** 83—96. März 1960. Tokyo, Nat. Inst. of Health; engl.) — Vff. untersuchten verschiedene Zus. für *Streptomyces griseoluteus* (S.g.)-Medien u. fanden folgendes Medium für die *Griseolutein* (I)-Prodd. geeignet: 3% Glycerin, 0,5% Maiswürze, 0,3% $(NH_4)_2HPO_4$, 0,3% NaCl, 0,5% KCl, 0,05% $MgSO_4$· 7 H_2O, 0,0005% $FeSO_4$·7 H_2O, 0,5% K_2HPO_4, 0,5% Na_2HPO_4·12 H_2O. Ohne $(NH_4)_2$·

HPO_4 oder Maiswürze sinkt die I-Produktion. Im Kulturmedium einer Schüttelkultur von S. g. ohne $(NH_4)_2HPO_4$ wurde eine Substanz festgestellt, die die I-Prod. fördert; die Verb. wurde isoliert u. als *Griseoluteinsäure* (II, *1-Methoxy-4-hydroxymethyl-9-carboxyphenazin*) erkannt. II bildet in Ggw. von Glykolsäure in Phosphatpuffer pH 6 unter Mitwrkg. von S. g.-Mycelhomogenat *Griseolutein A* (I A); bei pH 7 oder 8 findet diese Biosynth. nicht statt. Außer II, *Griseolutein A* u. *B* (IA u. IB) wurden aus dem Kulturfiltrat zwei Verbb., von denen die eine als *1-Hydroxymethyl-6-carboxyphenazin* identifiziert wurde u. die andere wahrscheinlich *1-Methoxy-4-methyl-9-carboxyphenazin* ist, isoliert.

Versuche: $(NH_4)_2HPO_4$-freies Kulturmedium (Medium Nr. 2), auf dem S. g. unter Schütteln 72 Std. bei 27—29° kultiviert wurde, wird mit auf pH 2 eingestelltem Essigester extrahiert, Extrakt auf 1/500 konzentriert u. papierchromatographiert (n-Butanol: Essigsäure : W. wie 4 : 1 : 1). Das Chromatogramm zeigt 5 Flecke; R_F-Werte: 1.: 0,98; 2.: 0,9—0,93; 3.: 0,82—0,86; 4.: 0,73; 5.: 0,65—0,67; Fleck Nr. 3. zeigt Griseolutein-Bldg.-fördernde Wirkung. Im Großvers. erhaltenes Kulturmedium wurde mit Essigester extrahiert, Extrakt chromatograph. in 30 Fraktionen zerlegt, in Fraktion 1—8 durch IR-Spektrum *Griseoluteinsäure* (II) nachgewiesen; durch Methylierung mit Diazomethan in Methanol u. Reinigung an Al_2O_3-Säule orange-gelbe Nadeln, F. 189°, $C_{16}H_{14}N_2O_4$; Maxima: 267 mμ u. 362 mμ. — Isolierung von *1-Methoxy-4-methyl-9-carboxyphenazin*: Fraktionen 24—30 auf 300 ml konzentriert, mit Essigester extrahiert, eingedampft. 100 mg schwarzes Pulver. Nach weiterer Reinigung Methylieren, IR-Spektrum u. Elementaranalyse $C_{16}H_{14}N_2O_3$. Aus den Fraktionen 9—23 wurde ein Pulver erhalten, mit Diazomethan methyliert u. chromatograph. gereinigt, aus Bzl.-Eluat gelbe Kristalle $C_{15}H_{12}N_2O_3$, F. 197—201°, daraus durch Acetylierung mit Acetanhydrid in Pyridin gelbe Nadeln, F. 170—173°, hieraus durch Red. mit $LiAlH_4$ in Tetrahydrofuran *1.6-Dimethylphenazin*; daraus folgt, daß vor Red., Acetylierung u. Methylierung *1-Hydroxymethyl-6-carboxyphenazin* vorgelegen hat. P. GREGORZEWSKI. 4340□

Unamycin, eine von Streptomyces fungicidicus erzeugte fungicide Substanz. Masayuki Matsuoka und Hamao Umezawa. (J. Antibiotics [Tokyo], Ser. A **13.** 114—20. März 1960. Tokyo, Nat. Inst. of Health, Showa Yakuhin Kako Co.; engl.) — Vff. beschreiben die Kultur von *Streptomyces fungicidicus* u. die Gewinnung von *Unamycin* (I) u. *Unamycin B* (II) aus dem Kulturmedium. I wird aus der Kultur-Lsg. durch Kohle oder Kationenaustauscher, z. B. IRC-50 adsorbiert u. mit 70%ig. wss. Aceton (pH 8—9) eluiert u. mit W. (pH 3) gefällt. Nach Reinigung weiße Nadeln, ab 140° Rotfärbung, ab 148° Zers., UV- u. IR-Spektrum werden mitgeteilt, $[\alpha]_D^{25} = -92°$ (c = 1%, 80% Methanol-W.), $[\alpha]_D^{28} = -79{,}2°$ (1%, Dimethylformamid). — II wird aus der Austauschersäule mit einem Gemisch aus 80% Aceton u. 20% 2%ig. HCl eluiert. Aus dem Hydrochlorid II, Kristalle, F. 236—238° (Zers.), $[\alpha]_D^{15} = -43°$ (1%, saures Methanol). I u. II zeigen fungicide Wirksamkeit. P. GREGORZEWSKI. 4340□

Biologische Untersuchungen über die fungicide Wirkung der von Streptomyces fungicidicus erzeugten Substanzen. Masayuki Matsuoka. (J. Antibiotics [Tokyo], Ser. A **13.** 121—24. März 1960. Tokyo, Showa Yakuhin Kako Co.; engl.) — Vgl. vorst. Referat. — *Unamycin* (I) zeigt ein breites fungicides Spektrum, *Unamycin B* (II) ein schmaleres. I ist wenig tox., II relativ stark tox., I ist wirksam gegen *Candida albicans*-Infektion bei Mäusen. P. GREGORZEWSKI. 4340□

Neue Antibiotica, Questiomycin A und B. Kentarō Anzai, Kiyoshi Isono, Kazuhiko Okuma und Saburō Suzuki. (J. Antibiotics [Tokyo], Ser. A **13.** 125—32. März 1960. Tokyo, Bunkyo-Ku, Inst. of Phys. and Chem. Res.; engl.) — Vff. isolierten aus der Kultur-Lsg. einer *Streptomyces*-Art aus der Gegend von Kunitachi zwei Antibiotica mit Antituberkel-Wrkg., nannten sie *Questiomycin A* u. *B* u. konnten zeigen, daß es sich um *6-Aminophenoxazon* u. *o-Aminophenol* handelt. P. GREGORZEWSKI. 4340□

Ein neues, als β-Nitropropionsäure identifiziertes Antibioticum Bovinocidin. Kentarō Anzai und Saburō Suzuki. (J. Antibiotics [Tokyo], Ser. A **13.** 133—36. März 1960. Tokyo, Bunkyo-Ku, Inst. of Phys. and Chem. Res.; engl.) — Aus der Kultur-Fl. eines *Stryptomyces* aus der Gegend Urawa City wurde ein Antibioticum mit leichter Antituberkel-Wrkg. isoliert u. als *β-Nitropropionsäure* identifiziert.

P. GREGORZEWSKI. 4340□

Wirkung von Dihydrostreptomycin auf Wachstum und Kohlenhydratstoffwechsel der Mycelmatten von Rhizoctonia solani. M. K. Tolba und A. M. Salama. (Arch. Mikrobiol. **38.** 283—88. 1961. Cairo, Univ., Fac. of Sci., Dep. of Bot.; engl.) — *Dihydrostreptomycin* (I) zeigt keinen Hemmeffekt auf das Wachstum der Mycelmatten, Konzz. von 100 u. 1000 ppm führten sogar zu leichtem Wachstum. Vff. nehmen an, daß der Pilz I abzubauen u. als C- u. N-Quelle zu verwenden vermag. H. REMBOLD. 4340□

Untersuchungen über die Antibiotica-Wirkung auf den Bakterienstoffwechsel. 2. Mitt. Einfluß von Dihydrostreptomycin, Chloramphenicol und Hydroxytetracyclin auf den aeroben Kohlenhydratstoffwechsel von Escherichia coli. Hideo Katagiri, Yukio Suzuki und Tatsurokurō Tochikura. (J. Antibiotics [Tokyo], Ser. A **13.** 155—63. Mai 1960. Kyoto Univ., Fac. of Agricult., Dep. of Agricult. Chem.; engl.) — 1. vgl. C. **1962.** 11604. — Durch *Dihydrostreptomycin* (I) oder *Chloramphenicol* (II) wird die Oxydation von Pyruvat, Acetat, Succinat, Fumarat u. L-Malat durch gewaschene *Escherichia coli*-(E. c.)-Zellen wenig u. durch *Hydroxytetracyclin* (III) merklich beeinflußt. In Ggw. von I oder II werden Glucose u. verschiedene Salze organ. Säuren leicht durch E. c.-Zellen oxydiert, die Bldg. von *α-Ketoglutarat* (IV) ist dagegen unter aeroben Bedingungen gering. I zeigt in Ggw. von C- u. N-Quellen einen bemerkenswerten Beschleunigungseffekt auf den aeroben Abbau von IV durch gewaschene, getrocknete oder mit Trockeneis behandelte E. c.-Zellen oder durch *Proteus fluorescens.* II zeigt keinen Beschleunigungseffekt. *Streptomycin* u. *Hydroxystreptomycin* zeigen ähnliche Wrkg. wie I, während *Streptidin* u. *Maltol* keinen Einfl. auf den Bakterienstoffwechsel haben. P. GREGORZEWSKI. 4340□

Untersuchungen über die Antibiotica-Wirkung auf den Bakterienstoffwechsel. 3. Mitt. Einfluß von Dihydrostreptomycin auf den anaeroben Brenztraubensäurestoffwechsel von Escherichia coli. Hideo Katagiri, Yukio Suzuki und Tatsurokurō Tochikura. (J. Antibiotics [Tokyo], Ser. A **13.** 164—71. Mai 1960. Kyoto, Univ., Fac. of Agricult., Dep. of Agricult. Chem.; engl.) — 2. vgl. vorst. Referat. — *Dihydrostreptomycin* (I) hemmt die *Oxalessigsäure–Brenztraubensäure*-Kondens. durch *Escherichia coli* nicht u. beeinflußt auch die anaerobe Produktion von Lactat aus Glucose nicht. In unbewegtem Medium gewachsene E. coli-Zellen bauen Pyruvat hauptsächlich zu Acetat ab, ohne durch I gehemmt zu werden. Dagegen wird die Pyruvat-Fermentation durch auf Caseinhydrolysat gewachsene E. coli-Zellen unter anaeroben Bedingungen durch I stark inhibiert. P. GREGORZEWSKI. 4340□

Den Abbau von Hydroxytetracyclin und Chlortetracyclin beeinflussende Faktoren. Toshiharu Kawabata, Genji Sakaguchi, Yumiko Nakamura und Taeko Akano. (J. Antibiotics [Tokyo], Ser. A **13.** 180—85. Mai 1960. Tokyo, Nat. Inst. of Health, Dep. of Food Control; engl.) — Vff. untersuchten den Abbau von *Hydroxytetracyclin* (I) u. *Chlortetracyclin* (II) in SÖRENSEN-Phosphatpuffer bei pH 6, 7, 8, 11°, 25° u. 37° über eine Dauer von 18 Tagen. II ist im alkal. Bereich sehr empfindlich, I wird durch den pH-Wert nicht beeinflußt. Durch Erhitzen werden beide inaktiviert. Beim Kochpunkt ist II bei pH 6 relativ stabil, bei pH >7 steigt die Inaktivierung enorm an. Im Gegensatz dazu ist I im alkal. Bereich stabiler. Zugabe von Fischhomogenat verringert bei II im alkal. u. bei I im sauren Bereich die Inaktivierung durch Kochen. Ähnlich wirkt Gelatine. NaCl schützt I vor der Hitzeinaktivierung, während es diese bei II fördert. P. GREGORZEWSKI. 4340□

Bactericide Wirkung von Mitomycin C. E. Reich, A. J. Shatkin und E. L. Tatum. (Biochim. biophysica Acta [Amsterdam] **53.** 132—49. 14/10. 1961. New York, N.Y., Rockefeller Inst., Labor. of Biochem. Genetics; engl.) — Vgl. Biochim. biophysica Acta [Amsterdam] **45.** [1960.] 608. — Gearbeitet wurde mit *Escherichia coli* (E. c.) *15 T*; *E. c. B*; *E. c. K 12*; *Bacillus brevis* u. *Bacillus subtilis.* Die bactericide Wrkg. von *Mitomycin C* (I) wurde in biochem., genet. u. morpholog. (Phasenkontrast- u. Elektronenmikroskopie) Hinsicht geprüft. Aus den mit verschiedenen I-Konzz. angestellten Verss. ergibt sich, daß die Zellen unter I-Einfl. *Desoxyribonucleinsäure* (*DNS*) verlieren, jedoch keine *Ribonucleinsäure* oder *Protein* an die Nährlsg. abgeben. *DNS-Thymin* erscheint dabei in säurelösl. Form, hauptsächlich als freie Base (Verss. mit *^{3}H-Thymidin* (II)]. 0,01 m Mg^{2+} ist für diese II-Abgabe notwendig. Zusätzliche Einw. von 5 mg *Streptomycin*/ml senkt die II-Freisetzung auf ca. 50%. I greift wachsende u. nichtwachsende Zellen an. I kann zum Konzentrieren nichtlysogener Zellen in lysogenen Zellpopulationen verwendet werden. I ist dagegen nicht gegenüber biochem. Mutanten spezif. wirksam (in Ggw. der Wachstumsfaktoren *Thiamin* (III), III + *Thymin*, III + *Methionin* (IV), III + *Threonin* (V), III + *Leucin* (VI) sowie III + IV + V + VI geprüft). — Gegenüber Bakterien wirksame I-Konzz. verursachen auch bei blaugrünen Algen u. *Euglena* Absterben der Zellen, verbunden mit Cytolyse. Gegenüber *Neurospora crassa* wirken selbst mehr als 100 μg I/ml nicht. *Mitomycin A* scheint stärker wirksam zu sein als I. *Mitomycin B'* scheint ca. gleich stark zu wirken. S. DITTMANN-MITZSCHERLICH. 4340□

Die Bindung zwischen ^{14}C-markiertem Bakterien-Polysaccharid und Serumproteinen. R. S. Jones. (Experientia [Basel] **15.** 104—05. 15/3. 1959. Salt Lake City, Utah, Univ., Coll. of Med.; engl.) — Vgl. C. **1960.** 14746. — Auf papierelektrophoret. Wege wird die Bindung zwischen zwei *^{14}C*-markierten *Polysacchariden* aus *K. pneumo-*

niae mit den *Plasmaproteinen* von Mensch, Meerschweinchen, Ratte, Maus u. Hase untersucht. Die *Polysaccharide* (1% Lsg. mit 0,15m NaCl) werden in das Unters.-Tier injiziert (1 mg/100 g Körper-Gew.). Die in vitro-Verss. ergaben am Meerschweinchen die geringste, an der Ratte die stärkste Bindung. Hingegen wurde „in vivo" eine erhebliche Bindung zwischen *Albumin* u. *Polysaccharid* in beiden Gattungen nachgewiesen. Vf. kommt zu dem Schluß, daß „in vitro" im Serum des Meerschweinchens ein oder mehrere Faktoren fehlen, die in Kaninchen, Maus, Ratte u. Mensch in vermehrter Form vorkommen u. das Serumprotein beeinflussen. A. TÄUFEL. 4370□

Über die mögliche Rolle der Ribonucleinsäure im Mechanismus der Tuberkuloseresistenz. Je. B. Lischnewskaja. (Бюллетень Экспериментальной Биологии и Медицины [Bull. exp. Biol. Med.] **52** (**26**). Nr. 9. 63—65. Sept. 1961. Leningrad, Forschungsinst. für Tuberkulose, Biochem. Labor.; russ.; Auszug: engl.) — Der *Ribonucleinsäure* (**I**)-Geh. stieg nach Antituberkuloseimmunisation bei Mäusen in der Lunge um 33%, in der Leber um 32%, bei Meerschweinchen in der Lunge um 16%, in der Leber um 18%. Nach Tuberkuloseinfektion stieg er bei Mäusen in der Lunge um 73%, während er sich in der Leber u. bei Meerschweinchen, die gegen Tuberkulose sensibler sind, in Lunge u. Leber kaum veränderte. Die Verstärkung der **I**-Synth. spielt also eine wichtige Rolle im biochem. Mechanismus der experimentellen u. natürlichen Antituberkuloseimmunität. I. v. KLOCH-KORNITZ. 4370□

Abschätzung des Molekulargewichts von Interferon aus der Diffusionsgeschwindigkeit durch Agar. J. S. Porterfield, D. C. Burke und A. C. Allison. (Virology **12.** 197—203. Okt. 1960. London, Mill Hill, Nat. Inst. for Med. Res.; engl.) — Kulturen von Hühnerfibroblasten wurden mit Bunyamwera-Virus infiziert u. auf Agar aus der Schutz-Wrkg. gegen Plaque (Löcher)-Bldg. die Diffusions-Geschw. von *Interferon* wie von Kaninchenantikörpern bestimmt. Hieraus ergibt sich für das Interferon ein Molgew. von rund 80000. M. WIEDEMANN. 4370□

Isolierung eines Bakteriophagen, der speziell Amylase-produzierende Formen von Bacillus subtilis angreift. Shigeo Fukuda. (J. gen. appl. Microbiol. [Tokyo] **6.** 90—100. März 1960. Tokyo, Nippon Med. School, Biol. Labor.; engl.) — Ein Bakteriophage, *Phage S-a*, wurde aus einer *Bacillus subtilis* var. *amyloliquefacus*-Kultur isoliert. Er greift 8 von 23 untersuchten Stämmen der *subtilis*-Gruppe an. P. GREGORZEWSKI. 4374□

Studien über die Adsorption und Injektion von durch Protamin inaktivierten T 5-Phagen. G. Siefert-Gretchman. (Arch. Mikrobiol. **38.** 223—36. 1961. Frankfurt/M., Univ., Inst. für Mikrobiol.; dt.) — Durch elektronenmkr. Unterss. u. Adsorptions-Verss. wird gezeigt, daß die inaktivierten T 5 noch an *E. coli* adsorbiert werden, aber die Fähigkeit zur Reproduktion u. zum Abtöten der Wirtszellen größtenteils verloren haben. Eine Reaktivierung durch Trypsin gelingt nur in untergeordnetem Maße u. nur, wenn *Protamin* (**I**) vorher länger als 5 Min. auf T 5 einwirkte. Möglicherweise werden dabei solche Phagen aktiviert, die durch **I** nur langsam inaktiviert werden. Vf. nimmt an, daß **I** die Penetration der DNS in die Wirtszelle, möglicherweise durch Veränderung des Phagenschwanzenzyms, hemmt. H. REMBOLD. 4374□

Biochemische Untersuchungen zur Reproduktion der Bakteriophage. 2. Mitt. **Durch Bakteriophageninfektion induzierte Ribonucleinsäuresynthese.** Yukio Kiho. (Virus [Kyoto] **10.** 93—97. 1960. Tokio, Univ., Inst. of Sci. and Tech.; jap.; Auszug: engl.) — 1. vgl. C. **1962.** 2779. — Vff. beobachten eine verstärkte *Ribonucleinsäure* (*RNS*)-Bldg. nach Bakteriophageninfektion, außerdem blockiert kurz nach der T 2-Infektion verabreichtes *Chloramphenicol* die Zerstörung der nach der Infektion gebildeten RNS, nicht aber ihre Neubildung. Das zeigt eine Beziehung zwischen RNS-Zerstörung u. Protein-Synth. u. die unterschiedlichen Stoffwechselaktivitäten der nach der Infektion gebildeten RNS u. der Wirtszell-RNS. P. GREGORZEWSKI. 4374□

Die Nucleinsäure des Polyoma-Virus. J. D. Smith, G. Freeman, M. Vogt und R. Dulbecco. (Virology **12.** 185—96. Okt. 1960. Pasadena, Calif., California Inst. of Technol. Div. of Biol.; engl.) — Polyoma-Virus wurde auf Kulturen von Mäuseembryonen gezüchtet u. ^{32}P inkorporiert. Das Virus wurde durch Dichtegradientzentrifugation gereinigt u. die Nucleinsäure mittels Dodecylsulfat isoliert. Sie wurde enzymat. verdaut, u. die Nucleotide wurden durch Papierchromatographie u. Elektrophorese getrennt. Die Nucleinsäure erwies sich als *Desoxyribonucleinsäure* (*DNS*). Ferner wurde die Vermehrung des Virus durch *Aminopterin* gehemmt, das ein Inhibitor der DNS-Synth. ist, u. durch *Bromdesoxyuridin*, ein Mutagen, das in die DNS eingebaut wird. M. WIEDEMANN. 4374□

Ribonucleinsäure des Virus der Maul- und Klauenseuche: Seine Darstellung, Stabilität und Plattierungs-Wirksamkeit auf Rindernieren-Kulturen. H. L. Bachrach. (Virology **12.** 258—71. Okt. 1960. Greenport, Long Island, N.Y., U. S. Dep. of Agricult., Animal Disease and Parasite Res. Div., Plum Island Animal Disease Labor.;

engl.) — Die besten Ausbeuten an infektiöser *Ribonucleinsäure* (*RNS*) aus dem Virus der Maul- u. Klauenseuche wurden erhalten mit kaltem Phenol bei niederer Ionenstärke unter Zusatz von Na-Äthylendiamintetraacetat u. Na-Dodecylsulfat. Bei —196° war die RNS stabil, gegenüber pH 3,0—11,5 war sie stabiler als das Virus selbst. Zwischen der Zahl der Plaques (Löcher) u. der Konz. an RNS bestand eine lineare Beziehung. Die Agarüberschichtung konnte bereits 1 Min. nach dem Plattieren der RNS angebracht werden. M. WIEDEMANN. 4374□

Cephalomycin, ein neues Antibioticum mit Antiviruswirkung. 1. Mitt. **Untersuchungen über biologische und chemische Eigenschaften.** Akihiro Matsumae. (J. Antibiotics [Tokyo], Ser. A **13.** 143—49. März 1960. Tokyo, Kitasato Inst. for Infect. Diseases; engl.) — Aus der Kultur-Lsg. von *Streptomyces tanashiensis* var. *cephalomyceticus* wurde mit Hilfe des sauren Austauscherharzes XE 64 das akt. Prinzip *Cephalomycin* I isoliert. Es handelt sich um ein Polypeptid, das neben drei unidentifizierten Verbb. nach HCl-Hydrolyse im zweidimensionalen Papierchromatogramm folgende Aminosäuren zeigt: *Leucin, Phenylalanin, Valin, Tyrosin, Alanin, Threonin, Glutaminsäure, Arginin, Glycin, Asparaginsäure.* — Die Kultur-Lsg. zeigt stark hemmende Wrkg. auf grampositive Bakterien, das lyophilisierte Pulver nur auf *Diplococcuspneumoniae, Shigella dysenteriae* u. *Saccharomyces sake* bei Konz. von 10 mcg/ml. DL_{50} (Maus) 30 mg/kg i.v., 55 mg/kg intraperitoneal, 161 subkutan u. über 1000 oral.
P. GREGORZEWSKI. 4374□

Versuche zur Auffindung von durch Actinomyceten gebildete Substanzen mit Antiviruswirkung. Teisuke Ōsato, Yutaka Morikubo, Seirō Yamazaki, Takurō Hikiji, Kuniichirō Yano, Mototake Kanao, Takashi Ōsono und Hamao Umezawa. (J. Antibiotics [Tokyo], Ser. A **13.** 97—109. März 1960. Tokyo, Nat. Inst. of Health, Yamanouchi Pharm. Co.; engl.) — Vff. untersuchten in 40facher Verdünnung die Kulturmedienfiltrate von 424 *Actinomyceten* auf ihre Antivirus-Wrkg. gegenüber in Hühnerembryo-Zellkulturen inokuliertem *New Castle Virus* durch Best. der Vermehrung mit Hilfe des Hämagglutinintiters. Es wurden 2 akt. Substanzen gefunden u. mit *Niromycin A* u. *B* bezeichnet. *Niromycin A* (**I**) inhibiert die Virusvermehrung bei 0,01 mcg/ml u. wirkt zelltox. bei 6,25 mcg/ml. Für *Niromycin B* (**II**) betragen die entsprechenden Konzz. 0,036 u. 0,75. **I** u. **II** hemmen auch die Influenzavirusvermehrung im angebrüteten Ei u. das Wachstum von *Saccharomyces.* **II** ist gegenüber Ratten toxischer als gegenüber Mäusen. P. GREGORZEWSKI. 4374□

Produktion und Extraktion der gegenüber Viren wirksamen Niromycine. Teisuke Ōsato, Yutaka Morikubo und Hamao Umezawa. (J. Antibiotics [Tokyo], Ser. A **13.** 110—13. März 1960. Tokyo, Nat. Inst. of Health.; engl.) — Vgl. vorst. Referat. — Vff. extrahierten aus der Kultur-Lsg. von 3 *Streptomyces albus*-Stämmen *Niromycine* mit Antiviruswirkung.

Versuche: Nach 53 std. Fermentation wird zentrifugiert, die Lsg. zuerst mit Butanol extrahiert, mit PAe. gewaschen u. dann mit Essigester extrahiert. Nach wiederholtem Eindampfen wird mit PAe. gewaschen u. der Sirup im Vakuum getrocknet (Ausbeute 23 g) u. in 180 ml Butylacetat gelöst, über eine Al_2O_3-Säule geschickt. Aus Bzl. 2,1 g *Verb. I* F. 119,5—122°, UV_{max} 278 mμ kristallisiert. *Verb. I* wird abgetrennt, der Überstand mit PAe. gewaschen u. getrocknet. 10 g dieses Pulvers werden in 140 ml 20%ig. wss. Aceton gelöst u. auf eine Kohle-Diatomeenerde-Säule gegeben u. diese mit 2,5 Liter 20%ig. Aceton, 500 ml 60%ig., 500 ml 80%ig., 500 ml 90%ig. u. 500 ml Aceton behandelt. Das Eluat wird in 100 ml-Fraktionen aufgefangen u. Fraktion 1—9 im Vakuum konzentriert, nach Zugabe von Essigester 96 mg *Verb. II*, F. 175—180°, UV_{max} 264 mμ. Fraktion 10—11 werden eingedampft, mit Essigester extrahiert, nach Eindampfen 93 mg *Verb. III*, F. 161—166°. Fraktion 12—13 werden eingedampft u. liefern 190 mg *Verb. III*, aus der Mutterlauge durch Extraktion mit Essigester u. Einengen 410 mg *Verb. IV*, F. 157—160°, UV_{max} 264 mμ. Fraktion 14—15 werden eingeengt, mit Essigester extrahiert, eingeengt. 105 mg *Verb. III* u. akt. Substanzen im Überstand. Fraktion 16—17, die Hauptfraktionen der akt. Substanzen, im Vakuum eingedampft, ergeben 4,2 g weißes Pulver. Fraktion 18 enthält akt. Substanzen u. ließ sich nicht zu Pulver eindampfen. Fraktion 19—21 geben nach Eindampfen akt. Sirup. Fraktion 22—23 zeigen keine Aktivität. Aus dem weißen Pulver (aus Fraktion 16—17) wurden durch Gegenstromverteilung u. Lyophilisierung *Niromycin A* u. *B* gewonnen. *Niromycin A* (hygroskop. Pulver), F. 98 bis 105°, lösl. in W., Methanol, A., Butanol, Essigester, Butylacetat, Aceton u. Chlf., schwach lösl. in Bzl. u. Ae., unlösl. in PAe., DL_{50} (Maus) i. v. 40—60 mg/kg; *Niromycin B*, $C_{14}H_{21}NO_4$, F. 47—67° (hygroskop.), DL_{50} (Maus) i. v. 48 mg/kg, (Ratte) 1,8 mg/kg. Semicarbazon, F. 175—176°; 2.4-Dinitrophenylhydrazon, F. 199—200° (Zers.)
P. GREGORZEWSKI. 4374□

Hemmung der Konidienbildung bei Aspergillus oryzae durch Phenylborsäure. Adel Maximos und Barbara Haccius. (Naturwissenschaften **48.** 677—78. 1. Nov.-H. 1961. Mainz, Univ., Botan. Inst.; dt.) — *Phenylborsäure* unterdrückt in Konz. von ca. $2{,}5 \cdot 10^{-3}$ m auf Malzextraktagar die Konidien-Bldg. von *Aspergillus oryzae*. Das Mycelwachstum wird nicht beeinflußt. Nach Überimpfung auf normalen Malzextraktagar werden wieder Konidien gebildet. Der Hemmeffekt wird durch Pyridoxinhydrochlorid u. in geringerem Maße auch durch Cystein vermindert. Von 37 fungistat. wirksamen Substanzen verzögerten nur *Magnesiumsilicofluorid, Diphenyl* u. *Phenylhydrazin* die Konidienbildung. U. EBERHARDT. 4380□

Untersuchungen über Chromoproteine in japanischem Nori (Porphyra tenera). 4. Mitt. Die Eigenschaften aus Phycoerythrin durch enzymatische Spaltung erhaltener Chromopeptide. Teruko Fujiwara. (J. Biochemistry [Tokyo] **48.** 317—30. Sept. 1960. Osaka, Univ., Inst. for Protein Res.; engl.) — 3. vgl. C. **1959.** 1834. — Aus krist. *Porphyra tenera-Phycoerythrin* (**I**) durch proteolyt. Spaltung mit Pepsin, Trypsin (**II**), *B. subtilis N'*- u. *Streptomyces griseus-Proteinase* (**III**) erhaltene *Chromopeptide* (**IV**) sind in organ. Lsgm. lösl. u. besitzen λ_{max} von 490—600 mμ. Hydrolyse eines durch pept. Spaltung erhaltenen höheren Peptids mit *B. subtilis*-**III** lieferte **IV** mit den 10 Aminosäuren *Asp, Glu, Ser, Gly, Ala, Val, Leu, Ileu, Phe* u. *Lys*, Hydrolyse mit *S. griseus*-**III** **IV** aus *Asp, Glu, Ser, Gly, Ala, Val, Leu* u. *Ileu*. Die meisten **IV** besaßen niedrigen N-Geh. (5—6%) u. ca. 0,6—1,5% S. Der Zucker-Geh. lag zwischen 3,89 u. 13,01%. Ein Peptid enthielt *Galaktose, Arabinose* u. *Xylose*. K. MAIER. 4380□

E_4. Pflanzenchemie. Pflanzenphysiologie. Pflanzenpathologie

Das Wachstum von Algen in Deuteriumoxid. William Chorney, Norbert J. Scully, Henry L. Crespi und Joseph J. Katz. (Biochim. biophysica Acta [Amsterdam] **37.** 280—87. 15/1. 1960. Lemont, Ill., Argonne National Labor.; engl.) — *Chlorella vulgaris, Chlorella pyrenoidosa* u. *Scenedesmus obliquus* wachsen auch in einem Medium mit einem *Deuteriumoxid*-Geh. von 99,6%, allerdings erheblich langsamer als in normalen Medien. Bei erstmaliger Überimpfung in ein Medium mit so hohem Deuteriumoxid-Geh. treten Adaptionszeiten von unterschiedlicher Länge (bis zu 200 Std.) auf. Bedeutsame morpholog. Veränderungen konnten nicht beobachtet werden. Die Geschw. der CO_2-Fixierung ist herabgesetzt, ferner bestehen geringe Unterschiede zu normalen Zellen in der chem. Zusammensetzung. D_2O wird nicht bevorzugt aufgenommen. — Diese Organismen eignen sich daher zur Gewinnung vollständig deuterierter Verbindungen. U. EBERHARDT. 4400□

Untersuchungen an saponinhaltigen Homogenaten. H. Kern. (Experientia [Basel] **15.** 105—06. 15/3. 1959. Münster, Univ., Bot. Inst.; dt.) — Es werden als Beitrag zum Homogenisationsproblem aus Blättern von *Viola tricolor* var., die saponinhaltig sind, Chloroplasten (Chlp.) isoliert u. der Einfl. der *Saponine* auf die Durchlässigkeit pflanzlicher Zellen, insbesondere ihre Rk. mit Chlp. untersucht. In den in 0,3 m Glucose-Lsg. homogenisierten Blättern werden die Chlp. durch Zentrifugieren angereichert u. die Hämolyse wird in gepufferter Blutgelatine durchgeführt. Das *Viola-Saponin* besitzt bei pH 6,7 die höchste hämolysierende Wrkg. an Rindererythrocyten u. bildet mit *Cholesterin* eine nichthämolysierende Verb., die sich in Xylol wieder spalten läßt. Vf. weist in weiteren Verss. nach, daß die beiden Komponenten *Saponin* u. Chlp. miteinander reagieren. A. TÄUFEL. 4400□

Über den Einfluß des pH der Nährlösung auf das Wachstum und auf einige physiologisch-biologische Prozesse bei Mais. E. L. Klimaschewski. (Доклады Академии Наук СССР [Ber. Akad. Wiss. UdSSR] **134.** 969—71. 1/10. 1960. Uraler Landwirtsch. Forsch.-Inst.; russ.) — In Verss. mit Sand- u. Wasserkulturen wurde der pH durch Zusatz von HCl oder NaOH verändert. Saure Nährstoff-Lsgg. unterdrücken die Atmung keimender Maiskörner. Bei einem Nährmedium vom pH 6—7 speichert die Pflanze Höchstmengen von *Chlorophyll* (**I**) u. *Ascorbinsäure* u. hat die größte Blattfläche. Die Speicherung von *P*, Asche u. **I** erfolgt nach einem gleichen Schema. Ursprünglich in saurem Medium gewachsene Pflanzen kehren nicht zu normaler Aktivität zurück, auch wenn sie über 14 Tage unter optimalen Bedingungen gehalten werden. Niedriger pH setzt die Peroxydase- u. Katalaseaktivität herab u. verzögert auch das schon langsamere Keimen des Korns unter normalen Bedingungen. R. K. MÜLLER. 4404□

Die Wirkung einer Röntgenbestrahlung auf die Meristemzellen des Keimstengels von Weizen. I. M. Wassiljew und Je. I. Masslowa. (Доклады Академии Наук СССР [Ber. Akad. Wiss. UdSSR] **126.** 1351—53. 21/6. 1959. Inst. für biolog. Physik der Akad. der Wiss. der UdSSR; russ.) — Röntgenbestrahlung mit 1000 r übte auf die Größe

der Zellen im Vegetationskegel keinen Einfl. aus. Bei Erhöhung der Dosis auf 3000 r wurden alle Zellen größer; es trat eine Hemmung der Bldg. der Pflanzenorgane ein. Bei der Dosis 5000 r wurden (im Vgl. zur Variante mit 3000r) keine weiteren Veränderungen der Zellen beobachtet. Die durch Bestrahlung mit höheren Dosen hervorgerufene Ausdehnung der Blätter der Weizenpflanze ist nicht die Folge der Stimulierung, sondern der Vacuolisierung u. Ausdehnung der Zellen. Die Blätter werden länger u. schmaler, das Wachstum der Zellen stellt sich aber nach der Bestrahlung ein.
M. Gordienko. 4404□

Vergleichende Untersuchung der Cytoplasma- und Vacuolenproteine von Blättern. Victor Gheţie. (Studii Cercetări Biochim. [Bucureşti] **2.** 441—48. 1959. Acad. R.P.R., Inst. de biochim.; franz.) — Die Cytoplasmaproteine (CP) u. der Vacuolensaft (VS) von Bohnenblättern werden elektrophoret. u. chromatograph. untersucht. Elektrophoret. werden unter der CP 2 Komponenten (A, B), im VS 3 Proteine (C, D, E) nachgewiesen, wobei E wasserlösl. ist. Die CP werden durch $(NH_4)_2SO_4$ bei 50 u. 80% Sättigung ausgesalzen, die Proteine des VS nur bei 66 u. 100%. Diese Unterschiede werden polarograph. bestätigt. Der VS zeigt 2—2,5mal größere polarograph. Aktivität als die CP. Die VS-Proteine enthalten Cystein, die CP Histidin, Lysin u. Asparaginsäure. Die Annahme von Chibnall, daß die VS-Proteine von den CP verschieden sind, wird durch die Unters. bestätigt.
R. K. Müller. 4420□

Nährstoffe in kalifornischen Citronen und Orangen. John J. Birdsall, Philip H. Derse und Lester J. Teply. (J. Amer. dietet. Assoc. **38.** 555—59. Juni 1961. Madison, Wisconsin Alumni Res. Found.; engl.) — Die kaliforn. Früchte (Citronen, Valencia-Orangen u. Navel-Orangen) der Ernten 1957 u. 1958 werden auf ihre Geh. an *Protein* (I), *Fett* (II), *Amino-N*, *Gesamtzucker*, *Saccharose* (III), *red. Zucker*, *Säure*, *Ca*, *Mg*, *Fe*, *P*, *K*, *Na*, *S*, *Ascorbinsäure*, *red. Ascorbinsäure* (IV), *Biotin*, *Gesamtcarotinoide*, *β-Carotin* (V), *Cholin*, *Folsäure* (VI), *Inosit* (VII), *Niacin*, *Pantothensäure* (VIII), *Pyridoxin* (IX), *Riboflavin* u. *Thiamin* untersucht. Die Geh. der angeführten Bestandteile werden für Schale, eßbares Fruchtfleisch u. Saft angegeben. Die Geh. differieren in den beiden Jahren sehr wenig.
Gottfried Schreiber. 4420□

Bildung eines Esters der Aconitsäure im Verlauf der Stabilisierung von Pflanzenmaterial und der Extraktion von organischen Säuren mit Äthylalkohol. S. Lascombes, A. Lattes, R. Miquel und R. Pulou. (Bull. Soc. Chim. biol. **41.** 1055—58. 25/9. 1959. Toulouse (Hte-Garonne), Fac. de Méd. et de Pharmacie; franz.) — Es wird gezeigt, daß durch Behandlung von pflanzlichem Material mit A., das freie *Aconitsäure* enthält, ein großer Teil dieser Säure zu *α-Transmonoäthylaconitat* umgesetzt wird.
F. Radler. 4420□

Exosmose von Hydrochinon aus den Glomerula der Zuckerrübe nach Stimulation mit dieser Substanz. E. Macovschi und Lilica Botoşăneanu. (Studii Cercetări Biochim. [Bucureşti] **1.** 177—83. 1958. Acad. R.P.R., Inst. de biochim.; rum.) — Die mit *Hydrochinon* (I; 750 ml 2‰ig. Lsg. auf 150 g) stimulierten Samen der Zuckerrübe geben im Kontakt mit W. (auch feuchtem Boden) leicht I ab, u. zwar ungewaschene Samen rascher u. in größerer Menge als gewaschene. Der eigentliche Exosmoseprozeß ist langsamer, schreitet aber weiter fort. Vff. nehmen an, daß die Abgabe von I an den Boden die Mikroflora des Bodens verändern u. Qualität u. Menge der Ernte erhöhen kann.
R. K. Müller. 4420□

Isolierung und Reinigung von Pipecolinsäure aus Bohnen von Vicia faba (Moench). A. D. Deshmukh und Kamala Sohonie. (J. sci. ind. Res. [New Delhi], Sect. C **20.** 328—29. Nov. 1961. Bombay, Inst. of Sci., Dep. of Biochem.; engl.) — Gemahlene Bohnen (*Vicia faba* Moench) werden mit W. extrahiert u. aus dem Extrakt durch wiederholte Säulenchromatographie 0,43% *Pipecolinsäure*, F. 271,5°, isoliert.
P. Gregorzewski. 4420□

Verteilung von Pipecolinsäure in keimenden Leguminosen und wachsenden Pflanzen. A. D. Deshmukh und Kamala Sohonie. (J. sci. ind. Res. [New Dehli], Sect. C **20.** 329—30. Nov. 1961. Bombay, Inst. of Sci., Dep. of Biochem.; engl.) — Vgl. vorst. Referat. — Der Geh. an *Pipecolinsäure* (I) in den Samen einer Reihe ind. Leguminosen nimmt während der Keimung ab. Die Cotyledonen enthalten mehr I als die Embryonen. I kommt nur in den Hülse nu. reifen Samen vor.
P. Gregorzewski. 4420□

Nachweis einiger weniger bekannter Aminosäuren in gewöhnlichen indischen Hülsenfrüchten und Gemüsen. A. D. Deshmukh und Kamala Sohonie. (J. sci. ind. Res. [New Delhi], Sect. C **20.** 330—31. Nov. 1961. Bombay, Inst. of Sci., Dep. of Biochem.; engl.) — 19 Hülsenfrüchte u. 19 Gemüsearten werden papierchromatograph. auf ihren Geh. an *Canavanin* (I), *β-Aminopropionitril* (II), *β-Nitropropionsäure* (III), *γ-Aminobuttersäure* (IV) u. *Pipecolinsäure* (V) untersucht. I wird in *Canavalin ensiformis*, II in *Lathyrus sativus*, IV in 16 Gemüsearten, V in 8 Hülsenfrüchten u. 16 Gemüsen u. III nirgends aufgefunden. P. GREGORZEWSKI. 4420□

Untersuchungen über die Farbstoffe der Sonnenblumenkerne (Helianthus annuus L.) 1. Mitt. Chlorogensäure. Jacqueline Sechet, Jack Masquelier und Francis Tayeau. (Bull. Soc. Chim. biol. **41.** 1059—65. 25/9. 1959. Bordeaux, Fac. de Méd. et de Pharmacie, Labor. de Chim. biol. et méd. et de Matière méd.; franz.) — *Chlorogensäure* wurde nach papierchromatograph. Trennung durch Farb-Rkk. u. UV-Spektren in Sonnenblumenkernen nachgewiesen. F. RADLER. 4420□

Untersuchungen über die Farbstoffe der Sonnenblumenkerne (Helianthus annuus L.) 2. Mitt. Kaffeesäure. Jacqueline Sechet, Jack Masquelier und Francis Tayeau. (Bull. Soc. Chim. biol. **41.** 1067—70. 25/9. 1959. Bordeaux, Fac. de Méd. et de Pharmacie, Labor. de Chim. biol. et méd. et de Matière méd.; franz.) — 1. vgl. vorst. Referat. — Auch bei schonender Aufarbeitung konnte in Sonnenblumenkernen *Kaffeesäure* nachgewiesen werden, die demnach nicht nur an *Chlorogensäure* gebunden, sondern auch in freier Form vorkommt. F. RADLER. 4420□

Chemische Untersuchungen von Heracleum concanense. Ajit K. Banerjee und P. K. Bose. (Ann. Biochem. exp. Med. [Calcutta] **19.** 181—82. Juli 1959. Calcutta, Bose Inst., Chem. Dep.; engl.) — *Bergapten* u. *Isopimpinellin* wurden aus den Früchten von *Heracleum concanense* isoliert. P. GREGORZEWSKI. 4420□

Isolierung und Untersuchung des aktiven Prinzips der Pflanze Erysimum transsilvanicum Schur. Gh. Herman, A. Gheorghiu und Elena Ionescu-Matiu. (Studii Cercetări Biochim. [Bucureşti] **1.** 239—45. 1958. Bucureşti, Fac. de farm., Labor. de botan. farm.; rum.) — Aus Teilen der in 1200 m in der Blütezeit gesammelten Pflanze *Erysimum transsilvanicum* wird ein digitalisähnlich cardioton. wirkendes *Glucosid* (I) in reiner krist. Form isoliert, indem man Wurzeln, Stengel, Blätter u. Blüten 20 Min. einer Infusion mit dest. W. unterwirft, das Filtrat mit 10%ig. Pb-Acetat-Lsg. behandelt, den Nd. abtrennt u. Pb mit Na_2HPO_4 beseitigt, mit verd. HCl ansäuert, 1 Std. auf dem Wasserbad hydrolysiert u. die abgekühlte Lsg. mit Chlf. extrahiert. I, F. 219—220°, unlösl. in W., lösl. in Methanol, A., Ae. sowie in verd. H_2SO_4 mit oranger Farbe, die dann nach Violett u. schließlich in Blau umschlägt. LIEBERMANN- u. ROSENHEIM-Probe sind positiv. I enthält einen Sterinring, ein ungesätt. Lacton mit 5 Atomen u. einen Glycidanteil. In den Blüten ist der I-Anteil am größten. R. K. MÜLLER. 4420□

Wasserstoffentwicklung und -austausch und Umwandlung von N_2O in N_2 durch Wurzelknöllchen von Sojabohnen. G. E. Hoch, K. C. Schneider und R. H. Burris. (Biochim. biophysica Acta [Amsterdam] **37.** 273—79. 15/1. 1960. Madison, Wis., Univ. of Wisconsin, Coll. of Agric., Dep. of Biochem.; engl.) — Die Entw. von H_2 durch abgetrennte Wurzelknöllchen der Sojabohne wird durch N_2 stark gehemmt. Dagegen wird die Bldg. von HD aus D_2 u. im Medium oder den Knöllchen enthaltenen H-Donatoren durch N_2 stark gefördert. N_2O wird zu N_2 reduziert. O_2 u. H_2 haben keinen Einfl. auf die Geschw. der Reaktion. U. EBERHARDT. 4450□

Die Geschwindigkeit des Eintrittes von Schwefel in die Sojapflanze. A. N. Bugakowa. (Доклады Академии Наук СССР [Ber. Akad. Wiss. UdSSR] **126.** 1362—64. 21/6. 1959; russ.) — Die Geschw. der *S*-Verlagerung (^{35}S) in der Sojapflanze hängt von ihrem Alter bzw. von dem Alter ihrer vegetativen Teile ab: in den jüngeren (oberen) Blättern ist die Geschw. groß; sie vermindert sich mit ihrem Alter, also in der Reihenfolge von oben nach unten, stark. In den ersten Entw.-Phasen erscheint S in den Blättern schon 1—2 Std. nach der Gabe, in der Phase des 3. Blattes ist dies erst nach 24 Std. der Fall. Die Erhöhung der Geschw. steht in gewissem Zusammenhang auch mit der beim Wachstum der Pflanze stattfindenden Vergrößerung der Entfernung von den Wurzeln zu ihren jüngsten Blättern: in das 2. Blatt einer 48 Tage alten Sojapflanze gelangt S mit einer Geschw. von 4, in das 5. Blatt mit einer solchen von 20 cm/Stunde. M. GORDIENKO. 4450□

Der Ornithin-Cyclus in Erbsensamen. I. Reifer und L. Buraczewska. (Acta biochim. polon. **5.** 361—71. 1958. Warszawa, Inst. Biochem. i. Biofizyki, Zaklad Biochem. Roślin; engl.) — Sterile Erbsenkulturen werden unter Zusatz von *Ornithin* (I), *Citrullin* (II) u. *Arginin* (III) in einem fl. Medium (*White Medium*) gezüchtet. Mit Hilfe der Papierchromatographie kann gezeigt werden, daß das wachsende Gewebe der Erbsensamen den gesamten Ornithincyclus zu katalysieren vermag. Bei I u. II-Zusatz zum Medium können *Asparagin*, *Glutamin* u. *Glutaminsäure* nachgewiesen werden, bei Zusatz von III dagegen nur *Asparagin*. H. STRUCK. 4460□

Beiträge zur Frage der Biogenese sekundärer Pflanzenstoffe der Weinraute (Ruta graveolens L.). Ewald Sprecher. (Planta **47.** 323—58. 13/7. 1956. Karlsruhe,

Techn. Hochschule, Botan. Inst.; dt.) — Viele Pflanzeninhaltsstoffe werden über den sek. Stoffwechsel gebildet. Die Synth. des *äther. Öles der Weinraute* (I) ist direkt mit dem Wachstum gekoppelt u. geht in den endomitot., polyploidisierten Sekretzellen vor sich; es wird in schizogen entstandenen Intercellularen als Endprod. ausgeschieden. Die Bldg. von I (hauptsächlich Methylnonylketon) über die β-Oxydation bzw. β-Reduktion wird diskutiert. An Inhaltsstoffen mit einem Flavongerüst wurden *Rutin* (II) u. ein *Anthocyan* mit dem Aglykon *Cyanidin* (III) gefunden; Leukoanthocyane, Catechine u. Gerbstoffe sind nicht vorhanden. Die Bldg. von II u. III ist vom Wachstum weitgehend unabhängig, jedoch bestehen Beziehungen zur Assimilation. Es wird die Synth. von I, II u. III im Sinne des „shunt"-Stoffwechsels von FOSTER diskutiert. H. ACKERMANN. 4460□

Studien über Bildung und Abbau von Tomatin in der Tomatenpflanze. Henrich Sander. (Planta **47.** 374—400. 13/7. 1956. Berlin-Dahlem, Univ., Pflanzenphysiol. Inst.; dt.) — *Tomatin* (I) wird vorwiegend im Sproß gebildet, der Geh. in der Pflanze ist sehr variabel u. steht mit dem Wachstum in Verbindung. Im Blutungssaft konnte I im Gegensatz zu den anderen Solanaceenalkaloiden (Nicotin, Hyoscyamin) nicht einwandfrei nachgewiesen werden. Abgebaut wird I hauptsächlich in der Frucht mit fortschreitender Reife. In fruchtlosen Pflanzen wird I stark angereichert. Der Nachw. erfolgt gravimetr., Extraktion u. Reinigung wird eingehend beschrieben. Die Meth. liefert zwar kein reines I (ca. 10% Verunreinigung), jedoch gut reproduzierbare Werte. Zur Identifizierung der Verb. wurde aus Methanol umkrist. u. in nHCl hydrolysiert. *Tomatidin*, $C_{27}H_{45}NO_2$, F. 202°; aus Methanol. — *Tomatidinhydrochlorid*, $C_{27}H_{45}NO_2$, HCl, F. 265°. Außerdem wurden im Hydrolysat Glucose, Galaktose u. Xylose nachgewiesen.

H. ACKERMANN. 4460□

Tagesperiodische Schwankungen der Fähigkeit zur Chlorophyllbildung. K. Mitrakos. (Planta **52.** 583—86. 11/2. 1959. Tübingen, Bot. Inst. der Univ.; dt.) — An Keimlingen von *Perilla ocymoides* wurde der Einfl. period. Lichtschwankungen auf die *Chlorophyll* (I)-Bldg. untersucht. Reihe 1: Haltung auch nach dem 7. Tag unter Standardbedingungen (3—7 Lux, Licht–Dunkelverhältnis 1 : 1), Reihe 2: nach 7 Tagen Standardbedingung Haltung der Pflanzen im Dauerdunkel. Pflanzen aus beiden Reihen wurden zu verschiedenen Zeiten für 4, 5 oder 6 Std. einer größeren Lichtintensität ausgesetzt (830 bis 3000 Lux). Die Fähigkeit zur I-Bldg. ist bei diurnalem Licht–Dunkel-Wechsel in der Lichtphase höher als in der Dunkelphase. Auch bei der Haltung der Pflanzen im Dauerdunkel zeigen sich tagesperiod. Schwankungen. Die I-Bldg. erreicht 6 Std. nach einer kurzen Belichtung mit weißem oder rotem Licht ein Maximum.

H. ACKERMANN. 4460□

Kernaktivität bei aufgehobener Photosynthese. J. und Ch. Hämmerling. (Planta **52.** 516—27. 11/2. 1959. Wilhelmshaven, Max-Planck-Inst. für Meeresbiol.; dt.) — Im Dunkeln wird vom Zellkern an das Cytoplasma eine noch unbekannte Substanz oder ein Substanzgemisch abgegeben, sie werden als „morphogenet. Substanzen" (mS) bezeichnet u. induzieren das Wachstum bei nachfolgender Belichtung. Fragen der Bldg., Abgabe u. Wrkg. dieser mS in Abhängigkeit vom Lichteinfluß werden diskutiert.

H. ACKERMANN. 4480□

Weitere Untersuchungen zum Problem der Kernaktivität bei gesenktem Zellstoffwechsel. Günther Werz. (Planta **52.** 528—33. 11/2. 1959. Wilhelmshaven, Max-Planck-Inst. für Meeresbiol.; dt.) — Vgl. auch vorst. Referat. Die Verss. ergaben, daß die Hut-Bldg. bei der Grünalge *Acetabularia mediterranea* erfolgt, wenn eine bestimmte Menge *morphogenet. Substanzen* (mS) gebildet worden ist. Es wurde der Einfl. von Dunkelheit sowie von *Trypaflavin* u. *2.4-Dinitrophenol* (diese blockieren das Wachstum reversibel) auf die Bldg. von mS untersucht; als Bewertungsmaß für diese wurde die Gesamtstiellänge bis zur Hut-Bldg. herangezogen. H. ACKERMANN. 4480□

Das Verhalten der Phosphorylase in kernhaltigen und kernlosen Teilen von Acetabularia mediterranea. Heinz Clauss. (Planta **52.** 534—42. 11/2. 1959. Wilhelmshaven, Max-Planck-Inst. für Meeresbiologie; dt.) — Vgl. vorst. Referat. — Vf. weist nach, daß in kernlosen Zellen die *Phosphorylase*-Konz. bis etwa zum 21. Tag ansteigt. Gleichzeitig nimmt der Geh. an cytoplasmat. Proteinen zu. Der Grund der Einstellung der Proteinsynth. in kernlosen Syst. nach dieser Zeit ist noch unbekannt, es besteht jedoch die Möglichkeit, daß die Ribonucleinsäure in kernlosen Teilen derartig verändert wird, daß eine weitere Proteinnettosynth. unmöglich wird. H. ACKERMANN. 4480□

Über die löslichen Kohlenhydrate der Grünalge Acetabularia mediterranea und deren quantitative Veränderungen in kernhaltigen und kernlosen Teilen. Heinz Clauss und Konrad Keck. (Planta **52.** 543—53. 11/2. 1959. Wilhelmshaven, Max-Planck-Inst. für Meeresbiol.; dt.) — Vgl. vorst. Referat. — Unterss. ergaben, daß Form-Bldg.-Prozesse u. verschiedene Synth. noch längere Zeit in kernlosen Zellen (KLZ) vor sich gehen können. Zur Klärung, welche Faktoren für den Abbruch dieser Prozesse verantwortlich sind, wurde zunächst die Zus. der Kohlenhydratfraktion als erstes stabiles Endprod. der Photosynth. untersucht. In den KLZ setzt nach Entfernen des Zellkernes eine erhebliche Speicherung von *Fructose* u. *Fructosanen* ein. Da u. a. die Protein-Synth. in den KLZ herabgesetzt wird, ziehen Vff. die Möglichkeit in Betracht, daß bestimmte mit dem Zell- u. Plasmawachstum gekoppelte Stoffwechselprozesse u. Enzym-Syst. sehr früh in Mitleidenschaft gezogen werden. H. ACKERMANN. 4480□

Die Wirkung der Gibberelline auf die Auxinbestimmung. G. A. D. Jackson und M. V. Prosser. (Naturwissenschaften **48.** 649—50. 2. Okt.-H. 1961. Bangor, Great Britain, Univ. Coll. of North Wales, Dep. of Bot.; engl.) — Kerne aus 5 Wochen alten Hagebutten von *Rosa dumalis* BEDHSTEIN wurden zur *Auxin-* (Weizenkoleoptiltest) u. *Gibberellin*-Best. (Weizenblattest) benutzt. Es kam bei der Chromatographie der sauren Fraktionen der Extrakte zur teilweisen oder völligen Überlappung der Zonen mit Auxin- bzw. Gibberellinaktivität bei R_F-Werten zwischen 0,2 u. 0,35 u. zwischen 0,05 u. 0,1 (absteigend, Butanol/NH_3/H_2O: 10/1/1). Da durch den Weizenkoleoptiltest Gibberelline u. Auxine ebenfalls nicht scharf zu trennen sind, ist die gegenseitige Beeinflussung beider Substanzgruppen bei zukünftigen Bestimmungen zu berücksichtigen. I. JAGE. 4485

Die Strukturen von Pilz-Gibberellinen. B. E. Cross, J. F. Grove, P. McCloskey, J. MacMillan, J. S. Moffatt und T. P. C. Mulholland. (Advances Chem. Ser. Nr. **28.** 3—17. 1961. The Frythe, Welwyn, Herts., Imperial Chem. Ind., Ltd., Akers Res. Labor.; engl.) — Übersicht. — 39 Literaturangaben. P. GOLINSKE. 4485□

Isolierung und Strukturen der Gibberelline höherer Pflanzen. J. MacMillan, J. C. Seaton und P. J. Suter. (Advances Chem. Ser. Nr. **28.** 18—25. 1961. The Frythe, Welwyn, Herts., Imperial Chem. Ind., Ltd.; engl.) — Übersicht. — 18 Literaturangaben. P. GOLINSKE. 4485□

Beziehungen zwischen Gibberellsäure und Enzymbildung. Robert V. Dahlstrom und Michael R. Sfat. (Advances Chem. Ser. Nr. **28.** 59—70. 1961. Manitowoc, Wis., Rahr Malting Co.; engl.) — Übersicht. — 31 Literaturangaben. P. GOLINSKE. 4485□

Vergrößerung der Gibberellin- und Auxinwirkung durch Alkyllipide. Bruce B. Stowe. (Advances Chem. Ser. Nr. **28.** 142—44. 1961. New Haven, Conn., Yale Univ., Dep. of Botany, J.W. Gibbs Labor.; engl.) — Übersicht. — 4 Literaturangaben. P. GOLINSKE. 4485□

Strukturelle Beziehungen zwischen Chemikalien mit Antigibberellinwirkung. N. E. Tolbert. (Advances Chem. Ser. Nr. **28.** 145—51. 1961. East Lansing, Mich., Michigan State Univ., Dep. of Agricultural Chem.; engl.) — Übersicht. — 21 Literaturangaben. P. GOLINSKE. 4485□

Spektrophotometrische Methode zur Bestimmung von Gibberellsäuren. Allan A. Holbrook, W. J. W. Edge und Fred Bailey. (Advances Chem. Ser. Nr. **28.** 159—67. 1961. Macclesfield, Cheshire, Imperial Chem. Ind., Ltd., Pharmac. Div.; engl.) — Eine Schnellmeth. zur Best. von *Gibberellsäure* wird angegeben. Sie beruht auf der Überführung der Gibberell- in Gibberellinsäure u. der Messung der Absorption von **I** bei 254 mμ. Die Meth. ist spezif. für Gibberellsäure in Ggw. der bekannten Verunreinigungen. — 4 Literaturangaben. P. GOLINSKE. 4485□

Wirkung von Struktur und Konzentration der Gibberelline auf das Wachstum von Gurken-Keimlingen. Abraham H. Halevy und Henry M. Cathey. (Bot. Gaz. **122.** 63—67. Sept. 1960. Rehovoth, Hebrew-Univ., Dep. of Horticult.; Beltsville, Md.; engl.) — Von den 4 getesteten *Gibberellinen* A_1 ($C_{19}H_{24}O_6$), A_2 ($C_{19}H_{26}O_6$), A_3 ($C_{19}H_{22}O_6$) u. A_4 ($C_{19}H_{24}O_5$) stimuliert A_4 das Längenwachstum von Gurkenhypokotylen (*Cucumis sativus L.*) am stärksten. Der Unterschied macht sich bes. bei $6 \cdot 10^{-6}$ m Lsgg. bemerkbar. Gibberellsäure A_3 u. ihre K-, Na- u. Zn-Salze üben die gleiche Wrkg. auf Wurzel u. Hypokotyl aus. Dagegen werden mit verschiedenen Estern unterschiedliche Effekte erzielt. Steigende C-Zahl der n-Alkylradikale vermindert die Aktivität, n-Octylester ist völlig inaktiv. Für die Konz.-Verss. wurde das K-Salz von A_3 benutzt. $3 \cdot 10^{-3}$ m ist die optimale Konz. im Licht, $7 \cdot 10^{-4}$ m bei Dunkelheit. Steigerung der Konz. führt schließlich zur Hemmung des Wachstums von Hypokotyl u. Wurzel. I. JAGE. 4485□

Die herbicide Aktivität von Halogenalkylcarbonsäureestern. 2. Mitt. Wirkungen auf Keimlinge. Katsuyuki Yokoyama und Katsura Munakata. (Bot. Gaz. **122.** 67—69. Sept. 1960. Chicago, Ill., Univ. of Illinois, Dep. of Pharmacognosy; Anjo, Aichi, Japan, Nagoya Univ., Dep. of Agric. Chem., Fac. of Agricult.; engl.) — Eine Reihe von Halogencarbonsäureestern wurde an *Brassica campestris* L. ssp. *napus* HOOK. f. et ANDERS. *nippooleifera* Makino, *Panicum crus-galli* L. var. *frumentaceum* TRIN u. *Lycopersicum esculentum* MILL. getestet. 2 Wochen alte Keimlinge wurden mit 0,1- u.

1%ig. Lsgg. besprüht u. die Verss. nach 2 Wochen ausgewertet. *Allyl-* u. *Butoxyäthyldichlorpropionat* sind stark tox. für *Panicum*, wirken aber nur schwach herbicid auf *Brassica* u. *Lycopersicum*. Umgekehrt verhalten sich entsprechende Br- u. J-Acetat-Verbb., die aber wegen ihrer Flüchtigkeit u. tränenreizenden Wrkg. schlecht zu handhaben sind. Benzyl- u. Butoxyäthyl-Halogenacetate haben die stärkste Gift-Wrkg. auf die getesteten Keimlinge. Untersucht werden folgende Verbb.: *Na-Chloracetat*, Chloressigsäureester: *Methyl-*, *Äthyl-*, *n-Propyl-*, *Isopropyl-*, *n-Butyl-*, *Isobutyl-*, *sek.-Butyl-*, *Amyl-*, *Allyl-*, *Butoxyäthyl-*, *Benzyl-*, *Na-Trichloracetat*, Trichloressigsäureester: *Tetrahydrofurfuryl-*, *Benzyl-*, *Butoxyäthyl-*, *Na-Dichlorpropionat*, Dichlorpropionsäureester: *Allyl-*, *n-Butyl-*, *Butoxyäthyl-*, *Benzyl-*, *Na-2.3-Dichlorisobutyrat*, 2.3-Dichlorisobuttersäureester: *Vinyl-*, *Allyl-*, *Butoxyäthyl-*, *Benzyl-*, *Na-Bromacetat*, Bromessigsäureester: *Allyl-*, *Butoxyäthyl-*, *Na-Jodacetat*, Jodessigsäureester: *Allyl-*, *Benzyl-*, *Butoxyäthyl-*, *Chlordiallylacetamid*. I. JAGE. 4495□

R. Hegnauer, Chemotaxonomie der Pflanzen. Bd I: Thallophyten, Bryophyten, Pteridophyten u. Gymnospermen. Basel, Stuttgart: Birkhäuser Verl. 1962. (ca. 500 S. m. ca. 6 Abb.) ca. sfr 90,—.

Marcel V. L. Homès, L'alimentation minérale equilibrée des végétaux. Vol. I: L'alimentation sur milieux dépourvus de fertilité naturelle. Wetteren: Universa. 1961. (298 S. m. Abb., Tab. u. Diagr.)

E₅. Tierchemie. Tierphysiologie. Tierpathologie

Das Vorkommen vom Myoglobin im „Knorpel" der Meeresschnecke Busycon. James W. Lash. (Science [Washington] **130.** 334. 7/8. 1959. Philadelphia, Pa., Univ. of Pennsylvania, School of Med., Dep. of Anat.; engl.) — Der Odontophor von *Busycon caniculatum* enthält *Myoglobin* (I; λ_{max} 575, 539 mμ), das leicht mit W. extrahierbar ist. Obwohl der Odontophor als Knorpelmaterial betrachtet wird, enthält dieser kein Chondroitinsulfat, sondern ein *Polyhexosesulfat*. Als Prod. der Säurehydrolyse war nur Glucose feststellbar. I wird erst mit zunehmendem Alter in den Odontophoren gespeichert. K. MAIER. 4520□

Die Farbstoffe von Artemia. Barbara M. Gilchrist und J. Green. (Proc. Roy. Soc. [London], Ser. B **152.** 118—35. 26/4. 1960. London, Univ., Bedford Coll.; engl.) — Die Farben der Eier von *A. salina* schwanken je nach *Hämatin*-Geh. der Schalen von gelblich bis dunkelbraun. Eier u. Larve enthalten verestertes *Astaxanthin* (I). Mit Hefe aufgezogene, ausgewachsene Tiere enthalten nur wenig I-Ester. Die im Hinblick auf Fütterungs-Verss. durchgeführten Unterss. des Carotinoid-Geh. der einzelligen Algen *Dunaliella tertiolecta* (D.t.) u. *Phaeodactylum tricornutum* (Ph.t.) ergaben *β-Carotin* (**II**), *γ-Carotin*, ein *Carotinoxid*, *Lutein*, *Violaxanthin*, *Neoxanthin* bzw. **II**, *Diadinoxanthin*, *Furoxanthin* u. *Neofuroxanthin*. Mit D.t. aufgezogene Tiere enthalten wechselnde Mengen aller Algencarotinoide, die z. T. in verestertes **I**, das Hauptpigment, übergeführt werden. Ferner wurde ein Ketocarotinoid (**III**) nachgewiesen. Mit Ph.t. gefütterte Tiere enthielten alle Algenxanthophylle, jedoch kein **II**. Ferner kam neben **I** eine große Menge eines **III** vor. **II** wird im ausgewachsenen Tier vermutlich über Ketocarotinoide in **I** umgewandelt. K. MAIER. 4520□

Lokalisation von Pterinen in den Goldfischhautmelanophoren und -erythrophoren. Tadao Hama, Jiro Matsumoto und Masataka Obika. (Proc. Japan Acad. **36.** 217—22. April 1960. Yokohama-Hiyoshi, Keio Univ., Biol. Labor.; engl.) — Bericht über die Lokalisation von Pterinen in der Haut u. den Schuppen des Goldfisches, der ein Vork. von *Xanthopterin*, *Rana-chrom 1* (*Biopterin*) u. *Cyprino-pourpre A 1* (*Isoxanthopterin*; I) in den Melanophoren sowie ein Vork. von *Cyprinopourpre A 2* (*7-Hydroxybiopterin*), **I**, *Cyprinopourpre B* (*Isoxanthopterin-6-carbonsäure*), *Cyprino-rouge* u. *Rhacophoro-jaune* in den Erythrophoren ausweist. In den Guanophoren konnte eine geringe Menge einer grün fluorescierenden Substanz gefunden werden sowie 2 gelb fluorescierende Substanzen in der transparenten, chromatophorenfreien Haut. Es wird darauf aufmerksam gemacht, daß die Arten der Pterine ebenso von Art zu Art wechseln wie die Morphologie der Chromatophoren. U. TAUSENDFREUND. 4520□

Über die Sekretion von Brom ($Na^{82}Br$, $K^{82}Br$) bei bedingter und unbedingter Speichelabsonderung. Ju. A. Petrowitsch, N. Je. Michnewa und N. B. Wischnewskaja. (Бюллетень Экспериментальной Биологии и Медицины [Bull. exp. Biol. Med.] 52 (**26**). Nr. 9. 69—72. Sept. 1961. Odessa, Ukrain. Forschungsinst. für Stomatolog.; Forschungsinst. für Psychoneurolog.; russ., Auszug: engl.) — Bei Hunden war der *Br*-Geh. nach Injektion von 300—100 Impulsen/min/g $Na^{82}Br$ oder $K^{82}Br$ im Speichelsekret nach unbedingtem Reflex bis zu 3—4mal höher als bei bedingtem Reflex. Zwischen der Aktivität des Blutes u. des Speichel bestand kein großer Unterschied. Die Wrkg.

ist durch die unterschiedliche Geschw. der beiden Reflexe, die unterschiedliche Permeabilität des Speicheldrüsengewebes u. den Einfl. von Br auf die Prozesse des höheren Nerven-Syst. zu erklären. I. v. KLOCH-KORNITZ. 4555

Der Effekt von Androgenen auf den Nucleinsäurestoffwechsel in Organen von Versuchstieren. A. Kassenaar und A. Querido. (Arch. int. Physiol. Biochim. **68.** 687a. Sept. 1960. Leiden, Academ. Ziekenhuis, Afd. voor Stofwisselingsziekten en Endocrinol.; niederl.) — Nach Kastrations-Verss. an Mäusen bzw. Ratten wird der Geh. an *Ribo-* (I) u. *Desoxyribonucleinsäure* (II) in Samenblase u. Niere bzw. Samenblase u. Levator ani mit u. ohne vorherige *Testosteron* (III)-Zufuhr bestimmt. Nach Kastration nimmt der I-Geh. der Organe rasch ab. Ebenso sinkt mit der Zeit der II-Geh. der Organe, dieser jedoch langsamer als das Körper-Gew. der Tiere, so daß der II-Geh. zuerst scheinbar zunimmt. Nach III-Zufuhr steigt zuerst der I-, danach der II-Geh. der Organe u. der Einbau von ^{14}C aus $^{14}C_{(2)}$-Glycerin nimmt in der gesamten Nucleinsäurenfraktion stark zu. G. KIRSTEN. 4559

Die Wirkung von Pregnenolon, Progesteron und abgeleiteten Stoffwechselprodukten auf das weibliche Brustdrüsenwachstum bei Ratten. H. C. Damm, W. R. Miller und C. W. Turner. (Proc. Soc. exp. Biol. Med. **107.** 989—91. Aug./Sept. 1961. Columbia, Univ. of Missouri, Dep. of Dairy Husbandry; engl.) — Ovarektomisierte Ratten erhielten folgende Substanzen: a) 1 μg *Östradiolbenzoat* (I), b) 1 μg I + 3 mg *Progesteron* (II), c) 1 μg I + 3 mg *Pregnenolon* (III), d) 1 μg I + 3 mg *17α-Hydroxyprogesteron* (IV), e) 1 μg I + *Δ⁴-Androstendion-(3.17)* (V), f) 1 μg I + 3 mg *Testosteronpropionat* (VI) täglich für 19 Tage. Die Wrkg. auf die ♀ Brustdrüse wurde durch Best. der *Desoxyribonucleinsäure* (VII) charakterisiert. I + II hatte die stärkste Wrkg., I + III, I + IV, I + V u. I + VI zeigten 29,0, 26,5, 35,8 u. 33,1% der VII-Menge, die von I + II gegenüber I allein mehr produziert wurde. W. HILLER. 4559

Δ^4-17-Äthinylöstren-(3.17)-dioldiacetat: Ein ungewöhnliches Steroid-„Progestin". Richard L. Elton und Ehard F. Nutting. (Proc. Soc. exp. Biol. Med. **107.** 991—94. Aug./Sept. 1961. Chicago, Ill., G. D. Searle & Co., Div. of Biol. Res.; engl.) — *Δ^4-17α-Äthinylöstren-(3.17)-dioldiacetat* (I) hat bei subkutaner Applikation eine doppelt so starke Wrkg. auf die Reife des Uterusepithels bei Ratten wie *Progesteron* (II). Darüber hinaus wirkt I als Antagonist von II, indem es bei gleichzeitiger Anwendung mit II die II-Wrkg. hemmt. Bei buccaler Applikation ist I 40mal wirksamer als II. W. HILLER. 4559

Wirkungen des Wachstumshormons auf den Calcium- und Magnesiumstoffwechsel. Samir Hanna, M. T. Harrison, I. MacIntyre und Russel Fraser. (Brit. med. J. **1961. II.** 12—15. 1/7. Hammersmith, Postgrad. Med. School of London, Dep. of chem. Pathol. u. Dep. of Med.; engl.) — *Wachstumshormon* besitzt ähnliche Wrkg. auf den Ca- u. Mg-Stoffwechsel wie *Vitamin D*: Erhöhte Resorption von Ca u. Mg aus dem Darm u. gesteigerte Ausscheidung im Harn; Verringerung der Mg-Konz. u. Erhöhung der Ca-Konz. im Plasma. K. ZINGRAF. 4560

Anabole Steroide. R. Itterheim und R. Kiesewetter. (Pharmazie **16.** 505—07. Okt. 1961. Jena, VEB Jenapharm; dt.) — Übersicht über Biochemie u. Pharmakologie der Steroide mit anabol. Wirkung. — 23 Literaturangaben. G. BORMANN. 4561

2.4.5-Trihydroxyphenäthylamin, ein neuer Metabolit des 3.4-Dihydroxyphenäthylamins. S. Senoh, B. Witkop, C. R. Creveling und S. Udenfriend. (J. Amer. chem. Soc. **81.** 1768—69. 5/4. 1959. Bethesda, Nat. Inst. of Arthritis and Metabolic Diseases, Nat. Heart Inst.; engl.) — In vivo u. in vitro wird bei der Oxydation von 4-[β-Aminoäthyl]-o-benzochinon (Dopamin; I) nur *2.4.5-Trihydroxyphenäthylamin* (II) gebildet. Das bei der 1.6-Anlagerung nucleophiler Agentien sich bildende *Norepinephrin* (III) tritt hier nicht auf.

Versuche: *Norepinephrin* (III) wird mit CH_3OH/HCl in *β-O-Methylnorepinephrin* übergeführt u. mit Phenol: 0,02 n HCl:KCN (80 g:20 cm³:Spur SO_2-gesätt. Lsg.), R_F 0,58, oder mit sek.-Butanol:Ameisensäure:W (75:15:10), R_F 0,52, von *2.4.5-Trihydroxyphenäthylamin*, R_F 0,3 bzw. 0,25, chromatograph. getrennt. — Ein Gemisch von $^3H_{(\beta,\beta)}$-I u. $^{14}C_{(\alpha)}$-I wurde 3 Std. mit Hunde-Kleinhirn- oder gekochtem -Hypothalamus-Homogenisat oder mit Ascorbinsäure/Versene inkubiert. Nach A. wurde III nicht gefunden. — 800 μg $^{14}C_{(\alpha)}$-I wurden Ratten intraperitoneal eingespritzt, der Urin gesammelt u. 0,5—1% II u. kein III gefunden. P. PFAENDER. 4561

Estersulfate der Steroidhormone. Chromatographischer Nachweis von drei Estersulfaten der 17-Ketosteroide im Plasma von normalen Erwachsenen. E.-E. Baulieu. (Rev. franç. Études clin. biol. **4.** 928—29. Nov. 1959. Paris, Fac. de Méd., Labor. d'Endocrinol., Chimie méd.; franz.) — Folgende drei 17-Ketosteroidsulfate wurden in menschlichem Plasma chromatograph. nachgewiesen: die *Sulfate* von *5-Androsten-3α-ol-17-on* (I, *Dehydroepiandrosteron*), *5β-Androstan-3α-ol-17-on* (II, *Androsteron*) u. *5α-Andro-*

stan-3β-ol-17-on (**III**, *Etiocholanolon*). Per 100 ml Plasma wurden 19 γ **I**, 11 γ **II** u. 4,5 γ **III** gefunden. G. KIMMERLE. 4561

Ein Autopsiefall von juvenilem systemischem Lupus erythematodes mit Cushing-Syndrom und anderen Nebenwirkungen durch länger dauernde massive Verabreichung von Steroidhormonen und Antibioticis. Yozo Masugi, Yoshiro Kondo und Kenichi Harada. (Acta pathol. japon., Suppl. **9.** 1023—29. Nov. 1959. Tokyo, Univ. Fac. of Med., Dep. of Pathol.; engl.) — Ein Fall von juvenilem, system. Lupus erythematodes wurde während 4 Jahren mit insgesamt 66,5 g *Cortison* zusammen mit *ACTH* u. großen Dosen Antibiotica behandelt. Es bildeten sich dabei ein Cushing-Syndrom u. viele infektiöse Prozesse (Parotitis, Herpes zoster, Pusteln, Conjunctivitis, Mumps, Otitis media, eitrige Arthritis, nekrot. Colitis) aus, die zum Tode führten.
G. KIMMERLE. 4561

Der Einfluß geringer Dosen Adrenalin auf die biologische Aktivität des Blutes in der Norm und bei einigen Formen der Diencephalonaffektion. R. A. Ssokolinskaja. (Бюллетень Экспериментальной Биологии и Медицины [Bull. exp. Biol. Med.] **52** (**26**). Nr. 9. 40—45. Sept. 1961. Moskau, Akad. der med. Wiss. der UdSSR, Inst. für höhere Nerventätigkeit u. Neurophysiolog., Labor. für neuro-humorale Regulation; russ., Auszug: engl.) — Nach Injektion von 0,3—0,5 cm^3 0,1%ig. *Adrenalin*-Lsg. kam es bei gesunden Patienten zur gleichzeitigen Erhöhung oder Erniedrigung sowohl der sympath. als auch der parasympath. Aktivität (p. Akt.) oder nur zur Erhöhung der parasympath. Akt. des Blutes. Kranke mit Störungen im Diencephalonbereich verschiedener Art zeigten teilweise sympatho-adrenale Reaktion. Die p. Akt. der *Pseudocholesterinesterase* blieb unverändert, die p. Akt. der *Cholinesterase* war bei Gesunden erniedrigt, bei einem Teil der Kranken unverändert oder erhöht. I. v. KLOCH-KORNITZ. 4561 □

Synthese von Jodproteinen aus Thyreoidhormonen. 2. Mitt. Einwirkung der Jodproteine des Caseins auf den Grundstoffwechsel und die Gewichtssenkung der Ratte und auf die Metamorphose der Kaulquappe. Dimitrie A. Isăcescu und Petra Ionescu. (Comun. Acad. Republ. Populare romîne **8.** 785—91. Aug. 1958. Bucureşti, Fac. de farmacie, Labor. de chimie biol.; rum., Auszug: franz.) — Vff. untersuchen den Einfl. von Jodproteinen aus Casein auf den Grundstoffwechsel u. die Gew.-Senkung von Ratten u. auf die Metamorphose von Kaulquappen. Die Wirkungsstärke aller 3 Vorgänge ist vergleichbar, wenn im Protein gleiche Mengen Thyroxin-Jod vorliegen. Maximale Wrkg. wird erhalten, wenn je Mol Thyroxin 6,75 Val J addiert sind. 0,5 mg Jodprotein entsprechen ca. 0,2 mg Thyroxin (gemessen am Grundumsatz) bzw. 0,1 mg Thyroxin (gemessen am Kaulquappendarm). Bei Verabfolgung von täglich 1 mg Jodprotein/100 g für 5 Tage werden keine tox. Erscheinungen beobachtet.
H. GUISCHARD. 4562 □

Die Stoffwechselwirkung von Salicylat und anderen Hydroxybenzoaten. L. Korsgaard Christensen. (Acta pharmacol. toxicol. [Köbenhavn] **16.** 129—35. 1959. Kopenhagen, Gentofte Hosp., Med. Dep. C.; engl.) — In vitro wird mit Serum der Thyroxinfreisetzende Effekt von *Salicylat* (**I**), *m*- oder *p-Hydroxybenzoat*, *2.5*- bzw. *2.6*- (**II**) bzw. *3.5-Dihydroxybenzoat*, *p-Aminosalicylat* u. *Methylsalicylat* (**III**) untersucht. Die Wrkg. war bei den Verbb. (**I, II, III**) am ausgeprägtesten, welche sehr stark an Serumproteine gebunden waren. Die mögliche Bedeutung dieses Unterschiedes gegenüber der Thyroxinbindung für die therapeut. u. tox. Wrkg. von **I** werden diskutiert. G. KIMMERLE. 4562

Antithyreoide Wirkungen eines jodierten Hydrochinonderivats. George S. Serif und Lyle E. Seymour. (Proc. Soc. exp. Biol. Med. **107.** 987—89. Aug./Sept. 1961. Vermillion, State Univ. of South Dakota, School of Med., Dep. of Med.; engl.) — Mäuse erhielten intraperitoneal 2mal das *Diacetyl-Deriv.* von *2.6-Dijodhydrochinon* (**I**) injiziert. Die antithyreoide Wrkg. von **I** wurde durch Messung des erhöhten O_2-Verbrauchs von mit *L-Thyroxin* (**II**) oder *L-Trijodthyronin* (**III**) behandelten Mäusen bestimmt. **I** in einer Dosis von 400 mg/kg hat keinen Einfl. auf den O_2-Verbrauch unbehandelter Mäuse, hemmte jedoch die O_2-Aufnahme bei mit **II** behandelten Mäusen. **I** erzeugt meßbare Hemmung in Dosen über 300 mg/kg, maximale Hemmung fand bei 400 mg/kg statt, höhere Dosen brachten keine weitere Steigerung. **I** hat keine Hemmwrkg. bei mit **III** behandelten Tieren. W. HILLER. 4562 □

Über die Beteiligung der Carotischemoreceptoren an der Regulation des Blutzuckerspiegels. W. F. Markelowa und A. M. Ugolew. (Бюллетень Экспериментальной Биологии и Медицины [Bull. exp. Biol. Med.] **50** (**25**). Nr. 9. 24—28. Sept. 1960. Moskau, Inst. für normale u. pathol. Physiol. der Akad. der Med. Wiss. der UdSSR, Labor. für allg. Physiol.; russ., Auszug: engl.) — In chron. Verss. an 16 Kaninchen mit experimentell entferntem Carotissinus wird im Vgl. zur Norm u. im Gegensatz zum akuten Vers. festgestellt, daß die Chemoreceptoren der Carotis die durch i.v. Zufuhr von *Insulin* (0,03 Einheiten/kg) oder *Glucose* (1 ml 40%ig./kg) veränderte Blutzucker-Konz. im allg. nicht merklich beeinflussen. Nur 10 Min. nach der Zufuhr der genannten Mittel kommt es zu Veränderungen, die darauf hinweisen, daß die Chemoreceptoren bei deutlichen u. raschen Veränderungen der Blutzucker-Konz. an der Regulierung derselben teilnehmen. E. RENTZ. 4564□

Wechselbeziehungen der Mediatoren der Nervenerregung und einiger Elektrolyte. 1. Mitt. Über das Verhältnis des Systems Acetylcholin-Cholinesterase zu den Salzen von Kalium und Calcium im Blut von Hunden bei teilweiser Depankreatisierung. D. I. Malkina und Ch. Ss. Chamitow. (Бюллетень Экспериментальной Биологии и Медицины [Bull. exp. Biol. Med.] **50** (**25**). Nr. 9. 37—41. Sept. 1960. Kasan, Med. Inst., Lehrstuhl für normale Physiol.; russ., Auszug: engl.) — Vgl. C. **1961.** 1993. — In chron. Verss. an 3 Hunden, denen man $^2/_3$ des Pankreas experimentell entfernt u. die Ausführungsgänge unterbunden hatte, wird durch Vgl. mit der Norm gezeigt, daß dadurch der *Acetylcholin* (**I**)-Geh. im Blut u. die *Cholinesterase*-Aktivität deutlich abnehmen. Gleichzeitig sinkt auch der *K*-Geh., während der *Ca*-Geh. relativ konst. bleibt bzw. zunimmt. Die kompensator. Zufuhr von **I** (0,5 ml $1:10^{-4}$) fördert die Normalisierung der beschriebenen Veränderungen im Blut der depankreatisierten Tiere. E. RENTZ. 4569□

Die Wirkung von Histamin auf den Lungenkreislauf beim Menschen. Ole Storstein, Massimo Calabresi, Robert G. Nims und Frank D. Gray jun. (Yale J. Biol. Med. **32.** 197—208. Dez. 1959. West Haven, Conn., Yale Univ., School of Med., Dep. of Internal Med., and Veterans Admin. Hosp.; engl.) — Bei 21 Patienten mit verschiedenen Lungenerkrankungen wurde nach subkutaner Injektion von *Histaminphosphat* (**I**) die Atmung u. die Lungenhämodynamik untersucht. Bei 9 Personen kam es dadurch zu einer Abnahme der maximalen Atmungskapazität. Es war auch eine Zunahme der Herzfrequenz, ein Abfall des Blutdruckes u. der peripheren Arterienresistenz, aber nicht des Herz-Min.-Vol. zu verzeichnen. Ein vasodilator. Effekt von **I** wurde ebenfalls im Lungenkreislauf beobachtet: Abfall des pulmonalen Arteriendruckes u. der pulmonalen Arterienresistenz. Die Steigerung des motor. Bronchotonus durch **I** hat auf die Lungenhämodynamik keinen Einfluß. Die arterielle O_2-Sättigung des Lungenblutes vermindert sich, die CO_2-Spannung bleibt aber unverändert. — 36 Literaturangaben. G. KIMMERLE. 4569

Die Rolle von Histamin beim Endotoxinschock. Lerner B. Hinshaw, James A. Vick, Curtis H. Carlson und You-Ling Fan. (Proc. Soc. exp. Biol. Med. **104.** 379—81. Juli 1960. Minneapolis, Minn., Univ. of Minnesota, Dep. of Physiol., Pharmacol. and Physiol. Chem.; engl.) — Es werden Ergebnisse vorgelegt, die die Ansicht unterstützen, daß *Histamin* (**I**) eine Schlüsselstellung bei der progressiven Entw. der Hypotension nach Verabreichung von Endotoxin zukommt. So kommt es durch i.v. Injektion letaler Endotoxindosen bei narkotisierten Hunden (*Escherichia coli-Endotoxin*, Pentobarbitalnarkose) zu einem raschen Abfall des Gesamt-**I**-Geh. im Blut bei gleichzeitigem Anstieg des Plasma-**I**-Geh. u. gesteigerter peripherer Gefäß-Rk.-Fähigkeit gegenüber **I**. U. TAUSENDFREUND. 4569□

Ein Histaminanalogon, welches nicht zum Juckreiz führt. William L. Epstein, Francis J. Sullivan und Edward H. Ferguson. (Arch. Dermatology **84.** 290—92. Aug. 1961. San Francisco, Calif., Univ. of California, School of Med., Dep. of Med., Div. of Dermatol.; engl.) — Die Fähigkeit zur Hervorrufung von Gefäß-Rkk. u. zur Hervorrufung von Juckreiz sind offenbar getrennte Funktionen des *Histamin*-Moleküls. Durch intradermale Injektionen von *3-[β-Aminoäthyl]-pyrazoldihydrochlorid* (*Histalog*; *Betazole*, ELI LILLY & COMP.) konnten zwar regelmäßig Gefäßerweiterungen u. Quaddel-Bldg. hervorgerufen werden, zu (geringfügigem) Juckreiz kam es jedoch nur selten. Durch die Verw. dieses Mittels ist die Unters. von Hautgefäß-Rkk. möglich. U. TAUSENDFREUND. 4569□

Die Bestimmung von Harnstoff-Stickstoff durch die Diacetylmethode und eine automatische Dialyseapparatur. Walton H. Marsh, Benjamin Fingerhut und Elaine Kirsch. (Amer. J. clin. Pathol. **28.** 681—88. Dez. 1957. New York City, N.Y., Coll. of Med., State Univ. of New York, Dep. of Path.; Brooklyn, N.Y., Kings County Hosp.) — In 300 Blutproben wurde der *Harnstoff*-Geh. durch eine Modifizierung der Urease-Meth. (GENTZKOW, J. biol. Chemistry **143.** [1942.] 531) u. durch Anwendung der Carbamidodiacetylmonoxim-Rk. (FRIEDMAN, C. **1954.** 1562) auf Blutdialysate bestimmt. Letztere Meth. wurde mit Hilfe einer registrierenden App. (Abb.) durchgeführt. Ein krit. Vgl. der beiden Meth. zeigte, daß im allg. den Absolutdifferenzen der erhaltenen Werte keine klin. Bedeutung zukommt. Weiterhin wurde in Hinsicht auf die dialysierten Nichtharnstoffsubstanzen an einer Reihe von 50 Blutproben uräm. Patienten gezeigt, daß deren Einfl. auf die Farbentw. bei der Carbamidodiacetylmonoxim-Rk. nicht von klin. Bedeutung ist. K.-F. MÜLLER. 4572□

Die Störung durch Chloralhydrat und Chlorbutanol bei der Bestimmung des Blutharnstoff-Stickstoffs durch direkte Nesslerisation. Helen Wieg, W. E. Cornatzer, Lloyd S. Ralston und B. Deboer. (Arch. int. Pharmacodynam. Thérap. **125.** 194—98. 1/4. 1960. Grand Forks, N.D., Univ. of North Dakota, School of Med., Guy and Bertha Ireland Res. Labor., Dep. of Biochem., Med. and Pharmacol.; engl.) — Nach Gabe von *Chloralhydrat* u. *Chlorbutanol* erhält man einen Anstieg in der Konz. des Blut-Harnstoff-N, bestimmt durch direkte Nesslerisation, der falsch u. durch die Meth. bedingt ist. L. SHAHAB. 4572□

Cholesterinkonzentration im menschlichem Serum und Blutzellen. Mario Mancini und Ancel Keys. (Proc. Soc. exp. Biol. Med. **104.** 371—73. Juli 1960. Hastings, Minn., Univ. of Minnesota, Labor. of Physiol. Hyg.; Hastings State Hosp.; engl.) — Es wird bestätigt, daß in den Erythrocyten geringere Schwankungen des *Cholesterin* (**I**)-Geh. auftreten als im Serum. Als Mittelwert bei 38 Männern zeigte sich bei direkter **I**-Best. der Erythrocyten $137,7 \pm 6,5$ mg/100 ml, ähnlich bei indirekter Best. mit allerdings größerer Schwankungsbreite. Im Verlaufe von durch Kostformänderung herbeigeführter Senkung oder Anhebung des Serum-**I**-Geh. um $-63,8$ bzw. $+51,8$ mg/100 ml kam es zu keinerlei signifikanten Änderungen der Erythrocyten-**I**-Konzentration. U. TAUSENDFREUND. 4572□

Elektronenmikroskopische Beobachtungen zur intracellulären Ferritinbildung im Anschluß an die Erythrophagocytose innerhalb experimentell erzeugter traumatischer Hirngewebenekrosen. H. Hager. (Naturwissenschaften **48.** 678. 1. Nov.-H. 1961. München, Max-Planck-Inst., Forschungsgruppe für Elektronenmikroskopie der Deutschen Forschungsanst. für Psychiatrie; dt.) — An Hand elektronenmkr. Aufnahmen wird die Phagocytose von Erythrocyten durch Makrophagen gezeigt. In ihrem Verlauf bilden sich am Saum der Erythrocytenfragmente Ferritingranula aus. Die einzelnen Körnchen lassen Untereinheiten erkennen. Der mittlere Durchmesser der Körnchen beträgt 50—55 Å. Die Micellen sind vom Apoferritin umgeben. P. LOCH. 4572

Porphyrine und Porphyrinvorstufen beim Menschen und bei experimenteller Porphyrie. Samuel Schwartz. (Federat. Proc. **14.** 717—22. Sept. 1955. Minneapolis, Minn., Univ., Med. School, Dep. of Med.) — Im Rahmen eines Übersichts-Ref. werden neuere Vorstellungen über die Biosynth. der *Porphyrine* sowie die klin. Symptomatik behandelt. — 30 Literaturangaben. L. LACHHEIN. 4572□

Der Abbau von Hämoglobin durch 2.3-Dimercaptopropanol und Sauerstoff. D. H. Deul. (Arch. int. Physiol. Biochim. **68.** 676—77. Sept. 1960. Amsterdam, Univ., Labor. voor fysiol. Chem.; niederl.) — Bei Rk. von *Hämoglobin* (**I**) mit *2.3-Dimercaptopropanol* (**II**) u. O_2 entsteht aus **II** H_2O_2, was zur Bldg. von *Methämoglobin* (**III**) u. dessen „*Wasserstoffperoxid-Komplex*" (**IIIA**) Anlaß gibt. **II** selbst red. **III** bzw. **IIIA** zu **I.** Die Bldg. von **IIIA** wird durch CN^-, die gesamte Rk. durch Katalase gehemmt. **IIIA** geht durch **II** teilweise in **II**-*Sulfhämoglobin* (**IV**) u. eine noch unbekannte Zwischenverb. X über. In Ggw. von Äthylendiamintetraessigsäure oder CN^- wird die Bldg. von *Ferri*-II-*Choleglobin* (**V**) aus **IV** bzw. von *Verdoglobin* aus **V** gehemmt. Die Bldg. des letzten unterbleibt auch bei Rk. von **V** mit denaturiertem Globin. **I** kann durch **II** vollständig in die bekannten grünen Rk.-Prodd. übergeführt werden. Vf. diskutiert den Rk.-Verlauf an Hand von Absorptionsdaten. Bei begrenzter O_2-Zufuhr tritt die der **V**-Bldg. zugeschriebene Absorptionsbande bei 628 statt bei 639 mμ auf. **I** u. Ascorbinsäure setzen sich teilweise zu *Choleglobin* um. Nach Zugabe von **II** bildet sich sofort **V**, danach auch etwas **IV. V** (639 mμ) reagiert nicht mit CO. Bei Na-Dithionit-Zugabe entsteht jedoch **V** (628 mμ, das mit CO reagiert. G. KIRSTEN. 4572□

Fraktionierung von Hämoglobin A_2 durch eine Mikromethode der Stärkegel-Elektrophorese. P. Boivin, M.-P. Hugou und L. Hartmann. (Rev. franç. Études clin. biol. **4.** 812—15. Okt. 1959. Clichy, Hôpital Beaujon, Scroice R. Fauvert; franz.) — Es wird eine Mikro-Meth. der Stärkegel-Elektrophorese beschrieben, wodurch eine Trennung von *Hämoglobin A_2* in 2 verschiedene Fraktionen unter gewissen experimentellen Bedingungen gelingt. G. KIMMERLE. 4572

Identifizierung von wasserlöslichen Proteinen der Lysate menschlicher Erythrocyten durch Stärkegel-Elektrophorese und Immunelektrophorese. P. Boivin, L. Hartmann und R. Fauvert. (Rev. franç. Études clin. biol. **4.** 799—808. Okt. 1959. Clichy, Hôpital Beaujon, Serv. des Isotopes; franz.) — Mittels Stärkegel-Elektrophorese (SE) u. Immunelektrophorese (IE) können in Erythrocytenlysaten die Proteine hämoglobin. u. nichthämoglobin. Ursprungs identifiziert werden. Durch SE können neben *Hämoglobin A* drei kleinere Hämoglobinfraktionen, wovon zwei aus der Spaltung von *Hämoglobin A_2*

stammen, nachgewiesen werden. Die IE weist die Existenz von 2 Bestandteilen des *Hämoglobins F* nach. Bei Thallassämia minor hängt die Zunahme an Hämoglobin A_2 von der Steigerung der Fraktion A_2 ab. Diese Fraktion ist bei allen Fällen von Thalassämia major erniedrigt. Elektrophoret. konnten auch verschiedene Stromaproteine identifiziert werden, deren Verh. bei Krankheiten noch studiert wird. — 37 Literaturangaben. G. KIMMERLE. 4573

Zur chemischen Charakterisierung des Eiweißhydrolysates des Fibrins. B. Damberg. (Известия Академии Наук Латвийской ССР [Nachr. Akad. Wiss. LettSSR] **1961**. Nr. 3. 103—10; russ.; Auszug: engl.) — Vf. bestimmt chromatograph. im *Fibrin*-Hydrolysat quant. *Lysin, Histidin, Arginin, Asparaginsäure, Glutaminsäure, Threonin, Alanin, Tyrosin, Methionin, Valin, Phenylalanin* u. *Leucin*. Der Aminosäuren-Geh. entspricht im allg. dem des Fibrins. Der Tryptophan-Geh. ist trotz des hohen Hydrolysegrades hinreichend. Ca. 55% des Amino-N des Hydrolysats machen den N der freien Aminosäuren aus, der nach der Ninhydrin–CO_2-Meth. bestimmt wurde. Die Fraktionierung des Hydrolysats durch Chromatographie u. Elektrophorese wird beschrieben. GOTTFRIED SCHREIBER. 4573□

Die Veränderung der Eiweißstoffe des Blutserums bei Entzündungen der weiblichen Geschlechtssphäre. I. A. Brussilowski. (Казанский Медицинский Журнал [Kasan. med. J.] **1961**. Nr. 6. 38—39. Nov./Dez. Krimer Med. Inst., Lehrstuhl für Geburtshilfe u. Gynäkol.; russ.) — Im akuten Entzündungsstadium konnte eine Vermehrung der α_1- u. α_2-*Globuline* bei einer Verminderung der γ-*Globulin*-Fraktion festgestellt werden. Im chron. Stadium tritt außerdem noch eine Albuminverminderung auf. Nach der Schlammbehandlung trat eine Normalisierung der Eiweißfraktionen (mit Ausnahme von α_1-Globulin) ein. L. SHAHAB. 4574□

Untersuchung eines Serumtestes mit p-Toluolsulfonsäure, seine Anwendung zur schnellen Abschätzung des γ-Globulinspiegels. M. Janbon, O. Flandre und M. Damon. (Rev. franç. Études clin. biol. **4**. 818—21. Okt. 1959. Montpellier, Labor. de Thérapeut. et Clin. des Maladies infect.; franz.) — Zur Abschätzung der Höhe einer Hypergammaglobulinämie wird ein Test angegeben. In diesen Fällen kommt es nach Zusatz von *p-Toluolsulfonsäure* u. Eisessig zu Serum zu einem weißen Niederschlag. G. KIMMERLE. 4574

Turbidimetrische Bestimmung der γ-Globuline nach Präcipitierung durch Heparin und Kobaltchlorid. M. Burstein und A. Prawerman. (Rev. franç. Études clin. biol. **4**. 918—21. Nov. 1959. Paris, Centre Nat. de Transfusion Sanguine; franz.) Nach Präzipitierung der Serumlipoproteine mit *Heparin* u. $CaCl_2$ ist es unter gewissen Bedingungen möglich, die γ-*Globuline* mit Heparin u. $CoCl_2$ selektiv zu präzipitieren. Auf dieser Basis wird eine turbidimetr. Meth. zur Best. der γ-Globuline entwickelt, welche zur Unters. von Hyper- u. Hypo-γ-Globulinämien benutzt werden kann. G. KIMMERLE. 4574

Die immunelektrophoretische Fluorescenzanalyse. J.-C. Francq, A. Eyquem und P. Grabar. (Rev. franç. Études clin. biol. **4**. 821—22. Okt. 1959. Paris, Inst. Pasteur, Labor. d'Hématol., Groupes Sanguins et Serv. de Chim. Microbienne; franz.) — Proteine, die von einem nichtspezif. Komplex abgespalten sind, können durch Fluorescenz-Antikörperbindung mittels Immunelektrophorese nachgewiesen werden. Ähnlich kann die Konz. eines spezif. Antigens gemessen werden, u. Seren, die für den Coomb-Test verwendet werden, können kontrolliert werden. G. KIMMERLE. 4574

Immunochemische Untersuchungen von Kaninchenplasmafraktionen. 1. Mitt. **Grundlegende Versuche — Fraktionierung des normalen Kaninchenplasmas mit kaltem Äthanol.** Ryōichi Shiomi. (Ann. Paediatrici jap. **6**. 1—10 u. 91—92. Juli/Aug. 1960. Kyoto, Kyoto Univ., Dep. of Ped.; jap., Auszug: engl.) — Um Klarheit über die Verteilung von Antikörpern zu gewinnen, wurden mit einer modifizierten COHN-Meth. (nach OKUMURA u. COLE; kalte A.-Fällung) die Immunplasmafraktionen einzeln untersucht; mit der Biuretprobe wurde der Protein-Geh. der Fraktionen, durch Papierelektrophorese die relative Verteilung der Proteine bestimmt. Es wurden die Fraktionen I, II, III_o, III_w, IV, V u. VI getrennt. Fraktion II besteht vorwiegend aus γ-Globulin mit nur wenig β_2-Globulin, falls Albumin oder andere Globuline vorhanden sind, verbleiben sie bei der Meth. im Überstand. In Fraktion III_0 bewies jede elektrophoret. Komponente eine raschere Wander-Geschw. als die gleiche Komponente des Originalplasmas. Elektrophoret. Analyse der Fraktion I u. Fraktion VI wurde wegen Mangel an Material nicht durchgeführt. U. TAUSENDFREUND. 4574□

Wirkungen der Serumproteine und gewisser Salze, zusammen und getrennt, auf den Gehalt von freiem Phytohormon im menschlichen Blut. Folke Rønnike. (Acta pharmacol. toxicol. [København] **16.** 97—112. 1959. Kopenhagen, Royal Vet. and Agric. Coll., Labor. of Plant Physiol. and Frederiksberg Hosp., Dep. of Surgery; engl.) — Die phytohormonalen Wrkg. von nativem Serum, denaturiertem Serum, ultrafiltriertem, denaturiertem Serum u. nativem Phytohormon wurden in Wachstums-Verss. an Pflanzenwurzeln, wobei diese Substanzen mit verschiedenen Konzz. an $Ca(NO_3)_2$, NaCl, KH_2PO_4, KNO_3 u. KCl gemischt wurden, untersucht. Es zeigte sich, daß $Ca(NO_3)_2$ u. NaCl eine Trennung von steigenden Mengen *Phytohormonen* aus nativen Serumalbuminen bewirkten, während dieses mit K-Salzen nicht der Fall war. G. KIMMERLE. 4574

Einflüsse von Äthylendiamintetraessigsäure auf den Prothrombinverbrauch. Steven G. Bjaastad und Nathan A. Hall. (J. pharmac. Sci. **50.** 878—79. Okt. 1961. Seattle, Wash., Univ. of Washington, Coll. of Pharm.; engl.) — Bei hohen Konzz., über $0{,}5 \cdot 10^{-3}$m, inhibiert *Äthylendiamintetraessigsäure* (I) die Verwertung von *Prothrombin* in den ersten 20 Min. der Koagulation; $0{,}25 \cdot 10^{-3}$m I beschleunigt die Initialstufe der Koagulation; geringere I-Konz. ist wirkungslos. P. GREGORZEWSKI. 4574 □

Betrachtungen über die Auslegung der Papierchromatographie. H. Loeb. (Rev. franç. Études clin. biol. **4.** 794—98. Okt. 1959. Brüssel, Univ., Serv. de Pédiatrie; franz.) — Der Geh. der einzelnen *Aminosäuren* im Urin von Kindern wird vergleichend mittels Papierchromatographie u. Ionenaustauschern (Dowex 50-X 5) bestimmt. Die Papierchromatographie kann keine genaue Analyse über eine pathol. Aminoacidurie geben. Diese Meth. sollte als Routinetest benutzt werden u. ein genaueres Bild muß dann mit den Ionenaustauchern erarbeitet werden. G. KIMMERLE. 4577

Cerebrospinalflüssigkeits-Proteine, -Glykoproteine und -Lipoproteine bei obstruktiven Läsionen des Zentralnervensystems. Norman C. Hill, Norman P. Goldstein, Bernard F. McKenzie, Warren F. McGuckin und Hendrik J. Svien. (Brain **82.** 581—93. 1959. Rochester, Minn., Mayo Clinic and Mayo Found., Sect. of Neurol., Sect. of Biochem., Sect. of Neurol. Surg.; engl.) — Durch Unterbrechungen der Cerebrospinal-Fl.-Strömung kommt es zu Veränderungen in der Zus. des *Protein*-Geh. der Cerebrospinal-Fl., meist ist eine Vermehrung im nicht unterbundenen Teil des Raumes zu beobachten; bei spinaler Obstruktion spielt die Zeit eine Rolle. Die *Glykoproteine* sind bei bestimmten Fällen, hauptsächlich infolge Vermehrung von α_1-*Globulinglykoprotein*, erhöht. *Lipoproteine* lassen sich schwer nachweisen; es konnte nur 2mal β-*Globulinlipoprotein* nachgewiesen werden, das auch bei nichtobstruktiven Prozessen auftreten kann. U. TAUSENDFREUND. 4578 □

Extrahiertes Säugetiersperma. 1. Mitt. **Präparation und Reaktivierung mit Adenosintriphosphat.** David W. Bishop und Hartmut Hoffman-Berling. (J. cellular comparat. Physiol. **53.** 445—66. Juni 1959. Baltimore, Md., Carnegie Inst. of Washington, Dep. of Embryol.; Heidelberg, Max-Planck-Inst. für med. Forsch., Dep. of Embryol; engl.) — Vff. beschreiben die Extraktion u. Reaktivierung des *Spermas* von Kaninchen, Meerschweinchen, Ratten, Mäusen, Bullen u. Menschen. Die Motilität wird in den extrahierten Zellen durch *Adenosintri-* u. *-diphosphat* u. *Inosintriphosphat*, jedoch nicht durch *Pyrophosphat* u. andere anorgan. Ionen induziert. Die Reaktivierung ist Mg-abhängig u. teilweise Ca^{2+}-empfindlich. Hemmung tritt ein durch Sulfhydryl, Salyrgan, Trypsin, Papain u. Beschallung. Bei -20^0 gehaltenes Bullensperma behält die Fähigkeit zur Reaktivierung für 3 Monate. Die Motilität wurde bei Bullensperma innerhalb 2 Sek. induziert u. kann 2—3 Std. anhalten. Die induzierte Motilität zeigt in den meisten Fällen die Frequenz u. Amplitude von normalem Sperma. Frequenz u. Amplitude sind nicht abhängig von der Konz. des Adenosintriphosphats. W. HILLER. 4582 □

Einfluß eines Wuchsstoffes aus Erdöl auf den Organismus von Säugetieren. M. A. Achundow. (Доклады Академии Наук Азербайджанской ССР [Ber. Akad. Wiss. AserbaidshanSSR] **15.** 955—57. 1959; aserbaidshan., Auszug: russ.) — Ein aus Erdöl isolierter *Wuchsstoff* (I) stimulierte, in Mikrodosen verwendet, das Wachstum pflanzlicher Organismen. Der Ertrag der landwirtschaftlichen Kulturen konnte um 30—60% gesteigert werden. Fügt man I zum feuchten Futter von Küken zu, so steigt deren Gew.-Zuwachs um 15—20%. Ähnliche Ergebnisse erhält man bei der Verfütterung von mit I befeuchteten Blättern an Seidenraupen. 4—8 mg I/kg Körpergew. an Kaninchen verfüttert, führen auch zu Gew.-Zuwachs. Die Kontrollgruppe steigert ihr abs. Gew. innerhalb von 90 Tagen um 41—380 g (2,1—22%), die Tiere der Vers.-Gruppe in gleicher Zeit um 230—587 g (17,4—43,7%). F. DU MANS. 4584 □

Beziehung zwischen Verabreichungsart sowie Flüssigkeitstyp und Durststillung beim Hund. Joseph H. Holmes und Vernon Montgomery. (Amer. J. Physiol. **199.** 907—11. Nov. 1960. Denver, Colo., Univ. of Colorado, School of Med., Dep. of Med.

and Physiol.; engl.) — Bei Hunden, die i.v. 20%ig. NaCl-Lsg. erhielten, veränderte Ersatz des Trinkwassers durch 5%ig. *Glucose* (I)-, 5%ig. Saccharose-, 1,8%ig. Harnstoff (II)-, 1,3%ig. Na_2SO_4-, 0,9%ig. $NaHCO_3$-, 0,85%ig. NH_4Cl-, 1,15% Na-Acetat- oder 0,9%ig. $MgCl_2$-Lsg. die Gesamtaufnahme nicht, während mit 0,9%ig. NaCl-Lsg. die durchschnittliche Wasseraufnahme das 2,4fache wie bei W. selbst betrug. Einführung von 0,9%ig. NaCl-, 5%ig. I-, 1,8%ig. II-Lsg. u. W. in den Magen 40 Min. vor i.v.-Injektion von 20%ig. NaCl-Lsg. hemmte das Trinken. Wurden die gleichen Lsgg. i.v. gegeben, so blieb die Wasseraufnahme ungehemmt, u. sie war sogar erhöht.
K. MAIER. 4585 □

Der Proteinbedarf von wachsenden Hühnern bestimmt mit Aminosäurengemischen. G. J. Klain, D. E. Greene, H. M. Scott und B. Connor Johnson. (J. Nutrit. **71.** 209—12. Juli 1960. Urbana, Ill., Univ., Dep. of Animal Sci.; engl.) — Vgl. C. **1960.** 4261. — Mit Hilfe reiner Aminosäurengemische wird der N_2-Bedarf von Hühnern bestimmt. Die maximale Futterauswertung wird bei 4% N_2 beobachtet. Ein geringerer Geh. (3,2%) bewirkt gleiches Wachstum u. gute N_2-Retention, aber die Futterausnutzung wird geringer.
H. STRUCK. 4585 □

Quantitative Zusammenhänge zwischen Lysinmangel und Störungen des Aminosäurengleichgewichts. H. Fisher, P. Griminger, G. A. Leveille und R. Shapiro. (J. Nutrit. **71.** 213—20. Juli 1960. New Brunswick, N.J., State Univ., Dep. of Poultry Sci.; engl.) — Bei wachsenden Hühnern wurde die Beeinflussung des *Aminosäuren*-Gleichgewichts untersucht. Es zeigt sich, daß *Lysin* (I) bei den essentiellen Aminosäuren den limitierenden Faktor darstellt u. bei einem I-Mangel eine Störung des Aminosäuregleichgewichts eintritt. Diese manifestiert sich in einem geringeren Futterverbrauch.
H. STRUCK. 4585 □

Fortschritte der Erkenntnisse über Protein- und Aminosäurebedarf. Alfred E. Harper. (Federat. Proc. **18.** Nr. 2. [Part II Suppl. Nr. 3] 104—13. Juli 1959. Univ. of Wisconsin; engl.) — Übersicht. — 24 Literaturangaben. P. GREGORZEWSKI. 4585 □

Aufnahme essentieller Aminosäuren der japanischen Bevölkerung. Nach einer Umfrage berechnet. Nobuo Matsuno und Ayako Nishihara. (Jap. J. Nutrit. **16.** 193—98. Nov. 1958. Nat. Inst. Nutrition; jap., Auszug: engl.) — In Städten ist die *Lysin*- u. *Methionin*-Aufnahme größer als in ländlichen Gebieten. Die Aufnahme S-haltiger Aminosäuren u. *Tryptophan* ist im Vgl. zum Proteinverbrauch gering.
P. GREGORZEWSKI. 4585 □

Der Einfluß von gefütterter Lactose auf das Körperfett der Ratte. Rudolph M. Tomarelli, Ruth Hartz und F. W. Bernhart. (J. Nutrit. **71.** 221—28. Juli 1960. Radnor, Pa., Wyeth Inst. for Med. Res.; engl.) — Erhalten Ratten mit der Nahrung *Lactose* an Stelle von *Glucose, Saccharose, Dextrin* oder einem *Glucose–Galaktose*-Gemisch, so sinkt der Futterverbrauch, die Wachstums-Geschw. nimmt ab u. der Geh. an Körperfett sinkt um 40%. Das Caecum von *Lactose*-gefütterten Ratten war vergrößert, der Inhalt sauer u. grampositive Bakterien vorherrschend. Analoge Ergebnisse wurden bei der Fütterung von unvollkommen verdaubaren u. schwer resorbierbaren Substanzen, wie *Sorbit*, roher *Kartoffelstärke* u. *Cellobiose* beobachtet. Die Zufuhr von *Insulin* zur Lactosediät bleibt ohne Einfl. auf das Körperfett. H. STRUCK. 4585 □

Beziehungen zwischen der Nahrungsaufnahme löslicher Fettsäuren, der Verdauung, der Verwertung und des Grades der Ungesättigtheit der Körperfettsäuren bei Stieren. J. C. Shaw, W. L. Ensor, H. F. Tellechea und S. D. Lee. (J. Nutrit. **71.** 203—08. Juli 1960. College Park, Md., Univ. of Maryland, Dairy Dep.; engl.) — Erhalten junge Stiere im Vgl. zu normalem Futter gemahlenes Heu u. gedünstete Maisflocken, so wird folgendes beobachtet: 1. Eine 12%ig. Verdauungssteigerung des Proteins. 2. Eine Zunahme des Körpergew. um ca 22%. 3. Eine bessere Futterausnutzung (15,3%) u. eine Zunahme der Ungesättigtheit der Körperfettsäuren. H. STRUCK. 4585 □

Einfluß des Hungerns auf den Cholesterinumsatz. W. I. Jakubowskaja. (Бюллетень Экспериментальной Биологии и Медицины [Bull. exp. Biol. Med.] **50** (**25**). Nr. 8. 87—89. Aug. 1960. Karaganda, Med. Inst., Lehrstuhl für Biochem.; russ.; Auszug: engl.) — Verss. an 18 Kaninchen ergaben nach 6tägigem Hungern einen *Cholesterin* (I)-Geh. in der Leber bzw. im Blutserum (Mittel aus 6 Best.) von 370 bzw. 174 u. nach 12tägigem Hungern von 423 bzw. 208 mg% (normal 231 bzw. 72 mg%). Demgegenüber erwies sich die Synth. von I in der Leber (beurteilt nach der Geschw. der Aufnahme von $CH_3{}^{14}COONa$; 50 μc/kg intraperitoneal) im Vgl. zu den Kontrollen als deutlich verlangsamt. Die Ursache dieser Erscheinung soll durch weitere Verss. geklärt werden.
E. RENTZ. 4585 □

Einfluß verschiedener Fette auf den Cholesterin- und Phospholipidspiegel im Serum. 1. Mitt. Einfluß von Maisöl und Butter. T. Tezuka, S. Oshima und S. Suzuki. (Jap. J. Nutrit. **16.** 183—86. Nov. 1958. Nat. Inst. Nutrit., Div. of Physiol.; jap., Auszug: engl.) — Zwei Vers.-Personengruppen erhalten zuerst 18 Tage lang *Maisöl* oder *Butter* in einer Menge, die 1/3 ihrer benötigten Calorien entspricht, dann wurden für 12—19 Tage die Fette vertauscht. Während der Maisölernährung fällt der Serum-*Cholesterin* (I)-Geh. in Gruppe 1 von 216 mg/100 ml auf 181 mg/100 ml u. steigt bei der Butterernährung auf 297 mg/100 ml. In Gruppe 2 steigt der I-Geh. bei Butterernährung von 177 auf 240 mg/100 ml u. fällt nach dem Wechsel auf Maisölernährung auf 162 mg pro 100 ml. P. GREGORZEWSKI. 4585□

Die Oxydation des Dihydrothiamins durch organische und anorganische Oxydantien. Hisateru Mitsuda, Fumio Kawai und Yoshito Hashitani. (J. Vitaminol. [Kyoto] **7.** 67—72. 10/3. 1961. Sakyo, Kyoto, Kyoto Univ., Fac. of Agric., Labor. of Nutrit. Chem.; engl.) — Vff. untersuchten die Oxydation von *Dihydrothiamin* (I) u. *pseudo-Dihydrothiamin* zu *Thiamin* mit verschiedenen organ. u. anorgan, Oxydationsmitteln u. fanden, daß beide durch Farbstoffe (Methylenblau, 2.6-Dichlorphenolindophenol, Toluolblau) mit einem höheren Redoxpotential als +0,40, +0,36 u. +0,23 V bei pH 2,2, 5,0 u. 7,0 oxydiert werden, die Ausbeute beträgt ca. 50%. Andere organ. u. anorgan. Oxydationsmittel liefern geringere Ausbeuten. P. GREGORZEWSKI. 4587□

Über die Dihydrothiaminoxydation durch die peroxydatische Reaktion der Leberkatalase. Hisateru Mitsuda, Fumio Kawai und Yoshito Hashitani. (J. Vitaminol. [Kyoto] **7.** 73—75. 10/3. 1961. Sakyo, Kyoto, Kyoto Univ., Fac. of Agric., Labor. of Nutrit. Chem.; engl.) — Vgl. vorst. Referat. — *Dihydrothiamin* (I) wird in Ggw. von A. durch H_2O_2, *Katalase* u. *Glucoseoxydase* in geringer Menge zu *Thiamin* (II) oxydiert. Das führt zu der Annahme, daß I unter physiolog. Bedingungen zu II oxydiert wird u. erklärt die II-artige Wrkg. von I bei Tieren. P. GREGORZEWSKI. 4587□

Über die nichtenzymatische Oxydation des Dihydrothiamins durch Oxydantien der grünen Blätter. Hisateru Mitsuda, Fumio Kawai und Yoshito Hashitani. (J. Vitaminol. [Kyoto] **7.** 76—79. 10/3. 1961. Sakyo, Kyoto, Kyoto Univ., Fac. of Agric., Labor. of Nutrit. Chem.; engl.) — Vgl. vorst. Referat. — *Dihydrothiamin* wird durch Ae.- u. n-Heptanextrakte aus Spinatblättern, auch nach dem Erhitzen des Extrakts, schnell zu *Thiamin* oxydiert. Das legt die Vermutung nahe, daß die Oxydation durch Chinone erfolgt. P. GREGORZEWSKI. 4587□

Zur Frage der Ausscheidung von Vitamin B_6 mit dem Harn beim gesunden Menschen. W. M. Sseliwanowa. (Бюллетень Экспериментальной Биологии и Медицины [Bull. exp. Biol. Med.] **50** (**25**). Nr. 8. 37—39. Aug. 1960. Moskau, Inst. für Vitaminol. des Gesundheitsmin. der UdSSR, Abt. für Vitamin C; russ., Auszug: engl.) — Beobachtungen an 38 Männern im Alter von 19—25 Jahren, welche eine an *Ascorbinsäure* (I) arme Diät erhielten (0,6—19,5 mg, im Mittel 8,8 ± 0,6 mg täglich) u. denen man zusätzlich 30 Tage lang täglich 100 mg I in Form von Tabletten verabreichte, ergaben, daß täglich nüchtern mit dem Morgenharn im Laufe 1 Std. 0,23—2,28, im Mittel 0,72 ± 0,13 mg I u. gleichzeitig 2—14, im Mittel 6,28 ± 0,74 γ/ml oder 66,4 bis 456,5, im Mittel 234,6 ± 24,4 γ/h *Vitamin B_6*, bestimmt als *4-Pyridoxinsäurelacton* (II), ausgeschieden werden. Ohne zusätzliche I-Gaben betrug die Ausscheidung von I 0,03 bis 0,29, im Mittel 0,18 ± 0,01 mg/h, die Ausscheidung von II 0—6, im Mittel 1,45 ± 0,23 γ/ml oder 0—161,9, im Mittel 40,6 ± 6,9 γ/h im Morgenharn. Die Ergebnisse sind als statist. gesichert anzusehen. Die Verss. ergeben demnach, daß eine erhöhte Zufuhr von I spontan eine verstärkte Ausscheidung von II zur Folge hat. E. RENTZ. 4587□

Beiträge zur Kenntnis der Redoxwirkung von Vitaminen. 5. Mitt. **Einige Redoxreaktionen von Pyridoxin unter Lichteinfluß.** Maria Sibi, Alexander Batcu und Cornelia Trandafir. (Studii Cercetări Biochim. [București] **1.** 223—29. 1958. Iași, Inst. de med., Cat. de biochim.; rum.) — 2.—4. vgl. C. **1950/54.** 143 S. — Wenn *Vitamin B_6* (I) nicht als Proteinkomplex vorliegt, lagert es unter Licht-Einfl. H aus Phenolphthalin (unter Oxydation zu Phenolphthalein) u. aus *Vitamin B_1* (unter Umwandlung in Thiochrom) an. Die Wrkg. von I summiert sich mit derjenigen von *Vitamin B_2* u. *PP*; sie wird durch *Vitamin C* gehemmt. — 6. Mitt. **Formazan als Indicator für Redoxreaktionen von Vitaminen.** I, *Vitamin B_2* u. *PP* oxydieren am Licht die rote red. Form von *Formazan* unter Dehydrierung zur farblosen oxydierten Form von Tetrazol. Überschüssiges *Vitamin B_1* oder *C* kehren diese Rk. um u. wirken ihr dadurch entgegen. *Vitamin B_1* geht als H-Donator am Licht in Ggw. von Tetrazol in Thiochrom über unter Red. des Tetrazols zu Formazan. Diese Rk. erfolgt nicht in Ggw. eines Überschusses an *Vitamin B_2*, *PP* u. I. R. K. MÜLLER. 4587□

Umwandlung des Cyanocobalamins in vivo in seine Coenzymform beim Kaninchen. W. Fenrych, J. Pacłkiewicz und S. Magas. (Bull. Acad. polon. Sci.,

Sér. Sci. biol. **10.** 117–19. 1962. Poznań, Polen, Coll. of Agric., Dep. of Biochem.; engl.) — Mit Hilfe von ^{60}*Co-Cobalamin* (I) wird die Umwandlung von I in seine *Coenzymform* (II) verfolgt. Kaninchen erhielten 32 g I (0,37 μc/μg) i.v. injiziert. Nach 3 Tagen wurden I u. II in Leber u. Niere nachgewiesen. Der Reinigungsgang wird eingehend beschrieben. In der Leber wurden 30, 33 bzw. 27%, in der Niere 16, 17 bzw. 15% der Aktivität des injizierten I gefunden. Die Ergebnisse zeigen, daß I in vivo in II übergeführt wird, u. zwar in der Leber zu 57 u. 60%, in der Niere zu 27%. H. ACKERMANN. 4587 □

Der Einfluß von Vitamin B_{12} und Cholin auf den Phospholipidgehalt der Galle und ihre Absonderung bei gesunden Hunden und solchen mit experimenteller Dystrophie der Leber. S. F. Denissenko. (Бюллетень Экспериментальной Биологии и Медицины [Bull. exp. Biol. Med.] **52 (26).** Nr. 9. 50–55. Sept. 1961. Leningrad, Akad. der med. Wiss. der UdSSR, Inst. für exp. Med., Pharmakolog. Abt.; Sanitär-Hyg. Inst., Lehrstuhl für Propaedeutik der inneren Krankheiten; russ., Auszug: engl.) — Bei gesunden Hunden u. bei Tieren mit experimenteller Lebercirrhose (0,05 bis 0,1 cm^3 CCl_4/kg jeden 2. Tag subkutan) erhöhte sich die Menge der Gallensekretion, bes. ihr Geh. an *Phospholipiden,* nach i.m. Injektion von 10 mg *Vitamin* B_{12}/kg oder 0,3 g 10%ig. *Cholin*/kg. I. v. KLOCH-KORNITZ. 4587 □

Das Biomycin und Vitamin B_{12} enthaltende Präparat „Biovit-50" als Stimulator für das Kükenwachstum. R. Andrušaite. (Известия Академии Наук Латвийской ССР [Nachr. Akad. Wiss. LettSSR] **1961.** Nr. 3. 91–96. Biol. Inst. der Akad. der Wiss. der LettSSR; lett., Auszug: engl. u. russ.) — Zugabe von 5 g *„Biovit-50"* (I), das in 1 g 48 mg *Biomicin* (Chlortetracyclin) u. 12,5γ *Vitamin* B_{12} enthält, zu 1 kg pflanzlichem Kükenfutter erhöhte in 40 Tagen die Wachstumsrate der Tiere um 11,5%. Der *Vitamin-*B_{12}-Geh. in der Leber stieg auf 240 mγ/g Frischgewebe gegenüber 73,6 mγ/g bei den Kontrolltieren. Die Anzahl der Küken mit Riboflavinmangel erniedrigte sich um 28%. I hat keinen Einfl. auf den Protein- u. Fett-Geh. der Kükenleber. Da Küken bei I-haltiger Nahrung weniger Futter benötigen, wird die Verw. von I in Geflügelfarmen empfohlen. GOTTFRIED SCHREIBER. 4587 □

Stabilisierung von Vitamin C durch Hefen. A. Kalaidjiev und L. Stefanova. (Studii Cercetări Biochim. [Bucureşti] **1.** 219–22. 1958. Bulg. Akad. d. Wiss., Inst. für exp. Med.; rum.) — Durch quant. Best. von *Vitamin C* (I) durch Titration mit *2.6-Dichlorphenolindophenol* wird der Einfl. der Backhefe u. der beim Einsalzen von Gemüsen gebildeten Mikroflora auf die Stabilität von I untersucht. Es wird eine deutliche stabilisierende Wrkg. festgestellt, die bei steigender Temp. (>40°) abnimmt. R. K. MÜLLER. 4587 □

Einfluß des Antibioticums Hordecin auf den Oxydationsprozeß der Ascorbinsäure. Je. P. Marchel und N. W. Nowotelnow. (Известия Высших Учебных Заведений (Краснодар), Пищевая Технология [Hochschulnachr. (Krasnodar), Nahrungsmittel-Technol.] **1961.** Nr. 5. 31–34. Leningrad, Technolog. Inst. für Kälteind., Lehrstuhl für Biochem. u. Mikrobiol.; russ.) — In kleinen Mengen ist das Antibioticum *Hordecin* (I) ein starkes Oxydans der *Ascorbinsäure* (II). Eine lange Lagerung erniedrigt das Oxydationsvermögen (OV) von I. Große Gaben des I wirken als Stabilisator von II (bedeutende Hemmung des Oxydationsprozesses). Das mit H_2S behandelte I verliert sein OV u. wird zum starken Stabilisator der II. S. BARYSCHNIKOW. 4587

Vergleichende Einwirkung von Phytinsäure auf Glykoproteine und Glykoproteid-Protein-Verbindungen. J. E. Courtois, P. Malangeau und J. L. Chabre. (C. R. Séances Soc. Biol. Filiales **153.** 959–61. 20/10. 1959. Paris, Fac. de Pharmac., Labor. de Chim. biol.; franz.) — *Phytinsäure* (I) gibt mit *Serumalbumin* (II) bei pH 2,3 einen Nd., dessen Geh. an N u. P 140 bas. Gruppen je 100000 Mol-Gewicht ergibt. Die Fällung von II durch I wird durch Zusatz von Glykoproteiden mit wenigen sauren Gruppen (*Orosomucoid, Pleuromucoid*) nicht beeinträchtigt, während stark saure Glykoproteide, wie *Heparin, Chondroitinschwefelsäure* oder *Dextransulfat* wahrscheinlich infolge Bldg. stabiler lösl. Salze die Fällung vollständig verhindern. F. HELLER. 4587 □

Einflüsse der Thioctsäure und des Adenosintriphosphats auf Leberschäden. 1. Mitt. **Einflüsse der Thioctsäure und des Adenosintriphosphats auf durch CCl_4 geschädigte Mäuselebern.** Shuji Hashimoto. (J. Vitaminol. [Kyoto] **7.** 27–35. 10/3. 1961. Kagoshima, Univ., School of Med., 2. Dep. of Internal Med.; engl.) — CCl_4-Leberschäden bei Mäusen wurden durch nachfolgende Gaben von *Adenosintriphosphat* (I) oder *Thioctsäure* (II), teilweise durch I mehr als durch II gebessert. P. GREGORZEWSKI. 4587 □

Einflüsse der Thioctsäure und des Adenosintriphosphats auf Leberschäden. 2. Mitt. **Klinsche Wirkungen der Thioctsäure und des Adenosintriphosphats auf Lebercoma.** Shuji Hashimoto. (J. Vitaminol. [Kyoto] **7.** 36–41. 10/3. 1961. Kagoshima, Univ., School of Med., 2. Dep. of Internal Med.; engl.) — 1. vgl. vorst. Referat. — Leberkranken wurde *Thioctsäure* (I) oder *Adenosintriphosphat* (II) injiziert u. vor sowie nach der i. v.

Injektion Elektroencephalogramme aufgenommen, diese zeigen nach II stärkere Aktivierung als nach I. Die Anwendung von II in 2 Fällen von Coma infolge Lebercirrhose verursachte eine Besserung des Allgemeinbefindens. P. GREGORZEWSKI. 4587 □

Untersuchungen über den Thioctsäure-Spiegel im Serum von Patienten mit verschiedenen Krankheiten. Yukio Shigeta, Geno Hiraizumi, Masahisa Wada, Kiichi Oji und Tsuneo Yoshida. (J. Vitaminol. [Kyoto] **7.** 48—52. 10/3. 1961. Fukushima, Osaka, Osaka Univ., Fac. of Med., 1. Dep. of Med.; engl.) — Mikrobiolog. Best. der *Thioctsäure* (I) ergab bei Leberkrankheiten, bes. bei Cirrhosen, einen I-Abfall von 15,8 auf 11,3—9,1 μg/ml Serum, bei Diabetes millitus u. Patienten mit Polyneuritis oder Arteriosclerosis ist der I-Geh. im Serum ebenfalls erniedrigt. P. GREGORZEWSKI. 4587 □

Die Carotinämie bei Lungentuberkulose. Radu Vlădescu und I. V. Bălănescu. (Studii Cercetări Biochim. [București] **1.** 185—91. 1958. Acad. R.P.R., Secția de chimioterapie; rum.) — Zur Nachprüfung der Möglichkeit, aus der Carotinämie Schlüsse für die Prognose der Lungentuberkulose zu ziehen, wird der Geh. an *Carotinpigmenten* (I) im Blut in 24 Fällen verschiedener Schwere von Lungentuberkulose verfolgt. Es zeigt sich jedoch keine eindeutige Beziehung zwischen dem I-Geh. u. der Entw. der Krankheit, da in schweren Fällen sowohl eine Abnahme als auch eine Zunahme der I im Blut eintreten kann. R. K. MÜLLER. 4587 □

Ein Beitrag zur Vitamin-D_2-D_3-Ausscheidung mit der Milch. 3. Mitt. W. Lenkeit, H. Brune und K. Günther. (Z. Tierphysiol., Tierernähr. Futtermittelkunde **15.** 155 bis 158. Juni 1960. Göttingen, Univ., Inst. für Tierphysiol. u. Tierernährung; dt.) — 2. vgl. C. **1960.** 11374. — Kühe erhielten täglich mit dem Kraftfutter 8000 I.E. *Vitamin D_3* als mineralstabiles Präp. zum Trockenfutter für 4 Monate. Die Vitamin-D_2-D_3-Wrkg. der Milch wurde am Ratten- u. Kükentest untersucht. Alles Vitamin D der Milch ist als Vitamin D_3 anzusehen. Die Zufütterung von Vitamin D_3 ergab keinen höheren Geh. in der Milch im Vgl. zu den Kontrolltieren. W. HILLER. 4587 □

Analyse von fettlöslichen Vitaminen. 4. Mitt. **Diskussion der chemischen Routinebestimmung von Vitamin-D.** K. H. Hanewald. (Recueil Trav. chim. Pays-Bas. **78.** 604—21. Aug. 1959. Weesp, Netherlands, Pharmaceutisch Chemische Industrie „Duphar"; engl.) — 3. vgl. C. **1962.** 12365. — Es werden die Möglichkeiten einer Routine-Best. von *Vitamin-D* behandelt sowie die erforderlichen Einzelschritte wie Colorimetrie mit $SbCl_3$ (NIELD-Rk.), Eliminierung des *Tachysterins* durch DIELS-ALDER-Rk. mit *Maleinanhydrid* bei 75°, Entfernung der störenden fettartigen Verbb. durch Verseifung [für Konzz. über 1000000 I. E. (25 mg) per g ist die Verseifung überflüssig] sowie Fällung anwesender Sterine mit *Digitonin* durch experimentelle Verss. geprüft. A. TÄUFEL. 4587 □

Eine erprobte Vitamin-D-Bestimmungsmethode mit Hilfe der „Superfiltrol"-Chromatographie. Akiji Fujita und Hirohisa Morimoto. (J. Vitaminol. [Kyoto] **7.** 53—66. 10/3. 1961; engl. — Inhaltlich ident. mit der C. **1962.** 4992 referierten Arbeit. P. GREGORZEWSKI. 4587 □

Einige chemische Eigenschaften von Ubichinon. J. Links. (Arch. int. Physiol. Biochim. **68.** 688—90. Sept. 1960. Amsterdam, Univ., Labor. voor fysiol. Chem.; niederl.) — Vf. gibt eine kurze Literaturübersicht über Vork., Isolierung u. Tocopherol-(I)-ähnliche Rkk. von *Ubichinon* (II). Durch die katalyt. Wrkg. von Al_2O_3 entsteht aus II leicht *Ubichromenol.* Das durch Red. von II mit KBH_4 u. anschließender Säurehydrolyse entstehende Prod. hat wahrscheinlich 6-Hydroxychromanstruktur analog I. Oxydation von I mit $AuCl_3$ liefert eine II-ähnliche Substanz. In reduzierendem alkal. Milieu wird red. II zu anderen Prodd. umgesetzt. G. KIRSTEN. 4587 □

Coenzym Q. 13. Mitt. **Isolierung und Bestimmung von Coenzym Q_{10}, Konzentrationen von Coenzym Q_{10} im Urin des Menschen.** Frank R. Koniuszy, Paul H. Gale, Atwood C. Page jun. und Karl Folkers. (Arch. Biochem. Biophysics **87.** 298—305. April 1960; engl.) — 12. vgl. C. **1962.** 14884. — Die Isolierung von *Coenzym Q_{10}* (I) aus Urin des Menschen wird beschrieben. Eine Meth. zur quant. Best. von I im Urin wird ebenfalls beschrieben. Sie beruht auf einer Anpassung des CRAVEN-Tests (Blaufärbung, die eintritt, wenn man die alkohol. Lsg. verschiedener mehrfach substituierter Chinone mit Cyanessigsäureäthylester versetzt u. alkal. macht) an die hier bestehenden Bedingungen. Die Extinktion bei 625 mμ wird abgelesen. Der Fehler einer Einzelbest. beträgt höchstens $\pm$5%. Mit dieser Meth. wurde der I-Geh. des Urins von 41 Männern, 20 Frauen u. 2 Schwangeren bestimmt. Wegen der niedrigen I-Geh. wurde jeweils der Urin des ganzen Tages gesammelt u. aufgearbeitet. Die untere Grenze der Bestimmbarkeit liegt bei ca. 0,01 mg I .Die I-Geh. des Urins schwanken von Person zu Person u. bei einer Person auch von Tag zu Tag stark. Durchschnittlich scheiden Männer in 24 Std. 0,055 mg I u. Frauen 0,022 mg I aus. Die beiden Schwangeren (19 bzw.

33 Jahre alt) hatten stark bzw. schwach erhöhte I-Ausscheidung. 35% aller untersuchten Personen schieden einmal oder auch mehrmals weniger als 0,01 mg I innerhalb 24 Std. aus.

Versuche (Papierchromatographie s. Original): *Coenzym* Q_{10}, F. 49—50°, insgesamt 140 Gallonen (ca. 650 Liter) Männerharn wurden in 10 Portionen im Vakuum auf die Hälfte eingeengt, mit gleichem Vol. A. versetzt, mit Skellysolve B (II) extrahiert, mit W. gewaschen, über Na_2SO_4 getrocknet, im Vakuum zu 3,25 g dickem, gelblichem Gummi eingeengt, in II an Florisil chromatographiert, in 98 3 %ig. Methanol — im Gleichgewicht mit Isooctan — an Kieselsäure chromatographiert, die mit Dimethyldichlorsilan behandelt worden war, in 95% Dimethylformamid-Isooctan gegenstromverteilt, gelbe Kristalle aus abs. A.-Methanol, 10,8 mg Ausbeute.

S. Dittmann-Mitzscherlich. 4587 □

Die Aufnahme und Lagerung von Lipidpartikeln in Lymphdrüsen der Ratte. J. E. French und B. Morris. (J. Pathol. Bacteriol. **79.** 11—19. Jan. 1960. Oxford, Univ., Sir William Dunn School of Pathol.; engl.) — Es wurde die Aufnahme u. Lagerung von *Lipid*-Partikeln in sternalen Rattenlymphknoten nach Resorption aus dem Peritonealraum untersucht. Es konnte eine anfängliche Aufnahme von Partikeln durch die reticuloendothelialen Zellen der Lympsinus beobachtet werden, später kommt es zur Lagerung in den Marksträngen u. den Rindenfollikeln. Suspensionen von *Cholesterin* u. *Cholesteryloleat* werden schnell aufgenommen u. in langsam sich vermindernden Mengen über wenigstens 4 Monate deponiert. Die Partikel von *homologem Chylus* (Chylomikra) scheinen relativ resistent gegenüber der Aufnahme zu sein. Schneller wird die künstliche Emulsion *Lipomul I. V.* (Upjohn) u. durch Triton WR 1339 modifizierter Chylus sowie *heterologes Serum* aufgenommen. Die Triglyceride verbleiben in den Lymphdrüsen nur für einige Tage bis zur Bldg. relativ großer extracellulärer Tröpfchen.

U. Tausendfreund. 4594 □

Differentielle Mikrobestimmung der Gallensäuren in der Galle durch Papierchromatographie. Nobuyuki Watanabe. (J. Biochemistry [Tokyo] **46.** 681—93. Juni 1959. Fukuoka, Kyushu Univ., Fac. of Med., 1. Surgical Dep.; engl.) — Vf. bestimmt durch Papierchromatographie (PC) u. UV-Absorption freie, glycingebundene u. tauringebundene *Gallensäuren.* Störende Lipide werden durch 2stufige PC u. Extraktion beseitigt. Gebundene *Chenodesoxycholsäure* u. gebundene *Desoxycholsäure* können nicht durch PC getrennt werden. Sie werden nach 60 Min. Erwärmen auf 28° durch Best. der Absorptionsspektren ermittelt. Werden reine Gallensäuren zur menschlichen Galle gegeben, so werden diese nach der Meth. des Vf. in folgenden Mengen wiedergefunden: Desoxycholsäure 98,6%, *Cholsäure* 93,2%, *Glykodesoxycholsäure* 98,4%, *Glykocholsäure* 93,4%.

W. Hiller. 4594 □

Die Dynamik des Gehaltes an Brenztraubensäure im Blut und Harn bei Diphtherie. T. I. Ssebisskweradse. (Сообщения Академии Наук Грузинской ССР [Mitt. Akad. Wiss. GrusinSSR] **23.** 287—91. Sept. 1959. Tbilissi, Med. Inst.; russ.) — 100 Diphtheriekranke im akuten Stadium erhielten Serum, Penicillin, Bluttransfusionen u. Vitamine. Der Geh. an *Brenztraubensäure* (I) betrug bei gesunden Bacillenträgern durchschnittlich 1,46 mg% (0,98—2,2 mg%). Durchschnittlich 166 mg I (79—400 mg) wurden mit dem Urin in 24 Std. ausgeschieden. Während des akuten Erkrankungsstadiums war der Geh. an I im Blut erhöht, u. zwar um so mehr, je schwerer die Intoxikation war. Bei tox. Rachendiphtherie fanden sich durchschnittliche Werte von 2,68—6,818 mg%. Im Laufe der Krankheit ging der I-Geh. im Blut zurück u. erreichte in der Rekonvalescenz die Norm wieder. Die täglich mit dem Urin ausgeschiedene I-Menge entspricht nicht immer ihrem Geh. im Blut bzw. der Schwere der Krankheit. Durchschnittlich ist der I-Geh. des Urins während des akuten Krankheitsstadiums u. zur Zeit der Komplikationen erhöht. Die therapeut. Wirksamkeit von Vitamin B_1 bei tox. Diphtherie infolge seiner Wrkg. auf den I-Blutspiegel ist noch nicht ausreichend geklärt. F. du Mans. 4596 □

2.5-Dihydroxyphenylbrenztraubensäure im menschlichen Harn. Vorläufiger Nachweis. H. Y. Yee, D. S. McCann, M. K. Keech, C. W. Denko und A. J. Boyle. (Arch. Dermatology **84.** 293—301. Aug. 1961. Detroit, Mich., Wayne State Univ., Dep. of Med. and Chem.; Ohio, Ohio State Univ., Dep. of Med.; engl.) — An einer Dowex-50 W-Säule (nach Vorbehandlung mit 5n HCl u. deionisiertem W.) u. nachfolgend Dowex-1-Säule (Elution mit 100 ml 10% Methanol/W. = V./V., 50 ml 20% Methanol/W., 50 ml 40% Essigsäure/W. = V./V., 50 ml 60% Essigsäure/W. u. schließlich 25 ml Eisessig) läßt sich aus dem menschlichen Harn eine fluorescierende Substanz abtrennen, die als *2.5-Dihydroxyphenylbrenztraubensäure* (I) identifiziert wurde. (Hinweis auf die bereits von Nishimura u. Mitarbeitern festgestellte Ausscheidung von I bei Patienten mit Bindegewebekrankheiten; vgl. A. M. A. Arch. Dermatol. **77.** [1958.] 255 u. Proc. Japan. Acad., Suppl. **34.** [1959.] 747). Das ursprüngliche Material im Harn dürfte in konjugierter

Form vorgelegen haben. Eine genaue Lokalisierung von I im Intermediärstoffwechsel von Tyrosin ist noch nicht möglich. Die biochem. Bedeutung von I im Verlauf der Bindegewebekrankheiten bleibt noch zu klären. U. Tausendfreund. 4596 □

Die durch Fasten bewirkte Lipogenesehemmung: Eine neue Betrachtungsweise. E. J. Masoro und Edith Porter. (Biochim. biophysica Acta [Amsterdam] **45.** 620—21. 18/12. 1960. Boston, Mass., Tufts Univ., School of Med., Dep. of Physiol.; engl.) — Der Vers. zur mechanist. Erklärung der durch Fasten hervorgerufenen Hemmung der Leberlipogenese auf der Basis eines Cofaktormangels u. Enzymmangels wird durch neue Befunde dahingehend erweitert, daß offenbar cytoplasmat. Partikel der Leberzelle der fastenden Ratte die lipogenet. Aktivität des „partikelfreien" Cytoplasmas einschränken; dabei spielen die Mikrosomen eine größere Rolle als die Mitochondrien, möglicherweise ist die Hemmwrkg. nur in den Mikrosomen enthalten; durch Schallbehandlung der Mikrosomen wird eine wasserlösl. Hemmsubstanz freigesetzt. U. Tausendfreund. 4596 □

Kreatinurie bei Alloxandiabetes und seine Verhütung durch hydrolysiertes Glucosecycloacetoacetat. M. C. Nath und K. S. Morey. (J. sci. ind. Res. [New Dehli], Sect. C **20.** 224—25. Juli 1961. Nagpur, Univ. Dep. of Biochem.; engl.) — Bei alloxandiabet. Ratten verhindert die i. v. Applikation von 300 mg *hydrolysiertes Glucosecycloacetoacetat*/kg die erhöhte Kreatinausscheidung. P. Gregorzewski. 4596 □

Kreatinsynthese nach Kreatininbelastung und nach Nephrektomie. Ralph Goldman und John X. Moss. (Proc. Soc. exp. Biol. Med. **105.** 450—53. Dez. 1960. Los Angeles, Univ. of California, Med. Center, Dep. of Med.; Sepulveda, Calif., Veterans Administration Hosp.; engl.) — Vgl. C. **1961.** **15463.** — Nephrektomie vermindert bei Ratten die *Kreatin* (I)-Synth. um 90% u. die Methylierung von *$^{14}C_{(2)}$-Guanidinoessigsäure* (II) um 37,5%. Durch Injektion intraperitoneal mit *Kreatinin* (III) belastete Tiere wiesen eine 30%ig. Verminderung der II-Methylierung u. eine 45%ig. der I-Gesamtsynth. aus Glycin auf. Vff. nehmen an, daß chron. Erkrankung der Niere verminderte I (u. III)-Synth. infolge Verlustes des renalen Mechanismus u. der gestörten Methylierung hervorruft. Möglicherweise wird die extrarenale (Pankreas?) Synth. zwecks Kompensation dieser 2 hemmenden Faktoren gesteigert. K. Maier. 4596 □

Biochemie des entzündeten Bindegewebes. 1. Mitt. **Mucopolysaccharide.** Albert Delaunay und Suzanne Bazin. (Bull. Assoc. Diplômés Microbiol. Fac. Pharmac. Nancy **1959.** Nr. 75. 3—19. Garches, Inst. Pasteur; franz.) — Der Geh. an *Mucopolysacchariden* (I) ist in entzündetem Gewebe 3—4mal höher als in gesundem. Der I-Geh. nimmt parallel mit der Vermehrung der Fibroblasten zu. Bei dieser Erhöhung machen die I vom Typ der *Chondroitinschwefelsäure* einen geringeren Betrag aus als diejenigen vom Typ der *Hyaluronsäure.* Das *Heparin* zeigt sich wenig mengenmäßig verändert. Der I-Geh. im Gewebe nimmt nach Abklingen der hochakuten Erscheinungen wieder ab; dieses ist bes. bei der Bldg. der Kollagenfasern der Fall. Durch Vitamin- oder Hormonstörungen wird die Rk. der I in entzündlichem Gewebe beeinflußt. — 47 Literaturangaben. G. Kimmerle. 4597

Luciani-Perioden an mit 2.4-Dinitrophenol vergifteten Froschherzen. I. P. Lapin. (Arch. int. Pharmacodynam. Thérap. **125.** 132—36. 1/4. 1960. Leningrad, Leningrad Pediatric Med. Inst., Chair of Pharmacol.; engl.) — *2.4-Dinitrophenol* erzeugt am Froschherzen *Luciani*-Perioden. Sie werden erklärt durch die Störung der atrio-ventrikulären Überleitung, die verursacht wird durch das Absinken der oxydativen Phosphorylierung u. das Auftreten eines O_2-Defizits. L. Shahab. 4597 □

Nervöse Regulation des Nucleinsäurespiegels im quergestreiften Muskel. Veränderungen im denervierten Muskel. E. Gutman und R. Žák. (Physiol. bohemosloven. **10.** 493—500. 1961. Prague, Czechoslovak Academy of Sciences, Institute of Physiology; engl.) — An Ratten werden die Muskeln entfernt, an beiden Seiten der Einfügungspunkte der Sehnen aufgeschnitten u. die Veränderungen an *Desoxyribonucleinsäuren* (DNA) sowie *Ribonucleinsäuren* (RNA) untersucht. Es wird festgestellt, daß der abs. Geh. von DNA zwischen 1 u. 3 Tagen nach der Denervierung ansteigt; erst im späteren Stadium (4 bis 9 Monate) wird ein Rückgang an DNA nachgewiesen. Hingegen nimmt der abs. Betrag an RNA erst im späteren Stadium (nach 4 Monaten) ab, trotz des schon mit Vers.-Beginn-eintretenden fortlaufenden Proteinverlustes. Gleichzeitig steigt der relative Geh. des Muskels an RNA u. DNA kontinuierlich an. Verss. an Kaninchen zur Best. der Spezifität der Nucleinsäureveränderungen durch Anwendung der Mesocainblockade (3 Tage Dauer) führten zu keiner Veränderung des RNA-, DNA- u. Proteinspiegels. Die Heranziehung einer elektr. Behandlung des denervierten Muskels über 14 Tage red. den Proteinverlust ohne Veränderung des DNA-Gehalts. Vff. folgern einen troph. Einfl. der Nervenzelle auf das Muskelgewebe, der relativ unabhängig von der spezif. Funktion der Nervenzelle ist. A. Täufel. 4597 □

Nervöse Regulation des Nucleinsäurespiegels im quergestreiften Muskel. Resynthese von Nucleinsäuren und Proteinen im normalen und denervierten Muskel. E. Gutman und R. Žák. (Physiol. bohemosloven. **10.** 501—09. 1961; engl.) — Vgl. vorst. Referat. — Nach Elektrostimulation oder Realimentation (auf eine Hungerperiode folgend) setzt zuerst die Resynth. der *Ribonucleinsäuren* (I) ein, erst dann die der *Proteine.* Der hierbei bei beiden auftretende temporäre Überschuß wird auf die Beteiligung eines Rückkopplungsmechanismus nervösen Ursprungs gedeutet. Im denervierten Muskel findet nach der Stimulation nur noch eine I-Resynth. (keine von Protein) statt.
P. LOCH. 4598 □

Myosinähnliches Eiweiß im Hirngewebe. B. F. Poglasow. (Бюллетень Экспериментальной Биологии и Медицины [Bull. exp. Biol. Med.] **52** (**26**). Nr. 9. 56—59. Sept. 1961. Moskau, Akad. der Wiss. der UdSSR, Inst. für Strahlen u. physikochem. Biolog., Labor. für funktionale Enzymolog.; russ., Auszug: engl.) — Aus dem Hirngewebe von Ochsen wurde ein *Myosin*-ähnliches Eiweiß isoliert, das spezif. *Adenosintriphosphatase*-Aktivität besitzt, die durch Ca^{2+} u. Mg^{2+} bei pH 8,0 bzw. 7,6 aktiviert wird. SH-Reagentien in niedriger Konz. (10^{-6}m) verstärken die Aktivierung, höhere Konzz. führen zur Inaktivierung. I. v. KLOCH-KORNITZ. 4598 □

Einfluß der einseitigen Decortication auf den Calciumumsatz im Zentralnervensystem. B. B. Bochow. (Бюллетень Экспериментальной Биологии и Медицины [Bull. exp. Biol. Med.] **50** (**25**). Nr. 8. 89—92. Aug. 1960. Moskau, Med. Pirogow-Inst., Lehrstuhl für normale Physiol.; russ., Auszug: engl.) — Verss. an Kaninchen ergaben, daß die verschiedenen Gebiete des Zentralnerven-Syst. auf eine links- oder rechtsseitige Decortication bzgl. der Speicherung von $^{45}CaCl_2$ (I; 40 Tage nach dem operativen Eingriff 100 μc/kg i.v. u. Tötung der Tiere 4 Std. nach der I-Gabe) nicht gleichmäßig reagieren. Die beobachtete statist. gesicherte Zunahme von I im Gehirn auf der operierten Seite war bes. deutlich im Zwischenhirn u. in abnehmendem Maße auch im Kleinhirn, im verlängerten Mark, im Rückenmark u. im Mittelhirn. Im Gegensatz zur Decortication ergab die Trepanation keine statist. gesicherten Veränderungen.
E. RENTZ. 4598 □

Biochemie des Gehirns. 7. Mitt. **Untersuchungen über die Beziehungen zwischen Brenztraubensäure, Oxalessigsäure und Citronensäure im Gehirn von Ratten unter dem Einfluß von Luminal und Benzedrin.** S. Oeriu, I. Tănase, M. Dimitriu und Arvătescu. (Studii Cercetări Biochim. [București] **1.** 205—11. 1958. București, Inst. med.-farm. u. Secț. de chimioterap. a Acad. R. P. R.; rum.) — 6. vgl. C. **1962.** 6124. — Wenn Ratten 20 Tage lang täglich 0,1 ml einer 0,5%ig. *Benzedrin*-Lsg. subkutan injiziert wird, nimmt im Gehirn die Menge der *Brenztraubensäure* (I) um 50%, die der *Oxalessigsäure* (II) um 11%, die der *Citronensäure* (III) um 11,87 % zu. Bei gleicher Verabreichung von 0,2 ml 3%ig. *Luminal*-Lsg. nimmt die Konz. an I u. II um 23% ab, die Konz. an III um 69% zu. Daraus wird geschlossen, daß im Zustand der Hemmung des Zentralnerven-Syst. auch andere Mechanismen der Bldg. von III als die I-II-Kondens. möglich sind. R. K. MÜLLER. 4598 □

Biochemie des Gehirns. 8. Mitt. **Der Transaminierungsprozeß im Gehirn der Ratte unter der Einwirkung von Luminal und Benzedrin.** S. Oeriu, G. Tănăsescu, M. Dimitriu, G. Simionescu-Grigorescu, M. Manescu, G. Costescu, C. Neacsu, G. Sibiceanu und O. Arvătescu. (Studii Cercetări Biochim. **1.** 213—18. 1958; rum.) — 7. vgl. vorst. Referat. — Von allen Komponenten, die das Glutamat-Pyruvat-Transaminierungs-Syst. im Gehirn der Ratte beeinflussen, zeigt nur *Brenztraubensäure* (I) bei Erregung des Zentralnerven-Syst. durch *Benzedrin* eine Zunahme um 49%, bei seiner Hemmung durch *Luminal* eine Abnahme um 23%. Die Zunahme von I bei Erregung beruht wahrscheinlich auf einer Zers., die Abnahme bei Hemmung auf einer Rückbldg. der Kohlenhydrate. Die beobachtete Konstanz der Konz. an *Alanin* kann im Falle der Hemmung durch einen Überschuß an I, im Falle der Erregung durch rasche Zers. oder Anlagerung an Protein-Moll. erklärt werden. R. K. MÜLLER. 4598 □

Jacques Delpech, Les antibiotiques en ophtalmologie. Paris: Doin. 1962. (184 S.) 28 NF.
M. Javillier, Traité de biochimie générale. Tome II. Les agents des synthèses et des dégradations biochimiques. Paris: Masson, 1962. (700 S. m. 35 Abb. u. 58 Tab.) 155 NF.

E₆. Pharmakologie. Therapie. Toxikologie. Hygiene

Vergleichende histochemische Angaben über die Glykogenänderungen bei der Schädigung durch Röntgenstrahlen und Strontium-90. A. Je. Iwanow und N. N. Kurschakowa. (Бюллетень Экспериментальной Биологии и Медицины [Bull. exp. Biol. Med.] **51** (**26**). Nr. 6. 57—62. Juni 1961; russ., Auszug: engl.) — Von 33 Kaninchen erhielten 21 i.v. ^{90}Sr, 12 dienten als Kontrollen. Es bestand ein wesentlicher Unter-

schied im Charakter der Änderung des *Glykogen* (I)-Geh. bei akuter, durch Einw. von Röntgenstrahlen hervorgerufener Strahlenkrankheit gegenüber derjenigen bei der akuten Periode der chron. Strahlenkrankheit, die durch Einführung von ^{90}Sr hervorgerufen wurde. Im ersten Falle zeigte das mkr. Bild der I-Verteilung viele Gemeinsamkeiten mit dem bei einem Schock beobachteten. Nach ^{90}Sr tritt die I-Veränderung in sämtlichen Parenchymzellen ein u. wird durch allmähliche Senkung des I-Geh. während der Fortdauer der Krankheit charakterisiert. Bei einmaliger Bestrahlung tritt eine einmalige Aufnahme von sehr großen Mengen der Strahlenenergie ein. Bei der Einverleibung eines radioakt. Stoffes findet eine allmähliche Speicherung der Energie durch die Gewebe statt. Bei der einen Gruppe der Tiere war die Störung der I-Synth. vorherschend. So konnte eine gleichmäßige Senkung des I-Geh. in den Zellen der Leber, des Herzmuskels u. der Lunge festgestellt werden. Bei der anderen Gruppe der Tiere fand man infolge der Zerstörung der strukturellen Verbb., die I enthalten, dieses im Überfluß. Es wird angenommen, daß die Ursache des herabgesetzten Geh. an I in den Geweben bei Strahlenkrankheit eine Folge der verstärkten Hydrolyse eines Phosphorsäureesters ist.
F. DU MANS. 4601□

Veränderungen des Elektrolytstoffwechsels bei Ratten bei der Einwirkung von ionisierenden Strahlen. D. E. Grodsenski und T. I. Iwanenko. (Бюллетень Экспериментальной Биологии и Медицины [Bull. exp. Biol. Med.] **51 (26)**. Nr. 6. 62—65. Juni 1961. Moskau, Allunions Inst. für exp. Endokrinol., Strahlungslabor.; russ., Auszug: engl.) — Bei weißen Ratten ruft die Einw. der minimalen abs. tödlichen Dosis der ionisierenden Strahlung am 1. u. 3. Tage nach der Bestrahlung eine Hemmung der *Na*-Ausscheidung u. eine Verstärkung der *K*-Ausscheidung mit dem Urin hervor. Wesentliche Änderungen in der Konz. der beiden Ionen im Blutplasma treten zu dieser Zeit nicht auf. Die Na-Aufnahme aus dem Darm der bestrahlten Ratten vermindert sich am 3. u. 4. Tag nach der Bestrahlung. Einführung von *Desoxycorticosteronacetat* innerhalb der ersten 3 Tage nach der Bestrahlung in einer Gesamtdosis von 5 mg verstärkt die Wrkg. der Strahlen auf die Na-Ausscheidung im Urin u. führt zu einem starken Abfall des Na/K-Koeffizienten. Eine Störung der mineral-corticoiden Funktion der Nebennieren wird angenommen. F. DU MANS. 4601□

Serologische Untersuchung von 5 Fällen akuter accidenteller Bestrahlung. Einfluß der Transfusion von homologem Knochenmark. A. Eyquem und B. Maupin. (Rev. franç. Études clin. biol. **4**. 921—23. Nov. 1959. Paris, Inst. Pasteur, Labor. d'Hématol. et des groupes sanguins; franz.) — Bei 5 Patienten, die accidentell Röntgenstrahlen ausgesetzt waren, konnte das Verschwinden von *Properdin* durch Hemmung der Hämolyse verhindert werden. Das Properdin erschien nach einer Transfusion mit homologem Knochenmark wieder. G. KIMMERLE. 4601

Papierelektrophoretische Untersuchungen an γ-bestrahlten lyophilisiertem Ovalbumin. Charles A. Leone und Kenneth Perry. (Trans. Kansas Acad. Sci. **63**. 44—52. 1960. Lawrence, Univ. of Kansas, Dep. of Zool.; engl.) — Vgl. C. **1960**. 212. — Lyophilisiertes *Ovalbumin* (I) wurde mit γ-Strahlen bestrahlt. Das Protein wurde bei 0° (pH 7—9) gelöst u. das durch die Bestrahlung denaturierte Protein durch Einstellen der Lsg. auf pH 4,85 gefällt. Die überstehende Lsg. wurde bei pH 7,2 auf 5° erwärmt u. thermolabile Komponenten bei pH 4,85 niedergeschlagen. 2 thermolabile Fraktionen wurden durch allmähliches Erwärmen der neutralen überstehenden Lsg. auf 49,5 u. 60° u. Einstellen der Lsg. auf pH 4,85 erhalten. Die Ndd. sind bei pH 7,2 löslich. Papierstreifenelektrophorese der Lsgg. des nativen u. bestrahlten I u. der verschiedenen überstehenden thermolabilen Fraktionen sowie des durch die Bestrahlung denaturierten Proteins weisen auf die Existenz eines Spektrums von verschieden stark geschädigten Proteinen. B. GÖRLICH. 4601□

Radioaktivitätsmessungen an Lebensmitteln. Vorläufiger Bericht. Meßergebnisse von Milch bestimmter Herkunft in der Zeit vom 4. 9. bis 11. 11. 1961. P. Jägerhuber, D. Stoll und K. G. Bergner. (Dtsch. Lebensmittel-Rdsch. **57**. 333—35. Dez. 1961. Stuttgart, Chem. Landesuntersuchungsanstalt; dt.) — Vff. beschreiben Meth. zur Best. des ^{131}*J*-Geh. u. der gesamten β-Aktivität der Carbonatfällung (^{89}*Sr*, ^{90}*Sr*, ^{140}*Ba*) in Milch. Die Best. ermöglichen eine wirksame Überwachung des Weideviehbestands hinsichtlich kurz- u. langzeitiger radioakt. Verseuchung. Ergebnisse für die Zeit vom 4/9.—11/11. 1961 sind graph. dargestellt. G. KIRSTEN. 4601□

Eine vergleichende Untersuchung über Bunamidyl (Orabilex) und Jopanonsäure (Telepaque); ein klinischer Bericht über 200 Fälle. Thomas E. Farrell und William V. Weldon. (Southern med. J. **54**. 54—56. Jan. 1961. Washington, D. C., Walter Reed Gen. Hosp., Walter Reed Army Med. Center, Radiol. Serv.; engl.) — Bei Vgl. von *Jopanonsäure* (*β-[3-Amino-2.4.6-trijodphenyl]-α-äthylpropionsäure*; *Telepaque*; I) mit

Bunamiodyl (*Na-β-[3-Amino-2.4.6-trijodphenyl]-α-äthylacrylat*; *Orabilex*, E. FOUGERA & Co.; **II**) an 200 Cholecystographiefällen (Dosierung 3 g **I** oder 4,5 g **II**; ggf. bei Nichtdarst. Wiederholung mit Doppeldosis) konnte **II** als das Mittel erkannt werden, welches die Kriterien für ein ideales perorales Cholecystographiemittel am besten erfüllt. Unter **II** waren die Nebenwrkg. geringer (Diarrhoe nur bei Doppeldosis-**I** nicht bei **II**, sonst geringere gastrointestinale Symptome), die Gallenblase u. -gänge wurden besser sichtbar gemacht, Überlagerung mit Resten im Darm sind (wegen der stärkeren Nierenausscheidung) geringer. U. TAUSENDFREUND. 4601□

Phenobutiodil, ein neues Cholecystographiemittel. Donald N. Dysart und John S. Alexander. (Southern med. J. **54.** 57—60. Jan. 1961. Temple, Tex., Scott and White Clinic, Dep. of Radiol.; engl.) — In einer Serie von 110 Cholecystographien wurde mit *Phenobutiodil* (*α-[2.4.6-Trijodphenoxy]-buttersäure*, Molgew. 557,9, 68,2% J; peroale DL_{50} bei Mäusen <5 g/kg, i.v. DL_{50} ca. 206 mg/kg; *Vesipaque*, PIKER X-RAY CORP.) in einer Dosis von 3 g gute Ergebnisse bzgl. Sichtbarmachung der Gallenblase, Sichtbarmachung der Gallengänge (bei der Hälfte der Fälle) u. geringer Nebenwrkg. gemacht. U. TAUSENDFREUND. 4601□

Die experimentellen Grundlagen zur Beurteilung der kondensierten Phosphate in gesundheitlicher Hinsicht. F. Hahn und K. Lang. (Dtsch.-Lebensmittel-Rdsch. **57.** 329—33. Dez. 1961. Freiberg i. Br., Univ., Pharmakol. Inst u. Mainz, Univ., Physiol.-Chem. Inst.; dt.) — Rolle u. Eigg. der Phosphate als Lebensmittelzusätze werden erörtert. — 22 Literaturangaben. G. KIRSTEN. 4606□

Der Effekt der gleichzeitigen oralen Rabe von Calciumdinatriumäthylendiamintetraacetat und Bleiacetat auf die Blei-Akkumulation in Rattengeweben. Charles K. Gorby und Fredric Rieders. (Arch. int. Pharmacodynam. Thérap. **125.** 153—60. 1/4. 1960. Philadelphia, Jefferson Med. Coll., Dep. of Pharmacol.; engl.) — An Ratten wird *Pb* (2—3 ppm im Futter) bzw. Pb + *Calciumdinatriumäthylendiamintetraacetat* (**I**) verabfolgt u. Status, Fortpflanzung u. Pb-Geh. verschiedener Gewebe festgestellt. — Außer einer gewissen Anfälligkeit für Labyrinthinfektionen bei den Tieren, die **II** erhalten, sinkt bei allen Tieren, die **I** oder Pb oder **I** + Pb erhalten, die Schwangerschaftsauslösung. Sonst sind bei der angegebenen Dosierung keine tox. Anzeichen zu beobachten. Die Pb-Konz. in Hirn u. Niere ist bei den ♂ Tieren, die nur Pb erhalten, etwas höher als bei denen, die Pb + **I** erhalten haben. L. SHAHAB. 4606□

Toxizität des Metaldehyds für den Hund, Bestimmung des DL_{50}. J. Poul und M. Rioche. (Arch. Inst. Pasteur Algérie **38.** 252—56. Juni 1960. Algier, Inst. Pasteur d'Algérie; franz.) — *Metaldehyd*, der vom Hund resorbiert wird, verursacht eine Vergiftung, die sich durch folgende Symptome kenntlich macht: Halluzinationen, Krämpfe, starke Dyspnoe, schäumender, sehr reichlicher Speichel. Zwischen 0,166 u. 0,289 g/kg lagen die Mengen, bei denen die Vergiftung beobachtet wurde, eine Rolle dabei spielen noch die Sensibilität u. die individuelle Widerstandskraft der Vers.-Tiere. Die DL_{50} liegt durchschnittlich bei 0,21 g/kg. S. GROITZSCH. 4607□

Die Wirkung verschiedener Lactone und verwandter Verbindungen auf den Kationentransport kalt konservierter Erythrocyten des Menschens bei Inkubation. J. B. Kahn jun. (J. Pharmacol. exp. Therapeut. **121.** 234—51. Okt. 1957. Cincinnati, Ohio, Univ. Coll. of Med., Dep. of Pharmacol.; engl.) — An kaltgelagerten Erythrocyten des Menschen wurde die Hemmwrkg. verschiedener Lactone auf den Wiedereintritt von K^+ bei Inkubation untersucht. Untersucht wurden folgende Lactone: *β-Propio-*, *γ-Butyro-*, *γ-Valero-*, *Acetobutyro-*, *α-Brom-γ-butyro-* (**V**), *γ-Nona-*, *γ-Undeca-*, *D(—)-α-Hydroxy-β.β-dimethyl-γ-butyro-*, *Isocitronensäure-*, *γ-Glucono-*, *α-Angelica-*, *β-Angelica-*, *α-Bromotetronsäure*, *α-Aceto-γ-methyl-α-angelica-*, *Ascorbinsäure*, *δ-Valero-*, *δ-Ribono-*, *δ-Gulono-*, *δ-Glucono-*, *Isodehydroessigsäure*, *Äthylisodehydroacetat*, *Cumalinsäure*, *Phthalide*, *2-Hydroxycyclohexylessigsäure-trans-lacton*, *2.2'-Spirotetrahydrodifuran-5.5'-dion*, *β-Phenyl-Δ^{α}-butenolid*, *Patulin* (*Clavacin*) (**XIV**), *Santonin*, *Pilocarpin*, *Narcotin*, *Podophyllotoxin*, *Phenolphthaleinglucuronid*, *Cumarin*, *Äsculin*, *Bis-hydroxycumarin*, *Pentadecanolid*, *Ambrettolid*, *Butyrolactam*, *ε-Caprolactam*, *Trimethadion*, *Trigonellin*, *Homocysteinthiolacton*, *Phlorrhizin*, *Mekonsäure*, *Diketenacetonaddukt*, *Ouabain* (**I**), *Ouabagenin* (**IX**), *Dihydroouabain* (**VII**), *Digitoxin* (**X**), *Digitoxigenin* (**XI**), *Dihydrodigitoxin* (**XII**), *Digoxin* (**IV**), *Digoxigenin* (**V**), *Dihydrodigoxin* (**XIII**), *Scillaren* (**II**), *Bufotalin* (**III**), *Marinobufotoxin* (**VIII**), *Telocinobufagin* (**X**), *Periplogenin* (**XII**). Die relative Wirksamkeit DL_{50} ist durch die Lacton-Konz. bestimmt, die den K^+-Einstrom um 50% vermindert. Am wirksamsten erwies sich **I, II** u. **III**, deren DL_{50} zwischen 10^{-8} u. 10^{-7} m lagen. Es folgten **IV, V, VI, VII, VIII** (10^{-7} bis 10^{-6} m), dann **IX, X, XI, XII** (10^{-6} bis 10^{-5} m). Für **XIII** wurden die DL_{50} zu $2 \cdot 10^{-4}$ u. für **XIV** zu 10^{-3} m bestimmt. Alle übrigen Verbb. zeigten erst bei 10^{-2} m u. höheren Konzz. eine entsprechende Hemmung des Kationeneinstroms. L. LACHHEIN. 4607□

Der Einfluß von Äthylurethan, Demecolcin und Podophyllotoxin auf die experimentelle Entzündung bei Ratten. Jiří Lenfeld, Mario Kroutil und Jaroslav Zemánek. (Arch. int. Pharmacodynam. Thérap. **125.** 137—52. 1/4. 1960. Olomouc, ČSSR, Palacky-Univ., Medizin. Fak.; dt.) — Die Frage der Beteiligung der Nebennieren bei der entzündungshemmenden Wrkg. von *Urethan* (I) wurde an Ratten mit Formalinentzündung geprüft. Adrenalektomierte Ratten reagieren auf I bedeutend schwächer. Diese I-Wrkg. setzt sich daher aus einer hypnot., einer cytostat. u. einer die Nebenniere beeinflussenden Komponente zusammen. — Als weiteres Cytostaticum wird *Podophyllotoxin* geprüft, bei dem ähnliche Ergebnisse wie mit I erhalten werden, mit dem Unterschied, daß der Einfl. der Nebenniere hier in der exsudativen Phase hervortritt. — Auch bei *Demecolcin* wird eine entzündungshemmende Wrkg. nachgewiesen. Verss. an adrenalektomierten Tieren konnten wegen der hohen Toxizität dieser Verb. u. wegen der sich hieraus ergebenden höheren Mortalität nicht durchgeführt werden.
L. SHAHAB. 4607 □

Toxizitätsuntersuchungen an Tieren über Penicillium rugulosum- und Penicillinum tardum-Präparate. H. Tsunoda und O. Tsuruta. (Jap. J. Nutrit **16.** 169—72. Nov. 1958; jap., Auszug: engl.) — Präpp. von in Oberflächenkultur gewachsenem *Penicillium rugulosum* u. *P. tardum* zeigen nach 25 bzw. 50 g-weisem Zusatz (bei 55—60° getrocknetes Präp.) zu 1000 g Grunddiät gegenüber Testtieren Toxizität u. führen innerhalb von 10—52 Tagen durch Leberschädigung zum Tode.
P. GREGORZEWSKI. 4607 □

Mammäre Ausscheidung von Benzylpenicillin, Erythromycin und Penethamathydrojodid. Folke Rasmussen. (Acta pharmacol. toxicol. [Köbenhavn] **16.** 194 bis 200. 1959. Kopenhagen, Royal Vet. and Agric. Coll., Dep. of Pharmacol. and Toxicol.; engl.) — Bei Kühen u. Ziegen werden entsprechend dem Blutspiegel an *Penicillin* Novo (I, *Natriumbenzylpenicillin*), *Erythromycin* (II, *Ilotycin*) u. *Penethamathydrojodid* (III, *Leocillin*) gleiche Konzz. der Antibiotica in der Milch nachgewiesen. Dabei ist dieser Wert von der Menge produzierter Milch unabhängig, soweit der pH der Milch gleich ist. Das Verhältnis Milchultrafiltrat/Plasmaultrafiltrat ist für I 0,25, für II 8,7 u. für III 6,1. Mit steigendem pH der Milch nimmt dieses Verhältnis für I zu, für II u. III ab. Anscheinend werden die 3 Antibiotica mit der Milch durch Diffusion ausgeschieden.
G. KIMMERLE. 4611

Pharmakologische Untersuchungen des Mikamycins an Hunden. Shin Ōkoshi, Noritoshi Kitano, Isamu Tomoda, Mampei Usui, Mitsuo Takashio, Naoyoshi Suzuki und Tomiji Konishi. (J. Antibiotics [Tokyo], Ser. A **13.** 137—42. März 1960. Tokyo, Univ., Fac. of Agric., Dep. of Vet. Internal Med.; engl.) — Drei erwachsene ♀ Hunde erhielten 60 Tage lang täglich 100 mg *Mikamycin*/kg per os. Es wurden keinerlei Nebenwrkg. festgestellt.
P. GREGORZEWSKI. 4611 □

Cytochrom-c-Stoffwechselinhibitor. Experimentelle und klinische Untersuchung. H. Laborit, R. Favre, B. Weber, J.-M. Jouany, J. Martin und H. Tellier. (Presse méd. **66.** 597—99. 5/4. 1958. Val-de-Grâce, Frankreich, Hôp. milit.; franz.) — Vff. untersuchten die physiolog. Wrkg., die bei Vers.-Personen nach tropfenweiser Infusion von 125 mg *Cytochrom c* (I; als K-Salz in 125 ml isoton. Glucose-Lsg.) auftreten. Sehr häufig waren während u. nach der I-Infusion subjektiv starke Müdigkeit u. Kältegefühl zu beobachten. Objektiv kam es zu einer Herabsetzung des Grundumsatzes sowie zu einer pH-Verschiebung in den sauren Bereich in Harn u. Blut. Im Blut trat außerdem eine leichte Hypokaliämie u. Verminderung der Alkalireserve auf, während die Harnexkretion unverändert blieb. Auf den Kreislauf wirkte I im Sinne einer Verminderung des arteriellen Blutdrucks u. der Pulsfrequenz. Elektrocardiogramm u. Rectaltemp. blieben unbeeinflußt. Vff. schließen, daß I ein Geschw.-Regulator des cellulären Stoffwechsels ist. Auf die therapeut. Anwendungsmöglichkeiten von I wird hingewiesen. F. KRUSEN. 4614 □

Über die chemische und pharmakologische Untersuchung einiger Arylbenzo-[e]-1.3-thiazinderivate. 2. Mitt. **Pharmakologische Untersuchungen.** Zoltán Dirner, Anna Magyarlaki und János Iván. (Acta pharmac. hung. **31.** 128—32. April 1961. Szeged, Medizin. Univ., Pharmakolog. Inst.; ung.) — 1. vgl. Acta pharmac. hung. **31.** [1961.] 75. — Die von VINKLER u. SZABÓ synthetisierten Benzthiazin-Derivv. u. die durch Aufsprengung des Heteroringes ableitbaren Nicotinsäureamidthioester lähmen die höheren Nervenzentren, doch bleibt die Tätigkeit des Rückenmarks verhältnismäßig unberührt. Diese den Tranquillizern ähnliche Wrkg. ist bei dem *2-[4'-Carboxyphenyl]-6.7-dimethoxybenzo-[e]-1.3-thiazin* am stärksten. Die Verb. besitzt eine signifikante blutdruckmindernde u. auch eine in vivo nachweisbare Antihistaminwirkung. Das *2-[3'-Aminophenyl]-6.7-dimethoxybenzo-[e]-1.3-thiazin* weist dagegen eine mit dem Papaverin vergleichbare spasmolyt. Wrkg. auf. G. LIGETI. 4620

Zur Frage der Wirkung von Aminazin auf den Blutdruck. A. N. Bakuradse, A. I. Ssicharulidse und W. R. Maissaja. (Сообщения Академии Наук Грузинской ССР [Mitt. Akad. Wiss. GrusinSSR] **23.** 323—28. Sept. 1959. Tbilissi, Med. Inst.; russ.) — In Verss. an Katzen unter Ae.-Narkose rief i.v. Verabreichung von kleinen *Aminazin* (I)-Dosen (0,01—0,03 mg/kg Körper-Gew.) nur schwachen u. kurzdauernden Anstieg des arteriellen Blutdrucks hervor. Dosen von 0,5—2,0 mg/kg führten zu einer Senkung des arteriellen Blutdrucks. Die depressor. Wrkg. des I ist um so stärker u. anhaltender, je höher seine Dosis ist. Die Blutdruckreflexe, welche durch den Reiz einiger Receptoren, wie sensible Nerven, hervorgerufen werden (Carotissinus, Harnblase, Hautnerven, intraarterielle Einführung von Blut oder einer hyperton. NaCl-Lsg.) gingen dabei zurück. Adrenalin vermindert die Dauer der blutdrucksenkenden Wrkg. des I. Eine hemmende Wrkg. des I auf die reticuläre Formation des Hirnstammes wird angenommen. F. du Mans. 4620 □

Pharmakologische Vergleiche und Vergleiche der akuten Toxizität von Triflupromazine und Chlorpromazine. Joseph J. Piala, John P. High, G. Lee Hassert jun., John C. Burke und Bradford N. Craver. (J. Pharmacol. exp. Thérapeut. **127.** 55—65. Sept. 1959. New Brunswick, N.J., Squibb Inst. for Med. Res.; engl.) — Beide Phenothiazine besitzen qual. u. quant. ähnliche Wirkungen. Die akute Toxizität ist gleich. Bei Unterss., denen differenziertere Prozesse zugrunde liegen, erweist sich die trifluorierte Verb. als ein stärkerer Transquillizer mit einer größeren antiemet. Wrkg. u. geringeren Neigung zu cardiovasculären Nebenwirkungen. L. Shahab. 4620 □

Klinische Prüfung eines neuen psycholeptischen Mittels (Haloperidol) unter Kontrollbedingungen. E. Brandrup und P. Kristjansen. (J. Mental Sci. **107.** 778—82. Juli 1961. Roskilde, Denmark, St. Hans Mental Hosp.; engl.) — *Haloperidol* (*R 1625*; *Serenase*; *γ-[4-Hydroxy-4-(p-phenyl)-piperazino-p-fluorbutyrophenon*) führte bei 36 Schizophrenen im Doppelblindvers. zu signifikant besseren Resultaten als Placebo. Es konnten 103 positive Wrkg. gegenüber 56 unter Placebo konstatiert werden, ferner 75 negative Wrkg. gegenüber 116 unter Placebo. U. Tausendfreund. 4620 □

Die Behandlung unruhiger Psychotiker mit Methotrimeprazine (Veractil). David Müller. (J. Mental Sci. **107.** 783—86. Juli 1961. Basingstoke, Hants., Park Prewett Hosp.; engl.) — Bei 41 von 48 aggressiven, unruhigen, *Chlorpromazin* (Largactil)-resistenten Geisteskranken konnte mit 25 mg *Methotrimeprazin* (*Veractil*) t.d.s. eine wirksame Verh.-Änderung herbeigeführt werden. Versager traten bei 3 von 20 Schizophrenen, bei 1 von 6 senilen Dementien, bei 1 Hirnatrophie, bei 1 von 4 Manien u. bei 1 schizoaffektiven Fall auf. U. Tausendfreund. 4620 □

Der Effekt von Amphenidone auf das Gehirn von wachen Affen. J. M. R. Delgado, H. Hoffmann und D. Symmes. (Arch. int. Pharmacodynam. Thérap. **125.** 161—71. 1/4. 1960. New Haven, Conn., Yale Univ., School of Med., Dep. of Physiol. and Psych.; engl.) — *Amphenidone* (I, *Aminophenylpyridon*, Wallace & Tiernan, Inc., Maltbie Labor.) mit depressiver Wrkg. wurde hinsichtlich seiner Effekte auf das Gehirn an 6 Affen mit permanent implantierten intracerebralen Elektroden u. 2 Affen im akuten Vers. untersucht. Bei lokaler Applikation setzt I die Reizbarkeit der motor. Rinde herab. Bei oraler u. i.v. Applikation (100 mg/kg) erhöht es die Nachentladungsschwellen u. verkürzt die Anfallsdauer nach Reizung der motor. Rinde, des Thalamus u. des Septums. Orale Gabe führt zu einer milden Sedation u. Verringerung der Aggressivität, erzeugt aber keinen Schlaf. L. Shahab. 4620 □

Der Einfluß von Benactyzin auf das Lernen bei Katzen. Iven Reventlow. (Acta pharmacol. toxicol. [Köbenhavn] **16.** 136—43. 1959. Kopenhagen, Dumex Ltd., Biol. Labor.; engl.) — Die Verss. mit 4 trainierten Katzen (Freßvers. im Masserman-Käfig) zeigten, daß *Benactyzin* (I) das rasche normale Lernen nicht beeinflußt. Bei 2 Katzen, bei denen der Lernprozeß durch emotionelle Faktoren gestört worden war, hatte I günstige Wirkungen. I scheint also einsichtsvolle u. bedingte Rkk. zu begünstigen, wenn diese durch emotionelle Faktoren gehemmt werden. G. Kimmerle. 4622

Untersuchungen über eine Reihe von Carbinol-Derivaten. E. Genazzani. (Gazz. med. ital. **116.** 262—70. Juni 1957. Napoli, Univ., Ist. di Farmacol. e Tossicol.; ital.) — Untersucht wurden *3-Methylbutinol-(3)*, *1-Brom-3-methylbutinol-(2)* (I), *1.2-Dibrom-3-methylbutenol-(2)*, *3-Methylpentinol-(3)*, *1-Brom-3-methylpentinol-(3)*, *1.2-Dibrom-3-methylpentenol-(3)*, *1-Äthinylcyclohexanol-(1)*, *1-[β-Bromäthinyl]-cyclohexanol-(1)*, *1-[α.β-Dibromvinyl]-cyclohexanol-(1)*. Alle besitzen eine hypnot. Wrkg.; für die therapeut. Anwendung kommt vor allem I in Frage. K. Zingraf. 4627 □

Beitrag von Histamin und Enteramin (5-Hydroxytryptamin) auf die Eigendepression der subkutanen Resorption von Morphin bei voll erwachsenen und nicht entwöhnten Ratten. Kirsten Milthers. (Acta pharmacol. toxicol. [Köbenhavn]

16. 144—50. 1959. Kopenhagen, Univ., Dep. of Pharmacol.; engl.) — *Morphin* (I) wird bei 12 Tage alten Ratten (A) bei subkutaner Injektion ca. 6mal schneller resorbiert als bei voll ausgewachsenen (B). Erschöpfung des *Enteramin* (II, *5-Hydroxytryptamin*)-Geh. im Gewebe durch *Reserpin* erhöht bei B-Ratten den Resorptionsbetrag um 140%. Ein Zusatz von *Mepyraminmaleat* oder von *2-Bromlysergsäurediäthylamid* (*BOL 148*) zu der I-Lsg. erhöht die subkutane Resorption bei B-Ratten um 105 bzw. 80%, während bei A-Ratten kein Effekt erreicht wird. Bei A- u. B-Ratten verursachen II u. *Histamin*, wenn sie mit subkutan injiziert werden, keine Veränderungen der I-Resorption.
G. KIMMERLE. 4627

Unterschiede in der Wirkung von tertiären und quartären Ammoniumbasen (Proserin, Eserin, Methylatropin und Atropin) bei verschiedenen Arten der Zufuhr. W. B. Prosorowski. (Бюллетень Экспериментальной Биологии и Медицины [Bull. exp. Biol. Med.] 52 (26). Nr. 9. 73—77. Sept. 1961. Leningrad, Medizin.-pädiatr. Inst., Lehrstuhl für Pharmakol.; russ., Auszug: engl.) — Bei Mäusen hatte Injektion von *Proserin*, *Eserin*, *Methylatropin* oder *Atropin* je nach Lokalisation (subkutan 0,1 bis 0,3 cm^3, i.v. 0,1—0,2 cm^3 oder in die Gehirnventrikel 0,01—0,03 cm^3) eine unterschiedliche tox. Wrkg., die durch den unterschiedlichen Einfl. der tert. oder quart. N-Verbb. auf die Erregung des N-cholinreakt. Syst. u. die unterschiedliche Permeabilität der hämato-encephalyt. Barriere für diese Stoffe bedingt ist. I. v. KLOCH-KORNITZ. 4628□

Einfluß hoher Dosen Prokuran auf den Foetus bei der Ratte. Z. Chaloupka. (Českoslov. Fysiol. 8. 551—52. 1959. Hradec Králové, KU, Kat. farmakol.; tschech.) — Die reflektor.-motor. Aktivität gut entwickelter Föten wird durch i.v. Zufuhr von *Prokuran* (*Dekamethylen-bis-[trimethyl]-ammoniumhydroxid*, 0,6, 2, 10 mg/kg) an das Muttertier, ähnlich wie bei Tubarin, nicht beeinflußt, wahrscheinlich weil es die Placenta nicht durchdringt.
R. K. MÜLLER. 4628□

Beziehung zwischen Konstitution und Aktivität in einer Reihe von 2.5-disubstituierten 1-[2-Dialkylaminoalkoxyphenyl]-pyrrolen. N. P. Buu-Hoi, Richard Rips und R. Cavier. (J. med. pharmac. Chem. 1. 319—25. Aug. 1959. Paris, Univ., Inst. Radium; Fac. Pharm.; engl.) — Eine Reihe von 2.5-disubstituierten 1-(2-Dialkylaminoalkoxyphenyl)-pyrrolen u. ähnlichen Verbb. wurden synthetisiert u. ihre muskulotropen u. neurotropen spasmolyt. Eigg. geprüft. Die muskulotrope spasmolyt. Wrkg. ist der von Papaverin-HCl überlegen, der entsprechende neurotrope Effekt war jedoch beträchtlich geringer als der von Atropinsulfat.

Versuche: 2.5-disubstituierte 1-[Methoxyphenyl]-pyrrole (aus Hexan-2.5-dion, Phenylaceton oder 1.2-Dibenzoyläthan u. äquimolaren Mengen von o-, m- oder p-Anisidin, Wasserabtrennung, Fraktionierung im Vakuum, Umkristallisieren, Ausbeute 70—94%): *1-[2-Methoxyphenyl]-2.5-diphenylpyrrol*, $C_{23}H_{19}NO$, Kp.$_{15}$ 258°, 70%, leuchtende farblose Kristalle, F. 144° (Cyclohexan). — *1-[3-Methoxyphenyl]-2-methyl-5-phenylpyrrol*, $C_{18}H_{17}NO$, Kp.$_{11}$ 206—208°, 83%, farblose Kristalle, F. 82° (PAe.-Ae.). — *1-[3-Methoxyphenyl]-2.5-diphenylpyrrol*, $C_{23}H_{19}NO$, Kp.$_{13}$ 245°, 75%, farblose Nadeln, F. 146° (Cyclohexen). — *1-[4-Methoxyphenyl]-2-methyl-5-phenylpyrrol*, $C_{18}H_{17}NO$, Kp.$_{17}$ 220°, 80%, farblose Nadeln, F. 108° (Cyclohexen). — *1-[4-Methoxyphenyl]-2.5-diphenylpyrrol*, $C_{23}H_{19}NO$, Kp.$_{14}$ 266—268°, 75%, farblose Prismen, F. 229° (Bzl.). — 2.5-disubstituierte 1-(Hydroxyphenyl)-pyrrole (entweder nach KNORR-PAAL-Rk. aus Aminophenolen, 76—99% Ausbeute, oder durch Rückflußkochen von Gemischen vorst. Verbb. mit frisch dest. Pyridin—HCl, 4 Std., äquimol., 70—75%): *1-[3-Hydroxyphenyl]-2-methyl-5-phenylpyrrol*, $C_{17}H_{15}NO$, Kp.$_{16}$ 232°, farblose Nadeln, F. 110° (Cyclohexen). — *1-[4-Hydroxyphenyl]-2-methyl-5-phenylpyrrol*, $C_{17}H_{15}NO$, Kp.$_{10}$ 227°, farblose Prismen, F. 125° (Cyclohexen). — *1-[2-Hydroxyphenyl]-2.5-diphenylpyrrol*, $C_{22}H_{17}NO$, Kp.$_{11}$ 240°, farblose Blättchen, F. 183° (Cyclohexen). — *1-[3-Hydroxyphenyl]-2.5-diphenylpyrrol*, $C_{22}H_{17}NO$, farblose sublimierbare Nadeln, F. 227° (Cyclohexen). — *1-[4-Hydroxyphenyl]-2.5-diphenylpyrrol*, $C_{22}H_{17}NO$, farblose sublimierbare Blättchen, F. 275° (Methanol). — Darst. der Aminoäther: *1-[2-γ-Diäthylaminopropoxyphenyl]-2.5-dimethylpyrrol*, blaßgelbes Öl, Kp.$_{16}$ 196—197°, $n_D^{27,5}$ 1,5380, aus 10 g 1-(2-Hydroxyphenyl)-2.5-dimethylpyrrol, γ-Diäthylaminopropylchlorid u. NaOH in A., 11,4 g (Ausbeute); Hydrochlorid, $C_{19}H_{29}ClN_2O$, farblose Nadeln, F. 143° (A./Bzl.). — *1-[2-β-Dimethylaminoäthoxyphenyl]-2.5-dimethylpyrrol*, $C_{16}H_{22}N_2O$, blaßgelbes Öl, n_D^{38} 1,5585, Kp.$_{16}$ 176—178°, 11,8 g aus 10 g des entsprechenden Phenols u. 6,5 g β-Dimethylaminoäthylchlorid; Hydrochlorid, farblose Nadeln, F. 173° (A./Bzl.). — *1-[2-(β-Diisopropylaminoäthoxy)-phenyl]-2.5-dimethylpyrrol*, Kp.$_{15}$ 185°, n_D^{26} 1,6079, blaßgelbes Öl, aus 10 g des entsprechenden Phenols u. 9,1 g β-Diisopropylaminoäthylchlorid, 11 g; Hydrochlorid, $C_{20}H_{31}ClN_2O$, farblose Nadeln, F. 166° (CCl_4). — *1-[2-(β-Dimethylaminopropoxy)-phenyl]-2.5-dimethylpyrrol*, Kp.$_{17}$ 177°, $n_D^{27,5}$ 1,5536, 10 g blaßgelbes Öl aus 10 g des entsprechenden Phenols u. 8,8 g β-Dimethylaminopropylchlorid; Hydrochlorid, $C_{17}H_{25}$·ClN_2O, F. 151—152° (CCl_4). — *1-[2-(γ-Dimethylaminopropoxy)-phenyl]-2.5-dimethylpyrrol*, Kp.$_{17}$ 175—176°, n_D^{25} 1,5551, blaßgelbes Öl; Hydrochlorid, $C_{17}H_{25}ClN_2O$, F. 180° (CCl_4). — *1-[2-(β-Diäthylaminoäthoxy)-phenyl]-2.5-diphenylpyrrol*, Kp.$_{22}$ 279°, 12 g blaßgelbes Öl aus 13 g des entsprechenden Phenols u. 9 g β-Diäthylaminoäthylchlorid; Hydrochlorid, $C_{28}H_{31}ClN_2O$, F. 195—196° (CCl_4). — *1-[4-(β-Diäthylaminoäthoxy)-phenyl]-2-methyl-5-phenylpyrrol*, $C_{23}H_{28}N_2O$, Kp.$_{16}$ 255°, feine, farblose Nadeln, F. 116° (A.); Hydrochlorid, F. 156°. — *1-[2-(β-Diäthylaminoäthylmercapto)-phenyl]-2.5-dimethylpyrrol*, $C_{18}H_{26}N_2S$, fast farbloses Öl, Kp.$_{18}$ 187—189°, n_D^{27} 1,6079; Hydrochlorid, F. 150° (A./Bzl.). WALTER SCHÄFER. 4628□

Der Wirkungsort von Hydralazin und Dihydralazin beim Menschen. Bengt Åblad. (Acta pharmacol. toxicol. [Köbenhavn] **16.** 113—28. 1959. Gothenburg, Univ., Dep. of Pharmacol.; engl.) — Nach i.v. Injektion von *Hydralazin* (**I**, *1-Hydrazinophthalazin*) u. *Dihydralazin* (**II**, *1.4-Dihydrazinophthalazin*) kommt es beim Menschen zu einer Verminderung des Blutdrucks u. zu einer Zunahme der Pulsfrequenz. Der Blutfluß in Hand u. Vorderarm nimmt dabei zu; er nimmt jedoch ab, wenn die Blutzirkulation des Vorderarms unterbunden ist. Damit ergibt sich, daß **I** u. **II** eine lokal. vasodilator. Wrkg. besitzen. Die Herzstimulierung u. die Zunahme der vasoconstrictore Nervenaktivität scheinen sek. Natur u. durch die Hypotonie bedingt zu sein. — 34 Literaturangaben. G. KIMMERLE. 4630

Die Wirkungen von Stoffwechselhemmstoffen auf den aktiven Natriumtransport durch die Froschhaut. Shigehiro Nakajima und Takashi Hashimoto. (Proc. Japan Acad. **36.** 223—25. April 1960. Tokyo, Univ. of Tokyo, School of Med., Dep. of Physiol. and Physiol.-Chem. and Nutrit.; engl.) — An Hand der Best. des elektr. Kurzschlußstroms, des Na-Austritts sowie der elektr. Leitfähigkeit wird gezeigt, daß durch $5 \cdot 10^{-5}$ bis $1 \cdot 10^{-4}$m *2.4-Dinitrophenol* an der isolierten Froschhaut der passive *Na*-Transport nur wenig beeinträchtigt wird, während der akt. Na-Transport starke Hemmung erfährt. Unter dem Einfl. von *Azid* u. *Cyanid* (10^{-3}m) kommt es zu einem Anstieg des Na-Austritts infolge Verstärkung der passiven Diffusion, der nach einem Zeitraum von 120 Min. wieder zurückgeht; der akt. Na-Transport wird gehemmt u. erhöht sich geringfügig. *Jodessigsäure* (10^{-3}m) bewirkt dagegen einen andersartigen Hemmeffekt, bei dem es zu einer ständigen Vermehrung des Na-Austritts kommt, die Zellmembran wird offenbar irreversibel geschädigt; der akt. Na-Transport wird stark gehemmt. U. TAUSENDFREUND. 4630□

Die Wirkungen von Ouabain auf den aktiven Natriumtransport durch die Froschhaut. Shigehiro Nakajima. (Proc. Japan Acad. **36.** 226—28. April 1960. Tokyo, Univ. of Tokyo, School of Med., Dep. of Physiol.; engl.) — Vgl. vorst. Referat. — Unter dem Einfl. von $1{,}23 \cdot 10^{-6}$m *Ouabain* kommt es an der (isolierten) Froschhaut zu einer Verminderung des akt. *Na*-Transports im Zusammenhang mit einer Verminderung der Na-Leitfähigkeit; oberhalb $1 \cdot 10^{-6}$m kann es zur vorübergehenden Erhöhung der elektr. Leitfähigkeit kommen. Der passive Na-Transport, der Na-Austritt, wird gesteigert, selbst wenn die elektr. Leitfähigkeit abnimmt. Über den Charakter dieses Anstiegs des Na-Austritts bei Verminderung der elektr. Leitfähigkeit läßt sich zur Zeit noch nichts genaues sagen. U. TAUSENDFREUND. 4630□

Die Wirkung von Carboanhydrasehemmer auf den intraokulären Druck mit Beobachtungen über die Pharmakologie von Acetazolamid beim Kaninchen. Per Wistrand. (Acta pharmacol. toxicol. [Köbenhavn] **16.** 171—93. 1959. Gainesville, Fla., Univ. of Florida, Coll. of Med., Dep. of Pharmacol. and Therapeut.; Uppsala, Univ., Dep. of Pharmacol.; engl.) — Bei Kaninchen bewirkten einmalige i.v. Injektionen von 1—120 mg *Acetazolamid* (**I**)/kg eine dosisabhängige Verminderung des intraokulären Drucks. Dieser Effekt konnte 60—120 Sek. nach der Injektion beobachtet werden, u. er erreichte sein Maximum innerhalb von 15 Minuten. Er ist unabhängig vom Anfangsaugendruck bei normalen, ganglienblockierten oder narkotisierten Kaninchen. Die Wrkg. auf den intraokulären Druck war direkt proportional der **I**-Konz. im Plasma u. in den Processus ciliares. Der Effekt hatte keine Beziehung mit dem an Erythrocyten fixiertem **I**-Gehalt. — 50 Literaturangaben. G. KIMMERLE. 4634

Pharmakologische Eigenschaften eines neuen Diureticum: 4-Amino-6-chlorbenzol-1.3-disulfonamid. Alf Lund und Karen Størling. (Acta pharmacol. toxicol. [Köbenhavn] **15.** 300—06. 1959. Kopenhagen, Ferrosan Ltd., Biol. Div.; engl.) — *Salamid* (**I**, *4-Amino-6-chlorbenzol-1.3-disulfonamid*) besitzt bei gleicher niedriger Toxizität bei Ratten u. Menschen eine 3 mal größere diuret. Wrkg. als *Chlorothiazid.* Orale Gaben von 10 g **I**/kg werden von Ratten u. Mäusen symptomlos vertragen. Auch tägliche orale Gaben von 100 oder 300 mg **I**/kg während 6 Wochen ergaben keine Hinweise für eine Schädigung.

I wird bei oraler Applikation schnell resorbiert u. wird fast vollständig mit dem Urin ausgeschieden. Bei Nagetieren ist die Ausscheidung etwas schneller als beim Menschen. G. KIMMERLE. 4634

Die Ausscheidung von Mercaptomerin und seine durch Bromkresolgrün und Probenecid modifizierte diuretische Wirkung. Dag E. S. Campbell. (Acta pharmacol. toxicol. [København] **16.** 151—70. 1959. Uppsala, Univ., Dep. of Pharmacol.; engl.) — *Mercaptomerin* (**I**, *Thiomerin*) wird bei Hühnchen durch die Nierentubuli ausgeschieden. Durch eine Vorinjektion der Nierentransporthemmstoffe *Bromkresolgrün* u. *Probenecid* wird die **I**-Diurese verändert. Dabei wird die Aufnahme von **I** durch die Tubuli blockiert. G. KIMMERLE. 4634

Untersuchungen von Heilmitteln mit Antibilharziawirkung. 8. Mitt. **Einfluß von Brechweinstein auf die Aktivität bedingter Reflexe bei Mäusen.** Hsu Bin. (Acta physiol. sinica **21.** 225—29. 1957. Shanghai, Acad. Sinica, Inst. of Materia Medica; chines., Auszug: engl.) — 12 mg *Brechweinstein*/kg erhöhen die bedingte Reflexzeit um 26—84%, 24 mg/kg stören außerdem die Differentiation. Nach längerer Verabreichung tritt Toleranz ein. P. GREGORZEWSKI. 4649□

Untersuchungen von Heilmitteln mit Antibilharziawirkung. 9. Mitt. **Einfluß von Brechweinstein und seiner Gegenmittel auf die Impulssummation im Zentralnervensystem.** Hsu Bin und Mou-Ian Chang. (Acta physiol. sinica **21.** 230—34. 1957. Shanghai, Acad. Sinica, Inst. of Materia Medica; chines., Auszug: engl.) — 8. vgl. vorst. Referat. — *Brechweinstein* verursacht in tox. Dosen einen Hemmungszustand im Zentralnervensystem. *Na-α.α'-Dimercaptosuccinat* hat antagonist. Wirkung. P. GREGORZEWSKI. 4649□

Untersuchungen von Heilmitteln mit Antibilharziawirkung. 10. Mitt. **Einfluß von Na-Dimercaptosuccinat auf Verteilung, Ausscheidung und therapeutische Aktivität von Brechweinstein bei Kaninchen.** Yu-I Liang, Mai-Ling Shen, En-Hung Chen und Kuang-Sheng Ting. (Acta physiol. sinica **21.** 235—43. 1957. Shanghai, Acad. Sinica, Inst. of Materia Medica; chines., Auszug: engl.) — 9. vgl. vorst. Referat. — 20 Min. nach *Brechweinstein* (**I**, 8 mg/kg, i.v.) verabreichtes *Na-α.α'-Dimercaptosuccinat* (**II**; 0,5 g/kg, i.v.) verringert die Sb-Konz. in den verschiedenen Organen u. im Parasiten ganz entscheidend. **II** schaltet dadurch die therapeut. Wrkg. von **I** aus. P. GREGORZEWSKI. 4649□

Einfluß der Salbengrundlage auf die perkutane Resorption von Kaliumjodid, Natriumsalicylat und Salicylsäure. P. Febvre, Ch. Denjean und R. Coudert. (Ann. pharmac. franç. **19.** 442—48. Juni 1961. Clermont-Ferrand, Fac. de Méd. et de Pharm.; franz.) — Verschiedene Salbengrundlagen oder Emulsionen, denen 10% KJ, 5% Salicylsäure oder die äquimolare Menge Na-Salicylat beigemischt worden waren, wurden auf die rasierte Flankenhaut von Ratten aufgetragen u. die perkutane Resorption der angegebenen Verbb. aus den in verschiedenen Zeitabständen im Harn nachweisbaren Mengen abgeleitet. Die Vers.-Ergebnisse, die im wesentlichen bereits vorliegende Unterss. bestätigen, lassen erkennen, daß die Zus. der Salbengrundlagen u. ggf. ihr Wassergeh. einen deutlichen Einfl. auf die perkutane Resorption der inkorporierten Wirkstoffe nehmen. H. P. FIEDLER. 4661□

Untersuchungen über die perkutane Resorption von Aminophenazon unter Anwendung gefäßerweiternder Mittel und organischer Schleppersubstanzen. W. Klinger, H. Renken und R. Hofmann. (Pharmazie **16.** 510—11. Okt. 1961. Jena, Univ., Pharmakolog. Inst.; dt.) — Vff. untersuchten in Tier- u. Selbstverss. die perkutane Resorption von *Aminophenazon* unter Einw. von gefäßdilatatierenden Substanzen (z. B. Nicotinsäurebenzylester, Campher, Terpentinöl) u. organ. Lsgm. (z. B. A., Chlf., Cyclohexan, Cyclohexanon) als Schleppersubstanzen. Eine geringe, aber therapeut. nicht nutzbare Resorption wurde nur bei Verw. eines Schleppergemisches mit *Cyclohexan* u. langzeitiger Applikation auf einer großen Hautfläche festgestellt. G. MEWS. 4670□

Thalliumvergiftung bei Erwachsenen. Herbert J. Steinberg. (Southern med. J. **54.** 6—9. Jan. 1961. Fort Sam Houston, Tex., Brooke Gen. Hosp., Dep. of Neuropsych.; engl.) — Kasuistik. — 4 Fälle. U. TAUSENDFREUND. 4675□

Die Behandlnug der Vergiftung mit Äthinylcyclohexylcarbamat (Valmid) durch extrakorporale Hämodialyse: Bericht eines Falles. Robert P. Davis, William B. Blythe, Margaret Newton und Louis G. Welt. (Yale J. Biol. Med. **32.** 192—96. Dez. 1959. Chapel Hill, N.C., Univ. of North Carolina, School of Med., Dep. of Med.; engl.) — Es wird ein tödlicher Vergiftungsfall durch Einnahme größerer Mengen *Äthinylcyclohexylcarbamat* (*Valmid*) in suicidaler Absicht bei einer Frau berichtet. Eine extrakorporale Hämodialyse führte in diesem Falle zu keinem Erfolg. G. KIMMERLE. 4675

Bewertung der Methoden zur Bestimmung von Halogenkohlenwasserstoffen in der Luft. E. E. Campbell, M. F. Milligan und H. M. Miller. (Amer. ind. Hyg. Assoc. J. **20.** 138—41. April 1959. Los Alamos, N.Mex., Univ. of California, Los Alamos Sci. Labor.; engl.) — Die *Halogen-KW-Stoffe* in der Luft werden in Toluol aufgefangen u. entweder nach der Meth. von SETO u. SCHULTZE oder durch Dehalogenierung mit Na-Biphenyl u. anschließender Best. des Chloridions mit der Hg-Thiocyanat-Meth. nach BERGMANN u. SANIK oder mit $AgNO_3$-Titration bestimmt. Erstere Meth. wird empfohlen. G. KIMMERLE. 4680

Sammeln und Analyse der Phenole in der Luft. R. G. Smith, J. D. MacEwen und R. E. Barrow. (Amer. ind. Hyg. Assoc. J. **20.** 142—48. April 1959. Detroit, Mich., Wayne State Univ., Coll. of Med., Dep. of Ind. Med. and Hyg.; engl.) — *Phenol*-Dämpfe werden am besten in alkal. Lsg. aufgefangen. Zur Analyse wird eine colorimetr. Meth. unter Verw. von *4-Aminoantipyrin* als Farbbildner empfohlen. Ein rascheres Verf. beruht auf der Messung des Absorptionsbandes im Bereich von 290 mμ mittels eines UV-Spektrophotometers. Dieses Band ist für die meisten Phenole in alkal. Lsg. charakteristisch. G. KIMMERLE. 4680

Das Auftreten von Phenolen in der Luft und Verbrennungsprodukten. R. G. Smith, J. D. MacEwen und R. E. Barrow. (Amer. ind. Hyg. Assoc. J. **20.** 149—52. April 1959. Detroit, Mich., Wayne State Univ., Coll. of Med., Dep. of Ind. Med. and Hyg.; engl.) — Vgl. vorst. Referat. — In der Luft von Detroit wurden *phenol. Verbb.* (**I**) sowohl als Nebel als auch als Stäube nachgewiesen. Die Konzz. sind sehr niedrig, weniger als 0,1 γ/m^3 als Staub u. ca. 4 γ/m^3 als Aerosol. Kleine Mengen **I** finden sich auch in Leuchtgas- u. Ölverbrennungs-Prodd. u. relativ große Mengen sind in den Verbrennungsstoffen der Benzinmotoren vorhanden (13,6 mg/m^3 als Aerosol). G. KIMMERLE. 4680

Die pulmonale Reaktion gegen Staub von Faserglasplastikscheiben. G. W. H. Schepers. (Amer. ind. Hyg. Assoc. J. **20.** 73—81. April 1959. Wilmington, Del., E. I. du Pont de Nemours & Co., Haskell Labor. for Toxicol. and Ind. Med.; engl.) — Inhalationsverss. mit Stäuben von Faserglasplastikscheiben (enthalten $CaSO_4$ als Füllstoff) ergaben bei Ratten, Kaninchen u. Meerschweinchen keine Lungenreaktionen. Das Fehlen der Gewebe-Rk. kann auf die geringe Menge an resorbiertem SiO_2 zurückgeführt werden. Die Stäube hatten auch wenig Einfl. auf den Verlauf einer Tuberkulose bei Meerschweinchen. G. KIMMERLE. 4681

Nic. A. Kisisounis, Pharmacology. First vol. Athens: General Direction of Press Research and Cultura Relations Division. 1960. (524 S.)

F. Pharmazeutische Chemie. Desinfektion

Fortschritte der Arzneimitteltechnologie in den Jahren 1959 und 1960. M. Chalabala und J. Malý. (Českoslov. Farmac. **10.** 468—82. 5/11. 1961. Bratislava, Univ. farm. fak., Kat. gal. farm.; tschech.) — Übersicht. — 547 Literaturangaben. H.-W. WACHE. 4750□

Über bakterielle Pyrogene. Karl Thoma. (Dtsch. Apotheker-Ztg. **99.** 1045—47. 8/10. 1959. München, Univ., Inst. für Pharm. u. Lebensmittelchem.; dt.) — Inhaltlich ident. mit der C. **1961.** 13643 referierten Arbeit. U. DREHMANN. 4750

Untersuchungen über Tabletten. 1. Mitt. **Untersuchungen über die Zerfallzeit von Tabletten.** Jun Hasegawa und Ken Ikeda. (J. pharmac. Soc. Japan [Yakugakuzasshi] **75.** 359—63. April 1955. Tokyo, Univ., Med. Fac., Pharmaceut. Inst.; jap., Auszug: engl.) — Vgl. C. **1960.** 6920. — Unterss. über den Einfl. verschiedener Herst.-Bedingungen auf die Zerfallszeit von Tabletten aus gleicher Grundmasse zeigen, daß bei Verw. von Na-Arginat (**I**) die Tabletten nicht in synthet. Magensaft, wohl aber in synthet. Darmsaft zerfallen. Mit **I** hergestellte Sulfathiazol (**II**)-Tabletten werden so langsam resorbiert, daß keine Wrkg. beobachtet wird; dagegen ist der Blutspiegel der mit **I** hergestellten Benadryltabletten 5—6 Std. zu beobachten. W. WESLY. 4766□

Fortschritte in der Erzeugung und Kontrolle von Tabletten. 2. Mitt. **Bestimmung der mechanischen Widerstandsfähigkeit.** M. Chalabala. (Českoslov. Farmac. **10.** 299—305. Juli 1961. Bratislava; tschech.) — Vgl. C. **1950/54.** 4125 S. — Übersicht über die Bedeutung der mechan. Widerstandsfähigkeit von Tabletten u. Beschreibung der Prüf-Verff. u. -geräte. H.-W. WACHE. 4766□

Suppositorien. Eine Übersicht. Per Finholt. (Norges Apotekerforen. Tidsskr. **68.** 205—17. Mai 1960; schwed.) — Übersicht über Entw. u. Pharmakodynamik der Suppositorien, über lipophile u. hydrophile Suppositoriengrundmassen, Herst. u. Haltbarkeit u. über Spezialpräparate. — 17 Literaturhinweise. R. K. MÜLLER. 4766□

Vinca minor und verwandte Pflanzen in der Heilkunde. F. H. L. van Os. (Pharmac. Weekbl. **96.** 966—74. 8/12. 1961; niederl.) — Übersicht über Botanik, Geschichte, Bestandteile u. heilkundige Anwendung von Vinca minor (kleines Immergrün, Judenkraut, Franzosenkraut). — 15 Literaturangaben. W. WESLY. 4782□

Änderungen des Wasserhaushalts und der Inhaltsstoffe bei der Pflanze Equisetum arvense L. Miroslav Penka und Věra Strnadová. (Acta Fac. pharmac. Brunensis Bratislavensis **3.** 7—25. 1960. Brno, Farmaceut. fak., kat. botan.; engl.) — Inhaltlich ident. mit der C. **1962.** 9434 referierten Arbeit. V. DADÁK. 4782

Untersuchung der cardiovascular wirksamen Stoffe aus den Drogen der Aserbaidschanischen SSR. R. K. Alijev und A. Ch. Rachimova. (Českoslov. Farmac. **10.** 464—68. 5/11. 1961. Věd. farm. společ. Azerbájdž. SSR.; tschech.) — Übersicht. — 38 Literaturangaben. H.-W. WACHE. 4782□

Entmineralisiertes Wasser. Aksel Schou. (Farmac. Tid. **70.** 205—07. 12/3. 1960; dän.) — Bei einem Vgl. des Dreikolonnen-Syst. u. des Basolith-App. für die Herst. von entmineralisiertem W. wird in beiden Fällen von der 2. Probe an eine für den Apothekengebrauch genügende Keimfreiheit erzielt. R. K. MÜLLER. 4786□

Emulsionen. Eine Übersicht. Per Finholt. (Norges Apothekerforen. Tidsskr. **68.** 117—26. März, 140—48. April 1960. Farmac. Revy **59.** 383—91. 19/5. 397—403. 27/5. 1960; norw.) — Zusammenfassende Darst. der Wrkg. von Emulgatoren, Stabilität von Emulsionen, Emulgatoren u. Stabilisatoren, Emulgatoren, die Öl-in-W.- u. W.-in-Öl-Emulsionen liefern, Wahl des Emulgators, Best. des Emulsionstyps, Herst. von Emulsionen, Arzneimittel in Emulsionsform, Spezialpräparate. R. K. MÜLLER. 4790□

Statistische Untersuchungen über pharmazeutische Suspensionen. 1. Mitt. Dispersibilität von unlöslichen beziehungsweise schwer löslichen pulverförmigen Arzneistoffen in flüssigen Medien. H. Žáček. (Pharmazie **15.** 361—71. Juli 1960. Brünn, Univ., Inst. für galen. Pharm.; dt.) — Vf. beschreibt eine Meth. zur Best. der Dispersibilität von schwerlösl. pulverförmigen Arzneistoffen in Flüssigkeiten. Die Meth. beruht auf dem Durchgang einer bis zum konst. Gew. getrockneten Arzneistoffprobe durch standardisierte hydrophile Gaze unter Einw. der durchtropfenden Flüssigkeit. Der dispergierte Probeanteil in % des Gesamtgew. ergibt die „Dispersibilitätszahl". Die erhaltenen Zahlen werden statist. ausgewertet. G. BORMANN. 4790□

Filtration und Aufbewahrung von Pfefferminzwasser. Ein neues Filter und ein automatischer Alarmapparat. E. Aarup Kristensen. (Farmac. Tid. **70.** 4—8. 2/1. 1960. Århus, Sct. Clemens apotek.; dän.) — Für die Herst. von Pfefferminzwasser (I) mittels dest. W. wird eine Milchkanne mit Hahn verwendet. Als Filtermaterial dient Filterasbest „Theorit" Nr. 5, bei dessen Vorsterilisierung auch das erhaltene I steril wird. Ein elektr. Alarmgerät tritt beim Überlaufen in Tätigkeit. R. K. MÜLLER. 4790□

Galenik des Chlorothiazids (6-Chlor-7-sulfamyl-1.2.4-benzothiadiazin-1.1-dioxid), eines neuen oral wirksamen Diureticums. Walter F. Charnicki, Frederick A. Bacher, Stewart A. Freeman und Donald H. De Cesare. (J. Amer. pharmac. Assoc., sci. Edit. **48.** 656—59. Nov. 1959. West Point, Pa., Merck Sharp & Dohme Res. Labors, Div. of Merck & Co., Inc.; engl.) — *6-Chlor-7-sulfamyl-1.2.4-benzothiadiazin-1.1-dioxyd* (I; Chlorothiazid, Diuril), ein weißes krist. Pulver, F. ca. 355° (Zers.), ist in W., verdünnten Säuren u. Glycerin leicht lösl., in Ae., Chlf. u. Bzl. prakt. unlösl., wenig lösl. in Aceton, A., Methanol, Pyridin oder Dimethylformamid. I ist eine schwache 2bas. Säure, in alkal. Lsgg. nicht stabil, es wird langsam unter Bldg. eines diazotierbaren Amins hydrolysiert. Das I-Na-Salz ist stabil, ist wasserlösl. u. kann zur Herst. von Injektions-Lsgg. verwendet werden. Meth. zur Herst. von I-Tabletten, -Suspensionen u. gefriergetrocknetem I werden angegeben. Das bei 292 mμ in 0,1 n NaOH festgestellte UV-Absorptionsmaximum kann zur Best. von I auch in den verschiedenen Zubereitungen verwendet werden. H. P. FIEDLER. 4790□

Betrachtungen über die Bestimmung der Peroxidzahl der Fettsubstanzen. J. Jonas. (J. Pharmac. Belgique [N. S.] **16 (43).** 187—202. Mai/Juni 1961. Liège, Univ., Labor. de Pharmacogn. et de Pharm. Prat.; franz.) — Die Schutz-Wrkg. von Propylgallat (I), Octylgallat, Dodecylgallat, Butylhydroxyanisol (BHA, Tenox II, Sustan; **II**), Butylhydroxytoluol (BHT, DBPC, Ionol, Denax, Paranox) u. AMIF 72 (Gemisch aus **I, II** u. Citronensäure; **III**) gegen die Autooxydation von Erdnußöl, Maisöl, Olivenöl u. Sojaöl zur parenteralen Anwendung wurde geprüft. **III** übte den besten Schutz aus. K. ZINGRAF. 4790□

Die Beurteilung der Teilchenfeinheit in Augensalben. R. Tawashi und P. Speiser. (Pharmac. Acta Helvetiae **36.** 515—24. Aug./Sept. 1961. Beil. zu: Schweiz. Apotheker-Ztg. Basel, Univ., Pharmazeut. Inst.; dt.) — Zur Charakterisierung des Feinheitsgrades von inkorporierten, festen Wirkstoffteilchen in Arzneizubereitungen ist nach Ansicht der Vff. nicht nur die Kenntnis der maximalen Teilchengröße des mittleren

Durchmessers sowie des Dispersionsgrades, sondern auch des Durchmessers des mittleren Vol., der Mittelgröße u. spezif. Oberfläche nötig. Die Best. dieser Parameter erfolgt mit Hilfe einer mkr. Zähl- u. Meß-Meth., deren Genauigkeit bekannt ist.

G. TALSKY. 4792☐

Neue Arzneimittel und Spezialitäten. Anonym. (Dtsch. Apotheker-Ztg. **97.** Nr. 15, Beil.: Neue Arzneimittel u. Spezialitäten **4.** Nr. 4. 17—20. April 1957; dt.) — *Barecal* (SIEGFRIED, BRD): Lsg. von 10 (mg) Phenobarbital, 10 Pentobarbital, 5 Cyclopentylallylbarbital, 0,075 Reserpin, Ca-Komplexsalze, Extr. Scopoliae c. Valeriana. Sedativum. — *Combison* (HOECHST, BRD): Salbe mit Prednisolon, Neomycinhydrochlorid, Surfen. Dermaticum. — *Cortidasmyl* (DEMBACH-ROUSSEL, BRD): Tabletten mit 10 (mg) Ephedrinhydrochlorid, 80 Theophyllin, 1,5 Prednison, 10 Phenobarbital. Antasthmaticum. — *Coryfin-Wickel* (DRUGOFA, BRD): Salbe mit Coryfin, Nicotinsäuremethylester, Menthol, Campher, Thymol, Terpentinöl. Gegen Erkältungskrankheiten. — *Crataelonum* (DR. FALK, BRD): Tropfen mit Extr. Crataegi, Extr. Veratri, Extr. Convallariae, Extr. Adonidis, Extr. Humuli Lupuli, Rutin, Saponin, β-(p-Hydroxyphenyl)-isopropylmethylaminsulfat. Angioticum. — *Decubitan forte* (KLEE, BRD): Salbe mit Polyoxymethylen, Menthol, Hamamelisdestillat, TiO_2, Nicotinsäurebenzylester. Rubefaciens, Dermaticum. — *Ecolid* (CIBA, Schweiz): Ampullen mit 5 (mg) u. Tabletten mit 25 Chlorisondamin. Antihypertonicum. — *Ergocalm* (FRIEDRICH & KAUFMANN, BRD): Kapseln mit 1,25 (mg) Extr. Belladonnae, 2,5 Extr. Secalis cornuti, 5 Extr. Valerianae, 100 Methylpentinol. Sedativum. — *Febrozet* (ZWINTSCHER, BRD): Tropfen mit Aconitum, Belladonna, Bryonia, Eucalyptus, Eupatorium, Gelsemium, Succus Citri. Gegen Grippe. — *Ginseng-Zet* (ZWINTSCHER, BRD): Dragees mit Ginseng, Ammi visnaga, Damiana, Yohimbe, Rauwolfia, Cort. Chinae, Testes sicc. Roborans. — *Lipozet* (ZWINTSCHER, BRD): Dragees mit Aloe, Extr. Fuci, Cratizet, Fol. Sennae, Herb. Orthosiphonis, Jalap. comp. Gegen Stoffwechselstörungen. — *Maretan* (REPHA, BRD): Pulver mit 50(%) Na-Alginat, 10 Ca-Phosphat, 20 Bolus alba, 5 Carbo Coffeae, 4 Extr. Chamomillae et Folliculi Sennae, 11 Sacch. Lactis. Gegen Fettsucht. — *Mycipen-D* (PENICILLIN-GESELLSCHAFT, RBD): Prestule mit 500000 (Einheiten) Procain-Penicillin G, 500000 Dihydrostreptomycinsulfat. Antibioticum. — *Neurodyston-Cor* (DR. HEINZ, BRD): Dragees mit 0,5 (mg) Nitroglycerin, 15 Phenobarbital, 20 Extr. Adonidis. Angioticum. — *Peribilan* (HEFA, BRD): Pulver mit 10 (g) Extr. Fellis Bovis, 0,05 Khellin. Spasmolyticum. — *Pyra-Rectiole* (DR. MANN, Berlin-West): Lsg. von 150 (mg) Amidopyrin, 150 Phenazon. Antipyreticum. — *Pyra-Rectiole c. Phenobarbyl* (DR. MANN, Berlin-West): Lsg. von 150 (mg) Amidopyrin, 150 Phenazon, 100 Phenobarbital. Analgeticum. — *Rectiole Antiasthmaticum* (DR. MANN, Berlin-West): Lsg. von 200 (mg) Dihydroxypropyltheophyllin, 250 Äthylendiaminhydrochlorid, 100 Ephedrinhydrochlorid, 0,5 Atropinmethylnitrat. — *Rectiole Antihaemorrhoidal.* (DR. MANN, Berlin-West): 3 (mg) Aesculin, 100 Hydroxypolyäthoxydodecan, 900 Triäthanolaminmorrhuat. — *Rectiole Belladonna* (DR. MANN, Berlin-West): Lsg. von 20 (mg) Extr. Belladonnae, 1,5 Atropinmethylnitrat, 20 Papaverinhydrochlorid, 350 Amidopyrin-Phenazon. Spasmolyticum. — *Rhino-Spray-Flexiole* (DR. MANN, Berlin-West): Ölige Lsg von 0,01 (%) Azulen, 0,02 Naphazolin, 0,3 Ephedrin, 0,3 Diphenhydramin. Antirhiniticum. — *Solu-Decortin-H* (MERCK, BRD): Ampulle mit 25 mg Prednisolonsuccinat. Corticosteroid. — *Venosan* (LANKWITZ, BRD): Tropfen mit Extr. Hamamelidis, Extr. Hippocastani, Ca-Phosphat, Ca-Fluorid, Thiamin, Pulsatilla, Carduus mar., Carduus benedict., Arnica, Echinacea, Lycopodium. Venotonicum. — *Vesamin* (BYK-GULDEN, BRD): Ampullen mit 3-Acetylamino-2.4.6-trijodbenzoesaurem Natrium. Diagnosticum. — *Vicaps* (VETERINÄR-CHEMIE, BRD): Axerophthol u. Cholecalciferol in wasserlösl. Form. Gegen Hypovitaminosen. — *Vitamoor* (VITAMOOR, BRD): Voralpines Hochmoor. Gegen Katarrhe der Luftwege.

K. GERECKE. 4800☐

Sulfamethoxypyridazin (Spofadazin). S. Triner und V. Hach. (Českoslov. Farmac. **10.** 482—86. 5/11. 1961. Praha-Vysočany; tschech.) — Übersicht über Herst., Wrkg. u. Anwendung von *3-Sulfanilamido-6-methoxypyridazin.* — 80 Literaturangaben.

H.-W. WACHE. 4806☐

Sexualhormone. K. Meyer. (Schweiz. Apotheker-Ztg. **99.** 297—322. 29/4. 1961. Basel, Univ., Pharmazeut. Anst.; dt.) — Übersicht über die Chemie u. Physiologie der natürlichen u. synthet. Sexualhormone (Östrogene, Corpus-luteum-Hormon, Androgene Contraceptiva). In einem Anhang werden die im Handel befindlichen Präpp. gekennzeichnet.

G. KIMMERLE. 4808

Die Tetracycline. M. L. Burstall. (Manufact. Chemist **31.** 474—78. Nov. 1960; engl.) — Überblick über Herst., Chemie, Wrkg. auf Bakterien u. Fermente, Einfl. auf das Tierwachstum sowie über klin. Bedeutung der Tetracycline. — 27 Literaturangaben.

R. REISS. 4810☐

Die erste Parasitenvaccine der Welt. N. C. Craig Sharp. (Manufact. Chemist **31.** 469—73. Nov. 1960. Glasgow, Univ., Vet. School, Dep. of Hosp. Pathol.; engl.) — Vf. beschreibt die Entw. einer Vaccine gegen den Rinderwurm *Dictyocaulus viviparus*, der bei Kälbern eine Pneumonie-ähnliche Erkrankung mit hoher Letalität auslöst. Zur Gewinnung der Vaccine werden die Larven von D. viviparus, die aus den Fäces der Kälber gewonnen werden, mit Röntgenstrahlen behandelt u. dann peroral appliziert (1000 Larven/25 ml W./Kalb). Diese Behandlung führt zur Ausbildung von Antikörpern, wodurch ein vollständiger Schutz gegen eine Infektion mit akt. Parasiten erreicht wird. — 19 Literaturangaben. R. Reiss. 4812□

Zur Frage der Formaldehydbindung in Eiweißstoffen von modifiziertem Serum. I. Syrový und T. I Přistoupil. (Českoslov. Farmac. **10.** 292—94. Juli 1961. Praha, Úst. hematol. krevní transfuse.; tschech.) — Vff. studierten die Veränderungen, die im Laufe der Rk. von Serumeiweiß mit Formaldehyd u. H_2O_2 bei der Darst. von modifizierten Rinderseren zu Transfusionszwecken in Erscheinung treten u. fanden schwache, stärkere u. irreversible Formaldehyd-Eiweißbindungen, von denen letztere zur Erklärung einiger Eigg. formylmodifizierter Eiweißstoffe gegenüber hitzedenaturierten Eiweißstoffen herangezogen werden. — 14 Literaturangaben. H.-W. Wache. 4812□

Untersuchung über unverträgliche und schwer herstellbare Rezepte. 9. Mitt. **Lösung von Chloramphenicol für die tierärztliche Anwendung.** M. Chalabala und J. Malý. (Farmac. Obzor **30.** 14—17. 1961. Bratislava, Farmaceut. fak. UK, Kat. gal. farmac.; tschech.) — 8. vgl. Farmácia [Bratislava] **25.** [1956.] 236. — Zur Heilung der Fischwassersucht wurde 1%ig. Lsg. von *Chloramphenicol* (**I**) verwendet. Eine 24 Std. beständige Lsg. bereiteten Vff. durch Verdünnung der konz. alkohol. Lsg. von **I** mit Glycerin bis auf 50% des End-Vol. u. Ergänzung auf 100% des Vol. mit Boratpuffer-Lsg. vom pH 7,4. V. Dadák. 4814

Kritische Untersuchung der offiziellen Vorschriften bezüglich der einer Sterilitätskontrolle zu unterziehenden Menge von injizierbaren Arzneimitteln. M. Gay. (Pharmac. Acta Helvetiae **35.** 392—408. Aug. 1960. Beilage zu: Schweiz. Apotheker-Ztg. Bâle, F. Hoffmann-La Roche & Co., Dép. de Méd. expérim.; franz.) — Die von den meisten Pharmakopoen vorgeschriebene Anzahl von Behälter-Einheiten, die von jeder Charge der zur Injektion bestimmten Arzneimittel einer Sterilisationsprüfung unterzogen werden muß, ist zu klein u. entspricht nicht den mathemat. Grundlagen. Eine Stückzahl von ca. 40 wäre als ausreichend anzusehen. K. Zingraf. 4832□

Einfluß von Antisepticum auf die Möglichkeit der Wahrnehmung der mikrobiellen Kontaminierung bei den Sterilitätsprüfungen. J. Šagáth, P. Antolík, I. Bábik und T. Čavaňák. (Českoslov. Farmac. **10.** 284—86. Juli 1961. Bratislava, Štátn. úst. kontr. lieč.; tschech.) — Bei Sterilitätsprüfungen wurde der Einfl. von Merthiolat, Trikresol u. Phenol in Nährböden auf die Wahrnehmung der bakteriellen Kontaminierung untersucht u. gefunden, daß der unerwünschte Einfl. des Antisepticums im Nährboden von der Konz. u. der Mikrobenmenge abhängig ist. Deshalb ist eine Konz. des Antisepticums anzuwenden, die das sichtbare Wachstum von Mikroben bei niedrigstem Kontaminierungsgrad noch nicht hindert. H.-W. Wache. 4832□

Vereinfachte Identitätskontrolle in der Apotheke. 1. Mitt. **Zweck und Umfang der Identitätskontrolle. Grundlage der Kontrollmethoden.** 2. Mitt. **Technik der Identitätskontrolle.** F. Reimers, K. Ilver und H. Thomsen. (Norges Apotekerforen. Tidsskr. **68.** 59—75. 93—109. Febr./März 1960; dän. — C. **1961.** 16569.) R. K. Müller. 4880□

Bestimmung des Schwefels in Ichthamol und in einigen ichtamolhaltigen galenischen Präparaten. M. Mandák und M. Struhár. (Českoslov. Farmac. **10.** 456—59. 5/11. 1961. Bratislava, Univ., Farm. fak., Kat. galen. farm.; tschech.) — Zur Best. des Schwefel-Geh. in *Ichthamol* (*Ichthyol, Ammonium sulfobituminosum*) wurde die Verbrennungs-Meth. nach Grote u. Krekeler (A) mit der Verbrennungs-Meth. im Calorimeter (B) verglichen u. A als besser geeignet gefunden. Bei Meth. A wird das entstandene SO_4^{2+} mit 0,02 n Ba-Perchlorat-Lsg. u. Torin-Methylenblau als Indikator titriert, bei B als $BaSO_4$ gravimetr. bestimmt. H.-W. Wache. 4880□

Polarographische Bestimmung der Spuren von Zink und Acetaldehyd in Äthylalkohol. L. Miczko. (Českoslov. Farmac. **10.** 298—99. Juli 1961; tschech.) — Vf. beschreibt eine polarograph. Best.-Meth. von Spuren von Zn u. Acetaldehyd in A., der in verzinkten eisernen Fässern gelagert wurde, mittels ammoniakal. NH_4Cl-Lsg. (0,3 n NH_4Cl in 0,5 m NH_3) ohne jede Vorbehandlung. H.-W. Wache. 4880□

Zur Bestimmung der Säurezahl. H. J. Bauer und A. Drux. (Pharmazie **15.** 387—88. Juli 1960. Magdeburg, Bezirkshygiene-Inst.; dt.) — Im Nachtrag 1959 zum DAB. 6 der DDR wird bei Alcoholes emulsificantes, Alcoholes Lanae u. Cera liquida unter den Kennzahlen auch die SZ. gefordert, ohne daß eine Vorschrift zur Best. der SZ.

angegeben wird. Vff. schlagen auf Grund vergleichender Unterss. eine geeignete Best.-Meth. vor. Arbeitsvorschrift im Original. G. MEWS. 4880 □

Zur papierchromatographischen Reinheitsprüfung der Undecylensäure. F. Klinkhammer. (Pharmazie **15.** 390–93. Juli 1960. Hüls b. Krefeld, Arzneimittelfabrik Dr. A. Heuse, Wiss. Abt.; dt.) — Die antimykot. *Undecylensäure* wird papierchromatograph. auf Reinheit geprüft u. in Präpp. nachgewiesen. Die Trennung von anderen höheren Fettsäuren erfolgt auf SCHLEICHER u. SCHÜLL-Papier 2043 b mgl. mit n-Butanol-NH_3 (3:1) aufsteigend bei 20°, zur Abtrennung von vorhandenem *Oenanthol* (**I**) mit n-Butanol–Eisessig (3:1). Der Nachw. der Fettsäuren, außer **I**, erfolgt durch die Turnbulls-Blau-Reaktion. G. ZESSIN. 4880 □

Chlorogensäure in Semen Coffeae und ihre Veränderung beim Röstprozeß. 3. Mitt. R. Krasemann. (Arch. Pharmaz. Ber. dtsch. pharmaz. Ges. **294/66.** 266–73. Mai 1961. Hannover, Stern-Apotheke; dt.) — 2. vgl. C. **1962.** 10561. — Der *Chlorogensäure* (**I**)-Geh. wird in Abhängigkeit vom Röstvorgang untersucht. **I**, F. 209°, 3 Min. bei 230° geröstet, ergab papierchromatograph. die gleichen 6 **I**-Verbindungen, die in Röstkaffee-Extrakten (R. E.) nachweisbar sind. Ebenso tritt die Substanz „Zone VII" auf, die aber gegenüber der aus R. E. ein anderes UV-Spektrum liefert u. einen abweichenden Verlauf der HOEPFNER-Farb-Rk. zeigt. Beim Rösten von **I** werden 70% zerstört, 21,7% werden in andere **I**-Verbindungen umgelagert u. nur 8% der ursprüngl. **I** bleiben unverändert. Rohkaffee enthält überwiegend die **I**-Verbindung aus der Chromatogrammzone III u. daneben geringe Mengen der Verbb. aus den Zonen I, II, IV u. VI. Beim Rösten tritt eine Verschiebung der Werte ein. Verbindung der Zone III nimmt ab u. setzt sich in die anderen Verbindungen teilweise um, deren Geh. dadurch zunimmt. Neu tauchen dabei die Verbindungen der Zonen V u. VII auf. Bei höheren Röstgraden überwiegt der Gesamtabbau von **I** u. **I**-Verbindungen. H. ALTHOFF. 4880

Polarographische Eigenschaften und Bestimmung von 5-Nitrofural. F. Kupčík, M. Liška und M. Konupčík. (Českoslov. Farmac. **10.** 295–97. Juli 1961. Olomouc, Odbor techn. kontr. n. p. Farmakon; tschech.) — Vff. untersuchen das polarograph. Verh. von *5-Nitrofural* (**I**), von *5-Nitrofuraldiacetat* u. *1.1.5-Triacetyl-2-hydroxy-5-nitro-penten-(3)*; letztere sind Begleitprodd. der Nitrierung von 5-Nitrofural in Acetanhydrid. Unter Verw. der polarograph. Stufen wird eine Meth. angegeben, die sich im pH-Bereich von 1–7 zur quant. Best. eignet. In stark saurem Milieu verläuft die Red. von **I** in 6 Stufen, in schwach saurem, neutralem oder alkal. Milieu in 4 Stufen. Die Doppelstufe der Red. von NO_2 eignet sich gut zur analyt. Auswertung. H.-W. WACHE. 4880 □

Analytische Untersuchung der Anticholinergica aus der Gruppe der Carbonsäureester. 1. Mitt. Ultraviolettspektrophotometrie von Xanthen-9-carbonsäure-β-[diisopropylamino]-äthylestermethylbromid (Propanthelin) und Xanthen-9-carbonsäure-β-[diäthylamino]-äthylestermethylbromid (Methanthelin). J. Kráčmar und J. Zýka. (Českoslov. Farmac. **10.** 449–55. 5/11. 1961. Praha, Státn. úst. kontr. léčiv; Karl. univ., Kat. analyt. chem.; tschech.) — Zur spektrophotochem. Best. von *Propanthelin* (**A**) u. *Methapthelin* (**B**) wurde die UV-Absorption in Abhängigkeit von verschiedenen Lsgm. (dest. W. (**I**); 0,02 n KOH-Lsg. (**II**), 0,02 n HCl-Lsg. (**III**), 50%ig. A. (**IV**); 50%ig. Methanol (**V**) untersucht u. eine Best.-Meth. für beide Stoffe ausgearbeitet. Die Absorption in den Lsgm. **I**–**V** folgt dem BEERschen Gesetz im Konz.-Bereich von 20 bis 100 μg/ml, für **B** in **III** im Bereich von 20–70 μg/ml. Die optimale Konz. liegt für beide Stoffe bei 60 μg/ml. Die Best.-Genauigkeit von **A** u. **B** liegt für Reinsubstanz u. Ampullen bei ±2%, für Tabletten u. Dragees bei ±3%. H.-W. WACHE. 4880 □

Beitrag zum Reaktionsverlauf der Diazoreaktion von Codein und Thebain. S. Pfeifer und F. Weiss. (Pharmazie **15.** 349–55. Juli 1960. Berlin, Humboldt-Univ. Pharmazeut. Inst.; dt.) — Vff. oxydierten mittels $KMnO_4$ *Codein* zu diazopositiven Substanzen, die mit diazotierter Sulfanilsäure in einen roten Azofarbstoff übergeführt und im Photometer gemessen werden konnten. Die papierchromatograph. Unters. ergab, daß die Rk. nicht dem *Codeinon* (**I**) zukommt, sondern daß dieses bei der alkal. Vorbehandlung vollständig in Spaltprodd. zerfällt, die für die Farb-Bldg. verantwortlich sind. Bei der Säurehydrolyse des *Thebains* mit H_2SO_4 entsteht nach den Unterss. der Vff. hauptsächlich *Thebenin* (**II**), **I** ist nur in geringen Mengen vorhanden, die bei der Bldg. des Azofarbstoffes vernachlässigt werden können. Es war notwendig, die Hydrolyse zu **II** unter konst. Bedingungen durchzuführen, da **II** sich bei längerer Hydrolysedauer teilweise zu diazopositiven Spaltprodd. weiteraufspaltet, die eine geringere Farbintensität als **II** besitzen. H. KALA. 4880 □

Untersuchung zur quantitativen Auswertung der Dünnschichtchromatographie. 2. Mitt. **Trennung und Bestimmung von Gallensäuren.** H. Gänshirt, F. W. Koss und K. Morianz (Arzneimittel-Forsch. **10.** 943–47. Nov. 1960. Biberach an der Riss,

Fa. Dr. K. Thomae GmbH, Wiss. Abt.; dt.) — 1. vgl. C. **1962.** 4253. — Freie *Gallensäuren* (I) lassen sich dünnschichtchromatograph. an Kieselgel G mit Hilfe der oberen Phase des Gemisches Toluol/Eisessig/W. (5:5:1) trennen. Die Auftrennung der konjugierten (I) gelingt mit dem Gemisch Butanol/Eisessig/W. (10:1:1). Zur quant. Best. werden die getrennten Verbb. mit 65%ig. H_2SO_4 aus dem Kieselgel eluiert, die Lsg. 1 Std. lang auf 60° erwärmt u. die Intensität der gebildeten Farbe im Vgl. zu ebenso behandeltem, nicht I enthaltendem Kieselgel im Absorptionsmaximum, das bei allen I mit Ausnahme von Lithocholsäure zwischen 380 u. 395 mμ liegt, gemessen. Mit Hilfe von Eichkurven, die zwischen 10 u. 60 μg linear verlaufen, wird der Geh. an I berechnet. Es werden 94—112% der eingesetzten Menge wiedergefunden; die Standardabweichung beträgt 1,5—2,8%. R. Reiss. 4880□

Immunoelektrophorese. J. Musil und C. Loštický. (Českoslov. Farmac. **10.** 305—14. Juli 1961. Praha, Úst. hematol. a krevni transfuse.; tschech.) — Übersicht über die theoret. u. prakt. Grundlagen der Immunoelektrophorese u. ihrer Bedeutung für die Eiweißanalyse. — 120 Literaturangaben. H.-W. Wache. 4880□

Die Bestimmung von Methyltestosteron in Tabletten, die auch andere Stoffe enthalten. L. P. van der Mijkill Dekker. (Pharmac. Weekbl. **96.** 961—65. 8/12. 1961. Utrecht, Centr.-Inst. voor Voedingsonderz., T. N. V.; niederl.) — Die Tabletten werden mit Essigsäure (I) enthaltendem Ae. extrahiert, der Abdampfrückstand in Bzl. gelöst, mit PAe. verd., die Lsg. auf eine Al_2O_3-Säule gegeben, mit Bzl. eluiert, die Lsg. zur Trockne eingedampft, der Rückstand aus PAe. umkrist., die Methyltestosteron-Kristalle in I gelöst, die Lsg. mit Girard-T-Reagens versetzt u. nach Neutralisation mit NaOH u. Verdünnung mit W. die Absorption bei 282 mμ gegen eine Eichlösung gemessen. W. Wesly. 4880□

Die Testierung neuer Glucocorticoidpräparate mit dem NTP-Test. U. Laschet und W. Hohlweg. (Pharmazie **15.** 374—77. Juli 1960. Berlin, Inst. für exp. Endokrinologie; dt.) — Die bisher bekannten Test-Meth. erfassen nur die peripheren Wrkg. der Glucocorticoide (I). Die nicht unbedingt parallel verlaufende Abnahme des Thymus- u. Nebennieren-Gew. unter I-Zufuhr als Folge peripherer u. zentraler Wrkg. veranlaßte Vff., das Prod. aus beiden Gew. (NTP) als Wrkg.-Maß anzunehmen. Der Test erfolgt an jungen Ratten (♂) durch subcutane Applikation an 3 aufeinanderfolgenden Tagen, Tötung der Tiere u. quant. Präparation der betreffenden Organe. Die Wrkg. verschiedener I-Präpp. im Vgl. zu Cortisonacetat wird anhand einer Tabelle diskutiert. B. Schobess. 4880□

Berkeley Chemical Corp. (Erfinder: Sidney Beinfest, Sidney Gister, Joseph Halpern, Phillip Adams und Michael Zelkind), Berkeley Heights, N.J., V.St.A., **Arzneistoffe, wie 2-Methyl-2-n-propylpropandiol-(1.3)-dicarbamat (I) und Butandiol-(1.3)-dicarbamat (II)** erhalten eine größere Dichte u. damit eine bessere *Tablettierfähigkeit*, wenn man die Substanz in einem Lsgm., wie Xylol, zur Krist. bringt, den größten Teil des Lsgm. dann entfernt, den Kristallbrei auf eine Temp. bringt, die über dem F., aber noch unterhalb des Zers.-Punktes liegt, für I zwischen 107 u. 150°, z. B. 120—130°, u. für II zwischen 152—170°, z. B. 160°, das Prod. aber noch fl. bleibt, wobei das Erhitzen auch unter Vakuum durchgeführt werden kann, die Schmelze abkühlt u. auf die gewünschte Teilchengröße zerkleinert. — Grundsätzlich können alle kristallisierbaren Arzneistoffe, auf diese Weise behandelt werden, sofern die Differenz zwischen F. u. Zers.-Punkt wenigstens 10° beträgt. (**E. P. 871 313** vom 15/9. 1958, ausg. 28/6. 1961.) W. Heyer. 4767

Chemische Werke Witten G. m. b. H., Witten/Ruhr, **Herstellung von kosmetischen oder pharmazeutischen Zubereitungen** auf Fettbasis, bes. für Suppositorien, Hämorrhoidal- u. Vaginalzwecke, unter Verw. von Partialestern als Lsg.-Vermittler, die aus höhermol. ungesätt. Fettsäuren mit wenigstens einer freien OH-Gruppe u. mehrwertigen Alkoholen erhältlich sind. Z. B. verwendet man Partialester aus Ricinusöl u. Glycerin. (**Oe. P. 212 494** vom 8/7. 1959, ausg. 27/12. 1960. D. Prior. 15/11. 1958.) M. F. Müller. 4767

B. R. Holmstedt, Stockholm, Schweden, **Herstellung eines Antihistamin- und sympathicomimetischen Präparates in Form von Zigaretten.** Ein prakt. nicotinfreier Tabak wird a) mit einer Lsg. eines Antihistamins in physiolog. NaCl-Lsg. (2 mg/Liter) oder b) eines Ephedrins in einer Lsg. von A. u. W. imprägniert u. nach Abdunsten des Lsgm. zu Zigaretten verarbeitet. (**Schwed. PP. 168 354** vom 18/4. 1955, ausg. 25/8. 1959 u. **168 793** vom 22/7. 1955, ausg. 6/10. 1959.) K. H. Kähler. 4767

Österreichische Stickstoffwerke Akt.-Ges., Linz (Erfinder: Josef Matzke, Leonding), Oberösterreich, **Lösungs- und Verdünnungsmittel für pharma-**

zeutische Präparate aus cycl. Formaldehydacetalen des Glycerins der Formeln I u. II, für sich oder in Mischung miteinander ggf. zusammen mit W., bes. zur Wundbehandlung. Die Präpp. können z. B. Sulfonamide, als Tranquillizer wirkende Propandiol-Derivv., Antihistaminca der Benzhydrylätherklasse, Purine u. Tuberkulostatica enthalten. (**Oe. P. 214 073** vom 6/8. 1959, ausg. 10/3. 1961.) M. F. MÜLLER. 4787

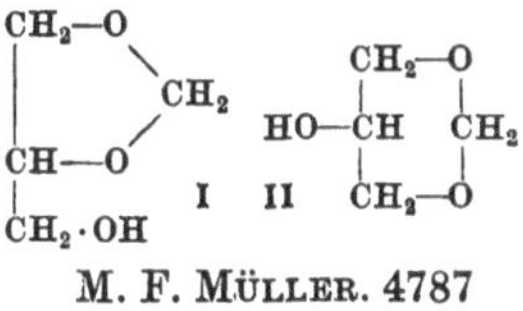

Aktiebolaget Pharmacia, Uppsala, Schweden, **Herstellung hydrophiler Erzeugnisse von hohem Molekulargewicht aus Dextran** durch Umsetzung mit einer bifunktionellen organ. Substanz. Eine Hydroxylgruppen enthaltende Dextransubstanz wird mit einer bifunktionellen aliphat. Verb., die in der Kette ggf. Äthergruppen enthält u. außerdem endständige Halogenatome bzw. Epoxygruppen besitzt, umgesetzt. Dabei entsteht ein Polymerisations-Prod., welches mindestens 2 der Moll. der Dextransubstanz durch Ätherbrücken gebunden enthält. Ggf. wird das erhaltene polymol. Rk.-Prod. mit Hilfe eines Fällungsmittels fraktioniert. Als Dextransubstanz werden natürliches Dextran oder ein neutrales hydrophiles Deriv. von Dextran, abgebautes Dextran oder Fraktionen derselben verwendet. Die Rk. wird in Ggw. eines Lsgm., z. B. W., u. einer alkal. reagierenden Substanz, z. B. Alkali- oder Erdalkalihydroxid oder eines tert. oder quatern. Amins, ausgeführt. Die Polymerisation kann in weiten Grenzen geführt werden. Das Molgew. der Prodd. liegt zwischen 2000 u. 100000000, bes. 5000—10000000. Die Prodd. dienen für *therapeut.* u. *pharmazeut. Zwecke*, z. B. als Mittel zum Wasserbinden, zum Stabilisieren von Suspensionen u. zur Regelung der Viscosität von pharmazeut. u. chemotechn. Präparaten. Die Gele können als Sprengmittel für Tabletten verwendet werden. — 60 (g) Dextran (Molgew. 2000) werden in 40 cm³ 5n NaOH gelöst; nach Zusatz von 6 Epichlorhydrin wird die Lsg. 48 Std. bei Zimmer-Temp. verrührt. das Rk.-Prod. hat ein Molgew. von 4900. An Stelle von Epichlorhydrin sind Äthylenglykol-bis-epoxypropyläther, Glycerin-1.3-dichlorhydrin, Butandiol-(1.4)-bis-epoxy-propyläther, Bis-epoxypropyläther u. 1.2;3.4-Diepoxybutan genannt. (**Oe. P. 213 563** vom 11/3. 1959, ausg. 27/2. 1961. Schwed. Prior. 13/3. 1958.) M. F. MÜLLER. 4787

Johnson & Johnson, übert. von: Joseph Briskin, Easton, Pa., V.St.A., **Verbandpflaster-Film** bestehend aus einem Celluloseacetatbutyrat (I) mit 40—80 (% auf Gesamtmischung) Weichmacher. Das ursprüngliche I hat eine Viscosität von $\geqq$ 3 Sek. (nach ASTM, D-1343-54T) u. einen Acetyl-Geh. von 4—16 u. einen Butyryl-Geh. von 30—50. (**A. P. 2 972 545** vom 11/9. 1957, ausg. 21/2. 1961.) W. OVERBECK. 4795

Aktieselskabet Pharmacia, Kopenhagen, Dänemark, **Herstellung von Dihydroxo-Al-Alkali- oder Ammoniumcarbonaten** zur **Abstumpfung überschüssiger Magensäure.** Al-Alkoholate, wie das Triäthanolat, Tripropylat oder die verschiedenen isomeren Tributanolate, werden in Abwesenheit von W. in einem organ. Lsgm., z. B. Isopropylalkohol, mit Alkalibicarbonat oder NH_4-Carbonat umgesetzt, u. das erhaltene Prod. wird mit W. zu *Dihydroxo-Al-Alkali-* oder *NH_4-Carbonat* hydrolysiert. (**Oe. P. 213 848** vom 8/10. 1959, ausg. 10/3. 1961. Dän. Prior. 15/10. 1958.) W. WITTHOLZ. 4805

Franz Rosenberger, Salzburg, Österreich, **Herstellung eines Kaliumpräparates.** Man erhält eine therapeut. u. diätet. wirksame, trinkbare *K-Salzlsg.*, wenn man bes. durch Evakuierung entlüftetes W. mit KOH, K_2CO_3 oder $KHCO_3$, ggf. nach vorangegangener Anreicherung des W. mit CO_2, versetzt u. bei Unterdruck unter Herst. großer Berührungsflächen zwischen der fl. u. gasförmigen Phase u. unter Druckanstieg auf etwa normalen oder etwas erhöhten Druck mit CO_2 behandelt, bis eine im wesentlichen $KHCO_3$ enthaltende u. mit freier CO_2 in feindispersem Zustande übersättigte Lsg. entsteht, die K-Ionen in leicht resorbierbarer Form enthält; man kann der Lsg. zusätzlich noch wasserlösl. Phosphate, wie $NaH_2PO_4 + H_2O$ u./oder $Na_2HPO_4 + 2\,H_2O$, in irgendeinem Stadium des Herst.-Verf. zuführen. Das beständige Präp. besitzt eine ausgezeichnete physiolog. Wrkg. bei Erscheinungen, die auf K-Mangel zurückzuführen sind; es gelangt zur Anwendung z. B. bei Hypokaliämie, schweren Herzdekompensationen, Leber- u. Nierenerkrankungen u. hormonell bedingten Störungen des K-Haushaltes. (**Oe. P. 210 998** vom 5/6. 1956, ausg. 10/9. 1960.) W. RAETZ. 4805

Merck & Co., Inc., V.St.A. (Erfinder: Edward Walton und Arthur Franklin Wagner), **Herstellung der optisch-aktiven Formen der Liposäure,** dad. gek., daß man rac.7-Carbäthoxy-3-acetylmercaptoheptansäure in Ae. mit *l*-Ephedrin umsetzt unter Bldg. von (—)-*7-Carbäthoxy-3-acetylmercaptoheptansäure-l-Ephedrinsalz*, F. 129—131°, aus dem man durch Suspendieren in Ae. u. W. u. Zusatz von HCl die (—)-*Säure*, n_D^{25} 1,4840, $[\alpha]_D^{23}$ —6,8° (c = 8,5%; Methanol), gewinnt; aus der Lsg. krist. (+)-*7-Carbäthoxy-3-acetylmercaptoheptansäure-l-Ephedrinsalz*, aus dem man die (+)-*Säure*, $[\alpha]_D^{23}$ +6,8 (c = 8,63%; Methanol), gewinnt; *Benzhydrylaminsalz*, F. 92—96°, $[\alpha]_D^{23}$ + 1,3° (c = 8,06%; Methanol). — Aus diesen opt.-akt. Verbb. werden in bekannter Weise die *opt.-akt. Liposäuren* dargestellt. (**F. P. 1 230 415** vom 6/7. 1955, ausg. 15/9. 1960. A. Prior. 22/7. 1954 u. 11/5. 1955.) S. Böttcher. 4807

Charles Henri Jean Gueyne, Frankreich, **Herstellung von Betainsalzen,** z. B. *Betaindehydrocholat* u. *-phosphat*, dad. gek., daß man eine 5—10%ig. Lsg. von Betainhydrochlorid oder -sulfat mit einem Anionenaustauscher behandelt u. das erhaltene Betain mit Dehydrocholsäure bzw. H_3PO_4 umsetzt. (**F. P. 1 227 423** vom 4/3. 1959, ausg. 19/8. 1960.) S. Böttcher. 4807

Monsanto Chemicals Ltd., London, England (Erfinder: William Edward Hamer und Gordon Victor Phillips), **Kristallisierung von Aspirin.** Von rohem Aspirin (I) wird eine bei 40—57° gesätt. Lsg. in Aceton (II) hergestellt u. darauf unter einem Vakuum von 250 mm Hg bei 45° so viel II abdest., bis 20% des gelösten I auskrist. sind. Dann wird (unter Fortsetzung des Abdestillierens von II) ein Lsgm. zugetropft, in welchem I weniger lösl. ist als in II, z. B. Bzl. oder CCl_4. Nach beendeter Entfernung von II wird auf 15° abgekühlt. Ausbeute: 94% reines Aspirin in Blättchen, die sich leicht in Tabletten pressen lassen. (**E. P. 810 050** vom 28/3. 1956, ausg. 11/3. 1959.) A. Kalix. 4807

F. Hoffmann-La Roche & Co. Akt.-Ges., Basel, Schweiz, **Herstellung von Carbonsäure-1.2-diisopropylhydraziden** durch Kondens. von 1.2-Diisopropylhydrazin (I) oder seinen Salzen mit den Rest R—CO— abgebenden Acetylierungsmitteln (R = durch Halogen-, NO_2-, Alkyl-, Acyloxy-, Hydroxy-, Alkoxy-, Alkylendioxy-, Alkylidendioxy- u./oder Alkylmercaptogruppe substituierter Phenylrest), bes. Säurechloriden oder Säureanhydriden. — 1.2-Diisopropylhydrazine: *1-[p-Isopropylbenzoyl]-*, $Kp._{0,07}$ 112 bis 114°, aus p-Isopropylbenzoylchlorid u. I in abs. Bzl. durch 1std. Kochen. — Analog: *1-[2.4.6-Trimethylbenzoyl]-*, $Kp._{0,01}$ 110—111°, aus 2.4.6-Trimethylbenzoylchlorid. *Hydrochlorid*, F. 121—122° (A./Ae.). — *1-[p-Toluyl]-*, $Kp._{0,04}$ 76—77°, aus p-Toluylchlorid. *Hydrochlorid*, F. 163—164°. *1-[p-(tert.-Butyl)-benzoyl]-*, $Kp._{0,03}$ 98—100°, aus p-[tert.-Butyl]-benzoylchlorid. *Hydrochlorid*, F. 165—166°. — *1-[p-Anisoyl]-*, $Kp._{0,01}$ 95—96°, aus p-Anisoylchlorid. *Hydrochlorid*, F. 165—166° (Zers.). — *1-[3.4.5-Trimethoxybenzoyl]-*, F. 63—64° (PAe.), aus 3.4.5-Trimethoxybenzoylchlorid u. I durch 2std. Rk. bei Raum-Temp. u. 4std. Rk. bei 40°. — Analog: *1-[o-Acetoxybenzoyl]-*, $Kp._{0,01}$ 95—97°, aus o-Acetoxybenzoylchlorid. — *1-Salicoyl-*, F. 93—94° (PAe.), aus vorst. Verb. durch Verseifen in 3n NaOH bei 50°. — *1-[p-Chlorbenzoyl]-*, F. 66—67° (A./W.), aus p-Chlorbenzoylchlorid. — *1-[2.6-Dichlorbenzoyl]-*, F. 73—75° (CH_3OH/W.), aus 2.6-Dichlorbenzoylchlorid. — *1-[2.4-Dichlorbenzoyl]-*, $Kp._{0,05}$ 120°, aus 2.4-Dichlorbenzoylchlorid. — *1-Veratroyl-*, F. 92,5—93,5° (PAe.), aus Veratrumsäurechlorid. — *1-[p-Nitrobenzoyl]-*, F. 85—87° (PAe.), aus p-Nitrobenzoylchlorid. — *1-[p-Chlorbenzoyl]-*, F. 66—67° (PAe.), aus p-Chlorbenzoesäureanhydrid u. I durch 1std. Rk. bei 50—60° u. Ausäthern der wss. Lösung. — *Pharmazeutica.* (**Oe. P. 212 300** vom 7/9. 1959, ausg. 12/12. 1960. Schwz. Prior. 17/10. 1958.) K. Bittmann 4807

Schenley Industries, Inc., New York, N.Y., V.St.A., übert. von: Hans Schmidt, Wuppertal-Vohwinkel, Robert Behnisch und Fritz Mietzsch, Wuppertal-Elberfeld, **Herstellung von Diformylbenzolthiosemicarbazonen.** Zu einer sd. Lsg. von Diformylbenzol in einem niederen aliphat. Alkohol wird eine wss. Lsg. von Thiosemicarbazid zugesetzt, das gebildete Monothiosemicarbazon (Formylbenzalthiosemicarbazid) wird im gleichen Lsgm. mit einer prim. Amino-Verb., bes. 4-Aminobenzalthiosemicarbazid, p-Aminosalicylsäure, Aminoantipyrin, Sulfanilamid, Sulfaguanidin, Sulfathioharnstoff, Sulfapyridin, 2-[p-Aminobenzolsulfonamido]-4-methylpyrimidin, Allylamin u. p-Aminoacetanilid, unter Bldg. einer Azomethinbindung kondensiert. — *Chemotherapeutica.* (**Can. P. 557 102** vom 8/8. 1952, ausg. 6/5. 1958.) L. Grossner. 4807

Ravensberg G. m. b. H., Chemische Fabrik (Erfinder: Hermann Kasparek und Klaus Pfroepffer), Konstanz, **2.6-Di-tert.-butylnaphthalindisulfonsäure,** F. 210—215° (Zers., Dunkelfärbung ab 190°), erhält man durch Rk. von 1 Mol Di-tert.-butylnaphthalin in Halogen-KW-Stoffen als Lsgm. mit mindestens 2 Mol $ClSO_3H$, z. B. bei 15—20°. Eine SO_3-Gruppe befindet sich in 3-Stellung, der Sitz der 2. Gruppe ist von der Rk.-Temp. abhängig. — *Hustenmittel.* (**D. A. S. 1 119 259** Kl. 12o vom 26/9. 1957, ausg. 14/12. 1961.) G. Krauss. 4807

Soc. de l'Institut de Sérothérapie Hemopoïétique, Frankreich (Erfinder: Jean Marie Farthouat), **Herstellung von Stickstoffderivaten des Phenylthienylpropanols und -propens** der allg. Formeln I u. II (N<) = Dialkylamino- oder Cycloalkyleniminogruppe; Ar = Arylrest), dad. gek., daß man Thienyl-(2')- oder ein

Arylpropanon in Ggw. von HCHO mit einem Dialkyl- oder Cycloalkylaminhydrochlorid kondensiert u. das erhaltene Aminopropanon mit einem Aryl- bzw. Thienyl-(2')-Mg-Halogenid umsetzt u. ggf. das gebildete Aminopropanol dehydratisiert. — Man erwärmt 0,1 (Mol) 2-Propionylthiophen, 0,1 Dimethylaminohydrochlorid, 0,12 Paraformaldehyd u. 20 cm³ A. 2—3 Std. im Wasserbad, filtriert, dest. A. ab, setzt W. zu, macht alkal. u. erhält aus Ae. 3'-Dimethylamino-2'-methyl-2-propionylthiophen, das man in Ae.

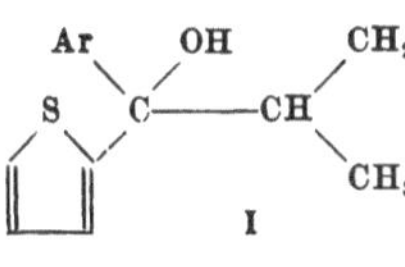

I

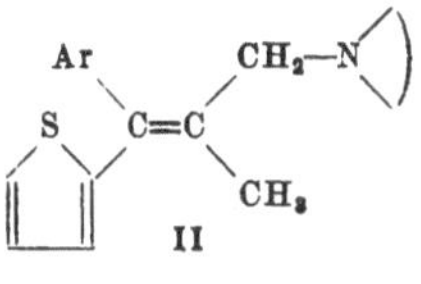

II

mit einem Überschuß von Phenyl-MgBr versetzt; nach Hydrolyse mit Eiswasser u. HCl erhält man *α-dl-3-Dimethylamino-2-methyl-1-phenyl-1-[thienyl-(2')]-propanol*, F. 73°; *Hydrochlorid*, F. 248°. *β-Form* (aus Propiophenon über 3-Dimethylamino-2-methylpropionylbenzol u. Thienyl-Mg-Jodid), F. 79°; *Hydrochlorid*, F. 240—244°. Aus beiden Formen durch Behandeln mit Essigsäure u. HCl *3-Dimethylamino-2-methyl-1-phenyl-1-[thienyl-(2')]-propen*; *Hydrochlorid*, F. 198—199°. — *α-*, F. 122° (*Hydrochlorid*, F. 198°), u. *β-dl-3-Pyrrolidino-2-methyl-1-phenyl-1-[thienyl-(2')]-propanol*, F. 95° (*Hydrochlorid*, F. 240°), *3-Pyrrolidino-2-methyl-1-phenyl-1-[thienyl-(2')]-propen* (*Hydrochlorid*, F. 142°), *α-dl-3-Piperidino-*, F. 106° (*Hydrochlorid*, F. 202°), u. *-Morpholino-2-methyl-1-phenyl-1-[thienyl-(2')]-propanol*, F. 101° (*Hydrochlorid*, F. 190°). — *3-Piperidino-* (*Hydrochlorid*, F. 169°) u. *-Morpholino-2-methyl-1-phenyl-1-[thienyl-(2')]-propen* (*Hydrochlorid*, F. 160°), aus Pyrrolidin-, Piperidin- bzw. Morpholinhydrochlorid. — *Therapeutica*. (**F. P. 1 218 631** vom 19/12. 1958, ausg. 11/5. 1960.) S. BÖTTCHER. 4807

Bristol Laboratories, Inc., East Syracuse, übert. von: Yvon Gaston Perron, De Witt, N.Y., V.St.A., **Herstellung von substituierten Trialkoxybenzoesäureaniliden.** Durch Rkk. zwischen Trialkoxybenzoesäurehalogeniden, -aziden oder -estern mit substituierten Aniliden erhält man Verbb. der allg. Formel **I**. Hierbei ist R eine niedrigmol. Alkylgruppe, R_1 ist ein H-Atom, eine niedrigmol. Alkyl-, eine Benzyl-, Phenetyl- oder Cinnamylgruppe, R_2 u. R_3 sind H- oder Halogenatome, NO_2- oder niedrigmol. Alkylgruppe, B ist eine Morpholin-, Thiomorpholin-, 2.6-Dimethylmorpholin-, Piperidin-, Pyrrolidin-, Pipecolin- oder eine mit einem niedrigmol. Alkylrest substituierte Aminogruppe. Die Rkk. werden durch langsames Mischen der Komponenten in Chlf. oder Aceton bei normalen Temp. durchgeführt.

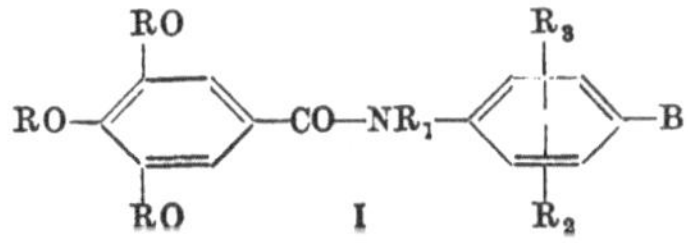

I

Beispiele: p-[3.4.5-Trimethoxybenzamido]-dimethylanilin, $C_{18}H_{22}N_2O_4$, F. 154 bis 155° aus A., Hydrochlorid, F. 203—204°; N-[p-(3.4.5-Trimethoxy-N-methylbenzamido)-phenyl]-morpholin; N-[p-(3.4.5-Trimethoxy-N-benzylbenzamido)-phenyl]-piperidin; N-[p-(3.4.5-Trimethoxy-N-benzylbenzamido)-phenyl]-pipecolin; p-(3.4.5-Trimethoxybenzamido]-o-dichlordimethylanilin; p-[3.4.5-Trimethoxybenzamido]-o-dinitrodimethylanilin, p-[3.4.5-Trimethoxybenzamido]-o-chlordimethylanilin, $C_{18}H_{21}ClN_2O_4$, F. 134 bis 135° aus Methanol, Hydrochlorid, F. 216—218°, Zers.; p-[3.4.5-Trimethoxybenzamido]-o-nitrodimethylanilin, 4'-Morpholino-3.4.5-trimethoxybenzanilid, $C_{20}H_{24}N_2O_5$ F. 196—197°; N.N-Dimethyl-N'-benzyl-N'-[3.4.5-trimethoxybenzoyl]-phenylendiamin; 4'-[1-Methylpiperazino]-3.4.5-trimethoxybenzanilid, F. 190—191° aus Isopropylalkohol, Dihydrochlorid, $C_{21}H_{27}N_3O_4 \cdot 2\,HCl$, F. 253—255°, Zers.; 2'-Methyl-4'-dimethylamino-3.4.5-trimethoxybenzanilid·HCl, $C_{18}H_{23}ClN_2O_4$, F. 213—214° aus A., freie Base: F. 195 bis 196°; 4'-Dimethylamino-2'-chlor-3.4.5-trimethoxybenzanilid, F. 164—166° aus Äthylacetat, $C_{18}H_{21}ClN_2O_4$, Hydrochlorid, F. 206—208° (Zers.); 4'-Thiomorpholino-3.4.5-trimethoxybenzanilid, $C_{20}H_{24}N_2O_4S$, F. 219—220° aus Dimethylformamid, Hydrochlorid, F. 269—270° (Zers.); N-Methyl-4'-dimethylamino-3.4.5-trimethoxybenzanilid, $C_{19}H_{24}N_2O_4$, F. 124—125°; 4-[N.N-Di-n-propylamino]-3.4.5-trimethoxybenzanilid, $C_{22}H_{30}N_2O_4$, F. 170—171° aus Methanol, Hydrochlorid, F. 245—246°; 4'-Diäthylamino-3.4.5-trimethoxybenzanilid, $C_{20}H_{26}N_2O_4$, F. 158—159° aus Ae. + Methanol, Hydrochlorid, F. 240—241°; 4'-Piperidino-3.4.5-trimethoxybenzanilid, $C_{21}H_{26}N_2O_4$, F. 161 bis 163°, Hydrochlorid, F. 251—253°, Zers.; 4'-Pyrrolidino-3.4.5-trimethoxybenzanilid, $C_{20}H_{24}N_2O_4$, F. 174—175° aus Methanol, Hydrochlorid, F. 226—228°; 3'-Methyl-4'-dimethylamino-3.4.5-trimethoxybenzanilid; N.N-Dimethyl-N'-cinnamyl-N'-[3.4.5-trimethoxybenzoyl]-p-phenylendiamin, 4'-Dimethylamino-3.4.5-trimethoxybenzanilid, F. 154 bis 155°, saures Sulfat, F. 215—217°; 3'-Dimethylamino-3.4.5-trimethoxybenzanilid·HCl, $C_{18}H_{22}N_2O_4 \cdot HCl$, F. 219—220° aus Aceton, 2'-Dimethylamino-3.4.5-trimethoxybenzanilid, $C_{18}H_{22}N_2O_4$, F. 96—97° aus PAe., Hydrochlorid, F. 193,5—194,5°. Verw. *als Sedativa*, bes. in Form von Salzen. (**A. P. 2 870 146** vom 10/2. 1958, ausg. 20/1. 1959.) A. KALIX. 4807

VEB Deutsches Hydrierwerk Rodleben, Deutschland, **Herstellung von Phthalazinderivaten** der allg. Formel I (R_1 = Aryl- oder Aralkylrest; R_2 = 2wertiger aliphat. Rest; R_3 u. R_4 = Alkylreste oder, gemeinsam mit N, heterocycl. Rest), dad. gek., daß man entsprechende 1-Halogenphthalazine mit tert. Aminoalkoholen umsetzt. —

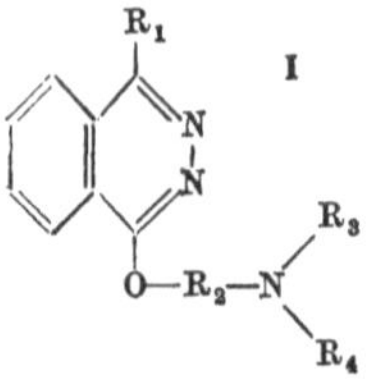

I

12,8 (Gew.-Teile) 1-Chlor-4-benzylphthalazin (F. 152°) werden langsam unter Rühren bei 10° mit 15 β-Diäthylaminoäthanol u. 1,2 Na in 50 Toluol versetzt, mehrere Std. gekocht u. abgekühlt. Nach Abdestillieren von Toluol erhält man *1-[β-Diäthylaminoäthoxy]-4-benzylphthalazin*, $Kp._{0,5}$ 226—233°. *Hydrochlorid*, F. 131 bis 132°. *Chlorbenzylat*, F. 169—170°. — *1-[β-Diäthylaminoäthoxy]-4-phenyl-*, $Kp._{0,5}$ 229—233° (*Hydrochlorid*, F. 202°), *1-[β-Dimethylaminoäthoxy]-4-benzyl-*, $Kp._{0,5}$ 201—208° (*Hydrochlorid*, F. 178°; *Jodmethylat*, F. 186°), *1-[β-Piperidinoäthoxy]-4-[p-chlorbenzyl]* (*Hydrochlorid*, F. 165—166°), *1-[3'-Dimethylaminopropoxy]-4-benzyl-*, $Kp._{0,4}$ 220—225° (*Hydrochlorid*, F. 170—171°; *Jodmethylat*, F. 211°), *1-[2'-Dimethylaminopropoxy]-4-[p-methoxybenzyl]-*, $Kp._{0,6}$ 224—230°, *1-[β-Dimethylaminoäthoxy]-4-[p-methoxy-*, $Kp._{0,15}$ 219—226°, u. *-4-[p-chlorbenzyl]-phthalazin*, $Kp._{0,3}$ 218—222° (*Hydrochlorid*, F. 239—240°), aus 1-Chlor-4-phenyl- (F. 159—161°), 1-Brom-4-[p-chlorbenzyl]- bzw. 1-Chlor-4-[p-methoxybenzyl]-phthalazin u. β-Dimethylaminoäthanol, β-Piperidinäthanol, 1-Dimethylaminopropanol-(3) bzw. -(2). — *Heilmittel.* (**F. P. 1 228 813** vom 20/5. 1958, ausg. 2/9. 1960.) S. BÖTTCHER. 4807

Merck & Co., Inc., Rahway, übert. von: Robert L. Clark, Woodbridge, N.J., V.St.A., **Herstellung von Morphinderivaten,** bes. *N-[n-Propyl]-dihydrodesoxynormorphin*, durch Behandlung von N-[n-Propyl]-dihydrodesoxynorcodein (I) mit einem Entmethylierungsmittel, bes. Pyridinhydrochlorid. I u. dessen Salze erhält man durch Umsetzung von Dihydrodesoxynorcodein mit einem Propylhalogenid in Ggw. eines säurebindenden Mittels. (**Can. PP. 557 045** u. **557 046** vom 18/11. 1953, ausg. 6/5. 1958. Beide A. Prior. 22/11. 1952.) L. GROSSNER. 4807

Merck & Co., Inc., Rahway, übert. von: Robert L. Clark, Woodbridge, N.J., V.St.A., **Herstellung von Morphinderivaten,** bes. *N-[n-Prophyl]-dihydronormorphinon* u. dessen *Salzen* durch Umsetzung von N-[n-Propyl]-dihydronorcodeinon mit einem Entmethylierungsmittel, bes. Pyridinhydrochlorid. (**Can. P. 557 047** vom 18/11. 1953, ausg. 6/5. 1958. A. Prior. 22/11. 1952.) L. GROSSNER. 4807

Merck & Co., Inc., Rahway, übert. von: John Weijlard, Westfield, N.J., V.St.A., **Herstellung von Morphinderivaten,** bes. *N-[n-Propyl]-normorphin* durch 15std. Erhitzen äquimol. Mengen Normorphin u. n-Propyljodid in äthanol. Lsg. in Ggw. von $NaHCO_3$. (**Can. P. 557 048** vom 18/11. 1953, ausg. 6/5. 1958. A. Prior. 22/11. 1952.) L. GROSSNER. 4807

Merck & Co., Inc., Rahway, übert. von: John Weijlard, Maplewood, N.J., V.St.A., **N-Allylnormorphin** erhält man durch Rk. von 1 Mol Normorphin mit 1 Mol Allylchlorid, -bromid oder -jodid in Ggw. eines niedermol. Alkanols (A., Methanol, Isopropanol) u. eines überschüssigen Alkali- oder Erdalkalicarbonats oder Alkalibicarbonats; Ausbeute 87%. — Es *verhindert* die *Wrkg.* des *Morphins.* (**A. P. 2 891 954** vom 30/7. 1953, ausg. 23/6. 1959.) G. KRAUSS. 4807

Jean Eugène Thuillier und Lucien Susiain Grand, Frankreich, **Herstellung von Reserpinascorbat,** dad. gek., daß man Reserpin in A. löst u. mit einer wss. Lsg. von Ascorbinsäure umsetzt, worauf der A. ohne Erwärmung abdest. wird. — Reserpin wird dadurch löslich. (**F. P. 1 229 614** vom 11/10. 1956, ausg. 8/9. 1960.) S. BÖTTCHER. 4807

Dominion Rubber Co. Ltd., Montreal, Quebec, übert. von: Richard H. F. Manske und Taylor H. Evans, Guelph, Ontario, Canada, **Thiaminhydrobromid.** 1,5—3 Mol 2-Methyl-4-amino-5-[brommethyl]-pyrimidinhydrobromid werden in Dimethylformamid mit 1 Mol 4-Methyl-5-[β-hydroxyäthyl]-thiazol auf 30—60° u. anschließend ½—1 Std. auf >100—125° erhitzt. Nach Abkühlen der Rk.-Mischung wird das ausgefallene *Thiaminhydrobromid* abgetrennt. (**Can. P. 558 935** vom 17/9. 1954, ausg. 17/6. 1958.) EBERHARD RIEDEL. 4809

American Cyanamid Co., New York, übert. von: Stephen A. Szumski, Pearl River, N.Y., V.St.A., **Herstellung von Riboflavin** aus Fungus Ashbya gossypii in einem Nährmedium, das 0,5—5% Stärke, einen N-Spender u. Nährsalze enthält. Die Nährmischung wird unter aeroben Bedingungen 72 Std. bei pH 6,5—7,5 u. 25—30° gehalten u. dann mit einem diastat. Enzym, bes. Aspergillus Oryzae, beimpft. (**Can. P. 559 187** vom 14/6. 1955, ausg. 24/6. 1958. A. Prior. 16/8. 1954.) EBERHARD RIEDEL. 4809

Ray-John Ltd., Toronto, Ontario, Canada, übert. von: Rolland F. Cohee jun., Wheaton, Ill., V.St.A., **Heilmittel gegen Allergie** aus 150—1000, bes. 150—250 (Gew.-Teilen) Tyrosin, 1,5—4, bes. 1,5—3 Pyridoxin u. ggf. 5—50 Nicotinsäureamid. (**Can. P. 556 708** vom 28/10. 1954, ausg. 29/4. 1958.) L. GROSSNER. 4809

Glaxo Laboratories Ltd., Greenford, England, **Reduktion von Steroidepoxyden.** Man red. z. B. 3β-Acetoxy-9α.11α-epoxyergostan in trockenem Äthylamin mit Li in $NH_{3fl.}$ u. acetyliert anschließend mit Acetanhydrid in Ggw. von Pyridin → *3β-Acetoxyergostan-9α-ol*, F. 168—169°; $[\alpha]_D^{20}$ —1°. — Analog: 3β-Acetoxy-7α.8α-epoxy-Δ^{22}-ergosten → *3β-Acetoxy-Δ^{22}-ergosten-8α-ol*, F. 114—116°; $[\alpha]_D^{20}$ —40°. — *3β-Methoxy-Δ^{22}-ergosten-8α-ol*, F. 151,5—152°; $[\alpha]_D^{20}$ —30°. — *Δ^{22}-Ergosten-3β.8α-diol*, F. 191 bis 191,5°; $[\alpha]_D^{20}$ —17°. — *Zwischenprodd. zur Herst. von Steroidhormonen.* (**E. P. 851 180** vom 1/2. 1957, ausg. 12/10. 1960.) U. SIEVERS. 4809

Merck & Co., Inc., Rahway, übert. von: John M. Chemerda, Metuchen, und Theodore A. Jacob, Granford, N.J., V.St.A., **$\Delta^{8,9}$-7.11-Dihalogenallosteroide.** Durch Umsetzung von $\Delta^{7,22}$-Ergostadien mit einem Chlorierungs- oder Bromierungsmittel erhält man ein *7.11.22.23-Tetrahalogen-$\Delta^{8,9}$-ergosten,* aus Δ^7-Dehydrotigogeninacetat u. Br_2 *7.11-Dibrom-$\Delta^{8,9}$-dehydrotigogeninacetat.* (**Can. P. 557 049** vom 21/5. 1957, ausg. 6/5. 1958. A. Prior. 17/4. 1953.) L. GROSSNER. 4809

Gyógyszeripari Kutató Intézet (Erfinder: Johann Kollonitsch und Eugen Galántay), Budapest, Ungarn, **Isoergosterin** erhält man aus den Enolestern des Ergosterons unter Ausschluß von Luft bei der Einw. kochender Alkalilauge unter Rückfluß. F. 104—106°, $[\alpha]_D$ —22° (1%ig. Chlf.). (**Ung. P. 145 439** vom 30/7. 1956, ausg. 15/11. 1959.) G. KÖNIG. 4809

Johnson & Johnson, N.J., übert. von: Jocelyn Fielding Douglas, Nixon, und Eugene Robert Lawrence Gaughran, New Brunswick, N.J., V.St.A., **Gewinnung eines stabilen peroxydasefreien pulverigen proteolytischen Enzyms,** dad. gek., daß man Feigenbaumlatex aus *Ficus laurifolia, Ficus glabrata* u. *Ficus carica* durch Filtrieren klärt, durch Zusatz von $(NH_4)_2SO_4$ bis zu einer Konz. von 30—40% (im Latex) eine Enzymkomponente ausfällt, abzentrifugiert u. in einer Citratpuffer-Lsg. mit pH 5 suspendiert, die Suspension zur Entfernung der anorgan. Stoffe durch eine Zellstoffmembran gegen dest. W. dialysiert, gefriert, trocknet u. dadurch ein stabiles Pulver erhält, dessen Konz. beim Kollagenfadenreiß-Vers. 0,1% beträgt. Mittel zum Koagulieren von Milcheiweiß u. gegen Eingeweideparasiten (*ascaris*). — Mengenbeispiel. (**A. P. 2 956 928** vom 2/11. 1956, ausg. 18/10. 1960. **E. P. 862 980** vom 29/5. 1957, ausg. 15/3. 1961.) G. VOGEL. 4809

Schering Akt.-Ges., übert. von: Heinz Gibian und Gerhard Bratfisch, Berlin, **Erzeugung von weitgehend gereinigten proteolytischen Enzymen** wie Papain, Ficin, Bromelin aus rohen Handels-Präpp., dad. gek., daß man die Rohprodd. mit einer wss. Rhodanid-Lsg. bei ca. < 50° extrahiert u. aus dem Extrakt die reinen Enzyme gewinnt. Man extrahiert z. B. Rohpapain bei 30° mit KSCN-Lsg., versetzt den wss. Extrakt mit einem Zn-Salz, stellt ein pH von ca. 6,5 ein, fügt bei 0 bis —8° tropfenweise A. zu, bis die A.-Konz. 50% beträgt, zentrifugiert den Nd. ab, fügt der Mutterlauge nochmals A. bis zu einer Konz. von 80% zu u. zentrifugiert eine zweite Fraktion ab. Die beiden Fraktionen werden getrennt in 2n Essigsäure suspendiert, die Suspensionen gegen fließendes W. dialysiert u. die Filtrate durch Gefriertrocknung als sterile Prodd. gewonnen. — Beispiele, Diagramm. (**A. P. 2 950 227** vom 5/6. 1959, ausg. 23/8. 1960.) G. VOGEL. 4809

Won Young Koh, West Bound Brook, und Ralph Allan Messing, Somerville, N.J., V.St.A., **Erzeugung von keratinolytischen Enzymen,** dad. gek., daß man einen einen Keratinase bildenden *Aspergillus flavus-* (ATCC Nr. 13003-) oder *Aspergillus niger-* (ATCC Nr. 13004-) Stamm aerob in einer halbsynthet. Nähr-Lsg. züchtet, die ein an Aminosäuren mit Disulfidgruppen reiches Protein (Keratin, Haare, Federn, Wolle, Horn- u. Hufmehl) u. eine anorgan. Säure enthält. Man züchtet z. B. obigen Stamm ATCC Nr. 13003 auf Agaroberfläche 3 Tage bei 37°, wäscht mit 1%ig. wss. Lsg. eines nichtion. Mittels (Alkylarylpolyäther) u. beimpft damit eine wss. Lsg., die im Liter 5 (g) NaCl, 1 $MgSO_4 \cdot 7\,H_2O$, 0,04 $CaCl_2$, 0,02 $FeSO_4 \cdot 7\,H_2O$, 0,01 $ZnSO_4 \cdot H_2O$, 22 K_2HPO_4, 2,8 KH_2PO_4 u. 1 abgebaute Wolle (End-pH 7,2) enthält. Aus der dauernd geschüttelten Kultur wird die Fl. durch ein SEITZ-Filter gewonnen. — Beispiele, Tabellen. (**E. P. 860 312** vom 25/11. 1958, ausg. 1/2. 1961. A. Prior. 25/11. 1957.) G. VOGEL. 4809

Ortho Pharmaceutical Corp., N.J., übert. von: Heron C. Singher, Plainfield, und Leo Zuckerman, Bound Brook, N.J., V.St.A., **Gewinnung von**

Urokinase, dad. gek., daß man Urin mit Cd-, Hg-, Pb- oder Zn-Ionen, bes. als Acetate, zur Rk. bringt, den Nd. durch Suspendieren in mol. Glycin-Lsg. bei einem pH von ca. 2,8 bis 3,8 von den Metallionen befreit, den verbleibenden Nd. abtrennt, mit einer Acetatpuffer-Lsg. (pH ca. 3,5—4,5 u. Ionen-Konz. ca. 0,001, hergestellt z. B. aus 2 ml 10n Essigsäure u. 1 ml 4n Na-Acetat, mit W. auf 4000 ml aufgefüllt) wäscht, mit einer wss. Acetatpuffer-Lsg. (pH ca. 5,5—6,5 u. Ionen-Konz. 0,01, hergestellt z. B. aus 5 ml. 4n Na-Acetat, 1 ml n-Essigsäure u. 80 ml n-NaOH-Lsg., mit W. auf 2000 ml aufgefüllt) extrahiert u. aus dem Extrakt, z. B. mit Methanol, die Urokinase fällt. Aktivator für Fibrin lösende Enzymsysteme. — Mengenbeispiel, Fließschema. (**A. P. 2 961 382** vom 25/7. 1957, ausg. 22/11. 1960.) G. Vogel. 4809

Takeda Pharmaceutical Industries Ltd., Higashi-ku, Osaka, übert. von: Toru Masuda, Naruo-cho, Nishinomiya, Hyogo, Yoshio Yamamoto, Amagasaki, Hyogo, und Juzo Kaneko, Mishima-gun, Osaka, Japan, **Erzeugung von Flavinadenindinucleotid,** dad. gek., daß man Eremothecium ashbyii in einem wss. Medium züchtet, das Mycel nach Aufhören des Wachstums abtrennt u. mit einem wss. Lsgm. extrahiert, den Extrakt (mit Dithionit) chem. red. u. die ausfallende krist. Substanz in einem Lsgm. (abs. A.) oxydiert. Oxydationscoenzym im lebenden Körper. Verw. bei Enzymstudien u. bei enzymat. Unterss. von Substraten. Nebenprod. ist Vitamin B_2 im Filtrat des Mycels. — Mengenbeispiele, Tabellen. (**A. P. 2 973 305** vom 28/6. 1955, ausg. 28/2. 1961. Jap. Prior. 8/7. 1954.) G. Vogel. 4809

Kabushiki Kaisha Kagaku Kenkyusho, Japan, **Herstellung von Dihydrodesoxystreptomycinen,** dad. gek., daß man Streptomycinsalze in wss. $AlCl_3$- oder $Al_2(SO_4)_3$-Lsg. löst u. mit Al-Amalgam reduziert. — Man löst 70 (g) Streptomycinsulfat in 335 cm^3 20%ig. wss. Lsg. von $Al_2(SO_4)_3 \cdot 18\,H_2O$, setzt 8 Al-Amalgam zu, rührt 3 Std. bei 50—60°, setzt nochmals 8 Amalgam zu, rührt 2 Std. bei 45—50°, verd. mit 700 W., setzt heiße $Ba(OH)_2$-Lsg. zu, filtriert u. erhält *Dihydrodesoxystreptomycinsulfat.* — *Dihydrodesoxystreptomycinhydrochlorid, Dihydrodesoxymannosidostreptomycinsulfat* u. *-hydrochlorid,* wobei als Ausgangs-Prodd. Streptomycinhydrochlorid–Ca-Chlorid-Komplex, Streptomycinhydrochlorid, Mannosidostreptomycinhydrochlorid u. -sulfat, Hydroxystreptomycin u. sein Hydrochlorid genannt werden. (**F. P. 1 224 110** vom 6/1. 1959, ausg. 22/6. 1960.) S. Böttcher. 4811

Ciba Ltd. (Erfinder: Ernst Gäumann, Vladimir Prelog und Albert Wettstein), **Herstellung eines Spaltproduktes eines neuen Antibioticums** durch Hydrolyse von Cinerubin A oder eines Gemisches aus Cinerubin A u. B mit einer Säure (→ *Cinerubinon,* F. 217—220°). — Beispiel. (**Aust. P. 226 494** vom 18/8. 1958, ausg. 18/2. 1960.) H. Nebelsiek. 4811

American Cyanamid Co., New York, übert. von: **Willam Valentine**, Nanuet, und **Carl L. Stearns**, Blauvelt, N.Y., V.St.A., *Pulvergefüllte Hexylresorcinkapseln.* (**Can. P. 556 861** vom 6/3. 1957, ausg. 6/5. 1958. A. Prior. 14/5. 1956. — C. **1959.** 7226 [A. P. 2 830 010].)

Benger Laboratories Ltd., übert. von: **Eric London und George D. Twigg**, Holmes Chapel, Cheshire, England, *Fe-Therapeutica.* (**Can. P. 556 877** vom 23/2. 1954, ausg. 6/5. 1958. E. Prior. 27/2. 1953. — C. **1956.** 8704 [D. B. P. 938 502].)

Cassella Farbwerke Mainkur Akt.-Ges., Frankfurt/M., übert. von: **Walther Persch**, Frankfurt/M.-Höchst, *Blutdrucksenkende Mittel.* (**Can. P. 553 762** vom 28/6. 1954, ausg. 4/3. 1958. D. Prior. 8/7. 1953. — C. **1957.** 3080 [D. B. P. 948 976].)

Farbwerke Hoechst Akt.-Ges., vormals Meister Lucius & Brüning, Frankfurt/M., übert. von: **Gustav Ehrhart**, Bad Soden, und **Heinrich Ott**, Eppstein, *Herstellung von Aminopropanderivaten.* (**Can. P. 556 293** vom 16/8. 1954, ausg. 22/4. 1958. D. Prior. 17/8. 1953. — C. **1958.** 1654 [Oe. P. 189 194].)

Ciba Ltd., übert. von: **Adrian Marxer**, Basel, Schweiz, *Herstellung einer Hydrochinonverbindung.* (**Can. P. 556 548** vom 17/1. 1956, ausg. 29/4. 1958. Schwz. Prior. 28/1. u. 21/12. 1955. — C. **1959.** 1216 [Oe. P. 193 364].)

American Cyanamid Co., New York, übert. von: **Leon Goldman**, Nanuet, N.Y., und **Richard P. Williams**, Westwood, N.J., V.St.A., *1.4-Unsymmetrisch substituierte Piperazine.* (**Can. P. 556 858** vom 9/12. 1954, ausg. 6/5. 1958. A. Prior. 16/2. 1954. — C. **1957.** 8594 [A. P. 2 756 232].)

American Cyanamid Co., New York, übert. von: **Frederick L. Bach jun., Herbert J. Brabander**, Pearl River, und **Samuel Kushner**, Nanuet, N.Y., V.St.A., *4.4'-Dicarbäthoxy-1.1'-äthylendipiperazinderivate.* (**Can. P. 556 860** vom 24/5. 1955, ausg. 6/5. 1958. A. Prior. 10/9. 1954. — C. **1957.** 8594 [A. P. 2 756 231].)

Établissements Clin-Byla, Paris, Frankreich (Erfinder: **J. Schmitt**), *Phenthiazinderivate.* (**Belg. P. 557 688** vom 21/5. 1957, ausg. 11/3. 1960. F. Prior. 4/6. 1956. — C. **1961.** 14022 [F. P. 1 199 214].)

Établissements Clin-Byla, Paris, Frankreich (Erfinder: **J. Schmitt**), *Phenthiazinderivate.* (**Belg. P. 558 504** vom 19/6. 1957, ausg. 25/3. 1960. F. Prior. 27/6. 1956 u. 28/2. 1957. — C. **1961.** 14021 [F. P. 1 197 633].)

Sandoz Soc. An., Basel, Schweiz, *Phenthiazinderivate.* (**Belg. P. 566 799** vom 15/4. 1958, ausg. 12/8. 1960. Schwz. Prior. 17/4., 29/5. u. 18/12. 1957. — C. **1961.** 11434 [Oe. P. 202 563].)

G. Analyse. Laboratorium

Laboratoriumsgeräte aus Kunststoffen. D. St. John. (School Sci. Rev. **42.** 12 bis 25. Nov. 1960. Loughborough Glass Co., Ltd ; engl.) — Übersicht.
A. Blaschette. 5010□

Beitrag über die Handhabung von Perchlorsäure im Laboratorium. W. E. Clarke. (B.C.J.R.A. Journal **9.** 795—96. Nov. 1961; engl.) — Die Sicherheitsmaßnahmen in der Handhabe von im Hütten-Labor. bei der Analyse von Fe-Legg., Schlacken u. dgl. benutzten Perchlorsäuren, bes. von Mg-Perchlorat, werden erörtert.
H. Hochstein. 5010□

Zur Frage der Probenahme und der Herstellung von Laboratoriumsproben der Rennluppen. Pavel Alexander. (Hutnické Listy **13.** 151—53. Febr. 1958. Praha, Výzk. ústav hunictví železa; tschech.) — Vf. behandelt eingehend die Probenahme von Luppen verschiedener Körnung. Der analyt. Fehler, verursacht durch die Körnung, steigt mit der Korngröße bis auf einen Maximalwert an; eine größere Einwaage setzt diesen Fehler nicht herab. Die vorteilhafteste Einwaage kann nach der Formel Q(g) $= 35{,}3 \cdot d^{1,66}$ für den Mindestfehler berechnet werden (d = durchschnittliche Korngröße in mm).
J. Tůmová. 5012□

Optische Übertragung von Meßergebnissen aus Tieftemperatur-Schaltungen. B. Rabinovici. (Rev. sci. Instruments **32.** 747—48. Juni 1961. New York, N.Y., Columbia Univ., IBM Watson Res. Labor.; engl.) — Bei der Übertragung elektr. Impulse aus einem Tieftemp.-Bad zum Auswertgerät bei Zimmer-Temp. gelangt durch die verbindenden Leitungen viel Wärme ins Bad. Es wird ein Meßgerät beschrieben, bei dem aus einer im Tiefkühlbad befindlichen Schaltung unter Ausnutzung der Faraday-Rotation der Ebene des linearpolarisierten Lichtes durch paramagnet Material im magnet. Feld Signale auf opt. Wege zu einem Auswertegerät bei Zimmer-Temp. gegeben werden. Neben einer Verminderung des Wärmetransports wird eine bessere Abhebung des Signals vom Rauschen erreicht.
R. Ristow. 5014□

Anordnung zum Studium der Knudsen-Effusion bei hohen Temperaturen. Morton B. Panish und Liane Reif. (Rev. sci. Instruments **32.** 831—32. Juli 1961. Wilmington, Mass., Res. and Advanced Dev. Div., Avco Corp.; engl.) — Zur Messung niedriger Dampfdrucke bei hohen Temp. werden in einer W-Effusionszelle durch Elektronenbeschuß bis zu 2700° K bei Drucken von 10^{-6} mm Hg erzeugt. W. Herfurt. 5016□

Hochvakuum-Mikroexsikkator und Heizblock zum Trocknen organischer Substanzen. E. Wiesenberger. (Lab. sci. [Milano] **8.** 79—83. Mai/Juni 1960. Berlin-Siemensstadt; ital.) — Beschreibung der Konstruktion u. Arbeitsweise.
C. Gottfried. 5022

Luminescenzmethode zum Nachweis einer Leckstelle in Elektrovakuumapparaten und ihren Teilen. B. I. Korolew und A. A. Bysstrow. (Заводская Лаборатория [Betriebs-Lab.] **24.** 109. 1958; russ.) — Die Luminescenz-Lsg. dringt bei Berühren mit dem Wandleck durch dieses hindurch u. sammelt sich auf der Gegenseite. — Leuchteffekt. Das trockene Pulver des Leuchtstoffes wird in einem organ. Lsgm. in einer Konz. von 100—200 mg/Liter gelöst. Oberfläche des Objekts säubern u. mit Trichloräthylen entfetten, danach mit der Lsg. in Berührung bringen, nach einer Weile das Objekt herausziehen u. mit reinem Trichloräthylen waschen, um den Luminescenzstoff auf der Berührungsseite zu entfernen. Die Lsg., die durch das Leck der Gefäßwand gedrungen ist, leuchtet nach Trocknen u. UV-Bestrahlung. Empfindlichkeit der Meth. bis 10^{-6} bis 10^{-7} mm Hg cm^3/s.
H. Leune. 5026□

Der Helitest. Detektor von gegenüber Helium undichten Stellen. Beschreibung — Verwendungen. J. Chatel und J. Moreau. (Mém. Soc. roy. belge Ing. Industriels **1960.** 382—90. Juli/Aug. Argenteuil, Labor. des Basses Pressions; franz.)
C. Gottfried. 5026

Tiegelfreies Schmelzen von Laboratoriumsproben im Vakuum oder in der Atmosphäre eines Inertgases. A. A. Fogel. (Известия Академии Наук СССР, Отделение Технических Наук [Nachr. Akad. Wiss. UdSSR, Abt. techn. Wiss.] **1959.** Nr. 2. 24—34. März/April. Leningrad, Inst. für Metallurg. der Akad. der Wiss. der UdSSR; russ.) — Vf. beschreibt eine App. mit den dazugehörigen Hilfs-App. zum Erschmelzen von chem.-akt. Metallen mittels Induktionsheizung im Vakuum oder in Inertgasatmosphäre. Die Metalle werden als Kugeln oder Stäbe erhalten. Ferner ist es mit der App. möglich, die Metalle in einem Cu-Tiegel zu erschmelzen oder durch Aufschmelzen von Barren zu gewinnen.
D. Hoene. 5028□

Apparatur und Methodik zur Untersuchung der physikalisch-chemischen Eigenschaften von Substanzen in festem und flüssigem Zustande. D. A. Petrow und W. M. Glasow. (Заводская Лаборатория [Betriebs-Lab.] **24.** 34—40. 1958. Metallurg. Baikow-Inst. der Akad. der Wiss. der UdSSR; russ.) — Vff. beschreiben ein Gerät zum Messen der kinemat. Viscosität von Schmelzen, der elektr. Leitfähigkeit u. zur Durchführung therm. Analysen. H. LEUNE. 5040□

Ein magnetischer Schwimmer für Dichtemessungen. U. Korhonen, J. Kantele und E. Vauramo. (Suomen Kemistilehti B **34.** 115—17. 1961. Helsinki, Univ., Inst. of Phys.; engl.) — Ein verbesserter magnet. Schwimmer für Dichtemessungen wird beschrieben. In ca. 45 ml Meß-Fl., die sich in einem Zylinder von ca. 70 cm³ Inhalt befinden, taucht der mit einem Kern aus ferromagnet. Keramik versehene Pyrexglasschwimmer von ca. 20 cm³ Volumen. Er enthält in der unteren Spitze etwas Hg u. kann zur Justierung mit kleinen Gew. belastet werden. Unmittelbar unter dem Zylinder befindet sich eine Magnetspule. Mit Hilfe einer Rheostatanordnung oder mit einem Amperemeter wird die Stromstärke bestimmt, bei der der Schwimmer gerade am Boden des Gefäßes gehalten wird. Bei Stromstärken von 5—220 mA können Dichte-Best. im Bereich 0,9980—1,1500 g/cm³ mit einer Genauigkeit von 0,00003 g/cm³ ausgeführt werden. Der Meßbereich läßt sich durch Veränderung des Schwimmer-Gew. u. durch Auswechseln der Magnetspule verändern. W. BETCKE. 5042□

Ein Flüssigkeitsstandanzeigegerät für verflüssigte Gase. F. Thom. (Exp. Techn. Physik **9.** 43—45. 1961. Berlin, Humboldt-Univ., III. phys. Inst.; dt.) — Vf. beschreibt eine kapazitive Meth. für einen räumlich beengten Kryostaten zur Fl.-Standanzeige, die eine kontinuierliche Direktanzeige gestattet. H.-G. MOSLÉ. 5048□

Füllstandanzeiger zur Dauerinstallation im Vorratsgefäß für flüssiges Helium. J. E. Zimmerman und R. C. Root. (Rev. sci. Instruments **32.** 853—54. Juli 1961. Decarbon, Mich., Sci. Labor., Ford Motor Co.; engl.) — Die Eigenfrequenz einer Sonde, bestehend aus Röhrenkondensator u. Spule, ist nahezu linear abhängig von der Höhe des He-Spiegels im Felde des Kondensators. Neben einer Beschreibung des Aufbaus der Sonde ist ein Schaltbild des Oscillators (zur Erzeugung der Vgl.-Frequenz) gegeben. W. HERFURT. 5048□

Meßbrücke niedriger Impedanz zur Bestimmung des Füllstandes flüssiger Metalle. Julius Hyman jun. (Rev. sci. Instruments **32.** 833—37. Juli 1961. Rocketdyne, Canoga Park, Calif.; engl.) — Die Best. der Höhe des Fl.-Spiegels von Na in einem geschlossenen Metall-Syst. wird ausgeführt durch Messen des Spannungsabfalls längs einer mit dem Vorratsgefäß verbundenen Rücklaufleitung. Der zur Messung benutzte niederfrequente Wechselstrom wird erzeugt durch Schaltung des Behälter-Syst. als Sekundärkreis eines Transformators. Einzelheiten der techn. Ausführung u. Kompensation der Temp.-Abhängigkeit der Meth. werden erörtert. W. HERFURT. 5048□

Berechnung und Konstruktion eines Mehr-Ring-Apparates zum Gebrauch bei hohen Drücken. E. B. Christiansen, S. S. Kistler und W. B. Gogarty. (Rev. sci. Instruments **32.** 775—79. Juli 1961. Salt Lake City, Utah, Univ. of Utah, Dep. of Chem. Engng.; engl.) — Es wird eine Ableitung von Gleichungen gebracht, die für die Berechnung eines Hochdruck-App. mit Mehr-Ring-Verstärkung benutzt werden können. Als Beispiel werden Berechnung u. Bau eines Mehr-Ring-App. vom Typ der „Amboßanordnung" beschrieben. Es wurden 3 Ringe zur äußeren Unterstützung verwendet. Die Einrichtung kann durchschnittliche Drücke von 160000 atm während mindestens 2 Wochen u. von 100000 atm für 2 Monate ausüben. R. RISTOW. 5048□

Kompakter Apparat zur Bestimmung der Hochtemperatur-Bruchfestigkeit. Peter T. B. Shaffer. (Rev. sci. Instruments **32.** 794—95. Juli 1961. Niagara Falls, N.Y., Carborundum Co., Res. and Dev. Div., Appl. Res. Branch; engl.) — Es wird ein kompakter App. aus Graphit zur Best. der Bruchbelastung einfach geformter Probekörper bei Temp. bis zu 2350° beschrieben. Die App. kann in jedem Ofen benutzt werden, der eine heiße Zone von 4 Zoll ⌀ u. 6 Zoll Höhe besitzt. Es muß in inerter Atmosphäre gearbeitet werden. Die Bauweise verhindert ein Versagen einzelner Teile infolge Brechens des Probekörpers. R. RISTOW. 5048□

Automatisierte physikalische Analysengeräte für das Labor und den chemischen Betrieb. Erich Krell. (Chem. Techn. **12.** 575—80. Okt. 1960. Leipzig; dt.) — Es wird die zunehmende Bedeutung der Massen- u. Kernresonanzspektrometrie erörtert u. die eigene Herst. automat. App. zur Chromatographie, Dest., Titration u. Dosierung angeregt. W. HERFURT. 5050□

Aktuelle Probleme, welche die analytische Chemie der Spurenelemente aufwirft. F. Burriel-Marti. (Ion [Madrid] **17.** 241—52. Mai 1957; span.) — Allg. Ausführungen über Reinheit der Reagentien bei der Analyse der Spurenelemente u. die anwendbaren

Best.-Meth., wie Spektrographie, Polarographie, Colorimetrie, Verw. radioakt. Isotope u. a. sowie Bedeutung der Spurenelemente in Halbleitern u. anderen Gebieten.
K. Huste. 5050 □

Durch Neutronenaktivierungsanalyse bestimmte Werte der Spurenelemente in G-1 und W-1. Hiroshi Hamaguchi, Rokuro Kuroda, Kenji Tomura, Masumi Osawa, Kenju Watanabe, Naoki Onuma, Tsutomu Yasunaga, Kyoichi Hosohara und Tadashi Endo. (Geochim. cosmochim. Acta [London] **23.** 296—99. Mai 1961. Koishikawa, Tokyo, Tokyo Univ. of Educat., Fac. of Sci., Dep. of Chem.; engl.) — Vff. bestimmten mittels der Neutronenaktivierungsanalyse Spurenelemente in den als internationalen Standards benutzten Gesteinen G-1 (*Granit*) u. W-1 (*Diabas*). Es wurden folgende Werte gefunden (G-1/W-1): *Sc* 2,7/34; *Cu* 16/120; *As* 0,67/2,2; *Sb* 0,28/0,95; *La* 122/27; *Sm* 11/5,1; *Eu* 0,8/ nicht bestimmt; Au nicht bestimmt/0,0049; U 2,7/0,28 (Dimension: ppm). Diese Werte wurden mit den von anderen Autoren bestimmten Werten verglichen (tabelliert). H. Schroeder. 5052 □

Einige analytische Anwendungen radioaktiver Isotope. Iván Porubszky und Dezsö Hegedüs. (Magyar Kémikusok Lapja [Z. Ver. ung. Chemiker] **17.** 90—95. Febr. 1962. Budapest, TU, Lehrst. allg. Chem.; ung.) — Die Isotopverdünnungsanalyse, die radiometr. Titrationen u. die γ-Rückstrahlanalyse werden kurz besprochen u. ihre Verw. mit zahlreichen Beispielen geschildert. I. Náray-Szabó. 5052

Die Chemie und die Anwendung der Tritiummarkierung. Charles Rosenblum. (Nucleonics **17.** Nr. 12. 80—83. Dez. 1959. Rayway, N.J., Merck Sharp & Dohme Res. Labor., Div. of Merck & Co., Inc.; engl.) — Überblick über die Anwendung der Tritiummarkierung für analyt. Zwecke u. zur Reinheitsprüfung organ. Stoffe.
Ch. Weiske. 5052 □

Beobachtungen des Auftretens von Verbindungen in einigen Zweikomponentensystemen durch Messungen der photoelektrischen Emission. Photoelektrische Analyse. E. Kansky. (Vestnik sloven. kem. Društva **5.** 1—6. Jan./Juni 1958. Ljubljana, Inst. für Elektronik der techn. Fak.; tschech.) — Aus der Kurve Photostrom–Zus. bei der Verfolgung der Änderung des Sättigungsstromes der photoelektr. Emission einer dünnen As-Schicht (100 Å) während der Rk. mit einem Alkalimetalldampf (Li, Na, K, Rb, Cs, bezeichnet als B) kann entnommen werden, daß die Kurve bei den Zus. $AsB_{0,5}$; AsB; $AsB_{1,5}$; AsB_3 durch ein Minimum verläuft. Der Vers. wird in einer Röhre durchgeführt, welche die As-Schicht enthält; die Röhre befindet sich in einem Ofen bei ca. 170°; Vakuum 10^{-6} mm Hg; Beleuchtung mit einer Niedervoltlampe 1000 Lux. Eine ähnliche Erscheinung kann bei Sb- u. Bi-Schichten beobachtet werden. Die Meth. wird zur Unters. von Zweikomponenten-Syst. u. von Diffusionsprozessen als „photoelektr. Analyse" empfohlen. J. Tůmová. 5052 □

Automatischer coulometrischer Analysator. Kazimierz Sykut. (Ann. Univ. Mariae Curie-Skłodowska, Sect. AA **13.** 27—35. 1958, herausgeg. 1960. Lublin, Univ. M. Curie-Skłodowskiej, Kat. Chem. nieorg.; pol.) — Das beschriebene Coulometer besteht aus der Elektrolysezelle, dem Kalkulator (Messung der Strommenge u. Umrechnung auf Substanzmenge bzw. Konz.) u. der automat. Endpunktanzeige. Das Coulometer hat eine geradlinige Charakteristik im Bereich 0,4—9 V, es ist somit zur Best. im Makro- u. Ultramikromaßstab geeignet. Die Genauigkeit ist hoch (0,3% relativer Fehler). F. Urban. 5054 □

Eine Bezugselektrode für elektrochemische Untersuchungen in geschmolzenen Alkalichloriden bei hohen Temperaturen. R. Littlewood. (Electrochim. Acta [London] **3.** 270—78. Jan. 1961. Saffron Walden, Hinxton Hall, Tube Investments Res. Labor.; engl.) — In ein einseitig geschlossenes Glasrohr aus Jenaer Supremax Glas von 5 mm ∅ u. 1 mm Wandstärke wird ein äquimolares NaCl-KCl-Gemisch mit 27 Mol-% AgCl unter strengstem Ausschluß von Feuchtigkeit u. organ. Verunreinigungen eingeschmolzen u. ein Ag-Draht eingetaucht. Diese Ag/AgCl-Elektrode besitzt bei 700° ein Potential von —939 mV, bezogen auf die Cl_2-Standardelektrode. Die Elektrode ist innerhalb $\pm$10 mV reproduzierbar u. bei 700° über lange Zeit konstant. Sie ist robust u. übersteht ein Einfrieren in der Schmelze. Eine Verunreinigung der Schmelze durch das Glas findet nicht statt. Der Innenwiderstand beträgt ca. 0,5—1 MΩ. Abweichungen von der Nernstschen Gleichung durch Spannungen im Glas sind beobachtet worden u. lassen sich berechnen. Die Überführungszahl des Ag^+ durch das Glas in einer NaCl–KCl-Schmelze mit 2—50 Mol-% AgCl sind bei 700° vernachlässigbar klein.
K. Ross. 5054 □

Über langsames Polieren. A. F. Hallimond. (Neues Jb. Mineralog., Abh. **94.** 1441—46. 1 Tafel. Juli 1960. London; engl.) — Vf. beschreibt eine Poliermaschine zur Herst. reliefarmer Erzanschliffe mit langsam laufender Scheibe. Zum Polieren wird Diamantpulver in Korngrößen zwischen 3 u. 0,5 μ verwendet. J.-E. Hiller. 5058 □

Herstellung von Schliffen von Lötverbindungen für die Mikrostrukturuntersuchung. A. Ss. Popow. (Заводская Лаборатория [Betriebs-Lab.] **25.** 496—97. 1959. Moskau, luftfahrttechn. Inst.; russ.) — Schliffe von Löt-Verbb. zwischen Cu, Messing, C-armem Stahl mit Sn—Pb-Leg., Cu, Messing u. Ag als Lötmetall werden am besten durch Schleifen mit Schmirgelpapier (herunter bis zu Nr. 80), anod. Polieren (Stromdichte 8 A/dm^2) u. anschließendes mechan. Polieren hergestellt. Beim anod. Polieren sollten vom Lötmetall mindestens 0,01—0,05 mm weniger abgelöst werden; durch die mechan. Politur erreicht man dann wieder Ausgleich der Oberflächen. H. Huber-Emden. 5060□

Thermisches Verhalten bei der Vakuum-Zonenschmelze. D. K. Donald. (Rev. sci. Instruments **32.** 811—13. Juli 1961. Dearborn, Mich., Ford Motor Comp., Sci. Labor.; engl.) — Temp.-Verteilung u. ausgestrahlte Gesamtenergie werden für eine Metallstange diskutiert, die in einem Elektronenbeschußofen einer Vakuumzonenschmelze unterzogen wird. Die mathemat. Analyse wird für einen eindimensionalen Körper durchgeführt. Verss. über die ausgestrahlte Energie wurden an Al, Ge, Gd, Si, Ni, Fe, Pt, Pd, V, Mo, Ta u. W durchgeführt. Die Experimente zeigten gute Übereinstimmung mit der abgeleiteten Gleichung für eine sehr dünne Stange mit infinitesimaler Länge der geschmolzenen Zone. R. Ristow. 5060□

Moderne apparative Hilfsmittel zur Elektrophorese und Chromatographie im biochemischen Forschungslaboratorium. 3. Mitt. **Geräte für die Säulenchromatographie (Teil B).** H. Pelzer. (Glas-Instrumenten-Techn. **5.** 97—103. April 1961. Tübingen; dt.) — 2. vgl. Glas-Instrumenten-Techn. **5.** [1961.] 35; 1. vgl. C. **1961.** 13289. — Erläutert u. beschrieben werden Vorr. zur Konstanthaltung der Durchfluß-Geschw. des Elutionsmittels, zur Reihen-Best. fraktionierter Proben u. vollautomat. Analysengeräte. — 19 Literaturhinweise. F.-M. Friedrich-Anderseck. 5062□

Ein modifizierter Tank für die Papierelektrophorese. D. A. Osborn. (Lab Pract. **9.** 595—96. Aug. 1960. London, Univ., Inst. of Laryngology and Otology, Dep. of Path.; engl.) — Es wird ein einfacher App. für 6 Streifen (2,5× 20 cm, Filtrierpapier oder Celluloseacetatmembranen) beschrieben, in dem das Aufsaugen der Puffer-Lsgg. in vorgesätt. Atmosphäre erfolgt. Die Streifen sind horizontal angebracht u. werden durch Gew. immer gleichmäßig gespannt gehalten. Die Anordnung ist leicht zugänglich. P. Scharner. 5062□

Dielektrisches Bolometer: Ein neuer Typ des thermischen Strahlungsmessers. Rudolf A. Hanel. (J. opt. Soc. America **51.** 220—24. Febr. 1961. Washington, D.C., Nat. Aeronautics and Space Adm., Goddard Space Fligth Center; engl.) — Die DK einiger Stoffe ist genügend stark von der Temp. abhängig, um sie zur Verw. für einen neuen Bolometertyp geeignet erscheinen zu lassen. Die Theorie der dielektr. Bolometer verspricht einen nichtgekühlten therm. Strahlungsmesser, der nur Temp.-Rauschen zeigt. Johnson-Rauschen existiert in diesen kapazitiven Elementen prakt. nicht. Er erreicht die äußerste Genauigkeit eines therm. Strahlungsmessers. Ferroelektr. Stoffe scheinen gut geeignet zu sein. H. Lindberg. 5063□

Präzisionsmessung der Strahlungsfunktion von Temperaturstrahlern. Dietrich Hahn, Hans Magdeburg und Ulrich Schley. (Farbe **9.** 17—30. Sept. 1960. Berlin, Phys.-Techn. Bundesanstalt; dt.) — Eine Präzisionsmessung der Schwarzen Temp. u. einer aus ihr folgenden Best. der spektralen Strahldichte in Abhängigkeit von der Wellenlänge der Strahlung an W-Bandlampen durch Vgl. mit einem Schwarzen Strahler hoher Temp. (W-Ofen bis 3000° K) wird beschrieben. Es wird gezeigt, daß es vorteilhafter ist, Sekundärnormale für Farb- bzw. Verteilungs-Temp. an den Schwarzen Strahler anzuschließen, als sie mit Hilfe von Tabellen für den spektralen Emissionsgrad zu berechnen. Die Frage, ob u. in welchem Bereich die Bandlampe eine „Graue Strahlung" besitzt, wird diskutiert; im sichtbaren Spektralbereich ist dies mit einer Annäherung von einigen ‰ möglich, so daß es sinnvoll ist, der Lampe eine Verteilungs-Temp. zuzuordnen. D. Hahn. 5063□

Einfache Tieftemperatur-Diffraktometer-Probenhalterung. William L. Baun. (Appl. Spectroscopy **13.** 79—80. 1959. Wright-Patterson Air Force Base, Ohio, Wright Air Dev. Center, Materials Labor.; engl.) — Die Probe wird in einer Mulde eines hohlen Teflonblockes untergebracht, der an dem Probenhalter befestigt ist, u. kann durch von unten her zugeführte Kühl-Fl. auf die Temp. des fl. He abgekühlt werden. W. Betcke. 5063□

Absolute Eichung eines Lichtdetektors. R. L. Christensen und I. Ames. (J. opt. Soc. America **51.** 224—36. Febr. 1961. Yorktown, N.Y., IBM Res. Center; engl.) — Mit einer opt. Standardausrüstung wird die abs. spektrale Empfindlichkeit eines Photovervielfachers im Wellenlängengebiet von 2200 Å bis zum Ende des Empfindlichkeitsbereiches (jenseits 7000 Å) bestimmt. Als Standardlichtquelle wurde eine W-Bandlampe verwendet; das dispergierende Syst. ist eine Anordnung von 2 Gittermonochromatoren. Die Monochromatordurchlässigkeiten u. die relative wie abs. spektrale Empfindlichkeit der Photovervielfacher sind die Hauptbest.-Punkte. Als Anwendungsbeispiel wird die Best. der abs. spektralen Energie zweier Lampen beschrieben. H. LINDBERG. 5063 □

Ein Schattenschlierenverfahren mit Minimumstrahlkennzeichnung für hohe Meßgenauigkeit. Liselotte Krausbauer. (Z. Physik **152.** 214—34. 28/7. 1958. Marburg, Univ., Inst. für Angew. Phys.; dt.) — Vf. wendet die Minimumstrahlkennzeichnung auf das WIENERsche Schattenschlieren-Verf. an u. benutzt als Objekte zur quant. Unters. ein Biprisma u. eine geschichtete Zucker-Lsg., wobei die so gefundenen Brechungsindices bis auf 0,03% mit den direkt gemessenen Werten übereinstimmen. Als Gewinnfaktoren des Schlieren-Verf. nach PHILPOT-SVENSSON, des ursprünglichen Verf. nach WIENER u. des neuen Verf. ergeben sich die Werte 1,5, 5 u. 300, was einer Steigerung der Meßgenauigkeit beim neuen Verf. um einen Faktor $\sqrt{200}$ bzw. $\sqrt{60}$ entspricht. D. JÖRCHEL. 5063 □

Anordnung zur detaillierten Untersuchung der Auslöschkurven der Phosphorescenz mit der Dauer von mehr als 0,1 Sekunden. W. A. Pilipowitsch und B. Ja. Sweschnikow. (Оптика и Спектроскопия [Optik u. Spektroskopie] **4.** 116—18. Jan. 1958. Opt. Wawilow-Inst.; russ.) — Zur Best. der Löschkurve im Bereich von 0,1 Sek. bis einige Min. bei einer Änderung der Intensität des Phosphorescenz um den Faktor 10^7 wurde eine Anordnung konstruiert, die skizziert ist u. deren Schaltung wiedergegeben ist. Sie umfaßt eine Leuchte mit Hg-Lampe, verschiedene Filter u. Filterwechsler, einen doppelten opt. Verschluß, Photomultiplier, Verstärker, Schleifenoscillograph u. Zeitgeber. Ferner ist sie mit einem Thermostaten ausgerüstet. Die Kurve für *Borsäure* bei Zimmer-Temp. ist wiedergegeben. M. WIEDEMANN. 5063 □

Automatische Registrierung von Drehwinkeländerungen bei optisch-aktiven Reaktionen. Manfred Wilk. (Chemie-Ing.-Techn. **31.** 805—07. Dez. 1959. Frankfurt/M., Univ., Inst. für Organ. Chemie.) — Die beschriebene App. gestattet die Aufzeichnung von Drehwinkeländerungen in Abhängigkeit von der Zeit. Benutzt wird ein Halbschattenpolarimeter, dessen Analysator in der Achse einer Schreibtrommel justiert u. mit dieser starr verbunden ist. Die Halbschattenfelder werden auf je einem Phototransistor abgebildet. Ein über einen Zweikanalverstärker geschalteter Servomotor dreht den Analysator — u. damit die Trommel — auf die Stellung gleicher Helligkeit der Halbschattenfelder. Die Drehung der Trommel wird durch einen Schreiber markiert, der mit konst. Geschw. senkrecht zur Drehrichtung läuft. Die ersten sicheren Werte werden bereits nach 1 Min. geliefert, die Ablesegenauigkeit beträgt 0,04°. Das Schaltbild des Verstärkers u. der Relaisstufe wird angegeben. F. EHRHARDT. 5063 □

Photoelektrisches Polarimeter mit drehender Phasenplatte. Joseph Leray und Gaston Scheibling. (C. R. hebd. Séances Acad. Sci. **251.** 677—78. 1/8. 1960. Strasbourg, Centre de Rech. sur les Macromol.; franz.) — Beschreibung eines photoelektr. Polarimeters für schwach doppelbrechende Substanzen. Zwischen Polarisator u. Analysator werden die auf Drehung der Polarisationsebene zu untersuchende Substanz u. zwei doppelbrechende Phasenplatten angeordnet. Das Azimut der ersten Phasenplatte ist einstellbar u. auf einem Teilkreis ablesbar, die zweite rotiert mit konst. Winkel-Geschw. ω in ihrer Ebene. Der von einem Photoelektronenvervielfacher gemessene, durch die Anordnung getretene Lichtstrom besteht aus einer Gleichkomponente u. zwei Wechselkomponenten mit den Frequenzen $2\ \omega$ u. $4\ \omega$, deren Messung eine Best. der Drehung der Polarisationsebene ermöglicht. F. LENZ. 5063 □

Spektropolarimetrie. 2. Mitt. **Empfindlichkeit von photoelektrischen Polarimetern.** Th. Bürer und Hs. H. Günthard. (Helv. chim. Acta **43.** 810—25. 2/5. 1960. Zürich, TH, Labor. für Phys. Chem.; dt.) — 1. vgl. C. **1959. 11674.** — Für Halbschattenpolarimeter mit opt. Nullabgleich u. einer Photokathode als Empfänger wird der Einfl. der einzelnen Faktoren, die sich aus der opt. u. elektron. Konstruktion des App. u. aus den opt. Eigg. u. der Konz. der Substanz ergeben, auf die Genauigkeit der Drehwinkelmessung untersucht. Die Vff. kommen zu dem Ergebnis, daß die Empfindlichkeit des Polarimeters in erster Linie von der verfügbaren Lichtintensität abhängt, während sich der Halbschattenwinkel, der Unvollkommenheitsgrad der Polarisator–Analysator-Kombination u. der Dunkelstrom der Photokathode weniger auswirken. Die Resultate werden graph. dargestellt, die Voraussetzungen genau definiert. F. EHRHARDT. 5063 □

Theorie und Konstruktion von Quantometern. Ernö Gegus. (Kohászati Lapok [Ung. Z. Hüttenwes.] **94.** 520—28. Nov. 1961. Budapest, Eisenforsch.-Inst.; ung.) — Beschreibung der Konstruktion u. Arbeitsweise von automat. registrierenden, direktanzeigenden Spektrographen. Die 4 am häufigsten benützten App.-Typen sind: Adapter in den Prismenspektrographen, Forschungsquantometer, ortsfeste Mehrkanalinstrumente u. Vakuumquantometer. L. ZOMBORY. 5063

Leistungsvergleich von Quantometern für die spektrochemische Analyse mit aufeinanderfolgender und paralleler Integration. M. F. Hasler. (Spectrochim. Acta [London], Proc. colloquium spectroscop. int. VI **1956.** 76—83. 1957. Glendale, Calif., Appl. Res. Labor.; engl.) — Beschreibung einer App., mit der wahlweise eine photograph. Registrierung des Spektrums u. eine parallele oder aufeinanderfolgende Integration der Intensitäten von Spektrallinien vorgenommen werden kann. Diskussion der Vorteile u. Genauigkeit der verschiedenen Meßmethoden. H.-J. EICHHOFF. 5063 □

Neue Entwicklungen in der direktanzeigenden Emissionsanalyse. (Zusammenfassung.) H. Bückert. (Spectrochim. Acta [London], Proc. colloquium spectroscop. int. VI **1956.** 105. 1957. Milano, Fa. Optica; engl.) — Vgl. C. **1960.** 1953. — Beschreibung eines 2-m-Plangitter-Spektrometers u. eines Vakuum-Gitterspektrometers für die Direktanalyse unter Verw. von Photomultipliern. Angabe der Konstruktionsprinzipien für ein Anregungsgerät mit elektron. Steuerung u. eine Einrichtung zur integrierenden Messung von Intensitäten durch Best. der Aufladezeit eines Vgl.-Kondensators mit Impulszählung.
H.-J. EICHHOFF. 5063 □

Versuche zu Registrierungen mit kontrollierter Emissionsenergie. 1. Mitt. **Prinzipien und Methoden.** Z. Hainski und P. Herman. (Spectrochim. Acta [London] **13.** 311—35. Jan. 1959. Bruxelles, S.E.R.A.I., Labor. de la Soc. d'Etudes de Rech. et d'Applications pour l'Ind.; Tervuren, Labor. de Rech. Chim. du Ministère du Congo belge et du Ruanda-Urundi; franz.) — Beschreibung u. Diskussion zahlreicher Verss. zur Verbesserung der Reproduzierbarkeit spektrochem. Intensitätsmessungen durch Kontrolle der empfangenen Strahlungsenergie mit integrierenden, die Exposition steuernden Hilfsempfängern für die Gesamtstrahlung oder die Strahlung ausgewählter Spektralgebiete. H.-J. EICHHOFF. 5063 □

Verbesserungen zur Anwendung beim Michelson-Interferometer mit Sekundärelektronenvervielfacher zur Messung der Wellenlänge und des spektralen Profils optischer Strahlungen großer Feinheit. Jean Terrien. (Optica Acta [London] **6.** 301—07. Okt. 1959. Bureau International des Poids et Mesures.; franz.) — Beschreibung der letzten Verbesserungen für die photoelektr. Beobachtung der MICHELSON-Interferenzstreifen mit einigen Beispielen der mit dieser Meth. gewonnenen Ergebnisse. Die Empfindlichkeit der Meth. wird so groß, daß man ungefähr $^1/_{1000}$ Streifenbreite bei der Ordnungsnummer der Interferenzen von 10^6, also einige 10^{-9} für den Vgl. der beiden Wellenlängen erreicht. J.- M. SPAETH. 5063 □

Vergleich der Empfindlichkeiten des Maser- und des Hohlraum-Absorptionsspektrometers. Yardley Beers. (Rev. sci. Instruments **32.** 23—27. Jan. 1961. New York, N.Y., New York Univ., Dep. of Phys.; engl.) — Es wird eine Formel für das Signal/Rausch-Verhältnis des Maserspektrometers (MS) u. als Spezialfall des Hohlraum-Spektrometers (HS) abgeleitet. Ein Vgl. beider Spektrometer ergibt, daß bei Frequenzen um 1500—2000 MHz die Empfindlichkeiten des MS u. des HS annähernd gleich sind, während bei niedrigeren Frequenzen der MS, bei höheren Frequenzen der HS die größere Empfindlichkeit hat. Die Ableitungen werden am Beispiel des ND_3-Inversionsspektrums bei 1500 MHz demonstriert. HARRO ZIMMER. 5063 □

Ein Schema zur Frequenzstabilisierung des Pound-Watkins-Hochfrequenzspektrometers. J. Jeener. (Rev. sci. Instruments **32.** 27—28. Jan. 1961. Cambridge, Mass., Harvard Univ., Gordon McKay Labor.; engl.) — Eine einfache Anordnung zur Frequenzstabilisierung des POUND-WATKINS-Hochfrequenzspektrometers mit Hilfe eines externen Frequenzstandards, gestattet die Anwendung des Spektrometers für KMR-Unterss. mit hohem Auflösungsvermögen. HARRO ZIMMER. 5063 □

Rotations-Schwingungs-Struktur in Absorptionsbanden zur Eichung von Spektrometern im Gebiet von 2—16 μ. Earle K. Plyler, Alfred Danti, L. R. Blaine und E. D. Tidwell. (J. Res. nat. Bur. Standards, A. **64.** 29—48. Jan./Febr. 1960. Washington, D.C.; engl.) — Im Gebiet von 2—16 μ wurden passende Banden verschiedener Gase, wie z. B. H_2O, CO_2, CO, HCl, HBr, NH_3, CH_4, N_2O u. Polysterinfilm neu tabelliert bzw. neu gemessen, um auf eine Genauigkeit von 0,03 cm^{-1} im ganzen Gebiet zu kommen u. genügend Eichpunkte in geeigneten Abständen zur Verfügung zu haben. Über 600 Rotationsschwingungslinien werden in 20 Spektrogrammen sowie tabellar. wiedergegeben u. mit Daten anderer Vff. verglichen. Die Absorptionsbanden wurden mit einem Präzisionskonkavgitter gemessen, die Atomlinien mit einem FABRY-PEROT-Interferometer. Die Charakteristiken der einzelnen Banden werden kurz diskutiert.
H. LINDBERG. 5063 □

Die Verwendung von Elektroden aus amorphem Kohlenstoff bei der Hochspannungs-Wechselstrombogenanregung. Jane Connor und Samuel T. Bass. (Appl.

Spectroscopy 14. 55—56. 1960. East Lansing, Mich., Michigan State Univ., Dep. of Agricult Chem.; engl.) — Die Verw. von Elektroden aus amorphem C an Stelle von Elektroden aus Graphit bietet gewisse Vorteile hinsichtlich der Intensität der Spektrallinien u. der Genauigkeit der Best. bei spektrograph. Analysen. W. BETCKE. 5063□

Schnellmethode zur Berechnung der Durchlässigkeit von Zinksulfid-Magnesiumfluorid-Mehrschichtfiltern. J. E. Knowles. (J. sci. Instruments 36. 409—10. Sept. 1959. Chislehurst, Kent, Brit. Sci. Instr. Res. Assoc.; engl.) — Am Beispiel des Syst. Glas–ZnS–MgF_2ZnS–Luft wird eine Meth. zur Berechnung der normalen Durchlässigkeit von ZnS/MgF_2-Mehrfachschichten unter Benutzung zweier modifizierter SMITH-Nomogramme aufgezeigt. W. BETCKE. 5063□

Mikrometermessungen an Spektren hoher Dispersion. A. D. Petford. (Monthly Notices Roy. astronom. Soc. 121. 519—24. 1 Tafel. 1960. Oxford, Univ. Observ.; engl.) — Es wird eine Anordnung zur Ausmessung von Spektren hoher Dispersion beschrieben. Das Spektrum wird mit einer positionsempfindlichen Ge-Photozelle in Verbindung mit dem Meßmikroskop abgetastet, wobei auch bei sehr diffusen Linien die Schwerpunktsintensität genau erfaßt wird. Die Meßgenauigkeit ist bei geringerem Zeitaufwand wesentlich genauer als bei der visuellen Auswertung. HARRO ZIMMER. 5063□

Eine durch Stufenfilter verursachte Spektrallinienverzerrung. T. P. Schreiber, R. F. Majkowski und B. W. Joseph. (Appl. Spectroscopy 14. 57. 1960. Warren, Mich., General Motors Co., Res. Labor.; engl.) — Es wurde eine Verzerrung der Spektrallinien beobachtet u. untersucht, die bei Benutzung von Stufenfiltern auftrat u. auf Interferenzränder im Filter zurückzuführen ist. W. BETCKE. 5063□

Theorie der Genauigkeit des Keildichtevergleichs von mit logarithmischem Sektor aufgenommenen Spektren. Milton Green. (Appl. Spectroscopy 14. 91—94. 1960. Fort Monmouth, N.J., U.S. Army Signal Res. and Dev. Labor.; engl.) — Das von GREEN u. POLK (vgl. Appl. Spectroscopy 8. [1954.] 126) beschriebene Auswerte-Verf. beruht auf einem Längen-Vgl. der bei Aufnahme mit logarithm. Sektor keilförmig geschwärzten Analysen- u. Bezugslinie. Ausgehend von der SCHWARZSCHILD-Gleichung u. unter Zugrundelegung des WEBER-FECHNERschen Gesetzes für den visuellen Linien-Vgl. leitet Vf. einen Ausdruck für den relativen Fehler der Best. des Linienintensitätsverhältnisses ab. Es zeigt sich, daß die Best.-Genauigkeit ausschlaggebend vom Emulsionsgradations-Koeff. γ_I, dagegen in gewissen Grenzen nicht von der Projektorvergrößerung, der Sektor-Konst. u. der Winkel-Geschw. des rotierenden Sektors abhängt. Messungen im Spektrum einer H_2-Entladungslampe ergaben im geradlinigen Teil der Schwärzungskurve mit $\gamma_I = 2{,}2$ einen Variations-Koeff. von $3{,}0 \pm 0{,}5\%$. R. GERBATSCH. 5063□

Beobachtungen über die Verwendung von LaO-Banden zur spektrochemischen Analyse mit dem Gleichstrombogen. L. H. Ahrens und R. A. Edge. (Spectrochim. Acta [London] 13. 304—07. Jan. 1959. Cape Town, Univ., Gov. Chem. Labor.; engl.) — Die LaO-Bandenköpfe bei 4371 u. 4418 Å zeigen im alkaligepufferten Gleichstrombogen bis zu 100fach höhere Intensität als die normalerweise empfindlichsten La-Linien. H.-J. EICHHOFF. 5063□

Berechnung von Kalibrierungsdaten unter Bezug auf die Methode des veränderlichen inneren Standards. A. B. Calder. (Spectrochim. Acta [London] 1959. 280—83. Mai 1959. Durham, Haydon House, Stockton-on-Tees Co.; engl.) — Anleitung zum Anfertigen von Eichkurven für die Best. von Spurenelementen in Anlehnung an die Meth. von SCOTT [1946] mit Fe(III) als innerem Standard sowie theoret. Anmerkungen. W. BETCKE. 5063□

Anwendung von Vergleichseisenspektren in qualitativen und quantitativen spektroskopischen Untersuchungen. Tibor Kántor. (Magyar Kémiai Folyóirat [Ung. Z. Chem.] 66. 491—93. Dez. 1960. Budapest, Müszaki Egyet. Altalános Kém. Tanszék.; ung.) — Vf. konstruierte zur Erleichterung der Linienidentifizierung eine auf das TB-2-Spektroskop montierbare Tabellenträgertrommel, die mit Hilfe einer Vergrößerungs-Vorr. beobachtbar ist. Die im Sehfeld ebenfalls erscheinenden Vgl.-Fe-Spektren u. die Spektren der zu untersuchenden Probe können, ohne die Augen ablenken zu müssen, mit dem Fe-Spektrenatlas verglichen werden. Als Vgl.-Lichtquelle diente ein zwischen Fe- u. C-Elektrode in N_2-Atmosphäre erzeugter Wechselstrombogen. G. HALMI. 5063□

Die Untersuchung der spektralanalytischen Filterpapierscheiben-Methode. 1. Mitt. Katalin Felsö. (Magyar Kémiai Folyóirat [Ung. Z. Chem.] 66. 505—07. Dez. 1960. Veszprém, Nehézvegyip. Kutató Int. és Vegyip. Egyet. Anal.-Kémiai Tanszék.; ung.) — Vf. untersuchte die Filterpapierscheiben-Meth., bei welcher die Lsg. von Filtrierpapier aufgesaugt u. so in die Funkenstrecke gebracht wird. Die Lsgg. enthielten neben HCl auch

Ga, Al, Fe u. als Bezugselement Bi bzw. Ni. Die Reproduzierbarkeit ist infolge chromatograph. Erscheinungen schlecht, wenn die Lsg. auf das Papier getröpfelt wird, gut dagegen, wenn das Papier in die Lsg. getaucht wird. Der App. ist einfach, u. eine Auswechselung der Elektrode erübrigt sich bei Parallel-Versuchen. Bedeutend größer ist dagegen der Einfl. von Fremdelementen. G. Halmi. 5063 □

Studien über die zwischenelementaren Effekte. 3. Mitt. László Paksy. (Magyar Kémiai Folyóirat [Ung. Z. Chem.] **66.** 493—96. Dez. 1960. Miskolc-Diosgyör, Lenin Kohászati Müvek; ung.) — 2. vgl. C. **1961.** 14030. — Es werden die wegen verschiedener Störelemente bei Fe-Legg. auftretenden abs. Intensitätsänderungen durch Vgl. der abs. Abfunkkurven $S = f(t)_c$ u. der abs. „isosec"-Eichlinien $S = f(\log c)_t$ behandelt. Vf. stellte 3 Arten der Störungen fest: Das störende Element beeinflußt 1. nur die Intensität des Zusatzelements, 2. nur die Intensität der Grundelementlinie, 3. die Intensität beider Linien. Auf Grund dieser Beobachtungen lassen sich „isosec"-Kompensation u. die Additivität deuten. Ein Sonderfall der 2. Gruppe ist der neu nachgewiesene sog. zwischenelementare Effekt „per se ipso". G. Halmi. 5063 □

Fokalkurve und Leistung des Spektrographen. 1. Mitt. **Die Methode der Bündeltrennung.** Arno Arrak. (Spectrochim. Acta [London] **15.** 1003—14. 1959. Brooklyn, N.Y., Belmont Smelt. and Refining Works; engl.) — Diskussion der Bedeutung einer Fokussierungsveränderung für Lichtstärke, Auflösungsvermögen, Verhältnis Linie zu Untergrund u. das Intensitätsverhältnis von Linien sowie Behandlung der experimentellen Technik zur Festlegung der Fokalkurve von Spektrographen, bes. Gitterspektrographen, mit einer Modifizierung des Hartmann-Testes durch Ausblendung verschiedener Zonen des dispergierenden Elements. H.-J. Eichhoff. 5063 □

Fokalkurve und Leistung des Spektrographen. 2. Mitt. **Die Theorie von komabehafteten Spektrallinien.** Arno Arrak. (Spectrochim. Acta [London] **15.** 1015—23. 1959.) — 1. vgl. vorst. Referat. — Entw. der Theorie komabehafteter Spektrallinien u. Diskussion der Auswirkung des Komafehlers auf die Linienform. Anwendung der Theorie auf die aus Fokalkurven-Unterss. nach l. c. gewonnenen Daten. H.-J. Eichhoff. 5063 □

Ein mechanischer Spektrographenverschluß für extrem kleine Belichtungszeiten. Wolfgang L. Wiese. (Rev. sci. Instruments **31.** 943—45. Sept. 1960. College Park, Md., Univ. of Maryland; engl.) — Der mechan. Spektrographenverschluß für Belichtungszeiten bis herunter zu $5 \cdot 10^{-8}$ s, der mit einem Synchronisations-Syst. verbunden ist, besteht aus einem in der Ebene der opt. Achse u. um seine kleine Achse rotierenden Al-Hohlzylinder, dessen eines Ende mit ei nemfesten Bausch- u. -Lomb-Spektrographenspalt versehen ist. Im Gegensatz zu Kerr-Zellverschlüssen wird der größte Teil des einfallenden Lichtes durchgelassen, was eine Verw. in der photograph. Spektroskopie gestattet. Der Verschluß kann auch unterhalb 4200 Å verwendet werden. H. Lindberg. 5063 □

Einige industrielle und biologische Anwendungen eines registrierenden Reflektometers. R. E. Anacreon und R. H. Noble. (Appl. Spectroscopy **14.** 29—31. 1960. Norwalk, Conn., Perkin-Elmer Corp.; engl.) — Beschreibung einer Zusatz-Vorr. zum Gebrauch des Perkin-Elmer-4000-A-Spektrophotometers als registrierendes Reflektometer sowie für Transmissions- u. Streulichtmessungen an trüben Lösungen. Vergleichende Angaben über Tristimulus-Werte. W. Betcke. 5063 □

Elementaranalyse durch Röntgenspektrographie (Fluorescenz). 1. Mitt. C. Raimbault und G. Baron. (Chim. analytique [4] **42.** 336—45. Juli 1960. Inst. Français du Pétr.; franz.) — Einführende Übersicht (Grundlagen u. Apparatives). A. Blaschette. 5063 □

Die komplementäre Natur von Röntgenfluorescenz- und optischen Emissionsmethoden in der spektrochemischen Analyse. M. F. Hasler. (Spectrochim. Acta [London], Proc. colloquium spectroscop. int. VI **1956.** 97—104. 1957. Glendale, Calif., Appl. Res. Labor.; engl.) — Behandlung der physikal. Grundlagen der Röntgenfluorescenz u. krit. Diskussion der Schnelligkeit, Empfindlichkeit, der Matrixeffekte u. der Anwendbarkeit dieses Verf. im Vgl. zur opt. Emissionsspektralanalyse unter Hinweis auf entsprechende kommerzielle Instrumente für Routinebestimmungen. H.-J. Eichhoff. 5063 □

Methode zur Registrierung der Röntgenkleinwinkelstreuung, wenn die von der Probe gestreute Intensität sich mit der Zeit schnell ändert. P. W. Teare. (Brit. J. appl. Physics **11.** 287—89. Juli 1960. Banbury, Oxfords., Aluminium Labors. Ltd.; engl.) — Vf. beschreibt eine neue Meth. zur Registrierung der gestreuten Röntgenintensitäten bei kleinen Winkeln. Diese Meth. läßt sich auch auf Proben anwenden, die eine mit der Zeit veränderliche Streuung aufweisen. Als Anwendungsbeispiel wird die Röntgenstreuung einer durch Alterung gehärteten *Al-Zn-Leg.* mit 15% Zn behandelt. Von 2 diskutierten Registriermeth. dürfte der Verw. eines Proportionalzählers der Vorzug zu geben sein. G. RUBAN. 5063 □

Die Genauigkeit bei spektrochemischen Analysen mit Röntgenstrahlen. Vergleich zwischen Meßzeitvorwahl und Impulsvorwahl. L. S. Birks und D. M. Brown. (Analytic. Chem. **34.** 240—41. Febr. 1962. Washington, D.C., U. S. Naval Res. Labor.; engl.) — Ein Vgl. der mit Meßzeitvorwahl bzw. Impulsvorwahl durchgeführten Messungen zeigt, daß die relative Standardabweichung in den Intensitätsdifferenzen zwischen Linie u. Untergrund bei röntgenspektrochem. Analysen unter Verw. der Meßzeitvorwahl nur um einen Faktor $<1{,}1$ größer ist als die bei Impulsvorwahl erhaltene Abweichung. Da man mit der Meßzeitvorwahl wesentlich schneller arbeiten kann, wird diese Meth. für alle Routineanalysen empfohlen. P. KURZMANN. 5063 □

Ein einfacher Probenhalter für Flüssigkeiten zur Röntgenfluorescenzanalyse. J. N. van Niekerk und F. T. Wybenga. (Appl. Spectroscopy **14.** 56. 1960. Pretoria, South Africa, Council for Sci. and Ind. Res., Nat. Phys. Res. Labor.; engl.) — Beschreibung einer Modifizierung des Probenhalters für das PHILIPS P.W. 1520/10-Gerät. W. BETCKE. 5063 □

Die objektive Farbmessung. Barna Pataky. (Elelmezési Ipar [Lebensmittel Ind.] **15.** 341—46. Nov. 1961. Budapest, Ampellog. Inst.; ung.) — Krit. Besprechung der verschiedenen Farbmeßverfahren. Vf. schlägt als genaue Meth. die ausgewählten Ordinaten nach HARDY vor. Der Arbeitsaufwand wird durch die erhaltenen genauen u. reproduzierbaren Ergebnisse kompensiert. K. GÄRTNER. 5064

Automatisches Titriergerät für chemische Analyse. M. A. Weksler. (Заводская Лаборатория [Betriebs-Lab.] **26.** 1146—48. 1960; russ.) — Beschreibung eines im Betrieb erprobten automat. Titriergeräts. Die App. entnimmt automat. eine Probe der zu analysierenden Fl., fügt 2—3 Reagentien zu u. durchmischt die Rk.-Partner. Der Analysengang ist folgender: Die zu analysierende Fl. kommt zur Probeentnahme in die Dosierungs-Vorr., wird dann in die analyt. Zelle befördert, in der die Reagentien zugefügt werden. Die Mischung wird mittels einer mechan. Vorr. durchmischt u. anschließend mit einer bestimmten Menge des zweiten Reagens titriert. Das Analysenresultat wird ebenfalls automat. angezeigt. E. STEINBERG. 5066 □

Potentiometrische Untersuchung der Reaktionen von Kupfer(I)-Salzen mit einigen Oxydationsmitteln. Ludmila Suchomelová, Jan Doležal und Jaroslav Zyka. (J. electroanalyt. Chem. [Amsterdam] **1.** 403—07. Aug. 1960. Prague, Charles Univ., Dep. of Analyt. Chem.; engl.) — Vff. verwenden eine Bürette in Verbindung mit einem Ag-Reduktor u. eine Cu(I)-Lsg. als reduktometr. Reagens ohne Schutzgas, bestimmen das formale Redoxpotential des Paares Cu^+/Cu^{2+} in Abhängigkeit von der HCl-Konz. (2—4,5n) durch direkte Messung u. aus den Titrationskurven von $Cr_2O_7^{2-}$ mit Cu(I) u. ermitteln die optimalen Bedingungen für die quant. Red. u. potentiometr. Titration von $Cr_2O_7^{2-} \rightarrow Cr^{3+}$, $VO_3^- \rightarrow VO^{2+}$, $Ce^{4+} \rightarrow Ce^{3+}$, $Fe^{3+} \rightarrow Fe^{2+}$, $MnO_4^- \rightarrow Mn^{2+}$, $Fe(CN)_6^{3-} \rightarrow Fe(CN)_6^{4-}$ u. $JO_3^- \rightarrow J^+$. Die Meth. ist für die Best. von BrO_3^-, Au^{3+}, Ir^{4+}, U^{6+}, As^{5+}, Mo^{6+}, Pt^{4+}, Pd^{2+} u. Peroxiden nicht geeignet. Die Titrationskurven von $Ce^{4+} + Fe^{3+}$, $VO_3^- + Fe^{3+}$, $Cr_2O_7^{2+} + Fe^{3+}$, $MnO_4^- + Fe^{3+}$ lassen die Red. der einzelnen Komponenten durch deutliche Potentialänderungen erkennen, während $Cr_2O_7^{2-} + VO_3^-$, $Ce^{4+} + Cr_2O_7^{2-}$ u. $MnO_4^- + Cr_2O_7^{2-}$ zusammen red. werden. Die Genauigkeit ist in beiden Fällen für eine prakt. Anwendung nicht ausreichend. P. FRENZEL. 5066 □

Potentiometrische und polarometrische Titrationen unter Anwendung von Tetraphenylboraten. 2. Mitt. **Mercurimetrische Bestimmungen.** A. Heyrovský. (Collect. czechoslov. chem. Commun. **26.** 1305—12. Mai 1961. Prag, Karls-Univ., Forschungslabor. für kardiovaskuläre Erkrankungen; dt.) — 1. vgl. C. **1958.** 13862. — Die Rk. von Tetraphenylboraten der Alkalimetalle (**I**) mit $Hg(ClO_4)_2$ wurde polarograph. verfolgt. Es entsteht zuerst Diphenyl-Hg (**II**) u. Phenylborsäure (**III**), bei Überschuß von Hg^{2+} dann $C_6H_5HgNO_3$ bzw. $C_6H_5HgClO_4$. Der Gesamtverbrauch ist $8\,Hg^{2+}$ auf 1 Mol **I** äquivalent. Die Meth. ist also empfindlicher als die argentometr. Titration. Der Äquivalenzpunkt kann potentiometr. oder polarometr. bestimmt werden. Umgekehrt können auch Hg(II)-Salze mit **I**-Maß-Lsg. titriert werden. P. ZUMAN/Prag. 5066

Theorie und Anwendungsmöglichkeiten der polarographischen Maximaunterdrückungen. 7. Mitt. Einfluß der Temperatur, des pH-Wertes und der Leitfähigkeit. I. Rusznák, I. Králik und F. Fukker. (Collect. czechoslov. chem. Commun. **26.** 1262—67. Mai 1961. Budapest, Forschungsinst. für die Textilind.; dt.) — 6. vgl. C. **1962.** 7548. — Der Einfl. von Temp. sowie Grund-Lsg.-Konz. auf das Dämpfungsvermögen von Methylenblau, Methylviolett, Fuchsin, Rhodamin B u. Gelatine für polarograph. O_2-Maxima wurde untersucht. Die beobachteten Einfl. wurden durch Änderung der Leitfähigkeit, Temp. bzw. Ionenstärke erklärt. Eine Änderung der pH-Werte beeinflußt die Dämpfungsfähigkeit nicht. Bei Naphtholgelb S u. bei 1.8-Diaminonaphthalin-3.6-disulfonsäure wurde bei Verfolgung der Abhängigkeit der Höhe des O_2-Maximums von der Konz. des Naphthalin-Deriv. beobachtet, daß mit steigender Konz. des oberflächenakt. Stoffes die Höhe des Maximums zuerst abnimmt, dann jedoch wieder anwächst. P. ZUMAN/Prag. 5066

Schnelle Reinigung von Tetrabutylammoniumjodid für polarographische Zwecke. Jan Paściak. (Chem. analit. [Warszawa] **5.** 657—61. 1960. Oświęcim, Zakłady Chem. Zakł. Nauk.-Bad.; pol.) — 5 g Tetrabutylammoniumjodid (I) werden in 50 ml Bzl. heiß gelöst u. die Lsg. nach Zusatz von 5 ml Dimethylformamid (II) in Eis gekühlt. Der Nd. wird mit Bzl.-**II** (10 : 1) gewaschen u. bei 5 mm Hg $< 60^0$ mehrere Std. lang getrocknet. Das so gereinigte **I** ist für polarograph. Zwecke in **II** als Lsgm. gut geeignet. In A. als Lsgm. darf nur **I**, das aus Äthylacetat krist. worden ist, verwendet werden. F. URBAN. 5066□

Indicatorpapier „Rifan" zur pH-Bestimmung. G. N. Koschelewa und P. I. Brussilowski. (Заводская Лаборатория [Betriebs-Lab.] **26.** Nr. 9. 1163. 1960; russ.) — Zur Best. des pH-Werts bis zu einer Genauigkeit von 0,15—0,20 Einheiten wird „*Rifan*" (**I**) empfohlen. Der Papierstreifen ist mit einer Farbskala zum Vgl. versehen. **I** eignet sich zur Best. des pH-Werts in trüben u. leicht gefärbten Flüssigkeiten. Mit **I** arbeitet man bei Zimmertemperatur. Bei Temp.-Erhöhungen von 70—80° beträgt der Fehler 0,5—0,6 pH. E. STEINBERG. 5068□

Über ein neues Reagens Sulfarsacen (Plumbon IREA) und die Ergebnisse seiner praktischen Anwendung. G. Ss. Petrowa. (Заводская Лаборатория [Betriebs-Lab.] **26.** Nr. 9. 1162—63. 1960; russ.) — *Sulfarsacen* (**I**) ist zur colorimetr. Best. geringer *Pb*-Mengen ebenso auch als Metallindicator bei der komplexometr. Best. von Pb, Zn u. Cd geeignet. **I** stellt ein rotbraunes Pulver dar, das in W. u. wss. Alkalien lösl. ist. In organ. Lsgm. ist es schlecht lösl., in mineralsauren Lsgg. wird es zersetzt. Bei der Wechselwrkg. mit Pb in einer Boratpuffer-Lsg. geht die Farbe von Gelb in verschiedene Rottönungen über. Die Empfindlichkeit des Reagens beträgt 0,5 μg Pb in 5 ml Lösung. Gegenüber Dithizon hat es verschiedene Vorteile: es ist in W. lösl., einfach im Gebrauch u. benötigt kein KCN zur Maskierung der Elemente, die die Pb-Best. stören. Es hat eine ausgedehnte Verw. in der Industrie u. in der sanitären Betriebschemie gefunden. E. STEINBERG. 5072□

Über einige analytische Reaktionen der Polyphenole. 1. Mitt. L. Sommer. (Z. analyt. Chem. **187.** 7—16. 1962. Brno, J.-F.-Purkyně-Univ., Inst. für analyt. Chem.; dt.) — Vf. gibt eine Übersicht über die Rkk. der Polyphenole mit Metallionen u. nimmt eine krit. Wertung der Rkk. vom analyt. u. komplexchem. Standpunkt vor. Die analyt. wertvollsten Rkk. sind die Komplex-Bldg.-Vorgänge der o- u. peri-Diphenol-reihe, die in einer tabellar. Übersicht unter Berücksichtigung der Metallionen Fe(III), Ti(IV), UO_2^{2+}, Mo(VI), W(VI), Nb(V), Ta(V), Ce(IV), V(V), VO^{2+}, V(III), Cr(VI), Ag^+, Au(III), Hg^{2+}, Hg_2^{2+}, Cu^{2+}, Tl(III), Bi(III), Sb(III), Ca^{2+}, Sr^{2+}, Ba^{2+}, Sc^{3+}, Y^{3+}, La^{3+}, Lanthaniden, Os, Ru, Re, Zr(IV) u. Pd^{2+} wiedergegeben werden. Der Rk.-Mechanismus wird besprochen. Das analyt. Verh. der o- u. peri-Dihydroxylgruppe in den Phenolen wird mit dem der o-Mercaptohydroxygruppe, der o- u. peri-Aminohydroxygruppe, der o- u. peri-Sulfonohydroxygruppe in den Phenolen sowie mit den Rkk. der einwertigen Phenole, der 5-Hydroxy-4-pyrone u. der o-Phenolcarbonsäuren verglichen. — 39 Literaturangaben. GERHARD SCHULZE. 5072□

Analytische Reaktionen der Polyphenole. 2. Mitt. **Der Nachweis von Eisen(III), Titan(IV), Vanadin(V), Niob(V), Uran(VI), Molybdän(VI), Cer (IV) und Chrom (VI).** L. Sommer. (Z. analyt. Chem. **187.** 263—327. 1962; dt.) — 1. vgl. vorst. Referat. — Vf. untersuchte die Rkk. folgender Polyphenole mit Fe^{3+}, UO_2^{2+}, Ti(IV), VO^{2+}, Nb(V), Ce(IV), Ce(III) u. Cr(VI): Brenzcatechin, Guajacol (**I**), Veratrol, Di-Na-Brenzcatechin-3.5-disulfonat, Protocatechualdehyd, Vanillin, Protocatechusäure (**II**), Vanillinsäure, Pyrogallol, Gallussäure, Pyrogallol-4-carbonsäure, Di-K-Pyrogallol-4.6-disulfonat, Hydroxyhydrochinon, 2.3-Dihydroxynaphthalin, 1.8-Dihydroxynaphthalin, Na-2.3-Dihydroxynaphthalin-6-sulfonat (**III**) u. Di-Na-1.8-Dihydroxynaphthalin-3.6-disulfonat (**IV**). Die Rkk. werden krit. ausgewertet u. selektive Nachw.-Möglichkeiten für die Metallionen vorgeschlagen. Für den Nachw. von Fe^{3+}, UO_2^{2+}, Ce(III), Ce(IV) u. Mo(VI) wird **III**, für Ti(IV) u. Nb(V) **IV**, für VO^{2+} **II** u. für $Cr_2O_7^{2-}$ **I** verwendet. GERHARD SCHULZE. 5072□

a) Elemente und anorganische Verbindungen

Die Bestimmung von Elementen auf Zwischengitterplätzen in hochschmelzenden Metallen. Manley W. Mallett. (Talanta [London] **9.** 133—44. Febr. 1962. Columbus, Ohio, Battelle Mem. Inst.; engl.) — Vf. gibt einen Überblick über die laufend verwendeten u. möglicherweise brauchbaren Meth. zur Best. von O, N, H u. C in Mo, W, Nb u. Ta. Im einzelnen werden behandelt: Zur Best. von O: Neutronenaktivierung mit therm. u. schnellen Neutronen, Fluorierung, Bromierung, Chlorierung, fraktograph. Meth., Massenspektrometrie (auch im festen Zustand), Isotopenverdünnung, Emissionsspektrometrie, Vakuumschmelz-Meth., Schmelzmeth. in Inertgasatmosphäre; prakt. Anwendungen der einzelnen Meth., aufgegliedert für die 4 Metalle; zur Best. von H: Vakuumschmelz-Meth., Diffusions-Meth., Oxydations- u. Absorptions-Verff., Wärmeleitfähigkeits-, massenspektrometr. u. gaschromatograph. Verff., die Gleichgewichts-Druck-Meth. u. die Sn-Bad-Meth.; zur Best. von N: Auflösungs-Dest.-Meth., Alkalischmelze, Vakuumschmelz- u. -diffusions-Meth.; zur Best. von C: gravimetr., gasometr. u. konduktometr. Verfahren. GERHARD SCHULZE. G 260□

Solochrome Violet R. S. als neues colorimetrisches Reagens. 3. Mitt. Mikrobestimmung von Molybdän. H. Khalifa und S. W. Bishara. (Z. analyt. Chem. **182.** 96—102. 1961. Dokki, Egypt, Nat. Res. Center, Microanalyt. Dep.; engl.) — 2. vgl. C. **1962.** 5411. — Es wurde das Verh. von Solochrome Violet R.S. (1-Azo-m-hydroxynaphthyl-2-hydroxybenzol-5-sulfonsäure; I) bei der colorimetr. Best. von Mo untersucht. Die intensivste Färbung des Mo-Farbstoffkomplexes erzielt man mit 7,5 ml 0,1 m HNO_3-Lsg. auf 25 ml ohne Alkohol- u. Acetonzusatz in rein wss. Lösung. Bei 580 nm besteht ein Absorptionsmaximum. Die Farbintensität bleibt bis zu 24 Std. unverändert. Cu, Fe, Bi, Zr, Ce, W u. V stören die Mo-Best., wobei Fe mit Ascorbinsäure maskiert werden kann. Die Extinktion folgt im Bereich von 0,3—10 ppm Mo dem BEERschen Gesetz. Wegen seiner einfacheren Handhabung ist I besser als Intensivgrau R.A. zur colorimetr. Best. von Mo geeignet. H. NENTWIG. G 336□

Direkte spektrophotometrische Bestimmung von Niob, Titan und Wolfram mit Hydrochinon unter Verwendung einer Untergrundkorrektur. J. P. McKaveney. (Analytic. Chem. **33.** 744—47. Mai 1961. Pittsburgh, Pa., Crucible Steel Co. of America; engl.) — Vf. entwickelt ein Verf. zur Untergrundkorrektur, durch das die direkte Best. von Nb, W oder Ti mit Hydrochinon in temperaturbeständigen Legg. ermöglicht u. eine langwierige Hydrolysentrennung vermieden wird. Die Meth. gestaltet die Einzelbest. der 3 Elemente sowie die Best. von Nb u. W oder Nb u. Ti nebeneinander.
GERHARD SCHULZE. G 337□

Aktivierungsanalyse des Wolframs in hochlegierten Stählen. G. Leliaert, J. Hoste und Z. Eeckhaut. (Talanta [London] **2.** 115—23. März 1959. Ghent, Univ., Labor. of Analyt. Chem.; engl.) — Für die Best. von W in hochlegierten Stählen durch Neutronenaktivierungsanalyse werden 2 Verff., mit u. ohne chem. Abtrennung des W, entwickelt. Die Genauigkeit der Analysenergebnisse, selbst bei Stählen mit über 6% W, ist dabei ebenso groß wie bei der chem. Analyse. H.-D. FREYER. G 337□

Spektrographische Bestimmung von Uran 235. 1. Mitt. Bestimmung mit photographischer Registrierung und Gleichstrombogen-Anregung. Ted Lee, A. L. Hallowell und Lewis H. Rogers. (Appl. Spectroscopy **14.** 39—42. 1960. Oak Ridge, Tenn. Union Carbide Nucl. Co.; Oak Ridge Gaseous Diffusion Plant, Techn. Div.; engl.) — 2. vgl. C. **1962.** 10583. — Zur Best. der ^{235}U-Konz. (Gitterspektrograph) wird das Intensitätsverhältnis **4244,122/4243,55 Å** benutzt. Die Unterss. umfassen den Konz.-Bereich 0,5—93% ^{235}U. Im Bereich der natürlichen ^{235}U-Konz. betrug der mittlere Fehler $\pm 0,04$ Gew.%. — 28 Literaturangaben. W. BETCKE. G 339□

Ultramikroanalytische Arbeitsverfahren. 3. Mitt. Beitrag zur potentiometrischen Plutoniumbestimmung im Mikrogramm-Maßstab. W. Helbig. (Z. analyt. Chem. **182.** 84—88. 1961. Rossendorf, Zentralinst. für Kernphys. Ber. Radiochem.; dt.) — 2. vgl. C. **1962.** 10213. — Das zu bestimmende Pu ($\geqq 0,1$ µg) kann als Perchlorat, Sulfat oder Chlorid vorliegen. Die Lsg. wird schwefelsauer gemacht mit im JONES-Reduktor frisch zubereiteter Cr(II)-Lsg. im Überschuß red. u. die Rk. durch Messung des Potentials verfolgt. Überschüssiges Red.-Mittel wird durch Luftoxydation in der Probe beseitigt. Bei konst. Potential wird Pu(III) mit 0,025—0,00625n Ce(IV)-Lsg. potentiometr. titriert. Im Äquivalenzpunkt wird ein scharfer Potentialsprung erhalten. Schutzgas ist nicht erforderlich. H. NENTWIG. G 343□

b) Organische Verbindungen

Untersuchung der Hydrolyseprodukte von organischen Nitroestern (Nitrokörpern). Bestimmung von Ammoniak, Cyanid, Nitrit und Nitrat nebeneinander. Elemer Schulek, Kálmán Burger und Magda Fehér. (Acta pharmac. hung. **31B**. 1—8. Okt. 1961. Budapest, L. Eötvös Univ., Lehrstuhl für analyt. u. anorgan. Chem.; ung.) — Zur Schnellbest. wird aus einer Einwaage NH_3 u. CN^- aus einer Lsg. bei pH 7,5—8,2 abdest. u. in der Vorlage acidimetr. bzw. jodometr. gemessen. Der Nitrit-Geh. des Rückstandes wird mit einem auf dem WINKLER-Prinzip beruhendem jodometr. Verf. bestimmt, nachher der Nitrat-Geh. in derselben Lsg. nach DEWARDA. G. LIGETI. 5364

Die Hydrolyse und Charakterisierung der Salpetersäureester der Polyalkohole („Nitrokörper"). E. Schulek, K. Burger und M. Fehér. (Ann. Univ. Sci. Budapestinensis Rolando Eötvös nominatae, Sect. Chim. **2.** 253—59. 1960. Budapest, Univ., Inst. für anorgan. u. analyt. Chem.; dt.) — Nach der Hydrolyse der Salpetersäureester der Polyalkohole (Nitrokörper) (I) liegt das N im Hydrolysat als NO_3^-, NO_2^-, NH_3 u. z. T. als CN^- vor. In einem Dest.-Kolben (Abb.) können die Spaltprodd. nebeneinander bestimmt werden. Ohne Zers. von NO_3^- u. NO_2^- werden bei pH-Werten zwischen 7,5 u. 8,2 NH_3 u. CN^- quant. abdest. u. bestimmt. Der bei der NO_2^--Best. nach dem jodometr. Verf. störende Einfl. des im Rk.-Gemisch gelösten O_2 (es oxydiert gebildetes NO zu NO_2, welches wiederum J^- oxydiert) wird im genannten Dest.-Kolben nach Zusatz von KJ durch Entlüften mit CO_2 beseitigt. Nach der Oxydation des J^- zu J_2, ausgelöst durch Zusatz von 1—2 ml 20%ig. HCl, wird das NO durch Einleiten von CO_2 entfernt. Das der NO_2^--Menge äquivalente J_2 wird mit $Na_2S_2O_3$-Lsg. titriert. NO_3^- kann nach DEVARDAschen Red. als NH_3 bestimmt werden. Die Genauigkeit der Gesamtanalyse beträgt $\pm 1{,}0\%$. Die Verss. wurden mit *Nitroglycerin* (**II**), *Pentrit* (Pentaerythrittetranitrat) (**III**), *Nitrostärke* (**IV**) u. *Nitrocellulose* (**V**) durchgeführt. Die Hydrolyse erfolgte im Kolben des Dest.-App. in 1% Lauge enthaltender Aceton-Lsg.; dabei entweichendes NH_3 wurde aufgefangen u. bestimmt. Nach der Hydrolyse wurde das Aceton abdest. u. CN^-, NO_2^- u. NO_3^- nach beschriebener Meth. bestimmt. Das Verhältnis NO_3^-:NO_2^- im Hydrolysat ist für die einzelnen Verbb. charakteristisch. Vermutlich reduzieren die Hydrolysen-Prodd. NO_3^- zu NO_2^-. Daher ist der Quotient (NO_3^- : NO_2^-) bei Verbb., die weniger N enthalten, kleiner als beim viel N enthaltenden **II**. Besonders hoch liegt er jedoch bei **III**. Der Alkoholteil dieser Verb. enthält keine an benachbarte C-Atome gebundenen alkohol. Hydroxylgruppen, woraus Vff. schließen, daß die Hydrolysen-Spaltprodd. weniger stark reduzierend wirken. Das unterschiedliche NO_3 : NO_2-Verhältnis bei **V** (1 : 1,46) u. **IV** (1 : 1,90) bei fast gleichem N-Geh. läßt sich aus dem verschiedenen Verh. der beiden Verbb. bei der Nitrierung erklären. Bei der Cellulose erfolgt keine grundlegende Änderung im Mol., daher entstehen bei der Hydrolyse geringere Mengen reduzierender Spaltprodd.; während bei der bis zu einem gewissen Grad abgebauten Stärke die hydrolyt. Spaltung vollständiger ist. CN^- tritt im Hydrolysat als Zwischenprod. bei der NH_3-Bldg. auf. Wird die Konz. der Lauge erhöht, nimmt die Menge des CN^- ab u. der NH_3-Geh. zu. So können die I nach dem NO_3^--, NO_2^--, CN^-- u. NH_3-Geh. ihrer Hydrolysate charakterisiert werden. Auch die einzelnen Phasen der Hydrolyse konnten qual. geklärt werden. Die hypotensive Wrkg. des **II** u. **III** kann damit erklärt werden, daß sich bei ihrer Zers. NO_2^- bildet. H. TESCHNER. G 590□

Bestimmung von Polyalkoholen und Zuckern über die bei der Oxydation mit Perjodat gebildeten Aldehyde. L. Maros und E. Schulek. (Ann. Univ. Sci. Budapestinensis Rolando Eötvös nominatae, Sect. Chim. **2.** 247—51. 1960. Budapest, Univ., Inst. für anorgan. u. analyt. Chem.; dt.) — Die Best. der Polyalkohole erfolgt über den bei der Oxydation mit JO_4^- gebildeten Formaldehyd (I) direkt in der ursprünglichen Lösung. Die Oxydation wird in schwefelsaurer Lsg. mit mehr als 20%ig. Überschuß an JO_4^- durchgeführt. Nach 10—20 Min. wird Na_2SO_3 zugefügt. Die Best. des **I** erfolgt jodometr. nach der „Bisulfit–Cyanid"-Methode. Auf diese Weise wurden *Äthylenglykol*, *Glycerin* u. *Mannit* bestimmt. Die Oxydation von *Glucose* (**II**) mit JO_4^- erstreckt sich stufenweise über einen längeren Zeitraum. Aber schon nach 30—60 Min. bildet sich Aldehyd, dessen Menge bei der weiteren Rk. unverändert bleibt. Bei der Best. wird die im weiteren Verlauf der Oxydation konst. bleibende Gesamtmenge des Glycerinaldehydformylesters, des Glykolaldehyds u. des **I** gemeinsam ermittelt. Sie ist der **II**-Menge proportional. In ähnlicher Weise wurden *Arabinose* u. *Glycerinaldehyd* bestimmt. Bei der Oxydation von *Fructose* (**III**) mit JO_4^- gibt es in wss. Lsg. keine einheitliche Rk.; die Menge der gebildeten Aldehyde schwankt zwischen 5 u. 10%. In H_3PO_4 enthaltender, 40—50%ig. alkohol. Lsg. wird jedoch **III** langsamer oxydiert (nach 2 Std. reagieren nur 3 Mol JO_4^- mit der **III**, sonst 4 Mol), wobei eindeutig 2 Aldehyde gebildet werden, die nach der „Bisulfit–Cyanid"-Meth. bestimmt werden können. Bei dieser Rk. entstehen vermutlich prim. Glycerinaldehyd (**IV**) u. Hydroxymethylglyoxal (**V**). **IV** wird mit JO_4^- über Glykolaldehyd zu **I** oxydiert, so daß die Aldehydgruppe des **V** sowie **I** bzw. geringe Mengen Glykolaldehyd ermittelt werden. H. TESCHNER. G 3400□

Hans-Ulrich Bergmeyer, Hrsg., Methoden der Enzymatischen Analyse. Weinheim/Bergstr.: Verl. Chemie. 1962. (ca. 1072 S. m. 78 Abb. u. 41 Tab.) DM. 99,—.

J.-A. Gautier, Mises au point de chimie analytique pure et appliquée et d'analyse bromatologique. 10e serie. Paris: Masson. 1962. (258 S. m. 68 Abb. u. Tab.) 55 NF.

Dieter Hummel, Analyse der Tenside. Infrarotspektroskopische und chemische Methoden. Textbd.: (323 S. m. 7 Abb. u. 20 Tab.) Tafelbd.: (157 S. m. 466 Spektrenbildern und 8 Zuordnungstaf.) Zus. DM. 156,—. München: Hanser. 1962.

Rudolf Kaiser, Chromatographie in der Gasphase. Teil 3: Tabellen zur Gas-Chromatographie. Mannheim: Bibliographisches Institut. 1962. (216 S. m. Abb.) 8⁰ = B.I.-Hochschultaschenbücher. Bd. 24/24a. DM. 6,80.

K. A. Panagopoulos, Analytical and applied biochemistry. First vol. Second edit. Athens: General Direction of Press. Research and Cultural Relations Division. 1960. (570 S.)

Rudolf Pribil, Komplexometrie. Bd II: Analyse von Legierungen. Leipzig: Deutscher Verl. für Grundstoffindustrie. 1962. (112 S.) DM. 11,80.

Werner Schulze, Neutronenaktivierung als analytisches Hilfsmittel. Stuttgart: Ferdinand Enke Verl. 1962. (X + 323 S. m. 28 Abb. u. Tab.) DM. 79,—.

H. Angewandte Chemie

I. Allgemeine chemische Technologie

Verwendung von pVT-Daten zur Berechnung von H und S. David Cornell. (Chem. Engng. **69.** Nr. 6. 159—64. 19/3. 1962. Mississippi State Univ.; engl.) — Vf. benutzt die Druck–Vol.–Temp.-Beziehungen von Gasen, um mit ihrer Hilfe Programmierungen zur Berechnung von Enthalpie (H) u. Entropie (S) für eine Rechenmaschine aufstellen zu können. — 11 Literaturangaben. F. ROSENDAHL. 5800□

Neue Entwicklungen bei Konstruktionsmaterialien. T. R. Bott. (Brit. chem. Engng. **6.** 617—20. Sept. 1961. Birmingham, Univ., Dep. of Chem. Engng.; engl.) — Es werden Herst., Eigg. u. Korrosionsbeständigkeit von Ti, Zr, Be, Nb u. Hf, die Korrosionsbeständigkeit neuartiger Ni-Legg. sowie die Verw. von PVC, Polyäthylenen, glasfaserverstärkten Kunststoffen u. hochtemperaturbeständigen keram. Werkstoffen erörtert. J. MARTINS. 5804□

Anorganische Werkstoffe. C. M. v. Meysenbug. (Chemie-Ing.-Techn. **33.** 770 bis 773. Dez. 1961. Darmstadt; dt.) — Erörterung der Entw.-Tendenzen bei der Anwendung von anorgan. Werkstoffen. Verarbeitung von Eisenwerkstoffen u. Nichteisenmetallen. Verw. von nichtmetall. anorgan. Werkstoffen, wie Keramik, Email, Glas, Quarz, Graphit u. Asbest. A. KNICKENBERG. 5804□

Kunststoffe. H. König, H. Klant und J. Eilers. (Chemie-Ing.-Techn. **33.** 774 bis 777. Dez. 1961. Marl, Leverkusen, Aachen; dt.) — Die Achema 1961 zeigt die Weiterentw. im chem. App.-Bau durch Verw. von Polyvinylchlorid, Polyolefinen u. Polytetrafluoräthylen. Kurzbericht über Rohstoffe u. Halbzeug aus Kunststoffen, sowie deren Verw. als Auskleidung, Beschichtung, Klebstoff u. Kitt. A. KNICKENBERG. 5804□

Die Leistung und Betriebsmerkmale eines Bildofens mit parabolischen 60-inch-Spiegeln. Edwin E. Maust jun. und Wilbert E. Warnke. (U. S. Dep. Interior, Bur. Mines, Rep. Invest. **1962.** Nr. 5946. 1—48. College Park, Md., Bur. of Mines, Metallurgy Res. Center; engl.) — Beschreibung von Bau u. Anwendung eines Bildofens mit parabol. 60-in. Spiegeln u. 3-dimensionalem Bild, der mittels eines unmodifizierten Scheinwerferlichtbogens 3200⁰ u. bei Verw. eines Graphitwiderstandes Proben-Temp. von ca. 2200⁰ erreicht. W. WESLY. 5812□

Der Schaumkontaktwärmeaustauscher. W. Smith und A. Poll. (Brit. chem. Engng. **6.** 614—16. Sept. 1961. DSIR, Warren Spring Labor.; engl.) — Es wird ein neuartiger Wärmeaustauscher beschrieben, bei dem ein Bündel von Rohren, durch die die zu kühlende Fl. geleitet wird, von Schaum umgeben ist. Der Schaum wird dabei durch Einblasen von Luft in einen unter den Rohren befindlichen Wasserbehälter, den oben eine Siebplatte abschließt, erzeugt. Die Vers. zeigen, daß die Wärmeübergangszahl etwa so groß ist wie im wassergekühlten Rohrbündelaustauscher. Vff. zeigen, daß die Dimensionen des Austauschers sehr stark vom Zustand der austretenden Luft abhängig ist u. nehmen an, daß er wirtschaftlicher arbeitet als luft- oder wassergekühlte Austauschertypen. J. MARTINS. 5814□

Wärmeübergang bei turbulenter und bei laminarer Strömung in Ringspalten. K. Stephan. (Chemie-Ing.-Techn. **34.** 207—12. März 1962. Karlsruhe, TH, Thermodynam. Inst.; dt.) — Vgl. C. **1962.** 5046. — Der Wärmeübergang (WÜ) erfolgt bei turbulenter u. bei laminarer Strömung in Ringspalten entweder nur am Innenrohr, oder nur am Außenrohr, oder an beiden Rohren. Für den WÜ werden Gleichungen abgeleitet, die sich zur Berechnung der WÜ-Zahl bei erzwungener turbulenter u. bei erzwungener laminarer Strömung in Ringspalten eignen. Diese Gleichungen gelten für alle Bereiche des Durchmesserverhältnisses. G. Gattow. 5816□

Zerkleinerungsmaschinen und Sichter. Dieter Behrens. (Chemie-Ing.-Techn. **33.** 839—45. Dez. 1961. Karlsruhe; dt.) — Vgl. C. **1961.** 17324. — Die Entw. führt zu einer Kombination von Mühle u. Sichter in einem Gehäuse. Beschreibung von Brechern, sowie von Mühlen für die Trocken- u. Naßzerkleinerung. Bei Sichtern zeigt sich eine Tendenz zu Bauformen ohne bewegte Teile im Sichterraum. A. Knickenberg. 5820□

Apparate zum Agglomerieren und Brikettieren. W. John. (Chemie-Ing.-Techn. **33.** 845—48. Dez. 1961. Frankfurt/M.; dt.) — Der Bericht über die Achema 1961 gibt Auskunft über Brikettpressen, Tablettiermaschinen, Granulier-App. u. Pelletisiergeräte. Weiter werden besprochen Maschinen zur Herst. von kalibrierten Granulaten aus vorgeformten Material, sowie Gelier- u. Plastifizierapparate. Mitt. über Großanlagen von Sinterbändern. A. Knickenberg. 5822□

Anwendung der Ionenaustauscherharze bei der Reinigung der aliphatischen nichtflüchtigen Säuren in der Papierchromatographie. M. W. Fatejewa. (Биохимия [Biochemie] **27.** 32—37. Jan./Febr. 1962. Moskau, Inst. für Mikrobiol. der Akad. der Wiss. der UdSSR; russ., Auszug: engl.) — Vf. beschreibt eine Meth. zur Reinigung von synthet. u. natürlichen Substraten (Maische) von aliphat. nichtflüchtigen Säuren unter Anwendung der sowjet. Austauscherharze N-O u. SDW-3. Die Meth. bewährte sich bei Gemischen, die Zucker, Alkohole, Aminosäuren u. anorgan. Salze enthalten. O. Lebtag. 5826□

Grundzüge der Hydrocyclone. E. O. Lilge. (Bull. Instn. Metallurgy Nr. **664.** Trans. **71.** 285—337. März 1962. Edmonton, Univ. of Alberta, Dep. of Mining and Metallurgy; engl.) — Übersicht über Grundzüge der Hydrocyclone u. die deren Leistung in der Erzaufbereitung beeinflussenden, variablen Größen. — 19 Schrifttumshinweise. W. Wesly. 5828□

Kinetik der Sulfidierung von Smithsonit und Kalamin und Adsorption des Sammlers auf ihrer Oberfläche. Ss. I. Mitrofanow und W. G. Kuschnikowa. (Цветные Металлы [Nichteisenmetalle] **31.** Nr. 6. 62—65. Juni 1958; russ.) — Unter Zuhilfenahme von ^{35}S wird gezeigt, daß die Sulfidierung von *Smithsonit* (I) u. *Kalamin* (II) mit Na_2S-Lsg. (Anfangs-Konz. C_0) der Gleichung $G = aC_0^{1/n}$ folgt, wo für beide Mineralien $1/n = 0{,}33$ u. a. für ca. 3mal größer ist als für **II**. Analog folgt auch die Adsorption der Flotationsmittel *Isoamylxanthogenat* (III) u. *Na-Diäthyldithiophosphat* $(C_2H_5O)_2PS_2 \cdot Na$ (IV) dem Gesetz $G = a\tau^{1/n}$. Die Geschw. der Sulfidierung bzw. Adsorption wächst mit der Temp.; ihre scheinbare Aktivierungsenergie beträgt für **I** 3880 (cal), für **II** 5540 bzw. für **III** u. **IV** 2400. Die Sulfidierung von **II** nimmt mit abnehmendem pH zu u. bewirkt starke Abnahme der Adsorption von **III**, jedoch wird die Adsorption der Flotationsmittel durch Aktivierung mit $CuSO_4$ ($\leqq 0{,}2$ g/Liter), bes. nach vorhergehender Sulfidierung, stark gefördert. Der Flotationseffekt bzw. die Adsorption nimmt bei **I** u. **II** mit zunehmender Konz. an *Butylxanthogenat* nur bis zur Konz. ca. 20 mg/Liter zu, um dann wieder leicht abzufallen, bzw. gleichmäßig zu. In Ggw. von Na_2S, das als Drücker zugesetzt wird, verlaufen beide Kurven parallel. H. Huber-Emden. 5828

Fortschritte bei der Filtration in theoretischer und praktischer Hinsicht. H. K. Suttle. (Chem. Process Engng. Atomic Wld. **41.** 58—63. Febr. 1960; engl.) — Vf. gibt einen Überblick über die Entw. auf dem Gebiet der Filtration in den Jahren 1957—1959. In theoret. Hinsicht konnten über die Aerosolfiltration u. dem allg. Filtrationsmechanismus neue Erkenntnisse gewonnen werden. Für die Abschätzung von Filtriervorgängen wurde ein neuer Kennwert für das zu filtrierende Syst. definiert: die „Filtrierbarkeit“. Neue Arbeitstechniken u. App. wurden entwickelt für die Filtration von Säurenebeln, radioakt. Nebeln, NaOCl-Lsgg., $Ca_3(PO_4)_2$-Schlämmen, Magnesiaschlamm u. für die Herst. von Al-Silicat-Katalysatoren. — 63 Literaturhinweise. H. Giehring. 5830□

Caesium-137-markierte Algen zur Untersuchung von Filterungsproblemen. K. J. Ives. (Int. J. appl. Radiat. Isotopes **9.** 49—53. Dez. 1960. London, Univ. Coll., Dep. of Civil and Municipal Engng.; engl.) — Es wird eine Meth. angegeben, um die Gesetze der Filterung von Suspensionen durch eine Sandsäule zu ermitteln. Eine von Mints

angegebene Formel für die Verteilung der vom Filter festgehaltenen Teilchen nach Raum u. Zeit enthält verschiedene Parameter, die durch die Eigg. der Suspension u. des Filters bestimmt sind. Für ihre experimentelle Best. wurden Verss. mit der Filterung einer Algensuspension durchgeführt, die vorher mit ^{137}Cs markiert wurden. Die Verteilung der markierten Algen in der Sandsäule wird mittels eines Scintillationszählers vorgenommen. Die Grundlagen der Meßtechnik werden beschrieben.
W. REUSSE. 5830□

Eine verallgemeinerte Beziehung für den Gasfilm-(Masse-Übergangs)-Koeffizienten. S. H. Ibrahim und N. R. Kuloor. (Brit. chem. Engng. 7. 106—09. Febr. 1962; engl.) — Die Berechnung von Absorptions-App. ist mangels ausreichender, genauer, quant. Daten schwierig. Soweit solche vorhanden sind, beziehen sie sich hauptsächlich auf Gase, wie CO_2, NH_3, O_2 u. dgl., sie fehlen jedoch für die Absorption organ. Dämpfe in Füllkörpersäulen. Der allg. Begriff, wie der des Gesamtübergangs-Koeff., ist für die Berechnung von Absorptionsanlagen nicht ausreichend. Die Zweifilmtheorie erklärt die Absorption eines Gases durch eine Fl. als einen Diffusionsvorgang, bei dem die individuellen Filmwiderstände sich addieren. Man kennt wohl eine zuverlässige, allg. Beziehung für Fl.-Film-Koeff., eine solche für Gasfilm-Koeff. fehlt aber noch. Zweck dieser Arbeit war, Daten aus der zugänglichen Literatur daraufhin auszuwerten. Unter Anwendung einer „abgewandelten SCHMIDT-Gruppe" kommt man zu einer verallgemeinerten Wechselbeziehung, die dazu dienen kann, wertvolle Dienste für Berechnung von Anlagen für Absorption organ. Dämpfe in Lsgm., die nicht aus W. bestehen, zu leisten. — 12 Literaturhinweise.
F. ZEIDLER. 5848□

Über die Möglichkeit der Entstaubung von bodenblasenden Thomaskonvertern. Willi Dehne und Hans Günter Müller. (Stahl u. Eisen 82. 762—71. 7/6. 1962. Wittlaer; dt.) — Abschlußbericht über Ergebnisse an einer Vers.-Anlage in Duisburg-Huckingen.
M. GEHLEN-KELLER. 5850□

Anwendung nichtionogener Netzmittel für die Reinigung von Gasen von Staub. P. I. Jermilow. (Известия Высших Учебных Заведений (Иваново), Химия и Химическая Технология [Hochschulnachr. (Iwanowo), Chem. u. chem. Technol.] 2. 134—40. 1959. Jaroslawl, Sechnol. Inst.; russ.) — Als Netzmittel werden in den Unterss. p-oxyäthylierte Octylphenole $C_8H_{17}—C_6H_4—O(CH_2CH_2O)_nH$ mit $n = 7, 10, 15, 25, 45$ (OP-7 usw.) u. 1-oxyäthylierte 4-Mono-, 2.4-Di- u. 2.4.6-Tri-(tert. butyl)-phenole mit $n = 10$, 7 bzw. 10 (PB, DB, TB) verwendet. Ihre Wrkg. wird bei der Befreiung der Luft von hochdispergiertem PbO-Staub untersucht. Die Wrkg. nimmt zu in der Reihenfolge: Düsen-App. < Wäscher mit Füllringen < Schaum-App. mit einem Gitter < Zentrifugalwäscher < mit Berieselung. Die Staubauswasch-Wrkg. (StAW) der Netzmittel wird durch die Oberflächenspannung ihrer Lsgg. bestimmt. Einen wesentlichen Anteil an der StAW hat die Konstit. des hydrophoben u. des hydrophilen Teils des Netzmittelmoleküls. Die Unterss. ergeben bes. hohe StAW für TB, das auf Grund von Überlegungen über den Auswaschmechanismus (Kinetik der Formierung der Adsorptionsschicht) synthetisiert wurde.
R. K. MÜLLER. 5850□

Optimierung von Methoden zur Rückgewinnung von Gelöstem. Javier F. Kuong. (Chem. Engng. 69. Nr. 6. 173—76. 19/3. 1962. Atlas Chemical Ind., Inc.; engl.) — Es werden mathemat. Gleichungen bekannt gegeben, mit deren Hilfe die beste Waschzeit für Filter u. Ionenaustauscher bestimmt werden können
F ROSENDAHL 5852□

Die Thermodynamik idealer Gase. M. Church. (Chem. Engng. 69. Nr. 5. 127—30. 5/3. 1962. Shell Chemical Co.; engl.) — Vf. gibt einen Überblick über thermodynam. Verhältnisse bei der Verdichtung von Gasen u. macht Berechnungsangaben nicht idealer Gase u. Dämpfe. — 15 Literaturangaben.
F. ROSENDAHL. 5856□

Betrachtungen über die Möglichkeiten der Kälteerzeugung mit Wirbelrohren. H. Birr. (Technik 17. 324—28. April 1962. Rostock; dt.) — Übersicht über Grundlagen, geschichtliche Entw. u. techn. Ausführung der Kälteerzeugung durch adiabat. Expansion eines Gases im Zentrifugalfeld einer Wirbelströmung ohne rotierende, dem Verschleiß ausgesetzte Teile. — 39 Schrifttumshinweise.
W. WESLY. 5858□

Destillation. S. D. Holdsworth. (Chem. Process Engng. atomic Wld. 43. 172—79. April 1962; engl.) — Überblick über das in den Jahren 1960/61 veröffentlichte Schrifttum mit 431 Literaturangaben.
F. ROSENDAHL. 5864□

Trennung von Flüssigkeitsgemischen durch Destillation. 1. Mitt. A. J. H. Brown. (Brit. chem. Engng. 7. 102—05. Febr. 1962; engl.) — Der Mechanismus aller Trennungen einschließlich solcher mit n Komponenten in Boden- oder Füllkörperkolonnen läßt sich durch eine vereinfachte Theorie, die auf der beherrschenden Rolle der zwischengeschichtlichen Oberflächen- u. den physikal. Konst. der Fll. beruht, erklären. Es wird die Unzulänglichkeit des Bodenwirkungsgradbegriffes als Grundlage für die Wahl einer geeigneten

App., für die Schaffung einer allg. Entwurfs-Meth. u. zur Erklärung von Fehlleistungen erörtert. Eine Erklärung für anormales Verh. einiger Syst. wird vorgeschlagen. Die Wechselbeziehungen beim Überreißen bei Glocken- u. Siebbodenkolonnen werden dargelegt u. erklären den Überreißanteil als eine Funktion der Dampfdichte u. Fl.-Höhe auf Böden. Membran-Dest. u. therm. Diffusion, letztere ausführlich, werden beschrieben, um das Leistungsvermögen solcher Anlagen bei der Trennung sehr hoch siedender Fll. u. konst. siedender Gemische zu zeigen. — 14 Literaturhinweise. F. ZEIDLER. 5864□

Über die Koeffizienten der Massenübertragung bei der Rektifikation mit Siebböden. I. M. Anoschin. (Известия Высших Учебных Заведений (Краснодар), Пищевая Технология [Hochschulnachr. (Krasnodar), Nahrungsmittel-Technol.] **1961.** Nr. 5. 131—34. Krasnodar, Inst. für Lebensmittelind., Lehrstuhl für Prozesse u. Apparaturen; russ.) — Die Best. des Massenübertragungs-Koeff. (MK) in Rektifikations-App. mit Luftdurchleitung wird erörtert. Experimentelle Daten über die Abhängigkeit des MK von der Höhe des freien Raumes zwischen den Siebböden u. der Konz. des zu trennenden Gemisches werden angegeben. S. BARYSCHNIKOW. 5864

Die Anwendung der Teilungsanalyse auf die Bestimmung des mittleren Verstärkungsverhältnisses von Rektifizierböden. G. Narsimhan. (Brit. chem. Engng. **6.** 598—605. Sept. 1961. Poona, Nat. Chem. Labor.; engl.) — Ein verbessertes Verf. der Teilungsanalyse zur Berechnung des Verstärkungsverhältnisses eines Rektifizierbodens wird beschrieben. Es beruht auf der Annahme, daß das Teilungsäquivalent des Bodens, das die Abweichungen vom idealen Verh. des Bodens kennzeichnet, experimentell erhalten werden kann, da es wahrscheinlich hauptsächlich eine Funktion der Bodenkonstruktion ist. Die Vorzüge des neuen Verf. sind, daß die Konz.-Gradienten von Dampf u. Fl. sowie die Einfl. des örtlichen Verstärkungsverhältnisses u. des molaren Verhältnisses Dampf/Fl. berücksichtigt sind u. daß auf die Voraussetzung der Linearität der Gleichgew.-Beziehung Dampf/Fl. verzichtet wird. Das Verf. wird an Hand von Beispielen erläutert. J. MARTINS. 5864□

Überwachung der Trocknungseinrichtung für feste Stoffe. Alfred H. McKinney. (Chem. Engng. **68.** Nr. 9. 79—82. 1/5. 1961. E. I. du Pont de Nemours and Co., Inc.; engl.) — Übersicht über die Überwachung der Variabeln in Trocken-Vorr. für Feststoffe: Wärmezufuhr, Luftzufuhr, Durchsatz, Luftkreislauf-Geschw., Geschw. der Trockengutzufuhr, Trockengutkreislauf, Luftfeuchtigkeit. W. WESLY. 5874□

Pumpen, Verdichter und Armaturen. W. Buschhorn. (Chemie-Ing.-Techn. **33.** 811—14. Dez. 1961. Nürnberg; dt.) — Bei den Kreiselpumpen für chem. Beriebe werden in zunehmendem Maß neue Werkstoffe verwendet, wie Ti u. Ta. Weiter-Entw. bei Tauchpumpen u. bei der Konstruktion von Wellenabdichtungen. Beschreibung neuer Dosierpumpen. Bei den Verdichtern wird das Gebiet der Schraubenverdichter weiter ausgebaut. Bei den Armaturen führt die Entw. zu stopfbüchslosen Bauarten sowie zu Vorr. für die Fernbetätigung der Öffnungs- u. Schließvorgänge. A. KNICKENBERG. 5880□

Überwachung nichtlinearer Prozesse. Francis G. Shinskey. (Chem. Engng. **69.** Nr. 6. 155—58. 19/3. 1962. The Foxboro Co.; engl.) — Da kein Prozeß in jeder Beziehung linear verläuft, hat Vf. Meth. ausgearbeitet, um bei nichtlinear verlaufenden Prozessen Charakteristiken für pH, Druck, Temp. u. Strömung festzulegen. Die Meth. für jede Prozeßveränderliche wird ausführlich dargelegt. F. ROSENDAHL. 5888□

Betriebsmeßgeräte. Max de Haas. (Chemie-Ing.-Techn. **33.** 798—805. Dez. 1961. Frankfurt/M.; dt.) — Die auf der Achema 1961 ausgestellten App. für die Meß- u. Regeltechnik bringen Neu-Entw. bei Transmittern sowie bei Anzeige- u. Registriergeräten. An Analysengeräten werden App. besprochen für die Gasanalyse, pH- u. Leitfähigkeitsmessung sowie für die Messung von Druck, Temp., Menge u. Feuchtigkeit. A. KNICKENBERG. 5888□

Massenspektrometrie in Wissenschaft und Industrie. David J. Fraade und Royce F. Howard. (Instruments Control Syst. **34.** 2272—75. Dez. 1961. Consolidated Electrodynamics Corp.; engl.) — Übersicht über Grundzüge, Geräte u. Anwendung der Massenspektrometrie. W. WESLY. 5888□

Herstellung von Kernbrennstoffblechen aus Uranlegierung für den Versuchs-Siedewasserreaktor. Robert E. Macherey und Charles H. Bean. (Progr. nuclear Energy, Ser. V **2.** 261—79. 1959. Lemont, Ill., Argonne Nat. Labor.; engl.) — Der Vers.-Siedewasserreaktor wird mit einer U-Leg. mit 5(%) *Zr* u. 1,5 *Nb* gefüllt. Der Kernbrennstoff ist gegen Wasserkorrosion u. Spaltproduktverluste durch eine warmaufgewalzte Zr-Leg. (Zircaloy 2) geschützt. Die Kernbrennstoffbleche (KB) sind in 2 isotop. Konzz., U u. U mit 1,44% ^{235}U geteilt. Die Herst. von ca. 1100 KB wird beschrieben. — 15 Schrifttumshinweise. W. WESLY. 5894□

Urandioxid. J. R. Johnson. (Progr. nuclear Energy, Ser. V **2.** 209—22. 1959. St. Paul, Minn., Minnesota Mining and Mfg. Co.; engl.) — Übersicht über physikal. Eigg.,

Oxydations-Verh., Gewinnung u. Verw. von UO_2 als Kernbrennstoff u. die Strahlungsschäden u. Wärmeströmungen im Reaktor. — 19 Schrifttumshinweise.
W. Wesly. 5894□

Fortschritte auf dem Gebiet der Dispersionskernbrennstoffelemente. C. E. Weber. (Progr. nuclear Energy, Ser. V **2.** 295—362. 1959. Schenectady, N.Y., General Electric Co., Knolls Atomic Power Labor.; engl.) — Fortschrittsbericht über Theorie, Herst. u. Anwendung von Dispersionskernbrennstoffelementen. — 82 Schrifttumshinweise.
W. Wesly. 5894□

Kernbrennstoffelemente für Natriumgraphitreaktoren. B. R. Hayward. (Progr. nuclear Energy, Ser. V **2.** 363—79. 1959. Canoga Park, Calif., Atomics International, Fuel Elements Group; engl.) — Beschreibung der Kernbrennstoffelemente für Na-Graphitreaktoren, deren Auswahl u. Anwendung, der die Anwendungsgrenzen bestimmenden Faktoren u. der Beziehung zwischen Kernbrennstoffelement u. Reaktorbauart, die die Notwendigkeit der Kreislaufüberwachung zwecks Kernbrennstoffeinsparung zeigt.
W. Wesly. 5894□

Benetzung durch flüssige Metalle. J. W. Taylor. (Progr. nuclear Energy, Ser. V **2.** 398—416. 1959. Harwell, Atomic Energy Res. Establ.; engl.) — Die Benetzung fester Metalle u. keram. Stoffe durch fl. Metalle u. Legg. wird unter idealen Bedingungen durch die 3 Grenzflächenspannungen (GS) Fl.–Dampf, Fl.–fester Körper u. fester Körper–Dampf bestimmt, die von Temp. u. Zus. abhängen. An mehreren Beispielen werden die Rolle der GS, der Einfl. von Variablen, die die Benetzung beeinflussen, u. die Bedeutung der Benetzung bei Verw. fl. Metalle als Kühlmittel erörtert. — 24 Schrifttumshinweise.
W. Wesly. 5894□

Chemische Werke Hüls Akt.-Ges., Marl (Erfinder: Leonhard Magiera, Haltern/Westf., und Herwalt Keil, Marl/Kr. Recklinghausen), **Nicht schäumendes Gefrierschutzmittel** für wassergekühlte Verbrennungskraftmaschinen auf Basis von Äthylenglykol, gek. durch einen Geh. von 0,5—2,0 Gew.-%, bezogen auf Äthylenglykol, eines Kondens.-Prod. aus 1,5—3 (Mol) Propylenoxid u. 1 Nonylalkohol u. 0,5 bis 2,0 Gew.-% eines glykol. Lösungsvermittlers. Als solche können 3-Methylpentan-, -hexan- oder -heptandiol-(2.4) oder Glykoläther der Formel $H(OC_nH_{2n})_xOR$ verwendet werden, worin n = 2—4, x = 1—6 u. R = H, Methyl, Äthyl, Propyl oder Butyl bedeuten, z. B. Di- oder Triäthylenglykolmonoäthyläther. — Vgl.-Beispiele. (**D. A. S. 1 124 303** Kl. 46c vom 30/1. 1961, ausg. 22/2. 1962.)
H. Schindler. 5859

Ernst-Günther Schlosser, Kelkheim, Karl Hauffe, Frankfurt/M., und Bernhard Taranezewski, Kriftel, **Ermittlung der spezifischen Oberfläche von unregelmäßig geformten Substanzen** (I), z. B. Pulvern, gek. durch einen Behälter für ein von der I zu adsorbierendes Gas, der über eine oder zwei Kapillaren mit zwei Meßgefäßen (II), von denen das eine die I u. das andere zum Vol.-Ausgleich oberflächenkleine Füllkörper enthält, verbunden ist, sowie durch eine Differenz- u. eine Absolutdruckmeßeinrichtung zur gleichzeitigen zeitlichen Verfolgung sowohl des Absolutdruckes in dem die I enthaltenden II, als auch der Druckdifferenz zwischen den beiden II im Verlauf der Adsorption. (**D. A. S. 1 057 798** Kl. 42l vom 11/4. 1958, ausg. 21/5. 1959.)
W. v. Huhn. 5889

N. V. de Bataafsche Petroleum Mij., Den Haag, Holland (Erfinder: Fred M. Nelsen und Frank Th. Eggertsen, Orinda, Calif., V.St.A.), **Bestimmen der Oberflächengröße eines Materials** (I), z. B. von *aktivierter Tonerde* oder ***Kieselsäuregel***, dad. gek., daß ein Strom (II) eines gasförmigen Gemisches von bekannter Zus., das aus einem Adsorbat (III) u. einem inerten gasförmigen Verdünnungsmittel (IV) besteht, kontinuierlich im Wege einer einmaligen Durchstörmung mit einer gemessenen Probe (V) des I in Berührung gebracht wird, u. zwar bei einer Temp., bei der weder das IV, noch das III durch die V in bemerkbarem Ausmaße adsorbiert wird, daß die V dann, während II weiter durch sie hindurchgeleitet wird, auf eine Temp. abgekühlt wird, bei der eine selektive Adsorption des III stattfindet, u. daß die Abnahme der Konz. des III in II gemessen wird, nachdem der II während der Abkühlung mit der V in Berührung gekommen ist. (**D. A. S. 1 058 282** Kl. 42l vom 26/4. 1958, ausg. 27/5. 1959.)
W. v. Huhn. 5889

Herbert Kirchner, Köln, **Nachweis von Ionen** beliebiger Masse mit Hilfe des Spitzenzählers bzw. des Zählrohres in Massenspektrometern (I), dad. gek., daß auf Anbringen eines Trennfensters zwischen Zählerfüllgas u. dem Hochvakuum des I verzichtet u. die Verbindung zwischen dem I u. dem Zählerraum nur durch eine oder mehrere hintereinanderliegende Loch- oder Spaltblenden (II) hergestellt wird, die so eng bemessen sind, daß der erforderliche Druckunterschied zwischen dem Arbeitsdruck im Zähler u. dem Hochvakuum im I mit Hilfe von Saugpumpen (III) dauernd aufrechterhalten wird

u. im Falle der Verw. mehrerer II das in den Zwischenraum zwischen dem II hineinströmende Gas durch zusätzliche III abgesaugt werden kann. Zwischen I u. Zählraum kann auch ein enger Kanal angeordnet sein, der von einer III evakuiert wird. (**D. A. S. 1 054 741** Kl. 42 l vom 11/8. 1954, ausg. 9/4. 1959 u. **1 068 915** [Zusatz-Anmeldung] Kl. 42 l vom 24/4. 1957, ausg. 12/11. 1959.) W. v. Huhn. 5889

LICENTIA Patent-Verwaltungs-G. m. b. H., Frankfurt/M. (Erfinder: Eberhard Stendel, Heiligenhaus), **Kontinuierliche Bestimmung des Feuchtigkeitsgehaltes von Flüssigkeiten** unter Verw. eines an sich bekannten Lithiumchlorid-Feuchtigkeitgebers (I), dad. gek., daß der I von einem Gefäß umgeben ist, an dessen Innenwand die zu untersuchende Fl. einen Film bildet. (**D. A. S. 1 115 481** Kl. 42 l vom 24/10. 1955, ausg. 19/10. 1961.) W. v. Huhn. 5889

Joh. A. Benckiser G. m. b. H., Chemische Fabrik (Erfinder: Erhard Tedden), Ludwigshafen/Rh., **Bestimmung des Wirkungsgrades von Reinigungslösungen** (I), gek. durch eine Prüfflasche, in die an verschiedenen Stellen zur elektr. Leitfähigkeitsmessung Elektrodenpaare eingelassen sind. Die Flascheninnenseite wird mit einer künstlichen Anschmutzung versehen u. dann mit der I gespült. Durch Variation der Verschmutzung, des Druckes, der Zeit u. der Konz. kann einerseits eine I beurteilt werden, andererseits kann die Konstanz der genannten Werte u. Variation der Zus. der I diese selber bzgl. ihrer einzelnen Bestandteile überprüft werden. (**D. A. S. 1 107 428** Kl. 42 l vom 16/2. 1960, ausg. 25/5. 1961.) W. v. Huhn. 5889

Brabender O. H. G. (Erfinder: Carl Wilhelm Brabender), Duisburg, **Bestimmen des Gehaltes an Wasser** u. sonstigen flüchtigen Bestandteilen von plast., wie teigigen, breiigen u. pastenförmigen Stoffen, gemäß welchem eine abgewogene Probe des zu prüfenden Stoffes unter Anwendung von Druck zwischen dünnen Scheiben (I) bekannten Gew. gepreßt, dann mit den I erwärmt u. schließlich der durch das Erwärmen eingetretene Gew.-Verlust ermittelt wird, dad. gek., daß das Zusammenpressen zwischen den I, von denen eine aus Filterpapier besteht, bei einem so hohen Druck erfolgt, daß der zu prüfende Stoff bis auf 0,8 mm oder eine noch geringere Stärke zusammengedrückt wird. (**D. A. S. 1 115 480** Kl. 42 l vom 5/2. 1957, ausg. 19/10. 1961.) W. v. Huhn. 5889

Edgar Woyrsch, Hamburg, **Bestimmung des Wassergehaltes von isolierenden Flüssigkeiten** nach der integrierenden Hochspannungs-Meth., dad. gek., daß in der Fl. leistungsarme elektr. Übergänge hervorgerufen u. die an einem Ableitwiderstand zeitlich nacheinander auftretenden Spannungsimpulse integriert werden. (**D. A. S. 1 115 959** Kl. 42 l vom 21/3. 1957, ausg. 26/10. 1961.) W. v. Huhn. 5889

Gesellschaft zur Förderung der Spektrochemie und angewandten Spektroskopie e. V. (Erfinder: Wolf-Dietrich Hagenah und Kurt Laqua), Dortmund, **Anregung von Spektren** in elektr. Entladungen *für analytische Zwecke*, dad. gek., daß der Strom in der Entladungsstrecke durch zu ihr in Serie geschaltete Leistungsröhren oder Leistungstransistoren gesteuert wird. (**D. A. S. 1 117 902** Kl. 42h vom 17/3. 1960, ausg. 23/11. 1961.) W. v. Huhn. 5889

Institutt for Atomenergi (Erfinder: Viking Olver Eriksen, Jan Magnus Döderlein und Henrik Ager-Hanssen), Kjeller, Lilleström, Norwegen, **Messung der Dichte,** bes. der örtlichen Durchschnittsdichte oder des prozentualen Verhältnisses von gasförmiger u. fl. Phase in einem Medium (I), welches eine gasförmige u./oder eine oder mehrere fl. Phasen besitzt, z. B. ein *Kühlmedium* u./oder einen *Moderator in einem Kernreaktor*, dad. gek., daß ein Neutronen absorbierender Körper in einem I angeordnet wird, das sich in einem Neutronenfeld befindet, u. der Neutronenfeldfluß, der durch die unterschiedlichen Neutronenstreuquerschnitte der Bestandteile des I hervorgerufen wird, nahe der Oberfläche des Körpers gemessen wird. (**D. A. S. 1 119 001** Kl. 42 l vom 31/7. 1959, ausg. 7/12. 1961. Norw. Prior. 5/8. 1958.) W. v. Huhn. 5889

Deutsche Akademie der Wissenschaften zu Berlin (Erfinder: Dankwart Obst), Berlin, **Verfahren zum Integrieren von Gaschromatogrammen** (I), dad. gek., daß nach vollständiger Integration eines I ein bestimmter, vorgegebener Integralwert, z. B. 100, erscheint, indem zwischen Probeneinlaß u. Trennsäule eine in ein Schleppgas eingespritzte Gesamtmenge an Probesubstanz in bekannter Weise gemessen wird u. einen Proportionalitätsfaktor einer automat. Integriereinrichtung einstellt. (**D. A. S. 1 115 957** Kl. 42 l vom 8/8. 1960, ausg. 26/10. 1961.) W. v. Huhn. 5889

Imperial Chemical Industries Ltd., London (Erfinder: Vincent Willis, Norton Hall), England, **Bestimmung von Gasen** durch Mischen einer Probe des zu bestimmenden Gases mit einem Edelgas als Trägergas, wobei ein Strom der sich ergebenden Gasmischung (I) durch eine Ionisierungskammer geleitet wird, in der die I durch eine radioakt. Strahlungsquelle ionisiert wird u. die Schwankungen der Ionisierung gemessen werden, dad. gek., daß der Gasstrom eine an sich bekannte, verhältnismäßig geringe, im wesentlichen konst. Menge eines in der Gasphase vorliegenden Stoffes (II) enthält, wobei dieser **II** ein Ionisierungspotential besitzt, das im wesentlichen gleich oder vorzugsweise kleiner als das Erregungspotential der metastabilen Atome des Edelgases ist, das vorzugsweise aus Ar besteht. Als **II** bes. geeignet ist 7.8-Benzochinolin. (**D. A. S. 1 119 004** Kl. 421 vom 31/3. 1960, ausg. 7/12. 1961. E. Prior. 1/4. 1959 u. 21/3. 1960.) W. v. HUHN. 5889

Fritz Tödt, Berlin, **Bestimmung des Sauerstoffgehaltes in Gasen** (**I**), bei welcher das **I** durch den Elektrolyten (**II**) einer galvan. Zelle (**III**) mit einer edlen u. einer unedlen Elektrode hindurchgeleitet u. der durch die Depolarisations-Wrkg. des im **II** aufgelösten O_2 auftretende Reststrom als Maß für die O_2-Konz. in dem **I** bestimmt wird u. bei der der **II** in der **III** laufend aus einem vom **I** durchströmten Vorratsbehälter (**IV**) ergänzt wird, dad. gek., daß die **III**, der **IV** sowie die Zuleitungen zu den Gefäßen in einem dichtabschließenden Gehäuse angeordnet sind, durch welches das **I**, vorzugsweise nach Durchlaufen der **III** u. des **II** im **IV**, strömt. (**D. A. S. 1 116 444** Kl. 421 vom 6/8. 1956, ausg. 2/11. 1961.) W. v. HUHN. 5889

Hans Prugger, München, und Wolfgang Ulmer, Heidelberg, **Laufende Untersuchung des Sauerstoffgehaltes der Atemluft** (**I**) durch photoelektr. Registrierung einer UV-Strahlung, die die eine Küvette (**II**) durchströmende **I** durchsetzt, mit einer Strahlungsquelle u. einer Photozelle, dad. gek., daß das Eintrittsfenster der Photozelle gleichzeitig eine Wand der **II** bildet, (**D. A. S. 1 115 954** Kl. 421 vom 29/11. 1957, ausg. 26/10. 1961.) W. v. HUHN. 5889

Kernreaktor Bau- und Betriebs-Gesellschaft m. b. H., Karlsruhe (Erfinder: Münich, Heidelberg), **Nachweis von wasserdampfförmigen Tritiumspuren in Gasen**, dad. gek., daß das Tritium durch fortlaufende therm. Zers. über erhitztes Wolfram oder Magnesium in einem Primärkreislauf unter Erhöhung der H_2-Konz. in dem der fortlaufenden Zers. entsprechenden Maß in H_2-Gas umgewandelt wird, daß dies zwecks Trennung von den übrigen Gasen ein Nickel- oder Palladiumrohr zur Diffusion gebracht u. daß danach seine Strahlungsintensität in einer Zählvorr. gemessen wird. (**D. A. S. 1 074 880** Kl. 421 vom 3/11. 1958, ausg. 4/2. 1960.) W. v. HUHN. 5889

Kernreaktor Bau- und Betriebs-Gesellschaft m. b. H., Karlsruhe (Erfinder: Münich, Heidelberg), **Kontinuierlicher Nachweis geringer Tritiumspuren in Luft und anderen Gasen**, bei dem der Tritiumwasserdampf in einem Wolframofen des Primärkreislaufs zu Wasserstoff zersetzt wird u. dieser nach Trennung von den übrigen Bestandteilen mittels eines nur für Wasserstoff durchlässigen Rohrs im Sekundärkreislauf mit einem Zählrohr gemessen wird, mit einer Vorr. zur Erhöhung des meßwirksamen Wasserstoffpartialdrucks, dad. gek., daß zwischen dem wasserstoffdurchlässigen Rohr u. dem Zählrohr eine Vakuumpumpe eingebaut ist. (**D. A. S. 1 097 722** Kl. 421 vom 3/10. 1959, ausg. 19/1. 1961. **Zusatz zu D. A. S. 1 074 880; s. vorst. Ref.**) W. v. HUHN. 5889

Hüttenwerk Oberhausen Akt.-Ges. (Erfinder: Ludwig von Bogdandy und Heinz-Dieter Pantke), Oberhausen, **Messung des Anteiles brennbarer Bestandteile eines Gasstromes** (**I**), in welchen zu deren Verbrennung O_2 oder ein O_2-haltiges Gas eingeblasen wird, dad. gek., daß die Strahlungsintensität der Flamme als Gesamtstrahlungsintensität oder in spektraler Aufteilung mit an sich bekannten, jedoch in Anteilen von **I** geeichten Strahlungsmeßgeräten gemessen wird. (**D. A. S. 1 068 916** Kl. 421 vom 8/7. 1958, ausg. 12/11. 1959.) W. v. HUHN. 5889

Karl Torsten Källe, Säffle, Schweden, **Kontinuierliche Anzeige der flüssigkeitslöslichen Bestandteile einer Gasmischung** (**I**) mit einem von der Absorptions-Fl. durchflossenen Gefäß (**II**), dem die **I** unterhalb seines Fl.-Spiegels über eine Druckpumpe zugeführt wird u. dessen Oberteil mit einer das nicht absorbierte Gas absaugenden Saugpumpe verbunden ist, in deren Saugleitung ein Anzeigegerät vorgesehen ist, dad. gek., daß dem **II** Fl. von im wesentlichen konst. Überdruck zugeführt wird u. daß im Fl.-Auslaß des **II** ein verengter Auslaßdurchgang u. in der am Oberteil des **II** vorgesehenen Gassaugleitung ein verengter Einlaßdurchgang vorgesehen ist. (**D. A. S. 1 046 915** Kl. 421 vom 30/11. 1957, ausg. 18/12. 1958.) W. v. HUHN. 5889

Heinz Maier-Leibnitz, München, **Bestimmung der Zusammensetzung von Gasen oder Dämpfen mittels α-Strahlen** (**I**), dad. gek., daß die **I** nacheinander die zu messende Gasschicht (**II**) u. eine als Vgl.-Absorber (**III**) dienende **II** durchdringen u. schließlich auf einen Detektor (**IV**) für **I** auftreffen, daß ferner gleichzeitig die Dichte der zu messenden **II** bestimmt wird u. daß außerdem der Druck im **III** oder der Abstand des **IV** von der Quelle der **I** so gewählt wird, daß gemäß dem bekannten Zusammenhang zwischen Ionisation bzw. Teilchenzahl u. der von den **I** durchmessenen Wegstrecke kleine, in der zu messenden **II** auftretende Änderungen des Bremsvermögens für **I** große Änderungen der Ionisation im **III** bzw. große Änderungen der Zahl der α-Teilchen, die in den **IV** eintreten, hervorrufen. (**D. A. S. 1 067 243** Kl. 421 vom 10/10. 1955, ausg. 15/10. 1959.) W. v. Huhn. 5889

British Thomson-Houston Co. Ltd., London (Erfinder: Duncan Holmes Grindell, Northwood), England, **Qualitativer Nachweis der Anwesenheit kleiner fester Teilchen,** z. B. von *Rauch*, die in einem Gasstrom (I) schwebend mitgeführt werden, mit einer an einer Stelle des **I** angeordneten, mit einer Quelle hoher negativer Spannung verbundenen aufladenden Elektrode (**II**) mit einer an anderer Stelle des Stroms angeordneten Nd.- oder Sammelelektrode (**III**), gek. durch eine zwischen der **II** u. der **III** angeordnete geerdete Fangelektrode. (**D. A. S. 1 116 443** Kl. 421 vom 22/5. 1957, ausg. 2/11. 1961. E. Prior. 23/5. 1956.) W. v. Huhn. 5889

Hans H. von Halban, Pinehurst, Lew Kowarski, Egon Bretscher und Norman Feather, Cambridge, England, **Anreicherung von ^{235}U durch Bestrahlen** von U oder U-Verbb. in Ggw. eines Moderators u. eines die therm. Neutronen absorbierenden, die Resonanzneutronen jedoch nicht absorbierenden Elements (Cd). Als Neutronenquelle dienen $^{235}_{95}U$, $^{233}_{92}U$ u. $^{239}_{94}X$. (**Can. P. 551 796** vom 12/6. 1943, ausg. 21/1. 1958. E. Prior. 15/8. 1940 u. 2/4. 1941.) H.-J. Nitzschke. 5895

Hartmann & Braun Akt.-Ges. (Erfinder: Helmar Krupp), Frankfurt/M., **Kompensation des Einflusses der Trägergase bei der magnetischen Gasanalyse,** bei der das Gas in einer Meßkammer in einem inhomogenen Magnetfeld durch einen Heizkörper (I) erhitzt u. der Temp.-Unterschied zwischen diesem **I** u. einem entsprechenden, in einer magnetfeldfreien mit dem gleichen Gas beschickten Vgl.-Kammer, die einen die Wärmeableitungsverhältnisse ändernden Abgleichkörper (**II**) aufweist, gemessen wird, dad. gek., daß der **II** bei einem innerhalb des Meßbereiches liegenden konst. Geh. an paramagnet. Gasen so verstellt wird, daß die Anzeigeänderung bei Änderung der Zus. des Trägergases gleich Null oder zu einem Minimum wird. (**D. A. S. 1 041 279** Kl. 421 vom 17/4. 1954, ausg. 16/10. 1958.) W. v. Huhn. 5903

Werner Ingold, Zürich, Schweiz, *Reinigung von Glaselektroden.* (**D. A. S. 1 027 916** Kl. 421 vom 23/5. 1952, ausg. 10/4. 1958. Schwz. Prior. 26/5. 1951. — C. **1955.** 9409 [Schwz. P. 296 917].)

II. Betriebsschutz. Feuerschutz

Überblick über die chemische Inhibierung in Flammen. R. Friedman. (Fire Res. Abstr. Rev. **3.** 128—32. Sept. 1961. Alexandria, Va., Atlantic Res. Corp.; engl.) — Übersicht über das Wesen der Flamme u. ihre Inhibierung auf chem. Wege durch flüchtige, Br oder J enthaltende Stoffe oder Alkalimetallsalze, außer Li-Verbindungen. W. Wesly. 5944□

Unüberwachte diffuse Verbrennung einiger neuer, flüssiger Treibmittel. J. Grumer, A. Strasser, T. A. Kubala und D. S. Burgess. (Fire Res. Abstr. Rev. **3.** 159—76. Sept. 1961. Pittsburgh, Pa., U. S. Bur. of Mines; engl.) — Gemische von unsymm. Dimethylhydrazin (I) u. Diäthyltriamin (**II**) [41 (Gew.-%) **I**, 50 **II**, 9 CH_3CN u. 20 **I**, 80 **II**] entsprechen in ihren Verbrennungs-Eigg. den herkömmlichen Brennstoffen. Der Strahlungswärmeübergang ist der bestimmende Faktor bei der Verbrennung in großen Räumen. Die Verbrennungs-Geschw. (VG) läßt sich als Funktion der VG der Bestandteile ausdrücken u. weist deren Größenordnung auf. 1 Vol. Brennstoff mit ca. 2 Voll. W. gibt eine nicht entflammbare Lösung. Die Prodd. der unvollkommenen Verbrennung enthalten Cyanide. Hypergolizität zwischen den Gemischen u. roter, rauchender HNO_3 kann man durch Zusatz von 2 Voll. W. vor dem Mischen verhindern. W. Wesly. 5944□

Diffuse Verbrennung flüssiger Brennstoffe in offenen Behältern. D. S. Burgess, A. Strasser und J. Grumer. (Fire Res. Abstr. Rev. **3.** 177—92. Sept. 1961. Pittsburgh, Pa., U. S. Bur. of Mines; engl.) — Das Verh. von fl. H_2, unsymm. Dimethylhydrazin, Diäthylentriamin, verflüssigtem Erdgas, Hexan, Xylol, Methanol, Bzl. u. Butan beim Verbrennen (Verbrennungs-Geschw. als Funktion von Zeit, Brennstoff-Temp., Brennstoffschalengröße, Wind-Geschw., Wärmestrahlung u. -absorption) wird ermittelt. Auf Grund der Abhängigkeit der Verbrennungs-Geschw. (VG) vom Strahlungswärmeübergang Flamme → Fl. erreicht die VG mit zunehmendem Durchmesser der Brennstoffbehälter einen konst. Höchstwert, der dem Verhältnis der reinen Verbrennungs- zur fühlbaren Verdampfungswärme proportional ist. Der Wind erhöht die VG nicht abgeschirmter Flammen, bis diese abreißen. Der Strahlungsfluß in die Umgebung beträgt 20—40% der Verbrennungswärme. W. Wesly. 5944□

Feuerlöschuntersuchungen an Bränden mit Hydrazin und unsymmetrischem Dimethylhydrazin. W. Haggerty, M. Markels jun. und R. Friedman. (Fire Res. Abstr. Rev. **3**. 133—50. Sept. 1961. Alexandria, Va., Atlantic Res. Corp.; engl.) — N_2H_4 (I)-Brände lassen sich mit W., Schaum vom Alkoholtyp u. hauptsächlich $NaHCO_3$ enthaltendem Trockenpulver löschen. Diese Verbb. sowie Trichlortrifluoräthan eignen sich auch zum Löschen von Bränden von unsymm. Dimethylhydrazin (II). Brände von Gemischen aus je 50 Teilen I u. II löscht man wie II-Brände; CO_2 u. Bromtrifluormethan vermögen Brände dieses Gemisches nicht zu löschen. Die Trockenlöschmittel wirken am raschesten. W. WESLY. 5944□

Oberflächenentflammbarkeit von entflammungsverzögernden und herkömmlichen Anstrichzusammenstellungen. D. Gross und J. J. Loftus. (Fire Res. Abstr. Rev. **3**. 151—58. Sept. 1961. Washington, D.C., Nat. Bur. of Stand.; engl.) — Zur Best. der entflammungsverzögernden Wirksamkeit von Anstrichen u. anderen Schutzfilmen sind Hartfaserplatten die geeignete Unterlage. Die feuerverzögernde Wrkg. von Anstrich- u. anderen Überzügen hängt ab von der Verteilung des Anstrichmittels, der Art u. Dichte der Unterlage, der Zus. der Schutzschicht u. der angewandten Unterschicht-Oberschicht-Kombination. Auf Hartfaserplatten aufgebrachte Latexüberzüge (250 sq.ft./gal) vermindern die Flammenausbreitung im Vgl. mit unbehandelten Platten um das 3-, Alkydanstriche um das 5fache. W. WESLY. 5944□

Einfluß von Kaliumhydrogencarbonat auf die Entzündung von Cellulose durch Wärmestrahlung. A. Broido und S. B. Martin. (Fire Res. Abstr. Rev. **3**. 193—201. Sept. 1961. U. S. Forest Serv., Pacific Southwest Forest and Range Exp. Stat.; engl.) — Imprägnierung von α-Cellulosepapier mit $KHCO_3$-Lsg. vermindert dessen Entflammbarkeit durch Wärmestrahlung u. wird völlig verhindert, wenn der Zusatz $> 1{,}5$ Gew.-% beträgt. Diese Behandlung erhöht jedoch die Empfindlichkeit von Cellulose für Glühentzündung, vermutlich durch Erhöhung von Geschw. u. Grad der Pyrolyse, u. die Erzeugung von H_2, CH_4, C_2H_4, C_2H_6 aus hochmol. Teerverbindungen. W. WESLY. 5944□

Auergesellschaft Akt.-Ges. (Erfinder: Hermann Heidrich), Berlin, **Für Gasspürgeräte verwendete Prüfröhrchen** (I), in denen an der Luft (II) unbeständige Reagensstoffe eingelagert sind, dad. gek., daß an dem Ende des I, an dem die hindurchgeführte II austritt, eine kleine Menge eines den O_2 des Luft-Vol. des zugeschmolzenen I aufzehrenden Stoffes, z. B. weißer Phosphor, Alkali- oder Erdalkalimetalle, Antimonmetalle oder dgl. angeordnet ist. (**D. A. S. 1 061 097** Kl. 421 vom 6/11. 1958, ausg. 9/7. 1959.) W. v. HUHN. 5937

Hans Butgereit, Rüsselsheim, **Selbsttätige Gasanalyse** durch Absorption u. Vol.-Messung mittels einer Pumpe, eines Absorptionsgefäßes, eines Vol.-Meßgerätes, eines Vorratsbehälters für die Absorptionsmasse (I) sowie Verbindungsleitungen u. eines Steuerventils, das zusammen mit der Pumpe im Sinne zeitlich aufeinanderfolgender Analysen angetrieben wird, dad. gek., daß die I beim Einströmen des Meßvol. oder unmittelbar danach eingespritzt wird. Wichtig für die Best. des CO_2-Geh. von Luft z. B. in Flugzeugkabinen, Untertagebetrieben u. Fabrikationsräumen. (**D. A. S. 1 116 922** Kl. 421 vom 7/11. 1959, ausg. 9/11. 1961.) W. v. HUHN. 5937

Auergesellschaft Akt.-Ges. (Erfinder: Friedrich Klauer), Berlin, **Nachweis von Kohlenoxid** in der Luft durch Oxydation von Jodpentoxid (I) u. nachträglicher Erkennbarmachung des dabei entstehenden freien Jods, dad. gek., daß das I unmittelbar vor oder während der Messung künstlich radioakt. gemacht wird u. daß das entstehende freie Jod durch ein an sich bekanntes radioakt. Meßverf. als Maß für die oxydierte CO-Menge bestimmt wird. (**D. A. S. 1 062 035** Kl. 421 vom 11/10. 1957, ausg. 23/7. 1959.) W. v. HUHN. 5937

Drägerwerk, Heinr. & Bernh. Dräger, Lübeck, **Reagensmasse zum Nachweis von Kohlenmonoxid** in Prüfröhrchen (I), bestehend aus mit *Jodpentoxid* u. *Oleum getränktem Kieselgel*, dad. gek., daß die im I enthaltene Jodsäuremenge (II) bis zu ca. das 1,5fache der für den jeweiligen maximalen Meßbereich des I stöchiometr. errechneten II beträgt u. daß das trockne Kieselgel auf 100 g ca. 20—25g Oleum enthält. (**D. A. S. 1 081 692** Kl. 421 vom 28/10. 1958, ausg. 12/5. 1960.) W. v. HUHN. 5937

Drägerwerk, Heinr. & Bernh. Dräger, Lübeck, **Prüfröhrchen mit einer Reagenzmasse** (II) zum *Nachweis von Kohlenmonoxid*, dad. gek., daß in dem Prüfröhrchen (I) vor der II in Strömungsrichtung der Luft gesehen eine Aktivkohleschicht (III) enthalten ist. Vor oder nach der III kann in dem I noch eine Schicht synthet. Zeolithe als Molekularsieb enthalten sein. (**D. A. S. 1 096 645** Kl. 421 vom 6/7. 1959, ausg. 5/1. 1961. **Zusatz zu D. A. S. 1 081 692; s. vorst. Ref.**) W. v. HUHN. 5937

Drägerwerk, Heinr. & Bernh. Dräger, Lübeck, **Anzeige von Gasen und Dämpfen in Luft** oder anderen Gasen, bei der das zu untersuchende Gasgemisch (I) mit einem festen Mittel in Berührung gebracht u. dessen elektr. Leitfähigkeit bestimmt wird, dad. gek., daß das I hintereinander in zwei oder mehrere Bereiche des Adsorptionsmittels geleitet wird, wobei die Leitfähigkeit jedes Bereiches für sich bestimmt wird. (**D. A. S. 1 065 191** Kl. 421 vom 3/2. 1953, ausg. 10/9. 1959.) W. v. HUHN. 5937

III. Elektrotechnik

Einfluß der Vibrationsmahlung auf die Eigenschaften von Ruß für Kohlegraphitmaterialien. A. Ss. Fialkow und I. W. Temkin. (Журнал Прикладной Химии [J. angew. Chem.] **32.** 1763—66. Aug. 1959; russ.) — Unterss. des Einfl. der Bearbeitung von Ruß in einer Vibrationsmühle beweisen, daß sich dabei die Eigg. der einzelnen Partien von Ruß ausgleichen. Für Kohlegraphit-Zus. auf der Basis von Ruß u. Pech kann ein Hochtemp.-Pech als Bindemittel verwendet werden; dabei wird angenommen, daß der mechan.-chem. Effekt bei der gemeinsamen Bearbeitung von Ruß u. Pech in einer Vibrationsmühle zur Bldg. einer bedeutenden Zahl ungesätt. Verbb. führt, die die Bldg. von Rußagglomeraten begünstigen. H. TREUMANN. 5952 □

Bildung einer Ni-Ge-Phase in geschmolzenem Blei. M. E. Steidlitz. (Trans. metallurg. Soc. AIME **212.** 676—78. 1958, herausgeg. 1959. Philadelphia, Pa., Internat. Resistance Co.; engl.) — Bei der Herst. von Halbleiterteilen wird die Bldg. von elektr. Kontakten notwendig, die oft die Verw. von Pb-, Sn- u. Pb–Sn-Loten erforderlich macht. In manchen Fällen wird bei der Bindung von Ge an Ni mittels Pb eine neue Phase beobachtet, die als unverbundene zusammenhängende Folie in der Pb-Grundmasse auftritt. Da sich solche metall. Strukturen nicht in Ni–Pb- oder Pb–Ge-Syst. unter gleichen Bedingungen bilden, wird eine Unters. über die Merkmale u. den möglichen Bldg.-Mechanismus dieser Phase angestellt. Auf Grund der Unters.-Ergebnisse werden Angaben über die Foliendicke für Ge–Pb–Ni-Syst. für Bindungszeiten von 10 u. 60 Min. u. Temp. von 500 u. 600° sowie über die Löslichkeiten von Ni u. Ge im Pb u. Sn bei 500 u. 600° gemacht. Hierbei zeigt sich u. a., daß in dem Falle von Sn- u. Pb-haltigen Syst. die Löslichkeit von Ge in der Schmelze größer als die von Ni ist. Vielleicht ist auch die Lsg.-Geschw. für Ge größer. Bei irgendeiner Geschw. tritt die Ausscheidung der sog. Folie bei der Ni-Unterlegscheibe auf, wo die Lsg.-Bestandteile sich diesem Mittelweg zwischen den Stammoberflächen im reinen Pb nähern können. H. HOCHSTEIN. 5952 □

Galvanische Korrosion. 2. Mitt. Einfluß des pH-Wertes und der Konzentration des gelösten Sauerstoffs auf das Paar Aluminium-Stahl. M. J. Pryor und D. S. Keir. (J. electrochem. Soc. **105.** 629—35. Nov. 1958. Spokane, Wash., Kaiser Aluminum & Chem. Corp., Dep. of Metallurg. Res.; engl.) — 1. vgl. C. **1958.** 5288. — Vff. untersuchen den Einfl. des pH-Werts, der Art u. der Konz. der gelösten Gase (O_2, Luft, CO_2-freie Luft, He) u. der Belüftung auf den galvan. Stromfluß u. die anod. Gew.-Verluste der Kombination Al–Stahl in Chloridlösungen. Im pH-Bereich 0,2—14,0 wird Stahl vollständig durch hochreines Al kathod. geschützt. Stromfluß u. Gew.-Verluste der Al-Anoden haben im pH-Bereich 4,0—10,4 ein Minimum. In diesem pH-Bereich wird die Korrosions-Geschw. durch die O-Polarisation an der Stahlkathode bestimmt. Der GALVANI-Strom schwankt, da der Oxidfilm auf der Stahlkathode unregelmäßig abgetragen wird. Bei höheren u. niedrigeren pH-Werten ist die Korrosion viel stärker u. unabhängig von der Konz. des gelösten O_2. An der Stahlkathode erfolgt heftige H_2-Entw. u. schnelle reduktive Auflösung der Oxidfilme unter Bldg. lösl. Fe^{2+}-Ionen. Folglich resultiert ein reproduzierbarer stetiger GALVANI-Strom. P. FRENZEL. 5992 □

Siemens & Halske Akt.-Ges., Berlin und München (Erfinder: Andreas Weißfloch, München, Otto Frodl, Kreuzstraße bei Holzkirchen, Heinz Dorendorf, München, und Reinhard Dahlberg, Freiburg/Br.), **Halbleiteranordnung.** Zur Herst. wird ein von einem weiteren evakuierbaren Gefäß umgebenes Ta-Gefäß durch direkten Stromdurchgang so beheizt, daß im Innern ein prakt. gradientenfreies Temp.-Feld entsteht, in dem die zu dotierenden Halbleiterkörper auf einem Ta-Gestell angeordnet sind. Eine mit dem Dotierungsstoff gefüllte beheizbare Ta-Kapsel wird an eine Öffnung des Ta-Gefäßes so angeschlossen, daß der aus einer Öffnung der Ta-Kapsel austretende Dampf des Dotierungsstoffes in das Innere des Ta-Gefäßes gelangt. (**D. A. S. 1 100 820** Kl. 21g vom 7/8. 1959, ausg. 2/3. 1961.) H. KESSEL. 5953

Telefunken G. m. b. H., Berlin (Erfinder: Wolfgang Schäfer und Walter Klossika jun., Ulm), **Halbleiteranordnung** vom Legierungstyp. Bei der Herst. wird die Oberfläche mit einer starken Ätzlsg. (z. B. einem Gemisch von HF u. HNO_3), dann mit einer weniger starken, glättenden Ätzlsg. behandelt, z. B. einem Gemisch aus 27 (%) Eisessig, 45 70%ig. HNO_3, 27 48%ig. HF u. 0,5 Br. (**D. A. S. 1 100 822** Kl. 21g vom 26/4. 1958, ausg. 2/3. 1961.) H. KESSEL. 5953

Intermetall Gesellschaft für Metallurgie und Elektronik m. b. H., Freiburg/Brsg. (Erfinder: Walter Ramser, Nürnberg), **Halbleiteranordnung.** Bei der Herst. wird zur Benetzung mit einem Leg.-Metall die aus dem Halbleiterkörper u. dem aufgebrachten Material bestehende Anordnung so lange in eine sich auf einer Temp. über dem F. des Leg.-Materials befindende Ätz-Fl. getaucht, bis das Leg.-Material schmilzt u. ohne zu legieren über die Halbleiteroberfläche fließt. (**D. A. S. 1 101 623** Kl. 21g vom 28/6. 1958, ausg. 9/3. 1961.) H. KESSEL. 5953

Siemens-Schuckertwerke Akt.-Ges., Berlin und Erlangen (Erfinder: Reimer Emeis, Ebermannstadt), **Halbleiteranordnung.** Bei der Herst. wird durch Einlegieren von Metall in den Halbleiterkörper eine Elektrode gewonnen, deren metall. Anteil mit dem vom Halbleiterkörper gelösten Material ein Eutektikum bildet. Dabei wird beim Einlegieren während des Aufheizens die Temp.-Steigerung bei Annäherung an die eutekt. Temp. verlangsamt. (**D. A. S. 1 101 627** Kl. 21g vom 17/1. 1959, ausg. 9/3. 1961.) H. KESSEL. 5953

Siemens & Halske Akt.-Ges., Berlin und München (Erfinder: Adolf Götzberger, Palo Alto, Calif., V.St.A., und Walter Schroen, München), **Halbleiterkörper** wird bei der Herst. prakt. ohne Änderung seiner geometr. Form mit einer sd. Lsg. aus 1 (Teil) 38%ig. HF u. 4 dest. W. geätzt. (**D. A. S. 1 103 469** Kl. 21g vom 21/10. 1958, ausg. 30/3. 1961.) H. KESSEL. 5953

Robert Bosch G. m. b. H. (Erfinder: Gotthold Zielasek), Stuttgart, **Halbleiteranordnung** mit einem Halbleiterkörper aus n-Ge, mindestens einer durch Einlegieren von Al erzeugten Sperrschicht u. einer an der Leg.-Zone festgelöteten Al-Anschlußelektrode. Diese trägt an ihrer dem Ge benachbarten Zone einen 5—25 μ starken Sn-Überzug. (**D. A. S. 1 104 068** Kl. 21g vom 30/3. 1957, ausg. 6/4. 1961.) H. KESSEL. 5953

Siemens & Halske Akt.-Ges., Berlin und München (Erfinder: Walter Schottky, Erlangen), **Halbleiteranordnung.** Zur Herst. erhält ein Halbleiterkristall mit gleichmäßiger Grunddotierung von einer Seite der Oberfläche her mindestens 3 Aktivatoren von verschiedener Oberflächen-Konz. u. ungleicher Konz.-Verteilung eindiffundiert, von denen einer den gleichen, einer den entgegengesetzten u. einer den gleichen oder entgegengesetzten Leitfähigkeitstyp hervorruft. (**D. A. S. 1 104 070** Kl. 21g vom 27/1. 1959, ausg. 6/4. 1961.) H. KESSEL. 5953

Siemens-Schuckertwerke Akt.-Ges., Berlin und Erlangen (Erfinder: Adolf Herlet, Arnulf Hoffmann und Eberhard Spenke, Pretzfeld), **Vierschichten-Halbleiteranordnung** mit einkristallinem Halbleiterkörper u. 3 hintereinandergeschalteten pn-Übergängen mit abwechselnd entgegengesetzter Sperrichtung, bei der die beiden äußeren gegenüber den mittleren Zonen sehr hoch dotiert sind. Die den beiden äußeren pn-Übergängen benachbarten Bereiche der mittleren Zonen weisen prakt. gleich hohe Dotierungs-Konz. auf wie die beiden äußeren Zonen. Der dem mittleren pn-Übergang benachbarte Bereich mindestens einer der beiden mittleren Zonen hat eine wesentlich geringere Dotierungs-Konz., so daß die beiden äußeren pn-Übergänge eine wesentlich geringere Sperrfähigkeit aufweisen als der mittlere pn-Übergang. (**D. A. S. 1 104 071** Kl. 21g vom 4/4. 1959, ausg. 6/4. 1961.) H. KESSEL. 5953

Telefunken G. m. b. H., Berlin (Erfinder: Friedrich Wilhelm Dehmelt, Neu-Ulm), **Halbleiteranordnung,** bes. für *Hochfrequenzgleichrichter.* Die an die n^+- bzw. p^+-Zone angrenzende n- bzw. p-Zone ist sehr dünn im Vgl. zur n^+- bzw. p^+-Zone Die äußeren Zonen tragen OHMsche Elektroden. (**D. A. S. 1 104 075** Kl. 21g vom 14/5. 1958, ausg. 6/4. 1961.) H. KESSEL. 5953

Siemens-Schuckertwerke Akt.-Ges., Berlin und Erlangen (Erfinder: Hubert Patalong und Fritz Hoffenreich, Pretzfeld), **Halbleiteranordnung.** Bei der Herst. erhalten die Kontaktelektroden zum Ätzen der in ein Elektrolysebad eintauchenden Halbleiteranordnung über einen Spannungsteiler betriebsmäßige positive Spannungen, wobei der negative Pol der Spannungsquelle an einer in das Bad eintauchenden Elektrode liegt. Dabei wird die Halbleiteranordnung von solchen Strömen durchflossen, daß die Sperrwrkg. der pn-Übergänge aufgehoben ist. (**D. A. S. 1 104 617** Kl. 21g vom 18/6. 1959, ausg. 13/4. 1961.) H. KESSEL. 5953

Siemens-Schuckertwerke Akt.-Ges., Berlin und Erlangen (Erfinder: Fritz Wunderling, Erlangen), **Halbleiteranordnung.** Zur Herst. wird längs des pn-Übergangs an der Oberfläche des in ein Elektrolysebad eingetauchten Halbleiterkörpers auf der p-Zone zum elektrolyt. Ätzen eine weitere sperrfreie Kontaktelektrode angebracht. Diese wird mit dem positiven, eine besondere Elektrode im Elektrolysebad mit dem negativen Pol der Spannungsquelle verbunden. (**D. A. S. 1 105 069** Kl. 21g vom 25/4. 1959, ausg. 20/4. 1961.) H. KESSEL. 5953

Siemens-Schuckertwerke Akt.-Ges., Berlin und Erlangen (Erfinder: Hubert Patalong, Pretzfeld, Norbert Schink, Erlangen, und Friedrich Hoffenreich, Pretzfeld), **Halbleiteranordnung.** Zur Herst. eines hochdotierten Bereiches in einkristallinen Halbleiterkörpern, bes. aus Si, durch Auflegieren von Folien aus einer Au-Leg., die das Dotierungsmaterial enthält, wird der Au-Leg. außerdem zur Verbesserung der Benetzungsfähigkeit 0,01—1% Bi zugesetzt. (**D. A. S. 1 106 877** Kl. 21g vom 14/6. 1958, ausg. 18/5. 1961.) H. KESSEL. 5953

Siemens-Schuckertwerke Akt.-Ges., Berlin und Erlangen (Erfinder: Ottomar Jäntsch und Barbara Matil, München), **Halbleiteranordnung** wird bei der Herst. in einer trocknen Atmosphäre einer Wärmebehandlung bei einer solchen Temp. (z. B. ca. 180°) u. so lange unterworfen, daß die Rekombination an den Oberflächen von p-Zonen nicht mehr absinkt. Dann werden die so behandelten Oberflächenbereiche zur Stabilisierung ihres Zustandes gasdicht eingekapselt. (**D. A. S. 1 106 879** Kl. 21g vom 11/3. 1959, ausg. 18/5. 1961.) H. KESSEL. 5953

N. V. Philips' Gloeilampenfabrieken (Erfinder: Christiaan Philip Marks und Johannes Flipse), Eindhoven, Holland, **Herstellung eines in einem Magnetfeld gehärteten anisotropen Dauermagneten** aus einer Fe-Leg. mit 15 bis 42 (%) *Co*, 10—20 *Ni*, 6—10 *Al*, 2—8 *Cu* u. 4—10 *Ti*, wobei die Leg. von einer Temp. über 1200° auf mindestens 900° abgeschreckt u. einem Magnetfeld in einem Temp.-Bereich von 10—70° unterhalb der CURIE-Temp. der Leg. während 2—30 Min. bei einer Temp., die nur weniger als 20° schwankt, ausgesetzt wird, dad. gek., daß die Abmessungen des Magnetkörpers so groß sind, daß dessen Abkühlung von 1210—600° zwischen 1 u. 10 Min. erfolgt u. der Magnetkörper während dieser Zeit der Einw. eines Magnetfeldes unterworfen wird, worauf ebenfalls in einem Magnetfeld der Magnetkörper wieder auf den erwähnten Temp.-Bereich unterhalb der CURIE-Temp. der Leg. erhitzt wird. (**Schwz. P. 355 168** vom 26/3. 1957, ausg. 15/8. 1961. Holl. Prior. 28/3. 1956.) H. HOCHSTEIN. 5959

Siemens-Schuckertwerke Akt.-Ges., Berlin und Erlangen (Erfinder: Erich Nitsche, Berlin), **Se-Gleichrichter** mit einer Sperrschicht an der Grenzfläche zwischen einer aus dem Halbleitermaterial u. dem angrenzenden Deckelektrodenmetall erzeugten Rk.-Zwischenschicht u. dem weiteren Halbleiter. Zur Herst. wird auf eine halogenhaltige Se-Schicht eine ca. 3—5 μ dicke Se-Schicht mit einem Tl-Geh. von 0,5 bis $5 \cdot 10^{-6}$ g/cm der an der Sperrschicht-Bldg. beteiligten Halbleiteroberfläche aufgebracht. (**D. A. S. 1 101 626** Kl. 21g vom 30/11. 1953, ausg. 9/3. 1961.) H. KESSEL. 5977

British Ceramic Research Association, Penkhull, Shaffordshire, England (Erfinder: Paul Papper), **Verbesserte keramische Kondensatoren aus Bariumtitanaten.** Die dielektr. Eigg. von $BaTiO_3$-Kondensatoren werden durch Erhöhung der Permittivität u. Herabsetzung der Spitze in der Nähe der CURIE-Temp. durch Zusatz von 0,1—100%, bes. 15%, $Bi_4Ti_3O_{12}$ verbessert. Die Herst. erfolgt durch Brennen eines Gemisches von 2 (Mol) Bi_2O_3 mit 3 TiO_2 bei 1100°. Bei 1 kHz ist seine Permittivität 107 u. sein tang $\delta = 0{,}003$. In der genannten Verb. kann Bi z. T. durch La, Y, Ce u. andere Seltene Erden ersetzt werden. Zum Beispiel: $La_2Bi_2Ti_3O_{12}$, $La_3BiTi_3O_{12}$ oder $La_{3,5}Bi_{0,5}Ti_3O_{12}$. (**E. P. 860 019** vom 14/8. 1956, ausg. 1/2. 1961.) G. FRIKELL. 5983

Siemens-Schuckertwerke Akt.-Ges., Berlin und Erlangen, *Herstellung von Halbleitern.* (**E. P. 846 744** vom 15/5. 1957, ausg. 31/8. 1960. D. Prior. 15/5. 1956. — C. **1961.** 612 [D. A. S. 1 085 613].)

N. V. Philips' Gloeilampenfabrieken, Eindhoven, Holland (Erfinder: **Patrick Paul Coppola**, Dobbs Ferry, N.Y., V.St.A.), *Vorratskathode für elektrische Entladungsröhren.* (**Schwz. P. 344 139** vom 13/8. 1956, ausg. 15/3. 1960. **Belg. P. 550 302** vom 13/8. 1956, ausg. 4/12. 1959. Beide A. Prior. 15/8. 1955. — C. **1960.** 5280 [D. A. S. 1 047 321].)

Philips Electrical Industries Ltd., London, England, *Vorratskathode für elektrische Entladungsröhren.* (**E. P. 828 189** vom 23/1. 1958, ausg. 17/2. 1960. **A. P. 2 971 246** vom 31/12. 1957, ausg. 14/2. 1961. Beide Holl. Prior. 26/1. 1957. — C. **1960.** 5605 [D. A. S. 1 047 322].)

N. V. Philips' Gloeilampenfabrieken, Eindhoven, Holland (Erfinder: **George Andrew Espersen**, Dobbs Ferry, N.Y., V.St.A.), *Vorratskathode für elektrische Entladungsröhren.* (**Schwz. P. 344 140** vom 21/8. 1956, ausg. 15/3. 1960. **Belg. P. 550 480** vom 21/8. 1956, ausg. 4/12. 1959. Beide A. Prior. 23/8. 1955. — C. **1960.** 5605 [D. A. S. 1 043 520].)

N. V. Philips' Gloeilampenfabrieken, Eindhoven, Holland (Erfinder: **R. Levi**), *Vorratskathode für elektrische Entladungsröhren.* (**Belg. P. 559 450** vom 23/7. 1957, ausg. 8/4. 1960. A. Prior. 24/7. 1956. — C. **1959.** 5597 [D. A. S. 1 036 396].)

N. V. Philips' Gloeilampenfabrieken, Eindhoven, Holland, *Vorratskathode für elektrische Entladungsröhren.* (**Oe. P. 207 003** vom 1/10. 1958, ausg. 11/1. 1960. **E. P. 829 339** vom 1/10. 1958, ausg. 2/3. 1960. **A. P. 2 949 557** vom 3/10. 1958, ausg. 16/8. 1960. Alle Holl. Prior. 4/10. 1957 u. 13/3. 1958. — C. **1960.** 6278 [D. A. S. 1 063 718].)

IV. Wasser. Abwasser

Die Enteisenung von Grundwasser ohne Ausfällung von Eisenhydroxid. Wanda Ewertowska. (Gaz, Woda Techn. sanit. **35.** 149—50. April 1961. Opole, Labor. MPWiK.; pol.) — Vf. bespricht die Ergebnisse ihrer Unterss., wonach aus nicht belüftetem Grundwasser Fe- u. Mn-Verbb. infolge der adsorptiven u. katalyt. Eigg. der Filterstoffe fast vollständig entfernt werden können, während die Hydrocarbonate dieser Metalle bei Belüftung Oxidhydratsole bilden, die teilweise unkoaguliert durch die Filteranlage hindurchgehen. — Eine derartige, ohne Belüftung des W. arbeitende Filteranlage ist in Opole seit 1. April 1959 in Betrieb u. erwies sich als sehr ökonomisch. Maria Szmytówna. 6016□

Direkte Reinigung von Cyanidabwässern. V. Komendová und J. Jádrný. (Vodní Hospodářství **1961.** 250—54. Juni. Brno, Výzk. ústav vodohosp.; tschech.) — Cyanidabwässer aus Cyanidbädern enthalten nicht nur freie, sondern auch in Komplexen mit Metallen gebundene Cyanide. Freie Cyanide gehen mit überschüssigen Cl_2 in die Lsg. über u. werden sofort oxydiert, aber Cyanid–Cu-Komplexe erschweren durch gleichzeitige Oxydation von Cu die Oxydation der Cyanide. Als Oxydationsmittel haben Vff. NaOCl bei gleichzeitiger Erhöhung des pH-Werts auf pH 11 mit NaOH vorgeschlagen. Gegen Schäumen der Lsg. bzw. gegen Zers. des verwendeten NaOCl wird Zusatz von Seignettesalz empfohlen. Kontrolle des Betriebs wird durch die colorimetr. Best. des freien Cl_2 mit Hilfe von o-Toluidin durchgeführt. Die konstatierte Anwesenheit des akt. Cl_2 ist ein Beweis der Oxydationsfähigkeit der Lsg. u. damit auch der Reinigung von Cyanidabwässern. J. Spinka. 6042□

Entphenolierung von Kokereiabwässern. Jiří Vykoukal. (Hutnické Listy **16.** 315—18. 12/5. 1961. Ostrava-Kunčice, Nová hut K. Gottwalda; tschech.) — Erläuterung der Probleme von Phenol-Bldg. u. Entphenolisierung von Abwässern im Kokereibetrieb mit ausführlicher Beschreibung der Entphenolisierung in zwei Absorptionskreisen (Bzl. u. Lauge). — Vortrag. J. Tůmová. 6042□

Untersuchung über Entseuchung von radioaktiven Abwässern auf biologischem Wege. G. Wormser. (Éau **49.** 51—54. Febr. 1962; franz.) — Vf. berichtet über Verss. u. Ergebnisse zur Entseuchung von radioakt. Abwässern durch Anwendung biolog. Verff. unter besonderer Berücksichtigung des sog. Bakterienbettes. H. Guischard. 6044□

Die Reinigung der Abwässer von Erdöl verarbeitenden Anlagen durch Elektroflotation. I. W. Gerassimow und D. N. Karabanow. (Известия Высших Учебных Заведений (Баку), Нефть и Газ [Hochschulnachr. (Baku), Erdöl Gas] **4.** Nr. 11. 59—63. 1961. Ufa, Erdölinst.; russ.) — Die Elektroflotations-Meth. ermöglicht die Verminderung des Geh. der Erdöl-Prodd. in den Abwässern der Erdöl verarbeitenden Raffinerien bis <5 mg/Liter. Durch die Abänderung der Technologie des Wasserreinigungsprozesses kann man entweder den Elektroenergie- oder den Fe-Verbrauch vermindern. Die Verw. von Graphitelektroden ermöglicht eine Verminderung des Fe-Verbrauchs. W. Hantzsch. 6046□

Bestimmung von Calciumspuren im Wasser. Vergleich der Flammenphotometrie mit der komplexometrischen Titration. Wanda Dziedzianowicz und Regina Olędzka. (Chem. analit. [Warszawa] **5.** 541—49. 1960. Warszawa, Główny Urząd Miar, Zakł. Aparat. Labor. i Nauk.; Akad. Med., Zakł. Bad Środków spoż.; pol.) — Die flammenphotometr. Best. von Ca in Kesselspeisewasser läßt sich durch Zusatz von 20% n-Propanol mit größerer Genauigkeit durchführen. Die Genauigkeit der Best. im Bereich 0,01 bis 1 mg% Ca ist bei Verw. der Zeiss-App. III besser als bei Verw. der Lange-App. V. Durch Titration mit 0,001 m Komplexon-III-Lsg. ist höchstens 1 mg% Ca genügend genau erfaßbar. Mit einer 0,01 m Lsg. streuen die Ergebnisse schon bei Konzz. <5 mg% Ca. — 24 Literaturangaben. F. Urban. 6060□

Untersuchung des Einflusses des magnetischen Feldes auf Wasser-Organismen, erläutert am Beispiel von Daphnia magna. Jerzy Łuczak. (Gaz, Woda Techn. sanit. **35.** 144—46. April 1961. Warszawa, Zaklad Higieny Komunalnej PZH.; pol.) — Vf. untersuchte den Einfl. von in einem starken elektromagnet. Feld veränderten biolog. akt. W. auf Struktur u. Zus. des entstehenden Nd., auf verminderten O_2-Verbrauch u. Ca^{2+}-Geh. des veränderten W., seinen Einfl. auf die Entw. von *Daphnia magna*, wo eine Veränderung der Populationsform festgestellt wurde sowie auf Verminderung der Oscillation der Gesamtmenge von Bakterien auf Agar. Wahrscheinlich könnten derartige elektromagnet. Felder bei der Reinigung von Abwässern Verw. finden. Maria Szmytówna. 6064□

Der Einfluß von Verunreinigungen auf die Nekal-Bestimmung in Wasser und Abwässern. Paweł Sztafrowski. (Gaz, Woda Techn. sanit. **35.** 147—49. April 1961. Oświęcim, Zakł. Nauk. Bad. Zakładów Chem.; pol.) — Bei der colorimetr. Best. des häufig als Detergens benutzten *Nekal* (Na-Salz der Dibutylnaphthalinsulfonsäure) mit Methylenblau in Chlf.-Lsg. werden in Anwesenheit von Cl^-- u. NO_3^--Ionen sowie von aromat. KW-Stoffen zu hohe Ergebnisse erhalten. Vf. stellte fest, daß durch 2—3maliges Ausschütteln der Methylenblau-Nekal-Chlf.-Lsg. mit schwacher H_2SO_4-Lsg. (0,5 ml 5n H_2SO_4 : 50 ml W.) das nicht durch Nekal gebundene Methylenblau aus der Chlf.-Lsg. extrahiert wird u. genauere Ergebnisse erhalten werden.
Maria Szmytówna. 6068□

Analyse aliphatischer Aldehyde in Abwässern und in der Atmosphäre. Aubrey P. Altshuller, I. R. Cohen, Merle E. Meyer und Arthur F. Wartburg jun. (Analytica chim. Acta [Amsterdam] **25.** 101—17. Aug. 1961. Cincinnati, Ohio, U. S. Dep. of Health, Educat. and Welfare, Div. of Air Pollution, Labor. of Engng. and Phys. Sci. and Robert A. Taft Sanit. Engng. Center, Publ. Health Serv.; engl.) — In einem Überblick werden die Meth. zur Best. des Gesamtaldehyd-Geh. u. zur speziellen Best. von Formaldehyd, konjugierter ungesätt. Aldehyde u. Glyoxale angegeben u. ihre Anwendbarkeit bei der Best. von Aldehyden in Abwässern verschiedener Art sowie in der Atmosphäre diskutiert. — 55 Literaturangaben. U. Uhlich. 6068□

Chlorator G. m. b. H., Grötzingen (Erfinder: Günter Axt, Karlsruhe), **Überwachung des Sauerstoffgehaltes (I) von Fluß- und Abwässern,** dad. gek., daß das an sich bekannte Prinzip, den **I** des W. in einem Austauscher (**II**) mit einem Hilfsgas (**III**) in ein Gleichgewicht zu bringen u. aus den gemessenen Änderungen der Zus. des **III** den zu überwachenden **I** zu bestimmen, in der Weise angewandt wird, daß als **III** Luft verwendet wird, deren im **II** erfolgende Änderung im **I** laufend gemessen wird. (**D. A. S. 1 064 737** Kl. 421 vom 9/1. 1957, ausg. 3/9. 1959.) W. v. Huhn. 6057

Heyl & Co., Chemisch-pharmazeutische Fabrik, Berlin (Erfinder: Hermann Büechl, Hildesheim, und Hermann Flaschka, Atlanta, Ga., V.St.A.), **In fester Form, vorzugsweise als Preßkörper dosierbare Reagentien zur Komplexometrischen Bestimmung von Calcium u./oder Magnesium,** dad. gek., daß die äthylendiamintetraessigsaure Titriersubstanz, die Indicatorsubstanz oder beide als Verfestigungs- bzw. Verdünnungsmittel Trioxymethylaminomethan enthalten. Hauptanwendung zur Best. der *Wasserhärte.* (**D. A. S. 1 115 476** Kl. 421 vom 1/4. 1958, ausg. 19/10. 1961.)
W. v. Huhn. 6063

Salem-Brosius, Inc., Pittsburgh, Pa., V.St.A., *Desinfektion von Trinkwasser.* (**E. P. 830 296** vom 10/10. 1957, ausg. 16/3. 1960. A. Prior. 23/10. 1956. — C. **1960.** 7289 [F. P. 1 184 124].)

Olin Mathieson Chemical Corp., Va., übert. von: **Richard C. Harshman,** Kenmore, und **Robert L. Holbrook,** Tonawanda, N.Y., V.St.A., *Behandlung von Kesselspeisewasser mit Hydrazinsalzen.* (**A. P. 2 936 289** vom 5/5. 1955, ausg. 10/5. 1960. — C. **1960.** 13806 [F. P. 1 152 734].)

V. Anorganische Industrie

Extraktion von Helium aus Naturgas. Das „Diffusion-durch-Glas"-Verfahren. N. Melnyk und H. W. Habgood. (Canad. Mining metallurg. Bull. **54.** 768—74. Okt. 1961. Edmonta, Alberta, Res. Council of Alberta; engl.) — Das beschriebene Verf. basiert auf der Durchlässigkeit von Glas für He. Ca. 10000 Pyrexglascapillaren von 0,0035 in. Ø werden zu einer Extraktionsanlage von He aus Naturgas vereinigt. Bei Drücken bis 1000 lbs./sq.in. mit Naturgas von 450° u. 120 lbs./sq.in. Druck ausgeführte Unterss. ergaben in 5 Monaten keinen Leistungsrückgang der Anlage u. keinen Bruch der Capillaren. W. Wesly. H 231□

Angereichertes Askangel. A. I. Awssarkissowa und M. Je. Schischniaschwili. (Доклады Академии Наук СССР [Ber. Akad. Wiss. UdSSR] **118.** 540—42. 21/1. 1958. Chem. Inst. der Akad. der Wiss. der GrusinSSR; russ.) — Durch Zentrifugieren werden aus der verd. Suspension (ca. 2,5%) von *Askangel* (**I**) die grobdispersen Fraktionen (1 μ u. mehr) abgeschieden. Zur Verhinderung der $BaCO_3$-Bldg. wird das hochdisperse Prod. mit HCl bis zum pH 6, dann mit $BaCl_2$ als Koagulator versetzt. Das als Koagulatpaste bezeichnete Prod. wird mit Na_2SO_4 peptisiert. Das so erhaltene Prod. wird als *angereichertes* **I** bezeichnet. Dasselbe ist dem amerikan. Aquagel ähnlich. Seine wss. Suspensionen besitzen gute thixotrope Eigg., die in einem weiteren pH-Bereich erhalten bleiben als bei Askankolloiden. Nach den übrigen Koll.-Eigg. unterscheiden sich die beiden nur wenig. Im Unterschied zu **I** u. Askan-Koll., die durch eine Abnahme der thixotropen Eigg. u. durch eine Synärese ausgezeichnet sind, zeigt angereichertes **I** im Laufe von 6 Monaten keine Veränderungen. Angereichertes **I** kann für die Herst. von hochwertigen Bohrlsgg., als akt. Füllmittel, Bindemittel u. Weichmacher sowie als Klebe- u. Suspensionsmittel angewandt werden. O. Lebtag. H 294

United Kingdom Atomic Energy Authority, London, England (Erfinder: William Havelock Denton und Douglas Handley), **Herstellung von an Deuterium angereichertem Wasserstoff.** Der in Heiß–Kalt-Kolonnen auf einen Faktor >1,5 gegenüber H_2 mit natürlichem D_2-Geh. durch Austausch zwischen W. u. H_2 angereicherte H_2 wird zwecks weiterer Anreicherung einer Dest. unterworfen u. der in D_2-Geh. gegenüber dem der Dest. zu unterwerfende H_2 verminderte Rest H_2 zum Austausch mit W. natürlicher D_2-Konz. in die Heiß–Kalt-Kolonne zurückgeführt. — 2 Verf.-Schemen, 1 Diagramm. (**E. P. 869 415** vom 24/4. 1957, ausg. 31/5. 1961.) K. Wolk. H 238

Toyo Koatsu Industries, Inc., Tokyo, Japan, **Reinigung von O_3-haltigem Sauerstoff aus der Ozonisierung ungesättigter Fettsäuren** von gasförmigen O-haltigen Rk.-Prodd. erfolgt durch Überleiten des Gases, bes. nach Passieren eines Zyklons u. eines Wasserwäschers, bei 15—100° über einen aus Fe-, Cu-, Ag-, Ni-Oxid oder BaO_2 bestehenden Deozonisierungskatalysator, worauf man den O_3-freien O_2 wieder in den Ozonisator zurückführt. (**E. P. 867 152** vom 3/4. 1959, ausg. 3/5. 1961. Jap. Prior. 7/4. 1958.) O. Müller-Meiningen. H 239

FMC Corp., New York, N.Y. (Erfinder: Leonard Ray Darbee, Trenton, N.J., und James Robert Kolczynski, Levittown, Pa.), V.St.A., **Herstellung von Peroxymonosulfat,** dad. gek., daß ein Bisulfat des NH_4 oder eines Alkali- oder Erdalkalimetalls mit wss. H_2O_2 in Ggw. einer katalyt. Menge einer starken, sauerstoffhaltigen anorgan. Säure, d. h. ca. 0,25—10 Gew.-%, bezogen auf das Gew. der Rk.-Mischung, bes. H_2SO_4, bei 50—110°, bes. 80—100°, umgesetzt wird. Die trocknen Prodd. enthalten z. B. 81,2 (Gew.-%) $KHSO_5$ u. 8,5 akt. O. (**D. A. S. 1 124 929** Kl. 12i vom 12/7. 1960, ausg. 8/3. 1962. A. Prior. 15/7. 1959.) K. Demmler. H 241

Morton Chemical Co., Chicago, Ill. (Erfinder: Vernon Louis Langlinais und Henry Paul Broussard, Weeks, La.), V.St.A., **Herstellung von wasserfreiem Chlorwasserstoff,** dad. gek., daß man eine wss. Lsg. von HCl mit überschüssigem B_2O_3 oder hydratisierten Borsäureanhydriden, die einen geringeren Hydratationsgrad als H_3BO_3 haben, bei 40—90°, bes. 70—85°, in Berührung bringt, wonach man die gebildete H_3BO_3 zu Metaborsäure dehydratisiert u. diese in das Verf. rückführt. Ein mit 30° gewonnenes HCl-Gas enthält z. B. 0,21% Wasser. — Verf.-Schema. (**D. A. S. 1 125 411** Kl. 12i vom 13/6. 1960, ausg. 15/3. 1962.) K. Demmler. H 247

Deutsche Gold- und Silber-Scheideanstalt vormals Roessler, Frankfurt/M. (Erfinder: Paul Mollard, Saint-Foy-les-Lyon, Frankreich), **Bleichmittel,** bestehend aus einem Schüttgew. von ca. 470—510 g je Liter aufweisendem $NaClO_2$ in Form fester Teilchen, dad. gek., daß jedes Teilchen aus einem Kern von $NaClO_2 \cdot 3\,H_2O$ u. einer äußeren Schicht von kristallwasserfreiem $NaClO_2$ besteht. Hergestellt wird das Bleichmittel durch teilweise Entwässerung von krist. $NaClO_2 \cdot 3\,H_2O$ bei <38° unter Überleiten eines inerten Gases. (**D. A. S. 1 124 471** Kl. 12i vom 5/2. 1960, ausg. 1/3. 1962. F. Prior. 10/3. 1959.) K. Demmler. H 247

Thiosan-Gesellschaft Weigel & Co. G. m. b. H., Bingen/Rh., **Gewinnung von feinverteiltem gefälltem Schwefel** aus einem unter erhöhtem Druck stehenden verd. H_2S-Gas. Das angereicherte H_2S-Gas wird ohne Druckänderung zusammen mit Luft (O_2) unten in eine unter normalem Druck stehende alkal. oder ammoniakal. Fl.-Säule eingeleitet, die auf <25° gehalten wird u. z. B. Hydroxybenzole enthält. Der aufschwimmende S wird als Schaum abgetrennt. (**D. A. S. 1 080 530** Kl. 12i vom 22/7. 1957, ausg. 28/4. 1960.) E. Miessgang. H 253

Southern Clays, Inc., New York, N.Y., übert. von: John W. Beamesderfer, Orono, Me., und Horton H. Morris, Macon, Ga., V.St.A., **Herstellung von Kieselsäureprodukten,** bes. für *Pigmente* u. *Papierschlichten* dad. gek., daß als Ausgangs-Prod. Ton bei 500—900° calciniert u. dann mit 20—50% heißer H_3PO_4 oder einem H_3PO_4/H_2SO_4-Gemisch extrahiert wird, wobei die H_3PO_4-Menge dem im Ton enthaltenen Al äquivalent u. die Gesamtsäure ausreicht, um die gelösten Al-Salze in Lsg. zu halten, u. daß die vom Rückstand abgetrennte Lsg. mit alkal. Verbb. neutralisiert wird, wobei das SiO_2-Prod. ausfällt. (**A. P. 2 974 054** vom 7/8. 1957, ausg. 7/3. 1961.) A. Gradl. H 261

Dow Chemical Co., Midland, Mich., übert. von: Franciszek Olstowski, Freeport, Tex., V.St.A., **Elektrolytische Herstellung von Siliciumtetrafluorid.** Zwischen einer porösen C-Anode u. einer unlösl. Kathode wird eine Schmelze, die aus bei Elektrolyse-Temp. nichtflüchtigen Alkali-, Erdalkali- u./oder Erdmetallfluoriden u. SiO_2 oder

Silicaten, z. B. $CaSiO_3$, Na_2SiO_3, besteht, bei ca. 700—1000° elektrolysiert u. z. B. ein 9,9% SiF_4 enthaltendes Anodengas erhalten. (**A. P. 2 968 599** vom 2/9. 1958, ausg. 17/1. 1961.) K. DEMMLER. H 261

General Electric Co., Schenectady (Erfinder: Carlyle Sheldon Herrick, Alplaus), N.Y., V.St.A., **Herstellung von Siliciumtetrajodid,** bes. für die Herst. von hochreinem Si durch therm. Zers., dad. gek., daß die Rk. von Si mit J im Fließbett durchgeführt, das Si im Überschuß angewandt u. Rk.-Wärme durch Kühlung entfernt wird. — Zeichnung. (**D. A. S. 1 123 653** Kl. 12i vom 16/7. 1959, ausg. 15/2. 1962. **E. P. 872 282** vom 2/7. 1959, ausg. 5/7. 1961. Beide A. Prior. 25/7. 1958.) A. GRADL. H 261

Deutsche Gold- und Silber-Scheideanstalt vormals Roessler, Frankfurt/M. (Erfinder: Jean Diether, Rheinfelden/Bad.), **Herstellung von feinverteilten Oxiden** durch Hydrolyse von flüchtigen Metall- oder Metalloid-Verbb. durch Zers. mit unter Wasser-Bldg. verbrennbaren Gasen unter gleichzeitiger Anwendung von Spülgasen, dad. gek., daß bei der Zers. von Verbb., die leichter zersetzlich sind als $SiCl_4$, H_2 als Spülgas verwendet wird. (**D. B. P. 974 974** Kl. 12g vom 19/7. 1953, ausg. 22/6. 1961. Anmeldung bekanntgemacht 2/8. 1956. **Zusatz zu D. B. P. 974 793; C. 1962. 5876.**) H. ROOS. H 270

Thorium Ltd., London, England (Erfinder: Leonard George Sherrington), **Trennen von Thorium von den Lanthaniden** durch Extraktion einer wss., sulfathaltigen Lsg. mit einer Kerosin-, Xylol- oder Benzol-Lsg. eines Amins mit 10 bis 30 C-Atomen, bes. der Mol.-Formel $C_{20}H_{41}NH_2$, u. anschließender Auswaschung der organ. Phase, in der das Th komplex gebunden ist, mit einer wss. SO_4- u. Cl-haltigen Lösung. Durch Rückextraktion mit wss., salpetersäurehaltiger NH_4NO_3-Lsg. erhält man aus der organ. Phase dann das Th. (**E. P. 869 958** vom 19/9. 1958, ausg. 7/6. 1961.) H. NEBELSIEK. H 324

N. V. Philips' Gloeilampenfabrieken (Erfinder: Paul Christiaan van der Willigen und Sjerp Anne Troelstra), Eindhoven, Holland, **Herstellung poröser Körper für Isotopentrennung.** Zur Trennung der Hexafluoride der *Isotope* ^{238}U u. ^{235}U durch Diffusion geeignete Körper werden erhalten, wenn man feinpulverisiertes CaF_2 in einem CaF_2-Gel verteilt u. diese Masse nach Formgebung auf 100—1200° erhitzt, bis das zur Herst. des Gels verwendete Geliermittel zersetzt u. das W. entfernt ist. Ein geeignetes Geliermittel ist z. B. $Ca(MnO_4)_2$, das bei $<200°$, u. $Cu(NO_3)_2$, das bei 250° in gegenüber den genannten Hexafluoriden inerte Verbb. zersetzt wird. (**Holl. P. 98 129** vom 13/6. 1957, ausg. 15/6. 1961. **D. A. S. 1 129 414** Kl. 80b vom 10/6. 1958, ausg. 10/5. 1962. Holl. Prior. 13/6. 1957.) F. BÖHM. H 339

International Nickel Co. (Mond) Ltd., London (Erfinder: De Witt Henry West und David Myers Llewelyn, Swansea, Glamorganshire), England, **Gewinnung von Eisenoxidpulver** für die Herst. von Ferriten durch Oxydation u. Hydratation von Fe-Pulver, bes. Carbonyleisenpulver, mit anschließendem Calcinieren des erhaltenen Prod., dad. gek., daß auf dem Fe-Pulver durch Oxydation in heißem W., z. B. bei $>80°$, mittels eines aus CO_2 u. Luft bestehenden Gasgemisches (CO_2 : Luft = 1 : 40 bis 1 : 5, bes. 1 : 20 bis 1 : 5) eine dünne Oxidschicht gebildet, das überschüssige W. von dem Pulver getrennt, das Pulver calciniert u. fein gemahlen wird. (**D. A. S. 1 120 438** Kl. 12n vom 28/2. 1959, ausg. 28/12. 1961. E. Prior. 14/3. 1958.) K. DEMMLER. H 354

Atomic Energy of Canada Ltd., Ottawa, Ontario, Canada, übert. von: **James M. Carter**, Pasadena, und **Martin D. Kamen**, Berkeley, Calif., V.St.A., *Isotopenanreicherung.* (**Can. P. 551 294** vom 6/4. 1945, ausg. 7/1. 1958. A. Prior. 21/4. 1944. — C. **1958.** 5480 [A. P. 2 758 006].)

Erwin Willy Albert Becker, Deutschland, *Trennung von gas- oder dampfförmigen Stoffen, besonders Isotopen.* (**F. P. 1 230 416** vom 18/7. 1955, ausg. 15/9. 1960. D. Prior. 26/3. u. 14/6. 1955. — C. **1959.** 10369 [E. P. 794 834].)

Deutsche Gold- und Silber-Scheideanstalt vormals Roessler, Deutschland (Erfinder: **Donald H. Porter**), *Herstellung von Wasserstoffperoxid.* (**F. P. 1 224 417** vom 24/4. 1959, ausg. 23/6. 1960. A. Prior. 22/5. 1958. — C. **1960.** 16895 [D. A. S. 1 079 604].)

N. V. de Bataafsche Petroleum Mij., Holland (Erfinder: **Arthur Kern Dunlop, Robert Eldon Meeker** und **Gino John Pierotti**), *Herstellung von säurefreiem Wasserstoffperoxid.* (**F. P. 1 226 512** vom 9/2. 1959, ausg. 13/7. 1960. A. Prior. 11/2. 1958. — C. **1961.** 12602 [E. P. 844 029].)

Pennsalt Chemicals Corp., V.St.A. (Erfinder: **Gerhard Barth-Wehrenalp**), *Herstellung von Perchlorylfluorid.* (**F. P. 1 202 848** vom 19/12. 1957, ausg. 13/1. 1960. A. Prior. 21/12. 1956. — C. **1962.** 264 [D. A. S. 1 107 206].)

Solvay & Cie., Belgien, *Natriumperborat.* (**F. P. 1 229 652** vom 28/4. 1958, ausg. 8/9. 1960. — C. **1962.** 2868 [D. A. S. 1 109 152].)

National Distillers & Chemical Corp., V. St.A. (Erfinder: **Jawad H. Murib** und **Charles A. Bonecutter**), *Herstellung von Borhydriden.* (**F. P. 1 229 566** vom 10/7. 1959, ausg. 8/9. 1960. A. Prior. 14/7. 1958. — C. **1961.** 12961 [D. A. S. 1 094 248].)

Farbenfabriken Bayer Akt.-Ges., Deutschland (Erfinder: **Konrad Lang** und **Friedrich Schubert**), *Herstellung reiner Alkaliborhydride.* (**F. P. 1 225 711** vom 2/2. 1959, ausg. 4/7. 1960. D. Prior. 3/2. 1958. — C. **1960.** 8643 [D. A. S. 1 051 254].)

Studiengesellschaft Kohle m. b. H., Deutschland (Erfinder: **Roland Köster**), *Herstellung fester Borane*. (**F. P. 1 224 074** vom 3/12. 1958, ausg. 22/6. 1960. D. Prior. 4/12. 1957. — **C. 1959.** 16 124 [D. A. S. 1 054 438].)

United States Borax & Chemical Corp., V. St. A., übert. von: **Borax Consolidated Ltd.**, *Herstellung von Boriden*. (**F. P. 1 228 663** vom 13/2. 1959, ausg. 20/6. 1960. E. Prior. 13/2. 1958. — **C. 1961.** 15 880 [Oe. P. 210 390].)

Wacker-Chemie G. m. b. H., Deutschland, *Wasserstoffhaltige Kieselsäure*. (**F. P. 1 225 597** vom 28/5. 1959, ausg. 1/7. 1960. D. Prior. 31/5. 1958. — **C. 1960.** 3665 [D. A. S. 1 062 228].)

Wacker-Chemie G. m. b. H., Deutschland, *Herstellung von sehr reinem Siliciumhexachlorid*. (**F. P. 1 228 666** vom 23/6. 1959, ausg. 31/8. 1960. D. Prior. 25/6. 1958. — **C. 1960.** 17242 [D. A. S. 1 082 890].)

Union Carbide Corp., V. St.A. (Erfinder: **Earl Glen Caswell**), *Reinigung von Silan*. (**F. P. 1 229 553** vom 10/7. 1959, ausg. 8/9. 1960. A. Prior. 14/7. 1958. — **C. 1961.** 8432 [D. A. S. 1 095 796].)

Soc. An. des Manufactures des Glaces et Produits Chimiques de Saint-Gobain, Chauny & Cirey, Frankreich (Erfinder: **Bernard Bigot**), *Umwandlung von Natriumtripolyphosphat der Form I in die Form II*. (**F. P. 1 223 264** vom 4/12. 1957, ausg. 16/6. 1960. — **C. 1960.** 16897 [D. A. S. 1 082 582].)

Kali-Chemie Akt.-Ges., Deutschland (Erfinder: **Winfried Menzer**), *Kristallwasserfreies Bariumhydroxid*. (**F. P. 1 227 676** vom 16/6. 1959, ausg. 22/8. 1960. D. Prior. 6/9. 1958. — **C. 1960.** 6957 [D. A. S. 1 069 128].)

Kali-Chemie Akt.-Ges., Deutschland (Erfinder: **Winfried Menzer**), *Entwässerung von Bariumhydroxidhydraten*. (**F. P. 1 227 677** vom 16/6. 1959, ausg. 22/8. 1960. D. Prior. 21/8. 1958. — **C. 1960.** 4315 [D. A. S. 1 067 012].)

Pechiney Comp. de Produits Chimiques et Électrométallurgiques (Erfinder: **Peter Tardieu** und **René Perières**), Paris, Frankreich, *Al_2O_3-Herstellung*. (**Ung. P. 144 820** vom 29/7. 1957, ausg. 15/3. 1959. F. Prior. 31/7. 1956. — **C. 1960.** 5284 [D. A. S. 1 068 682].)

Peter Spence & Sons Ltd., England, und **Deutsche Gold- und Silber-Scheideanstalt vormals Roessler**, Deutschland (Erfinder: **Alan Wilmot Beeston**), *Herstellung von amorpher Tonerde*. (**F. P. 1 229 284** vom 2/7. 1959, ausg. 6/9. 1960. E. Prior. 2/7. 1958. — **C. 1961.** 10328 [D. A. S. 1 089 739].)

Diamond Alkali Co., V.St.A. (Erfinder: **Alexander E. Teyral**), *Reinigen von Alkalibichromat*. (**F. P. 1 223 105** vom 30/4. 1959, ausg. 15/6. 1960. A. Prior. 2/5. 1958. — **C. 1962.** 3941 [E. P. 859 264].)

VI. Silicatchemie. Baustoffe

Synthese von Dicalcium- und Tricalciumsilicaten in Gegenwart von LiF, KF und SrF_2. M. M. Ssytschew, M. A. Asstachowa und W. Je. Korobowa. (Известия Высших Учебных Заведений (Иваново), Химия и Химическая Технология [Hochschulnachr. (Iwanowo), Chem. u. chem. Technol.] **2.** 755—60. 1959. Leningrad, Technol. Lensowjet-Inst., Lehrstuhl für Technol. der Bindemittel; russ.) — Untersucht wird die mineralisierende Wrkg. von *LiF*, *KF* u. SrF_2 bei der Synth. von C_2S u. C_3S. Es wird festgestellt, daß die aktivierende Wrkg. der Alkalimetallfluoride mit wachsendem Ionenradius des Kations sinkt. Die mineralisierenden Wrkg. der untersuchten Zusätze ist proportional der auf die Flächeneinheit der reagierenden Komponenten entfallenden Fluoridmenge. H. TREUMANN. 6168 □

Kontrollen bei der Gemengeherstellung führen zu homogenem Glas. William Hanot. (Amer. ceram. Soc. Bull. **39.** 134—35. 15/3. 1960. Seattle, Wash., Northwestern Glass Co.; engl.) — Der Vf. beschreibt die Bemühungen, jede Phase der Gemengeaufbereitung mehrfach zu kontrollieren, um den steten Fluß von Qualitätsgemenge zum Ofen weitgehend sicherzustellen. Die verschiedenen Kontrollen für die einzelnen Arbeitsgänge werden ausführlich beschrieben. H.-O. MULFINGER. 6170 □

Weitere Daten über den Einfluß der Sandkorngröße auf das Läutern des Glases. Michael Cable. (Glass Technol. **1.** 139—43. Aug. 1960. Univ. of Sheffield, Dep. of Glass Technol.; engl.) — In einem Ofen, der beim Schmelzen keine starken Konvektionsströme in der Schmelze hervorruft, wurden frühere Verss. über den Einfl. der Sandkorngröße auf die Läuterung eines Kalk-Natronglases wiederholt. Für die Verss. wurden 4 Sandkorngrößen zwischen 0,22 u. 0,077 mm verwandt. Die Gemengerohstoffe, die Gemengebereitung u. der Schmelzprozeß werden beschrieben. Der Läuterungsgrad wird an Hand der Best. von Blasenzahl u. ihrer Abnahme mit der Zeit sowie der Blasengrößenverteilung verfolgt. Die Experimente bestätigen, daß die Sandkorngröße einen bedeutenden Einfl. auf die Blasenzahl, Blasengrößeverteilung, die Homogenität der Schmelze u. auf das Maß, in dem Blasen gegebener Größe verschwinden, besitzt. Die Ergebnisse der Schmelz-Verss. bei gleicher Korngröße zeigen Abweichungen im Vgl. zu den früheren Verss., sie zeigen aber auch, daß die exponentielle Abnahme der Anzahl der Blasen gleichen Durchmessers pro cm^3 durch die von der Bewegung der Blasen herrührende Konvektion nicht beeinflußt wird. Das Aufsteigen der Blasen in der Schmelze ist somit für das Verschwinden nicht verantwortlich. Bei Beginn der Läuterung steigt der Blasen-Geh. mit abnehmender Korngröße, die Läuterungs-Geschw. zeigt jedoch ein Maximum bei einer Korngröße von 0,15 mm. H.-O. MULFINGER. 6170 □

Untersuchung über das Läutern. 1. Mitt. Messungen des Läuterns eines Kalk-Natron-Glases mit und ohne Läutermittel. Michael Cable. (Glass Technol. **1.** 144—54.

Aug. 1960. Univ. of Sheffield, Dep. of Glass Technol.; engl.) — Die Läuterung eines Glases wird durch die Best. der Blasenzahl, ihrer Abnahme mit der Zeit u. durch die Best. der Blasengrößenverteilung verfolgt. Für die Verss. werden jeweils 60 g eines Kalk-Natron-Glases verwandt, das im elektr. beheizten Ofen im Pt-Tiegel bei 1400 bis 1450° geschmolzen wird. Die Schmelzen enthalten 0,1 bzw. 0,5 (%) As_2O_3 u. 1,0 bzw. 5,0 + Na_2O, das als Natriumperoxid eingeführt wird. Eine Temp.-Erhöhung wirkt sich ähnlich wie die Kombination von Läutermitteln auf die Blasengrößenverteilung u. die Abnahme der Blasenzahl aus. Werden neben 0,5% As_2O_3 5% Na_2O als Na_2O_2 zugesetzt, so verschwinden die kleinen Blasen langsamer als in Schmelzen, die nur 1% Na_2O als Na_2O_2 enthalten. Es wird vermutet, daß hierbei zuviel O_2 zugeführt wurde.
H.-O. MULFINGER. 6170 □

Einfluß des teilweisen Ersatzes von Soda durch Lithiumoxid in Opal- und Alabaster-Milchgläsern. H. W. Rauch, C. H. Commons jun. und A. Silverman. Glass Ind. **41.** 261—63. 293. Mai 1960. Berwyn, Pa., Foote Min. Co.; engl.) — Ausgehend von einem Opal- u. einem Zn-Alabasterglas, deren Gemenge-Zus. angegeben sind, werden äquimol. Mengen an Na_2O durch Li_2O (0,25 bzw. 0,50 Gew.% Li_2O) ersetzt. An den erhaltenen Gläsern werden Wärmeausdehnung, Reflexion, Opaleszenz .u Lichtstreuung bestimmt. Der Ersatz von 1,0 Gew.-% Na_2O durch 0,48 Gew.-% Li_2O ergibt beim Zinkalabaster- u. Opalglas eine Verminderung der Schmelzzeit von 8,4 bzw. 10,5% u. eine Verminderung der Läuterzeit von 23,0 bzw. 18,2%. Bei Ersatz von 0,5% Na_2O durch 0,24% Li_2O wurden kleinere Änderungen dieser Eigg. beobachtet. Die Wärmeausdehnung wird in beiden Fällen durch den Na_2O–Li_2O-Ersatz um 5,7% erniedrigt. Äquimolekularer Ersatz von Na_2O durch Li_2O vergrößert die Lichtdurchlässigkeit u. erniedrigt Refleixon u. Opalescenz. H.-O. MULFINGER. 6170 □

Elektrische Zusatzheizung und Einblasen von Gasen in Glasschmelzöfen. Larry Penberthy und Fred Scarfe. (Glass Ind. **41.** 274—75. 299—301. Mai 1960. Seattle, Wash., Penberthy Electromelt Co.; engl.) — Die elektr. Zusatzheizung (Widerstandsbeheizung der Schmelze) kann eine Reihe von Vorteilen bewirken. So kann u. a. der Glasausstoß einer Wanne vergrößert, die Homogenität durch die an den Elektroden entstehenden Strömungen verbessert u. die Beheizungsintensität bei gleichem Ausstoß vermindert werden. Wird hauptsächlich eine Homogenitätsverbesserung bei nur kleiner Produktionssteigerung angestrebt, so ist das Einblasen von Gasen das geeignete Verfahren. H.-O. MULFINGER. 6172 □

Untersuchung über den Verschleißvorgang an einem ungebrannten, kieselsäurereichen Schamotte-Wannenstein. K. Konopicky, H. Gotthardt und E. Köhler. (Glass Technol. **1.** 155—61. Aug. 1960. Bonn, Forsch.-Inst. der Feuerfestind.; engl.) — Vgl. C. **1958.** 6364. H.-O. MULFINGER. 6172 □

Das Verhalten von basischen Feuerfestmaterialien in mit Alkalidämpfen angereicherter Atmosphäre. P. Eloy, M. Jaupain und E. Plumat. (Glass Technol. **1.** 162—73. Aug. 1960. Gilly, Union des Verreries Méc. Belges, Labor. Central.; engl.) — Es wurde versucht, in einem Vers.-Ofen die in Regeneratoren bestehenden Bedingungen nachzuahmen. Mit dieser Anordnung ist es möglich, den Zerstörungsvorgang an Gittersteinen zu untersuchen, die in den Regeneratoren eines Wannenofens verwendet werden. Die die Steine beeinflussenden Faktoren sind die Einw. der kondens. Alkalisalze, die cycl. Änderungen der Atmosphäre u. die period. Temp.-Wechsel. Forsteritsteine werden recht schnell zerstört. Ihre Zerstörung wird durch die Oxydation der Fe-Silicate u. Oxide, die in ihnen enthalten sind, bewirkt. Wenn man Forsteritsteine mit einem Überzug versieht, der verglasen u. dadurch die Porosität des bas. Materials vermindern kann, läßt sich ihre Beständigkeit verbessern. Für Forsterit- u. Magnesitsteine ist es ferner wichtig, den Kontakt mit SiO_2-haltigem Material zu verhindern, mit dem sie bei hohen Temp.-Eutektika bilden. Die Verss. mit Materialien, die sehr wenig Fe u. viel Mg enthalten, beweisen die gute Haltbarkeit der hoch-MgO-haltigen Steine. — 12 Literaturangaben. H.-O. MULFINGER. 6172 □

Beobachtungen an basischen Gittersteinen in den Regenerativkammern einer Borosilicatwanne. Norbert Müller und Ottmar Schmid. (Glas-Email-Keramo-Techn. **12.** 155—59. Mai 1961. Mainz, Labor. des Jenaer Glaswerks Schott & Gen.; dt.) — Eine Anzahl handelsüblicher Magnesitsteine wurde zwischen die Gitterungsschächte einer heißgehenden Borosilicatwanne eingebaut u. nach 15-monatiger Kammerreise untersucht. Es handelt sich dabei um 2 chem. gebundene u. 5 gebrannte Steine, deren Mineralkomponenten vor u. nach Gebrauch bestimmt wurden. Die Unterss. wurden mkr. u. röntgenograph. durchgeführt. 6 der Vers.-Steine (Ausnahme 1 gebrannter Magnesitstein) waren nach Gebrauch in ihrer Festigkeit stark vermindert bzw. zerbröckelt. Als Hauptursache der Steinzerstörung wurde der chem. Angriff der Borsäure auf den

Periklas unter Bldg. von Mg-Boraten beobachtet (Borat-Bursting.) Keine Borat-Bldg. wurde an dem am besten erhaltenen Stein festgestellt. Es wird auf eine mögliche Beziehung zwischen dem Geh. an Mg-Ferrit + Chromit, der stabilisierend auf das Periklaskorn wirkt, u. dem Borsäureangriff hingewiesen. H.-O. MULFINGER. 6172□

Anwendung von Ammoniumsulfat für die Intensivierung der Glasschmelze. Je. D. Didenko. (Стекло и Керамика [Glas u. Keram.] **18.** Nr. 6. 33—34. Juni 1961.; russ.) — Wie die Erfahrungen zeigen, erfolgt durch Zusatz von $(NH_4)_2SO_4$ (I) eine Verbesserung der Glasschmelze. Am Beispiel des Glases der Zus. 72,5 (%) SiO_2, 2,6 R_2O_3, 6 CaO, 3,9 MgO, 15 Na_2O (maximale Schmelz-Temp.: 1460 ± 10°) zur Herst. von Flaschen wird die Einw. von I gezeigt. Da sich I beim Glasschmelzen vollständig verflüchtigt, kommt es zur intensiven Mischung der Glasmasse; dadurch wird die Glas-Bldg. beschleunigt. Bei 1,2—2,5% I im Verhältnis zur Beschickung ist eine Produktionssteigerung zu erkennen. Auf die Qualität der Flaschen zeigt I keinen Einfl., was wahrscheinlich darauf zurückzuführen ist, daß I in kleinen Dosen u. während längerer Zeit zugegeben wird. Bei Verw. von I wird eine Temp. des Sandes von 50—60° empfohlen, da sich sonst NH_3 bildet, was zur Verschlechterung der Arbeitsbedingungen führt. R. THÄTNER. 6174□

Ein Präparat von flüssigem Gold für Glas und Porzellan. Ss. G. Tumanow. (Стекло и Керамика [Glas u. Keram.] **18.** Nr. 6. 26—30. Juni 1961; russ.) — Das Präp. ist eine zähe, ölige, dunkelbraune Fl. mit einem Geh. von 10—12 (%) Au, 0,02 bis 0,03 Rh, 0,035—0,08 Cr_2O_3 u. 0,4—0,5 Bi_2O_3. Die Herst. dieses Präp. beruht auf der Darst. von sog. fl. Au nach CHEMNIZIUS [1927], unterscheidet sich aber von dem vorst. Verf. durch folgendes: an Stelle von $KAuCl_4$ findet NH_4AuCl_4 Verw.; als Lsgm. dient nicht CH_3OH, sondern C_2H_5OH; Neutralisation u. Umkristallisieren des Au-Resinats werden durch sorgfältiges Waschen auf dem Filter mit heißem W. u. A. ersetzt; an die Stelle der teuren Lavendel- u. Rosmarinöle tritt Terpentin; die Dest. erfolgt bei 160 bis 170°. Die Temp.-Bedingungen für das Brennen des mit Au bearbeiteten Glases oder Porzellans sind angeführt. R. THÄTNER. 6188□

Die Kontrolle der Gleichmäßigkeit der Zusammensetzung von Glas an Hand der optischen Eigenschaften. R. Ss. Schewelewitsch. (Стекло и Керамика [Glas u. Keram.] **18.** Nr. 6. 14—17. Juni 1961; russ.) — Die Meth. zur Betriebskontrolle der Gleichmäßigkeit der Zus. von Glas durch Messen der Brechungs-Koeff. n_D u. der Dispersion D wird am Beispiel eines Al–B-Silicatglases demonstriert, ist aber in jedem Zweig der Glasindustrie anwendbar. Die Meth. beruht auf der Vorstellung der additiven Abhängigkeit von n_D u. D von der chem. Zusammensetzung. Ein Glas bekannter Zus. u. mit bestimmten n_D u. D dient als Standard. Die Empfindlichkeit der Meth. ist etwa doppelt so groß wie im Falle der chem. Analyse. R. THÄTNER. 6200□

Über ein neues Verfahren zur Bestimmung der Fleckenanfälligkeit von optischen Gläsern. W. Geffcken. (Glas-Email-Keramo-Techn. **12.** 145—50. Mai 1961. Mainz; dt.) — Es wird ein Prüf-Verf. beschrieben, bei dessen Anwendung die gleichen Fleckenfarben verursacht werden, die in der Praxis störend auftreten. Die bisher angewandten Prüf-Verf. zur Beurteilung des Verh. opt. Gläser gegen chem. Einfl. während der Fertigung gestatteten lediglich, die Gesamtmenge der gelösten Bestandteile zu bestimmen. Aus den vorliegenden Resultaten ergibt sich, daß für die einzelnen Glassorten ein Grenzwert des Angriffes besteht, der außer von der Dicke der Fl.-Lamelle u. der Art u. Konz. der Puffer-Lsg. im wesentlichen vom Grenz-pH-Wert für das betreffende Glas u. vom Dickenverhältnis des unlösl. Rückstandes zum insgesamt gelösten Glas abhängt. Deshalb kann z. B. ein Glas bzgl. der Fleckenanfälligkeit durchaus befriedigend sein, obwohl es insgesamt eine beträchtliche Löslichkeit besitzt. Wegen dieser Nichtübereinstimmung von Flecken-Bldg. u. Löslichkeit, dürften ältere Verff., die nur die Löslichkeit feststellen, dem Bedürfnis der Praxis nicht entsprechen. Zur Durchführung der Prüfung wird die Prüfplatte auf eine 2. Platte aus resistentem Glas gelegt u. durch Dazwischenschieben eines dünnen Kunststoffstreifens eine keilförmige Küvette erzeugt, in welche die Angriffs-Lsg. (Standardacetat pH = 4,6) eingefüllt wird. Auf dem Glase bilden sich keilförmig zersetzte Schichten aus, deren Dickenverlauf sich durch Ausmessung der Interferenzminima im monochromat. Licht bestimmen läßt (Vers.-Temp. 25°, Dauer 15 bis 1000 Min.). Eine theoret. Behandlung des Problems wird durchgeführt u. ihre Ergebnisse werden mit den experimentellen Resultaten verglichen. H.-O. MULFINGER. 6200□

Über die Möglichkeit der Suprageschwindigkeit bei Glasbruch. Shin-ichi Hyodo. (J. physic. Soc. Japan **15.** 2351—53. Dez. 1960; engl.) — Unter Bezugnahme auf die l. c. Meßergebnisse extrapolierte Vf. die von GLATHART u. PRESTON (J. appl. Phys. **17.** [1946.] 189) gefundene empir. Beziehung über den Zusammenhang zwischen der Änderung der Glashärte u. der Belastungszeit u. kam dabei zu der Annahme, daß, bevor ein Bruch in einem Natron–Kalkglas innerhalb von einigen μs verursacht wird, die angelegte Spannung einen Wert erreicht haben muß, der außerordentlich viel größer sein muß, als die bei gewöhnlichen Stoß-Verss. übliche Spannung. Auf Grund dieser Annahme wird geschlossen, daß die lokale Druckverformung in dem Natron–Kalkglas durch die Unterwasserfunken die gewöhnliche lineare Elastizitätsgrenze überschreiten muß, u. daß damit die Möglichkeit besteht, daß sich der Bruch mit einer Geschw. fortpflanzt, die höher ist als die normale Grenzgeschwindigkeit. C. Gottfried. 6200 □

Untersuchungen über Gußverfahren für Keramik. 1. Mitt. **Untersuchungen über die Verarbeitungsfähigkeit (Fluidität) von Harzen, die für Keramik-Gußverfahren verwendet werden.** Asao Moteki. (J. ceram. Assoc. Japan [Yogyo Kyokai Shi] **67.** Nr. 768. 387—99. Dez. 1959; jap., Auszug: engl.) — Durch Zugabe thermoplast. Harze wird die Fluidität keram. Materialien erhöht u. so ein vollständiger Schwund des organ. Materials während des Brennprozesses erreicht, ohne die Vorgänge des Gußblasens, der Deformierbarkeit u. des Crackens zu beeinträchtigen. Auf experimenteller Grundlage werden Fließfähigkeit u. der Einfl. verschiedener Schmiermittel u. Weichmacher untersucht. Die Formungs-Eigg. sind abhängig von der Dichte der keram. Materialien: bei hoher Dichte werden bessere Ergebnisse als bei niedriger Dichte (schlechte Formbarkeit) erzielt. Unplast. keram. Materialien zeigen eine bessere Fluidität als solche mit Weichmacher bei niedriger Temp., durch Zusatz von D.E.P. (Phthalsäurediäthylester) wird die Fluid-Temp. stark erniedrigt. Beim Guß-Verf. für Al_2O_3-Pulver wird durch die Zugabe von 14—16% Polystyrol, 2—4% Stearinsäure u. 0—2% D.E.P. eine gute Formbarkeit erreicht. H. Noack. 6206

Untersuchungen über Gußverfahren für Keramik. 2. Mitt. **Untersuchung über verschiedene Faktoren der Wärmebehandlung von durch Gußverfahren hergestellten keramischen Artikeln.** Asao Moteki. (J. ceram. Assoc. Japan [Yogyo Kyokai Shi] **68.** Nr. 769. 93—103. Jan. 1960; jap., Auszug: engl.) — 1. vgl. vorst. Referat. — Es wird die Wrkg. verschiedener Zusätze u. der Heiz-Geschw. auf die Brenncharakteristik keram. Prodd. untersucht, die nach dem Guß-Verf. hergestellt wurden. Zusätze von Stearinsäure u. D.E.P. als Schmiermittel bzw. Weichmacher neben Polystyrol sind vorteilhaft zur Verbesserung der Plastizität, D.E.P. bes. infolge seiner niedrigen Verflüchtigungs-Temp. zur Verbesserung der Heizeigenschaften. Proben von 6 mm Dicke wurden mit einer Geschw. von 7°/Std. aufgeheizt. H. Noack. 6206

Untersuchungen über Gußverfahren für Keramik. 3. Mitt. **Eigenschaften von hochfeuerfestem, im Gußverfahren hergestelltem Al-Porzellan.** Asao Moteki. J. ceram. Assoc. Japan [Yogyo Kyokai Shi] **68.** Nr. 770. 23—32. 1960; jap., Auszug: engl.) — 2. vgl. vorst. Referat. — Von hochfeuerfesten Al_2O_3-Keramiken, hergestellt nach dem Guß-Verf., werden die physikal., mechan. u. elektr. Eigg. im Vgl. zu Keramiken, die durch Pressen u. Gießen hergestellt wurden, untersucht. Einige Eigg., wie mechan. Festigkeit, therm. Ausdehnungs-Koeff., spezif. Gew., sind nach beiden Verff. gleich. Vf. hält das Guß-Verf. zur Herst. verschiedener keram. Artikel, wie hochwertige Isolatoren, keram. Drehstähle usw., geeignet. H. Noack. 6206

Feldspat und sein Einfluß auf die Reaktionen in keramischen Körpern während des Brennens. Nils Sundius. (Acta polytechn. scand. Chem. includ. Metallurgy Ser. **1960.** Nr. 7. 1—29. Swedish Museum of Natural Hist., Dep. of Miner.; engl.) — Vgl. C. **1958.** 7867. — Der Vf. gibt einen Überblick über die Eigg. von Na–K- u. Ca-Feldspäten u. die Viscosität ihrer Gläser. Von den verschiedenen Feldspatarten, die in der Keramik verwendet werden, wurden Analysen durchgeführt u. der Geh. an K-Feldspat, Albit u. Anorthit sowie Quarz berechnet. Die thermodynam. Eigg. von Mischungen von Quarz u. verschiedenen Feldspäten werden besprochen u. die Bedeutung der durch die Feldspäte bewirkten Viscositätsänderungen herausgestellt. Einige Experimente zeigen die verstärkte Glas-Bldg.-Geschw., die durch Albit bewirkt wird u. die starke Flußmittel-Wrkg. durch Beimischungen von $CaCO_3$, Magnesit u. $BaCO_3$.
H.-O. Mulfinger. 6208 □

Elektrochemische Erscheinung an der Grenzfläche Glas–Feuerfestmaterial. L. Leger, M. Boffe und E. Plumat. (Glass Technol. **1.** 174—79. Aug. 1960. Gilly, Union des Verreries Méc. Belges, Labor. Central; engl.) — Es wurde eine Meth. entwickelt, die es erlaubt, die Diffusionsvorgänge bei der Auflösung des feuerfesten Materials im Glas durch Messung des elektr. Potentials kontinuierlich zu verfolgen. Drei verschiedene Vers.-Bedingungen wurden für die Korrosions-Verss. gewählt: 1. Eine wärmeisolierte strahlungsbeheizte Vers.-Wanne, in der ein einem Vers. der gleichzeitige Einfl. von Diffusions- u. Konvektionsströmungen untersucht werden konnte, 2. ein Testblock, der an seiner Oberseite eine seichte, tassenförmige Vertiefung aufwies (hier sollten nur reine Diffusionsvorgänge vorliegen), 3. ein Wannenstein, der bei hoher Temp. einem dauernden Glasfluß ausgesetzt war. Die gemessenen EMK-Werte werden diskutiert. Verss., den Gang der Korrosion durch Anlegen einer Gegenspannung in der Feuerfestphase zu verändern, ergaben kein positives Ergebnis. H.-O. MULFINGER. 6218 □

Hochfeste und schnellhärtende Bindemittel auf Grundlage von granulierten Hochofenschlacken und Wasserglas. W. W. Konstantinow und G. T. Pushanow. (Строительные Материалы [Baumaterialien] **6.** Nr. 8. 33—35. Aug. 1960; russ.) — Die Verw. von Magnitogorsk-Hochofenschlacke u. von Wasserglas ergab bei Zuschlag von Sand u. Schotter hochfesten Beton (Druckfestigkeit 1000 kg/cm^2), der bereits nach 1 Tag 300 kg/cm^2, nach 7 Tagen 800 kg/cm^2 erreichte. Die hohen Festigkeiten beruhen auf der Bldg. von unlösl. Na–Al- u. Ca-Silicaten, die krist. sind u. sich unmittelbar mit den Schlackekörnern verbinden. Es werden Angaben über die besten Mischungsverhältnisse u. Härtungs-Verff. gemacht. HORST BRAUN. 6224 □

Über die Eigenschaften von in Trockentrommeln gebranntem Gips. Ja. I. Wichter, N. K. Ssudina, M. W. Kusnetzowa und N. I. Konenkowa. (Строительные Материалы [Baumaterialien] **6.** Nr. 8. 17—21. Aug. 1960; russ.) — In großtechn. Verss. wurde die Umwandlung von $CaSO_4 \cdot 2\,H_2O$ in $CaSO_4 \cdot \frac{1}{2}\,H_2O$ in Trockentrommeln untersucht. Die Umwandlung geht in den gröberen Kornfraktionen bedeutend langsamer vor sich. Es werden eine Reihe von Vorschlägen zur Verbesserung der Arbeits-Verff. gemacht, deren wichtigster darin besteht, daß am Ende der Trommeln eine Trennwand eingebaut wird, die mit Löchern von 10 mm Ø versehen ist. Dadurch wird die Verweilzeit der gröberen Fraktionen in der Trommel erhöht. HORST BRAUN. 6226 □

Phosphorsaure Gasbildner für Gasgips. Je. I. Wed und L. Je. Tereschtschenko. (Строительные Материалы [Baumaterialien] **6.** Nr. 7. 16—17. Juli 1960. Charkow, Polytechn. Inst., Lehrstuhl für Technol. der Bindemittel; russ.) — Es werden NaH_2PO_4, $NH_4H_2PO_4$ u. $Ca(H_2PO_4)_2$ als Gasbildner für Stuckgips erprobt. Die Unters. auf Druckfestigkeit, Raum-Gew., Abbindedauer des Gasgipses ergibt normale Werte (Tabellen), daher wird wegen der geringen Kosten der Phosphate deren Verw. empfohlen.
HORST BRAUN. 6226 □

Über die Messung von Hydratationswärmen von Zement nach der Thermos-Methode. W. Zielenkiewicz und T. Kurek. (Cement-Wapno-Gips **15** (**25**). 108—09. April 1960. Warszawa, PAN, Inst. Chem. fiz.; pol.) — Bei der calorimetr. Best. der Hydratationswärme von Zement kann zur Vereinfachung der Messung ein zweites Calorimeter, in dem keine Rk. abläuft, zur Aufnahme der Abkühlungskurve parallel verwendet werden. F. URBAN. 6252 □

Pilkington Brothers Ltd., Liverpool, Alexander James Milne, St. Helens, und Richard John Parry, Connah's Quay, England, **Optisches Glas von hohem Brechungsvermögen.** Das Glas besteht im wesentlichen aus 20—50 (Gew.-%) GeO_2, 30—50 La_2O_3, 0—15 BaO, 0—10 B_2O_3, 0—30 Ta_2O_5, 0—30 Nb_2O_5, Rest verträgliche Bestandteile. Weiterhin können bis 20 die Oxide folgender Elemente einzeln oder zu mehreren vertreten sein: Li, Na, K, Mg, Ca, Sr, Zn, Cd, Si, Ti, Zr, Th, Pb, Al, As u. Sb. Beispiel für eine Glas-Zus.: 26,7 GeO_2, 37,4 La_2O_3, 17,8 Ta_2O_5, 13,8 BaO u. 4,3 B_2O_3; $n_D = 1{,}855$, $\nu = 38{,}9$. (**E. P. 860 121** vom 29/11. 1957, ausg. 1/2. 1961.)
HANS HOFFMANN. 6201

Koppers Co., Inc., Pittsburgh, Pa., V.St.A., **Porenarme feuerfeste Steine.** Zur Erhöhung der Dichte, Wärmeleitfähigkeit u. Festigkeit werden die Poren feuerfester Steine, aus z. B. SiO_2, Feuerton, Al_2O_3, Cr_2O_3, MgO u. C, nach dem Evakuieren mit einer koll. Suspension fester Stoffe, wie C, SiO_2, Al_2O_3 oder $Mg(OH)_2$, in W. oder A. gefüllt, u. danach wird die Fl. unter Zurücklassung der Feststoffe zum Verdampfen gebracht. (**E. P. 864 878** vom 9/2. 1959, ausg. 12/4. 1961. A. Prior. 13/2. 1958.)
G. FRIKELL. 6219

Russell Pearce Heuer, Bryn Mawr, Pa., V.St.A., **Feuerfeste Magnesiasteine,** die auch ohne Zusatz von Cr-Erz bei schroffem Wechsel der Temp. weder Risse noch Sprünge bekommen. Das Gemisch besteht zu 0,5—12,5 (Gew.-%) aus calciniertem Al_2O_3. Der Rest ist MgO, das zu 50—90 aus grobem zu weniger als 10 aus mittlerem u. zu 10—50 aus feinem Korn besteht. Von letzterem passieren mindestens 90% ein 48 Maschen/in.-Sieb. Das mittlere Korn liegt zwischen 28—48, das grobe über 28 Maschen/inch. Das Al_2O_3 muß zu mindestens 70 (Gew.%) ein 35- u. zu mindestens 90 ein 28-Maschen-Sieb passieren. Das Gemisch wird mit W. angerührt, unter Druck verformt u. gebrannt oder ungebrannt als Ofenfutter vermauert. (**E. P. 867 796** vom 21/4. 1959, ausg. 10/5. 1961. A. Prior. 21/4. 1958.) G. FRIKELL. 6219

English Electric Co. Ltd., London, England (Erfinder: Karl Joseph Walter Haenelt und William Eric Carbert Creyke), **Keramisches Material mit hoher Temperaturwechselbeständigkeit,** das sich gut mit Metallen verbinden läßt u., da es elektr. isolierend wirkt, zur Herst. von Vakuumröhren geeignet ist. Die Masse besteht aus 20—60 (Gew.%) Steatit oder Talk, 8—30 $ZrSiO_4$ oder ZrO_2 u. einem Rest, wie 15—25 Ton, 5—15 $MgCO_3$ oder 10—25 $BaCO_3$. Die Bestandteile werden so gewählt, daß nach 40—50std. Brennen, wobei die Temp. von 1150—1300° ca. 5—6 Std. gehalten wird, die Masse folgende Zus. aufweist: 34,2—54,5 (Gew.-%) SiO_2; 5,6—8,5 Al_2O_3; 15,2—22,1 MgO; 5,3—22,1 ZrO_2; 7,6—21,2 BaO u. 1,7—2,0 oxyd. Verunreinigungen. (**E. P. 866 773** vom 25/9. 1956, ausg. 3/5. 1961.) G. FRIKELL. 6221

Comp. Française Thomson-Houston, Paris, Frankreich, **Metallisieren von Keramikgegenständen.** Auf die für das Verlöten mit Metallen, wie Ni oder Cu, durch Aufsintern auf den Keramikkörper aufgebrachte Mo-Schicht wird zur Verbesserung der Haftfestigkeit zwischen Mo u. Ni, bzw. Cu u. zur Verhinderung der Diffusion von Cu u. Ni in den Keramikkörper auf das Mo eine dünne Zwischenschicht von Rh aufgebracht. Diese vorteilhafte Wrkg. tritt auch ein, wenn das Mo geringe Beimengung an Mn enthält oder wenn als Flußmittel beim Aufsintern des Mo ein Borosilicatglas verwendet wurde. (**E. P. 867 554** vom 5/8. 1959, ausg. 10/5. 1961. F. Prior. 16/9. 1958.) G. FRIKELL. 6221

Minnesota Mining & Mfg. Co., St. Paul, Minn., V.St.A., **Ölbeständige gefärbte Mineralkörner,** z. B. für Dachbedeckungsmaterialien, die durch aus bituminösen Schichtstoffen einwanderndes Leichtöl nicht fleckig werden. Die Mineralkörner werden mit einer in einer Binder-Lsg. suspendierter Pigmentfarbe, z. B. Ultramarinblau in Wasserglas, überzogen, getrocknet u. gebrannt. Nach dem Aufbringen einer wss. verd. $AlCl_3$-Lsg. auf die noch heißen Körner werden diese, mit einer wss. Lsg. einer Monocarbonsäure mit 5—10 an F-Atome gebundenen C-Atomen behandelt, z. B. mit $C_8F_{17}\cdot SO_2N(CH_3)CH_2COOH$, N-Methyl-N-perfluoroctansulfonylglycin. Der entstehende Al-Komplex ist oleophob. An Stelle von Al kann auch Cr treten. (**E. P. 865 392** vom 5/4. 1957, ausg. 19/4. 1961. A. Prior. 6/4. 1956.) G. FRIKELL. 6221

Dyckerhoff Portland-Zementwerke Akt.-Ges., Wiesbaden-Amöneburg, **Herstellung von weißem Zement** aus den üblichen Rohstoffen, reduzierende Behandlung der heißen Klinker u. rasche Abkühlung. Die 900° heißen Klinker werden 1 Std. einer reduzierenden Behandlung (mit H_2, CO, Generatorgas) unterworfen, langsam auf 700° in reduzierender Atmosphäre abgekühlt u. dann mit Luft, W. oder Wasserdampf abgeschreckt. (**Oe. P. 207 309** vom 7/9. 1956, ausg. 25/1. 1960. D. Prior. 23/9. 1955.) O. KAYSER. 6223

Tile Council of America, Inc., New York, N.Y., V.St.A., **Hydraulische Zementmischung** zur Herst. von Mörtel, der durch ein hohes Wasser-Rückhaltevermögen ohne bes. Maßnahme u. ohne Gefahr des „Verdurstens" durch unerwünschte Abgabe von W. an die Atmosphäre oder in einen porösen Untergrund abbindet. Das trockene Gemisch besteht aus 20—95 (Gew.-%) Zement, z. B. Portlandzement, bis zu 50 Füllstoffen u. Pigmenten, 1—60, bes. 0,5—6,0 Methylcellulose (Viscosität in 2%ig. Lsg. 10—7000 cP u. 0,5—6,0 Polyvinylacetat, das zu 70—90% zu Polyvinylalkohol (PVA) hydralisiert wurde. Zus. z. B.: 96,56 Portlandzement, 1,20 Methylcellulose (4000 cP.), 0,31 PVA 1,70 Asbestfaser, 0,20 Harnstoff. (**E. P. 869 217** vom 26/5. 1959, ausg. 31/5. 1961. A. Prior. 28/5. 1958.) G. FRIKELL. 6227

Charles Edward Compton, Clarksburgh, W. Va., V.St.A., **Brennen von Gips.** Das Entwässern von $CaSO_4\cdot 2\,H_2O$ gelingt vollständiger u. schneller als mit bekannten Verff. durch Einw. von in geschlossenen, rotierenden Kammern befindlichen senkrecht angeordneten Heizflächen, auf das zerkleinerte Material. Die Temp. in der 300° F heißen Kammer sinkt beim Einfüllen auf ca. 220° F u. steigt während der Entwässerung auf ca. 250° F. Der entstehende Wasserdampf wird abgesaugt. (**E. P. 866 126** vom 5/8. 1958, ausg. 26/4. 1961.) G. FRIKELL. 6227

Shell Internationale Research Mij. N.V., Den Haag, Holland, **Bitumenmischung.** 25% eines Asphaltbitumens mit einem F. von wenigstens 85° werden mit 65% einer Mischung aus Kies u. Sand, die auf 250° erhitzt wurde, gemischt u. daraus Formkörper, bes. Hohlkörper hergestellt. (**E. P. 859 939** vom 20/7. 1959, ausg. 25/1. 1961. Holl. Prior. 22/7. 1958.) F. KOCH. 6229

Carr & Co., übert. von: Joseph N. Sears, Sacramento, Calif., V.St.A., **Bauplatten** aus >80(%) gemahlenen Holzabfällen, <10 Proteinbindemittel u. 1—1,5 Harzbindemittel, in der Hitze gepreßt. — 90,47 Holzabfälle, 5 Sojabohnenmehlextrakt

1 Melamin–Harnstoff–HCHO-Harz, 1,25 NH_4-Phosphat, 1,25 NH_4-Sulfat, 0,75 Borsäure, 0,1 Äthylenglykol, 0,25 Pentachlorphenolat. — Weitere Beispiele. (**Can. P. 551 222** vom 20/7. 1953, ausg. 7/1. 1958.) H.-J. NITZSCHKE. 6229

Farbwerke Hoechst Akt.-Ges., vormals Meister Lucius & Brüning, Frankfurt/M., *Verminderung des Feuchtigkeitsgehaltes von tonhaltigem Schlamm.* (**Belg. P. 563 059** vom 9/12. 1957, ausg. 3/6. 1960. D. Prior. 8/12. 1956. — C. **1959.** 6922 [D. A. S. 1 043 912].)

Canadian Refractories Ltd., Montreal, Quebec, Canada, *Feuerfestes Material.* (**E. P. 871 965** vom 20/1. 1958, ausg. 5/7. 1961. Can. Prior. 8/2. 1957. — C. **1961.** 5933 [D. A. S. 1 088 403].)

Corning Glass Works (Erfinder: **Rafael Landron**), Corning, N.Y., V.St.A., *Herstellung porenfreier keramischer Gegenstände auf der Basis von Petalit.* (**D. A. S. 1 124 861** Kl. 80b vom 6/2. 1959, ausg. 1/3. 1962. A. Prior. 12/2. 1958. — C. **1961.** 5578 [A. P. 2 919 995].)

Klaus Dyckerhoff, Duisburg, *Flußmittelarmer Zementklinker.* (**E. P. 873 756** vom 1/1. 1958, ausg. 26/7. 1961. D. Prior. 11/1. 1957. — C. **1960.** 15534 [Oe. P. 206 348].)

Farbenfabriken Bayer Akt.-Ges., Leverkusen, *Wasserabweisende Baustoffe.* (**E. P. 873 805** vom 26/11. 1958, ausg. 26/7. 1961. D. Prior. 26/11. 1957. — C. **1961.** 6997 [F. P. 1 207 978].)

Farbenfabriken Bayer Akt.-Ges., Leverkusen, *Baustoffmischung zur Herstellung wasserabweisenden Mauerwerks.* (**E. P. 873 804** vom 6/11. 1958, ausg. 26/7. 1961. D. Prior. 8/11., 26/11. 1957 u. 27/8. 1958. — C. **1960.** 17246 [D. A. S. 1 070 538], C. **1961.** 6997 [F. P. 1 207 978] u. C. **1961.** 10335 [D. A. S. 1 082 847].)

VII. Agrikulturchemie. Schädlingsbekämpfung

Der Einfluß von Superphosphat auf den Stickstoffverlust während der Lagerung von Stallmist auf dem Misthaufen. Marian Górski und Leszek Kuszelewski. (Roczniki Nauk rolniczych, Ser. A. **84.** 677—700. 1961; pol.) — Bei Zusatz von Superphosphat (I) in kleinen Gaben (bis 2%) zu Stallmist wird die Gärung verzögert. Der Verlust an Frisch- u. Trockenmasse während der Gärung wird durch geringe Mengen I verkleinert. Mit 2% I beträgt der Verlust nur noch die Hälfte des gewöhnlichen Verlustes. Im gleichen Ausmaß verkleinert sich auch der N-Verlust bei Zusatz von 2% I. Die K- u. P-Bilanz wird durch I nicht beeinflußt. Die Dünge-Wrkg. des fermentierten Mistes mit I-Zusatz soll verbessert sein. F. URBAN. 6294 □

Die Wirkung von Stalldung nach der Methangärung bei Topfversuchen. Leszek Kuszelewski und Andrzej Pentkowski. (Roczniki Nauk rolniczych, Ser. A. **82.** 715—37. 1961; pol.) — Die Wrkg. von vergorenem Stallmist wurde in Topf-Verss. mit Kartoffeln u. Hafer als Folgefrucht untersucht. Der vergorene Dung enthält mehr N-Verbb., verliert aber mehr Trockenmasse als der gewöhnliche Stapelmist. Die Wrkg. des gewöhnlichen u. fermentierten Stalldungs ist vergleichbar. F. URBAN. 6294

Die Krümelung der Bodenoberfläche in Abhängigkeit vom Volumengewicht des Bodens zur Zeit der Bearbeitung. Leon Lyles und N. P. Woodruff. (Soil Sci. **91.** 178—82. März 1961; engl.) — Untersucht wurden 3 verschiedene Böden, die einen Tonanteil von 17, 33 u. 46% hatten. Krümel unter 6,4 mm bildeten sich nur durch das Pflügen, sie waren keine natürlich geformten Aggregate. Der Anteil dieser Krümel stieg mit der Höhe der Tonfraktion. Die Zerstörung der Krümel durch Regen war bei dem Boden mit 33% Ton am stärksten. Die mechan. Stabilität der Krümel nahm auch mit steigendem Tonanteil zu. W. HILLER. 6302 □

Wasserstoffbindung zwischen der Carbonylgruppe und Wyoming Bentonit. R. A. Kohl und Sterling A. Taylor. (Soil Sci. **91.** 223—27. April 1961. Utah State Univ.; U. S. Dep. of Agricult., Agricult. Res. Serv.; engl.) — *Bentonit* (I)-Suspensionen (0,2 μ) wurden durch HCl u. $CaCl_2$ abgesättigt u. mit *Essigsäure* (II), *Diäthylketon* (III), *VAMA*, *HPAN* u. *Polygalakturonsäure* (IV) behandelt. Danach wurden die IR-Spektren bestimmt. Zwischen I u. II sind H-Bindungen zwischen dem doppelt gebundenen O der Carbonylgruppe u. dem Tonmineral vorhanden. Das gleiche gilt für I u. VAMA. Wird VAMA jedoch in stärkeren Konzz. zugesetzt, so sind auch nichtgebundene Carbonylgruppen nachzuweisen. Ca^{2+}-Zusatz beeinflußt die Bindung nicht. Auch zwischen I u. III, I u. HPAN, I u. IV wurden analoge Bindungen nachgewiesen. Polygalakturonsäuren machen ca. 30% der organ. Bodensubstanz aus. Durch die Wasserstoffbindungen kann die Bldg. der relativ stabilen Ton-Humuskomplexe erklärt werden. W. HILLER. 6302 □

Bakterieller Schwefelkreislauf: Wahrscheinlicher Mechanismus der Toxizität in sauren Böden von Kerala. N. Subramoney. (Sci. and Cult. [Calcutta] **25.** 637—38. Mai 1960. Vellayani, Kerala, Agricult. Coll., Div. of Agricult. Chem.; engl.) — Vf. führt zunächst aus, daß Mißernten auf Kariböden (Torfböden) von Kerala durch die Bldg. von H_2SO_4 verursacht werden. Es wurde analyt. die Verteilung verschiedener Schwefelformen in Unterboden- sowie Oberbodenproben u. in fossilen Hölzern bestimmt. In geeignete Nährmedien eingebrachte Bodenproben zeigten, daß die Böden schwefeloxydierende u. schwefelreduzierende Bakterien enthalten. C. GOTTFRIED. 6304

Der Abbau organischer Substanz in einem sumpfigen Mangrovenboden. P. R. Hesse. (Plant and Soil [The Hague] **14.** 249—63. Mai 1961. Rokupr, Sierra Leone, West African Rice Res. Stat.; engl.) — Nach der Trockenperiode leitet Regenfall eine starke Humus-Zers. ein. Die N-Mineralisierung ist stark gehemmt durch den starken Säuregrad u. die hohe O_2-Aufnahme der Mudde für die S^{2-}-Oxydation. Ca^{2+} u. PO_4^{3-}-Geh. wirken dem entgegen. Zum Ende der Regenperiode herrschen Bedingungen, die eine Red. von SO_4^{3-} zu S^{2-} zur Folge haben, durch Zugabe von NO_3^- kann dies verhindert werden. Zur Beschleunigung der Zers. des fasrigen Materials empfiehlt Vf. Gaben von Ca^{2+}, PO_4^{3-} u. anorgan. N. W. HILLER. 6304□

Über die Akkumulation der Verbindungen von Silicium und der Sesquioxyde in den Böden des Amurgebietes. W. A. Kowda, B. A. Simowetz und A. G. Amtschisslawskaja. (Почвоведение [Bodenkunde] **1958.** Nr. 5. 1—11. Mai. Dokutschajew-Inst. für Bodenkunde der Akad. der Wiss. der UdSSR.) — Wiesen- u. Gleywiesenböden der alluvialen Amur-Ebene weisen oft Kieselerdeanflug u. kleine Mn- bzw. Fe-Konkretionen auf. Ein Teil derselben entsteht aus den Grundwässern durch Verdunstung von der Bodenoberfläche (die Verdunstung im Amur-Gebiet übertrifft die jährlichen Nd-Mengen). Die Akkumulation beträgt jährlich ca. 15—20 kg/ha SiO_2 u. 1,2—2,0 kg/ha Sesquioxyde. Der alkal. Auszug von Kieselerdeanflug enthält 4—10% SiO_2. Ca. $^1/_3$ dieser Menge ist mit der Tonerde in Form von Allophanoiden verbunden, $^2/_3$ stellt die überschüssige freie Kieselerde dar. Die Differenzierung der Akkumulationszonen der Sesquioxyde, Allophanoide u. freien Kieselerde im Bodenprofil zeigt deutlich die Abhängigkeit der Akkumulation von der Verdunstung der Grundwässer aus dem Boden. Kieselerde, Allophanoide u. krist. Montmorillonit akkumulieren sich hauptsächlich im unteren Profil der Wiesenböden, Fe- u. Mn-Verbb. verlagern sich in Capillaren bis zu den oberen Bodenschichten (0—30 cm). Analysen zeigten, daß größere (2,0—2,5 mm) Fe- bzw. Mn-Konkretionen hauptsächlich aus Hydrogoethit, kleinere aus Mn-Oxyden u. schwarzen Kohleteilchen bestehen. In dem in 10%ig. HCl unlösl. Rückstand wurden Opal, Feldspat, Quarz, Hornblende, Epidot, außerdem 1,0—5,7% Humus, 37—38% SiO_2, 32—33% R_2O_3, 9—13% MnO ermittelt. M. GORDIENKO. 6304

Geochemie, Formen und Cyclus des Mangans in Kalkböden. 1. Mitt. **Gesamtmangangehalt und allgemeine Eigenschaften der Kalkböden des Guadalquivir-Tales.** F. González García und Carmen Mazuelos Vela. (An. Edafol. Agrobiol. **19.** 591—613. Nov. 1960. Sevilla, Centro de Edafol. y Biol. apl.; span.) — Die untersuchten Böden sind durchweg reich an $CaCO_3$, arm an organ. Substanz u. haben ein pH von ca. 7 oder etwas höher. Der Gesamt-Geh. an Mn schwankt zwischen 250 u. 1000 ppm, er nimmt mit dem Entw.-Grad u. der chem. Erosion zu, mit der Profiltiefe u. zunehmendem $CaCO_3$-Geh. ab. — 48 Literaturzitate. R. K. MÜLLER. 6304□

Bodenacidität und Spurenelement-Gehalt. C. Dakshinamurti und O. P. Mital. (Geochim. cosmochim. Acta [London] **25.** 229—31. Nov. 1961. New Delhi, Indian Agricult. Res. Inst.; engl.) — Geochem. Unters. an 11 typ. ind. Böden zur Ermittlung des Spurenelement-Geh. ergab eine Anreicherung von Mn, B, Cu, Zn Mo u. Co in solchen Typen, in denen pH-Werte von 4,5 bzw. 8,5 gemessen wurden. Diskussion der Ergebnisse im Hinblick auf die Sorptions-Eigg. von Fe- u. Mn-Hydroxiden. H. MOENKE. 6304□

Untersuchungen über den Nährstoffzustand einiger Cocosnußböden in Ceylon. 3. Mitt. **Der Waldboden von „Ambakelle“.** A. **Vorläufige Versuche.** T. B. Paltridge und Beryl Salmond. (Trop. Agriculturist **114.** 7—18. Jan./März 1958; engl.) — 2. vgl. Trop. Agriculturist **113.** [1957.] 261. — Bei dem Waldboden von Ambakelle (Chilaw-Distrikt, Ceylon) handelt es sich um einen leichten sandigen Lehmboden, der arm an *N*, *P* u. *K* ist. M. WINIKER. 6304□

Die Phosphatformen im Boden und ihre Verteilung auf die Korngrößenfraktionen. F. Scheffer, A. Kloke und K. Hempler. (Z. Pflanzenernähr., Düng., Bodenkunde **91 (136).** 240—52. Dez. 1960. Göttingen, Univ., Agrikulturchem. u. Bodenkundliches Inst.; dt.) — Die Best. der im Boden vorhandenen Phosphatformen wurde nach der Meth. von CHANG u. JACKSON (C. **1959.** 15820) durchgeführt. In relativ kalkreichen Böden liegt der größte Teil der Phosphorsäure als Ca-Phosphat vor, in sauren u. kalkfreien Böden dagegen als Fe- u. organ. gebundenes Phosphat. Al-Phosphat spielt unter deutschen Klimaverhältnissen eine geringe Rolle. Die organ. gebundene Phosphorsäure fand sich in erster Linie in den Fraktionen $<2\,\mu$, $2-6\,\mu$ u. $6-20\,\mu$. Der Geh. an Ca-Phosphat steigt mit zunehmender Korngröße an im Gegensatz zu den Geh. an Fe- u. Al-Phosphat. W. HILLER. 6304□

Umwandlungen anorganischer Phosphate durch chemische Verwitterung in Böden in Abhängigkeit vom pH. P. H. Hsu und M. L. Jackson. (Soil Sci. **90.**

16—24. Juli 1960. Univ. of Wisconsin, Dep. of Soils; engl.) — Die Löslichkeiten der stabilen Ca-, Al- u. Fe-Phosphate des Bodens, wie sie durch *Hydroxyapatit* (I), *Variscit* (II) u. *Strengtit* (III) dargestellt werden, wurden auf Grund ihres Löslichkeits-Prod. als eine Funktion des pH aufgetragen. Die Löslichkeiten der Al- u. Fe-Phosphate sind im größten Teil des Boden-pH-Bereiches einander sehr ähnlich, wenn sie durch die Kationenaktivitäten der entsprechenden Hydroxide beeinflußt werden. Zwischen pH 6 u. 7 ist ihre Löslichkeit der der Ca-Phosphate etwa gleich, abhängig von den Kationenaktivitäten verschiedener fester Phasen wie Gibbsit, Al-Silicate, hydratisierte Fe-Oxyde, $CaCO_3$, austauschbarem Ca^{2+} u. möglicherweise auch von löslichen Salzen. Oberhalb dieses pH-Bereiches sind die Ca-Phosphate stabiler als die Al- u. Fe-Phosphate, bes. in Ggw. von $CaCO_3$, unterhalb dieses Bereiches sind die letzteren stabiler als die ersteren. Die anorgan. PO_4-Fraktionen verschiedener graubrauner podsoliger Böden aus $CaCO_3$-haltigen Ausgangsmaterialien standen in enger Beziehung zum Boden-pH. Das PO_4 kalkhaltiger Horizonte war hauptsächlich an Ca gebunden. Bei dessen Auswaschung u. bei fallendem pH nahmen die Ca-Phosphate ab u. die Al- u. Fe-Phosphate zu. Beim Auftragen des aktiven PO_4 in Abhängigkeit vom pH in B- u. C-Horizonten ergab sich eine glatte, für jedes Profil typ. Kurve. Abweichung dieser Kurven vom Gleichgewichtszustand kann durch die Bodenheterogenität innerhalb jedes Horizontes interpretiert werden. Etwas PO_4 wird auch in neutralen oder alkal. Böden von Ca-Phosphaten gelöst u. als Al- u. Fe-Phosphate, wahrscheinlich in lokal sauren Wurzel- u. Auswaschungskanälen, gefällt. Beim Aufkalken stark verwitterter, saurer Böden fand eine langsame Rückumwandlung von II u. III in I statt, jedoch blieb eine große Menge von II u. III bestehen. Die schnelle Abnahme von I beim Abfall des Boden-pH von 6,5 auf 4,5 liefert zusammen mit obigen Umwandlungen den Beweis dafür, daß die PO_4-Umwandlungen in Böden hauptsächlich pH-abhängig sind, aber daß die Umwandlungs-Geschw. von der langsamen Diffusionsrate der Ionen durch die Teilchen verschiedener Zus. verbindenden Wasserfilme bestimmt wird. Fe_2O_3-Überzüge verlangsamen die Rückumwandlung weiterhin. Unter reduzierenden Bedingungen wurde II bevorzugt vor III gebildet. G. JAGNOW. 6304☐

Abhängigkeit der Löslichkeit der Phosphorsäure und des Kalis im Boden von der potentiellen Wasserstoffionenkonzentration. Werner Rathje. (Plant and Soil [The Hague] **14.** 289—96. Mai 1961. Berlin-N 65, TU, Inst. für Zuckerindustrie; dt.) — Im Löslichkeitsgleichgewicht des Hydroxyfluorapatits (I) u. im Austauschgleichgewicht der Al- u. Fe-Hydroxidphosphate (II) nehmen die Konzz. an gelöstem Phosphat mit steigender H^+-Konz. zu. Einw. von I verschiebt die Rk. nach der alkal. Seite, Einw. von II nach der sauren Seite. Das Löslichkeitsgleichgewicht des I u. die Austauschgleichgewichte der II steigen mit der Glykokoll (III)-Konz. in der Lsg. an. Die K-Konzz. in den Austauschgleichgewichten des Tones steigen mit der III-Konz. an. Einw. von Ton auf W.. u. III-Lsg. verschiebt die Rk. nach der alkal. Seite. W. HILLER. 6304☐

Eisenchlorose. E. F. Wallihan und T. W. Embleton. (Calif. Citrograph **46.** 67. 87. 89. Jan. 1961. Univ. of California, Dep. of Horticult., Citrus Exp. Stat. and Dep. of Soils and Plant Nutrition; engl.) — Chlorose bei Citrusbäumen konnte durch Anwendung von *Chel 138 HFe* in einer Dosis von 1 pound je Baum, gelöst in 2½ gallons W., geheilt werden. Die Anwendung erfolgte durch Injektion in den Boden. Auch Anwendung von *NaFeDTPA* war erfolgreich. Für eine gute Wrkg. ist eine Beregnung nach der Injektion Voraussetzung. Bei Gewächshaus-Verss. wurde bei O_2-Mangel im Boden ebenfalls Chlorose beobachtet. Besprühen der Blätter mit den angegebenen Mitteln brachte nicht den gewünschten Erfolg. W. HILLER. 6304☐

Untersuchungen über die „Dieback"-Krankheit an Citrus in Coorg. K. M. Aiyappa und C. K. Subramanian. (Mysore agric. J. **34.** 159—62. Juli/Dez. 1959; engl.) — „Dieback"-kranke Citruspflanzen haben teilweise Zn- u. Cu-, in anderen Landesteilen Zn- u. Mn-Mangel. Mit dem Krankheitsbefall ist eine Größen- u. Gew.-Verminderung der Blätter verbunden, ein Wasserverlust u. ein geringer Aschegehalt. In einem Feld-Vers. wurde der Einfl. von Spurenelementfritte u. verschiedener Chelate von Mn, Cu, Fe u. Zn auf den Krankheitsverlauf an Citrus reticulata Blanco untersucht. Das Ausmaß der Chlorose wurde nach einem Punktschema vierteljährlich bonitiert. Jahreszeitliche Schwankungen traten auf (Monsun). Gegenüber der Kontrolle hatten Cu-Fritte u. Zn-Chelat die beste Wrkg., Cu- u. Ca-Chelat die schlechteste. Keine Spurenelementbehandlung führte zu einem völligen Verschwinden der Chlorose. WILFRIED WERNER. 6304☐

Vorkommen und Bekämpfung von Magnesiummangelsymptomen bei einigen gewöhnlichen Varietäten des Selleries. K. E. E. Johnson, J. F. Davis und E. J. Benne. (Soil Sci. **91.** 203—07. März 1961. Michigan State Univ., Agricult. Exp. Stat.; engl.) — Vff. untersuchten 19 Selleriesorten, die in organ. Böden kultiviert wurden, auf ihr Verh. gegenüber einer *$MgSO_4$*-Düngung. Die verschiedenen angewandten $MgSO_4$-

Mengen bewirkten keine großen Unterschiede. Bei Mg-Mangel wurden höchste Erträge erzielt, wenn $MgSO_4$ in Form einer Blattspritzung angewandt wurde. Der Mg-Geh. der Pflanzen nahm mit steigender N-Düngung zu. Er betrug bei der Sorten, die Mg-Mangel zeigten, 0,112—0,128% der Trockensubstanz. Die Mg-Mangelsymptome verschwanden, wenn der Mg-Geh. auf 0,144% anstieg. Hohe Mg-Geh. korrelierten in den meisten Fällen mit niedrigen Geh. an Ca u. K. Der minimale Mg-Geh. der Sorten, bei dessen Unterschreitung Mangelsymptome auftraten, war in den verschiedenen Jahren unterschiedlich. W. Hiller. 6304□

Ernährungsprobleme in forstlichen Baumschulen. B. Benzian. (J. Sci. Food Agric. **10.** 637—44. Dez. 1959. Harpenden, Herts., Rothamsted Exp. Stat.; engl.) — Vf. gibt einen Überblick über die seit 1945 in England experimentell gewonnenen Erfahrungen über Probleme der Bodenfruchtbarkeit u. Pflanzenernährung in forstlichen Baumschulen. In zahlreichen Verss. wurde nachgewiesen, daß eine Mineraldüngung mit N, P u. K sowohl in Saat- als auch in Pflanzbeeten erfolgreich ist. Die Wrkg. von verschieden bereiteten Komposten ließ sich auf deren Geh. an Makronährstoffen zurückführen. Durch Einschalten von Brache oder Gründüngung konnten im Vgl. zu kontinuierlichem Coniferenanbau keine besseren Ergebnisse erzielt werden. Ein auf einem stark sauren, ausgewaschenen Heideboden jährlich zu beobachtendes Braunwerden der Nadelspitzen konnte als Cu-Mangel identifiziert u. durch Spritzen mit Bordeauxbrühe behoben werden. In älteren Baumschulen wurde besseres Wachstum nach einer Bodensterilisation mit Dampf, Foramlin oder Chlorpikrin erzielt, bes. auf Böden mit neutraler Reaktion. Wilfried Werner. 6312□

Anbauversuche mit Süßlupinen, ausgeführt im staatlichen Versuchshof Flahult. 1. Mitt. Stammversuche mit gelben und blauen Süßlupinen 1951—1959. 2. Mitt. Unkrautbekämpfungsversuche in gelben Süßlupinen 1955—1959. Hugo Winkler und Hans Lustig. (Kungl. Lantbrukshögskolan Statens Lantbruksförsök, Statens Jordbruksförsök, Medd. Nr. **110.** 1—21. 1960; schwed.) — Bei Verss. mit gelben u. blauen Süßlupinen liefern die blauen Sorten ca. 20% weniger Grünmassenertrag u. sind auch als Silagepflanzen unterlegen. In der Unkrautbekämpfung wird eine Steigerung der Grünmasse um 30—40% u. der Trockensubstanz um 9—13% durch Bespritzen mit 6 Liter Premin (in 300 Liter W.) je ha vor dem Aufkommen der Saat erzielt, nach der Saat vorgenommene Spritzung verursachte Brandschäden auf den Blättern. R. K. Müller. 6312□

Sumpfschachtelhalm, eine giftige Pflanze, die ein lästiges Unkraut sein kann. Gunnar Semb. (Tidsskr. norske Landbruk **67.** 335—47. Sept. 1960; norw.) — Sumpfschachtelhalm kann bes. bei Rindern Vergiftungserscheinungen (Appetitmangel, Abmagerung, Diarrhoe, Rückgang der Milcherzeugung u. des Allgemeinzustandes) hervorrufen. Als Hauptfaktor ist das Alkaloid Palustrin anzunehmen. Vf. untersucht die Verbreitung in Norwegen, bes. auf schwach sauren Böden u. die Vorschläge u. Erfahrungen bei Bekämpfungsmaßnahmen. — 21 Literaturhinweise. R. K. Müller. 6312□

Überblick über die Unkrautbekämpfung in der Sowjetunion. P. Jakobsons. (Tidsskr. norske Landbruk **67.** 441—46. Dez. 1960; norw.) — Zusammenfassender Bericht, mit bes. Berücksichtigung der Hormonpräparate. R. K. Müller. 6312□

Über die Wirkung des Herbicids 2.4-D auf die Bodenmikroorganismen. A. M. Iljin. (Микробиология [Mikrobiologie] **30.** 1050—59. Nov./Dez. 1961. Woronesh, Forsttechn. Inst.; russ., Auszug: engl.) — Das Herbicid *2.4-D* fördert in den bei der Unkrautbekämpfung angewandten Dosen die Vermehrung der Bodenmikroorganismen, die auf Bouillon wachsen. Protozoen werden abgetötet. Zwischen der Abtötung der Protozoen u. dem Anstieg der Bakterienzahl wird ein ursächlicher Zusammenhang angenommen. K. Sattler. 6312□

Verwendung von Allylalkohol als Vorauflauf-Unkrautbekämpfungsmittel in Kaffee-Saatbeeten. J. E. Barbosa-Cupeles und M. A. Lugo-López. (J. Agric. Univ. Puerto Rico **45.** 112—15. April 1961; engl.) M. Winiker. 6312□

Neues chemisches Mittel zur Bekämpfung der Phylloxera. L. M. Kogan. (Виноделие и Виноградарство СССР [Weinbereit. Weinbau UdSSR] **21.** Nr. 8. 38—41. 1961. Forsch.-Inst. für Düngemittel u. Insekticide.; russ.) — Vf. empfiehlt die Einbringung von 150—250 kg/ha (20—25 cm tief an 6—8 Stellen/m^2) *Hexachlorbutadien* (I) zur Bekämpfung der Phylloxera. I ist höchstakt. von schneller u. 3 Jahre dauernder Wirkung. Dosen von 500 kg/ha I können das Wachstum der Rebe vorübergehend unterdrücken. Die Anwendung von 1000 kg/ha I kann bei einzelnen Bodentypen eine Abtötung der Reben zur Folge haben. S. Baryschnikow. 6312

Die Cochenillen von Südfrüchten und Bekämpfungsmittel. Giuseppe Russo. (Ann. Fac. Sci. agrar. Univ. Studi Napoli Portici [3] **24.** 1—33. 1958/59. Napoli-Portici,

Univ. degli Stud., Facoltà di Sci. agrar., Ist. e Labor. di Entomologia agrar. „F. Silvestri"; ital.) — Übersicht über 13 verschiedene Arten von Cochenillen (Coccidien) u. die Möglichkeiten ihrer Bekämpfung mit Schwefelkalkbrühe u. HCN-Mitteln.
G. PLATZER. 6312 □

Entfernung störender Citrate und Mineralsäuren bei der spektrophotometrischen Bestimmung von Phosphor in Düngemitteln. Sven-Eric Dahlgren. (Analyst **86.** 814—20. Dez. 1961. Landskrona, Schweden, AB Förenade Superfosfatfabriker, Res. and Dev. Dep.; engl.) — Die bisher bekannten Meth. zur Zerstörung von Citraten wurden untersucht u. lieferten keine reproduzierbaren Ergebnisse. Vf. schlägt daher folgendes Verf. vor: Zu der citrathaltigen, auf P_2O_5 zu untersuchende Lsg. mit 4—6,5 mg P_2O_5 werden 5 ml einer Säuremischung (10 Vol.-Teile 70%ig. HNO_3, 4 Teile 70%ig. $HClO_4$ u. 2 Teile 96%ig. H_2SO_4) gegeben, die Lsg. wird auf einer Heizplatte erhitzt. Bei 140° beginnt die durch Verfärbung angezeigte Verkohlung des Citrats. Es wird 65 Min. lang auf ca. 240° bis zur völligen Entfärbung erhitzt, wobei gleichzeitig HNO_3 völlig u. $HClO_4$ nahezu vollständig verdampfen. Nach dem Abkühlen gibt man 20 ml W. zu u. erhitzt nochmals 10 Min. lang, um die Nicht-Orthophosphate zu hydrolysieren. Zur teilweisen Neutralisation der restlichen Säure werden 3,7 ml einer 2n NaOH-Lsg. nach der Zugabe der Molybdatovanadat-Reagens-Lsg. zugesetzt. Um reproduzierbare Ergebnise zu erhalten, muß auf gleichbleibenden Säure-Geh. in den Proben geachtet werden. Liegt in der Probe Fe als Verunreinigung vor, so darf das Verhältnis Fe : P_2O_5 den Wert 0,5 nicht überschreiten.
D. PAPENFUSS. 6322 □

Die Abtrennung und Bestimmung von Lithium in Gießwasser, Pflanzenmaterial und Bodenextrakten. G. R. Bradford und P. F. Pratt. (Soil Sci. **91.** 189—93. März 1961. Riverside, Calif., Univ. of California, Citrus Esp. Stat.; engl.) — Vff. geben eine Meth. zur Li-Best. an. Nach Abtrennung mit Hilfe eines Ionenaustauschers wird Li flammenphotometr. bestimmt. Der Li-Geh. in 12 Böden, die mit NH_4-Acetat extrahiert wurden, betrug 0,07—0,90 ppm. Eine Abhängigkeit vom pH-Wert besteht nicht.
W. HILLER. 6324 □

Schnellmethode für die Bestimmung von wasserstabilen Aggregaten in Böden. W. T. H. Williamson, Joyce Pringle und J. R. H. Coutts. (J. Sci. Food Agric. **7.** 265—69. April 1956. Univ. of Aberdeen, Dep. of Soil Sci.; engl.) — Zur Charakterisierung der Stabilität der Bodenkrümel wurde eine Meth. entwickelt, mit der bis auf 1% reproduzierbare Werte erhalten werden. Der luftgetrocknete Boden wird abgesiebt u. über Nacht capillar benetzt. Danach kommt der Boden auf einen Sieb-App., wo er 10 Min. einem Wasserstrom ausgesetzt wird. Die auf den einzelnen Sieben angesammelten Fraktionen werden bei 105° getrocknet u. gewogen. Folgende Fraktionen werden erfaßt: 3—2 mm, 2—1 mm, 1—0,5 mm, 0,5—0,2 mm, <0,2 mm.
W. HILLER. 6324 □

Food Machinery & Chemical Corp., V.St.A. (Erfinder: Kenneth Peter Dorschner und Joe Raymond Willard), **Herbicide** enthalten als Wirkstoff eine Verb. der allg. Formel I (X u. Y = CH_3 oder Cl; n = 0—4). — *N-[3.4-Dichlorphenyl]-methacrylamid*, F. 124—126°, aus 3.4-Dichloranilin u. Methacrylylchlorid in Bzl. in Ggw. von Triäthylamin. — *N-[3-Chlor-4-methylphenyl]-methacrylamid*, F. 112—114°, aus 3-Chlor-4-methylanilin. — *N-[3.4-Dimethylphenyl]-2-methylbuten-(2)-amid*, F. 99—102°, aus 3.4-Dimethylanilin, Tiglinsäure u. PCl_3. — *N-4-Chlor-3-methylphenyl]-methacrylamid*, F. 102—104,5, aus 4-Chlor-3-methylanilin. — *N-[3-Chlor-4-methylphenyl]-2-methylbuten-(2)-amid*, F. 95—98°. — *N-[3.4-Dichlorphenyl]-2-methylpenten-(2)-amid*, F. 76—78°, aus 2-Methylpenten-(2)-carbonsäure. — *N-[4-Chlor-3-methylphenyl]-2-methylpenten-(2)-amid.* — Weitere Verbb. **I**, worin **X**, Y u. n (in dieser Reihenfolge) folgende Bedeutung haben: *CH_3, CH_3, 0*, F. 103—105°. — *Cl, Cl, 1*, F. 89—93°. — *Cl, CH_3, 1*, F. 73—77°. — *CH_3, CH_3, 1*, F. 99—102°. — *CH_3, Cl, 2*. — *CH_3, CH_3, 2*. (**F. P. 1 223 854** vom 5/5. 1959, ausg. 21/6. 1960. A. Prior. 6/5. 1958 u. 31/3. 1959.)
S. BÖTTCHER. 6313

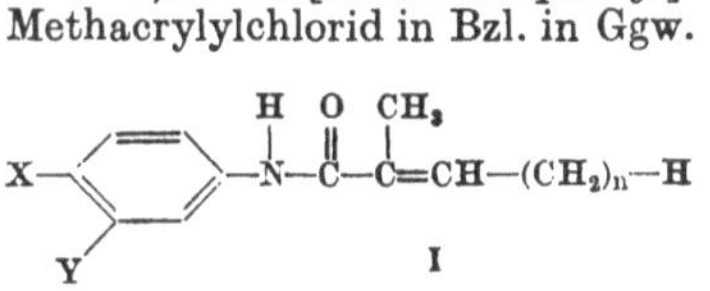

I

Boots Pure Drug Co. Ltd. (Erfinder: Herbert Aubrey Stevenson, Robert Frederick Brookes, Gerald Bertram Lush und James Fraser), Nottingham, England, **Unkrautbekämpfungsmittel** zur Vernichtung üblicher Unkräuter einschließlich *Galium aparine* u. *Stellaria media* auf der Grundlage von Estern der α-(4-Chlor-2-methylphenoxy)-propionsäure, dad. gek., daß sie als Wirkstoff α-(4-Chlor-2-methylphenoxy)-propionsäureester von phenylsubstituierten Alkanolen, Alkoxyalkanolen oder Alkoxyalkoxyalkanolen enthalten. Bes. geeignet sind der *Benzyl-*, der *Butoxyäthyl-* oder der *2-(2-n-Butoxyäthoxy)-äthylester*. Die Mittel können feste oder fl.

Träger- u./oder Verdünnungsmittel, z. B. W., organ. Lsgm. oder pulvrige Stoffe, ggf. Emulgier-, Dispergier- oder Netzmittel, enthalten u. in Form einer Emulsion, einer wss. Dispersion oder eines Stäubemittels vorliegen. Verwendete Mengen ca. 1,6—3,3 kg/ha, bezogen auf freie α-(4-Chlor-2-methylphenoxy)-propionsäure, mit denen Klebkraut u. Vogelmiere in angebauten Kulturpflanzen sicher u. vollständig vernichtet werden. (**D. A. S. 1 121 403** Kl. 451 vom 21/6. 1957, ausg. 4/1. 1962. E. Prior. 27/6. 1956.) H. Karst. 6313

Monsanto Chemical Co. (Erfinder: Robert Judson Wineman und Richard Seymour Gordon), **Pflanzenschutzmittel** zur Behandlung der Pflanzen oder als Zugabe zum Kulturboden, gek. durch den Geh. von *2-Amino-4-äthoxybuttersäure* oder *4-Äthoxy-2-hydroxybutyramid.* (**Aust. P. 229 716** vom 27/6. 1956, ausg. 1/9. 1960.) C. Lüttgen. 6313

Diamond Alkali Col, Cleveland, übert. von: Joseph R. Baldridge, Painesville, Ohio, V.St.A., **Halogenessigsäureester acetylenisch ungesättigter Glykole zur Bekämpfung von Mikroorganismen.** Verbb. der allg. Formel $X_{c'}H_{b'}C-COO-(CH_2)_{a'}-C\equiv C-(CH_2)_a-OOC-CH_bX_c$, in der X für Halogen, a u. a' für Zahlen von 1—3, b u. b' für 0—2 u. c u. c' für 1 bis (3-b) bzw. (3-b') stehen, erhält man durch Rk. eines Alkindiols mit Mono-, Di- oder Trichloressigsäure in Ggw. eines Beschleunigers, wie Toluol-, Xylol- oder Benzolsulfonsäure. Die erhaltenen Prodd. werden mit feinverteilten Verdünnungsmitteln (Ton, Kieselgur, Talkum, Al-Silicate, W., Kerosin, Aceton, Bzl., Toluol, Xylol oder andere Petroleumfraktionen) *gegen Schaben, Spinnenmilben, Pilze,* wie Monilia, Nematoden, sowie als *Herbicide* verwendet. Bes. wirksam sind *1.4-Bis-(chloracetoxy)-butin-(2), 1.4-Bis-(dichloracetoxy)-butin-(2), 1.4-Bis-(jodacetoxy)-butin-(2)* u. auch ein Monoester wie *Propargylmonochloracetat.* (**A. P. 2 931 754** vom 17/9. 1956, ausg. 5/4. 1960.) W. Gräger. 6313

Dow Chemical Co., übert. von: Raymond H. Rigterink, Midland, Mich., V.St.A., **Herstellung von Amino-4.6-di-sek.-butyl-o-kresolen.** Verbb. der allg. Formel I

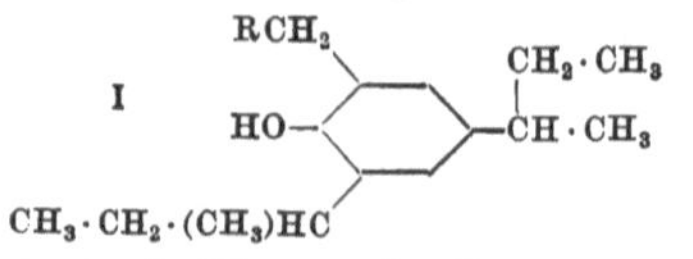

erhält man durch Erhitzen eines Gemisches von CH_2O, einem Amin RH u. 2.4-di-sek.-Butylphenol auf 20—120°, ggf. in einem Lsgm. wie Alkohol. Hierbei ist R eine Dialkylaminogruppe mit 1—5 C-Atomen in jedem Alkylrest, der bes. ein Allyl-, Benzyl- oder Cyclohexylrest sein kann. Die Rkk. werden mit äquimol. Mengen der Komponenten innerhalb von 1—3 Std. durchgeführt, nach beendeter Rk. wird die wss. Phase abgetrennt, das Lsgm. abdest. u. der Rückstand im Vakuum destilliert. — Beispiele: *4.6-Di-sek.-butyl-α-dimethylamino-o-kresol,* $Kp._{0,5}$ 120—130°, n_D^{24} 1,5057, $D._{24}$ 0,935; *α-Dibenzylamino-4.6-di-sek.-butyl-o-kresol,* gelbes viscoses Öl, n_D^{25} 1,5574; *α-Diallylamino-4.6-di-sek.-butyl-o-kresol,* gelbes Öl, n_D^{25} 1,5097; *4.6-Di-sek.-butyl-α-dicyclohexylamino-o-kresol,* rotbraunes Öl, n_D^{25} 1,5108; *4.6-Di-sek.-butyl-α-diisopropylamino-o-kresol,* rotbraunes Öl, n_D^{25} 1,5084; *4.6-Di-sek.-butyl-α-diäthylamino-o-kresol,* n_D^{25} 1,5049; *4.6-Di-sek.-butyl-α-di-n-propylamino-o-kresol,* n_D^{25} 1,4974; *4.6-Di-sek.-butyl-α-dibutylamino-o-kresol,* n_D^{25} 1,4938; *4.6-Di-sek.-butyl-α-diphenylamino-o-kresol,* n_D^{25} 1,4917; *4.6-Di-sek.-butyl-α-piperidino-o-kresol.* Verw. als *bactericide, fungicide* u. *insekticide* Mittel. (**A. P. 2 842 595** vom 23/4. 1956, ausg. 8/7. 1958.) A. Kalix. 6313

J. R. Geigy Akt.-Ges., Chemische Fabriken (Erfinder: Alfred Marzol), Basel, Schweiz, **Bekämpfung von pflanzenparasitären Nematoden.** Die Mittel enthalten als Wirkstoff mindestens ein heterocycl. Sulfid der allg. Formel I

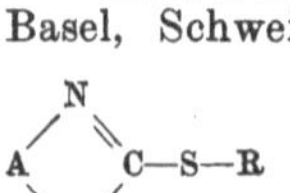

(X = O, S oder NH; A = ggf. durch niedermol. Alkylreste substituierter Äthylen-, Vinylen- oder Trimethylenrest; R = niedermol., ggf. durch Halogen, OH- oder CN-Gruppen substituierter Alkyl- oder Alkylenrest) in Kombination mit Trägerstoffen u./oder Verteilungsstoffen. Als Wirkstoffe sind genannt: *2-Methylmercapto-, 2-Äthylmercapto-, 2-[n-Propylmercapto]-, 2-Allylmercapto-, 2-[n-Butylmercapto]-, 2-Isopropylmercapto-Δ²-thiazolin, 2-Äthylmercapto-Δ²-oxazolin, 2-Äthylenmercapto-Δ²-dihydro-1.3-thiazin, 2-[n-Propylmercapto]-4-methylthiazol, 2-[n-Butylmercapto]-Δ²-imidazolin.* (**D. P. [DDR] 22 390** Kl. 451 vom 15/9. 1960, ausg. 6/12. 1961 [Ausschließungspatent]. Schwz. Prior. 24/9. 1959.) W. Wittholz. 6313

Bombrini, Parodi, Delfino, Rom, Italien, **Herstellung von in Wasser dispergierbaren Insekticiden** in Pastenform. Man mischt 80 (Teile) DDT bei 90° mit 5 Methylnaphthalin, 5 eines pflanzlichen Öles (Ricinus-, Oliven- oder Kokosöl) u. 10 eines Emulgators, wie „Triton X 100". Statt 5 des Öles kann man auch 4,4 Öl oder 0,6 des nichtion. Emulgators „O. M." der S. A. P.I.C.I. anwenden. (**It. P. 534 302** vom 16/5. 1952.) K. Koebke. 6313

Lummus Co., V.St.A. (Erfinder: **Lames Eldred Seymour**), *Kontinuierliche Herstellung von Mischdüngemitteln.* (**F. P. 1 224 051** vom 8/9. 1958, ausg. 22/6. 1960. A. Prior. 18/9. 1957. — C. **1962.** 4314 [E. P. 859 353].)

Wacker-Chemie G. m. b. H., Deutschland, *Düngemittel mit herbiciden Stoffen.* (**F. P. 1 229 694** vom 12/12. 1958, ausg. 8/9. 1960. D. Prior. 30/12. 1957. — C. **1959.** 15173 [D. A. S. 1 051 874].)

Olin Mathieson Chemical Corp., V.St.A. (Erfinder: **Willard Brevard Sordan**), *Unkrautbekämpfung.* (**F. P. 1 229 606** vom 26/8. 1955, ausg. 8/9. 1960. A. Prior. 26/8. 1954. — C. **1960.** 12480 [A. P. 2 910 353].)

Johannes Bärner, Bibliographie der Pflanzenschutzliteratur. 1954. Teil 1. Berlin, Hamburg: Parey. 1961. (XXXII + 367 S.) 4⁰. DM. 80,—.

Klaus-Ulrich Heyland, Untersuchungen über die Bedeutung der Ernährung mit Stickstoff, Phosphorsäure und Kali in verschiedenen Entwicklungsstadien für den Ertrag der Sommergerste. Stuttgart: Ulmer. 1961. (120 S. m. 13 Abb.) 8⁰. DM. 18,—.

VIII. Metallurgie. Korrosion

Verwertung der Cuyuna-Manganvorkommen durch Sulfatisieren. Charles Prasky, R. L. Marovelli und F. E. Joyce, jun. (U.S. Dep. Interior, Bur. Mines, Rep. Invest. **1961.** Nr. 5887. 1—27. Minneapolis, Minn., Minneapolis Metall. Res. Center; engl.) — Nach ausführlicher Beschreibung der geolog.-mineralog. Verhältnisse im Cuyuna-Distrikt (Tafeln) unter Mitt. zahlreicher Analysen wird über die im Labor.-Maßstab ausgeführten Verss. berichtet. Es handelte sich darum, *Mn*, das (neben *Fe* u. einigen anderen Stoffen) hauptsächlich als Carbonat u. mit einem Durchschnitts-Geh. von ca. 7% vorliegt, herauszulösen, um einen synthet. metallurg. brauchbaren Mn-Rohstoff herzustellen. Das zu Kügelchen von $^3/_8$—$^1/_4$″ ∅ geformte Erz wurde in einer Drehtrommel bei ca. 700⁰ 7 Std. lang mit einem über V_2O_5 geleiteten Gemisch von SO_2 u. Luft behandelt. Dabei wurde überwiegend (4:1) das Mn zu Sulfat, während Fe weniger angegriffen wurde. Durch Lösen des Sulfats in W., Eindampfen der Lsg. u. therm. Zers. der $MnSO_4$-Kristalle erhielt man ein Erzeugnis mit 46% Mn.
F. HOCHSTETTER. 6360 □

Aufbereitung von Uranerzen. K. E. Tame und J. B. Rosenbaum. (U. S. Dep. Interior, Bur. Mines, Rep. Invest. **1961.** Nr. 5884. 1—28. Salt Lake City, Utah, Salt Lake City Metall. Res. Center; engl.) — Hierfür kommen Flotation, Trennung nach dem spezif. Gew. u. nach der Radioaktivität sowie die selektive Mahlung in Frage. Die Verss. erstreckten sich auf letztere. Dabei werden die weicheren u. bröckligeren *U*-haltigen Mineralien von der härteren Gangart abgerieben. Das Verf. kann trocken unter Verw. von Schlagkreuz- oder naß mit Hilfe von Stabmühlen durchgeführt werden. Letzteres ergab etwas bessere Werte. Aus einem Sandstein-Erz mit 0,05% U_3O_8 wurden bei dieser ein Konzentrat mit 0,16% U_3O_8 bei 86% Ausbeute erzielt; beim trockenen Verf. mit 0,13% U_3O_8 bei 85% Ausbeute. Wahrscheinlich wird man zu einer Kombination beider Verff. kommen. In einem Anhang werden Betriebsergebnisse verschiedener Firmen mitgeteilt. — 20 Literaturstellen. F. HOCHSTETTER. 6360 □

Besonderheiten der Flotationseigenschaften von Pyrit und Markasit aus Kohlenvorkommen. W. I. Klassen und T. K. Jagodkina. (Известия Академии Наук СССР, Отделение Технических Наук [Nachr. Akad. Wiss. UdSSR, Abt. techn. Wiss.] **1958.** Nr. 10. 110—14. Okt. Moskau, Inst. für Bergbau der Akad. der Wiss. der UdSSR; russ.) — *Pyrit* u. *Markasit* der Kohlelagerstätten zeigen im Vgl. zu diesen Erzen der Erzlager einen bedeutenden Geh. an organ. Substanzen, einen erhöhten Geh. an Sulfat-S, eine starke Porosität, eine leichte Oxydierbarkeit, eine bedeutende Oberflächenabsorption u. Inhomogenität der Oberfläche. Die Flotation mit den üblichen Flotiermitteln (Xanthogenat) ist im Vgl. zum *Pyrit* u. *Markasit* der Erzlager viel schlechter; das Mittel wird absorbiert u. selbst ein *CaO*-Zusatz führt nur zur Anreicherung von Ca^{2+}-Ionen an der Oberfläche, ohne die Flotierbarkeit zu verbessern. — Die Kohleflotationsmittel (sulfonierte Öle) zeigen auch eine starke Sammler-Wrkg. für Pyrit u. Markasit aus der Kohle. J. TŮMOVÁ. 6362 □

Einige Möglichkeiten für die kohlenstoffhaltige Fraktion der Mount Isa-Bleikonzentrate. H. J. W. Croxford, N. Draper und D. H. Harraway. (Australas. Inst. Mining Metallurgy Proc. **1961.** Nr. 197. 149—61. März; engl.) — Mit dem feinkörnigen *Pyrit* kommt *Graphit* zusammen vor. Der Pyrit ist teilweise oder vollständig durch *Bleiglanz* u. untergeordnet durch *Zinkblende, Pyrrhotit* u. *Kupferkies* verdrängt, wobei der Graphit zurückgeblieben ist. Bei der Bleiglanzflotation verleiht der Graphit allen sulfid. Mineralien eine sofortige Schwimmfähigkeit, wodurch niedrig prozentige *Pb*-Konzz. entstehen (C-haltige Fraktion). Für dieses 5,7% des Pb-Erzes betragenden Prod. wurde ein besonderes Flotations-Verf. entwickelt mit relativ hohem Reagentienverbrauch, welches es gestattet, 39,4% der Aufgabe in ein Pb-Konzentrat mit einem Pb-Ausbringen von 76,6% unter Abscheidung von 60,6% Bergen zu verwandeln.

F. ENSSLIN. 6362□

Ein Versuch zur Einführung der stufenweisen Zerkleinerung und Flotation. E. I. Ioffe (unter Mitarbeit von Ja. D. Pitschenjuk, I. I. Makijenko, E. I. Ioffe und S. G. Mamutowa). (Цветные Металлы [Nichteisenmetalle] **29.** Nr. 6. 11—17. Juni 1956; russ.) — Bei der Modernisierung u. Einführung einer 2. u. 3. Zerkleinerung nach bereits durchgeführter Flotation u. Cyclonklassierung konnte in einem Anreicherungswerk bei der Verarbeitung von *Pb-* u. *Ba-Erzen* eine Steigerung der Produktion um 15% erreicht werden. — Flotationsschemata. J. TŮMOVÁ. 6362□

Adsorption von Äthylxanthogenat an sulfidischen Mineralien und die Wirkungen von CN^- als Entspanner. Taro Yamasaki, Junzo Shimoiizaka und Shinnosuke Usui. (J. Mining metallurg. Inst. Japan **76.** 628—32. Sept. 1960; jap., Auszug: engl.) — Unterss. über die Einw. des pH-Wertes auf die Adsorption von *Äthylxanthogenat* (**I**) an mehreren, sulfid. Erzen in Ggw. von CN^- zeigen, daß die Adsorption an *Chalcopyrit* (**II**) bzw. *Bleiglanz* rasch abnimmt, wenn das pH 8 bzw. 10 übersteigt, wogegen die Adsorption an *Kupferkies* auch bei höherem pH nicht abnimmt. CN^- beeinflußt weder die Flotationsfähigkeit noch die **I**-Adsorption an Bleiglanz. **II** zeigt keine Wechselbeziehung zwischen der Flotationsfähigkeit u. der **I**-Adsorption in Ggw. von CN^-. Die **II**-Ausbeute wird durch CN^- vermindert. Die **I**-Adsorption in Ggw. von CN^- wird durch Einleiten von Luftblasen vermindert. Die entspannende Wrkg. von CN^- bei der Flotation von **II** verschwindet mit der raschen Zunahme der **I**-Adsorption.

W. WESLY. 6362□

Quarzit in Induktionsofenstampfmassen. Rudolf Rasch. (Gießerei **48.** 457—61. 10/8. 1961. Frankfurt/Main, Battelle Inst. e.V.; dt.) — Die Anforderungen an die Beschaffenheit von Stampfmassen für Induktionsschmelzöfen werden erörtert u. dabei wird das Problem der SiO_2-Umwandlung des *Quarzits* behandelt. Körnige Quarzitstampfmassen verfügen bei bester Korn-Zus. über ein unvermeidliches Hohlraum-Vol., das bei der Sinterung ein Nachschwinden zur Folge hat. Durch die temperaturbedingten Umwandlungen des Quarzes in *Tridymit* u. *Cristobalit* wächst der Quarzit nach, so daß die Schwingung ausgeglichen wird u. die Ausstampfung unter Druckspannung steht. Bei dieser Umwandlung findet eine unerwünschte Gefügeauflockerung des Quarzites statt, die bei den einzelnen Quarziten unterschiedlich ist. Die rohstoffbedingten Unterschiede bei Quarziten werden besprochen u. Angaben über die Aufgabe des Sintermittels (*Borsäure*) gemacht. H. HOCHSTEIN. 6370□

Betrachtungen zum Bau und Betrieb von Siemens-Martin-Öfen. Michael Hansen. (Stahl u. Eisen **81.** 51. 5/1. 1961; dt.) — Die Ausführungen von BARTU (C. **1961.** 8812), wonach eine Luftvorwärmung auf 1270° bereits genüge, um die gleiche Temp. im SM-Ofen zu erreichen wie bei der Verbrennung mit reinem, nicht vorgewärmtem O_2 wurde durch eine rechner. Überprüfung bestätigt. H. HOCHSTEIN. 6370□

Agglomerierung von Anthrazit für metallurgische Zwecke. W. S. Sanner, R. E. McKeever und J. W. Eckerd. (U.S. Dep. Interior, Bur. Mines, Rep. Invest. **1961.** Nr. 5843. 1—42; engl.) — Der Einsatz von rohem Anthrazit in modernen Hoch- u. Kupolöfen scheitert an dessen Eig., beim Durchgang durch den Ofen Form u. Korngröße einzubüßen, wodurch ein erhöhter Winddruck u. ungleichmäßiger Ofengang bewirkt wird. Es wurden Unterss. angestellt, wie man durch geeignete Mischung von Rohmaterial, Drücke u. Brenn-Temp. Briketts erzeugen kann, die gegen Stoß u. Abrieb widerstandsfähig sind. Im Labor. unter einem Druck von 3000 lbs./sq.in. hergestellte Briketts mit 8 (%) *Kohlenteerpech*, 10 *bituminöse Kohle* u. 82 *Anthrazit* u. auf 1750° F erhitzt, erwiesen sich hinsichtlich Stoß u. Abrieb (ermittelt mit dem ASTM-Trommel-Vers.) Hochofen- u. Gießereikoksen überlegen. Briketts mit 7 (%) Kohlenteerpech als Bindemittel waren physikal. härter als metallurg. Koks. Die gleichen Ergebnisse liefern therm. behandelte Briketts aus Anthrazit, bituminöser Kohle u. *Ölpech* als Bindemittel. Es wurde auch der Einfl. der Korngröße auf die Brikettfestigkeit untersucht. Das Optimum wird erzielt in einem Kornbereich zwischen —40 u. +80 mesh. Die Unters. der Brenn-Meth. zeigt, daß indirekte Erwärmung ein festeres Agglomerat liefert als direkte. Die Erwärmungs-Geschw. hängt von der Meth. ab; sie kann zwischen 10 u. 25° F/min schwanken, beeinflußt wird jedoch die Brikettfestigkeit nicht wesentlich.

H. SCHÖBERL. 6370□

Der Hochofenbetrieb. J. W. Carlson. (Iron Steel Engr. **38.** Nr. 5. 108—10. Mai 1961. Pueblo, Colo., Colorado Fuel and Iron Corp.; engl.) — Die Erzaufbereitung, die Handhabe der Rohmaterialien, die Hochofenführung, die Gießmaschine, die Instandhaltung sowie die Hilfsausrüstung eines Hochofens werden sorgfältig zwecks Möglichkeit weiterer Betriebsverbesserungen des Hochofens überprüft. H. HOCHSTEIN. 6370 □

Der Ajax-Ofen und sein Betrieb. A. Jackson. (J. Metals **13.** 148—52. Febr. 1961. Scunthorpe, Lincolnshire, United Steel Comp. Ltd.; engl.) — Vgl. C. **1962.** 1388. — Ein AJAX-Ofen wird in seinem Aufbau beschrieben u. Angaben über seinen Betrieb gemacht, wo hochphosphorhaltiges Roheisen ohne Schrottzusatz im AJAX-Ofen unter Anwendung von O_2 verarbeitet wird. Die Betriebsergebnisse werden mitgeteilt. Die verschiedenen Arbeitsweisen bei der Herst. einzelner Stahlgüten werden erläutert u. die Entschwefelung der Charge besprochen. Die Schmelzleistung sowie der O_2- u. Brennstoffverbrauch werden mitgeteilt. Die feuerfeste Ausmauerung des AJAX-Ofens u. der Steinverbrauch werden besprochen u. Angaben über Fe-Verluste u. die Fe-Rückgewinnung, über Wärmebilanz u. Wirtschaftlichkeit gemacht. H. HOCHSTEIN. 6370 □

Die Verwendung von Sauerstoff im Ajax-Ofen der Appleby-Frodingham Steel Co. Albert Jackson. (Iron Steel Engr. **38.** Nr. 4. 67—76. April 1961; engl.) — Es wird über die Vorverss. bei der Entw. des AJAX-Stahlschmelz-Verf. berichtet u. dabei die Hauptkennzeichen des Ofens u. des Verf. besprochen. Die für das Verf. zweckmäßigste Roheisen-Zus. wird angegeben u. Angaben über den O_2-, Wärme- u. Steinverbrauch bei der Durchführung des AJAX-Verf. gemacht. Die zugehörige Entstaubungsanlage wird beschrieben. — Diskussion. H. HOCHSTEIN. 6370 □

Einfluß von Werkstoff und Eigenspannungen auf die Haltbarkeit von Stahlwerkskokillen. Waldemar von Gerkan. (Stahl u. Eisen **81.** 1192—1203. 31/8. 1961. Duisburg; dt.) — Der Einfl. der Herst.-Bedingungen u. Werkstoff-Eigg. auf die Lebensdauer von Stahlwerkskokillen mit vorwiegend 1,7 t Gew. aus *Gußeisen* mit *Lamellengraphit* wird untersucht. Die Zugfestigkeit (bei 20 u. 800°), die Härte, Wärmeleitfähigkeit u. das Gefüge (auch an dem eingesetzten Hämatitroheisen werden ermittelt u. der Einfl. der Gieß-Temp. auf die Kokillenhaltbarkeit wird bestimmt. Eigenspannungs-Messungen werden im Ausgangszustand u. nach betrieblichem Einsatz der Kokillen ausgeführt u. Folgerungen, bes. über die zweckmäßige Wahl der chem. Zus., im Hinblick auf die Kokillenhaltbarkeit gezogen. — Diskussion. H. HOCHSTEIN. 6382 □

Überwachung in der Eisenhüttenindustrie. André Roos. (Métallurgie Construct. mécan. **93.** 313. 314. 317. 319. 321. 323. 324. 327. 329. April 1961; franz.) — Die Überwachung der Güte des metallurg. Kokses, der Hochofenbeschickung u. des Hochofenganges, der Roheisen- u. Schlacken-Zus., der Gichtgas-Zus. u. -Temp. u. des Winderhitzerbetriebes sowie die Regelung u. Überwachung der THOMAS- u. MARTIN-Stahlerzeugung u. der Struktur der hergestellten Stahlblöcke sowie ihrer Warmverformung im Walzwerk werden an Beispielen erörtert u. ihre Bedeutung für die Güte des Enderzeugnisses u. die Wirtschaftlichkeit des Betriebes wird besprochen.
H. HOCHSTEIN. 6390 □

Aufbereitung eisenhaltiger Sandsteine aus der Northampton-Sandeisenstein-Formation. G. E. Davies. (J. Iron Steel Inst. **198.** 282—89. Juli 1961; engl.) — Ausgedehnte Flächen von *Eisenstein* mit hohem *SiO_2*-Geh. existieren im Westen des Northamptonshire-Erzfeldes. Labor.-Unterss. zeigen, daß ein hoher SiO_2-Anteil durch Erzaufbereitung entfernt werden kann, wobei ein Konzentrat erhalten wird, das mindestens gleich dem des zur Zeit abgebauten Eisensteines ist. Eine angemessene Konz. wurde jedoch nur erreicht, wenn der *Fe*-Geh. des Rohmaterials ca. 20% überstieg. Die angewendeten Meth. bestehen aus 1. Klassierung durch Aussieben u. 2. Magnetscheidung nach einem reduzierenden Rösten bei niedriger Temperatur. Die letzte Meth. gibt etwas höhere Fe-Analysen u. Fe-Rückgewinnungen in den Konzentraten.
H. HOCHSTEIN. 6390 □

Ein Überblick über die Eisenerzsinterung. J. H. Porteus. (Iron Steel Engr. **38.** Nr. 5. 144—55. Mai 1961. Pittsburgh, Pa., Dravo-Corp.; engl.) — Die Entw. der Fe-Erzsinteranlagen zur Erzeugung eines gleichmäßigen, leicht reduzierbaren Hochofenmöllers wird behandelt u. Angaben über die Materialien, den Sinterprozeß u. über Sinteranlagen mit ihren Ausrüstungen gemacht. H. HOCHSTEIN. 6390 □

Der Orcarb-Elektroofen-Prozeß für die direkte Reduktion von Eisenerz. W. R. Braddock. (Iron Steel Engr. **38.** Nr. 4. 123—25. April 1961. Pittsburgh, Pa., Swindell-Dressler Corp.; engl.) — Die direkte Red. von Fe-Erz mit einer mittleren über 80% liegenden Vorred. in einem Vorofen vor dem Schmelzen im Elektroofen hat wegen ihrer Anpassungsfähigkeit u. Wirtschaftlichkeit besondere Vorzüge. Die Durchführung des Verf. in einer Vers.-Anlage wird beschrieben. H. HOCHSTEIN. 6390 □

Betriebserfahrungen mit dem Netzfrequenz-Induktionsofen. Josef Demharter und Karl Heinz Caspers. (Giesserei **48.** 461—64. 10/8. 1961. Nürnberg; dt.) — Die Gründe für die Aufstellung eines Netzfrequenz-Induktionstiegelofens in einer Eisengießerei werden erörtert u. Angaben über die Isolation, Ausstampfung u. Sinterung der Ofenzustellung beim Schmelzen von *Grauguß*, über die Überwachung u. Wartung des Ofens, seine Haltbarkeit u. Betriebsweise (Anfahren mit Block, Tagesbetrieb mit Sumpf, Güteüberwachung) gemacht. Die durch ständige Überwachung gewährleistete Güte des Gußeisens kann durch Impfbehandlung noch gesteigert werden.

H. HOCHSTEIN. 6402□

Zusammenstellung der belgischen Forschungsergebnisse über die Wechselbeziehung zwischen Gußmasse und physikalischen Eigenschaften von Grauguß. Albert de Sy und Jan van Eeghem. (Inst. Hierro Acero **13.** 847—60. Okt./Dez. 1960; span.) — Übersicht über den Stand der belg. Gußeisenforschung nach zahlreichen mechan. Prüfungen an Gußproben von >40 t Gesamt-Gew., bes. zur Klärung des Zusammenhangs zwischen Zugfestigkeit, BRINELL-Härte u. Kompaktheit der Proben unter Anwendung statist. Meth. mit nahezu theoret. Genauigkeit, wobei auch der Einfl. des *P* berücksichtigt werden konnte. Vff. streifen dann die Beziehungen Kompaktheit-Biege-Verh. (Biegefestigkeit σ_f, Bruchgrenze f u. anfänglicher Biegungsmodul E_0). Nach statist. Meth. wird, ebenfalls an Hand zahlreicher Meßergebnisse, die Gültigkeit der COLLAUDschen Formel, bezogen auf eine Vgl.-Probe von 30 mm Ø, erörtert. — 13 Literaturangaben. Diskussion.

A. SANDER. 6402□

Beitrag zur Kenntnis der den Elastizitätsmodul des Gußeisens erhöhenden Faktoren. Alberto Sole Amat. (Inst. Hierro Acero **13.** 835—46. Okt./Dez. 1960; span.) — Der Elastizitätsmodul (EM) des Gußeisens (GE) stellt eine für die Beurteilung der Werkstoffgüte bes. wichtige Größe dar. Zur deutlicheren Hervorhebung der ihn beeinflussenden Faktoren untersuchte Vf. an verschiedenen GE-Proben mit unterschiedlichen Durchmessern den Einfl. der Abkühlungs-Geschw., der Zus. sowie der zulegierten oder zufällig anwesenden Elemente. Bei jeder Probe u. jedem Querschnitt wurden neben dem EM auch Härte, Zugfestigkeit, eutekt. Sättigungsgrad u. chem. Zus. bestimmt u. die Unters. durch genaue mkr. Beobachtungen ergänzt. Die in Tabellen zusammengefaßten Ergebnisse werden verglichen u. an Diagrammen die gesuchten Zusammenhänge veranschaulicht. — 27 Mikrogefügebilder. 13 Literaturhinweise.

A. SANDER. 6402□

Die Reaktion von Titan mit Stickstoff und Kohlenstoff im flüssigen Stahl. Ju. G. Gurewitsch. (Известия Высших Учебных Заведений (Москва), Черная Металлургия [Hochschulnachr. (Moskau), Eisenmetallurgie] **1960.** Nr. 6. 59—67. Tscheljabinsk, Polytechn. Inst.; russ.) — In fl. Stahl reagiert *Ti* energ. mit *N* unter Bldg. von *Ti-Nitriden*, deren Zus. unabhängig vom Ti/N-Verhältnis im Stahl sich der stöchiometr. Zus. nähert. Die Bldg. der Ti-Nitride tritt in dem Falle auf, wenn der Ti-Geh. im fl. Stahl den doppelten C-Geh. übersteigt. Die sich im fl. Stahl bildenden Ti-Nitride können in die Schlacke aufschwimmen, wo sie in Art einer selbständigen Phase auftreten. Die intensivsten Prozesse der Bldg. dieser Nitride in der Stahlschmelze u. ihr Aufsteigen in die Schlacke findet bei Temp. von 1560° u. darunter (bestimmt durch Pt–Rh–Pt-Eintauchthermoelement) statt. Unabhängig von dem Verhältnis %Ti/%C u. %Ti/%N werden die *Ti-Carbonitride* ebenso wie die *Carbide* in der Schmelze auskrist.; sie bilden sich offenbar später, u. zwar entweder wenn die Stahl-Temp. nahe dem Ep. ist oder zu einer anderen Kristallisationsperiode des Stahls. H. HOCHSTEIN. 6408□

Über den Mechanismus der Einwirkung von Chrom auf die Blockbildung von unberuhigtem Stahl. W. Ss. Konowalow und W. I. Lapitzki. (Известия Высших Учебных Заведений (Москва), Черная Металлургия [Hochschulnachr. (Moskau), Eisenmetallurgie] **1960.** Nr. 6. 41—46. Dnepropetrowsk, Inst. für Metallurgie; russ.) — Die Ggw. von *Cr* in unberuhigtem Stahl in den Grenzen von 0,05—0,43% führt zu keiner merklichen Erhöhung des Geh. an *Carbidphase* u. *Cr-Carbiden* im Stahl. Ein Cr-Geh. bis zu 0,25% beeinflußt im unberuhigten Stahl mit einem normalen *Mn*-Geh. (0,32—0,35%) prakt. nicht die Höhe des im Stahl vorhandenen *O*-Geh., während die Intensität des Kochens in den Kokillen desselben Stahls in starkem Maße verringert wird. Während der Block-Bldg. des Cr-haltigen unberuhigten Stahls findet eine starke Cr-Oxydation statt unter Bldg. von zähfl. *Fe-Chromiten*. Hierdurch wird die Abschwächung der Kochintensität des Stahls in den Kokillen sowie die Verschlechterung der Blockgüte dieses Stahls erklärt. H. HOCHSTEIN. 6408□

Über den Einfluß der inneren Spannungen auf die Flockenbildung im Stahl. D. Ja. Powolotzki und O. A. Bakschi. (Известия Высших Учебных Заведений (Москва), Черная Металлургия [Hochschulnachr. (Moskau), Eisenmetallurgie] **1960.** Nr. 6. 124—30. Tscheljabinsk, Polytechn. Inst.; russ.) — Bei der Abkühlung von Halbzeug aus Stahl nach dem Walzen an Luft entstehen in ihm Zugspannungen, die die Entstehung von Flocken begünstigen. Im Halbzeug perlit. Stähle sind diese Spannungen vorzugsweise therm. Ursprungs. Eine Wärmebehandlung der flockenempfindlichen Stähle, wie sie in der Industrie angewandt wird, führt zu einem wesentlichen Abbau der Zugspannungen, was einer der Hauptgründe für das Fehlen von Flocken in Stahlteilen nach dem Glühen ist. H. HOCHSTEIN. 6408 □

Einfluß der Abkühlungsgeschwindigkeit von Stahl auf die Temperatur und die Inkubationsperiode der Flockenbildung. L. B. Krepyschewa. (Известия Высших Учебных Заведений (Москва), Черная Металлургия [Hochschulnachr. (Moskau), Eisenmetallurgie] **1960.** Nr. 6. 131—39. Sibir. Metallurg. Inst.; russ.) — In Abhängigkeit von der chem. Zus. u. der Abkühlungs-Geschw. können Flocken im Stahl bei beliebiger Temp. innerhalb des α-Bereiches bis zu Temp. von 500—600° gebildet werden. Spannungen vom Druck des H_2 u. CH_4 in den Hohlräumen ermöglichen den Flocken-Bldg.-Prozeß. Nur kann in Ggw. von gelöstem H_2 u. bei hohen Temp. oder strukturellen Spannungen die anfängliche Entstehung der Flocken auch bei ihrem Fehlen auftreten. Die Wärme-Zug-Spannungen ermöglichen u. die Druckspannungen begünstigen die Flockenbildung. Die Anfangs-Temp. der Flocken-Bldg. wird mit Erhöhung der Abkühlungs-Geschw. des Stahls erhöht. Die Dauer der Inkubationsperiode wird bei gegebener Temp. mit der Erhöhung der Abkühlungs-Geschw. kürzer. Mit der Temp.-Erhöhung der Flocken-Bldg. nimmt die Inkubationsperiode bei gegebener Abkühlungs-Geschw. zu. Nachfolgende Reihenfolge der Abnahme der Flockenempfindlichkeit wurde durch Unterss. festgestellt: *55ChN*, *50ChO6*, *55N* u. *55NMO6*. Am Beispiel mit Mo wird der Einfl. der Carbidbildner auf die Verringerung der Flockenanfälligkeit des Stahls bestätigt. — 19 Literaturangaben. H. HOCHSTEIN. 6408 □

Der Einfluß von wiederholtem Erhitzen auf die Mikrostruktur und die mechanischen Eigenschaften von Stahl der Marke 08. D. I. Makejew. (Известия Высших Учебных Заведений (Москва), Черная Металлургия [Hochschulnachr. (Moskau), Eisenmetallurgie] **1960.** Nr. 2. 157—62. Moskau, Stahl-Inst.; russ.) — Wiederholte Erwärmungen des Stahls *08* [0,06—0,07 (%) C, 0,4 *Mn*, Spuren *Si*, 0,03—0,05 *Cr*, 0,13 bis 0,19 *Ni*, 0,024—0,046 *S*, 0,025—0,045 *P*] auf 950° mit nachfolgender Abkühlung an Luft verbessern die Struktur u. die mechan. Eigg. des Stahles, vergleichmäßigen die Eigg. u. erhöhen bes. die Plastizität der Querproben. Die höchsten Werte der Proportionalitäts- u. Fließgrenze werden bei wiederholter Erwärmung auf 850° erhalten. Hierbei werden die Fließgrenze von Längsproben von 19 auf 22 kg/mm² u. die Kerbschlagzähigkeit von 19 auf 32 kg m/cm² erhöht; an Querproben werden die Fließgrenze von 20 auf 23 kg/mm² u. der Kerbschlagzähigkeit von 10 auf 14 kg m/cm² gesteigert. Eine Temp.-Erhöhung bei der wiederholten Erwärmung von 1050 auf 1250° verschlechtert die Struktur u. die mechan. Eigg. stark, bes. der Kerbschlagzähigkeit; die Kornabmessungen werden von 1100 auf 530° μ^2 erhöht, wobei die Schlagzähigkeit von 29 auf 4 kg m/cm² fällt. Die Anisotropie der Schlagzähigkeit befindet sich in den Grenzen von 1,58—2,42. H. HOCHSTEIN. 6408 □

Stahl 17Ch3GMFA für Werkstücke, die durch Elektroschlackenschweißung hergestellt sind. T. M. Slutzkaja und Ju. Ja. Kowalew. (Автоматическая Сварка [Automat. Schweissen] **15.** Nr. 1. 1—6. Jan. 1962. Paton-Inst. für Elektroschweißung der Akad. der Wiss. der UkrainSSR; russ.) — Ein Stahl der Marke *17 Ch 3 GMFA* [0,14—0,20 (%) *C*, 0,17—0,37 *Si*, 1,5—1,8 *Mn*, 2,75—3,25 *Cr*, 0,40 bis 0,60 *Mo*, 0,15—0,30 *V*, bis 0,30 *Cu*, bis 0,04 *S*, bis 0,04 *P*], der im Elektroofen erschmolzen u. von 500 mm auf 150 mm Dicke ausgewalzt ist, entspricht den Anforderungen, wie sie im chem. App.-Bau gestellt werden. Die Festigkeits-Eigg. dieses Stahls nach einer Normalisierung, einem Anlassen mit anschließender Ofenabkühlung werden mitgeteilt. Diese Eigg. ändern sich bei einem längeren Verweilen im Temp.-Bereich von 370—470° nicht, u. der Stahl neigt nicht zur Warmsprödigkeit. H. HOCHSTEIN. 6410 □

Einige Versuche über den Kalt- und Warmbruch von titan- und aluminiumhaltigen Legierungen 80 Ni—20 Cr. Der Einfluß eines Borzusatzes. G. Henry, J. Plateau, X. Waché, M. Palmier-Gerber, I. Behar und C. Crussard. (Mém. sci. Rev. Métallurgie **58.** 793—807. Okt. 1961. Inst. de Rech. de la Sidérurgie; Soc. Métallurg. d'Imphy; franz.) — Die Ggw. von *B* in *Cr*-*Ni*-Legg. mit 80% Ni u. 20% Cr bewirkt für Proben, die einer Lösungsbehandlung mit einem nachfolgenden härtenden Anlassen unterworfen werden, eine Abnahme der Bruchdehnung bei niedriger Temp. u. eine Verbesserung der Warmfestigkeitseigenschaften. Eine elektronenmkr. Unters. der interkristallinen Ausscheidungen zeigt, daß die Carbide vom Typ $M_{23}C_6$, die sich durch Anlassen bei 710° ausscheiden, in den B-haltigen Gußstücken größer sind als in den B-freien. Dies kann mit einem Einfl. des B auf die Keim-Bldg. u. auf die Grenzflächenenergie Ausscheidung/Grundmasse zusammenhängen. In einer eine interkristalline Ausscheidung enthaltenden Ni-Cr-Leg. kann in der Kälte eine interkristalline Sprödigkeit auftreten, wenn Risse über den Ausscheidungen während der Verformung auftreten; in der Wärme können die Risse durch Zusammenziehen von Leerstellen an der Ausscheidung/Grundmasse-Grenzfläche auftreten. Bei der untersuchten Leg. können sowohl eine interkristalline Kaltsprödigkeit als auch die Warmrisse an der Grenzfläche auftreten. Während des Anlassens bei ca. 710° scheidet sich auf den im Metall vorhandenen Versetzungen Cr-Carbid vom Typ $M_{23}C_6$ aus. H. HOCHSTEIN. 6410□

Erfahrungen bei der Herstellung von kohlenstofffreiem Ferrochrom in Kippöfen. W. Ss. Seldin und L. G. Iljuschina. (Сталь [Stahl] **21.** 711—12. Aug. 1961. Saporoshe, Ferroleg.-Werk u. Volkswirtschaftsrat; russ.) — Die Verw. von kippbaren Lichtbogenöfen zur Erzeugung von C-freiem *Ferrochrom* erhöht merklich die Tagesleistung im Vgl. zu einem nichtkippbaren Elektroofen. Die entwickelte Meth. unter Verw. der in den Ofen eingefüllten fl. Haldenschlacke von einer Vorschmelze verhütet die Aufkohlung der Schmelze durch die Elektroden u. wird auch zur Erschmelzung von Ferrochrom der Marke *Chr 0000* in stationären Öfen empfohlen. Zur Erhöhung der Ofenhaltbarkeit soll nach jedem Abstich im Ofen eine Schutzschicht aus fl. Metall mit einer Stärke von 100 bis 150 mm verbleiben. Der spezif. Magnesitsteinverbrauch bei der Ferrochrom-Herst. ist in einem Kippofen niedriger als in einem stationären Ofen. H. HOCHSTEIN. 6418□

Der Einfluß der Schlackenbasizität beim Schmelzen von Ferrochrom nach dem silicothermischen Verfahren. W. P. Saiko und A. K. Golew. (Сталь [Stahl] **21.** 708—11. Aug. 1961. Tscheljabinsk, Ferroleg.-Werk; russ.) — Beim Erschmelzen von niedrig gekohltem *Ferrochrom* nach dem silicotherm. Verf. werden die techn.-wirtschaftlichen Kennziffern verbessert, wenn in den beiden Feinungsstufen mit Schlacken von verschiedener Basizität gearbeitet wird. Eine solche Veränderung der Schlackenbasizität ermöglicht eine Regelung der Absorptions-Geschw. von *O* aus der Atmosphäre durch die Schlacke sowie die Verw. von *Si.* Der Nutzungs-Koeff. von Si wird beim Erschmelzen von Ferrochrom mit erhöhtem Si-Geh., bei der Beschickung des Silicochroms auf den Ofenherd oder im Gemisch mit den Möllerbestandteilen bei einem Betrieb auf Schlacken mit erniedrigter Basizität oder bei Veränderung der Basizität im Verlauf des Prozesses erhöht. H. HOCHSTEIN. 6418□

Verfahren der automatischen Stabilisierung der Schmelzzone und seine Anwendung auf die Reinigung von Zinn. Robert Reich und Frédéric Montariol. (Mém. sci. Rev. Métallurgie **58.** 725—42. Okt. 1961. Vitry, Centre d'Études de Chim. métallurg.; franz.) — Die Autoradiographie eines *Sn*-Stabes, der ein radioakt. *Ag*-Isotop enthält, zeigt nach einer Passage der Schmelzzone die Ggw. von in ihrer Stärke wechselnden Zeilen u. eine geringere Konz. der Ag-Verunreinigung. Die Wrkg. der Schmelzzonenreinigung von Sn wird theoret. erörtert u. die hierzu benötigten App. werden beschrieben. Auch werden die Einfl. von Temp., Zonenlänge u. Geschw. des Ofenvorschubs auf den Reinigungseffekt behandelt. — Diskussion, 17 Literaturangaben. H. HOCHSTEIN. 6428□

Über die Rolle von Blei in bleihaltigen Messingen. A. A. Pressnjakow, W. W. Tscherwjakowa, A. W. Nowikow und Ju. F. Kljutschnikow. (Цветные Металлы [Nichteisenmetalle] **33.** Nr. 7. 77—81. Juli 1960; russ.) — Es wird gezeigt, daß *Pb* keinen indifferenten Zusatz darstellt, sondern die Kinetik der Diffusionsprozesse u. somit die Qualität der Fertig-Prod. aus *Messing* (57—75,8% *Cu*) beeinflußt. ELSE HEINEMANN. 6432

Der Einfluß der Abkühlungsbedingungen auf die mechanischen Eigenschaften und das Gefüge von Blei-Messing. Sorte U-Z 29 Pb 1 (Artillerie). F. Santini, A. Szyszkowski und D. Whitwham. (Cuivres, Laitons, Alliages **1961.** Nr. 62. 27—31. Juli/Aug.; franz.) — Unterss. über den Einfl. der Abkühlung auf die mechan. Eigg. von *Messing* mit 59,3 (%) *Cu* u. 1,5 *Pb* zeigen, daß Bruchlast, Elastizitätsgrenze u. Härte durch Abschrecken in W. nach Erwärmen auf 700—850° erhöht werden, was auf einer Vermehrung der β-Phase beruht, die sich bei Zimmer-Temp. im Zustand der Übersättigung befindet. Wahrscheinlich sind diese Eigg. auch die Folge der Bldg. des WIDMANNSTÄTTENschen Gefüges. W. WESLY. 6432□

Arbeiten über die Metallurgie von Uran in Belgien. Th. Kroll. (Progr. nuclear Energy, Ser. V **2.** 28—31. 1959. Hoboken, Belgien, Soc. Gén. Métallurg.; engl.) — Die Reinigung von UO_3 u. die Red. mit NH_3 zu UO_2 bei 550—700°, Fluorierung mit *HF* zu UF_4 bei 300—350°, Red. von UF_4 mit *Ca* bei 1475—1550° zu *U* wird beschrieben. W. WESLY. 6448□

Elektrolytische Reinigung von Uran. J. E. Antill, D. S. Butler und E. Barnes. (Progr. nuclear Energy, Ser. V **2.** 3—8. 1959; engl.) — Das Verh. der Verunreinigungen von U bei der elektrolyt. Reinigung mit lösl. Anode wird erörtert u. eine Diaphragmazelle mit Sinterglas- oder SiO_2-Scheiben mit 200 μ Porengröße u. porösen BeO-Tiegeln (6 μ Porengröße) als Diaphragmen u. einer W-Stabkathode, die bei 430° in reiner Ar-

Atmosphäre betrieben wird, beschrieben. Die Zelle führt zu reinem U-Pulver, das ohne Auslaugung gepreßt werden kann. W. WESLY. 6448□

Zonenschmelzen von Uran. J. E. Antill, E. Barnes und M. Gardner. (Progr. nuclear Energy, Ser. V **2.** 9—18. 1959. Harwell, Atomic Energy Res. Establ.; engl.) — Vgl. vorst. Referat. — Übersicht über die Erfahrungen mit dem Zonenschmelzen von *U*. In Vertikalöfen ausgeführte Unterss. haben gezeigt, daß Dichteunterschiede zwischen U u. seinen Verunreinigungen zur Reinheitserhöhung verwendet werden können. Geringe Zonen-Geschw. von 0,25 in./h sind zur Beseitigung lösl. metall. Verunreinigungen erforderlich; nichtmetall. Elemente wie *O* u. *C* werden bei Geschw. von 3 in./h abgetrennt. Das zur Beseitigung von Spaltprodd. angewandte Zonenschmelzen ist vielversprechend als modifiziertes selbstschlackenbildendes Verfahren. — 9 Literaturhinweise. W. WESLY. 6448□

Wasserstoff in Uran. R. Darras und R. Caillat. (Progr. nuclear Energy, Ser. V **2.** 19—27. 1959. Commissariat à l'Energie Atom., Frankreich, Dep. of Metallurgy and Appl. Chem.; engl.) — Übersicht über Vork. von *H* in 2 allotropen Formen von *U* in gelöster Form u. in Form von *Hydriden* (UH_3), deren Bldg., Arten u. Eigg. u. den Einfl. von H auf die mechan. Eigg. von U. — 36 Literaturhinweise. W. WESLY. 6448□

Erholung in Cadmium-Einkristallen bei niedriger Temperatur. Dora Krasnopolsky de Grinberg. (J. Inst. Metals **90.** 265—66. März 1962. Sheffield, Univ.; engl.) — Zug-Verss. an Cd-Einkristallen unter Wärmewechsel lassen 3 Gruppen von Kristallen erkennen: weiche, mittlere u. harte. Die Tests wurden bis zu einer Verformung von 60% bei konst. Geschw. durchgeführt. Die weichen u. mittleren Kristalle verformten sich allein durch Basisflächengleiten, nur die harten Kristalle begannen mit Zwillings-Bldg., der Basisflächengleiten in den Zwillingsgebieten folgte. Die während des Wärmewechsels auftretende Erholung wurde analysiert u. ein Mechanismus angegeben. F. VIER. 6448□

Erzeugung von Kupferpulver durch Reduktion mit Wasserstoff. D. J. I. Evans, S. Romanchuk und V. N. Mackiw. (Canad. Mining metallurg. Bull. **54.** 530—38. Juli 1961. Fort Saskatchewan, Alberta, Sherritt Gordon Mines; engl.) — Flotationskonzentrate mit 30,4 (%) *Cu*, 0,5 *Ni*, 31,2 *Fe*, 29,7 *S* wurden in einer Vers.-Anlage mit Ammoniakwasser u. Umlauf-Lsgg. versetzt u. in einem Autoklaven mit NH_3 u. Luft bei 100 lbs./sq.in.g. u. 200° F 12 Std. gerührt. Dabei kamen 6,5 (Moll.) NH_3 auf 1 Cu. Cu, Ni u. S lösten sich als *Ammin-* bzw. NH_4*-Sulfate* u. *-Sulfamate*; Fe wurde zu $Fe_2O_3 \cdot x H_2O$. Nach Kühlen u. Entspannen wurden Lsg. u. Rückstand getrennt, was infolge des halbkoll. Zustandes des Fe_2O_3 trotz Zugabe von Ausflockmitteln schwierig war. Aus der Lsg. wurde etwa die Hälfte des freien NH_3 abdest.; dann oxydierte man die darin befindlichen *Thiosulfate* u. *Polythionate* mit Luft u. hydrolysierte die *Sulfamate* in einem Autoklaven bei 440° F u. 500 lbs./sq.in.g. Durch Zugabe von H_2SO_4 wurde die Lsg. auf pH 7 eingestellt u. bei 375° F u. 500 lbs./sq.in.g. im Autoklaven durch H_2-Red. das Cu ausgefällt. Dabei ließ man das Cu längere Zeit im Autoklaven u. erneuerte nur immer wieder die Lsg. (bis 20 mal). Das dem Autoklaven entnommene Cu wurde mit 2%ig. H_2SO_4 gewaschen u. dann bei 750—1400° F getrocknet bzw. gesintert. Dann wurde es gemahlen u. in handelsübliche Korngrößen klassiert. Nach einem ähnlichen Verf. können auch als Nebenerzeugnis anfallende *Cu-Sulfide* aufgearbeitet werden. — 18 Literaturstellen. F. HOCHSTETTER. 6474□

Kupfersinterpulver. Je. M. Ssawitzki und A. I. Wlassow. (Цветные Металлы [Nichteisenmetalle] **33.** Nr. 7. 72—77. Juli 1960. Allunions Forschungsinst. für Hartmetalle; russ.) — Vff. untersuchten die Struktur, den elektr. Widerstand u. die mechan. Eigg. eines Kupfersinterpulvers (I) mit Zusätzen von Al_2O_3, SiO_2 u. *MgO*, wobei Al_2O_3 den günstigsten Einfl. ausübte. Die elektr. Leitfähigkeit des **I** mit 1 u. 3 Vol.-% Al_2O_3 betrug 87—93% derjenigen des Cu. Die Festigkeit des **I** mit Al_2O_3 ist bei 20—800° 1,5 mal u. die Härte 2—3 mal höher als die des Cu. Die Oxide erhöhen die Zunderbeständigkeit u. die Rekristallisations-Temp. des Cu, wobei letztere von 300 auf 600—700° ansteigen kann, ohne eine Entfestigung zur Folge zu haben. ELSE HEINEMANN. 6474

Verformungsmessungen an Hartmetallegierungen im Zusammenhang mit der Gerüsttheorie. Walther Dawihl und Bertram Frisch. (Arch. Eisenhüttenwes. **33.** 61—66. Jan. 1962. Saarbrücken, Univ., Inst. für Werkstofftechnol. u. Allg. Hüttenkunde; dt.) — Verschiedene Erscheinungen, z. B. das verhältnismäßig schnelle Zusammensintern von Mischungen aus *WC-* u. *Co*-Pulvern mit niedrigen Co-Geh. sowie das gleichartige Verformungs-Verh. niedrig- u. hoch-Co-haltiger Hartmetall-Legg. u. der auch bei niedrigen Co-Geh. festzustellende Abfall der Warmhärte von WC–Co-Legg. bei ca. 400°, sprechen dafür, daß die WC-Körner von einer Co-Schicht umhüllt sind u. daher kein vollständiges Gerüst aus reinem WC in diesen Legg. vorhanden ist. Im Gefüge von Hartmetall-Legg. mit einer mittleren WC-Korngröße von ca. 2 μm sind bei

Geh. über ca. 6% Co größere zusammenhängende Co-Bereiche festzustellen, deren Dicke ca. 5—20 μm beträgt. Wäre Co gleichmäßig auf die WC-Teilchen verteilt, so dürfte die Schichtdicke selbst bei einer Leg. mit 20% Co nur 0,13 μm betragen. Bis zu Geh. von ca. 6% umhüllt danach Co als sog. kapillargebundenes Co die WC-Teilchen in Schichten von ca. 0,04 μm, u. es tritt im wesentlichen nur in Legg. mit über 6% Co freies, in zusammenhängenden Bereichen vorliegendes Co auf. Die Dicke der angelagerten Co-Schicht hängt von dem Gleichgewicht der zwischen der fl. Co-Phase u. den WC-Teilchen herrschenden Grenzflächenkräfte u. dem kapillaren Unterdruck zwischen den WC-Teilchen ab. Sie kann durch Zusätze u. Verunreinigung beeinflußt werden. Infolge unterschiedlichen Benetzungs-Verh. verschiedener Gitterebenen des WC gegenüber Co kann bei Hartmetall mit niedrigen Co-Geh. auch mit der Bldg. eines mindestens teilweise durchgehenden Carbidgerüstes gerechnet werden. Nach dem Erkalten steht das angelagerte Co infolge der vorhergehenden Einw. der Grenzflächenkräfte u. des kapillaren Unterdruckes unter einem Spannungszustand, durch den sich Besonderheiten im Verformungs-Verh. der Hartmetall-Legg. deuten lassen. Die Abhängigkeiten der mechan. Eigg. der Hartmetall-Legg. vom Co-Geh. im Bereich von ca. 10—20% Co steht im Zusammenhang mit der Zunahme des Geh. an freiem Co. — 24 Literaturangaben.

H. HOCHSTEIN. 6476□

Über die Härte von Legierungen auf Grundlage von Nickel mit begrenzter Löslichkeit, bestimmt bei Zimmertemperatur. P. I. Melnitschuk und I. N. Franzewitsch. (Известия Академии Наук, СССР, Отделение Технических Наук [Nachr. Akad. Wiss. UdSSR, Abt. techn. Wiss.] **1958.** Nr. 10. 124—25. Okt.; russ.) — An Legg. des Syst. *Ni–W*, *Ni–Cr*, *Ni–Ti* u. *Ni–Al* (hergestellt aus reinen Metallen durch Schmelzen im Vakuum u. Schmieden) wurde durch Best. der Härte bei Zimmer-Temp. der Elastizitätsmodul u. die Festigkeit der zwischenatomaren Bindungen untersucht. Es zeigte sich, daß die Härte der Legg. mit begrenzter Löslichkeit bei Erhöhung des Geh. der Leg.-Komponenten ansteigt, unabhängig davon, ob diese Komponente die Bindungskräfte des Gitters erhöht (*W*, *Cr*) oder herabsetzt (*Ti*, *Al*). Es besteht weiter kein direkter Zusammenhang der zwischenatomaren Bindung u. der Härte. J. TŮMOVÁ. 6480□

Elektrolytlösungen für das Polieren von metallographischen Schliffen. Ivan Hrivňák. (Hutnické Listy **13.** 140—45. Febr. 1958; tschech.) — Zusammenfassung verschiedener Elektrolyt-Lsgg. auf der Basis der H_3PO_4, $HClO_4$, CrO_3 u. a. anorgan. u. organ. Säuren (tabellar. Übersicht der Zusammensetzungen, Ätzbedingungen u. Eignung) für das elektrolyt. Polieren. Die größte Bedeutung wird den $HClO_4$-Lsgg. zugemessen, da diese Lsgg. im Labor.-Maßstab fast universal, schnell u. sicher sind.

J. TŮMOVÁ. 6482□

Elektrolytische Schnellmethode für das Präparieren von Oberflächen von bearbeitetem Beryllium. J. H. Dingle und A. Moore. (J. Inst. Metals **90.** 270—71. März 1962. Aldermaston, Berks., Atomic Weapons Res. Establ.; engl.) — Die Be-Oberfläche wird mit 2 SiC-Papieren roh poliert u. dann mit dem „Disa-Electropol"-App. bearbeitet. F. VIER. 6482□

Anwendung des Elektronenmikroskops bei der Untersuchung der Oberflächengraphitisierung von Legierungen. W. N. Lnjanoi und I. W. Ssalli. (Известия Высших Учебных Заведений (Москва), Черная Металлургия [Hochschulnachr. (Moskau), Eisenmetallurgie] **1960.** Nr. 2. 100—04. Dnepropetrowsk, Univ.; russ.) — Elektronenmkr. wird die Graphitisierung in den Oberflächen von übereutektoiden Stählen mit 1,2 bis 1,70 (%) C, von *C–Ni*-Stählen mit 0,31 u. 0,45 C sowie von *C–Co*-Stählen mit 0,04—0,55 C nach 30 Min. Dauer bei 1050° für den unlegierten Stahl u. bei 1150° bei den beiden legierten Stählen u. nach verschiedenen, zwischen 80 u. 120°/Min. liegenden Abkühlzeiten untersucht. Die Proben wurden mit Graphithäutchen bedeckt, die aus Kristalliten von ganz verschiedener Form bestanden. Ihre Größe nahm mit der Verringerung der Abkühlungs-Geschw. zu, während sich die Formen der Graphitüberzüge in den Grenzen der untersuchten Abkühlungs-Geschw. nicht wesentlich änderten. Auch wurden die Proben nach einer Abschreckung bei verschiedenen Temp. (350—650°) angelassen u. mit 10°/Min. abgekühlt. Bei der Abkühlung der festen Lsg. ändert sich in ihr die Löslichkeit des C, u. infolgedessen bilden sich auf der Oberfläche Graphitisierungszentren, die zunehmen. Die hierbei entstehende Übersättigung ist verhältnismäßig gering u. die Menge der Zentren unbedeutend. Oft wachsen ganze Kristallkörner der Grundphase mit Häutchen, die aus wenigen Graphitkristallen bestehen, zu. Grobe Graphitkristalle sind mit ihrer Basisfläche parallel zur Schliffläche orientiert. Mit der Erhöhung der Übersättigung (beim Anlassen der abgeschreckten Proben) nimmt die Menge der Graphitisierungszentren zu, u. die Orientierung zur Unterlage wird zerstört. Hierbei wird die freie Energie der stark übersättigten festen Lsg. etwas erhöht. Die Dicke der

Graphitüberzüge kann an verschiedenen Körnern der Grundphase infolgedessen verschieden sein, was auf die Entstehung von Graphitisierungszentren auf den für die Bldg. günstigen Körnern früher eintritt, die im gleichen Abkühlungszeitraum zu großen Körnern auswachsen. H. HOCHSTEIN. 6482□

Zur Definition und Messung des Glanzes metallischer Oberflächen. 1. Mitt. **Anschauungen und Meßverfahren.** H. Schlötterer. (Metalloberfläche **16.** 49—52. Febr. 1962. Mosbach, Physik. Labor.; dt.) — Überblick. — 25 Literaturangaben. F. VIER. 6482□

Zur Definition und Messung des Glanzes metallischer Oberflächen. 2. Mitt. **Glanztest und Streukurven.** H. Schlötterer. (Metalloberfläche **16.** 81—84. März 1962; dt.) — 1. vgl. vorst. Referat. — Es wird über die Voraussetzungen für die Aufstellung einer subjektiven Glanzskala berichtet, elektronenmkr. u. lichtinterferrometr. Unterss. werden beschrieben u. die Auswertung der Oberflächenmorphologie erörtert. Berechnungen über den Zusammenhang der Größe von geometr. Oberflächenstrukturen mit der Streuung auffallenden Lichtes werden vorgenommen u. Folgerungen für die einfache Messung der Streukurven u. damit des Glanzes gezogen. F. VIER. 6482□

Die Rolle des Mediums beim Drücken von Metallen durch Flüssigkeiten unter hohem Druck. B. I. Beressnew, L. F. Wereschtschagin und Ju. N. Rjabinin. (Известия Академии Наук СССР, Отделение Технических Наук [Nachr. Akad. Wiss. UdSSR, Abt. techn. Wiss.] **1958.** Nr. 10. 144—45. Okt. Moskau, Labor. für Hochdruckphysik; Inst. für Phys. der Metalle der Akad. der Wiss. der UdSSR; russ.) — Die Unters. verschiedener Fll. (Schmierstoffe) unter dem nötigen Druck beim *Düsenpressen* von *Al* u. das Aussehen der Oberfläche der Stäbe bei einem Deformationsgrad von 0,773 zeigten, daß *Hypoidfett* den geringsten (3750 kg/cm²) u. *Kerosin* u. *Bzn.* den höchsten Druck (6900 kg/cm²) verlangen. Der nötige Druck bei Ölen, Alkoholen u. W. liegt zwischen diesen Werten. — Die beste Oberfläche der gepreßten Stäbe liefert W., die schlechtesten (Zerstören des Stabes) Hypoidfett. — Bei *Cu* gestattet ein dünner *Pb–Sn*-Überzug ein Herabsetzen des Druckes bei einem Deformationsgrad von 0,4 von 5000 auf 3000 kg/cm². J. TŮMOVÁ. 6490□

Ein Schmiermittel für höchste Temperaturen und Drücke und seine Prüfung. Albert A. Bartel, Georg Graue und Werner Lückerath. (Stahl u. Eisen **81.** 1183 bis 1192. 31/8. 1961. München u. Duisburg; dt.) — Bei Temp. oberhalb 200—250° können die üblichen Schmiermittel nicht mehr verwendet werden, auch *Graphit* u. *MoS* über ca. 400° nur in bestimmten Fällen, *Salze* oder *Salzgemische* werden bei einzelnen Verff. verwandt, wobei weniger ihre Schmierfähigkeit als die Fähigkeit einer Trennschicht-Bldg. u. damit die Verhinderung des Verschweißens von Werkstück u. Werkzeug ausschlaggebend ist. Für das Strangpressen werden *Silicatgläser* u. *Emails* verwendet, die keinen festen F. haben, sondern unter dem Einfl. von Druck u. Temp. eine viscose, zähfl. Masse ergeben, die schmierend wirkt. Auf der Grundlage von *Alkaliphosphaten* werden wasserlösl. Schmelzen erhalten, die schon von 300° an erweichen. Durch Zusatz von *Borax* u. bestimmter *Schwermetallphosphate* ergeben diese Schmelzen bei weiterer Temp.-Steigerung einen gleichmäßigen Abfall der Viscosität. Beim Wiederabkühlen bilden sich erstarrte Fll., die nur schwer zur Kristallisation zu bringen sind. Zur Prüfung der Schmiermittel für hohe Temp. wurde eine Verschleißmeß-Vorr. entwickelt, deren Aufbau u. Wrkg.-Weise beschrieben werden. Hiermit wurden verschiedene Hochtemp.-Schmiermittel geprüft, deren Ergebnisse mit dem Verh. derselben im Betrieb verglichen u. bestätigt werden. Bei verschiedenen Herst.-Verff. von nahtlosen Rohren konnten durch *Phosphat* bis dahin auftretende Schwierigkeiten beseitigt werden. — 35 Literaturangaben. H. HOCHSTEIN. 6490□

Kaltfließpressen von Eisen- und Nichteisenwerkstoffen. R. Tilsley und F. Howard. (Product. Engr. **40.** 176—96. März 1961. PERA, Production Engineering Res. Assoc.; engl.) — Die zum Kaltfließpressen erforderlichen Eigg. von Nichteisen- u. Eisenwerkstoffen in Abhängigkeit von deren chem. Zus. u. Strukturaufbau werden erörtert, u. es werden Angaben über die Konstruktion von Kaltfließpressen, die Vorbereitung, Wärmebehandlung u. Schmierung der Preßrohlinge, über die Einw. von Temp. u. Geschw. sowie über die Bedeutung der erstrebten Formgebung gemacht. H. HOCHSTEIN. 6490□

Magnetisches Impulsformpressen. Anonym. (Aircraft Product. **24.** 112—14. April 1962. San Diego, Calif., General Dynamics Corp., General Atom. Div.; engl.) — Übersicht über Grundzüge, Ausführung, Zubehör u. Anwendung des Verf. der Metallformpressung durch magnet. Impulse (Energie-Entw. in einem Magnetfeld u. Verw. eines „Feldshapers“ zur Anreicherung oder Verminderung der Energie, die zur Herst. der gewünschten Form des Metallteils erforderlich ist). W. WESLY. 6490□

Sprengstoffe zur Metallbearbeitung. H. Thomas und S. Paterson. (Metalworking Product. **105.** Nr. 8. 47—50. 22/2. 1961. Stevenston, Ayrshire, Imp. Chem. Ind., Nobel Div.; engl.) — Übersicht über die Anwendung von Sprengstoffen zur Formpressung von Metallblechen. W. WESLY. 6490□

Elektroden für die Funkenerosion. P. J. C. Gough. (Metal Ind. [London] **99.** 434—36. 1/12. 1961. Solar Weld Languepin Ltd.; engl.) — Herst. von Elektroden aus *Cu, Al, Cu–W* u. von Cu-gespritzten Elektroden u. Verw. dieser Elektroden zur Bearbeitung von Metallen. — Beispiele. F. VIER. 6490□

Titananreicherung von Stahl in einem geschmolzenen Salzbad. A. N. Minkewitsch und A. G. Gwosdew. (Известия Высших Учебных Заведений (Москва), Черная Металлургия [Hochschulnachr. (Moskau), Eisenmetallurgie] **1960.** Nr. 2. 151—56. Moskau, Stahl-Inst.; russ.) — Die Ti-Anreicherung in der Oberfläche von Stahl erfolgt bei einer Temp. von 950—1100° bei einer Haltezeit von ½—2 Std. in einer Salzschmelze, die zu 80—90% aus geschmolzenem *NaCl* u. zu 10—20% aus einer feinzerkleinerten Leg. TiO_x mit ca. 10 Atom-% O besteht. Das Einschmelzen u. der Betrieb dieses Salzbades wird unter Ar-Schutz durchgeführt. Die sich im Bade auf der Oberfläche des Stahles *08* bildende Ti-haltige Oberfläche besteht aus einer dicken Zone mit Stengelkörnern u. einer dünnen äußeren härteren Zone. Die Stengelkörner sind Mischkristalle des Ti im α-Fe. In einem Teil dieser Zone, die an die äußere dünne Zone angrenzt, werden mitunter Ausscheidungen überschüssiger *Titanide* festgestellt, die bei langsamer Abkühlung ausgeschieden werden. Auf Grund einer Spektralanalyse enthält die äußere Zone ca. 30% Ti. Nach der Röntgenanalyse stellt die äußere Zone der Schicht auf dem Stahl *08* Titanid $FeTi_2$, jedoch auf dem Stahl *50* das Carbid *TiC* dar. Die so gebildete Ti-haltige Schicht besitzt hohe Korrosions- u. Säurebeständigkeit. H. HOCHSTEIN. 6492□

Das Brennschneiden von Blechen aus Aluminium und anderen Nichteisenmetallen. H. Reinsch. (Schweißtechnik [Wien] **16.** 21—23. Febr. 1962; dt.) F. VIER. 6502□

Probleme beim Löten von seltenen Metallen für den Weltraum. Richard S. Preston. (Western Metalworking **18.** Nr. 8. 32—33. Aug. 1960. Maywood, Calif., Metallurg. Consultants, Inc.; engl.) — Die hochhitzebeständigen Legg. wie *Rene 41, Inconel X* u. *A-286* enthalten kleine Mengen Al u. Ti zur Erhöhung der Oxydationsbeständigkeit. Zur Verbesserung der Lötfähigkeit wurde *A-286* auf 2100° F vorerhitzt u. die gebildeten Ti-Oxide durch NaH entfernt. *A-286* kann auch vor dem Löten mit *Ni* überzogen werden, um Oxydation zu verhindern. *Inconel X*, das ebenfalls schwierig zu löten ist, konnte mit *Cu* im Hochvakuum ($< 1\mu$) gelötet werden. Gute Ergebnisse konnten beim Löten in trockenem H_2 erzielt werden. F. VIER. 6504□

Grundzüge des Schweißens. T. B. Jefferson. (Welding Engr. **46.** Nr. 6A. 5—16. Juni 1961; engl.) — Grundzüge, Merkmale u. Anwendung der verschiedenen Schweiß-Verff., Eigg. der erzeugten Schweißen u. deren Prüfung. W. WESLY. 6506□

Analyse neuzeitlicher Rohrschweißprozesse. Norbert C. Rubin. (Iron Steel Engr. **38.** Nr. 4. 115—19. April 1961. Cleveland, Ohio, Yoder Co.; engl.) — Viele Schweiß-Verff. werden erfolgreich bei Eisen- u. Nichteisenrohren angewendet. Es gibt dabei viele Faktoren, welche die Güte der Schweißung beeinflussen; hiervon werden besprochen: die Grat-Bldg. im Innern, die Schweiß-Geschw., die Kornvergröberung in der Schweißfläche, das Oberflächenaussehen sowie die Rohrgröße, wobei diese Faktoren in bezug auf die Einschränkungen, welche die Verw. des Fertigrohres auferlegt, betrachtet werden müssen. H. HOCHSTEIN. 6506□

Untersuchung der Zwischenphasenspannung an der Grenze Schlacke—Metall und der Oberflächenspannung von Schweißschlacken. Ss. B. Jakobaschwili und I. I. Frumin. (Автоматическая Сварка [Automat. Schweißen] **14.** Nr. 10. 14—19. Okt. 1961. Paton-Inst. für Elektroschweißung der Akad. der Wiss. der UkrainSSR; russ.) — Eine einfache u. geeignete Meth. der Messung der Zwischenphasenspannung an der Grenze Metall/Schlacke bei dem F. des Metalls wird nach dem Verf. des Tropfenauswägens entwickelt. Die Anlage wird beschrieben. Die ersten, nach der neuen Meth. durchgeführten Messungen lassen erkennen, daß die Regel von ANTONOW für dergleichen Syst. nicht anwendbar ist. H. HOCHSTEIN. 6506□

Untersuchung der Gründe des negativen Einflusses des Sauerstoffes des Grundmetalles auf die mechanischen Eigenschaften einer Verbindung mit Kupfer. W. N. Timofejew. (Автоматическая Сварка [Automat. Schweißen] **14.** Nr. 10. 30—38. Okt. 1961. Leningrad; russ.) — In der Mehrzahl der Fälle des Schweißens, wenn der Geh. an freiem O in der Schweiße geringer als im Grundmetall ist, tritt eine Neuverteilung des O in der Umgebung der Schweißbindungsgrenze auf. Infolgedessen bildet sich im Grundmetall eine Zone mit geringerem O-Geh. als im Ausgangszustand, jedoch im Schweißnahtmetall ist in der Nähe dieser Grenze die O-Konz. größer als im Kernteil

der Schweißnaht. Eine ähnliche O-Neuverteilung in der Schweiße bei Ggw. einer ausreichenden Menge an Desoxydationsmitteln führt in einer Reihe von Fällen zum Auftreten einer besonderen Art der Metallstruktur an der Schweißbindungsgrenze mit einer scharf ausgeprägten Scheidegrenze ohne Durchwachsung der Körner. Gleichzeitig kann in der angegebenen Zone die Wrkg. der Wasserstoffkrankheit verstärkt werden. Zum Unterschied hiervon wird bei gleichem Geh. an freiem O im Grundmetall u. in der Schweiße die Metallstruktur an der Schweißbindungsgrenze durch die Bldg. ganzer Körner gekennzeichnet. Alle Faktoren zusammen, bes. die O-Diffusion, verschlechtern die Eigg. des Metalls in der Nähe der Schweißbindungsgrenze u. erniedrigen infolgedessen die Eigg. der Schweiß- u. Lötverbindungen von O-haltigem Cu. Die Eigg. dieser Verbindungen hängen nicht vom Schweiß-Verf. ab, sondern von der spezif. Energieaufwendung der Schweiß- u. Lötbedingungen sowie von den Zusatzmaterialien.
H. Hochstein. 6506□

Über den Einfluß von Eisenerz und Agglomerat auf den Verschleiß von Schweißgut. A. G. Schtschulepnikowa. (Автоматическая Сварка [Automat. Schweißen] **15.** Nr. 1. 20—22. Jan. 1962. Magnitogorsk, Nossow-Inst. für Erzmetallurg.; russ.) — Die Ergebnisse von Labor.-Unterss. über den Verschleiß von mit *C*, *Cr* u. *W* legiertem Schweißgut, das durch Fe-Erze oder durch mit Flußmitteln versetztem Agglomerat beansprucht wird, werden mitgeteilt. Hierbei zeigt sich, daß feuchtes Fe-Erz stärkere schmirgelnde Verschleiß-Eigg. besitzt als Agglomerat. H. Hochstein. 6506□

Einfluß der Arbeitsbedingungen des Argonlichtbogenschweißens von Aluminiumlegierungen mit einer Schmelzelektrode auf die Nahtoberfläche. A. Ja. Brodski und Ssju-tschshi Tschshan. (Автоматическая Сварка [Automat. Schweißen] **14.** Nr. 3. 27—31. März 1961. Zentr. Forsch.-Inst. für Bau-Konstruktionen der Akad. für Bauwesen u. Architektur der UdSSR; russ.) — Bei der Unters. der Abhängigkeit der Erscheinung der Runzligkeit von den Parametern des Ar-Lichtbogenschweiß-Verf. bei Anwendung von Brennern mit runden, 16—40 mm ⌀ besitzenden Düsen beim Lichtbogenschweißen von Al-Legg. mittels einer Schmelzelektrode zeigt es sich, daß die Runzligkeit durch den Lichtbogendruck auf die fl. Schweiße bei ungenügend wirksamen Gasschutz bewirkt wird. Auf die Größe des Grenzstromes beim Ar-Lichtbogenschweißen zeigen folgende Arbeitsbedingungen einen großen Einfl.: die Schweiß-Geschw., die Lichtbogenspannung, der Neigungswinkel des Brenners, der Ar-Verbrauch, der Abstand der Düsenmündung von der Oberfläche des Gegenstandes, der innere Düsendurchmesser, der freie Überhang u. der Durchmesser des Elektrodendrahtes. Es werden Angaben über die günstigsten Größen dieser Arbeitsbedingungen u. über ihre gegenseitige Abhängigkeit gemacht. H. Hochstein. 6506□

Ein Reagenz zur Ätzung von Kupferschweißnähten. D. P. Nowikowa. (Автоматическая Сварка [Automat. Schweißen] **14.** Nr. 10. 90. Okt. 1961; russ.) — Als Reagenz zur Ätzung von Cu-Schweißnähten wird eine frisch bereitete Lsg. von 5 g $FeCl_3$, 10 g $K_2Cr_2O_7$ in 50 ml *W.* empfohlen. Die Ätzung wird in 5—10 Sek. bei 50—60° durchgeführt. Nach der Ätzung wird die Schliffoberfläche mit einer 10%ig. wss. *HCl*-Lsg. zur Entfernung des Oxidhäutchens gewaschen. H. Hochstein. 6506□

Über die chemische Ungleichmäßigkeit der Schmelze in den „Bärten" (Mikrorissen) und in der Schweißnaht bei der Punktschweißung. W. W. Bogdanowa. (Автоматическая Сварка [Automat. Schweißen] **14.** Nr. 10. 39—41. Okt. 1961; russ.) — Bei dem Punkt- oder Rollenschweißen von Blechen aus austenit. Verbundstählen bilden sich im Grundmetall Mikrorisse, die offenbar mit Schmelze beider Metalle oder nur mit dem Metall einer einzigen Leg. angefüllt werden. Die chem. Zus. des Schweißpunktes u. der ausgefüllten Mikrorisse hängt von der Zus. der zu verschweißenden Bleche, dem Temp.-Unterschied ihrer Schmelzen, dem Charakter der Bldg. des Schweißpunktes, der durch die Schweißtechnologie u. Blechdicke bedingt wird, sowie von der Neigung der Schweißstelle zur Mikroriß-Bldg. ab. Es werden die Unterss. bei der Punktschweißung an Blechproben aus einem austenit. Stahl *EJ 703* von 1 mm Dicke u. einem austenit. Stahl *1 Ch 18 N 9 T* mit 0,5 mm Dicke durchgeführt. Hierbei zeigt sich, daß die Zus. des Schweißpunktes u. der ausgefüllten Mikrorisse der des Stahls *EJ 703* entspricht, weil der Schweißpunkt bevorzugt infolge Schweißung des Bleches aus der Leg. *EJ 703* gebildet wird. Es wird auch eine gewisse Tendenz zur Konz.-Erhöhung der Elemente *Cr*, *Fe*, *Ni* u. *Ti* in den Mikrorissen u. eine entsprechende Verarmung an diesen Elementen im Schweißpunkt beobachtet. Dies tritt offenbar unter dem Einfl. der Druckkraft der Elektroden im Bereich hoher Spannungs-Konz. ein. Die chem. Ungleichmäßigkeit der Leg. im Schweißpunkt u. in den Mikrorissen bedingt eine ungleichmäßige Mikrohärte.
H. Hochstein. 6506□

Maßnahmen der Eisen- und Stahldrahtindustrie gegen die Verunreinigung des Wassers. Clemens Eisenhuth. (Draht-Welt **47.** 117—18. Febr. 1961. Köln-Mülheim; dt.) — Maßnahmen u. Möglichkeiten, die in der Eisen- u. Stahldrahtindustrie zur Reinigung u. Reinhaltung der Abwässer von *Fe-Salzen* gegeben sind. Auf die „mechan. Entzunderung" wird bes. hingewiesen. W. WESLY. 6510□

Das Schaben von Kupferdrähten. Wolfgang Teller. (Draht-Welt **47.** 118—21. Febr. 1961. Hannover; dt.) — Die Oberflächenbeschaffenheit der aus Cu-Walzdrähten gezogenen Drähte reicht für hohe Anforderungen nicht aus; daher müssen die Drähte durch Schaben von *Oxydul*-Einschlüssen befreit werden. Die Ausführung des Schabens u. die dazu dienenden Werkzeuge werden beschrieben. W. WESLY. 6510□

Die Anwendung von Ultraschall in der Galvanoplastik. Oderkerken. (Galvano [Paris] **31.** 93—97. Febr. 1962. franz.) — Übersicht. — 43 Literaturangaben. M. GEHLEN-KELLER. 6514□

Elektrolytische Unterstützung beim Honen. James F. Horgan. (Metalworking Product. **106.** Nr. **14.** 41—42. 4/4. 1962. Detroit, Micromatic Hone Corp.; engl.) — Die durch Honen bewirkte Metallbeseitigung läßt sich unter Steigerung der Maßgenauigkeit u. Verringerung der Schleifsteinabnutzung um 250—300% beschleunigen, wenn das Werkstück als Anode in einer elektrolyt. Zelle dient u. ein geeigneter Elektrolyt angewandt wird. W. WESLY. 6514□

Metallische Überzüge auf Nichtleitern (Kunststoffen). Oskar P. Kramer. (Galvano [Paris] **31.** 111—14. Febr. 1962; franz.) — Französ. Fassung der C. **1959.** 6946 referierten Arbeit. M. GEHLEN-KELLER. 6516□

Galvanische Abscheidung von Zinn-Zink-Legierungen aus dem Pyrophosphatelektrolyten. T. L. Rama Char und J. Vaid. (Metalloberfläche **16.** 70—73. März 1962. Bangalore, Indien, Indisches Wissenschaftsinst.; dt.) — Der Einfl. verschiedener Variablen auf die elektrolyt. Abscheidung von *Sn–Zn*-Legg. aus dem Pyrophosphatbad wurde untersucht. Für die Abscheidung von Legg. mit 74—98% Sn erwiesen sich folgende Bedingungen als am günstigsten: Zus. der Lsg. 11,9 (g/Liter) *Sn*, 13,2 *Zn*, 130,5 *Pyrophosphat*, pH 9,2, Temp. 60°, kathod. Stromdichte 0,5—4 A/dm^2, kathod. Stromausbeute 74—92%. Es können Legg. mit 19—100% Sn abgeschieden werden. F. VIER. 6524□

„Fließ"-Glänzen von Zinn und Zinnlegierungen. Sherwood G. Cassell. (Plating **48.** 1324—25. Dez. 1961. Cary, Ill., Vacuum Ceramics, Inc.; engl.) — Beschrieben wird das Glänzen elektrolyt. abgeschiedener Sn- u. Sn-Legg.-Überzüge durch Tauchen in über den F. von Sn erhitztes Öl. F. VIER. 6524□

Kupferoxide auf der Oberfläche von Goldplattierungen. M. S. Frant. (Plating **48.** 1305—09. Dez. 1961. Harrisburg, Pa., AMP, Inc.; engl.) — Auf der Oberfläche von elektrolyt. auf Cu aufgebrachten *Au*-Überzügen wurden nach kurzem Erhitzen auf 200 u. 275° *Cu-Oxide* festgestellt. *CuO* u. Cu_2O wurden durch coulometr. Red. bestimmt. Die Unterss. zeigen den Einfl. der Au-Schicht, der Temp. u. der Art des Niederschlags. Der Diffusion des Cu an die Oberfläche folgt die Oxydation. — 20 Literaturangaben. F. VIER. 6526□

Neue Entwicklung der Schutzverkleidungen für Stahlbehälter. Hugh Edwards. (Plating **48.** 1320—23. Dez. 1961. Chicago, Ill., Bradley and Vrooman Co.; engl.) — Überblick über organ. Überzüge u. ihre Verwendung. F. VIER. 6528□

Über die Deckschichterzeugung auf Stahloberflächen nach dem kombinierten Oxalsäure-Chromsäure-Verfahren. H. Gerischer, K. Hauffe, W. Herbst und H. Schaefer. (Werkstoffe u. Korrosion **13.** 22—29. Jan. 1962. Stuttgart, MPI für Metallforsch.; Frankfurt-Höchst, Farbwerke Hoechst A.G., vormals Meister Lucius & Brüning; dt.) — Der Mechanismus der Deckschicht-Bldg. bei der kombinierten Oxalsäure–Chromsäure-Behandlung von Stahlblech wurde analysiert u. die damit erreichbare gute Korrosionsschutz-Wrkg. zu deuten versucht. Danach entsteht die Korrosionsschutzschicht letztlich in einer normalen Passivierung der Metalloberfläche durch CrO_3. Die Wrkg. der vorhergehenden Oxalsäurebehandlung beruht auf einer bes. guten Vorbereitung der Oberfläche für die anschließende Passivierungsbehandlung mit CrO_3. F. VIER. 6528□

Oxydation von Tantal bei 500—700°. Per Kofstad. (J. Inst. Metals **90.** 253 bis 264. März 1962. Oslo-Blindern, Norwegen, Central-Inst. for Ind. Res.; engl.) — Das Oxydations-Verh. von Ta bei 500—700° u. O_2-Drücken von 760—0,1 Torr wurde gravimetr., durch Röntgen- u. Elektronenbeugung, elektronenmkr. u. metallograph. untersucht. Bei beginnender Oxydation löst sich O im Metall, u. es bilden sich die beiden Suboxide $TaO_y(Ta_4O)$ u. TaO_2. Später erfolgt Übergang zur Rißoxydation nach einem linearen Geschw.-Gesetz. Dabei bildet sich Ta_2O_5. Die Geschw. wird durch die Keim-Bldg. u. das Wachstum der Ta_2O_5-Keime bestimmt. — 38 Literaturangaben. F. VIER. 6530□

Beitrag zu Fragen der Standvermögenserhöhung von Werkzeugen durch Phosphatierung und Heißwasserbehandlung. Ernst Schiebold und Marianne Schminder. (Wiss. Z. Hochschule Schwermaschinenbau Magdeburg **4.** 239—55. Dez. 1960; dt.) — Eingehende experimentelle Unterss. lassen erkennen, daß weder durch Phosphatierung noch durch Heißwasserbehandlung eine Erhöhung des Standvermögens fabrikneuer Bohrer möglich ist. — 56 Literaturangaben. F. VIER. 6532□

Reiboxydation. Félix Barbas und Gabriel Caton. (Techn. du Pétrole **1961.** 34—42. Dez. Sté. Hotchkiss-Brandt; franz.) — Überblick. — 19 Literaturangaben. F. VIER. 6538□

Die Korrosionsinhibitoren. G. Hugel. (Techn. du Pétrole **1961.** 58—62. Dez. Strasbourg, Univ.; franz.) — Überblick. F. VIER. 6538□

Einkristallbildungen bei Korrosion von Legierungen, verzinktem und verzinntem Eisen. G. Pfefferkorn und J. Vahl. (Metalloberfläche **16.** 33—37. Febr. 1962. Münster, Univ.; dt.) — Wie Unterss. ergaben, bilden sich bei Messing, Stahl, Sn- u. Zn-Überzügen Oxideinkristalle aus, die in Form von Nadeln u. Blättchen aus den Oxidschichten herauswachsen. Durch Elektronenbeugung u. Röntgenfeinstrukturanalyse wurden die Oxidnadeln auf Messing als *ZnO*, auf Monel als *NiO*, auf Stahl u. auf verzinntem Fe als α-Fe_2O_3, auf verzinktem Fe als *ZnO* bestimmt. F. VIER. 6538□

Korrosion von Metallen durch intermediäre Verbindungen. Erich Rabald. (Werkstoffe u. Korrosion **12.** 695—98. Nov. 1961. Mannheim; dt.) — Durch Mischungen aus *Methanol* u. *Halogenen* werden *Ta* u. *Edelmetalle* stark korrodiert. Die Unterss. zeigen, daß die Korrosion auf die Wrkg. von intermediär gebildeter *Chlorameisensäure* zurückzuführen ist. Mischungen von Halogenen mit *höheren Alkoholen*, wie *A.* oder *Propanol*, greifen Ta nicht an. F. VIER. 6538□

Einige Beobachtungen über die Korrosionseigenschaften härtbarer Chromstähle. Johannes Bünger. (Werkstoffe u. Korrosion **12.** 681—95. Nov. 1961. Engelskirchen, Edelstahlwerke Schmidt & Clemens; dt.) — Nach den Unterss. wird die Korrosion härtbarer Cr-Stähle im allg. vom Rest-Cr-Wert, das ist der Wert nach Abzug des 13fachen C-Wertes vom analyt. Cr-Wert, bestimmt. Der erforderliche Rest-Cr-Wert ist je nach dem angreifenden Agens verschieden. Im allg. liegt er bei 10%. Manchmal haben auch andere Leg.-Bestandteile eine entscheidende Bedeutung, z. B. *Mo* bei *Essigsäure.* 2%ig. HNO_3 kann sehr stark angreifen u. interkristalline Korrosion hervorrufen, die bei 12% Rest-Cr weder von der Schmiede-Temp. noch von der Härte-Temp. abhängt. Diese Korrosionsempfindlichkeit wird durch Härten von 1000° in Öl oder durch Glühen bei 800° beseitigt, tritt aber durch Anlassen bei 450 u. 550° verstärkt wieder auf. F. VIER. 6538□

Einfluß von Einbettmassen auf das Oxydations- und Korrosionsverhalten von Heizleiterlegierungen. Harald Pfeiffer. (Werkstoffe u. Korrosion **12.** 669—80. Nov. 1961. Hanau, Vakuumschmelze A.G.; dt.) — Die Unterss. zeigen, daß örtlich angereicherte Verunreinigungen in den Einbettmassen von Heizleiter-Legg. zu Kurzschlußströmen u. damit zum Angriff auf das Oxid des Heizleiters führen. Auch das Aufliegen eines Oxidkristalls der Einbettmasse auf der metall. Oberfläche des Heizleiters kann zu Lochfraßkorrosion führen. Das Auftreten der „Grünfäule" bei austenit. Legg. in Einbettmassen ist auf eine O-Verarmung innerhalb des Poren-Vol. der Einbettmassen zurückzuführen. — 16 Literaturangaben. F. VIER. 6538□

Aufhalten der Spannungskorrosionsrißbildung von austenitischem nichtrostendem Stahl. P. P. Snowden. (Nuclear Engng. **6.** 409—11. Okt. 1961. Sheffield, Brown-Firth Res. Labor.; engl.) — Die Einfl. einer Anzahl von Inhibitoren auf das Spannungskorrosions-Verh. eines austenit. nichtrostenden Stahles mit 18% *Cr* u. 9% *Ni*, der durch *Nb*-Zusatz stabilisiert ist, wird unter betriebsähnlichen Bedingungen untersucht. In Ggw. eines Chlorides verhütet Na_3PO_4 bei einem Na_3PO_4/NaCl-Verhältnis von 1 : 2 entweder ganz oder wenigstens in starkem Ausmaß die Spannungskorrosionsrißbildung. H. HOCHSTEIN. 6538□

Wirkung der Substruktur auf die Spannungskorrosion von handelsüblichen Aluminium-Zink-Magnesium-Legierungen. R. W. Elkington. (J. Inst. Metals **90.** 267—69. März 1962. Banbury, Oxon, Aluminium Labor. Ltd.; engl.) — Metallograph. Unterss. an *Al–Zn–Mg*-Legg. lassen es möglich erscheinen, daß sich *Zn* u. *Mg* an den Subkorngrenzen anreichern u. so diese Zonen anod. gegenüber der Umgebung werden lassen, wodurch die Korrosionsanfälligkeit dieser Zonen erhöht wird. Ebenso kann die Korrosionsgefahr durch das Auftreten kleiner mechan. Risse an den Subkorngrenzen erhöht werden. F. VIER. 6538□

Korrosionsprobleme bei gas- oder wassergekühlten Reaktoren. Vladimir Čibal und Vratislav Rýpar. (Werkstoffe u. Korrosion **13.** 1—11. Jan. 1962. Prag, G. V. Akimov's Staats-Forschungsinst. für Materialschutz; dt.) — Überblick. — 49 Literaturangaben. F. VIER. 6538□

Der Kathodenschutz unterirdischer Leitungen. J. Listray. (Rev. techn. luxembourg. 53. 100—110. April/Juni 1961. Lüttich, Univ., Inst. Electrotechn. Montefiore; franz.) — Übersicht. W. WESLY. 6538□

Über dekorative Chromschutzschichten. Roger L. Saur. (Plating **48.** 1310. 1313—19. Dez. 1961. Warren, Mich., Genaral Motors Corp.; engl.) — Der Salzsprühtest mit *Essigsäure* u. Zusatz von $CuCl_2$ — CASS-Test — gestattete einwandfreie Aussagen über die Korrosionsbeständigkeit von galvan. auf *Ni*-Zwischenschichten abgeschiedener *Cr*-Überzügen in großstädtischem Industrieklima. Ein Vers. von 16 Std. Dauer entspricht der Einw. des Detroiter Klimas von 1 Jahr. Diese Beziehung gilt bis zu 20 Jahren Freiluftaussetzung. Die Verss. zeigten weiter, daß eine größere Konz. von Fehlstellen im Cr-Überzug die Zeit bis zur Korrosion des Ni auf das 10fache steigern kann. Cr-Schichten mit gleichmäßigen feinen Rissen zeigten nach Salzsprühtesten von 240 Std. Dauer nur eine geringe Trübung der Oberfläche. F. VIER. 6538□

Die Korrosionsprüfungen. Georges Koumani und René Avenel. (Techn. du Pétrole **1961.** 43—52. Dez. Bronze Industriel, Soc. Pernin; franz.) — Überblick. F. VIER. 6540□

Die Abhängigkeit der Korrosionsgeschwindigkeit vom Polarisationswiderstand und vom pH-Wert. 1. Mitt. B. Röschenbleck. (Metalloberfläche **16.** 38—42. Febr. 1962. Gmund, Forschungs-Inst. für Edelmetalle u. Metallchem.; dt.) — Es wird eine Beziehung abgeleitet, nach der die Berechnung des Korrosionsstroms aus dem Polarisationswiderstand möglich ist. Weiter wird eine Gleichung abgeleitet, die die Berechnung des Korrosionsstroms in Abhängigkeit vom pH-Wert bei Kenntnis des jeweiligen Ruhepotentials u. des Polarisationswiderstandes ermöglicht. Schließlich wird eine Gleichung entwickelt, die auch für einen pH-Wert 0 Gültigkeit hat. Am Beispiel von *Cr* u. einer *Cr–Fe*-Leg. wird gezeigt, daß die aus den Gleichungen berechneten Werte mit den tatsächlich gemessenen übereinstimmen. Auf Grund der Ergebnisse wird das Korrosions-Verh. von Fe erörtert. — 14 Literaturangaben. F. VIER. 6540□

Die Abhängigkeit der Korrosionsgeschwindigkeit vom Polarisationswiderstand und vom pH-Wert. 2. Mitt. B. Röschenbleck. (Metalloberfläche **16.** 65—69. März 1962; dt.) — 1. vgl. vorst. Referat. — Die Strom–Spannungs-Kurven für anod. u. kathod. Polarisation von Cr u. einer FeCr-Leg. mit 25,6% Cr in saurer Lsg. wurde bei 4 verschiedenen pH-Werten aufgenommen. Es wird gezeigt, daß die Berechnung des Korrosionsstroms durch die Messung einiger Polarisationswiderstände beim Ruhepotential in Abhängigkeit vom pH möglich ist. Durch Zulegieren des Fe wird die Korrosionsstromdichte gegenüber Cr etwas kleiner, die Änderung pro pH-Stufe jedoch größer. Die Verss. wurden auf Fe ausgedehnt. Es zeigt sich, daß bei größerem pH die Korrosion vernachlässigbar klein wird. F. VIER. 6540□

Institut de Recherches de la Sidérurgie, Frankreich, **Frischen von Roheisen durch Einblasen von pulverförmigem Kalk mittels eines Strahles aus praktisch reinem Sauerstoff** nach F. P. 1 168 750, dad. gek., daß die Entkohlung u. Entphosphorung der Schmelze unter Erzielung eines niedrigen *P*-Geh. bei Erreichung des gewünschten *C*-Geh. der Schmelze durch Einblasen von *Kalk* u. O_2 mittels einer in das Bad eintauchenden Lanze durchgeführt werden, wobei der fein zerteilte Kalk durch die O_2-Lanze während des gesamten oder nur eines Teils des O_2-Blasens eingeführt wird u. die Kalk-Konz. im O_2 zwischen 0,3 u. 30 kg je Normal-cm^3 in Abhängigkeit von der Art des zu behandelnden Roheisens u. der Betriebsphase beträgt. Im erforderlichen Augenblick des Frischens wird ein niedriger Fe-Oxid-Geh. in der fl. Schlacke eingehalten, der merklich unter 10% für C-Geh. über oder in der Nähe von 1,5% im Falle von Roheisen mit erhöhten P-Geh. liegt. — Abbildung. (**F. P. 73 703** vom 20/9. 1957, ausg. 13/1. 1961. **Zusatz zu F. P. 1168750; C. 1960. 4014.**) H. HOCHSTEIN. 6401

Institut de Recherches de la Sidérurgie (Erfinder: Marc Allard und Bernard Trentini), **Frischen von Roheisen durch Aufblasen eines mit Kalkstaub gemischten Strahles Sauerstoff auf die Badoberfläche.** Zu F. P. 1 168 750; C. **1960.** 4014 ist nachzutragen: Der Abstand der Strahldüse von der Badoberfläche soll mindestens das 8fache des Durchmessers u. die Geschw. des O_2-Strahles 150 m/sec u. die der Kalkteilchen das 0,4fache davon betragen. (**Aust. P. 229 072** vom 3/3. 1958, ausg. 28/7. 1960. F. Prior. 2/3. u. 20/9. 1957 u. 14/2. 1958.) C. LÜTTGEN. 6401

A.O. Smith Corp., übert. von: Charles W. Wheatley, Milwaukee, Wis., V.St.A., **Korrosionsfester Stahl,** bes. gegenüber alkal. Medien. Dem Stahl, der höchstens 0,3(%) *C*, 1 *Mn*, 0,1 *Si* u. 1 *P* + *S* + Spurenelemente enthält, werden während des Gusses pro t 1,75 pounds *Fe-Oxid* (Zunder) zugesetzt; anschließend wird zu Platten warmgewalzt, wobei sich parallel zur Oberfläche *Oxid*-Streifen bilden, u. mindestens 2 Std. >1150° F, aber unterhalb der krit. Temp. des Stahls, erhitzt. (**Can. P. 551 732** vom 22/11. 1955, ausg. 14/1. 1958. A. Prior. 17/1. 1955.) H.-J. NITZSCHKE. 6409

Comp. des Ateliers et Forges de la Loire, Frankreich, **Stahl mit hohem Borgehalt als Werkstoff für Kernreaktoren.** Die Zus. des Stahles nach dem Hauptpatent F. P. 1 184 120 mit 0,020—0,1000 (%) *C*, unter 0,5 *Mn*, 2—4 *Si*, 4—4,5 *B*, Rest *Fe* mit den üblichen Verunreinigungen wird dahingehend abgeändert, daß der B-Geh. 1—5% beträgt. Die Eigg. des Stahles nach F. P. 1 184 120 werden dadurch nicht beeinträchtigt. (**F. P. 73 631** vom 22/5. 1958, ausg. 13/1. 1961. **Zusatz zu F. P. 1 184 120; C. 1960. 10752.**) H. HOCHSTEIN. 6411

International Nickel Co. of Canada Ltd., Copper Cliff, Ontario, Canada, übert. von: Albert M. Talbot und Donald E. Furman, Mountain Lakes, N.J., Gerald R. Brophy, West Hartford, Conn., und Norman B. Pilling, Westfield, N.J., V.St.A., **Hitze- und kriechfeste Nickellegierung** aus 45—55, bes. 48—52 (%) *Ni*, 17—23, bes. 19—21, *Cr*, 0,25—1, bes. 0,4—0,8, *Nb*, 0,05—0,5, bes. 0,2—0,3, *Ti*, 0,01—0,04, bes. 0,02—0,03, *Ca*, 0,3—0,6, bes. 0,4—0,55, *C*, bis 2,5 *Mn*, bis 2 *Si*, Rest *Fe*: — Vgl. A. P. 2 542 266; C. **1951.** II. 2945. (**Can. P. 551 314** vom 13/4. 1955, ausg. 7/1. 1958.) H.-J. NITZSCHKE. 6435

N. V. Philips' Gloeilampenfabrieken, Eindhoven, Holland, **Anisotroper Dauermagnetkörper** mit $(BH)_{max}> 1{,}5\text{–}10^6$ Gauß-Oersted, der im wesentlichen aus einfachen Kristallen oder Mischkristallen der Formel $M_x \cdot Ca_{(1-x)}O \cdot Fe_2O_3$ besteht (M = wenigstens eines der Metalle *Ba*, *Sr* oder *Pb*; $0{,}6 \leqq x \leqq 1$). Ein entsprechendes Pulver wird in einer indifferenten Fl. suspendiert. Unter gleichzeitiger Einw. eines Magnetfeldes wird die Fl., z. B. durch Filtrieren, entfernt. Das gebildete Konglomerat wird granuliert, unter Einw. einer Magnetfeldes gepreßt u. bei 1100—1450° gesintert. (**Oe. P. 211 051** vom 19/12. 1955, ausg. 10/9. 1960. Holl. Prior. 21/12. 1954.) O. KAYSER. 6475

Engelhard Industries, Inc., Newark, N.J., V.St.A., **Bimetall** besteht aus einer Edelmetallschicht, z. B. *Pt* oder seiner Gruppe, einem Grundmetall, z. B. *Ni*, u. einer Zwischenschicht aus Al_2O_3 oder ZrO_2. Die Zwischenschicht verhindert die Diffusion zwischen dem Edelmetall u. dem Grundmetall. Ein solches Bimetall ist bes. geeignet zur Herst. von *Behältern für fl. Glas*. (**E. P. 847 533** vom 14/8. 1957, ausg. 7/9. 1960. A. Prior. 9/5. 1957.) F. VIER. 6479

Crane Co., V.St.A., **Bimetall aus Magnesium und Stahl,** mit einer Zwischenschicht aus einem Metall, das sich in Mg löst, z. B. *Cu*, *Ag*, *Cd* oder *Al*. Die Zwischenschicht wird z. B. elektrolyt. auf die Stahloberfläche aufgebracht u. das Mg mit dem Stahl unter schwachem Druck auf 593° in einer inerten Atmosphäre, z. B. unter He oder Ar, erhitzt. Es entsteht eine gut haftende Bindung zwischen Mg u. Stahl. (**F. P. 1 239 797** vom 4/11. 1959, ausg. 9/12. 1960.) F. VIER. 6479

International Nickel Co. (Mond) Ltd., London (Erfinder: David Wade Rhys, London), England, **Hartlot zum Verbinden von Metallgegenständen, die Temp. von 550° und mehr ausgesetzt sind.** Man verwendet für diesen Zweck eine *Cu–Pd–Ni*-Leg. mit 10—56 (%) *Pd*, 10—60 *Ni*, Rest 11—69 *Cu*. Die Zus. liegt innerhalb eines in der Zeichnung dargestellten Feldes des Dreistoffsystems. (**D. A. S. 1 121 435** Kl. 49h vom 26/9. 1958, ausg. 4/1. 1962. E. Prior. 1/10. 1957.) W. HAUSWALD. 6505

Rene D. Wasserman, Flushing, Long Island, N.Y., V.St.A., **Schweißelektrode.** Der Kern besteht aus nichtrostendem Stahl der Zus. 17—20 (%) *Cr*, 8—10 *Ni*, 1—3 *Mn*, bis 3 Si, 0,05—0,3 *C*, Rest *Fe*, z. B. 19 Cr, 9 Ni, 2 Mn, 0,15 C, Rest Fe, der Überzug aus 5—7,5 CaF_2, 7,5—12,5 $CaCO_3$, 20—25 TiO_2, 5—7,5 *Ca-Silicat*, 35—45 *Cr*-Pulver u. 5—10 *Fe–Si*-Leg., z. B. 6 CaF_2, 10 $CaCO_3$, 23 TiO_2, 6 Ca-Silicat, 40 Cr-Pulver, 7 Fe–Si-Legierung. (**Can. P. 551 489** vom 23/3. 1953, ausg. 14/1. 1958.) H.-J. NITZSCHKE. 6507

Joseph Albert Dreyer, Dübendorf bei Zürich, Schweiz, **Reinigen und Entfetten von Werkstücken** mittels eines dampfförmigen Lsgm. in einer Kammer. Die Dämpfe werden nach Beendigung der Behandlung mittels eines Kühlers kondensiert, der im unteren Teil der Kammer über den Spiegel der verdanpfenden Fl angeordnet ist. (**E. P. 857 151** vom 11/7. 1957, ausg. 29/12. 1960. Schwz. Prior. 19/7. 1956.) H. BAUR. 6513

E. F. Drew & Co., Inc., New York, N.Y., V.St.A. (Erfinder: Lawrence L. Little und Gilmore Chen), **Reinigen von Metallapparaturen, besonders der Lebensmittelindustrie.** Die Gegenstände werden mit der heißen Lsg. einer Additions-Verb. von *Harnstoff* u. konz. H_3PO_4 behandelt, die durch Lösen von Harnstoff in H_3PO_4

im Gew.-Verhältnis 1:2 hergestellt wird. Der Reinigungs-Lsg. kann noch ein Benetzungsmittel, wie *Polyglykoläther*, zugesetzt werden. (**E. P. 857 119** vom 10/9. 1958, ausg. 29/12. 1960.) F. MARKHOFF. 6513

Parker Rust Proof Co., übert. von: Walter A. Cavanagh, Detroit, Mich., V.St.A., **Sechswertiges Chrom enthaltende Lösungen zum Nachspülen metallischer oder mit einem chemischen Überzug versehener metallischer Teile** zwecks Erhöhung der Korrosionsbeständigkeit. Die Wirksamkeit der Lsgg. wird verlängert, wenn sie einen Geh. an *6wertigem Cr*, berechnet als CrO_3, von 0,1—1 g/Liter, bes. 0,4—0,5 g/Liter, besitzen, der Geh. an freier Säure 0,05—1,0, bes. 3—7, beträgt u. diese Konz.-Bereiche aufrechterhalten werden. Entsprechend der Alkalität des W. wird H_2SO_4 zugesetzt, um den pH-Wert auf 4,3 zu halten. Der Geh. an 6wertigem Cr wird durch CrO_3 u./oder ein Dichromat des Na, Ca, Zn, Al, Co oder NH_4 eingestellt, wenn die für die Einstellung der freien Säure verwendete CrO_3 nicht zur Aufrechterhaltung des Geh. an 6wertigem Cr genügt. (**A. P. 2 970 935** vom 2/3. 1959, ausg. 7/2. 1961.) H. BAUR. 6513

Knapp Mills, Inc., Long Island City, N.Y., V.St.A., **Verbleien von Aluminium.** Auf die zu plattierende Seite des Al wird eine *Ni*-Schicht durch stromloses Abscheiden aus einer *Hypophosphit* enthaltenden wss. Lsg. aufgebracht. Die Pb-Platte wird an der dem Al zugewandten Seite mit einer *Sn–Pb*-Schicht, bestehend aus dem Eutektikum mit 59% *Sn* u. 41% *Pb*, überzogen u. beide Teile bei 400° F, wobei das Sn-Pb-Eutektikum geschmolzen ist, zusammengepreßt. Es entsteht eine sehr feste Bindung zwischen der Al- u. der Pb-Schicht. (**E. P. 847 978** vom 22/9. 1958, ausg. 14/9. 1960. A. Prior. 30/9. 1957.) F. VIER. 6517

Telefunken G.m.b.H., Berlin, **Metallisieren einer nichtmetallischen Oberfläche,** z. B. von keram. Bauteilen, die mit metall. Teilen verbunden werden sollen, bes. zwecks Herst. einer vakuumdichten Verbindung, für Gasentladungseinrichtungen. Der keram. Teil wird mit mit dem Metall, z. B. *Ti*, mittels eines Lotes verbunden, in dem der nichtmetall. Teil, das Ti oder dessen Legg. u. das Lot in einer Schutzgasatmosphäre oder im Vakuum auf eine Temp. erhitzt werden, bei der eine Leg. mit einem niedrigeren F. als Ti zwischen Lot u. Ti gebildet u. die Oberfläche des nichtmetall. Bauteiles metallisiert wird. (**E. P. 838 069** vom 28/5. 1956, ausg. 22/6. 1960. D. Prior. 27/5. 1955.) W. HAUSWALD. 6517

Sumitomo Electric Industrie Ltd., Osaka, Japan, **Herstellung von Metallüberzügen durch Aufdampfen.** Das aufzudampfende Metall wird durch in den Tiegel hineinragende Heizstäbe, die durch elektr. Strom erhitzt werden, z. B. aus *TiC, SiC, Zr-* oder *Cr-Borid*, aufgeheizt. — Vorrichtung. (**E. P. 857 524** vom 2/5. 1958, ausg. 29/12. 1960. Jap. Prior. 8/5. 1957.) F. VIER. 6517

Thompson Ramo Wooldridge, Inc., V.St.A. (Erfinder: Herbert E. Weber und Ray Treon), **Aufbringen von harten Überzügen auf Metalloberflächen** durch Flammenspritzen eines Pulvers folgender Zus.: 0,90—1,40 (%) *C*, 26,0—30,08 *Cr*, 3,50—5,50 *W*, 0,70—1,75 *Si*, 1,75—2,25 *B*, <3,0 *Fe*, <3,0 *Ni*, Rest *Co* u. folgendes Erhitzen über den F. des Pulvers, der ca. 1038° beträgt. Die Größe der Pulverteilchen soll bei 0,15 mm liegen. Der Überzug ist bes. für *Ventile von Verbrennungskraftmaschinen* verwendbar. (**F. P. 1 226 166** vom 1/6. 1959, ausg. 8/7. 1960. A. Prior. 13/6. 1958.) F. VIER. 6517

Commonwealth Engineering Co. of Ohio, V.St.A., **Herstellung von Überzügen aus Wolframcarbid auf Schneidwerkzeugen.** Die Gegenstände werden in einer Atmosphäre von *W(CO)*$_4$ auf über 315°, aber unter ihrem F. erhitzt. Der Druck von $W(CO_4)$-Gas soll unter 3 mm betragen. Es bildet sich ein festhaftender Überzug aus einem Gemisch von *WC* u. W_2C. (**F. P. 1 213 725** vom 20/10. 1958, ausg. 4/4. 1960.) F. VIER. 6517

Willoughby Whatnall Potter, Nottingham, England, **Herstellung von Chromüberzügen auf Eisen und Stahl.** Auf die Oberfläche wird zuerst ein *Ni*-Überzug, dann ein *Ni–Cr*-Überzug u. schließlich der *Cr*-Überzug aufgebracht, alle Überzüge durch therm. Zers. der entsprechenden Carbonyle im Vakuum bei 250—400° F. Der Ni–Cr soll einem monomol. Film entsprechen. Die so hergestellten Cr-Schichten haften fest auf der Unterlage. (**E. P. 856 906** vom 18/4. 1959, ausg. 21/12. 1960.) F. VIER. 6519

Commonwealth Engineering Co. of Ohio, übert. von: Peter Pawlyk, Dayton, Ohio, V.St.A., **Herstellung dünner Nickelüberzüge.** Ein endloses Metallband wird in oxydierender Atmosphäre mit einer *Oxidschicht* versehen u. danach in einer abgeschlossenen, O_2-freien Kammer mit *Ni-Carbonyl* bei dessen Zers.-Temp. (300 bis 400° F) in Berührung gebracht; das Ni-Carbonyl kann mit einem Inertgas, z. B. CO_2, verd. sein. — Vorr.; Abbildungen. (**Can. P. 551 554** vom 10/8. 1954, ausg. 14/1. 1958.) H.-J. NITZSCHKE. 6521

Jean Mermillod, Genf, Schweiz, **Galvanisches Bad zum Abscheiden glänzender Goldlegierungsüberzüge** besteht aus Alkalimetall-Goldcyanid u. einem Doppelsalz von Pyrophosphat der Alkalimetalle oder des NH_4 u. des Ni, Co oder Pd, z. B. 6—8 (g/Liter) *K-Au-Cyanid*, 1 *K-Ni-Pyrophosphat*, 80 $K_2P_4O_7$ u. 30 *K-Tartrat*; pH 8—8,5; Temp. 50°; Stromdichte 0,3—1,5 A/dm². (**Schwz. P. 354 643** vom 24/11. 1959, ausg. 15/7. 1961.) H. HÄNLE. 6527

Alfred James Lloyd und James Bruce Cyrus Lloyd, Orillia, Ontario, Canada, **Kontinuierliche anodische Oxydation von Aluminiumbändern.** Die Bänder werden waagerecht durch eine Reihe von Behandlungsbädern für Vor-, Oxydier- u. Nachbehandlung geführt, wobei nur die obere Bandseite oxydiert wird. Diese wird dadurch erreicht, daß das Band im Oxydationsbehälter über eine nach oben gewölbte Platte geführt wird u. der Elektrolyt aus einen über dem Oxydationsbehälter angeordneten zweiten Behälter auf das Band fließt. — Abbildungen. (**Schwz. P. 353 597** vom 12/8. 1958, ausg. 31/5. 1961. Can. Prior. 12/8. 1957.) F. MARKHOFF. 6531

Metallgesellschaft Akt.-Ges., Frankfurt/M. (Erfinder: Heinz Keller, Rudolf Brodt und Karl Lampatzer, Frankfurt/M.), **Aufbringen von Überzügen auf Metalle, insbesondere auf Eisen und Stahl.** Eine Lsg. von *Erdalkaliphosphat*, bes. von $Ca(H_2PO_4)_2$ mit einer P_2O_5-Konz. von mehr als 100 g/Liter, wird auf die Metalloberfläche aufgebracht u. bei 200—800° aufgebrannt. (**Schwz. P. 353 959** vom 28/3. 1956, ausg. 15/6. 1961. D. Prior. 9/4. 1955.) H. BAUR. 6533

Shirley W. Neilson, Whittier, Calif., V.St.A., **Phosphatieren von Metallen.** Auf der Oberfläche wird ein heißes Fluidum als Trägermedium für ein Phosphatierungsmittel u. ein Reinigungsmittel aufgespritzt. Die Spritzdüse ist mit Behältern für die einzelnen Fll. verbunden, deren Menge durch Ventile geregelt wird. — Abbildung. (**Schwz. P. 352 894** vom 19/6. 1956, ausg. 28/4. 1961.) H. BAUR. 6533

Atomic Energy of Canada Ltd., Ottawa, Ontario, Canada, **Korrosionsschutz von Aluminium-Nickel-Legierungen** mit 0,5—5% *Ni* gegen dest. u. entionisiertes *Kühlwasser* bei Temp. von 150—350°. Diesem wird in W. lösl. $Si(OH)_4$ in Mengen von mindestens 100 Teilen Si $(OH)_4/10^6$ Teile W. bis zur Sättigung des W. bei der Arbeits-Temp. zugesetzt, vorzugsweise durch ein gemischtes Ionenaustauschharz. (**E. P. 847 981** vom 8/10. 1958, ausg. 14/9. 1960. Can. Prior. 8/10. 1957.) H. BAUR. 6539

Cromwell Paper Co., Chicago, Ill., V.St.A. (Erfinder: Stanley Walter Drigot, John Michael le Bolt, Lawrence Irwin Minow und Albert Henry Reynolds), **Verflüchtigung eines flüchtigen Korrosionshemmstoffes.** Dieser wird in einem festen wasserlösl. Träger (wasserlösl. Kunststoffe, wie *Polyvinylalkohol*, wasserlösl. Gummi- oder Harzsorten, wie *Tragant*, *wasserlösl. Wachse*) dispergiert oder aufgelöst, wobei in dem Maß, in dem sich der Träger entsprechend der Feuchtigkeit der umgebenden Atmosphäre allmählich auflöst, neue Oberflächen des Trägers u. des Hemmstoffes zutage treten, von denen der Hemmstoff in die umgebende Atmosphäre verdampft. Beispiel: 90 (%) *Polyäthylenglykol*, 10 *Amylamin*. (**E. P. 849 110** vom 16/11. 1956, ausg. 21/9. 1960.) H. BAUR. 6539

Castrol Ltd., London, England (Erfinder: Norman Ernest Fredrick Hitchcock, John Scotchford Elliott und Robert Alan Cameron Ker), **Verhindern der Korrosion von Eisen durch Gase oder Dämpfe.** Die Fe-Oberfläche wird der Einw. von Dämpfen eines organ. *Ammoniumnitrometallats* ausgesetzt, wie *Morpholinnitrocobaltat*, *Dicyclohexylaminnitrocobaltat*. Die allg. Formel dieser Verbb. ist $R_x\{M^1_y[M(A)_m(NO_2)_n]_a\}_p$. In dieser bedeutet R ein organ. Ammoniumkation, das sich ableitet von prim., sek. oder tert. nichtaromat. Mono-, Di- oder Polyaminen oder quatern. Ammoniumbasen. M ist ein Metall, das stabile Nitrokomplexe bildet. A bedeutet NH_3 oder ein Amin, M^1 ein Alkalimetall, x u. p sind kleine Zahlen, y ist ebenfalls eine kleine Zahl oder Null, p stellt die Zahl der bas. reagierenden Gruppen dar, x + y ist gleich der Wertigkeit der komplexen Anionen, m ist gleich Null, 1 oder 2, n gleich 2—8. Die NO_2-Gruppen sind über N an das Metall gebunden. (**E. P. 856 923** vom 22/12. 1955, ausg. 21/12. 1960.) F. MARKHOFF. 6539

Hagan Chemicals & Controls, Inc., Pittsburgh, übert. von: George B. Hatch, Allison Park, Pa., V.St.A., **Korrosionsinhibitor** für *Cu* u. *Fe* gegenüber *Ca* enthaltenden wss. Lsgg., die weniger Ca- u. CO_3-Ionen enthalten als zur Ausfällung von $CaCO_3$ nötig ist, aus a) einem dehydratisierten *Phosphat*, z. B. einem Alkaliphosphat mit einem Verhältnis Alkalimetall:P_2O_5 = 0,9:1 bis 2:1, b) einem heterocycl. *Mercaptan*, z. B. 2-Mercaptobenzthiazol, -benzoxazol, -benzimidazol, -thiazol, u. c) einer wasserlösl. *Zn*-Verb., z. B. Zn-Sulfat, -Chlorid, -Nitrat, -Acetat, -Oxid; Gew.-Verhältnis elementares Zn:a = 0,02:1 bis 0,25:1, elementares Zn:b = 1:25 bis 10:1. (**Can. P. 552 694** vom 10/1. 1955, ausg. 4/2. 1958. A. Prior. 12/5. 1954.) H.-J. NITZSCHKE. 6539

Cathodic Corrosion Control Ltd., London, England, **Korrosionsschutz von Metallobjekten,** z. B. von in Seewasser befindlichen Kabeln, die einen Kern aus verzinntem *Cu* aufweisen, der mit einem Mantel aus *Pb*, welches 6% *Sb* u. 1 % *Ag* enthält, umhüllt ist. Auf den Pb-Mantel wird mit Hilfe einer Vorr. elektrolyt. eine Schicht aus PbO_2 aufgebracht, die hart, dauerhaft u. gleichmäßig ist. — Zeichnung. (**Ind. P. 62 140** vom 29/10. 1957, ausg. 7/4. 1960. E. Prior. 25/1. 1957.) F. LAASS. 6539

VEB Leuna-Werke „Walter Ulbricht", Leuna (Erfinder: Günther Weigelt, Dürrenberg, und Georg Sille, Leuna), **Ermittlung der Spannungskorrosionsneigung von Metallen** gegenüber H_2S u. anderen *S*-Verbb., dad. gek., daß ein metall. Indikator (I), der durch Behandlung von Al oder einem anderen gegen H_2S-Spannungs-Korrosion empfindlichen Metall mit einer Mischung von nascierendem oder atomarem *H* u. H_2S oder einer anderen die H_2S-Spannungskorrosion hervorrufenden S-Verb. erhalten wurde, dem zu prüfenden Medium so lange ausgesetzt wird, bis chem. u./oder physikal. Veränderungen des I-Metalls eintreten, u. diese als Kriterien für die Korrosionsfähigkeit des Mediums gegenüber Metallen verwendet werden. (**D. A. S. 1 106 526** Kl. 421 vom 9/3. 1960, ausg. 10/5. 1961.) W. v. HUHN. 6541

Western Electric Co., Inc., V.St.A. (Erfinder: **William Gardner Pfann**), *Zonenschmelzen elektrisch leitender Körper durch elektrische Widerstandserhitzung.* (**F. P. 1 187 883** vom 24/10. 1957, ausg. 17/9. 1959. A. Prior. 27/12. 1956. — C. **1961.** 11509 [D. A. S. 1 074 273].)

American Smelting & Refining Co., New York, N.Y., V.St.A. (Erfinder: **R. G. Crane** und **O. J. Cerna**), *Metallurgische Briketts.* (**Belg. P. 540 540** vom 12/8. 1955, ausg. 14/8. 1959. A. Prior. 19/8. 1954. — C. **1958.** 1694 [F. P. 1 127 030].)

Nippert Electric Products Co., Columbus, Ohio, V.St.A., *Kupfer-Zirkonium-Legierung und ihre Wärmebehandlung.* (**E. P. 838 981** vom 12/8. 1957, ausg. 22/6. 1960. A. Prior. 14/8. 1956. — C. **1961.** 11130 [D. A. S. 1 090 437].)

Magnesium Elektron Ltd., übert. von: **Derek J. Whitehead** und **Edward Frederick Emley,** Manchester, England, *Legieren von Mangan und Zirkonium mit Magnesium.* (**A. P. 2 919 190** vom 30/1. 1958, ausg. 29/12. 1959. E. Prior. 6/2. 1957. — C. **1961.** 2781 [F. P. 1 190 387].)

British Aluminum Co. Ltd., London, England (Erfinder: **Charles Eric Ransley**), *Herstellung von Aluminium-Magnesium-Legierungen.* (**E. P. 823 202** vom 9/12. 1954, ausg. 11/11. 1959. — C. **1960.** 6313 [Aust. P. 212 622].)

Union Carbide Corp., New York, N.Y., V.St.A. (Erfinder: **John Latham Benham**), *Hochschmelzende aluminiumhaltige Legierung mit geringem Sauerstoffgehalt und deren Herstellung.* (**E. P. 829 198** vom 24/9. 1956, ausg. 2/3. 1960. A. Prior. 11/10. 1955. — C. **1960.** 3371 [F. P. 1 157 623].)

Metropolitan-Vickers Electrical Co. Ltd., London, England (Erfinder: **Thomas Raine** und **James Alan Robinson**), *Zirkoniumlegierungen.* (**E. P. 829 668** vom 26/7. 1957, ausg. 2/3. 1960. — C. **1961.** 9583 [F. P. 1 199 996].)

Imperial Chemical Industries Ltd., London, England (Erfinder: **G. J. Adams**), *Glühen von Titan oder Titanlegierungen.* (**Belg. P. 551 973** vom 20/10. 1956, ausg. 31/12. 1959. E. Prior. 21/10. 1955. — C. **1960.** 6313 [E. P. 792 731].)

Nippon Telegraph & Telephone Public Corp., übert. von: **Toshio Hayasaka, Kenro Masuzawa** und **Shozo Nagai,** Tokyo, Japan, *Herstellen einer Titanmembran für akustische Zwecke.* (**A. P. 2 879 193** vom 3/5. 1956, ausg. 24/3. 1959. Jap. Prior. 11/5. 1955. — C. **1961.** 9967 [D. A. S. 1 079 331].)

Sierra Metals Corp., Chicago, Ill., V.St.A., *Tantallegierung.* (**E. P. 829 733** vom 13/6. 1958, ausg. 9/3. 1960. A. Prior. 1/7. 1957. — C. **1961.** 6672 [A. P. 2 877 112].)

Deutsche Gold- und Silber-Scheideanstalt vormals Roessler, Frankfurt/M., *Maßbeständiges Platingerät.* (**E. P. 825 079** vom 6/12. 1956, ausg. 9/12. 1959. D. Prior. 14/12. 1955. — C. **1960.** 15564 [D. A. S. 1 066 028].)

Wargöns Aktiebolag, übert. von: **Sven Sigvard Bergh,** Vargon, Schweden, *Pulvermetallurgische Herstellung von Chromlegierungen.* (**A. P. 2 920 958** vom 20/11. 1956, ausg. 12/1. 1960. Schwed. Prior. 21/11. 1955. — C. **1960.** 7674 [E. P. 800 343].)

Crane Co., übert. von: **Harry A. Eckman,** Chicago, Ill., V.St.A., *Silicierungsprozeß.* (**Can. P. 552 979** vom 14/6. 1955, ausg. 11/2. 1958. A. Prior. 2/3. 1955. — C. **1962.**-5085 [A. P. 2 897 093].)

VEB Hartmetallwerk Immelborn, Immelborn (Erfinder: **Robert Wehner** und **Rudolf Kohlermann**), *Schneidmetall-Legierung mit hohem Gehalt an Titancarbid und deren Herstellung.* (**E. P. 822 490** vom 9/3. 1956, ausg. 28/10. 1959. — C. **1961.** 18118 [Oe. P. 208 605].)

Westinghouse Electric Corp., V.St.A. (Erfinder: **Thomas W. Eichelberger**), *Herstellung ausgehärteter Werkstücke aus austenitischen Eisenlegierungen.* (**F. P. 1 213 470** vom 11/7. 1958, ausg. 1/4. 1960. A. Prior. 12/7. 1957. — C. **1960.** 11812 [A. P. 2 879 194].)

Metallizing Engineering Co., Inc., Westbury, N.Y., V.St.A., *Legierungen in Drahtform zum Zerstäuben und Herstellen von Metallüberzügen.* (**E. P. 825 411** vom 14/8. 1957, ausg. 16/12. 1959. A. Prior. 12/9. 1956. — C. **1960.** 13192 [F. P. 1 182 022].)

Metallgesellschaft Akt.-Ges. (Erfinder: **Arnold Münster,** Frankfurt/M., **Günther Schlamp,** Offenbach/M., und **Irmtraut Friedrich,** Frankfurt/M.), *Herstellen von Titanborid-Überzügen auf Metallen der Eisengruppe.* (**D. A. S. 1 116 499** Kl. 48b vom 5/7. 1958, ausg. 2/11. 1961. Zusatz zu D. A. S. 1 092 271; C. 1961. 17743. — C. **1962.** 10995 [E. P. 851 208].)

United States Steel Corp., New Jersey, N.J., V.St.A., *Oxydationsschutz von Zinnoberflächen.* (**E. P. 845 097** vom 12/2. 1957, ausg. 17/8. 1960. A. Prior. 26/4. 1956. — C. **1960.** 11816 [A. P. 2 839 428].)

Amchem Products, Inc., Ambler, Pa., V.St.A., *Phosphatieren von Metallen.* (**E. P. 852 226** vom 9/8. 1958, ausg. 26/10. 1960. — C. **1960.** 1320 [D. A. S. 1 046 439].)

J. E. Bean, ed., Finishing handbook and directory. 1962. London: Sawell. 1962. (7 + 571 S. m. Abb., Tab. u. Diagr.) 37 s. 6 d.

I. Ss. Kulikow, Desulfurieren von Roheisen. Moskau: Metallurgisdat. 1962. (306 S. m. Zeichng.) 1 Rbl. 9 Kop. [russ.]

N. Ju. Taitz, Technologie der Erhitzung des Stahles. 2. verb. u. vervollst. Ausg. Moskau, Metallurgisdat. 1962. (567 S. m. Zeichng.; 3 Bl. graph. Darst.) 1 Rbl. 87 Kop. [russ.]

IX. Organische Industrie

Untersuchungen über die Synthese von Phenol und Cyclohexanon. Shigeo Furukawa. (J. Fuel Soc. Japan **40.** 711—17. Sept. 1961. Kureha Kasei Co.; jap., Auszug: engl.) — Die optimalen Bedingungen (Induktionsperiode, Rk.-Geschw. der stationären Ketten-Rk., u. Konz.-Maximum des Prod. im Rk.-Gemisch) zur Darst. von *Cyclohexylbenzolhydroperoxid* (**I**) durch Oxydation (Ox) von Cyclohexylbenzol in der fl. Phase werden bestimmt. **I** entsteht dabei in guter Ausbeute bei $<110^0$, wenn stark gerührt wird. Es ist vorteilhaft, den O_2-Partialdruck zu erhöhen. Die Aktivierungsenergie wird zu ca. 20 kcal bestimmt. Die Zugabe von 1% Na-Stearat u. 2% HCHO zur Rk. ist wirkungsvoll. Aus dem Verhältnis zwischen der Menge an adsorbiertem O_2, der Bldg.-Geschw. von **I** u. der Zunahme der Acidität des Rk.-Gemisches folgt, daß, wenn der stationäre Zustand der Ox-Rk. erreicht ist, eine zu Säuren u. Aldehyden führende sek. Rk. auftritt, die allmählich die Haupt-Rk. unterdrückt. **I** wird durch Zugabe von 2—3% $HClO_4$ oder BF_3-Ätherat u. 22std. Rühren bei 20^0 zersetzt. Dabei entstehen, bezogen auf **I**, 80% *Phenol* u. 78% *Cyclohexanon*. — 6 Abb., 1 Tabelle, 17 Literaturhinweise. G. REISNER. 6582 □

Die Aktivität von Kupfer-Chrom-Oxid-Katalysatoren für die Acetonhydrierung. Yoshio Orito und Sumi Kawachi. (Rep. Government chem. ind. Res. Inst., Tokyo **52.** 329—33. Okt. 1957; jap., Auszug: engl. S. XLI.) — Wird ein Gemisch von bas. Cu- u. Cr-Carbonaten (Cu:Cr = 0,1) bei $>350^0$ calciniert, so wird bei erst kurz vor Gebrauch erfolgender Red. ein akt. Katalysator für die Acetonhydrierung in fl. Phase erhalten. Die Zugabe eines Trägers (SiO_2, Al_2O_3, MgO, ZnO) oder die Ggw. von wenig NaOH oder W. fördert im Gegensatz zum Syst. Ni/Cr die Aktivität nicht. Andere Metalloxide sind dem Cr_2O_3 bei der Aktivierung des Cu-Katalysators nicht überlegen. — 2 Abb., 7 Tabellen, 6 Literaturhinweise. D. BORRMANN. 6584

Einige Untersuchungen über die Verwendung von Propylen. Michio Suzuki. (J. Fuel Soc. Japan **41.** 114—28. Febr. 1962. Mitsui Chem. Ind. Co. Ltd.; jap., Auszug: engl.) — Die Synth. einiger Verbb. aus Propylen (**I**) wird untersucht. Die Bedingungen für die Synth. von *2-Methylpenten-(1)* (**II**) nach ZIEGLER werden geprüft. **II** wird in 98%ig. Reinheit (R) erhalten, wobei Tripropyl-Al als Katalysator (**A**) besser geeignet ist als $(C_2H_5)_3Al$. Die katalyt. Demethanisierung (Dm) von **II** zu *Isopren* (**III**) unter Verw. von $SiO_2/Al_2O_3/Fe_2O_3$ u. die katalyt. Dehydrierung von 2-Methylbuten-(1) zu **III** unter Verw. eines **A** vom „standard oil-1707"-Typ werden untersucht. Bei Verw. des **A** kann die Temp. für die Dm um 100—300° unter der der Pyrolyse liegen; die Ausbeute (Ab) an **III** beträgt dann 47%. Bei der Oxo-Rk. von **II** wird der Einfl. von Co-Salzen auf die Ab an Alkoholen u. a. Prodd. untersucht; das Hauptprod. *3-Methylcyclohexanol* wird durch IR-Analyse identifiziert. Die Wrkg. von Verunreinigungen auf die Oxydation von Cumol (**IV**) in fl. Phase wird untersucht; es wird festgestellt, daß die Messung des UV-Spektrums die beste Meth. zur Feststellung der R von **IV** darstellt. *Tripropylen* wird durch Polymerisieren von **I** in Ggw. des I.C.I.-H_3PO_4-**A** dargestellt. Obgleich die erhaltene Verb. die gleiche Zus. wie das Prod. der ARMCO Co. besitzt, ist sie mit ihm nicht identisch. — 9 Abb., 12 Tabellen, 15 Literaturhinweise. G. REISNER. H 520 □

Herstellung von Methylaminen. K. D. Pathak und B. C. Subba Rao. (J. sci. ind. Res. [New Delhi], Sect. D **20.** 142—45. April 1961. Poona, Nat. Chem. Labor.; engl.) — Die Dampfphasen-Rk. von CH_3OH (**I**) u. NH_3 (**II**) zur Bldg. von Methylaminen (**A**) wird bei normalem Druck untersucht. Von den untersuchten Al-Formen erweist sich Al-Oxidgel für diese Rk. als bester Katalysator. Die Wrkg. der verschiedenen Arbeitsbedingungen [Temp., Raum-Geschw. (R), Verhältnis (Ve) der Rk.-Teilnehmer, Ggw. von W.] wird untersucht. Bei einem Ve an **I**/**II** = 1:3 bei 425° u. einer R von 560 bis 1400 Liter/h werden 75—87% **I** in **A** übergeführt; das Rk.-Prod. enthält ca. 50% *Monomethylamin*, ca. 25% *Dimethylamin* u. ca. 25% *Trimethylamin*. — 3 Abb., 1 Tabelle, 8 Literaturhinweise. G. REISNER. H 910 □

Ein neues Verfahren zur Gewinnung von reinem Anthracen und Carbazol. I. P. Issajenko und T. M. Markatschewa. (Кокс и Химия [Koks u. Chem.] **1958.** Nr. 12. 35—41. Östliches Forsch.-Inst. für Kohlechem.; russ.) — Aus Rohanthracen werden *Phenanthren* (**I**) u. a. Beimengungen durch Bzl.-Extraktion entfernt. Das verbliebene

Anthracen (II)/*Carbazol* (III)-Gemisch wird durch Abschleudern von der Mutterlauge befreit u. im Waschapp. mit Bzl. 1—$1^1/_2$ Std. lang bei 60—65° gewaschen, auf 30—35° abgekühlt u. filtriert. Das erhaltene Prod. enthält 93—96 % **II** u. **III**. Ein erneutes Waschen mit Bzl. gibt 98,27% **II** u. **III**. Das erhaltene Gemisch wird durch Rektifizieren in eine **II**-, Zwischen- u. **III**-Fraktion getrennt (343, 343—352, 352—355°). **II** ist 70—83%ig u. beträgt 60—70% des im Rohstoff vorhandenen. Durch Waschen mit Bzl., Aceton u. Pyridinbasen wird 94—98%ig. **II** gewonnen. Die Ausbeute an **III** beträgt 60%. Auf Grund der Labor.-Verss. wird eine Betriebs-Meth. zur Gewinnung von reinem **II** u. **III** ausgearbeitet, die ausführlich beschrieben u. an Hand von Schemata u. Skizzen erklärt wird. A. Babczyński. H 2800 □

Universal Oil Products Co., Des Plaines, übert. von: Herman S. Bloch, Chicago, und Howard E. Mammen, North Riverside, Ill., V.St.A., **Regenerieren eines Glykoläther/Amin-Gemisches,** das als Extraktions-Fl., z. B. zum Trennen von KW-Stoffen, verwendet wurde, erfolgt mit konz. alkal. Lsgg. in einer von der Trennkolonne verschiedenen Abstreifkolonne. Als alkal. Stoff kommt bes. K_3PO_4 in Betracht, als Lsgm. eignet sich Diäthylenglykol u. als Inhibitor $HOCH_2CH_2NH_2$. — Skizze. (**A. P. 2 922 831** vom 23/12. 1954, ausg. 26/1. 1960.) G. König. 6557

Berol Aktiebolag, Schweden, **Sulfonierung organischer Verbindungen** in fl. Phase in dünner Schicht, die durch Zentrifugieren auf eine gekühlte Oberfläche gewonnen wird, während das Sulfonierungsmittel (SO_3, mit Luft, N_2 oder CO_2 verdünnt) parallel zu dieser Oberfläche ebenfalls in kreisförmiger Bewegung eingeführt wird. — Vorrichtung. (**F. P. 1 225 990** vom 15/4. 1959, ausg. 6/7. 1960. Schwed. Prior. 16/4. 1958.) S. Böttcher. 6567

Max Tissot, Frankreich, **Sulfatierung von feinverteilten Fettalkoholen oder Phenolen,** die mit Äthylenoxid umgesetzt sein können, bei ca. 60° mit einem Alkalipyrosulfat in Ggw. von 5—10 Gew.-% einer Aminosäure (Glutaminsäure oder Glykolkoll). (**F. P. 1 224 193** vom 3/2. 1959, ausg. 22/6. 1960.) S. Böttcher. 6573

Monsanto Chemical Co., St. Louis, Mo., übert. von: Erhard J. Prill, Dayton, Ohio, V.St.A., **Herstellung eines Alkylierungskatalysators** aus $Ti(OCl)_2$ (**I**) auf Al/Fe-Träger. $TiCl_4$ (**II**)-Dämpfe werden in eine Rk.-Zone, in der sich das Trägermaterial befindet, eingeleitet, wobei die Temp. auf 137—700° gehalten wird. Die Zuführung von **II** wird unterbrochen, wenn auf dem Träger 0,01—15% **I** niedergeschlagen sind. (**A. P. 2 965 686** vom 19/4. 1957, ausg. 20/12. 1960.) E. Kahles. 6579

N. V. de Bataafsche Petroleum Mij., Holland (Erfinder: Alfred William Shaw und George Holzman), **Herstellung von Kondensationsprodukten,** dad. gek., daß Verbb. mit akt. H-Atom in Ggw. eines gepulverten Fe/Alkalimetall (**A**)-Katalysators, in dem das Gewichtsverhältnis Fe : **A** 1—100 : 100—1 beträgt, bei 125—250° u. 5—12 at mit einer ungesätt. Verb. kondensiert werden. Kondensiert werden z. B. Toluol (**III**) mit C_2H_4 (**I**) zu *n-Propylbenzol* u. *3-Phenylpentan*, mit Propylen (**II**) zu *Isobutylbenzol*; 1-Methylcyclohexen-(1) mit **II** zu *1-Isobutylcyclohexen-(1)*; Anilin mit **I** zu *N-Äthylanilin*; Cyclohexen mit **I** zu *Äthylcyclohexen*; **II** zu *4-Methylpenten-(1)* u. -(*2*) bzw. *2-Methylpenten-(1)* u. -(*2*); **I** u. **II** zu *Penten-(1)*; **III** mit Benzalacetophenon. (**F. P. 1 226 513** vom 9/2. 1959, ausg. 13/7. 1960. A. Prior. 30/6. 1958.) S. Böttcher. 6581

N. V. de Bataafsche Petroleum Mij., Holland (Erfinder: Alfred William Shaw und George Holzman), **Herstellung von Kondensationsprodukten,** dad. gek., daß Verbb. mit akt. H-Atom in Ggw. eines Alkalimetallkatalysators, der 2 Alkalimetalle, z. B. K/Cs, Li/K oder Li/Cs, enthält, bei 125—250° u. 5—12 at mit einem Olefin kondensiert werden. — Zum Beispiel wird Toluol (**II**) mit C_2H_4 (**I**) zu *n-Propylbenzol* u. weiter zu *3-Phenylpentan*, α-Methylstyrol u. **I**, **II** mit Propylen (**III**) zu *Isobutylbenzol*, 1-Methylcyclohexen-(1) mit **III** zu *1-Isobutylcyclohexen-(1)*, Anilin mit **I** zu *N-Äthylanilin*, Cyclohexen mit **I** zu *Äthylcyclohexen*, **II** mit Benzalacetophenon, **III** zu *4-Methylpenten-(1)* u. -(*2*) kondensiert. (**F. P. 1 226 514** vom 9/2. 1959, ausg. 13/7. 1960. A. Prior. 10/2. u. 30/6. 1958.) S. Böttcher. 6581

Engelhard Industries, Inc., V.St.A. (Erfinder: Paul N. Rylander und Lewis M. Berkowitz), **Oxydation organischer Verbindungen,** z. B. Olefine, Alkohole, Aldehyde, Äther u. Amide, durch Erwärmen mit einer Lsg. von RuO_4. — Beispiele: *Menthon-(1)* (*Semicarbazon*, F. 194—196°), *Cholestanon-(3)* (*Dinitrophenylhydrazon*, F. 227—228°), *Benzaldehyd* (*Dinitrophenylhydrazon*, F. 238—240°), *Capronsäure* (*p-Bromphenacylester*, F. 71—72°), *Cyclohexandion-(1.2)* (*Dinitrophenylhydrazon*, F. 217—218°), *Benzoesäure* , F. 122—123°, *Heptansäure* (*p-Bromphenacylester*, F. 68—70°), *Adipinaldehyd* (*Dinitrophenylhydrazon*, F. 240—242°), *Heptaldehyd* (*Phenylhydrazon*, F. 88—89°), *Hexylvaleramid*, F. 89—90°, aus Menthol-(1), Cholestanol-(3), Benzylalkohol, n-Hexanol, trans-Cyclohexandiol-(1.2), Benzaldehyd, n-Heptaldehyd, Cyclohexan, Tetrahydrofuran bzw. N-Hexylheptamid. (**F. P. 1 224 874** vom 22/1. 1959, ausg. 28/6. 1960. A. Prior. 6/2. 1958.) S. BÖTTCHER. 6583

Imperial Chemical Industries Ltd., London, übert. von: Gordon Howard Whitfield, Norton-on-Tees, England, **Herstellung von Carbonsäuren** durch *Oxydation* von aliphat. Aldehyden, alkylsubstituierten aromat. KW-Stoffen, heterocycl. Verbb., oder deren Oxydations-Prodd. mit O_2 in fl. Phase in Ggw. von Co- u./oder Mn-Verbb., bes. -Bromiden, u. einer niedermol. Fettsäure (I) als Lsgm. erfolgt unter Verw. von 0,25—0,00025, bes. 0,05—0,0025 g-Atom des Kations einer, bes. bas. Alkali- oder Erdalkali-Verb., um den oxydativen Abbau von I herabzusetzen. Das Verf. dient bes. für die Oxydation von Propanol, Toluol, Xylol, Diisopropylbenzol, p-Toluylsäure u. Cumol. (**A. P. 2 959 613** vom 20/1. 1958, ausg. 8/11. 1960. E. Prior. 8/2. 1957.) O. MÜLLER-MEININGEN. 6583

E. I. du Pont de Nemours & Co., Wilmington, Del., V.St.A., **Aktivieren eines Hydrierungskatalysators,** der zur Hydrierung organ. Verbb. dient. Granulierte Ni/Al-Leg. (Teilchengröße 1—14, bes. 2—6 Maschen) mit 35—60, bes. 38—48 (%) Ni wird mit einem wss. 0,5—5, bes. 0,5—2%ig. Alkalihydroxid so lange bei höchstens 35° behandelt, bis höchstens 1,6 Mol H_2 je Mol Alkalihydroxid entwickelt werden, wodurch 10, bes. 5 des Al aus der Leg. entfernt werden. Die Anfangs-Temp. der Alkalilauge beträgt 10—15°, die Endtemp. höchstens 35°. Der aus einer Ni/Al-Leg. mit 42 Ni u. 58 Al, Teilchengröße $2^1/_4$—6 Maschen, durch Behandeln mit 0,5%ig. wss. NaOH erhaltene Katalysator dient zur Hydrierung von Furan mit H_2 bei 90° u. 500 lbs./sq.in. zu *Tetrahydrofuran.* — Bzl. → *Cyclohexan.* Der Katalysator kann durch die gleichen Maßnahmen auch wiederbelebt werden, er ist länger wirksam u. ermöglicht höhere Durchsätze. (**E. P. 837 535** vom 13/10. 1958, ausg. 15/6. 1960. A. Prior. 9/12. 1957.) G. KRAUSS. 6585

Callery Chemical Co., V.St.A., **Reduktion organischer Verbindungen,** bes. von Aldehyden, Ketonen u. Säurechloriden, dad. gek., daß diese mit einem Aminboran unterhalb von dessen Zers.-Temp. behandelt werden. — Zum Beispiel wird Aceton mit Dimethylaminboran in Ae. zu *Isopropanol* (*3.5-Dinitrobenzoat,* F. 118—120°) reduziert. — Benzaldehyd gibt *Benzylalkohol* (*3.5-Dinitrobenzoat,* F. 108—110°), Chloralhydrat *2.2.2-Trichloräthanol,* Kp. 151° (*p-Nitrobenzoat,* F. 71—71,2°), Benzoylchlorid *Benzylalkohol,* Zimtaldehyd *Zimtalkohol.* Als Red.-Mittel werden auch Trimethylamin-, Pyridin- u. Piperidinboran genannt. (**F. P. 1 218 977** vom 18/3. 1959, ausg. 13/5. 1960.) S. BÖTTCHER. 6585

Abel Dubois, Frankreich, **Herstellung oxydoreduzierender Stoffe,** dad. gek., daß die Dispersion eines aliphat. Alkohols mit 1—3 C-Atomen u. 1—3 OH-Gruppen in einem wss. Alkalihydroxid an Graphitanoden u. Metallkathoden bei ca. 4 V u. 1,5 A elektrolysiert, mit verd. H_2SO_4 bis pH 3 angesäuert, filtriert u. dest. wird. (**F. P. 1 228 350** vom 13/3. 1959, ausg. 29/8. 1960.) S. BÖTTCHER. H 460

Farbwerke Hoechst Akt.-Ges., vormals Meister Lucius & Brüning, Deutschland, **Herstellung von Additionsprodukten von Alkylenoxiden** an organ. Verbb. mit beweglichem H-Atom unter Zusatz von 0,1—1% von N_2H_4, NH_2OH, H_3PO_3 oder ihren Salzen als Inhibitoren. — Additions-Prodd. von Äthylenoxid an Stearinsäure, $(HOCH_2CH_2)_3N$, Stearylamin, Oleylamin, Fettsäureamine des Copraöls, Polyäthylenglykol, Diäthylenglykol, Tributylphenol, Ölsäure, Oleylalkohol, von Propylenoxid an Dipropylenglykol u. Fettsäuren, von Butylenoxid an Polybutylenglykol. Andere Inhibitoren sind H_3PO_2, H_2NCSNH_2, $Na_2S_2O_4 \cdot 2\,H_2O$. (**F. P. 1 226 175** vom 30/5. 1959, ausg. 8/7. 1960. D. Prior. 30/5. 1958.) S. BÖTTCHER. H 460

Farbwerke Hoechst Akt.-Ges., vormals Meister Lucius & Brüning, Deutschland, **Hydroxalkylierungen,** dad. gek., daß Verbb., die nicht schmelzbar sind oder einen hohen Kp. haben, in Paraffinöl suspendiert u. mit Alkylenoxiden umgesetzt werden. — 250 (g) Trimethyloläthan werden in 250 Paraffinöl suspendiert, 30%ig. CH_3ONa-Lsg. zugesetzt, auf 100—110° erwärmt u. 21 Std. lang 266 Äthylenoxid (I) eingeleitet. — Weitere Hydroxalkylierungen von Pentaerythrit, 4,4'-Dihydroxydiphenylsulfon (F. 237°), Dicyandiamid (**II**), Kartoffelstärke mit **I**, von **II** mit Propylen- u. Butylenoxid. (**F. P. 1 226 176** vom 30/5. 1959, ausg. 8/7. 1960. D. Prior. 30/5. 1958.) S. BÖTTCHER. H 460

Farbwerke Hoechst Akt.-Ges., vormals Meister Lucius & Brüning, Frankfurt/M. (Erfinder: Kurt Fischer, Neuötting/Inn, und Josef Hirschbeck, Burgkirchen/Alz), **Zerlegen der durch Spalten von Kohlenwasserstoffen erhaltenen Reaktionsgemische** erfolgt dadurch, daß in der 1. Stufe die bei Raum-Temp. fl.

KW-Stoffe durch Verdichten der Rk.-Gase ausgeschieden, in der 2. Stufe die 3 u. mehr C-Atome enthaltenden KW-Stoffe mit einem unter 200° sd. KW-Stoff ausgewaschen u. in der 3. Stufe aus dem Restgas C_2H_4 mit einer Cu-Salz-Lsg. ($CuNO_3$ in $HOCH_2CH_2 \cdot NH_2$) ausgezogen wird. —Vorr., Zeichnung. (**D. A. S. 1 108 204** Kl. 12o vom 26/2. 1957, ausg. 8/6. 1961.) G. KRAUSS. H 500

Argus Chemical Corp., übert. von: Otto S. Kauder, Jamaica, N.Y., V.St.A., **Stabilisieren von chlorierten aliphatischen Lösungsmitteln** mit Kp. < 130° (Trichloräthylen, Perchloräthylen, Methylchloroform) durch Zusatz von 0,01—2% eines Kondens.-Prod. von einem Aldehyd (HCHO, CH_3CHO) mit einem prim. Amin mit 1—3 C-Atomen (CH_3NH_2, $C_2H_5NH_2$, Isopropylamin) oder einem Trialkylhexahydro-1.3.5-triazin. Zweckmäßig wird die Kondens. in dem Lsgm. selbst mit äquimol. Mengen bei < 450° durchgeführt u. zwar mit einer so großen Menge der Ausgangskomponenten, daß 100 cm^3 Lsgm. 10—50 g Kondens.-Prod. enthalten, die dann weiterhin verd. werden. (**A. P. 2 944 088** vom 31/10. 1958, ausg. 5/7. 1960.) W. GRÄGER. H 500

Columbia-Southern Chemical Corp., V.St.A. (Erfinder: Robert E. McGreevy, Joseph E. Milam und William E. Makris), **Chlorierung aliphatischer Kohlenwasserstoffe,** bes. von CH_4 zu CH_3Cl, CH_2Cl_2, *Chlf.* u. CCl_4, in der Gasphase mit einem Gasgemisch, das O_2 u. als Chlorierungsmittel Cl_2, HCl oder beides enthält, an einem Katalysator, der aus einem mit $CuCl_2 \cdot 2\,H_2O$ u. KCl imprägnierten Kunstharz besteht. (**F. P. 1 226 254** vom 3/6. 1959, ausg. 11/7. 1960. A. Prior. 24/6. 1958.) S. BÖTTCHER. H 510

Solvay & Cie., Belgien, **Herstellung von 1.1.2-Trichloräthan,** dad. gek., daß C_2H_2 in der Wirbelschicht in Ggw. eines mit $HgCl_2$ imprägnierten Katalysators aus Aktivkohle mit HCl zu *Monochloräthylen* umgesetzt u. dieses unter ähnlichen Bedingungen ohne Katalysator bei 130—150° oder in Ggw. von Fe-Katalysatoren bei 20—30° chloriert wird. (**F. P. 1 226 442** vom 29/12. 1958, ausg. 11/7. 1960. Belg. Prior. 31/12. 1957.) S. BÖTTCHER. H 510

Lummus Co., V.St.A. (Erfinder: Marcel Jean Paul Bogart, August Henry Schutte und Joseph Emil Christen jun.), **Gewinnung von Olefinen,** dad. gek., daß ein durch Pyrolyse von KW-Stoffen gewonnenes Gasgemisch, das C_2H_2, C_2H_4 (I) u. KW-Stoffe mit mindestens 3 C-Atomen enthält, mit einem auf < 15° gekühlten Leichtöl aus KW-Stoffen mit mindestens 3 C-Atomen behandelt wird, wobei die höheren KW-Stoffe absorbiert werden. Der fl. Anteil wird der Pyrolyse zugeführt, während das Gasgemisch zur Absorption von I mit einem auf < 15° gekühlten selektiven Lsgm. behandelt wird. — Schema der Anlage. (**F. P. 1 218 451** vom 3/10. 1958, ausg. 11/5. 1960. A. Prior. 3/10. 1957.) S. BÖTTCHER. H 520

Dynamit Nobel Akt.-Ges., Troisdorf, Bez. Köln (Erfinder: Heinrich Brachert, Oberlar bei Troisdorf, und Hans-Ewald Konermann, Siegburg), **Herstellung von Vinylchlorid (I) aus acetylenhaltigen Gasen,** bes. aus Crackgasen u. HCl mit Hilfe von Hg-Salz-Katalysatoren, dad. gek., daß die auf 50—100° vorgewärmten C_2H_2-haltigen Gase mit HCl in einer kühlbaren Zone, die einen üblichen Hg-Salz-Katalysator (bes. $HgCl_2$ auf akt. Kohle) enthält, reagieren u. anschließend durch eine 2. heizbare Rk.-Zone geleitet werden, die einen aktiveren Hg-Salz-Katalysator (Hg_3VO_4 auf akt. Kohle) als die 1. Rk.-Zone enthält, wobei kühlbare u. heizbare Rk.-Zone gleichmäßig auf 110—170° gehalten werden, worauf die Rk.-Gase durch eine gekühlte Aktivkohleschicht zur Absorption der Hg-Salze geleitet werden u. danach I isoliert wird. Zweckmäßig wird ein rohrförmiger Reaktor (Länge 3 m, ∅ 10 cm) verwendet, der eine Vorwärmevorr. u. getrennte Ummantelungen zum Kühlen u. Beheizen aufweist. — Zeichnung. (**D. A. S. 1 123 661** Kl. 12o vom 2/5. 1960, ausg. 15/2. 1962.) W. GRÄGER. H 520

Bergwerksgesellschaft Hibernia Akt.-Ges., Herne, **Äthylen, Propylen, Butylen und Acetylen** werden durch therm. Spaltung von aliphat., gasförmigen KW-Stoffen in Ggw. von Wasserdampf, der durch Verbrennen von H_2 mit stöchiometr. Mengen oder weniger O_2 oder diesen enthaltenden Gasen, die frei von C-Verbb. sind, erhalten wird, hergestellt. Die nicht umgesetzten Rückstände werden anschließend in Ruß u. H_2 übergeführt. Für C_2H_4 beträgt die Spalttemp. 800—1000°, bei 0,01—4 Sek. Verweilzeit, Ausbeute 15,7%; bei C_2H_2 1000—1400° u. 0,005—0,05 Sek. Verweilzeit. Die Rk.-Gase werden mit W. abgeschreckt. — Vorr., Zeichnung. (**E. P. 828 772** vom 27/6. 1958, ausg. 24/2. 1960. D. Prior. 20/8. 1957.) G. KRAUSS. H 530

E. I. du Pont de Nemours & Co., Wilmington, Del., übert. von: David Apotheker, Anchorage, und Edward Peter Goffinet jun., Louisville, Ky., V.St.A., **Monovinylacetylen (I)** wird durch Einleiten von C_2H_2 bei 30—100, bes. 50—90° u. 1—4 at in ein wasserfreies Gemisch aus 2 miteinander nicht mischbaren Fll.

erhalten; die eine besteht aus fl. KW-Stoffen u. Chlor-KW-Stoffen (CH_2Cl_2, n-Pentan, n-Hexan, Tetrahydronaphthalin, Toluol, Xylole, Cymol, Mesitylen, Dekahydronaphthalin, Cetan, Cetylchlorid, $Cl_2C:CCl_2$, Chlorbenzol, o-Dichlorbenzol, Chlorcyclohexan, Chlornaphthalin), die andere aus einer Lsg. von Cu_2Cl_2 in einem prim. oder sek. Alkylaminhydrochlorid u. einem fl. Carbonsäureamid, beide mit je höchstens 6 C-Atomen [$(CH_3)_2NH \cdot HCl$, $HCONH_2$, $CH_3CON(CH_3)_2$, $CH_3CON(C_2H_5)_2$, Propionamid, Butyramid, Piperidon-(2), Pyrrolidon-(2), N-Methylpyrrolidon-(2)]. Das Verhältnis von Cu_2Cl_2 : Aminhydrochlorid beträgt 1—2,3 : 1; das von Cu_2Cl_2 : KW-Stoff 1 : 1—10. Die Abtrennung von I erfolgt bes. nach A. PP. 2 048 838; C. **1937.** I. 5105 u. 2 759 985; C. **1960.** 4999. — Das andere Verf. wird kontinuierlich unter den gleichen Bedingungen u. in 2 miteinander nicht mischbaren Fll. durchgeführt, wobei als Lsgm. für I außer den vorst. KW-Stoffen noch Äther, höhermol. Alkohole, Ketone u. Ester verwendet werden. Ein Teil des Rk.-Gemisches wird fortlaufend abgezogen u. nach der Schichtentrennung die Katalysator-Lsg. in das Rk.-Gefäß zurückgeführt. Aus der anderen Schicht wird I abgetrennt u. das Lsgm. ebenfalls in den Kreislauf zurückgeführt. Ausbeute 80—100%. — Vorr., Zeichnungen. (**A. PP. 2 934 575** vom 9/5. 1958 u. **2 934 576** vom 16/5. 1958, beide ausg. 26/4. 1960.) G. KRAUSS. H 530

Esso Research and Engineering Co., Elizabeth, N.J., V.St.A., **Alkohole** werden bei der Rk. von CO u. H_2 mit Olefinen in Ggw. von Salzen der Schwermetalle, deren Dichte > 4 ist, als Katalysatoren unter der Einw. ionisierender Strahlung von mindestens 0,001 kWh/h·lb der Olefinmenge u. anschließende katalyt. Hydrierung der Aldehyde erhalten. Als Katalysatoren kommen Oxide, Salze oder Carbonyl-Verbb. von Co, Rh oder Fe in Frage; bes. eignen sich die Salze der Fettsäuren als Katalysatoren. — Hepten-(1) wird in Ggw. von $Co_2(CO)_8$ gelöst in Hexan mit CO u. H_2 bei 135° u. 3100 lbs./sq.in. einer Strahlung von ^{60}Co ausgesetzt. Der erhaltene Aldehyd wird in Ggw. von Cu-Chromit als Katalysator zu dem entsprechenden Alkohol hydriert. (**E. P. 827 350** vom 25/3. 1958, ausg. 3/2. 1960. A. Prior. 15/4. 1957.) G. KÖNIG. H 560

Esso Research and Engineering Co. (Erfinder: Harold Wendel Scheeline und William Edward Catterall), Elizabeth, N.J., V.St.A., **Amylalkohole** (I) werden aus einem rohen Gemisch, enthaltend C_{10}-KW-Stoffe, durch Dest. in einer Kolonne erhalten, wobei nur so viel W. vornehmlich als Dampf, unterhalb des Einleitungspunktes des Ausgangsgemisches eingeleitet wird, daß eine 2. fl. Phase vermieden wird. Die KW-Stoffe u. geringe Mengen I, entweichen als Kopf-Prod., werden kondensiert, wobei ein Teil als Rücklauf wieder in die Kolonne gelangt. Das Boden-Prod., enthaltend I u. höher sd. Bestandteile, wird in einer 2. Kolonne fraktioniert destilliert. — Skizze. (**E. P. 841 803** vom 24/10. 1958, ausg. 20/7. 1960.) G. KÖNIG. H 560

Philips Petroleum Co., Del., übert. von: William M. Hutchinson, Bartlesville, Okla., V.St.A., **Diole** werden bei der katalyt. Hydrierung von Oxydations-Prodd. der Diolefine in 2 Stufen erhalten, wobei in der 1. Stufe als Katalsyator nicht saure Katalysatoren, wie Pd, Ni, Co, Pt, Rh, ggf. auf Träger aufgebracht, bei 20—150° u. 20—1500 lbs./sq.in. angewendet werden. In der 2. Stufe werden Cu-Chromit, Mo-Sulfid, Ni u. a. Katalysatoren, die die Aktivität unter den Rk.-Bedingungen behalten, verwendet. — Butadien-(1.3) wird in Ggw. von Co-Linoleat bei 71° u. 800 lbs./sq.in. mittels Benzoylperoxid oxydiert. Das in Dioxan gelöste Oxydations-Prod. wird in Ggw. von Pd auf Kohle bei 20—28° u. 500—800 lbs./sq.in. mit H_2 bis zum Nachlassen der Aktivität des Katalysators hydriert, was nach ca. 30 Std. eintritt. Vom Katalysator wird filtriert, in der 2. Stufe Cu-Chromit zugesetzt u. ca. 20 Std. lang bei 150—180° u. 700—800 lbs./sq.in. hydriert. Es wird *Butandiol-(1.2)*, $Kp._{727}$ 195°, u. *Butandiol-(1.4)*, $Kp._{727}$ 229°, erhalten. (**A. P. 2 879 306** vom 25/3. 1952, ausg. 24/3. 1959.) G. KÖNIG. H 570

Unilever N. V., Rotterdam, Holland (Erfinder: Roy Harold Karlson, Natick, Mass., und Charles Henry Schramm, Hillsdale, N.J., V.St.A.), **Von anorganischen Salzen freie Mercaptoalkansulfonate** werden durch Rk. eines S-Thiuroniumalkansulfonats mit 1—5 Methylengruppen mit NH_3 oder einem prim. oder sek. Amin (Methyl-, Äthanolamin) erhalten; das entstandene Guanidinmercaptoalkansulfonat (I) kann in üblicher Weise in Salze anderer Kationen, bes. mit einem Kationenaustauscher übergeführt werden. — $H_2\overset{+}{N}{=}C(NH_2){-}S{-}(CH_2)_nSO_3^- + NH_3 \rightarrow HS(CH_2)_n \cdot SO_3^- \cdot \overset{+}{N}H_2{=}C(NH_2)_2$ (**I**; n = 1—5, bes. 2). — Aus 230 g β-S-Thiuroniumäthansulfonat (erhältlich aus Thioharnstoff u. Halogenalkansulfonaten) u. 500 cm³ konz., wss. NH_4OH zuerst auf dem Dampfbad, nach Einsetzen der Rk. bei Raum-Temp., Einengen der Lsg. im Vakuum bis alles W. entfernt ist u. Umkristallisieren des Rückstandes aus abs. A. → *Guanidin-β-mercaptoäthansulfonat*, F. 169—172°; daraus in wss. Lsg. in Ggw. von „Amberlite I.T. 120“ → *β-Mercaptoäthansulfonsäure*; daraus mit Monoäthanolamin beim Einengen der Lsg. im Vakuum → *Monoäthanolammonium-β-mercaptoäthansulfonat*, klarer Sirup. (**D. A. S. 1 056 602** Kl. 12o vom 11/12. 1952, ausg. 6/5. 1959. A. Prior. 12/12. 1951.) G. KRAUSS. H 600

Union Carbide Corp., New York, übert. von: Edward M. LaCombe, Charleston, und Byron Stewart, South Charleston, W. Va., V.St.A., **Alkylsulfonylalkylester** der allg. Formel $CH_2{=}C(R)CH_2SO_2C_nH_{2n}OOCR'$, in der R für F, Cl, Br, J oder CN steht u. R' für einen Alkylrest mit 1—5 C-Atomen (CH_3, C_2H_5, Propyl, Isopropyl, Butyl, sek.-Butyl, tert.-Butyl oder Pentyl), während n eine Zahl von 1—12, bes. von 2—8, darstellt, können durch Oxydation von Allylmercaptoalkanolen ggf. in einem inerten Lsgm. (Essigester, Äthylbenzol, Toluol, Aceton, CH_3COOH) mit $CH_3CO_2 \cdot OH$, $NaMnO_4$, $KMnO_4$, H_2O_2, CrO_3 usw. bei 0° bis Kp. des Rk.-Gemisches, bes. bei 20—40° erhalten werden. Beispiele: *Essigsäure-2-[2-chlorallylsulfonyl]-äthyl-*, *-2-[2-cyanallylsulfonyl]-äthyl-*, *Propionsäure-4-[2-chlorallylsulfonyl]-butyl-*, *Essigsäure-4-[2-cyanallylsulfonyl]-2-äthylbutyl-*, *-2-[2-chlorallylsulfonyl]-propyl-*, *-2-[2-cyanallylsulfonyl]-propyl-*, *Buttersäure-4-[2-chlorallylsulfonyl]-butylester.* — Zwischen-Prodd. zur Herst. von α-olefin. Verbb., aus denen Epoxyharze hergestellt werden können. (**A. P. 2 956 079** vom 9/10. 1958, ausg. 11/10. 1960.) W. GRÄGER. H 600

Consortium für Elektrochemische Industrie G.m.b.H., Deutschland, **Herstellung von Aldehyden und Ketonen,** zum Beispiel *Aceton, Acetaldehyd, Acetophenon, Cyclohexanon, Methyläthylketon,* dad. gek., daß Olefine bzw. diese enthaltende KW-Stoffgemische [Propylen, C_2H_4, Styrol, Cyclohexen, Buten-(1) u. -(2)] bei 0—200° mit wss. Lsgg. von Verbb. der Pt-Metalle umgesetzt, die Carbonyl-Verbb. abgetrennt u. die Lsgg. bei erhöhter Temp. unter Druck mit O_2 oder Luft behandelt werden. (**F. P. 1 226 428** vom 6/6. 1958, ausg. 11/7. 1960. D. Prior. 7/6., 28/6. u. 1/8. 1957.) S. BÖTTCHER. H 650

Esso Research and Engineering Co., V.St.A. (Erfinder: Clyde Lee Aldridge), **Herstellung von Aldehyden und Alkoholen,** dad. gek., daß Olefine in Ggw. von 1—5 mMol Pb-, Hg- oder Bi-Verbb. (Stearate, Oleate) als Modifizierungsmittel mit CO u. H_2 umgesetzt werden. (**F. P. 1 228 681** vom 25/6. 1959, ausg. 31/8. 1960. A. Prior. 21/8. 1958.) S. BÖTTCHER. H 660

Esso Research and Engineering Co., Elizabeth, N.J., V.St.A., **Aldehyde** werden durch Rk. von Olefinen mit CO + H_2 in Ggw. eines Co-Salzes als Katalysator erhalten. Dieser wird aus dem Rk.-Gemisch durch Behandeln mit einem wss. Co-Komplex-salz entfernt, bes. nach dem Rk.-Schema: $[Co(NH_3)_6]^{3+}X^-{}_3 + 3\,HCo(CO)_4 \rightarrow [Co(NH_3)_6]\,[Co(CO)_4]_3 + 3\,HX$ (X = Anion). Ferner ist verwendbar: $[Co(NH_2CH_2CH_2 \cdot NH_2)_3]^{3+}$ u. Cobalticenchlorid (= Komplexsalz aus $CoCl_3$ u. 2 Mol Cyclopentadien). — (**E. P. 822 042** vom 2/8. 1956, ausg. 21/10. 1959. A. Prior. 11/8. 1955. **Zusatz zu E. P. 722 975; C. 1958. 14517.**) G. KRAUSS. H 660

Pennsalt Chemicals Corp., übert. von: Milton Braid, Philadelphia, und Francis Earl Lawlor, Wyndmoor, Pa., V.St.A., **Perfluoraldehydhydrate** („Perfluoraldehydrole") und **Perfluoraldehyde** der allg. Formeln $R_fCH(OH)_2$ u. R_fCHO ($R_f = C_nF_{2n+1}$ mit 1—17 C-Atomen) werden durch Zugabe der stöchiometr. Menge einer konz. Lsg. von $LiAlH_4$ in einem Lsgm. (Ae., Di-tert.-butyläther, Tetrahydrofuran, Tetrahydropyran) unter Rühren zu der Lsg. einer Säure der allg. Formel R_fCOOH in dem vorst. Lsgm. bei —10 bis +5, bes. —5 bis 0° u. Hydrolyse des Rk.-Gemisches mit W. bei 0—10° erhalten. Das Hydrat wird dann mit einem Trockenmittel, wie H_2SO_4, P_2O_5 oder deren Gemische entwässert. Erfolgt die Zugabe in umgekehrter Reihenfolge, so sinkt die Ausbeute auf $^1/_3$. — Aus 1 Mol CF_3COOH in 708 (Teilen) abs. Ae. durch Zugabe von 0,565 Mol $LiAlH_4$ in 525 abs. Ae. u. unter N_2 zuerst bei —5, dann bei 0—3°, anschließend Zugabe von 40 W. unter Durchleiten von N_2 zuerst bei 0—5, dann bei 0—10°, Abtrennen der Ae.-Schicht, Verjagen des Ae. → 121,2 *Trifluoracetaldehydhydrat,* n_D^{20} 1,3339; durch Eintropfen des Hydrates in ein Gemisch aus 6,5 P_2O_5 u. 55 konz. H_2SO_4 bei 125° → *Trifluoracetaldehyd,* Ausbeute 77,5%. Perfluorpropionsäure → *Perfluorpropionaldehyd,* Ausbeute 60,1%. Perfluorbuttersäure → *Perfluorbutyraldehydhydrat* → *Perfluorbutyraldehyd,* Ausbeute 64%. (**A. P. 2852569** vom 3/6. 1954, ausg. 16/9. 1958.) G. KRAUSS. H 670

Distillers Co. Ltd., Edinburgh, England, **Acrolein bzw. Methacrolein** wird durch Rk. von Propylen (I) bzw. Isobutylen (II) mit O_2 in der Dampfphase bei 300—500° in Ggw. eines Katalysators, der aus Sb-Oxid allein oder im Gemisch mit einem anderen mehrwertigen Metalloxid (Oxide von Mo, W, Te, Cu, Ti, Co), bes. aus einem Gemisch von Sn- u. Sb-Oxiden besteht, in der das Atomverhältnis Sn:Sb = 0,1—10:1 beträgt u. das vor seiner Verw. auf 500—1100° erhitzt wurde, bei einer Berührungszeit von ca. 1 bis 30 Sek. im Festbett oder Fließbett, ggf. in Ggw. eines inerten Gases (N_2, CO_2, Propan

Isobutan), bes. H_2O-Dampf (**III**) erhalten. Die Konz. an Olefin u. O_2 beträgt jeweils ca. 1 bis 20%, bes. 2—10%, die Konz. an **III** ca. 20—60%. — 2 Lsgg. aus 50,8% $K_2H_2Sb_2O_7 \cdot 4 H_2O$ in 750 g W. bzw. 22,6 g $SnCl_2 \cdot 2 H_2O$ in 50 g W. u. 31,5 g Eisessig werden vermischt, der Nd. abfiltriert, gewaschen, getrocknet u. granuliert. Über diesen Katalysator wird bei 360° ein gasförmiges Gemisch aus 11,7% **I**, 9,8% O_2, 38,4% N_2 u. 40,1% **III** bei einer Berührungszeit von 4 Sek. geleitet: Umwandlung 11,9% in *Acrolein*, 3% in CO_2; 78,2% Ausbeute. — 32,35 g Sb_2O_5 u. 75 g Wolframsäure werden mit wenig W. angeteigt, getrocknet, 16 Std. lang auf 600° im Luftstrom erhitzt, zu Kugeln geformt u. 5 Std. lang auf 650° nacherhitzt. Beim Überleiten eines Gemisches aus 10% **I**, 50% O_2 u. 40% **III** bei 460° (4 Sek.) über diesen Katalysator wird Acrolein bei 14%ig. Umwandlung in 61%ig. Ausbeute erhalten. 5% von **I** werden in CO_2 umgewandelt. — 190 g Sn wird in einer Lsg. von 800 ml HNO_3 (spez. Gew. 1,42) (**IV**) in 3,2 Liter W., bzw. 97,6 g Sb in 400 ml **IV** bis zum Aufhören der NO_2-Entw. erhitzt, die Lsgg. gemischt, der Nd. abfiltriert, gewaschen, getrocknet, mit 2% Graphit gemischt u. zu Kugeln geformt. Der Katalysator wird je 16 Std. lang auf 700 u. 100° erhitzt u. dann ein Gasgemisch aus 10% **I**, 70% Luft u. 20% **III** bei 440° u. 4 Sek. Berührungszeit darübergeleitet. Ausbeute an *Acrolein* 70,4% bei 40,2%ig. Umwandlung. Daneben wird **I** zu 7,5% in CO_2 umgewandelt. Die Katalysatoraktivität ist nach 74 Std. unverändert. — Durch Überleiten eines Gasgemisches aus 10% **II**, 50% Luft u. 40% **III** bei 394° über Co-Antimonat wird neben 4,1%ig. Umwandlung in CO_2 *Methacrolein* in 51%ig. Ausbeute bei 12,1%ig. Umwandlung erhalten. (**E. P. 864 666** vom 17/2. 1959, ausg. 6/4. 1961.)
A. JAHN. H 670

Esso Research and Engineering Co., V.St.A. (Erfinder: Theodore J. Peters, Albert Gathman und Royal K. Altreuter), **Reinigung von Methyläthylketon,** das W. u. C_5-KW-Stoffe enthält, dad. gek., daß das Rohprod. durch eine Dehydratationszone von 124—149° bei einem Druck von 4,06—4,55 at geleitet wird, wobei ein azeotropes Gemisch W./KW-Stoff gebildet wird; das Destillat wird auf 16—21° abgekühlt, dekantiert u. die obere Schicht nochmals durch die Dehydratationszone geschickt. — Schema der Anlage. (**F. P. 1 217 994** vom 22/12. 1958, ausg. 6/5. 1960. A. Prior. 16/1. 1958.)
S. BÖTTCHER. H 710

Eastman Kodak Co., Rochester, N.Y., übert. von: Edward U. Elam, Kingsport, Tenn., V.St.A., **Monohalogenacetone** werden durch Rk. von Allen (**I**) [Neben-Prod. bei der $(CH_3CO)_2O$-Herst.] in W. mit einer Unterhalogenigsäure oder durch Einleiten von Halogen in das wss. Gemisch bei —10 bis +80, bes. 0—20°, ggf. in Ggw. eines Katalysators (Cu_2Cl_2, Cu_2Br_2, $AlCl_3$, $FeCl_3$) erhalten. — Durch Einleiten von **I** in ein Gemisch aus 1 Liter W. u. 1 g Cu_2Cl_2 bei 10° u. weiteres Einleiten von Cl_2 bei 5—10° → Monochloraceton, $Kp._{50}$ 40—70°; 2.4-Dinitrophenylhydrazon, F. 124—125°. Die Bldg. von Polyhalogenaceton wird vermieden. — Zwischen-Prodd., bes. zur Herst. von heterocycl. Verbb., zur Reinigung von Mineralölen nach A. P. 2 062 872; C. **1937.** I. 3578 u. zum Sensibilisieren von Cyanfarbstoffen nach E. P. 405 028. (**A. P. 2 856 430** vom 28/8. 1957, ausg. 14/10. 1958.)
G. KRAUSS. H 710

Centre National de la Recherche Scientifique, Paris (Erfinder: Joseph Wiemann, Paris, und Melle Josette Gardan, Athis-Mons), Frankreich, **Herstellung von symmetrischem Divinyldimethylglykol und Octandion-(2.7),** dad. gek., daß bei tiefen oder schwach erhöhten Temp. (—100 bis +30°, bes. —30 bis +10°) Methylvinylketon mit Hilfe von Metallen unter Verw. eines starken oder schwach erhöhten Potentials red., gebildetes Divinyldimethylglykol (**I**) u. Octandion-(2.7) (**II**) mit einem Lsgm. (Ae.) aus dem Rk.-Prod. extrahiert werden u. die beiden Verbb. durch Umkristallisieren aus einem Diketon oder durch fraktionierte Dest. getrennt werden. Die Red. kann in Ggw. von W. unter Bewegen, ggf. bis zu 10 Std., mit einem stark elektropositiven Metall oder dessen Gemisch mit einer ein bewegliches H-Atom enthaltenden Verb. (bes. W., A. oder verd. CH_3COOH) durchgeführt werden. — **I**, Kp. 84—86°, $D._4^{20}$ 0,985, n_D^{20} 1,475, wird im wesentlichen bei Verw. eines schwachen Potentials mit Metallen, wie Zn, oder mit Kathoden mit schwacher Überspannung (aus Sn), **II**, F. 41,5—42°, dagegen mehr bei Verw. eines starken Potentials mit Metallen, wie Na oder Mg, oder mit Elektroden mit starker Überspannung (aus Hg oder Pb) erhalten. — Geeignet zur Herst., makromol. Prodd. durch Kondens. mit anderen bifunktionellen Verbb. (Polysäuren, Polyisocyanaten, Polyhydrazinen). (**D. A. S. 1 076 671** Kl. 12o vom 27/6. 1958, ausg. 3/3. 1960. F. Prior. 28/6. 1957.)
W. GRÄGER. H 720

Centre National de la Recherche Scientifique (Erfinder: Joseph Wiemann und Roger Adrien John), Paris, Frankreich, **Herstellung von symmetrischem Divinyldimethylglykol und Octandion-(2.7)** durch Red. von Methylvinylketon (**I**) bei tiefen oder schwach erhöhten Temp. mit Hilfe von Metallen unter Anwendung eines starken oder schwach erhöhten Potentials, Extraktion u. Trennung von Octandion-(2.7) u. Divinyldimethylglykol nach D. A. S. 1 076 671, dad. gek., daß bei der Red. von **I** in Ggw. von W. bei 0 bis -50^0, bes. bei -35^0, in Ggw. von anderen organ. Lsgm. als Ae., bes. Tetrahydrofuran oder Methylal, gearbeitet wird. Zweckmäßig wird zur Red. Na- oder K-Amalgam, bes. in einem Überschuß von wenigstens 25% über die zur Red. von **I** theoret. erforderliche Menge verwendet. Hierdurch wird die Ausbeute an Octandion-(2.7) wesentlich erhöht. Die besten Ergebnisse werden bei getrennter Zugabe der vorher gereinigten u. auf wenigstens 0^0 gekühlten Rk.-Teilnehmer unter Vermeidung jeder merklichen Temp.-Erhöhung erzielt. (**D. A. S. 1 104 946** Kl. 12o vom 17/12. 1959, ausg. 20/4. 1961. F. Prior. 18/12. 1958. **Zusatz zu D. A. S. 1 076 671; s. vorst. Ref.**)

W. GRÄGER. H 720

B. N. Tjutjunnikow, N. K. Mankowskaja und G. B. Alterman, **Trennung synthetischer Fettsäuregemische.** Ein ca. 20%ig. Gemisch von fettsauren Salzen wird $\leqq 65^0$ u. $\leqq 50$ at mit CO_2 gesätt., aus der Suspension werden die Fettsäuren (**I**) C_1-C_4 von den ausgefallenen höhermol. Salzen abgetrennt, CO_2 wird durch Erwärmen wieder entfernt. Der Nd. der höhermol. sauren Salze wird gleichzeitig oder nacheinander mit einem hydrophoben Fett-Lsgm. u. 50%ig. wss. A. behandelt, wobei die durch den A. entstandenen **I** $\geqq C_{17}$ in die hydrophobe Phase wandern u. von den übrigen Salzen (C_5-C_{16}) geschieden werden. Letztere werden in einem Saturator wie anfangs mit CO_2 durchmischt unter Zusatz von hydrophoben Lsgm. u. wss. A. u. dann bei sinkendem Druck unter CO_2-Entw. aufgetrennt in **I** $C_{12}-C_{17}$ in der hydrophoben Phase u. Salze C_5-C_{12} in der W./A.-Phase. — Verf.-Schema. (**UdSSR. P. 117 330** vom 24/12. 1956.)

B. PANKOW. H 810

Minnesota Mining & Mfg. Co., übert. von: John L. Rendall, St. Paul, und Wilbur H. Pearlson, White Bear Township, Ramsey County, Minn., V.St.A., **Fluorkohlenstoffverbindungen,** bes. der allg. Formel $R_fCF_2CR'_fHCOX$ (X = OH, (OR, $N(R)_2$; R = Alkyl, H; R_f u. R'_f = F oder Perfluoralkyl). Ein Perfluorolefin (**II**) der allg. Formel $R_fCF_2CR'_f = CF_2$ wird mit Alkohol in den Äther der allg. Formel $R_fCF_2CR'_fHCF_2OR$ übergeführt, der durch Hydrolyse den Ester (**I**) der allg. Formel $R_fCF_2CR'_fHCOOR$ gibt; daraus entsteht mit NH_3 das Amid der allg. Formel $R_fCF_2CR'_f \cdot HCONH_2$, das unter Wasserabspaltung das Nitril der allg. Formel $R_fCF_2CR'_fHCN$ liefert, aus dem durch HF-Abspaltung das ungesätt. Perfluornitril der allg. Formel $R_fCF{=}CR'_fCN$ erhalten wird; daraus entsteht durch Verseifen die entsprechende Perfluoracrylsäure, die anschließend mit Alkohol in den Ester der allg. Formel $R_fCF{=}CR'_f \cdot COOR$ übergeführt wird, der auch unmittelbar durch Verseifen des Nitriles in Ggw. des Alkohols oder durch HF-Abspaltung aus **I** erhältlich ist. **II** kann auch mit einem Dialkylamin umgesetzt u. das entstandene Amin der allg. Formel $R_fCF_2CR'_fHCF_2N(R)_2$ zum Amid hydrolysiert werden, aus dem durch HF-Abspaltung das ungesätt. Amid der allg. Formel $R_fCF{=}CR'_fCON(R)_2$ entsteht. — Aus Perfluorpropen in Ggw. von 10%ig. KOH in CH_3OH bei 30^0 → *Methyl-1.1.2.3.3.3-hexafluorpropyläther*; daraus mit 96%ig. H_2SO_4 bei 110^0 → *α.β.β.β-Tetrafluorpropionsäuremethylester*, Kp. 95—95,3°; daraus mit NH_3 in Ae. bei 0^0 → *α.β.β.β-Tetrafluorpropionamid*, F. 58—60°; daraus mit P_2O_5 oder PCl_5 bei 50^0, dann bis höchstens 300^0 → *α.β.β.β-Tetrafluorpropionitril*, $Kp._{775}$ 40,5—40,7°; daraus in Ggw. von Cr-Oxid, KF oder KCl bei 500—800°, bes. 600^0 → *Perfluoracrylonitril*, Kp. 16,4—16,5°; 75% (Ausbeute). — Perfluorpropen + $(C_2H_5)_2NH$ in Ae. bei 30 bis 35^0 → Gemisch aus *Diäthyl-1.1.2.3.3.3-hexafluorpropylamin* u. *Diäthylperfluorpropenylamin*; daraus durch Hydrolyse mit H_2SO_4 → *α.β.β.β-Tetrafluorpropionsäurediäthylamid*, $Kp._{43}$ 106°, → *α.β.β.β-Tetrafluorpropionsäure*. — Perfluorisobuten → *Diäthylperfluorisobutenylamin*, $Kp._{22}$ 77—78°, → *β.β.β.β'.β'.β'-Hexafluorisobuttersäurediäthylamid*, F. 52—53°, → *β.β.β.β'.β'.β'-Hexafluorisobuttersäure*. — *Perfluoracrylamid*, F. 120,5—121°; *Dibromid*, F. 62—62,5°. — *Perfluoracrylsäureäthylester*, Kp. 100°; *Dibromid*, $Kp._{18}$ 82—84°. — *Perfluoracrylsäure-2.2.3.3.4.4.4-heptafluorbutylester*, $Kp._{50}$ 61 bis 61,5°; *Dibromid*, $Kp._{10}$ 72°. — Methyl-1.1.2.3.3.3-hexafluorpropyläther + KCl bei 700^0 → *Methylperfluorallyläther*. — Perfluorbuten-(1) → *Methyl-1.1.2.3.3.4.4.4-oktafluorbutyläther*, Kp. 75°, → *α.β.β.γ.γ.γ-Hexafluorbuttersäuremethylester*, Kp. 118°, → *α.β.β·γ.γ.γ-Hexafluorbutyramid*, → *α.β.β.γ.γ.γ-Hexafluorbutyronitril* → *Perfluorcrotonitril* → *Perfluorcrotonsäuremethylester*. (**A. P. 2 862 024** vom 3/1. 1956, ausg. 25/11. 1958.)

G. KRAUSS. H 810

E. I. du Pont de Nemours & Co., V.St.A. (Erfinder: Ralph Frederick Gilby jun., Charles Edward Hoberg und Murray Kenneth Phibbs), **Gewinnung von Dicarbonsäuren** u. ihren Anhydriden, bes. *Bernstein-*, *Glutar-* u. *Adipinsäure*, aus Gemischen mit aliphat. Monocarbonsäuren, Nitraten, HNO_3 u. W., wie sie durch Oxydation von Cyclohexan entstehen, dad. gek., daß HNO_3, Monocarbonsäuren

u. W. durch Erhitzen auf 150—180° entfernt werden, wobei auch die Nitrate zersetzt u. Metallionen durch Erhitzen auf 260° bei 100 Torr u. Behandeln mit Ionenaustauschern entfernt werden. Das zurückbleibende Gemisch wird durch Dest. bei 190—280° u. 10 bis 400 Torr dehydratisiert. Aus dem Destillat wird *Bernstein-* u. *Glutarsäureanhydrid* fraktioniert u. aus dem Rückstand *Adipinsäure* kristallisiert. — Verfahrensschema. (**F. P. 1 228 656** vom 23/6. 1959, ausg. 31/8. 1960. A. Prior. 26/6. 1958.) S. BÖTTCHER. H 820

Soc. An. des Manufactures des Glaces et Produits Chimiques de Saint-Gobain, Chauny et Cirey, Frankreich (Erfinder: Jean Imer), **Herstellung von Bernsteinsäureanhydrid,** dad. gek., daß Bernsteinsäure in Ggw. von Alkylsuccinaten, die durch Zusatz von Lauryl-, n-Octyl-, sek.-Octyl- oder Benzylalkohol in situ gebildet werden, zunächst $<$Kp. des Anhydrids, dann, nach Entweichen von W., auf $>$Kp. des Anhydrids erhitzt u. dieses bei 10—15 Torr dest. wird. (**F. P. 1 217 900** vom 12/12. 1958, ausg. 6/5. 1960.) S. BÖTTCHER. H 820

E. I. du Pont de Nemours & Co., Wilmington, übert. von: William Joseph Middleton, Claymont, Del., V.St.A., **Herstellung von 5-Amino-3-cyanpyrrol-2-sulfonsäure,** dad. gek., daß ein 1.1.2-Tricyanäthan der Formel I (R = H, KW-Stoff-Rest oder CN) mit einem Alkali- oder Erdalkalibisulfit umgesetzt wird. — Zwischenprodukt. (**A. P. 2 940 977** vom 23/1. 1958, ausg. 14/6. 1960.) W. HEYER. H 830

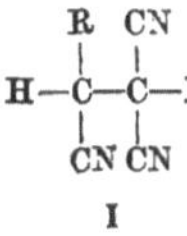

I

Ethyl Corp., New York, N.Y., übert. von: Harry D. Cooper, Walled Lake, Mich., V.St.A., **Aryloxycarbonsäuren** werden durch Hydrolyse von 1 (Mol) Arylhalogenid mit 1,5—3 Alkali- oder Erdalkalihydroxid, -oxid, -alkoholat, -hydrid oder -amid in Ggw. von 10—20 CH_3OH bei 150—200° unter Druck u. weiterer Rk. des entstehenden Gemisches mit 1—1,5 einer aliphat. α-Halogencarbonsäure bei 100—150° erhalten. — 1.2.4.5-Tetrachlorbenzol wird mit NaOH in CH_3OH 2 Std. lang auf 180° u. das entstehende Gemisch mit $ClCH_2COOH$ u. $ClCH_2COONa$ auf 120—175° erhitzt; nach dem Verdünnen mit W. wird *Na-2.4.5-Trichlorphenoxyacetat* erhalten, aus dem durch Zusatz von konz. HCl die *freie Säure,* F. 146—150°, entsteht. Ferner können umgesetzt werden: Chlor-, Dichlor-, Trichlorbenzol, Chlor- u. Polychlornaphthaline mit Bromessig-, α-Chlorpropion- u. α-Chlorbuttersäure. — *Unkrautbekämpfungsmittel, Weichmacher* u. *Zwischenprodukte.* (**A. P. 2 914 558** vom 30/6. 1953, ausg. 24/11. 1959.) G. KRAUSS. H 850

Celanese Corp. of America, V.St.A. (Erfinder: Edward Norwood Wheeler und Gene Jordan Fisher), **Herstellung von Lactonen,** z. B. *β-Propiolacton* aus Keten u. HCHO, dad. gek., daß als Katalysator eine Lsg. von gleichen Teilen $AlCl_3$ u. $ZnCl_2$ in Essigester verwendet wird. (**F. P. 1 227 828** vom 20/6. 1959, ausg. 24/8. 1960. A. Prior. 20/6. 1958.) S. BÖTTCHER. H 850

Chas. Pfizer & Co., Inc., V.St.A. (Erfinder: Edgar Kingdon Hamilton und George Lukacs), **Herstellung von Acetondicarbonsäurealkylestern,** dad. gek., daß Citronensäure bei 40—65° mit 95%ig. H_2SO_4 behandelt, SO_3 u. anschließend ein Alkohol zugesetzt wird. Der Ester wird mit einem chlorierten KW-Stoff (Chlf., Dichloräthylen, Tetrachloräthan, Cl_2CHCH_3, 1.5-Dichlorpentan, Cl_3CCH_3, Cl_2CHCH_2Cl, $Cl_3 \cdot CCH_2Cl$ oder 1.2.3-Trichlorpropan) unter Zusatz von 10—40% W. extrahiert. (**F. P. 1 218 098** vom 6/1. 1959, ausg. 9/5. 1960. A. Prior. 17/1. u. 17/7. 1958.) S. BÖTTCHER. H 870

Texaco, Inc., übert. von: Stanley R. Newman und Robert Y. Heisler, Fishkill, und Norman Alpert, Poughkeepsie, N.Y., V.St.A., **Kohlensäurederivate der Äthanolamine** der allg. Formel $ROCO\text{-}OCH_2CH_2\text{-}NH\text{-}COOR$ (R = Alkoxyalkylrest mit 2—18 C-Atomen), verwendbar als Weichmacher u. Plastifizierungsmittel für Textilien u. Leder u. als Zusatzstoffe für Motortreibstoffe u. Schmiermittel, werden durch Rk. von $COCl_2$ mit einem Alkohol oder Ätheralkohol u. anschließende Rk. der entstandenen Chlorameisensäureester mit einem Äthanolamin in Ggw. eines HCl-Acceptors, wie Pyridin oder Chinolin erhalten. — 1325 g Chlorameisensäureäthoxyäthylester wird tropfenweise zu einem gekühlten Gemisch aus 165 g $HOCH_2CH_2NH_2$ u. 725 g Pyridin so zugegeben, daß die Temp. bei $<$10° bleibt u. über Nacht bei bis Zimmer-Temp. ansteigender Temp. gerührt. Es werden 500 ml W. zur Auflösung von gebildetem Pyridinhydrochlorid zugesetzt. Die wss. Phase wird abgetrennt, der Rückstand mit 1 Liter 10%ig. HCl-Lsg., dann 4mal mit gesätt. Salz-Lsg. u. einer wss. $NaHCO_3$-Lsg. gewaschen, getrocknet, filtriert, die niedrig sd. Bestandteile im Vakuum bis 204° abgetrennt. Es wird $CH_3CH_2OCH_2CH_2OCOOCH_2CH_2NHCOOCH_2CH_2OCH_2CH_3$, n^{20} 1,4528, erhalten. ($H_5C_2 \cdot OC_2H_4OCOOCH_2CH_2)_2NCOOC_2H_4OC_2H_5$, n^{20} 1,4480; $(H_{11}C_5OCOOCH_2CH_2)_2NCOOC_5H_{11}$, n^{20} 1,4455; $(H_{11}C_5OCOOCH_2CH_2)_3N$, n^{20} 1,4509, werden analog hergestellt. (**A. P. 2 921 955** vom 11/12. 1956, ausg. 19/1. 1960.) A. MOHR. H 880

Shawinigan Chemicals Ltd., Canada, **Herstellung von Schwefelkohlenstoff.** Ein elementaren S in Dampfform enthaltender Gasstrom wird aufwärts durch ein Wirbelbett aus feinverteilten, elektr. leitenden Kohleteilchen geleitet, das elektr. auf 700 bis 1500° gehalten wird, wobei eine Kontaktzeit zwischen den Kohleteilchen u. dem strömenden Gas von 0,5—10 Sek. eingehalten wird. CS_2 wird aus dem die Wirbelschicht verlassenden Gasstrom abgeschieden. — Vorr. (3 Abb.). (**F. P. 1 213 975** vom 2/1. 1959, ausg. 5/4. 1960.) W. WITTHOLZ. H 880

Röhm & Haas G.m.b.H., Darmstadt (Erfinder: Wilhelm Gruber, Darmstadt, und Herbert Zima, Trostberg), **Herstellung von Dicyan** (I) durch Spalten von HCN (II) an Oxiden der Metalle der 4., 5. u. 6. Nebengruppe des Perioden-Syst. bei Temp. von 300—800° u. anschließendes Abtrennen von nicht umgesetztem **II**. Dabei wird dem HCN 15—50% der O_2-Menge zugesetzt, die theoret. für die Oxydation der gesamten **II**-Menge zu I erforderlich wäre. (**D. A. S. 1 116 641** Kl. 12k vom 19/8. 1960, ausg. 9/11. 1961. **Zusatz zu D. A. S. 1 079 612; C. 1960. 17 616.**) H. NEBELSIEK. H 890

Houdry Process Corp., V.St.A. (Erfinder: Adalbert Farkas und Merwin Dixon Oakes), **Abtrennung und Reinigung von Triäthylendiamin** (I), das neben Piperazin katalyt. aus einem Alkylenpolyamin (Diäthylentriamin) bei 300—430° u. 2 bis 5 at entsteht, dad. gek., daß das Gemisch in 3 Fraktionen zerlegt wird, von denen diejenige mit Kp. <130° der katalyt. Rk. erneut zugeführt wird, diejenige vom Kp. 130 bis 160° hauptsächlich Piperazin u. diejenige vom Kp. 160—190° hauptsächlich I enthält, das mit n-Pentan extrahiert wird. Die letzte Fraktion kann auch mit Zusatz von Estern, Alkylaromaten oder halogenierten KW-Stoffen vom Kp. 135—180° dest. werden, wonach durch Abkühlen auf 0—40° I abgetrennt wird. (**F. P. 1 218 214** vom 4/3. 1959, ausg. 9/5. 1960. A. Prior. 9/5. 1958.) S. BÖTTCHER. H 910

W. R. Grace & Co., New York, N.Y., übert. von: Bernard Rudner, Silver Spring, Md., V.St.A., **Herstellung von 1.1.1-trisubstituierten Hydraziniumsalzen** der allg. Zus. $[R^1R^2C(OH)-CR^3R^4-NR^5R^6-NH_2]^+X^-$ erfolgt durch Rk. eines N_2H_4-Salzes der Zus. $R^5R^6N-NH_2 \cdot HX$ mit einem mol. Unterschuß eines, bes. dampfförmigen Epoxids der Zus. $R^1R^2C\text{—}CR^3R^4$ (über O verbrückt) bei 50—200°, bes. 10—80°, vor allem in Ggw. eines Alkanols als Lsgm. u. unter H_2O-Ausschluß. — Zum Beispiel wird in eine sd. Lsg. von 9,7 (g) $(CH_3)_2NNH_2 \cdot HCl$ (I) innerhalb von 30 Min. 5 Äthylenoxid (III) eingeleitet, noch 30 Min. lang gekocht, das Lsgm. im Vakuum entfernt, das erhaltene Öl (12,2) mit Ae. gewaschen, im Vakuum getrocknet u. so *1.1-Dimethyl-1-[2-hydroxyäthyl]-hydraziniumchlorid*, F. 157—158°; *Pikrat*, F. 169°, erhalten. — *1.1-Diäthyl-1-[2-hydroxyäthyl]-hydraziniumbromid*, F. 191° (Zers.); *Pikrat*, F. 179—179,5°. — N-Aminomorpholin + **III** → *4-Amino-4-[2-hydroxyäthyl]-morpholiniumchlorid*, F. 152—153°. — N-Aminopiperidinhydrochlorid + Glycid (**II**) → *1-Amino-1-[2.3-dihydroxypropyl]-piperidiniumchlorid*, F. 176—178°. — **II** + **I** → Öl + Benzoylchlorid → Tribenzoat, F. 89—91°. — 1-Methyl-1-[2-hydroxyäthyl]-hydraziniumsulfat + **III** → *1.1-Bis-[2-hydroxyäthyl]-1-methylhydraziniumchlorid; Benzoyl-Verb.*, F. 166—166,5°. — 1-Methyl-1-benzylhydraziniumchlorid + Styroloxid (**IV**) → *1-Benzyl-1-methyl-1-[2-hydroxy-2-phenyläthyl]-hydraziniumchlorid*, F. 191—193° (Essigester). — Benzylphenylhydraziniumchlorid + **IV** → *1-Phenyl-1-benzyl-1-[2-hydroxy-2-phenyläthyl]-hydraziniumchlorid*, F. 62°. — **I** + **IV** → *1.1-Dimethyl-1-[2-hydroxy-2-phenyläthyl]-hydraziniumchlorid*, F. 146—148°. — **I** + 1,2-Diisobutylenoxid → *1.1-Dimethyl-1-[2.4.4-trimethyl-2-hydroxyamyl]-hydraziniumchlorid.* — **I** + Gemisch aus Epoxiden der allg. Zus. $CH_3-(CH_2)_n-CH-CH_2$ (über O verbrückt) (n = 13 u. 15 im Gew.-Verhältnis 6:4) → Gemisch aus *1.1-Dimethyl-1-[2-hydroxyhexadecyl-* u. *-octadecylhydraziniumchlorid*, F. 53 bis 55°. — Beispiele für die Rk. von I mit dem Diepoxyester $CH_3-(CH_2)_7-CH-CH\cdot(CH_2)_7-COO-CH_2-CH-CH_2$ (beide CH—CH über O verbrückt), mit Acetoxyepoxystearinsäureglyceryltriester u. mit Vinylcyclohexendioxid. — Acetaldehydphenylhydrazon + Benzyläthylenoxid → *2-Phenyl-1-äthyliden-1-[2-hydroxy-3-phenylpropyl]-hydraziniumchlorid.* — Acetonazin + Propylenoxid → *1.2-Bis-isopropyliden-1-(β-hydroxypropyl)-hydraziniumbromid*, F. 211° (Zers.) wird von W. hydrolysiert zu $(CH_3)_2CO$ u. *2-Hydroxypropylhydraziniumbromid.* — Reinigungsmittel, Baktericide, Weichmacher, Antistatica, Emulgatoren, Zwischenprodd. zur Herst. von Polymerisaten, Antioxydantien, Ausflockmittel u. Textilanimalisierungsmittel. (**A. P. 2 953 570** vom 13/6. 1957, ausg. 20/9. 1960.)

O. MÜLLER-MEININGEN. H 920

Inventa Akt.-Ges. für Forschung und Patentverwertung Luzern, Luzern (Erfinder: Claus Berther, Chur), Schweiz, **ε-Aminocapronsäure (I)** wird aus verd. wss. Lsgg. von Caprolactam (II) u. dessen Oligomeren, bes. Waschwässern (III), wie sie beim Auswaschen der Polymerisate von II anfallen, dadurch gewonnen, daß diese Lsgg. bei Temp. bis zu 150° mit einem stark sauren Ionenaustauscher behandelt u. die gebundene I mit wss. NH_4OH bzw. einer ammoniakal. I-Lsg., ggf. bei erhöhter Temp., eluiert wird. Werden z. B. 50000 Vol.-Teile auf 115° erwärmtes III (Trockenrückstand 1,7 g/Liter) 30 Std. lang durch ein mit frisch aktiviertem „Permutit RS" beschicktes V 4 A-Rohr geschickt, wird die Austauschersäule mit CH_3OH, dann mit CH_2Cl_2, wieder mit CH_3OH u. W. gewaschen, mit 2n NH_4OH eluiert, die NH_4OH-Lsg. im Vakuum eingedampft, so werden 75 Gew.-Teile rohe I, die durch Umkristallisieren aus wss. CH_3OH in reiner Form isoliert werden kann, erhalten. (**Schwz. P. 344 071** vom 8/5. 1956, ausg. 15/3. 1960. **Zusatz zu Schwz. P. 337 209; C. 1960. 15910.**) A. MOHR. H 950

E. I. du Pont de Nemours & Co., V.St.A., **Herstellung von dl-Glutaminsäure,** F. 195—197°, dad. gek., daß ein 3-substituiertes Cyclopenten-Deriv. mit HNO_3, CrO_3, O_3 oder $KMnO_4$, bes. mit 30—70%ig. HNO_3, oxydiert u. die entstehende substituierte Glutaminsäure durch Erhitzen mit W. in Ggw. einer Mineralsäure hydrolysiert wird. — Dicyclopentadien wird durch Erhitzen in einem Mineralöl oder in Ggw. eines Fe-Katalysators depolymerisiert zu *Cyclopentadien*, das mit HCl zu *3-Chlorcyclopenten* u. dieses mit fl. NH_3 zu *3-Aminocyclopenten* umgesetzt wird; mit Phthalsäure, ihrem Anhydrid bzw. Adipinsäure oder anderen Säuren bzw. Anhydriden wird erhalten *N-[Cyclopenten-(2)-yl]-phthalimid, N.N'-Bis-[cyclopenten-(2)-yl]-adipamid,* F. 231—234° (Zers.), *-pyromellitdiimid,* F. 254—258°, *-succinamid,* F. 248—250°, *N-[Cyclopenten-(2)-yl]-acetamid,* F. 71 bis 73°, *-succinimid,* $Kp._8$ 138—140°, *-benzamid,* F. 122—123°; durch Oxydation wird *Phthalyl-,* F. 170—185°, *N-Acetyl-,* F. 180—182°, u. durch Hydrolyse freie *dl-Glutaminsäure* erhalten. — Vgl. D. A. S. 1 073 502; C. **1961.** 659. (**F. P. 1 212 019** vom 14/6. 1957, ausg. 21/3. 1960.) S. BÖTTCHER. H 950

Union Carbide Corp., V.St.A. (Erfinder: Donald Leroy Bailey), **Herstellung von Organosiliciumverbindungen.** Zu A. PP. 2 883 397; C. **1960.** 7684, 2 888 454; C. **1960.** 7018, 2 888 479; C. **1960.** 7341, 2 913 473; C. **1960.** 16641, 2 913 474; C. **1961.** 1749, 2 920 092; C. **1961.** 3836 u. 2 920 093; C. **1960.** 17297, sind zu ergänzen: *Bis-[trimethylsiloxy]-octylmethylsilan,* $Kp._{0,3}$ 84—88°, n_D^{25} 1,4128, aus Heptamethyltrisiloxan u. Octen-(1). — $[\{(CH_3)_2SiO\}_{15}(C_8H_{17})_2SiO]_x$, aus einem Polysiloxan. — *Bis-[trimethylsiloxy]-vinylmethylsilan,* $Kp._{8,8}$ 46—48°, n_D^{25} 1,3941—1,3942, aus C_2H_2. — *Vinylpentamethyldisiloxan,* Kp. 120—120,5°, n_D^{25} 1,3920—1,3930, aus Pentamethyldisiloxan. — *β-[2-Methoxyäthoxy]-äthyl-bis-[trimethylsiloxy]-methylsilan,* $Kp._{0,5}$ 70—72°, n_D^{25} 1,4093, aus [2-Methoxyäthoxy]-äthylen. — *β-Carbomethoxyäthyl-bis-[trimethylsiloxy]-methylsilan,* $Kp._{0,2}$ 40—42°, n_D^{25} 1,4046, aus Bis-[trimethylsiloxy]-methylsilan u. Acrylsäuremethylester. — *β-Acetoxyäthyl-bis-[trimethylsiloxy]-methylsilan,* $Kp._8$ 72°, n_D^{25} 1,3919, aus Essigsäurevinylester. — *β-Methylvinyloxy-bis-[trimethylsiloxy]-methylsilan,* Kp. 189—191°, n_D^{25} 1,3970, aus Acrolein. — *β-Äthylvinyloxy-bis-[trimethylsiloxy]-äthylsilan,* $Kp._{0,5}$ 55 bis 57°, n_D^{25} 1,4076, aus Bis-[trimethylsiloxy]-äthylsilan u. Crotonaldehyd. — *γ-Glycidoxypropyl-bis-[trimethylsiloxy]-methylsilan,* $Kp._{0,2}$ 94—98°, n_D^{25} 1,4200, aus Allylglycidyläther. — *γ-Acetoxypropyl-bis-[trimethylsiloxy]-methylsilan,* $Kp._{0,8}$ 67—70°, n_D^{25} 1,4098, aus Essigsäureallylester. — *γ-Hydroxypropyl-bis-[trimethylsiloxy]-äthyl-,* $Kp._{0,8}$ 82—86°, n_D^{25} 1,4186, u. *-methylsilan,* $Kp._2$ 82—85°, n_D^{25} 1,4133, aus Allylalkohol. — *1.1-Dimethyl-1.2-siloxacyclopentan,* Kp. 103—104°, n_D^{25} 1,4190, $D.^{25}$ 0,873. — *γ-Cyanpropyl-bis-[trimethylsiloxy]-methylsilan,* $Kp._{0,6}$ 68—78°, n_D^{25} 1,4058, aus Allylcyanid. (**F. P. 1 224 081** vom 17/12. 1958, ausg. 22/6. 1960. A. Prior. 17/12. 1957. **A. P. 2 970 150** vom 17/12. 1957, ausg. 31/1. 1961.) S. BÖTTCHER. H 980

Union Carbide Corp., übert. von: Enrico J. Pepe, Kenmore, N.Y., V.St.A., **Chlorcyanalkenylsilane und -siloxane.** Silane der allg. Formel $[NC-C(Cl)=C(H)-(CH_2)_c]_aSi(R_b)X_{4-(a+b)}$, worin c = 0—4, R CH_3 oder C_6H_5, X Cl oder F, a 1, 2 oder 3, b = 0, 1 oder 2 u. a + b = 1, 2 oder 3 sind, werden durch Dehydrochlorierung oder Dechlorierung von Silanen der allg. Formel $[NC-C(Cl)_2-C(H_{2-e}(Cl_e)-(CH_2)_c]_aSi\cdot(R_b)X_{4-(a+b)}$, worin e = 0 oder 1 ist, durch Erhitzen erhalten. Durch Rk. der Silane mit Alkoholen oder Trialkylorthoformiaten werden Alkoxysilane erhalten. Die Silane geben bei der Hydrolyse u. Kondens. die entsprechenden Polysiloxane, wobei die Konz. des entwickelten Halogenwasserstoffs (I) möglichst niedrig gehalten werden muß, um die Hydrolyse der CN-Gruppe oder Anlagerung von I an die Doppelbindung zu verhindern. — 13,6 Mol 2-Cyanäthyltrichlorsilan werden bei 10° mit trockenem HCl behandelt, bis die Aufnahme von HCl beendet ist. Unter UV-Lichtbestrahlung wird dann 6 Std. lang Cl_2-Gas bei 70—80° durchgeleitet, sodann N_2 durchgeblasen, um gelösten HCl u. Cl_2 zu entfernen. Das Prod. wird bei Normaldruck durch eine 20 Böden-Kolonne dest., wobei reichlich HCl entwickelt wird. Bei der Dest. wird *2-Chlor-2-cyanvinyltrichlorsilan* (II), $Kp._{750}$ 181°, n_D^{25} 1,4888, neben *2.2-Dichlor-2-cyanäthyltrichlorsilan*, $Kp._{750}$ 205°, erhalten; II + $HC(OC_2H_5)_3$ → *2-Chlor-2-cyanvinyltriäthoxysilan*, $Kp._{0,5}$ 57°, n_D^{25} 1,4321. Die Silane sind *Ausgangsstoffe für Siloxane*, können jedoch auch mit anderen ungesätt. Verbb. zu Harzen polymerisiert werden. Die Siloxane können als *Schmiermittel für Stahl auf Stahl* dienen. (**A. P. 2 968 666** vom 3/8. 1959, ausg. 17/1. 1961.) J. Mühleisen. H 980

General Aniline & Film Corp., New York, N.Y. (Erfinder: Leslie Millard Schenck, Westfield, N.J.), V.St.A., **Herstellung von 4-Chlornitrotoluolen,** dad. gek., daß p-Chlortoluol in Ggw. eines gesätt. aliphat. mono- oder polyhalogenierten KW-Stoffs mit 1—6 C-Atomen (Äthylen-, Propylen- oder α-Butylendichlorid, Trimethylen- oder Butylidendichlorid) auf —5 bis 15° abgekühlt, Nitriersäure (59—67% H_2SO_4, 30—36% HNO_3 u. 4—10% W.) zugesetzt u. dieses Gemisch 3—5 Std. lang bei der genannten Temp. gehalten wird, worauf es mit W. verd. wird, die rohen 4-Chlornitrotoluole abgetrennt, mit W. u. verd. Alkali gewaschen u. getrocknet werden. Es werden weniger höhere Nitrierungs-Prodd. erhalten, der Dinitro-Geh. beträgt z. B. 0,18%, u. das Isomerenverhältnis 2-Nitrochlortoluol zu 3-Nitrochlortoluol hat sich von 65:35% (wie nach den bisherigen Verff. erhalten) zu 72,5:27,5% verändert. (**Schwz. P. 356 114** vom 10/12. 1956, ausg. 29/9. 1961. A. Prior. 13/12. 1955.) W. Gräger. H 1010

Farbenfabriken Bayer Akt.-Ges., Deutschland (Erfinder: Rudolf Stroh, Ernst Oltay und Walter Krönig), **Herstellung von Diisopropylbenzol,** dad. gek., daß Bzl. oder Isopropylbenzol in Ggw. von 3—5 Gew.-% $AlCl_3$ bei 10° bis zum Kp. des Rk.-Gemisches mit Propen umgesetzt wird, wobei HCl eingeleitet wird. (**F. P. 1 219 041** vom 20/3. 1959, ausg. 13/5. 1960. D. Prior. 21/3. 1958.) S. Böttcher. H 1010

Imperial Chemical Industries Ltd., London, England (Erfinder: William Gordon Allan), **2.4-Dinitroresorcin (I),** verwendbar als Sprengstoffkomponente u. Bestandteil von gaserzeugenden Stoffgemischen, wird durch Disulfonierung von Resorcin (II) mit überschüssiger konz. H_2SO_4 unter Erwärmen, Abkühlen, Nitrieren mit einem geringen Überschuß an konz. HNO_3 [wenig mehr als 2 (Mol) HNO_3 pro II] bei 20—25°, Zusetzen von W., Entfernen von 2.4.6-Trinitroresorcin zusammen mit anderen nicht gelösten Bestandteilen, Kochen der erhaltenen verd. Lsg., wobei H_2SO_4 in einer Menge anwesend sein soll, die mehr als das 10fache des ursprünglichen II-Gew. ausmacht, in einer Konz., die zur Bldg. einer Lsg. mit einem Kp. von 130—135° ausreicht u. das entstandene I in Lsg. zu halten vermag, erhalten. — Beispiel. (**E. P. 847 211** vom 15/8. 1952, ausg. 7/9. 1960.) A. Mohr. H 1060

Dow Chemical Co., Midland, Mich., übert. von: John S. Smith, Lake Jackson, Tex., V.St.A., **Glyceryläther** der allg. Formel I (n = 0—4; R = Halogen oder Alkyl oder deren Kombination; R' = H, Halogen, Alkyl oder die Gruppe II, wobei m = 0 oder 1; A = 2wertiger aliphat. KW-Stoff-Rest mit 1—4 C-Atomen) werden durch

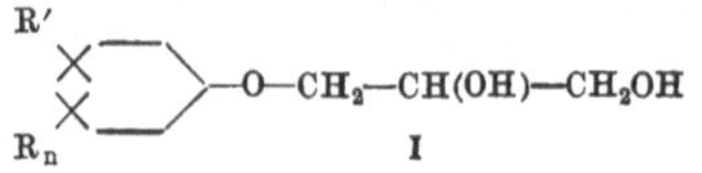
I

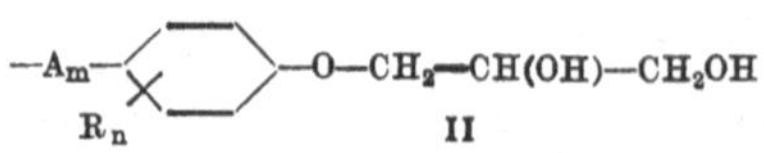
II

Rk. von 3-Chlorpropylen-(1.2)-carbonat (III) mit einem Phenol oder Alkyliden-bisphenol oder deren halogen- bzw. alkylsubstituierten Homologen oder Analogen erhalten. — So wird durch 2½std. Kochen eines Gemisches aus 94 g Phenol, 136,5 g III, 150 ml Bzl. u. 3 ml W., das mit 10,2 g festem NaOH versetzt ist, am Rückflußkühler, Filtrieren u. Waschen des Rk.-Gemisches u. fraktionierte Dest. des Filtrats 119 g (70% Ausbeute) *3-Phenoxypropandiol-(1.2)*, F. 50—52°, $Kp._{0,6}$ 129—142°, erhalten. *2.2-Bis-[p-(2.3-dihydroxypropyloxy)-phenyl]-propan* entsteht analog aus III u. Isopropylidendiphenol. (**A. P. 2 967 892** vom 12/11. 1959, ausg. 10/1. 1961.) A. Mohr. H 1070

Chinoin Gyógyszer és Vegyészeti Termékek Gyára R. T. (Erfinder: Reszö König und Zoltán Földi), Budapest, Ungarn, **Herstellung von Anilindisulfonsäurechloridderivaten** der allg. Formel I (R = H oder niedermol. Alkylgruppe; R_1 = Alkylgruppe) durch Rk. von 3-Chloranilin-4.6-disulfonsäuredichlorid (II) mit einem α-Halogenäther in Aceton bei Raumtemperatur. Zu 9,75 g II werden 6 ml abs. Aceton u. 3 ml Monochlordimethyläther gegeben, das Rk.-Gemisch wird nach mehrstd. Stehen im Vakuum eingedampft u. der Rückstand mit kaltem Chlf. behandelt: 10,1 g *N-[Methoxymethyl]-3-chloranilin-4.6-disulfonsäuredichlorid*, F. 165° (Zers.). (**Oe. P. 212310** vom 14/9. 1959, ausg. 12/12. 1960. Ung. Prior. 17/2. 1959.) L. Grossner. H 1090

I

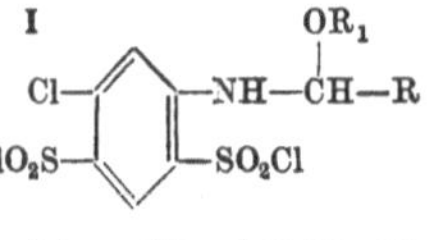

Minnesota Mining & Mfg. Co., St. Paul, Minn., übert. von: Louis A. Erreden, Westfield, und Stafford L. Hopwood jun, Cedar Grove, N.J., V.St.A., **Aromatische und heterocyclische Aldehyde und Alkohole** werden durch Polymerisation von Chinodimethan, das noch einen anellierten benzoiden oder heterocycl. Ring enthalten kann, oder Chinopyrimidinyldimethan in Ggw. von O_2 bei -120 bis $+50^0$ u. Zers. des entstandenen polymeren Peroxides bei 50—200° erhalten. Die Rk. kann in fl. oder gasförmigem Zustand durchgeführt u. das Peroxid im Maße seiner Bldg. zersetzt werden. — Durch eine Lsg. von p-Chinodimethan in Aceton (erhältlich z. B. nach A. P. 2 777 005; C. **1961.** 14116) wird bei 0° O_2 geleitet. Das entstandene Poly-p-xylylenperoxid, O-Geh. 23,8%, wird bei 2 Torr auf 90° erhitzt, wodurch ein Sublimat mit F. 40—90° in 80%ig. Ausbeute erhalten wird, aus dem durch Fraktionieren mit Bzl. u Hexan *Terephthalaldehyd, p-Xylylenglykol* u. *p-Hydroxymethylbenzaldehyd* abgetrennt werden. Durch Oxydation des Sublimates mit $K_2Cr_2O_7$ u. Zusatz von CH_3OH entsteht *Terephthalsäuredimethylester.* Wird das Peroxid in W. bei 100° zersetzt, so wird. vorst. Aldehyd in 63%ig. Ausbeute erhalten. Die Ausbeute an Glykolen wird durch Zusatz von reduzierenden Mitteln ($FeSO_4$, Cu_2SO_4, Mercaptane, Thiophenol, Amine) bei der Zers. des Peroxides erhöht. Weitere Ausgangsstoffe sind: 2-Methyl-, 2.3-Dimethyl-, 2-Chlor-, 2-Fluor-, 2.5-Difluor-p-chinodimethan u. die durch Pyrolyse aus 2.5-Dimethylpyrazin, 2.5-Lutidin, 5.8-Dimethylchinolin oder -isochinolin, 5.8-Dimethylchinazolin, 5.8-Dimethylchinoxalin, 2.3.5-Trimethylpyrazin, 2.3.5.6-Tetramethylpyrazin, 5.6.8-Trimethylchinolin, 2.3.5-Trimethylpyridin, 2.5-Dimethyl-6-chlorpyrazin, 1.4-Dimethylnaphthalin, 1.2.3.4.6.7-Hexamethylnaphthalin, 6-Chlor-1.4-dimethylnaphthalin u. 2.3.-6.7-Tetrachlor-1.4-dimethylnaphthalin erhaltenen Chinodimethane. — Vorr., Zeichnung. (**A. P. 2 864 865** vom 4/5. 1955, ausg. 16/12. 1958.) G. KRAUSS. H 1110

Soc. des Usines Chimiques Rhône-Poulenc, Frankreich (Erfinder: Igor Scriabine), **Herstellung alkylaromatischer Aldehyde,** dad. gek., daß Acrolein (I) oder seine Homologen in Ggw. von $TiCl_4$ (II) u. ggf. BF_3 mit aromat. Verbb. kondensiert werden. — Unter Ausschluß von Luftfeuchtigkeit wird Cumol (III) mit α-Methacrolein bei —10° unter Zusatz von II u. BF_3-Ätherat umgesetzt u. *p-Isopropyl-α-methylhydrozimtaldehyd,* $Kp._1$ 92°, *Semicarbazon,* F. 170° erhalten. Analog *Methyl-*, $Kp._{1,5}$ 92—93°, n_D^{30} 1,5171, u. *Isopropylhydrozimtaldehyd,* $Kp._{0,5}$ 89—92°, n_D^{25} 1,511, aus I u. Toluol bzw. III. (**F. P. 1 229 634** vom 1/8. 1957, ausg. 8/9. 1960.)
S. BÖTTCHER. H 1120

American Cyanamid Co., New York, N.Y., übert. von: John F. Hosler, Bound Brook, N.J., und Stanley J. Storfer, Brooklyn, N.Y., V.St.A., **Entalkylieren der Alkoxygruppen in o-Alkoxybenzophenonen, die wenigstens einen p-ständigen Alkoxysubstituenten enthalten.** Zu diesem Zweck werden die Benzophenonabkömmlinge in einem gegen FRIEDEL-CRAFTS-Katalysatoren inerten Lsgm. in Ggw. von mindestens 0,025 (Mol) u. höchstens 0,6 eines Al-Halogenids u. von wenigstens 1 HBr, jeweils bezogen auf 1 Äquivalent zu entalkylierende o-Alkoxygruppe, bis zu 180°, bes. 80—100° erhitzt. — Z. B. wird durch ein auf 90—95° unter Rühren erhitztes Gemisch aus 1 (Mol) 2-Hydroxy-2'.4.4'-trimethoxybenzophenon, 0,1 $AlCl_3$ u. 1000 Teilen Chlorbenzol HBr geleitet, bis die Rk. beendet ist, u. entstandenes *2.2'-Dihydroxy-4.4'-dimethoxybenzophenon* durch Abtreiben des Lsgm. mit H_2O-Dampf u. Umkristallisieren aus A. erhalten. Analog wird *2.2'-Dihydroxy-4-methoxy-4'-äthoxybenzophenon* aus 2-Hydroxy-4-äthoxy-2'.4'-dimethoxybenzophenon u. *2.2'-Dihydroxy-4-methoxybenzophenon* aus 2-Hydroxy-2'.4'-dimethoxybenzophenon erhalten. (**A. P. 2 928 878** vom 25/7. 1958, ausg. 15/3. 1960.) A. MOHR. H 1180

Österreichische Stickstoffwerke Akt.-Ges. (Erfinder: Werner Obendorf), Linz, Österreich, **Herstellung von O- oder N-[2.3.4.6-Tetrajodbenzoyl]-Verbindungen** durch Rk. von 2.3.4.6-Tetrajodbenzoylchlorid (I) mit aliphat., aromat. oder heterocycl. Hydroxyverbb. oder deren Metallderivv., mit aliphat., araliphat. oder aromat. prim. oder sek. Aminen oder heterocycl. Amino-Verbb. oder mit am N-Atom acylierbaren N-haltigen Heterocyclen oder mit ggf. substituierten aliphat. oder aromat. Verbb., die eine Hydrazinogruppe enthalten, in Ggw. säurebindender Stoffe. — *2.3.-4.6-Tetrajodbenzoesäure,* F. 259° u. F. 298—299° (CH_3OH), aus 67 (g) 3-Amino-2.4.6-trijodbenzoesäure durch Diazotierung in Ggw. von konz. H_2SO_4 u. 85%ig. H_3PO_4 u. Rk. mit KJ, 73 g (Ausbeute). **I**, F. 109°, aus der Säure durch Erwärmen mit $SOCl_2$ auf 60°; 95,75%. *Methylester,* F. 149—150°, aus 3,22 **I** durch 2½ std. Kochen in CH_3OH; 2,1 g. *Piperidid,* F. 232—234°, aus I in Bzl. durch 10 Min. langes Erhitzen mit Piperidin, 76,5%. *Anilid,* F. 285—289°, aus I u. Anilin durch Erhitzen auf 80°; 92,75%. *Phenylester,* F. 172—175°, aus I u. Phenol durch 1std. Erhitzen auf dem Wasserbad, Aufnehmen in Pyridin, Eingießen in W. u. Ae.-Extraktion; 84,4%. — (*2.3.4.6-Tetrajodbenzoyl* = **T**): N-T-*α-aminobuttersäureäthylester,* F. 161° (A.), aus α-Aminobuttersäureäthylester u. I durch Erhitzen in Aceton; 98%. *Na-Salz*, aus dem Äthylester durch Kochen in methanol. NaOH; 86,79%. — *N*-**T**-*dl-phenylglycinäthylester*, F. 216—224°, aus I u. Phenylglycinäthylester durch Erhitzen auf 135°; 99,6%. *Säure*, F. 267—280° (Zers.), aus dem Äthylester durch Kochen in methanol. NaOH; 90,3%. — *N*-**T**-*sarkosinäthylester*, aus I u. Sarkosinäthylester durch Erhitzen in Aceton auf 70°; 96%. *Na-Salz*, F. 121—126°, aus 24,5 Äthylester durch Kochen in methanol. NaOH; 22 g. — *N*-**T**-*anthranilsäure*, F. 289—295°, aus dem Methylester in Glykolmonoäthyläther durch Erhitzen mit methanol. NaOH; 86,85%. *Methylester*, F. 240°, aus I u. Anthranilsäuremethylester durch Rk. bei 170°; 99%. — *N*-**T**-*p-aminobenzoesäureäthylester*, F. 228 bis 230°, aus I u. p-Aminobenzoesäureäthylester; 98,3%. — *N*-**T**-*2-aminothiazol*, F. 180° (Zers.; Propanol), aus I in Dioxan durch Erhitzen mit 2-Aminothiazol in Ggw. von $(C_2H_5)_3N$; 95,3%. — *O*-**T**-*3-hydroxypyridin*, F. 226—234° (Glykolmonoäthyläther), aus I u. 3-Hydroxypyridinhydrochlorid durch 16std. Erhitzen in Dioxan auf 130; 39,4%. — **T**-*Phenylhydrazin*, F. 231—235° (Glykolmonoäthyläther), aus I u. Phenylhydrazin durch Kochen in Ae. in Ggw. von K_2CO_3; 89,5%. (**Oe. P. 209 897** vom 3/12. 1958, ausg. 25/6. 1960.) Eberhard Riedel. H 1210

Antonín Majrich, Pardubice, Tschechoslowakei, **Terephthalsäuredimethylester (I)** wird durch Oxydation eines Gemisches aus 25—50% p-Xylol u. 75—50% p-Toluylsäuremethylester (II) mit O_2 in Ggw. eines Oxydationskatalysators, bes. Co-Naphthenat, bei 160—200° u. Verestern des aus p-Toluylsäure u. Terephthalsäuremonomethylester bestehenden Oxydations-Prod. in Ggw. eines Veresterungskatalysators, bes. konz. H_2SO_4, erhalten, wobei ein Gemisch von **II** u. **I** entsteht, aus dem **I** abgetrennt u. **II** nach Reinigung wieder in die Rk. zurückgeführt wird. Fast 100%ig. Umwandlung von p-Xylol; einfache Apparatur. (**E. P. 862 391** vom 12/3. 1957, ausg. 8/3. 1961.) L. Stadelmann. H 1220

VEB Leuna-Werke „Walter Ulbricht", Deutschland, **Herstellung von Salicylsäureamid**, dad. gek., daß durch Dest. gereinigte Salicylsäureester (z. B. der Methylester) bei 20—50° mit durch Filtrieren, Sedimentieren u. Behandeln mit Ionenaustauschern gereinigtem Ammoniakwasser in Glas-, Quarz-, Emaille- oder Tongefäßen, die mit Ni-Cr-Legg. ausgekleidet sind, umgesetzt werden. (**F. P. 1223213** vom 5/1. 1956, ausg. 15/6. 1960.) S. Böttcher. H 1250

VEB Leuna-Werke „Walter Ulbricht", Deutschland, **Gewinnung von Salicylsäureamid**, F. 140—140,5°, aus Lsgg., die aus der Behandlung von Salicylsäureestern mit NH_4OH stammen, dad. gek., daß man in die vorgewärmte Lsg. bei 105—120° Wasserdampf einleitet u. den frei gewordenen Alkohol (Methanol) u. NH_3 in einer Kolonne mit Wasserdampf abdestilliert. — Schema der Anlage. (**F. P. 1 223 214** vom 5/1. 1956, ausg. 15/6. 1960.) S. Böttcher. H 1250

Lakeside Laboratories, Inc., übert. von: John H. Biel, Milwaukee, Wis., V.St.A., **Herstellung von Phenylalkylhydrazinen** der allg. Zus. $(R')_nC_6H_{5-n}\cdot Z\cdot CH(R)\cdot NH\cdot NH_2$ (Z = Alkylen; R = H oder niedermol. Alkyl, R' = H, Alkyl, Alkoxy, Aryl, Aralkyl, Aralkoxy, OH, Polyalkoxy, Alkylendioxy, Dioxy oder Halogen) erfolgt durch katalyt. Red. der entsprechenden Hydrazone mit H_2 bei 20—80° in Ggw. von Pt oder Pt-Oxid (I), von CH_3COOH u. einem niedermol. Alkanol. — Z. B. wird ein Gemisch aus 741 (g) (= 5,0 Mol) 1-Phenyl-2-propylidenhydrazin, 300 (5,0 Mol) Eisessig u. 900 cm³ absol. A. bei 30—50° u. 1,875 lbs./sq.in. H_2-Druck in Ggw. von 10 I reduziert. Nach Aufarbeiten werden 512 (68%) *1-Phenyl-2-propylhydrazin*, $C_9H_{14}N_2$; $Kp._{0,3}$ 85°; n_D^{20} 1,5375; *Hydrochlorid* $C_9H_{15}ClN_2$, F. 124—125° (CH_3CN) erhalten. — *2-Phenylpropyl-(1)-hydrazin*, $C_9H_{14}N_2$; $Kp._{0,1}$ 70°; n_D^{20} 1,5417. — Propiophenonhydrazon → *α-Äthylbenzylhydrazin*. — *1-[3.4-Methylendioxyphenyl]-2-propylhydrazin*. (**A. P. 2978461** vom 21/11. 1958, ausg. 4/4. 1961.) O. Müller-Meiningen. H 1300

Food Machinery & Chemical Corp., V.St.A., **Herstellung von m-Chloranilin**, dad. gek., daß mit anderen Isomeren verunreinigtes m-Chlornitrobenzol mit 20%ig. wss. NaSH erwärmt, die organ. Phase abgetrennt u. dest. wird. (**F. P. 1 224 749** vom 21/5. 1959, ausg. 27/6. 1960.) S. Böttcher. H 1310

Farbenfabriken Bayer Akt.-Ges., Deutschland (Erfinder: Hans Holtschmidt), **Herstellung von Phosphorsäureisocyanatderivaten** der allg. Formel *RP(:X)(R')R''* (X = O oder S; R = O-Aryl-, O-Aralkyl-, O-Alkaryl-, O-Cycloalkaryl-, S-Aryl-, S-Aralkyl-, S-Alkaryl-, S-Cycloalkaryl-, N-[Aryl]₂-, N-[Alkyl][Aryl]-, N-Alkaryl]₂-, N-[Aralkyl]₂-, N-[Cycloalkaryl]₂-Gruppe; R' u. R'' = R oder O-Alkyl-, O-Cycloalkyl-, S-Alkyl-, S-Cycloalkyl-, N-[Alkyl]₂- oder N-[Cycloalkyl]₂-Gruppe; mindestens ein Arylrest trägt eine Isocyanatgruppe), dad. gek., daß entsprechende Aminoarylphosphate oder -thiophosphate mit $COCl_2$ umgesetzt werden. — *Tri-[4-isocyanatophenyl]-phosphat* u. *-thiophosphat*, *Tri-[4-isocyanatobenzyl]-phosphat* u. *-thiophosphat*, *4-Isocyanatophenyldiäthylphosphat* u. *-thiophosphat*, *Cyclopentadienyl-4-isocyanatophenylphosphor-* u. *-thio-*

phosphorsäuredimethylamid, Äthylvinyl-4-isocyanatonaphthylphosphat u. *-thiophosphat, Äthylphosphor-* u. *-thiophosphorsäure-bis-[N-methyl-N-(4-isocyanatophenyl)-amid], Tris-[3-isocyanato-5-methylphenyl]-phosphat, -thiophosphat* u. *-dithiophosphat, Tris-[4-isocyanatophenyl]-dithio-* u. *-tetrathiophosphat, 4-Isocyanato-6-chlorphenyldiäthylphosphat* u. *-thiophosphat, Tris-[4-isocyanatobenzyl]-dithiophosphat, Phenylphosphorsäure-bis-[N-(4.4'-diisocyanatodiphenyl)-amid]* u. *-[N-(3.3'-diisocyanato-5.5'-dimethyldiphenylamid)], Diphenylphosphorsäure-N-[4-isocyanatonbenzyl]-amid*, aus Tris-[p-aminophenyl]-phosphat (F. 155°), -thiophosphat, p-Aminophenyldiäthylthiophosphat, Bis-[p-aminophenyl]-phosphorsäuredimethylamid (F. 101—103° [Zers.]), -methylphenylamid (F. 110—111°), die durch Red. der entsprechenden Nitro-Verb. erhalten werden. (**F. P. 1 225 715** vom 5/2. 1959, ausg. 4/7. 1960. D. Prior. 6/2. 1958.) S. BÖTTCHER. H 1380

E. I. du Pont de Nemours & Co., übert. von: Fred W. Hoover, Wilmington, Del., V.St.A., **o-Divinylbenzole** werden durch Rk. von Divinylacetylen (I) mit einem Acetylen der allg. Formel R—C≡C—R' (R u. R' = H, gleiches oder verschiedenes Alkyl) bei —80 bis +100, bes. —20 bis +15° in Ggw. eines Metallalkyls oder Metallhydrids der Metalle der 1.—3. Gruppe u. einer Metall-Verb. der 4.—8. Gruppe des Perioden-Syst. (Li-, Na-, K-, Ca-, Sr-, Mg-, Zn-, B- u. Al-Hydrid, Butyl-Li, $(C_2H_5)_2Zn$, Dibutyl-Mg, Triäthyl-, Triamyl-Al, $(CH_3)_3B$, $TiCl_3$, TiF_4, $TiCl_2$, $ZrCl_2$, $ZrCl_3$, $ZrBr_2$, $FeCl_3$, $VOCl_3$, VCl_5, $MoCl_6$, $MoCl_5$, $CoCl_2$, $NiCl_2$, Ti-Isopropylat) u. eines Lsgm. (Toluol, Xylol, Cyclohexan, Dekahydronaphthalin) erhalten. — Aus 20 g I in 60 cm³ Toluol in Ggw. von 5 cm³ Triisobutyl-Al bei —20° (Kühlen mit Aceton + festem CO_2) u. Zusatz von O_2-freiem C_2H_2 → *o-Divinylbenzol*, $Kp._{4,5}$ 59—60°; (Ausbeute) 30%. — Methylacetylen → *Dimethyl-o-divinylbenzol*, $Kp._{0,2}$ 50—51°; 28%. — Ferner sind noch umsetzbar: Monophenyl-, Diphenyl-, Cyclohexylacetylen, Hexin-(2) u. -(3). — *Zwischenprodd.* zur Herst. von *Polymeren* u. *Mischpolymeren*, bes. mit Styrol, Carbonsäureallyl- u. -methallylestern, ungesätt. Äthern, Ketonen, Dienen u. Butadien. (**A. P. 2 933 541** vom 9/6. 1958, ausg. 19/4. 1960.) G. KRAUSS. H 1410

Badische Anilin- & Soda-Fabrik Akt.-Ges., Deutschland (Erfinder: Heinrich Pasedach und Matthias Seefelder), **Herstellung von Äthinyl-β-jonol**, $Kp._{0,8}$ 96—98°, dad. gek., daß Jonon in einem Lsgm. [$HCON(CH_3)_2$, Tetrahydrofuran, Bzl.], in Ggw. von HC≡CNa unter Druck mit C_2H_2 umgesetzt wird. (**F. P. 1 218 737** vom 20/2. 1959, ausg. 12/5. 1960. D. Prior. 22/2. 1958.) S. BÖTTCHER. H 1870

F. Hoffmann-La Roche & Cie. Soc. An., Schweiz, **Herstellung von 13-[2.6.6-Trimethylcyclohexen-(1)-yl]-2.7.11-trimethyltridecapentaen-(2.6.8.10.12)-in-(4)-al-(1)**, F. 82—83°, Absorptionsmaximum bei 402—404 mμ (E_1^1 1790 in PAe.). $HC(OC_2H_5)_3$ wird mit Äthylpropenyläther zu *1.1.3.3-Tetraäthoxy-2-methylpropan*, ($Kp._{10}$ 93°; n_D^{20} 1,4132) kondensiert, das zu *Methylmalondialdehyd* hydrolysiert wird; dieser wird mit Bzl. u. Isopropanol bzw. A. azeotrop. dest. oder mit Benzoyl- bzw. Acetylchlorid umgesetzt unter Bldg. von *3-Isopropoxy-* (I), $Kp._{13}$ 83°, n_D^{21} 1,4745, *3-Äthoxy-*, $Kp._{13}$ 78—80°, n_D^{24} 1,4755, *3-Benzoyloxy-*(II), F. 79—80°, bzw. *3-Acetoxy-2-methylpropen-(2)-al-(1)*, $Kp._{10}$ 75—77°. 8-[2.6.6-Trimethylcyclohexen-(1)-yl]-2.6-dimethyloctatrien-(2.4.6)-al-(1) (**III**) wird in fl. NH_3 mit HC≡CLi (**VI**) zu *10-[2.6.6-Trimethylcyclohexen-(1)-yl]-4.8-dimethyldecatrien-(4.6.8-)in-(1)-ol-(3)* (**IV**) umgesetzt; dieses wird mit C_2H_5MgBr u. **II** umgesetzt unter Bldg. von *13-[2.6.6-Trimethylcyclohexen-(1)-yl]-2.7.11-trimethyl-1-benzyloxytridecatetraen-(1.7.9.11)-in-(4)-diol-(3.6)*, das mit $CH_3 \cdot COOH$ behandelt wird. — Aus **I** u. **VI** wird *1-Isopropoxy-2-methylpenten-(1)-in-(4)-ol-(3)* hergestellt, dieses mit **III** zu *13-[2.6.6-Trimethylcyclohexen-(1)-yl]-2.7.11-trimethyl-1-isopropoxytridecatetraen-(1.7.9.11)-in-(4)-diol-(3.6)* (**V**) umgesetzt u. mit HCl oder p-Toluolsulfonsäure behandelt. — **V** wird auch aus **I** u. **IV** erhalten. (**F. P. 1 213 683** vom 3/10. 1958, ausg. 4/4. 1960. Schwz. Prior. 18/10. 1957.) S. BÖTTCHER. H 1920

Montecatini Soc. Gen. per l'Industria Mineraria e Chimica, Italien (Erfinder: Gioacchino Boffa), **Herstellung von Cyclododecanon**, F. 133°, dad. gek., daß Cyclododecan bei 110—140° in einem Rühr- oder Schüttelautoklaven mit 25—40%ig. HNO_3 zu *Nitrocyclododecan*, $Kp._{0,5-0,8}$ 120—130°, nitriert wird, das aus der Lsg. durch Behandeln mit KOH u. CH_3OH u. Extrahieren mit Ae. isoliert u. als Alkalisalz in wss. CH_3OH 3 Std. lang bei 0—5° mit H_2SO_4 gerührt oder in NH_4Cl u. wss. CH_3OH mit HCl u. Hydroxylaminsulfat gekocht wird. (**F. P. 1 228 653** vom 22/6. 1959, ausg. 31/8. 1960. It. Prior. 26/6. 1958.) S. BÖTTCHER. H 1960

National Distillers & Chemical Corp., V.St.A. (Erfinder: Charles Edward Frank, Iwing Lester Mador, Louis Joseph Bekers und Chase Davies Tonne), **Herstellung von Diaminoderivaten von dimeren aromatischen Verbindungen**, dad. gek., das Bzl. oder Alkylbenzole mit freien Aminogruppen umgesetzt werden, die aus $NH_2OH \cdot HCl$ u. $TiCl_3$ (aus $TiCl_4$ durch katalyt. Red.) entstehen. Es wird in alkohol.

Lsg. bei —30 bis 75° in Ggw. eines aliphat. konjugierten Diolefins gearbeitet, das Rk.-Gemisch hydriert u. das Diamin durch Zusatz eines Nichtlsgm. zur Kristallisation gebracht. — $TiCl_4$ wird in CH_3OH an einem ADAMS-Katalysator hydriert, die Lsg. mit $NH_2OH \cdot HCl$ in CH_3OH u. gleichzeitig mit Bzl. versetzt, an Pd-Kohle hydriert, mit W. u. NaOH Ti ausgefällt, mit Isopropanol extrahiert u. *Diaminobicyclohexyl*, $Kp._{0,05}$ 92—98°, destilliert. — *Diaminodimethylbicyclohexyl* aus Toluol. — Codimerisierung erfolgt bei Zusatz von Butadien, Isopren, Dimethylbutadien, Methylpentadien-(1.3), Cyclohexadien oder Cyclopentadien. — Mit 2-bas. Säuren bilden die Prodd. *Polyamide*. (**F. P. 1 222 519** vom 8/12. 1958, ausg. 10/6. 1960. A. Prior. 9/12. 1957.) S. BÖTTCHER. H 2110

Ethyl Corp., New York, N.Y., übert. von: Jesse R. Mangham, Baton Rouge, La., V.St.A., **Tris-[cyclopentadienyl]-Verbindungen von Bor, Aluminium, Gallium, Indium u. Thallium** werden durch Rk der Metalle mit ggf. alkyl- oder arylsubstituierten Bis-[cyclopentadienyl]-Verbb. (I) von Zn, Cd oder Hg erhalten. Statt I können auch Indenyl- oder Fluorenyl-Verbb. dienen. — 8,1 Teile gemahlenes Al, das mit einer äther. Lsg. von HCl gereinigt u. aktiviert worden ist, werden in 120 Toluol mit 25 $(C_5H_5)_2Hg$ langsam versetzt; das Gemisch wird 1 Std. lang gerührt. Nach Entfernung von Al durch Zentrifugieren u. Verdampfen des Lsgm. wird in 95,6%ig. Ausbeute graues *Tris-[cyclopentadienyl]-Al* F. 50—60°, lösl. in Bzl. u. Toluol, erhalten. Analog wird *Tris-[methylcyclopentadienyl]-Al, Tris-[indenyl]-Al, Tris-[cyclopentadienyl]-B, Tris-[methylcyclopentadienyl]-B, Tris-[decylcyclopentadienyl]-B, Cyclopentadienyl-bis-[methylcyclopentadienyl]-B, Tris-[indenyl]-Ga, Tris-[n-octylcyclopentadienyl]-In* u. *Tris-[cyclopentadienyl]-Tl* erhalten. (**A. P. 2 969 382** vom 25/4. 1958, ausg. 24/1. 1961.) J. MÜHLEISEN. H 2180

Dow Chemical Co., Midland, Mich., V.St.A. (Erfinder: Dale Norman Robertson), **Halogennitrostilbene** der allg. Formel $R-CH=C(NO_2)-R'$ (R u. R' = Aryl, Halogenaryl, eines der beiden R soll jedoch Halogenaryl sein, die außerdem noch Cl, Br, J, F, Alkyl, Alkoxy mit je 1—4 C-Atomen, NO_2, Phenyl, Carbalkoxy mit 2—5-C-Atomen u. Carbalkoxyalkoxy mit 3—8 C-Atomen enthalten können) entstehen durch Rk. eines Aldehyds der allg. Formel R—CHO mit einem prim. Amin der allg. Formel $R''-NH_2$ (R'' = Alkyl mit 3—6 C-Atomen) u. weiterer Rk. der entstandenen SCHIFFschen Base $R-CH=N-R''$ mit einem Nitromethan der allg. Formel $R'-CH_2-NO_2$ in Ggw. einer wasserfreien Alkansäure (Essig-, Propion-, Buttersäure) bei 20—40°. — Aus 1,78 Mol 2-Chlorbenzaldehyd u. 2,03 Mol n-Butylamin in 250 cm^3 Bzl. unter azeotroper Entfernung von W. → *N-[2-Chlorbenzyliden]-n-butylamin*, $Kp._{0,05}$ 90—93°; aus 1,05 Mol davon u. 1 Mol Phenylnitromethan (I) in 250 cm^3 Eisessig → *2-Chlor-α'-nitrostilben*, F. 90,2—91,2° (A.); 81,8% (Ausbeute). — *2.4-Dichlorbenzaldehyd* → *N-(2.4-Dichlorbenzyliden)-n-butylamin* + I → *2.4-Dichlor-α'-nitrostilben*, F. 121—123°; 83,7%. — *2-Fluor-α'-nitrostilben*, F. 79—80°; 51,8%. — *2.6-Dichlor-α'-nitrostilben*, F. 136—136,5° (A.); 83%. — C_6H_5CHO u. 2-Chlor-I → *2-Chlor-α-nitrostilben*, F. 92,8—93,5° (A.); 54,6%. — O—ClC_6H_4CHO u. 2-Chlor-I → *2.2'-Dichlor-α-nitrostilben*, F. 120,5—121,5° (A.); 63,3%. — *2-Chlor-2'-äthoxy-α-nitrostilben*, F. 120—121° (A./Dioxan); 77%. — *2-Chlor-2'.α-dinitrostilben*, F. 155,8—156,6° (A./Dioxan); 80,8%. — *2-Brom-α'-nitrostilben*, F. 91,5—92,5° (A.); 97,1%. — *4-Chlor-α'-nitrostilben*, F. 113—114° (A.); 74,7%. — *2.2'.4-Trichlor-α'-nitrostilben*, F. 90—91°. — *3.4-Dichlor-α'-*, F. 110°; *2-Chlor-2'-methoxy-α-*, F. 120—121°; *4-Brom-α'-*; *2.4'-Dibrom-α'-*; *4-Brom-2'-chlor-α'-*; *4-Brom-2'.4'-dichlor-α-*; *2-Chlor-2'-fluor-α-*; *4-Fluor-α-*; *2-Chlor-2'-fluor-α'-*, F. 84,5 bis 85,5°; *2-Brom-2'-chlor-α.5'-di-*; *4-Chlor-4'-isopropyl-α-*; *4-Jod-α'-*; *3.5-Dibrom-2-methoxy-α'-*; *2.2'-Dichlor-6-fluor-α'-*; *3-Chlor-4'-äthoxy-5'-methoxy-α.2'-dinitrostilben*; *3-Brom-α-nitro-4'-phenylstilben*. — *Zwischenprodd.* zur Herst. von *Aralkylaminen, Farbstoffen* u. *Heilmitteln*; *Baktericide, Fungicide, Germicide*, bes. für *Seifen* u. *Textilien*; *Insekticide*, bes. gegen *Alternaria solani, frühen Tomatenmehltau, Puccinia graminis tritici* u. *Tetranychus bimaculatus*. I wird durch Rk. von Benzylbromid mit $NaNO_2$ in $HCON(CH_3)_2$ bei —20 bis —15° erhalten. (**E. P. 827 357** vom 20/6. 1958, ausg. 3/2. 1960.) G. KRAUSS. H 2210

Union Carbide Corp., New York, N.Y., übert. von: Alford G. Farnham, Caldwell, Leon Schechter, Summit, und John Wynstra, Berkeley Heights, N.J., V.St.A., **Monomere Glycidylpolyäther von mehrwertigen, mehrkernigen Phenolen.** Bei höchstens 45° wird ein mehrwertiges, mehrkerniges Phenol (I) mit Epichlorhydrin (II) im Mol-Verhältnis von 1: mindestens 2 (bezogen auf jede in I vorhandene OH-Gruppe) in Ggw. eines Katalysators (III) (NaOH, KOH, LiOH) umgesetzt, der im Rk.-Gemisch ein Phenolation zu erzeugen vermag, in einer Höchstmenge von $^1/_4$ Äquivalent pro phenol. OH-Gruppe anwesend ist u. das Rk.-Gemisch phenolphthalein-alkal. macht. Die Rk. wird weitergeführt, bis im wesentlichen die gesamte I-Menge in den Chlorhydrinäther (IV) übergeführt ist. Nicht umgesetztes II wird entfernt u. IV mit einer Alkalihydroxidmenge versetzt, die ca. 100—105% der zur vollständigen Dehydrochlorierung von **IV** erforderlichen Menge entspricht. Die Rk. verläuft in 2 Stufen: (1) $-ROM + O \cdot CH_2 \cdot CH \cdot CH_2Cl \rightarrow -RO \cdot CH_2 \cdot CH(OM) \cdot CH_2Cl$; $-RO \cdot CH_2 \cdot CH(OM) \cdot CH_2Cl + -ROH \rightarrow -RO \cdot CH_2 \cdot CH(OH)CH_2Cl + -ROM$; u. (2) $-RO \cdot CH_2 \cdot CH(OH) \cdot CH_2Cl + MOH \rightarrow -RO \cdot CH_2 \cdot CH—CH_2$ (—O—) $+ MCl + H_2O$, wobei $-ROH$ den **I**-Rest u. MOH das Metallhydroxid darstellt. Auf diese Weise werden Prodd. mit hohen Epoxid-Geh. erhalten. — Eine Lsg. von 228 g Bis-[4-hydroxyphenyl]-dimethylmethan u. 55,2 g **II** in 150 g A. wird mit einer 10%ig. wss. LiOH-Lsg., die 2,94 g LiOH enthält, 72 Std. lang bei 28—32° verrührt, bis keine phenol. OH-Gruppe mit MILLONS-Reagenz mehr nachweisbar ist, die Temp. auf 57—62° gesteigert u. 36%ig. wss. NaOH, die 48 g NaOH entspricht, innerhalb $^3/_4$ Std. zugegeben, das Gemisch $^1/_4$ Std. weiter bei dieser Temp. behandelt, überschüssiges **II** bei $Kp._{10-20}$ 90—95° abdest., der Rückstand in 570 g eines (3:1) Toluol/A.-Gemisches gelöst, die Lsg. innerhalb $^3/_4$ Std. mit 36 g NaOH in Form einer 50%ig. wss. Lsg. bei 57—62° versetzt, diese Temp. weitere 15 Min. lang gehalten, das Gemisch nach Zusatz von 12,4 g fester Borsäure $^1/_4$ Std. lang bis zur vollständigen Neutralisation gerührt, filtriert, aus dem Filtrat die untere wss. Schicht abgetrennt u. die organ. Schicht zur Entfernung des Lsgm. im Vakuum bei 10—20 Torr bis zu einer Temp. von 125° destilliert. Der hinterbleibende geklärte Rückstand hat ein Epoxyäquivalent von 178 bzw. einen Epoxy-Geh. von 95%. Analog wird Bis-[4-hydroxyphenyl]-methan in den Glycidyläther übergeführt. (**A. P. 2943095** vom 28/6. 1955, ausg. 28/6. 1960.) A. MOHR. H 2260

N. V. de Bataafsche Petroleum Mij., Den Haag, Holland, **Polyäther** werden erhalten bei der Rk. 1) eines mehrwertigen Alkohols der allg. Formel **I** mit einem monohalogenpolyhydroxysubstituierten Alkan (Glycerinmonochlorhydrin) u. Dehalogenierung des erhaltenen Prod.; 2) eines mehrwertigen Alkohols der allg. Formel **II** mit einem durch Halogen substituierten Alkylenoxid [Epichlorhydrin (**VI**)] u./oder einem Alkylenoxide bildenden dihydroxysubstituierten Alkan in Ggw. eines Katalysators (HF) bei 50—120° u. anschließende Dehalogenierung des erhaltenen Produktes. In **I** u. **II** bedeuten R = H oder KW-Stoff-Reste, bes. Alkylgruppen, X = 2wertige organ. Reste, bes. KW-Stoff-Reste mit bis zu 4 OH-Gruppen u. bis zu 18 C-Atomen; Y = einen 1wertigen KW-Stoff-Rest, bes. Alkyl, mit höchstens 8 C, n = 3 oder 4, m = 0 oder eine ganze Zahl bis 50. Es können auch mehrwertige Alkohole, die im Mol. mindestens einen Benzolring mit 3 bis 4 Alkylsubstituenten enthalten, oder mehrwertige Phenole der allg. Formel **III** verwendet werden, wo-

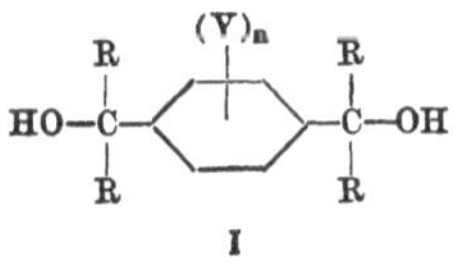

I

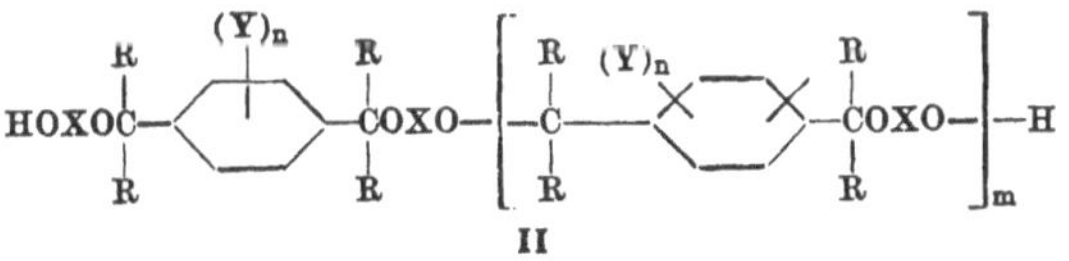

II

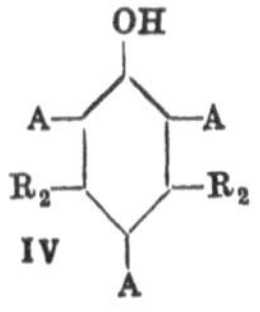

IV

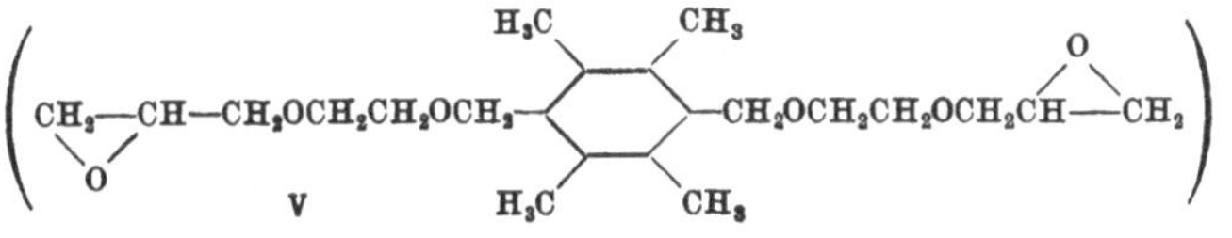

V

bei R = Alkylreste mit bis zu 8 C, X = Alkylenreste mit bis zu 6 C u. R_1 einen Phenolrest der allg. Formel **IV** darstellen. Ein A steht für eine freie Wertigkeit, die beiden anderen A u. R_2 sind H u./oder Alkyle, jedes bis zu 8 C. — 1.4-Bis-[β-hydroxyäthoxymethyl]-tetramethylbenzol wird erhitzt, mit BF_3-Äthylätherat auf pH ca. 1 gebracht u. anschließend **VI** allmählich zugegeben. Das Rk.-Prod. wird in Dioxan, enthaltend Na-Aluminat, gelöst u. 10 Std. lang gekocht. Es wird filtriert, die niedrigsd. Bestandteile abdestilliert. Es werden Kristalle des *Diglycidyläthers von 1.4-Bis-[β-hydroxyäthoxymethyl]-tetramethylbenzol* (**V**) erhalten. — 100 (Teile) **V** geben mit 7 Diäthylentriamin auf 100° erhitzt, eine harte gießbare Masse, widerstandsfähig gegen Lsgm. u. Entfärbung. Ein Prod. mit gleichen Eigg. wird bei der Rk. von 75 Diglycidyläther des 1.4-Bis-[(2-hydroxy-5-chlorphenyl)-methyl]-tetramethylbenzols mit 25 Diglycidyläther des 2.2-Bis-[4-hydroxyphenyl]-propan u. 10 Diäthylentriamin

III

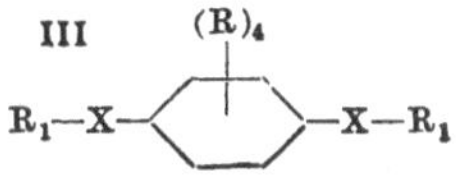

erhalten. Als Härtungsmittel kann noch m-Phenylendiamin u. Diaminodiphenylsulfon angewandt werden. — Vgl. E. P. 808 301; C. **1960**. 2023. (**E. P. 813 865** vom 12/12. 1956, ausg. 27/5. 1959. A. Prior. 14/12. 1955.) G. König. H 2270

American Cyanamid Co., V.St.A. (Erfinder: George Augustus Castellion), **Herstellung von Bis-[carboxyphenyl]-alkanen,** dad. gek., daß durch ein Gemisch von Ditolylalkan u. tert.-Monoalkylbenzol im Mol-Verhältnis 4—2 : 1—2 in Ggw. eines Katalysators bei $>120^0$ ein O-haltiges Gas geleitet, nach dem Abkühlen das *Bis-[carboxyphenyl]-alkan* filtriert, gewaschen, die Wasch-Fl. mit den Mutterlaugen gemischt, Katalysator u. Ditolylalkan zugesetzt u. erneut der Rk. zugeführt wird. — *2.2-Bis-[p-tolyl]-butan* (I), $Kp._{20}$ 196°, u. *3.3-Bis-[p-tolyl]-pentan*, $Kp._{15}$ 213—220°, werden aus 1.1-Bis-[p-tolyl]-äthan bzw. -propan hergestellt; analog *2.2-Bis-[o-, m-* u. *p-tolyl]-propan, 1.2-Bis-[p-tolyl]-1.1.2.2-tetramethyl-, -tetraäthyl-, -tetrapropyl-, -tetrabutyl-* u. *-1.2-diäthyl-1.2-dimethyläthan, 1.2-Bis-[o-tolyl]-1.1.2.2-tetraäthyl-* u. *-tetrabutyläthan, 2.2-Bis-[o-* u. *m-tolyl]-butan, 2.2-Bis-[p-, o-* u. *m-tolyl]-pentan, 3.3-Bis-[o-* u. *m-tolyl]-pentan, 2.2-Bis-[p-tolyl]-* u. *3.3-Bis-[o-tolyl]-hexan, 3.3-Bis-[p-tolyl]-, 3.3-Bis-[o-tolyl]-, 4.4-Bis-[p-tolyl-heptan, 4.4-Bis-[p-tolyl]-octan, 5.5-Bis-[p-, o-* u. *m-tolyl]-nonan.* — Aus I u. tert.-Butyl- bzw. -Amylbenzol wird *2.2-Bis-[carboxyphenyl]-butan* hergestellt. — Verf.-Schema. (**F. P. 1 221 391** vom 24/3. 1959, ausg. 1/6. 1960. A. Prior. 25/3. 1958.) S. Böttcher. H 2420

Sterling Drug, Inc., V.St.A. (Erfinder: Bill Elpern), **Herstellung von 1.1.2-Triphenyl-3-[tert.-amino]-propen-(1)-Verbindungen,** die an den Phenylkernen durch eine Alkyl-, Alkoxy-, Alkylmercaptogruppe oder an einer 1-ständigen Phenylgruppe durch ein Halogenatom substituiert sein können, aus einem entsprechenden 1.1.2-Triphenyl-3-[tert.-amino]-propanol-(1), das aus einem 1.2-Diphenyl-3-[tert.-amino]-propanon-(1) durch Grignard-Rk. mit einem entsprechenden Phenyl-Mg-Halogenid u. anschließende Hydrolyse gewonnen wird, durch H_2O-Abspaltung. — *1.2-Bis-[p-methoxyphenyl]-3-dimethylaminopropanon-(1)*, F. 47—48°, aus 77 (g) 4.4′-Dimethoxyphenylbenzylketon durch 42std. Kochen mit 25,6 $(CH_3)_2NH \cdot HCl$ u. 20 Paraformaldehyd (I) in abs. A. u. 4std. Rk. bei Raum-Temp.; 70,7 g (Ausbeute). *Hydrochlorid*, $C_{19}H_{23}NO_3 \cdot HCl$, F. 166,5—167,5° (korr.; A./Ae.). — *1.1.2-Tris-[p-methoxyphenyl]-3-dimethylaminopropanol-(1)* (**II**), aus p-Methoxyphenyl-MgBr (aus 56,1 p-Bromanisol) u. 34,3 vorst. Verb. durch 3std. Kochen in Toluol, 15std. Rk. bei Raum-Temp. u. Hydrolyse des Rk.-Prod.; rotes Öl; 63,5 g. *Jodmethylat*, $C_{27}H_{34}JNO_4$, F. 194,5—197° (korr.; Essigester/CH_3OH). — *1.2-Diphenyl-3-piperidinopropanon-(1)*, $C_{20}H_{23}NO$, F. 88—90° (A.), aus 29,4 Desoxybenzoin, 19,5 Piperidinhydrochlorid u. 11,2 I; 77,6 g. — *1.1.2-Triphenyl-3-piperidinopropanol-(1)*, $C_{26}H_{29}NO$, F. 170—170,5°, aus vorst. Verb. durch Grignard-Rk. mit Phenyl-MgBr. — Propene-(1): *1.1.2-Tris-[p-methoxyphenyl]-3-dimethylamino-, Hydrochlorid*, $C_{26}H_{29}NO_3HCl$, F. 182—184° (korr.; A.), aus **II** durch Behandeln mit alkohol. HCl. — *1.1.2-Triphenyl-3-piperidino-, p-Toluolsulfonat*, $C_{26}H_{27}N \cdot C_7H_8O_3S$, F. 210—212° (korr.), aus vorvorst. Verb. durch 3std. Erhitzen mit p-Toluolsulfonsäure auf 120—125°. *Hydrochlorid*, F. 242—245,5° (korr.; Methylisobutylketon). (**F. P. 1 209 913** vom 4/2. 1958, ausg. 4/3. 1960. A. Prior. 5/2. 1957.) Eberhard Riedel. H 2520

Institut Français du Pétrole, des Carburants et Lubrifiants, Frankreich (Erfinder: Jean Claude Balaceanu), **Herstellung von Phenolen,** dad. gek., daß hydroaromat. Ketone in Ggw. eines Katalysators (Na_2S, K_2S, CaS, BaS, Na_2O, K_2O, CaO, BaO, Glaspulver, Cu-, Zn-, Pb- oder Bi-Palmitat, -Stearat, -Oleat oder -Naphthenat) mit S dehydriert werden. — 438 (g) Tetralon u. 96 S werden auf 185° erhitzt u. feinverteiltes Na_2S zugesetzt; H_2S entweicht, u. nach 1½ Std. wird *α-Naphthol* erhalten. (**F. P. 1 230 455** vom 18/7. 1958, ausg. 16/9. 1960.) S. Böttcher. H 2700

American Cyanamid Co., V.St.A. (Erfinder: William Baptist Hardy, Frederic Houghton Megson, Jack Horstmann Thelin und Marco Scalera), **Herstellung von Mononitroanthrachinonen,** dad. gek., daß 1.4.4a.9a-Tetrahydroanthrachinon in wss. Alkali gelöst, bei pH 4—8 u. 85—100° mit Luft zu 1.4-Dihydroanthrachinon oxydiert, dieses mit Cl_2 zu 2.3-Dichlor-1.2.3.4-tetrahydroanthrachinon chloriert, letzteres mit 93%ig. H_2SO_4 extrahiert, mit HNO_3 bei $<60^0$ nitriert, W. zugesetzt u. das gebildete 5- u. 6-Nitro-2.3-dichlor-1.2.3.4-tetrahydroanthrachinon mit wss. Alkalihydroxid erhitzt wird. (**F. P. 1 224 885** vom 2/2. 1959, ausg. 28/6. 1960. A. Prior. 6/2. 1958.) S. Böttcher. H 2800

N. V. de Bataafsche Petroleum Mij., Holland (Erfinder: George Bernson Payne), **Herstellung von α.β-Epoxypropionaldehyden,** dad. gek., daß ein α-Methylidenalkanal mit 3—9 C-Atomen in fl. Phase in Ggw. einer bas. Verb. bei pH 4—10 u. 20—50° mit H_2O_2 im molaren Verhältnis 1 : 0,8—1,0 umgesetzt wird. — Zum Beispiel werden 0,5 (Mol) Arolein bei pH 8 (n-NaOH) u. 25—30° mit 0,536 30,8%ig. H_2O_2 zu *Glycidaldehyd* umgesetzt. (**F. P. 1 226 465** vom 19/1. 1959, ausg. 13/7. 1960. A. Prior. 2/6. 1958.) S. Böttcher. H 3030

J. R. Geigy Soc. An., Schweiz, **Herstellung basischer Verbindungen der Tetrahydrofuranreihe** der allg. Formel **I** (R_1 u. R_2 = Alkylreste, die auch miteinander verbunden sein können; R_3 = Alkyl-, Cycloalkyl-, Aryl- oder Aralkylreste, die auch substituiert sein können), dad. gek., daß ein 2-substituierter 5-Formylfuran-3-carbonsäure-alkylester in HCOOH mit einem Dialkylformamid zu einem 5-[Dialkylaminomethyl]-furan-3-carbonsäureester umgesetzt,

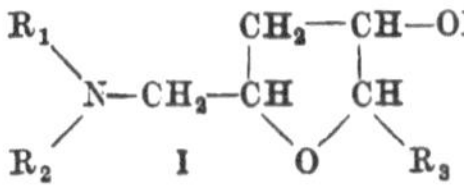

I

dieser nacheinander mit N_2H_4 u. HNO_2 behandelt, das gebildete Säureazid direkt oder nach Umwandlung in einen 5-[Dialkylaminomethyl]-furyl-(3)-carbaminsäureester, 3-Acylamino- oder 3-Isocyan-5-[dialkylaminomethyl]-furan mit einer Mineralsäure behandelt, das 2-substituierte 3-Oxo-5-[dialkylaminomethyl]-2.3-dihydrofuran hydriert u. **I** ggf. in ein quart. Ammoniumsalz übergeführt wird bzw. nach chromatograph. Trennung der Stereoisomeren die reinen Prodd. mit einem Ester quaternisiert werden. — 2-Methyl-5-formylfuran-3-carbonsäureäthylester wird mit $HCON(CH_3)_2$ zu *2-Methyl-5-[dimethylaminomethyl]-furan-3-carbonsäureäthylester* ($Kp._{10}$ 122—123°), dieser mit $N_2H_4 \cdot H_2O$ zum *Hydrazid* (F. 79—80°, $Kp._{0,05}$ 155—165°) umgesetzt, mit $NaNO_2$ in HCl das *Azid* gebildet, dieses mit Benzylalkohol zu *2-Methyl-5-[dimethylaminomethyl]-furyl-(3)-carbaminsäurebenzylester* bzw. mit A. zum *-äthylester* ($Kp._{0,03}$ 95—100°) umgesetzt; das Urethan wird mit HCl erhitzt unter Bldg. von *2-Methyl-3-oxo-5-[dimethylaminomethyl]-2.3-dihydrofuran*, $Kp._{0,05}$ 55°, das mit KBH_4 zu *2-Methyl-3-hydroxy-5-[dimethylaminomethyl]-tetrahydrofuran* (**II**), $Kp._{0,05}$ 60—80°, hydriert wird. *Jodmethylat*, F. 117—118°. *Tetrachloraurat*, F. 79—83°. *Tetraphenylborat*, F. 174,5—175,5°. — *2-Phenyl-*, *2-Isobutyl-*, *2-Benzyl-* u. *2-Cyclopropyl-3-hydroxy-5-[dimethylaminomethyl]-tetrahydrofuran*, aus 2-Phenyl-, 2-Benzyl-, 2-Cyclopropyl- bzw. 2-Isobutyl-5-formylfuran-3-carbonsäureäthylester über 2-Phenyl-5-[dimethylaminomethyl]-furan-3-carbonsäureäthylester ($Kp._{12}$ 200—203°), N-[2-Phenyl-5-(dimethylaminomethyl)-furyl-(3)]-carbaminsäurebenzylester (F. 122—125°) u. 2-Phenyl-, 2-Isobutyl-, 2-Benzyl- bzw. 2-Cyclopropyl-3-oxo-5-[dimethylaminomethyl]-2.3-dihydrofuran. — **II** wird in Bzl. gelöst u. chromatographiert. Es werden *rac. epi*(**III**)-, *allo*(**IV**)-, *epiallo*(**V**)-*Muscarin*(**VI**) u. *allo-Normuscarin*(**VII**) erhalten; **III**-*Jodid*, F. 130°, *-Chlorid*, F. 139,5—140,5°, *-Tetraphenylborat*, F. 180—181°, *Tetrachloraurat*, F. 106—107°. **IV**-*Jodid*, F. 131—132°, *-Chlorid*, F. 153—154°, *-Tetraphenylborat*, F. 175—176°, *-Tetrachloraurat*, F. 77,5—79°. **VII**-*Hydrochlorid*, F. 164 bis 166°, *-Tetraphenylborat*, F. 151,5—153°. **VI**-*Jodid*, F. 108—109°, *-Chlorid*, F. 147—148°, *-Tetraphenylborat*, F. 174—175°, *-Tetrachloraurat*, F. 93—94°. **V**-*Jodid*, F. 159—160°, *-Chlorid*, F. 159—161°, *-Tetraphenylborat*, F. 191—192°, *-Tetrachloraurat*, F. 97—99°. — (+)- u. (—)-*Muscarindi-[p-tolyl]-tatrat*, F. 151—152°, u. *-chlorid*, FF. 178—179° bzw. 179—180°, $[\alpha]_D^{25}$ + 8,1° (c = 2,9; A.) bzw. $[\alpha]_D^{24}$ — 8,4° (c = 2,87; A.). — *2-n-Propyl-3-hydroxy-5-[dimethylaminomethyl]-tetrahydrofuran*, $Kp._{0,01}$ 40—75° (*Tetraphenylborate* der Isomeren: FF. 131—134°, 135,5—137,5° u. 142,5—144,5°), aus 2-n-Propyl-5-[tetrahydroxybutyl]-furan-3-carbonsäureäthylester über -5-formylfuran-3-carbonsäureäthylester ($Kp._9$ 130—135°), -5-[dimethylaminomethyl]-furan-3-carbonsäureäthylester, ($Kp._9$ 125—130°; Pikrat, F. 110—112°), das Hydrazid, (F. 82—83°, $Kp._{0,001}$ 125—130°), Azid u. 2-n-Propyl-3-oxo-5-[dimethylaminomethyl]-2.3-dihydrofuran ($Kp._{0,01}$ 50—60°). (**F. P. 1 226 425** vom 3/5. 1958, ausg. 11/7. 1960. Schwz. Prior. 4/5., 30/7. u. 29/11. 1957, 31/1. u. 18/4. 1958.) S. Böttcher. H 3061

Farbwerke Hoechst Akt.-Ges., vormals Meister Lucius & Brüning, Frankfurt/M. (Erfinder: Walter Siedel, Bad Soden, und Karl Sturm, Frankfurt/M.), **Weiterausbildung des Verfahrens zur Herstellung von Thiophen-3.5-disulfonamiden** durch Rk. von Thiophen-3.5-disulfonylhalogeniden mit NH_3, Ammoniumsalzen oder NH_3 abspaltenden Mitteln gemäß D. A. S. 1 059 921, dad. gek., daß als Thiophen-3.5-disulfonylhalogenide Verbb. der allg. Formel I, in der R einen Alkylrest mit 3—6 C-Atomen u. Hal ein Halogenatom bedeutet, verwendet werden. — 2-n-Butylthiophen-3.5-disulfonylchlorid wird in fl. NH_3 getropft. Nach dem Abdampfen von NH_3 wird der Rückstand aus viel W. unter Zusatz von Kohle umkristallisiert. Es wird *2-n-Butylthiophen-3.5-disulfonamid*, F. 155—157° erhalten. — Aus 2-[3'-Methylbutyl]-thiophen-3.5-disulfonylchlorid entsteht *2-[3'-Methylbutyl]-thiophen-3.5-disulfonamid*, F. 123—125°. (**D. A. S. 1 096 916** Kl. 12q vom 17/12. 1957, ausg. 12/1. 1961. **Zusatz zu D. A. S. 1059921; C. 1960. 16521.**) G. König H 3071

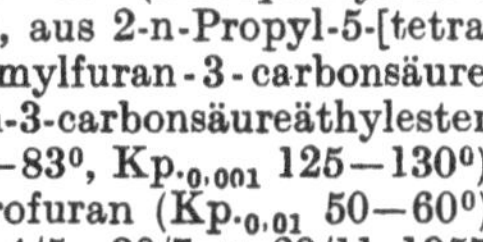

I

Sterling Drug, Inc., New York, übert. von: Sidney Archer, Delmar, Thomas R. Lewis jun., Albany, und Bernard L. Zenitz, Delmar, N.Y., V.St.A., **Herstellung von 5-Cyan-2-allylpyrrolidinen,** dad. gek., daß das durch Rk. von Tropin mit $SOCl_2$ erhaltene *3-Chlortropanhydrochlorid* (F. 242—243°), (freie *Base*, $Kp._2$ 60—71°) mit KCN gekocht wird → *2-Allyl-5-cyan-1-methylpyrrolidin,* $Kp._2$ 68—70°, daraus durch Rk. mit einer GRIGNARD-Lsg. aus Brombenzol u. Mg → *2-Allyl-1-methyl-5-phenylpyrrolidin,* $Kp._{0,1}$ 69—71° u. daraus durch Hydrieren in Ggw. von ADAMS Pt-Oxid als Katalysator → *1-Methyl-2-phenyl-5-propylpyrrolidin,* $Kp._4$ 111—113°. — Zwischenprodukte. (**A. P. 2 921 080** vom 21/11. 1956, ausg. 12/1. 1960.) W. HEYER. H 3081

Montecatini Soc. Gen. per l'Industria Mineraria e Chimica, Italien (Erfinder: Robert Hügel und Adolfo Pasetti), **Herstellung N-chlorierter organischer Amide,** dad. gek., daß Säureamide, die in chlorierten organ. Lsgm. unlösl. sind, bei 0—10° in solchen Lsgm. (CCl_4, CH_2Cl_2) chloriert werden. — *1.3-Dichlorimidazolidon-(2)*, aus Äthylenharnstoff. — *1.3-Dichlor-5.5-diisobutylhydantoin,* aus 5.5-Diisobutylhydantoin. — *1.3-Dichlor-5-methylhydantoin,* aus 5-Methylhydantoin. — *1.3-Dichlor-5.5-dimethylhydantoin,* aus 5.5-Dimethylhydantoin. — *1.3-Dichlor-5.5-pentamethylenhydantoin* aus 5.5-Pentamethylenhydantoin. — ***Textilbleichmittel, Insekticide, Mittel gegen das Einlaufen von Wolle.*** (**F. P. 1 223 177** vom 4/5. 1959, ausg. 15/6. 1960. It. Prior. 5/5. 1958.) S. BÖTTCHER. H 3122

E. I. Budowskij, M. Ja. Karpeiskij, E. Ss. Ssewerin und R. M. Chomutow, **Herstellung von 3-Alkyl -und 3.3-Dialkyl-4-benzoylaminoisoxazolidonen-(5)** durch Einw. von NH_2OH-Acetat (I) bei leicht erhöhter Temp. auf Azlactone (A).

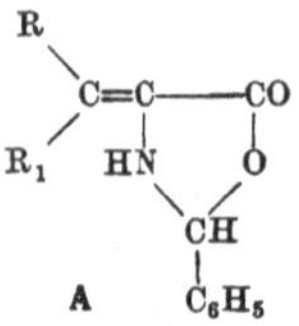

— Durch Eindampfen von 10 g 2-Phenyl-4-isopropylidenoxazolidon-(5) u. 200 (ml) methanol. Lsg. von I bei höchstens 30—40° im Vakuum auf 50 ml, Verdünnen mit 50 W., 4malige Extraktion mit 50 Essigester, Trocknen, Einengen auf 30 ml u. Versetzen mit 50—70 Dichloräthan wird krist. *3.3-Dimethyl-4-benzoylaminoisoxazolidon-(5)*, F. 149—151°, erhalten. — Analog aus 2-Phenyl-4-äthylidenoxazolidon-(5) *3-Methyl-4-benzoylaminoisoxazolidon-(5)*, F. 179—181°. — Ähnlich aus 2-Phenyl-4-cyclohexylidenoxazolidon-(5) *3.3-Spiropentamethylen-4-benzoylaminoisoxazolidon-(5)*, F. 192—193° (Dioxan). (**UdSSR. P. 121 132** vom 20/12. 1958.) B. PANKOW. H 3132

Recherches & Documentation Chimiques (Redchim) Soc. Civile, Frankreich, **Herstellung von γ-Benzopyron-2-carbonsäureestern,** dad. gek., daß organ. Säuren, ihre Anhydride oder Halogenide mit aromat. Oxalsäureestern umgesetzt werden. — 242 (g) Oxalsäurediphenylester u. 78 CH_3COCl werden bei 12° mit 250 $AlCl_3$ versetzt, in 4 Std. auf 160° erhitzt, worauf in HCl-haltiges Eiswasser gegeben wird: *Chromon-2-carbonsäurephenylester.* — *Isoflavon-*, *3-Äthylchromon-* u. *3-Methylchromon-2-carbonsäurephenylester, 3-Methylchromon-2-carbonsäurebutylester, 3.6-Dimethyl-, 6-Methyl-3-phenoxy-, 6-Chlor-3-phenoxy-, 7.8-Benzo-* u. *3-Methylchromon-2-carbonsäureäthylester,* aus Phenacetylchlorid, Buttersäureanhydrid, Propionsäure, Oxalsäurephenylbutyl-, -p-kresyläthyl-, -p-chlorphenyläthyl-, -α-naphthyläthylester, Phenoxyessigsäure. (**F. P. 1 223 531** vom 29/1. 1959, ausg. 17/6. 1960.) S. BÖTTCHER. H 3211

E. Merck Akt.-Ges., Darmstadt (Erfinder: Jan Thesing, Trautheim), **Herstellung von Isochinolinium- und 5.6.7.8-Tetrahydroisochinoliniumsalzen,** wie N-{β-[Indolyl-(3)]-äthyl}-isochinoliniumsalzen der Formel I, worin X ein Anion bedeutet oder von entsprechenden, im Isochinolin- u./oder Indolkern substituierten Salzen bzw. entsprechenden 5.6.7.8-Tetrahydroisochinoliniumsalzen, dad. gek., daß ggf. im Indolkern substituierte Trialkylskatylammoniumsalze mit den Anlagerungs-Prodd. von α-Halogencarbonyl-Verbb. an ggf. substituierte Isochinoline bzw. Tetrahydroisochinoline in Ggw. von bas. Verbb. umgesetzt u. die erhaltenen Skatyl-Derivv. mit Alkali oder Erdalkali hydrolyt. gespalten werden. — Aus Trimethylskatylammoniummethylsulfat (II) u. N-Phenacylisochinoliniumbromid in CH_3OH unter Zusatz von $Ba(OH)_2$ in CH_3OH u. KJ → *N-{β-[Indolyl-(3)]-äthyl}-isochinoliniumjodid,* F. 242 bis 244,5°. Analog aus II u. N-Phenacyl-5.6.7.8-tetrahydroisochinoliniumbromid (F. 209—210°) → *N-{β-[Indolyl-(3)]-äthyl}-5.6.7.8-tetrahydroisochinoliniumjodid,* F. 222 bis 223°. — Zwischenprodukte. (**Schwz. P. 356 127** vom 9/7. 1957, ausg. 29/9. 1961. D. Prior. 23/11. 1956.) W. HEYER. H 3231

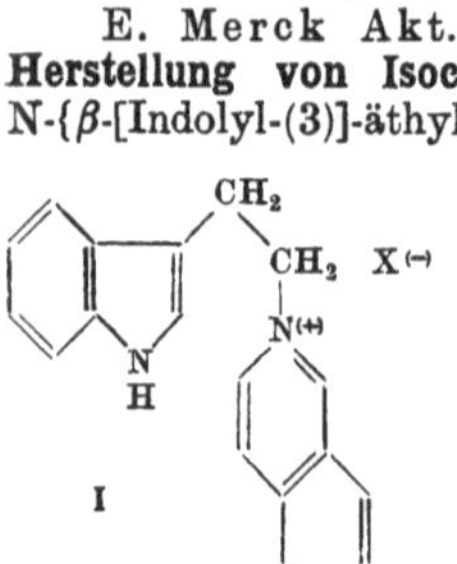

C. F. Boehringer & Soehne G.m.b.H., Mannheim-Waldhof, **Umwandlung von L-threo-5-Amino-6-phenyl-1.3-dioxanen,** die in 2-Stellung durch 1 oder 2 Alkyl-,

Aryl-, Aralkylgruppen, hydroaromat. oder heterocycl. Reste, die ggf. gemeinsam einen Ring bilden, substituiert sein können, in die entsprechenden *L-erythro-Verbb.* durch Oxydation der threo-Verbb. oder der entsprechenden L-5-Hydroximino-6-phenyl-1.3-dioxane mit H_2O_2/Harnstoff-Addukten zu den L-erythro-5-Nitro-Verbb., die in alkal. Mitteln gelöst, nach Ansäuern der Lsg. in Ggw. Nitrit-auffangender Mittel isoliert u. zu den 5-Amino-Verbb. red. werden. Ggf. nicht umgesetztes Ausgangs-Prod. wird in den Prozeß zurückgeführt. — 2.2-Dimethyl-6-phenyl-1.3-dioxane: *L-(—)-5-Hydroximino-*, F. 137—138°, aus L-(+)-threo-2.2-Dimethyl-5-amino-6-phenyl-1.3-dioxan (**I**) durch Oxydation mit 33%ig. H_2O_2 u. Wolframsäure; $[\alpha]_D^{20}$ —87,1° (c = 2; CH_3OH); 93% (Ausbeute). — *L-(—)-erythro-5-Nitro-*, $C_{12}H_{15}NO_4$, aus **I** oder vorst. Verb. durch Oxydation mit H_2O_2/Harnstoff-Addukt (35,4% H_2O_2-Geh.) in CH_3CN in Ggw. von Na-Molybdat, Eisessig u. Na_2SO_4 bei 50—80°, Versetzen mit $NaHCO_3$ u. W., Chlf.-Extraktion, Auflösen des aus der Chlf.-Lsg. isolierten Öls in nNaOH, Ausschütteln mit Ae., Versetzen der wss. Phase mit Harnstoff u. nH_2SO_4 u. Ae.-Extraktion; Öl; $[\alpha]_D^{20}$ —52,2° (c = 2; CH_3OH); 86,5 bzw. 92,2%. — *L-(—)-erythro-5-Amino-*, $C_{12}H_{17}NO_2$, F. 50—51° (PAe.), aus vorst. Verb. durch Red. in CH_3OH in Ggw. von RANEY-Ni bei normalem Druck u. ca. 30°; $[\alpha]_D^{20}$ —5,5° (c = 2; CH_3OH); 85,8%. (**Oe. P. 208 356** vom 27/11. 1958, ausg. 11/4. 1960. D. Prior. 24/12. 1957.) EBERHARD RIEDEL. H 3252

Armour & Co., V.St.A. (Erfinder: Thomas Joseph Bardos und Donald Burton Olsen), **Herstellung von Verbindungen mit Riboflavinstruktur,** dad. gek., daß ein 6-Amino- oder 6-Hydroxy-2.4.5-triaminopyrimidin in Esigsäure mit 4.5-disubstituiertem o-Benzochinon kondensiert wird. — Zum Beispiel werden *2.4-Diimino-2.4-desoxy-* u. *2-Imino-2-desoxylumichrom* (Na-Salz) aus 2.4.5.6-Tetraamino- bzw. 2.4.5-Triamino-6-hydroxypyrimidin (Bisulfit bzw. Sulfat) u. 4.5-Dimethyl-o-benzochinon hergestellt, während *2.4-Diimino-2.4-desoxyriboflavin* durch Acetylieren von Riboflavin, Behandeln des Tetraacetyl-Deriv. mit PCl_5 in $POCl_3$ oder Chlf. u. dann mit NH_3 erhalten wird. (**F. P. 1 226 409** vom 1/6. 1956, ausg. 11/7. 1960. A. Prior. 2/6. 1955.) S. BÖTTCHER. H 3272

Sterling Drug, Inc., New York (Erfinder: Alexander Robert Surrey, Albany), N.Y., V.St.A., **2-Aryl-1.3-thiazanon-(4)-Verbindungen.** Zu Aust. P. 219 672; C. **1961.** 16205 ist nachzutragen: Es sind noch folgende 1.3-Thiazanone-(4) (FF. korr., soweit nicht anders angegeben): *2-[2'.4'-Dichlorphenyl]-3-methyl-*, F. 117,8 bis 122,3°. — *2-[p-Isopropylphenyl]-3-methyl-*, F. 110,0—112,1°. — *2-[p-Chlorphenyl]-3-äthyl-*, F. 103,6—107,2°. — *2-[p-Chlorphenyl]-3-methyl-*, Kp.$_{0,2}$ 172—175°. — *2-[p-Chlorphenyl]-3-n-propyl-*, Kp.$_{0,2}$ 164—167°. — *2-[p-Methoxyphenyl]-3-methyl-*, F. 67,2 bis 79,6°. — *2-Phenyl-3-methyl-*, F. 95,2—96,2°. — *2-[o-Chlorphenyl]-3-methyl-*, F. 76,4 bis 79,6°, Kp.$_{0,5}$ 156—158°. — *2-[m-Chlorphenyl]-3-methyl-*, Kp.$_1$ 178—180°. — *2-Phenyl-3-benzyl-*, F. 82,9—84,5°. — *2-[α-Thienyl]-3-methyl-*, F. 80,6—83,4°. — *2-[β-Pyridyl]-3-methyl-*, F. 165,2—168,8°. — *2-[p-Methoxyphenyl]-*, F. 193,2—193,8°. — *2-[p-Bromphenyl]-*, F. 184,3—185,5°. — *2-[3'.4'-Dichlorphenyl]-*, F. 149,3—151,1°. — *2-[2'.4'-Dichlorphenyl]-*, F. 166,9—168,7°. — *2-[p-Chlorphenyl]-*, F. 174,9—175,7°. — 1.3-Thiazanon-(4)-dioxide-(1.1): *2-[2'.4'-Dichlorphenyl]-3-methyl-*, F. 135,4—137,7°. — *2-Phenyl-3-methyl-*, F. 174,9—175,7°. — *2-[p-Methoxyphenyl]-3-methyl-*, F. 132,4 bis 133,4°. — *2-[p-Chlorphenyl]-3-n-propyl-*, F. 110,4—112,2°. — *2-[p-Isopropylphenyl]-3-methyl-*, F. 152,9—157,3°. — *2-[p-Chlorphenyl]-3-äthyl-*, F. 157,6—159,8°. — *2-[o-Chlorphenyl]-3-methyl-*, F. 172,8—175,4°. — *2-[m-Chlorphenyl]-3-methyl-*, F. 152—154° (unkorrigiert). — *2-Phenyl-3-benzyl-*, F. 158,4—161,2°. — *2-[α-Thienyl]-3-methyl-*, F. 132—137° (unkorrigiert). — *2-[β-Pyridyl]-3-methyl-*, F. 163,2—171,8°. — *2-[p-Chlorphenyl]-*, F. 173,0—173,6°. — *2-[p-Bromphenyl]-*, F. 176,1—177,1°. — *2-Phenyl-*, F. 153,9 bis 155,5°. — *Heilmittel.* (**D. A. S. 1 111 192** Kl. 12p vom 16/7. 1957, ausg. 20/7. 1961. A. Prior. 20/7. 1956.) F. HIRSCH. H 3292

G. B. Talkowskij, Ss. L. Libina, A. A. Potaschnik und W. N. Tschernezkij, **Herstellen von Cyanursäure-tris-[β-hydroxyäthylester]** aus 97 g Cyanursäure u. 129 g Äthylenoxid (Überschuß) in 150 ml Bzl. in Ggw. von tert. organ. Basen als Katalysator, z. B. 1—2 ml Dimethylanilin, bei 110—130° u. 7—11 at. (**UdSSR. P. 118 042** vom 18/9. 1958.) B. PANKOW. H 3313

United States Borax & Chemical Corp., V.St.A. (Erfinder: Howard Steinberg und Allen Lyle McCloskey), **Herstellung von B-Tris-aminoborazolen,** dad. gek., daß Alkylborate mit einem prim. aliphat., cycloaliphat. oder aromat. Amin umgesetzt werden. — *B-Tris-[n-butylamino]-N-tri-n-butylborazol*, Kp.$_1$ 150°, durch azeotrope Dest. von 104 (Gew.-Teilen) Methylborat mit 36,5 n-Butylamin. — *B-Tris-[cyclohexylamino]-N-tris-[cyclohexyl]-*, *-[1.2.3.4-tetrahydronaphthyl-(2)-amino]-N-tris-*

[*1.2.3.4-tetrahydronaphthyl-(2)*]- u. -[*cyclopentylamino*]-*N-tris*-[*cyclopentyl*]-*borazol*, aus Isopropyl- bzw. n-Butylborat u. Cyclohexyl-, 1.2.3.4-Tetrahydronaphthyl-(2)- bzw. Cyclopentylamin. (**F. P. 1 229 228** vom 1/7. 1959, ausg. 5/9. 1960. **E. P. 856 399** vom 25/5. 1959, ausg. 14/12. 1960. Beide A. Prior. 26/8. u. 25/11. 1958.) S. BÖTTCHER. H 3354

Montecatini Soc. Gen. per l'Industria Mineraria e Chimica, Italien (Erfinder: Francesco Minisci, Gioacchino Boffa und Giuseppe Cantatore), **Herstellung von Caprolactam,** dad. gek., daß Ester der 5-Cyanpenten-(3)-säure, bes. der Methylester, in CH_3OH oder A. 20 Min. bis 2 Std. lang bei 80—120° u. in Dioxan, Propyl-, Butyläther oder Tetrahydrofuran 2—6 Std. lang bei 220—240° mit H_2 in Ggw. eines Katalysatorgemisches (Ni/Cr u. NaOH, Pd/Co oder Ni/Co u. NH_4OH) behandelt werden. (**F. P. 1 226 354** vom 5/6. 1959, ausg. 11/7. 1960. It. Prior. 6/6. 1958.) S. BÖTTCHER. H 3370

Ciba Akt.-Ges., Basel, Schweiz (Erfinder: Robert Paul Mull), **Herstellung von Amidoximen** der allg. Formel I (ZN = N.N-Alkyleniminoring mit 6—9 C-Atomen; Y = Alkylenrest mit 1—5 C-Atomen; R = H oder Acylrest), dad. gek., daß ein entsprechendes Nitril mit NH_2OH oder seinen Salzen umgesetzt wird u. die Rk.-Prodd. ggf. acyliert oder in *Salze* übergeführt werden. $NH_2OH \cdot HCl$ wird in A. mit Hexamethyleniminopropionitril (**II**) versetzt u. langsam eine Lsg. von Na in A. zugegeben; nach 3 std. Kochen wird 72 Std. lang stehengelassen u. nach Aufarbeiten *Hexamethyleniminopropionamidoximdihydrochlorid* (**III**), F. 183—185° (Zers.) erhalten.

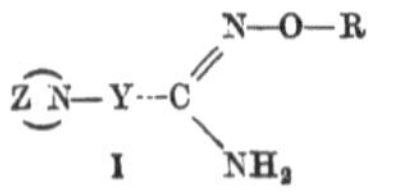

I

II, Kp.$_{14}$ 121—123°, wird aus Acrylonitril u. Hexamethylenimin in Ggw. von Trimethylbenzylammoniumhydroxyd hergestellt. — *Hexamethyleniminoacetamidoximdihydrochlorid*, F. 171—173°, aus Hexamethyleniminoacetonitril (Kp.$_{14}$ 102—103°). — *4-Methylhexamethyleniminopropionamidoximdihydrochlorid*, F. 165—167°, aus 4-Methylhexamethyleniminopropionitril (Kp.$_{15}$ 126—130°). — *Heptamethyleniminopropionamidoximdihydrochlorid*, F. 180—185°, aus Heptamethyleniminopropionitril (Kp.$_{0,9}$ 94—97°). **III** auch aus Hexamethyleniminopropionsäurethioamid oder -imidoäthyläther. — **III**-*Monohydrochlorid*, F. 164—166° u. **III**-*O-Benzoylverb.*, *Hydrochlorid*, F. 153—155°, aus Benzoylchlorid. — *Oktamethylen-*, F. 173—176° (Zers.) u. *Nonamethyleniminopropionamidoximdihydrochlorid*, aus Okta- (Kp.$_1$ 83—85°) bzw. Nonamethyleniminopropionitril. — *Hexamethyleniminocapron-* u. *-β-methylpropionamidoximdi-* bzw. *-monohydrochlorid*, F. 163—165°, aus Hexamethyleniminocapro- (Kp.$_{0,5}$ 97—110°) bzw. -β-methylpropionitril (Kp.$_{0,02}$ 72—75°). (**Oe. P. 206 445** vom 8/5. 1958, ausg. 25/11. 1959. **F. P. 1 206 079** vom 7/5. 1958, ausg. 8/2. 1960. Beide A. Prior. 9/5. u. 18/9. 1957.) S. BÖTTCHER. H 3390

United States of America, Secretary of Agriculture, übert. von: John W. Van Cleve und Charles L. Mehltretter, Peoria, Ill., V.St.A., **Erythrose und Glyoxal aus Dialdehydstärke** werden erhalten, indem Dialdehydstärke (I) bei 90—115° 1—9 Std. lang mit H_2SO_3 unter Überdruck (250—370 lbs./sq.in.) hydrolysiert wird, wobei die Konz. an I in der wss. Lsg. $<$10% betragen muß. — 22,9 g **I**, suspendiert in 380 ml W. werden in einem Druckgefäß mit 185 g SO_2 1½ Std. lang bei 100° hydrolysiert, wobei der Höchstdruck während der Rk. 280 lbs./sq.in. beträgt. Die Ausbeute an *Glyoxal* bzw. *Erythrose* beträgt 80 bzw. 70%. (**A. P. 2 973 387** vom 8/12. 1958, ausg. 28/2. 1961.) A. JAHN. H 3400

F. Hoffmann-La Roche & Co. Akt.-Ges., Basel, Schweiz, **Erzeugung von Carotinoiden,** dad. gek., daß Pilze der Familie Dacrymycetaceae, bes. *Dacrymyces deliquescens, Dacryopinax spathularia, Dacryomitra nuda, Calocera cornea, Femsjonia luteoalba* oder *Guepinopsis torta*, submers in einem wss. Nährmedium gezüchtet werden, das organ. N, NH_4-Salze, C-, P-Verbb. u. Spurenmineralien enthält, die Kultur belüftet, umgerührt u. mit sichtbarem Licht bestrahlt wird. Hauptprod. sind Xanthophyllkonzentrate. — Mengenbeispiele. (**E. P. 867 472** vom 30/10. 1959, ausg. 10/5. 1961. A. Prior. 12/11. 1958.) G. VOGEL. H 3550

Esso Research and Engineering Co., V.St.A. (Erfinder: Charles A. Cohen), **Herstellung von exo-Norborneol,** dad. gek., daß ein Cyclopentadienyl-KW-Stoff unter Druck (20—1000 at) bei 150—250° mit einem α-Olefin mit 2—4 C-Atomen zu einem Bicyclo-[2.2.1]-hepten kondensiert u. dieses 1—3 Std. lang bei 5—20° mit 2—8 Äquivalenten 80—90%ig. H_2SO_4 unter Bldg. eines Bicyclo-[2.2.1]-heptanols behandelt wird, das bei 55—65° in Ggw. von V_2O_5 in einem inerten Lsgm. mit 40—60%ig. HNO_3 zur Cyclopentandicarbonsäure oxydiert wird. — *exo-Norborneol*, F. 127—128°, aus Dicyclopentadien u. C_2H_4 über *Norbornylen*, Kp. 96,3—96,7°. Daraus *Norcamphoronsäure*, F. 119,5—120°. (**F. P. 1 224 076** vom 10/12. 1958, ausg. 22/6. 1960. A. Prior. 30/12. 1957.) S. BÖTTCHER. H 3600

Universal Oil Products Co., Chicago, Ill., V.St.A., *Reduzierende Alkylierung organischer Verbindungen mit mindestens einer Amino- oder Nitrogruppe.* (**Holl. P. 99 228** vom 3/3. 1954, ausg. 16/10. 1961. — C. **1960.** 8681 [F. P. 1 167 009].)

Stamicarbon N. V., Holland, *Wiedergewinnung von für Oxydationsreaktionen mit Salpetersäure gebrauchten Katalysatoren.* (**F. P. 1 233 919** vom 25/8. 1959, ausg. 13/10. 1960. Holl. Prior. 29/8. 1958. — C. **1962.** 6961 [E. P. 854 275].)

Rheinpreussen Akt.-Ges. für Bergbau und Chemie, Homberg/Ndrrh., übert. von: **Herbert Kölbel**, Moers, und **Robert Langheim**, Homberg, *Vorbehandlung oxydischer Eisenkatalysatoren.* (**Can. PP. 558 058** vom 4/1. 1956, ausg. 27/5. 1958 u. **558 342** vom 9/1. 1956, ausg. 3/6. 1958. Beide D. Prior. 5/1. 1955. — C. **1958.** 14445 [E. P. 787 124].)

Mathieson Chemical Corp., Baltimore, Md., übert. von: **Ernest H. Millard jun.**, Niagara Falls, N.Y., V.St.A., *Behandlung von Acetylen-Äthylen-Gemischen.* (**Can. P. 559 018** vom 5/6. 1953, ausg. 17/6. 1958. A. Prior. 11/6. 1952. — C. **1950/54.** 2118 S [F. P. 1 078 743].)

Mathieson Chemical Corp., übert. von: **Victor C. Fusco**, Baltimore, Md., V.St.A., *Verwendung von Acetylen-Äthylen-Gemischen.* (**Can. P. 559 019** vom 13/6. 1953, ausg. 17/6. 1958. A. Prior. 14/6. 1952. — C. **1950/54.** 2117 S [F. P. 1 078 745].)

Dominion Tar & Chemical Co. Ltd., übert. von: **Stanley Gelblum**, Montreal, Quebec, Canada, *Flüssigphasen-Dehydrohalogenierung organischer Halogenverbindungen.* (**Can. P. 557 287** vom 19/9. 1953, ausg. 13/5. 1958. A. Prior. 4/5. 1953. — C. **1958.** 10781 [E. P. 774 125].)

Chemische Werke Hüls Akt.-Ges., Deutschland, *Spalten von flüssigen Kohlenwasserstoffen.* (**F. P. 1 200 862** vom 25/4. 1958, ausg. 24/12. 1959. D. Prior. 27/8. 1957. — C. **1959.** 15189 [D. A. S. 1 052 978].)

Ruhrchemie Akt.-Ges., Oberhausen-Holten, und **Lurgi Gesellschaft für Wärmetechnik m. b. H.**, Frankfurt/M., übert. von: **Karl Büchner**, Duisburg-Hamborn, **Friedrich Schnur, Ernst Sinner, Heinrich Schwarz**, Oberhausen-Sterkrade, und **August Hagemann**, Duisburg-Meiderich, *Trennung von Alkohol-Kohlenwasserstoff-Mischungen.* (**Can. P. 558 121** vom 28/5. 1952, ausg. 27/5. 1958. D. Prior. 30/5. 1951. — C. **1955.** 9667 [D. B. P. 919 888].)

Mathieson Chemical Corp., Baltimore, Md., übert. von: **Rudolph Knaus**, Niagara Falls, N.Y., V.St.A., *Herstellung von Olefinchlorhydrinen.* (**Can. P. 558 658** vom 12/4. 1954, ausg. 10/6. 1958. A. Prior. 16/4. 1953. — C. **1958.** 8470 [A. P. 2 769 845].)

Mathieson Chemical Corp., Baltimore, Md., übert. von: **Bernard H. Nicolaisen**, Kenmore, N.Y., V.St.A., *Herstellung von Olefinchlorhydrinen.* (**Can. P. 558 659** vom 29/4. 1954, ausg. 10/6. 1958. A. Prior. 7/5. 1953. — C. **1960.** 15218 [A. P. 2 830 095].)

Celanese Corp. of America, New York, N.Y., übert. von: **Foster G. Whitford, Lawrence Lynn** und **Max O. Robeson**, Clarkwood, Tex., V.St.A., *Reaktion von Acetylen mit einem Keton oder Aldehyd.* (**Can. P. 558 541** vom 18/8. 1951, ausg. 10/6. 1958. A. Prior. 28/10. 1950. — C. **1955.** 4695 [E. P. 698 019].)

Farbenfabriken Bayer Akt.-Ges., Leverkusen (Erfinder: **Wilhelm Krey** und **Karl Raichle**, Krefeld-Uerdingen), *Monohydroxydiäther.* (**Schwz. P. 358 071** vom 24/6. 1957, ausg. 30/12. 1961. D. Prior. 30/6. 1956. — C. **1959.** 1604 [D. A. S. 1 021 346].)

Ciba Ltd., Basel, übert. von: **Richard Sallmann**, Binningen, Schweiz, *Herstellung organischer S- und P-Verbindungen.* (**Can. P. 558 917** vom 18/6. 1956, ausg. 17/6. 1958. Schwz. Prior. 22/6. 1955. — C. **1960.** 7983 [Schwz. P. 334 627].)

Farbwerke Hoechst Akt.-Ges., vormals Meister Lucius & Brüning, Frankfurt/M., *Aldehyde durch katalytische Isomerisierung von Olefinoxiden.* (**Belg. P. 553 962** vom 5/1. 1957, ausg. 29/1. 1960. D. Prior. 5/1. 1956. — C. **1959.** 6956 [D. A. S. 1 035 635].)

Metal & Thermit Corp., V.St.A. (Erfinder: **Hugh E. Ramsden, Edith H. Miller** und **Ambrose J. Gibbons jun.**), *Methylheptenon.* (**F. P. 1 217 924** vom 15/12. 1958, ausg. 6/5. 1960. A. Prior. 3/1. 1958. — C. **1961.** 18871 [E. P. 851 658].)

Allied Chemical & Dye Corp., New York, N.Y., übert. von: **Charles B. Miller**, Morris Plains, und **Cyril Woolf**, Morristown, N.J., V.St.A., *Herstellung fluorierter Salze und Säuren.* (**Can. P. 559 182** vom 31/1. 1956, ausg. 24/6. 1958. A. Prior. 14/3. 1955. — C. **1959.** 17469 [A. P. 2 827 486].)

Allied Chemical & Dye Corp., New York, N.Y., übert. von: **Charles B. Miller**, Morris Plains, und **Cyril Woolf**, Morristown, N.J., V.St.A., *Herstellung von Alkali-Trihalogenacetaten.* (**Can. P. 559 183** vom 31/1. 1956, ausg. 24/6. 1958. A. Prior. 14/3. 1955. — C. **1959.** 17469 [A. P. 2 827 485].)

American Cyanamid Co., New York, N.Y., übert. von: **Gerard N. Vriens, William E. Sisco**, Somerville, und **Eugene C. Medcalf**, Bound Brook, N.J., V.St.A., *Rückgewinnung von Dinitril-Lösungsmitteln.* (**Can. P. 557 235** vom 2/5. 1950, ausg. 13/5. 1958. A. Prior. 10/2. 1950. — C. **1955.** 7081 [E. P. 683 262].)

Upjohn Co., übert. von: **Fred Kagan, John W. Greiner**, Kalamazoo, und **David L. Weisblat**, Galesburg, Mich., V.St.A., *Spaltung von racemischem α-Hydroxy-β.β-dimethyl-γ-butyrolacton.* (**Can. P. 558 100** vom 8/8. 1955, ausg. 27/5. 1958. A. Prior. 9/9. 1954. — C. **1959.** 3971 [A. P. 2 805 219].)

Rohm & Haas Co., Philadelphia, Pa. (Erfinder: **Theodore Edwin Bockstahler**, Moorestown, N.J., **Benjamin Franklin Aycock**, Churchville, Pa., und **Andrew Carson**, Philadelphia, Pa.), V.St.A., *Herstellung von Triacetylbenzol.* (**D. A. S. 1 121 600** Kl. 12o vom 5/11. 1958, ausg. 11/1. 1962. A. Prior. 6/11. 1957. — C. **1962.** 1029 [A. PP. 2 920 102 u. 2 920 108].)

International Minerals & Chemical Corp., Chicago, Ill., übert. von: **William G. Skelly** und **Bruno Vassel**, Toledo, Ohio, V.St.A., *Herstellung von Guanidinverbindungen.* (**Can. P. 558 428** vom 17/12. 1951, ausg. 3/6. 1958. A. Prior. 20/12. 1950. — C. **1950/54.** 2124 S [F. P. 1 079 728].)

Virginia-Carolina Chemical Corp., Richmond, Va., übert. von: **Leslie H. Jenkins**, Oak Ridge, Tenn., und **Daniel S. Sears**, Richmond, Va., V.St.A., *Herstellung von Isocyanaten.* (**Can. P. 558 780** vom 29/4. 1957, ausg. 10/6. 1958. A. Prior. 3/7. 1956. — C. **1960.** 9382 [A. P. 2 873 171].)

Irwin, Neisler & Co., übert. von: **Chester J. Cavallito** und **Allan P. Gray**, Decatur, Ill., V.St.A., *Herstellung von quaternären ω-Haloalkylammoniumsalzen.* (**Can. P. 557 350** vom 25/1. 1955, ausg. 13/5. 1958. A. Prior. 25/1. 1954. — C. **1958.** 8189 [F. P. 1 120 288].)

Dow Chemical Co., Midland, Mich., übert. von: **Frederick C. Bersworth**, Verona, N.J., und **Albert E. Frost**, Millis, Mass., V.St.A., *Polyhydroxypolyamino-Verbindungen.* (**Can. P. 557 291** vom 18/2. 1954, ausg. 13/5. 1958. A. Prior. 20/2. 1953. — C. **1958.** 3744 [E. P. 764 188].)

Merck & Co., Inc., Rahway, übert. von: **John Weijlard** und **Alan P. Sullivan jun.,** Westfield, N.J., V.St.A., *Herstellung von β-Aminopropionitril.* (**Can. P. 557 368** vom 13/1. 1954, ausg. 13/5. 1958. A. Prior. 10/2. 1953. — C. **1957.** 1798 [A. P. 2 742 491].)

Union Carbide & Carbon Corp., New York, übert. von: **Donald L. Bailey,** Snyder, und **George H. Wagner,** Clarence, N.Y., V.St.A., *Disproportionierung von Chlorsilanen.* (**Can. P. 558 765** vom 28/1. 1954, ausg. 10/6. 1958. A. Prior. 25/3. 1953. — C. **1957.** 267 [A. P. 2 732 280].)

Union Carbide & Carbon Corp., New York, übert. von: **Donald L. Bailey,** Snyder, und **George H. Wagner,** Clarence, N.Y., V.St.A., *Disproportionierung von Chlorsilanen.* (**Can. P. 558 766** vom 28/1. 1954, ausg. 10/6. 1958. A. Prior. 25/3. 1953. — C. **1957.** 267 [A. P. 2 732 281].)

Union Carbide & Carbon Corp., New York, übert. von: **Donald L. Bailey,** Snyder, **Paul W. Shafer,** Niagara Falls, und **George H. Wagner,** Clarence, N.Y., V.St.A., *Disproportionierung von Chlorsilanen.* (**Can. P. 558 767** vom 28/1. 1954, ausg. 10/6. 1958. A. Prior. 25/3. 1953. — C. **1957.** 1045 [A. P. 2 732 282].)

Union Carbide & Carbon Corp., New York, übert. von: **George H. Wagner,** Clarence, N.Y., V.St.A., *Dehydrochlorierung von Polychloralkylchlorsilanen.* (**Can. P. 558 768** vom 22/4. 1955, ausg. 10/6. 1958. A. Prior. 29/6. 1954. — C. **1957.** 2060 [A. P. 2 735 859].)

Union Carbide & Carbon Corp., New York, übert. von: **George H. Wagner,** Clarence, N.Y., V.St.A., *Dehydrochlorierung von Polychloralkylchlorsilanen.* (**Can. P. 558 769** vom 2/5. 1955, ausg. 10/6. 1958. A. Prior. 28/1. 1954. — C. **1957.** 3953 [A. P. 2 737 520].)

Allied Chemical & Dye Corp., New York, übert. von: **John A. Crowder,** Hempstead, und **Everett E. Gilbert,** Flushing, N.Y., V.St.A., *Herstellung von Dihalogenbenzolen.* (**Can. P. 558 170** vom 5/4. 1954, ausg. 3/6. 1958. A. Prior. 4/9. 1953. — C. **1960.** 4025 [A. P. 2 866 828].)

VEB Farbenfabrik Wolfen, Wolfen, *Cyclische Ketale.* (**Ung. P. 143 942** vom 26/10. 1955, ausg. 1/8. 1958. — C. **1957.** 8940 [D. P. [DDR] 1 613].)

Allied Chemical & Dye Corp., New York, N.Y., übert. von: **George C. Joris,** Madison, N.J., V.St.A., *Herstellung von Cumolhydroperoxid.* (**Can. P. 558 502** vom 15/6. 1953, ausg. 10/6. 1958. A. Prior. 20/11. 1952. — C. **1959.** 1271 [A. P. 2 776 999].)

Wallace & Tiernan, Inc., Belleville, übert. von: **Laszlo Reiner,** Bloomfield, und **Fernando Fiordalisi,** Newark, N.J., V.St.A., *Organische Verbindungen mit Sulfoximinstruktur.* (**Can. P. 558 382** vom 2/6. 1951, ausg. 3/6. 1958. A. Prior. 6/6. 1950. — C. **1954.** 6341 [A. P. 2 648 705].)

Aschaffenburger Zellstoffwerke Akt.-Ges., Redenfelden/Obb., übert. von: **Otmar Toppel,** Aschaffenburg, *Aufarbeitung von Vanillin.* (**Can. P. 559 194** vom 21/10. 1954, ausg. 24/6. 1958. D. Prior. 21/10. 1953. — C. **1957.** 7790 [A. P. 2 745 796].)

Farbwerke Hoechst Akt.-Ges., vormals Meister Lucius & Brüning, Frankfurt/M., *Tetrafluorbenzochinon-(1.4).* (**E. P. 866 810** vom 4/3. 1958, ausg. 3/5. 1961. D. Prior. 17/8. 1957. — C. **1961.** 16658 [F. P. 1 199 352].)

Henkel & Cie. G. m. b. H., Düsseldorf, *Umlagerung von Alkalisalzen aromatischer Mono- oder Dicarbonsäuren.* (**Holl. P. 99 916** vom 20/11. 1956, ausg. 15/12. 1961. D. Prior. 8/12. 1955. — C. **1959.** 7635 [D. A. S. 1 040 530].)

Perfogit S. p. A., Mailand, übert. von: **Werner Muench,** Cesano Maderno, **Vinzento Ruoti,** Cesano Maderno, und **Giuliana Silvestri,** Mailand, Italien, *Herstellung von Nitrilen.* (**Can. P. 557 729** vom 1/3. 1956, ausg. 20/5. 1958. It. Prior. 18/3. 1955. — C. **1959.** 4306 [F. P. 1 149 474].)

Hercules Powder Co., übert. von: **Richard G. Mraz,** Wilmington, Del., V.St.A., *Herstellung von gemischten Estern der Tere- und Isophthalsäure.* (**Can. P. 558 262** vom 11/10. 1956, ausg. 3/6. 1958. A. Prior. 26/9. 1952. — C. **1957.** 5417 [A. P. 2 742 494].)

Egyesült Gyógyszer és Tápszergyár, Budapest, Ungarn, *α-[p-Nitrobenzoyl]-α-bromacetessigsäureester.* (**E. P. 874 361** vom 18/7. 1958, ausg. 2/8. 1961. Ung. Prior. 18/7. 1957. — C. **1961.** 13359 [Oe. P. 205 025].)

Farbenfabriken Bayer Akt.-Ges., Leverkusen, *Mono- oder Polyurethane aus Halbacetalen und Halbmercaptalen.* (**E. P. 871 629** vom 22/4. 1959, ausg. 28/6. 1961. D. Prior. 24/4. 1958. — C. **1961.** 8118 [D. A. S. 1 092 002].)

Allied Chemical & Dye Corp., New York, N.Y., übert. von: **Leigh C. Anderson,** Ann Arbor, Mich., und **Chester E. Smith jun.,** Wilmington, Del., V.St.A., *Reduktion aromatischer N-Verbindungen.* (**Can. P. 558 867** vom 2/8. 1955, ausg. 17/6. 1958. A. Prior. 18/8. 1954. — C. **1958.** 2872 [E. P. 780 631].)

Allied Chemical & Dye Corp., New York, übert. von **Armas V. Erkkila,** Orchard Park, N.Y., V.St.A., *Reduktion aromatischer N-Verbindungen.* (**Can. P. 558 868** vom 2/8. 1955, ausg. 17/6. 1958. A. Prior. 6/8. 1954. — C. **1958.** 4933 [E. P. 780 632].)

Allied Chemical & Dye Corp., New York, übert. von **Allen W. Sogn,** Williamsville, N.Y., V.St.A., *Reduktion aromatischer N-Verbindungen.* (**Can. P. 558 869** vom 2/8. 1955, ausg. 17/6. 1958. A. Prior 6/8. 1954. — C. **1958.** 13632 [A. P. 2 794 046].)

Allied Chemical & Dye Corp., New York, übert. von: **Allen W. Sogn,** Williamsville, N.Y., V.St.A., *Reduktion aromatischer N-Verbindungen.* (**Can. P. 558 876** vom 2/8. 1955, ausg. 17/6. 1958. A. Prior. 6/8. 1954. — C. **1958.** 13632 [A. P. 2 794 047].)

Celanese Corp. of America, New York, N.Y., übert. von: **John Lomartire,** Summit, N.J., V.St.A., *Herstellung von Aminoarylalkylcarbinolen.* (**Can. P. 556 241** vom 8/4. 1953, ausg. 22/4. 1958. A. Prior. 7/5. 1952. — C. **1955.** 11099 [A. P. 2 680 136].)

Miles Laboratories, Inc., Elkhart, Ind., übert. von: **Albert P. Centolella,** Zeeland, Mich., V.St.A., *p-Aminosalicylsäure.* (**Can. P. 557 374** vom 12/8. 1955, ausg. 13/5. 1958. A. Prior. 13/9. 1954. — C. **1959.** 17479 [A. P. 2 844 625].)

Union Carbide & Carbon Corp., New York, übert. von: **George H. Wagner,** Clarence, und **Margaret M. Burnham,** Eggertsville, N.Y., V.St.A., *Disproportionierung von Aryldichlorsilanen.* (**Can. P. 557 130** vom 31/8. 1953, ausg. 6/5. 1958. A. Prior. 26/9. 1952. — C. **1956.** 11565 [Belg. P. 522 861].)

Purvin & Gertz, Inc. (Erfinder: **Franklin Drew Mayfield** und **James Clifford Shaw**), *Herstellung von Styrol.* (**Aust. P. 225 949** vom 6/12. 1957, ausg. 21/1. 1960. A. Prior. 10/12. 1956. — C. **1961.** 16659 [F. P. 1 187 538].)

Soc. des Usines Chimiques Rhône-Poulenc, Paris (Erfinder: **Jean Métivier,** Arpajon), Frankreich, *Herstellung von Dichloräthylenderivaten.* (**Schwz. P. 359 697** vom 11/2. 1957, ausg. 15/3. 1962. F. Prior. 11/2. 1956. Zusatz zu Schwz. P. 329 720; C. 1962. 3607. — C. **1960.** 16261 [F. P. 1 145 472].)

E. I. du Pont de Nemours & Co., Wilmington, Del., V.St.A., *Umsetzung von Nitrocycloalkanen.* (**Holl. P. 100 197** vom 3/1. 1957, ausg. 15/1. 1962. — C. **1959.** 15842 [F. P. 1 163 775].)

Esso Research and Engineering Co., Elizabeth, übert. von: **John F. Johnson**, Plainfield, N.J., V.St.A., *Rückgewinnung von Cyclodien-Monomeren.* (**Can. P. 557 306** vom 2/7. 1954, ausg. 13/5. 1958. A. Prior. 10/9. 1953. — C. **1959.** 12699 [E. P. 775 113].)

Montecatini Soc. Gen. per l'Industria Mineraria e Chimica, Mailand, Italien, *1-Phenylcyclohexan-1-hydroperoxide.* (**E. P. 859 850** vom 15/5. 1957, ausg. 25/1. 1961. It. Prior. 23/5. 1956. Zusatz zu E. P. 841 157; C. 1961. 12272. — C. **1962.** 18507 [F. P. 71 543].)

Badische Anilin- & Soda-Fabrik Akt.-Ges., Ludwigshafen/Rh. (Erfinder: **Walter Simon**, Neckargemünd, **Hans Joachim Waldmann**, Ludwigshafen/Rh., und **Otto Göhre**, Heidelberg), *Herstellung von Cyclohexanol und Cyclohexanon.* (**D. A. S. 1 114 810** Kl. 12o vom 8/10. 1957, ausg. 12/10. 1961. — C. **1961.** 14464 [E. P. 849 134].)

Soc. des Usines Chimiques Rhône-Poulenc, Paris, Frankreich, *3-[2'-Aminoäthyl]-cyclohexen-(2)-on-(1).* (**E. P. 800 649** vom 28/1. 1957, ausg. 27/8. 1958. F. Prior. 11/2. 1956. — C. **1959.** 13639 [D. A. S. 1 041 040].)

Ethyl Corp., New York, N.Y., V.St.A., *Herstellung von Organomanganverbindungen.* (**E. P. 872 113** vom 22/12. 1958, ausg. 5/7. 1961. A. Prior. 23/12. 1957. — C. **1961.** 14833 [D. A. S. 1 100 021].)

American Cyanamid Co., New York, N.Y., übert. von: **Alfred O. Parkee**, Bound Brook, N.J., V.St.A., *Durchführung von chemischen Reaktionen bei erhöhter Temperatur und erhöhtem Druck.* (**A. P. 2 981 590** vom 18/9. 1956, ausg. 25/4. 1961. — C. **1960.** 6663 [E. P. 807 399].)

John B. Pierce Foundation, New York, N.Y., übert. von: **Ettore Da Fano**, Pasadena, Calif., und **Hans I. Sternheim**, Sommerville, N. J., V.St.A., *Herstellung von Organo-Si-Verbindungen.* (**Can. P. 557 732** vom 6/6. 1955, ausg. 20/5. 1958. A. Prior. 15/10. 1954. — C. **1959.** 3978 [A. P. 2 818 389].)

Merck & Co., Inc., Rahway, übert. von: **Lewis H. Sarett**, Princeton, N.J., V.St.A., *Polyhydronaphthaline.* (**Can. PP. 557 371** u. **557 372** vom 14/1. 1957, ausg. 13/5. 1958. Beide A. Prior. 16/3. 1951. — C. **1956.** 13208 [Schwz. P. 305 417].)

General Aniline & Film Corp., New York, N.Y., übert. von: **Kenneth R. Nickolls**, Monson, Mass., und **Virgil C. Williams**, Kirkwood, Mo., V.St.A., *Reinigung von Anthracen.* (**Can. P. 557 963** vom 25/9. 1953, ausg. 27/5. 1958. A. Prior. 29/9. 1952. — C. **1957.** 3129 [E. P. 734 395].)

Ruhrchemie Akt.-Ges., Oberhausen-Holten, *4.4'-Bis-[hydroxymethyl]-bis-tricyclo-[5.2.1.0$^{2.6}$]-decyl-8.8'-äther.* (**E. P. 845 195** vom 15/8. 1956, ausg. 17/8. 1960. D. Prior. 18/8. 1955. — C. **1959.** 16483 [F. P. 1 155 677].)

Rohm & Haas Co., Philadelphia, V.St.A., Pa., *Additionsprodukte heterocyclischer Amide.* (**E. P. 875 135** vom 3/12. 1957, ausg. 16/8. 1961. A. Prior. 5/12. 1956. — C. **1961.** 15929 [F. P. 1 195 270].)

Shell Development Co., New York, N.Y., übert. von: **Albert C. Mueller**, Berkeley, Calif., V.St.A., *Herstellung von Epoxyestern.* (**Can. P. 557 759** vom 25/9. 1954, ausg. 20/5. 1958. A. Prior. 23/11. 1953. — C. **1960.** 13861 [A. P. 2 772 296].)

Badische Anilin- & Soda-Fabrik Akt.-Ges., Deutschland (Erfinder: **Peter Dimroth** und **Heinrich Pasedach**), *2.3-Dihydrofurane.* (**F. P. 1 233 161** vom 29/5. 1959, ausg. 12/10. 1960. D. Prior. 29/5. 1958. — C. **1960.** 4027 [D. A. S. 1 064 957].)

International Minerals & Chemical Corp., Chicago, übert. von: **Forest A. Hoglan**, Glenview, Ill., V.St.A., *Herstellung von Pyrrolidoncarbonsäure.* (**Can. P. 554 227** vom 31/5. 1954, ausg. 11/3. 1958. A. Prior. 10/8. 1953. — C. **1956.** 13854 [F. P. 1 107 982].)

Olin Mathieson Chemical Corp., Baltimore, Md., übert. von: **Paul Lafyatis**, Cleveland, Ohio, und **Joel A. Zaslowsky**, Niagara Falls, N.Y., V.St.A., *Herstellung von Alkylenchlorhydrinen und O-Heterocyclen.* (**Can. P. 558 676** vom 22/10. 1954, ausg. 10/6. 1958. A. Prior. 22/10. 1953. — C. **1958.** 8477 [F. P. 1 113 862].)

Merck & Co., Inc., Rahway, N.J., übert. von: **Harold Conroy**, Waltham, Mass., V.St.A., *Herstellung von 5-[δ-Brombutyliden]-hydantoin.* (**Can. P. 558 023** vom 8/12. 1955, ausg. 27/5. 1958. A. Prior. 6/1. 1955. — C. **1957.** 12307 [A. P. 2 786 848].)

VEB Leuna-Werke „Walter Ulbricht" (Erfinder: **Friedrich Asinger, Max Thiel**, Leuna, **Lothar Schröder**, Halle, und **Gerhard Reckling**, Spergau), *Thiazole.* (**Ung. P. 145 356** vom 6/6. 1957, ausg. 15/9. 1959. D. Prior. 24/11. 1956. — C. **1959.** 4310 [D. A. S. 1 029 826].)

Olin Mathieson Chemical Corp., Baltimore, Md., übert. von: **Warren K. Cline**, Niagara Falls, N.Y., V.St.A., *Herstellung von 3-Amino-triazolen.* (**Can. P. 558 678** vom 22/8. 1955, ausg. 10/6. 1958. A. Prior. 25/8. 1954. — C. **1959.** 2288 [F. P. 1 135 889].)

Ciba Ltd., Basel, übert. von: **Walter Wettstein**, Münchenstein, Schweiz, *Herstellung von Pyridincarbonsäuren.* (**Can. P. 556 909** vom 15/6. 1956, ausg. 6/5. 1958. Schwz. Prior. 16/6. 1955. — C. **1959.** 4972 [F. P. 1 153 974].)

Wellcome Foundation Ltd., London, England, übert. von: **George H. Hitchings**, Tuckahoe, und **Roland K. Robins**, Yonkers, N.Y., V.St.A., *Pyrimidine.* (**Can. P. 557 152** vom 27/1. 1953, ausg. 6/5. 1958. — C. **1960.** 10066 [F. P. 1 160 686].)

C. H. Boehringer Sohn, Ingelheim/Rh., *Substituierte Morpholine.* (**Holl. P. 98 694** vom 1/7. 1953, ausg. 15/8. 1961. D. Prior. 1/7. 1952. — C. **1958.** 1987 [F. P. 1 091 685].)

American Cyanamid Co., New York, N.Y., übert. von: **Leslie G. Boatright**, Stamford, Conn., V.St.A., *Herstellung von Melamin.* (**Can. P. 557 873** vom 20/4. 1954, ausg. 27/5. 1958. A. Prior. 18/9. 1953. — C. **1959.** 14565 [E. P. 767 344].)

Union Carbide & Carbon Corp., New York, N.Y., übert. von: **William M. Lanham**, Charleston, W. Va., V.St.A., *Herstellung von 2-Mercapto-2-thiono-1.3.2-dioxaphosphorinanen.* (**Can. P. 557 137** vom 29/9. 1954, ausg. 6/5. 1958. A. Prior. 19/10. 1953. — C. **1959.** 5955 [D. A. S. 1 024 090].)

X. Färberei. Organische Farbstoffe

Untersuchungen über die Anwendung von Färbebeschleunigern beim Färben von Polyesterfasern. Krystyna Gałazkowa und Karol Janiszewski. (Prace Inst. Włókiennictwa **10.** Nr. 3. 20—37. 1960; pol.) — Nach einer allg. Übersicht über den

Wrkg.-Mechanismus von *Carriern* beim Färben von Polyesterfasern werden Unters. Ergebnisse über die Wrkg. von o-Phenylphenol (I), Dilatin DB u. TC (Sandoz), Levegal PT (Bayer), Palatinit TX 5064 (BASF), Remol TF (Hoechst), Tumescal D u. OP (I. C. I) sowie von Salicylsäuremethylester (II) mitgeteilt. Es wird festgestellt, daß die Carrier, bes. I, in einer großen Menge (bis zu 30—40% ihres Geh.) von den Fasern aufgenommen werden u. diese weder durch Spülen, noch mit heißem W. zu entfernen sind. Die Farbstoffaufnahme ist beim Einbad-Verf. wesentlich größer als beim Färben nach dem Vorbehandeln mit I oder II. Es empfiehlt sich, in Ggw. von I mit Cibacetfarbstoffen gefärbte Dacronfasern bei höheren Temp. (ca. 150—180°) zu trocknen, wodurch die Lichtechtheit der Färbung stark verbessert wird. — 12 Tabellen, 4 Literaturangaben.
T. LUKANOFF. 7006□

Neue Farbstoffe und Textilhilfsmittel. Anonym. (Melliand Textilber. **43.** 59. 77. Jan. 1962; dt.) — Imp. Chem. Ind. Ltd., Manchester; *Procionblau H3R* ist ein homogener Reaktivfarbstoff bes. für den Textildruck; ohne Beimischung anderer Komponenten erlaubt es die Herst. tiefer, rotstichiger Marineblautöne mit guten Licht- u. Waschechtheiten; es zeigt sehr gute Löslichkeit u. hervorragende Aufzieh-Eigg. u. ist für den Druck von Marineblautönen auf Cellulosefaser u. echte Seide geeignet; in der Färberei zeigt es gute Auszieh- u. Fixier-Eigg. u. läßt sich auf Baumwolle bes. nach diskontinuierlichen Färbeverff., dem Klotz-Lager-Verf. u. dem Kontinuefärbe-Verf. verwenden. — *Prociongrün 2B* ist der erste einheitliche Grün-Reaktivfarbstoff u. gibt Töne von guter Licht- u. Waschechtheit; zusammen mit *Procionbrillantgelb 6GS* werden lindgrüne Töne erzielt, die keine Photodegration auf Cellulose verursachen u. kein katalyt. Verschießen aufweisen. — Ciba A.G., Basel: *Chlorantinlichttürkisblau BRLL* gibt auf natürlicher u. regenerierter Cellulosefaser in der Färbung u. im Druck reine Türkisblautöne von sehr guter Lichtechtheit. Die Naßechtheiten werden durch Nachbehandeln mit *Lyofix SB konz.*, *Lyofix EW* oder *Coprantex B* erhöht. Es weist eine hervorragende Löslichkeit auf, egalisieert sehr gut u. färbt Baumwolle/Viscosekunstseide fasergleich an. Es eignet sich für das Auszieh-Verf. u. für die Foulardfärberei, einschließlich Pad-Roll-Verfahren. — Co. Franç de Matières Colorantes, Paris: *Dimiacide-Lichtgelb JRL* zum Färben von Polyamidfasern mit etwas rötlicherer Nuance als *Dimacide-Lichtgelb 3JL*; es wird in Ggw. von *Sunaptol P* für das Färben in vollem Bad als auch für das Foulardieren u. Heißfixeren verwendet. — Chem. Fabrik Tübingen G.m.b.H., Tübingen: *Felosan TN* ist ein geruchloser Fettlöser auf Lsgm.-Basis u. eignet sich zum Entfernen von Pechspitzen, Teerstippen, Mineralöl- u. Schmierölverschmutzungen; es wird als Zusatz bei Entschlichtungs-, Beuch- u. Waschflotten eingesetzt, sowie beim Klotzprozeß u. der örtlichen Detachur verwendet. — Rohner AG, Pratteln: *Supra-Naphtanilide*; für die Foulardfärberei steht folgende Gamme zur Verfügung: *Naphtanilid RC Supra, D Supra, OL Supra, PH Supra, RL Supra, BG Supra, BS Supra* u. *BO Supra*; durch Einstreuen der Prodd. in das auf 85° erhitzte Färbebad wird eine klare, gebrauchsfertige Foulardier-Lsg. erhalten. G. REISNER. 7018□

Über den Einfluß des pH-Wertes beim Färben von Wolle mit Metallkomplexfarbstoffen. Ernst Schönpflug. (Z. ges. Textilind. **60.** 147—50. 24/2. 1958. Ludwigshafen, BASF, Anwendungstechn. Abt.; dt.) — Der für Wolle optimale pH-Wert 3—4 kann beim Färben von Wolle mit Metallkomplexfarbstoffen nicht immer berücksichtigt werden, da dafür je nach Art des Komplexes ein pH-Wert von 1,9—7 nötig ist. Die Grenzen, in denen die Färbebedingungen u. der pH-Wert durch Zusätze bestimmter Reagentien variabel sind, werden angegeben. — 6 Abb., 9 Literaturangaben.
J. ARNDT. 7020□

Das Färben von Trikotware mit Indanthren-Farbstoffen auf der Haspelkufe. Christian Klopfstock. (Z. ges. Textilind. **63.** 130—32. Febr. 1961; dt.) — Allg. Überblick über das Färben mit *Indanthrenfarbstoffen* auf der Haspelkufe unter Berücksichtigung des Pigmentier-Temp.-Stufenverfahrens. Auf die rasche Oxydationsmöglichkeit mit Chlorbleichlauge bei träge oxydierenden Farbstoffen, bes. der IK-Reihe, wird hingewiesen. J. ARNDT. 7020□

Von 2-Methylbenzimidazol abgeleitete Azofarbstoffe. Th. Le Bris und H. Wahl. (Rev. Textile Tiba [N.S.] **57.** 164—71. April 1958; franz.) — *1.2-Dimethylbenzimidazol* (I) (F. 227—228°) wird durch Methylieren von 2-Methylbenzimidazol, *1.2-Dimethyl-6-nitrobenzimidazol* (II) (F. 250°) durch Nitrieren von I u. fraktionierte Trennung des Gemisches mit *1.2-Dimethyl-5-nitrobenzimidazol* (F. 227°) dargestellt. Kupplung der quart. Salze von I u. II mit diazotiertem p-Nitranilin u. p-Nitrophenylnitrosamin führt zu den entsprechenden *Disazoverbindungen*. Die *Monoazo-Verbb.* sind nur auf dem Weg über die tautomeren Hydrazone zugänglich. Letztere werden entweder durch Kondens. der quart. Salze mit Nitrosaminen zu den *Azomethinen*, Hydrolyse zum *Aldehyd* u. Rk. mit einem Arylhydrazin oder durch Oxydation von **I** bzw. **II** mit SeO_2 zum *Aldehyd* u. Einw. von Arylhydrazinen dargestellt. Auf diese Weise werden folgende Monoazofarbstoffe dargestellt: *2-Benzolazomethylen-1.3-dimethylbenzimidazolin*, (F. 160—161°, orangegelbes Pulver), *2-[p-Nitrobenzolazomethylen]-1.3-dimethylbenzimidazolin* (F. 252°, schwarze Blättchen), 2-Benzolazomethylen-1.3-dimethyl-5(6)-nitrobenzimidazolin (schwarze, bläulich schimmernde Stäbchen) u. *2-[p-Nitrobenzolazomethylen]-1.3-dimethyl-5(6)-nitrobenzimidazolin* (schwärzlichrot im festen Zustand). Die neuen Monoazo-Verbb. sind *bas. Farbstoffe* u. bilden wasserlösl. Salze. Sie eignen sich zum *Färben von Kunstfasern*, bes. von *Polyacrylonitrilfasern*. H. SONTAG. 7052 □

Farbenfabriken Bayer Akt.-Ges., Leverkusen (Erfinder: Dieter Goerrig, Lohmar/Siegkreis, Eberhard Weise, Köln-Mülheim, und Manfred Söll, Leverkusen), **Färben mit Küpenfarbstoffen** aus einem red. Sol, indem sie in W. dispergiert u. anschließend bei pH < 13 mit einer Borwasserstoff-Verb. red. werden. Während des Färbevorgangs wird der pH-Wert konst. gehalten, z. B. mit puffernd wirkenden Verbindungen. Das Färben erfolgt in Ggw. von katalyt. wirkenden Metallsolen u./oder Metallkomplex-Verbb. u./oder anorgan. oder organ. Verbb., die ein Redox- bzw. Auflösungspotential besitzen, das bei pH 8—15 zwischen 0 u. —1,5 V liegt. Ggf. werden noch S(IV)-Verbb., die das Sulfit- oder Bisulfition durch Einw. von W. zu bilden vermögen, zugesetzt. — Ein Baumwollgewebe wird mit einer wss. Suspension imprägniert, die im Liter 10 (g) Indanthrenbrillantgrün B, 10 KBH_4, 30 Na_2CO_3 u. 10 $NaHCO_3$ enthält, u. zwischen Walzen abgepreßt. Gewichtzunahme 70%. Nach 4 Min. langer Behandlung mit Wasserdampf von 100° wird eine klare, wenig blaustichige Grünfärbung erhalten, die in üblicher Weise durch Spülen, Oxydieren u. kochendes Seifen fertiggestellt wird. — Weitere Beispiele. (**Oe. P. 207 357** vom 3/10. 1958, ausg. 25/1. 1960. **F. P. 1 212 899** vom 9/10. 1958, ausg. 28/3. 1960. Beide D. Prior. 11/10. 1957.) M. F. MÜLLER. 7021

Farbenfabriken Bayer Akt.-Ges., Deutschland (Erfinder: Dieter Goerrig, Friedrich Schubert, Eberhard Weise, Manfred Söll und Konrad Lang), **Reduktion von organischen Verbindungen,** bes. von *Küpenfarbstoffen*, im Zuge der *Färberei von Textilien* mit Borwasserstoff-Verbb. nach dem Verf. des Oe. P. 207 357 (vgl. vorst. Referat). Zur Beschleunigung der Red. werden dem Katalysator oder Katalysatorgemisch S(IV)-Verbb. zugesetzt, z. B. $NaHSO_3$, Na_2SO_3, SO_2, Metabisulfite, Dithionate u. Dithionite. Zur Bldg. der Metallsole oder der katalyt. wirkenden Metallkomplex-Verbb. werden Verbb. von Sn, As, Cu, Mo, Ni, Pt, Co, Sb, Cr verwendet; als Komplexbildner dienen z. B. Glykol, $HOCH_2CH_2NH_2$, $H_2NCH_2CH_2NH_2$, β-Diketone, α-Hydroxycarbonsäuren. Solche Komplex-Verbb. sind z. B. $CuCl \cdot HOCH_2CH_2OH$, $CoCl_2 \cdot H_2NCH_2CH_2NH_2$, $NiSO_4 \cdot H_2NCH_2CH_2OH$, $Na_2[Sn(OH)_4]$, $Na_2[SnF_6]$, komplexe Alkalicyanide von 2wertigem Ni, Co, Cr, Mn oder Alkalistamite + OH-Ionen, Alkalistannate. An organ. Katalysatoren sind z. B. genannt: Anthrachinon-2-sulfonsäure, 1-Aminoanthrachinon-8-sulfonsäure, 1-Amino-4-bromanthrachinon-2-sulfonsäure, N.N'-Dihydroanthrachinonazin-3.3'-disulfonsäure, Naphthol, Indigotrisulfonsäure, Bis-[anthrachinonyl-(1)]-amin. Als Borwasserstoff-Verbb. kommen z. B. in Betracht: Borhydride, Borazane, Borazene u. Borazine, $[BH_3(NH_3)]$, $[(CH_3)_3NBH_3]$, $Na[B(OC_2H_5)_3H]$. — Eine Suspension aus 10 ml eines Cu-Sols mit 0,05 (g) Cu als Katalysator, 0,3 Indanthren R, 0,2 KBH_4, 1 Na_2CO_3, 12 Na_2SO_4, 10 ml NaOH (38° Bé) im Liter wird auf 60° erwärmt. Nach 10 Min. ist die Red. beendet. Der hierbei verwendete Cu-Katalysator wird erhalten durch Lösen von 20 $CuSO_4$ in 750 W., Zusatz von 200 ml 5%ig. Perlleim-Lsg. u. Red. mit 1 KBH_4 in 50 Wasser. (**F. P. 1 212 907** vom 10/10. 1958, ausg. 28/3. 1960. D. Prior. 11/10. 1957.) M. F. MÜLLER. 7021

Badische Anilin- & Soda-Fabrik Akt.-Ges. (Erfinder: Karl Maier und Hans Nienburg), Ludwigshafen/Rh., **Färbebäder und Druckpasten für die Behandlung von Gebilden aus linearen Polyamiden,** gek. durch einen Geh. an 1-Amino-4-alkylaminoanthrachinon-2-sulfonsäuren (**A**), die in der Alkylaminogruppe einen Alkylrest mit 7—12 C-Atomen enthalten, oder ihren Salzen mit anorgan. oder organ. Basen als Farbstoffen. — Die Herst. von **A** ist bekannt. — Beispiele: 1-Amino-4-heptylamino-, -4-decylamino- u. -4-laurylaminoanthrachinon-2-sulfonsäure. — Ein Färbebad besteht z. B. aus 2000 (Teilen) W., 0,5 des feinverteilten Farbstoffes aus 1-Amino-4-bromanthrachinon-2-sulfonsäure u. techn. Nonylamin (mit durchschnittlich 2 CH_3-Verzweigungen), 1,5 Na-Salz des sauren Schwefelsäureesters des Rk.-Prod. aus 1 (Mol) Spermölalkohol, 80 Äthylenoxid u. 4 CH_3COOH (30%ig). 100 Teile Fasern aus Polyadipinsäurehexamethylendiamid werden in diesem Bad $1^1/_2$ Std. lang bei Siedetemp.

gefärbt u. anschließend gespült. Es wird eine rotstichige Blaufärbung, die gute Lichtechtheit u. sehr gute Naßechtheiten hat, erhalten. (**D. A. S. 1 115 215** Kl. 8m vom 5/4. 1960, ausg. 19/10. 1961.) H. NEBELSIEK. 7023

Horst Stöckigt, Karl-Marx-Stadt, **Nachbehandlung der Färbungen von Fasermischungen** aus Wolle, Polyester- u. Cellulosefasern, die mit 2 : 1-Metallkomplexfarbstoffen für den Wollanteil im Einbau-Verf., für den Polyesterfaseranteil mit speziellen Dispersionsfarbstoffen in Verb. mit aromat. Chlor-KW-Stoffen oder aromat. Carbonsäureestern oder einem anderen Carrier u. für den Cellulosefaseranteil mit kupferhaltigen oder nachkupferbaren Direktfarbstoffen gefärbt sind, dad. gek., daß ein oberflächenakt. Körper vom Typ eines substituierten Polyglykoläthers dem Nachkupferungsbad zugesetzt wird, z. B. der Isooctylphenylpolyglykoläther mit $<$ 10 Mol Äthylenoxid. — 2 Beispiele (**D. P. [DDR] 21 341** Kl. 8m vom 9/4. 1959, ausg. 27/5. 1961 [Wirtschaftspatent].) M. F. MÜLLER. 7029

Ciba Akt.-Ges., Basel (Erfinder: Rudolf Mory, Dornach), Schweiz, **Herstellung von Dicarbonsäureamidazofarbstoffen.** 2 Mol eines Monoaminopyrens werden mit 1 Mol einer Verb. der allg. Formel I umgesetzt (R_1 = Benzolrest mit der Azogruppe in 1- u. der Carbonylgruppe in 5- u. einer Alkoxygruppe in 2-Stellung; R_2 = Naphthalinrest mit Azo-, Hydroxy- u. Carbonylgruppe in 1.2.3-Stellung).

$$\underset{\displaystyle \text{CO Halogen}}{\text{HO}-\text{R}_2}-\text{N}{=}\text{N}-\text{R}_1-\text{CO Halogen} \qquad \text{I}$$

Die erhaltenen Pigmente eignen sich zum Färben von Polyvinyl-Verbb., sie sind gut licht-, migrationsecht, temperaturbeständig u. lösungsmittelecht. Die Farbstoffe eignen sich ferner in feinverteilter Form zum Färben von Kunstseide u. Viscose, Celluloseäthern u. -estern, von Polyamiden u. -urethanen in der Spinnmasse sowie zur Herst. gefärbter Lacke, Lsgg. u. Prodd. aus Acetylcellulose, Nitrocellulose, natürlichen u. künstlichen Harzen, z. B. Aminoplasten, Phenoplasten, Polystyrol, Polyäthylen, Polyacryl-Verbb., Gummi, Casein u. Silicon. Bei der Herst. von Farbstiften u. kosmet. Präpp. sind sie verwendbar. Der Farbstoff *3-Amino-4-methoxybenzoesäure → 2-Hydroxynaphthoesäure-(3)* wird in Chlorbenzol u. $HCON(CH_3)_2$ mit $SOCl_2$ chloriert. Dieses in gelbroten Nadeln kristallisierende Dicarbonsäurechlorid wird in o-Dichlorbenzol gelöst u. mit 3-Aminopyren in Pyridin u. o-Dichlorbenzol kondensiert. Das isolierte Pigment ist ein blaurotes Pulver, das Polyvinylchloridfolie rubinrot färbt. (**D. A. S. 1 115 864** Kl. 22a vom 4/3. 1959, ausg. 26/10. 1961. **Zusatz zu D. A. S. 1 112 231; C. 1962. 6219. F. P. 1 218 187** vom 3/3. 1959, ausg. 9/5. 1960. **E. P. 885 452** vom 5/3. 1959, ausg. 28/12. 1961. Alle Schwz. Prior. 5/3. 1958.) F. RATH. 7053

Ciba Ltd., Basel, übert. von: Henri Riat, Arlesheim, Schweiz, **Metallisierte Azofarbstoffe** der Formel **A** (Me = Ni oder Cu; R = eine SO_3H-Gruppe enthaltender 5-Methylbenzthiazolyl-(2)-rest; R′ = ggf. 1 oder 2 SO_3H-Gruppen tragender Naphthalinrest, der die Gruppe —O—Me— o-ständig zur Azogruppe trägt; die Gesamtzahl der SO_3H-Gruppen soll mindestens 2 betragen). (**Can. P. 552 231** vom 27/4. 1954, ausg. 28/1. 1958.) EBERHARD RIEDEL. 7055

A

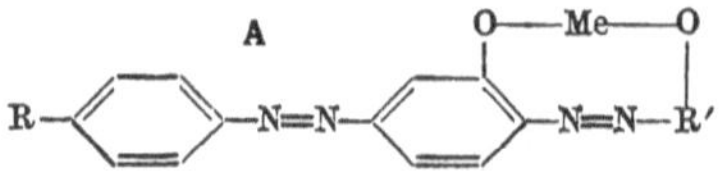

XIa. Farben. Anstriche. Lacke. Naturharze

Über die Herstellung von Aluminiumpigmenten in Ungarn. Jenő Szalay. (Kohászati Lapok [Ung. Z. Hüttenwes.] **94.** 416—17. Sept. 1961. Budapest, Minist. für Schwerind.; ung.) — Nach einer neuen Meth. wird das Al-Pigment aus Folienabfällen auf nassem Wege hergestellt. Dieses Verf. ist techn., wirtschaftlich u. auch bzgl. der Betriebssicherheit weit günstiger als das frühere Trockenverfahren. L. ZOMBORY. 7092

Die photochemische Aktivität und Verkreidung des Zinkoxidpigments. Klára Jónás. (Veszprémi Vegyipari Egyetem Közleményei [Mitt. Univ. chem. Ind. Veszprém] **5.** 99—108. 1961. Lehrstuhl für allg. u. anorgan. Chem.; ung.) — Wenig verunreinigtes ZnO ist meistens photochem. akt. u. neigt zur Verkreidung. Weniger reine Prodd. fluorescieren im UV-Licht im allg. lebhaft grün, sind wenig akt. u. verkreiden weniger. Präpp., die H_2O_2 lebhaft zersetzen, verkreiden nicht. J. PLANK. 7092

Die Silicatfarben und ihre Anwendung im Bauwesen. K. I. Karassew. (Строительные Материалы [Baumaterialien] **6.** Nr. 7. 11—12. Juli 1960. Allunions-Forschungsinst. für neue Baustoffe, Labor. für synthet. Lacke u. Farben; russ.) — Die Silicatfarben sind eine Suspension von Pigmenten (Ocker, Mennige, Mn_3O_4, Cr_2O_3 u. a.) u. Füllmitteln (Talk, Kreide) in einer K_2SiO_3-Lösung. K_2SiO_3 geht mit den Schwermetallen der Pigmente unlösl. Verbb. ein u. sondert freies SiO_2 ab: $K_2SiO_3 \cdot 2\,H_2SiO_3 + ZnO + H_2CO_3 =$

$K_2CO_3 + ZnSiO_3 + 2\ SiO_2 + 2\ H_2O$. Die so entstehenden Farbschichten zeigen außerordentliche Beständigkeit gegen Witterungs-Einfl., so daß sie für Innen- u. Außenanstriche verwendbar sind. Vf. gibt Vorschriften für die Mischungsverhältnisse bei Innen- u. Außenanstrich sowie für die Herst. u. Behandlung der Farben. HORST BRAUN. 7092☐

Die klassische Technik und neue Anwendungsmöglichkeiten für Aminoharze in Anstrichmitteln und Lacken. Frédéric Lebaigue. (Peintures, Pigments, Vernis **37.** 163—69. März 1961.; franz.) — Vf. beschreibt die Eigg. einiger Aminoharze, wie Melamin- u. Harnstoff–Formaldehyd-Harze („Cibamine"), die für deren Anwendung in Lacken u. Anstrichmitteln von Bedeutung sind. K. WEKUA. 7096☐

Asbestzement-Untergrund und die erforderlichen Anstrichmittel. Anonym. (Off. Digest Federat. Soc. Paint Technol. **33.** 1346—83. Nov. 1961. Bericht der New York Soc., Techn. Subcomm. Nr. 64; engl.) — Baumaterialien aus Asbestzement sind mehr oder weniger alkal., je nachdem ob sie an der Luft oder im Autoklav getrocknet wurden. Während des Trocknens bildet sich im Portlandzement Ca-Hydroxid, das im Autoklav mit SiO_2 Ca-Silicathydrat bildet, so daß der Kalk-Geh. $\leq 1\%$ beträgt u. damit Alkalität u. Ausblühungserscheinungen fehlen. Aus Verss. mit einem Anstrichmittel aus Leinöl u. Cr-Grünpigment auf stark alkal. Untergrund ergab sich, daß ein Grundiermittel (G) sowohl alkaliresistent als auch wenig permeabel u. in genügender Dicke aufgetragen sein muß. Verss. mit PVC-Emulsionsfarben aus Styrol–Butadien-, Polyvinylacetat- u. Polyacrylsäureesterharzen bestätigten die guten „Atmungs"-Eigg. dieser Anstriche, die jedoch dem Deckanstrich nicht ausreichend Schutz gegen die alkal. Wrkg. des Untergrundes boten. Einige weitere Ergebnisse werden mitgeteilt u. die einfache Labor.-Meth. beschrieben. K. WEKUA. 7106☐

Armour & Co. Ltd., England (Erfinder: Matthew Karl Schwitzer), **Herstellung von in organischen Flüssigkeiten leicht dispergierbaren Pigmenten.** Die Pigmente werden mit W. zu einer 0,5—10%ig. Dispersion angerührt u. mit einer Verb. der allg. Formel RN(R')R''COOY (R = Alkylrest mit 8—20 C-Atomen oder ein mit einer NH_2- oder Polyaminogruppe substituierter Alkylrest; R' = H oder Alkyl; R'' = gerade oder verzweigte Kette mit 1—6 C-Atomen; Y = H, ein Metall, eine Ester- oder saure Gruppe), z. B. N'-Coco-β-aminobuttersäure (I) versetzt. — Ein nach üblichen Verff. gewonnener Filterkuchen von Preußischblau wird mit W. angerührt (4,53 kg trocknes Pigment auf 150 kg W.), dazu werden 235 g **I** gegeben. Das beim Rühren entstandene Gel wird auf einer Filterpresse von W. getrennt, getrocknet u. gemahlen. (**F. P. 1 184 121** vom 9/10. 1957, ausg. 17/7. 1959. E. Prior. 9/10. 1956 u. 3/10. 1957.) M. F. MÜLLER. 7093

Jean d'Ans, Heinz Eberhard Freund und Hans Joachim Schuster, Deutschland, **Herstellung von Bleioxid als Pb_3O_4-Pigment** durch Ausfällen aus Lsgg. oder Suspensionen von Pb-Verbb. durch Einw. von Oxydationsmitteln, z. B. NaOCl, Cl_2, PbO_2, $PbCl_4$, Pb-Tetraacetat, H_2O_2. (**F. P. 1 164 944** vom 22/1. 1957, ausg. 15/10. 1958. D. Prior. 28/1. 1956.) M. F. MÜLLER. 7093

Molybdenum Corp. of America, V.St.A. (Erfinder: Arthur Linz), **Herstellung von organischen Pigmenten.** Sie enthalten einen wasserlösl. Farbstoff (**I**) u. ein Metall der Lanthanreihe, bes. La u. Ce. Als **I** sind z. B. genannt Pontachrome Rouge B (**II**), Pontachrome Bleu SW, Auramin, Rhodamin B, Neolan Noir WA. — 0,5 (g) **II** werden in 100 W. gelöst, dazu wird eine Lsg. von 6,8 $LaCl_3$ in 10 W. eingerührt. Es bildet sich ein Nd., der abgetrennt u. getrocknet, ggf. gemahlen wird. (**F. P. 1 190 864** vom 29/1. 1958, ausg. 15/10. 1959. A. Prior. 31/1. 1957.) M. F. MÜLLER. 7093

Metallgesellschaft Akt.-Ges. (Erfinder: Wolfgang-Dieter Luz und Horst Becker), Frankfurt/M., **Haftgrundierung für Dichtungsmassen auf der Grundlage härtbarer Thioplaste** besteht aus einer Mischung aus Polyisocyanaten, bes. Triphenylmethantriisocyanat, in organ. Lsgm. u. einer organ. Lsg., die synthet. Kautschuk (**I**) oder ein Deriv. des **I**, z. B. Chlorkautschuk, harzartige Formaldehydkondensate u./oder harzartige Polymerisate von KW-Stoffen enthält. (**D. A. S. 1 116 848** Kl. 22h vom 10/4. 1959, ausg. 9/11. 1961.) M. BÖTTCHER. 7097

Vinyl Products Ltd. (Erfinder: John Edwin Oakley, Henry Warson und Ralph Manuel Levin), Carshalton Surrey, England, **Überzugsmittel,** die aus Polyvinylacetatharzen u. trocknenden oder halbtrocknenden Ölen prakt. verträgliche Filme zu bilden vermögen, enthalten Mischpolymerisate (**I**) aus Vinylacetat (**II**) u. einem Ester (**III**), dessen gesätt. Esterteil mindestens 4 C-Atome enthält, wobei die Mengen von **II** u. **III** so aufeinander abgestimmt sind, daß die mittlere Länge der Seitenketten des **I** größer ist als 2, aber nicht größer ist als 6 C-Atome. Die Lacke zeigen sehr gutes Pigmentbindevermögen u. Haftung. (**D. A. S. 1 115 868** Kl. 22h vom 6/3. 1959, ausg. 26/10. 1961. E. Prior. 7/3. 1958.) M. BÖTTCHER. 7107

Canadian Industries (1954) Ltd. und Du Pont Co. of Canada Ltd., übert. von: Owen C. W. Allenby, Montreal, Quebec, Canada, **Herstellung von Überzügen** durch 2—10std. Erhitzen einer polymerisierbaren monoolefin. Verb., die keine mit Epoxy- oder COOH-Gruppen reagierenden Gruppen enthält, z. B. Styrol, Methylacrylat, Vinylacetat, mit Glycidylacrylat, -methacrylat oder -crotonat in Ggw. eines Katalysators für Additionspolymerisationen u. danach mit den Säuren trocknender Öle, z. B. Leinölfettsäuren, auf ca. 120°. — Vgl. E. P. 767 476; C. **1958.** 11671. (**Can. P. 551 429** vom 29/1. 1955, ausg. 7/1. 1958.) H.-J. NITZSCHKE. 7107

E. I. du Pont de Nemours & Co., Wilmington, Del., übert. von: Henry Godshalk, Swarthmore, Pa., V.St.A., **Trocknende, nichtausschwitzende, pigmentierte Überzugsmasse,** gek. durch ein Methylmethacrylatpolymer als Hauptfilmbildner, ein flüchtiges Lsgm., einen Weichmacher, ein Pigment u. 0,1—10% (auf nichtflüchtige Stoffe bezogen) eines Celluloseesters (Nitrat, Propionat, Butyrat, Acetatbutyrat, Acetatpropionat oder deren Mischungen). Das Polymere (relative Viscosität 1,117—1,196) besteht aus Polymethylmethacrylat oder einem Mischpolymerisat aus 75—98 Methylmethacrylat u. 2—25 Acrylsäure, Methacrylsäure, einem Alkyl (1—4 C-Atome)-Ester der Acrylsäure, einen Alkyl (2—4 C-Atome)-Ester der Methacrylsäure, Vinylacetat, Acrylonitril oder Styrol. Die Masse besteht z. B. aus 100 (Teilen) Cr(III)-oxidhydrat (Guignet's Grün), 20 einer aus 3,8 Methylisobutylcarbinylacetat, 16 Methylisobutylketon, 14,1 Methyläthylketon, 16,5 KW-Stoffe, 4 Methylisobutylcarbinol, 16 Isopropylalkohol u. 29,6 Nitrocellulose (Viscosität ca. 5 Sek.) gebildeten Nitrocellulose-Lsg., 400 u. 812 einer Polymethylacrylat-Lsg., die beide aus 37,7 (%) Polymethacrylat (Molgew. ca. 100000), 14,3 Dibutylphthalat, 27,7 Toluol u. 22,3 Xylol bestehen. Überziehen von Holz, Glas u. Metall durch Spritzen Tauchen u. Bürsten mit wetterbeständigen Außenschichten, z. B. für Autoaufbauten. — Mengenbeispiele. (**A. P. 2 860 110** vom 4/6. 1954, ausg. 11/11. 1958.) G. VOGEL. 7107

Winifried Christana Collins, New Brunswick, N.J., V.St.A., **Überzugsmasse zum Überziehen der Rückseite von druckempfindlichen Schichten oder Streifen,** bestehend aus der wss. Dispersion eines Filmbildners (z. B. Polystyrol, Vinylchloridmischpolymerisate, Vinylidenchloridmischpolymerisate, Polyvinylacetat oder Polyacrylate) u. einer geringen Menge eines mit dem Filmbildner unverträglichen Trennmittels auf der Grundlage eines Mischpolymerisates mit einem Fettalkohol- oder Fettsäureester, z. B. aus Vinylacetat–Vinylstearat oder Vinylacetat–Stearylmaleat. (**E. P. 859 739** vom 26/2. 1958, ausg. 25/1. 1961. A. Prior. 26/2. 1957.) P. KRUG. 7107

Harshaw Chemical Co. (Erfinder: **Kenneth Edmund Long** und **Jack Russell Lytle**), Cleveland, Ohio, V.St.A., *Herstellung von Cadmiumsulfidpigmenten.* (**D. A. S. 1 125 575** Kl. 22f vom 3/4. 1957, ausg. 15/3. 1962. A. Prior. 6/4. 1956. — C. **1961.** 10765 [A. P. 2 850 400].)

Dow Chemical Co., Midland, Mich., übert. von: **Alexander M. Partansky**, Concord, und **Paul G. Schrader**, Antioch, Calif., V.St.A., *Harzartige Polyalkohole aus Novolaken und Styroloxid.* (**A. P. 2 934 522** vom 26/1. 1956, ausg. 26/4. 1960. — C. **1960.** 10076 [E. P. 811 567].)

Canadian Industries Ltd., Montreal, Canada, *Überzugsmassen mit Mischpolymerisaten alkylierter Styrole* (**E. P. 880 356** vom 23/4. 1958, ausg. 18/10. 1961. Can. Prior. 1/5. 1957. — C. **1960.** 5013 [D. A. S. 1 066 685].)

Texaco Development Corp., New York, N.Y., V.St.A., *Herstellung von Überzügen auf der Innenoberfläche von Behältern.* (**Holl. P. 99 256** vom 24/6. 1955, ausg. 16/10. 1961. A. Prior. 30/6. 1954. Zusatz zu Holl. P. 89673; C. 1960. 1342. — C. **1959.** 1952 [E. P. 783 015].)

XIb. Plaste (Kunstharze. Plastische Massen)

Dynamisch-mechanische Eigenschaften von Hochpolymeren. Lawrence E. Nielsen. (SPE Journal **16.** 525—33. Mai 1960. Monsanto Chem. Co., Plastics Res. Lab.; engl.) — Best. von Elastizitäts-(Scher- oder Zug-)modul u. Dämpfung, in Abhängigkeit von Temp. u. Frequenz, zur Kennzeichnung Hochpolymerer als viscoelast. Körper in verschiedenen Prüfapp., u. a. mit dem Torsionspendel. Es werden die Beziehungen des (Scher-)Moduls u. der Dämpfung zwischen zwei Schwingungen besprochen: zur temperaturabhängigen Beweglichkeit der Kettensegmente u. zum (Glas) Übergangsbereich beim Dämpfungsmaximum, auch bei Weichmacherzusatz; zur Ausbildung sek. Dämpfungsspitzen bei Anwesenheit von Seitengruppen in Polymeren, bei Polymergemischen (2 Phasen) u. Kristalliten verschiedener Größe; zur Mol.-Größe u. zur Vernetzung; zu den Verhältnissen in Polymeren hoher Kristallinität. — 40 Literaturangaben. M. HAGEDORN. 7170□

Kunststoffe für hohe Temperaturen. W. Brenner. (Materials Design Engng. **51.** Nr. 6. 132—34. Juni 1960. New York, Univ.; engl.) — Der Einsatz von Kunststoffen für kurze Zeit bei hohen Temp. als Wärmeschutz ist unter Verw. von z. B. Phenolharzen oder Phenylsilanen u. anorgan. oder organ. Stützfasern möglich. Bei langzeitiger Dauerbeanspruchung ist die derzeitige Temp.-Grenze bei 500—500° F, bei intermittierender Beanspruchung bei 600—800° F. In Frage kommen Fluor-KW-Stoffe, Phenol-, Epoxy- u. Siliconharze. Verbesserungen der therm. Stabilität werden angestrebt durch Einführung wärmestabilerer Komponenten in vorhandene Polymere u. durch Synth. neuer Polymerstrukturen. Verweis u. a. auf Arbeiten über F-haltige organ. Polymere zur Dauer-Verw. bei 500—700° F u. über anorgan. Polymere auf der Basis von B, Al, Sn u. Si für Temp. bis 700—900° F. M. HAGEDORN. 7170□

Das Strangpressen von Rohren und Profilen aus Polyäthylen hoher Dichte. D. J. Schmidt. (SPE Journal **16.** 505—09. Mai 1960. W. R. Grace & Co.; engl.; Rev. Plásticos **11.** 243—46. Juli/Aug. 1960; span.) — Es werden Anforderungen an Presse u. Düsen, Düsenlänge, Abzieh-Geschw., Luftraum zwischen Düse u. erster Profilplatte, Nachverformung u. Abnahmevorrichtung besprochen. M. HAGEDORN. 7172□

Verpreßbarkeit von Polypropylen. W. E. Heumann. (SPE Journal **16.** 513—15. Mai 1960. Enjay Labor.; engl.) — Das Fließvermögen verschiedener Polypropylen- u. zweier Polyäthylensorten als Ausdruck für ihre Verpreßbarkeit wird an der Ausbildung von Spiralen in einer Spritzguß-Vers.-Form festgestellt. Die Fließdaten werden in Abhängigkeit von Zylinder-Temp., Spritzdruck, Schmelzindex, Größe des Angußdurchmessers u. der Form-Temp. verglichen. Sie sind notwendige Anhaltspunkte für die Spritzgußverarbeitung von Polypropylen. M. HAGEDORN. 7172□

Die Plastifizierung von Polyvinylchlorid. A. Passedouet. (Pensez Plast. **7.** Nr. 221/222. 7. Sept.—12. Dez. 1960; franz.) — Vgl. C. **1962.** 3274. — Vf. behandelt eine Reihe organ. Verbb. bzgl. ihrer Eigg. als Weichmacher für PVC, z. B. Trikresylphosphat, Trioctylphosphat. Die polymeren u. halbpolymeren Weichmacher auf der Basis von Adipinsäure u. Sebacinsäure mit Propylenglykol werden Trioctylphosphat gegenübergestellt. H. SANDNER. 7172□

Über den Einsatz von Sekundärweichmachern in PVC-Plastisolen. R. Reichherzer. (Kunststoff-Rdsch. **7.** 222—24. Mai 1960. Wien, Kunststoffinst.; dt.) — Untersucht wurden Pasten aus PVC u. Phthalsäure-1.2-äthylhexyldiester, wobei letzteres teilweise durch den Hilfsweichmacher Lipinol SV ersetzt war. Die Wrkg. des Zusatzes auf Viscosität, Alterung u. Gelierverhalten wurde geprüft. Bei hohen Lipinolzusätzen sind höhere Temp. für eine optimale Gelierung notwendig. Die Shorehärte im ausgelierten Zustand wird wenig beeinflußt. Mit steigendem Hilfsweichmacherzusatz altern die Pasten weniger. Die Verschlechterung der weichmachenden Wrkg. u. des elast. Verh. ist gering. Andere Hilfsweichmacher zeigen ähnliche Wirkung. H. DRECHSEL. 7172□

Farbbeständigkeit von mit Eisenoxiden pigmentierten Vinylverbindungen. Arthur K. Woernle. (SPE Journal **16.** 535—44. Mai 1960. C. K. Williams & Co.; engl.; Rev. Plásticos **11.** 380—92. Nov./Dez. 1960; span.) — Mit vielen Tabellen wird belegt, daß bei geeigneter Auswahl der Stabilisatoren, Füllmittel, Weichmacher u. Harze mit einer großen Zahl von Eisenoxidtypen gute Wärme-Farbbeständigkeit der verformten Vinylpolymerisate bei 350—400° F erzielt werden kann. Bei jeder neuen Kombination sind Vorverss. unerläßlich. Die Verw. von $CaCO_3$ als Füllstoff ist sehr wirkungsvoll, für Epoxy-Verbb. im allg. wünschenswert; auch Weichmacher bringen bei der Pigmentierung mit Eisenoxiden gute Wärme-Farbbeständigkeit. M. HAGEDORN. 7172

Verhalten und Eigenschaften von PVC-Bodenbelägen. Egmont Fortun. (Kunststoffe **50.** 417—23. Juli 1960. Bietigheim/Wttbg.; dt.) — Es werden Eindruckwiderstand, Elastizität, Abriebwiderstand, Anzündbarkeit, Verschmorung, Biegsamkeit, Schalldämmung, Wärmeleitzahl, Wasseraufnahme, Chemikalien- u. Lsgm.-Beständigkeit, Gleitsicherheit, Lichtechtheit, Alterung, Formbeständigkeit u. Wasserdampfdiffusion nach genormten Prüf-Verf. untersucht. — 16 Literaturangaben. I. KALZENDORF. 7172□

Chemische Umsetzungen an Polystyrol. Dietrich Braun. (Kunststoffe **50.** 375—80. Juli 1960. Mainz, Univ., Inst. für organ. Chemie; dt.) — Nach allg. Betrachtungen über chem. Umsetzungen an Polymeren werden die Umsetzungen an Polystyrol beschrieben. Polystyrol ist nicht sehr reaktionsfähig. Die Umsetzungen werden meist am Benzolring ausgeführt, wie Hydrierung, Sulfonierung, Sulfochlorierung, Nitrierung usw., über die weitere Umsetzungen möglich sind. Solche Polystyrol-Derivv. haben teilweise auch prakt. Interesse gefunden. Durch Rk. mit J u. nachfolgendem Austausch von J gegen Li entsteht Poly-p-lithiumstyrol. Als metallorgan. makromol. Verb. ist es sehr reaktionsfähig u. kann zu den verschiedensten Derivv. des Polystyrols umgesetzt werden. Außerdem werden noch einige Rkk. des Polystyrols besprochen, die zur Darst. von Pfropfpolymeren dienen können. I. KALZENDORF. 7172□

In der Wärme schrumpfende und mit Polymerisaten überzogene Polyesterfilme. Paul Stephan. (SPE Journal **16.** 545—47. Mai 1960. E. I. du Pont de Nemours and Co.; engl.) — Der MYLAR-Film aus Polyglykolterephthalat wird auch als Schrumpffilm u. mit Überzügen aus Polymerisaten geliefert. Ein durch Orientieren ausbalancierter Film beginnt bei 140° F zu schrumpfen bis zum maximalen Schrumpf von 25—30% bei 212° F. Verw. zum Verpacken von Lebensmitteln: Einfüllen des Guts, Evakuieren, Verschließen, Eintauchen in W. von 208—212° F. Die physikal. u. chem. Eigg. der Schrumpffolien sind denen normaler Folien sehr ähnlich. Beidseitig mit Polymerisaten überzogene MYLAR-Filme sind heißsiegelbar u. dienen zur Verpackung, einseitig überzogene zum Dublieren mit Polyäthylenfolie für Vakuuminertgas-Verpackung von Fleisch u. Käse. M. HAGEDORN. 7176 □

Mechanische Festigkeit von Formteilen aus Polyesterharz in Abhängigkeit von der Härtungsart und der Zeit. H. Schirmer. (Kunststoffe **50.** 388—90. Juli 1960. Krefeld-Uerdingen; dt.) — Bei der Herst. von Glasfaser–Polyester-Laminaten im Handauflege-Verf., im Vakuum-Verf. oder durch Kaltpressen ist man auf Kalthärtung angewiesen. An Hand von Verss. wird die Abhängigkeit maximaler Festigkeit vom Katalysator u. der Zeit untersucht. Alle Katalysator-Syst. ergeben die gleiche Festigkeit, wenn nach dem Kalthärten noch zwischen 80 u. 120° nachgetempert wird. Das Polymerisat ist dann so durchgehärtet, daß sich Schlagzähigkeit, Härte u. Warmformbeständigkeit nicht weiter verbessern lassen. I. KALZENDORF. 7176 □

Der Einfluß von Füllstoffzusätzen in Metallklebstoffen auf die Festigkeit von Metallklebverbindungen. H. Schlegel und W. Seyffarth. (Plaste u. Kautschuk **6.** 368—71. Aug. 1959. Halle, Zentralinst. für Schweißtechnik; dt.) — Zur Klärung dieses Problems wurden verschiedene Metalle (St 37, AlMg 3, Reinaluminium u. AlMgSi) mit Epoxyharzen unter Zusatz folgender Füllstoffe verklebt: Quarzmehl, Porzellanmehl, Glasmehl, Graphit, Hartgummistaub, Fe-Pulver, Fe-Oxid, Al_2O_3 u. Zn-Staub. Vergleichende Unters. der Zugscher- u. Schälfestigkeit von Verklebungen mit u. ohne Füllstoffzusatz erbrachten je nach Klebstofftype, Art des verklebten Werkstoffes u. Füllstoffzusatzes unterschiedliche Ergebnisse. Allg. wurde bei Verklebungen von Leichtmetallen mit kalthärtenden, mit entsprechenden Füllstoffzusätzen versehenen Epoxyharzen eine Festigkeitssteigerung erzielt, während bei Verw. warmhärtender Klebstoffe bzw. bei Stahlverklebungen durch Füllstoffzusatz die Festigkeit nicht wesentlich verbessert wurde. H. SONTAG. 7176 □

Wärmebeständige verstärkte Laminate. John Miglarese. (SPE Journal **16.** 518—23. Mai 1960. Westinghouse Electric Corporation; engl.) — Beschrieben wird die Herst. eines Schichtstoffs aus einem Phenolharz (Micarta Grade H-5834), welches bei der Nachhärtung nur geringe Mengen schädlich wirkender Prodd. entwickelt, in Verbindung mit verschiedenen Glas- u. Quarzgeweben. Vgl. mit Silicon-, Melamin- u. Polyesterharz, werden an Hand der Änderung der Biegefestigkeit, des Gew.-Verlustes bei der Wärmebehandlung u. des Abbrands in einer O_2-Acetylenflamme gezogen. M. HAGEDORN. 7204 □

Warum E-Glas in Glasfaser-Kunststoffen? Kurt A. F. Schmidt. (Kunststoff-Rdsch. **7.** 83—86. Febr. 1960; dt.) — Theoret. Überlegungen, Langzeitunterss. u. langjährige, prakt. Erfahrung bestätigen, daß bei Verw. von Seidenerzeugnissen aus E-Glas (Boro-Alumo-Silicatglas mit einem Alkali-Geh. unter 1%) zur Verstärkung von Kunststoffen die größte Sicherheit auch unter krit. Beanspruchung gegeben ist. Vf. verweist auf die begrenzte Gültigkeit der Ergebnisse von Kurzzeittesten, bes. des „verlängerten" Kochtestes. H. SONTAG. 7204 □

PVC-Hartplatten, deren Verwendung und Aufbringungsmöglichkeit auf Holzplatten für die Möbelindustrie. Carl Kubitzky. (Kunststoff-Rdsch. **7.** 86—91. Febr. 1960. Worms/Rh.; dt.) — Vgl. C. **1962.** 2557. — Unter Angabe herstellungs- u. anwendungstechn. Hinweise berichtet Vf. über Herst., Eigg. u. Verw.-Möglichkeiten von mit PVC beschichteten Holzplatten. Derart oberflächenveredelte Holzplatten sind seit einigen Jahren im prakt. Einsatz u. zeichnen sich im Vgl. zu lackierten Platten durch bes. hohe Elastizität u. Beständigkeit gegen Riß-Bldg. aus. H. SONTAG. 7204 □

Über das Fließverhalten von Phenolharz-Preßmassen. D. Northmann und G. Meyer. (Plaste u. Kautschuk **6.** 365—68. Aug. 1959. Dresden, TU, Inst. für Betriebswiss. u. Normung; dt.) — Vff. beschreiben ein Prüfgerät zur Best. des Fließbildes von Preßmassen; solche Fließbilder werden aus der Zusammenstellung einer Reihe von Fließkurven, die unter einer gewissen, gleichbleibenden Druck- u. Temp.-Stufung ermittelt werden, gewonnen. Das an Hand einer schemat. Abb. beschriebene Prüfgerät besteht aus einer Prüfform mit Gegenkolben, einer Meßwertübertragung u. einer Schreibeinrichtung mit Zeitmarkengeber zur Aufzeichnung der Fließkurven. Als Beispiel wird die Beeinflussung des Fließ-Verh. einer Phenolharzpreßmasse durch Druck u. Wärme u. durch Variation der Vorwärmbedingungen an den so ermittelten Fließbildern gezeigt. Da die Fließbilder die optimalen Fließbedingungen des untersuchten Harzes erkennen lassen, stellen sie eine entscheidende Verbesserung der Prüftechnik bei der Verarbeitung von Preßmassen dar. H. SONTAG. 7210□

Badische Anilin- & Soda-Fabrik Akt.-Ges., Ludwigshafen/Rh. (Erfinder: Konrad Jost, Lützelsachsen/Bergstraße), **Herstellung polymereinheitlicher Stoffe aus Suspensionspolymerisaten** durch mechan. Zerlegung der suspendierten oder vom Suspensionsmittel getrennten Polymerisatteilchen (I) in Fraktionen mit gleicher oder ähnlicher Teilchengröße nach D. A. S. 1 065 609, dad. gek., daß I mit einer Teilchengröße von $>500\,\mu$ zerlegt werden. An Hand von Tabellen wird die Abhängigkeit der Teilchengröße vom Molgew. der Polymerisate, der %-Anteil, die Viscosität u. der K-Wert in Abhängigkeit von den Siebfraktionen gezeigt. (**D. A. S. 1 094 982** Kl. 39c vom 17/4. 1959, ausg. 15/12. 1960. **Zusatz zu D. A. S. 1 065 609; C. 1961. 316.**) H. SCHINDLER. 7171

Nobel-Bozel, Paris, Frankreich, **Radiochemisches Polymerisationsverfahren.** Ein Gemisch aus einem Celluloseäther oder -ester u. einem polymerisierbaren Monomeren, z. B. Äthylcellulose u. Styrol oder Celluloseacetat u. Vinylacetat, wird durch ionisierende Strahlung zur Pfropfpolymerisation gebracht. (**E. P. 860 244** vom 18/4. 1958, ausg. 1/2. 1961. F. Prior. 19/4. 1957.) W. OVERBECK. 7171

Arno Ulitzsch, Hannover (Erfinder: Arthur Allrich, Heidelberg), **Herstellung von plastischen Massen aus Teeren.** Die durch Oxydation von Selektivextrakten mit HNO_3 (vgl. D. B. P. 883 355; C. **1955.** 10635) erhaltenen Harze werden mit Teeren, bes. Steinkohlenteer, bei 360° behandelt. Mit Füllstoffen gemischt bilden sie Massen für den Straßenbau, Spachtel- u. Fugenvergußmassen. (**D. B. P. 974 766** Kl. 39b vom 26/8. 1953, ausg. 20/4. 1961. Anmeldung bekanntgemacht 10/11. 1955.) F. KOCH. 7171

E. I. du Pont de Nemours & Co., übert. von: Walter Mahler, Wilmington, Del., V.St.A., **Polyfluoralkyldiphosphin-bis-[nickeltricarbonyl]-verbindungen** der Formel $(CO)_3Ni-P(R)(R')-P(R)-(R'')-Ni(CO)_3$ (R = Polyfluoralkylrest mit 1 bis 5 C-Atomen, R' oder R'' = ein Halogen- oder H-Atom) erhält man durch Rk. von Polyfluoralkyldiphosphinen mit $Ni(CO)_4$ (I) bei 20—140° ggf. in Ggw. inerter Lösungsmittel. — 10,1 g Tetrakis-[perfluormethyl]-diphosphin gibt man bei der Temp. des fl. N_2 zu 10,2 g I, läßt die Mischung sich auf Normaltemp. erwärmen u. erhitzt sie 6 Std. auf 60°, wobei das gebildete CO period. abgezogen wird. In quant. Ausbeute erhält man Tetrakis-[perfluormethyl]-diphosphin-bis-[nickeltricarbonyl], tief violett gefärbte Kristalle, F. 105°. — Analog erhält man *symm.-Bis-[octafluor-n-butyl]-diphosphin-bis-[nickeltricarbonyl]* u. *symm.-Dichlor-bis-[tetrafluorchloräthyl]-diphosphin-bis-[nickeltricarbonyl]*. — *Polymerisationskatalysatoren für Perfluoracetylene.* (**A. P. 2 968 665** vom 12/3. 1959, ausg. 17/1. 1961.) A. JAHN. 7171

Montecatini Soc. Gen. per l'Industria Mineraria e Chimica und Karl Ziegler (Erfinder: Giulio Natta, Piero Pino und Giorgio Mazzanti), **Herstellung kristalliner hochmolekularer Polymerisate von Olefinen,** bes. von Äthylen, Propylen u. Butylen, in gasförmiger Phase u. in Abwesenheit von Lsgm., dad. gek., daß man die Olefine in Ggw. eines festen Katalysators polymerisiert, der durch Rk. einer festen Verb. eines Übergangsmetalls der 4. bis 6. Gruppe des Period. Syst. mit einer unter dem Höchstwert liegenden Wertigkeit, bes. einem Halogenid, wie $TiCl_3$, mit einem Alkyl eines Metalls der 1. bis 3. Gruppe, bes. $Al(C_2H_5)_3$ u. $AlCl(C_2H_5)_2$, hergestellt wurde. (**Aust. P. 229 073** vom 19/3. 1958, ausg. 28/7. 1960.) C. LÜTTGEN. 7173

Gelsenberg Benzin Akt.-Ges., Gelsenkirchen (Erfinder: Herbert Frieß, Gladbeck), **Polymerisation von Olefinen oder olefinhaltigen Gasen** nach D. A. S. 1 064 718, dad. gek., daß in der 2. Stufe des Verf. nach der prakt. restlosen Entfernung der leichtsd. organ. Fl. das getrennte Nachsetzen der Katalysatorkomponenten, für sich oder als Lsgg., in Dampf-, Gas- oder Nebelform erfolgt. Wiederbelebung der Polymerisation, wodurch sie beliebig lange in Gang gehalten werden kann. — Beispiele. (**D. A. S. 1 099 168** Kl. 39c vom 15/4. 1955, ausg. 9/2. 1961. **Zusatz zu D. A. S. 1 064 718; C. 1960. 16 612.**) H. SCHINDLER. 7173

Farbwerke Hoechst Akt.-Ges., vormals Meister Lucius & Brüning, Frankfurt/M. (Erfinder: Georg Diedrich, Neuenhain/Taunus, Adolf Gaube, Frankfurt/M., und Kurt Richard, Bad Soden/Taunus), **Herstellen von Folien aus makromolekularen thermoplastischen Kunststoffen,** bes. Niederdruckpolyolefinen, wobei man Rohre aus diesen Kunststoffen an einem Ende durch Innendruck um einen gewünschten Betrag zu einer Schlauchfolie aufweitet, dad. gek., daß man die kugelförmig erfolgende, eine allseitige Verstreckung bewirkende Aufweitung des an dem aufzuweitenden Ende geschlossenen Rohres in einem Temp.-Bereich vom Kristallit-F. oder Erweichungspunkt bis 60°, bes. bis 30°, unterhalb dieser Punkte vornimmt u., ausgehend von dem hinteren halbkugelförmigen Übergang zwischen Rohr u. Kugel durch fortlaufende, halbkugelförmige Aufweitung des gesamten Rohres um den gleichen Betrag die gewünschte Schlauchfolie herstellt. Das Verstrecken unterhalb des Kristallit-F. bzw. Erweichungspunktes ist mit einer wesentlich höheren Verfestigung verbunden als beim Überschreiten dieser Werte, weil dann die Verformung im plast. Bereich erfolgt. (**D. A. S. 1 108 420** Kl. 39e vom 1/12. 1955, ausg. 8/6. 1961.) H. NATHER. 7173

Phillips Petroleum Co., Bartlesville, Okla., V.St.A., **Katalytische Polymerisation von Kohlenwasserstoffen,** bes. Niederdruckpolymerisation von Äthylen. Zwecks Erzielung eines hohen Molgew. verwendet man als Katalysator ein Gemisch aus einem Organo-Deriv. oder Hydrid eines Metalls der II. bis VIII. Gruppe des Period. Syst. u. Halogen oder einem Halogenwasserstoff sowie einer Verb. der Formel $X_nM\cdot(OR)_m$ (M = Metall der Gruppe IVa des Period. Syst.; X = Halogenatom; m, n = ganze Zahlen entsprechend der Wertigkeit von M; n kann auch 0 sein). Ein geeigneter Katalysator besteht z. B. aus 3 (cm^3) Triäthyl-Al, 1,35 Br u. 1 Ti-Butylat. (**Holl. P. 98 493** vom 14/11. 1956, ausg. 17/7. 1961. A. Prior. 14/11. 1955.) F. BÖHM. 7173

Mannesmann Akt.-Ges., Düsseldorf, **Steigerung der Festigkeit von durch Innendruck beanspruchten Rohren aus Polyäthylen,** dad. gek., daß das Kunststoffrohr einer an sich bekannten Verstreckung in der Umfangsrichtung u. ggf. zusätzlich auch einer Verstreckung in der Längsrichtung unterworfen wird. (**D. A. S. 1 100 937** Kl. 39a vom 9/9. 1955, ausg. 2/3. 1961.) H. NATHER. 7173

Mannesmann Akt.-Ges., Düsseldorf, **Herstellen einer durch Innendruck beanspruchten Rohrkombination aus Kunststoff,** wonach um ein Rohr als Kernrohr aus thermoplast. Kunststoff ein Band aus ebensolchem Werkstoff schraubenlinienförmig gewickelt wird, dad. gek., daß als Kunststoff Polyäthylen verwendet wird u. vor dem Wickelprozeß sowohl das Kernrohr als auch das Band in an sich bekannter Weise in Längsrichtung verstreckt werden. (**D. A. S. 1 100 938** Kl. 39a vom 14/10. 1955, ausg. 2/3. 1961.) H. NATHER. 7173

T. I. (Group Services) Ltd., Birmingham, England (Erfinder: Solomon Harris Pinner), **Starre oder halbstarre Polyvinylchloride** werden hergestellt aus einem Gemisch von 100 (Teilen) Polyvinylchlorid u. 100—200 einer als Weichmacher wirkenden, nichtflüchtigen, monomeren, ungesätt. Verb., wie Allylester der Phthal-, Sebacin- oder Cyanursäure. Unter der Wrkg. von γ- oder Röntgenstrahlen erfolgt Polymerisation der monomeren Verb., wodurch deren weichmachender Einfl. red. wird. Das Verf. dient der Herst. von Formkörpern, wie Kabelisolierungen, mit oder ohne Glasfaserverstärkung. (**E. P. 865 378** vom 30/8. 1956, ausg. 19/4. 1961.) G. FRIKELL. 7173

Henschel-Werke G. m. b. H., Kassel, **Herstellen weichmacherhaltiger Produkte von thermoplastischen Polymerisaten,** bes. Vinylchloridemulsionspolymerisaten, durch Verarbeiten von pulverförmigem Polymerisat mit fl. Weichmacher in einer Mischvorr., dad. gek., daß man Polymerisat u. ggf. weitere pulverförmige Bestandteile in einem Mischer mit so schnell rotierenden Rührmitteln ohne Knetwrkg., z. B. einem Rotor, gibt, daß die gesamte Charge in einen fließenden Zustand übergeführt wird, die Charge unter stetiger Zugabe des fl. Weichmachers u. anderer ggf. erforderlicher fl. Bestandteile durch die vom Rotor erzeugte Energie auf eine Temp. unterhalb der Gelierungs-Temp. der Mischung erhitzt u. die Mischung nach beendeter Adsorption des Weichmachers als trocken anfühlendes, frei fließendes Prod. ausfällt. (**D. A. S. 1 100 935** Kl. 39a vom 15/10. 1957, ausg. 2/3. 1961. Schwed. Prior. 15/10. 1956.) H. NATHER. 7173

Dunlop Rubber Co. Ltd., London (Erfinder: Wilfrid Henry Hogg, Sutton Coldfield, Warwickshire, und Wyndham Mobberley, Bournville, Birmingham), England, **Herstellung von Formkörpern** durch Gelieren einer in einer Form befindlichen Vinylchlorid-Weichmacherpaste, dad. gek., daß die Paste 1—5, bes. 5—10% (auf Polymerisat bezogen) eines feinverteilten Kondens.-Prod. aus einer ungesätt. Dicarbonsäure u. einem Alkylenpolyamin, bes. ein Rk.-Prod. aus Dilinolensäure u. Äthylendiamin, enthält u. die Entformung bei oder nur knapp unterhalb der Gelier-Temp. erfolgt. Ggf. ist ein Teil des Harzes im Weichmacher gelöst u. im Prod. synthet. (Butadien-Acrylonitril)-Kautschuk (5—20% auf 100% Vinylharz) enthalten. — Beispiele. — Vgl. F. P. 1 144 618; C. **1959.** 15517. (**D. A. S. 1 117 866** Kl. 39b vom 14/10. 1955, ausg. 23/11. 1961. E. Prior. 14/10. 1954.) G. VOGEL. 7173

Dunlop Rubber Co. Ltd., London, England (Erfinder: Peter Merriman), **Herstellung von Schaumkunststoff mit verbesserter Festigkeit.** In einer fl. Dispersion eines thermoplast. Kunstharzes, wie Polyvinylchlorid oder Mischpolymerisat aus Vinylchlorid mit Vinylidenchlorid oder Vinylacetat u. einem Weichmacher, der frei von flüchtigem Lsgm. ist u. z. B. aus Trikresylphosphat, Dioctylphthalat u. Dibutyl-Sn-laurat bestehen kann, wird ein inertes Gas, z. B. CO_2, unter Druck gelöst. Beim Hindurch- oder Vorbeiführen der Dispersion durch eine Flamme wird mindestens ein Teil des Harzes gelöst u. durch die unmittelbar anschließende Druckentspannung aufgeschäumt, wobei durch die erhöhte Temp. eine Stabilisierung des Schaumes bewirkt wird. (**E. P. 864 770** vom 22/11. 1956, ausg. 6/4. 1961.) G. FRIKELL. 7173

Air Reduction Co., Inc., New York, N.Y., V.St.A., **Herstellung von Polyvinylacetatpulver,** das mit W. zu einer Emulsion gleich guter Eigg. wie vor dem Trocknen angerührt werden kann. Die Emulsion mit 10—35 Gew.-% Feststoffen wird mittels Sprühtrocknung u. 300°F heißer Luft vor- u. dann nach Zusatz eines inerten Materials, wie Ton, Talkum, Kreide, SiO_2, Kieselgur u. TiO_2, zu Ende getrocknet. Zusatz eines Weichmachers kann nach Beendigung des Vortrocknens oder auch nach dem endgültigen Trocknen erfolgen. (**E. P. 866 038** vom 23/9. 1958, ausg. 26/4. 1961. A. Prior. 18/10., 19/11. 1957 u. 11/9. 1958.) G. FRIKELL. 7173

American-Marietta Co., Pittsburgh, Pa., V.St.A. (Erfinder: Gerald Philip Roeser), **Lösungsmittel für Mischpolymerisate aus Vinylchlorid und Vinylacetat.** Das Lsgm. für Mischpolymerisate, die weniger als 90 (Gew.-%) Vinylchlorid neben Vinylacetat enthalten, besteht aus aromat. KW-Stoffen, wie Bzl., Toluol u./oder Xylol, u. 9—75, bes. 25—50, Propylencarbonat. Die damit hergestellten Lsgg. dienen der Herst. von Schutzschichten, Filmen u. a. m. (**E. P. 865 688** vom 24/6. 1958, ausg. 19/4. 1961.) G. FRIKELL. 7173

Firestone Tire & Rubber Co., Akron, Ohio, V.St.A., **Herstellen eines Rohres aus dem Streifen einer Folie aus organischem thermoplastischem Kunststoff,** bes. einem Hart-Vinylchloridpolymerisat bzw. -Mischpolymerisat, wobei die Folie in einem Spannungszustand in mehreren Lagen um einen Dorn gewickelt, die Wicklungen auf dem Dorn miteinander verschweißt u. nach dem Erkalten in Form eines massiven Rohres vom Dorn abgezogen werden, dad. gek., daß die Folie vor dem Wickelvorgang gereckt u. die Reckspannung eingefroren wurde, worauf die Folie nach Beendigung des Aufwickelns zusammen mit dem Dorn, z. B. in einem Ofen, so weit erhitzt wird, daß die Reckspannung ausgelöst wird u. die Wicklungen unter der Wrkg. der Schrumpfspannung miteinander verschweißen. (**D. A. S. 1 096 591** Kl. 39a vom 27/3. 1954, ausg. 5/1. 1961. A. Prior. 26/5. 1953.) H. NATHER. 7173

Badische Anilin- & Soda-Fabrik Akt.-Ges., Ludwigshafen/Rh. (Erfinder: Werner Nieswandt, Weinheim a. d. Bergstraße), **Herstellung von Polyadditionsprodukten** durch Anlagerung von Verbb. mit beweglichen H-Atomen an Vinyläther (**I**) in Ggw. von sauren Katalysatoren, dad. gek., daß man Verbb., die mindestens 2 **I**-Gruppen im Mol. enthalten, mit Verbb., die mindestens 2 OH- oder COOH-Gruppen im Mol. enthalten, in Ggw. von Säuren oder sauer reagierenden Verbb. bei bes. 10—40° umsetzt, u. die Rk.-Prodd. neutralisiert oder schwach alkal. einstellt. Die 2 **I**-Gruppen können durch mindestens 4 C-Atome in unverzweigter oder durch Heteroatome unterbrochener Kette getrennt sein. Bei Verw. eines Überschusses von Verbb. mit **I**-Gruppen kann das Polyadditions-Prod., das noch unveränderte **I**-Gruppen enthält, (misch-) polymerisiert werden. In den Mengenbeispielen dient Butandiol-1.4-divinyläther als Ausgangsstoff, der mit Butandiol-1.4 (**II**) in wachsendem Mengenverhältnis, mit Glycerin (u. **II**), mit Bernsteinsäure oder Maleinsäure oder Hydrochinon umgesetzt wird. Hochviscose bis zähe Massen für *Weichmacher* oder *Vergußmassen.* (**D. B. P. 975 238** Kl. 39c vom 18/8. 1953, ausg. 12/10. 1961. Anmeldung bekanntgemacht 3/3. 1955.) H. SCHINDLER. 7173

Imperial Chemical Industries Ltd. (Erfinder: Mervyn Frederick Vincent), **Katalysator zur Polymerisation von Styrol,** bestehend aus dem Rk.-Prod. von $Al(C_2H_5)_3$ (**I**) oder $Al(C_3H_7)_3$ mit VCl_4. — Man löst 42,6 (g) VCl_4 in 1256 CCl_4, gibt unter trockener N_2-Atmosphäre 237 ml einer 16,1%ig. **I**-Lsg. in Methylcyclohexan zu, kühlt auf 0°, gibt 307 ml Styrol im Verlauf von 80 Min. zu, rührt 31 Std. bei 0°, erwärmt auf 5°, gibt 500 CH_3OH zu u. trennt das abgeschiedene Polystyrol (**II**) ab; das aus 23 ätherlösl. **II** u. 116 in Ae. unlösl. **II** besteht. (**Aust. P. 229 055** vom 28/2. 1958, ausg. 28/7. 1960.) C. LÜTTGEN. 7173

Imperial Chemical Industries Ltd., London, England (Erfinder: Harold Crosbie Fielding), **Phosphorhaltiges Kunstharz.** Polymerisate von (CH_2=CH—

$CH_2)_3PO$ (I) u. Mischpolymerisate von I mit anderen polymerisierbaren Monomeren, die eine nichtaromat. C-Doppelbindung haben, wie Styrol, Methacrylsäuredimethylester, werden hergestellt durch Erhitzen auf 150—230°, bes. 150—200°, in Ggw. eines Katalysators, z. B. eines organ. Peroxides oder eines Peroxydicarbonsäureesters. — Es ergeben z. B. 5 (g) I u. 0,1 ditert. Butylperoxid nach 2std. Erhitzen auf 200° 4,8 gelbes, hartes, glasiges Harz. Nach dem Verf. werden farblose bis schwach gelbliche, transparente, elektr. isolierende, bis 250° beständige Harze hergestellt, deren Konsistenz von viscosen Fll. bis zu festen Stoffen reicht. (**E. P. 864 086** vom 23/1. 1959, ausg. 29/3. 1961.) G. FRIKELL. 7173

Rohm & Haas Co., Philadelphia, Pa., V.St.A., **Stabile wässerige Dispersion** mit einem Festgeh. von 25—50 (%), bestehend aus einem in W. unlösl. durch Emulsionspolymerisation hergestellten *Mischpolymerisat* (I) aus 25—50 Methacrylsäure, ≧ 10 Acrylsäureester eines C_1—C_4-Alkohols u. 65—40 eines anderen Monomeren u. 0,5—6 von I eines anion. oder nichtionogenen Emulgators. — *Verdickungsmittel, Bodenbefestigungsmittel, Bohrflüssigkeit.* (**Ind. P. 62 238** vom 11/11. 1957, ausg. 8/6. 1960.) C. LÜTTGEN. 7173

Farbwerke Hoechst Akt.-Ges., vormals Meister Lucius & Brüning (Erfinder: Gerold Koch, Johann-Wolfgang Zimmermann, Frankfurt/M., und Fritz Winkler, Kelkheim/Taunus-Münster), **Herstellung von modifizierten Polyvinylalkoholen** durch Umesterung bzw. Verseifung von Polyvinylestern, dad. gek., daß man nach bekannten Verff. hergestellte Mischpolymerisate von Vinylestern mit ungesätt. Phosphorsäurediestern alkal. oder sauer, ggf. partiell, verseift bzw. umestert. — 914 (Gew.-Teile) eines Mischpolymerisats mit einem K-Wert von 53, erhalten aus 985 Vinylacetat u. 7,65 Ätherphosphonsäurediäthylester, werden in 3656 Methanol bei 20° mit 109,5 einer 15%ig. Lsg. von NaOH in Methanol umgesetzt, wobei nach 12 Min. der Polyvinylalkohol ausfällt. Nach 4std. Rühren wird abgesaugt, das Pulver mit Methanol gewaschen u. im Vakuum bei 40° getrocknet. Der feinkernige, weiße Polyvinylalkohol hat einen K-Wert von 74, einen Geh. an P von 0,4% u. an Restacetyl von 0,8% u. ist in W. löslich. — *Textilhilfsmittel, Schutzkolloide, Emulgatoren, Haftmittel, Korrosionsschutzmittel.* (**D. A. S. 1 119 518** Kl. 39c vom 23/12. 1959, ausg. 14/12. 1961.) J. MÜHLEISEN. 7177

Farbenfabriken Bayer Akt.-Ges. (Erfinder: Heinrich Morschel und Walther Lohmar), Leverkusen, **Herstellung von Mischpolymerisaten aus Tetrahydrofuran und Olefinoxiden** in Ggw. von tert. Oxoniumsalzen (I) u. Molgew.-Reglern (II), dad. gek., daß man die Polymerisation in Ggw. von I der Borfluorwasserstoffsäure als Katalysator u. in Ggw. von Carbonsäureorthoestern, Acetalen oder Alkoholen als II durchführt. — Zu einem Gemisch von 72 (Teilen Tetrahydrofuran (III), 46 Formaldehyddiacetal u. 30 III-BF_3 gibt man unter Kühlung ein Gemisch von 824 III, 1760 Äthylenoxid, 2900 Propylenoxid u. 410 Methylal bei 40—45° sowie 120 III-BF_3, versetzt mit 700 20%ig. Na_2CO_3-Lsg. u. dest. die flüchtigen Prodd. bei bis zu 190°, zuletzt im Vakuum von 1 mm Hg, ab. Nach dem Filtrieren erhält man 4500 Teile eines sehr hellen Öls mit einer Viscosität von 26° E bei 20°. — *Schmieröle* u. *Heizflüssigkeiten.* (**D. A. S. 1 120 139** Kl. 39c vom 28/1. 1960, ausg. 21/12. 1961.) J. MÜHLEISEN. 7177

Farbenfabriken Bayer Akt.-Ges., Leverkusen, **Herstellung äthylenischer Phenolgruppen enthaltender Polymerisate und Mischpolymerisate.** Die Rk. zwischen einem ungesätt. KW-Stoff-Polymerisat oder Mischpolymerisat mit Molgew. > 5000 u. einer aromat. Verb., die mindestens eine Phenolgruppe enthält u. in der mindestens eine in 0-Stellung befindliche Gruppe nicht oder so substituiert ist, daß der Substituent unter den Rk.-Bedingungen abgespalten wird, erfolgt in einem von W. freien Medium bei 80—250° in Ggw. von 0,1—10 Gew.-% Al, berechnet auf das Polymerisat. Die Verb. entspricht der allg. Formel I, in der R_1 u. R_2 für H oder CH_3 u. Ar für ein Phenol

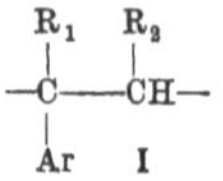

steht. — Zum Beispiel wird 1 (Teil) Al-Späne bei 150—170° in 200 C_6H_5OH gelöst. Nach Zusatz von 50 Naturkautschuk wird in einer N-Atmosphäre zunächst 1 Std. bei 140, dann 16 Std. bei 170—175° unter Lsg. des Kautschuks gerührt. Überschüssiges C_6H_5OH wird ins Vakuum abdestilliert. Das so hergestellte hochmol. Al-Phenolat wird durch Lösen u. Ausfällen gereinigt u. getrocknet. Es werden 55 eines hellen, harten Harzes mit einem Geh. von 19,4% C_6H_5OH erhalten, das in Gemischen von A. Bzl., Toluol, Chlorbenzol, CH_2Cl_2, Butanol u. Essigsäurebutylester lösl. ist. (**E. P. 863 504** vom 24/4. 1959, ausg. 22/3. 1961.) G. FRIKELL. 7177

Goodyear Tire & Rubber Co., Akron, Ohio, V.St.A., **Herstellung gemischter Polyester** durch Rk. von 100 (Mol) Glykolterephthalat mit 10—70 2.2-Bis-[4-(β-hydroxyäthoxy)-phenyl]-propan unter Abspaltung von Glykol in Ggw. von einem Polymerisationskatalysator, bes. Äthylenglykoltitanat. Die Polyester zeichnen sich durch geringe Kristallisationsneigung u. große Zähigkeit aus u. eignen sich bes. *zur Herst. von Filmen.* (**Ind. P. 62 899** vom 21/7. 1959, ausg. 30/5. 1960.) C. LÜTTGEN. 7177

Farbwerke Hoechst Akt.-Ges., vormals Meister Lucius & Brüning, Frankfurt/M. (Erfinder: Claus Heuck, Hofheim, Fritz Rochlitz und Heinz Schmidt, Frankfurt/M., Herbert Vilczek und Jakob Winter, Hofheim), **Schwer brennbare Formteile aus phosphorhaltigen Polyestern** (**I**). **I**, die aus Dihalogeniden von Phosphorig- bzw. Phosphorsäuremonoestern, OH-Gruppen enthaltenden Polyestern oder mehrwertigen Alkoholen u. mehrbas. Carbonsäuren hergestellt worden sind u. die mindestens 5 Mol.-% ungesätt. Carbonsäuren oder Alkohole enthalten, werden wie üblich mit halogenfreien Monomeren auspolymerisiert. (**D. A. S. 1 117 305** Kl. 39b vom 31/5. 1958, ausg. 16/11. 1961.) F. KOCH. 7177

Chemische Werke Witten G. m. b. H., Witten/Ruhr (Erfinder: Edith Behnke, Hamburg, und Helmut Wulff, Witten/Ruhr), **Flammwidrige Formkörper aus Polyesterharzen,** die transparent sind u. klebfreie Oberflächen haben, enthalten Sb-organ. Verbindungen. Als monomere, anpolymerisierbare Verbb. werden neben Vinyl- oder Allylverbb. dreifach oder höher ungesätt. Alkoxysilane (Vinyltrioxyallylsilane) eingesetzt. (**D. A. S. 1 109 886** Kl. 39b vom 13/8. 1958, ausg. 29/6. 1961.) F. KOCH. 7177

Badische Anilin- & Soda-Fabrik Akt.-Ges., Ludwigshafen/Rh. (Erfinder: Karl Martin, Fritz Brunnmüller und Roland Allwinn), **Verbesserung der Lagerfähigkeit von ungesättigten Polyesterharzmassen** durch Zusatz von 0,001—0,1% eines Alkali- oder Erdalkalialkoholates (bes. Na-, Mg-Methylat oder -Isobutylat) zusammen mit üblichen Polymerisationsinhibitoren. (**D. A. S. 1 105 609** Kl. 39b vom 29/10. 1959, ausg. 27/4. 1961.) F. KOCH. 7177

E. I. du Pont de Nemours & Co., Wilmington (Erfinder: Christian Bent Lundsager, Fairfax), Del., V.St.A., **Molekulare Orientierung nicht orientierter kristalliner Polyterephthalsäureglykolester-Filme,** dad. gek., daß die unorientierten Filme mit einer Dichte von mindestens 1,36 unter Dickeverminderung zwischen 150 u. 190° ausgewalzt werden. Dabei geht man zweckmäßig so vor, daß der unorientierte Film zunächst in einer Achsenrichtung zwischen 100° u. jener Temp., bei der der Film festklebt, bes. bei 150—190°, ausgewalzt wird, worauf nach gewünschter Verminderung der Filmdicke der Film in der zweiten Richtung bei einer Temp. zwischen der des ersten Walzvorganges u. jener Temp., bei der der Film festkleben würde, nochmals unter weiterer Dickeverminderung ausgewalzt wird. (**D. A. S. 1 107 927** Kl. 39a vom 22/1. 1957, ausg. 31/5. 1961. A. Prior. 27/2. 1956.) H. NATHER. 7177

Farbwerke Hoechst Akt.-Ges., vormals Meister Lucius & Brüning (Erfinder: Ludwig Orthner und Günter Fuchs), Frankfurt/M., **Bei höherer Temperatur zu härtende Überzugs-, Klebe- und Formmassen** enthalten mindestens 2 Epoxidgruppen aufweisende Amide (**I**) von höhermol. Fettsäuren, mit Epoxiden reaktionsfähige Kunstharze (Methylol-Derivv. aus CH_2O u. Phenolen, Harnstoff, Melamin, Dicyandiamid u. Bisurethan, ferner Alkyd- u. Epoxydharze), ggf. organ. Lsgm. (KW-Stoffe, Alkohole u. Ketone) u. Härter (H_3PO_4 u. Co-Naphthenat). Die **I** sind z. B. Äthylenbisepoxysojafettsäureamid oder die epoxydierten Amide techn. Fettsäuregemische. Das Aushärten erfolgt bei 150—250°. (**D. A. S. 1 106 494** Kl. 39b vom 17/5. 1955, ausg. 10/5. 1961.) G. TEWES. 7181

General Mills, Inc., Minneapolis, Minn., V.St.A., **Verbesserung von freie $CONH_2$-Gruppen enthaltenden Polymerisaten.** Die Unlösbarkeit, Formbeständigkeit u. Absorptionsfähigkeit für Strahlen wird erreicht bzw. verbessert durch Rk. in W. gelöster Polymerisate von z. B. Acrylamid, Methacrylamid oder von Mischpolymerisaten dieser Verbb. untereinander oder mit anderen äthylen. Verbb., wie Vinylchlorid u. -acetat, Acrylonitril, Acrylsäure, Na-Acrylat, Styrol, Methylstyrol oder Vinylidencyanid, mit wss. Lsgg. von Hg-Salzen von HNO_3 oder organ. Carbonsäuren, wie Ameisen-, Essig-, Butter- oder Benzoesäure. — Die Rk. kann auch *in situ* auf mit den Komponenten getränkten Textilien, Papier u. a. durchgeführt werden. Die bereits in sehr verd. Lsg. einsetzende Rk. erfolgt nach der Gleichung: $2-\overset{O}{\overset{\|}{C}}-NH_2 + Hg(OAc)_2 \rightarrow \overset{O}{\overset{\|}{C}}NH-$ $NH\overset{O}{\overset{\|}{C}}- + 2\,HOAc$, in der Ac einen Säurerest bedeutet. (**E. P. 865 755** vom 8/12 1959, ausg. 19/4. 1961. A. Prior. 10/12. 1958.) G. FRIKELL. 7181

Imperial Chemical Industries Ltd., London (Erfinder: Kenneth Stephenson, Manchester), England, **Herstellung von Polyurethanschaumstoffen** erfolgt aus Polyätherurethanvorpolymeren in Ggw. von tert. Aminen u. ggf. kleinen Mengen einer niedermol., gegenüber Isocyanaten polyfunktionellen Verbb. (Trimethylolpropan) u. W., ggf. zusätzlichen Treibmitteln, Schaumstabilisatoren (Äthylcellulose), Weichmachern (Dinonylphthalat), Pigmenten u. flammhemmenden Zusätzen, in kontinuierlicher oder diskontinuierlicher Arbeitsweise ohne Wärmezufuhr u. Verschäumung nahe Raumtemperatur. (**D. A. S. 1 118 965** Kl. 39b vom 21/1. 1960, ausg. 7/12. 1961. E. Prior. 23/1. u. 18/12. 1959.) E. DÖRFEL. 7181

Dow Corning Akt.-Ges., Basel, Schweiz (Erfinder: Remo R. Maneri, Midland, Mich., V.St.A.), **Stabilisatoren für Organopolysiloxanelastomere** sind Mn-Ni-, Cr-, Nb-, Cu^{I}-, Cu^{II}-, S-Oxide u. Ni-, Y-, Zr-Hydroxide, die in Mengen von 0,001 bis 8% angewandt werden. (**D. A. S. 1 110 410** Kl. 39b vom 10/2. 1960, ausg. 6/7. 1961. A. Prior. 11/2. 1959.) F. KOCH. 7189

A. A. Djenissow, T. M. Kurnossowa und Ss. A. Rudnjew, **Herstellen von Schichtmaterial** durch heißes Verpressen einer Glasfaserschicht zwischen zwei Schichten von Vinylharzen. — *Konstruktionsmaterial, Elektroisolierung.* (**UdSSR. P. 117 912** vom 16/1. 1958.) B. PANKOW. 7205

H. Römmler G. m. b. H., Mannheim (Erfinder: Helmut Lortz, Darmstadt), **Herstellen von Kunststoffplatten,** auf die im Warmpreßverf. mit Kunstharz getränkte u. mit Wasserzeichen versehene Papierbogen aufgebracht werden, deren Musterung nach dem Warmpressen mit vertauschtem Lichtwert erhalten bleibt, dad. gek., daß an Stelle der mit Wasserzeichen versehenen perforierte Papierbogen verwendet werden. (**D. A. S. 1 100 268** Kl. 39a vom 4/8. 1955, ausg. 23/2. 1961. **Zusatz zu D. B. P. 941 750; C 1957. 7819.**) H. NATHER. 7205

Deutsche Gold- und Silber-Scheideanstalt vormals Roessler, Frankfurt/M., übert. von: **Erich Baeder**, Hanau/M., *Blockpolymerisation.* (**Can. P. 558 928** vom 6/5. 1955, ausg. 17/6. 1958. D. Prior. 7/5. 1954. — C. **1957.** 12319 [F. P. 1 121 770].)

E. I. du Pont de Nemours & Co., Wilmington, übert. von: **Vaughn A. Engelhardt**, Claymont, Del., und **Marvin L. Peterson**, Woodbury, N.J., V.St.A., *Polymerisate.* (**Can. P. 557 936** vom 15/2. 1955, ausg. 27/5. 1958. A. Prior. 22/7. 1954. — C. **1956** 11082 [A. P. 2 716 633].)

E. I. du Pont de Nemours & Co., übert. von: **Harold E. Graham jun.**, Wilmington, Del., V.St.A., *pH-Kontrolle bei elektrischer Abscheidung polymerer Dispersionen.* (**Can. P. 557 940** vom 30/8. 1955, ausg. 27/5. 1958. A. Prior. 11/10. 1954. — C. **1959.** 16174 [F. P. 1 139 622].)

Rohm & Haas Co., Philadelphia, Pa., V.St.A., *Wässerige Emulsion und Verdickungsmittel aus Mischpolymerisaten.* (**E. P. 870 994** vom 20/11. 1957, ausg. 21/6. 1961. A. Prior. 21/11. 1956. — C. **1961.** 13023 [Jap. A. S. 992/1959].)

Esso Research and Engineering Co., Elizabeth, übert. von: **John F. McRay jun.**, Cranford, N.J., V.St.A., *Verbesserung von Kohlenwasserstoffharzen.* (**Can. P. 556 595** vom 19/3. 1953, ausg. 29/4. 1958. A. Prior. 26/6. 1952. — C. **1957.** 13821 [A. P. 2 733 227].)

Farbwerke Hoechst Akt.-Ges., vormals Meister Lucius & Brüning, Frankfurt/M., *Schlagfeste Kunstharzmischung.* (**Oe. P. 218 242** vom 2/1. 1957, ausg. 27/11. 1961. D. Prior. 3/1., 11/2. u. 13/10. 1956. — C. **1961.** 17405 [F. P. 1 170 768].)

Phillips Petroleum Co., Bartlesville, Okla., V.St.A., *Polymerisieren von Olefinen.* (**E. P. 858 549** vom 22/7. 1957, ausg. 11/1. 1961. A. Prior. 3/8. 1956. — C. **1961.** 3499 [Belg. P. 559 774].)

Ruhrchemie Akt.-Ges., Oberhausen-Holten, *Herstellung von Polyolefinen mit niedrigem Molekulargewicht.* (**E. P. 862 371** vom 12/7. 1957, ausg. 8/3. 1961. D. Prior. 16/8. 1956. — C. **1961.** 17024 [Belg. P. 559 915].)

Farbwerke Hoechst Akt.-Ges., vormals Meister Lucius & Brüning, Frankfurt/M., *Olefinpolymerisation.* (**E. P. 865 248** vom 30/12. 1957, ausg. 12/4. 1961. D. Prior. 28/12. 1956. — C. **1960.** 7356 [Oe. P. 204 266].)

Bergwerksgesellschaft Hibernia Akt.-Ges., Herne, *Polymerisieren von Olefinen.* (**E. P. 871 004** vom 2/8. 1957, ausg. 21/6. 1961. D. Prior. 6/8. 1956. — C. **1960.** 13208 [F. P. 1 180 589].)

Esso Research and Engineering Co., Elizabeth, N.J., V.St.A., *Olefinpolymerisation.* (**E. P. 873 216** vom 25/9. 1958, ausg. 19/7. 1961. A. Prior. 9/10. 1957. — C. **1961.** 3499 [A. P. 2 908 671].)

Oliver Wallis Burke, Grosse Point Park, Mich., V.St.A., *Olefinpolymerisation.* (**E. P. 873 659** vom 23/4. 1957, ausg. 26/7. 1961. A. Prior. 25/4. 1956. — C. **1960.** 8027 [Oe. P. 204 776].)

Ruhrchemie Akt.-Ges., Oberhausen-Holten, *Olefinpolymerisation.* (**E. P. 875 073** vom 29/11. 1957, ausg. 16/8. 1961. D. Prior. 22/12. 1956. — C. **1959.** 10739 [Oe. P. 200 798].)

Solvay & Cie., Brüssel, Belgien, *Katalysatoren für die Olefinpolymerisation.* (**E. P. 860 407** vom 7/5. 1957, ausg. 1/2. 1961. Belg. Prior. 7/5. u. 29/12. 1956. — C. **1961.** 9616 [Oe. P. 208 068].)

Karl Ziegler, Mülheim/Ruhr, *Herstellung von Katalysatoren für die Olefinpolymerisation.* (**E. P. 861 452** vom 23/8. 1957, ausg. 22/2. 1961. D. Prior. 23/8. 1956. — C. **1961.** 13376 [Oe. P. 201 613].)

Montecatini Soc. Gen. per l'Industria Mineraria e Chimica, Mailand, Italien, *Katalysator für Olefinpolymerisation.* (**E. P. 864 352** vom 11/7. 1957, ausg. 6/4. 1961. It. Prior. 12/7. u. 29/10. 1956. — C. **1961.** 5627 [F. P. 1 178 306].)

Eastman Kodak Co., Rochester, N.Y., V.St.A., übert. von: **Hugh John Hagemayer jun.** und **Marvin Becton Edwards**, *Katalysator für Olefinpolymerisationen.* (**E. P. 871 338** vom 9/10. 1957, ausg. 28/6. 1961. A. Prior. 1/11. 1956. — C. **1961.** 3165 [A. P. 2 908 670].)

Farbwerke Hoechst Akt.-Ges., vormals Meister Lucius & Brüning, Frankfurt/M., *Polyäthylenherstellung.* (**E. P. 864 772** vom 17/6. 1957, ausg. 6/4. 1961. D. Prior. 15/6. 1956. — C. **1961.** 18892 [F. P. 1 177 316].)

Farbwerke Hoechst Akt.-Ges., vormals Meister Lucius & Brüning, Frankfurt/M., *Herstellung von hochmolekularem Polyäthylen.* (**E. P. 866 679** vom 19/2. 1958, ausg. 26/4. 1961. D. Prior. 19/2. 1957. — C. **1960.** 16273 [D. A. S. 1 064 238].)

Montecatini Soc. Gen. per l'Industria Mineraria e Chimica (Erfinder: **Rino Mostardini** und **Giorgio Moretti**), *Herstellung von hochpolymeremÄthylen in granulierter Form.* (**Aust. P. 231 000** vom 19/3. 1958, ausg. 1/12. 1960. It. Prior. 28/3. 1957. — C. **1961.** 675 [F. P. 1 203 672].)

Ruhrchemie Akt.-Ges., Oberhausen-Holten, *Chlorieren von Polyäthylen.* (**E. P. 864 774** vom 12/7. 1957, ausg. 6/4. 1961. D. Prior. 8/8. 1956. — C. **1959.** 8726 [Oe. P. 199 868].)

Montecatini Soc. Gen. per l'Industria Mineraria e Chimica, Mailand, Italien, *Isotaktisches Polypropylen.* (**E. P. 871 397** vom 27/11. 1957, ausg. 28/6. 1961. It. Prior. 4/12. 1956. — C. **1960.** 14200 [F. P. 1 195 259].)

Montecatini Soc. Gen. per l'Industria Mineraria e Chimica, Mailand, Italien, und **Karl Ziegler**, Mülheim/Ruhr, *Thermoplastische Masse aus Polypropylen und -isobutylen.* (**Ind. P. 64 378** vom 13/6. 1958, ausg. 28/6. 1960. — C. **1960.** 7012 [Oe. P. 204 271].)

Diamond Alkali Co., Cleveland, übert. von: **Archie Hill**, Painesville, Ohio, V.St.A., *Polymerisation von Vinylderivaten.* (**Can. P. 556 265** vom 3/10. 1951, ausg. 22/4. 1958. A. Prior. 10/11. 1950. — C. **1955.** 6407 [A. P. 2 673 192].)

Diamond Alkali Co., Cleveland, übert. von: **Archie Hill**, Painesville, Ohio, V.St.A., *Granularpolymerisation von Vinylchlorid.* (**Can. P. 556 931** vom 28/1. 1955, ausg. 6/5. 1958. A. Prior. 26/3. 1954. — C. **1958.** 1154 [D. A. S. 1 012 072].)

B. F. Goodrich Co., New York, N.Y., V.St.A., *Vinylidencyanidpolymerisation.* (**E. P. 870 195** vom 27/11. 1957, ausg. 14/6. 1961. A. Prior. 20/12. 1956. — C. **1961.** 9619 [Jap. A. S. 2341/1959].)

Sekisui Kagaku Kogyo Kabushiki Kaisha, Osaka, Japan (Erfinder: **Kaoru Inoue, Shojiro Iwai, Hirozo Takaura**), *Kondensationsprodukte von Polyvinylalkohol mit Carbinylverbindungen.* (**E. P. 873 263** vom 26/8. 1959, ausg. 19/7. 1961. — C. **1961.** 18147 [Jap. A. S. 8836/1959].)

Farbwerke Hoechst Akt.-Ges., vormals Meister Lucius & Brüning, Frankfurt/M., *Herstellung von Polyvinylesterdispersionen.* (**E. P. 871 254** vom 9/12. 1957, ausg. 21/6. 1961. D. Prior. 8/12. 1956. — C. **1959.** 15852 [D. A. S. 1 029 565].)

Canadian Kodak Co. Ltd., Toronto, Ontario, Canada, übert. von: **William F. Fowler jun.**, und **Delbert D. Reynolds**, Rochester, N.Y., V.St.A., *Hydrosole quaternärer Interpolymerer von Vinylpyridinen oder -chinolinen, Acrylestern, Acrylamiden und Styrolen.* (**Can. P. 557 256** vom 17/9. 1954, ausg. 13/5. 1958. A. Prior. 5/2. 1954. — C. **1956.** 7671 [A. P. 2 721 852].)

E. I. du Pont de Nemours & Co., übert. von: **Stanley Dixon**, Wilmington, Del., V.St.A., *Herstellung von Trifluorvinyläthern.* (**E. P. 873 247** vom 26/2. 1958, ausg. 19/7. 1961. A. Prior. 28/2. 1957. — C. **1961.** 18893 [A. P. 2 917 548].)

American Cyanamid Co., New York, N.Y., übert. von: **Robert R. Sharetts**, Hyde Park, Pa., und **James A. Melchore**, Stamford, Conn., V.St.A., *Stabilisiertes Polystyrol.* (**Can. P. 557 876** vom 23/6. 1954, ausg. 27/5. 1958. A. Prior. 6/10. 1953. — C. **1958.** 6686 [E. P. 760 374].)

Badische Anilin- & Soda-Fabrik Akt.-Ges., Ludwigshafen/Rh., *Schwer entflammbare Styrolpolymere.* (**E. P. 854 347** vom 3/7. 1958, ausg. 16/11. 1960. D. Prior. 13/7. 1957. — C. **1959.** 11418 [D. A. SS. 1 046 313 u. 1 050 545].)

Distillers Co. Ltd., Edinburgh, Schottland, übert. von: **James J. Millane**, Birmingham, Warwick, England, *Pfropfpolymerisate von Methylmethacrylat und Naturkautschuk als Verstärkungsmittel für Polystyrol.* (**Can. P. 556 266** vom 17/5. 1955, ausg. 22/4. 1958. E. Prior. 3/6. 1954. — C. **1958.** 6110 [E. P. 766 686].)

General Aniline & Film Corp., New York, N.Y., übert. von: **George G. Stoner**, Easton, Pa., V.St.A., *Chlorfluoracrylsäuren.* (**Can. P. 557 964** vom 7/9. 1954, ausg. 27/5. 1958. — C. **1958.** 9624 [F. P. 1 112 836].)

Rohm & Haas Co., Philadelphia, Pa., übert. von: **Edward F. Riener**, Haddonfield, N.J., V.St.A., *Herstellung von Epoxysäuren, -estern und -nitrilen.* (**Can. P. 559 405** vom 11/8. 1955, ausg. 24/6. 1958. A. Prior. 12/10. 1954. — C. **1957.** 9528 [A. P. 2 756 242].)

Ciba Ltd., Basel, Schweiz, *Härtung von Polyepoxidverbindungen.* (**Holl. P. 99 237** vom 27/8. 1954, ausg. 16/10. 1961. Schwz. Prior. 28/8. 1953. — C. **1958.** 10514 [Schwz. P. 322 261].)

Union Carbide Corp., N.Y., übert. von: **Howard R. Guest**, Charleston, **Ben W. Kiff**, Ona, und **Calvert B. Halstead**, St. Albans, W. Va., V.St.A., *Niedrigviscose Vorkondensate von Acrolein-Pentaerythrit-Harzen.* (**A. P. 2 972 601** vom 9/8. 1957, ausg. 21/2. 1961. — C. **1962.** 671 [D. A. S. 1 092 654].)

Koppers Co., Inc., übert. von: **Gaetano F. D'Alelio**, Pittsburgh, Pa., V.St.A., *Synthetische Polymere mit Epoxyalkoxyarylharzen.* (**Can. P. 556 661** vom 9/5. 1951, ausg. 29/4. 1958. A. Prior. 27/5. 1950. — C. **1955.** 8749 [F. P. 1 066 036].)

Ciba Ltd., Basel, übert. von: **Armin Heistand**, Basel, und **Otto Albrecht**, Neuewelt/Basel, Schweiz, *Modifizierte Formaldehydtriazinharze.* (**Can. P. 558 912** vom 3/6. 1953, ausg. 17/6. 1958. Schwz. Prior. 4/6. 1952. — C. **1957.** 13824 [D. A. S. 1 009 805].)

Red-G. m. b. H., Hamburg, *Herstellung von Polyamiden.* (**Holl. P. 99 268** vom 5/9. 1955, ausg. 16/10. 1961. — C. **1960.** 14536 [Oe. P. 206 650].)

Ciba Ltd., Basel, Schweiz, *Polymerisation von ungesättigten Amiden.* (**E. P. 871 295** vom 10/4. 1958, ausg. 28/6. 1961. Schwz. Prior. 10/4. 1957. — C. **1961.** 9227 [Oe. P. 206 648].)

Chemstrand Corp., Decatur, übert. von: **Paul R. Cox jun.**, Decatur, Ala., V.St.A., *Lösungen von Polypyrrolidon in wässeriger Phytinsäure.* (**A. P. 2 980 641** vom 25/9. 1958, ausg. 18/4. 1961. — C. **1961.** 18525 [D. A. S. 1 103 018].)

E. I. du Pont de Nemours & Co., Wilmington, übert. von: **Jerry A. Nelson**, Newark, Del., V.St.A., *Peptidisieren von kettenverlängerten Polyätherurethanen.* (**Can. P. 557 934** vom 8/1. 1955, ausg. 27/5. 1958. A. Prior. 5/4. 1954. — C. **1961.** 5630 [A. P. 2 917 471].)

Farbenfabriken Bayer Akt.-Ges., Leverkusen, und **Mobay Chemical Co.**, Pittsburgh, Pa., V.St.A., übert. von: **Cornelius Mühlhausen** und **Kurt Genski**, Leverkusen, *Herstellung elastomerer Polyurethane.* (**A. P. 2 981 719** vom 17/7. 1957, ausg. 25/4. 1961. D. Prior. 21/7. 1956. — C. **1958.** 11674 [D. A. S. 1 022 376].)

Rohm & Haas Co., Philadelphia, übert. von: **Marvin J. Hurwitz** und **Ellington M. Beavers**, Elkins Park, Pa., V.St.A., *Quellfähige Polyesterurethanschaumstoffe.* (**A. P. 2 990 378** vom 14/1. 1957, ausg. 27/6. 1961. — C. **1962.** 6230 [D. A. S. 1 086 883].)

Union Carbide Corp., New York, übert. von: **Donald M. Young**, New York, N.Y., und **Fritz Hostettler**, Charleston, W. Va., V.St.A., *Polyesterurethanschaumstoffe aus Lactonen, mehrwertigen Alkoholen und Polyisocyanaten.* (**A. P. 2 990 379** vom 15/1. 1957, ausg. 27/6. 1961. — C. **1961.** 8136 [F. P. 1 209 906].)

Nopco Chemical Co., Harrison, N.J., übert. von: **Bertram J. Auerbach**, Brooklyn, N.Y., und **Harry J. Rogers**, West Orange, N.J., V.St.A., *Herstellung von Polyurethanschaumstoffen mittels besonderer Düse.* (**A. P. 2 990 380** vom 4/11. 1957, ausg. 27/6. 1961. — C. **1961.** 678 [F. PP. 1 213 154 u. 1 213 155].)

Union Carbide Corp., New York, N.Y., V.St.A., *Herstellung von Polyurethanschaumstoffen.* (**Oe. P. 218 745** vom 25/9. 1958, ausg. 27/12. 1961. A. Prior. 25/9. 1957. — C. **1961.** 10385 [D. A. S. 1 091 324].)

N. V. Onderzoekingsinstituut Research, übert. von: **Jan Lodewijk Voigt**, Arnheim, Holland, *Formmasse aus zwei faserbildenden, linearen Kondensationsprodukten.* (**A. P. 2 996 474** vom 10/4. 1956, ausg. 15/8. 1961. Holl. Prior. 27/4. 1955. — C. **1958.** 13369 [F. P. 1 133 519].)

Union Carbide Corp., New York (Erfinder: **Ronald Marston Pike**, Grand Island, und **Edward Lewis Morehouse**, Snyder), N.Y., V.St.A., *Herstellung von Organopolysiloxanen.* (**D. A. S. 1 114 326** Kl. 39c vom 11/10. 1957, ausg. 28/9. 1961. A. Prior. 12/10. 1956. — C. **1961.** 14486 [F. P. 1 184 198].)

Union Carbide Corp., New York (Erfinder: **Ronald Marston Pike**, Grand, Island, und **Donald Leroy Bailey**, Snyder), N.Y., V.St.A., *Herstellung endblockierter Organopolysiloxane.* (**D. A. S. 1 120 145** Kl. 39c vom 11/10. 1957, ausg. 21/12. 1961. A. Prior. 12/10. 1956. — C. **1961.** 10386 [A. P. 2 947 771].)

Dow Corning Corp., Midland, Mich., übert. von: **Leonard M. Shorr**, Pittsburgh, Pa., V.St.A., *Siloxanepoxidharze.* (**Can. P. 559 238** vom 11/1. 1956, ausg. 24/6. 1958. A. Prior. 7/3. 1955. — C. **1959.** 11087 [A. P. 2 819 245].)

Velsicol Chemical Corp., übert. von: **Henry G. Fechter**, Chicago, Ill., V.St.A., *Herstellung von Polymermaterial.* (**Can. P. 559 457** vom 16/8. 1954, ausg. 24/6. 1958. A. Prior. 9/10. 1953. — C. **1958.** 1439 [E. P. 761 510].)

Imperial Chemical Industries Ltd., London, übert. von: **John Browning**, Welwyn, Hertfordshire, und **Gerald P. Crowley**, Manchester, Lancashire, England, *Polyäthylen mit verbesserter Oberfläche.* (**Can. P. 557 994** vom 18/3. 1955, ausg. 27/5. 1958. E. Prior. 19/3. 1954. — C. **1957.** 12907 [F. P. 1 120 961].)

Soc. An. des Manufactures des Glaces et Produits Chimiques de Saint-Gobain, Chauny & Cirey, Paris, Frankreich, *Verbessern der mechanischen Eigenschaften von Polyvinylchlorid.* (**Ind. P. 64 041** vom 12/5. 1958, ausg. 16/11. 1960. — C. **1960.** 13541 [F. P. 1 175 241].)

Chemische Werke Albert, Wiesbaden, *Herstellung von Mischpolymerisaten aus ungesättigten Polyestern und Monomeren.* (**Holl. P. 99 290** vom 20/12. 1955, ausg. 16/10. 1961. D. Prior. 19/2. 1955. — C. **1958.** 9922 [Oe. P. 192 118].)

XII. Kautschuk

Quantitative Bestimmung von Antioxydantien nach chromatographischer Isolierung an vollständig acetyliertem Papier. 3. Mitt. **Bestimmung von N-{p-[p′-Toluolsulfonylamino]-phenyl}-p-toluidin, N.N′-Bis-[o-tolyl]-äthylendiamin und Hydrochinonmonobenzyläther.** J. W. H. Zijp. (Recueil Trav. chim. Pays-Bas **77.** 129—32. Febr. 1958. Delft, Rubber Res., Inst. TNO; engl.) — 2. vgl. C. **1959.** 12712. — *N.N′-Bis-[o-tolyl]-äthylendiamin* (**I**), *Hydrochinonmonobenzyläther* (**II**) u. *N-{p-[p′-Tolylsulfonylamino]-phenyl}-p-toluidin* (**III**) werden in verschiedenen Vulkanisaten nach Extraktion mit Bzl. u. Verteilungschromatographie an vollständig acetyliertem (Whatman Nr. 1) Papier colorimetr. bestimmt. Dazu wird **III** (R_f 0,65) nach $1^1/_2$ std. Elution des Flecks mit Bzl. durch Zugabe einer 4%ig. benzol. Lsg. von Bis-[2.4-dichlorbenzoyl]-peroxid zu einem roten Farbstoff oxydiert u. nach 30 Min. bei 500 mμ (Filter 50 des Engel-Colorimeters) colorimetriert. **I** (R_F 0,65) wird nach Elution mit A. mit 1%ig. wss. p-Diazobenzolsulfonat-Lsg. (**IV**) versetzt u. nach 20 Min. nach Zusatz von 2 ml 38%ig. HCl bei 530 mμ (Filter 53) bestimmt. **II** (R_F 0,44) wird nach Elution mit A. mit 0,2%ig. **IV**-Lsg. (in einem Gemisch aus gleichen Teilen 0,2 n HCl u. A.) versetzt u. nach 15 Min. colorimetriert (Filter 53). Die bei Unters. von 3 Vulkanisaten verschiedener Zus. erhaltenen Ergebnisse werden angegeben. L. Lamza. 7226

Bildungsmechanismus von Schwammgummiarten. 3. Mitt. Zoltán Bartha, László Karlinszky und Péter Ször. (Magyar Kémiai Folyóirat [Ung. Z. Chem.] **68.** 94—101. März 1962. Budapest, Gummiind. Forsch.-Inst.; ung.) — 2. vgl. C. **1962.** 11394. Beziehungen zwischen Treibgeschw., Vulkanisationsgeschw., Gasdiffusion, Temp. u. Druck wurden bei der Bldg. von Schwammgummi, durch Treibmittel ($NaHCO_3$, $(NH_4)_2CO_3$ u. A. bzw. N.N′-Dinitrosopentamethylentetramin) u. Vulkanisation im Bereich von 90—160° untersucht. Die theoret. Vol.-Zunahme kann man nur dann erreichen, wenn die Vulkanisation knapp nach Beendigung der Vol.-Zunahme stattfindet. Im Gemisch entstehen ungünstige Temp.- u. Druckunterschiede u. ein Teil der Treibmittelgase verläßt das System. Maßnahmen zur Verminderung der Temp.-Differenzen (z. B. kleinere Schichtdicke) führen zu erhöhter Entgasung durch Diffusion. Optimale Kompromißwerte müssen von Fall zu Fall gewählt werden. P. Tolnay. 7230

Einfluß verschiedener Latices und ihrer Kombinationen auf die Adhäsion zwischen technischen Geweben und Gummi. Z. Mžourek und F. Mikule. (Plaste u. Kautschuk **9.** 23—27. Jan. 1962. Gottwaldov, Forsch.-Inst. für Gummi- u. Plast-Technol.; dt.) —

Untersucht wurde der Einfl. von Butadien–Styrol-, Vinylpyridin- u. Carboxyl-Latices auf die Haftfestigkeit zwischen Mehrfach-Kettengeweben u. Gummi. Bei Förderbändern wurde die Adhäsion sowohl zwischen den Gummideckschichten u. den textilen Trägergerüsten als auch zwischen den gummierten Gewebelagen selbst bestimmt. Maximale Adhäsion wird durch Imprägnierung mit Butadien–Styrol-Latex CKS-1 erzielt. Günstige Adhäsion bewirkt auch Carboxyllatex KK-116. B. SCHEIFELE. 7230□

Firestone Tire & Rubber Co., Akron, Ohio, V.St.A., **Polymerisation von Butadien und dessen Mischungen mit Styrol,** dad. gek., daß das Verf. in Ggw. eines Li enthaltenden Katalysators (I) in Mengen von 0,001 — ca. 1,0 g Li auf je 100 g des Monomeren in Abwesenheit von O_2 u./oder O enthaltenden Verbb. sowie von N_2 durchgeführt wird. Als I wird z. B. eine 35%ig. Dispersion von Li-Metall in Petroleumparaffin oder im Li-KW-Stoff, z. B. Pentamethylendilithium, oder ein Li-KW-Stoffamid verwendet. Das Verf. wird in einer Lsg. von gesätt. KW-Stoffen, z. B. Cyclohexan oder PAe., u. unter He oder Ar durchgeführt. Wegen ihrer ungewöhnlichen physikal. Eigg. (Tabellen) eignen sich die Endprodd. zur Verw. unter arkt. Bedingungen, z. B. zur Herst. von Brennstoffbehälterabdichtungen, Reifen, Schläuche, Gummikissen u. -befestigungsglieder. (**D. A. S. 1 087 809** Kl. 39c vom 16/10. 1956, ausg. 25/8. 1960. A. Prior. 1/11. 1955.) H. SCHINDLER. 7225

Firestone Tire & Rubber Co., Akron, Ohio, V.St.A., **Herstellung von Mischpolymerisaten aus Isopren und Styrol oder Butadien,** dad. gek., daß man eine Mischung aus Isopren (I) u. Styrol (II) oder aus I u. Butadien (III) unter weitgehender oder vollständiger Abwesenheit von O_2 u. N_2 u./oder O enthaltenden Verbb. mit einem Li enthaltenden Katalysator (IV) polymerisiert. Die Mischung besteht vorteilhaft aus 70—95 (Gew.-Teilen) I u. 30—5 II oder III. Als IV wird Li-Metall, ein Li-KW-Stoff, z. B. Pentamethylendilithium, oder ein Li-Amid-KW-Stoff, hergestellt durch Rk. eines Li-KW-Stoffes mit einem sek. Amin, verwendet. Das Verf. wird in einem gesätt. KW-Stoff als Lsgm., z. B. PAe., durchgeführt. Die Endprodd. haben im wesentlichen cis-1.4-Struktur u. Molgew., die $\geqq$ wie die von Heveakautschuk sind. Tabellen der physikal. Eigg., aus denen bes. eine geringe Hysterese u. ein hoher Modul hervorgeht. Vgl. D. A. S. 1 087 809; vorst. Referat. (**D. A. S. 1 093 091** Kl. 39c vom 20/10. 1956, ausg. 17/11. 1960. A. Prior. 1/11. 1955.) H. SCHINDLER. 7225

Revertex Ltd., London (Erfinder: Ian Kemp, Bishops Stortford, Hertfordshire), England, **Vulkanisieren wässeriger Kautschuk-Dispersionen,** dad. gek., daß zur Vernetzung zwischen den Kohlenstoffatomen benachbarter Kautschuk-Moll. die Kautschuk-Dispersion ohne Zusatz von die Vulkanisation bewirkenden Chemikalien einer Strahlung ausgesetzt wird, deren Energie der von γ-Strahlen oder von schnellen Elektronen entspricht. Die so erhaltenen Prodd. sind gegen Wärme beständiger als Schwefelvulkanisate. (**D. A. S. 1 101 748** Kl. 39a vom 13/4. 1957, ausg. 9/3. 1961. E. Prior. 16/4. 1956.) H. NATHER. 7229

Stahlgruber, Otto Gruber & Co. (Erfinder: Wilhelm Gruber), München, **Vulkanisieren von Reparaturflicken auf Kautschukgegenständen,** wobei zur Beschleunigung u. Intensivierung des Vulkanisationsprozesses die mit einem Flicken abgedeckte Schadenstelle mit einem IR-Strahlkörper bestrahlt wird, dad. gek., daß die Schadenstelle gleichzeitig durch einen kräftigen Luftstrom gekühlt wird, so daß ein Verbrennen bzw. eine Übervulkanisation verhindert wird. (**D. A. S. 1 071 326** Kl. 39a vom 14/4. 1954, ausg. 17/12. 1959.) H. NATHER. 7229

United States Rubber Co., New York, N.Y. (Erfinder: Ferris Edward Newman, New Haven, Ind., und Alfred Aaron Guthrie, Fort Wayne, Ind.), V.St.A., **Herstellen von Mischungen aus Kautschuk und synthetischem Harz** für die Herst. von Formkörpern, gek. durch Vermischen von Kautschuklatex mit trockenem, pulverförmigem Harz bei einer Temp., die unterhalb der Temp. liegt, bei der Harz u. Kautschuk zu einer einzigen Phase verschmelzen, zu einer rieselnden körnigen Masse, Verkneten dieser Mischung bei einer erhöhten Temp. unter Entfernen des W. u. anderer flüchtiger Bestandteile vor Abschluß des Verknetens u. Verdichten der Mischung nach Entfernen des W. bis zum Verschmelzen von Harz u. Kautschuk zu einer einzigen Phase, worauf die Masse stranggepreßt wird. Als Kautschuklatex wird zweckmäßig ein Latex von Butadien–Acrylsäurenitril-Kautschuk u. als trockenes, pulverförmiges Material ein trockenes, pulverförmiges, mit Cashewnußschalenöl modifiziertes Phenol–Formaldehyd-Harz verwendet. Geeignete Füllstoffe sind: Holzmehl, Kryolit, Diatomeenerde. (**D. A. S. 1 095 508** Kl. 39a vom 8/8. 1955, ausg. 22/12. 1960. A. Prior. 1/9. 1954.) H. NATHER. 7231

United States of America, Secretary of Air Force, übert. von: Louis E. Novy, Columbus, Ohio, V.St.A., **Kautschukmasse,** bestehend aus 100 (Teilen) 1.1-Dihydroperfluorbutylacrylat-Polymerisat, 10—15 SiO_2, 20—30 Ruß u. 1.4-Triäthylentetramin. Ggf. kann noch 1 Paraffinwachs u. 1 S zugemischt sein. Die Prodd. (Schläuche, Dichtungen usw. für Flugzeuge) sind längere Zeit gegen Schmiermittel bei Temp. von ≧ 350°F beständig. — Tabelle. (**A. P. 2 900 355** vom 12/11. 1957, ausg. 18/8. 1959.) G. VOGEL. 7231

George Angus & Co. Ltd., Mark Balkin und Denys Grahame Turner (Erfinder: Mark Balkin und Denys Grahame Turner), Newcastle-upon-Tyne, England, **Herstellen von Faserstreckbändern aus Gummi** mit durch Aufspulen eingelagerten Fäden, dad. gek., daß eine Hülse aus plast., in klebrigem Zustand befindlichen Kautschuk auf einen Dorn aufgezogen, ein Faden beim Aufspulen durch die Fadenspannung in die Hülse eingeschnitten u. so vollständig eingebettet u. anschließend die Hülse vulkanisiert wird. (**D. A. S. 1 095 509** Kl. 39a vom 10/10. 1956, ausg. 22/12. 1960. E. Prior. 11/10. 1955.) H. NATHER. 7231

Metallgesellschaft Akt.-Ges. (Erfinder: Eduard Papst), Frankfurt/M., **Herstellen von Schaumgummi aus vulkanisierbaren Latexmischungen,** wonach mit einer Spritzpistole die Latexmischung, eine gasentwickelnde Substanz u. ein Geliermittel mittels Druckluft in einem Strahl auf einen Träger aufgesprüht werden, dad. gek., daß die versprühte Latexmischung als gasentwickelnde Substanz Wasserstoffperoxid, außerdem einen katalyt. Zerfallsbeschleuniger u. als Geliermittel Ammonchlorid, Ammonnitrat oder Natriumsilicofluorid enthält. (**D. A. S. 1 101 746** Kl. 39a vom 31/12. 1957, ausg. 9/3. 1961.) H. NATHER. 7231

Esso Research and Engineering Co., Del., übert. von: **Francis P. Baldwin**, Colonia, und **Samuel B. Robison**, Roselle, N.J., V.St.A., *Bromieren von Butylkautschuk.* (**A. P. 2 955 103** vom 3/12. 1956, ausg. 4/10. 1960. — **C. 1962.** 676 [E. P. 835 639].)

Esso Research and Engineering Co., Del., übert. von: **Lawrence T. Eby**, Rahway, **Delmer L. Cottle**, Highland Park, und **Theodore Lemiszka**, Linden, N.J., V.St.A., *Halogenieren von kautschukartigen Mischpolymerisaten.* (**A. P. 2 958 667** vom 27/2. 1957, ausg. 1/11. 1960. — **C. 1960.** 15241 [E. P. 828 389].)

Esso Research and Engineering Co., Del., übert. von: **Roland Timothy Kelley** und **William Richard Lewis**, Baton Rouge, La., V.St.A., *Verhütung der Klumpenbildung bei der Herstellung von Kohlenwasserstoffpolymeren.* (**A. P. 2 958 684** vom 16/4. 1956, ausg. 1/11. 1960. — **C. 1961.** 15950 [E. P. 818 826].)

Imperial Chemical Industries Ltd., London, übert. von: **Kenneth Barry Jarrett**, Welwyn, England, *Überziehen von Polymeren mit Aldehydharzen in Polyvinylchloridlatex.* (**A. P. 2 931 782** vom 9/12. 1957, ausg. 5/4. 1960. **Belg. P. 563 331** vom 18/12. 1957, ausg. 17/6. 1960. Beide E. Prior. 20/12. 1956. — **C. 1961.** 5275 [E. P. 824 200].)

Imperial Chemical Industries Ltd., London, England (Erfinder: **John Alan Gray**), *Natrium-Aluminiumsilicatfüllstoffe.* (**E. P. 841 831** vom 3/10. 1956, ausg. 20/7. 1960. — **C. 1960.** 14205 [D. A. S. [1 075 100].)

XIII. Ätherische Öle. Parfümerie. Kosmetik

Trocknen von Koriandersamen vor der Lagerung und der Verarbeitung. F. Ss. Tanassijenko. (Известия Высших Учебных Заведений (Краснодар), Пищевая Технология [Hochschulnachr. (Krasnodar), Nahrungsmittel-Technol.] **1961.** Nr. 2. 37 bis 44. Krim-Zweigstelle des Allunions-Forsch.-Inst. für Öl- u. Essenzenkulturen; russ.) — Durch das Trocknen von unverletzten Koriandersamen wird der Geh. des Prod. an äther. Öl (**I**) u. die Qualität des **I** nicht erniedrigt. Durch das Trocknen von Samenbruchstücken wird der Geh. an **I** um ca. 20% herabgesetzt. Das Trocknen des Samens unter Betriebsbedingungen (Herabsetzung des Wasser-Geh. des Prod. von 19 auf 11—13%) erniedrigt den **I**-Geh. um 3,16% u. den Linalool-Geh. im **I** um 2,85%. Durch mehrfache Befeuchtung der Samen mit nachfolgendem Trocknen wird ihr **I**-Geh. bedeutend herabgesetzt. Bei der Selbsterwärmung der Körner können **I**-Verluste bis ca. 30% stattfinden. S. BARYSCHNIKOW. 7262

Ätherische Öle, Riechstoffe und Pflanzenextrakte in hygienischer Beziehung. Karl Bergwein. (Seifen-Öle-Fette-Wachse **85.** 343—45. 10/6. 1959; dt.) — Kurze Literaturübersicht über die antibakteriellen u. antisept. Eigg. äther. Öle, Riechstoffe u. Pflanzenextrakte. — 19 Literaturangaben. H. SPOHN. 7262 □

Der Jasmin, die Blume des Gebietes von Grasse und sein Konkret. Jean Daumas. (Parfum., Cosmét., Savons **4.** 396—400. Okt. 1961; franz.) H. FRANZEN. 7276 □

Parfüms und Seifen. 2. Mitt. **Duftausbeute chemisch definierter Stoffe.** J. Sfiras und Agnès Demeilliers. (Recherches **1959.** Nr. 9. 32—36. Okt.; franz.) — Vff. untersuchen die Beziehungen zwischen chem. Konstit. u. Duftausbeute von in Seifen eingearbeiteten Riechstoffen. Flüchtigkeit, Duftvermögen (subjektive Beurteilung), Verflüchtigungs-Geschw. (Best. des Gew.-Verlustes nach mehrstd. kontrolliertem Überleiten

von Luft) u. Duftausbeute in % (Quotient aus Duftvermögen des Riechstoffes u. Duftvermögen der damit parfümierten Seife mal 100) wurden bestimmt. Die Duftausbeute ist abhängig von der Art der funktionellen Gruppen des Riechstoffes. Bei Estern mit verzweigter aliphat. Kohlenstoffkette hat eine der Estergruppe entfernt liegende Doppelbindung keinen Einfl. auf die Duftausbeute, während der Ersatz eines Cyclohexanringes durch einen Benzolkern in β-Stellung zur Estergruppe einen wesentlichen Unterschied bewirkt. Eine mathemat. Beziehung zwischen der Flüchtigkeit der Riechstoffe u. ihrer Duftausbeute läßt sich nach den vorliegenden Ergebnissen nicht erkennen.
H. SONTAG. 7276 □

Wachse in der Kosmetik. Max Krüger. (Adhäsion **3.** 193—95. April 1959. **4.** 525—26. Okt. 1960. Berlin; dt.) — Rezeptbeispiele für den Einsatz von Wachsen (Bienen-, Japan-, Carnauba-, Candelillawachs, Stearin, Ceresin, Paraffin, Ozokerit u. Kunstwachse) zur Herst. von Hautnährcremes, Reinigungs- u. Abschminkcremes, Lippenpomaden u. -salben, Lippenstiften, Wimpern- u. Augenbrauenschminken u. Nagelpoliturmitteln. H. SPOHN. 7284 □

Kosmetische Formeln für Zuckerester und Zuckerglyceride enthaltende Schönheitscremes und Schönheitsmilch. P. Rovesti. (Parfum., Cosmét., Savons **4.** 401—04. Okt. 1961; franz.) — 4 Literaturangaben. H. FRANZEN. 7284 □

Andere Anwendungen der Zuckerester und der Zuckerglyceride in der Kosmetik und Parfümerie. R. Colson. (Parfum., Cosmét., Savons **4.** 405—08. Okt. 1961; franz.) — Übersicht u. Formeln zeigen neue Möglichkeiten der Herst. von Kosmetika mit Verbb. der Zuckerester u. Zuckerglyceride, die unschädlich sind u. sogar eine günstige Wrkg. auf die Haut u. Schleimhaut ausüben. In der Parfümerie werden sie angewendet, um äther. Öle besser wasserlösl. u. emulgierbar zu machen. H. FRANZEN. 7284 □

Einwirkung von Zuckerester und Zuckerglyceride enthaltenden Schönheitsmitteln auf die Haut. Gabriella Hunger. (Parfum., Cosmét., Savons **4.** 409—12. Okt. 1961; franz.) — An Hand theoret. Überlegungen u. prakt. Verss. an zahlreichen, Zuckerester u. Zuckerglyceride enthaltenden Schönheitsemulsionen bestätigt Vf., daß diese kosmet. Mittel die physiolog. Bedingungen bzgl. Schutz der Haut voll erfüllen. — 11 Literaturangaben. H. FRANZEN. 7284 □

Die Haarfärbemittel in Amerika. W. Schweisheimer. (Parfum., Cosmét., Savons **4.** 413—15. Okt. 1961; franz.) — Vf. gibt Übersicht über Farbnuancen u. Formulierungen der in Amerika gebräuchlichen verschiedenen Haarfärbemittel. Er beschreibt die Nachteile, bes. die starke Reizbarkeit der Kopfhaut u. die schädliche Wrkg. bei Augenbrauen u. Wimpern. Vorschläge für notwendige Verbesserungen werden gegeben.
H. FRANZEN. 7284 □

Chlorkohlenwasserstoffe in kosmetischen Aerosolpackungen. Hans Kübler. (Seifen-Öle-Fette-Wachse **85.** 709—14. 11/11. 1959. Aerosol Age **5.** Nr. 2. 49—52. 97. Febr. 1960; dt.) — Nach kurzer Definition des „Aerosol"-Begriffes u. allg. Hinweisen über die Technik der Aerosolpackungen behandelt Vf. Eigg., Einsatzmöglichkeiten u. physiolog. Verträglichkeit der gechlorten KW-Stoffe *Methylenchlorid, Äthylchlorid, Di-, Tri-* u. *Perchloräthylen* u. *Vinylchlorid* als Treibmittel für kosmet. Aerosole.
H. SPOHN. 7284 □

Farbwerke Hoechst Akt.-Ges., vormals Meister Lucius & Brüning (Erfinder: Eberhard Elbel), Frankfurt/M., **Höhermolekulare 2-acyloxyalkansulfonsaure Salze** erhält man durch Kondens. von mindestens ca. 1,2 Mol einer höhermol., aliphat. oder cycl. Carbonsäure der allg. Formel R—COOH (R = aliphat. oder cycl. KW-Stoff-Rest mit mindestens 7 C-Atomen) mit 1 Mol eines Salzes einer 2-Hydroxyalkansulfonsäure der allg. Formel $HO-CH(R')-CH_2-SO_3M$ (R' = H, Methyl; M = Alkali- oder Erdalkalimetall oder tert. Amin) bei 180—300° im Vakuum, wobei man bei der Veresterung die Hauptmenge des W. bei ca. 60—80 Torr abdestilliert. Nach der Beendigung der Veresterung werden die überschüssigen Fettsäuren bes. im Hochvakuuum abdestilliert. Als Ausgangsstoffe dienen: Fettsäuren aus pflanzlichen u. tier. Ölen u. Fetten, die auch hydriert sein können, Naphthensäuren, die durch Paraffinoxydation oder Oxosynth. erhaltenen Fettsäuren, Harzsäuren, Alkylbenzoesäuren, Alkylphenylessigsäuren u. Alkylphenoxyessigsäuren. — Aus 2680 (Teilen) hydrierter Palmkernölfettsäure u. 900 98%ig. 2-hydroxyäthansulfonsaurem Na bei 220° u. 60 bis 80 Torr → *hellgelber, wachsartiger, fester Ester. 2-Lauroyloxyäthansulfonsaures Na. — 2-Stearoyloxyäthansulfonsaures Na. — Anion., oberflächen-* u. *grenzflächenakt. Stoffe,* bes. als *Zusatzmittel* für *kosmet. Zubereitungen, Haarwasch-, Zahnpflege-* u. *Waschmittel* für *Körperpflege.* (**D. A. S. 1 121 045** Kl. 12o vom 9/10. 1958, ausg. 4/1. 1962.)
G. KRAUSS. 7285

Wella Akt.-Ges. (Erfinder: Arno Russ), Darmstadt, **Herstellung von 4-Mercaptoacetylsemicarbazid (I) oder -thiosemicarbazid,** dad. gek., daß 2.4-Dihydroxythiazol oder 2-Mercapto-4-hydroxythiazol mit Hydrazin oder Hydrazinhydrat umgesetzt wird. F. von I 132°. *Haarwellmittel.* (**D. A. S. 1 119 251** Kl. 12o vom 2/9. 1958, ausg. 14/12. 1961.) G. KÖNIG. 7285

XIV. Zucker. Kohlenhydrate. Stärke

Fortschritte in der Zuckerchemie. H. Beduneau. (Rev. Produits chim. **60.** 525—31. 31/12. 1957. **61.** 149—55. 30/4. 1958; franz.) — Übersicht über neuere Arbeiten auf dem Gebiet der industriellen Verw. von *Saccharose* (I) durch Herst. von I-Komplexen mit Erdalkalien, von I-Red.- u. -Oxydations-Prodd. u. von Milchsäure (durch Fermentierung von I). Die Anwendungsgebiete dieser Prodd. werden beschrieben. — 81 Literaturangaben. H. Rossow. 7400 □

Anwendung von Radioisotopen in der Zuckerindustrie. Hermann Hirschmüller und Dorothea Leppin. (Ind. saccarif. ital. **54.** 245—54. Sept./Okt. 1961. Berlin, Inst. für Zuckerind.; ital.) — Durch Verw. von Geiger-Zählern u. radioakt. Indicatoren lassen sich in der Zuckerindustrie Best. des Rüben- u. Zucker-Gew., der Korrosion u. Inkrustation von Rohren, des Zucker-Geh. der Rüben, der Retentionszeit, der Schlammphase u. der Flüssigkeit in Eindickern bestimmen. Ferner können radioakt. Indicatoren auf Gebieten wie der Landwirtschaft herangezogen werden. H. WILLENBERG. 7400 □

Die Phosphatdüngung der Zuckerrübe. C. Ferrari, L. Lanzoni, U. Pallotta und G. Piolanti. (Agrochimica [Pisa] **2.** 319—33. Sept. 1958. Bologna, Univ., Ist. di Chimica Agraria; ital.) — Vgl. C. **1962.** 10674. — Vff. diskutieren die Probleme, die sich bei der Ermittlung des *P*-Bedarfs von Zuckerrüben ergeben, u. berichten über die Ergebnisse, die mit verschiedenen Applikationsarten von P zu Zuckerrüben erzielt wurden. M. WINIKER. 7406 □

Vergleich von Zucker-Diffusionsanlagen. K. Adamik und H. Mayer. (Chemie-Ing.-Techn. **34.** 218—21. März 1962. Graz, Techn. Hochsch.; dt.) — Für einen verfahrenstechn. Vgl. verschiedener betrieblicher Zuckerdiffusionsanlagen wurde der Abrieb bei vier charakterist. Zuckerrübenschnitzelformen untersucht. Für die Extraktion wurde eine Verbesserung der DUBOURG-Formel entwickelt, durch die die Faktoren des zweiten FICKschen Gesetzes berücksichtigt werden. Bei den Unterss. wurde die Diffusion vornehmlich als verfahrenstechn. Vorgang behandelt, wobei neue meßbare Faktoren zur Beurteilung von Diffusions-Syst. festgelegt wurden. Aus Analogiebetrachtungen zwischen Wärmeübergang u. Stoffaustausch in Rübenschnitzeln wurden mit der Praxis gut übereinstimmende Diffusionszeiten ermittelt. Die untersuchten Betriebsanlagen wurden miteinander verglichen u. auf ihren wirtschaftlichen Wert beurteilt. W. D. KRÜGER/Berlin. 7412 □

Über die Kristallisation von Zucker. P. W. Golowin. (Украинский Химический Журнал [Ukrain. chem. J.] **27.** 263—68. 1961. Inst. für organ. Chem. der Akad. der Wiss. der UkrainSSR; russ.) — Die Best. der Übersättigungs-Koeff. (ÜK) für unreine Zucker-Lsgg. führt nach den Formeln verschiedener Autoren zu widersprechenden Werten. Vf. schlägt vor, den Umkristallisations-Koeff. aus der Formel zur Best. des ÜK für reine Zucker-Lsgg. mit gleichzeitiger Messung des Abstandes zwischen den Saccharose-Moll. (SM) zu ermitteln. Der Zusammenhang zwischen den Koeff. u. dem Abstand zwischen den SM bei gleichen Bedingungen wird gezeigt. Die tatsächliche Bedeutung des ÜK u. die Rolle der Nichtzucker im Kristallisationsprozeß werden diskutiert. S. BARYSCHNIKOW. 7416

Methanollösliche Komplexe von Lactose und anderen Kohlenhydraten. K. B. Domovs und E. H. Freund. (J. Dairy Sci. **43.** 1216—23. Sept. 1960. Oakdale, Long Island, N.Y., Nat. Dairy Prod. Corp., Res. and Dev. Div.; engl.) — Lactose (I) u. viele andere Kohlenhydrate u. ihre Derivv. sind in kaltem abs. Methanol in Ggw. von hinreichend $CaCl_2$ sehr löslich. Aus einer hochkonz. viscosen Lsg. mit einem mol. Verhältnis von 1 I, 3 $CaCl_2$ u. 24 Methanol (II) krist. ein Komplex mit dem Mol.-Verhältnis 1 (β-I):1:4. Nach Zugabe von ca. 6 Mol W. zu obiger konz. Lsg. krist. ein Komplex aus 1 α-I, 1 $CaCl_2$ u. 7 H_2O. In der konz. Lsg. ist das Gleichgewichtsverhältnis von α- u. β-I ca. 5:3. Aus der Lsg. krist. beim Verdünnen mit II I im gleichen Anomerenverhältnis wie in der Lösung. Im untersuchten Bereich ist der Logarithmus der Löslichkeit dieser krist. I in Methanol eine lineare Funktion der $CaCl_2$-Konzentration. — 1 Tabelle, 1 Figur. W. WILLENBERG. 7444 □

Der Einfluß einer Hitzebehandlung auf Aroma, Farbe und einige chemische Bestandteile von Ahornsirup. Nadhim Showki Abdul-Wahab, Ahmed Taha

Habib und H. D. Brown. (Proc. Amer. Soc. horticult. Sci. **69.** 480—84. Juni 1957. Columbus, Ohio, Ohio State Univ.; engl.) — Ahornsirup wird nach Konz. auf 65° Brix bei 221° F in Zinnkannen mit u. ohne Emaillierung bei Zimmer-Temp. oder nach weiterem 2std. Erhitzen auf 250° F 2 Jahre gelagert. Der weiter erhitzte Sirup enthielt dann 2,6% reduzierenden Zucker, der andere nur 0,4%. Die Art der verwendeten Vorratsgefäße war ohne Einfl. auf Aroma, Farbe u. chem. Zusammensetzung. Im weiter erhitzten Sirup verschwand Furfurol, Hydroxymethylfurfurol stieg an, Farbe u. Aroma wurden verstärkt. Dieser Sirup war geschmacklich vorzuziehen, seine Eigg. wurden noch verbessert durch Verschnitt (1 : 1) mit dem 65°-Sirup. PH. FRESENIUS. 7446 □

Neuere Beiträge zur Chemie der Stärkefraktionen. 9. Mitt. **Untersuchung der Säurehydrolyse der Stärke mittels Dämpfung des polarographischen Sauerstoff-Maximums.** János Holló, Jozsef Szejtli, Elemer Laszlo und Zsuzs Friedmann. (Budapesti Müszaki Egyetem mezögazdasági kém. technol. Tanszékének Közleményei [Commun. Inst. agric. chem. Technol. Polytechn. Univ., Budapest] **1961.** 39 bis 46. Sept.; Budapest, Polytechn. Univ., Inst., Agric. chem. technol.; ung.) — 7. vgl. C. **1962.** 2201. — Vff. bestimmten die zur 50%ig. Dämpfung des polarograph. O-Maximums in Abhängigkeit der Säurehydrolyse nötige Konz. u. stellten fest, daß dieser Konz.-Wert mit fortschreitender Hydrolyse erst sinkt, dann ansteigt. Bei erhöhter Säure-Konz. u. gleicher Temp. erscheint das Maximum bei schwächerer Hydrolyse u. auch die Stärke-Konz. ist in diesem Fall kleiner. Es wird angenommen, daß die Minimumkurve Folge zwei entgegengesetzter Wrkg. ist. Je größer das Mol., um so stärker wird es an der Hg-Elektrode adsorbiert, es genügt daher eine kleinere Konz. zur 50%ig. Dämpfung des O-Maximums. Wegen der geringen Diffusions-Geschw. gelangen weniger Moll. zur Elektrodenfläche, deshalb neigt die Kurve zu einem Minimum. Diese Verss. geben auch über den Verlauf der Hydrolyse Bescheid. In der ersten Phase der Hydrolyse entstehen die Glykosidbindung–Proteinkomplexe längs der Polyglykosankette mit gleicher Wahrscheinlichkeit, wenn aber die Proteinaktivität größer wird, bilden nur die Kettenenden Komplexe. K. GÄRTNER. 7448

Neuere Beiträge zur Chemie der Stärkefraktionen. 10. Mitt. **Über die Konformation der Glucopyranosidringe der Amylose.** J. Holló, J. Szejtli und M. Tóth. (Stärke **13.** 222—30. Juni 1961. Budapest, Techn. Univ., Inst. für Landw.-Chem. Techn.; dt.) — 9. vgl. vorst. Referat. — Eine eingehende Diskussion der stereochem. möglichen Stellungen der Substituenten in den Glucopyranosidringen der *Amylose* (I) zeigt, daß von 8 möglichen spannungsfreien Ringen nur 3 Konformationen prakt. in Betracht kommen. Unters. der Wrkg. steigender KOH-Konzz. auf das Drehungsvermögen von I u. von die I aufbauenden Kohlenhydraten sowie auf die Viskosität von I-Lsgg. ergab, daß im Gebiet von 0,01—0,1n KOH durchschnittlich eine 20%ig. Abnahme des Drehvermögens stattfindet. Gleichzeitig steigt die Viscosität der I sprunghaft an. — 31 Literaturangaben. M. ULMANN. 7448 □

Die Bestimmung der Reinheit von Rübenzuckersäften und Sirupen in Zuckerfabriken. 2. Mitt. Wm. H. Parker. (Int. Sugar J. **61.** 9—13. Jan. 1959; engl.) — 1. vgl. C. **1960.** 6688. — Vf. beschreibt die Möglichkeiten zur Best. der Reinheit von Rübenzuckersäften durch Messung der Leitfähigkeit, die ein Maß für das Verhältnis von anorgan. zu organ. Verunreinigungen darstellt. Bei einer Dichte von 28° Brix (±2° Brix) ist die Leitfähigkeit proportional dem Geh. an Verunreinigungen. Vgl. erfolgen mittels Standard-Lsgg.; mehrere spezielle Leitfähigkeitsmeßgeräte werden ausführlich beschrieben. E. FRITZSCHE. 7474 □

O. J. Meijer's Fabrieken voor verpakte Artikelen N.V., Veendam, Holland, *Quellbare Stärkederivate.* (**E. P. 863 574** vom 29/3. 1957, ausg. 22/3. 1961. Holl. Prior. 3/10. 1956. — C. **1961.** 12297 [D. A. S. 1 093 299].)

XV. Gärungsindustrie

Neue Möglichkeiten in der Hefezüchtung. W. F. F. Oppenoorth. (Wallerstein Lab. Commun. **24.** 29—45. April 1961. Rotterdam, Holland, Nat. Inst. voor Brouwgerst, Mout en Bier-T. N. O.; engl.) — Erbliche Transformationen wurden nun auch bei Hefen erzielt, indem der von einem *Saccharomyces chevalieri*-Stamm erhaltene *Desoxyribonucleinsäure* (I)-Extrakt, in ungehopfter Würze aufgelöst, als Kulturmedium für rezessive Hefen mit guter Sporulation u. Lebensfähigkeit der Sporen verwendet wurde. Bei einer „Pseudotransformation", die wahrscheinlich durch Ribonucleinsäureverunreinigungen im I-Extrakt hervorgerufen wird, ging das erworbene Gärvermögen nach einigen Passagen wieder verloren. Die Meth. der „chem." Hybridisierung verspricht größere Erfolge für die Verbesserung der Bierhefe, als sie bis dahin bei Verss. zur Kreuzung der ursprünglichen Stämme erhalten wurden. W. KNÖBEL. 7506 □

Mikroflora der Gerstenkörner. J. B. Kotheimer und C. M. Christensen. (Wallerstein Lab. Commun. **24.** 21—28. April 1961. St. Paul, Minn., Univ. of Minnesota, Dep. of Plant Pathol. and Bot.; engl.) — Bakterien, Fadenpilze u. Hefen wurden von den 294 untersuchten Partien oberflächeninfizierter Gerstenkörner isoliert, mehr von verfärbten als von hellen Partien. Verfärbte u. welke Gersten enthielten erhebliche Mengen Protozoen, in einigen Partien wurde eine Schleimpilzinfektion festgestellt. Ein Einfl. der Gerstenkörnermikroflora auf die Qualität des Malzes u. seiner Folge-Prodd. sowie auf den Gärungsvorgang ist anzunehmen, auch scheint die Keim-Geschw. beeinflußt zu sein. W. Knöbel. 7540□

Hartionenzahl und „Lösung" des Malzes. René Scriban. (Brauwissenschaft **14.** 437—44. Okt. 1961. St. Amand-les-Eaux, Frankreich; dt. — C. **1962.** 5128.) W. Wesly. 7540□

Methoden zur besseren Verwertung der Bitterstoffe des Hopfens. M. Blachowa, W. Dylkowski und B. Sielicka. (Przemysł spożywczy **15.** 60—68. April 1961. Inst. Przem. ferment.; pol.) — Die Extraktion des Hopfens mit W. ohne Zusatz von Alkalien führt zu einer Einsparung von 15% Hopfen. Die Extraktion mit Na_2CO_3-Zusatz (0,02 g/g Hopfen) liefert zwar mehr Extrakt, der Extrakt verschlechtert aber den Geschmack des Bieres. Die Extraktion mit W. unter Druck (2 at) liefert ein breiartiges Produkt. Der sich absetzende Nd. enthält einen Teil der Bitterstoffe, die somit der Verwertung entgehen. — 14 Literaturangaben. F. Urban. 7540□

Beeinflussung des Würzekochens durch Pfannenform und Heizmittel. Frank Berg. (Brauwissenschaft **14.** 432—36. Okt. 1961. Weihenstephan; dt.) — Die Bodenform direkt beheizter Würzepfannen ist von geringerer Bedeutung für Wärmeübertragung u. Kochbewegung als die indirekt beheizter Pfannen. W. Wesly. 7544□

Praktische Lösungen des Korrosionsproblems in der Brauindustrie. D. H. Edmonds. (J. Inst. Brewing **65** ([N. S.] **56**). 398—405. Sept./Okt. 1959. Uckfield, Framfield, Sussex, Old Nursery House; engl.) — Erscheinungsbild u. Entstehung der Korrosion, bes. auf elektrochem. Weise, sowie der Einfl. von Feuchtigkeit, Luftverunreinigungen, ungleichartigen Metallen u. CO_2 werden beschrieben. Eingehend wird auf die Eigg. u. Verw.-Möglichkeiten von thermoplast. Material, Epoxyharzen, Polyurethanen u. Zn-angereicherten Stoffen als Anstrichmittel zur Verhütung von Korrosionen in Brauereien hingewiesen. Um eine ausreichende Wirksamkeit zu erzielen, sind die Flächen entsprechend vorzubehandeln, u. z. B. bei Stahl sollte die Dicke des Anstrichs nicht unter 5/1000 inch liegen. W. Kreipe. 7544□

Die allgemeinen Erscheinungen der Oxydation in Bieren. 2. Mitt. L. Chapon. (Rev. Fermentat. Ind. aliment. **16.** 79—85. 1961. Nancy, École de Brasserie; franz.) — Vgl. C. **1962.** **9931.** — Die schädliche O_2-Einw. verursacht Farb- u. Geschmacksveränderungen, Trübungen u. Entw. von Mikroorganismen im Bier. Gefährlich wirkt sich die Oxydation von Proteinen u. von Polyphenolen aus. Die Fixierung des O_2 konnte durch die Abnahme eines Geh. an Ascorbinsäure studiert werden, wobei das auftretende H_2O_2 durch die Wrkg. von Metallionen (Fe^{2+}) zu W. red. wird. Es ergab sich, daß durch die Peroxydation u. Oxydation von Polyphenolen tannoide Verbb. entstehen, die sich mit Proteinen zu Polypeptiden verbinden u. so zu Trübungen führen, die gleiche Eigg. mit den peroxydativen Trübungen des Bieres haben. Alle Behandlungsweisen des Bieres, die die Polyphenolanteile vermindern, setzen auch die Geschw. des Auftretens der Trübungen herab. Biere, die einer ausreichenden Oxydation ausgesetzt wurden, sind unempfindlich gegen neuere oxydative Einw., können aber durch Zusatz von Tannin oder Polyphenolen wieder sensibilisiert werden. L. Macher. 7550□

Citronensäure aus Rest-Melassen. Mario A. Mascaró. (Sugar y Azúcar **56.** Nr. 10. 36. Okt. 1961; engl.) — Beschreibung eines Verf. der Bzura Chemical Co., Fieldsboro, N. J., nach dem Citronensäure durch einen Gärprozeß aus Restmelassen gewonnen wird. Da es sich hier um eine außerordentlich billige Rohstoffbasis handelt u. für Citronensäure ein vielseitiger Bedarf vorhanden ist, erscheint das Verf. wirtschaftlich sehr aussichtsreich. M. Reiher. 7578□

Ausnutzung des Abfall-Fruchtwassers von Stärkefabriken bei der fermentativen Gewinnung von Eiweißfutter. S. Zelenka und R. Čejková. (Stärke **13.** 240—47. Juni 1961. Prag, Chem.-Techn. Hochsch.; dt.) — Normal geschwefeltes Abfallfruchtwasser (AW) der Kartoffelstärkefabriken läßt sich durch Fermentation mit *Torulopsis utilis* zur Gewinnung von Eiweißfuttermitteln mit hoher spezif. Wrkg. ausnutzen. Bei einem pH von 5,4—5,6 u. Nährstoffdosen von 800—1000 ml Abfallsirup von der Herst. krist. Glucose u. 100 g $(NH_4)_2SO_4$ pro Hektoliter AW erhält man bei einer Rk.-Dauer von 8—10 Std. (30°) 9 g Torulatrockensubstanz aus 1000 ml AW. Zur Verhinderung einer starken Schaum-Bldg. bei der Durchlüftung des AW empfiehlt es sich, den größten

Teil der Eiweißstoffe durch Erhitzen (70°) zu koagulieren. Bei laufendem Betrieb kann ein Teil der gärenden Maische zum Ansetzen einer neuen Maische verwendet werden. Es wird ein technolog. Arbeits-Verf. zur Gewinnung eines warmen fl. u. billigen Futtermittels, das aus durch Hefeeiweiß angereichertem AW u. zugemischter Preßpülpe besteht, vorgeschlagen, das auch in Trockenform erhalten werden kann. Das neue Eiweißfuttermittel enthält bei 88% Trockensubstanz 13—14% verdauliche Eiweißstoffe bei einem Geh. an Vitamin B_1 von 520 E u. von Vitamin B_2 von 1100 E.

M. ULMANN. 7578 □

Das Mürbimeter. Ein neuer Apparat für die objektive Messung der Mürbigkeit des Malzes. L. Chapon. (Brauwelt, Ausg. B **101.** 752—56. 11/5. 1067—70. 15/20. 6. 1961. Nancy, Brauerei-Hochsch., Vers.-Labor.; dt.) — Zur Best. der Mürbigkeit des Malzes, die für seine gute Verarbeitbarkeit maßgeblich ist, wurde zunächst ein App. konstruiert, der das zu prüfende Korn mit einer Nadel in der Kornmitte durchbohrt. Die dabei anfgewandte Kraft wird mit Hilfe einer Feder gemessen u. für eine größere Kornzahl aus einer Probe aus den Umdrehungen eines von der Feder bewegten Zahnrades als Mittelwert bestimmt. Da dieser Einnadel-App. infolge des vom Keim zur Kornspitze fortschreitenden Mürbewerdens gelegentlich zu Fehlergebnissen führte u. mangelnde Übereinstimmung mit anderen Prüfmeth. zeigte, wurde ein Zweinadel-App. konstruiert, bei dem das Korn in Keim- u. Spitzennähe gleichzeitig durchbohrt wird. Da der Keim stets sehr mürbe ist, wird dabei prakt. nur die Mürbigkeit der Kornspitze bestimmt. Dieser Zweinadel-App. wird als Mürbimeter bezeichnet u. liefert einen objektiven u. ausreichenden Maßstab für den Wert eines Malzes. R. RISTOW. 7598 □

Methoden der mikrobiologischen Betriebskontrolle in der Brauerei. 2. Mitt. **Mikrobiologische Kontroll- und Analysenmethoden.** Gerhard J. Haas. (Wallerstein Lab. Commun. **24.** 53—66. April 1961. Brooklyn, N. Y., Liebmann Breweries, Inc.; engl.) — 1. vgl. Wallerstein Lab. Commun. **23.** [1960.] 133—46. — Behandelt werden Quellen mikrobieller Infektionen in der Brauerei u. Maßnahmen zu ihrer Bekämpfung, Meth. u. Richtlinien zur Ermittlung mikrobiolog. Befunde in der Brauerei hinsichtlich Probenahmen, mkr. Auswertung u. kulturellem Nachw. von Infektionskeimen, Anwendung des Membranfilters. — 88 Literaturangaben. W. KNÖBEL. 7600 □

Die Messung der Biertrübung: Eine Kritik. R. S. W. Thorne. (Wallerstein Lab. Commun. **24.** 47—52. April 1961. Copenhagen, Alfred Jørgensen Labor. for Fermentat.; engl.) — Auf Grund theoret. Erwägungen u. experimenteller Daten beweist Vf., daß bei entsprechend konstruierten Nephelometern die Lichtabsorption als solche die Messung der Biertrübung nicht stört u. daß eine wegen des vorhandenen Einfl. der Bierfarbe vorgenommene Korrektur der Meßwerte nicht zu rechtferigen ist W. KNÖBEL. 7600 □

Heinrich Frings K.-G., Deutschland, **Automatische Steuerung aerober Gärungsvorgänge.** Eine am Gärgefäß (G) befindliche Vorr. mißt die Säure-Konz. der Gärlösung. Sobald diese die gewünschte Höhe erreicht hat, schaltet sich eine Pumpe ein, die eine bestimmte Menge Fl. in einen Sammelbehälter abzieht. Gleichzeitig wird der Zufluß der Kühlfl. in das G gedrosselt. Mittels einer zweiten Pumpe wird dann aus einem Vorratsbehälter eine gleiche Menge frischer Nährlsg. allmählich in das G befördert. Sobald die Gärtemp. erreicht ist, wird die Kühlfl. erneut in Umlauf gesetzt. Die Temp. wird durch einen im G befindlichen Temp.-Fühler elektr. gesteuert. — Schemat. Zeichnung. (**F. P. 1 214 936** vom 1/10. 1958, ausg. 12/4. 1960. D. Prior. 3/10. 1957.)

W. HEYNE. 7501

Koichi Yamada, Nakano-ku, Tokyo, Japan, **Erzeugung von stärkehydrolysierenden dextrinogenen und saccharogenen Amylasen** durch Vergären eines Nährmediums mit den diese Enzyme bildenden Mikroorganismen, dad. gek., daß man dem Gärmedium zwecks Ausbeuteerhöhung Phytinsäure, bes. deren nichttox. Salze, zusetzt. Als Organismen dienen die *Aspergillus*-Stämme *niger*, *oryzae* u. *awamori*, ferner *Rhizopus javanicus* u. *Bacillus subtilis.* — Mengenbeispiele, Tabellen. (**A. P. 2 976 219** vom 3/8. 1959, ausg. 21/3. 1961.) G. VOGEL. 7509

Corn Products Refining Co., New York, N.Y., V.St.A., **Ausschaltung der Transglucosidase-Wirkung in Pilzamylasepräparaten,** dad. gek., daß man das Präp. in wss. Medium mit einem tonigen, später wieder zu entfernendem Mineral, z. B. Bentonit, behandelt, Das Amylase-Präp. wird aus den Stämmen *Aspergillus niger* oder *Aspergillus flavus-oryzae* gewonnen. Es dient bes. zur Hydrolyse von verflüssigter Stärke zu *Dextrose*; vgl. D. A. S. 1 085 124; C. **1960.** 15931. — Beispiele, Tabellen. (**Belg. P. 567 859** vom 20/5. 1958, ausg. 12/8. 1960. A. Prior. 18/6. 1957.)

G. VOGEL. 7509

S. à r. l. Paladon, Algerien, **Behandeln der Luft zum Belüften von Gärbottichen.** Man leitet die Luft zuerst durch eine Schicht aus dichtem weichem Material (z. B. Baumwolle), bestrahlt sie dann mit UV-Licht u. führt sie danach durch eine poröse Platte aus gefrittetem Glas (Porosität 5—100, bes. 10—20 mμ). — Zeichnung der Anlage. (**F. P. 1 180 408** vom 31/7. 1957, ausg. 4/6. 1959.) T. OPPERMANN. 7515

F. & M. Schaefer Brewing Co., Brooklyn, N.Y., übert. von: Frede B. Strandskov, Verona, und John B. Bockelmann, Tenafly, N.J., V.St.A., **Anregung von Hefegärungen,** bes. in **Bierwürze,** dad. gek., daß man nach A. P. 2 963 406 der Würze zu Beginn der Gärung ca. 0,005—20 μg *Polymycin*/ml zusetzt, dessen antibiot. Wrkg. Geschmacksschäden im Prod. (durch *Flavobacterium proteus* u. andere gramnegative Organismen) verhindert u. die Gärung fördert. Zum gleichen Zweck setzt man nach A. P. 2 964 406 am Anfang der Gärung $\geq$ 0,5 μg *Polymycin* u. *Penicillin* zu. — Beispiele, Tabellen; vgl. F. P. 1 096 978; C. **1957.** 1061. (**A. PP. 2 963 406** vom 18/9. 1953, ausg. 6/12. 1960 u. **2 964 406** vom 8/12. 1953, ausg. 13/12. 1960.) G. VOGEL. 7551

American Tansul Co., San Francisco, Calif., V.St.A., **Bierbehandlung.** Zu A. P. 2 916 377; C. **1961.** 6712 ist nachzutragen: Dem Bier werden nach der Gärung 5—25, bes. 10—20 ppm SO_2-Gas u. ggf. noch Montmorillonit u./oder ein proteolyt. Enzym, bes. ein Gemisch von Bromelin u. Papain, zugesetzt. (**E. P. 826 706** vom 4/6. 1957, ausg. 20/1. 1960. A. Prior. 6/8. 1956.) G. VOGEL. 7551

I. F. F. E. Pauls, Basel, Schweiz, und R. R. A. Quatz, Göttingen, **Herstellung eines Spezialbieres für Diabetiker.** Zu Holl. P. 88 392; C. **1959.** 17544 ist nachzutragen: Nach Belg. P. 524 968 wird ggf. während der Nachgärung ein dritter Diastaseextrakt zugesetzt u. die abgesetzte Hefe zwecks Einleitung einer nochmaligen kräftigen Gärung durch Frischhefe ersetzt. Nach Belg. P. 544 731 stammen die Diastaseextrakte nicht aus dem Malz selbst sondern aus techn. handelsüblichen Distasepräparaten. — Beispiel. (**Belg. PP. 524 968** vom 10/12. 1953, ausg. 13/4. 1956 u. **544 731** [Zusatz-Pat.] vom 26/1. 1956, ausg. 25/9. 1959.) G. VOGEL. 7551

Kyowa Hakko Kogyo Kabushiki Kaisha, übert. von: Shukuo Kinoshita, Katsunobu Tanaka und Sadao Akita, Tokyo, Japan, **Citronensäuregärung,** dad. gek., daß man Penicillium janthinellum *Biourge* var. *kuensanii Kinoshita, Tanaka* u. *Akita* u. *Penicillium restrictum Gilman* u. *Abbott* var. *kuensanii Kinoshita, Tanaka* u. *Akita* submers in einem wss. Medium gären läßt, das unbehandeltes Zuckermaterial (Melassen, Rohzucker), eine N-Quelle u. anorgan. Salze enthält, u. mit $CaCO_3$ ein pH von ca. 6 einstellt. — Beispiele, Tabellen. (**A. P. 2 973 303** vom 23/7. 1958, ausg. 28/2. 1961.) G. VOGEL. 7579

Sanraku Shuzo Kabushiki Kaisha, Tokyo, übert. von: Motoyoshi Hongo, Fukuoka-shi, Fukuoka-ken, Japan, **Erzeugung von Butanol (I) und Aceton (II)** aus kohlenhydrathaltigen Maischen, dad. gek., daß man der Maische eine Kultur von *Clostridium saccharoperbutylacetonicum* (Stamm ATCC Nr. 13564) zusetzt, bis zu einer hohen Ausbeute an organ. Lsgg. (> 16 g/Liter) gären läßt, die Maische fraktioniert dest. u. **I** u. **II** gewinnt. — Mengenbeispiele, Tabellen. (**A. P. 2 945 786** vom 15/10. 1959, ausg. 19/7. 1960. Jap. Prior. 4/4. 1959.) G. VOGEL. 7579

Ajinomoto Co., Inc., Tokyo, übert. von: Hideo Katagiri, Kyoto City, und Tatsurokuro Tochikura, Otokuni-gun, Japan, **Gewinnung von *L*-Glutaminsäure** (I), dad. gek., daß man ein C, N u. andere Nährstoffe enthaltendes Medium mit einen Stamm von *Flavobacterium fuscum* impft, die Kultur bei 22—38° aerob wachsen läßt, wobei sich Transaminase bildet, die aus einer Aminosäure eine NH_2-Gruppe an α-Ketoglutarsäure (II) überträgt, dann **II**, ein Gemisch von Leucin als Hauptbestandteil enthaltenden Aminosäuren u. eine kleine Menge Toluol zufügt, ein pH von 7—8 u. eine Gärtemp. von 30—45° während 2 Std.—4 Tage einstellt u. die angereicherte I gewinnt. — Mengenbeispiele. (**A. P. 2 953 499** vom 8/2. 1957, ausg. 20/9. 1960. Jap. Prior. 19/4. 1956.) G. VOGEL. 7579

XVI. Nahrungs-, Genuß- und Futtermittel

Über die mikrobiologischen Grundlagen der Wärmesterilisierung in der Lebensmittelindustrie. Károly Vas. (Élelmezési Ipar [Lebensmittel-Ind.] **15.** 353—58. Dez. 1961. Budapest, Garten- u. Weinbau Hochsch.; ung.) — Vf. bespricht die Kinetik der Hitzeabtötung u. die biolog. u. biochem. Grundlagen der Hitzeresistenz von Mikroben. Der Wärmebedarf kann aus der Kenntnis der Hitzeabtötungs-Geschw. der resistentesten Mikroben berechnet werden. Zu diesem Zweck wird ein neues Berechnungs-Verf. entwickelt. K. GÄRTNER. 7634

Untersuchungen über die nichtenzymatische Bräunung in Lebensmitteln. — Der Mechanismus des Systems Zucker–Organische Säure. J. R. Iyengar und N. S. Kapur. (Food Sci. [Mysore, India] **9.** 124—26. April 1960. Mysore, Central Food Technol. Res. Inst.; engl.) — 0,1 bzw. 1 m Lsgg. von *Saccharose* u. *Citronensäure* wurden in verschiedenen Verhältnissen von 10 : 1 bis 1 : 10 gemischt u. unter Rückfluß 2—10 Std. erhitzt. In 2std. Abständen wurden pH u. opt. Dichte bei 420, 490 u. 530 mμ bestimmt. Der pH-Wert aller Gemische nahm mit der Dauer des Erhitzens ab, u. zwar stärker in 1 m- als in 0,1 m-Lösungen. Die Abnahme war ferner stärker bei zunehmendem Säureanteil u. geringer bei zunehmendem Zuckeranteil. Die opt. Dichte von 1 m braunen Lsgg. war am größten bei 420 mμ, am niedrigsten bei 530 mμ. Sie stieg für die 3 Wellenlängen bei allen Gemischen in 8 Std. zu einem Maximum u. nahm danach wieder ab, da sich dann ein Nd. aus der klaren Lsg. abscheidet. Das Maximum der Bräunung lag bei äquimol. Mengen Zucker u. Säure. Mit zunehmendem Säure- bzw. Zuckerüberschuß nahm sie ab. 0,1 m Lsgg. zeigten keine auswertbare Bräunung. Im UV lag das Maximum der Absorption für 0,1 m Lsgg. nach 2 Std. bei 275—285 mμ, ein Anzeichen für die Bldg. von *Furfurol* (I) oder *Hydroxymethylfurfurol* (II). Bei weiterem Erhitzen verschwand dieses Maximum u. trat nach 10 Std. bei 260—270 mμ auf. In 1 m Lsgg. trat das Maximum schon nach 2 Std. bei 255—265 mμ auf u. kann somit eine andere Verb. als I oder II anzeigen. Die opt. Dichte beim UV-Maximum nahm mit steigender Erhitzungsdauer ab, während sie im sichtbaren Gebiet zunahm. Die braune Vorstufe geht demnach in einen braunen lösl. Stoff u. schließlich in ein braunes Pigment über.
EBERHARD MÜLLER. 7642□

Neuere Fortschritte in prophylaktischen Behandlungen zur Schädlingsbekämpfung in gelagerten Nahrungsmitteln in Indien. S. K. Majumder und M. Muthu. (Food Sci. [Mysore, India] **9.** 89—95. März 1960; engl.) — Übersicht. — 93 Literaturangaben.
EBERHARD MÜLLER. 7660□

Insekten-resistente Verpackung. V. R. Sreenathan und N. V. R. Iyengar. (Food Sci. [Mysore, India] **9.** 130—33. April 1960. Mysore, Central Food Technol. Res. Inst.; engl.) — Übersicht. — 21 Literaturangaben. EBERHARD MÜLLER. 7660□

Über die Größe der aktiven Oberfläche des Weizenkorns und die physikalische Bedeutung dieser Größe. G. A. Jegorow. (Известия Высших Учебных Заведений (Краснодар), Пищевая Технология [Hochschulnachr. (Krasnodar), Nahrungsmittel-Technol.] **1960.** Nr. 1. 13—16. Krasnodar, Inst. für Lebensmittelind., Lehrstuhl für Technologie des Getreides; russ.) — Die akt. Oberfläche des Weizenkorns (AO; gesamte Oberfläche der Mikrocapillaren) beträgt 200—250 m^2/g (das 200000fache der äußeren Oberfläche des Kornes). Die Größe der AO bedingt die Absorptions-Eigg. des Kornes bzw. die Intensität der Wechselwrkg. seiner Komponenten mit Wasser (Anfeuchtung bzw. Trocknung des Kornes). S. BARYSCHNIKOW. 7664

Die Oxydation von Weizenmehl. 3. Mitt. **Die Isolierung der Thioctsäure.** Betty Sullivan, Leland K. Dahle und David A. Peterson. (Cereal Chem. **38.** 463—65. Sept. 1961; engl.) — 2. vgl. C. **1962.** 5133. — *Thioctsäure* (I) wurde aus Weizenmehl isoliert. Weizenkeimlinge enthalten erheblich größere Anteile I als Weizenmehl. Vff. schätzen den Geh. an I auf 1—10 ppm, obwohl nur geringere Mengen isolierbar sind.
H. HAEVECKER. 7670□

Vitaler Weizenkleber durch Trommeltrocknung. 1. Mitt. **Der Einfluß der Gewinnungsbedingungen.** V. F. Pfeifer, Charles Vojnovich und R. A. Anderson. (Cereal Chem. **35.** 458—68. 1958. Peoria, Ill., Northern Reg. Res. Labor.; engl.) — Bei Verss. zur Gewinnung von vitalem Weizenkleber durch Trommeltrocknung zeigte sich, daß die Höhe des Dampfdrucks in der Trommel relativ wenig Bedeutung hat. Hingegen ist die vollständige Dispergierung des Klebers von entscheidender Bedeutung.
H. HAEVECKER. 7670

Vitaler Weizenkleber durch Trommeltrocknung. 2. Mitt. **Untersuchungen in Versuchsanlagen und Kostenbestimmungen.** Charles Vojnovich, V. F. Pfeifer, R. A. Anderson und E. L. Griffin jun. (Cereal Chem. **37.** 422—35. Juli 1960; engl.) — 1. vgl. vorst. Referat. — Feuchtkleber wurde in verd. Essigsäure dispergiert u. bei pH 4,3—5,1 in einer Konz. von 12—20% bei atmosphär. Druck u. 127° im Trommeltrockner getrocknet. Das in einer Hammermühle zerkleinerte Prod. wurde im Backvers. u. analyt. als Nahrungsmittel geprüft. Die Backfähigkeit des Klebers sinkt mit dem Asche-Geh. des ursprünglichen Mehles. Diagramm der Vers.-Anlage u. Kostenberechnung.
H. HAEVECKER. 7670□

Verbesserte Methoden zur Fraktionierung von Weizenmehl und zur Gewinnung von vitalem Kleber. R. A. Anderson, C. Vojnovich, V. F. Pfeifer und E. L. Griffin jun. (Amer. Miller Processor **87.** Nr. 12. 18—21. Dez. 1959; engl.) — Es wird eine Meth. beschrieben (2 Abb.) zur fabrikator. Fraktionierung von Weizenmehl u. zur Herst. von reinem Kleber. — 14 Literaturangaben. E. LÜCK. 7670□

Die Bromatreaktion im Teig. 2. Mitt. Untersuchungen über Hemmung und Aktivierung der Reaktion. W. Bushuk und I. Hlynka. (Cereal Chem. **37.** 343—51. Mai 1960; engl.) — 1. vgl. C. **1961.** 8868. — *Jodat*, ClO_2 u. O_2 reagieren mit den gleichen reaktiven Komponenten wie *Bromat*, aber in wesentlich höherem Maße u. hemmen infolgedessen beide Phasen der Bromatreaktion. *N-Äthylmaleinimid*, Cu^{2+}, Hg^{2+}, *Ag-* u. *Selenit-Ionen* hemmen die Bromat-Rk. wahrscheinlich wegen ihrer Rk.-Fähigkeit mit Sulfhydrylgruppen. *Vanadat* u. *Komplexon III* (*Dinatriumsalz der Äthylendiamintetraessigsäure*) aktivieren die Bromat-Rk., wobei Vanadat als normaler Katalysator wirkt, während Komplexon die reaktionshemmenden Ionen entfernt. *Harnstoff* u. *Guanidinhydrochlorid* haben keine Wrkg. auf die Bromatreaktion. H. HAEVECKER. 7674□

Die Bromatreaktion im Teig. 3. Mitt. Wirkung von kontinuierlichem Kneten und Mehlteilchengröße. W. Bushuk und I. Hlynka. (Cereal Chem. **38.** 178—86. März 1961; engl.) — 2. vgl. vorst. Referat. — In kontinuierlich gekneteten Teigen reagiert mehr Bromat als in Teigen, deren Knetung durch Teigruhe unterbrochen wurde. Vff. entwickelten eine Gleichung zur Best. des reagierenden *Bromats* in Abhängigkeit von seiner Konzentration. Die Rk. hängt ab von der Angreifbarkeit der Sulfhydrylgruppen u. der spez. Oberfläche der Mehlteilchen. H. HAEVECKER. 7674□

Die Bromatreaktion im Teig. 4. Mitt. Wirkung reduzierender Agentien. W. Bushuk und I. Hlynka. (Cereal Chem. **38.** 309—16. Juli 1961; engl.) — 3. vgl. vorst. Referat. — Die Wrkg. von *Bromat* im Teig steigt durch Zusatz von *Thioglykolsäure*, *Cysteinhydrochlorid*, *red. Glutathion*, *Schwarz Thiogel A*, $NaHSO_3$ u. *Natriumborhydrid* proportional zur Menge der reduzierenden Agentien. H. HAEVECKER. 7674□

Die Bromatreaktion im Teig. 5. Mitt. Wirkung von Mehlbestandteilen und einigen verwandten Verbindungen. W. Bushuk und I. Hlynka. (Cereal Chem. **38.** 316—24. Juli 1961; engl.) — 4. vgl. vorst. Referat. — Stärke u. Pentosane beeinflussen die Rk. zwischen Bromat u. Protein-SH-Gruppen nicht. In luftgemischten Teigen wird der die Bromat-Rk. schwächende Sauerstoff durch eine durch Lipoxydase katalysierte Peroxid-Rk. verbraucht. Indirekt verbessern also die Lipoide die Wrkg. des Bromats. n-Propylgallat u. butyliertes Hydroxyanisol sowie übliche Antioxydantien hemmen die Bromat-Wrkg. in luftgemischten Teigen, aber nicht in N_2 gemischten Teigen.
H. HAEVECKER. 7674□

Einfluß von Insektenbefall auf gelagerte Feldbohnen (Dolichos lablab) und Black Gram (Phaseolus mungo). S. Venkatrao, R. N. Nuggehalli, S. V. Pingale, M. Swaminathan und V. Subrahmanyan. (Food Sci. [Mysore, India] **9.** 79 bis 82. März 1960. Mysore, Central Food Technol. Res. Inst.; engl.) — Die Hülsenfrüchte wurden künstlich mit Eiern der Species Bruchus chinensis infiziert u. bei 85 ± 5° F u. 75% relativer Luftfeuchtigkeit gelagert. In den darauf folgenden Monaten zeigte sich ein beträchtlicher Verlust bzgl. Gew. u. Keimfähigkeit. Der *Harnsäure*-Geh. infolge der Insektenexkrete nahm stetig zu. In den befallenen Früchten stieg der Geh. an *freien Fettsäuren* u. *Nicht-Protein-N*, während der *Thiamin*-Geh. abnahm. Nach einer Befallsdauer von 2 Monaten waren die Prodd. für den Konsum nicht mehr geeignet.
EBERHARD MÜLLER. 7684□

Einfluß von zusätzlichem Eiweiß auf der Basis von Cocosnußmehl, Erdnußmehl und Kichererbsenmehl auf Wachstum und Ernährungszustand von Kindern. V. Subrahmanyan, T. R. Doraiswamy, R. K. Bhagavan, P. K. Tasker, A. N. Sankaran, R. Rajagopalan und M. Swaminathan. (Food Sci. [Mysore, India] **9.** 126—28. April 1960. Mysore, Central Food Technol. Res. Inst.; engl.) — 7—12jährige Kinder erhielten für 8 Monate neben der überwiegend aus Reis bestehenden Grunddiät mit 1715 cal u. 44,2 g Gesamteiweiß zusätzlich 2 oz. der 19,9 g Eiweiß enthaltenden Nahrung aus Cocosnuß-, Erdnuß- u. Kichererbsenmehl (210 cal). Eine Kontrollgruppe erhielt nur die Reisdiät u. 2 oz. eines Puddings als Calorienausgleich. Die mittlere Zunahme an Körpergröße, Gewicht, Hämoglobin u. Erythrocytenzahl war in der 1. Gruppe signifikant höher als in der Kontrollgruppe. EBERHARD MÜLLER. 7684□

Untersuchungen über den Nährwert zusammengesetzter Eiweißnahrungsmittel auf der Basis von Gemischen von Erdnuß-, Sojabohnen- und Sesammehl. K. Krishnamurthy, T. N. Ramakrishnan, R. Rajagopalan, M. Swaminathan und V. Subsrahmanyan. (Food Sci. [Mysore, India] **9.** 86—88. März 1960. Mysore, Central Food Technol. Res. Inst.; engl.) — In Rattenwachstums-Vers. wurde die Eiweißwirksamkeit von verschiedenen Gemischen von fettarmem Erdnuß- u. Sesammehl u. Sojabohnenmehl im Vgl. mit derjenigen von Magermilchpulver bestimmt. Die Pflanzenproteine waren ebenso wirksam wie das Milcheiweiß bei gleichem Protein-Geh. in der Diät. — 9 Literaturangaben. EBERHARD MÜLLER. 7684□

Der Einfluß von Reisschalenkonzentraten auf den Nährwert einiger indischer Hülsenfrüchte. C. H. Chakrabarti, K. L. Saxena und M. C. Nath. (Ann. Biochem. exp. Med. [Calcutta] **21.** 237—40. Aug. 1961. Nagpur, Univ., Dep. of Biochem.; engl.) — Reisschalenkonzentrate verbessern auf Grund ihres Geh. an essentiellen Aminosäuren den biolog. Wert verschiedener ind. Hülsenfrüchte (Kichererbsen verschiedener Art u. Linsen) merklich. Auch die Verdaulichkeit wird verbessert. E. LÜCK. 7684□

Ergänzungswert zusammengesetzter Eiweißnahrungsmittel aus einem Gemisch von Cocosnußmehl, Erdnußmehl und Kichererbsenmehl für arme Reisdiät. P. K. Tasker, K. Krishnamurthy, R. Rajagopalan, M. Swaminathan und V. Subrahmanyan. (Food Sci. [Mysore, India] **9.** 84—86. März 1960. Mysore, Central Food Technol. Res. Inst.; engl.) — Im Ratten-Vers. zeigte sich, daß Gemische von fettarmem Erdnußmehl, Cocosnußmehl u. Kichererbsenmehl, verstärkt durch Ca-Phosphat u. die Vitamine A, D u. den B-Komplex u. in einer Menge von 12,5% in die normale Reisdiät eingefügt, deren Nährwert erhöhen u. das Wachstum beschleunigen. Die Ursache ist vielleicht eine wechselseitige Ergänzung der verschiedenen Eiweißarten u. des Reis-Eiweißes. EBERHARD MÜLLER. 7686□

Veränderung der Thiaminverteilung in Braunreis während der Lagerung bei niedrigen und normalen Temperaturen. Shinjiro Chikubu und Tatsuo Tani. (Vitamins [Kyoto] **24.** 21—24. 1961. Tokyo, Ministry of Agric. and Forestry, Food Res. Inst.; jap., Auszug: engl.) — Der Braunreis wurde bei 13° u. bei normalen Temp. von Februar bis Dezember 1959 gelagert. — Während dieser Zeit wurden chem. Unterss. über den *Thiamin* (**I**)-Geh. vom Embryo (histochem. Meth.), Kleieanteil u. Endosperm des Reises durchgeführt. Die Verminderung des **I**-Geh. in den 3 Teilen des Reises war bei niedrigen Temp. gering u. hing nicht von der Jahreszeit ab. Die Verminderung des **I**-Geh. in Embryo u. Kleieanteil während Frühling bis Sommer war größer als im Endosperm. J. HAHN. 7686□

Reis als Rohstoff für die Nahrungsmittelindustrie. Mięczysław Stępiński. (Przemysł spożywczy **15.** Nr. 1. 19—22. 1961. Warszawa; pol.) — Übersicht. F. URBAN. 7686□

Untersuchungen über die Nebenprodukte der Reismühlen-Industrie. 1. Mitt. **Mineralien und die Vitamine B und E in verschiedenen Reisfraktionen.** S. Maqsood Ali, S. Abdul Haq und A. Hameed Khan. (Pakistan J. sci. ind. **1.** 231—33. Juli 1958. Karachi, Pakistan Council of Sci. and Ind. Res., Central Labor.; engl.) — Die Nebenprodd. der Reismühlen werden auf ihren Geh. an Feuchtigkeit, Asche, SiO_2, *Ca, P, Proteinen, N*-freiem Extrakt, Fasern, *Vitamin* B_1 u. *E* sowie an *fettem Öl* untersucht u. die Ergebnisse mitgeteilt. H. ALTHOFF. 7686

Einige Einflüsse von Süßungsmitteln auf gefrorene Früchte für die Konservenherstellung. A. H. Bockian und M. Aref. (Food Technol. **12.** 393—97. Aug. 1958. Corvallis, Oreg., Oregon State Coll., Dep. of Food and Dairy Technol.; engl.) — Die Einfl. verschiedener Süßungsmittel (Rohrzucker, Dextrose, Lactose, Frodex) u. des Frucht/Zucker-Verhältnisses auf Qualitätsmerkmale gefrorener Früchte (Erdbeeren, Kirschen, Pfirsiche) für die Konservenindustrie wird untersucht. Das Mengenverhältnis beeinflußt das Ablauf-Gew., verschiedene Behandlungs-Verff. beeinflussen Aroma u. Farbe der aufgetauten Früchte u. ihrer Konserven. Keine Zuckerart erwies sich bei den Verss. klar überlegen. Lactose fand nur für Pfirsiche Verwendung. Früchte, die ohne Zucker 8 Monate eingefroren worden waren, ergaben Konserven von gleich guter Farbe u. Aroma wie Konserven aus gesüßten Früchten. PH. FRESENIUS. 7688□

Weitere Untersuchungen über Faktoren, die die Schwefeldioxid-Konzentration von Begasungsatmosphären für Tafeltrauben beeinflussen. K. E. Nelson und H. B. Richardson. (Proc. Amer. Soc. horticult. Sci. **77.** 337—50. Juni 1961. Davis, Calif., Univ. of California; engl.) — Der Geh. von Begasungsatmosphären für Tafeltrauben an SO_2 wird durch die Luftumwälzung u. die Art der Verpackung beeinflußt. In der Praxis muß auch an die von den Packstoffen aufgenommene SO_2-Menge gedacht werden. E. LÜCK. 7688□

Einige neuere Vorstellungen über den Verlauf der Korrosion von Weißblechdosen durch Früchte. Denis Dickinson. (Food Manufact. **36.** 418—20. 433. Okt. 1961. Chipping Campden, Glos., Fruit and Vegetable Canning and Quick Freezing Res. Assoc.; engl.) — C. **1962.** 9506. W. WESLY. 7688□

Sorbinsäure als Konservierungsmittel für Obsthalbprodukte. Adolf Horubała. (Przemysł spożywczy **15.** Nr. 10. 31—35. Okt. 1961. Warszawa; pol.) — Die konservierende Wrkg. von *Sorbinsäure* (**I**) ist von der Anfangs-Konz. an Bakterien u.

Schimmelpilzen im Prod. abhängig. Bei starker bakterieller Verunreinigung, wie sie bei Erdbeermark vorkommt, sind auch 2,5 g I/kg nicht ausreichend. Vor allem Penicillium-Arten haben die Fähigkeit, I abzubauen. In solchen Fällen ist eine Kombination von SO_2 (250—500 mg/kg) u. I (750—500 mg/kg) anzuwenden. F. URBAN. 7702□

Mikrobiologische Untersuchung des Produktionsablaufs von Obstsäften in der Fabrik für Verarbeitung von Obst und Gemüse der Wojewodschaft Kielce. Maria Grubner und Janina Kmiecik. (Roczniki państwowego Zakładu Hig. **12.** 153—66. 1961. Kielce, Woj. Stacja Sanit.-Epidemol.; pol.) — Die mikrobiolog. Reinheit des fertigen Obstsaftes hängt von der Beachtung der Reinheit während des gesamten Prozesses ab. Die Pasteurisierung des Saftes liefert nicht immer ein steriles Produkt. Im Herbst hergestellter Saft enthält mehr Keime als ein über den Winter unter CO_2-Druck aufbewahrtes Produkt. Saft mit niedrigem pH (Johannisbeeren) ist nach Lagerung unter CO_2 prakt. keimfrei. F. URBAN. 7706□

Die Viscosität von Fruchtsäften. A. F. Fan-jung. (Известия Высших Учебных Заведений (Краснодар), Пищевая Технология [Hochschulnachr. (Krasnodar), Nahrungsmittel-Technol] **1960.** Nr. 1. 138—43. Odessa, Technolog. Inst. für Nahrungsmittel- u. Kälteind., Lehrstuhl für Technol. der Konservierung; russ.) — Die Best. der Viscosität von Fruchtsäften erfolgt mit Hilfe des Capillarviscosimeters nach OSTWALD. Das Vorhandensein einer Strukturviscosität u. eines niedrigen abs. Grenzschubwertes wird bestätigt. Die Grenzen des pseudolaminaren Bereiches des Trauben- bzw. Apfelsaftes entsprechen einem Druck von 11,0—11,5 cm Wassersäule. Der relative Viscositäts-Koeff. des Saftes ist von der Konz. der Trockensubstanz, vom Geh. u. der Natur der Koll. abhängig. Für einen gegebenen Saft hängt der Viscositätswert linear vom Geh. an Koll. ab. S. BARYSCHNIKOW. 7706

Pyrokohlensäurediäthylester als technisches Hilfsmittel bei der Herstellung keimarmer Fruchtsaftgetränke. Erika Martienssen. (Fruchtsaft-Ind. **6.** 201—04. Juni 1961. Hamburg-Harburg, Frisco GmbH., Labor.; dt.) M. WINIKER. 7706□

Beiträge zum enzymatischen Pektinabbau. József Major. (Budapesti müszaki Egyetem Élelmiszerkémiai Tanszékének Közleményei [Mitt. Inst. Lebensmittelchem. Univ. techn. Wiss.] **1959.** 25—29. Budapest, TU, Lehrst. Lebensmittel-Chem.; ung.) — Bericht über Verss. zur Gewinnung konz. pektinspaltender Enzym-Präpp. für die Fruchtsaftindustrie. J. PLANK. 7706□

Untersuchungen über die chemische Zusammensetzung der Tee-Asche. Teofil Dąbrowski. (Roczniki państwowego Zakładu Hig. **12.** 217—20. 1961. Gdańsk, WSSE, Dział Hig. Żywn.; pol.) — Untersucht wurde die Asche von 26 Teesorten. Mit steigendem Geh. an Stengeln steigt der Asche-Geh. u. in der Asche der CaO-Gehalt. Das Verhältnis K_2O:CaO in der Asche ist ein Maß für die Qualität des Tees. Ein guter Tee soll mindestens 35% K_2O u. höchstens 11% CaO in der Asche enthalten. F. URBAN. 7724□

Nicotin-Umwandlung und „Kirsch-Röte". J. A. Weybrew, T. J. Mann und E. L. Moore. (Tobacco Sci. **4.** 190—93. 1960. Raleigh, N.C., North Carolina State Coll.; engl.) — Getrocknetes Blattgut von Tabakpflanzen, die für „Kirsch-Röte" verschieden stark anfällig waren, wurde subjektiv nach dem Grad der „Röte" beurteilt u. gleichzeitig auf *Gesamtalkaloide* (**I**), *Nicotin* (**II**) u. *Nornicotin* (**III**) u. *Chlorogensäure* (**IV**) analysiert. Die Alkaloidextrakte wurden zusätzlich chromatograph. auf **II** u. **III** untersucht. Im allg. sanken **I**- u. **II**-Geh. mit zunehmender „Röte", während der **III**-Geh. anstieg. **IV** blieb nahezu konstant. Möglicherweise erfolgt bei der enzymat. Oxydation von **IV** Einbau von **III** zu einem roten Pigment. Andere sek. Amine oder gewisse Aminosäuren könnten **III** vertreten. F. HOFMANN. 7734□

Physikalische Eigenschaften grüner Tabakblätter des Virginia-Typs. 2. Mitt. **Reibungseigenschaften.** C. W. Suggs und W. E. Splinter. (Tobacco Sci. **4.** 84—88. 1960. Raleigh, N.C., North Carolina State Coll., Dep. of Agric. Engng.; engl.) — 1. vgl. Tobacco Sci. **3.** [1959.] 121. — Es werden die gleitende u. stat. Reibung von Tabakblättern auf der schiefen Ebene in Abhängigkeit vom Material der Unterlage, der Tabaksorte, der Blattreife, der chem. Behandlung der Pflanzen mit Maleinsäureanhydrid u. der Blattorientierung auf der Ebene im Hinblick auf die Konstruktion von Blattabak verarbeitenden Maschinen untersucht. F. HOFMANN. 7734□

Die Isolierung und Identifizierung von Pyrocoll aus Zigarettenrauch. James D. Mold, Richard E. Means und Andrew G. Kallianos. (Tobacco Sci. **4.** 130—36. 1960. Durham, N.C., Liggett and Myers Tobacco Comp., Res. Dep.; engl.) — Aus dem Rauchkondensat von 366000 Zigaretten (70 mm Gesamtlänge, 30 mm Stummellänge) einer kommerziellen Tabakmischung wurden 0,006% (1,4 mg/1000 Zigaretten) *Pyrocoll* (**I**) isoliert. Der Nachw. von **I** erfolgte durch Elementaranalyse, Molgew.-Best.,

UV- u. IR-Spektroskopie u. durch Vgl. mit authent. Material, das durch Kondens. von *Pyrrol-2-carbonsäure* (II) bzw. Pyrolyse von Gelatine erhalten wurde. Als möglicher Vorläufer bei der I-Bldg. im Zigarettenrauch wird Prolin angesehen, das zu 2,9—7,4% im Tabakprotein enthalten ist. Beim Alkalisieren einer äthanol. Lsg. wird I in 2 Moll. II gespalten, wobei ein Zwischenprod. isoliert wurde, dem auf Grund von Äquivalent-Gew., UV- u. IR-Spektrum die Konstit. einer N-(Pyrrol-2'-carboxy)-pyrrol-2-carbonsäure zugeschrieben wird. F. Hofmann. 7734□

Qualitative Veränderungen der freien Aminosäuren von bestrahltem Fleisch beim Lagern. M. L. Frumkin, G. L. Pawlowa und D. P. Dosoretz. (Консервная и Овощесушильная Промышленность [Konserven- u. Dörrgemüse-Ind.] **16.** Nr. 11. 14—16. Nov. 1961. Zentr. Forsch.-Inst. für Konserven- u. Dörrgemüseind.; russ.) — Die Bestrahlung von rohem bzw. gekochtem Fleisch mit 5 Mr (nachfolgende Lagerung des behandelten Prod. bei Raum-Temp.) verhindert den autolyt. Zerfall der Proteine u. die Bldg. von flüchtigen (übelriechenden) S-Verbb. nicht. Demzufolge kann das bestrahlte Prod. nicht als lagerfest betrachtet werden. S. Baryschnikow. 7750

Beitrag zur Kenntnis der Laken bei der Herstellung von gesalzenem Trockenfleisch („charque"). Nelson Carlos Gutheil. (An. Assoc. brasil. Quím. **19.** 1—20. Dez. 1960. Sep. Pôrto Alegre, Inst. tecnol. de Rio Grande do Sul; port.) — Das beim Eindampfen von Meerwasser durch Sonnenwärme erhaltene Salzgemisch mit ca. 18% NaCl liefert eine Lake mit pH 6,0—6,6 u. Redoxpotential (RP) 50—150 mV. Die Lake erreicht bei der Herst. von gesalzenem Trockenfleisch durch Einw. von Mikroorganismen einen „Reifezustand". Wenn das RP sich nach 0 verschiebt, muß die Lake ersetzt werden. R. K. Müller. 7750□

Lagerungsversuche mit verpackten Lebensmitteln. Über die Verpackung von rohem Schweine- und Rindfleisch. L. Telegdy Kováts, E. Szilas und Gy. Szijjártó. (Nahrung **3.** 909—21. 1959. Budapest, Univ. für techn. Wiss., Inst. für Lebensmittelchem.; dt. — C. **1961.** 8513.) M. Winiker. 7750□

Einfluß von Packmaterialien und Verfahren auf die Haltbarkeit von frischem Hühnerfleisch. F. E. Wells, J. V. Spencer und W. J. Stadelman. (Food Technol. **12.** 425—27. Aug. 1958. Lafayette, Ind., Purdue Univ.; engl.) — Polymeres Vinylidenchlorid u. Cellophan üben keinen bakteriostat. Effekt auf die Fäulnisorganismen von Hühnerfleisch aus. Wird unter Teilvakuum in undurchlässige Einwickler verpackt, so wird das Bakterienwachstum durch die red. O_2-Spannung gehindert. Die Wirksamkeit einer Antibioticabehandlung ist in diesem Fall auch etwas geringer.
Ph. Fresenius. 7750□

Versuche mit einem neuen Konservierungsmittel, Eis mit Zusatz von Glykoldiformiat und Sorbinsäure. Socrates Kaloyereas, R. M. Crown und C. S. McCleskey. (Food Technol. **15.** 361—64. Aug. 1961. Baton Rouge, La., State Univ.; engl.) — Das mit 200—400 ppm Glykoldiformiat u. 100 ppm Sorbinsäure versetzte Eis ergab bei Hühnern u. Flußkrebsen während 3—4 Wochen bessere Haltbarkeit als Eis ohne Zusatz u. als Eis ohne Zusatz nach Eintauchen der Hühner während 30 Min. in eine Lsg. von 10 ppm Chlortetracyclin. K. Schleich. 7750□

Saure Phosphatase in Rahm und Magermilch. E. W. Bingham, L. Jasewicz und C. A. Zittle. (J. Dairy Sci. **44.** 1247—56. Juli 1961. Philadelphia, Pa., Eastern Regional Res. Labor.; engl.) — Vff. stellten fest, daß Rahm eine doppelt so hohe Aktivität an *saurer Phosphatase* (*SP*) als Magermilch hat. Bei 15 Min. langem Erhitzen auf 65° behält die SP in Rahm zu 72%, in Magermilch zu 67% ihre Aktivität, während die *alkal. Phosphatase* (*AP*) völlig inaktiviert wird. Die Best. der AP erfolgte mit Dinatriumphenylphosphat (I) als Substrat in Äthanolamin–HCl-Puffer (pH 9,8) in Ggw. von $MgCl_2$, wobei freigesetztes Phenol colorimetr. bestimmt wurde. SP wurde auf zwei Arten bestimmt: Mit I als Substrat in Bernsteinsäure–Borax-Puffer (pH 4,0) oder nach Lowry in 0,1 m Acetatpuffer (pH 5,2) mit Dinatrium-p-nitrophenylphosphat als Substrat, wobei freigesetztes Nitrophenol bei 410 mμ spektrophotometriert wurde. Die SP aus Rahm ließ sich durch Zentrifugieren (1 Std. bei 50000·g) nach Verbutterung aus der Buttermilch niederschlagen. Aus Magermilch kann man die SP nach Entfernung des Caseins aus der Molke mit $(NH_4)_2SO_4$ aussalzen u. nach Dialyse als akt. Lsg. gewinnen. Vff. vermuten, daß die SP aus Rahm u. Magermilch verschiedene Enzyme darstellen (unterschiedliche Hemm-Wrkg. von PO_4^{3-}, AsO_4^{3-}, Hg^{2+}, Cu^{2+} u. NaF sowie Unterschiede bei der Ultrazentrifugation). Winfried Krüger. 7756□

Studien auf dem Fettgebiet. 217. Mitt. **Über die Zusammensetzung der Fettsäuren der Milchphosphatide.** H. P. Kaufmann und E. Mohr. (Fette, Seifen, Anstrichmittel **61.** 285—87. April 1959. Münster, Westf., Univ., Inst. für Pharmazie u. Lebensmittelchem.; dt.) — 214. vgl. Fette, Seifen, Anstrichmittel **61.** [1959.] 177. — In Übereinstimmung mit Angaben in der Literatur wurde festgestellt, daß in *Milchphosphatiden* (I) keine niedermol. Fettsäure unter C_{14} enthalten sind. Weiter konnte ein geringer Geh. an Ölsäure sowie das Vork. von Behensäure u. C_{24}-Triensäure nachgewiesen werden. Die Oxydationsanfälligkeit der I ist bedingt durch ihren hohen Geh. der I an mehrfach ungesätt. Fettsäuren. M. WINIKER. 7756 □

Die Emulgierung von Milchfett unter Verwendung von Emulgatoren. M. M. Kasanski, G. W. Twerdochleb und W. T. Ssilin. (Известия Высших Учебных Заведений (Краснодар), Пищевая Технология [Hochschulnachr. (Krasnodar), Nahrungsmittel-Technol.] **1960.** Nr. 1. 64—70. Leningrad, Inst. für Kälteind., Lehrstuhl für Technologie der Milch u. Milchprodd.; russ.) — Verss., das Emulgieren des Magermilchfettes ohne Zugabe von speziellen Emulgatoren (E) zu erreichen, ergaben keine positiven Resultate. Als bes. geeignet erwies sich eine Zugabe von $\leqq 0,3\%$ „T-2" (Fettsäurepolyglycerinester) bzw. „PAF-8 B" beim gleichzeitigen Zusatz von $\leq 0,2\%$ Phosphatiden (Stabilisatoren). Die „Fett-E" werden zunächst im Milchfett von 50—60° gelöst. Das Emulgieren erfolgt oberhalb der FF. des Milchfettes u. des Emulgators. Als nichtfettige E (die den „Fett-E" unterlegen sind) werden bes. Lecithin (0,2—0,4%) u. Eigelb (4,1—7,0%) angewandt. Das Emulgieren dauert dabei 1 Stunde. Im letzten Stadium des Prozesses werden als Stabilisatoren 0,5% Gelatine bzw. 0,3% Stärke zugefügt.
S. BARYSCHNIKOW. 7756

Hitzestabilität von Casein in Gegenwart von Calcium und anderen Salzen. H. Tessier und Dyson Rose. (J. Dairy Sci. **44.** 1238—46. Juli 1961. Ottawa, Canada, Nat. Res. Council, Div. of Appl. Biol.; engl.) — Vff. untersuchten die Beziehungen zwischen dem Ca-Bindungsvermögen des *Caseins* (I) u. der Hitzestabilität (HS, Zeit bis zum Auftreten von Flocken in der Suspension beim Erhitzen auf 140°) koll. Suspensionen von I in $Ca(OH)_2$-Lsgg. in An- u. Abwesenheit verschiedener Chloride, Phosphate u. Citrate. In Abwesenheit anderer Salze ist das Ca-Bindungsvermögen frischer, durch Säurefällung bei pH 4,6 hergestellter u. gefriergetrockneter I-Proben größer (pK 4,5) als bei mehrere Monate bei Raum-Temp. gelagerten Proben (pK $3,0 \pm 0,3$). Weiterhin bindet I bei Ca-Konzz., die kleiner sind als zur Sättigung des I ausreichende, bei erhöhter Temp. (93°) mehr Ca als bei 25°. Die HS solcher Ca-I-Suspensionen ist zwischen pH 6,5 u. 7,5 umgekehrt proportional dem Sättigungsgrad mit Ca, sinkt bei konst. Ca-Spiegel mit fallendem pH u. erreicht bei pH 6 etwa Null. Außerdem sind diese Verhältnisse noch vom Alter der I-Proben abhängig. In Anwesenheit von Phosphat ist die HS umgekehrt proportional dem Verhältnis von $Ca_{gelöst}/P_{gelöst}$. Durch Anwesenheit anderer Salze wird die HS sowohl durch deren Kationen als auch Anionen beeinflußt. Na- u. K-Phosphate erhöhen durch Verkleinerung des Quotienten $Ca_{gelöst}/P_{gelöst}$ die HS, während Ammoniumphosphat keinen Einfl. hat. Dem NH_4^+-Ion schreiben Vff. einen bes. depressiven Effekt auf die HS zu, da es zwar ähnlich wie K^+ u. Na^+ das Ca^{2+} von I verdrängt, aber keinen Anstieg, sondern im Falle des NH_4Cl sogar eine Abnahme der HS bewirkt. WINFRIED KRÜGER. 7760 □

Einfluß des pH und der Salzsolekonzentration auf die Gasbildung durch einen anaeroben Fäulniserreger (PA) 3679 in Schmelzkäse. J. A. Jaynes, I. J. Pflug und L. G. Harmon. (J. Dairy Sci. **44.** 1265—71. Juli 1961. East Lansing, Mich., State Univ., Dep. of Food Sci.; engl.) — Vff. impfen Schmelzkäse mit dem sporenbildenden Fäulniserreger (PA) 3679 u. messen nach Abfüllung in TDT (thermal death time)-Dosen, Sterilisation bei 80° (10 Min.) u. Bebrütung bei 37° die auftretenden Bombagen in einem selbstgebauten Skalenmikrometer (Abb.) in Abhängigkeit vom pH u. der Salz-Konz. des Käses. Die Gas-Bldg. wird bei pH 5,6 u. einer Salzsole-Konz. (Verhältnis Salz: W.) von 7,6% oder höher völlig gehemmt. Bei höheren pH-Werten oder niedrigeren Sole-Konzz. tritt nach 20 Tagen Bebrütung die höchste Gas-Bldg. auf. WINFRIED KRÜGER. 7760 □

Wirkung von Wachstumsstadium und Schnitthäufigkeit auf Ertrag und chemische Zusammensetzung einiger nigerianischer Futtergräser — Panicum maximum Jacq. V. A. Oyenuga. (J. agric. Sci. **55.** 339—50. Dez. 1960. Ibadan, Univ. Coll., Fac. of Agric.; engl.) — Panicum maximum brachte unter den humiden trop. Bedingungen des Vers.-Standortes bei einem Schnittcyclus von 12 Wochen den höchsten Ertrag. Wurde nur der Blattfutterertrag berücksichtigt, so fiel der Ertrag von der Schnittfolge 3 Wochen über 6 u. 8 bis zu 12 Wochen ab. Mit zunehmendem Schnittintervall stieg der Geh. des Futters an Trockenmasse, Rohfett, N-freien Extraktstoffen u. Ca an, der Geh. an Rohprotein, Reinasche, P u. Mg fiel ab. Das Ca/P-Verhältnis erweiterte sich demnach. Im Vgl. zu einem 8wöchigen Schnittcyclus wurden bei der Ernte im Abstand von jeweils 3 Wochen Mehrerträge von 69,3% Eiweiß, 58,5% Reinasche, 32,3% Ca, 49,6% P u. 71% Mg erzielt. Im allg. standen die Erträge u. die Geh. an Roheiweiß, Reinasche u. N-freien Extraktstoffen in positiver Beziehung zur Höhe der Niederschläge.
WILFRIED WERNER. 7782 □

Praktische Ergebnisse, die bei Ensilierungsversuchen mit einem neuen, Extra-Silo genannten Konservierungsmittel erzielt wurden. A. Devuyst, M. Vanbelle, R. Arnould, A. Moreels und W. Vervack. (Agricultura [Louvain] [2] **8.** 703—06. Dez. 1960. Lovenjoul, Centre de Rech. Zootechn. de l'Univ. de Louvain; franz.) — Als Konservierungsmittel für Leguminosen- u. Grassilagen bewährte sich *Extra-Silo* (Präp. auf Basis *Phenyläthylalkohol*). M. WINIKER. 7782 □

Automatisiertes Verfahren zur Bestimmung des Nicotingehaltes von Dampfdestillaten. W. W. Sadler, R. R. Chesson und A. W. Schoenbaum. (Tobacco Sci. **4.** 208—12. 1960. Richmond, Va., American Tobacco Comp.; engl.) — Die *Nicotin* (**I**)-Best. wird durch Colorimetrie des aus **I**, BrCN u. Anilin gebildeten Polymethinfarbstoffs bei 480 mμ (pH 5,4) in einer nahezu vollautomat. Vorr. mit Durchflußküvette ausgeführt. In 1 Std. können 20 Proben mit einer Genauigkeit von ±0,01% **I** analysiert werden. Vergleichende **I**-Best. nach dieser u. der A.O.A.C.-Meth. mit Silicowolframsäurefällung ergaben gute Übereinstimmung. Die Meth. ist auch zur **I**-Best. im Tabakrauchkondensat anwendbar. F. HOFMANN. 7836 □

Der Einfluß einiger physikalischer Variablen auf die Glimmgeschwindigkeit von gemahlenem Tabak. J. M. Elliot und L. S. Vickery. (Tobacco Sci. **4.** 186—89. 1960. Delhi, Ontario, Can., Dep. of Agric.; engl.) — Unter gleichen Bedingungen aus gemahlenem, konditioniertem Tabak hergestellte Zigaretten werden in Kammern mit natürlichem Sog vertikal verglimmt. Die Glimmdauer wird in Sek. für 0,4 g Tabak angegeben u. ist der Tabakfeuchtigkeit im Bereich von 6,9—15,4% linear proportional. Die Reproduzierbarkeit der Meth. ist gut. F. HOFMANN. 7836 □

Bewertung der Zigarettenfilterwirksamkeit durch Photofluorometrie. Wayne V. McConnell, Robert C. Mumpower II und George P. Touey. (Tobacco Sci. **4.** 56—61. 1960. Kingsport, Tenn., Tennessee Eastman Comp., Res. Labor.; engl.) — Die Gesamtfluorescenz von in Methanol gelöstem Zigarettenrauchkondensat (Anregung durch Hg-Linie = 365 mμ) wird im Konz.-Bereich von 1,5—3,5 μg Rauch/ml gemessen. Die Fluorescenzintensität ist bei Zigaretten ohne u. mit (nicht selektiv wirkendem) Filter dem Rauchteilchen-Gew. linear proportional. Der Proportionalitätsfaktor ist aber für jede Tabakmischung unterschiedlich. Durch Fluorescenzmessung der vom Filter absorbierten (S_r) u. der vom Filter durchgelassenen Rauchmenge (S_t) ergibt sich die Filter-Wrkg. (in%) zu: $100\ S_r \cdot (S_r + S_t)^{-1}$. Im Gegensatz zur indirekten gravimetr. Meth. ist zur Unters. nur eine einzige Zigarette ohne vorhergehende Selektierung nach Gew. erforderlich. F. HOFMANN. 7836 □

Untersuchung über die Anwendbarkeit von Clostridium perfringens als Indicator bei der Beurteilung von Heringslaken. Stanisław Zaleski. (Roczniki państwowego Zakładu Hig. **12.** 167—76. 1961. Warszawa, Państw. Zakł. Hig., Wrocław, WSR; pol.) — Die Vegetativformen von Clostridium perfringens vermehren sich bei 28 u. 37° in einem Medium mit >8% NaCl nicht mehr. Bei 20° ist die NaCl-Grenz-Konz. 6,5%. Die Entw. der Sporen wird bei 28 u. 37° ab 7,5%, bei 20° ab 6,0% NaCl gehemmt. Vegetativformen u. Sporen können sich bei pH < 5 nicht mehr entwickeln. In einer mit NaCl gesätt. Heringslake sterben die Vegetativformen ab, ohne Keime zu bilden. Vorhandene Keime bleiben aber längere Zeit lebensfähig. Das Auftreten von Keimen von Clostridium perfringens ist somit ein sicheres Zeichen für eine verdorbene Heringslake. — 34 Literaturangaben. F. URBAN. 7852 □

F. Hoffmann-La Roche & Co. Akt.-Ges., Basel, Schweiz, **Herstellung von 6.7-Dehydro-β-apocarotinal-(3)** {*15-[2.6.6.-Trimethylcyclohexen-(1)-yl]-4.9.13-trimethylpentadecahexaen-(2.4.8.10.12.14)-in-(6)-al-(1)*} (**I**), F. 122° (PAe. oder A.), orangerote Plättchen, aus 16,8 (g) 1.1-Diäthoxy-2-methylpenten-(2)-in-(4) (**II**) durch Umsetzung mit Äthyl-MgBr in Ae. u./oder Bzl. oder durch 4—5std. Umsetzung von 1.1-Äthylendioxy-2-methylpenten-(2)-in-(4) mit $LiNH_2$ in fl. NH_3 u. Kondens. der Rk.-Prodd. in Ae. oder Bzl. mit 22 8-[2.6.6-Trimethylcyclohexen-(1)-yl]-2.6-dimethyloctatrien-(2.4.6)-al-(1) (**III**) in Ae. bzw. Bzl., Lösen des Kondens.-Prod. in Ae. u. Hydrolyse durch mehrstd. Stehen mit alkohol. HCl bzw. ½ std. Kochen in Eisessig/Bzl., Zutropfen von W. u. 1 std. Kochen, oder Aufnehmen des Kondens.-Prod. in CH_2Cl_2, Versetzen bei −40° mit Eisessig, 63%ig. HBr u. Eiswasser u. 5 std. Rühren bei 0—4° unter N_2 unter Bldg. von *4.5-Dehydro-β-apocarotinal-(4)* [**IV**; F. 82—83°, ockerfarbiges Pulver; 17 g (Ausbeute)], mehrstd. Verrühren in Orthoameisensäureäthylester mit H_3PO_4 u. p-Toluolsulfonsäure in A. bei Raum-Temp. u. 15 std. Stehen unter Bldg. von *13-[2.6.6-Trimethylcyclohexen-(1)-yl]-2.7.11-trimethyl-1.1-diäthoxytridecapentaen-(2.6.8.10.12)-in-(4)* [gelbes Öl; 21,7 g (aus 18 g **IV**)], Umsetzung in Essigester in Ggw. von 10%ig. $ZnCl_2$-Lsg. mit 4,27 Vinyläthyläther (**V**) bei 30—35°, 15 std. Stehen, Zugabe von Na-Acetat in 95%ig. Essigsäure

u. 4std. Erhitzen unter N_2 auf 95—100°; 13 g **I**. **I** kann ferner durch Überführung von 33,6 **II** in Bzl. in Ggw. von 10%ig. $ZnCl_2$-Essigester-Lsg. mit **V** bei Raum-Temp. in *1.1.3-Triäthoxy-4-methylhepten-(4)-in-(6)* (**VI**; $Kp._{0,02}$ 63—64°; n_D^{20} 1,4564; 30 g), Umsetzung von 24 **VI** mit Äthyl-MgBr in Ae. oder in Ggw. von Triäthylamin in Bzl. u. anschließende 3std. Kondens. mit 25 **III** bei Raum-Temp. in Ae. bzw. Bzl. zu *15-[2.6.6-Trimethylcyclohexen-(1)-yl]-4.9.13-trimethylpentadecatetraen-(4.9.11.13)-in-(6)*, das in Ae. mit 8%ig. alkohol. HCl in Ggw. von Na_2SO_4 bei Raum-Temp. behandelt u. anschließend 4 Std. mit wss. Na-Acetat-Lsg. unter N_2 auf 95—100° erhitzt wird, gewonnen werden: 15 g. — *Lebensmittelfarbstoff*. (**Oe. P. 208 834** vom 16/1. 1959, ausg. 25/4. 1960. **F. P. 1 223 460** vom 23/1. 1959, ausg. 17/6. 1960. Beide Schwz. Prior. 14/2. 1958.)
EBERHARD RIEDEL. 7639

Abaco, Aceites del Bajo Aragón y Coloniales Soc. An., Teruel, Spanien, **Herstellung von Präparaten aus Oliven.** Die Oliven werden entkernt u. in einer Kolloid-Mühle unter Zusatz von Mitteln vermahlen, die das Ranzigwerden u. die Gärung verhindern. Der Paste werden tier. oder pflanzliche Fette, bes. Margarine, zugesetzt, außerdem Geschmacksstoffe u. ggf. Fischpräparate. (**Port. P. 38 162** vom 13/3. 1961, Auszug veröff. 27/5. 1961. Span. Prior. 18/3. 1960.) A. KALIX. 7689

Röhm & Haas G. m. b. H., Darmstadt, und Holstein & Kappert Maschinenfabrik „Phönix" G. m. b. H., Dortmund (Erfinder: Julius Koch, Geisenheim, Josef Krebs, Traisa, und Paul Schauffler, Wiesbaden), **Enzymatische Behandlung und Haltbarmachung von Fruchtsäften.** Die abgepreßten, mit handelsüblichen Filtrationsenzymen, bes. pektolyt. wirkenden Präpp., versetzten Fruchtsäfte werden kontinuierlich u. im geschlossenen Syst. bei 50—60° ca. 8—10 Min. behandelt u. anschließend bei >70° sterilisiert. (**D. B. P. 975 415** Kl. 53k vom 20/9. 1953, ausg. 23/11. 1961. Anmeldung bekanntgemacht 9/5. 1956.) W. KRANZ. 7707

Union Carbide Corp., New York, N.Y. (Erfinder: Edward Arnold Shiner, Chicago, Ill.), V.St.A., **Herstellen von nahtlosen Schläuchen aus viscoseregenerierter Cellulose mit eingebetteter schlauchförmiger Fasereinlage** durch Aufbringen der Viscose auf eine Wand eines faserartigen Schlauches u. Regenerieren der Cellulose aus der Viscose in situ auf dem Schlauch, dad. gek., daß man die Viscose vor dem Auftragen oder vor dem Inberührungbringen mit dem faserartigen Schlauch auf 55—90° kurz erwärmt u. die erwärmte Viscose in den faserartigen Schlauch nur 20—40 Sek. vor der Ausführung der Regenerierung eindringen läßt. Derart hergestelltes Schlauchmaterial ist stärker durchscheinend als entsprechende Prodd., die mit gleicher Durchdringungsdauer, aber unter Verarbeitung von Viscose bei Raum-Temp. hergestellt wurden. — *Verpackungsmaterial für Fleischerzeugnisse.* (**D. A. S. 1 107 928** Kl. 39a vom 5/10. 1956, ausg. 31/5. 1961. A. Prior. 13/10. 1955.) H. NATHER. 7751

Alessandro Ambrosali, Mailand, Italien, **Herstellung von Speiseeis.** Pasteurisierte u. ggf. konz. Milch wird mit Milchpulver, Zucker, Fruchtsäften u. Aromastoffen versetzt, mit Yoghurt-Fermenten fermentiert u. gefroren. (**It. P. 534 601** vom 20/2. 1952.) K. KOEBKE. 7757

Joh. A. Benckiser G. m. b. H., Chemische Fabrik, Ludwigshafen/Rh. (Erfinder: Max Erich Schulz, Ascheberg, Holstein, und Paul Michels, Braunschweig), **Behandlung von kunststoffumhülltem Käse,** dad. gek., daß als bakteriendichte Überzüge wasserfeste u. wasserundurchlässige Folien mit genügender CO_2-Durchlässigkeit aus Polyamid, Polyäthylen, Polyvinylchlorid, Polyvinylidenchlorid oder Hydrochlorkautschukchlorid Verw. finden, die therm. in solchen wss. Lsgg. behandelt bzw. gelagert werden, die über 5%, bes. 10%, Salz gelöst enthalten, wobei physiolog. verträgliche Salze eingesetzt werden können. (**D. P. [DDR] 19 670** Kl. 53e vom 18/3. 1958, ausg. 13/8. 1960 [Ausschließungspatent].) T. OPPERMANN. 7761

Nils Ragnar Nilsson und Albert Conrad Henrik Lago Rydin, Uppsala, Schweden, **Silierungsverfahren für Futtermittel.** Zur Aktivierung der Milchsäuregärung werden den Futtermitteln Kohlenhydrate (**I**) in Mengen von mindestens 10% zugesetzt, bes. Polysaccharide, wie Stärke u. Pentosane. Als **I** können auch Natur-Prodd. mit einem hohen **I**-Geh. verwendet werden, z. B. Getreide- u. Malzarten, Zuckerrüben, Tapioka- u. Batatenmehl. (**Port. P. 38 207** vom 27/3. 1961, Auszug veröff. 27/5. 1961. Schwed. Prior. 29/3. 1960.) A. KALIX. 7783

American Cyanamid Co., New York, übert. von: Charles N. Huhtanen, und William L. Williams, New City, N.Y., V.St.A., **Tierfuttermittel.** Mischfuttermitteln für Küken, z. B. aus Mais, Sojabohnenmehl, Fischmehl, Vitaminkonzentraten, NaCl u. dgl., wird als einzige Ca-Quelle $CaSO_4$, ein Tetracyclin-Antibiotikum, z. B.

Tetracyclin, Chlortetracyclin, Hydroxytetracyclin, 6-Dimethyltetracyclin u. dgl., u. eine Ca-freie H_3PO_4-Verb., wie H_3PO_4 oder Na- u. K-Orthophosphate, beigemischt. Der Tetracyclinblutspiegel wird erhöht. (**A. P. 2 962 378** vom 12/2. 1959, ausg. 29/11. 1960. **D. A. S. 1 123 187** Kl. 53g vom 5/2. 1960, ausg. 1/2. 1962. A. Prior. 12/2. 1959.)
H. KARST. 7787

Hoffmann-La Roche, Inc., Nutley, N.J., V.St.A., übert. von: **Rudolf Rüegg**, Bottmingen, Schweiz, und **Gabriel Saucy**, Nutley, N.J., V.St.A., *Herstellung von Canthaxanthin und Rhodoxanthin.* (**A. P. 2 983 752** vom 6/2. 1959, ausg. 9/5. 1961. Schwz. Prior. 14/2. 1958. — C. **1961.** 2130 [D. A. S. 1 072 621].)

Friedrich-Karl Marcus, Deutschland, *Herstellung von Alginsäure.* (**F. P. 1 235 048** vom 10/9. 1959, ausg. 17/11. 1960. D. Prior. 3/11. 1958. — C. **1960.** 7034 [D. A. S. 1 070 910].)

Standard Brands, Inc., V.St.A. (Erfinder: **Alfred Duncau Campbell** und **Robert Joseph Carbonell**), *Trockengemisch für die Herstellung eßbarer Gele.* (**F. P. 1 202 024** vom 5/9. 1958, ausg. 7/1. 1960. A. Prior. 5/9. 1957. — C. **1960.** 14217 [D. A. S. 1 077 953].)

Charles Alais, Science du lait et principes des techniques laitières. Paris: Editions S.E.P. 1961. (470 S. m. Abb.) 8°. 34 NF.

Alfons Fricker, Beitrag zur Fettsäurenchromatographie und Untersuchungen über freie Fettsäuren in Käse. Stuttgart: Ulmer. 1961. (64 S.) 8° = Arbeiten der Landwirtschaftlichen Hochschule Hohenheim. Bd 8. DM. 10,—.

Wilhelm Liebscher, Die Wirkstoffe in der Ernährung der landwirtschaftlichen Nutztiere. Wien Gerold's Sohn. 1958. (82 S.) 8°. ö. S. 42,—.

XVII. Fette. Seifen. Wasch- u. Reinigungsmittel. Wachse. Bohnermassen usw.

Die Oxydation von Lipiden in dünnen Filmen. H. J. Togashi, A. S. Henick und Robert B. Koch. (J. Food Sci. **26.** 186—91. März/April 1961. Chicago, Ill., US Army, Quartermaster Food and Container Inst. for the Armed Forces; engl.) — Von der Tatsache ausgehend, daß durch Trocknen von Lebensmitteln (auch Gefriertrocknung) ihre Konstituenten eine veränderte Orientierung erleiden, die bes. auch die Lipide betreffen, werden Modell-Verss. zur Unters. ihres Verh. in Ggw. anderer Lebensmittelbestandteile durchgeführt. Unter Einsatz von Baumwollsaatöl (mit u. ohne Tocopherol), sowie von Trilinolein — jeweils in 1%ig. Lsg. in Bzl. — werden durch Versprühen auf flache PETRI-Schalen dünne Filme hergestellt. In analoger Weise erfolgt Herst. dünner Gelatinefilme, auf die die zu prüfenden Lipide aufgebracht werden, sowie von Sojaphosphatidfilmen. Die Präpp. werden bei 75° der Autoxydation ausgesetzt; anschließend erfolgt Extraktion mit Chlf. u. Best. der Peroxidzahl nach WHEELER [1932], des Geh. an konjugiertem Dien nach MITCHELL u. Mitarbeitern [1943] sowie der Carbonylzahl nach HENICK u. Mitarbeitern (C. **1955.** 4960). Aus den graph. u. tabellar. mitgeteilten Befunden wird abgeleitet, daß die Art der Gelatine signifikante Unterschiede im Verlauf bzw. in der Hemmung der Autoxydation verursacht. Dies wird als Effekt der verschiedenen Oberflächenorientierung gedeutet. γ-Tocopherol erweist sich bei den Lipidfilmen als wesentlich stärker wirkendes Antioxydans als die üblichen synthet. phenol. Inhibitoren; in höherer Konz. entfaltet auch das Sojaphosphatid einen deutlichen antioxydativen Effekt. K. TÄUFEL. 7878☐

Über den Einfluß von Bleicherden auf die Oxydationsanfälligkeit von Rapsöl. K. Täufel, H. Freude, Cl. Franzke und G. Heder. (Nahrung **5.** 646—55. 1961. Berlin, Humboldt-Univ., Inst. für Lebensmittelchem. u. -technol.; dt.) — Ein Rohöl, ein entschleimtes u. ein entsäuertes Rapsöl wurden auf die Oxydationsanfälligkeit nach Behandlung mit den Bleicherden Nordal 37 L, Nordal 44, Tonsil Optimum u. Tonsil LFF 80 geprüft. Im Steh-Vers. zeigen alle Öle eine Haltbarkeitserhöhung, wenn wenigstens 1—2% Bleicherde eingesetzt wurden, während höhere Gaben keine nennenswerte Steigerung mehr ergaben. Ohne Bleicherdenbehandlung steigt die Oxydationsanfälligkeit mit fortschreitender Raffination etwas an. Aus anoxydiertem Rapsöl werden die Zers.-Prodd. proportional der Bleicherdemenge, Temp. u. Zeit des Prozesses entfernt, ohne daß das Raffinat gegenüber dem Ausgangs-Prod. eine erhöhte Oxydationsanfällig keit zeigt. R. RISTOW. 7894☐

Untersuchung der Fettzersetzung durch Schimmelpilze. Géza Biró. (Élelmiszervizsgálati Közlemények [Lebensmittelanalyt. Mitt.] **7.** 58—62. Mai 1961. Budapest, Tierärztl. Hochsch.; ung.) — Vf. untersuchte die Wrkg. von *Penicillium martensii* u. *Aspergillus oryzae* auf Schweine- u. Rinderfett, gehärtetes Pflanzenfett, Nougat u. Schokolade. Die Fette wurden in Nährböden nach CZAPEK bzw. SABOURAUD eingebaut, mit den Pilzen geimpft u. 10—21 Tage bei 30° inkubiert. Nach Abtrennen der Fette von den Nährböden wurde die SZ. u. LEA-Zahl bestimmt u. die KREIS-Rk. ausgeführt. Die Fett-Zers. durch die Schimmelpilze konnte festgestellt werden. K. GÄRTNER. 7900

Die Chromatographie von Sterinen und ihre Anwendung für den Nachweis tierischer und pflanzlicher Fette nebeneinander. J. W. Copius Peereboom und J. B. Roos. (Fette, Seifen, Anstrichmittel **62.** 91—100. Febr. 1960. Leiden, Holland, Reichsuntersuchungsanst. für Molkereiprodd. u. Nahrungsfette; dt.) — Die Sterine werden aus dem verseiften Fettgemisch nach Den Herder (C. **1956.** 13281) durch Fällen mit Digitonin u. Zers. der Digitonide durch 16std. Behandlung mit Pyridin oder nach Überführung in die Acetate mit 40%ig. KOH isoliert. Die anschließende Trennung von *Cholesterin* (I) u. den *Phytosterinen* (II) wird mit Hilfe der Zonenchromatographie auf mit Paraffin imprägniertem Papier aus 0,1%ig. Chlf.-Lsg. mit 84%ig. Essigsäure als mobiler Phase nach Matthias (C. **1957.** 5069) durchgeführt. Die Sichtbarmachung der Zonen erfolgt durch Besprühen mit 10%ig. Lsg. von Phosphormolybdänsäure in A. oder mit einer Lsg. von $SbCl_3$ in Nitrobenzol oder durch Modifikation des Verf. von Schull [1952]. Der mkr. Nachw. des papierchromatograph. abgetrennten I erfolgt durch Mischkristall-Bldg. (schwalbenschwanzartig) von I mit 6—14% II. Weiterhin dient dem Nachw. tier. Fette die Best. der *Arachidonsäure* (III) durch Alkaliisomerisierung nach Brice u. Swain [1952] mit 11%ig. KOH in Glycerin. Die Ergebnisse der Unterss. werden ausführlich diskutiert u. in verschiedenen Tabellen zusammengefaßt.
G. Marquard. 7932

Zur Bestimmung von Fett nach der Methode von Gerber. Zbigniew Bozyk und Wanda Ociepka. (Przemysł spożywczy **15.** 33—40. April 1961. Warszawa, pol.) — Die butyrometr. Best. von Fett nach der Meth. von Gerber ist sehr genau, hat aber auch einen systemat. Fehler. Die Größe des Fehlers ist von der Reinheit des angewandten Amylalkohols u. von der Eichung des Butyrometers abhängig. Für beide Ursachen muß deshalb ein Korrekturfaktor ermittelt werden. F. Urban. 7932 □

Bestimmung des Lecithingehaltes von Pflanzenfetten. Zoltán Marikovszky. (Élelmiszervizsgálati Közlemények [Lebensmittelanalyt. Mitt.] **7.** 63—66. Mai 1961. Budapest, Hauptstädt. chem. Inst.; ung.) — Vf. empfiehlt zur Best. der Phosphatid-Phosphorsäure das Öl mit propylalkohol. KOH zu verseifen, dann zu veraschen u. aus dem wss. Auszug die H_3PO_4 gravimetr. zu bestimmen. Zur annähernden Bewertung der Phosphatidmenge kann die bis zum Kp. des Öles auftretende Farbänderung benutzt werden: bei 0,1% Lecithin-Geh. farblos, bei 1% braun u. Nd.-Abscheidung. Beim Sonnenblumenöl ist zum Selektieren das Hydratisierungs-Verf. von Skipin geeignet.
K. Gärtner. 7932

Mechanismus der spektrophotometrischen Methode zur Bestimmung des Ranzigkeitsgrades von Fetten mit Diphenylcarbazid. B. A. J. Sedláček. (Nahrung **5.** 637—45. 1961. Prag, Inst. für Ernährungsforschg.; dt.) — Bei der Prüfung der Fette auf Ranzigkeit mit Diphenylcarbazid werden Zers.-Prodd. der Fettsäureester mit freier Carboxylgruppe bestimmt, wie aus der Lage des Extinktionsmaximums bei 540 nm folgt. Die Prüfung alkohol. u. keton. Verbb. ergab keine Reaktion. Durch aldehyd. Verbb. ebenso wie durch Metallionenspuren verursachte Färbungen weisen eine andere Lage des Maximums auf. Nur das durch Peroxide verursachte Maximum beeinflußt die Extinktion bei 540 nm, wenn mehr als 100 mval/kg vorliegen. Ein Vgl. der Säuregrad-Best. mit der Diphenylcarbazid-Meth. zeigt deren wesentlich größere Empfindlichkeit.
R. Ristow. 7932 □

Die Bestimmung der Peroxidzahl von Speisefetten durch colorimetrische Jod-Bestimmung. P. A. T. Swoboda und C. H. Lea. (Chem. and Ind. **1958.** 1090—91. 16/8. Cambridge, Univ. and Dep. of Sci. and Ind. Res., Low Temp. Stat. for Res. in Biochem. and Biophys.; engl.) — Die Best. der Peroxidzahl von 1—50 mg Fett mit Hilfe colorimetr. Messung der freigemachten J-Mengen erfolgt in saurer wss. Lsg. ohne Luftausschluß durch Bindung überschüssigen Jodids als Cd-Komplex. Die Fett-Eigenfarbe wird in einer Chlf.-Phase zurückgehalten. Die Messung erfolgt über die Trijodidabsorption bei 350 mμ oder die des Jodstärkekomplexes bei 550 mμ. In einer 1-cm-Küvette geben 0,2 μm Peroxid Extinktionen von 0,5 bzw. 0,3. Bei Verw. der Jodstärkefärbung muß gegen Lsgg. bekannten Geh. statt gegen Blindwerte gemessen werden.
R. Ristow. 7934 □

Die Bestimmung des Gesamt-P_2O_5 und Gesamt-B_2O_3 in Waschpulvern. D. C. Cullum und D. B. Thomas. (Analyst **85.** 922—23. Dez. 1960. Manchester, Colgate-Palmolive Ltd.; engl.) — Zur Best. von P_2O_5 u. B_2O_3 in Waschpulvern wird eine Probe in einem Muffelofen bei 700—800° verascht. Der Rückstand wird in 3n HNO_3 gelöst. Die aufgeschlossene Lsg. wird bei elektrometr. Kontrolle (Glas–Kalomel-Elektrode) unter Rühren mit NaOH auf pH 4,5 gestellt u. nach Zusaz von 10%ig. $AgNO_3$-Lsg. mit 1n NaOH auf pH 6 titriert (Verbrauch = V_1). Der Ag_2HPO_4-Nd. wird quant. abfiltriert;

aus dem Filtrat u. den mit ihm vereinigten Waschwässern wird überschüssiges Ag nach Ansäuern mit verd. HNO_3 durch NaCl-Zugabe als AgCl gefällt. Der Nd. wird abfiltriert, das Filtrat wird mit NaOH auf pH 5,5 gestellt. Nach Zusatz von Glycerin (½ Vol. des Filtrats) wird langsam mit 0,1n NaOH auf pH 8,5 titriert (Verbrauch = V_2), 1 ml V_1 entspricht 35,5 mg P_2O_5, 1 ml V_2 entspricht 3,484 mg B_2O_3. Analysen von Testgemischen belegen die Zuverlässigkeit der Methode. W. KUPFER. 7942 □

Georges Wolff, Jean Pierre Wolff und Anne Marie Berthe Léone Eugénie Decelle geb. Wolff, Frankreich, **Gewinnung von fetten Ölen** aus pflanzlichen oder tier. Fettsubstanzen, durch Auspressen oder mittels eines Lsgm. (z. B. Aceton), dad. gek., daß man die Gewinnung bei normaler Temp., bes. jedoch $< -5^0$ durchführt. (**F. P. 1 186 824** vom 14/4. 1956, ausg. 2/9. 1959.) T. OPPERMANN. 7873

Rath Packing Co., Waterloo, übert. von: John J. Gleason, Cedar Falls, Iowa, V.St.A., **Verbesserte Fettsparmasse,** hergestellt durch mol. Umesterung eines im wesentlichen von Mono- u. Diglyceriden freien Triglycerids in Ggw. eines Umesterungskatalysators bei einer Temp., bei welcher mindestens etwas Fett in der fl. Phase bleibt. Man fügt 0,1—3 Gew.-% einer Hydroxycarbonsäure, wie Milch- oder Weinsäure, zu u. setzt die Rk. unter denselben Bedingungen fort, um einige von den im Triglyceridfett ursprünglich vorhandenen Fettsäureradikalen durch eine der erwähnten Hydroxysäuren zu ersetzen. (**A. P. 2 970 055** vom 14/12. 1959, ausg. 31/1. 1961.) H. MAASS. 7877

Lever Brothers Co., New York, N.Y., V.St.A., übert. von: Ronald Lobley Best, Bexley Heath, Antony Crossley, Springfield, und Stanley Paul, Prenton, England, Hermann Pardun, Kleve, Deutschland, und Cornelis Johannes Soeters, Rotterdam, Holland, **Kakaobutter-Austauschstoff** u. diesen enthaltende Erzeugnisse, bestehend im wesentlichen aus Fett, wie Kakaobutter u. einem Borneo-Talg-Typen-Fett (I) in Vermischung mit mindestens 5 Gew.-% der Mischung einer Palmölfraktion mit einer JZ. <45, einer Dilatation bei 20^0 von nicht <1000 u. einem Erweichungspunkt von 30—45^0. In Vermischung mit dem **I** allein beträgt die Palmölfraktion mindestens 25 Gew.-% des Gemisches, während die Palmölfraktion bei Anwesenheit sowohl von **I**, als auch von Kakaobutter mindestens 25 Gew.-% des kombinierten Gew. der Palmölfraktion u. des **I** beträgt. — Zeichnung, 2 Tabellen. (**A. P. 2 975 060** vom 28/12. 1959, ausg. 14/3. 1961.) H. MAASS. 7893

Eastman Kodak Co., Rochester, N.Y., V.St.A., **Färben von Margarine** unter gleichzeitiger Erhöhung des Vitamin-A-Geh. durch Zusatz von ca. 4 mg Vitamin-A-Aldehydazin zu 1 pound. Die Herst. der Farbe erfolgt durch Rk. von krist. Vitamin-A-Aldehyd mit Hydrazinhydrat. (**Ind. P. 62 987** vom 30/1. 1958, ausg. 9/6. 1960.) C. LÜTTGEN. 7901

Maurice Adolphe Bierre, Seine, Frankreich, **Herstellung von Seifen mit verbesserter Stabilität.** Man setzt die Konz. der Substanzen, welche eine Abscheidung oder Entmischung der Nichtseifenstoffe bewirken, auf physikal. oder chem. Wege herab, bis das Gebiet, in welcher die Seifenphase bei den gewünschten Temp. die beständige Phase ist, erreicht ist. — 5 Diagramme. (**F. P. 1 103 007** vom 31/3. 1954, ausg. 28/10. 1955.) T. OPPERMANN. 7911

Maurice Adolphe Bierre, Frankreich, **Verbesserung der Haltbarkeit von Seifen,** indem bei der Herst. ein Überschuß an freiem NaOH in Mengen von 0,05 bis 0,4 Gew.-% bestehen bleibt. (**F. P. 66 711** vom 23/6. 1954, ausg. 19/8. 1957. **Zusatz zu F. P. 1 103 007; s. vorst. Referat.**) M. F. MÜLLER. 7911

Henry Poltz, Wolfenbüttel, **Herstellung von capillaraktiven Stoffen.** Dialkanolamine, bes. Diäthanolamin, werden im Mol-Verhältnis 2:1 mit α-Methylcarbonsäuren oder α.α'-Dimethylcarbonsäuren mit 8—20, bes. mit 12—15 C-Atomen umgesetzt. Man erhält dabei Verbb. der wahrscheinlichen allg. Formeln $R-CH(CH_3)-C(OH)(N[R'OH]_2)_2$ oder $R-C(CH_3)_2-C(OH)(N[R'OH]_2)_2$, wobei $R' = CH_2$ oder C_2H_4 oder C_3H_6. Die Carbonsäuren erhält man durch Oxo-Synth. oder nach den Verff. von KOCH oder REPPE durch Anlagerung von CO u. H_2O an Olefine mit entsprechender Kettenlänge. Die Rkk. werden ausgeführt, indem man das Rk.-Gemisch unter Rückflußkühlung so lange kocht, bis eine Probe klar wasserlösl. ist. Die Verbb. werden als *Zusatz zu synthet. Waschmitteln* zur Erhöhung ihrer Schaumkraft verwendet, sie zeichnen sich durch große Widerstandsfähigkeit gegenüber hartem W., Hydrolyse u. Oxydation aus. (**D. A. S. 1 116 234** Kl. 12q vom 20/7. 1957, ausg. 2/11. 1961.) A. KALIX. 7913

Badische Anilin- & Soda-Fabrik Akt.-Ges. (Erfinder: Ernst Plötz und Roland Schempf), Ludwigshafen/Rh., **Herstellung leicht löslicher oder dispergierbarer Fettsäuredialkylolamide.** Die Ausbeute bei der an sich bekannten Kondens. von Fettsäuren (I) mit Dialkylolaminen (II) bei 100—200° wird erfindungsgemäß dadurch verbessert, daß man bei der Rk. Alkalihydroxide oder Alkalisalze von I verwendet u. das entstehende W. durch Druckverminderung laufend entfernt. Dadurch erfolgt eine stärkere Amidierung statt der sonst eintretenden Esterbildung. Von I u. II werden dabei stöchiometr. Mengen verwendet, von II ggf. 5 Mol-% Überschuß, an Katalysator 0,005—0,05 Mol auf 1 Mol I. Beispiele: Aus 55 (Teilen) Diäthanolamin (III), 108 Cocos-I u. 0,35 festem NaOH erhält man nach 5std. Erhitzen in einer N_2-Atmosphäre auf 140—160°, eine bernsteinfarbene viscose Fl., die mit W. in jedem Verhältnis bei nur geringer Trübung mischbar ist; aus III u. Stearinsäure entsteht unter analogen Rk.-Bedingungen ein schwachgelbes wasserlösl. Wachs; Diisopropylamin gibt mit Cocos-I eine bernsteinfarbene, in W. leicht emulgierbare Gallerte. — Verw. als *Dispergier-, Netz- u. Waschmittel.* (**D. A. S. 1 116 683** Kl. 12q vom 9/4. 1958, ausg. 9/11. 1961.)
A. KALIX. 7913

E. F. Drew & Co., Inc., übert. von: **George Barsky**, New York, N.Y., und **Vigen K. Babayan**, Livingstone, N. J., V.St.A., *Stabile Überzugs- und Backfettmassen.* (**Can. P. 557 925** vom 27/7. 1954, ausg. 27/5. 1958. A. Prior. 8/6. 1954. — C. **1960.** 6010 [D. A. S. 1 068 542].)

Unilever Ltd., Port Sunlight, County of Chester, übert. von: **Harry Gates**, Grays, County of Essex, England, *Verarbeitung von Seifenstock.* (**Can. P. 559 441** vom 26/12. 1952, ausg. 24/6. 1958. E. Prior. 8/1. 1952. — C. **1955.** 10406 [E. P. 719 472].)

Jean Jacques Estignard-Bluard, Chantilly, Frankreich, *Selbstschäumende Rasierseifen.* (**A. P. 2 995 521** vom 20/5. 1957, ausg. 8/8. 1961. Luxenburg. Prior. 24/5. 1956. — C. **1961.** 8876 [Belg. P. 557 286].)

Wyandotte Chemicals Corp., Wyandotte, übert. von: **Lester G. Lundsted**, Grosse Ile, Mich., V.St.A., *Oberflächenaktive Verbindungen.* (**Can. P. 558 786** vom 23/6. 1952, ausg. 10/6. 1958. — C. **1957.** 1315 [E. P. 722 746].)

Tennessee Corp., New York, N.Y., übert. von: **Walter H. C. Rueggeberg** und **Thomas W. Sauls**, College Park, Ga., V.St.A., *Sulfonierung von Propylentri- und -tetramerem.* (**Can. P. 559 435** vom 5/12. 1955, ausg. 24/6. 1958. A. Prior. 8/4. 1955. — C. **1961.** 698 [A. P. 2 810 746].)

John J. McCabe jun. und **S. Mannheimer**, Irvington, N.J., V.St.A., *Herstellung von Cycloimidinderivaten.* (**Can. P. 559 472** vom 23/6. 1956, ausg. 24/6. 1958. A. Prior. 11/7. 1955. — C. **1957.** 10089 [A. P. 2 773 068].)

XVIIIa. Holz. Cellulose. Zellstoff. Papier. Papierdruck. Celluloid. Linoleum

Regulierung der Spezifität der Cellulosehomogenität durch die Temperatur bei der Behandlung mit verdünnter Salpetersäure. B. A. Sacharow, W. I. Iwanow, A. L. Malzewa und G. A. Krylowa. (Известия Академии Наук СССР, Отделение Химических Наук [Nachr. Akad. Wiss. UdSSR, Abt. chem. Wiss.] **1961.** 926—27. Mai. Akad. der Wiss. der UdSSR, Zelinsky-Inst. für org. Chem.; russ.) — Eine 3std. Behandlung von *Baumwollcellulose* mit Anteilen bis zu einem Polymerisationsgrad (DP) von 3000 mit 0,2n HNO_3 bei 50° führt zu einer Homogenisierung des Materials, wobei als höchster DP 2000 gefunden wird. 2std. Rk. bei 70° führt zu einem höchsten Wert von ca. 1000, 1std. Rk. bei 92° zu 600 u. ½std. Rk. bei 99° zu ca. 500 bei entsprechender Abnahme des DP anderer Anteile bis auf ca. 100. M. ULMANN. 7954□

Der Einfluß von Carboxylgruppen auf die Eigenschaften der Cellulose. N. P. Perekalski und W. F. Filatenkow. (Журнал Прикладной Химии [J. angew. Chem.] **33.** 1158—67. Mai 1960. Leningrad, Technol. Inst. für Cellulose- u. Papierind.; russ.) — Mit aus N_2O_3 gewonnenem gasförmigem NO_2 wird gebleichte *Sulfitcellulose* (I) u. *Sulfatcellulose* (II) bis zu einem geringen Geh. von 0,3—2,2% an COOH-Gruppen am 6. C-Atom des Celluloseelementargliedes oxydiert. Diese Präpp. zeigen gegenüber der Ausgangscellulose eine erhöhte Cu-Zahl (was für eine Destruktion der Cellulose spricht), eine erhöhte Löslichkeit in NaOH u. verbesserte kationenaustauschende, adsorptive Eigenschaften. Mit Zunahme der COOH-Gruppen sinkt die Fähigkeit der Anfärbbarkeit mit Chlorzinkjod u. die Quellbarkeit in H_3PO_4. Bei gleichem Oxydationsgrad besitzt II eine etwas höhere Cu-Zahl u. ist empfindlicher gegenüber Alkali-Lsg. als I. Bei Vorliegen von mehr COOH-Gruppen geht die Fähigkeit zur Fibrillierung der Cellulosefasern bei der Mahlung verloren, es findet vielmehr ein Reißen der Fasern in größere Fragmente statt. Aus letzterem Stoff hergestellte Papiere zeigen nur eine geringe Festigkeit. Ein Zusatz von 6% I mit 2,18% COOH-Gruppen zu üblicher gebleichter I erhöht etwas deren mechan. Eigenschaften. M. ULMANN. 7954□

Untersuchung des Methylierungsprozesses von Cellulose. M. Ch. Glusmann und I. B. Lewitskaja. (Журнал Прикладой Химии [J. angew. Chem.] **33.** 1172—77. Mai 1960; russ.) — Um bei der Methylierung von Baumwollcellulose mit CH_3Cl *Methyl-*

cellulosen (I) mit optimaler Wasserlöslichkeit zu erhalten, müssen bei der Mercerisation Alkali-Konzz. von 30—40% eingehalten werden. Bei höheren Konzz. macht sich eine „Zementation" der I bemerkbar, die deren Reinigung erschwert u. zum Verlust der Löslichkeit in W. führen kann. Um I mit einem Geh. von 26—33% CH_3O-Gruppen zu erhalten, ist ein Überschuß von 10—13 (Mol) CH_3Cl auf 1 Cellulose unumgänglich. Optimale Methylierungs-Temp. ist 45—55°. Für jede Alkali-Konz. u. jede Temp. bestehen bestimmte Methylierungsgrenzen, bei deren Überschreitung der Geh. an CH_3-Gruppen bei Vergrößerung des Verhältnisses CH_3Cl/Cellulose konst. bleibt. Bei niedrigeren Temp. läßt sich nur eine untere Löslichkeitsgrenze erreichen, entsprechend einem Geh. von 26—27% CH_3O-Gruppen. Bei höheren als optimalen Temp. erniedrigt sich der Methylierungsgrad der I, vermutlich im Zusammenhang mit einer verstärkten Hydrolyse von CH_3Cl. M. ULMANN. 7954 □

Untersuchung des Einflusses von elastischen Schwingungen auf einige Diffusionsprozesse der Cellulose- und Papierfabrikation. 1. Mitt. Einwirkung des Ultraschalls auf die Tränkung des Tannenholzes mit „Sulfit"-Kochsäure. A. M. Ginstling und A. P. Onochin. (Известия Высших Учебных Заведений (Иваново), Химия и Химическая Технология [Hochschulnachr. (Iwanowo), Chem. u. chem. Technol.] **3.** 522—26. 1960. Leningrad, Technol. Inst. der Cellulose-Papierind.; russ.) — Durch Ultrabeschallung von Holzspänen in einer üblichen Aufschluß-Lsg. läßt sich ihre Durchtränkungsdauer auf $^1/_4$—$^1/_6$ verkürzen. Während die Konz. der Lsg. prakt. ohne Einfl. ist, wirkt sich eine Steigerung der Temp. günstig aus. Von wesentlichem Einfl. ist die Intensität der Ultraschallenergie. So läßt sich durch Erhöhung der Spannung von 1,9 auf 4,2 kV die Aufnahme der Aufschlußsäure durch das Holz um das 1,9fache steigern, der Asche-Geh. auf das Doppelte. M. ULMANN. 7954 □

Zur Frage der Vorhydrolyse von Nadelholzsulfatzellstoffen. Ján Gajdoš. (Sborník výzkumných Prací Oboru Celulosy Papíru **3.** 36—56. 1958. Bratislava, VÚPC; slowak.) — Der Verlauf der Wasservorhydrolyse (W.-Vh) von Fichtenholz (**A**)-Hackschnitzeln u. ihr Einfl. auf die Eigg. von ungebleichtem Fichtensulfatzellstoff wird untersucht. Die gesamte Vh-Rk. ist die Resultierende einer Rk. 1. u. 0. Ordnung. Im Hinblick auf die Qualität des Zellstoffs (**B**) sind die Vh-Bedingungen optimal bei denen der Verlust an Ausgangsholz 18% beträgt. Für die **B**-Eigg. ist es gleich, ob die Vh bei niedrigerer Temp. in längerer Zeit oder bei höherer Temp. in kürzerer Zeit durchgeführt wird. Vorhydrolysierte **A–B** sind wegen des hohen α-Cellulose-Geh. (ca. 97%) des ungebleichten **B** u. der sehr guten Reaktivität seiner Faser am besten zur Herst. sehr fester Viscosefasern geeignet. G. REISNER. 7956 □

Einfluß der Herstellungsbedingungen auf die Eigenschaften des chemischen Holzschliffes aus einigen Laubhölzern. Čestmír Skalický und Milena Vondráková. (Sborník výzkumných Prac Odboru Celulozy Papiera **3.** 7—35. 1958. Praha, VÚPP; tschech.) — Verss. zur Herst. von chem. Holzschliff (**A**) aus Laubhölzern, bes. Buche, Pappel u. Birke, werden beschrieben. Die Holzscheite (Rundholz) werden bei 40—50° mit $Na_2SO_3/NaHCO_3$ (6:1)-Lsg. getränkt u. bei 120—155° gedämpft. Bei 145—155° werden **A** mit hoher Festigkeit (Fs) u. schlechter Farbe (Fa), bei <145° hellere **A** mit geringerer Fs erhalten. Der Einfl. anderer Parameter (Dämpfungsdauer, Chemikalienmenge, Imprägnierungsart, Schleifbedingungen usw.) ist relativ gering. Die Qualität (Q) von **A** hängt auch vom Holzdurchmesser ab. Die Meth. ist im Vgl. zu der von LIBBY u. O'NEIL einfacher (Dämpfen statt Kochung) u. billiger bei gleicher Q von **A**. Es wird betont, daß „**A**" ebenso eine Rohstoffgruppe wie z. B. „Zellstoff", darstellt. Es ist möglich, **A** von definierter Fa u. Fs herzustellen. G. REISNER. 7956 □

Der Einfluß von Aldehyden auf die Löslichkeit von Polysacchariden und die Bildung von Zuckern beim Sulfataufschluß von Holocellulose. Ss. A. Ssapotnitzki und A. G. Mosskalewa. (Журнал Прикладной Химии [J. angew. Chem.] **33.** 1168—72. Mai 1960; russ.) — Unters. des Einfl. von *Aldehyden* auf die Löslichkeit der *Polysaccharide* (I) beim Sulfitaufschluß von *Holocellulose* (II) bei 135° (Dauer bis zu 8 Std.) ergibt, daß aliphat. Aldehyde, wie CH_3CHO u. HCHO, die Lsg. von Nichtcellulose-I beschleunigen u. die Löslichkeit von *Cellulose* selbst begünstigen. Während der Lsg.-Periode der Nichtcellulose-I führt die Ggw. aliphat. Aldehyde zu einer Erniedrigung des Zerfallsgrades der sich bildenden Zucker. Dagegen übersteigt während der Lsg.-Periode der Cellulose die Geschw. des Zuckerzerfalls ihre Bldg., womit sich die Ausbeute an Zuckern erniedrigt. Die Einführung von aromat. Aldehyden, wie Vanillin, in die Aufschlußlauge verändert den üblichen Verlauf des Sulfitaufschlusses der **II** nicht. M. ULMANN. 7962 □

Über den Gehalt der leicht hydrolysierbaren Fraktion der Cellulose im Holz. I. I. Korolkow und G. D. Paramonowa. (Журнал Прикладной Химии [J. angew. Chem.] **33.** 2739—43. Dez. 1960; russ.) — Während bei der Hydrolyse von *Cellulose* (I) enthaltenden Materialien die leicht hydrolysierbare I-Fraktion rekrist. u. in die schwerer hydrolysierbare Form übergeht, löst sich bei der Äthanolyse die gesamte hydrolysierbare I vollständig. Hier bietet sich eine Möglichkeit der Best. der leicht hydrolysierbaren I im Holz. Unter Verw. von *Tannenholzspänen, Cellolignin* von Tannenholz u. *Sulfitcellulose* wird gezeigt, daß bei allen 3 Präpp. die Geschw.-Konst. der Hydrolyse u. Äthanolyse nach 180 Min. Rk.-Zeit bei 0,00020—0,00025 liegt. Im Gebiet des leicht hydrolysierbaren Anteils werden dagegen Unterschiede gefunden. Bei Tannenholz werden bei der Hydrolyse 23,0% leicht hydrolysierbare Anteile, bei der Äthanolyse 26,8% gefunden; bei Cellolignin u. Sulfitcellulose bei der Hydrolyse 5,0% u. bei der Äthanolyse 11,7%. Es ist dies ein Maß für die Menge der während der Hydrolyse rekristallisierenden I-Anteile. Bei Trocknung von Holz erhöht sich dessen Anteil an leicht hydrolysierbarer I. Ein analoger Vorgang dürfte bei der Gewinnung von Sulfitcellulose anzunehmen sein. M. ULMANN. 7968□

Die Hydrolyse der Polysaccharide der pflanzlichen Gewebe durch konzentrierte Salzsäure und gasförmigen Chlorwasserstoff. N. W. Tschalow, A. Je. Leschtschuk und O. A. Alexandrowa. (Журнал Прикладной Химии. [J. angew. Chem.] **33.** 2743—50. Dez. 1960; Forsch.-Inst. für die Hydrolysen- u. Sulfitalkohol-Ind.; russ.) — Nach eingehender Unters. der Temp.-Verhältnisse bei der Durchtränkung von Holzspänen mit konz. HCl u. weiterhin bei Einw. von gasförmiger HCl wird gezeigt, daß bei der Durchführung der Hydrolyse von Cellulosematerialien mit gekühlter konz. 41%ig. HCl-Lsg. u. anschließender Sättigung dieser mit gasförmigem HCl bei einer optimalen Temp. von 20—25° u. 1 at der Gesamtprozeß der Hydrolyse in 6 Std. durchführbar ist. Hierbei ist die Hydrolysen-Geschw. 6mal größer u. der HCl-Verbrauch 1,5mal kleiner als beim Arbeiten mit 41%ig. HCl in einer Diffusionsbatterie. M. ULMANN. 7968□

Zweiphasenhydrolyse von entkernten Maiskolben. A. Ja. Kolossowa, Ju. I. Burkowskaja, A. N. Gladnewa und N. Ss. Maximenko. (Гидролизная и Лесохимическая Промышленность [Hydrolysen- u. holzchem. Ind.] **13.** Nr. 8. 12—15. 1960. Leningrad, Zentrales Forschungsinst. für Hydrolyse- u. Spritind.; Krasnodar, Hydrolysewerk; russ.) — Vgl. C. **1961.** 5294. Unter Betriebsbedingungen wird eine Zweistufenhydrolyse von entkernten Maiskolben untersucht. Die Pentosenhydrolyse wird bei 100° mit 2—2,5%ig. H_2SO_4 bei einer Rk.-Dauer von 60 bzw. 120 Min., unter 7—10 atü, 170—183° u. bei einer Säurezufuhr von 16—20 m^3/h durchgeführt. Die Gesamtausbeute an Zuckern beträgt 61,6%, davon 32,2% Pentosen u. 29,4% Hexosen. T. LUKANOFF. 7968□

Mitsui Mokuzai Kogyo Kabushiki Kaisha, Tokyo (Erfinder: Tsuyoshi Kuji, Nagoya), Japan, **Herstellung biegsamer harter Faserplatten.** Holzabfälle werden zerfasert, mit W. aufgeschlämmt, eine Emulsion, die 60—80 (Teile) thermoplast. Styrolgummi u. 20—40 härtbare Phenolharze enthält, wird zugegeben, bei pH 4—4,5 koaguliert, überschüssiges W. entfernt, die Fasermatte (von z. B. 2,5 cm auf 3 mm) gepreßt u. bei z. B. 150—200° in der Presse gehärtet. (**Jap. A. S. 4891/1960** vom 4/8. 1958, ausg. 10/5. 1960.) M. PANKOW. 7953

S. à r. l. Fibre Tessile e Cellulosa FI. TE. CE., Rom, Italien, **Gewinnung von Alkalicellulose** aus den Stengeln der Baumwollpflanze oder aus anderen pflanzlichen Ausgangsmaterialien. 28 Tage wird maceriert, zerkleinert u. in Ggw. von O_3 mit Alkalilauge gekocht. Das Verf. kann auch in einem mit Transportschnecke ausgestatteten kontinuierlich arbeitenden Autoklav durchgeführt werden, wobei Lauge u. O_3 im Gegenstrom zum Cellulosematerial fließen. (**It. PP. 479 078** vom 3/8. 1951 u. **518 601** [Zusatz-Pat.] vom 15/7. 1952.) K. KOEBKE. 7959

Texaco Development Corp., New York, N.Y., übert. von: Lincoln Thomas Work, Maplewood, N.J., V.St.A., **Kontinuierlicher Zellstoffaufschluß,** dad. gek., daß der zerkleinerte Rohstoff (Holz, Schilf, Maisstengel, Bagasse) in einem Strom verdampfbarer Fl. (W.) mit ligninlösenden Chemikalien in Kontakt gebracht, die Masse als Strom zusammen mit einem Gasstrom (CO_2, NH_3, SO_2), der die Strömungs-Geschw. beschleunigt u. den Aufschluß fördert, durch eine Heizzone geführt, dabei aus der Masse $\geqq$ 70% des W. verdampft u. der Strom aus Rohstoff, Gas u. Dampf in eine 2. Zone, in der die Masse durch heftiges Rühren bei Geschw. $\geqq$ 25 feet/s defibriert wird, geführt wird. Herst. von *Ca-, Mg-, Na-* oder *NH_4-Sulfitzellstoff, Natron-* oder *Sulfatzellstoff.* — Beispiele, Vorr., Zeichnung. (**A. P. 2 977 275** vom 9/9. 1955, ausg. 28/3. 1961.) G. VOGEL. 7963

Francis H. Snyder & Associates, Inc., New Milford, übert. von: Francis H. Snyder, Newtown, Conn., V.St.A., **Aminopyrolyse von holzartigen Rohstoffen.** Zerkleinerte, ggf. unter Druck zerquetschte Holzabfälle (I) werden in einer, einen starken Elektrolyten, wie NaOH, H_2SO_4 oder Na_2SO_4, enthaltenden wss. Lsg., die mindestens 1/10n sein muß, solange eingeweicht, bis 100 Teile lufttrockene I mindestens 10 Teile dieser Fl. aufgenommen haben. Auf die behandelten feuchten I wird NH_3, ggf. unter Beimischung von Luft bei normalem Druck so lange einwirken gelassen, bis 100 Teile lufttrockene I mindestens 5 Teile NH_3 aufgenommen haben, u. feuchte I 1—90 Min. lang mit trockenem Wasserdampf bei 600—1250 lbs./sq.in. u. ca. 250—300° behandelt. Der Ligninanteil des Holzes, der bis zu 80% mechan., der Rest mit 2—4% kalten alkal. Lsgg. oder mit Aceton von dem Rk.-Prod. entfernt werden kann, hat im Gegensatz zum Celluloseanteil große Mengen N aufgenommen. Erst bei Anwendung scharfer Bedingungen u. größerer Mengen NH_3 wird auch die Cellulosestruktur stark verändert, so daß bei der trockenen Dest. des Rk.-Gemisches große Mengen cycl. N-Verbb. erhalten werden. — Verw. für *faserverstärkte Kunststoffe* oder *Schichtstoffe. Düngemittel.* Fließbild. (**A. P. 2 964 518** vom 28/6. 1956, ausg. 13/12. 1960.) A. JAHN. 7965

První Brněnská Strojírna Závody Klementa Gottwalda Národní Podnik, Brünn (Erfinder: Josef Votoupal, Brünn, und Václav Kubelka, Preßburg), Tschechoslowakei, **Rückgewinnung von Endprodukten bei der Verbrennung von Sulfitablaugen** aus Sulfitzellstoff-Fabriken u. Schlempen aus Sulfitspiritusbrennereien. Die Ablaugen u. Schlempen werden auf geeignete Konz. eingedickt oder zu Pulver getrocknet, wobei auch Kohlenstoff zugesetzt werden kann. Vor oder während der Verbrennung werden Flußmittel in Form von Kesselflugasche, silicathaltigen Erden oder Kohlenstaub zugesetzt. Diese oder ihre Aschen bilden mit der Asche der Ablaugen oder Schlempen entweder eutekt. Gemische mit niedrigem Fließpunkt oder sie reagieren mit derselben unmittelbar unter Bldg. von Verbb. mit niedrigem Fließpunkt. Ggf. werden vor oder während der Verbrennung saure Flußmittel zugesetzt, wobei sie mit der Asche der Ablaugen derart reagieren, daß in derselben gebundener S in Form von SO_2 frei wird u. so dessen Rückgewinnung aus den Rauchgasen ermöglicht. (**Oe. P. 215 785** vom 23/6. 1956, ausg. 26/6. 1961. Tschech. Prior. 24/6. 1955.) M. F. MÜLLER. 7967

Inventa Akt.-Ges. für Forschung und Patentverwertung Luzern, Luzern (Erfinder: Johann Giesen, Haldenstein, und Fritz Müller, Chur), Schweiz, **Gewinnung von mehrwertigen Alkoholen** mit <5 C-Atomen aus Holzzuckerwürzen (**A**), dad. gek., daß die Würze geklärt u. von Säuren befreit u. die in der Würze vorhandenen Pentosen u. Hexosen zu Pentiten (**B**) bzw. Hexiten (**C**) hydriert werden, worauf **C** u. **B** an mit Komplexbildnern imprägnierte Adsorbentien gebunden werden, ferner, daß **C** u. **B** mit neutral reagierenden Fll., deren Menge kleiner ist als die des Lsgm., bei der Bindung vom Adsorbens abgelöst u. in der erhaltenen, konz. Lsg. enthaltene **C** u. **B** einer Hydrierspaltung unterworfen werden, worauf die entstandenen, mehrwertigen Alkohole mit <als 5 C enthaltenden Spalt-Prodd. einzeln oder zusammen an mit Komplexbildnern imprägnierte Adsorbentien gebunden u. mittels neutral reagierender Fll. wieder abgelöst werden. Aus **A** wird z. B. *Hexit, Glycerin, Propylenglykol-(1.2), Propylenglykol-(1.3)* u. *Äthylenglykol* erhalten. (**Schwz. P. 352 662** vom 19/10. 1956, ausg. 28/4. 1961.) G. KÖNIG. 7969

Wolff & Co. K. G. auf Aktien, Deutschland, **Herstellung von Celluloseäthern,** dad. gek., daß eine auf 50—150 μ Faserlänge zerkleinerte Cellulose bei 50—90° mit 50%ig. NaOH mercerisiert u. im gleichen Rk.-Gefäß alkyliert, z. B. bei 95—100° u. 3—5 at mit CH_3Cl behandelt wird. (**F. P. 1 218 766** vom 9/3. 1959, ausg. 12/5. 1960.) S. BÖTTCHER. 7971

XVIIIb. Textilfasern

Der menschliche Schweiß, seine Entstehung, seine Beschaffenheit und seine Auswirkung auf die Textilien. Hermann Behncke. (Chemiker-Ztg. — Chem. Apparatur **85.** 906—10. 20/12. 1961. Frankfurt/M.; dt.) — Die komplexen Vorgänge der Entstehung von Schweiß werden geschildert u. seine chem. Zus. u. die Wechselwrkg. mit der direkt auf der Haut getragenen Kleidung aus Cellulose oder vollsynthet. Fasern u. deren zweckentsprechende Reinigung werden erörtert. L. JENTGEN. 8022 □

Hitzeübertragung von brennenden Geweben. C. T. Webster, H. G. H. Wraight und P. H. Thomas. (J. Textile Inst., Trans. **53.** T 29—T 37. Jan. 1962. Boreham Wood, Herts, Joint Fire Res. Organis., Fire Res. Stat., Dep. of Sci. and Ind. Res.; engl.) — Die Hitzeübertragung von brennendem Woll- u. Cellulosegewebe auf nahegelegene

Metalloberflächen wird nach 2 verschiedenen Meth. bestimmt. Das Gew. der Gewebe liegt zwischen 1,6 u. 19 mg/cm². Die ermittelten Ergebnisse zeigen, daß die maximale Hitzeübertragung vom brennenden Gewebe bei 1200 cal/g Gewebe liegt, wobei größere Unterschiede zwischen dem Woll- u. Cellulosegewebe nicht beobachtet werden. Die übertragbare Hitzemenge nimmt mit steigendem Waren-Gew. zu, ist jedoch bei den leichtesten Geweben immer noch so hoch, daß mit schweren Verbrennungen zu rechnen wäre. Der maximale Hitzefluß der Flamme zur Metalloberfläche wird mit 0,7 $cal/cm^{-1} s^{-1}$ bestimmt. — 7 Abb., 2 Tabellen, 8 Literaturhinweise. H. G. FRÖHLICH. 8022□

Entwicklung des Schmälzproblems in wissenschaftlicher Sicht. E. Corty. (Z. ges. Textilind. **63.** 113—16. Febr. 1961; dt.) — Der Einfl. der wissenschaftlichen Arbeit auf die Einführung der kontinentalen Kammgarnspinnerei, auf den Übergang zu Olein in der Streichgarnspinnerei, auf die Entw. der anionakt. u. nichtionogenen Emulgatoren u. auf die diesbezüglichen Auswirkungen der Koll.-Chemie u. der Faserforschung werden behandelt. Über die seit 1945 aufgetretenen Schmälzprobleme u. den Stand bei deren Lsg. wird berichtet. J. ARNDT. 8030□

Der Einfluß antistatischer Verbindungen auf das Anschmutzen von Geweben und die Leichtigkeit der Schmutzentfernung beim Waschen. D. Wilson. (J. Textile Inst., Trans. **53.** T1—T21. Jan. 1962. Braintree, Essex, Courtaulds Ltd., Text. Res. Labor.; engl.) — Der Einfl. verschiedener antistat. Prodd. auf das Anschmutzen von *Courtelle, Nylon 66, Tricel* u. *Terylen* beim Tragen u. beim künstlichen Anschmutzen wird untersucht. Hierbei wird gefunden, daß die untersuchten antistat. Prodd. (Polyaminharz, quart. Ammonium-Verbb., Polyelektrolyte u. ein nichtionogenes Prod.) das Anschmutzen grundsätzlich erleichtern. Die Entfernung des Schmutzes beim Waschen ist um so schwerer, je echter die antistat. Ausrüstung der Ware ist. Da sich die antistat. Prodd. je nach ihrem chem. Aufbau recht unterschiedlich verhalten, ist jeweils eine individuelle Bewertung notwendig. — 21 Abb., 17 Tabellen, 8 Literaturhinweise.
H. G. FRÖHLICH. 8038□

Einige Einflüsse der Natur der Brückenbildung auf die Eigenschaften von Baumwollware. W. A. Reeves. (J. Textile Inst., Proc. **53.** P 22—P 36. Jan. 1962. New Orleans, La., U.S. Dep. of Agric., Agricult. Res. Serv., Southern Utilisation Res. and Dev. Div.; engl.) — Der Vers., den Einfl. der Bindungsart (H-Brücken oder kovalente Bindung) zwischen den Celluloseketten in den Lamellen u. Mikrofibrillen bei der Kunstharzbehandlung auf die erhaltene Knitterfreiheit u. die Wash- u. Wear-Eigg. zu erfassen, wird unternommen. Danach werden nur dann echte Wash- u. Wear-Eigg. sowie gute Knitterfreiheit erhalten, wenn sich kovalente Bindungen ausbilden können. H-Brücken tragen lediglich im trockenen Zustand zu einem verbesserten Knittererholungsvermögen bei. Die Hydrolyse der kovalenten Bindung im sauren u. alkal. Bereich sowie die Ursachen des Cl-Rückhaltevermögens werden diskutiert. — 4 Abb., 1 Tabelle, 22 Literaturhinweise, Diskussion. H. G. FRÖHLICH. 8044□

Das Mercerisieren von Baumwolle und sein Einfluß auf die Knitterfreiheit und die Knittererholung. H. Borsten. (J. Textile Inst., Proc. **53.** P 37—50. Jan. 1962. Delft, Vezelinst. T.N.O.; engl.) — Nach einer Übersicht über den Einfl. des Mercerisierens auf die nachträgliche Hochveredlung mit Kunstharzen u. CH_2O, werden eigene Verss. besprochen. Die an Garn u. Geweben ausgeführten Mercerisierungs-Verss. deuten darauf hin, daß das Mercerisieren für die nachfolgende Harzbehandlung nur dann von Vorteil ist, wenn hierbei eine starke Faserquellung, eine deutliche Veränderung der physikal.-mechan. Eigg. sowie eine geringe Änderung des Orientierungsgrades der Baumwolle erfolgt. Die geeigneten Mercerisierungsbedingungen lassen sich durch Änderung der NaOH-Konz., der Temp. u. der Zeit erzielen. — 4 Tabellen, 51 Literaturhinweise, Diskussion. H. G. FRÖHLICH. 8044□

Das Verhalten von harzausgerüsteter Baumwolle gegenüber Natronlaugelösungen. E. Plötz. (J. Textile Inst., Proc. **53.** P51—P61. Jan. 1962. Ludwigshafen/Rh., BASF; engl.) — Wird mit Dimethylolharnstoff, Dimethylloläthylenharnstoff u. CH_2O (40%) veredelte Baumwollware mit 20%-NaOH-Lsg. bis zu 24 Std. behandelt, so wird eine starke Zunahme der Quellung u. ein völliger Verlust des Trockenknitterwinkels (Erholung) beobachtet, während der Naßknitterwinkel (Erholung) prakt. unverändert bleibt. Diese Ergebnisse deuten daraufhin, daß der Trocken- u. Naßknittererholung verschiedenartige Mechanismen zugrunde liegen, obwohl beide Eigg. während der gleichen Behandlung erreicht werden können. H. G. FRÖHLICH. 8044□

Der Einfluß der Perjodatoxidation und der nachfolgenden Reduktion mit Borhydrid auf die Reißfestigkeit von Baumwolle. T. P. Nevell und S. H. Zeronian. (J. Textile Inst., Trans. **53.** T90—T93. Febr. 1962. Manchester, Shirley Inst., Cotton,

Silk and Man-made fibres Res. Assoc.; engl.) — Baumwollgarne werden bei 25° im Dunkeln mit einer 0,01- bzw. 0,1m $NaJO_4$-Lsg. (I), Flotte 1:50 verschieden lange oxidiert, geteilt u. anschließend eine Hälfte 24 Std. lang bei Zimmer-Temp. mit einer nicht gepufferten KBH_4-Lsg. (II) reduziert. Die Best. der Reißfestigkeit zeigt, daß die Oxidation mit **I** im Bereich bis zu einem Verbrauch von 20 O_2-Atomen/100 Glucoseeinheiten zu einem starken Festigkeitsabfall führt, der bei weiterer Oxidation konst. bleibt. Die anschließende Red. mit **II** verringert diesen Festigkeitsabfall deutlich in obigem Bereich. Bei weiterer Oxidation fällt dagegen die Festigkeit auch weiter ab. Diese Befunde werden mit der Bldg. von Halbacetalbindungen in der Perjodatoxicellulose zurückgeführt. — 8 Literaturhinweise. H. G. FRÖHLICH. 8044□

Einige Entwicklungen bei synthetischen Fasern. J. W. Wilkinson. (J. Textile Inst., Proc. **53.** P191—P204. Febr. 1962. Manchester, Courtaulds Ltd.; engl.) — Allg. Überblick über die Entw. neuer Fasern in England, wie die Cellulosefasern *Tenasco, Durafil SM 27*, die modifizierten Acetatfasern *Seratelle, Ribbonstraw, Seraceta KN* sowie die texturierten Garne *Courtolon, Ban-Lon* u. *Agilon.* — 7 Abb., 2 Tabellen, 8 Literaturhinweise. H. G. FRÖHLICH. 8070□

Untersuchung von Viscosefasern nach der Äthanolysemethode. Je. A. Abramowa und O. Ja. Bufettschikowa. (Журнал Прикладной Химии [J. angew. Chem.] **34.** 416—23. Febr. 1961. Akad. der Wiss. der UdSSR, Inst. für hochmol. Verbb.; russ.) — Unter Anwendung der kinet. Äthanolyse-Meth. wird festgestellt, daß in Viscosefasern die Menge an amorpher Fraktion bei Steigerung des $ZnSO_4$-Geh. im Fällbad ansteigt. Die Kurve der Hydrolysierbarkeit der Viscosefasern in Abhängigkeit von der $ZnSO_4$-Menge zeigt 2 Maxima. Diese liegen bei reiner Viscose bei einem γ des Xanthogenats von 60—70 im Gebiet von 60 g/Liter u. in Ggw. von Cyclohexylamin bei 80 u. 105 g/Liter $ZnSO_4$ im Fällbad. Viscosen aus Xanthogenaten mit $\gamma = 28$—30 zeigen eine ungleichmäßige Struktur. Mit abnehmendem Substitutionsgrad des Xanthogenats in der Viscose-Lsg. erniedrigt sich die Hydrolysierbarkeit der gewonnenen Fasern. M. ULMANN. 8074□

Der Einfluß der Temperatur auf die Knittererholung von Geweben aus synthetischen Fasern. J. A. Edelston und K. W. Hillier. (J. Textile Inst., Proc. **53.** P 89 bis P98. Jan. 1962. Harrogate, ICI Ltd., Fibres Div.; engl.) — Best. des Knittererholungsvermögens an vergleichbaren Köpergeweben aus Polyester-Copolymerisat-, Acrilan-, Nylon-, Terylen-, Vycronpolyesterfaser u. Wolle im Temp.-Bereich von 30—90° nach einer Erholungszeit von 15 Sek. u. 30 Minuten. Bei allen Fasertypen wird mit zunehmender Temp., vor allem bei >45°, ein deutlicher Abfall des Knitterwinkels gefunden. Am stärksten ist der Abfall bei Acrilan (von 151 auf 124); bei den Polyesterfasern fällt der Knitterwinkel von 158 auf 140, bei Nylon von 110 auf 99 u. bei der Wolle bleibt er prakt. gleich (161 auf 155). Die Best. der Knitterwinkel bei erhöhter Temp. wird beschrieben. — 11 Abb., 2 Tabellen, 14 Literaturhinweise, Diskussion. H. G. FRÖHLICH. 8080□

Knittererholung von Polyvinylalkoholfasern. C. van Bochove und M. M. Zwick. (J. Textile Inst., Proc. **53.** P79—P88. Jan. 1962. Delft, Centr. Labor. T.N.O.; engl.) — Polyvinylalkoholfasern (PAF) wie auch Cellulosefasern sind hydrophile Fasern mit geringer Knittererholung. Die Ursache hierfür ist bei beiden Fasern jedoch grundverschieden. So besitzt die reine PAF von Natur aus ein gutes Knittererholungsvermögen, aber nur geringe Beständigkeit gegenüber heißem H_2O. Durch nachträgliche Acetalisierung mit CH_2O zum Zwecke der Heißwasserbeständigkeit geht die gute Knittererholung völlig verloren. Durch die Herst. von räumlich gleichmäßigen (stereo-regular) PAF sollen nun Fasern mit guter Heißwasserbeständigkeit u. guter Knittererholung erhalten werden. — 1 Abb., 5 Tabellen, 20 Literaturhinweise, Diskussion. H. G. FRÖHLICH. 8080□

Besonderheiten der Rezeptur und Technologie bei der Anwendung von Glasgewebe und Eigenschaften der Gummigewebematerialien auf dieser Grundlage. M. G. Maisels und W. G. Rajewski. (Каучук и Резина [Kautschuk u. Gummi] **19.** Nr. 12. 18—24. Dez. 1960. Forsch. Inst. der Gummiind.; russ.) — Eine grundsätzliche Charakteristik einiger Glasfasern wird gegeben. Aus den technolog. Besonderheiten der Anwendung von Glasgeweben werden bes. die Arbeitsbedingungen bei der Gummikitt-Einschmierung, beim Kalandern u. bei der Vulkanisierung diskutiert. Folgende Eigg. der Gummigewebematerialien werden auf der Grundlage von Glasgewebe beschrieben: Mechan. Eigg., Alterung, Widerstandsfähigkeit gegen chem. Einw., dynam. Eigg., Abriebfestigkeit, Gasdurchlässigkeit, dielektr. Eigg., Feuerbeständigkeit. C. KOZÁK. 8082□

Die Beurteilung des Knitterwiderstandes und der Knittererholung. J. Lako und L. S. Veer. (J. Textile Inst., Proc. **53.** P99—P115. Jan. 1962. Arnhem, A.K.U., Centr. Res. Inst.; engl.) — Beschreibung einer neuen Meth. zur Beurteilung der Knitter-Eigg. von Geweben, wobei die Ware in einem Spezialgerät geknittert wird. Die Beurteilung erfolgt unter Standardbedingungen subjektiv, wobei mit Standardphotos verglichen werden kann. Der Einfl. der atmosphär. Bedingungen, der Behandlung auf der HOFFMAN-Presse sowie das Zug-Dehnungs-Verh. der Faser auf die spezif. Knitter-Eigg. werden kurz besprochen. — 15 Literaturzitate, 5 Abb., 3 Tabellen, Diskussion.
H. G. FRÖHLICH. 8096□

Der Linra Sun-Ray Knittererholungstest. L. B. Archibald und W. H. Ewing. (J. Textile Inst., Proc. **53.** P135—P142. Jan. 1962. Linen Ind. Res. Assoc.; engl.) — Beschreibung des Linra Sun-Ray Knittererholungstestes. Eine runde Gewebeprobe wird 15mal gefaltet (wie ein Faltenfilter), in ein ausführlich beschriebenes Gerät eingelegt u. mit 10 lbs. 3 Min. lang belastet. Danach wird die Gewebeprobe auf eine mit Silicon behandelte Glasplatte gelegt u. die Erholung nach 1 u. 3 Min. sowie nach 24 Std. ermittelt. — 10 Abb., Diskussion. H. G. FRÖHLICH. 8096□

Das Erreichen von Minimum-Iron-Eigenschaften in Cellulosematerialien. H. Corteen. (J. Textile Inst., Proc. **53.** P143—P160. Jan. 1962. Tootal Broadhurst Lee Co. Ltd.; engl.) — Unter Verw. eines genau beschriebenen Prüfgerätes wird das knitterarme Auftrocknen von mit verschiedenen Kunstharzen unter verschiedenen Kondens.-Bedingungen ausgerüsteten Baumwoll-, Viscosereyon- u. Leinengeweben ermittelt u. miteinander verglichen. Hierbei wird festgestellt, daß jede Faser- u. Gewebeart individuell ausgerüstet werden muß, d. h. die Ausrüstung muß der Faser- u. Gewebeart angepaßt werden, um ein möglichst bügelarmes Auftrocknen der Gewebe nach Naß- u. Waschbehandlungen zu erreichen. — 20 Abb., 10 Literaturhinweise, Diskussion.
H. G. FRÖHLICH. 8096□

Die durch optische Aufheller verursachten Probleme der Identifizierung. J. Kiger und R. Bon. (Ann. pharmac. franç. **18.** 853—72. Dez. 1960. Paris, Hôpital militaire du Val-de-Grâce; franz.) — 32 Handels-Prodd., die in Europa auf dem Markt sind, werden klassifiziert. Die Grundsätze u. prakt. Anwendung der opt. Aufhellung sowie die chem. Natur der Aufheller werden erläutert u. Verss. zu ihrer Isolierung u. Identifizierung durch Extraktion mit einem Gemisch von Pyridin u. NH_3, Chromatographie u. Elektrophorese sowie Teste durch Tüpfeln unter Wood-Licht von mit opt. Aufhellern behandelten Baumwollgeweben u. Filterpapier mit 4 verschiedenen Rk.-Mitteln beschrieben. Durch Kombination der verschiedenen Verss. u. Vgl. mit gleichzeitigen Verss. mit Referenzaufhellern kann mit ziemlicher Sicherheit die Art des Aufhellers u. seine chem. Gruppen festgestellt werden. — 2 Abb., 6 Tabellen. L. JENTGEN. 8098□

Die Feuchtigkeitsprüfung von veredelter Wolle von besonderer Qualität in Australien. J. A. Dixie. (Canad. Textile J. **79.** Nr. 3. 41—46. 2/2. 1962. Melbourne, Australia, Australian Wool Testing Authority; engl.) — Über die Wolle verarbeitende Industrie in Australien, die Unterschiede bei der veredelten Wolle, die Genauigkeit der Probenahme, die Instrumente hierfür, die Probenahme selbst sowie über die Maßnahmen zur Wiederherst. des Feuchtigkeits-Geh. in der Textilfabrik wird berichtet. — 6 Abb., 3 Tabellen. R. BAMBERGER. 8108□

Möglichkeiten und Grenzen der Cysteinsäureanalyse für die Beurteilung des Aufhellens von Waschwollen, Kammzügen und anderem Wollmaterial. Klaus Ziegler. (Z. ges. Textilind. **63.** 117—20. Febr. 1961. Aachen, TH, Dtsch. Wollforsch.-Inst.; dt.) — Die Anwendung der Cysteinsäureanalyse in Wollhydrolysaten mit Hilfe der Niedervoltelektrophorese auf Papier wird an unterschiedlich vorbehandelten Wollgarnen, Kammzügen, Wollgewirken u. -filzen geprüft u. festgestellt, daß aus dem Cysteinsäure-Geh. direkt auf den Oxydationsgrad geschlossen werden kann. Carbonisierte Wolle gibt jedoch auf Grund der gleichen Wanderungswege von Cysteinsäure, Serin- u. Threoninsulfat zu hohe Werte. J. ARNDT. 8108□

Der Nachweis chemischer Veränderungen bei der Naßwäsche mit Hilfe der Lanthioninanalyse. F.-W. Kunitz. (Z. ges. Textilind. **63.** 126—29. Febr. 1961. Aachen, TH, Dtsch. Wollforsch.-Inst.; dt.) — Die chem. Veränderung der Wolle durch Naßwäsche wird mit Hilfe der Lanthioninanalyse untersucht. Es wird darauf hingewiesen, daß mit dieser Meth. entschieden werden kann, ob Fehler bei der Vorbehandlung oder beim Färben der Wolle gemacht wurden. J. ARNDT. 8108□

United States Borax & Chemical Corp., Los Angeles (Erfinder: Stephen Emmanuel Stephanou, Santa Ana, Lawrence Lavernne Schwaley, Whittier, und Sam Hyung Lee, Anaheim), Calif., V.St.A., **Bleichmittel**, enthaltend ein

Borat u. ein Alkali- oder Erdalkalihypochlorit in einem Mol-Verhältnis $OCl^-:X_nO:B_2O_3$ = 0,029—0,36:0,65—0,90:1,00 [X = Alkali- oder Erdalkalimetall; n = 2 (Alkalimetall) oder n = 1 (Erdalkalimetall)]. (**Oe. P. 213 840** vom 17/12. 1958, ausg. 10/3. 1961. A. Prior. 17/1. u. 24/4. 1958.) W. WITTHOLZ. 8027

W. A. Scholten's Chemische Fabrieken N. V., Groningen (Erfinder: Jan Lolkema und Geert Moes, Hoogezand, und Willem Freerk Vogel, Groningen), Holland, **Schlichten von Textilgarnen,** z. B. aus Baumwolle, Acetat-, Viscosekunstseide oder Nylon. Das Gut wird mit einer wss. Lsg. eines Äthers, Esters oder Acetals der Amylose, bes. eines Alkyl-, Hydroxyalkyl- oder gemischten Alkyl–Hydroxyalkyläthers, in dem die Alkyl- bzw. Hydroxyalkylgruppe 1—4 C-Atome enthält, oder eines Amyloseesters einer Fettsäure mit 2—4 C-Atomen behandelt, wenn es sich um ein hydrophobes Garn handelt, während bei einem hydrophilem Garn zweckmäßig eine wss. Lsg. eines solchen Äthers, Esters oder Acetals verwendet wird, der bzw. das in dem Substituenten eine hydrophile Gruppe, bes. eine COOH-, SO_3H-, NH_2- oder substituierte NH_2-Gruppe, enthält. Eine geeignete trockene Schlichte wird erhalten, wenn Amylose in Ggw. einer beschränkten Menge W. mit einem Verätherungs-, Veresterungs- oder Acetalisierungsmittel u. ggf. einer alkal. Verb. reagiert, daß Rk.-Gemisch auf einer erhitzten Walze getrocknet u. der entstandene trockene Film zu Flocken vermahlen wird; als Verätherungsmittel sind z. B. die Alkylhalogenide, Dialkylsulfate oder CH_2N_2, Alkylenoxide oder -chlorhydrine geeignet. — Zum Beispiel wird eine Kette aus Acetatkunstseide von 75 Den. kontinuierlich bei 60° durch eine 8%ig. Lsg. eines Amyloseäthyläthers (Substitutionsgrad 0,4) laufen gelassen, abgepreßt u. auf Trommeln bei 80—90° getrocknet; das so geschlichtete Garn ist gegen mechan. Einfl. sehr beständig u. prakt. frei von elektrostat. Aufladung; die Schlichte läßt sich nach dem Verweben der Garne wieder leicht auswaschen. (**Oe. P. 211 265** vom 24/3. 1959, ausg. 26/9. 1960. F. Prior. 24/3. u. 23/6. 1958.) W. RAETZ. 8031

Hoyt Metal Co. of Great Britain Ltd., London, England, übert. von: National Lead Co., New York, N.Y., V.St.A., **Textilschmälze,** bestehend aus der wss. Emulsion eines üblichen Textilöls (I), z. B. Oliven-, Cocos- oder Mineralöl mit einem Zusatz von 0,5—10% (bezogen auf I) organophilem Bentonit, wie Dioctadecylammonium-, Laurylammoniumbentonit oder Triphenyl-laurylphosphoniumbentonit. (**E. P. 858 863** vom 20/5. 1957, ausg. 18/1. 1961. H. MÖLLERING. 8033

Heberlein & Co. Akt.-Ges., Wattwil, Schweiz, **Veredeln von cellulosehaltigem Textilgut.** Das Textilgut wird mit ionisierenden Strahlen, bes. γ- oder Röntgenstrahlen behandelt, wodurch in den Celluloseketten u./oder in ggf. vor der Bestrahlung auf das Textilgut aufgebrachten chem. Verbb., wie polymerisierbaren monomeren Verbb., akt. Gruppen entstehen, die unter sich u./oder mit ggf. nach der Bestrahlung auf das Textilgut aufgebrachten chem. Verbb. der Pfropfung unterworfen werden, wobei diese sowie die Polymerisation der monomeren Verbb. mittels Redox-Syst. erfolgen kann. Zum Beispiel kann eine monomere polymerisierbare Verb. in Form einer wss. Lsg. auf das bestrahlte Gut aufgebracht u. die Pfropfpolymerisation durch Erwärmen der wss. Lsg. bzw. des mit ihr imprägnierten Gutes durchgeführt werden. Es kann ferner vor der Bestrahlung eine polymerisierbare monomere Verb. auf das Textilgut aufgebracht u. zusammen mit demselben in Ggw. von Luft-O_2 bestrahlt u. gepfropft u. nach dem Bestrahlen eine andere polymerisierbare monomere Verb. aufgebracht u. mit der vor der Bestrahlung aufgebrachten monomeren Verb. gepfropft u. in ein Mischpolymerisat übergeführt werden; ferner kann vor dem Bestrahlen eine polymerisierbare monomere Verb. auf das Textilgut aufgebracht, zusammen mit demselben in Abwesenheit von Luft-O_2 bestrahlt u. die Pfropfpolymerisation herbeigeführt werden u. dann eine 2. Bestrahlung u. Aufpfropfung einer nichtpolymerisierbaren chem. Verb. folgen; es kann schließlich auf das bestrahlte Textilgut eine monomere polymerisierbare Verb. aufgepfropft u. diese in das entsprechende Polymerisat übergeführt werden u. das so erhaltene Prod. dann einer 2. Bestrahlung unterworfen u. eine Pfropfpolymerisation mit einer 2. polymerisierbaren monomeren Verb. durchgeführt werden; hierbei kann ferner vor der Bestrahlung auf das Textilgut eine chem. Verb. aufgebracht werden, die eine topochem. Veränderung des Faserstoffes bewirkt, bes. eine aromat. Verb., die in o-, m- oder p-Stellung zur Verbindungsstelle mit der Cellulosekette einen aliphat. Substituenten mit sek. C-Atomen, bes. Isopropylgruppen, trägt, wie p-Isopropylbenzoylchlorid; endlich kann vor dem Bestrahlen auf das Gut eine chem. Verb. aufgebracht werden, die gleichzeitig eine vor Strahlen schützende Wrkg. auf den Faserstoff hat u. bes. mit der Cellulose eine chem. Verb. ergibt, wie Methansulfonylchlorid. — Ein Textilfasergut von verbesserter Faserfestigkeit u. erhöhter Beständigkeit gegenüber biolog. Abbau, Verschmutzung,

Wasseraufnahme, Einw. von Chemikalien oder Hitze u. Veränderung der Diffusions-Eigg. gegen Luft u. W., der Quellbarkeit u. der thermoplast. Eigg. wird erhalten. — Beispiele. (**Oe. P. 216 466** vom 18/6. 1959, ausg. 25/7. 1961. Schwz. Prior. 8/5. 1959.)
W. RAETZ. 8033

Heberlein & Co. Akt.-Ges., Wattwil, Schweiz, **Behandeln von textilen Flächengebilden, Garnen, Fäden, Fasern, Papier, Kunststoffolien oder Leder zur Erzeugung von permanenten, Schmutz, Öl, Tinte und sonstige Verunreinigungen abweisenden Effekten.** Auf das z. B. aus natürlichem oder künstlichem Cellulosefasergut bestehende Substrat werden organ. Perfluor-Verbb. (I), die mit ionisierenden Strahlen aktivierbare Mol.-Gruppen enthalten, unter Einw. ionisierender Strahlen, bes. γ- oder Röntgenstrahlen, aufgepfropft, wobei bes. Ester aus ungesätt. Alkoholen u. Perfluorcarbonsäuren, aus Perfluoralkoholen u. ungesätt. organ. Säuren, Äther aus ungesätt. Alkoholen u. Perfluoralkoholen oder Acetale aus ungesätt. Aldehyden u. Perfluoralkoholen verwendet werden; das Substrat kann zuerst der Strahlung ausgesetzt u. dann mit I behandelt werden, oder es kann auch umgekehrt verfahren werden; zweckmäßig wird das Substrat nach dem Aufbringen von I auf 50—80° erhitzt; es kann ferner die Bestrahlung in Abwesenheit von Luft, z. B. im Vakuum oder in einem inerten Gas, durchgeführt werden. Die aufgepfropften I sind haftfest u. sehr beständig bes. gegenüber wiederholter Wäsche bzw. Kochwäsche sowie der Einw. von verd. Säuren u. Laugen. — Beispiele. (**Oe. P. 216 467** vom 2/7. 1959, ausg. 25/7. 1961. Schwz. Prior. 18/6. 1959.)
W. RAETZ. 8033

Tootal Broadhurst Lee Co. Ltd., übert. von: Peter Howard Haycock, John James Ryan und Margaret Tuson, Manchester, England, **Mattieren von Textilien.** Die Bldg. von mattierend wirkenden Harnstoff–CH_2O-Kondensaten (I) auf dem Gut wird im 2-Stufen-Verf. dadurch bewirkt, daß von den beiden Imprägnier-Lsgg. die eine das saure Alkali- oder NH_4-Salz einer polybas. Säure (II), deren pK in W. über 10^{-6} beträgt, u. die andere das Metallsalz einer Säure (stärker als II) enthält, wobei durch Entzug von W. aus beiden im Textilgut vorhandenen Lsgg. ein wenig saures Salz ausfällt, der pH des Gemisches erniedrigt u. die Auskondens. des einer der beiden Lsgg. zugesetzten I-Vorkondensates bewirkt wird. In der einen u. in der anderen Imprägnier-Lsg. können jeweils als Salze enthalten sein, z. B.: NaH_2PO_4 u. $MgCl_2$, $BaCl_2$, $MgSO_4$ oder $CaCl_2$, saures Na-Malonat u. $BaCl_2$, Na_2H_2-Pyrophosphat u. $Pb(NO_3)_2$, saures K-Phosphit u. $Pb(NO_3)_2$, saures K-Oxalat u. $BaCl_2$, saures Na-Maleinat u. $Pb(NO_3)_2$ oder auch saures Na-Tartrat u. $ZnSO_4$. — Gleichzeitig mit dem Mattierungseffekt kann eine Verbesserung der *Knitterfestigkeit* des Textilgutes bewirkt werden. Das Verf. ist auch zum *Mattierungsdruck* geeignet, wobei entweder ein I-Vorkondensat oder ein (z. B. auch färbend wirkendes) Reservierungsmittel für I-Vorkondensat aufgedruckt werden kann. (**A. P. 2 962 392** vom 30/4. 1956, ausg. 29/11. 1960, E. Prior. 30/4. 1955.)
H. MÖLLERING. 8037

Heberlein & Co. Akt.-Ges., Wattwil, Schweiz, **Veredeln von Textilstoffen.** Zur Knitterfestausrüstung u. Dimensionsstabilisierung von Flächengebilden, wie Geweben oder Gewirken, auch von Garnen, Fäden oder Zwirnen aus natürlichen u./oder künstlichen cellulosehaltigen Fasern, auch zur Herst. von permanenten Prägeeffekten, wie Gaufrage-, Riffel-, Schreiner-, Moiréeffekten oder Kalandereffekten auf dem Textilgut wird mit wss. Lsgg. oder Dispersionen oder Lsgg. in organ. Lsgm. von kondensierbaren Verbb., wie Methylolharnstoffen u. -melaminen, Dimethyloläthylenharnstoff, 2.6-Dimethyloltriazinon-(4) oder Diglycidäther, ggf. in Ggw. von Katalysatoren, wie BF_3, $Zn(NO_3)_2$ oder Metallhalogeniden imprägniert, u. der Einw. einer ionisierenden Strahlung, bes. γ- oder Röntgenstrahlung, unterworfen, wobei als γ-Strahlungsquelle z. B. ^{60}Co, Spaltprodd. von ^{235}U oder ^{137}Cs verwendet werden; das imprägnierte Gut wird feucht oder trocken, bes. mit einer γ-Strahlung in einer Gesamtdosis zwischen $0{,}5 \cdot 10^6$ u. $3 \cdot 10^6$ Röntgen bei 15—25° behandelt. — Beispiele. (**Oe. P. 211 785** vom 29/4. 1959, ausg. 10/11. 1960. Schwz. Prior. 1/4. 1959.) W. RAETZ. 8037

Augusto Bozzalla, Turin, Italien, **Behandlung von Textilfasern.** Um natürliche, tier. oder pflanzliche oder synthet. Fasern mechan. fester u. weicher u. geeigneter für alle Arten der Verarbeitung zu machen, werden sie 2—3 Min. lang in eine ca. 2%ig. wss. Lsg. eines Elektrolyten, bes. NaCl, getaucht, während diese Lsg. mit einem elektr. Gleichstrom beschickt ist, ggf. gewaschen u. getrocknet. (**It. P. 534 874** vom 22/4. 1955.)
K. KOEBKE. 8039

United States of America, Secretary of Agriculture, übert. von: Austin L. Bullock, Metairie, und John D. Guthrie, New Orleans, La., V.St.A., **Chemische Modifizierung von Baumwolltextilien, wie Amidierung, Carboxymethylierung,**

Sulfoäthylierung, Phosphatäthylierung oder -methylierung und Sulfatierung erfolgt durch Behandlung der Cellulose mit einem polyfunktionellen u. mit einem monofunktionellen Verätherungs- oder Veresterungsmittel. — So wird Baumwollgewebe mit einer wss. Lsg. mit einem Geh. an 5—15 (%) K-Bis-[sulfoäthyl]-aminmonohydrat u. 15—30 NaOH behandelt, auf 90—150° erhitzt, gewaschen, getrocknet u. amidiert mit einer wss. Lsg. mit einem Geh. an 5—20 2 Aminoäthylschwefelsäure (I) u. 20—30 NaOH, worauf auf 100 bis 140° erhitzt, gewaschen u. getrocknet wird. — Statt I kann auch $ClCH_2COOH$ (II) zur Nachbehandlung verwendet werden. — Nach einer Vorbehandlung von Gewebe mit einer wss., 5—20%ig. CH_2O-Lsg. mit 0,1—1% Säurekatalysator sowie Erhitzen auf 90—130° wird mit einer wss., 20—40%ig. Lsg. von II carboxymethyliert u. wie üblich fertiggestellt. — Baumwollgewebe wird mit einer gesätt. wss. Lsg. von 1.3-Dichlorpropanol-(2) u./oder -(1) imprägniert, durch eine wss., 25—50%ig. NaOH-Lsg. geführt, gewaschen, getrocknet u. anschließend mit einer wss., 5—20%ig. Lsg. von I unter NaOH-Zusatz behandelt, worauf bei 100—140° vergütet, nachgewaschen u. getrocknet wird. — Die Nachbehandlung kann nach Imprägnieren mit NaOH-Lsg. auch mit Acrylonitril erfolgen. Weitere Nachbehandlungsmittel sind Chlormethylphosphonsäure u. Bis-[2-sulfoäthyl]-amin. — Tabelle der in der Kälte u. der in der Wärme wirksamen Vernetzungsmittel. (**A. P. 2 971 815** vom 31/10. 1957, ausg. 14/2. 1961.) H. MÖLLERING. 8045

S. p. A. Industrie Chimiche Barzaghi UFA, Mailand, Italien, **Herstellung von Schlichtemitteln für die Wollspinnerei.** Gereinigtes Wollfett (100 kg) wird bei $> 120°$ im Autoklav mit 52 Äthylenoxid (I) behandelt u. das pastöse Prod. ggf. nach Zugabe von 10 Talgfettsäuren oder 30 Mineralöl mit W. emulgiert. Bei Anwendung von 62 I wird ein halbfl. Prod. erhalten. (**It. P. 538 158** vom 20/4. 1955.) K. KOEBKE. 8061

J. R. Geigy Akt.-Ges., Basel, Schweiz, **Schützen von Keratinstoffen gegen Insektenfraß.** Rohe oder verarbeitete Schafwolle, wie Wolldecken, -teppiche oder -wäsche, wollene Kleider oder Wirkwaren, Felle oder Pelze, werden mit Amino-N-sulfonierten Anthranilsäurearylamiden, die durch Rk. eines im Bzl.-Kern halogenierten Anthranilsäurearylamids mit einem Halogenid einer niedermol. aliphat. Sulfonsäure oder durch Rk. eines Halogenids einer im Bzl.-Kern halogenierten N-[Alkylsulfonyl]-anthranilsäure mit einem durch Halogen u./oder CF_3-Gruppen substituierten aromat. Amin in Ggw. eines säurebindenden Mittels erhalten wird, wobei die Ausgangs-Verbb. so gewählt werden, daß im Rk.-Prod. insgesamt mindestens 3 Halogenatome u./oder CF_3-Gruppen als Ringsubstituenten enthalten sind, behandelt. Verbb. dieser Art sind z. B. *2-Methansulfonamido-3.5-dichlorbenzoesäure-3'.4'-dichloranilid* (I), *2-Methansulfonmethylamido-3.5-dichlorbenzoesäure-3'.4'-dichloranilid*, *2-Methansulfonisopropylamido-3.5-dichlorbenzoesäure-3'.4'-dichloranilid* oder *2-Methansulfonamido-5-chlorbenzoesäure-2'.4'-dichlor-5'-trifluormethylanilid*. — Z. B. werden 0,5 (Teile) I mit 10 0,1n NaOH u. etwas A. in Lsg. gebracht, mit 3000 W. verd., in dieser Flotte 100 Wolle 15 Min. lang bei ca. 60° behandelt. 5 10%ig. CH_3COOH wird zugesetzt u. das Gut 1 weitere Std. lang bei 60° behandelt; nach dem Trocknen ist die Wolle widerstandsfähig gegen den Angriff von Motten-, Pelzkäfer- u. Teppichkäferlarven. (**Oe. P. 211 266** vom 23/12. 1958, ausg. 26/9. 1960. Schwz. Prior. 24/12. 1957.) W. RAETZ. 8063

XIX. Brennstoffe. Erdöl. Mineralöle

Über die Gründe einer Erhöhung des spezifischen Gewichtes von Kohlen bei niederen Metamorphosestadien. W. Ja. Possylny. (Химия и Технология Топлив и Масел [Chem. Technol. Brennstoffe Öle] **6.** Nr. 1. 38—42. Jan. 1961; russ.) — Die der Standard-Meth. für die Best. des *spezif. Gew.* (Pyknometer) zugrunde liegende Annahme, daß die *Kohle* (K) als fester Stoff mit W. nur ein mechan. Gemisch bildet, wird widerlegt. Es wird bewiesen, daß K ein koll. Syst. darstellt, in dem die Vergrößerung des Vol. der Aufnahme von W. nicht proportional ist, sondern von der Kontraktion des koll. Syst. u. vom Stadium des Metamorphismus der K abhängt. Dieses wird durch Vers.-Reihen bestätigt u. graph. ausgewertet. ELSE HEINEMANN. 8126

Thermische Verarbeitung der Kohle von Ekibastusugol, die für die energietechnologische Ausnutzung geeignet ist. A. P. Kaschuritschew, L. A. Kowjasina und Ju. N. Kobsew. (Химия и Технология Топлив и Масел [Chem. Technol. Brennstoffe Öle] **6.** Nr. 1. 42—48. Jan. 1961. Akad. der Wiss. der UdSSR; Inst. für fossile Brennstoffe; russ.) — Eine therm. Schnellmeth. für die Verwertung billiger Uraler *Steinkohle* (K), die im Erhitzen der K u. sofortigem Wegführen der gasförmigen Prodd. u. Teere aus dem Rk.-Bereich beruht, wobei der zurückbleibende heiße Koks für Kesselfeuerungen verbraucht werden kann, wird beschrieben. Als Wärmeträger dient Quarzsand, Körnung +100 bis —200 μk, der im Mischer die K vorwärmt u. mit ihr in die Rk.-Kammer tritt.

Experimentell wird nach 1 Min. bei 650—700° eine Ausbeute von 75 (%) Gas, 100 Teer u. 85 pyrogenet. W. der höchstmöglichen Ausbeute erreicht. Wege für die erwünschte Variierung der Ausbeute, der Zus. der Prodd. u. des Heizwertes des Gases werden aufgezeigt u. die Ergebnisse graph. dargestellt. Else Heinemann. 8132

Die Aufbereitung von durch Hydromechanisierung geförderter Kohle. Jan Chleboun. (Uhli **3.** 411—13. Dez. 1961. Ostrava-Radvanice, Vědeckovýzkumný uhelný ústav; tschech.) — Die Aufbereitung (A) von durch Hydromechanisierung (Hy) in einigen Gruben des ostravkarwiner Reviers geförderter Kohle wird diskutiert. Die A-Schwierigkeiten der nassen Förder-A bei der trocknen Entstaubung des Feinkorns u. Wäsche u. der Einfl. der Hy auf die Korngröße, den Asche-Geh. u. die Aufbereitbarkeit wird beschrieben. — 3 Abbildungen. G. Reisner. 8134□

Entwässerung von feinkörnigen Kohleschlämmen. Gustav Sěbor und František Dědek. (Sborník Prací hornického Ústavu ČSAV **3.** 178—91. 1961; tschech.) — Übersicht von verschiedenen Entwässerungs-Syst. (Filter, Pressen, Zentrifugen) u. ihre Verw. bei Kohlen- u. Flotationsbergeschlämmen aus 3 tschechoslowak. Gruben. — 2 Abb., 2 Tabellen, 11 Literaturhinweise. Klaus Schmidt. 8134□

Veränderungen der Zusammensetzung eines Kokereigases während der Speicherung in einem Untertagelager. C. Degent, C. Rouse, C. La Bros. (Riv. Combustibili **16.** 11—23. Jan. 1962. Direzione Studi e Nuove Techn. del Gaz de France; ital.) — Unterss. während der ersten 5 Betriebsjahre im Untertagelager von Beynes bei Versailles zeigen folgende Änderungen: Es sinkt der Geh. an O_2 von 0,5—0,7% auf 0, organ. Sulfiden von 80 mg/m³ auf 0; es steigt der Geh. an H_2S von 0 auf 50 mg/m³, Ni-Carbonyl von 0 auf 10 mg/m³, Fe-Carbonyl von 0 auf 1 g/m³. Die Temp. steigt von 27 auf 41°, die Acidität (HCOOH) des Grundwassers von 0,06—0,36 auf 2,6—4,3 n. — 7 Abb., 8 Tabellen. J. Lehmberg. 8156□

Über die Erhöhung des Heizwertes des Wiener Stadtgases von 4250 auf 4600 kcal/Nm³, ihre Begründung und ihre Auswirkungen. Walter Jorde. (Gas, Wasser, Wärme [Wien] **16.** 53—60. März 1962. Wien; dt.) — Übersicht. Statist. Angaben über Gasverbrauch u. -zus. in Wien 1950—61. — 10 Abb., 2 Tabellen. Klaus Schmidt. 8156□

Die Ölschiefer von Aserbaidshan. 1. Mitt. A. A. Ali-Sade, G. A. Achmedow und M. M. Seinalow. (Азербайджанское Нефтяное Хозяйство [Erdöl-Wirtsch. Aserbaidshan] **41.** Nr. 1. 5—8. Jan. 1962; russ.) — Beschreibung der geolog. Vorkommen u. mineralog. Zus. der Ölschiefer von Aserbaidshan. Else Heinemann. 8180

Die Ölschiefer von Aserbaidshan. 2. Mitt. A. A. Ali-Sade, G. A. Achmedow und M. M. Seinalow. (Азербайджанское Нефтяное Хозяйство [Erdöl-Wirtsch. Aserbaidshan] **41.** Nr. 2. 9—10. Febr. 1962; russ.) — 1. vgl. vorst. Referat. — Die *Ölschiefer* von Aserbaidshan sind trotz ihres hohen Asche-Geh. ein wertvoller Rohstoff zur Gewinnung von fl. u. gasförmigem Brennstoff u. anderen Prodd. für die chem. Industrie u. sie unterscheiden sich in ihren chem. u. physikal. Eigg. nicht von denen der Estn. SSR. Zwecks Aufschließung werden die Lagerstätten von Binagady, Sigilpiri u. Dshengitschai vorgemerkt. W. Hantzsch. 8180□

Aufsuchung, Gewinnung und Förderung von Erdgas in der Bundesrepublik Deutschland. Wolfgang Kessler. (Gas- u. Wasserfach, Ausg. Gas **102.** 849—56. 4/8. 1961. Bentheim; dt.) — 13 Abb., 3 Tabellen, 2 Literaturhinweise. F. Rosendahl. 8186□

Die Anwendung von CO_2 zur Steigerung der Schwerölgewinnung. Anonym. (Riv. Combustibili **16.** 24—28. Jan. 1962; ital.) — Beschreibung der Förderung von Rohöl der Viscosität >7000 cP bei 50° auf Sizilien (Gela) mittels CO_2. Angabe von Viscositäts/Temp.-, Viscositäts/Druck- u. Viscositäts/Löslichkeits-Diagrammen für die Syst. CH_4/Öl, C_2H_6/Öl u. CO_2/Öl. — 5 Literaturhinweise. J. Lehmberg. 8190□

Die Demulgierung des Erdöls in Betrieben. Je. A. Myschkin. (Нефтяное Хозяйство [Erdöl-Wirtsch.] **37.** Nr. 8. 54—57. Aug. 1959.) — Infolge der Schwierigkeiten bei der *Entsalzung* u. *Demulgierung* der Rohöle sowie der geringen Wirksamkeit des Demulgators NTSCHK aus sulfuriertem Gasöl wird die Gewinnung quant. u. qual. besserer Demulgatoren notwendig. Aus den Messungs- u. Analysenergebnissen über Oberflächenspannungen von Demulgatoren u. deren wss. Lsgg. konnte festgestellt werden, daß Ammoniumsalze (I) der NTSCHK von der Neutralisation der Säuregoudrone aktiver als deren Na-Salze (II) sind. Am unwirksamsten sind Demulgatoren aus sulfuriertem Cracking-Phlegma. Korrosionsprüfungen zeigen, daß I prakt. keine stärker korrodierende Wrkg. zeigen als II u. daher keine Inhibitoren benötigen. I von sulfuriertem Kerosin benötigen jedoch Inhibitoren. Es zeigt sich, daß I von Gemischen synthet. Carbonsäuren u. Sulfonsäuren von der Reinigung von Parfümölen die besten Inhibitoren sind. 0,2% davon, bezogen auf den Demulgator, erniedrigen während 20 Tagen die Korrosion um 79%. Die Fabrikation von ammoniakal. NTSCHK wird die Eigg. der Demulgatoren radikal verbessern, deren Verbrauch verringern u. die Versorgung der Bohrgelände u. Raffinerien gewährleisten. Zwecks weiterer Ersparnis an Demulgatoren wird die Wiederverw. von demulgatorhaltigem W. empfohlen u. ein diesbzgl. Projekt skizziert u. beschrieben. N. HVIID. 8190

Über einige Eigenschaften eines Wolframsulfidkatalysators. N. M. Saidman, D. B. Oretschkin, M. F. Gladowskaja und E. N. Martynowa. (Химия и Технология Топлив и Масел [Chem. Technol. Brennstoffe Öle] **6.** Nr. 1. 25—28. Jan. 1961; russ.) — Die mechan. Stabilität des bei der Hydrierung von Erdöl angewandten tablettierten *W-Sulfid-Katalysators* (I) wird nach dem Verh. der Tabletten in o-Xylol beurteilt, die bei sonst gleichen Eigg. (chem. Zus., Aktivität, Porengröße, spezif. Oberfläche u. a.) entweder unter Ausscheiden von Gasblasen zerfallen oder ihre Form beibehalten. Es wird festgestellt, daß sich mit Verlängerung der Lagerungszeit die Stabilität von I erhöht. Der Abfall seiner Aktivität hängt von der C-Anreicherung ab. Bei einer „Vergiftung" von I mit 4—5% C verkleinert sich die spezif. Oberfläche bis zu 10—15 m^2/g (Vorr. WÜRZ-STRÖHLEIN). Die Verteilung von C in den Schichten der I-Tabletten wird untersucht u. graph. dargestellt. ELSE HEINEMANN. 8198

Katalytische Isomerisierung von Paraffinkohlenwasserstoffen über einem Wolframkatalysator. G. N. Massljanski, N. R. Burssian, W. A. Kobelew und M. I. Rysskin. (Химия и Технология Топлив и Масел [Chem. Technol. Brennstoffe Öle] **6.** Nr. 1. 11—15. Jan. 1961; russ.) — Die Isomerisation (I) von *n-Paraffinen* (Butan bis Octan) in Ggw. eines *W-Sulfid-Katalysators* (I) wird an Hand von Unterss. der I-Kinetik, der scheinbaren Aktivierungsenergie u. der relativen I-Geschw. erörtert. Die Wirksamkeit von I ist bei 400° u. > 40 atü optimal. Die quant. Zus. der I-Prodd. sowie deren Oktanzahlen werden tabellar. gebracht. Als Gradmesser der I-Intensität der Paraffine dient der *Dimethylbutan*-Geh., der im Ausgangsmaterial gering ist, dagegen in den Isoparaffinen 25—45% beträgt. ELSE HEINEMANN. 8200

Die Durchführung eines kombinierten Schemas zur thermischen Reformierung von direkt destilliertem Benzin und zum leichten Cracken von Goudron auf Anlagen für thermisches Cracken. M. Je. Tschernysch, M. I. Tscherek, W. Ss. Akimow und Ju. Ss. Ssabadasch. (Химия и Технология Топлив и Масел [Chem. Technol. Brennstoffe Öle] **6.** Nr. 1. 6—11. Jan. 1961. Erdöl-Forsch.-Inst. der Baschkir.SSR; russ.) — Zur Qualitätsverbesserung von Bzn. durch Bldg. klopffester KW-Stoffe wird bis zur Schaffung der erforderlichen Reformierungskapazität die zeitweilige Umbildung der vorhandenen therm. Crackanlagen zu kombinierten Anlagen für das therm. Reformieren u. leichte Cracken mit gleichzeitiger Verarbeitung des Goudrons vorgeschlagen. Beschreibungen u. Schemata solcher Anlagen werden angegeben.
ELSE HEINEMANN. 8200

Einfluß der Ester ungesättigter Phosphonsäuren auf die antioxydativen Eigenschaften von Mineralöl. K. K. Papok, K. N. Anissimow, B. Ss. Sussewa und N. Je. Kolobowa. (Журнал Прикладной Химии [J. angew. Chem.] **32.** 180—86. Jan. **1959.** Inst. für metallorgan. Verb. der Akad. der Wiss. der UdSSR; russ.) — Die antioxydativen Eigg. der Ester ungesätt. *Phosphonsäuren* werden durch folgende Maßnahmen erhöht: a) Einführung einer Phenylgruppe bei den Diäthyl-, Diallyl- u. Dihexylestern; b) Ggw. einer Indenylgruppe in Diäthyl- u. Diallylestern; c) Verlängerung des KW-Stoffrestes (von C_2 auf C_3) bei Diallyl- u. Dihexylestern; d) Vergrößerung der Kettenlänge des Restes der Estergruppe (von C_2 auf C_6) bei den Estern von β-Butoxyvinylphosphon-, β-Phenylvinylphosphon- u. β-Hexyloxyvinylphosphonsäuren. Von den untersuchten Verbb. haben die höchsten antioxydativen Eigg. die Dihexylester ungesätt. Phosphonsäuren. H. TREUMANN. 8214□

Der Einfluß des Baues von Salzen von sauren Estern der Dithiophosphorsäure auf ihre Aktivität als Zusatz zu Schmierölen. P. I. Ssanin und W. W. Scher. (Химия и Технология Топлива и Масел [Chem. Technol. Brennstoffe Öle] **1957.** Nr. **3.** 38—47. März. Erdölinst. der Akad. der Wiss. der UdSSR; russ.) — Die durch 2,5std. Erhitzen der entsprechenden Alkohole mit P_4S_{10} auf 80—90° u. darauffolgendes 1std. Erhitzen auf 110—120° erhaltenen *Dialkylthionothiolphosphorsäuren* [*Alkyl* = *n-Butyl*, $Kp._{2,5}$ 121—122°; $D._4^{20}$ 1,0689; n_D^{20} 1,4940. *Isoamyl*, $Kp._{2,5}$ 147—148°; $D._4^{20}$ 1,0354; n_D^{20} 1,4887. *n-Decyl* (Fl.). *2-Heptylundecyl* (Fl.). *n-Octadecyl* (amorphe Substanz)] werden in Ae. mit $Ba(OH)_2$ oder wss. KOH versetzt u. die folgenden Salze identifiziert: *Ba-Di-n-butyldithiophosphat*, $C_{16}H_{36}BaO_4P_2S_4$, F. 136—138°; *Ba-Diisoamyldithiophosphat*, $C_{20}H_{44}BaO_4P_2S_4$, F. 179—180°; *Ba-Di-n-decyldithiophosphat*, $C_{40}H_{84}BaO_4P_2S_4$ (I), F. 67 bis 68°; *Ba-Di-n-octadecyldithiophosphat*, $C_{72}H_{148}BaO_4P_2S_4$, (II), F. 67—68°; *Ba-Bis-[2-heptylundecyl]-dithiophosphat*, $C_{72}H_{148}BaO_4P_2S_4$, F. ca. 65°; *K-Di-n-octadecyldithio-*

phosphat, $C_{36}H_{74}KO_2PS_2$, F. 165—167°. Durch Einw. einer wss. $NiSO_4$-Lsg. auf die äther. Lsg. der K-Salze werden nach Einengen der äther. Lsg. die Ni-Salze erhalten, die aus Aceton/Ae. (4 : 1) bei —10° umkrist. werden: *Ni-Di-n-butyldithiophosphat*, $C_{16}H_{36}NiO_4P_2S_4$, F. 16—16,5°; *Ni-Diisoamyldithiophosphat*, $C_{20}H_{44}NiO_4P_2S_4$, F. 23,5—24,5°; *Ni-Di-n-decyldithiophosphat*, $C_{40}H_{84}NiO_4P_2S_4$, F. 20—21°; *Ni-Di-n-octadecyldithiophosphat*, $C_{72}H_{148}NiO_4P_2S_4$, F. 50,5—51,5°. Weiter werden dargestellt aus K-Diaklyldithiophosphat u. J_2 $(C_4H_9O)_2P(S)SS(S)P(OC_4H_9)_2$ ($D._4^{20}$ 1,1151; n_D^{20} 1,5267) u. $(C_{18}H_{37}O)_2P(S)SS(S)P(OC_{18}H_{37})_2$ (F. 39,0—40,0°) u. aus Di-n-octadecylphosphat u. $Ba(OH)_2$ das *Ba*-Salz ($C_{72}H_{148}BaO_8P_2$, F. ca. 200°). Von diesen Verbb. werden die Löslichkeit in Isooctan, Cyclohexan u. Standardöl, die Dispergier-Wrkg., die antikorrosiven Eigg., die den Stockpunkt erniedrigende Wrkg. u. der Einfl. auf die Thermostabilität der Testöle untersucht. Die Löslichkeit wächst mit der Temp. u. ist bei Moll. mit verzweigter Alkylkette größer als bei Moll. mit unverzweigter. Auch die „detergent"-Wrkg. nimmt mit der Kettenlänge des Alkylradikals zu. Die Korrosion ist bei mit **I** u. **II** gedoptem Öl am stärksten verringert. Dagegen tritt erhöhte Korrosion (3mal so groß) bei Zusatz von Ba-Di-n-octadecylphosphat auf. Die Lack-Bldg. wird durch die Thiophosphate verhindert u. die Thermostabilität der Öle verbessert. Eine erhebliche Stockpunktserniedrigung (47°) wird bei Zusatz von Ba-Dialkyldithiophosphaten mit langen Alkylketten erzielt. Die Zusatzmenge beträgt in allen Verss. 1,5%. CH. WEISKE. 8220

Über Zylinderöle für langsamlaufende Diesel mit hoher Leistung. W. A. Ssomow und Je. I. Krylow. (Химия и Технология Топлив и Масел [Chem. Technol. Brennstoffe Öle] **6.** Nr. 1. 54—57. Jan. 1961. Zentr. Forschungsinst. für Dieselmotorenbau; russ.) — Für stationäre u. Schiffsdiesel mit hoher Leistung werden an Stelle der üblichen Motoröle *Zylinderöle* (**I**) mit Zusätzen gegen Korrosion u. Verschleiße der Buchsen u. Ringe, sowie gegen Bldg. von Ölkohle empfohlen. An Hand prakt. Verss. wird die Wirksamkeit einiger **I** unter Variierung der Zusätze beschrieben.
ELSE HEINEMANN. 8220

Kontaktcracken von Goudron. I. G. Achmetow und M. Ch. Lewinter. (Химия и Технология Топлив и Масел [Chem. Technol. Brennstoffe Öle] **6.** Nr. 1. 32—37. Jan. 1961; russ.) — Aus wirtschaftlichen Gründen wird das katalyt. Cracken von *Goudron* (**I**) durch das *Kontaktcracken* ersetzt. Letzteres ermöglicht eine Erhöhung des Druckes, wodurch das schnelle Verdampfen der fl. Phase vermieden u. der Umsatz der schweren Prodd. in demselben Durchgang erreicht werden kann. Die Verss. erfolgen in einem Reaktor [Ø 75 mm, Länge 1000], wobei **I**, bestehend aus 68,9(%) Öl, 21,4 Silicagelharz u. 9,7 Asphalten bei 460—510° u. variiertem Druck gecrackt wird. Die Ausbeute beträgt: 8,7 (%) Gas; 27,6 Bzn.; 37,4 der Fraktion 200—400°; 26,3 Koks. Zeichnungen der Analge, graph. Darstellungen für die Variierung der Ausbeute u. sonstige Vorteile des Verfahrens werden angeführt. ELSE HEINEMANN. 8228

Der Einfluß der Anreicherung in Trichloräthylen auf die Elementaranalyse der angereicherten Kohle. M. Ihnatowicz und A. Tobiczyk. (Prace Głównego Inst. Górnictwa, Komunikat., Ser. A. Nr. **282.** 1—8. 1961; pol.) — Kohle (**A**) mit einer Korngröße von ca. 1,5 mm Korngröße (Ko) wird in Cl_2C : CHCl (**B**) bis zum Absetzen der Abfälle (ca. ½—3½ Std.) angereichert, die angereicherte Fraktion an der Luft getrocknet u. **B**-Reste mit A. u. dest. W. ausgewaschen. So angereicherte **A** können elementaranalyt. untersucht werden, da diese den gleichen Cl-Geh. wie die ursprünglichen **A** aufweisen. Für elementaranalyt. zu untersuchende **A** wird eine Labor.-Standard-Meth. zu Anreicherung (An) von **A** in schweren Fll. vorgeschlagen. An 9 in **B** angereicherten **A**-Typen wird der Einfl. der Ko, der An-Zeit, der Reinheit von **B** u. des Nachwaschens auf den Cl-Geh. der angereicherten **A** untersucht; der Einfl. der absorbierten **B**-Menge während der An auf die Elementaranalyse wird diskutiert. — 4 Abb., 3 Tabellen, 9 Literaturangaben. G. REISNER. 8246□

Die Bestimmung von Naphthalin in Koksgas. N. A. Grusdewa, L. A. Chochlowa und W. G. Schewtschenko. (Кокс и Химия [Koks u. Chem.] **1959.** Nr. 2. 43 bis 48. Östliches Forschungsinst. für Kohlechem.; russ.) — Es wird die Möglichkeit der Gewinnung genauerer Ergebnisse bei der Best. von *Naphthalin* (**I**) im rücklaufenden Koksgas nach der Pikrat-Meth. durch folgende Änderungen der Standard-Meth. erwiesen: Das Abfiltrieren des erhaltenen **I**-*Pikrat*-Nd. erfolgt jetzt im Tiegel mit porösem Boden Nr. 3, wodurch Nd.-Verluste auf ein Minimum red. werden können. Das Titrieren der durch Zerlegen von **I**-*Pikrat* freiwerdenden *Pikrinsäure* erfolgt jodometrisch. Der Neutralisationspunkt wird durch den plötzlichen Umschlag von grün nach gelb ermittelt. Die Absorption von **I** aus dem Gas findet bei einer Gas-Geschw. von ca. 100 Liter/Std. statt. Dieses vereinfacht die Analyse bedeutend u. verkürzt sie von 10—12 Std.

auf 3—4 Stunden. Vor der Absorption wird das Gas durch 75%ig. H_2SO_4 von den I begleitenden Verbb., die mit wss. Pikrinsäure-Lsg. Komplexe bilden können, befreit. N. HVIID. 8250□

Eine paramagnetische Elektronenresonanz in einigen Sorten von natürlichem Erdöl und dessen schweren Fraktionen. A. W. Iljassow, N. Ss. Garifjanow und Ju. M. Ryshmanow. (Химия и Технология Топлив и Масел [Chem. Technol. Brennstoffe Öle] **6.** Nr. 1. 28—31. Jan. 1961; russ.) — Unterss. der *paramagnet. Elektronenresonanz* (p.E.) zeigen, daß die bei einigen schweren Erdölen Tatariens beobachtete Linie mit G > 2 nach der Intensität der Überfeinstruktur des 3d-Elektrons in V(IV)-Verbb. anomal verläuft. V ist in Erdölen in den Kolloidteilchen der Asphaltene als organ. Verb. des V-Porphyrins enthalten. Die p.E. ermöglicht eine schnelle quant. Best. von V(IV) in Erdölen u. Erdölprodukten. ELSE HEINEMANN. 8252

Untersuchung der Stabilität von Lösungen von Zusätzen in Ölen auf Grund ihrer Leitfähigkeit. Ju. Ss. Sasslawski und G. I. Schor. (Химия и Технология Топлив и Масел [Chem. Technol. Brennstoffe Öle] **6.** Nr. 1. 52—54. Jan. 1961. Unions-Forschungsinst. für Verarbeitung von Erdöl u. Erdgas u. Produktion synth. Kraft- u. Treibstoffe; russ.) — Die *elektr. Leitfähigkeit* (Lf) fl. Dielektrica ist durch die Ionen- u. phoret. Lf. bedingt, was auch für Mineralöle gilt. Daher beeinflussen Veränderungen sowie Zusätze die Lf., deren Schwankungen für Unterss. der Stabilität der Zusätze in Ölen ausgewertet werden können. Die Verss. erfolgten in einer Meßvorr., bestehend aus 2 Elektroden: 1. *Al*-Gefäß, ∅ 35 (mm), Höhe 50, für die Prüflsg., 2. *Al*-Stab, ∅ 20 mm, Temp. 20 bis 250°, wobei Öle mit Zusätzen wie *Molybdännonylxanthogenat, Alkylphenolate* u. a. untersucht werden. Die Ergebnisse werden tabell. u. graph. gebracht. ELSE HEINEMANN. 8252

Die Verwendung eines Differentialthermoelements bei der ebullioskopischen Bestimmung des Molekulargewichtes von Erdölprodukten. R. A. Wirobjanz und A. A. Martynow. (Химия и Технология Топлив и Масел [Chem. Technol. Brennstoffe Öle] **6.** Nr. 1. 57—61. Jan. 1961. Chem. Inst. der Filiale in Kasan der Akad. der Wiss. der UdSSR; russ.) — Das Molgew. von *Erdöl-Prodd.* kann mit Hilfe eines *Differentialthermoelements* u. Spiegelgalvanometers ebullioskop. ermittelt werden. Die Berechnung erfolgt nach der Formel: $M = 2{,}62C/\Delta t$, worin 2,62 die ebullioskop. Konst. von Bzl.; Δt die Erhöhung des Kp. (°C) der Lsg. im Vgl. zum Lsgm.; $C = A/G \cdot 1000$ das Gew. der gelösten Substanz in g auf 1000 g des Lsgm.; A die Einwaage der gelösten Substanz in g; G die Einwaage des Lsgm. = 9,06 g ist. Schema u. Abmessungen der Prüfvorr. sowie eine Gegenüberstellung der theoret. u. ebullioskop. ermittelten Werte werden zeichner. u. tabellar. angeführt. Vers.-Dauer 2 Std.; Fehlergrenze ±2%. ELSE HEINEMANN. 8252

Über die Kohlenwasserstoffzusammensetzung des Benzins des paraffinischen Erdöls der Insel Artem. M. R. Mussajew. (Азербайджанское Нефтяное Хозяйство [Erdöl-Wirtsch. Aserbaidshan] **37.** Nr. 7. 38—39. Juli 1958; russ.) — Vgl. C. **1959.** 6343. — Die Zus. des Bzn. beträgt: gradkettige *Aliphaten* 6,01 (%), verzweigtkettige 35,43, nicht aufgeklärt 30,20. *Naphthene*: 5-Ringe 4,52, 6-Ringe 18,17, nicht aufgeklärt 5,67. *Aromaten* 0,37. Die nicht aufgeklärten Benzinfraktionen sieden zwischen 100—130°. In Mengen von 0,62—7 % können *n*- u. *Isopentan, n-Hexan, 2-Methylpentan, n-Heptan, 2.4-Dimethylpentan, n-Octan* u. *1.3-Dimethylcyclohexan* isoliert werden. A. HELMS/Ludwigshafen. 8254

Einige Ergebnisse der spektralen Untersuchung der individuellen Kohlenwasserstoffzusammensetzung tatarischer Erdöle. B. Le. (Известия Академии Наук СССР, Серия Физическая [Nachr. Akad. Wiss. UdSSR, physik. Ser.] **23.** 1174—76. Okt. 1959. Kasan, Zweigstelle der Akad. der Wiss. der UdSSR, Chem. Inst.; russ.) — Vgl. C. **1959.** **6344.** **14601.** — In einer Tabelle wird die Zus. von 7 *Bzn.* aus Erdölen verschiedener Horizonte einer Lagerstätte in %-Geh. an normalen Paraffinen (27,3—32,4), verzweigten Paraffinen (23,6—35,1), Cyclopentanen (6,4—9,7), Cyclohexanen 8,6 bis 13,5) u. Aromaten (2,2—5,9) mitgeteilt. Die verzweigten KW-Stoffe werden in 2- u. 3-Methylpentan, -hexan, -heptan u. -octan unterteilt u. die monosubstituierten Naphthene u. Benzole getrennt von den unsubstituierten aufgeführt. Unter den Paraffinen mit Isostruktur überwiegen die KW-Stoffe mit einem tert. C-Atom. R. K. MÜLLER. 8254□

Union Carbide Corp., New York, N.Y., V.St.A., **Koagulierung von wäßrigen, kohlenstoffhaltiges Material enthaltenden Suspensionen (besonders Schlammtrüben der Kohlewäsche).** Die Suspension wird mit Polyäthylenoxid (**I**), das eine „red. Viscosität" von > 1 besitzt, vermischt u. absitzen gelassen. **I** kann 0,5—5 Gew.-% Antioxydans enthalten. (**E. P. 838 694** vom 24/10. 1958, ausg. 22/6. 1960. A. Prior. 28/10. 1957.) E. MIESSGANG. 8135

Stamicarbon N. V., Heerlen, Holland, **Herstellung wenig Rauch entwickelnder Briketts.** Als Bindemittel werden bis zu 4 Gew.-% eines oder mehrerer fester Polymerisate ungesätt. KW-Stoffe, wie Polystyrol oder Polyäthylen, verwendet. (**Holl. P. 99 175** vom 20/2. 1959, ausg. 15/9. 1961.) F. BÖHM. 8137

Esso Research and Engineering Co., übert. von: Donald D. MacLaren, Scotch Plains, N.J., V.St.A., **Verkoken von Rückstandsölen.** Inerte Feststoffteilchen von 40—400 μ werden bei 900—1200°F in ein Wirbelbett eingebracht, während ein Wirbelgas von unten in das Bett eingeblasen wird. In den unteren Teil des dichten Feststoffwirbelbettes wird ein Crackkatalysator von 1000—4000 μ eingeleitet. Die Crackkatalysatorteilchen sinken infolge ihrer Schwere in den unteren Teil der Rk.-Zone ab u. bilden unter dem Bett der Feststoffteilchen ein Katalysatorbett. Die Katalysatorteilchen werden von unten aus der Rk.-Zone abgezogen u. einer Regenerierzone zugeleitet. Nach erfolgter Regenerierung wird der wiedererhitzte regenerierte Katalysator der Verkokungszone zugeleitet. — Zeichnung. (**A. P. 2 952 618** vom 15/2. 1957, ausg. 13/9. 1960.) E. KAHLES. 8143

Roman Rummel, Brühl, **Herstellung von Gas aus Brennstoffen.** Der Brennstoff wird in eine sich im Kreislauf bewegende Schlacke zusammen mit O_2 tangential eingeführt. In die Schlacke wird CaO als O_2-Donator eingebracht u. in dieser zirkulieren gelassen, wobei CaO in CaC_2 umgewandelt wird. Das Gas wird abgezogen u. CaC_2 in einer anderen Zone mit H_2O-Dampf unter Bldg. von C_2H_2 behandelt. — Zeichnung. (**A. P. 2 953 445** vom 31/7. 1956, ausg. 20/9. 1960. D. Prior. 11/8. 1955.) E. KAHLES. 8149

Julien Raick, Brüssel, Belgien, **Kontinuierliche Herstellung eines überwiegend aus CO und H_2 bestehenden Gasgemisches** durch teilweise Verbrennung von gasförmigen u./oder fl. u./oder verflüssigten KW-Stoffen mit O_2-haltigen Gasen, ggf. unter Vorwärmung der Rk.-Teilnehmer. Einem zentralen Hauptbrenner werden neben einem Teil der umzuwandelnden KW-Stoffe nur 60—80% der zur völligen Verbrennung dieses Teiles zu CO_2 u. W. erforderlichen Menge O_2 zugeführt, während der restliche Teil der umzuwandelnden KW-Stoffe zusammen mit nur 50—80% der zur völligen Umwandlung dieses Teiles in CO u. H_2 erforderlichen Menge O_2 einer Mehrzahl von um den Zentralbrenner konzentr. gruppierten, mit ihm parallel gelegenen Außenbrennern zugeführt wird, deren Flammen u. Rk.-Gase eine die Zentralflamme umhüllende Fläche bilden. Die Gesamtmenge von den Mittel- u. den Außenbrennern zugeführtem O_2 ist so bemessen, daß sie eben zur völligen Umwandlung der insgesamt zugeführten KW-Stoffe in *CO* u. H_2 ausreicht. — Vorrichtungen. (**Oe. P. 213 836** vom 9/6. 1959, ausg. 10/3. 1961. Belg. Prior. 9/6. 1958.) W. WITTHOLZ. 8153

Gas Council, England, **Vergasung von Ölen,** die KW-Stoff-Fraktionen mit 4—10 C-Atomen (hauptsächlich aliphat.) enthalten, dad. gek., daß die Öle mit 1 m^3 H_2 auf 1,6—6,4 Liter über ein Wirbelbett von 700—800° u. 10—50 at geleitet, verbrauchtes H_2 ersetzt u. die Hydrierung wiederholt wird. Neben den Gasen wird *Bzl.* erhalten. Die Öle werden vorher durch Überleiten über MoS_2 bei 250—400° von S befreit. — Schema der Anlage. (**F. P. 1 231 968** vom 21/7. 1959, ausg. 4/10. 1960. E. Prior. 21/7. 1958.) S. BÖTTCHER. 8161

W. C. Holmes & Co. Ltd., Turnbridge, Charles Cooper und Ondrej Clyne, Huddersfield, Yorkshire, England, **Regenerierung von Teeren,** die zum Verschließen von Gasbehältern gedient haben. Ein Heizkessel mit 2 Abteilen wird verwendet; in einem davon wird der Teer bei einer Temp. von $\leqq 100°$ entwässert, dann wird er in das andere geleitet u. dort bei höherer Temp. von Bzl. befreit. — Zeichnung. (**E. P. 829 805** vom 16/5. 1957, ausg. 9/3. 1960.) P. UNGER. 8177

Fred Kurata und James Paul Kohn, V.St.A., **Trennung von CO_2 und CH_4,** dad. gek., daß das Gemisch einem so hohen Druck unterworfen wird, daß CH_4 sich verflüssigt; das fl. CH_4 wird so weit abgekühlt, daß CO_2 sich als fester Stoff abscheidet. — Diagramme, Verf.-Schema. (**F. P. 1 229 072** vom 29/4. 1959, ausg. 2/9. 1960.) S. BÖTTCIER. 8187

National Tank Co., übert. von: Jay P. Walker und Clarence O. Glasgow, Tulsa, Okla., V.St.A., **Behandlung emulgierter Erdölquellströme und Verflüssigung der daraus entweichenden Dämpfe.** Die Emulsion (**I**) wird durch eine Kühlleitung (**II**) u. einen Gasabscheider geleitet, wobei **I** auf dem Weg durch die **II** mindestens über eine Trennwand fließt, die dabei gekühlt wird. Dann wird die **I** in einer Zone (**III**), die einen Heizraum (**IV**) enthält, erhitzt, die heiße **I** wird in eine Abhitzzone (**V**) geleitet, in der sich W. u. reines Öl trennen. Die in **IV** gebildeten Gase u. Dämpfe werden zum Wärmeaustausch mit der **I** in die **II** geleitet, wo ein Teil der Dämpfe verflüssigt wird. Die Gase u. Dämpfe aus **V** gelangen zum Wärmeaustausch zur Trennwand u. werden mit denen aus **IV** vermischt. Die Fll. aus **II** werden in den **IV** unter Ausschluß der Fll. aus **V** zurückgeleitet. Nicht verflüssigte Gase u. Dämpfe werden abgezogen. — Vorr., Zeichnungen. (**A. P. 2 939 544** vom 27/5. 1957, ausg. 7/6. 1960.) P. UNGER. 8191

Alfred M. Thomsen, San Francisco, Calif., V.St.A., **Behandlung von Mineralölen mit Alkalimetallen oder ihren Verbindungen.** Das Öl wird mit Alkalimetallen, -oxiden, -hydroxiden oder -carbonaten zu einem im Kreislauf geführten Ölschlamm gemischt. Das Gemisch wird bis zu einem Kp. von ca. 800° F des Destillats destilliert. Der Dest.-Rückstand wird verkokt u. das Destillat entfernt. Der Koksrückstand wird in 2 Teile geteilt u. ein Teil auf 1700—2500°F erhitzt, während ein N_2-Strom durchgeleitet wird, bis die darin enthaltenen Alkalimetall-Verb. in Alkalicyanid umgewandelt ist, das erhaltene Prod. mit W. ausgelaugt u. CO_2-haltiges Gas durch die Lsg. geleitet, bis das Alkalicyanid vollständig in Alkalicarbonat übergeführt ist, wodurch HCN frei wird. Das gebildete Alkalicarbonat wird entwässert, in einem Teil des Destillats aus der Verkokung gemahlen u. der Brei nach Vermischen mit frischem Behandlungsgut in die 1. Dest. zurückgeleitet. Der Rest des bei der Verkokung gebildeten Kokses wird auf 1700—2500°F unter Durchleiten von H_2 erhitzt, bis die Entw. von Alkalimetalldampf beendet ist. Die erzeugten Gase werden mit dem Rest des Destillats aus der Verkokung, das zur Vermahlung nicht verwendet wurde, gewaschen, wodurch ein Brei aus Öl, Alkalimetall u. freier Alkali/CO-Verb. erhalten wird, der mit frischem Behandlungsgut in die 1. Dest. zurückgeleitet wird. (**A. P. 2 950 245** vom 24/3. 1958, ausg. 23/8. 1960.) P. UNGER. 8193

Socony Mobil Oil Co., Inc., New York, übert. von: Italo V. De Chellis, Woodbury, N.J., V.St.A., **Reinigen von Petroleumfraktionen.** Erdölfraktionen (Kp. > 100°F), die Stoffe enthalten, die beim Erhitzen auf > 300°F ausfallen u. an den Wärmeübertragungsflächen Ablagerungen bilden, werden mit einer wss. alkal. Lsg. mindestens eines Salzes einer organ. Säure behandelt, die mit einer 29 Gew.-%ig. Alkalihydroxid-Lsg. bei ca. 60°F nicht mischbar sein soll. Die organ. Säure soll ein an O oder S gebundenes H-Atom enthalten, welches durch ein Alkaliatom bei Raum-Temp. ersetzbar ist (Phenole, Alkylphenole, Hydroxyaryl, Carbon- u. Sulfonsäuren). Die behandelte an ausfallenden Stoffen arme Erdölfraktion wird vom Behandlungsmittel (**I**) abgetrennt, auf > 300°F erhitzt u. einer KW-Stoffumwandlung unterworfen. Eine wss., mindestens 29 Gew.-%ig. Alkalihydroxid-Lsg. wird mit dem gebrauchten **I** gemischt, um die Konz. an freien Alkalihydroxid im **I** wiederherzustellen. Vom heterogenen fl. Gemisch wird das **I** mit wiederhergestellter Konz. an freiem Alkalihydroxid abgetrennt, mit dem dann weitere Mengen der Erdölfraktion (Kp. > 100°F), die ausfallende Stoffe enthält, behandelt werden. (**A. P. 2 941 937** vom 5/11. 1956, ausg. 21/6. 1960.) P. UNGER. 8195

Pechiney Comp. de Produits Chimiques et Électrométallurgiques, Frankreich (Erfinder: René Antoine Pâris), **Oxydoreduktion,** dad. gek., daß bestimmte Erdölfraktionen, CH_4, Propan, Butan oder ihre Gemische, auch KW-Stoff-Gemische mit inerten Gasen, über ein fest angeordnetes Wirbelbett oder eines natürlichen oder synthet., anorgan. oder organ. Oxydoreduktionskatalysators, z. B. Corindon, Oxide von Al, Fe, Si, Mn, Be, Ca, Ti, Zr u. a., geleitet werden, wobei bei 1200—1400° eine Crackung eintritt. (**F. P. 1 224 145** vom 23/1. 1959, ausg. 22/6. 1960.) S. BÖTTCHER. 8197

Gulf Research & Development Co., Pittsburgh, Pa., übert. von: Harold Beuther und Richard A. Flinn, Penn Hills Township, Allegheny County, und Joseph B. McKinley, New Kensington, Pa., V.St.A., **Hydrierung von Aromaten** auch im Gemisch mit anderen KW-Stoffen. Die Aromaten werden zusammen mit H_2 bei 550—850°F u. 500—4000 lbs./sq.in. über einen Katalysator geleitet, der 15—26 Gew.-% W. u. Ni als Sulfid auf Al_2O_3 als Träger enthält. Auf diesem wird zuerst in üblicher Weise das W. niedergeschlagen u. dann Ni. Die Masse wird mit einem Gemisch aus H_2 u. H_2S im Vol.-Verhältnis 2—12 : 1 bei 600—700°F 4—12 Std. lang behandelt. (**A. P. 2 967 204** vom 4/8. 1958, ausg. 3/1. 1961.) P. UNGER. 8199

Socony Mobil Oil Co., Inc., übert. von: Vernon O. Bowles, Rye, N.Y., V.St.A., **Verbesserung von Kohlenwasserstoffgemischen.** Ein KW-Stoffgemisch (**I**) wird angewärmt u. dann auf höhere Rk.-Temp. erhitzt. In der Rk.-Zone (**II**) wird **I** bei hoher Temp. u. unter Druck mit einem H_2-haltigen Gas in Ggw. eines teilchenförmigen, festen Katalysators mit Hydrier-Eigg. behandelt, wobei ein Teil von **I** verdampft. Der Abfluß (**III**) aus der **II** besteht aus H_2, dampfförmigen u. fl. KW-Stoffen u. dient in indirektem Wärmeaustausch zum Erwärmen von **I**, wodurch gleichzeitig eine Verflüssigung der KW-Stoffe erfolgt. Das dadurch erhaltene H_2-haltige Kreislaufgas wird mindestens auf den Rk.-Druck verdichtet u. in die **II** zurückgeführt. Mindestens ein Teil

des fl. III wird als Verf.-Prod. gewonnen. III wird bei Rk -Temp. u. unter Rk.-Druck in einen dampfförmigen Abfluß (IV), bestehend aus H_2 u. bei dieser Temp. dampfförmigen KW-Stoffen u. einen fl. Abfluß (V), bestehend aus KW-Stoffen, die unter diesen Bedingungen fl. sind, getrennt. In einer direkten Wärmeaustauschzone (VI) wird bei Rk.-Temp. u. unter Rk.-Druck der IV mit einem fl. Wärmeüberträger (VII) u. Absorptionsmittel behandelt, das aus KW-Stoffen besteht, um die KW-Stoffe aus dem IV zu entfernen, wodurch ein an H_2 reiches Kreislaufgas gewonnen u. gleichzeitig abgekühlt wird. Der VII wird durch direkte Wärmeübertragung aus dem IV aufgeheizt. Aus der VI wird gekühltes Kreislaufgas einer Temp. von $<300^0$F abgezogen, mindestens auf Rk.-Druck verdichtet u. in die II zurückgeleitet. Der heiße, fl. VII wird mit dem V vermischt u. ein heißes Gemisch erhalten, das ohne weiteres Erhitzen fraktioniert wird. Dadurch werden ein Kopf-Prod. u. fl. Boden-Prodd. (VIII) erhalten. Mit einem Teil des VIII wird durch indirekten Wärmeaustausch I angewärmt. Das gekühlte X wird in VI zurückgeleitet. — Vorr., Zeichnung. (**A. P. 2 953 521** vom 18/3. 1957, ausg. 20/9. 1960.)
P. UNGER. 8201

Koppers Co., Inc., Pittsburgh, Pa., V.St.A., übert. von: Emil Sattler, Essen, **Druckreinigung von Rohbenzol.** H_2-haltiges Koksofengas, das mit Benzoldämpfen beladen ist, wird bei 310—320° u. 45 at durch eine Katalysatorzone geführt. Die abziehenden Prodd. werden im Gegenstrom zu neu einzuführendem Einsatzgut geführt, wobei letzteres von 200 auf 310—320° erhitzt wird. Dann werden die Rk.-Prodd. abgekühlt u. Bzl. wird verflüssigt. Das Restgas wird wieder komprimiert u. auf 200° erhitzt, bevor es mit dem Rohbenzol beladen wird. Das Gas enthält 0,5—1% O. Beim Durchgang durch das Katalysatorbett wird CO zu CO_2 oxydiert. — Zeichnung. (**A. P. 2 939 891** vom 20/12. 1956, ausg. 7/6. 1960.) E. KAHLES. 8203

United States Borax & Chemical Corp., Los Angeles, übert. von: Howard Steinberg, Fullerton, Don L. Hunter, Long Beach, und Ernest H. Goda, Santa Ana, Calif., V.St.A., **Verhütung der Eisbildung in Leichtöldüsentreibstoffen.** Dem Treibstoff werden 0,01—1 Gew.-% eines in W. instabilen Esters von Borsäure, Benzolboronsäuren, Alkanboronsäuren, Diphenylboronsäuren oder Dialkylboronsäuren zugegeben. Die Ester werden aus Alkoholen mit 1—12 C-Atomen, wasserinstabilen Biboraten von Glykolen-(1.2) u. -(1.3) oder wasserinstabilen Borsäureanhydriden von Glykolen-(1.2) u. -(1.3) hergestellt. Als Antieismittel dienen z. B. Tris-[hexylenglykol]-biborat, Bis-[hexylenglykol]-borsäureanhydrid, Tri-[2-äthylhexyl]-borat, Triäthylborat oder Benzolboronsäurediisopropylester. (**A. P. 2 960 819** vom 12/2. 1959, ausg. 22/11. 1960.)
E. KAHLES. 8205

Standard Oil Co., Chicago, Ill., übert. von: Willard S. Higley, Hammond, Ind., V.St.A., **Herstellung von hochoktanigem Leichtbenzin aus niederoktanigen Schwerbenzinen.** Schwerbenzin wird bei 900—1000° F, 150—400 lbs./sq.in., einer Gasrückflußmenge von 2000—10000 Standardkubikfuß je Barrel Schwerbenzin, einer Raumströmungs-Geschw. (Gew.) von 0,5—5 am Pt-Katalysator reformiert, so daß ein Reformat mit einer Oktanzahl von über 95 CFR-R (ohne Zusatz) erhalten wird. Das Reformat wird vom H_2-haltigen Rücklaufgas getrennt. Das fl. Reformat wird durch Dest. in eine leichte Fraktion vom Kp. $<150^0$F, eine Mittelfraktion vom Kp. 150—280°F u. eine schwere Fraktion zerlegt. Die letztere enthält den größten Teil der Aromaten des Reformats, nämlich >85 Vol.-%. Die Mittelfraktion wird über Kieselsäuregel geführt, wobei die Aromaten adsorptiv aus der Fraktion entfernt werden. Die von Aromaten freie Mittelfraktion wird abgezogen. Sobald das Kieselsäuregelbett des 1. Adsorbers mit Aromaten gesätt. ist, wird die Mittelfraktion durch einen 2. Adsorber geführt, während der 1. Adsorber in der Zwischenzeit desorbiert wird u. anschließend durch den 1. Adsorber mindestens ein Teil der schweren Fraktion bei 140—650°F desorbiert wird, so daß die Desorption der Aromaten der Mittelfraktion prakt. vollständig wird. Der 1. Adsorber wird von der Fl. durch Hindurchleiten von Rücklaufgas befreit. Hierauf wird dem 1. Adsorber wieder die Mittelfraktion zugeführt. Nun wird der 2. Adsorber in der gleichen Weise wie der 1. Adsorber desorbiert. Die schwere Fraktion wird mit den desorbierten Aromaten zum gewünschten Bzn. gemischt. — Zeichnung. (**A. P. 2 968 607** vom 15/10. 1956, ausg. 17/1. 1961.) E. KAHLES. 8207

Karl Ziegler, Deutschland (Erfinder: Karl Ziegler und Herbert Lehmkuhl), **Trennung von Tetraalkyl-Pb (A) und Al-Alkylen,** wie sie bei der Elektrolyse von Komplexen der allg. Formel $Me[Al(R)_4]$ (Me = K oder Na; R = Alkylrest mit 2—6 C-Atomen) an der Anode entstehen, dad. gek., daß die Gemische mit Komplexen der allg. Formel $MeAl[(R)_3OR']$ (R' = Alkylrest mit 2—8, bes. 4 C-Atomen oder Phenylrest) unter Bldg. von Verbb. der allg. Formel $RO[Al(R')_2]$ behandelt werden, von denen **A** durch Dest. oder auf mechan. Wege abgetrennt werden können. — Ein Gemisch von

$(C_2H_5)_4AlNa$ u. KCl wird elektrolysiert u. an der Anode ein Gemisch aus $(C_2H_5)_4Pb$ u. $(C_2H_5)_3Al$ erhalten, das mit Na-Butoxytriäthyl-Al bei 100° 1 Std. lang gerührt wird; $(C_2H_5)_4Pb$, Kp.$_{0,5}$ 100° wird dest., der Rückstand in die Elektrolyse zurückgeführt u. bei Dest. der 2. Schicht neben $(C_2H_5)_4Pb$ Butoxy-Diäthyl-Al erhalten. Ebenso kann Na-Hexyloxy-, -Isohexyloxy-, -Isooctyloxy- u. -Decyloxytriäthyl-Al verwendet werden. (**F. P. 1 218 121** vom 11/2. 1959, ausg. 9/5. 1960. D. Prior. 14/2. 1958.)

S. BÖTTCHER. 8209

Imperial Chemical Industries Ltd., London, England, **Stabilisieren von Brenn- und Kraftstoffen.** Dem KW-Stoff-Ölgemisch werden 0,001—1 Gew.-% 4-[Methylisopropylamino]-diphenylamin zugesetzt. (**Holl. P. 98 954** vom 4/7. 1953, ausg. 15/8. 1961. E. Prior. 15/6. 1953.)

E. KAHLES. 8211

Jefferson Lake Sulphur Co., New Orleans, La., übert. von: **Ernest B. Miller**, Houston, Tex., V.St.A., *Cyclischer Adsorptionsprozeß.* (**Can. P. 559 323** om 15/4. 1957, ausg. 24/6. 1958. — C. **1958.** 6431 [A. P. 2 799 363].)

Esso Research and Engineering Co., Elizabeth, N.J., übert. von: **Edward F. Johnson** und **George G. Binder jun.**, Tulsa, Okla., V.St.A., *Sekundäre Ölgewinnung aus Erdöllagerstätten.* (**Can. P. 558 955** vom 25/5. 1954, ausg. 17/6. 1958. A. Prior. 22/7. 1953. — C. **1958.** 3489 [A. P. 2 771 139].)

Röhm & Haas G. m. b. H., Darmstadt, *Bohrflüssigkeit.* (**Holl. P. 99 224** vom 3/10. 1953, ausg. 16/10. 1961. D. Prior. 18/12. 1952. — C. **1961.** 7458 [F. P. 1 083 380].)

Sun Oil Co., Philadelphia, Pa., und **Black, Sivalls & Bryson, Inc.**, Kansas City, Mo., übert. von: **James E. Pew**, Malverne, Pa., und **Charles W. Hayes**, Novice, Tex., V.St.A., *Behandlung von Rohöl.* (**Can. P. 557 802** vom 10/11. 1954, ausg. 20/5. 1958. A. Prior. 2/3. 1954. — C. **1958.** 9103 [A. P. 2 780 304].)

Universal Oil Products Co., Des Plaines, übert. von: **Joseph A. Chenicek**, Bensenville, Ill., V.St.A., *Stabilisierung von Kohlenwasserstoffdestillaten.* (**Can. P. 559 451** vom 10/5. 1954, ausg. 24/6. 1958. A. Prior. 13/5. 1953. — C. **1957.** 9256 [E. P. 757 753].)

Gulf Research & Development Co., Pittsburgh, Pa., V.St.A., *Zerstörung von Porphyrinmetallkomplexen und Verminderung des Gehaltes daran in Mineralölen.* (**E. P. 872 333** vom 10/4. 1958, ausg. 5/7. 1961. A. Prior. 17/4. 1957. — C. **1961.** 10806 [A. P. 2 902 442].)

British Petroleum Co. Ltd., London, England, übert. von: **Rodger Hunter**, Abadan, Iran, *Behandlung von Kohlenwasserstoffen.* (**Can. P. 557 900** vom 13/12. 1955, ausg. 27/5. 1958. E. Prior. 13/12. 1954. — C. **1959. 5343** [E. P. 786 430].)

Gelsenberg Benzin Akt.-Ges., Gelsenkirchen-Horst, übert. von: **Paul Hofmann**, Gladbeck-Brauck, *Entfernen von Mercaptanen aus Kohlenwasserstoffdestillaten.* (**Can. P. 559 273** vom 5/2. 1954, ausg. 24/6. 1958. D. Prior. 6/2. 1953. — C. **1957.** 2370 [D. B. P. 947 413].)

Shell Development Co., New York, N.Y., übert. von: **Alan C. Nixon**, Berkeley, und **Harry B. Minor**, Orinda, Calif., V.St.A., *Abtrennung von Mercaptanen aus Kohlenwasserstoffen.* (**Can. P. 558 722** vom 6/4. 1954, ausg. 10/6. 1958. A. Prior. 18/5. 1953. — C. **1957.** 8973 [A. P. 2 748 059].)

Comp. Française de Raffinage, übert. von: **André Gislon**, Paris, und **Edouard J. Weisang**, Le Havre, Frankreich, *Oxydation von Mercaptanen.* (**Can. P. 556 918** vom 5/4. 1955, ausg. 6/5. 1958. F. Prior. 7/4. 1954 u. 1/3. 1955. — C. **1958.** 10544 [F. P. 1 105 484] u. C. **1959.** 15878 [F. P. 68 443].)

British Petroleum Co. Ltd., London, übert. von: **Alan Arthur Yeo** und **Roy Turner**, Sunbury-on-Thames, England, *Umwandlung von Kohlenwasserstoffen.* (**A. P. 2 982 720** vom 6/8. 1957, ausg. 2/5. 1961. E. Prior. 8/8. 1956. — C. **1961.** 7807 [Belg. P. 559 736].)

Esso Research and Engineering Co., Elizabeth, N.J., übert. von: **Herbert H. Meier**, Baytown, Tex., V.St.A., *Gewinnung und katalytisches Cracken von Petroleumrückständen.* (**Can. P. 556 955** vom 1/12. 1954 ausg. 6/5. 1958. A. Prior. 29/1. 1954. — C. **1959.** 1988 [E. P. 782 024].)

Esso Research and Engineering Co., Elizabeth, übert. von: **Byron M. Vanderbilt**, Westfield, und **John P. Thorn**, Union, N.J., V.St.A., *Entschwefelung von Spaltbenzinen.* (**Can. P. 558 239** vom 10/12. 1954, ausg. 3/6. 1958. A. Prior. 1/2. 1954. — C. **1958.** 7302 [A. P. 2 773 805].)

Nagynyomásu Kisérleti Intézet, Budapest, Ungarn, *Herstellung von Motortreibstoffen.* (**Holl. P. 99 699** vom 24/12. 1957, ausg. 15/11. 1961. — C. **1959.** 6682 [Oe. P. 198 400].)

Arndt Striegler, Siegfried Unger und **Egon Strich**, Deutschland, *Herstellung eines Pt-haltigen Katalysators.* (**UdSSR. P. 120 506** vom 23/7. 1958. — C. **1961.** 4569 [D. P. [DDR] 19 228].)

M. W. Kellogg Co., Jersey City, übert. von: **Louis J. Kelly**, Tenafly, N.J., V.St.A., *Umsetzung von Kohlenwasserstoffen.* (**Can. P. 559 010** vom 6/6. 1955, ausg. 17/6. 1958. A. Prior. 15/6. 1954. — C. **1960.** 8400 [E. P. 809 024].)

California Research Corp., San Francisco, übert. von: **John F. Senger**, Berkeley, und **John W. Scott jun.**, Ross, Calif., V.St.A., *Herstellung von hochoktanigem Leichtbenzin.* (**A. P. 2 987 466** vom 28/6. 1956, ausg. 6/6. 1961. — C. **1961.** 2847 [E. P. 830 806].)

Esso Research and Engineering Co., übert. von: **Charles E. Hemminger**, Westfield, und **Donald D. Mac Laren**, Scotch Plains, N.J., V.St.A., *Herstellung von hochoktanigem Leichtbenzin.* (**A. P. 2 981 675** vom 23/12. 1957, ausg. 25/4. 1961. — C. **1960.** 1044 [D. A. S. 1 060 534].)

Universal Oil Products Co., Des Plaines, Ill., V.St.A., *Herstellung von Leichtbenzin mit hoher Oktanzahl.* (**Holl. P. 99 869** vom 30/12. 1955, ausg. 15/12. 1961. A. Prior. 31/12. 1954. — C. **1958.** 11411 [E. P. 787 538].)

Universal Oil Products Co., Des Plaines, Ill., V.St.A., *Reformieren von Benzin.* (**Holl. P. 99 292** vom 30/12. 1955, ausg. 16/10. 1961. A. Prior. 31/12. 1954. — C. **1959.** 3690 [E. P. 786 835].)

Esso Research and Engineering Co., Elizabeth, übert. von: **Charles E. Hemminger**, Westfield, N.J., V.St.A., *Hydroformieren von Naphtha.* (**Can. P. 558 954** vom 22/4. 1954, ausg. 17/6. 1958. A. Prior. 27/4 1951. — C. **1957.** 8689 [A. P. 2 757 128].)

Esso Research and Engineering Co., V.St.A. (Erfinder: **Charles E. Hemminger**), *Hydroformieren von Kohlenwasserstoffen.* (**F. P. 1 199 476** vom 27/2. 1958, ausg. 14/12. 1959. A. Prior. 11/3. 1957. — C. **1960.** 3428 [D. A. S. 1 061 016].)

Standard Oil Co., Chicago, übert. von: **Joseph K. Roberts**, Flossmoor, Ill., V.St.A., *Hydroformieren mit Pt-Katalysator*. (**Can. P. 558 363** vom 25/4. 1955, ausg. 3/6. 1958. A. Prior. 9/6. 1954. — C. **1959.** 14605 [A. P. 2 853 436].)

Heinrich Koppers G. m. b. H. (Erfinder: **Emil Sattler**), Essen, *Rohbenzoldruckraffination*. (**D. A. S. 1 127 362** Kl. 12r vom 2/1. 1956, ausg. 12/4. 1962. — C. **1960.** 13575 [F. P. 1 169 610].)

Gulf Research & Development Co., übert. von: **John P. Pellegrini jun.**, und **Helen I. Thayer**, Pittsburgh, Pa., V.St.A., *Motortreibstoff*. (**A. P. 3 009 790** vom 5/4. 1957, ausg. 21/11. 1961. — C. **1960.** 4078 [D. A. S. 1 065 216].)

Esso Research and Engineering Co., Elizabeth (Erfinder: **Alexander H. Popkin**, Maplewood), N.J., V.St.A., *Motorenbenzin und Zusatzgemisch für Motorenbenzin*. (**D. A. S. 1 115 520** Kl. 46a⁶ vom 28/7. 1958, ausg. 19/10. 1961. A. Prior. 5/8. 1957. — C. **1962.** 10325 [E. P. 864 133].)

Esso Research and Engineering Co., Elizabeth, N.J., V.St.A., *Motorbenzin*. (**Holl. P. 99 829** vom 22/9. 1954, ausg. 15/12. 1961. — C. **1957.** 2892 [A. P. 2 701 754].)

N. V. de Bataafsche Petroleum Mij., Den Haag, Holland, *Treibstoffgemisch*. (**Holl. P. 99 623** vom 6/8. 1956, ausg. 15/11. 1961. A. Prior. 8/8. 1955. — C. **1959.** 352 [Oe. P. 196 534].)

Richfield Oil Corp., Los Angeles, übert. von: **Charles T. Brown** und **Robert L. Dinsmore**, Long Beach, und **Wendell F. Deeter**, Bellflower, Calif., V.St.A., *Korrosionsschutz bei Kohlenwasserstoffprodukten*. (**Can. P. 557 747** vom 10/1. 1956, ausg. 20/5. 1958. — C. **1958.** 11412 [A. P. 2 807 527].)

Socony Mobil Oil Co., Inc., übert. von: **Harry J. Andress jun.**, Pitman, und **Paul Y. C. Gee**, Woodbury, N.J., V.St.A., *Stabilisierte Destillatbrennstoffe*. (**A. P. 3 003 858** vom 7/1. 1958, ausg. 10/10. 1961. — C. **1961.** 2849 [D. A. S. 1 086 942].)

Ethyl Corp., New York, N.Y., übert. von: **Melvin L. Larson**, Royal Oak, Mich., V.St.A., *Antiklopfmittelgemisch*. (**A. P. 3 004 838** vom 24/10. 1956, ausg. 17/10. 1961. — C. **1960.** 1046 [D. A. S. 1 058 307].)

Ethyl Corp., New York, N.Y., übert. von: **Sam D. Heron**, Detroit, Mich., V.St.A., *Antiklopfmittel*. (**A. P 2 999 739** vom 28/3. 1956, ausg. 12/9. 1961. — C. **1959.** 16522 [Oe. P. 202 251].)

British Petroleum Co. Ltd., London (Erfinder: **Robert Greatorex, Demetrios Theodore Emmanuel Zalichi** und **William Arthur Partridge**, Sunbury-on-Thames), England, *Verringerung der Neigung von Rückstandsölen zur Ablagerung von Schlamm beim Lagern*. (**D. A. S. 1 127 023** Kl. 23b vom 22/7. 1959, ausg. 5/4. 1962. E. Prior. 23/7. 1958. — C. **1962.** 2600 [E. P. 851 135].)

Manchester Oil Refinery (Holdings) Ltd., Manchester, Lancashire, übert. von: **James C. Wood-Mallock**, Macclesfield, Cheshire, und **Fred Hughes**, Stretford, Lancashire, England, *Isolieröle*. (**Can. P. 557 041** vom 21/3. 1955, ausg. 6/5. 1958. E. Prior. 30/3. 1954. — C. **1957.** 11190 [D. B. P. 961 917].)

Esso Research and Engineering Co., Elizabeth, N.J., V.St.A., *Schmieröl*. (**E. P. 889 060** vom 18/9. 1959, ausg. 7/2. 1962. D. Prior. 6/11. 1958. — C. **1960.** 10458 [D. A. S. 1 071 870].)

British Petroleum Co. Ltd., London (Erfinder: **John Arthur Edgar Moy** und **Denis Sidney Ward**, Sunbury-on-Thames), England, *Herstellung von Schmierölen*. (**D. A. S. 1 126 052** Kl. 23b vom 15/7. 1957, ausg. 22/3. 1962. E. Prior. 20/7. 1956. — C. **1959.** 12740 [E. P. 806 667].)

Esso Research and Engineering Co., Elizabeth, N.J., V.St.A. (Erfinder: **Victor Charles Ernest Burnop**), *Schmiermittel*. (**E. P. 874 877** vom 22/1. 1959, ausg. 10/8. 1961. — C. **1962.** 11058 [D. A. S. 1 119 441].)

VEB Leuna-Werke „Walter Ulbricht", Leuna, *Schmiermittel*. (**Ung. P. 145 357** vom 25/5. 1957, ausg. 15/9. 1959. — C. **1959.** 1551 [Oe. P. 203 130].)

„Shell" Research Ltd., London (Erfinder: **Vernon Warner David**, Chester, **Geoffrey Francis Stonehouse**, Bromborough, und **Francis Henry Waight**, Eastman), England, *Schmiermittel*. (**Schwz. P. 357 822** vom 20/5. 1957, ausg. 15/12. 1961. E. Prior. 22/5. 1956. Zusatz zu Schwz. P. 311 808; C. 1958. 7353. **C. 1959.** 13044 [D. A. S. 1 057 272].)

N. V. de Bataafsche Petroleum Mij., Den Haag, Holland, bzw. **Shell Oil Co.**, New York, N.Y. (Erfinder: **John Avery Edgar, Roland Frederick Bergstrom**, Martinez, **Robert Caldwell Jones**, Berkeley, Calif., und **Eugene Sidney Moulio**, V.St.A., *Schmiermittelkompositionen*. (**F. P. 1 158 245** vom 24/9. 1956, ausg. 12/6. 1958. **Belg. P. 551 242** vom 24/9. 1956, ausg. 18/12. 1959. **D. A. SS. 1 053 699** u. **1 053 700** Kl. 23c vom 24/9. 1956, ausg. 26/3. 1959 u. **1 058 187** Kl. 23c vom 24/9. 1956, ausg. 27/5. 1959. **E. PP. 799 036** u. **799 037** vom 24/9. 1956, ausg. 30/7. 1958 u. **810 685** vom 24/9. 1956, ausg. 18/3. 1959. Alle A. Prior. 26/9. 1955. **A. PP. 2 958 660** u. **2 958 662** vom 26/9. 1955, ausg. 1/11. 1960. — C. **1960.** 15965 [Aust. PP. 216 239 u. 216 240].)

N. V. de Bataafsche Petroleum Mij., Den Haag, Holland, *Schmiermittel und hydraulische Flüssigkeit*. (**Belg. P. 569 312** vom 10/7. 1958, ausg. 21/4. 1961. A. Prior. 12/7. 1957. — C. **1960.** 9084 [Oe. P. 205 635].)

Celanese Corp. of America, New York, übert. von: **Howard L. Pilat**, Valley Stream, und **Albert Schrage**, Tuckahoe, N.Y., V.St.A., *Hydraulische Flüssigkeit auf Phosphatesterbasis*. (**A. P. 2 964 477** vom 3/11. 1955, ausg. 13/12. 1960. — C. **1962.** 357 [E. P. 835 443].)

Shell Oil Co., Del., übert. von: **Donald E. Loeffler**, Walnut Creek, Calif., V.St.A., *Verdicktes Schmieröl*. (**A. P. 2 981 685** vom 13/4. 1959, ausg. 25/4. 1961. — C. **1961.** 13415 [D. A. S. 1 101 673].)

Continental Oil Co., übert. von: **Edwin R. Baker** und **Ernest W. Nelson**, Ponca City, Okla., V.St.A., *Lösliches Schneidöl*. (**Can. P. 556 921** vom 17/11. 1953, ausg. 6/5. 1958. A. Prior. 22/12. 1952. — C. **1958.** 309 [A. P. 2 744 070].)

Farbwerke Hoechst Akt.-Ges., vormals Meister Lucius & Brüning, übert. von: **Ludwig Orthner** und **Martin Reuter**, Frankfurt/M., *Aluminiumverbindungen*. (**Can. P. 558 243** vom 8/4. 1953, ausg. 3/6. 1958. D. Prior. 9/4., 23/6. u. 13/10. 1952, 29/1. u. 2/3. 1953. — C. **1957.** 6935 [Belg. P. 519 092].)

Farbwerke Hoechst Akt.-Ges., vormals Meister Lucius & Brüning, übert. von: **Martin Reuter**, Frankfurt/M., *Organische Metallverbindungen aus Metallalkoholaten und Diketenen*. (**A. P. 2 924 614** vom 27/9. 1954, ausg. 9/2. 1960. D. Prior. 2/10. 1953. — C. **1958.** 8518 [F. P. 1 113 806].)

Esso Research and Engineering Co., Elizabeth, N.J., V.St.A., *Mischpolymerisate als Schmierölzusätze*. (**E. P. 836 323** vom 2/6. 1958, ausg. 1/6. 1960. A. Prior. 22/7. 1957. — C. **1962.** 10323 [Holl. P. 97 760].)

Esso Standard Soc. An. Française, Paris, übert. von: **Jean Baptiste Signouret** und **Robert Tirtiaux**, Notre-Dame de Gravenchon, Frankreich, *Schmierölzusätze.* (**A. P. 3 010 906** vom 26/1. 1956, ausg. 28/11. 1961. F. Prior. 9/3. 1955. — C. **1959.** 7344 [D. A. S. 1 037 630].)

Standard Oil Co., Cleveland, übert. von: **John M. Musselman**, South Euclid, und **Herman P. Lankelma**, Shaker Heights, Ohio, V.St.A., *Schmierölzusätze.* (**Can. P. 559 417** vom 29/12. 1948, ausg. 24/6. 1958. A. Prior. 3/2. 1948. — C. **1953.** 2058 [A. P. 2 587 642].)

Socony Mobil Oil Co., Inc., New York, N.Y., V.St.A., *Zusatz zu mineralischen Schmierölen für Maschinenanlagen, die einer Atomstrahlung ausgesetzt sind.* (**Oe. P. 210 545** vom 24/4. 1958, ausg. 10/8. 1960. A. Prior. 3/5. 1957. — C. **1961.** 3534 [D. A. S. 1 079 771].)

Socony Mobil Oil Co., Inc., New York, N.Y., übert. von: **Edward G. Barry**, Woodbury, N.J., V.St.A., *Strahlungsbeständige Schmiermittel.* (**A. P. 2 982 730** vom 3/5. 1957, ausg. 2/5. 1961. — C. **1961.** 3534 [D. A. S. 1 079 771].)

Esso Research and Engineering Co., Elizabeth, N.J., V.St.A., *Stabilisieren phosphorgeschwefelter Kohlenwasserstoffe gegen Schwefelwasserstoffentwicklung.* (**D. A. S. 1 116 655** Kl. 12o vom 26/7. 1955, ausg. 9/11. 1961. A. Prior. 6/8. 1954. — C. **1961.** 18196 [E. P. 788 408].)

Esso Research and Engineering Co., Elizabeth, N.J., V.St.A., *Herstellung von öllöslichen Metallsalzen phosphorgeschwefelter Kohlenwasserstoffe.* (**D. A. S. 1 114 809** Kl. 12o vom 1/9. 1955, ausg. 12/10. 1961. A. Prior. 20/9. 1954. — C. **1959.** 10775 [A. P. 2 785 128].)

Standard Oil. Co., Cleveland, übert. von: **John D. Bartleson**, East Cleveland, Ohio, V.St.A., *Antioxydantien.* (**Can. P. 558 744** vom 10/6. 1947, ausg. 10/6. 1958. A. Prior. 9/7. 1946. — C. **1951.** I. 3444 [A. P. 2 516 844].)

Standard Oil Co., Cleveland, übert. von: **John D. Bartleson**, East Cleveland, und **Everett C. Hughes**, Cleveland Heights, Ohio, V.St.A., *Schmierölzusätze.* (**Can. P. 558 745** vom 10/6. 1947, ausg. 10/6. 1958. A. Prior. 3/7. 1946. — C. **1952.** 2452 [A. P. 2 542 981].)

Standard Oil Co., Cleveland, übert. von: **John D. Bartleson**, East Cleveland, Ohio, V.St.A., *Schmierölzusätze.* (**Can. P. 558 747** vom 11/6. 1947, ausg. 10/6. 1958. A. Prior. 9/7. 1946. — C. **1953.** 4312 [A. P. 2 584 977].)

Standard Oil Co., übert. von: **Franklin Veatch** und **John G. Partch**, Cleveland, Ohio, V.St.A., *Schneidöle.* (**Can. P. 558 748** vom 14/11. 1947, ausg. 10/6. 1958. A. Prior. 28/9. 1946. — C. **1955.** 2343 [A. P. 2 592 624].)

Standard Oil Co., Cleveland, übert. von: **John D. Bartleson**, East Cleveland, und **Herman P. Lankelma**, Shaker Heights, Ohio, V.St.A., *Schmieröle und Zusätze.* (**Can. P. 558 749** vom 19/5. 1948, ausg. 10/6. 1958. A. Prior. 7/6. 1947. — C. **1954.** 6145 [A. P. 2 566 397].)

Sun Oil Co., Philadelphia, übert. von: **Moses R. Lipkin**, Havertown, Pa., V.St.A., *Emulgatoren zur Herstellung löslicher Öle.* (**Can. P. 557 773** vom 13/4. 1953, ausg. 20/5. 1958. A. Prior. 18/7. 1952. — C. **1957.** 4289 [A. P. 2 724 697].)

Dow Corning Corp., übert. von: **Melvin J. Hunter**, Midland, Mich., V.St.A., *Schmieröle.* (**Can. P. 558 577** vom 25/11. 1955, ausg. 10/6. 1958. A. Prior. 9/12. 1954. — C. **1960.** 11876 [F. P. 1 139 464].)

Esso Research and Engineering Co., Del., übert. von: **Henry R. Ertelt**, Fanwood, N.J., V.St.A., *Schmieröl.* (**A. P. 3 004 916** vom 2/12. 1957, ausg. 17/10. 1961. — C. **1961.** 715 [D. A. S. 1 074 794].)

Dow Corning Silicones Ltd., Toronto, Ontario, Canada, übert. von: **Herbert J. Fletcher** und **Melvin J. Hunter**, Midland, Mich., V.St.A., *Organosiloxan-Schmieröle.* (**Can. P. 556 944** vom 10/8. 1949, ausg. 6/5. 1958. E. Prior. 7/2. 1949. — C. **1954.** 6872 [A. P. 2 599 984].)

Klöckner-Werke Akt.-Ges., Duisburg, *Schmierölkonzentrat.* (**E. P. 884 694** vom 25/2. 1960, ausg. 13/12. 1961. D. Prior. 27/2. 1959. — C. **1961.** 16341 [D. A. S. 1 103 496].)

Midland Silicones Ltd., London, England, *Halogenierte Silane und Siloxane.* (**E. P. 882 130** vom 8/6. 1959, ausg. 15/11. 1961. A. Prior. 26/6. 1958. — C. **1961.** 11582 [A. P. 2 951 862].)

Esso Research and Engineering Co., Elizabeth, N.J., V.St.A., *Schmierfettherstellung.* (**Belg. P. 558 456** vom 17/6. 1957, ausg. 25/3. 1960. A. Prior. 21/6. 1956. — C. **1959.** 15551 [D. A. S. 1 056 315].)

Shell Internationale Research Mij. N.V., Den Haag, Holland, *Schmierfett.* (**E. P. 879 896** vom 11/4. 1960, ausg. 11/10. 1961. A. Prior. 13/4. 1959. — C. **1961.** 13415 [D. A. S. 1 101 673].)

Socony Mobil Oil Co., Inc., New York, N.Y., V.St.A., *Schmierfett.* (**Belg. P. 556 900** vom 23/4. 1957, ausg. 26/2. 1960. A. Prior. 25/7. 1955. — C. **1960.** 1047 [Oe. P. 203 129].)

Röhm & Haas G. m. b. H., Darmstadt, *Schmiermittel.* (**E. P. 874 113** vom 10/11. 1958, ausg. 2/8. 1961. D. Prior. 13/11. 1957. — C. **1959.** 15879 [D. A. S. 1 054 630].)

Westinghouse Electric Corp., East Pittsburgh, übert. von: **Gordon C. Gainer**, Pittsburgh, Pa., V.St.A., *Schmiermittel.* (**Can. P. 558 419** vom 3/11. 1955, ausg. 3/6. 1958. A. Prior. 26/11. 1954. — C. **1959.** 7345 [A. P. 2 809 207].)

Esso Research and Engineering Co., V.St.A. (Erfinder: **Arnold J. Morway**), *Schmiermittelgemische.* (**F. P. 1 200 659** vom 28/7. 1958, ausg. 23/12. 1959. A. Prior. 6/8. 1957. —C. **1960.** 9776 [D. A. S. 1 071 868].)

Lukon, Inc., übert. von: **Edward J. Day**, Leominster, Mass., V.St.A., *Dispergierbare Asphaltmasse.* (**Can. P. 557 363** vom 8/6. 1955, ausg. 13/5. 1958. — C. **1957.** 1572 [A. P. 2 714 582].)

Stamicarbon N.V., Heerlen, übert. von: **Hendrik Dijkstra**, Geleen, Holland, *Bestimmung des Aschegehalts von Steinkohlen.* (**Can. P. 559 086** vom 5/3. 1954, ausg. 17/6. 1958. Holl. Prior. 7/3. 1953. — C. **1959.** 9102 [Holl. P. 86 474].)

XX. Schieß- und Sprengstoffe. Zündmittel

Über die Detonation flüssiger Explosivstoffe mit geringer Geschwindigkeit. L. G. Bolchowitinow. (Доклады Академии Наук СССР [Ber. Akad. Wiss. UdSSR] **130.** 1044—46. 11/2. 1960. Inst. für physikal. Chem. der Akad. der Wiss. der UdSSR; russ.) — Vgl. C. **1960.** 17330. — Für die bei einigen fl. Explosivstoffen, wie Nitroglycerin (I) oder CH_3ONO_2, außer der normalen Detonation mit einer Geschw. von 7—8 km/s beobachtete Detonation mit geringer Geschw. (1,7—2,2 km/s) ist noch keine befriedigende Ursache gefunden worden. Sie kann aber einfach gedeutet werden, wenn angenommen wird, daß die Stoßwelle als Phasenumwandlung eine Kristallisation auslöst, die in einer Zone hinter ihrer Front stattfindet. Aus Gleichungen für die Enthalpieänderungen folgt, daß die relativ langsame Detonation dann erfolgt, wenn die Zeit der Ausdehnung der Rk.-Prodd. eine mit der Dauer der chem. Rk. vergleichbare Größe erreicht. Berechnungen für I ergeben für die Geschw. der stationären Stoßwelle 1310—1830 m/s; wegen des Einfl. des Drucks ist dieser Wert noch um ca. 30% zu hoch. Die Temp. in der Kristallisationszone ist zu 450—600° anzunehmen. R. K. Müller. 8294☐

Untersuchung eines mit Gas betriebenen Mikroendoreaktors. Seine experimentelle Erprobung für Gesteinsbohrungen. Aurelio C. Robotti. (Riv. Combustibili **16.** 3—10. Jan. 1962. Torino, Politecn., Scuola di Ingegneria Aeronautica; ital.) — Erprobung von 3 Typen endotherm. Reaktoren, die mit H_2 u. O_2 betrieben werden u. von denen diejenige, bei der die Düsen einen Winkel von 15° bilden, am besten arbeitet. Oscillogramme zeigen Druck u. Schub bei Verw. gasförmiger oder fl. Brennstoffe. Gesteinswürfel aus Marmor, Gneis, Quarz, Granit, Basalt, Serpentin, Kalk verschiedener Herkunft u. großer Härte werden in 8 mm Entfernung 5 oder 8 Sek. lang dem Gasstrahl ausgesetzt (Verbrennungsdruck 20,5 at entsprechend einer Strahl-Geschw. von 2900 m/s). J. Lehmberg. 8298☐

Stahlbehälter für Raketentreibstoffe. John Halbig. (Chem. Engng. **68.** Nr. 26. 108—10. 112. 25/12. 1961. Armco Steel Corp.; engl.) — Nichtrostende Stähle sind gut zum Bau von gegen Druck u. Korrosion beständige Behälter für Raketentreibstoffe geeignet, die große Temp.-Spannungen aushalten müssen. Die in den USA gebräuchlichen gehärteten Stähle werden aufgeführt u. ihre Eignung für die verschiedenen Treibstoffe (H_2O_2, Äthylenoxid, N_2H_4, $CH_3NHNHCH_3$, O_2, NH_3, H_2, N_2O_4, rauchende HNO_3) wird beschrieben. — 14 Literaturhinweise. F. Rosendahl. 8298☐

Die Vorteile des elektrischen Zünders im Vergleich zur Zündschnur unter besonderer Berücksichtigung des Stollen- und Tunnelbaus. Erich Lechner. (Montan-Rdsch. [Wien] **10.** 45—50. März 1962. Leoben, Montan. Hochsch., Inst. für Bergbaukunde; dt.) — Folgende Vorteile ergeben sich aus der elektr. Schießarbeit: 1. Techn. Vorteile aus der gekapselten Bauweise [geringere Gefahr einer mechan. Beschädigung der Zünder (Z); Einbringen der Z in die Bohrlöcher ohne zusätzliche Arbeitsvorgänge; gleichmäßig verlaufender Zündvorgang; Zündsicherheit; hohe Zündgenauigkeit]; 2. sonstige techn. Vorteile der elektr. Zündung (Abtun großer Serien in einem Zündgang; Erhöhung der Abschlagtiefe; verringerte Rauch-Entw.); 3. Vorteile der Verw. von Mikrozeitzündung (erhöhte Sprengwrkg.; bessere Zerkleinerung des Haufwerks; Vermeidung von unnötigem Mehrausbruch); 4. Sicherheitliche Vorteile. — 7 Literaturhinweise. G. Reisner. 8308☐

Pulveranalyse im nichtwäßrigen Medium. Bestimmung der Diphenylaminabkömmlinge. Lise Marvillet und Jean Tranchant. (Chim. analytique [4] **43.** 169—73. April 1961. France, Serv. des Poudres; franz.) — Vgl. C. **1962.** 3327; C. **1960.** 13577. — In Weiterentw. eines Verf. zur Best. von *Diphenylamin* (**I**) werden Meth. zur Best. von **I**-Derivv. [*2-Nitrodiphenylamin* (**II**), *N-Nitrosodiphenylamin* (**III**) u. *2.4-Dinitrodiphenylamin* (**IV**)] ausgearbeitet. In Ggw. von Nitrocellulose wird **I** durch Altern z. T. in Nitro-Verbb. übergeführt. Das Pulver wird im Soxhlet 1 Tag lang mit CH_2Cl_2 extrahiert. Nicht umgesetztes („freies") **I** wird in einem aliquoten Teil des Extrakts bestimmt. Nach Vertreibung des Lsgm. wird der Rückstand in CH_3COOH aufgenommen. Die Best. erfolgt mit $HClO_4$. In einem anderen lösungsmittelfreien aliquoten Teil wird **III** nach Kopplung mit α-Naphthylamin (**V**) bei 60° durch Best. des **V**-Überschusses bestimmt. Schließlich wird in einem dritten aliquoten Teil **II** u. **IV** mit Tributylmethylammoniumhydroxid in $HCON(CH_3)_2$ bestimmt. A. Leibbrandt. 8322☐

Eine einfache Differentialthermoanalyse von Sprengstoffen im Mikrobereich. R. N. Rogers. (Microchem. J. [New York] **5.** 91—99. März 1961. Los Alamos, N.Mex., Univ. of California, Los Alamos Sci. Labor.; engl.) — Beschreibung eines einfachen App., mit dem gute DTA-Kurven für Sprengstoffsubstanzproben von <10 mg erhalten werden. A.-M. Fretzdorff. 8324☐

Hercules Powder Co., Wilmington, Del., übert. von: Charles D. McKinney jun., Cumberland, Md., V.St.A., **Kontinuierliche Nitrierung von mehrwertigen Alkoholen** erfolgt in der fl. Phase unter turbulenter Strömung in einem Rk.-Rohr unter Aufrechterhalten einer Reynolds-Zahl von mindestens 1 bei ca. 70° mit einer Nitriersäure, bestehend aus ca. 18 bis ca. 40% HNO_3, 45—70% H_2SO_4 u. 11—17% W., wobei die Nitriersäure gekühlt mit den Alkoholen gemischt wird. Die Nitroester werden nach Kühlung von der erschöpften Nitriersäure getrennt. Die erschöpfte Nitriersäure wird mit konz. HNO_3 u. konz. H_2SO_4 verstärkt u. in den Kreislauf geführt. Der fl. rohe

Salpetersäureester wird gewaschen u. von der Waschlauge, z. B. durch Schleudern, getrennt. — Glycerin → *Nitroglycerin*; Äthylenglykol → *Nitroglykol*. — Skizze. — *Sprengstoffe*. (**A. P. 2 951 866** vom 28/9. 1956, ausg. 6/9. 1960. **E. P. 837 044** vom 24/9. 1957, ausg. 9/6. 1960. A. Prior. 28/9. 1956 u. 7/2. 1957.) G. König. 8305

Hercules Powder Co., Wilmington, übert. von: Edward L. Ramer, Hockessin, Del., V.St.A., **Von statischen Ladungen freie Sprengkapsel**, bestehend aus einem verlängerten, einseitig geschlossenen metall. Gehäuse, einem gegen die Öffnung quer abgestützten u. mindestens mit einem Teil seiner Peripherie mit der inneren Kapselwand in leitender Verbindung stehenden elektr. leitenden Körper im Gehäuse, einem Paar diesen Körper durchdringenden Leitungsdrähten, die zwischen dem Ende dieses Körpers u. dem geschlossenen Ende der Kapsel durch einen in eine Initialzündmasse eingebetteten Glühdraht verbunden sind, eine Lage von dielektr. Material um die ganze Länge der Leitungsdrähte herum u. im Kontakt mit dem leitenden Körper, gek. durch eine dielektr. Lage mit einer minimalen Dicke von 0,0001 in. bzw. einer Dicke von $\leqq$0,005 in. längs mindestens eines Teils der Leitungsdrähte u. einen dielektr. Körper in der Kapsel, der quer zu einem Teil der Kapsel zwischen dem leitenden Körper u. dem offenen Kapselende angeordnet ist. Als (halb-) leitender Körper wird bes. ein mit Metallteilchen durchsetzter Wachspfropfen u. als Lage aus dielektr. Material ein Harzüberzug aus Polyvinylacetat, Polyamid-Polyvinyl-CH_2O oder Polyurethan verwendet. — Mengenbeispiele, Tabellen, Zeichnung. (**A. P. 2 974 590** vom 2/10. 1957, ausg. 14/3. 1961.) G. Vogel. 8305

Imperial Chemical Industries Ltd., London, England (Erfinder: Vincent Leighton Evans und George Cordiner), **Zubehör für Zündschnüre**, dad. gek., daß der nach E. P. 746 843 vorgesehene Kern aus drei Schnüren durch einen mit einer kompakten, nichtdetonierenden, schnellbrennenden Masse aus festen oxydierenden u. reduzierenden Verbb. überzogenen Metalldraht ersetzt ist, der durch die ringförmige, gasdurchlässige Umspinnung so zentriert ist, daß die Flamme zwischen Draht u. wasserdichter Hülle einen Weg findet. — Zum Beispiel wird ein 0,0148 in. dicker Draht durch einen Schlamm gezogen, der aus 10% mit Phthalsäuredibutylester weichgemachter Nitrocellulose, 54 PbO_2, 36 Si u. Aceton (zum Verdünnen) besteht, der nunmehr 0,045 in. dicke Draht in Luft bei normaler Temp. getrocknet, mit Baumwolle umsponnen usw. — Beispiel, Zeichnung. (**E. P. 847 743** vom 15/8. 1958, ausg. 14/9. 1960. **Zusatz zu E. P. 746 843; C. 1957. 1328.**) G. Vogel. 8309

Montecatini Soc. Gen. per l'Industria Mineraria e Chimica, Mailand, Italien, **Elektrische Zünder für Minen**, dad. gek., daß die Verschlußdeckel für die Metallbüchsen aus einem Material mit mittlerem elektr. Widerstand, bes. aus natürlichem oder synthet., mit Ruß beladenem Kautschuk bestehen. Die Deckel verhindern eine Zündung durch elektrostat. Aufladung. (**It. P. 538 568** vom 18/7. 1955.) K. Koebke. 8309

Aerojet-General Corp., Azusa, übert. von: Allen F. Graefe, Pomona, Calif., V.St.A., **Herstellung von Monalkylhydrazinen** (I) erfolgt durch Rk. von N_2H_4 (II) mit einem Keton oder Aldehyd bei 20—30° zu einem Azin, das bei 5—15° mit einem Dialkylsulfat bzw. Alkylhalogenid in eine Komplex-Verb. übergeführt wird, die bei 20—30° mit einer Mineralsäure zum entsprechenden I-Salz hydrolysiert wird, das in Ggw. einer Base dest. wird. Die Rk. verläuft z. B. nach: **II** + 2 R—CO—R′ → R—C(R′)=N—N=C(R′)—R + Re''_nX → $[R{-}C(R'){=}N(R''){-}N{=}C(R'){-}R]^+R''_{(n-1)}X^-$ + 2 H_2O → 2 R—CO—R′ + R″—HN—NH_2·HeX + Base → R″—HN—NH_2 (R u. R′ = H oder Alkyl; R″ = Alkyl; X = Halogen oder H_2SO_4-Rest; n = Wertigkeit von X). — Beispiel: Aceton + **II** → 94% Dimethylketazin (Kp. 133—135°) + $(CH_3)_2$·SO_4 → 72,4—85,4% *Methylhydrazinsulfat* [F. 141—142° (abs. A.)]; Dest. in Ggw. von Diäthylentriamin (**III**) → 67% *Methylhydrazin*, $Kp._{193}$ 51—58°. — *Äthylhydrazin* wird durch Rk. von CH_3—CO—C_2H_5 mit **II**, Überführung des Ketazins mit $(C_2H_5O)_2SO_2$ in *Äthylhydrazinsulfat*, das in Ggw. von C_2H_5ONa dest. wird. — Vom n-Butyraldehyd ausgehend, wird das entsprechende Aldazin mit Propylbromid umgesetzt u. Propylhydrazinbromid in Ggw. von **III** destilliert. — *Raketentreibstoffe*. (**A. P. 2 962 532** vom 14/10. 1957, ausg. 29/11. 1960.) O. Müller-Meiningen. 8311

Phillips Petroleum Co., übert. von: James N. Short, Borger, Tex., und Cleveland R. Scott, Bartlesville, Okla., V.St.A., **Raketentreibstoff**. Er besteht aus einem Phosphordiamid oder einem Polymeren dieses Diamids. Das Diamid hat die Formel I, worin R′ für einen einwertigen KW-Stoff-Rest, R für H oder einen einwertigen KW-Stoff-Rest u. R″ für H, einen einwertigen KW-Stoff-Rest, Amino-, phenylsubstituierten Amino- oder Phosphordiamidorest entsprechen, R u. R″ verschieden sein können u. in R′ die C-Zahl höchstens 6 u. in R u. R″ die C-Zahl 10 nicht übersteigt. (**A. P. 2 929 199** vom 3/5. 1954, ausg. 22/3. 1960.) E. Kahles. 8311

I

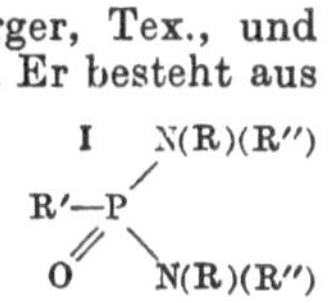

Herbert Walter Chatfield, Croydon, und Phyllis May Holmes, Salisbury, Wiltshire, England, **Wärmesatz für Raucherzeugung,** bestehend aus H_2NCSNH_2, $KClO_3$ u. einem mineral. Füllstoff, gek. durch den Zusatz eines säureneutralisierenden Mittels, wie Alkalicarbonat oder -bicarbonat, Erdalkalioxid, -hydroxid, -carbonat oder -bicarbonat, Al- oder Zn-Oxid u. -Hydroxid. (**E. P. 861 365** vom 14/1. 1957, ausg. 22/2. 1961.) A. Gradl. 8313

Lake Erie Chemical Co., Cleveland, Ohio, übert. von: Ralph H. Bullard, Geneva, N.Y., Alan R. Graff und A. Vern McIntosh jun., Cleveland, Ohio, V.St.A., **Beständige Chloramine** mit der Gruppe $-NCl_2$ oder $=NCl$ werden durch Behandeln von Acetaniliden, Harnstoffen, Säureimiden oder Arylsulfonchloramiden mit Na- oder Ca-Hypochlorit, Bleichpulver oder freiem Cl_2 erhalten. — Aus Benzidin in Eisessig u. Essigsäureanhydrid durch Kochen → N.N'-Diacetylbenzidin, F. 315—325°; dunkelgrauviolette Kristalle; daraus in CH_3COOH unter Einleiten von Cl_2 bei 100° → 3.3'.5.5'-Tetrachlor-N.N'-diacetylbenzidin; daraus in einem Gemisch aus 6 Teilen W., 1 Teil CH_3COONa u. 1 Teil A., Bzl. oder eines Netzmittels (Türkischrotöl) unter Einleiten von Cl_2 bei 70—100° → *N.N'.3.3'.5.5'-Hexachlor-N.N'-diacetylbenzidin,* F. 200—220°. — *N.N'.2.2'.4.4'-Hexachlordiphenylharnstoff.* Die Phenylreste können noch anderes Halogen, NO_2, NO u. an Stelle von Acetyl Formyl, Propionyl oder Benzoyl enthalten. — Verw. zum *Schutz* gegen *Kampfstoffe,* bes. *Senfgas,* u. zum *Imprägnieren* von *Bekleidungsstoffen* als Schutzmittel gegen diese Gase. (**A. P. 2 968 675** vom 19/6. 1940, ausg. 17/1. 1961.)

G. Krauss. 8317

Great Lakes Carbon Corp., New York, N.Y. (Erfinder: **Frederick L. Shea jun.**, Arlington Heights, Ill.), V.St.A., *Oxyliquidsprengstoff.* (**D. A. S. 1 126 294** Kl. 78e vom 9/5. 1958, ausg. 22/3. 1962. A. Prior. 15/10. 1957. — C. **1961.** 9657 [Belg. P. 568 258].)

XXII. Leim. Klebstoffe usw.

Giulio Pecchioli, Florenz, Italien, **Herstellung eines Klebemittels** für Papier u. Leder. Abfallreis wird angefeuchtet u. im feuchten Zustand fein gemahlen, 2—3 Std. auf dem Wasserbad erwärmt, mit ca. 1% CH_2O versetzt u. parfümiert. (**It. P. 534 998** vom 28/6. 1955.) K. Koebke. 8385

B. B. Chemical Co. Ltd., Leicester, England, **Thermoplastischer Klebstoff,** bes. zum Kaschieren von Kartonnagen u. Metallfolien, bestehend aus einem Gemisch miteinander unverträglicher Komponenten. Der Klebstoff wird in Bandform gebracht u. durch einen besonders konstruierten App. auf das zu verklebende Gut aufgetragen, wobei nur eine kurze Erhitzung erfolgt, so daß keine Entmischung eintreten kann. — Beispiel: 39 (Teile) Polyäthylen, Molgew. 18000, 29,4 β-Pinenpolymer, F. 125° („Piccolyte S 125"), 10 Mischpolymerisat aus 98 Isobutylen u. 2 Isopren (GRI-17), 19,6 Epoxidharz, F. 95—105° (Epoxyäquivalenz 870—1025), u. 2 Antioxydans. — Zeichnung. (**E. P. 841 203** vom 10/10. 1956, ausg. 13/7. 1960. A. Prior. 11/10. 1955.) C. Lüttgen. 8389

K. N. Wlassowa, L. A. Rodiwilowa, L. M. Sljepakow, D. A. Kardaschew, I. I. Michaljew, E. L. Aparzewa und Ss. F. Korsjukowa, **Herstellen von Klebern** auf Basis von Methylolpolyamidharz (I), modifiziert mit 5—50 Gew.-% Phenol-Formaldehyd-Harzen oder Phenolalkoholen zur Erhöhung der Wärme- u. Wasserbeständigkeit. Zum Verbinden von Flugzeugteilen verwendet man I, Marke PVE-2/10, u. 10—20 Gew.-% 50%ig. alkohol. Lsg. von Bakelit. (**UdSSR. P. 117 926** vom 23/7. 1957.) B. Pankow. 8389

Karl Heinz Kauert, Pirna-Rottwerndorf, und Erich Gröbel, Pirna, **Fußbodenkleber auf der Basis von Kresol-Formaldehydharz** mit erhöhter Festigkeit durch einen Zusatz von 1—1,5% Polyvinylacetat. — Beispiel: Man verwendet 35 (kg) Kresol-Formaldehyd-Harz, 15 Spiritus, 10 Schwerspat, 16 Quarzmehl, 22 Rügener Kreide, 1 konz. Polyvinylacetat u. 1,2 Wasser. (**D. P. [DDR] 21 681** Kl. 22i vom 27/6. 1958, ausg. 4/8. 1961 [Wirtschaftspatent].) M. F. Müller. 8389

Minnesota Mining & Mfg. Co., St. Paul, Minn., übert. von: William H. Bauer jun., Bloomfield, N.J., V.St.A., **Perfluorchlorolefinpolymerenmischungen** aus Homopolymeren, wie Trifluorchloräthylen, Difluordichloräthylen, Trichlorfluoräthylen oder Mischpolymere, mit anderen halogenhaltigen Olefinen, wie Vinylidenfluorid, Vinylidenchlorid, Vinylfluorid oder -chlorid u. Alkylolphenolen der allg. Formel I (R = aliphat. Reste, die durch aliphat., cycloaliphat. oder Arylreste substituiert sind; R' = Alkylenrest mit bes. nicht mehr als 6 C-Atomen, n = 1, 2 oder 3). Die Mischungen haben gute Klebe-Eigg., die noch durch Zusatz von Epoxyharzen verbessert werden können. Als Stabilisierungsmittel gegen therm. Abbau können BaO_2, PbO_2, Cr-Oxid oder -Sulfid, Cd-Oxid

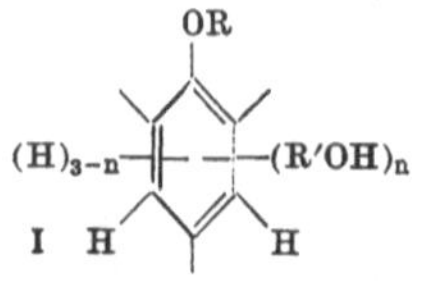

oder -Sulfid, HgS, Co-, Zn-, Sn-Oxid oder -Sulfid zugegeben werden. Wenn die Mischung auf Metalloberflächen aufgetragen werden soll, setzt man als Rostschutzmittel noch 0,1—3% Orthophosphorsäure zu. — *Klebeschichten*. (**A. P. 2 888 364** vom 14/9. 1956, ausg. 26/5. 1959.) A. JAHN. 8389

Karl Hilbert, Karl-Marx-Stadt, **Herstellung von wärmebeständigen und tropenfesten selbstklebenden Bändern** mit Kautschukklebemassen, wobei 0,3—0,5% S oder 0,5% Tetramethylthiuramdisulfid u. 0,1—0,3% des Zn-Salzes einer Dithiocarbaminsäure zugesetzt werden. Zusätzlich enthält die Masse ggf. bis zu 5% Rubresin (ein Kondens.-Prod. aus Alkylphenol mit Formaldehyd). Die Bänder eignen sich zum Verschluß von Behältern, bes. in Tropengebieten. (**D. P. [DDR] 21 538** Kl. 22i vom 3/11. 1958, ausg. 28/6. 1961 [Wirtschaftspatent].) M. F. MÜLLER. 8389

Furufuji Sangyo Kabushiki Kaisha und Furukawa Denki Kogyo Kabushiki Kaisha, Tokyo (Erfinder: Tatsuo Haniu, Tokyo, Akemochi Oyama und Teiichi Masuzawa, Yokohama), Japan, **Herstellung von Vinylklebbändern.** Zwischen den Vinylharzfilm u. das Klebemittel, dessen Hauptbestandteil Natur- oder Kunstkautschuk ist, kommt eine Zwischenschicht aus Vinylchloridmischpolymeren mit COOH-Gruppen im Molekül. — Man überzieht den Vinylharzfilm mit einem Anstrich aus 100 (Teilen) Vinylchlorid–Vinylacetat–Maleinsäureanhydrid-Mischpolymerisat, 1 Dibutyl-Sn-maleat, 900 Methyläthylketon–Toluol-Lsgm. (**II**), trocknet, streicht eine dünne Klebschicht aus 100 hochmol. Polyisobutylen (**I**; Molgew. 100000), 25 niedrigmol. **I** (Molgew. 3000), 80 Kolophoniumester, 5 Ruß, 3 Hydrochinon u. 600 **II** auf u. trocknet mit IR-Strahlen. (**Jap. A. S. 1831/1960** vom 4/2. 1958, ausg. 8/3. 1960.) M. PANKOW. 8389

Milton Alfred Bergstedt, **Klebefolien für dekorative Zwecke,** deren Oberfläche bossiert werden kann, bestehend aus einem Celluloseacetat-, Polyäthylenterephthalat- oder Polystyrolfilm oder einer Metallfolie, die mit einer Klebmasse (**I**) auf Basis Polyvinyläther, Polyisobutylen (**II**) oder Butylkautschuk beschichtet ist. Die **I** ist mit einer Papierfolie (**III**) abgedeckt, die zweckmäßig einen Überzug aus Siliconkautschuk u. Chromchloridstearat aufweist. — Beispiel für **I**: 100 (Teile) **II**, 90 „Piccolyte S-70", ein Polyterpin, F. 70° F, 40 Mineralöl, 2 Di-tert.-amylhydrochinon. (**Aust. P. 229 427** vom 29/9. 1958, ausg. 11/8. 1960. A. Prior. 7/10. 1957.) C. LÜTTGEN. 8389

B. B. Chemical Co., Boston, übert. von: **Edwin E. Sylvester**, Watertown, und **Sumner H. Peck**, Wakefield, Mass., V.St.A., *Druckempfindliche Klebestreifen*. (**A. P. 2 861 899** vom 15/8. 1956, ausg. 25/11. 1958. — C. **1961**. 15630 [E. P. 849 923].)

Bond Ltd, (Erfinder: **Siegfried Glaubert**), *Klebemittel*. (**Aust. P. 231 560** vom 22/5. 1958, ausg. 19/1. 1961. D. Prior. 23/5. 1957. — C. **1960**. 7397 [D. A. S. 1 009 315].)

A. Boake, Roberts & Co. Ltd., England, *Herstellung von Reaktionsprodukten von Epoxyölen*. (**F. P. 1 200 564** vom 21/7. 1958, ausg. 22/12. 1959. E. Prior. 22/7. 1957. — C. **1960**. 14575 [D. A. S. 1 081 876].)

Dow Corning Corp., übert. von: **Joseph W. Keil**, Midland, Mich., V.St.A., *Bindung von Siliconkautschuk an Feststoffe*. (**Can. P. 556 942** vom 20/8. 1955, ausg. 6/5. 1958. A. Prior. 7/10. u. 3/11. 1954. — C. **1958**. 10827 [E. P. 778 348].)

Olin Mathieson Chemical Corp., Baltimore, Md., übert. von: **George O. Orth jun.**, Seattle, Wash., V.St.A., *Klebestoffe*. (**Can. P. 558 438** vom 5/10. 1955, ausg. 3/6. 1958. A. Prior. 26/5. 1950. — C. **1955**. 3051 [A. P. 2 668 154].)

Shawinigan Resins Corp., übert. von: **Robert N. Crozier**, Springfield, **A. Norbert MacDonald**, Indian Orchard, und **Aubrey F. Price**, South Hadley, Mass., V.St.A., *Klebband*. (**Can. P. 558 062** vom 27/3. 1954, ausg. 27/5. 1958. A. Prior. 15/2. 1954. — C. **1958**. 1474 [E. P. 758 142].)

Shawingan Resins Corp., Springfield, übert. von: **Aubrey F. Price**, South Hadley, Mass., V.St.A., *Klebstoffe*. (**Can. P. 558 063** vom 14/12. 1954, ausg. 27/5. 1958. A. Prior. 8/1. 1954. — C. **1957**. 10919 [E. P. 759 742].)

Ciba Ltd., Basel, Schweiz, übert. von: **Norman A. de Bruyne**, Duxford, **George S. Newell**, Cambridge, und **Keith R. C. Perry**, Sawston, Cambridge, England, *Selbsttragende Klebfolie*. (**Can. P. 556 905** vom 7/12. 1954, ausg. 6/5. 1958. E. Prior. 10/12. 1953 u. 23/11. 1954. — C. **1957**. 10919 [Oe. P. 189 730].)

XXIII. Tinte. Hektographenmasse und andere Spezialpräparate

Venus Pencil Co. Ltd., London, England (Erfinder: David Juelss, Brooklyn, und Andrew Torok, New York, N.Y., V.St.A.), **Graphithaltige Schreibtinte oder Schreibmasse.** Die auf Papier radierbare Abstriche ergebende Masse ist dad. gek., daß sie ein nicht polares u. nicht verharzendes Dispergiermittel (bes. einen fl. KW-Stoff), ein darin gelöstes Harz (bes. ein Polydienharz oder ein Cumaron–Inden-Harz) u. koll. Graphit, bes. von einer Teilchengröße von 0,5—5 μ, enthält. (**Schwz. P. 354 535** vom 5/15. 1956, ausg. 15/7. 1961. A. Prior. 16/5. 1955.) P. KRUG. 8421

Ss. N. Uschakow, W. N. Isjumow, D. I. Skotnikow, A. W. Leschenko, Ss. P. Wongas, I. I. Njepomnjaschtschij, L. M. Bjereslawskij, E. I. Gambardella, Ja. M. Sjegel, Ju. M. Schadrunow, M. I. Maksimow, P. I. Pjetrow und Ju. A. Poroikowa, **Grundfarbe für Farbstifte,** bei der als Filmbildner hauptsächlich Polyvinyläthylal (I) oder eine wss. Emulsion von Polyvinylacetat (Teilchengröße 0,2—1,5 μ) mit 4—8 cP verwendet wird. — Zur Herst. einer gelben Farbe nimmt man z. B.: 10 (%) I, 2 Dibutylphthalat, 36 Chromgelb, 4 TiO_2, 48 Äthyl- u. Butylalkohol. (**UdSSR. P. 117 876** vom 22/4. 1958.) B. PANKOW. 8421

Friedrich Pisecker, O. H. G., Wien, Österreich, **Stempellösung zum Stempeln auf Metall** aus einer konz. wss. Lsg. von $CuCl_2$ oder einem Gemisch davon mit anderen leicht lösl. Cu-Salzen u. SeO_2. — Beispiel: 300 (g) $CuCl_2$, 400 $CuBr_2$ u. 150 SeO_2 werden in W. gelöst u. auf 1 Liter aufgefüllt. (**Oe. P. 215 574** vom 20/11. 1959, ausg. 12/6. 1961.) M. F. MÜLLER. 8421

Robert Howard Co., übert. von: Howard S. Black, Palo Alto, Calif., V.St.A., **Spirituskopierverfahren.** Um nur einzelne Schriftzüge zu vervielfältigen, wird die Stelle des Blattes, die die Schrift aufnehmen soll, mit einem Stück eines verfestigten Lsgm. für den Farbstoff der Matrize gerieben u. dann die Matrize angedrückt. (**A. P. 2 957 411** vom 9/7. 1958, ausg. 25/10. 1960.) C. KITTLER. 8421

Columbia Ribbon & Carbon Mfg. Co., Inc., V.St.A. (Erfinder: Douglas Alexander Newmann und Allan Thomas Schlotzhauer), **Farbe für Durchschreibepapiere.** Inhaltlich ident. mit A. P. 2 820 717; C. **1960.** 12899. (**F. P. 1 106 340** vom 6/8. 1954, ausg. 16/12. 1955. A. Prior. 17/8. 1953.) H.-J. NITZSCHKE. 8423

Columbia Ribbon & Carbon Mfg. Co., Inc., V.St.A., **Farbpaste zur Herstellung von Kohlepapier,** bestehend aus einem Vinylpolymeren als feste Grundlage, einem Weichmachungsmittel, z. B. Lanolin oder Vaseline, zusammen mit einem Mineralöl, Farbstoff, z. B. Ruß u. Alkaliblau, sowie Lsgm., wie Toluol u. Äthylacetat. Das Vinylpolymere ist z. B. ein Copolymeres von Vinylchlorid u. -acetat (I) oder Polyvinylbutyral oder Polyvinylacetat. — Beispiel: 10 (Gew.-Teile) I, 12,2 Lanolin, 9,8 Mineralöl, 2,9 Ruß, 2,1 Alkaliblau, 13,8 Toluol, 54,4 Äthylacetat. — Vgl. E. P. 780 492; C. **1959.** 7670. (**F. P. 71 684** vom 3/5. 1957, ausg. 13/1. 1960. **Zusatz zu F. P. 1 106 340; s. vorst. Referat.**) M. F. MÜLLER. 8423

Joseph Zalkind, New York, N.Y., V.St.A., **Mehrfarbiges Übertragungsblatt** besitzt eine heiß aufgetragene, durch Druck übertragbare Wachsfarbschicht über der ganzen Oberfläche u. darüber kleinere Flächen einer kalt aufgebrachten, mit der ersten Schicht kontrastierenden, übertragbaren Wachsfarbschicht. (**A. P. 2 976 165** vom 31/1. 1958, ausg. 21/3. 1961.) C. KITTLER. 8423

Leonard R. Kortick, Cranston, R.I., V.St.A., **Vielfarbiges Silhouetten-Zeichenpapier.** Eine Seite einer Papiergrundschicht ist mit einer Vielzahl von Farben in unregelmäßigem Muster bedruckt u. mit einer opaken Wachsschicht überzogen, die ein schwarzes Pigment suspendiert enthält. (**A. P. 2 926 102** vom 4/8. 1958, ausg. 23/2. 1960.) P. MAYER. 8423

Établissement Consulting, Vaduz, Liechtenstein, **Verwendung von Styrol-Butadien-Mischpolymerisaten für Farbüberträger** bei der Herst. von *Durchschreibepapieren*, bes. *Kohlepapieren.* Das Mischpolymerisat besteht z. B. aus 80—99,5% Styrol u. 20—0,5% Butadien. — Zus. eines blauen Farbüberträgers: 8,2 (%) Styrol-Butadien-Copolymeres, 6,5 Ricinusöl, 1,28 Ölsäureamid, 1,72 Ricinusölfettsäure-Elain, 5,62 Farbpigmente, 3,58 Kaolin, 73,1 Triäthylen, CH_2Cl_2, Dichloräthan. (**Oe. P. 211 333** vom 3/4. 1959, ausg. 10/10. 1960.) M. F. MÜLLER. 8423

National Cash Register Co., Dayton, übert. von: Robert E. Miller und Lowell Schleicher, Dayton, Ohio, V.St.A., **Wärme- und druckempfindliches Aufzeichnungsmaterial.** Auf einer Trägerschicht (Papier) ist eine Überzugsschicht aufgebracht, welche mkr., durch Druck zerstörbare Kapseln mit einer farbbildenden Fl., feste Teilchen, die mit der Fl. unter Farb-Bldg. reagieren, u. einen dünnen Film von Polyvinylmethyläther enthält, der bei Raum-Temp. die festen Teilchen von der Fl. isoliert u. bei erhöhter Temp. die Farb-Rk. zuläßt, wenn die Kapseln durch Druck zerstört werden. (**A. P. 2 929 736** vom 25/7. 1957, ausg. 22/3. 1960.) P. MAYER. 8423

E. I. du Pont de Nemours & Co., Wilmington, Del., übert. von: **Roy C. Locke**, Salem, N.J., V.St.A., *Stempelfarben.* (**Can. P. 557 932** vom 4/1. 1955, ausg. 27/5. 1958. A. Prior. 8/1. 1954. — C. **1959.** 8765 [A. P. 2 755 420].)

A. B. Dick Co., Niles, übert. von: **Robert J. Klimkowski**, Chicago, und **Robert T. Florence**, Park Ridge, Ill., V.St.A., *Vervielfältigungsmasse.* (**Can. P. 558 567** vom 27/9. 1955, ausg. 10/6. 1958. A. Prior. 13/5. 1952. — C. **1959.** 8766 [A. P. 2 743 191].)

XXIV. Photographie

Die photographische Wiedergabe von aufeinanderfolgenden Belichtungen durch verschiedene Strahlenarten. Margarete Ehrlich und William L. McLaughlin. (J. opt. Soc. America **51.** 1172—81. Nov. 1961. Washington, D.C., Nat. Bur. of Stand., Radiat. Phys. Div.; engl.) — Um Rückschlüsse auf das latente Bild ziehen zu können, werden photograph. Filme nacheinander einer Belichtung mit verschiedenen Energiestrahlen ausgesetzt, z. B. einer Vorbelichtung mit γ-Strahlung (^{60}Co) niedriger Intensität u. Nachbelichtung mit γ-Strahlung hoher Intensität, Vorbelichtung mit Gammastrahlung hoher Intensität u. Nachbelichtung mit γ-Strahlung niedriger Intensität, Vorbelichtung mit Röntgenstrahlung hoher Intensität u. Nachbelichtung mit γ-Strahlung niedriger Intensität, ferner einer γ-Strahlung u. sichtbarem Licht, sichtbarem Licht u. γ-Strahlung, IR-Strahlung u. sichtbarem Licht, sichtbarem Licht u. IR-Strahlung. Als Testfilme dienten die Du Pont-Filme Industrial X-Ray (Typ 502) u. Cinepositiv (Type 606). Schwärzungskurven vgl. Original. — Es werden folgende Feststellungen gemacht: Belichtet man ein photograph. Material nacheinander mit Strahlen unterschiedlicher Energie, so setzt sich die zweite Strahlung durch. Die Schwärzungskurve für die zuerst aufbelichtete Strahlung wird von der zweiten Strahlungsart dahin geändert, daß die endgültige Kurve mehr der durch die Nachbelichtungsstrahlung allein hervorgerufenen Schwärzungskurve entspricht als der durch die Vorbelichtungsstrahlung erzeugten charakterist. Kurve. — Die Vers.-Ergebnisse werden abschließend zusammen mit ähnlichen aus der Literatur bekannt gewordenen Beobachtungen diskutiert. — 27 Literaturhinweise. W. Günther. 8594□

Die Temperaturabhängigkeit des von geladenen Teilchen erzeugten latenten Oberflächenbildes in Kernemulsionen. F. Aramu und M. Fà. (Rend. Seminario Fac. Sci. Univ. Cagliari **28.** 181—87. 1958; ital.) — Vff. können zeigen, daß die Empfindlichkeit von Kernemulsionen temperaturabhängig ist. Kernspurplatten, z. B. Kodak-NTA- u. Ilford-C 2-Platten werden, während sie einer ^{210}*Po*-α-Strahlung ausgesetzt sind, auf eine konst. Temp. von 20, 0, —30, —70 u. —120° gehalten u. anschließend mit einem Oberflächenentwickler entwickelt. Die Empfindlichkeit der Kernemulsionen, bestimmt als entwickelte Kornzahl pro Kernspurlängeneinheit, ist bei tiefen Temp. geringer als bei 20°. Die Temp.-Abhängigkeit ist bei Oberflächen-Entw. eine lineare Funktion (Kurven vgl. Original). — 22 Literaturhinweise. W. Günther. 8594□

Vergleichende Untersuchung verschiedener Methoden der Synthese photographischer Emulsionen. W. L. Selikman und Je. I. Kljujenkowa. (Журнал Научной и Прикладной Фотографии и Кинематографии [J. wiss. angew. Photogr. Kinematogr. **3.** 335—44. 1 Tafel. Sept./Okt. 1958. Allunions-Kino-Photo-Forschungsinst.; russ.) — Die Herst. photograph. AgBr-Emulsionen erfolgt unter Zusatz verschiedener Mengen NH_3 entweder für sich oder zusammen mit KBr vor der 1. oder 2. Emulgierung zur Halogenid-Lsg. bzw. zur Emulsion, zur $AgNO_3$-Lsg. bzw. zur frisch bereiteten Emulsion. Zwischen dem photometr. Äquivalent P u. der maximalen, in der 2. Reifung erreichbaren Lichtempfindlichkeit S_{max} besteht die Beziehung $P = tg\,\alpha\,(S_{max} - b)$, wobei $tg\,\alpha$ u. b für den jeweiligen Herst.-Prozeß charakterist. Konst. sind. Die Vorzüge einer bestimmten Meth. der Emulsions-Herst. bleiben nicht für alle Werte der gefundenen S_{max} erhalten u. gelten somit nur von Fall zu Fall. Im allg. bewirkt eine Änderung der Meth. der 2. Emulgierung durch NH_3-Zusatz eine Veränderung des entwickelten Bildes in gleichem Grade wie eine Änderung der 1. Emulgierung. R. K. Müller. 8600□

Über die photographische Aktivität der Gelatine. 2. Mitt. **Erhöhung der kinetischen Aktivität der Gelatine.** A. L. Karpowa, A. A. Michailowa und K. W. Tschibissow. (Журнал Научной и Прикладной Фотографии и Кинематографии [J. wiss. angew. Photogr. Kinematogr.] **4.** 183—92. Mai/Juni 1959. Allunions-Kino-Photo-Forschungsinst.; russ.) — 1. vgl. C. **1960.** 9088. — Aus 3 Gelatinen mit verschiedenen Aktivitäts-Koeff. (AK) werden in Ggw. verschiedener Mengen zugesetzter Beschleuniger (B_z) AgBr-Emulsionen mit 3 Mol-% AgJ hergestellt. Die maximale Empfindlichkeit S_{max} u. die Reifedauer werden tabellar. u. graph. mitgeteilt. Zwischen den AK der natürlichen Beschleuniger (A) bzw. des B_z (A') u. der Zeit τ bis zum Erreichen von S_{max} gilt $A' = \tau_0\,B\,(1/\tau) - A$, wobei B = Konz. an hemmenden Stoffen, $\tau_0 = (A/B)\,\tau$. Die Wrkg. der B_z nimmt ab in der Reihenfolge $Na_2S_2O_3 >$ Thioharnstoff (I) $> Na_2S_4O_6 > Na_2S > KSCN > Na_2S_3O_6 > N_2H_4$; Na_2SO_3 wirkt nur bei 0,001 m Konz.; S_{max} nimmt ab in der Reihenfolge I $> Na_2S_2O_3 > KSCN > Na_2S$. Die Schleierdichte ist bei KSCN am größten, bei Na_2S am kleinsten. Wenn p_{Br} einer AgBr-Emulsion von 4,4 auf 1,6 abnimmt, nimmt τ_0 auf das 10fache zu. R. K. Müller. 8600□

Anwendung von Polymeren in der Photographie. 2. Mitt. **Anwendung von Polymeren in der photographischen Schicht von Filmmaterialien und bei den Prozessen**

ihrer chemisch-photographischen Behandlung. P. W. Koslow. (Журнал Научной и Прикладной Фотографии и Кинематографии [J. wiss. angew. Photogr. Kinematogr.] **4.** 161—71. Mai/Juni 1959; russ.) — 1. vgl. C. **1960.** 9088. — Übersicht: Polymere der Emulsionsschicht; Anwendung von Polymeren im farbphotograph. Prozeß (Schutzpolymere zur Stabilisierung der Halogensilbersuspension, diskrete Teilchen bildende u. stabilisierende Polymere, die Viscosität der „Paket"-Photoemulsion erhöhende u. filmbildende Polymere); Polymere in anderen photograph. Prozessen. — 41 Literaturhinweise. R. K. Müller. 8602 □

Charakteristische Kurven des elektrophotographischen Prozesses und die Empfindlichkeit elektrophotographischer Schichten. W. M. Fridkin. (Журнал Научной и Прикладной Фотографии и Кинематографии [J. wiss. angew. Photogr. Kinematogr.] **4.** 198—201. Mai/Juni 1959. Inst. für Kristallogr. der Akad. der Wiss. der UdSSR; russ.) — Auf Grund der früheren Unterss. über Photoelektrete (vgl. C. **1959.** 10114) werden für die Abhängigkeit der elektrophotograph. Empfindlichkeit ω (in s^{-1}) der photograph. Schichten von den spezif. Eigg. der Dielektrika bzgl. der Bldg. des latenten elektrophotograph. Bildes kinet. Gleichungen abgeleitet. Für S ist $\omega = 0{,}01$, für ZnO 0,1 u. für Se 10. R. K. Müller. 8604 □

Nichtlineare Farbtrennkorrektur durch verstärkende negative Masken. 1. Mitt. **Schema des Prozesses und seine Farbtrennprüfungen.** L. F. Artjuschin. (Журнал Научной и Прикадной Фотографии и Кинематографии [J. wiss. angew. Photogr. Kinematogr.] **4.** 202—09. Mai/Juni 1959. Allunions-Kino-Photo-Forschungsinst.; russ.) — Vgl. C. **1960.** 6026. — Wenn zwischen den effektiven opt. Dichten u. den Oberflächen-Konzz. der Farbstoffe keine lineare Beziehung besteht, können für eine vollständige Farbtrennkorrektur nichtlineare verstärkende negative Masken verwendet werden. Die durch die Maskierung beseitigten Farbverzerrungen werden zweckmäßig durch Farbtrennproben bestimmt. Für die Beseitigung der aus dem gegenseitigen Einfl. der Übertragungen beim Hydrotype- u. polygraph. Prozeß entstehenden Farbverzerrungen müssen besondere Testobjekte verwendet werden, die durch aufeinanderfolgende, nicht getrennte Übertragungen jedes der 3 Farbstoffe hergestellt sind. Vf. entwickelt Gleichungen für die Farbübertragung; mit ihrer Hilfe lassen sich die optimalen sensitometr. Parameter der nichtlinearen Maskierung berechnen. R. K. Müller. 8630 □

Die Informationskapazität photographischer Filme. R. Clark Jones. (J. opt. Soc. America **51.** 1159—71. Nov. 1961. Cambridge, Mass., Polaroid Corp., Res. Labor.; engl.) — Vf. berechnet das Informationsspeichervermögen von folgenden vier Kodak-Filmen: Royal-X Pan (6128), Tri-X Pan (5233), Plus-X Pan (4231) u. Panatomic-X (5240). Die Werte hierfür liegen zwischen $0{,}5 \cdot 10^6$ u. $3{,}0 \cdot 10^5$ Bits/cm². Der Panatomicfilm hat das größte, der Royalfilm das geringste Informationsspeichervermögen. Der reziproke Wert vom Informationsspeichervermögen in cm²/Bit als die Fläche, die nötig ist, um 1 Bit aufzunehmen, liegt zwischen 35 u. 200 μ^2. Die Radien dieser Flächen wurden zu 3 u. 8 μ bestimmt. Dividiert man das Informationsspeichervermögen durch die mittlere Belichtung (in Erg/cm²), so erhält man für drei Filme den konst. Wert $7{,}0 \cdot 10^6$ Bits/Erg, während der Royalfilm mit $26{,}5 \cdot 10^6$ Bits/Erg herausfällt. Der Royalfilm nimmt auch bei der Berechnung der Anzahl Photonen pro Bit eine Sonderstellung ein: 8180 Photonen/Bit, während die drei anderen Filme (Tri-X, Plus-X u. Panatomic) Werte von 29200 bis 33600 Photonen/Bit besitzen. — Abschließend werden Vgl. angestellt zwischen den gefundenen Werten mit dem Informationsspeichervermögen von Sprech- u. Musikkanälen hoher Bandbreite sowie von Fernsehkanälen. — 26 Literaturhinweise. W. Günther. 8660 □

Über die Zweckmäßigkeit der Berücksichtigung des Schleiers bei der Photometrie astronomischer Negative. D. A. Roshkowski. (Журнал Научной и Прикладной Фотографии и Кинематографии [J. wiss. angew. Photogr. Kinematogr.] **4.** 210—14. Mai/Juni 1959. Astrophysikal. Inst. der Akad. der Wiss. der KasachSSR; russ.) — Zwischen den opt. Dichten der Schwärzungsstellen u. der ihnen benachbarten Teile des Schleiers besteht eine positive Beziehung, die mit dem Abstand rasch abnimmt. Die Koeff. der linearen Beziehung sind klein u. ändern sich stark (ohne Vorzeichenwechsel) innerhalb der Plattenfläche. Die Berücksichtigung des Schleiers nach Herter u. Driffield gibt keinen Ausgleich zwischen den Ergebnissen der Messung an den einzelnen Punkten der gleichmäßig belichteten Platte u. erscheint daher unzweckmäßig, außer beim Photometrieren von Objekten, die eine sehr kleine Fläche der Platte einnehmen, z. B. bei fokalen Stern-Darst. oder bei Unterss. der Homogenität der sensitometr. Eigg. der Platte. R. K. Müller. 8660 □

Erscheinung der Nichtreziprozität bei der photographischen Wirkung der β-Strahlen. A. L. Kartushanski und B. P. Ssoltitzki. (Журнал Научной и Прикладной Фотографии и Кинематографии [J. wiss. angew. Photogr. Kinematogr.] **4.** 301—03. Juli/Aug. 1959. Leningrad, Landwirtsch. Inst.; russ.) — Vgl. C. **1960.** 17335. — Im

Anschluß an RAY u. STEVENS (C. **1954.** 5227) wird das Problem der Nichtreziprozität (NR) bei der Bestrahlung von photograph. Emulsionen mit β-Teilchen untersucht. Diapositiv-, elektronograph. u. Kernplatten werden β-Teilchen (aus ^{32}P u. ^{14}C) ausgesetzt; die zur Erzeugung der Schwärzungsdichte 0,25 über dem Schleier erforderliche Zeit in Abhängigkeit von der Intensität wird gemessen. Je weniger empfindlich die Emulsion ist, desto rascher tritt die NR ein, bei Verw. von ^{32}P stärker als bei ^{14}C. Mit zunehmender Entw.-Dauer nimmt die NR ab. Es wird geschlossen, daß die NR auf Regression beruht. Der Effekt wird fast beseitigt, wenn man die Emulsion vor der Bestrahlung mit Triäthanolamin behandelt. Auch bei Diapositivplatten tritt die NR erst nach einigen Std. ein.
R. K. MÜLLER. 8662 □

Die Herstellung von Stereoaufnahmen mit dem Elektronenmikroskop. K. Little. (J. photogr. Sci. **10.** 92—95. März/April 1962. Oxford, Nuffield Orthopaedic Centre; engl.) — Es werden Empfehlungen zur Herst. u. zur Montierung von stereoskop. Elektronenmikroskopaufnahmen gegeben, speziell von histolog. Material.
W. GÜNTHER. 8662 □

Optische und photographische Probleme bei der Entwicklung und beim Gebrauch einer bis zum Ultraviolett durchlässigen Schlierenkamera mit der relativen Öffnung f/1,0. R. T. Waters und J. Dyson. (J. photogr. Sci. **10.** 116—28. März/April 1962. Aldermaston, Berks., Assoc. Electrical Ind. Ltd., Res. Labor.; engl.) W. GÜNTHER. 8662 □

Eastman Kodak Co. (Erfinder: John Robert Dann, Peter Patrick Chiesa und William George Lovett), Rochester, N.Y., V.St.A., **Sensibilisierte photographische Halogensilberemulsion.** Die Emulsion enthält einen nicht polymeren Polyoxathioäther der allg. Formel $X[-(CH_2)_2-X_2(-X_3)_{d-1}(CH_2CH_2O)_{n-1}-R_1-R]_2$ (**I**). Hierin ist R = —OH, eine Alkoxy- oder Carbamylgruppe; R_1 ein Äthylenrest, X = O oder S bzw. die Gruppe $-X_1CH_2CH_2X-$; X_1 u. X_2 je ein O- oder S-Atom, vorausgesetzt, daß wenigstens eines der in der Formel enthaltenen Symbole X, X_1, X_2 ein O-Atom u. wenigstens eines dieser Symbole ein S-Atom X_3 ein 2wertiger Rest der Zus. $-CH_2COO-$ u. d eine ganze Zahl von 1—3 ist. — Beispiele für **I** gemäß Original u. a. $HO(CH_2)_2 \cdot S(CH_2)_2O(CH_2)_2O(CH_2)_2S(CH_2)_2OH$ u. $HO(CH_2)_2OOCCH_2S(CH_2)_2O(CH_2)_2SCH_2COO \cdot (CH_2)_2OH$. Die Empfindlichkeit kann hiermit auch von solchen Emulsionen gesteigert werden, die bereits durch S- u. Au-Sensibilisatoren optimal sensibilisiert sind. (**D. A. S. 1 124 352** Kl. 57b vom 7/10. 1960, ausg. 22/2. 1962. A. Prior. 14/10. 1959.) E. FUCHS. 8605

Eastman Kodak Co. (Erfinder: John Robert Dann und John Warburton Gates jun.), Rochester, N.Y., V.St.A., **Sensibilisierung photographischer Emulsionen.** Man entwickelt die Emulsion in Ggw. einer makrocycl. Verb. der allg. Formel I mit mindestens 12 Ringatomen, von denen mindestens 8 Atome C, mindestens eines S u. mindestens eines O oder N ist. Hierin ist R u. R_1 je eine Alkylengruppe, deren C-Kette ggf. durch ein O- u./oder ein S-Atom u./oder durch mindestens eine Carbonsäureester-, Kohlensäureester- u./oder Carbonsäureamidgruppe unterbrochen ist, u. Q ein O oder S bedeutet: *1.10-Dithia-4.7.13.16-tetraoxacyclooctadecan*, *1.10-Dithia-4.7-dioxa-13.18-dioxo-14.17-diazacycloeikosan*. (**D. A. S. 1 124 349** Kl. 57b vom 18/2. 1960, ausg. 22/2. 1962. A. Prior. 6/3. 1959.) E. FUCHS. 8605

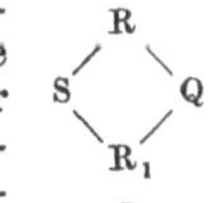

I

Eastman Kodak Co. (Erfinder: Paul Harold Stewart, George Earle Fallesen und John Watson Reeves jun.), Rochester, N.Y., V.St.A., **Entwickler enthaltendes photographisches Material.** Die Emulsion oder eine unter bzw. über ihr angeordnete Schicht enthält eine alkal. Substanz (Alkalihydroxid oder -carbonat, quart. Ammoniumbasen, Metaborat) u. mindestens 5 g pro Mol Halogensilber einer Entwicklersubstanz auf der Basis von Pyrazolidon-(3): *1-Phenylpyrazolidon-(3)*, *1-Phenyl-5-methylpyrazolidon-(3)*, *1-Phenyl-2-acetyl-4.4-dimethylpyrazolidon-(3)*, *1-Benzothiazolylpyrazolidon-(3)*. Das Material ist auch zur Wärme-Entw. geeignet. (**D. A. S. 1 123 203** Kl. 57b vom 28/9. 1960, ausg. 1/2. 1962.) E. FUCHS. 8619

Agfa Akt.-Ges., Leverkusen (Erfinder: Erich Böckly, Hans Ulrich, Köln, und Gerhard Kuhn, Leverkusen), **Farbenphotographisches Mehrschichtenmaterial.** Zur Steigerung der Empfindlichkeit des Farbfilms wird mindestens eine der für den Aufbau der einzelnen Teilbilder geeigneten Schichten aus 2 Schichten verschiedener Empfindlichkeit aufgebaut, die beide diffusionsfest eingelagerte gleiche oder verschiedene Farbkomponenten enthalten u. für den gleichen Spektralbereich sensibilisiert sind, wobei die empfindlichere dieser Schichten eine geringere Farbdichte bei der Farb-Entw. ergibt als die weniger empfindliche Schicht u. bes. über letzterer angeordnet ist. (**D. A. S. 1 121 470** Kl. 57b vom 16/7. 1960, ausg. 4/1. 1962.) E. FUCHS. 8631

Gevaert Photo-Producten N. V., Mortsel bei Antwerpen, Belgien, *Herstellung linearer Polyanhydride.* (**Belg. P. 552 044** vom 24/10. 1956, ausg. 31/12. 1959. E. Prior. 28/10. 1955 u. 28/8. 1956. — C. **1960.** 1050 [Jap. A. S. 2147/1958].)

Gevaert Photo-Producten N. V., Mortsel, Belgien, *Herstellung von lineraren Polyanhydriden.* (**Holl. P. 99 912** vom 27/10. 1956, ausg. 15/12. 1961. E. Prior. 28/10. 1955. — C. **1960.** 1050 [Jap. A. S. 2147/1958].)

Ozalid Co. Ltd. (Erfinder: **Humphrey Desmond Murray**), *Herstellung von lichtempfindlichem Material für die Xerographie.* (**Aust. P. 230 504** vom 20/6. 1957, ausg. 27/10. 1960. E. Prior. 3/7. 1956. — C. **1960.** 14930 [D. A. S. 1 068 116].)

Kodak (Australasia) Proprietary Ltd., Abbotsford, Australien, *Herstellung photosensibler Polymerisate.* (**Aust. P. 160 889** vom 11/7. 1952, ausg. 17/2. 1955. A. Prior. 13/9. 1951. — C. **1959.** 4675 [F. P. 1 114 269].)

McCorquodale & Co. Ltd., London, England, *Herstellung von gerasterten Positiven für Druckplatten.* (**Schwed. P. 162 697** vom 13/3. 1952, ausg. 25/3. 1958. — C. **1954.** 1164 [D. B. P. 896 297].)

International Polaroid Corp., Jersey City, N.J., V.St.A., *Farbenphotographie mit Linsenrasterfilmen.* (**It. P. 517 453** vom 22/8. 1952. — C. **1956.** 3467 [F. P. 1 068 793].)

Agfa Akt.-Ges. (Erfinder: **Erhard Hellmig**), Leverkusen, *Reproduktion von ein- oder mehrfarbigen Originalen.* (**Schwz. P. 352 909** vom 11/1. 1957, ausg. 28/4. 1961. D. Prior. 19/1. 1956. — C. **1958.** 14490 [D. A. S. 1 000 690].)

Samum Vereinigte Papier-Industrie K. G., Wien, Österreich, *Mehrfarbige Papierbilder.* (**Schwed. P. 156 594** vom 14/3. 1950, ausg. 16/10. 1956. Oe. Prior. 15/3. 1949. — C. **1953.** 323 [D. B. P. 824 888].)

Technicolor Motion Picture Corp., Hollywood, Calif., V.St.A., *Absaugedruck.* (**Aust. P. 162 027** vom 14/9. 1953, ausg. 31/3. 1955. — C. **1955.** 9716 [D. B. P. 925 149].)

Robert Kaulen (Erfinder: **Robert Kaulen** und **Walter Krohe**), *Herstellung von nahtlosen Überzügen auf Druckformen.* (**Aust. P. 204 105** vom 1/6. 1954, ausg. 13/12. 1956. D. Prior. 1/6. 1953. — C. **1959.** 8024 [E. P. 787 328].)

Kalle & Co. Akt.-Ges., Wiesbaden, *Herstellung von Kopien und Druckformen mit Hilfe von Diazoverbindungen.* (**It. P. 517 302** vom 11/1. 1952. D. Prior. 2/2. 1951. — C. **1954.** 5220 [D. B. P. 876 202].)

E. I. du Pont de Nemours & Co. (Erfinder: **Louis Plambeck jun.**), Wilmington, Del., V.St.A., *Photomechanische Herstellung von Reliefbildern für Druckzwecke.* (**D. A. S. 1 093 209** Kl. 57d vom 27/10. 1953, ausg. 17/11. 1960. A. Prior. 19/12. 1952. Zusatz zu D. A. S. 1 031 130; C. 1961. 17083. — C. **1960.** 2404 [F. P. 65 763].)

Gerda Heussner, Köln, *Herstellung zugerichteter gerasterter Klischees.* (**E. P. 740 471** vom 27/2. 1953, ausg. 16/11. 1955. — C. **1959.** 16837 [D. B. P. 958 480].)

Chemische Fabriek L. van der Grinten N. V. (Erfinder: **Arie van Loon** und **Karel Maria Hutgens**), *Diazotypiematerial.* (**Aust. P. 225 447** vom 21/1. 1958, ausg. 10/12. 1959. Holl. Prior. 5/2. 1957. — C. **1961.** 7100 [D. A. S. 1 092 767].)

General Aniline & Film Corp., New York, N.Y., V.St.A., *Diazotypiematerial.* (**Schwed. P. 154 238** vom 10/11. 1952, ausg. 24/4. 1956. A. Prior. 20/11. 1951. — C. **1955.** 6672 [Norw. P. 82 771].)

Kalle & Co. Akt.-Ges., Wiesbaden, *Lichtempfindliches Material.* (**Schwed. P. 154 241** vom 31/7. 1952, ausg. 24/4. 1956. D. Prior. 8/8. 1951. — C. **1954.** 4996 [D. B. P. 901 500].)

S.A.P.H.I. (Soc. Alsacienne de Papiers Héliographiques Industriels), Seine, Frankreich (Erfinder: **Raphael Landau**), *Diazotypiematerial.* (**F. P. 1 163 200** vom 6/12. 1956, ausg. 23/9. 1958. — C. **1961.** 363 [D. A. S. 1 081 760].)

Redaktionsschluss: 27. Juli 1962

Herausgeber: Prof. Dr. Heinrich Bertsch, Berlin, u. Prof. Dr. Dr. h. c. Wilhelm Klemm, Münster. Chefredakteure und verantwortlich für den Inhalt: Dr. Eugen Klever, Berlin W 30, Geisbergstraße 39, Fernsprecher: 249541 u. Dr. Willi Barz, Berlin N 4, Schiffbauerdamm 19, Fernsprecher: 425571.

©

Verlag: Akademie-Verlag GmbH, Berlin W 8, Leipziger Str. 3–4 (Fernsprecher: 220441, Telex-Nr. 011773, Postscheckkonto Berlin 35021), und Verlag Chemie, GmbH, Weinheim/Bergstr. (Fernsprecher: Weinheim 3635 [Sammelnummer]; Fernschreiber: 0465516 chemieverl wnh; Postscheckkonten: Frankfurt/M. 145314 u. Berlin [West] 7430). Bestellnummer: 1007/133. Das Chemische Zentralblatt erscheint wöchentlich. Preis des Jahrganges einschl. Autoren-, Patent-, Sach- u. Formelregister: DM 1200,–; einseitig bedruckte Ausgabe: DM 1350,–. Abgabe der Zeitschrift nur mit sämtlichen Registern. Abbestellungen nur bis spätestens 6 Wochen vor Ablauf des Kalenderjahres.

Satz u. Druck: VEB Leipziger Druckhaus, Leipzig, III/18/203. X. 62.
Veröffentlicht unter der Lizenznummer ZLN 5002 des Ministeriums für Kultur, Hauptverwaltung Verlagswesen.
Printed in Germany.